Springer-Lehrbuch

Herbert Lippert

Anatomie kompakt

Springer-Verlag
Berlin Heidelberg New York
London Paris Tokyo
Hong Kong Barcelona
Budapest

Professor Dr. med. Dr. phil. Herbert Lippert
Abteilung für Funktionelle und Angewandte Anatomie
der Medizinischen Hochschule Hannover
Konstanty-Gutschow-Straße 8
30623 Hannover

ISBN-13: 978-3-540-58040-9   e-ISBN-13: 978-3-642-95726-0
DOI: 10.1007/978-3-642-95726-0

Die Deutsche Bibliothek – CIP-Einheitsaufnahme
Herbert Lippert: Anatomie kompakt / Herbert Lippert. – Berlin; Heidelberg; New York; London; Paris;
Tokyo; Hong Kong; Barcelona; Budapest: Springer, 1994
(Springer-Lehrbuch)

Satz: Reproduktionsfertige Vorlage vom Autor
SPIN: 10470809   15/3130 – 5 4 3 2 1 0 – Gedruckt auf säurefreiem Papier

Vorwort

Dieses Buch entstand auf Anregung von Studenten. Studierende finden den ersten Zugang zum Lehrstoff eines Fachgebiets zumeist, indem sie
• während der Vorlesung ihnen wesentlich Erscheinendes notieren,
• im Lehrbuch Wichtiges markieren oder herausschreiben,
• Notizen und Markierungen erneut durchgehen.
In zahlreichen Gesprächen in Kursen und Seminaren wurde mir immer wieder geklagt, daß es für den Anfänger oft sehr schwierig sei, in einer Vorlesung oder in einem Lehrbuch den "roten Faden" zu erkennen. Hilfreich wäre da ein Buch, das den gesamten Stoff stichwortartig und so übersichtlich gegliedert darstellt, daß man möglichst sofort die richtige Stelle fände und man dann nur wenige Zeilen lesen müsse, um über alles Wesentliche orientiert zu sein. Mit dieser Orientierungshilfe könne man dann die Einzelheiten in der Vorlesung oder im ausführlichen Lehrbuch leichter einordnen und verlöre nicht den Überblick.

Die klarste Gliederung bringt in der Regel die Tabelle. Sie zwingt den Verfasser, sich schon vor Beginn der Textarbeit ein Gliederungsschema zu erarbeiten und dieses während der Arbeit am Text solange immer wieder zu modifizieren, bis die "natürliche" Gliederung gefunden ist. Ursprünglich wollte ich nur einige Tabellen für mein Lehrbuch verfassen. Dann begeisterte ich mich aber immer mehr für diese Form der Darstellung, bis schließlich die gesamte Anatomie in Tabellen vorlag. Damit ist leider auch der Umfang der Tabellen so angewachsen, daß sie nicht mehr in das Lehrbuch einzufügen waren und nun ein selbständiges Buch bilden. Damit will ich mein Lehrbuch keineswegs ersetzen. Tabellenbuch und Lehrbuch sind zwei Betrachtungsweisen des gleichen Gebietes:
• Den Sinn eines guten Lehrbuchs sehe ich darin, in den Geist eines Fachgebietes einzuführen, seine Zusammenhänge mit den Nachbarfächern aufzuzeigen, das Verständnis für das Wesentliche zu wecken, den Leser über das Fachgebiet hinaus durch kulturgeschichtliche Ausblicke und etymologische Hinweise zu bilden. Das Lehrbuch sollte ein Lesebuch sein, in dem man mit Freude liest.
• Das Tabellenbuch hingegen ist ein Nachschlage- und Lernbuch. Es listet das gesamte für Studierende relevante Wissen stichwortartig und übersichtlich auf. Es ist nicht zum kontinuierlichen Lesen, sondern als Hilfe beim jeweiligen Erarbeiten eines bestimmten Themas gedacht. Deshalb bringt es auch einige Einzelheiten, die über den Rahmen eines Standardlehrbuchs hinausgehen. Es soll den Studierenden die Möglichkeit geben, ihr Wissen entsprechend den Anforderungen ihres Studienorts oder ihrer eigenen Interessen über das Lehrbuchwissen hinaus zu erweitern und so z.B. im Kurstestat einem mehr am Detail als an den großen Zusammenhängen orientierten Prüfer gerecht zu werden.

Die in nahezu alle Einzeltabellen aufgenommenen Hinweise zur Klinik sollen vor allem den vorklinischen Studierenden Ausblicke auf ihren späteren Beruf eröffnen. Sie können aus dem riesigen Wissensstoff der heutigen Medizin nur eine kleine Auswahl als Motivationshilfe zur Beschäftigung mit dem Thema bringen. Der Umfang der klinischen Hinweise ist auch abhängig vom in der jeweiligen Tabelle verfügbaren Platz. Schließlich sollte das Tabellenbuch durch die klinischen Hinweise nicht zu sehr anschwellen und immer noch ein anatomisches Werk bleiben.

In den Tabellen werden konsequent die Nomina anatomica, histologica und embryologica verwendet. Die zahlreichen Mängel dieser Nomenklaturen sind mir aus der jahrzehntelangen Mühe mit den ständigen "Verbesserungen" bekannt. Trotzdem sehe ich in ihnen die einzige Möglichkeit der internationalen Verständigung, mag auch die individuelle Nomenklatur in der Sicht des jeweiligen Autors noch so große Vorzüge besitzen. Leidtragende der "Nomenklaturkämpfe" sind vor allem die Studierenden, die durch unterschiedliche Bezeichnungen verwirrt werden.

Die Gliederung entspricht in den Hauptkapiteln meinem Lehrbuch, muß aber in der Untergliederung abweichen, weil das Tabellenbuch streng systematisch aufgebaut ist, während das Lehrbuch mehr pragmatisch am ärztlichen Problem orientiert ist. Die Kapitel 2, 6, 8 und 9 sind in die gleichen Abschnitte gegliedert: Knochen, Gelenke, Muskeln, Arterien, Venen, Lymphknoten, Nerven, Regionen. Einander entsprechende Tabellen sind nach dem gleichen Schema gestaltet. Man sollte sich daher ein wenig mit der Gliederung vertraut machen, weil dies beim Nachschlagen einen raschen Zugriff gestattet.

Für die Gliederung eines Buches über die gesamte Anatomie gibt es kein voll befriedigendes System. Dies ist die schmerzliche Erkenntnis meines nunmehr 45 Jahre währenden Ringens mit dem Problem. Schon als Student bemerkte ich, daß ich meine Notizen für den mikroskopischen Kurs nach systematischen, für den Präparierkurs nach topographischen und für die Embryologie nach spezifisch entwicklungsgeschichtlichen Aspekten ordnen müßte. Das natürliche Ordnungsfüge der Anatomie ist dreidimensional (Bausteine, Lagebeziehungen, Entwicklung), von denen sich im zweidimensionalen Text des Buches aber nur zwei einigermaßen in Harmonie unterbringen lassen. Die dritte Dimension bleibt notwendigerweise auf der Strecke. Wie soll man z.B. die entwicklungsgeschichtlich zusammengehörenden Abkömmlinge der Schlundbogen und Schlundtaschen gemeinsam behandeln, wenn sie systematisch zum Bewegungsapparat, den Verdauungsorganen, Atmungsorganen, endokrinen Drüsen, lymphatischen Organen und Sinnesorganen und topographisch zu Kopf, Hals und Brustsitus gehören? Die Grundlagen der Embryologie habe ich im Anschluß an die Geschlechtsorgane in den Abschnitten 5.6 bis 5.8 behandelt. Ursprünglich hatte ich die gesamte Organentwicklung in einem Abschnitt 5.9 dargestellt. Zuletzt habe ich aber dessen Text doch wieder auf die einzelnen Organkapitel aufgeteilt, weil ich die Kenntnis der Entwicklung als die Grundlage zum Verständnis des Baues eines Organs ansehe und die räumliche Trennung den Leser zur Vernachlässigung dieses wichtigen Aspekts verleiten könnte.

Dieses Buch ist meines Wissens weltweit der erste Versuch, das Gesamtgebiet der Anatomie mit klinischen Ausblicken in Texttabellen darzustellen. Wenn das Buch auch aus der Erfahrung vieler Gespräche mit den Hannoveraner Studierenden hervorging, so bin ich doch sehr neugierig, was die Benutzer davon halten. Deshalb die aufrichtig gemeinte Bitte um Kritik. Ich werde für alle Hinweise, besonders aber für konkrete Verbesserungsvorschläge, dankbar sein.

Besonderen Dank schulde ich dem Springer-Verlag, vor allem der meine Projekte betreuenden Lektorin, Frau Anne C. Repnow. Wie schon in früheren Fällen ging sie sehr verständnisvoll auf meine Ideen ein und vermittelte ein Gefühl des gemeinsamen Anliegens von Verlag und Autor. Meine ehemalige Mitarbeiterin, Frau Dr. med. Désirée Herbold, bereicherte das Buch durch wertvolle Hinweise zur Klinik des Bewegungsapparats. Meine Tochter, Dr. med. Wunna Lippert-Burmester, las einen Teil der Korrekturen.

Für Computerfreaks sei nebenbei erwähnt, daß ich mit dem Textprogramm Word für Windows ("winword") arbeitete, dessen Tabellenfunktionen es für den Autor zur Freude machen, das Layout selbst zu gestalten. Die Tabellen des Buches entstanden daher ohne Zwischenschaltung eines Manuskripts und einer Sekretärin im "Wechselgespräch" mit meinem Computer. Sie wurden auf einem Laserdrucker ausgegeben und dann vom Verlag im Fotodruck vervielfältigt.

Hannover, im Frühjahr 1994

Herbert Lippert

Inhalt

Abkürzungen und Zeichen

In diesem Buch werden folgende in der Medizin international übliche Abkürzungen bei anatomischen Begriffen verwendet:

A.	Arteria
Aa.	Arteriae
Lig.	Ligamentum
Ligg.	Ligamenta
M.	Musculus
Mm.	Musculi
N.	Nervus
Nn.	Nervi
R.	Ramus
Rr.	Rami
V.	Vena
Vv.	Venae

⇨ siehe
→ führt zu, setzt sich fort in

Hierarchie der Gliederungspunkte: ■ ● •
Aufzählungen: ① ② ③ ④ ⑤ ⑥ ⑦ ⑧ ⑨ ⑩

Ferner werden die durch Gesetz oder internationale Übereinkunft definierten Zeichen der Einheiten und der chemischen Elemente sowie mathematischen Symbole angewandt. Alle weiteren Abkürzungen werden im Text erläutert und sind auch in das Sachverzeichnis aufgenommen.

1 Allgemeine Anatomie

1.1 Einführung in die Anatomie

1.1.1 Gliederung der Anatomie

HAUPT-ASPEKT	GLIEDERUNG	TEILGEBIET DER ANATOMIE	DARAUF AUFBAUENDE KLINISCHE FACH-GEBIETE
Bausteine	Zelle: kleinster selbständig lebensfähiger Baustein des Körpers	Zytologie (Zellenlehre): Studium des Baues von Zellen und ihren Teilen (Zellorganellen und Arbeitsstrukturen) vor allem mit Hilfe des Elektronenmikroskops	Zytodiagnostik: Untersuchung von Körperflüssigkeiten, Abstrichen von Schleimhäuten usw. unter dem Mikroskop, um evtl. darin enthaltene abnorme Zellen, z.B. Krebszellen, zu finden
	Gewebe: Verband gleichartiger Zellen, 4 Grundgewebe (ausführlicher ⇨ 1.3): ● Epithel (Deckgewebe) ● Binde- und Stützgewebe (mit Sonderfall Blut als flüssiges Gewebe) ● Muskelgewebe ● Nervengewebe	Histologie (Gewebelehre): Studium des Baues der einzelnen Gewebearten vor allem mit Hilfe von Anfärbungen einzelner (chemisch unterschiedlicher) Zellbestandteile und Betrachtung vorwiegend im Lichtmikroskop	● Pathohistologie: Studium der Veränderungen der Gewebe bei Erkrankungen ● Hämatologie (Lehre von den Blutkrankheiten): Teilgebiet der inneren Medizin ● Transfusionsmedizin: offizielle "Zusatzbezeichnung" für entsprechend weitergebildete Ärzte
	Organ: aus mehreren Geweben zusammengesetzte Funktionseinheit des Körpers, zu gliedern in 10 Organsysteme (⇨ 1.1.4)	● Mikroskopische Anatomie: Studium des Feinbaues der Organe und der sie zusammensetzenden Gewebe vor allem mit Hilfe des Lichtmikroskops ● makroskopische Anatomie: Studium des äußeren und inneren Baues der Organe mit "freiem" Auge oder mit Hilfe von Lupen und bildgebenden Verfahren	● Allgemein: pathologische Anatomie: Studium der Veränderungen der Organe bei Erkrankungen ● spezielle Organe: die einzelnen klinischen Fachgebiete (⇨ 1.1.4)
Lagebeziehungen	Regionen (Körpergegenden): Teilbereiche mit (möglichst) natürlichen Grenzen	Topographische Anatomie: Studium der Regionen, z.B. an der Leiche im Kursus der makroskopischen Anatomie (Präparierkurs)	Fast alle klinischen Fachgebiete, vor allem: ● alle operativen Fächer (⇨ 1.1.4) ● radiologische Diagnostik: Darstellung des Körperinneren mit Hilfe bildgebender Verfahren: ● Röntgenologie (Röntgenstrahlen) ● Nuklearmedizin (ß- und γ-Strahlen) ● Sonographie (Ultraschall) ● MRT (Magnetspinresonanztomographie)
Entwicklung	● Embryo: Leibesfrucht bis zum Ende der 8. Entwicklungswoche (10. Schwangerschaftswoche), Frühentwicklung mit der Anlage der Organe) ● Fetus: Leibesfrucht von der 9. Entwicklungswoche (11. Schwangerschaftswoche) bis zur Geburt, weitere Differenzierung und Wachstum	Embryologie (Entwicklungsgeschichte): Studium der Entwicklung der Leibesfrucht und ihrer Organe (einschließlich Plazenta)	● Gynäkologie (Frauenheilkunde) und Obstetrik (Geburtshilfe): mit Teilaufgaben: Kontrazeption, Sterilität, Betreuung der Schwangeren und der Leibesfrucht, Entbindung, Schwangerschaftsabbruch ● Andrologie ("Männerheilkunde"): vor allem Fragen der männlichen Sterilität ● medizinische Genetik (Vererbungslehre des Menschen): Erbkrankheiten, auch deren Diagnose während der Schwangerschaft ● Pädiatrie (Kinderheilkunde): mit Teilgebiet Neonatologie (Neugeborenenheilkunde)
	● Säugling: 1. Lebensjahr ● Kleinkind: 2.-6. Jahr ● Schulkind: 7.-14. Jahr ● Jugendlicher: 15.-18. Jahr	- (in der Anatomie wenig beforscht, vor allem weil kaum Leichen aus diesen Altersgruppen für den Anatomen verfügbar sind)	● Pädiatrie (Kinderheilkunde) ● Kinderchirurgie
	Greis: Beginn des Greisenalters nicht klar zu definieren, große individuelle Unterschiede	- (oft übersehen, daß im Präparierkurs überwiegend Greisenanatomie studiert wird, die nur mit Einschränkungen auf übrige Lebensalter zu übertragen ist)	Geriatrie (Altersheilkunde)

1.1.2 Internationale anatomische Nomenklatur

NOMEN-KLATUR	VERSION	AUFLAGE	CHARAKTERISIERUNG
Nomina anatomica	Basler Nomenklatur	1895	● Grundgedanke: weltweit gleiche Bezeichnungen für anatomische Begriffe werden die internationale Verständigung in der medizinischen Wissenschaft erleichtern ● um internationale Einheitlichkeit zu erzielen, mußten zahlreiche Kompromisse gefunden werden ● oft wurden philologische Aspekte vernachlässigt und die meistverwandten Formulierungen aufgenommen ● wichtigste Richtungsbegriffe: superior - inferior, anterior - posterior
	Jenaer Nomenklatur	1935	■ Reform der Basler Nomenklatur unter 2 Hauptaspekten: ● philologische Verbesserung ● möglichst einheitliche Nomenklatur für Human- und Veterinäranatomie ● wichtigste Richtungsbegriffe: cranialis - caudalis, ventralis - dorsalis ■ Problem: die Jenaer Nomenklatur setzte sich außerhalb des deutschsprachigen Bereichs nicht durch, englischsprachige Anatomen bevorzugten die "Birmingham Revision", andere blieben bei der Basler Nomenklatur
	Pariser Nomenklatur	1955	Bemühen um Wiedervereinheitlichung der Nomina anatomica ■ offizielle Grundprinzipien: ● jedes Organ soll nur durch einen Ausdruck bezeichnet werden ● die Bezeichnung soll möglichst dem Lateinischen entnommen sein ● jeder Ausdruck soll kurz sein ● die Ausdrücke sollen einprägsam, belehrend und beschreibend sein ● Organe mit topographisch enger Beziehung sollen ähnliche Namen haben, z.B. A. femoralis, V. femoralis ● unterscheidende Beiwörter sollen sich gegensätzlich verhalten, z.B. major und minor ● es erfolgt keine Benennung auf Grund von Eigennamen ■ Probleme: ● keine einfache Rückkehr zu der Basler Nomenklatur, sondern zahlreiche Kompromisse mit der Birmingham Revision bzw. Jenaer Nomenklatur, damit blieb Bedürfnis nach weiterer Reform bestehen ● Richtungsbegriffe wieder superior - inferior, anterior - posterior, die eindeutigeren kranial - kaudal, ventral - dorsal leben weiter ● die von Eigennamen abgeleiteten Bezeichnungen (Eponyme) werden in der Klinik auch weiterhin bevorzugt verwendet
	Revisionen der Pariser Nomenklatur	2. Auflage 1961 3. Auflage 1966 4. Auflage 1977 5. Auflage 1983 6. Auflage 1989	■ Anliegen: Nomenklatur zu aktualisieren ● Ergänzung neuer Begriffe entsprechend dem Fortschritt der Wissenschaft ● stärkere Annäherung an die angloamerikanische Schreibweise anatomischer Begriffe, da inzwischen das Englische unbestrittene internationale Verständigungssprache der Wissenschaft wurde ● Verbesserungen im einzelnen ■ Probleme: ● starke Verunsicherung der Benutzer der Nomenklatur durch die häufigen Änderungen, selbst der Fachanatom ist bei vielen Begriffen nicht sicher, welche Fassung die gültige ist und muß in der offiziellen Nomenklaturliste jeweils nachschlagen (da dies verständlicherweise viele nicht tun, ist jetzt ein Mischmasch der verschiedenen Versionen selbst in den Lehrbüchern eher die Regel als die Ausnahme)
Nomina histologica		1. Auflage 1977 2. Auflage 1983 3. Auflage 1989	● Erst 82 Jahre nach Vereinbarung der Nomina antomica konnte man sich über die histologischen und embryologischen Begriffe einigen, ein Zeichen für die Probleme ● die lateinische Formulierungen wurden mehr oder weniger künstlich nach den üblichen englischen Bezeichnungen geschaffen
Nomina embryologica		1. Auflage 1977 2. Auflage 1983 3. Auflage 1989	● beide Nomenklaturen sind noch nicht ausgereift und besitzen zahlreiche Widersprüche zu den Nomina anatomica ● sie werden selbst in der Anatomie noch nicht durchgehend verwendet ● wenn sie in diesem Buch trotzdem aufgeführt werden, dann vor allem deshalb, weil irgendjemand damit beginnen muß, internationale Vereinbarungen konsequent zu beachten

1.1.3 Richtungsbegriffe

DEUTSCH	SINGULAR			PLURAL			ABKÜRZUNG
	MASKULIN	FEMININ	NEUTRAL	MASKULIN	FEMININ	NEUTRAL	
vorn (bauchwärts)	anterior ventralis	anterior ventralis	anterius ventrale	anteriores ventrales	anteriores ventrales	anteriora ventralia	ant. ventr.
spitzenwärts	apicalis	apicalis	apicale	apicales	apicales	apicalia	-
basiswärts	basalis	basalis	basale	basales	basales	basalia	-
zentral	centralis	centralis	centrale	centrales	centrales	centralia	-
rechts	dexter	dextra	dextrum	dextri	dextrae	dextra	dext.
rumpffern	distalis	distalis	distale	distales	distales	distalia	dist.
wadenbein-seitig	fibularis	fibularis	fibulare	fibulares	fibulares	fibularia	fib.
frontal	frontalis	frontalis	frontale	frontales	frontales	frontalia	-
horizontal	horizontalis	horizontalis	horizontale	horizontales	horizontales	horizontalia	-
unten (steißwärts)	inferior caudalis	inferior caudalis	inferius caudale	inferiores caudales	inferiores caudales	inferiora caudalia	inf. caud.
seitlich	lateralis	lateralis	laterale	laterales	laterales	lateralia	lat.
längs	longitudinalis	longitudinalis	longitudinale	longitudinales	longitudinales	longitudinalia	-
zur Mitte zu	medialis	medialis	mediale	mediales	mediales	medialia	med.
in der Mittel-ebene	medianus	mediana	medianum	mediani	medianae	mediana	median.
mittlere	medius	media	medium	medii	mediae	media	-
hohlhandseitig	palmaris	palmaris	palmare	palmares	palmares	palmaria	palm.
peripher	periphericus peripheralis	peripherica peripheralis	periphericum peripherale	peripherici peripherales	periphericae peripherales	peripherica peripheralia	-
fußsohlenseitig	plantaris	plantaris	plantare	plantares	plantares	plantaria	plant.
hinten (rückwärts)	posterior dorsalis	posterior dorsalis	posterius dorsale	posteriores dorsales	posteriores dorsales	posteriora dorsalia	post. dors.
tief (innen)	profundus internus	profunda interna	profundum internum	profundi interni	profundae internae	profunda interna	prof. int.
rumpfnah	proximalis	proximalis	proximale	proximales	proximales	proximalia	prox.
speichenseitig	radialis	radialis	radiale	radiales	radiales	radialia	rad.
schnabelwärts (beim Gehirn im Sinn von vorn oben)	rostralis	rostralis	rostrale	rostrales	rostrales	rostralia	-
in Pfeilrichtung	sagittalis	sagittalis	sagittale	sagittales	sagittales	sagittalia	-
links	sinister	sinistra	sinistrum	sinistri	sinistrae	sinistra	sin.
oberflächlich (außen)	superficialis externus	superficialis externa	superficiale externum	superficiales externi	superficiales externae	superficialia externa	superf. ext.
oben (kopfwärts)	superior cranialis	superior cranialis	superius craniale	superiores craniales	superiores craniales	superiora cranialia	sup. cran.
schienbein-seitig	tibialis	tibialis	tibiale	tibiales	tibiales	tibialia	tib.
quer	transversus transversalis	transversa transversalis	transversum transversale	transversi transversales	transversae transversales	transversa transversalia	-
ellenseitig	ulnaris	ulnaris	ulnare	ulnares	ulnares	ulnaria	uln.
vertikal	verticalis	verticalis	verticale	verticales	verticales	verticalia	-

Richtungsbegriffe an den Zähnen ⇨ 7.6.4

1.1.4 Organsysteme

SYSTEM	ORGANE	KLINISCHE FACHGEBIETE
Bewegungsapparat (Systema skeletale + Systema musculare)	• Knochen (Osteologie) • Gelenke (Arthrologie) und Bänder • Muskeln (Myologie) mit Sehnen, Faszien, Sehnenscheiden und Schleimbeuteln	• Orthopädie: operative und konservative Behandlung der Erkrankungen von Knochen und Gelenken • Unfallchirurgie: Behandlung akuter traumatischer Erkankungen vorwiegend des Bewegungsapparates (z.B. Knochenbrüche), aber auch von Begleitverletzungen innerer Organe, Teilgebiet der Chirurgie • Rheumatologie: konservative Behandlung bestimmter Erkrankungen von Gelenken und Muskeln, Teilgebiet der Orthopädie und der inneren Medizin • Chirotherapie: spezielle Behandlungsmethode für Wirbelsäule und Extremitätengelenke, offizielle "Zusatzbezeichnung" für entsprechend weitergebildete Ärzte • Sportmedizin: offizielle "Zusatzbezeichnung" für entsprechend weitergebildete Ärzte
Verdauungsorgane (Systema alimentarium)	• Mundhöhle: mit Zähnen und Speicheldrüsen • Rachen • Speiseröhre • Magen • Dünndarm • Dickdarm • After • Leber • Bauchspeicheldrüse	• Zahnheilkunde • Stomatologie (Krankheiten der Mundhöhle): Teil der Zahnheilkunde und der Hals-Nasen-Ohren-Heilkunde • Mund-Kiefer-Gesichts-Chirurgie: Fachgebiet, dessen Vertreter die Approbation zum Arzt und zum Zahnarzt besitzen müssen (Doppelstudium Voraussetzung) • Gastroenterologie (Magen- und Darmkrankheiten): einschließlich Speiseröhre, Leber und Bauchspeicheldrüse, Teilgebiet der inneren Medizin • Hepatologie (Leberkrankheiten): Teil der Gastroenterologie • Proktologie (Krankheiten des Mastdarms und des Afters)
Atmungsorgane (Systema respiratorium)	• Nasenhöhle mit Nebenhöhlen • (Rachen) • Kehlkopf • Luftröhre • Lungen • Pleura (Brustfell)	• Rhinologie (Nasenkrankheiten): Teil der Otorhinolaryngologie (Hals-Nasen-Ohren-Heilkunde, meist abgekürzt HNO) • Laryngologie (Kehlkopfkrankheiten): Teil der Otorhinolaryngologie (Hals-Nasen-Ohren-Heilkunde) • Phoniatrie (Sprach- und Stimmstörungen): Teilgebiet der Otorhinolaryngologie • Pneumatologie (Pneumonologie, Pulmonologie, Lungen- und Bronchialheilkunde): Teilgebiet der inneren Medizin • Lungenchirurgie: Teil der Thorax- und Kardiovaskularchirurgie
Drüsen mit innerer Sekretion (Hormondrüsen) (Glandulae endocrinae)	• Hypophyse (Hirnanhangsdrüse) • Epiphyse (Zirbeldrüse) • Schilddrüse • Nebenschilddrüsen • Inseln der Bauchspeicheldrüse • Nebennieren • Keimdrüsen	• Endokrinologie (Krankheiten der Hormondrüsen): Teilgebiet der inneren Medizin • Diabetologie: Teil der Endokrinologie, der sich speziell mit dem Diabetes mellitus (Zuckerkrankheit) beschäftigt • Gynäkologie (Frauenheilkunde): schließt Störungen der weiblichen Geschlechtshormone ein • Andrologie ("Männerheilkunde"): schließt Störungen der männlichen Geschlechtshormone ein, Teil der Endokrinologie und der Urologie
Harn- und Geschlechtsorgane (Organa urinaria et genitalia)	• Nieren • ableitende Harnwege: Harnleiter, Harnblase, Harnröhre • innere weibliche Geschlechtsorgane: Eierstöcke, Eileiter, Gebärmutter, Scheide • äußere weibliche Geschlechtsorgane: Kitzler, kleine und große Schamlippen, Scheidenvorhof • "innere" männliche Geschlechtsorgane: Hoden, Nebenhoden, Samenleiter, Samenblasen, Prostata (Vorsteherdrüse) • äußere männliche Geschlechtsorgane: Penis (Glied)	• Nephrologie (Nierenkrankheiten): Teilgebiet der inneren Medizin • Urologie: konservative und operative Behandlung der Nieren und der Harnwege bei Frau und Mann sowie der Geschlechtsorgane des Mannes • Gynäkologie (Frauenheilkunde): konservative und operative Behandlung der weiblichen Geschlechtsorgane, einschließlich Geburtshilfe • Andrologie ("Männerheilkunde"): Teil der Endokrinologie und der Urologie • Venerologie (Geschlechtskrankheiten): Krankheiten der äußeren Geschlechtsorgane, Teil der "Dermatologie und Venerologie"
Kreislauforgane (Systema cardiovasculare)	• Herz • Blutgefäße: Arterien, Venen, Kapillaren • Blut (Sanguis [Haema])	• Kardiologie (Herzkrankheiten): Teilgebiet der inneren Medizin • Herzchirurgie: Teil der Thorax- und Kardiovaskularchirurgie • Kinderkardiologie: Teilgebiet der Pädiatrie • Angiologie (Gefäßkrankheiten): Teil der inneren Medizin • Gefäßchirurgie: Teilgebiet der Chirurgie • Hämatologie: Teilgebiet der inneren Medizin

Fortsetzung der Tabelle nächste Seite

Organsysteme (Fortsetzung)

SYSTEM	ORGANE	KLINISCHE FACHGEBIETE
Lymphatisches System (Systema lymphaticum)	● Lymphgefäße ● Lymphknoten ● schleimhautassoziiertes lymphatisches Gewebe (MALT) ● Mandeln ● Milz ● Thymus	Bislang kein selbständiges klinisches Fachgebiet, Krankheiten des lymphatischen Systems werden in vielen klinischen Fachgebieten behandelt, z.B.: ● Hämatologie (Blutkrankheiten): z.B. Systemkrankheiten des lymphatischen Systems (Hodgkin-Krankheit, lymphatische Leukämie usw.), erythrozytenbedingte Milzkrankheiten usw. ● chirurgische Fachgebiete: z.B. Lymphknotenmetastasen bösartiger Geschwülste, Milzchirurgie ● innere Medizin: z.B. Lymphknotenschwellungen bei Infektionskrankheiten ● Immunologie: z.B. Autoaggressionskrankheiten
Nervensystem (Systema nervosum)	● Zentralnervensystem (ZNS): Gehirn und Rückenmark ● peripheres Nervensystem: Nerven, Ganglien ● autonomes (vegetatives) Nervensystem: Teil des zentralen und des peripheren Nervensystems	● Neuropathologie: Studium der Veränderungen des Nervensystems bei Erkrankungen ● Neurologie (Nervenheilkunde) ● Psychiatrie: schließt psychische Störungen bei Krankheiten des Zentralnervensystems ein ● Neurochirurgie ● Neuroradiologie: Teilgebiet der radiologischen Diagnostik ● Störungen des autonomen Nervensystems werden überwiegend in der inneren Medizin und ihren Teilgebieten behandelt
Sinnesorgane (Organa sensoria)	● Auge ● Hör- und Gleichgewichtsorgan ● chemische Sinnesorgane: Riechschleimhaut, Geschmacksknospen ● Hautsinnesorgane: für Druck-, Berührungs-, Vibrations-, Schmerz- und Temperaturempfindung ● Organe der Tiefensensibilität	● Ophthalmologie (Augenheilkunde) ● Otologie (Ohrenheilkunde): Teil der Otorhinolaryngologie (Hals-Nasen-Ohren-Heilkunde) ● Pädaudiologie (Hörbehinderungen im Kindesalter): Teilgebiet der Otorhinolaryngologie (Hals-Nasen-Ohren-Heilkunde) ● Neurologie: schließt Störungen der Sinnesorgane ein, soweit sie durch Nervenstörungen bedingt sind
Haut (Integumentum commune)	● Haut im engeren Sinn ● Haare und Nägel ● Hautdrüsen einschließlich Brustdrüse	● Dermatologie (Hautkrankheiten): Teil der "Dermatologie und Venerologie" ● die Brustdrüse wird überwiegend in Gynäkologie und Chirurgie behandelt

1.1.5 Sterben und Tod

PHASE	SYMPTOME	ANMERKUNGEN
Agonie (Todeskampf)	● Bewußtlosigkeit ● Abfall von Blutdruck und Sauerstoffsättigung des Blutes ● röchelnde Atmung ● Facies hippocratica (fahlgraue Hautfarbe, kalter Schweiß, eingefallene Schläfen, spitze Nase, kühle Ohren usw.)	● Dauer Stunden bis Tage ● kann bei Unfalltod, plötzlichem Herztod usw. fehlen
Klinischer Tod	● Herzstillstand: nach etwa 45 s Pupillen weit und starr, nach etwa 1 min Atemstillstand, nach 3-4 min Beginn des Absterbens der Nervenzellen, nach etwa 20 min abgeschlossen (⇨ Hirntod) ● bei primärem Atemstillstand kann das Herz noch bis zu 5 min weiterschlagen	Reanimation vor Hirntod möglich, aber nur in den ersten Minuten ohne schwere Hirnschäden!
Hirntod	● Koma: tiefe Bewußtlosigkeit ● Apnoe: keine Spontanatmung ● zerebrale Areflexie: lichtstarre Pupillen, kein Hornhautreflex, keine Reaktion auf Schmerzreize im Gesicht, keine Rachenreflexe	Vor Abstellen einer Herz-Lungen-Maschine oder Organtransplantation muß der Hirntod von 2 Untersuchern im Abstand von 12 Stunden eindeutig festgestellt werden: ● Nullinie im EEG über 30 min ● beidseitiger Stillstand der Hirndurchblutung in der Angiographie
Tod der einzelnen Organe	Bei normaler Körpertemperatur bleiben nach dem klinischen Tod funktionsfähig: ● Herz: einige Minuten (daher Reanimation möglich!) ● Leber, Niere: etwa 1 Stunde ● Muskeln: etwa 2 Stunden (z.B. Muskelkontraktion nach Beklopfen des Oberschenkels) ● Cornea, Erythrozyten: 6-8 Stunden (Hornhauttransplantation und Bluttransfusion solange möglich) ● Iris (Regenbogenhaut) reagiert bis zu 15 Stunden auf in die vordere Augenkammer eingespritzte sympathikus- oder parasympathikuswirksame Arzneimittel mit Pupillenverengung oder -erweiterung ● Spermien: etwa 1 Tag befruchtungsfähig	Bei künstlicher Unterkühlung des Körpers (*artifizielle Hibernation*) wesentlich längere Organüberlebenszeiten, deshalb ● bei Operationen mit Herz-Lungen-Maschine (Patient ist eigentlich klinisch tot) wird Körpertemperatur gesenkt ● Spenderorgane für Organtransplantation nach Entnahme sofort kühlen

Todeszeichen

ART	ZEICHEN	UNTERSUCHUNG
Unsichere Todeszeichen (klinische Todeszeichen)	Herzstillstand	● Kein Puls, keine Herztöne ● Nullinie im Ekg
	Atemstillstand	● Spiegelprobe: vor Nase gehaltener kalter Spiegel beschlägt nicht ● Federprobe: vor Nase gehaltenes Federchen bewegt sich nicht
	Keine Reaktion des Zentralnervensystems	Ausfall aller Reflexe, geprüft werden meist: ● Kornealreflex ● Lichtreflex der Pupillen
Sichere Todeszeichen (anatomische Todeszeichen, Leichenerscheinungen)	Totenflecken (Livores)	Blaurote Verfärbung der Haut an den unten liegenden Körperpartien (Blut sinkt entsprechend Schwerkraft nach unten): ● einzelne Flecken nach etwa 1 h ● Flecken konfluieren nach etwa 2 h ● vollständig nach etwa 6-12 h, Druckstellen (wo Knochen von innen oder Kleidung usw. von außen auf die Haut drücken) bleiben ausgespart ● umlagerbar etwa 12 h: bei Lageveränderung der Leiche bilden sich neue Leichenflecken an den jetzt unten liegenden Hautabschnitten aus und verschwinden an jetzt höher liegenden (das Blut gerinnt nicht, wird aber durch Austritt von Wasser aus der Blutbahn in die Gewebe immer mehr eingedickt) ● wegdrückbar etwa 1-3 Tage: Wegdrückbarkeit endet mit zunehmender Fäulnis und Übertritt des Blutfarbstoffs in die Nachbargewebe ● bei Kohlenmonoxidvergiftung (CO) Leichenflecken hellrot, bei Vergiftungen mit Methämoglobinbildung braun
	Totenstarre (Rigor mortis)	Muskeln benötigen zur Entspannung nach Kontraktion Energiezufuhr (ATP), bei der Leiche kontrahieren sich aufgrund innerer oder äußerer Reize nach und nach alle Muskeln, können sich aber wegen des fehlenden ATP nicht mehr entspannen, bis die kontraktilen Fibrillen durch Fäulnis zerstört werden: ● Beginn der Totenstarre in einzelnen Muskeln nach 1-2 h ● vollständig nach 6-12 h ● spontane Lösung nach 36-48 h ● gewaltsame Lösung möglich, bereits erstarrte Muskeln kehren nach gewaltsamer Lösung nicht mehr in die Starre zurück; tritt nach gewaltsamer Lösung erneut eine Totenstarre auf, so ist dies ein Zeichen, daß die Totenstarre noch nicht vollständig war (also der Tod nicht länger als 6-12 h zurückliegt) ● stark temperaturabhängig
	Totenkälte (Algor mortis)	Abkühlung auf Umgebungstemperatur, Geschwindigkeit hängt ab von Temperaturdifferenz zur Umwelt und Wärmeisolierung (Bekleidung, Federbett usw.) der Leiche ● grober Anhalt: etwa 1° C pro Stunde (bei Zimmertemperatur)
	Fäulnis	Ausbreitung von Fäulnisbakterien aus dem Darm vor allem über die Blutgefäße: ● Auftreibung des Körpers durch Fäulnisgase (Schwefelwasserstoff, Ammoniak, Methan) ● grünliche Verfärbung der Haut: aus rotem Hämoglobin entsteht grünliches Sulfhämoglobin (Verdoglobin) ● Durchschlagen der Venennetze: durch Fäulnisgase wird Blut aus den Venen gepreßt, dadurch wird Verlauf der Hautvenen deutlich sichtbar ● gallige Imbibition: Galle tritt aus der Gallenblase in die Nachbarschaft aus (Diffusion verstärkt durch Gasdruck) und verfärbt anliegende Darmteile grün ● Schaumorgane: Gasbläschen in den Organen ● Trübung der Hornhaut

1.1.6 Konstitution

Definition: Konstitution = Summe der individuellen Ausprägungen aller quantifizierbaren körperlichen und seelischen Merkmale eines Menschen

Beispiele für verwandte Typenlehren

AUTOR	JAHR	SCHMALWÜCHSIG	MUSKULÖS	BREITWÜCHSIG
Walker	1823	Mentaler Typ (Minerva)	Bewegungstyp (Diana)	Ernährungstyp (Venus)
Sigaud	1908	Type cérébral (respiratoire)	Type musculaire	Type digestif
Kretschmer	1921	Leptosom	Athletisch	Pyknisch
Aschner	1924	Schmaler Typ	Mittlerer Typ	Breiter Typ
Sheldon	1940	Ektomorph: ● bestimmt durch äußeres Keimblatt (Ektoderm): ● schmalwüchsig ● zarte und lange Gliedmaßen ● flacher Rumpf ● beim Kopf überwiegt der Hirnschädel	Mesomorph: ● bestimmt durch mittleres Keimblatt (Mesoderm), Bewegungsapparat beherrscht das Bild: ● schwerer Knochenbau ● kräftige Muskeln ● breite Schultern ● schmales Becken	Endomorph: ● bestimmt durch inneres Keimblatt (Endoderm): ● breitwüchsig ● Rumpf wölbt sich vor ● Gliedmaßen kurz und eher grazil

Indizes zur Bestimmung des Konstitutionstyps
(Längenmaße in cm, Gewicht in kg, f = Frau, m = Mann)

INDEX	DEFINITION	EKTO-MORPH	MESO-MORPH	ENDO-MORPH
Rohrer-Index	$100 * $ Körpermasse / (Körperlänge)^3	<1,29	1,28-1,48	>1,46
Pignet-Index	Körperlänge minus Brustumfang minus Gewicht	>9	-10 bis +10	<2
Kretschmer-Index	$100 * $ Schulterbreite / Brustumfang	>41	40-44	<40
Plattner-Index	$100 * $ Symphysenhöhe / (Brustumfang $*$ Rumpflänge)	>1,8	1,6-2,0	<1,8
Brustumfang-Symphysenhöhen-Index	$100 * $ Brustumfang / Symphysenhöhe	<103	102-119	>112
Brustumfang-Rumpflängen-Index	$100 * $ Brustumfang / Rumpflänge	<176	>179	>179
Rumpfbreitenindex	$100 * $ Beckenbreite / Schulterbreite	f: 74-86 m: 70-83	64-74 64-74	78-88 74-84

Definition der Maße:
● Brustumfang: oberhalb der Brustwarzen bei herabhängenden Armen, bei stärker entwickelter Brustdrüse oberhalb des Drüsenkörpers
● Schulterbreite (Akromialbreite): geradliniger Abstand der am weitesten ausladenden Punkte der beiden Schulterecken (Acromia), die Schultern dürfen hierbei nicht nach vorn genommen werden
● Beckenbreite (Iliokristalbreite): geradliniger Abstand der am weitesten ausladenden Punkte der beiden Darmbeinkämme (Cristae iliacae)
● Symphysenhöhe: senkrechter Abstand des Oberrandes der Schambeinfuge (Symphysis pubica) vom Boden im Stehen (auch mittlere Beinlänge genannt)

Man beachte:
● weite Überschneidung der empirisch ermittelten Indizes bei typischen Vertretern eines Körperbautyps
● Zuordnung zu einem Typ ist nur durch Kombination mehrerer Maße möglich
● die meisten Menschen sind Mischtypen, oft herrscht aber ein Typ vor

1.1.7 Somatische Stellung des Menschen innerhalb der Lebewesen

(Hier geht es nur um das Grundsätzliche einer anatomisch orientierten Gliederung, Einzelheiten siehe Spezialliteratur)

1	2	3	4	5	6 (STAMM)	7	BEISPIELE
Pflan-zen-reich	Prokaryota						Bakterien, Blaualgen
	Eukaryota						Algen, Pilze, Moose, Farne, Samenpflanzen
Tier-reich	Protozoa (Einzeller)						Krankheitserreger: Entamoeba (Amöbenruhr), Plasmodium (Malaria), Trypanosoma (Schlafkrankheit), Leishmania (Kala-Azar), Toxoplasma, Trichomonas, Lamblia
	Metazoa (Vielzeller)	Parazoa (Schwämme)					Kalk- und Kieselschwämme
		Eume-tazoa	Radiata				Quallen
			Bilateralia	Protostomia (Urmund wird endgültiger Mund)			Schnecken, Muscheln, Spinnen, Krebse, Insekten, Mehrzahl der Würmer
				Deutero-stomia (Urmund wird Af-ter)	Branchiotremata (Kragentiere) Echinodermata (Stachelhäuter) Pogonophora (Bartwürmer) Chaetognatha (Pfeilwürmer)		Seesterne, Seeigel, Seewalzen
					Chordata (Chordatiere)	Tunicata	(Manteltiere) Salpen, Seescheiden
						Acrania	(Schädellose) Lanzettfischchen
						Vertebrata	(Wirbeltiere) (⇨ Fortsetzung)

(Fortsetzung mit Unterstamm **Vertebrata** = Wirbeltiere)

8 (KLASSE)	9 (ÜBER-ORDNUNG)	10 (ORD-NUNG)	11 (UN-TERORD-NUNG)	12	13 (ÜBERFAMILIE)	BEISPIELE
Cyclostomata (Rundmäuler) Chondrichthyes (Knorpelfische) Osteichthyes (Knochenfische) Amphibia (Lurche) Reptilia (Kriechtiere) Aves (Vögel)						Schleimfische, Neunaugen Hai, Rochen (30000 Arten, z.B. Stör, Hecht) Frösche, Schwanzlurche, Blindwühlen Schildkröten, Schlangen, Krokodile (8600 Arten)
Mammalia (Säuge tiere)	Prototheria (eierlegende Säugetiere) Metatheria (Beuteltiere)					Kloakentiere (Ameisenigel, Schnabeltiere) Känguruhs, Beutelratten
	Eutheria (Plazenta-tiere)	Insectivora (Insektenfresser) Chiroptera (Handflügler) Lagomorpha (Hasentiere) Rodentia (Nagetiere) Carnivora (Raubtiere) Proboscidea (Rüsseltiere) Perissodactyla (Unpaarhufer) Artiodactyla (Paarhufer) Cetacea (Wale)				Igel, Spitzmäuse, Maulwürfe, Borstenigel Fledermäuse, Flughunde Hasen, Kaninchen Mäuse, Meerschweinchen, Hörnchen Hunde, Katzen, Bären, Marder, Robben Elefanten Pferde, Tapire, Nashörner Rind, Schaf, Ziege, Kamel, Schwein Bartenwale, Zahnwale, Delphine
		Primates (Herren-tiere)	Lemuroidea (Halbaffen) Tarsioidea (Makis)			Loris, Lemuren, Spitzhörnchen Lemuren, Katzenmakis, Vari
			Anthropo-idea (Affen)	Platyrrhina (Breitnasenaffen)		"Neuweltaffen" (breite Nasenscheidewand, Nasenlöcher nach lateral, 36 Zähne, langer Greifschwanz, z.B. Klammeraffen)
				Catarrhi-na (Schmal-nasen affen)		"Altweltaffen" (schmale Nasenscheide-wand, Nasenlöcher nach vorn unten, 32 Zähne, Schwanz zurückgebildet
					Cercopithecoidea	(Hundsaffen) Meerkatzen, Schlankaffen
					Hominoidea	Menschenaffen/Menschen (⇨ Fortsetzung)

(Fortsetzung mit Überfamilie **Hominoidea** = Menschenaffen und Menschen)

14 (FAMILIE)	15 (UNTER-FAMILIE)	16 (GATTUNG)	BEISPIELE (ARTEN)
Hylobatidae (Gibbons) Pongidae (Menschenaffen i.e.S.)			Gibbon (Hylobates), Siamang (Symphalagus), Zwergsiamang (Brachytanides) Schimpanse (Pan), Gorilla (Gorilla), Orang-Utan (Pongo)
Hominidae (Menschen-artige)	Australopithecus		
	Euhomininae (Echtmen-schen)	Homo habilis Homo erectus	Funde in Olduwai (Afrika) Pithecanthropus erectus (Java), Sinanthropus pekinensis (China)
		Homo sapiens	Homo sapiens neanderthalensis (Funde: Neandertal, Spy, Le Moustier u.a.) **Homo sapiens sapiens** (heutiger = rezenter Mensch)

1.2 Zellenlehre (Cytologia)

1.2.1 Allgemeine Zellenlehre

ALLGEMEINES	ÄUSSERE FORM	FUNKTIONELLE GLIEDERUNG
■ **Definitionen**: Zelle (Cellula) ● historisch-klassische Formulierung: Zelle = Klümpchen von Protoplasma, in dem ein Kern liegt (Schulze 1861) ● moderne Version: Zelle = kleinste selbständig lebensfähige Einheit eines Organismus (kann in Gewebekultur unabhängig vom Herkunftsorganismus weiterleben) ● jede Zelle stammt von einer Zelle ab (Virchow 1858: omnis cellula e cellula) ■ **Zellgrößen** beim Menschen in μm (Mikrometer): ● kleinste Zellen: 3-5 (Durchmesser der Köpfe der Samenzellen) ● Erythrozyten: 7-8 ● meiste Zellen: 10-30 ● größte Zellen: 100-120, z.B. ● Eizelle ● Riesenpyramidenzelle ● Spinalganglien-A-Zelle ● Osteoklast ● Megakaryozyt (Knochenmarkriesenzelle) ● Plazentariesenzelle ● längste Zellfortsätze: >1000000 (über 1 m bei Axonen der Nerven zum Fuß) ● keine Beziehung zwischen Größe eines Menschen und Größe seiner Zellen (größere Menschen haben nicht größere Zellen, sondern mehr Zellen) ■ **Zellzahl** beim Menschen: ● Größenordnung 10^{13}-10^{14} ● davon 2-3 x 10^{13} Erythrozyten (5 l Blut zu je ~ 5 x 10^{12} Erythrozyten) ● Modellrechnung für Rest des Körpers: mittlerer Zelldurchmesser ~ 15 μm → mittleres Zellvolumen (bei Kugelform $4\pi r^3/3$) ~ 2 pl (Pikoliter) → in 60 l Körper 3 x 10^{13} Zellen ● etwa Hälfte der Gesamtzellzahl entfällt demnach auf Erythrozyten!	■ **Zellformen**: ● würfelförmig (Cellula cuboidea) ● vielflächig (Cellula polyhedralis) ● pyramidenförmig (Cellula pyramidalis) ● kugelförmig (Cellula spherica) ● eiförmig (Cellula ovoidea) ● platt (Cellula squamosa [plana]) ● hügelförmig (Cellula colliculiformis) ● spindelförmig (Cellula fusiformis) ● sternförmig (Cellula stellata) ● baumartig verzweigt (Cellula dendriformis) ● vielgestaltig beweglich, amöboid (Cellula amoeboidea) ■ **Zellfortsätze** (Processus cellulares): ● fingerförmig (Processus digitiformis) ● fadenförmig (Processus filiformis) ● lamellär (Processus lamellosus) ● vielfüßig, polypenartig (Processus polypoideus) ● vielgestaltig beweglich (Processus amoeboideus) ● Mikrozotten (Microvillus): fingerförmige Ausstülpung der apikalen Zellmembran von Epithelzellen, Durchmesser ~ 0,1 μm, Länge ~ 2 μm, können zu Hunderten an einer Zelle zu finden sein (Mikrovillirasen), erscheinen dann im lichtmikroskopischen Bild als "Bürstensaum", dienen der Oberflächenvergrößerung, kommen vor allem bei resorbierenden Zellen vor ● Stereozilien: sehr lange Mikrovilli ● Flimmerhaar (Cilium), Geißel (Flagellum) ⇨ 1.2.4 ● Nervenzellfortsätze ⇨ 1.7.2 ■ **Zelleinstülpungen** (Invaginationes cellulares): ● vorübergehende kleine Einstülpungen der apikalen Zellmembran leiten die Bildung oberflächlicher Bläschen (Vesicula superficialis [Caveola]) bei der Endozytose ein ● Serien von Einstülpungen (Negativbild des Mikrovillirasens) dienen der Oberflächenvergrößerung an der basalen Seite der Zelle ■ **extrazelluläre Strukturen**, die von Zellen aufgebaut werden: ① **Basalmembran** (Membrana basalis): extrazelluläre Stützschicht zwischen Epithel und Bindegewebe ● elektronenmikroskopisch helle Schicht (Lamina lucida), entspricht Glycocalix, ~ 30 nm dick ● dichte Schicht = Basallamina (Lamina densa [basalis]): Collagen Typ IV, ~ 50-100 nm dick ● Gitterfasergeflecht (Lamina reticularis): Collagen Typ III, wechselnd dick, bis 1 μm ② **Interzellularsubstanz** (Substantia intercellularis): 2 Komponenten ● *Fasern*: 3 Typen ● Kollagenfaser (Fibra collagenosa): zugfest, unverzweigt, vorwiegend Collagen Typ I, Durchmesser 1-20 μm, besteht aus Bündeln von Kollagenfibrillen (Fibrillae collagenosae), 0,3-0,5 μm, diese wieder aus quergestreiften Mikrofibrillen (Microfibrillae collagenoideae), 20-200 nm ● retikuläre Faser (Fibra reticularis): aus Collagen Typ III, Durchmesser 0,2-1 μm ● elastische Faser (Fibra elastica): zugelastisch, Fasernetze oder Membranen, aus Elastin, Durchmesser 1-4 μm ● *Grundsubstanz* (Substantia fundamentalis [amorpha]): polyanionische Proteoglycane, Strukturglycoproteine, interstitielle Flüssigkeit	■ **Richtungsbegriffe**: ● Zellpol (Polus cellularis): bei fest in Zellverband, z.B. Epithel, eingeschlossenen, nicht beliebig drehbaren Zellen: ● apikale Seite (Zellspitze, Apex cellularis): der Oberfläche (Lichtung) zugewandt ● basale Seite (Zellbasis, Basis cellularis): von der Oberfläche abgewandt, der Basalmembran zugewandt ● Zellachse (Axis cellularis): als dreidimensionales Gebilde hat jede Zelle 3 Hauptachsen (⇨ 1.1.3), meist ist unter Zellachse (ohne Zusatz) die apikal-basale Achse gemeint ■ **Protoplasma** (Zellplasma): Oberbegriff für den von der äußeren Zellmembran (Plasmalemma) umschlossenen Inhalt der Zelle, er wird durch Membranen in Kompartimente (Reaktionsräume) gegliedert: ① **Zellkern** (Nucleus): Kompartiment, das die Gene enthält (⇨ 1.2.7) ② **Zelleib** (Cytoplasma): 2 Bereiche ohne scharfe Grenze ● Exoplasma: nahe der äußeren Zellmembran ● Endoplasma: in der Umgebung des Zellkerns ● innerhalb des Zelleibs liegen im Grundplasma ("Matrix", "Cytosol", "Zellsaft") als eigene Kompartimente: ③ **Zellorganellen** (Organellae): von Membranen umhüllte, abgegrenze Stoffwechselbereiche (⇨ 1.2.3) ④ **Zelleinschlüsse** (Inclusiones cytoplasmicae): nicht immer membranumhüllt ● metaplasmatische Strukturen: Zellskelett (⇨ 1.2.4) und zellspezifische Differenzierungsprodukte, z.B. Neurofibrillen ● paraplasmatische Einschlüsse: Sekrete, Gespeichertes, Stoffwechselabfallprodukte, Phagozytiertes (⇨ 1.2.5) NB: die Nomina histologica grenzen nicht zwischen Organellae und Inclusiones ab, die Zuordnung wird daher unterschiedlich gehandhabt, oft wird das Zellskelett als eine eigene dritte Gruppe herausgestellt

1.2.2 Membrana cellularis (Zellmembran)

MORPHOLOGIE	BIOCHEMIE	AUFGABEN
■ **Elementarmembran** (Einheitsmembran, unit membrane): alle Membranen an der Oberfläche (Plasmalemma) und im Innern von Zellen haben den grundsätzlich gleichen Bau: ● Durchmesser ~ 8 nm ● 3 Schichten im Elektronenmikroskop: • äußere Lamelle (B-Seite, Lamina externa): ~ 2,5 nm dick, nach Osmiumfixierung dunkel • Zwischenschicht (Lamina intermedia): ~ 3 nm, hell • innere Lamelle (A-Seite, Lamina interna): ~ 2,5 nm, dunkel ● gleicher Bau gestattet beliebigen Austausch zwischen Oberfläche und Tiefe (wichtig für Transportvorgänge innerhalb der Zelle) ■ **Plasmalemma** (äußere Zellmembran): ● Außenseite (Facies extraplasmica): äußere Oberfläche (Superficies extraplasmica) bedeckt von Filz aus Oligosacchariden (Glycocalix) ● Innenseite (Facies plasmica): innere Oberfläche (Superficies plasmica) dient Ansatz des Zellskeletts (Cytoskeleton) ■ **Ersatz** von Membranen: ● Neubildung durch Golgi-Apparat ● Recycling: bei Transportvorgängen frei werdende Membranen werden erneut verwendet (Austausch zwischen Oberfläche und Tiefe und zwischen den verschiedenen Zellkompartimenten)	■ **Zusammensetzung:** ● 30-60 % Lipide: überwiegend Phospholipide in 2 Schichten: • hydrophile "Köpfe" bilden Lamina externa + interna • einander zugewandte hydrophobe "Schwänze" Lamina intermedia ● 30-60 % Proteine: • integrale Proteine reichen durch alle 3 Lamellen der Membran, z.B. Transportproteine (Carrier-Proteine) • periphere Proteine liegen in äußerer (Ektoproteine) oder innerer Lamelle (Endoproteine) ● bis 10 % Kohlenhydrate, vor allem als Oligosaccharidseitenketten der Glycoproteine, Glycolipide und Proteoglycane, bedecken als Glycocalix äußere Oberfläche des Plasmalemma ■ **Flüssigmosaikmodell** der Zellmembran: Bauteile der Membran sind nicht starr verbunden, sondern innerhalb der Membran beweglich, vor allem Proteine ordnen sind nach funktionellen Bedürfnissen neu an (Membranmodell von Singer u. Nicolson 1972)	① **Diffusionsbarriere:** Membranen trennen Kompartimente der Zelle, um einzelne Stoffwechselvorgänge gegeneinander abzugrenzen, z.B. um die Zelle vor ihren eigenen Lysosomenenzymen zu schützen ● Diffusion ist aber möglich für Atemgase, Lipide, Wasser, Harnstoff, Aminosäuren u.a. ● aktiver Transport: unterstützt durch Transportproteine unter Energieaufwand, z.B. Natriumpumpe ② **Bläschentransport:** ● *Endozytose:* Transport in die Zelle hinein, aufzunehmender Stoff von Plasmalemma umschlossen → als membranumhülltes Bläschen in das Cytoplasma abgeschnürt, 3 Größenordnungen: • *Mikropinozytose:* Bläschendurchmesser 50-150 nm, als coates vesicle zunächst käfigartig von Protein Clathrin umhüllt (Käfig löst sich jedoch in wenigen Sekunden auf), Aufnahme von Flüssigkeiten (Fluid-Phase-Resorption) oder spezifischen Stoffen nach Bindung an Rezeptoren des Glycocalix (rezeptorvermittelte Resorption) • *Makropinozytose:* Bläschendurchmesser bis 1 μm, ohne Clathrinkäfig, für Makromoleküle • *Phagozytose:* Bläschendurchmesser über 1 μm, für größere Teilchen, z.B. Bakterien, Zelltrümmer ● *Exozytose:* Transport aus der Zelle heraus, abzugebender Stoff meist im Golgi-Apparat mit Membran umhüllt, Bläschen wandert zum Plasmalemma, Membranen verschmelzen, Stoff wird auf äußerer Oberfläche frei, überschüssige Membran wird recycelt • Beispiel Drüsensekretion: Sekret in Zellorganellen synthetisiert, als membranumhüllte Bläschen in Cytoplasma gespeichert, bei Bedarf durch Exozytose abgegeben ● *Transzytose:* Transport durch die Zelle hindurch, zu transportierender Stoff auf einer Zellseite durch Endozytose aufgenommen, als membranumhülltes Bläschen durch Zelle bewegt, auf gegenüberliegender Zellseite durch Exozytose ausgeschleust ③ **Zellerkennung:** Glycocalix enthält spezifische Kennzeichen der Zelle, z.B. Blutgruppeneigenschaften, wodurch Zellen von der Abwehr als körpereigen oder fremd (Antigen) erkannt werden ④ **Zellkontakte:** ⇨ 1.2.6 ⑤ **Signalverarbeitung:** ⇨ 1.7.3 Synapsis

1.2.3 Organellae cytoplasmicae (Zellorganellen)

ORGA-NELLE	ALLGEMEINES	BAU	AUFGABEN, BIOCHEMIE
Zell-zentrum (Cytocen-trum)	● Paar von rechtwinklig zuein-ander stehenden Zentriolen (Diplosoma) ● in naher Beziehung zum Golgi-Apparat ● vielkernige Zellen zahlreiche Zentriolen	Zentriol (Zentralkörperchen, Centriolum): ● Hohlzylinder aus 9 x 3 Mikrotubuli (⇨ 1.2.4) ● Durchmesser 0,15 µm, Länge 0,2-0,5 µm ● die Dreiergruppen (Triplets) der Mikrotubuli (Triplomicrotubuli) sind durch Proteinbrücken ver-bunden ● entsteht über Prozentriol: erst 9 x 1, dann 9 x 2 Microtubuli ● Satellit (Satelles): perizentrioläres elektronen-dichtes Material, Durchmesser ~ 75 nm	● Ankerpunkt für Zellskelett ● bei Zellteilung Ausgangs-punkt der Teilungsspindel ● Satelliten Ausgangspunkte für An- und Abbau von Tubu-lindimeren an Mikrotubuli
Mitochon-drion (Mitochon-drion)	■ **Form und Größe:** ● meist rund bis länglich, Form ändert sich funktionsabhängig ● Durchmesser 0,2-2 µm ● Länge 1-10 µm ■ **Lage:** ● meist in Nähe besonders stoffwechselaktiver Zellberei-che ● bis mehrere Tausend pro Zelle (abhängig von Stoffwech-selintensität) ■ **Vermehrung:** ● Lebensdauer 1-3 Wochen ● Vermehrung durch Quertei-lung ● nur von Eizelle weitergege-ben ● eigenes genetisches System reicht für Neubildung nicht aus, zusätzliche Proteine von Zell-kern gesteuert ● Symbiose eines bakterien-ähnlichen Lebewesens mit tierischer Zelle? ■ **lichtmikroskopisch:** sichtbar durch spezielle Färbungen, z.B. Janusgrün, besonders bei Zusammenlagerung, z.B. in Reihen angeordnete Mitochon-drien in Zellen des proximalen Nierentubulus erscheinen als basale Streifung	■ **2 dreischichtige Mitochondrienmembranen:** ● äußere Membran (Membrana mitochondrialis externa) umschließt gesamtes Mitochondrion ● innere Membran (Membrana mitochondrialis in-terna) liegt durch Spalt getrennt der äußeren an und springt in das Innere vor, 3 Typen: • Cristatyp: leistenartig (häufigster Typ), Zahl und Größe der Cristae funktionsabhängig • Tubulustyp: röhrenartig (in steroidsezernieren-den Zellen) • Vesiculatyp (Sacculustyp): bläschenartig ● die Innenseite der inneren Membran ist mit ge-stielten Elementarpartikeln (Particula elementaria [Spherula membranae]) besetzt, Durchmesser ~ 10 nm ● äußere Membran entspricht endoplasmati-schem Retikulum, umschließt bakterienähnliche innere Membran wie Fremdlebewesen ■ **2 Kompartimente:** ● äußerer Stoffwechselraum (äußeres Chon-drioplasma, Spatium intermembranosum): Spalt-raum zwischen den beiden Mirochondrienmem-branen, etwa 10-20 nm weit ● innerer Stoffwechselraum (inneres Chondrio-plasma, Matrix mitochondrialis): von innerer Mem-bran umschlossen, Hauptanteil des Mitochon-drion, enthält • Matrixgranula (Granula mitochondrialia): Durchmesser 30-50 nm, aus Calciumphosphat • feine Granula: Durchmesser ~ 12 nm, aus Ribo-nucleinsäure • verzweigte Filamente (Filamenta mitochondria-lia): wechselnde Dicke, aus DNA, enthält die Erb-information des Mitochondrion (Chromosoma mi-tochondrialis), die nicht identisch mit der des Zell-kerns! ● Einschlüsse (Inclusiones mitochondriales): z.B. Prismen in manchen Gliazellen	■ Wichtigster **Energieerzeu-ger** der Zelle, Hauptprozesse: ● Abbau von Glucose über Citronensäurezyklus und At-mungskette zu CO_2 + H_2O, dabei gewonnene Energie ver-wandt für ● oxidative Phosphorylierung: ATP (Adenosintriphosphat) aus ADP (Adenosindiphos-phat) + anorganischem Phos-phat ■ Lokalisation der **Enzyme** ("geordnetes Multienzymsy-stem"): ● ATP-Synthetase in Elemen-tarpartikeln der inneren Mem-bran ● Enzyme des Citronensäu-rezyklus und der β-Oxidation von Fettsäuren in Matrix
Ribosom (Ribosoma)	■ **Vorkommen:** ● freie Ribosomen im Grund-plasma ● Polyribosoma: Gruppen von Ribosomen, durch mRNS ver-bunden ● membrangebundene Ribo-somen: angelagert an endo-plasmatisches Retikulum ■ **Größe und Zahl:** ● Durchmesser ~ 15-20 nm ● Zahl abhängig von Intersität der Proteinsynthese der Zelle	■ **Bauteile:** zusammengesetzt aus 2 Untereinhei-ten, die getrennt in Nucleolus aufgebaut und in Cytoplasma ausgescheut werden ● kleine Untereinheit ● große Untereinheit: bindet sich an Membran des endoplasmatischen Retikulums ■ **Ergastoplasma:** ribosomenreiche Zellbereiche sind im Lichtmikroskop basophil, z.B. Nissl-Schollen der Nervenzellen	■ **Aufgabe:** Proteinsynthese ● in freien Ribosomen und in Polyribosomen Proteine für den eigenen Zellbedarf, z.B. Hämoglobin ● in membrangebundenen Ribosomen Exportproteine, z.B. Drüsensekrete ■ **Biochemie:** ● ~ 40 % ribosomale RNA (rRNA) ● ~ 60 % Proteine

Fortsetzung der Tabelle nächste Seite

Zellorganellen (Fortsetzung)

ORGANELLE	ALLGEMEINES	BAU	AUFGABEN, BIOCHEMIE
Endoplasmatisches Retikulum (Reticulum endoplasmicum [cytoplasmaticum])	● Membranumhülltes Spalten- und Röhrensystem aus ● Lamellen (Lamellae) ● Säckchen (Sacculi) ● Schläuchen (Tubuli) ● intramembranöser Raum stellenweise zu Zisternen (Cisternae) erweitert ● übliche Abkürzung ER	2 Formen: ■ **granuläres (rauhes) endoplasmatisches Retikulum** (Reticulum endoplasmicum granulosum): ● Lamellen auf Außenseite (dem Cytoplasma zugewandt) mit Ribosomen und Polyribosomen besetzt ● Übergang in Kernmembran (Nucleolemma) ● übliche Abkürzung rER (rough ER) ■ **agranuläres (glattes) endoplasmatisches Retikulum** (Reticulum endoplasmicum nongranulosum): ● ohne Ribosomen ● meist Tubuli oder Sacculi ● in steroidbildenden Zellen ● übliche Abkürzung sER (smooth ER) ■ kontinuierliche Übergänge von rER in sER kommen vor	■ **Granuläres endoplasmatisches Retikulum:** ● Proteinsynthese in Ribosomen → Abgabe in Zisternen → als membranumhülltes Bläschen abgeschnürt → Golgi Apparat zur weiteren Verarbeitung ● Bildung von Lysosomen und Peroxisomen ■ **agranuläres endoplasmatisches Retikulum:** ● Steroidsynthese: Nebennierenrinde, Keimdrüsen ● Fettspeicherung: Darmepithelzellen ● Gluconeogenese, Entgiftung: Leber ● Calciumspeicherung und -abgabe: in Muskelzelle als "sarkoplasmatisches Retikulum"
Golgi-Apparat (Complexus golgiensis)	● Felder von 3-10 leicht gekrümmten (schüsselförmigen) flachen Säckchen (Sacculi lamelliformes) ● Felddurchmesser 0,3-1,5 μm ● in sezernierenden Zellen besonders ausgeprägt	● Aufnahmeseite (unreife Seite, Wachstumsseite, cis-Seite): konvexe Seite des Lamellenstapels, meist dem Zellkern zugewandt ● Abgabeseite (reife Seite, trans-Seite): konkave Seite des Lamellenstapels, meist dem apikalen Zellpol zugewandt, immer reichlich mit Bläschen (Vesiculae) umgeben ● vom endoplasmatischen Retikulum gelieferte Bläschen durchlaufen den Golgi-Apparat von der Aufnahme- zur Abgabeseite	● Umbau von Proteinen, Konzentration von Sekreten ● liefert Kohlenhydratanteil von Glycoproteinen und Proteoglycanen ● Sulfatierung von Proteoglycanen ● Neubau von Membranen ● Neubildung primärer Lysosomen ● GERL: Begriff für die funktionelle Zusammengehörigkeit von Golgi-Apparat, endoplasmatischem Retikulum und Lysosomen
Lysosom (Lysosoma)	● Rund bis oval ● Durchmesser 0,2-0,5 μm, Riesenlysosomen bis 6 μm ● Membran trägt auf Innenseite Glycocalix ● sehr vielgestaltige Organellengruppe	2 Hauptformen: ● primäres Lysosom: neu gebildet (von endoplasmatischem Retikulum oder Golgi-Apparat), noch nicht aktiv gewesen ● sekundäres Lysosom: Enzyme aktiviert, enthält abzubauendes Matrial (Phagosoma): ● Phagolysosoma [Heterophagosoma]: Abbau von Fremdmaterial ● Autophagosoma: Abbau von Zellbestandteilen ● Residualkörperchen (Corpusculum residuale): Lysosom, das mit nicht weiter abbaubarem Material gefüllt ist	● Wichtigstes intrazelluläres Verdauungssystem ● etwa 60 verschiedene hydrolytische Enzyme nachgewiesen (Zusammenstellung abhängig von Zellart) ● Lysosomen können auch von Zelle zur Wirkung außerhalb abgegeben werden, z.B. Knochenabbau in Knochenlakunen und bei Entzündungen
Peroxisom (Peroxysoma)	● Wasserstoffperoxid (H_2O_2) bildende Organelle ● Durchmesser 0,3-0,5 μm, Mikroperoxisomen 0,1-0,3 μm ● Vorkommen: Leber, Nierentubulus	● Nur einschichtige (nicht trilaminäre!) Membran ● Neubildung durch freie Ribosomen, evtl. auch durch granuläres endoplasmatisches Retikulum	● Enthält Oxidasen, Peroxidase, Katalase u.a. ● Fettsäureabbau ● peroxidatische Entgiftungsreaktionen ● Rest eines alten Energieversorgungssystems vor Symbiose mit Mitochondrien?
Ringlamellen (Lamella anularis)	● Kokardenförmig (schießscheibenartig) angeordnete Lamellen ● in rasch wachsenden Zellen (Embryo, Keimzellen, Tumorzellen)	● 3-20 Lamellen mit zahlreichen Fenstern ("Membranae fenestratae") ähnlich Kernporen, durch dünnes Diaphragma verschlossen	● Aufgabe unbekannt ● Sonderform des endoplasmatischen Retikulums?

1.2.4 Cytoskeleton (Zellskelett) und Abkömmlinge

	ALLGEMEINES	BAU, ENTSTEHUNG	FUNKTION
Mikrotubulus (Microtubulus)	Feines Röhrchen ● Durchmesser 24 nm, davon Wandstärke 5 nm, Lichtung 14 nm ● Länge bis 25 μm (in Axonen)	● Wand besteht aus 13 Tubulinprotofilamenten (Durchmesser 5 nm) ● Tubulin globuläres Protein, Dimer aus 2 Monomeren (α-Tubulin, β-Tubulin, relative Molekülmasse ~ 50 000) ● beliebige Verlängerung oder Verkürzung durch An- und Abbau von Tubulindimeren ● langsam wachsendes Minusende meist nahe Zentriol ● rasch wachsendes Plusende in Peripherie der Zelle ● Energie für An- und Abbau aus ATP	● Stabilisierung der Zellgestalt: Zelle von zelltypischem Mikrotubulussystem durchzogen ● Gestaltänderungen durch Verlängerung oder Verkürzung von Mikrotubuli ● Transport von Bläschen durch Anheftung an sich verkürzende oder verlängernde Mikrotubuli ● Teilungsspindel bei Zellteilung
Mikrofilament (Microfilamentum)	Feiner Faden ● Durchmesser 5-7 nm ● Länge bis 1 μm	● Jedes Filament besteht aus 2 umeinandergewundenen Actinfäden, Windungshöhe 36 nm ● Actin: Protein aus 375 Aminosäuren, etwa 10 % des gesamten Proteingehalts der Zelle ● dynamisches Gleichgewicht zwischen freien Aktinmolekülen und zu Mikrofilamenten polymerisierten ● Minus- und Plusende wie bei Mikrotubuli ● Bündel von Mikrofilamenten ist zu Mikrofibrille (Microfibrilla) zusammengeschlossen	● Zusammenwirken mit Myosin in Myofibrillen der Muskelzellen ● myosinunabhängige Actinfilamente bilden subplasmalemmales Netzwerk (Zellkortex) ● Stabilisierung der Zellgestalt, damit werden Zellverbände ermöglicht (über Zellkontakte, an denen sich Mikrofilamente befestigen) ● Gestaltänderungen durch Verlängerung oder Verkürzung von Mikrofilamenten
Intermediäres Filament	Feiner Faden ● Durchmesser 8-10 nm ● Länge bis einige μm	Heterogene Gruppe, verschiedene Proteine (Keratine, Vimentin, Desmin, Laminin), relative Molekülmasse 40 000-210 000, Gliederung in mindestens 5 Klassen möglich Hierzu gehören: ● Tonofilamente der Epithelzellen ● Myosinfilamente der Muskelzellen ● Neurofilamente der Nervenzellen ● Gliafilamente der Gliazellen	Bilden mit Mikrotubuli und Mikrofilamenten Mikrotrabekelgitter
Zilie (Kinozilie, Flimmerhaar, Cilium [Microcilium])	● Beweglicher Zellfortsatz ● Durchmesser 0,2-0,5 μm, Länge 2-10 μm ● können zu Hunderten apikale Zelloberfläche besetzen (Flimmerepithel, Vorkommen ⇨ 1.3.2)	■ **Achsenfaden** (Axonema, Microtubulus [Filamentum] axialis): aus der Zelle ragender Teil (Pars extracellularis): eigentlich nicht extrazellulär, da von äußerer Zellmembran (Plasmalemma) umhüllt, 9+2-Struktur ● außen: 9 Paare von Mikrotubuli (Diplomicrotubuli peripherici): die beiden Mikrotubuli (A + B) der Dubletten sind miteinander verschmolzen (3 gemeinsame Tubulinprotofilamente), vom A-Tubulus greifen Arme aus Protein Dynein zur Nachbardublette ● innen: 1 Paar nicht miteinander verschmolzener Mikrotubuli (Microtubuli centrales), von zentraler Scheide umgeben ■ **Basalkörperchen** (Kinetosom, Corpusculum basale): verankert den Achsenfaden in der Zelle (Pars intracellularis), Bau ähnlich Zentriol (⇨ 1.2.3) ● 9 Mikrotubulustriplets (Triplomicrotubuli) bilden Basis für 9 Dubletten des Achsenfadens ● Basalwurzel (Radix basalis): die Richtung des Cilium fortsetzende, konisch auslaufende quergestreifte Mikrofilamente ● Basalfuß (Pes basalis): rechtwinklig von Basalkörperchen abgehend mit Mikrotubulusorganisationszentrum (MTOC, Satelles)	● Zilien schlagen nur in eine Richtung ● Bewegung kommt durch Entlanghangeln der Dyneinarme an Nachbardoublette zustande ● Koordination der benachbarten Zilien durch Basalfüße ● bewegen Schleimteppich über Oberflächen von Hohlorganen und mit Schleim Teilchen, die auf diesem liegen, z.B. Staub in den Atemwegen, Eizelle im Eileiter
Geißel (Flagellum)	● Beweglicher Zellfortsatz wie Cilium, nur wesentlich länger	● Axonema 9+2-Struktur wie Cilium ● beim Menschen nur Spermium, ~ 60 μm lang (⇨ 5.5.2)	● Geißel schlägt im Gegensatz zu Cilium in allen Richtungen ● ermöglicht rasche Fortbewegung der Zelle, Größenordnung 20-70 μm/s (etwa eigene Länge pro Sekunde)

1.2.5 Inclusiones cytoplasmicae (Zelleinschlüsse)

BLÄSCHEN	SPEICHERSTOFFE	PIGMENTE
Membranumhüllte **Zytoplasmabläschen** (Vesiculae cytoplasmicae): ● *Pinozytosebläschen* (Vesicula pinocytotica): Pinozytose ⇨ 1.2.2 ● *multivesikulärer Körper* (Corpus multivesiculare): Vakuole von 0,3-2 μm Duchmesser enthält Bläschen von ~ 50 nm, Vorstufen von multilamellären Körpern und Melanosomen? ● *multilamellärer Körper.* im Alveolarepithel, Sekretvakuole, die Surfactant enthält ● *Melanosom* (Melanosoma): Vorstufe der Melaninkörnchen in Melanozyten und Pigmentepithelzellen, Stadien: ● I (Premelanosoma): nur granuläre Matrix ● II: Tyrosinase nimmt zu ● III: Melanin tritt auf ● IV: reifes Melaningranulum ● *Residualkörperchen* (Corpusculum residuale): Lysosom mit nicht weiter abbaubarem Material	● Fetttropfen (Gutta adipis [Adiposoma]) ● Fetttröpfchen (Guttula adipis) ● Kristalle (Inclusiones crystalloideae): z.B. ● Charcot-Böttcher-Kristalle in Sertoli-Stützzellen der Hodenkanälchen ● Lubarsch-Kristalle in Spermatogonien ● Reinke-Kristalle in Hodenzwischenzellen ■ **Zellkörnchen** (Granulum cellulare): ● Glycogenkörnchen (Granulum glycogeni): vor allem in Leberzellen, Herzmuskel und Scheidenepithel, Granula bilden z.T. rosettenähnliche Figuren ● Proteinkörnchen (Granulum proteini): neigen zur Bildung von Kristallen (s.o.) ● Sekretkörnchen (Granulum secretorium) ● Pigmentkörnchen (Granulum pigmenti): ⇨ rechts	■ **Endogene Pigmente**: ● Ferritin (Granulum ferritini) ● Hämosiderin (Granulum hemosiderini) ● Hämatoidin (Granulum hematoidini) ● Lipochrom (Granulum lipochromi) ● Lipofuscin (Granulum lipofuscini): gewöhnlich als Residualkörperchen ● Melanin (Granulum melanini) ■ **exogene Pigmente**: ● Carotin (Granulum carotenoidi) ● Ruß (Kohlenstaub)

1.2.6 Junctiones intercellulares (Zellverbindungen)

TYP	GLIEDERUNG	FEINBAU	FUNKTION, KLINIK
Allgemeines	● **Einfache Zellverbindung** (Junctio intercellularis simplex): s. rechts ● **Verbindungskomplex** (Junctio intercellularis complexa): s.u.	Verbesserung des Zusammenhalts durch Vergrößerung der Kontaktfläche: ● gezähnte Verbindung (Junctio intercellularis denticulata) ● fingerförmige Verbindung (Junctio intercellularis digitiformis)	
Haftverbindungen	● *Fleckdesmosom (Macula adherens [Desmosoma])*: Scheibchen von 0,3-0,5 μm Durchmesser auf den einander zugewandten Seiten von 2 Zellen (vor allem Epithelzellen) ● *Halbdesmosom (Hemidesmosoma)*: nur auf einer Seite Haftplatte ● *Gürteldesmosom (Zonula adherens)*: läuft ringförmig um Zelle ● *Streifendesmosom (Fascia adherens)*: nur in den Glanzstreifen der Herzmuskelzellen	● Plasmalemm auf Zytoplasmaseite von Haftplatte unterlagert: elektronendichtes Material aus nichtglykosylierten Proteinen (Desmoplakin, Desmocalmin u.a.), ~ 15 nm dick, daran Tonofibrillen (Tonofibrillae) aus Tonofilamenten (Tonofilamenta, Durchmesser ~ 10 nm) des Zellskeletts verankert ● Zwischenzellspalt (Spatium intercellulare) im Bereich der Desmosomen auf 25-35 nm erweitert (sonst ~ 20 nm), von feinen Filamenten durchzogen (Substantia intercellularis), die die gegenüberliegenden Haftplatten verbinden	Sichern Zusammenhalt des Zellverbands, vor allem beim Epithel
Undurchlässige Verbindungen	Tight junction (*Zonula occludens*): ringförmig um Zelle laufend, ~ 0,2 μm breit	● Leistenförmige Verschmelzung der Plasmalemmata benachbarter Zellen, so daß Zwischenzellspalt unterbrochen ● Schlußleiste im Lichtmikroskop ist Kombination einer Tight junction mit einem Gürteldesmosom	Dichten Zwischenzellraum gegen Lichtung von Hohlorganen ab, verhindern z.B. Eindringen von Verdauungssäften in Darmwand
Kommunizierende Verbindungen	Gap junction (*Macula communicans [Nexus]*): plattenförmige Zellkontakte	● Zwischenzellspalt auf 2-4 nm vermindert ● Zellmembranen durch Konnexone unterbrochen, Kanälchen von 1-2 nm Weite, die das Cytoplasma der beiden Nachbarzellen verbinden	Durchlässig für Ionen und Moleküle bis etwa 1000 relativer Molekülmasse, Weitergabe von ● Stoffwechselsubstraten ● Informationen, z.B. für ● synchrone Kontraktion der Herzmuskelzellen ● elektrische Synapsen (⇨ 1.7.3)

1.2.7 Nucleus (Zellkern)

	ALLGEMEINER BAU	SPEZIELLER BAU	FUNKTION, KLINIK
Allgemeines	■ **Kernformen**: für Zellart meist typisch ● ringförmig (Nucleus anularis) ● stäbchenförmig (Nucleus bacilliformis) ● spindelförmig (Nucleus fusiformis) ● bandförmig (Nucleus moniliformis) ● eiförmig (Nucleus ovoideus) ● birnförmig (Nucleus piriformis) ● flach, platt (Nucleus planus) ● vielgestaltig (Nucleus polymorphus) ● nierenförmig (Nucleus reniformis) ● segmentiert (Nucleus segmentalis) ● kugelig (Nucleus sphericus) ● bläschenförmig (Nucleus vesicularis) ■ **Kerngröße**: ● für Zelltyp weitgehend konstant ● meiste Kerne 5-10 μm Durchmesser ● Kernschwellung: bei funktioneller Mehrbelastung (Arbeitshypertrophie) ● Verkleinerung bei Minderbelastung (Inaktivitätshypotrophie)	**Kernplasma** (Karyoplasma, Nucleoplasma): besteht aus: ● *Chromatin* (Chromatinum), dem körnig erscheinenden (Granulum chromatini) Material der im Interphasekern nicht sichtbaren Chromosomen: • helle Bereiche = *Euchromatinum*: die entspiralisierten, aktiven Teile der Chromosomen, Kerne mit überwiegend hellen Bereichen sind genetisch aktiv • dunkle Bereiche = *Heterochromatinum*: die spiralisierten, inaktiven Teile der Chromosomen, überwiegend dunkle Kerne sind genetisch inaktiv ● fädige (Nucleoplasma filamentosum) und körnige (Nucleoplasma punctatum) Anteile aus Proteinen, Enzymen, Stoffwechselprodukten usw.	■ **Aufgaben**: jeder Zellkern enthält die gesamte genetische Information in Form von DNA in den Chromosomen, er steuert ● Differenzierung, Reifung und Funktion der Zelle ● Weitergabe der genetischen Information bei Mitose und Meiose ● Synthese von Messenger-RNA, Transfer-RNA, ribosomaler RNA ■ **Kernveränderungen**: ● Karyorrhexis: Zerfall des Kerns ● Karyopyknose (Nucleus pyknoticus): Schrumpfung ● Karyolyse: Auflösung ● Kerneinschlüsse: z.B. Viren bei Infektionen mit DNA-Viren, Glycogen bei Diabetes ● Anisokaryose (starke Größenunterschiede) + Polymorphie (Vielgestaltigkeit) bei bösartigen Tumoren
Chromosom (Chromosoma)	■ **Zahl**: Mensch 46 Chromosomen: ● 44 Autosomen (Autosomata) ● 2 Geschlechtschromosomen (Gonosomata): • Frau 2 X-Chromosomen (Gonosoma femininum [X-chromosoma]) • Mann 1 X- + 1 Y-Chromosom (Gonosoma masculinum [Y-chromosoma]) ■ **Form**: ● jedes Chromosom in G_1- (G_0-) Phase aus 1 Chromatinfaden (Chromonema), DNA-Doppelhelix (2 nm dick, ~ 2 m lang) ● ist nur während vollständig spiralisierter Form in Zellteilung sichtbar, dann 1-2 μm dick, einige μm lang ● im Arbeitskern teils gestreckt (Pars euchromatica), teils kondensiert (Pars heterochromatica) ● meiste Chromosomen 2 Schenkel (Crus chromosomatis), durch Primäreinschnitt verbunden ■ **Riesenchromosomen**: bis 10 μm dick und 2 mm lang, zuerst in Speicheldrüsen mancher Insekten (z.B. Drosophila melanogaster) beobachtet (nicht beim Menschen!), Chromatiden trennen sich bei der Zellteilung nicht und ordnen sich zu über tausend parallel an, historische Bedeutung für Genforschung	■ **Primäreinschnitt** (Zentromer, Centromerus [Kinetochorus]): trennt die beiden Chromosomenschenkel, Ansatzpunkt für Chromosomentubuli des Spindelapparats bei Zellteilung, Lage: ● in Mitte des Chromosoms (Chromosoma metacentricum) ● im Drittel oder Viertelbereich (Chromosoma submetacentricum) ● nahe dem Ende (Chromosoma acrocentricum, Chromosoma telocentricum) ● meiste Chromosomen nur 1 Einschnitt (Chromosoma monocentricum) ■ **Sekundäreinschnitt** (Chromosoma dicentricum, Chromosoma satellitiferum): bei 5 der 23 Chromosomenpaare, ● kurzes Chromosomenende (Telomerus, Satelles chromosomalis) nach Sekundäreinschnitt durch dünnen Faden (Filum satellitis) mit Hauptteil verbunden ● Nukleolusorganisationsregion ■ **Chromomer** (Chromomerus): mit bestimmten Techniken (Bandendarstellung) lassen sich für das einzelne Chromosom typische Querbanden darstellen	■ **Sexchromatin** (Geschlechtschromatin, Corpusculum chromatini sexualis): von den X-Chromosomen wird jeweils nur eines entspiralisiert, das zweite bleibt kondensiert und wird im weiblichen Zellen als Chromatinverdichtung (Barr-Körperchen) nahe der Kernmembran sichtbar ● besonders deutlich ist es als "trommelschlegelartiger" Kernanhang (drumstick) bei segmentkernigen Granulozyten (⇨ 1.5.3) ● Geschlechtsdiagnose gilt als gesichert, wenn das Sexchromatin bei 6 von 500 Zellen nachweisbar ist ● Irrtumsmöglichkeit: bei Anomalien der Zahl der Geschlechtschromosomen kann • bei männlichen Keimdrüsen das Sexchromatin nachweisbar sein (nämlich wenn mehr als 1 X-Chromosom, z.B. XXY, XXXY) • bei weiblichen Keimdrüsen das Sexchromatin fehlen (X0) ■ **Karyogramm**: Chromosomen aus Mikrofoto einer Metaphasezelle ausgeschnitten und nach Denver-Klassifikation in 7 Gruppen (A-G) eingeteilt ■ **Chromosomenanomalien**: ⇨ 5.6.6
Kernkörperchen (Nucleolus)	● Nicht von Membran umgeben, meist rundlich, stark basophil ● Durchmesser 1-3 μm ● meiste Zellen 1 Nucleolus (Nucleolus principalis) ● theoretisch 10 möglich (Nucleoli accessorii) entsprechend der Zahl von Chromosomen mit Nucleolusorganisationsregion (Sekundäreinschnitt)	● Schwammartige Struktur (Nucleolonema) füllt Nucleolus: • Filamente (Pars filamentosa): ~ 5 nm dick • Granula (Pars granulosa): Durchmesser 10-15 nm ● umgeben von nukleolusassoziiertem Chromatin ● besteht hauptsächlich aus RNA + Ribonucleoproteinen	● Baut Ribosomen-Untereinheiten auf ● bei malignen Tumorzellen sind die Nucleoli oft vergrößert, formverändert und vermehrt (wichtiges Kennzeichen)

Fortsetzung der Tabelle nächste Seite

Zellkern (Fortsetzung)

	ALLGEMEINER BAU	SPEZIELLER BAU	FUNKTION, KLINIK
Kernhülle (Nucleolemma)	Kern von 2 trilaminären Membranen umgeben: ● äußere Kernmembran (Membrana nuclearis externa): z.T. mit Ribosomen besetzt, gehört zum endoplasmatischen Retikulum ● innere Kernmembran (Membrana nuclearis interna) ● dazwischen perinukleärer Raum (Cisterna nucleolemmae): ~ 15 nm weit, gehört zu Zisternen des endoplasmatischen Retikulums	**Porenkomplexe** (Complexus pori): durchsetzen Kernmembran, etwa 10-20 % der Kernoberfläche ● Kernpore (Porus nuclearis): Durchmesser ~ 70-80 nm, am Rand innere und äußere Kernmembran verschmolzen ● Porenring (Anulus pori): aus Proteingranula ● Porenmembran (Diaphragma pori): feine Fibrillen (keine Elementarmembran!)	Porenkomplexe steuern vermutlich den Stoffaustausch (vor allem RNA) zwischen Nucleoplasma und Cytoplasma

1.2.8 Cyclus cellularis (Zellzyklus)

BEGRIFFE	STADIEN	KLINIK
■ **Zellteilungsphase** (Periodus mitoticus, Cyclus mitoticus): ● sich teilende Zelle (Cellula mitotica) ● sich teilender Kern (Nucleus mitoticus) ● Teilung des Zelleibs (Cytokinesis) ● Teilung des Zellkerns (Nucleokinesis) ■ **Zwischenphase** ("Ruhephase", Interphase, Periodus intermitoticus): zwischen 2 Zellteilungen ● Interphasezelle (Cellula intermitotica [interphasica]) ● Interphasekern (Nucleus intermitoticus [interphasicus]) ■ **Reifeteilungen**: bei den Keimzellen ● Meiosis I: Reduktionsteilung, Reduzierung des doppelten (diploiden) Chromosomensatzes (Diploidia) auf den einfachen (haploiden) Chromosomensatz (Haploidia) ● Meiosis II: Äquatorialteilung, Halbierung des DNA-Gehalts ■ **Endomitose** (Endomitosis): unterbleibt nach S-Phase die Zellteilung, so enthält der Kern die doppelte DNA, die Zelle wird tetraploid (Tetraploidia), bei Wiederholung oktoploid usw., Riesenzellen sind häufig polyploid (Polyploidia) ● atypische Chromosomensätze (Triploidia, Aneuploidia) ⇨ Entwicklungsstörungen 5.6.2 ■ **Amitose**: Zellteilung ohne typische Mitose nach Endomitose, die Chromosomen werden zufällig (?) auf die Tochterzellen verteilt ■ **mehrkernige Zellen**: ● Plasmodien: entstehen nach Mitose oder Amitose, wenn auf die Nucleokinesis keine Cytokinesis folgt, z.B. Osteoklasten ● Synzytien: entstehen durch Verschmelzung der Zelleiber einkerniger Zellen, z.B. quergestreifte Muskelfasern, Syncytiotrophoblast ● Hybriden: entstehen durch künstliche Verschmelzung genetisch ungleicher Zellen ■ **Mitoseindex**: Anteil der Zellen in Teilung an Gesamtpopulation der Zellen	● G_1-Phase (Postmitosephase, Intervallum postmitoticum, G von gap = Lücke, Intervall): Arbeitsphase der Zelle, jedes Chromosom besteht aus einem DNA-Molekül, Dauer einige Stunden bis lebenslang, scheidet Zelle aus Zellzyklus aus, so geht G_1-Phase in G_0-Phase (Intervallum ambiguum) über, sonst ● **S-Phase** (Synthesephase, Synthesis genomica): Verdoppelung der DNA, jedes Chromosom besteht zuletzt aus 2 DNA-Molekülen, Teilung der Zentriolen, Dauer ~ 7 h ● G_2-Phase (Prämitosephase, Intervallum premitoticum): Vorbereitung auf Zellteilung, Dauer 1-5 h ● **M-Phase** (Mitosephase, Periodus mitoticus): Zellteilung, Dauer ~ 1 h	■ **Mitosegifte**: stören den Ablauf der Mitose, z.B. ● Colchicin (Alkaloid der Herbstzeitlose) hält Mitose in Metaphase an • bereits verdoppelte DNA wird nicht auf Tochterzellen verteilt → polyploider Zellkern • in Genetik bei Gewebekulturzellen benutzt, um die in der Metaphase besonders gut sichtbaren Chromosomen studieren zu können (Karyogramm) ■ **Zytostatika** (Stoffe, die die Zellteilung hemmen): ● der Angriffspunkt muß nicht die Mitose selbst sein, sondern kann z.B. auch in der Synthesephase liegen ● Zytostatika werden vor allem in der Krebstherapie verwendet: • Antimetaboliten hemmen als falsche Substrate Stoffwechselwege • alkylierende Stoffe binden sich an Nucleinsäuren • Mitosehemmer stören die Bildung der Teilungsspindel • zytostatische Antibiotika hemmen z.T. reverse Transcriptase ● unerwünschte Nebenwirkung: Zytostatika stören nicht nur die Teilung der Krebszellen, sondern auch anderer Körperzellen, besonders stark sind Gewebe mit rascher Zellteilung betroffen, z.B. Knochenmark, die Therapie muß meist abgebrochen werden, wenn die Zahl der Leukozyten im Blut unter 1000-2000/µl sinkt

1.2.9 Divisio cellularis (Zellteilung): Vergleich von Mitose und Meiose

PHASE	MITOSIS	MEIOSIS I	MEIOSIS II
Prophase (Knäuel-phase, Prophasis)	● Chromosomen werden sichtbar (Spiralisierung der Chromatinfäden), bilden zunächst ● kompakten Knäuel (Spirem, Glomus compactum), der sich zu ● lockerem Knäuel (Glomus dispersum) mit einzeln erkennbaren Chromosomen auflöst ● Längsteilung der 46 Mutterchromosomen (Chromosomata materna, mit bereits in der Synthesephase verdoppeltem DNA-Gehalt) wird allmählich sichtbar, die beiden Chromatiden (Chromatidea) bleiben zunächst am Zentromer verbunden ● von den bereits in der Synthesesphase geteilten Zentriolen bilden jeweils 2 Tochterzentriolen (Centriola filialia) ein neues Paar und wandern zu entgegengesetzten Zellpolen ● mitotische Spindel (Fusus mitoticus): von den Zentriolen ausgehend werden Mikrotubuli sichtbar ● radiär ausstrahlende Tubuli (Radiatio polaris) bilden die Astrosphäre ● Kernmembran und Nucleolus verschwinden gegen Ende der Prophase (Prometaphasis), Nucleoplasma und Cytoplasma mischen sich	■ **Leptotän** (Leptonema): Spiralisierung der 46 Chromosomen (mit bereits in der Synthesephase verdoppeltem DNA-Gehalt) ■ **Zygotän** (Zygonema): ● Chromosomenpaarung (Conjugatio), die einander entsprechenden, von Mutter und Vater stammenden Chromosomen (Chromosomata homologa) legen sich aneinander (Chromosoma bivalens) ● die beiden einander entsprechenden Gene stehen sich gegenüber (Synapsis), es bilden sich synaptonemale Komplexe (Complexus synaptonematicus) ■ **Pachytän** (Pachynema): ● 23 Chromosomenpaare ● in Chromosomen wird Längsspalt zwischen den beiden Chromatiden sichtbar ● das Chromosomenpaar mit 2 x 2 Chromatiden bildet Vierergruppe (Tetrade, Chromosoma quadrivalens) ● Chiasmabildung (Crossing over, Decussatio): Austausch von Chromosomenteilen zwischen mütterlichen und väterlichen Chromosomen ■ **Diplotän** (Diplonema): Chromosomenpaare trennen sich, hängen vorübergehend aber noch an Kreuzungsstellen zusammen ■ **Diakinese** (Diakinesis): Nucleolemma + Nucleolus verschwinden, mitotische Spindel	● Interkinesis: meist kurze Zwischenphase zwischen den beiden Reifeteilungen ● Synthesephase fällt aus, der DNA-Gehalt wird nicht verdoppelt!
Meta-phase (Mutter-stern-phase, Metaphasis)	● Chromosomen ordnen sich am Spindeläquator (Equator fusi) zur Äquatorialplatte (Lamina equatorialis) an ● Chromosomen krümmen sich, so daß Zentromer zur Mitte der Äquatorialplatte weist ● Spindelapparat (Apparatus fusalis) zeigt Bild des Monasters (Mutterstern, Aster): ● Chromosomentubuli (Microtubuli chromosomatici) heften sich an Zentromeren der Chromosomen ● kontinuierliche Tubuli (Microtubuli continui) ziehen von einem Zentriolenpaar zum andern durch	Metaphasis I: ähnlich wie bei Mitose	Metaphasis II: ähnlich wie bei Mitose, aber nur 23 Chromosomen
Anaphase (Trennungs-phase, Anaphasis)	● Zentromere teilen sich, 2 x 46 Tochterchromosomen (Chromosomata filialia) sind selbständig ● unter Zug der Chromosomentubuli (Abbau von Tubulindimeren) trennen sich die Tochterchromosomen und bewegen sich mit dem Zentromer voran zu den gegenüberliegenden Zentriolenpaaren ● Bild des Doppelsterns (Diaster)	Anaphasis I: ● Zentromere teilen sich nicht, Chromatiden bleiben also verbunden ● je 1 Chromosom (Chromosoma meioticum) eines Chromosomenpaars (keine Tochterchromosomen!) wandert zu einem Zentriolenpaar	Anaphasis II: Zentromere teilen sich, Verteilung von je 23 Tochterchromosomen auf die beiden Tochterzellen
Telophase (Endphase, Telophasis)	● Chromosomen beginnen sich zu entspiralisieren, werden undeutlich und konfluieren ● Nucleolemma und Nucleolus wieder sichtbar ● im Cytoplasma werden die Zellorganellen zu etwa gleichen Teilen auf die beiden Tochterzellen verteilt ● Einschnürung des Cytoplasma (Constrictio cytoplasmatica) durch Schrumpfen ringförmig angeordneter Mikrofilamente ● Reste des Spindelapparats (Reliquiae fusi) bilden zunächst noch Zwischenkörperchen (Flemming-Körper, Corpusculum intermedium) als Brücke zwischen den beiden Tochterzellen ● völlige Trennung der Tochterzellen	Telophasis I: ähnlich wie bei Mitose, aber Ergebnis verschieden. ● Zahl der Chromosomen auf 23 halbiert (haploid) ● Gesamt-DNA-Gehalt jedoch normal (da DNA in Synthesephase verdoppelt worden war), jedes Chromosom hat also doppelten DNA-Gehalt ● bei weiblichen Keimzellen besitzen alle Zellen 1 X-Chromosom ● bei männlichen Keimzellen besitzt eine Hälfte der Zellen 1 X-Chromosom, die andere Hälfte 1 Y-Chromosom	Telophasis II: Ergebnis ● Chromosomenzahl haploid ● Gesamt-DNA-Gehalt halbiert, jedes Chromosom hat also normalen DNA-Gehalt

1.3 Gewebelehre (Histologia generalis)

Die in den folgenden Tabellen in Klammern aufgeführten lateinischen Nomina histologica (⇨ 1.1.2) werden im Gegensatz zu den Nomina anatomica im deutschsprachigen Bereich noch wenig verwendet; wenn sie trotzdem aufgeführt werden, so hat dies vor allem 2 Gründe:

● Von einem Tabellenwerk, wie dem vorliegenden, kann man die Angabe der internationalen Nomenklatur erwarten.

● Die Nomina histologica entstanden in enger Anlehnung an die in wissenschaftlichen Veröffentlichungen in englischer Sprache gebräuchliche histologische Nomenklatur, aus ihnen lassen sich daher die international üblichen englischen Begriffe unschwer ableiten.

1.3.1 Übersicht

GRUND-GEWEBE	HERKUNFT	GLIEDERUNG	CHARAKTERISIERUNG	ABGELEITETE GESCHWÜLSTE (BEISPIELE)
Epithel (Deckgewebe)	Ektoderm, Endoderm	● Oberflächenepithel: einschichtig, mehrschichtig ● Drüsenepithel: exokrin, endokrin	● Geschlossener Zellverband mit dichter Lage der Zellen aneinander, kaum Interzellularsubstanz (Zwischenzellsubstanz) ● Oberflächenepithelien bedecken alle äußeren und inneren Oberflächen des Körpers ● Zahl der Schichten hängt ab vom Grad der mechanischen Beanspruchung (Abrieb) ● Höhe der Zellen hängt ab vom Ausmaß spezifischer Zelleistungen (Zahl der Zellorganellen!) ● Drüsenzellen besitzen die Fähigkeit zu Synthese und Abgabe (Sekretion) spezifisch außerhalb der Zelle wirksamer Stoffe ● exokrine Drüsen entleeren ihr Sekret an innere oder äußere Oberflächen des Körpers (mehrzellige Drüsen über eigene Ausführungsgänge) ● endokrine Drüsen geben ihr Sekret (Hormon) in das Blut ab (auch mehrzellige Hormondrüsen haben keine Ausführungsgänge) ● Epithelien werden vom Bindegewebe durch eine Basalmembran getrennt	● Gutartig: Adenom ● bösartig: Karzinom ("Krebs")
Bindegewebe	Mesoderm (im Kopfbereich Mesektoderm aus Neuralleiste)	● Bindegewebe im engeren Sinn: kollagen, elastisch, retikulär ● Stützgewebe: Knorpel, Knochen ● Sonderformen: Fettgewebe, Gallertgewebe, Blut (⇨ 1.5.3)	● Weitmaschiger Zellverband mit viel von den Zellen gebildeter Interzellularsubstanz ● die Interzellularsubstanz besteht aus Fasern und Grundsubstanz ● Zahl und Art der Fasern hängen ab von Art und Ausmaß der mechanischen Beanspruchung ● die Grundsubstanz ist bei den Bindegeweben i.e.S. halbflüssig, bei den Stützgeweben fest ● Fettgewebe besitzt die Fähigkeit zur Speicherung großer Mengen Fett innerhalb der Zellen ● Blut kann man als flüssiges Bindegewebe betrachten: die Fasern (Fibrinogen) sind im Blutplasma (Grundsubstanz) gelöst und werden erst bei der Blutgerinnung sichtbar (Fibrin)	● Gutartig: Fibrom, Lipom, Chondrom, Osteom ● bösartig: Sarkom (Fibrosarkom, Liposarkom, Chondrosarkom, Osteosarkom)
Muskelgewebe	Mesoderm	● Glattes Muskelgewebe ● quergestreiftes Muskelgewebe ● Herzmuskelgewebe	Langgestreckte Zellen mit der Fähigkeit zu aktiver Verkürzung	● Gutartig: Myom ● bösartig: Myosarkom
Nervengewebe	Ektoderm	● Nervenzellen (Neuronen) ● Neuroglia	● Nervenzellen besitzen die Fähigkeit, Informationen zu erwerben, weiterzuleiten, zu verarbeiten, zu speichern und auszugeben ● die Neuroglia übernimmt Aufgaben des Bindegewebes im Nervensystem	● Gutartig: Neurinom, Gliom ● bösartig: Medulloblastom, Glioblastom

1.3.2 Epithel (Deckgewebe, Textus epithelialis)

GEWEBEART	ZELLARTEN/GLIEDERUNG	VORKOMMEN	KLINIK
Einschichtiges Plattenepithel (Epithelium simplex squamosum)	Plattenepithelzelle (niederprismatische Epithelzelle, Epitheliocytus squamosus) ● Endothelzelle (Endotheliocytus) ● Mesothelzelle (Mesotheliocytus)	Wo geringe mechanische Beanspruchung und kaum aktive spezifische Zelleistungen (wichtige Aufgabe jedoch erleichterte Diffusion): ● Endothel: Innenauskleidung der Blut- und Lymphgefäße (Intima), Herzinnenhaut (Endokard) ● Mesothel: Oberfläche der serösen Häute (Pleura, Perikard, Epikard, Peritoneum) ● hinteres Hornhautepithel ● häutiges Labyrinth ● Lungenalveolen ● Glomeruluskapsel und dünner Abschnitt der Nephronschleife der Niere ● Rete testis ● Amnionepithel	Plattenepithelkarzinom: häufige Krebsform in Lunge, Gebärmutterhals, Haut
Einschichtiges kubisches Epithel (würfelförmiges, isoprismatisches Epithel) (Epithelium simplex cuboideum)	Kubische Epithelzelle (Epitheliocytus cuboideus)	Wo geringe mechanische Beanspruchung und mäßige spezifische Zelleistungen: ● Gefäßzottenwülste der Hirnkammern (Plexus choroideus) ● Pigmentepithel und "blinde" Abschnitte der Netzhaut (Pars iridica, Pars ciliaris) ● vorderes Linsenepithel ● Mittelohr ● viele Drüsenausführungsgänge ● kleine Gallengänge (Ductuli interlobulares) ● Schilddrüsenfollikel ● Eierstock: Oberfläche und Follikelepithel ● Niere: proximaler und distaler Tubulus, Verbindungsstück und Anfang des Sammelrohrs ● Samenblasen	
Einschichtiges Säulenepithel (hochprismatisches, Zylinderepithel) (Epithelium simplex columnare)	● Säulenförmige (hochprismatische) Epithelzelle (Epitheliocytus columnaris) ● säulenförmige Epithelzelle mit Mikrovilli (Bürstensaum) (Epitheliocytus microvillosus) ● säulenförmige Epithelzelle mit Flimmerhaaren (Epitheliocytus ciliatus): ⇨ Flimmerepithel	Wo geringe mechanische Beanspruchung und hohe spezifische Zelleistungen: ● Magen, Dünndarm, Dickdarm ● Gallenblase, Ductus hepaticus ● Niere: Hauptteile der Sammelrohre und Papillengänge ● Eileiter, Gebärmutterhöhle (Endometrium) ● kleinste Bronchen	
Mehrreihiges Epithel (Epithelium pseudostratificatum)	Alle Zellen ruhen auf Basalmembran, aber reichen verschieden weit zur Oberfläche (Zellkerne in verschiedener Höhe): ● (Epitheliocytus superficialis) ● (Epitheliocytus intercalatus) ● (Epitheliocytus basalis)	■ **Zweireihig:** ● Ductus nasolacrimalis ● manche Drüsenausführungsgänge, z.B. Ductus parotideus, Ductus submandibularis, Ductus sublinguales ● Nebenhodengang (Ductus epididymidis)und Samenleiter (Ductus deferens) ■ **mehrreihig:** ● respiratorisches Epithel: Atemwege: Nasenhöhle, Nasopharynx, Kehlkopf (ohne Stimmlippen), Luftröhre, Bronchen ● Ohrtrompete (Tuba auditoria [auditiva]) ● männliche Harnröhre (Pars membranacea und große Teile der Pars spongiosa)	
Unverhorntes mehrschichtiges Plattenepithel (Epithelium stratificatum squamosum noncornificatum)	● *Basalschicht* (Stratum basale): hohe Zellen, viele Zellteilungen ● *Zwischenschicht* (Stratum intermedium [spinosum]): Zellen zunehmend flacher ● *Oberflächenschicht* (Stratum superficiale): flache Zellen, hoher Abrieb	Wo hohe mechanische Beanspruchung und kaum spezifische Zelleistungen: ● Auge: vorderes Hornhautepithel, Bindehaut ● Mundhöhle, mittlerer und unterer Teil des Rachens (Oropharynx, Laryngopharynx), Speiseröhre ● Stimmlippen ● Afterschleimhaut ● Scheide und Scheidenvorhof ● Harnröhre: Endabschnitte bei Frau und Mann	

Fortsetzung der Tabelle nächste Seite

Epithel (Fortsetzung)

GEWEBEART	ZELLARTEN/GLIEDERUNG	VORKOMMEN	KLINIK
Verhorntes mehrschichtiges Plattenepithel (Epithelium stratificatum squamosum cornificatum)	● *Basalschicht* (Stratum basale) ● *Stachelzellschicht* (Stratum spinosum) ● *Körnerschicht* (Stratum granulosum): Auftreten von Keratohyalinkörnern ● *Hornschicht* (Stratum corneum)	Wo sehr hohe mechanische Beanspruchung und/oder Schutz gegen Austrocknung erforderlich, aber kaum spezifische Zelleistungen: ● Oberhaut (Epidermis): einschließlich Nasenvorhof, äußerem Gehörgang, Lippenrot, Afterhaut, Außenseite der kleinen Schamlippen, Eichel (Glans penis) ● Mundhöhle: Zahnfleisch (Gingiva), Fadenpapillen der Zunge (Papillae filiformes), Teile des harten Gaumens ● manchmal Teile der Scheide	
Mehrschichtiges Säulenepithel (hochprismatisches, Zylinderepithel) (Epithelium stratificatum columnare)	Mehrschichtige Epithelien werden nach der oberflächlichen Zellage benannt, hohe Oberflächenzellen kommen bei mehrschichtigen Epithelien nur an wenigen Stellen vor	● Auge: Umschlag des Bindehautsacks (Fornix conjunctivae) und Tränenwärzchen (Caruncula lacrimalis) ● manche Drüsenausführungsgänge, z.B. Ductus parotideus ● an den Grenzen von mehrreihigem Säulenepithel und mehrschichtigem Plattenepithel, z.B. in Nasenhöhle, an weichem Gaumen, Kehldeckel, Harnröhre	
Übergangsepithel (Urothel) (Epithelium transitionale)	● *Basalschicht* (Stratum basale): hohe Zellen, viele Zellteilungen ● *Zwischenschicht* (Stratum intermedium): Zellen zunehmend flacher ● *Oberflächenschicht* (Stratum superficiale): besonders große Deckzellen, die je nach Dehnungszustand flacher oder höher erscheinen, oft mehrkernig, Zellmembran an der freien Oberfläche verdickt	Nur in den ableitenden Harnwegen (verhindert dort die Rückresorption von Harn): ● Nierenbecken ● Harnleiter ● Harnblase ● Harnröhre (harnblasennaher Teil)	Grundproblem der Ersatzharnblase nach Entfernung der Harnblase: Es steht hierfür kein Übergangsepithel zur Verfügung, aus einer Darm-Harnblase wird ein Teil des Harns rückresorbiert
Flimmerepithel (Epithelium ciliatum)	● *Zelle mit Flimmerhaaren* (Kinozilien) (Epitheliocytus ciliatus): Kinozilien schlagen immer in die gleiche Richtung ● *Geißelzelle* (Epitheliocytus flagellatus): Geißeln sind besonders lang, immer nur 1 pro Zelle, schlagen in verschiedene Richtungen, dienen der Fortbewegung der Zelle (beim Menschen nur Spermien)	● *einschichtiges Flimmerepithel*: Eileiter, Gebärmutterinnenhaut (Endometrium), Hirnkammern (Ependym, gehört zur Neuroglia) ● *mehrreihiges Flimmerepithel*: Atemwege ("respiratorisches Epithel"), Ohrtrompete (Tuba auditoria [auditiva]), Hodenausführungsgänge (Ductuli efferentes testis)	
Drüsenepithel (Epithelium glandulare)	2 Arten der Drüsenzelle (Epitheliocytus secretorius [Glandulocytus]): ● *exokrine Drüsenzelle* (Exocrinocytus) ● *endokrine Drüsenzelle* (Endocrinocytus)	⇨ Drüsen (1.6.1-1.6.3)	Adenokarzinom: häufige Krebsform in Magen, Dickdarm, Prostata
Sinnesepithel (Epithelium sensorium)	● *Primäre Sinneszelle* (Epitheliocytus neurosensorius): Nervenzelle mit Rezeptoren, leitet die Erregung direkt weiter ● *sekundäre Sinneszelle* (Epitheliocytus sensorius): Epithelzelle mit Rezeptoren, die von Nervenfasern umsponnen ist, an die sie die Erregung weitergibt	● Primäre Sinneszellen: Riechzellen, Stäbchen- und Zapfenzellen der Netzhaut ● sekundäre Sinneszellen: alle übrigen Sinnesorgane	
Myoepithel (Muskelepithel)	Epithelzellen mit der Fähigkeit zur Kontraktion ähnlich Muskelzellen: ● *Korbzelle* (sternförmige Myoepithelzelle) (Myoepitheliocytus stellatus) ● *Stabzelle* (spindelförmige Myoepithelzelle) (Myoepitheliocytus fusiformis)	Zur Förderung des Sekrettransports (Auspressen von Drüsen): ● sternförmige Myoepithelzellen: umfassen Drüsenendstücke der Speicheldrüsen (nicht Bauchspeicheldrüse), Tränendrüsen, Brustdrüsen ● spindelförmige Myoepithelzellen: Schweißdrüsen	

1.3.3 Bindegewebe (Textus connectivus) i.e.S.

GEWEBEART	ZELLARTEN/GLIEDERUNG	VORKOMMEN	KLINIK
Lockeres kollagenes Bindegewebe (faserarmes Bindegewebe) (Textus connectivus collagenosus laxus)	■ **Ortsständige (fixe) Bindegewebezellen:** ● *Fibroblast* (Fibroblastocytus): aktive Zelle, synthetisiert Procollagen, Glycosaminoglycane und Collagenase ● *Fibrozyt* (Fibrocytus): Zelle im Ruhestadium ● *Perizyt* (Pericytus [Periangiocytus]): kontraktile Zelle in der Basallamina der Kapillaren ● *Histiozyt* = ortsständiger Makrophage (Macrophagocytus stabilis) ■ **freie (mobile) Bindegewebezellen:** ● ausgewanderte weiße Blutzellen (Leukozyten): vor allem Lymphozyten, eosinophile + basophile Granulozyten (⇨ 1.5.3) ● *Plasmazelle* (Plasmocytus): bildet Antikörper ● *Wanderzelle* = freier Makrophage (Macrophagocytus nomadicus) ● *Mastzelle*: • Bindegewebsmastzellen bilden Heparin • Mukosamastzellen bilden Chondroitinsulfat	■ Füllt als interstitielles Bindegewebe Lücken zwischen Organen und Organteilen ■ erleichtert die Verschieblichkeit von nicht von serösen Häuten bedeckten Organflächen bei Bewegungen, z.B.: ● um Speiseröhre (peristaltische Welle beim Schlukken) ● zwischen Harnblase und Schambeinfuge (Füllung und Leerung der Harnblase) ● umhüllt Blutgefäße und Nerven ● Verschiebeschicht in Unterhaut und Subserosa ■ Stroma (inneres Stützgerüst für das Funktionsgewebe = Parenchym) von Leber, Niere und Drüsen	■ **Wundheilung:** ● Abstoßen der Kruste aus geronnenem Blut und nekrotischem Gewebe ● Beseitigung der Reste durch Makrophagen ● Aussprossen von Kapillarendothel aus Wundrändern ● Einwandern von Fibroblasten ● Füllung des Defekts mit gefäßreichem lockeren Bindegewebe ("Granulationsgewebe") ● zunehmende Verdichtung des Bindegewebes ● zuletzt Überhäutung durch Epithel ■ **Fibrosarkom:** bösartige faserbildende Geschwulst
Dichtes kollagenes Bindegewebe (straffes, faserreiches Bindegewebe) (Textus connectivus collagenosus compactus)	■ Parallelfaseriges Bindegewebe (Typus regularis): ● Sehnenzelle ("Flügelzelle") (Tendinocytus [Tenocytus]) ■ geflechtartiges Bindegewebe (Typus irregularis)	■ **Parallelfaseriges Bindegewebe:** ● alle Sehnen (Tendines) ● überwiegende Mehrzahl aller Bänder (Ligamenta) ■ **geflechtartiges Bindegewebe:** ● Organkapseln ● Haut: Netzschicht (Stratum reticulare) der Lederhaut (Dermis) ● Auge: Lederhaut (Sclera) und Lidplatten (Tarsus superior und inferior), Spezialfall Hornhaut (Cornea) ● harte Hirnhaut (Dura mater) ● Herzbeutel (Pericardium fibrosum) ● Herzskelett (Anuli fibrosi) ● Tunica albuginea der Schwellkörper ● Knochen- und Knorpelhaut (Stratum fibrosum des Periosteum, Perichondrium) ● Palmar- und Plantaraponeurose ● Faszien, die zugleich dem Ursprung von Muskeln dienen ● Muskelscheidewände (Septa intermuscularia)	● *Narbe* (Cicatrix): Ersatz eines Gewebedefekts durch faserreiches kollagenes Bindegewebe ● *Keloid*: knotige Bindegewebewucherung, vor allem im Bereich von Narben ● *Fibrom*: gutartige derbe Geschwulst aus faserreichem, zellarmen Bindegewebe
Elastisches Bindegewebe (Textus connectivus elasticus)		Elastische Bänder: ● Wirbelsäule: Lig. flavum, Teile des Lig. nuchae (ausgeprägt bei hörnertragenden Tieren) ● Stimmband (Lig. vocale) ● Lig. suspensorium penis	*Elastofibrom*: gutartige Geschwulst mit elastischen und kollagenen Fasern
Retikuläres Bindegewebe (Textus connectivus reticularis)	■ **Retikulumzelle** (Reticulocytus): ● fibroblastische Retikulumzelle: bildet retikuläre Fasern ● histiozytäre Retikulumzelle: phagozytiert ■ **freie Bindegewebezellen:** s.o.	● Maschenwerk des Stroma der lymphatischen Organe: Lymphknoten, Mandeln, Milz, Knochenmark ● Umgebung von Blut- und Lymphgefäßen und damit im Stroma vieler Organe ● Lamina propria der Schleimhaut von Magen und Darm	

Fortsetzung der Tabelle nächste Seite

Bindegewebe (Fortsetzung)

GEWEBEART	ZELLARTEN/GLIEDERUNG	VORKOMMEN	KLINIK
Mesenchym (embryonales Bindegewebe) (Mesenchyma)	Pluripotente Mesenchymzelle differenziert sich zu den Stammzellen aller Binde- und Stützgewebe sowie des Endo- und Mesothels	■ Intraembryonal: ● Hauptmasse Herkunft aus Mesoderm ● Kopfmesenchym aus Ektoderm der Neuralleiste (Mesectoderma) ● kleiner Teil aus Endoderm (Mesendoderma), z.B. Thymusretikulum ■ extraembryonal: ● Amnion ● Chorion ● Dottersack	Umstritten ist, ob Reparationsvor-gänge im Körper von erhaltenen pluripotenten Mes-enchymzellen oder von schon diffe-renzierten Zellen ausgehen
Gallertgewebe (Textus mucoideus connectivus)	Überwiegen der gelartigen Grundsubstanz, stern- oder spin-delförmige Fibroblasten	● Nabelstrang ● Pulpa wachsender Zähne	

1.3.4 Fettgewebe (Textus adiposus)

GEWEBEART	ZELLARTEN	VORKOMMEN	KLINIK
Weißes Fettgewebe (Textus adipo-sus albus)	*Univakuoläre Fettzelle* (Adipocytus uniguttu-ralis): mit nur einem großen Fetttropfen	■ **Baufett:** ● als Druckpolster in Handflächen und Fußsohlen (in Ma-tratzenkonstruktion) sowie vor dem Kehldeckel (Corpus adi-posum pre-epiglotticum wichtig beim Schluckakt!) ● zur Versteifung der Wange beim Säugling: Wangenfett-pfropf (Corpus adiposum buccae) ● zur Lagesicherung von Organen in der Augenhöhle (Cor-pus adiposum orbitae), im Nierenlager (Corpus adiposum pararenale) ● zur Glättung von Oberflächen, z.B. unter dem Epikard ● als Füllmasse in ungenutzten Räumen zwischen Organen, z.B. im Mediastinum oder in der Fossa ischio-analis (Corpus adiposum fossae ischio-analis) oder in Gelenken (z.B. Cor-pus adiposum infrapatellare) ● als Platzhalter für ruhende Funktionsgewebe, z.B. in der Brustdrüse ■ **Speicherfett:** ● gesamte Unterhaut (Panniculus adiposus der Tela subcu-tanea) ● im Darmgekröse (Mesenterium) und als Fettanhängsel (Appendices epiploicae) am Dickdarm	● *Lipom*: gutartige Ge-schwulst des weißen Fettgewebes sehr häu-fig, vor allem subkutan, aber auch in Körperhöh-len und Muskeln ● *Liposarkom*: bösartige Geschwulst des weißen Fettgewebes, meist retroperitoneal oder im Mediastinum ● *Adipositas* (Fettsucht): häufigste Ursache Übe-rernährung, spezielle Formen bei Störungen von Hormondrüsen
Braunes Fettgewebe (Textus adipo-sus fuscus)	*Multivakuoläre Fettzel-le* (Adipocytus multi-gutturalis): mit zahlrei-chen Fetttröpfchen und vielen Mitochondrien	Zur Wärmebildung bei winterschlafenden Tieren, beim Men-schen spärlich: ● beim Erwachsenen geringe Mengen am Hals, in der Ach-selhöhle und am Nierenhilus ● beim Fetus etwa 2-5 % des Fettgewebes, auch Brust- und Bauchwand	*Hibernom*: gutartige Ge-schwulst des braunen Fettgewebes, vorwie-gend bei jungen Erwach-senen im Nacken- und Schulterbereich, selten

1.3.5 Stützgewebe (Knorpel- und Knochengewebe, Textus cartilagineus und Textus osseus)

GEWEBEART	ZELLARTEN/GLIEDERUNG	VORKOMMEN	KLINIK
Hyaliner Knorpel (Cartilago hyalina)	Kollagene Fasern (Collagen Typ II) + reichlich Grundsubstanz + Zellen: ● Chondroblast (knorpelbildende Zelle, Chondroblastocytus) ● Chondrozyt (Knorpelzelle, Chondrocytus)	■ **Mit Knorpelhaut** (Perichondrium): ● Nasenknorpel (Cartilagines nasi [nasales]) ● Teil der Kehlkopfknorpel: Cartilago thyroidea, cricoidea, triticea, arytenoidea (Hauptteil) ● Luftröhre und Bronchen ● Rippenknorpel ● Epiphysenfugen der Röhrenknochen während des Wachstumsalters ● Knorpelfugen (Synchondrosen) ■ **ohne Knorpelhaut:** ● Gelenkknorpel (Cartilago articularis)	Knorpel ist frei von Blutgefäßen und wird durch Diffusion ernährt, dies macht Gelenkknorpel anfällig für Verschleiß → chronische Gelenkerkrankungen (Arthrosen)
Elastischer Knorpel (Cartilago elastica)	Elastische und kollagene Fasern (Collagen Typ II) + reichlich Grundsubstanz + Zellen (s.o.)	● Ohrknorpel ● Teil der Kehlkopfknorpel: Cartilago epiglottica, corniculata, cuneiformis, arytenoidea (Processus vocalis, Apex cartilaginis arytenoideae) ● kleinste Bronchen	
Faserknorpel (Cartilago fibrosa [collagenosa])	Reichlich kollagene Fasern (Collagen Typ I) + wenig Grundsubstanz + Zellen (s.o.)	● Faserknorpelfugen (Symphysen): Symphysis pubica, Symphysis manubriosternalis, Anulus fibrosus des Discus intervertebralis ● Gelenkscheiben und Gelenkringe (Disci articulares, Menisci articulares) ● Gelenklippen (Labra glenoidalia) ● Gelenkknorpel auf Bindegewebeknochen (Kiefergelenk, Schlüsselbeingelenke)	Schäden durch Überlastung: ● "Bandscheibenschaden" (Nucleuspulposus-Prolaps) ● Meniskuseinklemmung
Vorknorpel (Zellknorpel) (Textus prechondrialis)	Wenig Zwischenzellsubstanz, reichlich Zellen: ● Chondroblast (knorpelbildende Zelle, Chondroblastocytus)	Beim Knorpelwachstum: ● interstitielles Wachstum (Zellteilungen innerhalb des Vorknorpels) ● appositionelles Wachstum: Anlagerung von Vorknorpel an bereits vorhandenen Knorpel durch die Knorpelhaut (Perichondrium)	
Geflechtartiger Knochen (Textus osseus reticulofibrosus)	● Knochenvorläuferzelle (Osteoprogenitorzelle) ● Osteoblast (knochenbildende Zelle, Osteoblastocytus) ● Osteozyt (eingemauerte Knochenzelle, Osteocytus) ● Osteoklast (knochenabbauende Zelle, Osteoclastocytus)	● Alle Knochen bei Fetus und Kleinkind ● beim Erwachsenen: knöcherner Gehörgang, Felsenbein, Befestigungsstellen von Sehnen und Bändern	Geschwülste des Knochengewebes: ● Osteom: gutartig ● Osteosarkom: bösartig
Lamellenknochen (Textus osseus lamellaris)	● Kompakter Knochen (Textus osseus compactus) ● spongiöser Knochen (Textus osseus spongiosus [trabecularis]) ● ausführlicher ⇨ 1.4.3	Nahezu alle Knochen des Erwachsenen (⇨ 1.4.1)	
Vorknochen (Osteoid) (Textus osteoideus)	Noch unverkalkte Grundsubstanz des Knochens	Beim Knochenwachstum	

1.3.6 Muskelgewebe (Textus muscularis)

GEWEBEART	ZELLARTEN/GLIEDERUNG	VORKOMMEN	KLINIK
Glattes Muskelgewebe (Textus muscularis nonstriatus)	*Glatte Muskelzelle* (Myocytus nonstriatus): spindelförmige Zelle mit zentralem Kern, keine Querstreifung, weil die kontraktilen Proteine nicht regelmäßig angeordnet sind	● Verdauungsorgane: vom unteren Drittel der Speiseröhre bis Mastdarm, Gallenblase und Gallengänge, Ductus pancreaticus ● Atmungsorgane: Luftröhre und Bronchen ● Harnwege: Nierenbecken bis Harnröhre ● weibliche Geschlechtsorgane: Eileiter, Gebärmutter, Scheide ● männliche Geschlechtsorgane: Tunica albuginea des Hodens, Samenwege (Nebenhoden, Samenleiter), Samenblasen, Prostata, Cowper-Drüsen, Muskeln in den Schwellkörpern ● Kreislauforgane: Endokard, Tunica media der Blut- und Lymphgefäße ● Haut: Haarbalgmuskeln, Warzenhof, Tunica dartos des Hodensacks ● Auge: innere Augenmuskeln	● *Leiomyom*: gutartige Geschwulst des glatten Muskelgewebes, besonders häufig im Uterus ● *Leiomyosarkom*: bösartige Geschwulst des glatten Muskelgewebes
Quergestreiftes Muskelgewebe (Skelettmuskelgewebe) (Textus muscularis striatus [skeletalis])	● *Quergestreifte Muskelzelle* (Myocytus striatus): sehr lange (bis 12 cm), zylindrische, vielkernige (bis einige Tausend Zellkerne) Muskelfaser mit Querstreifung aufgrund paralleler Lage der Myofibrillen ● *Satellitenzelle* (Myosatellitocytus): einkernige spindelförmige Zelle, die der Regeneration von Skelettmuskel dient ● (langsame, rote) Muskelfaser Typ I (Myocytus ruber) ● (schnelle, weiße) Muskelfaser Typ II (Myocytus albus) ● intrafusale Muskelfaser (Myocytus intrafusalis): in Muskelspindeln ● ausführlicher ⇨ 1.4.7	● Bewegungsapparat: alle Skelettmuskeln, Hautmuskeln von Kopf, Hals und Hand ● Verdauungsorgane: Mundhöhle bis obere 2/3 der Speiseröhre ● Atmungsorgane: Kehlkopfmuskeln ● Geschlechtsorgane: äußere Schwellkörpermuskeln (M. bulbospongiosus, M. ischiocavernosus), M. cremaster, Lig. teres uteri ● Sinnesorgane: äußere Augenmuskeln, Muskeln des Mittelohrs	● *Rhabdomyom*: gutartige Geschwulst des quergestreiften Muskelgewebes, selten ● *Rhabdomyosarkom*: bösartige Geschwulst des quergestreiften Muskelgewebes, kommt schon bei Kindern vor
Herzmuskelgewebe (Textus muscularis cardiacus striatus)	● *Herzmuskelzelle* (Myocytus cardiacus): verzweigte quergestreifte Einzelzelle mit zentralem Kern und Glanzstreifen (Disci intercalati) an den Enden ● Zelle des Erregungsleitungssystems (Myocytus conducens cardiacus)	Myokard	Herzmuskel kann nicht regenerieren, bei Infarkt wird abgestorbenes Herzmuskelgewebe durch bindegewebige Narbe ersetzt

1.3.7 Nervengewebe (Textus nervosus)

GEWEBE	ZELLARTEN/GLIEDERUNG	VORKOMMEN	KLINIK
Glia (Neuroglia)	■ **Zentrale Glia** (Gliocytus centralis): ● Astrozyt (Makroglia) (Astrocytus): ● *protoplasmatischer Astrozyt* (Astrocytus protoplasmicus): großer Zelleib (15-25 µm), kurze verzweigte Fortsätze, in grauer Substanz des ZNS ● *Faserastrozyt* (Astrocytus fibrosus): kleiner Zelleib (10-12 µm), lange Fortsätze, in weißer Substanz ● *Oligodendrozyt* (Oligodendrocytus): klein, wenig Fortsätze ● *Mikroglia* (Hortega-Zelle) (Microglia): Herkunft umstritten (Monozyten, Neuralleiste?), amöboid beweglich, Phagozytose ● *Ependymzelle* (Ependymocytus): epithelartig ● als Ependymocytus choroideus Bildung von Liquor cerebrospinalis ■ **periphere Glia** (Gliocytus periphericus) ● Mantelzelle (Satellitenzelle, Amphizyt) (Gliocytus ganglionicus) ● Schwann-Zelle (Lemmozyt) (Neurolemmocytus) ● terminale Schwann-Zelle (Lamellarzelle) (Gliocytus terminalis)	■ **Zentrale Glia:** ● *Astrozyten* bilden mit ihren ● Processus piales: die Membrana limitans glialis superficialis an Grenze zu Pia mater und Membrana limitans glialis periventricularis an Wänden der Hirnkammern ● Processus vasculares: die Membrana limitans glialis perivascularis um Blutgefäße des ZNS ● dienen dem Stoffaustausch mit Nervenzellen, regulieren die Kaliumkonzentration, sind antigenpräsentierend, bilden Narbengewebe im ZNS ● *Oligodendrozyten*: bilden mit Processus myelinopoietici Markscheiden im ZNS ● *Mikroglia*: bevorzugt in Nähe von Blutgefäßen ● *Ependymzellen*: überziehen als geschlossener Verband die Wände der inneren Liquorräume (Hirnkammern) einschließlich Plexus choroidei und Canalis centralis des Rückenmarks ■ **periphere Glia:** ● Mantelzellen: umgeben epithelartig die Ganglienzellen der peripheren (einschließlich der vegetativen) Ganglien ● Schwann-Zellen: bilden Markscheiden der peripheren Nervenfasern ● terminale Schwann-Zellen: bilden Lamellen der Meißner-Tastkörperchen und anderer Nervenendkörperchen (⇨ 1.7.5)	■ Von Gliazellen ausgehende Geschwülste: ● zentrale Glia: *Gliome* = häufigste Geschwülste des ZNS: ● gutartig bis semimaligne: Astrozytom, Oligodendrogliom, Ependymom ● bösartig: Glioblastom ● periphere Glia: ● *Neurinom*: gutartige Geschwulst der Schwann-Zellen (daher auch "Schwannom" genannt) ● Neurofibrom: Neurinom mit kollagenen Fasern, oft multipel als Recklinghausen-Krankheit ■ bevorzugt bestimmte Gliazellen befallende Krankheiten: ● "Entmarkungskrankheiten", z.B. multiple Sklerose: Oligodendrozyten
Nervenzelle (Neuron [Neurocytus])	■ **Gliederung nach Art der Fortsätze:** ● unipolare Nervenzelle (Neuron unipolare): nur 1 Fortsatz ● bipolare Nervenzelle (Neuron bipolare): 2 Fortsätze (1 Dendrit, 1 Neurit = Axon) ● pseudounipolare Nervenzelle (Neuron pseudo-unipolare): zellkörpernahe Teile von Dendrit und Axon verschmolzen ● multipolare Nervenzelle (Neuron multipolare): mehrere Dendriten, 1 Axon): ● Golgi-Typ-I-Nervenzelle (Neuron multipolare longiaxonicum): mit langem Axon ● Golgi-Typ-II-Nervenzelle (Neuron multipolare breviaxonicum): mit kurzem Axon ■ **Stoffwechselbesonderheiten:** ● sekretorische Nervenzelle (Neuron secretorium): hormonbildend, z.B. im Hypothalamus und Paraneuronen ● pigmentierte Nervenzelle (Neuron pigmentosum): lagert Farbstoff ein ■ ausführlicher ⇨ 1.7.2	■ **Unipolare Nervenzellen:** Stäbchen- und Zapfenzellen der Netzhaut (gehören zu den primären Sinneszellen, 1. Neuron der Sehbahn) ■ **bipolare Nervenzellen:** in den höheren Sinnesorganen: ● Ganglion spirale cochleae (1. Neuron der Hörbahn), Ganglion vestibulare ● innere Körnerschicht der Netzhaut (2. Neuron der Sehbahn) ● Riechzellen in Riechschleimhaut der Nasenhöhle (primäre Sinneszellen, 1. Neuron der Riechbahn) ■ **pseudounipolare Nervenzellen:** ● Spinalganglien ● den Spinalganglien entsprechende Ganglien der Hirnnerven: ● Ganglion trigeminale (V) ● Ganglion geniculi (VII) ● Ganglion superius und inferius (IX, X) ● (in vegetativen Ganglien überwiegend multipolare Ganglienzellen!) ■ **multipolare Nervenzellen:** vorherrschender Zelltyp in ZNS und vegetativen Ganglien: ● Golgi-Typ-I-Nervenzellen: Riesenpyramidenzellen des Großhirns, Purkinje-Zellen des Kleinhirns, Motoneuronen des Rückenmarks ● Golgi-Typ-II-Nervenzellen: Interneuronen ■ **pigmentierte Nervenzellen:** ● Melanin: Substantia nigra, Locus coeruleus, Spinalganglien, sympathische Ganglien ● Eisen: Nucleus ruber ● Lipofuszin: Alterserscheinung	■ Von Nervenzellen ausgehende Geschwülste: ● gutartig: Gangliozytom ● bösartig: Neuroblastom ● bösartig, umstrittene Herkunft: Medulloblastom (häufig bei Kindern in hinterer Schädelgrube) ■ bevorzugt bestimmte Nervenzellen befallende Krankheiten: ● Poliomyelitis anterior acuta ("Kinderlähmung"): Motoneuronen des Rückenmarks (Virusinfektion) ● Parkinson-Krankheit (Paralysis agitans): pigmentierte Nervenzellen der Substantia nigra (degenerative Krankheit) ■ neurotrope Viren: eine Reihe von Viren befällt bevorzugt Nervenzellen: ● Polio-Virus: s.o. ● ARBO-Viren: Erreger der "arthropod borne diseases" (durch Insekten übertragenen Krankheiten): z.B. Zeckenenzephalitis (Frühsommer-Meningoenzephalitis) ● Herpes-Viren ● Rhabdoviren, z.B. Tollwuterreger (⇨ 1.7.2)

1.4 Allgemeine Anatomie des Bewegungsapparates

1.4.1 Osteologia (Knochenlehre): Systema skeletale (Gliederung des Skeletts)

GLIEDERUNG 1 + 2		GLIEDERUNG 3 + 4			KNOCHEN	
Skeleton axiale (Achsenskelett)	Cranium (Schädel)	Neurocranium (Hirnschädel)	Calvaria (Schädeldach)		● Os parietale (Scheitelbein) ● Os frontale (Stirnbein) ● Squama ossis occipitalis (Hinterhauptschuppe) ● Pars squamosa ossis temporalis (Schläfenschuppe)	
			Chondrocranium (Knorpelknochen der Schädelbasis)		● Os occipitale (Hinterhauptbein) ● Os sphenoidale (Keilbein) ● Os temporale (Schläfenbein) ● Os ethmoidale (Siebbein)	
		Viscerocranium (Gesichtsschädel)			● Concha nasalis inferior (untere Nasenmuschel) ● Os lacrimale (Tränenbein) ● Os nasale (Nasenbein) ● Vomer (Pflugscharbein) ● Maxilla (Oberkiefer) ● Os palatinum (Gaumenbein) ● Os zygomaticum (Jochbein) ● Mandibula (Unterkiefer) ● Os hyoideum (Zungenbein)	
	Columna vertebralis (Wirbelsäule)	Vertebrae cervicales (Halswirbel)			● Atlas (Träger) ● Axis (Dreher) ● Vertebrae cervicales III-VII (3.-7. Halswirbel)	
		Vertebrae thoracicae (Brustwirbel)			Vertebrae thoracicae I-XII (1.-12. Brustwirbel)	
		Vertebrae lumbales (Lendenwirb.)			Vertebrae lumbales I-V (1.-5. Lendenwirbel)	
		Vertebrae sacrales (Kreuzwirbel)			Os sacrum [sacrale] (Kreuzbein)	
		Vertebrae coccygeae (Steißwirbel)			Os coccygis [Coccyx] (Steißbein)	
	Ossa thoracis (Brustkorb)	Costae (Rippen)			● Costae verae (I-VII) ("wahre" Rippen) ● Costae spuriae (VIII-XII) ("falsche" Rippen)	
		Sternum (Brustbein)				
Skeleton appendiculare (Gliedmaßenskelett)	Ossa membri superioris (Knochen der oberen Gliedmaße)	Cingulum membri superioris [Cingulum pectorale] (Schultergürtel)			● Scapula (Schulterblatt) ● Clavicula (Schlüsselbein)	
		Pars libera membri superioris (Arm)			● Humerus (Oberarmbein) ● Radius (Speiche) ● Ulna (Elle)	
			Ossa manus (Handknochen)	Ossa carpi [Carpalia] (Handwurzelknochen)	● Os scaphoideum (Kahnbein der Hand) ● Os lunatum (Mondbein) ● Os triquetrum (Dreieckbein) ● Os pisiforme (Erbsenbein) ● Os trapezium (Trapezbein, großes Vieleckbein) ● Os trapezoideum (Trapezoidbein, kleines Viel- ● Os capitatum (Kopfbein) eckbein) ● Os hamatum (Hakenbein)
				Ossa metacarpi [Metacarpalia] (I-V) (Mittelhandknochen)	
				Ossa digitorum [Phalanges] (Fingerknochen)	● Phalanx proximalis (Fingergrundglied) ● Phalanx media (Fingermittelglied) ● Phalanx distalis (Fingerendglied)
	Ossa membri inferioris (Knochen der unteren Gliedmaße)	Cingulum membri inferioris [Cingulum pelvicum] (Beckengürtel)		Os coxae (Hüftbein)	● Os ilii [Ilium, Os iliacum] (Darmbein) ● Os ischii [Ischium] (Sitzbein) ● Os pubis [Pubis] (Schambein)
		Pars libera membri inferioris (Bein)			● Femur [Os femoris] (Oberschenkelbein) ● Patella (Kniescheibe) ● Tibia (Schienbein) ● Fibula (Wadenbein)	
			Ossa pedis (Fußknochen)	Ossa tarsi [Tarsalia] (Fußwurzelknochen)	● Talus (Sprungbein) ● Calcaneus (Fersenbein) ● Os naviculare (Kahnbein des Fußes) ● Os cuneiforme mediale (mediales Keilbein) ● Os cuneiforme intermedium (mittleres Keilbein) ● Os cuneiforme laterale (laterales Keilbein) ● Os cuboideum (Würfelbein)
				Ossa metatarsi [Metatarsalia] (I-V) (Mittelfußknochen)	
				Ossa digitorum [Phalanges] (Zehenknochen)	● Phalanx proximalis (Zehengrundglied) ● Phalanx media (Zehenmittelglied) ● Phalanx distalis (Zehenendglied)

Knochentypen

KNOCHENTYP	BEISPIELE
Os longum (langer Knochen, Röhrenknochen)	Humerus, Radius, Ulna, Ossa metacarpalia, Femur, Tibia, Fibula, Ossa metatarsalia, Ossa digitorum
Os breve (kurzer Knochen)	Ossa carpi, Ossa tarsi
Os planum (platter Knochen)	Sternum, Scapula, Os coxae, Calvaria (Schädeldach)
Os irregulare (unregelmäßiger Knochen)	Meiste Ossa cranii, Vertebrae
Os pneumaticum (lufthaltiger Knochen)	Maxilla, Os frontale, Os ethmoidale, Os sphenoidale, Os temporale

1.4.2 Abschnitte von Röhrenknochen

ABSCHNITT	BAU	KLINIK
Epiphysis (Gelenkende)	● An beiden Enden des Röhrenknochens ● Form abhängig von Gelenkart (Halbkugel, Rolle, Walze, Rad usw.) ● außen meist dünne Substantia corticalis ● im Innern spongiöser Knochen ● Kontaktfläche für Nachbarknochen (Facies articularis) mit Gelenkknorpel überzogen (Cartilago hyalina) ● verknöchert von eigenem Knochenkern ausgehend ● Blutversorgung über eigene Arterien (vom Gefäßnetz des Schaftes im Wachstumsalter durch Epiphysenknorpel getrennt)	**Erkrankungen der Epiphysen:** ● Hauptproblem: Blutversorgung, besonders im Wachstumsalter oder nach Knochenbrüchen, wenn Verbindung zu diaphysären Gefäßen unterbrochen, Beispiele: ● Hüftkopfnekrose nach Schenkelhalsbruch ● Perthes-Krankheit (Osteochondropathia deformans coxae juvenilis): bevorzugt Knaben zwischen 3 und 8 Jahren, Zerfall des Knochenkerns im Caput femoris, heilt häufig nur unter Deformation des Hüftkopfes aus ● Köhler-II-Krankheit: Nekrose des Caput metatarsale II
Metaphysis (Wachstumszone)	● Nur im Wachstumsalter Knorpelzone (Cartilago epiphysialis) ● beim Erwachsenen erinnert nur Epiphysenlinie (Linea epiphysialis) aus etwas dichterem Knochen (Röntgenbild!) an ehemlige Wachstumszone ● Feinbau: ⇨ enchondrale Ossifikation ● Blutversorgung meist über zahlreiche feine metaphysäre Arterien	**Erkrankungen der Wachstumszonen:** ● Gefahr der Verzögerung oder gar Beendung des Längenwachstums → Achsenabweichungen, Asymmetrien, Disproportionierung ● Knochenbrüche durch Wachstumszonen müssen rasch und exakt reponiert werden, sonst droht die Verknöcherung des Bruchspalts
Diaphysis (Knochenschaft)	● Kompakter Knochen umgibt röhrenförmig die Markhöhle ● Außendurchmesser meist in Mitte am kleinsten, zu den Metaphysen leicht ansteigend ● Knochenschicht meist in Mitte am dicksten, zu den Enden hin abnehmend ● Blutversorgung über 1-3 starke Aa. nutriciae [nutrientes], die an charakteristischen Stellen in die Substantia compacta eintreten, diese schräg durchsetzen und sich in der Markhöhle meist in einen auf- und einen absteigenden Ast aufzweigen	**Diaphysenfrakturen** (Knochenschaftbrüche): ● Biegungsbrüche: meist als Quer- oder Schrägbrüche, auf Konkavseite wird häufig "Biegungskeil" ausgesprengt ● Drehbrüche (Torsions-, Spiralfrakturen): schraubenförmiger Verlauf der Bruchlinie ● Stauchungsbruch: bei • querer Krafteinwirkung Bersten des Schaftes in zahlreiche Bruchstücke • längswirkender Kraft Eintreiben des Schafts in Epiphyse, z.B. Y-Bruch der Femurkondylen
Apophysis (Band- und Muskelansatzhöcker)	● Meist als Höcker (Tuber, Tuberculum, Trochanter, Epicondylus) oder Rauhigkeit (Tuberositas) aus Niveau des umgebenden Knochens hervortretend ● Verknöcherung geht von eigenem Knochenkern aus	● Apophysitis (Entzündung im Bereich von Apophysen), z.B. Insertionstendinopathie (⇨ 1.4.8) ● Ausrißfraktur: oft reißt nicht Band oder Sehne, sondern wird Knochen am Ansatz ausgesprengt

1.4.3 Bauteile von Knochen

KNOCHENTEIL	AUFGABEN	FEINBAU	KLINIK
Substantia compacta (kompakter Knochen)	● Höchste Druck- und Biegefestigkeit ● als **Substantia corticalis** ("Kortikalis", Rindenschicht) äußere Begrenzung des Knochens ● Beschränkung auf Rand des Knochens erklärt sich aus Gesetzen der Bruchfestigkeit: je weiter Substanz von Nullinie entfernt, desto größer ihr Anteil an Biegesteifigkeit (abhängig von 4. Potenz des Radius!)	● Kompaktes Knochengewebe (Textus osseus compactus) ohne größere Hohlräume ● *Knochenzellen* (Osteozyten) in kleinen Hohlräumen (Lacunae osteocyti), durch feine Kanäle (Canaliculi ossei) miteinander verbunden ● *Zwischenzellsubstanz* (Matrix ossea) besteht aus kollagenen Fasern (Fibrae collagenae) und Knochengrundsubstanz (Substantia fundamentalis) mit eingelagerten anorganischen Kristallen (Crystalla hydroxyapatiti) ● in Entwicklung zunächst *geflechtartiger Knochen* (Textus osseus reticulofibrosus, kollagene Fasern unregelmäßig angeordnet), wird umgebaut in *Lamellenknochen* (Textus osseus lamellaris) mit paralleler Lage der kollagenen Fasern in einzelner Lamelle (Lamella ossea) ■ **Osteon** (Osteonum, Havers-System): ● System konzentrischer (3-20) Lamellen (Lamellae osteoni [concentricae]) um *Zentralkanal* (Canalis centralis, Havers-Kanal) mit Blutgefäßen ● *Kittlinie* (Linea cementalis): äußere Begrenzung ● *Schaltlamellen* (Lamellae interstitiales): füllen Zwischenräume zwischen Osteonen ● äußere und innere *Grenzlamellen* (Lamellae circumferentiales externae, Lamellae circumferentiales internae): am äußeren und innneren Rand des kompakten Knochens ■ größere **Blutgefäße**: ● treten über *Foramen nutriens* in Knochen ein ● verlaufen in *Canalis nutriens* ● geben Äste durch *Canalis perforans* (Volkmann-Kanal) zu Zentralkanälen der Osteone ab ■ **Umbau**: ● auch kompakter Knochen ständig im Umbau zur Anpassung an funktionelle Belastung: Schaltlamellen bestehen aus Resten alter Osteone ● *Knochenabbau* durch Osteoklasten (Osteoclastocytus, vielkernige Riesenzelle, gehört zu Makrophagen): es entstehen Resorptionshöhlen (Howship-Lakunen, Lacunae erosionis) ● *Knochenaufbau* durch Osteoblasten (Osteoblastocyti) ● "Knochenhöhle" (Lacuna ossea): Begriff umfaßt: • Hohlraum des Osteozyten (Lacuna osteocyti) • Resorptionshöhle (Lacuna erosionis)	**Osteoporose**: Knochenabbau stärker als Knochenanbau, dadurch Knochenmasse vermindert, Knochenbälkchen verschmälert, Kompakta dünner ① **Altersosteoporose**: ● häufigste Knochenerkrankung ab dem 50. Lebensjahr ● Stammskelett meist früher betroffen als Extremitäten ● Frühsymptom: Rückenschmerzen ● zunehmend Altersrundrücken, Abnahme der Körpergröße ● später erhöhte Knochenbrüchigkeit (Schenkelhalsbruch!) ● Frauen nach Menopause besonders stark betroffen: Wegfall der knochenabbauhemmenden Wirkung der Östrogene ② **sekundäre Osteoporosen**: ● *Inaktivitätsosteoporose*, generalisiert bei längerer Bettlägrigkeit, lokal bei Lähmung oder unter ruhigstellendem Verband ● *Steroidosteoporose*: bei Cushing-Syndrom, z.B. bei langdauernder Zufuhr von Cortisonderivaten ● *gastrointestinale Osteoporose*: bei Eiweißmangel, z.B. Hunger, Malabsorptionssyndrom, chronischen Lebererkrankungen ● *renale Osteoporose*: bei Niereninsuffizienz Hyperphosphatämie → Hypocalcämie → Calcium in Knochen mobilisiert; ferner mangelhafte Bildung von D-Hormon aus Vitamin D
Substantia spongiosa [trabecularis] ("Spongiosa", Bälkchensubstanz)	● Gewichtsersparnis mit geringem Verlust an Biegesteifigkeit (Anordnung der Knochenbälkchen in Hauptbeanspruchungsrichtungen) ● Hohlräume können für Ansiedlung von blutbildendem Gewebe genutzt werden	● Spongiöser Knochen (Textus osseus spongiosus [trabecularis]): **Knochenbälkchen** (Trabecula ossea), die von Knochenmarkräumen umgeben sind ● Knochenbälkchen bestehen aus Lamellenknochen, jedoch meist ohne Osteone (diese "lohnen" sich erst ab einer gewissen Dicke, die von den Knochenbälkchen nicht erreicht wird) ● Knochenbälkchen sind bevorzugt in Hauptspannungslinien (Trajektorien) angeordnet, bei Änderung der Beanspruchung Umbau ■ **Calciumstoffwechsel**: ● ständiger Umbau nicht nur zur funktionellen Anpassung, sondern auch im Dienst des Calciumstoffwechsels ● Mobilisierung von Calcium im Skelett durch Parathormon (Nebenschilddrüsen) bei sinkendem Serumspiegel ● Ablagerung von Calcium bei steigendem Serumspiegel durch Calcitonin (Schilddrüse) und D-Hormon (aus Vitamin D)	

Fortsetzung der Tabelle nächste Seite

Bauteile von Knochen (Fortsetzung)

KNOCHENTEIL	AUFGABEN	FEINBAU	KLINIK
Cavitas medullaris (Markhöhle)	● Gewichtsersparnis ohne nennennswerten Verlust an Biegesteifigkeit (Anordnung um Nullinie) ● Hohlraum wird - soweit nötig - für Ansiedlung von blutbildendem Gewebe genutzt, Rest als Fettspeicher	Markhöhle und Zwischenräume zwischen den Bälkchen des spongiösen Knochens sind mit Knochenmark gefüllt (Gesamtmenge beim Erwachsenen etwa 2600 g): ■ **rotes Knochenmark** (blutbildendes, aktives Knochenmark, Medulla ossium rubra) ● füllt beim Fetus und beim Kleinkind alle Markräume ● bei Erwachsenen nur noch in kurzen, platten und unregelmäßigen Knochen sowie in Epiphysen mancher Röhrenknochen ● Gesamtmenge etwa 1300 g = etwa gleichviel wie gelbes Knochenmark ● blutbildendes Gewebe (Textus haemopoeticus) enthält 2 Hauptgruppen von Zellen: ● Retikulozyten (Reticulocyti): Zellen des retikulären Stützgerüstes ● Stammzellen der Blutzellen (Haemocytoblasti) und die aus ihnen hervorgehenden Zwischenstufen bis zu den reifen Blutzellen, Einzelheiten ⇨ Haemocytopoiesis (Blutbildung, 1.5.4) ■ **gelbes Knochenmark** (inaktives Knochenmark, Fettmark, Medulla ossium flava): ● in den Markhöhlen der Röhrenknochen ● es kann bei Bedarf wieder in rotes Knochenmark zurückverwandelt werden ■ in Nomina histologica als dritte Form "Medulla ossium gelatinosa": gelbes Knochenmark mit starker Wassereinlagerung	**Marknagelung:** ● als innere Schienung kommt bei bestimmten Knochenbrüchen, z.B. bei Femur- und Tibiaschaftfrakturen, das Einschlagen eines Metallstabs ("Marknagel") in die Markhöhle infrage ● der Metallstab von V- oder kleeblattförmigem Querschnitt spreizt sich in der Markhöhle auf und sichert so die Unverschieblichkeit der Bruchstücke ● Vorteil: rasche Mobilisation des Patienten, sichere Bruchheilung ● Nachteile: ● Marknagel muß nach 1-2 Jahren wieder entfernt werden ● oft nicht rotationsstabil (ausgenommen Verriegelungsnagel)
Periosteum (Knochenaußenhaut)	● Zugfeste Hülle um Knochen ● Dickenwachstum des Knochens durch Anlagern von Knochensubstanz ● Kallusbildung bei Bruchheilung ● fehlt nur im Bereich des Gelenkknorpels	Periost liegt wie Strumpf eng dem Knochen an, 2 **Schichten:** ● *Stratum fibrosum:* Außenschicht aus zugfesten, kollagenen Fasern, durch Faserbündel (Fibra perforans, Sharpey-Faser) im Knochen verankert ● *Stratum osteogenicum:* Innenschicht zellreich, im Wachstumsalter reichlich Osteoblasten, danach Knochenvorläuferzellen, die sich nach Bedarf in Osteoblasten verwandeln können (zur Kallusbildung bei Knochenbruch) ● reich an Blutgefäßen und Nerven (Periost ist, im Gegensatz zu Knochengewebe, sehr schmerzempfindlich)	*Periostale Hyperostosen:* ● Periost behält zeitlebens Fähigkeit zur Knochenneubildung ● Reizung des Periosts (Trauma, Entzündung) führt daher zu Knochenanlagerung und damit Verdickung des Knochens
Endosteum (Knocheninnenhaut)	● Umhüllt Knochenbälkchen ● Knochenanbau und Knochenabbau, je nach Erfordernissen der funktionellen Anpassung	● Im Unterschied zu Periost fehlen zugfeste Fasern ● im Ruhezustand nur eine Schicht von Bindegewebezellen	*Endostale Hyperostosen* (Osteosklerosen): ● Verdickung der Knochenbälkchen ● Einengung der Markhöhle

1.4.4 Knochenwachstum

Entwicklung ⇨ 1.4.9

TYP	VORGANG BZW. FEINBAU	KLINIK
Osteogenesis membranacea (Knochenbildung über Bindegewebe, desmale Ossifikation, Deckknochen)	• *Ossifikationszentrum* (Centrum ossificationis): in Bindegewebeplatte wandeln sich Mesenchymzellen in Osteoblasten um und bilden um sich herum Osteoid (noch unverkalktes Knochengewebe), "mauern" sich dadurch ein und werden zu Osteozyten • Osteoblasten und Osteozyten teilen sich nicht mehr, am Rand des Osteoids ständig Umwandlung von Mesenchymzellen in Osteoblasten zur Bildung weiterer Osteoids • *primärer Geflechtknochen* (Os membranaceum reticulofibrosum [primarium]): durch Einlagern anorganischer Kristalle (vorwiegend Calciumphosphat) in Osteoid entstehen Knochenbälkchen (Trabeculae osseae), kollagene Fasern unregelmäßig angeordnet • *sekundärer Lamellenknochen* (Os membranaceum lamellosum [secundarium]): Knochenbälkchen von meist mehreren primären Ossifikationszentren wachsen zusammen und bilden Knochenplatte, in dieser ständiger Umbau mit immer regelmäßigerer Anordnung der Zellen und kollagenen Fasern in Lamellen (Lamellae osseae) • Deckknochen sind: Schädeldach, Mehrzahl der Gesichtsknochen, Clavicula	**Frakturheilung** (Knochenbruchheilung): ■ **primäre** ("Kontaktheilung"): werden Bruchenden unter Druck aufeinandergepreßt (operative Osteosyntheseverfahren), wird geschädigter Knochen an Grenze durch Osteoklasten abgebaut und sofort neuer Knochen durch Osteoblasten aufgebaut
Osteogenesis cartilaginea	Knochenbildung über Knorpel (Ersatzknochen, Knorpelknochen): Vom Knochen wird zunächst ein Knorpelmodell angelegt, das dann von der Oberfläche (⇨ Ossificatio perichondrialis) und aus dem Innern (⇨ Ossificatio endochondrialis) verknöchert	■ **sekundäre** (über Kallusbildung): bei konservativer Bruchheilung 4 Phasen: • Hämatom im Bruchspalt von Granulationsgewebe durchwuchert
a) Ossificatio perichondrialis (perichondrale Knochenbildung)	• An Oberfläche des Schafts des Knorpelmodells differenzieren sich Mesenchymzellen des Perichondrium zu Osteoblasten und bilden Osteoid, das anschließend verknöchert • diese *knochenbildende Schicht* (Stratum osteogenicum) schafft eine Knochenmanschette um das Knorpelmodell (Anulus osseus perichondrialis) • der Vorgang entspricht der desmalen Knochenbildung, es entsteht zunächst Geflechtknochen (Os periosteale reticulofibrosum), der anschließend zu Lamellenknochen umgebaut wird, die primären Osteone (Osteona primaria) werden in immer besserer Anpassung an funktionelle Bedürfnisse durch sekundäre Osteone (Osteona secundaria) abgelöst	• *bindegewebiger Kallus*: im Granulationsgewebe treten erst retikuläre, dann kollagene Fasern auf und verbinden Bruchenden • *knöcherner Kallus*: Periost bildet Knochenmanschette aus Geflechtknochen um Bruchspalt, dadurch Bruchstücke fest verbunden • Verknöcherung des Zwischengewebes im Bruchspalt, allmählicher Abbau der Knochenmanschette und Wiederherstellung der ursprünglichen Kontur (in 2-3 Jahren)
b) Ossificatio endochondrialis (enchondrale Knochenbildung)	■ **Diaphysäres Ossifikationszentrum** (Centrum ossificationis primarium [diaphysiale]): • Knochenmanschette stört Ernährung in Tiefe des Knorpelmodells → Untergang von Knorpelzellen, Ablagerung von Calcium • von Oberfläche dringt Mesenchym ("Periostsprosse") durch Lücken der Knochenmanschette in Inneres vor und bildet Knochen (Gemma osteogenica primaria) • Knochen wird später unter Bildung der primären Markhöhle (Cavitas medullaris primaria) wieder abgebaut ■ **Epiphysenfuge** (Metaphyse, Cartilago epiphysialis) dient Längenwachstum des Knochens: Knorpel proliferiert und wird laufend in Knochen umgebaut, Gliederung in 5 Zonen (von Epiphyse zu Diaphyse): • *Reservezone* (Zona reservata): hyaliner Knorpel • *Proliferationszone* (Zona proliferativa): lebhafte Teilung der Chondrozyten, ordnen sich in Säulen an (Columella chondrocytialis, "Säulenknorpel") • *Hypertrophiezone* (Zona hypertrophica): besonders große Knorpelzellen (Chondrocytus hypertrophicus, "Blasenknorpel") • *Resorptionszone* (Zona resorbens): Verminderung der Grundsubstanz, Calciumeinlagerung (Cartilago calcificata), Abbau von Knorpel durch Chondroklasten führt zu Höhlen (Cavitates cartilagineae) zwischen Knorpelbälkchen (Trabeculae cartilagineae), in Höhlen wächst Mesenchym ein • *Verknöcherungszone* (Zona ossificationis): Mesenchymzellen differenzieren sich zu Osteoblasten, diese bauen primäre Knochenbälkchen (Trabeculae osseae primariae), die zu sekundären Knochenbälkchen (Trabeculae osseae secundariae) und schließlich zu Lamellenknochen (Lamellae osseae, Os endochondriale lamellosum) umgebaut werden ■ **epiphysäres Ossifikationszentrum** (Centrum ossificationis secundarium [epiphysiale]): • Knorpel wächst (Cartilago crescentiae), Knorpelzellen vergrößern sich (Chondrocytus hypertrophicus), Einlagerung von Calciumkristallen (Cartilago calcificata) • vom Perichondrium wächst Mesenchym ein, baut Knorpel ab und Knochen auf (Gemma osteogenica secundaria) • allmählich gesamter Knorpel der Epiphyse mit Ausnahme des Gelenkknorpels in Knochen umgebaut	■ **Pseudarthrose** (Falschgelenk): stabiler knöcherner Kallus bildet sich nur bei Unverschieblichkeit der Bruchstücke (daher Gipsverband oder operative Ruhigstellung), andernfalls bleiben Bruchstücke gegeneinander beweglich (Instabilität!)

Auftreten von Knochenkernen (Beginn der Ossifikation)

Sichtbarwerden im Röntgenbild bei diagnostisch wichtigen Knochen, Mittelwert, aber großer Spielraum (bis ± 2 Jahre)
F = Frau (Mädchen), M = Mann (Knabe)

	KNOCHEN	KNOCHENKERN	ANTE-NATAL	POSTNATAL (IM ...TEN LEBENSJAHR)										
			NATAL	1	2	3	4	5	6	7	8	9	10	11
Arm	Scapula	Processus coracoideus		FM										
	Humerus	Caput humeri		FM										
		Tuberculum majus		F	M									
		Capitulum humeri		FM										
		Trochlea humeri										F	M	
		Epicondylus medialis					F			M				
		Epicondylus lateralis											F	M
	Radius	Caput radii						F	M					
		distale Epiphyse		F	M									
	Ulna	Olecranon										F	M	
		Caput ulnae							F	M				
	Ossa carpi	Os scaphoideum						F	M					
		Os lunatum					F		M					
		Os triquetrum				F	M							
		Os pisiforme										F		M
		Os trapezium						F	M					
		Os trapezoideum						F	M					
		Os capitatum		FM										
		Os hamatum		FM										
Bein	Femur	Caput femoris		FM										
		Trochanter major				F	M							
		Trochanter minor										F	M	
		Condyli	FM											
	Patella						F		M					
	Tibia	Condyli	FM											
		Tuberositas tibiae												F
		distale Epiphyse		FM										
		Malleolus medialis												F
	Fibula	Caput fibulae					F		M					
		Malleolus lateralis		F	M									
	Ossa tarsi	Talus	FM											
		Calcaneus	FM											
		Os naviculare				F	M							
		Os cuneiforme mediale				F	M							
		Os cuneiforme intermedium				F	M							
		Os cuneiforme laterale		FM										
		Os cuboideum		FM										

Schluß der Wachstumsfugen (endgültige Ossifikation der Epiphysenfugen)

Bei Frauen (F) endet das Längenwachstum früher als bei Männern (M)

ABSCHNITT	EPIPHYSENFUGE	ALTER (JAHRE)	PRAKTISCHE FOLGERUNG
Ober- und Unterarm	Ellbogengelenknah: Humerus distal, Radius + Ulna proximal	F: 14-15 M: 18-19	Oberarm wächst nach Pubertät im wesentlichen am oberen, Unterarm am unteren Ende
	Ellbogengelenkfern: Humerus proximal, Radius + Ulna distal	F: 18-20 M: ~ 21	
Ober- und Unterschenkel		F: 16-17 M: 18-19	Keine so ausgeprägten Wachstumsunterschiede wie am Arm

1.4.5 Arthrologia (Gelenklehre): Arten der Knochenverbindungen

TYP	UNTERTYP	BEISPIELE	KLINIK
Articulationes fibrosae (Fasergelenke)	**Syndesmosis** (Verbindung von Knochen durch straffes Bindegewebe, Bandfuge, "Bandhaft")	• Syndesmosis [Articulatio] radio-ulnaris: Verbindung von Speiche und Elle durch Membrana interossea antebrachii • Syndesmosis [Articulatio] tibiofibularis: Verklammerung von Schien- und Wadenbein zur "Knöchelgabel" durch Membrana interossea cruris, Lig. tibiofibulare anterius, Lig. tibiofibulare posterius • Lig. stylohyoideum: Aufhängung des Zungenbeins am Griffelfortsatz des Schläfenbeins • Bandverbindungen der Wirbelbogen und -fortsätze: Ligg. flava, interspinalia, intertransversaria, supraspinalia und Lig. nuchae	"Sprengung" der Knöchelgabel bei Unfällen (Zerreißen der "Syndesmosebänder") führt zu schwerer Instabilität des oberen Sprunggelenks
	Sutura (Naht, Verbindung zwischen Schädelknochen durch Bindegewebe)	■ *Typen der Nähte*: • Sutura serrata (Zackennaht): Knochen ineinander verzahnt, z.B. Sutura lambdoidea • Sutura squamosa (Schuppennaht): Knochen überlappend, z.B. Sutura squamosa zwischen Scheitelbein und Schläfenbeinschuppe • Sutura plana (ebene Naht): Knochen liegen großflächig aufeinander, z.B. Sutura zygomaticomaxillaris • Schindylesis ("Einspaltung"): Knochenplatte des einen Knochens ist in Rinne des anderen eingefügt, z.B. zwischen Lamina perpendicularis des Siebbeins und Vomer ■ *wichtigste Schädelnähte* (Suturae cranii [craniales]): • Sutura coronalis (Kranznaht) • Sutura sagittalis (Pfeilnaht) • Sutura lambdoidea (Lambdanaht) • Sutura frontalis [Sutura metopica] (Stirnnaht)	• Schädelnähte verknöchern (synostosieren) im Laufe des Erwachsenenlebens • vorzeitige Synostosierung von Schädelnähten im Wachstumsalter führt zu Schädeldeformierung: z.B. Turmschädel, Kahnschädel, Dreieckschädel, Schiefschädel usw. (⇨ 6.1.1) • ausbleibende Synostosierung der normalerweise schon im 2. Lebensjahr verknöchernden Sutura frontalis führt zu Metopismus ("gespaltene" Stirn, "Kreuzschädel")
	Gomphosis ("Einzapfung")	Articulatio dento-alveolaris: Einzapfung des Zahns in seiner Alveole, Desmodontium (Wurzelhaut) zwischen Cementum und Os alveolare	Bei Zahnextraktion wird Wurzelhaut durch hebelnde Bewegungen zerrissen
Articulationes cartilagineae (Knorpelgelenke)	**Synchondrosis** (Verbindung von Knochen durch hyalinen Knorpel, Knorpelfuge, "Knorpelhaft")	■ *Synchondroses cranii [craniales]* (Schädelfugen): • Synchondrosis spheno-occipitalis • Synchondrosis sphenopetrosa • Synchondrosis petro-occipitalis • Synchondrosis intra-occipitalis • Synchondrosis spheno-ethmoidalis ■ *Synchondroses sternales* (Brustbeinfugen): • Synchondrosis xiphisternalis • Synchondrosis manubriosternalis	• Verknöchern (Synostosieren) im Laufe des Erwachsenenlebens • vorzeitige Synostosierung der Schädelsynchondrosen im Wachstumsalter, z.B. bei angeborenen Knorpelerkrankungen (Osteochondrodystrophie) führt zu Schädeldeformierung: eingezogene Nasenwurzel bei vorgewölbter Stirn
	Symphysis (Verbindung von Knochen durch Faserknorpel)	• *Symphysis intervertebralis*: Discus intervertebralis (Zwischenwirbelscheibe) mit Anulus fibrosus (Faserring) und Nucleus pulposus (Gallertkern) zwischen zwei Wirbelkörpern • *Symphysis pubica* (Schambeinfuge): Discus interpubicus zwischen den beiden Schambeinen • *Symphysis manubriosternalis*: durch faserknorpelige Umwandlung der ursprünglichen Synchondrose	• Im Gegensatz zu Sutur und Synchondrose keine Neigung zur Verknöcherung • träger Stoffwechsel (Blutgefäße bilden sich in Kindheit zurück), daher zunehmender Verschleiß → "Bandscheibenschäden" mit Nucleus-pulposus-Prolaps
Articulationes synoviales (synoviale Gelenke, "echte" Gelenke)	Mit Gelenkspalt, Gelenkkapsel und überknorpelten Gelenkflächen	(⇨ folgende Tabelle)	Arthrodese: operative Versteifung eines Gelenks, z.B. durch Herausschneiden der Gelenkknorpel → Knochen wachsen wie bei Knochenbruch zusammen

1.4.6 Articulationes synoviales (synoviale Gelenke)

GLIEDERUNG 1	GLIEDERUNG 2 + 3			GELENKE
Articulationes cranii (Gelenke des Kopfes)				Articulatio temporomandibularis (Kiefergelenk) Articulatio atlanto-occipitalis (Atlas-Hinterhaupt-Gelenk) Articulatio atlanto-axialis mediana (medianes Atlas-Axis-Gelenk) Articulatio atlanto-axialis lateralis (laterales Atlas-Axis-Gelenk)
Articulationes vertebrales (Gelenke der Wirbelsäule)				Articulationes zygapophysiales (Wirbelbogengelenke) Articulatio lumbosacralis (Lenden-Kreuzbein-Gelenk) Articulatio sacrococcygea (Steißbeingelenk)
Articulationes thoracis (Gelenke des Brustkorbs)	Articulationes costovertebrales (Rippen-Wirbel-Gelenke)			Articulatio capitis costae [costalis] (Rippenkopfgelenk) Articulatio costotransversaria (Rippen-Querfortsatz-Gelenk)
				Articulationes sternocostales (Brustbein-Rippen-Gelenke) Articulationes costochondrales (Gelenke zwischen Rippenknochen und Rippenknorpel) Articulationes interchondrales (Gelenke zwischen Rippenknorpeln)
Articulationes membri superioris (Gelenke der oberen Extremität)	Articulationes cinguli pectoralis (Gelenke des Schultergürtels)			Articulatio sternoclavicularis (inneres Schlüsselbeingelenk) Articulatio acromioclavicularis (äußeres Schlüsselbeingelenk)
	Articulationes membri superioris liberi (Armgelenke)	Articulatio humeri [glenohumeralis] (Schultergelenk)		
		Articulatio cubiti [cubitalis] (Ellbogengelenk)		Articulatio humero-ulnaris (Oberarm-Ellen-Gelenk) Articulatio humeroradialis (Oberarm-Speichen-Gelenk) Articulatio radio-ulnaris proximalis (proximales Speichen-Ellen-Gelenk)
		Articulatio radio-ulnaris distalis (distales Speichen-Ellen-Gelenk)		
		Articulationes manus (Gelenke der Hand)		Articulatio radiocarpalis (proximales Handgelenk) Articulationes carpi (Handwurzelgelenke) Articulationes intercarpales (Gelenke zwischen den Handwurzelknochen) Articulatio mediocarpalis (distales Handgelenk) Articulatio ossis pisiformis (Erbsenbeingelenk) Articulationes carpometacarpales (Handwurzel-Mittelhand-Gelenke) Articulatio carpometacarpalis pollicis (Daumensattelgelenk) Articulationes intermetacarpales (Zwischenmittelhandgelenke) Articulationes metacarpophalangeales (Fingergrundgelenke) Articulationes interphalangeales (Fingermittel- und Fingerendgelenke)
Articulationes membri inferioris (Gelenke der unteren Extremität)	Articulationes cinguli pelvici (Gelenke des Beckengürtels)			Articulatio sacro-iliaca (Kreuzbein-Darmbein-Gelenk)
	Articulationes membri inferioris liberi (Beingelenke)	Articulatio coxae (Hüftgelenk)		
		Articulatio genus [genualis] (Kniegelenk)		
		Articulatio tibiofibularis (Schienbein-Wadenbein-Gelenk)		
		Articulationes pedis (Fußgelenke)		Articulatio talocruralis (oberes Sprunggelenk) Articulatio tarsi transversa (queres Fußgelenk, Chopart-Gelenklinie) Articulatio talocalcaneonavicularis (vordere Kammer des unteren Sprunggelenks) Articulatio subtalaris [talocalcanea] (hintere Kammer des unteren Sprunggelenks) Articulatio calcaneocuboidea (Fersenbein-Würfelbein-Gelenk) Articulatio cuneocuboidea (Keilbein-Würfelbein-Gelenk) Articulatio cuneonavicularis (Keilbein-Kahnbein-Gelenk) Articulationes intercuneiformes (Zwischenkeilbeingelenke) Articulationes tarsometatarsales (Fußwurzel-Mittelfuß-Gelenke, Lisfranc-Gelenklinie) Articulationes intermetatarsales (Zwischenmittelfußgelenke) Articulationes metatarsophalangeales (Zehengrundgelenke) Articulationes interphalangeales pedis (Zehenmittel- und Zehenendgelenke)

Arten der synovialen Gelenke

GLIEDERUNG	ZAHL DER HAUPT- ACHSEN	GELENKART	BEISPIELE (manche Gelenke sind nicht eindeutig einer der genannten Gelenkarten zuzuordnen)
Nach Bewegungsmöglichkeiten	1	Articulatio plana (ebenes Gelenk)	Articulatio atlanto-axialis lateralis Articulationes zygapophysiales Articulatio ossis pisiformis Articulatio sacro-iliaca
		Ginglymus (Scharniergelenk)	Articulatio humero-ulnaris Articulationes interphalangeales
		Articulatio trochoidea (Radgelenk, Zapfengelenk)	Articulatio atlanto-axialis mediana Articulatio radio-ulnaris proximalis Articulatio radio-ulnaris distalis
	2	Articulatio ellipsoidea [condylaris] (Eigelenk)	Articulatio radiocarpalis
		Articulatio bicondylaris (Kondylengelenk)	Articulatio temporomandibularis Articulatio genus [genualis]
		Articulatio sellaris (Sattelgelenk)	Articulatio carpometacarpalis pollicis
	3	Articulatio spheroidea [cotylica] (Kugelgelenk)	Articulatio sternoclavicularis Articulatio acromioclavicularis Articulatio humeri [glenohumeralis] Articulationes metacarpophalangeales Articulatio coxae Articulationes metatarsophalangeales
Nach Zahl der Knochen	-	Articulatio simplex (einfaches Gelenk): 2 Knochen	Mehrzahl der Gelenke
	-	Articulatio composita [complexa] (zusammengesetztes Gelenk): mehr als 2 Knochen	Articulatio cubiti [cubitalis] Articulatio radiocarpalis Articulatio mediocarpalis Articulatio genus [genualis] Articulatio talocalcaneonavicularis

Bau der synovialen Gelenke

GELENKTEIL	AUFGABEN	FEINBAU	KLINIK
Capsula articularis (Gelenkkapsel)	● Bildet "Manschette" um Gelenk ● sichert (gemeinsam mit Bändern) den Zusammenhang der Knochen ● hält Gelenkschmiere im Gelenkraum ● erzeugt Gelenkschmiere	2 Schichten: ■ **Membrana fibrosa** [Stratum fibrosum]: ● Außenschicht der Gelenkkapsel ● straffes kollagenes Bindegewebe, evtl. verstärkt durch Bänder und einstrahlende Sehnen ● geht in Periost über ■ **Membrana synovialis** [Stratum synoviale]: ● Innenschicht der Gelenkkapsel, befestigt am Rand des Gelenkknorpels, bedeckt auch Knochen zwischen Gelenkknorpel und Ansatz der Membrana fibrosa ● Oberflächenvergrößerung durch Falten (Plica synovialis) und Zotten (Villi synoviales) ● Lamina propria synovialis: lockeres, zellreiches Bindegewebe mit Fettzellen ● an Oberfläche epithelartige Lage von Bindegewebezellen (Cellula synovialis), 2 Zelltypen (vielleicht auch nur 2 Funktionsstadien der gleichen Zellen): ● Synoviocytus phagocyticus (A-Zelle) ● Synoviocytus secretorius (B-Zelle)	**Arthritis** (Gelenkentzündung): ● Entzündung der Membrana synovialis, in schweren Fällen Übergreifen auf Membrana fibrosa und Umgebung des Gelenks (Periarthritis) ● Schwellung des Gelenks infolge vermehrter Flüssigkeit im Gelenk (Gelenkerguß) und Ödem in Gelenkumgebung ● eitrige Arthritis durch Einwandern von Bakterien (offene Verletzung, aber auch hämatogen von Bakterienherd irgendwo im Körper), meist nur ein Gelenk befallen ● primär chronische Polyarthritis (PCP, rheumatoide Arthritis): häufigste Autoimmunkrankheit, Haupterkrankungsalter 20-40 Jahre, bevorzugt befallen Gelenke der Hand, Mitbeteiligung anderer Organe (Haut, Herz, Augen u.a.), Verlauf meist in Schüben, führt bei 10-20 % der Patienten zu Invalidität

Fortsetzung der Tabelle nächste Seite

Bau der synovialen Gelenke (Fortsetzung)

GELENKTEIL	AUFGABEN	FEINBAU	KLINIK
Cavitas articularis (Gelenkraum)	● Ermöglicht freie Beweglichkeit der Knochen gegeneinander ● Hauptkennzeichen der synovialen Gelenke	**Synovia** (Gelenkschmiere): ● hochviskös, mindert Reibung zwischen Gelenkflächen der Knochen ● Zusammensetzung ähnlich Blutserum, zusätzlich reich an Hyaluronsäure, nur wenige Zellen ● wird von Stratum synoviale der Gelenkkapsel gebildet	**Arthroskopie** (Gelenkspiegelung): Besichtigen des durch Gas- oder Flüssigkeitsfüllung erweiterten Gelenkraums mittels eines optischen Instruments (Arthroskop), auch Ausführen von Operationen, z.B. an den Menisken
Cartilago articularis (Gelenkknorpel)	● Glatte Oberfläche für reibungsarme Bewegung ● Federung: Verformbarkeit des bis 7 mm dicken Knorpels (Höhe des gut strahlendurchlässigen Knorpels macht im Röntgenbild den scheinbaren "Gelenkspalt" aus)	● Hyaliner Knorpel: bei meisten Gelenken ● Faserknorpel: bei Sternoklavikulargelenk und Kiefergelenk ● kein Perichondrium, daher keine Regeneration ● frei von Blutgefäßen (Ernährung durch Diffusion von Synovia und von Knochen her) ● nach Anordnung der Knorpelzellen und der kollagenen Fibrillen 4 Zonen (ohne scharfe Grenzen): ● Zona superficialis (Tangentialzone) ● Zona intermedia (Übergangszone) ● Zona profunda (Radiärzone) ● Lamina ossea subchondralis: Zone verkalkten Knorpels als Übergang zu Knochen	**Arthrosis (Arthropathia) deformans:** ● degenerative Gelenkerkrankung ● häufigstes Gelenkleiden ● Verschleiß des schlecht regenerierenden Gelenkknorpels → Knochen liegt frei → Deformation des Knochens, vor allem Bildung von "Randwülsten" → Bewegungseinschränkung + Schmerz ● langsam über Jahrzehnte fortschreitendes Leiden ● bevorzugt befallen: ● Hüftgelenk (Coxarthrose) ● Kniegelenk (Gonarthrose) ● keine kausale Therapie, Endstation Einsetzen eines Kunstgelenks
Ligamentum (Band)	● Sichert (gemeinsam mit Gelenkkapsel) den Zusammenhang der Knochen ● begrenzt Bewegungsspielraum auf vernünftiges Maß	■ **Gliederung nach vorherrschender Gewebeart:** ● *Lig. collagenosum* (straffes Band): überwiegend kollagene Fasern (Fibrae collagenosae), Mehrzahl der Bänder ● *Lig. elasticum* (elastisches Band): überwiegend elastische Fasern (Fibrae elasticae), z.B. Lig. flavum, Teile des Lig. nuchae ■ **Gliederung nach Lage zur Gelenkkapsel:** ● *Ligg. extracapsularia*: unabhängig von Gelenkkapsel, z.B. Lig. trapezoideum, Lig. conoideum der Articulatio acromioclavicularis ● *Ligg. capsularia* (Kapselbänder): verstärken Gelenkkapsel, z.B. Lig. iliofemorale ● *Ligg. intracapsularia*: innerhalb der Gelenkkapsel, z.B. Ligg. cruciata genus [genualia] (von Membrana synovialis umhüllt, jedoch getrennt von Membrana fibrosa)	**Traumatische Gelenkschädigung:** ● *Distorsion* (Verstauchung): Überdehnung der Gelenkkapsel und der Bänder, aber Rückkehr der Gelenkkörper in Normallage ● *Subluxation*: Gelenkkörper in atypischer Lage zueinander, aber noch Kontakt der Gelenkflächen ● *Luxation* (Verrenkung): Gelenkkörper ohne Kontakt der Gelenkflächen ● *Gelenkzerreißung*: Luxation mit Riß der Gelenkkapsel und von Bändern
Discus articularis (Gelenkscheibe)	● Gleicht Inkongruenzen der Gelenkkörper aus ● Verbessert Kontakt der Gelenkkörper und sichert damit Bewegungen ● Walkwirkung auf Gelenkknorpel fördert dessen Ernährung	● Faserknorpel ● Vorkommen: Kiefergelenk, Schlüsselbeingelenke, distales Radioulnargelenk	
Meniscus articularis (Gelenkring)		● Im Gegensatz zum Discus articularis keine durchgehende Platte, sondern eher C- oder halbmondförmig ● Faserknorpel ● Vorkommen: Kniegelenk	Die beweglichen Gelenkringe können bei raschen Bewegungen u.U. zwischen die Gelenkkörper eingeklemmt werden und dann zerreißen (z.B. Meniskusrisse bei Skifahrern und Fußballspielern)
Labrum articulare (Pfannenlippe)	Erhöht den Pfannenrand, so daß Gelenkkopf weiter umfaßt wird	● Faserknorpel ● Vorkommen: Labrum glenoidale (Schultergelenk), Labrum acetabulare (Hüftgelenk)	Riß des Labrum articulare bei Schulter- und Hüftluxationen

1.4.7 Myologia (Muskellehre)

Bauteile von Muskeln
a) **Caput, Venter** (Muskelbauch)

AUFGABEN, MUSKELMECHANIK	FEINBAU	KLINIK
● Kontraktiler Teil des Muskels ● *Ursprung* (Origo) und *Ansatz* (Insertio): die Besfestigungsstellen des Muskels an Knochen usw., traditionelle Definition: • Ursprung als die proximale bzw. mediale Befestigung • Ansatz als die distale bzw. laterale Befestigung ● jeder Skelettmuskel überquert mindestens ein Gelenk ● Muskel kann sich maximal auf knapp die Hälfte der Faserlänge kontrahieren ● Länge der Muskelfasern hängt demgemäß von der benötigten Hubhöhe ab ● Rest des Abstands von Ursprung und Ansatz wird von Sehne eingenommen (spart Energie) ■ **Muskelkraft:** ● maximale Kraft des Muskels hängt ab vom "physiologischen Querschnitt" (Summe des Querschnitts aller Muskelfasern) ● aktuelle Kraft des Muskels ist abhängig von Zahl der kontrahierten Muskelfasern ● bei gleichem Gewicht kann ein Muskel große Kraft bei geringer Hubhöhe (viele kurze Muskelfasern) oder große Hubhöhe bei geringer Kraft (wenige lange Muskelfasern) haben ■ **Kontraktionsarten:** ● *isotonische* Kontraktion: Verkürzung des Muskels unter gleichbleibender Kraftentfaltung ● *isometrische* Kontraktion: Anspannung des Muskels ohne äußerlich sichtbare Verkürzung ■ **Muskelinsuffizienz:** ● *aktive* Muskelinsuffizienz: ein Muskel kann sich nicht weiter kontrahieren (weil seine Muskelfasern bereits maximal verkürzt sind), obwohl die Endstellung des Gelenks noch nicht erreicht ist (bei mehrgelenkigen Muskeln bei gleichsinniger Entspannung in allen Gelenken) ● *passive* Muskelinsuffizienz: ein Muskel kann über eine bestimmte Grenze hinaus nicht gedehnt werden, dann treten Schmerzen auf (bei mehrgelenkigen Muskeln bei gleichsinniger Dehnung in allen Gelenken)	■ **Quergestreiftes Muskelgewebe** (Textus muscularis striatus [skeletalis]): ● *Muskelfaser* = vielkernige quergestreifte Muskelzelle (Myocytus striatus), bis etwa 10 cm lang (Durchschnitt etwa 3 cm), 10-100 μm dick (Dicke nimmt bei Training zu, bei Ruhigstellung ab: Zahl der Myofibrillen nimmt zu bzw. ab) ● *Zellkerne randständig* (Unterschied zur quergestreiften Herzmuskelzelle!) ● innerhalb der Zelle kontraktile quergestreifte Fibrillen (Myofibrillae), jede Myofibrille besteht aus 2 Arten von Myofilamenten: • dickes Myofilament (Myofilamentum crassum): Durchmesser etwa 12 nm, aus *Myosin* (relative Molekülmasse 500 000) • dünnes Myofilament (Myofilamentum tenue): Durchmesser etwa 6 nm, aus *Actin* (relative Molekülmasse 42 000) ● Querstreifung der Muskelfaser infolge paralleler Lage der quergestreiften Myofibrillen mit genau gleicher Höhe der dunklen und hellen Streifen ● *sarkoplasmatisches Retikulum* (Reticulum endoplasmaticum nongranulosum): bildet Netzwerk um Myofibrillen mit Endzysternen (Cisternae terminales) und T-Tubuli (Tubuli transversi), Trias aus Längs-, Quer- und transversalen Tubuli ● *Myosatellitenzelle* (Myosatellitocytus): spindelförmige kleine Zelle unter Basallamina der Muskelfaser, dient Regeneration ● motorische Endplatte (Terminatio neuromuscularis): ⇨ 1.7.3, Synapse ■ **Sarkomer** (Myomerum): kleinste funktionelle Einheit der Myofibrille, Länge etwa 2,5 μm: ● A-Streifen (Discus anisotropicus [Stria A]): dunkel, anisotrop (im polarisierten Licht doppelbrechend) ● I-Streifen (Discus isotropicus [Stria I]): hell, isotrop (einfachbrechend), enthält nur Actinfilamente ● H-Streifen (Hensen-Streifen, Zona lucida [Stria H]): helle Zone in Mitte des A-Streifens, enthält nur Myosinfilamente ● M-Streifen (Mittelstreifen, Mesophragma [Linea M]): dunkle Linie in Mitte des H-Streifens ● Z-Streifen (Zwischenscheibe, Telophragma [Linea Z]): dunkle Linie im I-Streifen ● Reihenfolge der Streifen in Sarkomer: Z-I-A-H-M-H-A-I-Z ■ **Vorgang der Muskelkontraktion:** ● *Theorie der gleitenden Filamente*: Bei der Kontraktion werden die Actinfilamente zwischen die Myosinfilamente in Richtung M-Streifen gezogen, dabei binden sich die Myosinköpfe an die Actinfilamente, führen eine Nickbewegung aus, lösen sich von den Actinfilamenten, binden sich erneut usw. ● Kontraktion gesteuert durch Calciumabgabe aus glattem sarkoplasmatischem Retikulum ● Lösung der Myosinköpfe von Actin erfordert ATP → Muskelstarre bei fehlendem Enegienachschub (Totenstarre!) ■ **Muskelfasertypen:** ● *rote* (langsame) Muskelfaser (Muskelfaser Typ I, Myocytus ruber): myoglobinreich, viele Mitochondrien, ATPasearm ● *weiße* (schnelle) Muskelfaser (Muskelfaser Typ IIb, Myocytus albus): myoglobinarm, wenig Mitochondrien, ATPasereich ● *intermediäre* Muskelfaser (Muskelfaser Typ IIa): Mittelstellung	**Muskelkrankheiten:** ● *neurogene Muskelatrophien*: bei Läsionen motorischer Nerven, Bahnen, Kerne atrophieren nicht mehr innervierte Muskelfasern ● Störungen an motorischen Endplatten: *Myasthenie* (Muskelschwäche) bei Blockierung der Acetylcholinrezeptoren ● *traumatische Muskelläsion*: z.B. • "Muskelkater" (bei Überanstrengung feinste Muskelfaserrisse und Reizung des Hüllgewebes, häufigste Form) • Muskelquetschung (Regeneration geschädigter Fasern von Satellitenzellen ausgehend) • Kompartmentsyndrom (s.u.) ● *Myositis* (Muskelentzündung): durch Bakterien (z.B. Gasbrand), Parasiten (vor allem Würmer, z.B. Trichinose, Zystizerkose), Autoimmunkrankheiten ● *Trichinose* (Fadenwurmkrankheit): Infektion meist über unzureichend erhitztes trichinenhaltiges Schweinefleisch, Larven schlüpfen in Darm aus, Würmer vermehren sich, Larven wandern in Muskeln, lebensgefährlich Befall des Zwerchfells und des Herzmuskels ● *genetisch bedingte Myopathien*: eine Fülle von Krankheitsbildern, die im einzelnen jedoch selten auftreten, z.B. Muskeldystrophien, Myotonien, Myopathien bei angeborenen Stoffwechseldefekten ● *toxische Myopathien*: z.B. durch bestimmte Pharmaka (Chloroquin, Corticosteroide u.a.), Ethylalkohol, Heroin usw.

Fortsetzung der Tabelle nächste Seite

b) Weitere Muskelteile

MUSKELTEIL	AUFGABEN	BAU	KLINIK
Hüllgewebe des Muskels	● Reibungsarmes Gleiten der Muskelfasern, Muskelfaserbündel und Muskeln aneinander ● Zusammenhalt der Muskelfasern usw. ● Leitschienen für Blutgefäße und Nerven	■ **Hierarchie der Hüllgewebe** (kollagene + elastische Fasern, Fibroblasten, Blut- und Lymphgefäße, Nerven): ● *Endomysium*: umhüllt einzelne Muskelfaser ● *Perimysium*: faßt Muskelfaserbündel (Fasciculus muscularis) zusammen ● *Epimysium*: bedeckt Muskelbauch ■ **Faszie** ("Muskelbinde"): derbere Hülle um Muskel oder Muskelgruppe, manchmal durch Sehnenzüge verstärkt zum Ursprung oder Ansatz von Muskeln ● Fascia superficialis: oberflächliche Körperfaszie an Grenze zwischen Unterhaut und Skelettmuskeln ● Fascia profunda: tiefe Faszie an der Grenze von Muskelgruppen ("Gruppenfaszie")	**Kompartmentsyndrom** (Muskelkammersyndrom): ● Durchblutungsstörung des Muskels bei Druckerhöhung in Muskelloge, z.B. Einblutung bei Knochenbruch ● rasche Druckentlastung durch großzügiges Durchtrennen der beengenden Faszien nötig! ● besonders gefährdet: Extensorenloge am Unterschenkel
Fusus neuromuscularis (Muskelspindel)	● Dehnungsrezeptor: registriert Spannungszustand des Muskels und meldet ihn an Zentralnervensystem ● je feiner gesteuerte Bewegungen ein Muskel ausführt, desto mehr Muskelspindeln enthält er, z.B. ● Augenmuskeln ~ 130 Muskelspindeln pro Gramm Muskelgewebe ● Schultermuskeln ~ 0,4	● Etwa 5 mm lang und 0,2 mm breit ● bindegewebige Kapsel (Capsula) Fortsetzung des Perineurium und Perimysium mit ● Innenschicht (Lamina interna) ● Außenschicht (Lamina externa) ● enthält etwa 2-12 modifizierte Muskelfasern ■ **Intrafusale Muskelfaser** (Myocytus intrafusalis): Zentralsegment ohne Myofibrillen, nach Anordnung der Zellkerne 2 Fasertypen: ● *Kernhaufenfaser* (Kernsackfaser, Bursa nuclearis myocyti): bis zu 50 Zellkerne in sackartiger Erweiterung ● *Kernkettenfaser* (Vinculum nucleare myocyti): dünner und kürzer, Zellkerne in Reihe ■ **Nervenendungen**: ● *Anulospiralendung* (Terminatio neuralis anulospiralis): afferente Aα-Faser umwickelt Mitte des Zentralsegments ● *Doldenendung* (Terminatio neuralis racemosa): afferente Aß-Faser verzweigt sich blütendoldenartig neben Anulospiralendung ● *motorische Endplatte* (Terminatio neuromuscularis fusi): efferente Aγ-Faser endet an kontraktilen Polabschnitten der intrafusalen Muskelfaser	**Muskeleigenreflex.** ● afferenter Schenkel: Dehnung des Muskels, z.B. durch Schlag auf Sehne, von Muskelspindeln registriert, Perikaryen derAnulospiral- und Doldenendungen im Spinalganglion ● im Rückenmark direkte Schaltung (oder über Zwischenneuronen) auf motorische Vorderhornzelle ● Lebhaftigkeit des Reflexes abhängig von Vorspannung der intrafusalen Fasern (γ-Aktivität)

Muskelformen

MUSKELFORM	BEISPIELE
M. fusiformis (spindelförmiger Muskel)	M. palmaris longus, M. brachioradialis, Mm. lumbricales und viele andere
<M. planus> (flacher Muskel)	Mm. abdominis, M. latissimus dorsi, Platysma
M. quadratus (quadratischer Muskel)	M. quadratus lumborum, M. pronator quadratus, M. quadratus femoris, M. quadratus plantae
M. triangularis (dreieckiger Muskel)	M. gluteus minimus, M. depressor anguli oris
M. unipennatus (eingefiederter Muskel)	M.semimembranosus, M. tibialis posterior
M. bipennatus (zweigefiederter Muskel)	Mm. interossei dorsales, M. rectus femoris
M. multipennatus (vielgefiederter Muskel)	M. deltoideus, M. infraspinatus

Fortsetzung der Tabelle nächste Seite

Muskelformen (Fortsetzung)

MUSKELFORM	BEISPIELE
M. sphincter (Schließmuskel)	M. sphincter ani externus, viele glatte Schließmuskeln der Eingeweide (z.B. M. sphincter pupillae, M. sphincter pyloricus, M. sphincter ampullae hepatopancreaticae, M. sphincter ani internus, M. sphincter urethrae)
M. dilator [dilatator] (Öffnungsmuskel)	M. dilator pupillae (aus Myoepithelzellen)
M. orbicularis (Ringmuskel)	M. orbicularis oculi, M. orbicularis oris
M. cruciatus (kreuzförmiger Muskel)	Mm. linguae (M. longitudinalis + verticalis + transversus linguae)
M. cutaneus (Hautmuskel)	Platysma, mimische Muskeln, M. palmaris brevis
M. biceps (zweiköpfiger Muskel)	M. biceps brachii, M. biceps femoris
M. triceps (dreiköpfiger Muskel)	M. triceps brachii, M. triceps surae
M. quadriceps (vierköpfiger Muskel)	M. quadriceps femoris
Muskel mit Zwischensehne (Intersectio tendinea) zwischen 2 Bäuchen	M. digastricus, M. omohyoideus, M. rectus abdominis

Funktionelle Gliederung von Muskeln

MUSKELGRUPPE	DEFINITION	BEISPIELE
Eingelenkige Muskeln	Wirken auf nur 1 Gelenk	Kaumuskeln, M. brachialis, M. popliteus
Zweigelenkige Muskeln	Wirken auf 2 Gelenke	M. coracobrachialis, M. sartorius, ischiokrurale Muskeln,
Mehrgelenkige Muskeln	Wirken auf mehr als 2 Gelenke	Mehrzahl der Muskeln der Wirbelsäule, Bauchmuskeln, M. pectoralis major, M. latissimus dorsi, lange Finger- und Zehenbeuger und -strecker
Genetische Muskelgruppe	Muskeln gleicher Herkunft und daher gleicher Innervation, aber u.U. unterschiedlicher Funktion	Mimische Muskeln (N. facialis), autochthone Rückenmuskeln (Rr. dorsales), Strecker von Ober- und Unterarm (N. radialis)
Funktionelle Muskelgruppe	Muskeln ähnlicher Aufgabe, aber u.U. unterschiedlicher Innervation	Beuger des Unterarms (N. medianus + N. ulnaris), oberflächliche und tiefe Beuger des Unterschenkels (N. tibialis)
Synergisten	Muskeln, die bei einer Bewegung gleichsinnig zusammenwirken	M. biceps brachii + M. brachialis + M. brachioradialis beim Beugen im Ellbogengelenk
Antagonisten	Muskeln mit entgegengesetzter Zugrichtung (die trotzdem zusammenwirken, weil die Antagonisten die Bewegung der Synergisten bremsen und nur so gezielte Bewegungen möglich sind)	M. triceps brachii zu den vorgenannten Muskeln beim Beugen im Ellbogengelenk
Bewegungsmuskeln	Für rasche Bewegungen, aber auch rasch ermüdbar, vorwiegend weiße Muskelfasern (Typ IIb)	M. biceps brachii als "Schnelligkeitsbeuger" im Ellbogengelenk
Haltemuskeln	Für langdauernde Kontraktion, sehr gute Blutversorgung, daher weniger ermüdbar, vorwiegend rote Muskelfasern (Typ I)	Rückenstrecker (für gute "Haltung")

1.4.8 Tendo, Vagina tendinis, Bursa (Sehne, Sehnenscheide und Schleimbeutel)

MUSKELTEIL	AUFGABEN	BAU	KLINIK
Tendo (Sehne)	● Vermittelt Ursprung und Ansatz eines Muskels an Knochen, Band, Gelenkkapsel, Haut oder anderem Muskel ● Länge und Form der Sehne entspricht biomechanischem Bedürfnis	■ **Sehnenformen:** ● runder oder leicht abgeflachter Querschnitt: meiste Sehnen ● *Aponeurosis*: flache, breite Sehne ● *Zwischensehne* (Intersectio tendinea, Tendo intermedius): zwischen Muskelabschnitten, z.B. bei M. rectus abdominis, M. digastricus ● *Sehnenbogen* (Arcus tendineus): Band zwischen 2 Knochen oder Knochenteilen, in das Sehne einstrahlt ● *Sehnenschlaufe* (Trochlea muscularis): Bandschleife, durch die eine Sehne läuft und in ihrer Richtung abgelenkt wird, z.B. bei M. obliquus superior bulbi ■ **Feinbau:** ● Bündel (Fasciculus tendineus) paralleler kollagener Fasern (Fibrae tendineae), dazwischen in Reihen Sehnenzellen ("Flügelzellen", Tendinocyti [Tenocyti]) ● *Hüllgewebe*: Hierarchie entspricht der beim Muskel (Endotendineum [Endotenon] - Peritendineum [Peritenon] - Epitendineum [Epitenon]) ● *Muskel-Sehnen-Übergang* (Junctio myotendinea): kollagene Sehnenfasern in handschuhfingerartigen Einstülpungen (Invaginationen) der Muskelfaser verankert ● *Sehnenspindel* (Golgi-Organ, Fusus neurotendineus): kleiner und einfacher gebaut als Muskelspindel, registiert Spannung in Sehne	■ **Tendinopathie** (Tendopathie): degenerative Bindegeweberkrankung vor allem im Bereich von Sehnenansätzen (Insertionstendinopathie) bei mechanischer Überlastung mit belastungsabhängigem Schmerz, häufige Lokalisationen: ● Epicondylitis humeri ("Tennisellbogen") ● Achillodynie: Fersenschmerz bei Erkrankung der Achillessehne ● Periarthropathia humeroscapularis: Befall der Sehnen der "Rotatorenmanschette" ■ **Sehnenriß** (Sehnenruptur): ● bei Überbeanspruchung meist vorgeschädigter Sehnen ● bei großen Sehnen (z.B. Achillessehne) mit lautem Geräusch verbunden ● Heilung in 3 Stufen: in Lücke wächst Granulationsgewebe ein, wird in lockeres und schließlich straffes Bindegewebe umgewandelt ● häufig betroffen sind die Sehne des ● M. triceps surae (Achillessehne), ● M. quadriceps femoris proximal der Patella ● M. supraspinatus (Rotatorenmanschette!) ● M. extensor pollicis longus
Vagina tendinis (Sehnenscheide)	Mindert Reibung der Sehne an Haltebändern ("wo Halteband, da Sehnenscheide!")	Umhüllt Sehne manschettenartig, Bauprinzip ähnlich Gelenkkapsel: ● Stratum fibrosum: straffer gebaute Hülle ● Stratum synoviale (Vagina synovialis tendinis): locker gebaute Verschiebeschicht mit 2 Bindegewebeblättern ● Pars parietalis: dem Stratum fibrosum anliegend ● Pars tendinea: der Sehne anliegend ● Cavitas synovialis: Hohlraum zwischen Pars parietalis und Pars tendinea ist mit synovialer Flüssigkeit (ähnlich Gelenkschmiere) gefüllt ● Sehnengekröse (Mesotendineum): Blutgefäße werden ähnlich wie beim Darm an die Sehne herangeführt	**Tendovaginitis** (Sehnenscheidenentzündung): ● Schwellung als Folge mechnischer Überlastung führt zu Einengung der Cavitas synovialis und damit zu Bewegungsbehinderung ● besonders häufig betroffen: Sehnenscheiden im Karpaltunnel (bei langdauernder Arbeit an Tastatur)
Bursa synovialis (Schleimbeutel)	Mindert Reibung von Muskeln oder Sehnen an Knochen	Umschriebener flüssigkeitsgefüllter Sack, Bauprinzip ähnlich Sehnenscheide mit ● Stratum fibrosum ● Stratum synoviale	**Bursitis** (Schleimbeutelentzündung): ● Schmerz und starke Schwellung (kann zu Verwechslung mit Entzündung des nahe gelegenen Gelenks führen), besonders häufig betroffen: ● Bursa subcutanea prepatellaris: bei langdauerndem Knien ● Bursa subcutanea olecrani: z.B. Unterkühlung bei Aufstützen der Ellbogen auf Steinplatte beim Lesen

1.4.9 Entwicklung des Bewegungsapparats (Systema skeletale + Systema musculare)

SKELETOGENESIS (Herkunft des Skeletts)	CHONDROGENESIS (Knorpelentwicklung)	OSTEOGENESIS (Knochenentwicklung)	MYOGENESIS (Muskelentwicklung)
Gesamter Bewegungsapparat geht aus paraxialem Mesoderm (⇨ 5.6.2) hervor, ausgenommen Teile des Bewegungsapparats des Kopfes (aus ektodermaler Neuralleiste) ■ **Somitenbildung:** ● paraxiales Mesoderm beginnt sich am Ende der 3. Entwicklungswoche segmental zu gliedern, es werden beidseits bis zur Mitte der 5. Entwicklungswoche 42-44 Ursegmente (Somiten) angelegt: ● 4 okzipitale ● 8 zervikale ● 12 thorakale ● 5 lumbale ● 5 sacrale ● 8-10 kokzygeale ● 1 okzipitaler und 5-7 kokzygeale Somiten werden wieder zurückgebildet, die verbleibenden 3 okzipitalen gehen in die Bildung des Schädels, die übrigen Somiten in die der Wirbelsäule ein ■ **Gliederung des Somiten:** jeder Somit gliedert sich in das ventromediale Sklerotom und das Dermomyotom, das sich weiter in das mittlere Myotom und das laterale Dermatom aufspaltet ● *Sklerotom*: liefert das Skelett (Knorpel + Knochen) ● *Myotom*: liefert die Muskeln ● *Dermatom*: liefert die Lederhaut (Dermis)	● Anlage der meisten Skelettelemente zuerst als Mesenchymverdichtung (Mesoderma blastemale) sichtbar ● *Knorpelzentrum* (Centrum chondrificiens): in Mesenchymverdichtung erzeugen (erstmals in 5. Entwicklungswoche) Zellen (Chondroblasten) spezifische Zwischenzellsubstanz (Matrix) mit kollagenen und elastischen Fasern, es entsteht zellreicher *Vorknorpel* (Precartilago), der durch Zunahme der Zwischenzellsubstanz zum Knorpel (Cartilago embryonica) wird ● das Knorpelzentrum wächst allmählich zu einem embryonalen Knorpelmodell des späteren Knochens heran ■ **Knorpelwachstum:** ● interstitielles Wachstum (Incrementum interstitionale): durch Zellteilung und Auseinanderrücken der Knorpelzellen ● appositionelles Wachstum (Incrementum appositionale): das Knorpelmodell ist von einer faserreichen Knorpelhaut (Perichondrium) umhüllt, deren zellreiches Stratum chondrogenicum Knorpel an den schon vorhandenen Knorpel anlagert	● Da die Knochenzellen (Osteozyten) in den Knochen eingemauert sind und nicht auseinanderweichen können, ist ein interstitielles Knochenwachstum nicht möglich, Knochen kann daher nur appositionell wachsen ● Knochen entsteht durch Umbau von Bindegewebe (Osteogenesis membranacea) oder von Knorpel (Osteogenesis cartilaginea) (⇨ 1.4.4) ● bei meisten Röhrenknochen treten die *primären Knochenzentren* in den Diaphysen (Centrum ossificationis primarium [Centrum diaphysiale]) zwischen 7. und 12. Entwicklungswoche auf ● die *sekundären Knochenzentren* in den Epiphysen (Centrum ossificationis secundarium [Centrum epiphysiale]) folgen erst in der Kindheit (⇨ 1.4.4) ● Knochen entsteht immer zuerst als geflechtartiger Knochen, der dann meist in Lamellenknochen umgebaut wird ● Längenwachstum endet mit dem Schluß der Epiphysenfugen, Dickenwachstum (und damit Bruchheilung) ist zeitlebens durch das Periost möglich ● die Markhöhle entsteht durch Knochenabbau (durch Osteoklasten)	**Herkunft** der Muskeln aus: ■ **Mesoderma paraxiale:** ● *Myotomi pre-otici [prechordales]*: äußere Augenmuskeln ● *Myotomi occipitales*: Zungenmuskeln ● *Myotomi spinales*: fast alle Muskeln der Leibeswand und der Gliedmaßen ■ **übriges Mesoderm:** ● *Mesoderma branchiomericum*: Muskeln der Kiemenbogen (mimische Muskeln, Kau-, Rachen- und Kehlkopfmuskeln) ● *Mesoderma intermedium*: Muskeln der Harn- und Geschlechtsorgane (Teil) ● *Mesoderma somaticum*: Abkömmlinge des Sphincter cloacalis ● *Mesoderma splanchnicum*: Muskeln der Atmungs-, Verdauungs-, Harn- und Geschlechtsorgane (Teil), des Herzens und der Blutgefäße

Entwicklung des Achsenskelett ⇨ 2.1.5
Entwicklung des Schädels ⇨ 6.1.1
Entwicklung der Gliedmaßen ⇨ 9.1.5

1.5 Allgemeine Anatomie der Kreislauforgane und des lymphatischen Systems

1.5.1 Kreislauf

BEGRIFF	ERLÄUTERUNG	KLINIK
Großer Kreislauf = Körper-kreislauf	Weg des Blutes ● von linker Herzkammer durch Aorta und ihre Äste ● durch Kapillarsysteme aller Organe (ausgenommen Lungen) ● über Hohlvenen zurück zum rechten Vorhof	Rechtsherzinsuffizienz: Schwäche der rechten Herzkammer führt zu Blutrückstau in den Körperkreislauf
Kleiner Kreislauf = Lungen-kreislauf	Weg des Blutes ● von rechter Herzkammer durch Truncus pulmonalis und seine Äste ● durch Kapillarsystem der Lungen ● über Lungenvenen zurück zum linken Vorhof	Linksherzinsuffizienz: Schwäche der linken Herzkammer führt zu Blutrückstau in den Lungenkreislauf
Hochdruck-system	Der Teil des Kreislaufs mit hohem Blutdruck ("arteriellem Druck"): ● linke Herzkammer ● Arterien des Körperkreislaufs	Arterielle Hypertonie (Hypertension, Bluthochdruck): wenn systolisch >160, diastolisch >95 mmHg (nach WHO)
Nieder-drucksystem	Der Teil des Kreislaufs mit niedrigem Blutdruck: ● Lungenkreislauf ● Kapillaren + Venen des Körperkreislaufs + rechter Vorhof	Pulmonale Hypertonie (Hochdruck in Lungenarterien): wenn Mitteldruck in Ruhe >22 mmHg
Makro-zirkulation	Der Blutstrom in dem mit freiem Auge sichtbaren Teil der Kreislauforgane: Herz + Arterien + Venen	
Mikro-zirkulation	Der Blutstrom in dem nur mit Lupe oder Mikroskop sichtbaren Teil der Kreislauforgane ("Endstrombahn"): Arteriolen + Kapillaren + Venulen	
Kreislauf vor der Geburt	● Blut wird nicht in Lunge, sondern in Placenta arterialisiert ● Hauptweg: linke Herzkammer über Aorta und zwei Nabelarterien (Aa. umbilicales) zu Placenta, von dort zurück über eine Nabelvene (V. umbilicalis) und untere Hohlvene (V. cava inferior) zu rechtem Vorhof ■ **Kurzschlußverbindungen:** ● 2 zur Minderung des (noch nicht benötigten) Lungenkreislaufs: • *Foramen ovale* zwischen rechtem und linkem Vorhof • *Ductus arteriosus* (Botallo-Gang) zwischen Truncus pulmonalis und Beginn der Pars descendens aortae ● 1 zur Minderung des Leberkreislaufs (nötig, weil Nabelvene in Pfortader mündet!): • *Ductus venosus* (Arantius-Gang) zwischen Pfortader (V. portae hepatis) und unterer Hohlvene ■ **Sauerstoffgehalt des Blutes:** ● "arterielles" (sauerstoffreiches) Blut nur in Nabelvene, sonst überall Mischblut: Zumischung des venösen Blutes aus Körperkreislauf in Pfortader, unterer Hohlvene und rechtem Vorhof, aus Lungenkreislauf in linkem Vorhof ● erhebliche Unterschiede in Sauerstoffgehalt des Mischblutes ● Sauerstoffgehalt besonders hoch in Ästen des Aortenbogens (begünstigt den in Entwicklung vorauseilenden Kopf); Ursache Führung des Blutstroms in rechtem Vorhof: • das vom Ductus arteriosus kommende Blut wird bevorzugt durch das Foramen ovale zum linken Vorhof geleitet (weiter über linke Herzkammer zu Arcus aortae) • das von der oberen Hohlvene kommende Blut zur rechten Herzkammer (weiter über Truncus pulmonalis und Ductus arteriosus zur absteigenden Aorta) ● schlechtere Sauerstoffversorgung teilkompensiert durch höhere Zahl von Erythrozyten pro µl (Mittelwert Neugeborenes 5,6·10^{12}/l, erwachsene Frau 4,5, Mann 5,0) und höheren Hämoglobingehalt im Einzelerythrozyten (Mittelwert Neugeborenes 36 pg, Erwachsener 30 pg)	■ **Icterus neonatorum** (Neugeborenengelbsucht): ● Überschuß an Erythrozyten wird abgebaut: • mittlere Erythrozytenzahl fällt im ersten extrauterinen Vierteljahr von ~ 5,6 auf 4,5·10^{12}/l • Hämoglobin von 200 auf 150 g/l ● Hämoglobin wird zu Bilirubin abgebaut, Leber kann wegen Enzymschwäche Bilirubin nicht in entsprechender Menge in Galle ausscheiden, Bilirubinspiegel im Blut steigt an
Umstellung des Kreislaufs nach Geburt	● Rasche Umstellung: funktioneller Schluß des Foramen ovale durch Anpressen des Septum primum an Septum secundum ● langsame Umstellung: Veröden von Ductus arteriosus und Ductus venosus, Verwachsen von Septum primum mit Septum secundum	

1.5.2 Vasa sanguinea (Blutgefäße)

Blutgefäße: allgemein

WANDBAU	BESONDERES
3 Wandschichten: ■ **Tunica interna [intima]** (Gefäßinnenhaut): ● *Endothel*: einschichtiges Plattenepithel, durch dünne Basallamina getrennt von ● Stratum subendotheliale: lockeres Bindegewebe ● *Membrana elastica interna*: gefensterte elastische Membran als Grenze zur Mittelschicht ■ **Tunica media** (Gefäßmittelschicht): ● glatte Muskelzellen, konzentrisch angeordnet, Mächtigkeit der Schicht abhängig von Kaliber und Innendruck des Gefäßes ● *Membrana elastica externa*: in größeren Gefäßen dünne elastische Membran als Grenze zur Außenschicht ■ **Tunica externa [adventitia]** (Gefäßaußenhaut): Bindegewebe	■ **Vasa vasorum** (Gefäße der Gefäße): Wand größerer Blutgefäße kann nicht durch Diffusion aus Lichtung ernährt werden, bedarf daher eigener Blutgefäße in Media und Adventitia ● *Vas lymphaticum vasorum*, Vas lymphocapillare vasorum: Lymphgefäße der Gefäßwand ■ **Nervi vasorum** (Gefäßnerven): adrenerge (selten cholinerge) sympathische Innervation der glattten Muskeln: ● *Plexus neuralis intramuscularis* ● *Plexus neuralis perivascularis*: • Plexus neuralis periarterialis • Plexus neuralis perivenosus ● daneben laufen auch sympathische Nerven an den Gefäßen entlang, um zu ihren Zielorganen zu gelangen, z.B. zu den Kopfspeicheldrüsen und zum Auge im Plexus caroticus (communis + externus + internus) ■ **Begriffe:** ● *Kollaterale, Anastomose* (Vas anastomoticum): Querverbindung zwischen 2 Blutgefäßen ● *Rete* (Gefäßnetz): weitmaschiger Verbund kleiner Arterien (Rete arteriosum) oder Venen (Rete venosum) durch reichlich Kollateralen ● *Plexus vasculosus* (Gefäßgeflecht): dichtes Geflecht von Blutgefäßen, vor allem bei Venen (Plexus venosus)

Blutgefäße: Arten

TYP	WANDBAU	BESONDERES	KLINIK
Arteria (Arterie, Schlagader)	■ **Arteria myotypica** (Arterie vom muskulären Typ): mittelgroße bis kleine Arterien, lichte Weite 0,1-10 mm, Mehrzahl der Arterien ● *Tunica interna [intima]*: Stratum subendotheliale sehr dünn bei kleinen Arterien, Membrana elastica interna kräftig ● *Tunica media*: 10-40 Lagen glatter Muskelzellen (kleine Arterien 4-10), Membrana elastica externa schwächer als interna, fehlt bei kleinen Arterien ● *Tunica externa [adventitia]*: kann Tunica media an Dicke übertreffen ■ **Arteria elastotypica** (Arterie vom elastischen Typ): herznahe Arterien mit Windkesselfunktion, lichte Weite 10-30 mm • Arcus aortae + Hauptäste • Truncus pulmonalis + Hauptäste • Pars descendens aortae • Aa. iliacae communes ● *Tunica interna [intima]*: breiter als beim muskulären Typ, da Stratum subendotheliale breit ● *Tunica media*: 40-70 Lagen gefensterter elastischer Membranen (jede Membrana fenestrata elastica ~ 2-3 μm dick), dazwischen auch glatte Muskelzellen, keine gesonderte Membrana elastica interna und externa ● *Tunica externa [adventitia]*: relativ dünn, vorwiegend schraubenförmig angeordnete kollagene Fasern ■ **Arteria mixtotypica** (Arterie vom gemischten Typ): Übergangsbereich zwischen Wandbau vom elastischen und muskulären Typ	■ **Definition**: Arterie = größeres Blutgefäß mit Strömungsrichtung vom Herzen weg ● Wandbau abhängig vom Druck und nicht von Qualität des Blutes: Lungenarterien führen "venöses" (sauerstoffarmes) Blut, ebenso Nabelarterien vor der Geburt ■ **Begriffe:** ● *Arteriennetz* (Rete arteriosum): wegen reichlicher Kollateralen bei Verschluß einzelner Gefäße kein Ausfall, z.B. • Rete acromiale • Rete articulare cubiti • Rete carpale dorsale • Rete patellare • Rete articulare genus • Rete malleolare laterale • Rete malleolare mediale • Rete calcaneum ● *Endarterie* (Terminalarterie): Arterie ohne Kollateralen, bei ihrem Verschluß geht Gewebe zugrunde ● *Sperrarterie* (Arteria convoluta): kann durch intravaskulären Schließmechanismus (Constrictor intravascularis) aus längsverlaufenden muskulären Intimapolstern (Vallum musculare longitudinale) verschlossen werden, z.B. in Schwellkörpern	**Atherosklerose** (Arteriosklerose, "Arterienverkalkung"): ● **Morphologie:** • chronische, in Schüben verlaufende Erkrankung der Arterien mit herdförmiger Ansammlung von Lipoiden in Tunica intima • *lipoide Plaques*: Fetttropfen in Intimazellen ("Schaumzellen") • *Atherom*: Verdickung der Intima über nekrotischem Schaumzellherd (krümelige Masse mit Cholesterinkristallen), kann zu atheromatösem Geschwür aufbrechen und dann verkalken • *Mikrothromben* an Gefäßwand: Fibrinabscheidung ● **Folgen:** • Einengung der Lichtung bis zum Verschluß der Arterie → Durchblutungsstörung des Organs bis zum *Infarkt* • in hochzivilisierten Ländern häufigste Todesursache ● *Risikofaktoren*, die das Entstehen der Atherosklose begünstigen: • Hyperlipoproteinämie (Vermehrung der Blutfette) • Adipositas (Fettsucht) • Hypertonie (Bluthochdruck) • Rauchen • Streß

Fortsetzung der Tabelle nächste Seite

Blutgefäße (Fortsetzung)

TYP	WANDBAU	BESONDERES	KLINIK
Arteriola (Arteriole, "Schlagäderchen")	● *Tunica interna [intima]*: es fehlt subendotheliales Bindegewebe, ein Rete elasticum ist jedoch meist vorhanden ● *Tunica media*: 1-5 Lagen von Muskelzellen, es fehlt eine Membrana elastica externa ● *Tunica externa [adventitia]*: schmal	● Definition: Arteriole = Arterie mit lichter Weite unter 0,1 mm (nach anderen Autoren 0,5 mm) ● Arteriolen auch Widerstandsgefäße genannt, weil in ihnen Blutdruck am stärksten abfällt (nicht in Kapillaren!) ● *Metarteriole* (Arteriola precapillaris): Endabschnitt der Arteriole vor den Kapillaren mit durch Sphincter precapillaris regelbarer lichter Weite (Spielraum ~ 8-30 μm) ● Rete arteriolare: Arteriolennetz	**Arteriolosklerose**: ● Atheromatose (s.o.) der Arteriolen ● vor allem als Folge eines Bluthochdrucks (Hypertonie), weil sie dem Blutstrom den höchsten Widerstand entgegensetzen ● Beispiel: arteriolosklerotische Schrumpfniere
Vasa capillaria [haemocapillaria] (Haargefäße, Kapillaren)	■ **2 Schichten:** ● *Endothel* (Endothelium): sehr flaches (0,1-1 μm dick), einschichtiges Plattenepithel, Zellkerne wölben Zellen in Lichtung vor, durch Zonulae occludentes verbunden, Plasmalemmvesikel (Vesiculae superficiales [Caveolae]) können möglicherweise Kanäle durch Zelle bilden, Endothelzellen z.T. auch sekretorisch: Kollagen und Elastin für Basalmembran, Blutgerinnungsfaktoren usw. ● *Basalmembran* mit eingelagerten *Perizyten* (Pericyti [Periangiocyti]): kontraktile Zellen ■ **Basalmembran** (Membrana basalis): wie an allen Grenzen von Epithelien zu Bindegewebe ● elektronenmikroskopisch helle Schicht (Lamina lucida) ● dichte Schicht = Basallamina (Lamina densa [basalis]): Collagen Typ IV ● Gitterfasergeflecht (Lamina reticularis): Collagen Typ III ■ **Histophysiologie:** ● mittlerer Durchmesser 7-9 μm ● mittlere Strömungsgeschwindigkeit ~ 0,5 mm/s (Aorta 0,3 m/s) ● Gesamtdurchmesser ~ 800mal größer als der von Aorta ● Filtration: am Anfang der Kapillare durch Blutdruck Flüssigkeit in Gewebe ausgepreßt ● Reabsorption: am Ende der Kapillare Flüssigkeit durch kolloidosmotischen Druck wieder aufgenommen (~ 90 %, Rest über Lymphe abtransportiert) ● Gesamtmasse des Endothels im Körper auf 2 kg geschätzt	■ **3 Typen** von Kapillaren nach Art des Endothels: ① **geschlossene Kapillare:** ● mit ungefensterten Endothelzellen (Endotheliocytus nonfenestratus) ● in Muskel, Zentralnervensystem, Lunge und Netzhaut ② **gefensterte Kapillare:** ● gefensterte Endothelzellen (Endotheliocyti fenestrati) mit Poren (Öffnungen, 60-70 nm weit) innerhalb der Zellen, z.T. durch Diaphragmen (Membranen) geschlossen ● kontinuierliche Basalmembran (Membrana basalis continua) ● erleichterter Stoffaustausch ● in Hormondrüsen, Niere, Dünndarm ③ **unterbrochene Kapillare:** ● mit Lücken zwischen den Endothelzellen (Aperturae intercellulares) ● diskontinuierliche Basalmembran (Membrana basalis noncontinua) ● wegen Weite (30-40 μm) Sinusoid (Vas capillare sinusoideum) genannt ● mit Phagozyten ("Sternzellen", Macrophagocyti stellati) in Wand und Umgebung ● Stoffaustausch sehr erleichtert ● in Leber, Knochenmark, Milz ■ **Begriffe:** ● *Ansa capillaris* (Kapillarschlinge): hufeisenförmig gebogene Kapillare, z.B. in Lederhautpapillen ● *Vas capillare arteriale*: arteriolennahe Kapillare ● *Vas capillare venosum*: venulennahe Kapillare ● *Rete capillare* (Kapillarnetz) ● *Rete mirabile* (Wundernetz): zweites Kapillarnetz innerhalb einer Strombahn, z.B. in Pfortaderkreislauf	**Ödem**: Flüssigkeitsvermehrung in Gewebe, entsteht bei Störung des Gleichgewichts zwischen Filtration und Reabsorption in den Kapillaren: ■ *erhöhter hydrostatischer Druck in Kapillaren* infolge Abflußstörung: ● örtlich bedingt bei Erkrankungen der Venen, z.B. Thrombophlebitis (s.u.) ● allgemein bei Herzschwäche (Myokardinsuffizienz), bei Linksherzinsuffizienz Lungenödem, bei Rechtsherzinsuffizienz Ödeme im übrigen Körper (beginnend mit "geschwollenen Füßen" am Abend) ■ *verminderter kolloidosmotischer Druck bei vermindertem Bluteiweiß* (Hypoproteinämie) infolge ● mangelnder Proteinaufnahme (Hunger, Resorptionsstörung) ● verminderter Proteinsynthese in Leber, z.B. bei Leberzirrhose ● Einweißverlust im Harn (Proteinurie) beim nephrotischen Syndrom ■ *erhöhter osmotischer Druck im Gewebe*: ● Natriumretention bei Niereninsuffizienz ● Proteinvermehrung in Gewebsflüssigkeit bei Entzündungen (erhöhte Kapillarpermeabilität)
Venula (Venule, Venole, kleine Vene)	3 **Typen:** ● *Venula postcapillaris* (postkapillare Venule): Weite 8-30 μm, Wandbau ähnlich Kapillare ● *Venula colligens* (Sammelvenule, Perizytenvenule): Weite 30-50 μm, kontinuierliche Perizytenlage ● *Venula muscularis* (muskuläre Venule): Weite 50-100 μm, Tunica media mit 1-2 Lagen glatter Muskelzellen, Tunica externa [adventitia] mit reichlich kollagenen Fasern	Postkapillare Venulen der lymphatischen Organe haben z.T. kubisches (isoprismatisches) Epithel, hier besonders starker Stoffaustausch, auch Auswanderung von Zellen, vor allem Lymphozyten	Wegen Lymphozyten-Transmigration sind postkapillare Venulen im Immungeschehen wichtig

Fortsetzung der Tabelle nächste Seite

Blutgefäße (Fortsetzung)

TYP	WANDBAU	BESONDERES	KLINIK
Vena (Vene, "Blutader")	**3 Wandschichten**, Wandbau abhängig von Weite: ● *Tunica interna [intima]*: Endothel + Stratum subendotheliale (Dicke abhängig von Gefäßkaliber) ● *Tunica media*: bei kleinen und mittelgroßen Venen (Weite 0,1-10 mm) 3-4 Lagen glatter Muskelzellen (Vena myotypica), bei großen Venen oft weniger (!) ● *Tunica externa [adventitia]*: stärkste Wandschicht, besonders bei großen Venen (Weite über 10 mm, Vena fibrotypica) ● keine Membrana elastica interna oder externa, aber reichlich elastische Netze (Rete elasticum)	● Definition: Vene = größeres Blutgefäß mit Strömungsrichtung zum Herzen hin ● Lungenvenen führen "arterielles" (sauerstoffreiches) Blut, ebenso Nabelvene vor der Geburt ● *Valvula* (Venenklappe): 2 gegenüberliegende halbmondförmige Falten, Bau wie Intima, verhindern Blutrückfluß, distal des Ursprungs Vene erweitert (Sinus valvulae), fehlen in Zentralnervensystem, Eingeweiden und großen Venen ● *Rete venosum* (Venennetz): weitmaschiges Netz ● *Plexus venosus* (Venengeflecht): engmaschiges Geflecht ● *Sinus venosus*: venöser Blutleiter ohne typische Venenwand, z.B. in Dura mater ● *Vena cavernosa*: erweiterte Vene in Schwellkörper ● *Vena comitans* (Begleitvene): Arterien und Venen liegen in der Peripherie häufig nebeneinander in gemeinsamer Gefäßscheide ● *Vena profunda* (tiefe Vene): tief zur allgemeinen Körperfaszie, wird durch Muskelarbeit rhythmisch zusammengepreßt ("Muskelpumpe", ⇨ 9.5.2) → günstiger Blutrückstrom ● *Vena superficialis, Vena cutanea* (Hautvene): oberflächlich zur allgemeinen Körperfaszie, Muskelpumpe nicht wirksam → ungünstiger Blutrückstrom, neigt zu Krampfaderbildung (Varizen)	■ **Venenerweiterungen**: ● Formen: ● Phlebektasien: diffuse Erweiterungen ● Varizen (Krampfadern, ⇨ 9.5.1): umschriebene Erweiterungen ● Ursachen: ● Wandschwäche: konstitutionell bei allgemeiner Bindegewebeschwäche oder erworben bei Wandschädigung ● Erhöhung des Drucks in Vene: Stauung bei Abflußbehinderung, z.B. infolge Thrombose, Schwangerschaft, einschnürender Kleidung, zu straffen Verbänden, langem Stehen, Rechtsherzinsuffizienz ● Folgen: ● subkutane Ödeme ● Ernährungsstörung des Gewebes ● Neigung zu Entzündungen bis zur Geschwürsbildung (Ulcus cruris) ■ **Thrombophlebitis** (Venenentzündung): ● Vene verhärtet und schmerzhaft, Schwellung im Drainagegebiet ● Ursache: Einwanderung von Bakterien, z.B. iatrogen nach intravenöser Injektion ● bei oberflächlichen Venen meist harmlos ● bei tiefen Venen kann Verschluß zum Gewebeuntergang führen: wenn venöses Blut nicht abfließt, kann arterielles nicht einfließen!
Anastomosis arteriovenosa [arteriolovenularis] (arteriovenöse Anastomose)	■ **Brückenanastomose** (Anastomosis arteriovenosa simplex): einfacher Kurzschluß ■ **Glomusanastomose** (Anastomosis arteriovenosa glomeriformis): mit aufgeknäuelter Gefäßstrecke ● *Segmentum arteriale* mit Intimapolster (Pulvinar tunicae internae [intimae]) aus längsverlaufenden Muskelfasern, unter Endothel Epitheloidzellen (Myocyti epithelioidei) ● *Segmentum venosum*	■ Definition: Kurzschlußverbindung zwischen Arteriole und Venule ohne zwischengeschaltete Kapillaren ■ Beispiele für Glomusanastomosen (lokale Wärmeregulation über Durchblutungsänderung): ● *Hoyer-Großer-Organe* in Stratum reticulare der Haut der Finger- und Zehenspitzen ● *Glomus coccygeum* an A. sacralis mediana	● *Arteriovenöses Aneurysma*: traumatisch entstandene Kurzschlußverbindung zwischen Arterie und Vene, Vene wird stark ausgeweitet ● *Cimino-Shunt*: operativ angelegte Anastomose zwischen Arterie und Vene am Unterarm für Dialyse (Venenwand durch höheren Druck verdickt, widerstandsfähiger bei häufigen Punktionen) ● *Glomustumoren*: ● gehen von Glomusanastomosen aus ● bevorzugt an Fingern und Zehen ● sehr schmerzhaft ● gutartige (Masson-Tumor) und bösartige Formen
Glomera (arterielle Chemorezeptoren)	● *Glomuszelle Typ I* (Endocrinocytus granularis): chromaffine Sinneszelle, von marklosen Nervenfasern (N. glossopharyngeus, N. vagus) umsponnen, mit Synapsen ● *Glomuszelle Typ II* (Epithelioidocytus sustenans): Stützzelle ● reichlich sinusartige Blutgefäße ● bindegewebige Kapsel	■ Funktion: gehören zu Paraganglien, registrieren Partialdrücke von Sauerstoff und CO_2 ■ Beispiele: ● *Glomus caroticum* (Karotiskörperchen): an Bifurcatio carotidis ● *Glomus aorticum* (Aortenkörperchen) an Arcus aortae ● *Glomus pulmonare* (Lungenkörperchen)	*Glomus-caroticum-Tumor* (nonchromaffines Paragangliom, Chemodektom): spreizt Bifurcatio carotidis auf

1.5.3 Haemocyti (Blutzellen)

Allgemeines

GLIEDERUNG	ALLGEMEINE ASPEKTE	KLINIK
■ **Hauptgliederung:** ● Erythrozyt (rote Blutzelle, Erythrocytus) ● Leukozyt (weiße Blutzelle, Leucocytus) ● Thrombozyt (Blutplättchen, Thrombocytus) ■ **Hauptaufgaben:** ● Erythrozyten: Transport von Atemgasen ● Leukozyten: Abwehr ● Thrombozysten: Blutgerinnung ■ **Zahlenverhältnis** (% der zellulären Elemente im Blut): ● Erythrozyten: ~ 95 ● Leukozyten: ~ 0,1-0,2 ● Thrombozyten: ~ 5 ■ **Untergliederung der Leukozyten:** ● *nach spezifischen Granula* (unspezifische Granula = Azurgranula kommen in allen Leukozytenarten vor): • Granulozyt (Granulocytus): neutrophiler, eosinophiler und basophiler Granulozyt • Agranulozyt (Agranulocytus): Monozyt und Lymphozyt ● *nach Kernform*: • polymorphkernige: Granulozyten • mononukleäre: Monozyten, Lymphozyten ● *nach Bildungsort*: • myeloische Reihe (Bildung im Knochenmark, Textus myeloideus): Granulozyten, Monozyten • lymphatische Reihe (Bildung in lymphatischen Organen, Textus lymphoideus): Lymphozyten	■ **Plasma sanguinis** (Blutplasma): ● Definition: der nach Entfernen der Blutzellen verbleibende Teil des Blutes (im Mittel 55 %) ● Zusammensetzung: Bluteiweiß (~ 7-8 %) + Blutserum (der nach Blutgerinnung verbleibende flüssige Teil des Blutes) ■ **Färbung** des Blutausstrichs nach ● May-Grünwald: Methylenblau (basisch) + Eosin (sauer) ● Giemsa: zusätzlich Azur ■ **Granula:** ● unspezifische Granula = Azurgranula (Granula azurophilica): in allen Leukozyten, reichlich in Vorstufen, wenig in reifen Zellen, groß und elektronendicht, enthalten Lysosomenenzyme und Peroxidase ● spezifische Granula: charakteristisch für die einzelnen Granulozyten ■ **Hämatokrit** (Anteil der Blutzellen am Vollblut): ● bestimmt durch Zentrifugieren in Meßröhrchen ● normal im Venenblut ~ 0,45 (0,35-0,55) ● ist in kleinen Gefäßen wesentlich niedriger als in großen ■ **Verteilungsräume** (vor allem für neutrophile Granulozyten zutreffend): ● Knochenmarkpool: im Knochenmark befinden sich z.B. etwa 10mal soviel Neutrophile wie im Blut 1. Proliferationspool: sich teilende Vorläuferzellen im Knochenmark 2. Reifungspool: reifende Zellen im Knochenmark 3. Reservepool: reife Zellen im Knochenmark, die bei Bedarf in kürzester Zeit in das strömende Blut ausgeschwemmt werden können (nicht bei Erythrozyten) ● Funktionspool: 4. zirkulierender Pool: Zellen in der Mitte der Blutströmung (rasche Zirkulation) 5. marginaler Pool: Zellen am Rand der Blutströmung (langsame Zirkulation), haften z.T. am Gefäßendothel, vor allem der Lunge), können bei Bedarf in die rasche Strömung übertreten 6. Gewebepool: Zellen "im Einsatz" in den Geweben	■ **Veränderungen des Blutvolumens:** ● Hypovolämie: vermindertes zirkulierendes Blutvolumen, z.B. nach Blutungen ● Plethora: vermehrtes zirkulierendes Blutvolumen, z.B. bei chronischem Sauerstoffmangel ■ **Veränderungen der Zellzahlen:** ● *Polyglobulie*: Zahl der Erythrozyten in Volumeneinheit Blut vermehrt (⇨ nächste Seite) ● *Anämie*: Zahl der Erythrozyten und/oder Hämoglobin in Volumeneinheit Blut vermindert (⇨ nächste Seite) ● *Leukozytose*: Zahl der Leukozyten in Volumeneinheit Blut vermehrt, meist neutrophile Granulozyten gemeint (⇨ Granulozytose) ● *Linksverschiebung*: Zahl unreifer weißer Blutzellen im Blut vermehrt ● *Leukopenie* (Leukozytopenie): Zahl der Leukozyten in Volumeneinheit Blut vermindert, meist neutrophile Granulozyten gemeint (⇨ Granulozytopenie) ● *Thrombozythämie*: Zahl der Thrombozyten in Volumeneinheit Blut vermehrt, z.B. bei Milzkrankheiten ● *Thrombozytopenie*: Zahl der Thrombozyten in Volumeneinheit Blut vermindert (⇨ nächste Seite) ● *Panzytopenie*: Zahl aller Blutzellen in Volumeneinheit Blut vermindert, bei Erkrankungen des Knochenmarks (Knochenmarkinsuffizienz, Panmyelopathie) ■ **Kind:** ● Leukozytenzahl steigt beim Neugeborenen innerhalb von 12 h von ~ 18 000 auf ~ 22 000 (pro µl Blut) und sinkt bis zum 3. Lebenstag auf ~ 10 000-12 000 ● ab 3. Lebensjahr allmählicher Abfall bis zur Pubertät auf Erwachsenenwerte ■ **Leukämien** (Leukosen, "Blutkrebs"): ● Definition: geschwulstähnliche Erkrankungen des blutbildenden Knochenmarks mit starker Vermehrung von Zellen einzelner Linien der Hämatozytopoese, vor allem der Leukozytopoese ● Einteilung nach: • Verlauf: akute und chronische Leukämien • Zellart: myeloische und lymphatische Leukämien mit vielen Untergruppen, z.B. Myeloblasten-, Promyelozyten-, Myelozyten-, Neutrophilen-, Eosinophilen-, Basophilen-, Monozyten-, Lymphoblasten-, Plasmazellen-, Megakaryozyten-Leukämie usw. ● Differenzierungsgrad der Zellen: unreifzellige und reifzellige Leukämien • nach Blutbild (ob pathologische Zellen im peripheren Blut oder nicht): leukämische und aleukämische Formen ● Ursachen: wie Krebs, z.B. Strahlenschäden (nicht nur Atombombenopfer, sondern auch viele Pioniere der Röntgenologie starben an Leukämie) ● Häufigkeit: im vereinten Deutschland sterben jährlich etwa 14 000 Menschen an Leukämien und Lymphomen (zum Vergleich: Magenkrebs 17 000) ● Symptome: Müdigkeit, Gewichtsverlust, leichtes Fieber, Anfälligkeit gegen Infektionen, Geschwürbildungen, Blutungen, Anämie (Verdrängung der Erythro- und Thrombozytopoese im Knochenmark) ● Diagnose: Knochenmarkbiopsie, Verdacht bei ausgeprägter Linksverschiebung im Blutbild (nicht obligat, da aleukämische Formen!) ■ **Osteomyelofibrose**: zunächst Proliferation aller 3 Hauptzellinien (Erythro-, Leuko- und Megakaryozytopoese), dann zunehmende Faserbildung im Knochenmark, zuletzt Markverödung

Erythrocytus (rote Blutzelle, rotes Blutkörperchen)

FUNKTION	BAU, FORM	KLINIK
■ **Aufgabe:** Transport von Sauerstoff und Kohlendioxid, gebunden an Hämoglobin ■ **Stoffwechsel:** ● keine Proteinsynthese, da keine Zellorganellen, deshalb Alterung, weil keine "Reparatur" möglich ● einzige Energiequelle: Glucose ■ **Lebensdauer:** ● ~ 120 Tage (daher Neubildung pro Tag ~ 0,8 % der Gesamtmenge ● Abbau überalterter Erythrozyten (Blutmauserung) in Milz (⇨ 4.6.2), Knochenmark und Leber	■ **Form:** ● normal: bikonkave Scheibe ● in hypotoner Lösung: Aufquellen zu Kugelform, dabei tritt Hämoglobin aus ("Hämolyse"), zurück bleibt "Erythrozytenschatten" (Umbra erythrocytica) ● in hypertoner Lösung: Schrumpfen zu "Stechapfelform" (Echinozyt) ● Erythrozytenaggregation (Aggregatio erythrocytica): bei Zunahme positiver Ladungen im Blutplasma lagern sich Erythrozyten in "Geldrollenform" zusammen (dann Blutsenkungsreaktion = "Blutkörperchensenkungsgeschwindigkeit" erhöht) ■ **Größe:** ● *Normozyt* (Normocytus): ● Durchmesser ~ 7,5 μm ● Dicke in Mitte ~ 1 μm, am Rand 2,5 μm ● Volumen (MCV) ~ 93 fl (Femtoliter = 10^{-15} l) ● *Makrozyt* (Macrocytus [Megalocytus]): Durchmesser >9 μm ● *Mikrozyt* (Microcytus): Durchmesser <6 μm ■ **Bau:** ● *Erythrozytenmembran* (Plasmolemma erythrocyti): ~ 50 % Proteine (integrale und periphere Membranproteine) ermöglichen hohe Flexibilität (Formänderung beim Durchzwängen durch enge Kapillaren) ● *Stroma erythrocyti*: enthält ~ 1/3 Hämoglobin, mittlerer Hämoglobingehalt (MCH, HbE) 30 pg (Pikogramm = 10^{-12} g) ● kein Zellkern, dieser wird während Entwicklung ausgestoßen!	■ **Anämie** ("Blutarmut"): Hämoglobin (Hb) und/oder Zahl der Erythrozyten in der Volumeneinheit Blut vermindert, Ursachen: ● *Blutung* ● *Eisenmangel*: Hämoglobingehalt der Erythrozyten (MCH, HbE) gesenkt (hypochrome Anämie), Erythrozyten klein; Formen: ● sideropenische Anämie: Eisenzufuhr deckt nicht Bedarf ● sideroachrestische Anämie: gestörter Einbau von Eisen in Hb ● *Vitaminmangel* (B12, Folsäure): HbE erhöht (hyperchrome Anämie), Erythrozyten groß, z.B. bei Störung der Resorption von B12 bei mangelnder Produktion des Intrinsic-Faktors im Magen, auch als dominant erbliche Autoimmunkrankheit (perniziöse Anämie) ● *gesteigerter Erythrozytenabbau* (hämolytische Anämie): toxische Schäden (Blei, Knollenblätterpilz, Chinin), Malaria, Antikörper (Blutgruppenunverträglichkeit), Enzymmangel (Glucose-6-phosphat-Dehydrogenase), Überaktivität der Milz (bei Fehlformen der Erythrozyten, s.u.) ● *verminderte Neubildung* (aplastische Anämie): bei Erkrankungen des Knochenmarks ■ **Polyzythämie:** Zahl der Erythrozyten in Volumeneinheit Blut vermehrt, Formen: ● Polycythaemia vera: geschwulstähnliche Steigerung der Erythropoese im Knochenmark mit unbekannter Ursache ● symptomatische Polyzythämien (Polyglobulien): bei Sauerstoffmangel (Anpassung an große Höhe, Herzfehler, Lungenerkrankungen), vermehrte Bildung von Erythropoetin (bei bestimmten Nierenerkrankungen) ■ **angeborene Formanomalien:** ● dominant autosomal erblich: ● Sphärozyten (Kugelzellen): Defekt der Zellmembran mit erhöhter Permeabilität, Lebensdauer der Erythrozyten ~ 14 Tage, vorzeitiger Abbau in Milz → hämolytische Anämie, Milzentfernung beseitigt Anämie ● Elliptozyten (Ovalozyten): meist keine Anämie ● rezessiv autosomal erblich ● Drepanozyten (Sichelzellen): Synthesestörung des Hämoglobin (Hb-S neigt zu intermolekularer Aggregatbildung), schwere Anämie nur bei Homozygoten ● Target-Zellen (Schießscheibenzellen): sehr dünne Erythrozyten mit gefärbtem Rand und fast farbloser Innenzone, bei Thalassämien (Mittelmeeranämien), aber auch erworben bei überstürzter Neubildung von Erythrozyten

Thrombocytus (Blutplättchen)

FUNKTION	BAU, FORM	KLINIK
■ **Primäre Hämostase** (provisorische Abdichtung von Gefäßverletzungen): ● Thrombozytenadhäsion: dünne Schicht von Thrombozyten bedeckt Intimadefekt ● Thrombozytenaggregation: weitere Thrombozyten lagern sich an ● Thrombozytenpfropf: "weißer Thrombus" verschließt das Leck ● Serotonin aus Thrombozytengranula löst Kontraktion der glatten Muskeln der Gefäßwand aus ● Dauer: 1-3 Minuten ■ **Mitwirkung bei sekundärer Hämostase** (Blutgerinnung): durch mehrere "Thrombozytenfaktoren" Gerinnselbildung und Verfestigung des Thrombus (durch Thrombosthenin) gefördert	Keine Zelle, sondern kernloses Zellfragment (der Megakaryozyten), 2 Bereiche: ■ **Granulomer** (Granulomerus): das dichte Zentrum mit Granula (Granula thrombocytica): ● α-Granula: enthalten Fibrinogen ● δ-Granula: enthalten Serotonin und Calcium ● λ-Granula: sind Lysosomen ■ **Hyalomer** (Hyalomerus): die helle Peripherie mit Kanälchensystem aus Microtubuli ■ **Maße:** Durchmesser ~ 3 μm (im Blutausstrich wegen starker Schrumpfung nur ~ 1,8), Dicke ~ 1 μm, Volumen ~ 5 fl ■ **Lebensdauer:** ~ 10 d	**Thrombozytopathien:** Blutungszeit verlängert bei ● *Thrombozytopenie*: Zahl der Blutplättchen vermindert bei ● gestörte Neubildung im Knochenmark, z.B. bei Panmyelopathie oder Verdrängung der Thrombozytopoese durch leukämisches Gewebe ● Schädigung der Blutplättchen durch Infektionen, Medikamente und allergische Reaktionen ● *Thrombasthenie*: Zahl normal, aber wegen Enzymdefekt nicht aggregationsfähig

Leucocytus (weiße Blutzelle, weißes Blutkörperchen): Bau

	NEUTROPHILER GRANULOZYT (Granulocytus neutrophilicus)	EOSINOPHILER GRANULOZYT (Granulocytus acido-[eosino-]philicus)	BASOPHILER GRANULOZYT (Granulocytus basophilicus)	MONOZYT (Monocytus)	LYMPHOZYT (Lymphocytus)
Durchmesser (μm)	~ 9-12	~ 11-14	~ 8-11	~ 12-20	● Lymphocytus magnus: 11-16 ● Lymphocytus medius: 8-11 ● Lymphocytus parvus: 6-8
Nucleus (Zellkern)	● Bei Jugendformen (Granulocytus neutrophilicus juvenilis) stabförmig ● bei reifen Zellen gelappt mit 2-5 Segmenten (Granulocytus neutrophilicus segmentonuclearis)	Meist zweigelappt ("Hantelkern")	U- oder S-förmig bis kugelig, groß	● Oval oder nierenförmig ● häufig exzentrisch ● 1-3 Nucleoli	● Bei kleinen Lymphozyten dicht und rund ● bei großen Lymphozyten heller
Cytoplasma (Zelleib)	Wenig Zellorganellen außer Granula (s.u.)	Wenig Zellorganellen außer eosinophilen Granula (s.u.)		● Schwach basophil ● zahlreiche Mitochondrien	● Bei kleinen Lymphozyten schmaler Saum um Zellkern, basophil wegen vieler Ribosomen ● bei großen Lymphozyten breiter, mehr Zellorganellen
Unspezifische Granula (Azurgranula)	+ (reichlich in Vorläuferzellen)	(+)	(+)	+ (Lysosomen)	(+)
Spezifische Granula * Farbe der Granula in Methylenblau-Eosin-Färbung	Neutrophile Granula (Granula neutrophilica): ● schwach rotviolett* ● klein (0,3-0,8 μm) ● enthalten alkalische Phosphatase + Phagocytine	Eosinophile Granula (Granula acidophilica [eosinophilica]): ● leuchtend rot* ● sind Lysosomen ● Durchmesser 0,5-1,5 μm ● enthalten saure Phosphatase, Kathepsin und Ribonuclease ● Eosinophilie durch "Kristalloid" aus argininreichen Proteinen	Basophile Granula (Granula basophilica): ● blauviolett* ● sehr reichlich (verdecken in Färbung oft Kern) ● Durchmesser ~ 0,5 μm ● enthalten Heparin und Histamin ● im Unterschied zu Mastzellgranula wasserlöslich	Keine	Keine
Besonderes	**Geschlechtschromatin:** ● bei Frau bei ~ 3 % der Neutrophilen trommelschlegelartiger Kernanhang (drumstick, Corpusculum chromatini sexualis) ● für Geschlechtsdiagnose beweisend, wenn bei mindestens 6 von 500 geprüften Zellen		**Mastzellen** sind in Aussehen und Funktion verwandt, aber: ● andere Vorläuferzellen ● teilungsfähig ● Granula nicht wasserlöslich ● höherer Gehalt an Heparin und Histamin	**Zellen des Makrophagensystems** gehen aus Monozyten hervor: ● Histiozyten ● Sinusendothelzellen (Knochenmark, Lymphknoten, Milz) ● Kupffer-Sternzellen der Leber ● Alveolarmakrophagen ● Pleura- und Peritonealmakrophagen ● Osteoklasten ● Microglia?	■ **Untergruppen** der Lymphozyten zu unterscheiden durch monoklonale Antikörper (⇨ 1.5.5) ■ **Plamazelle** (Plasmocytus): ● Endzelle der B-Lymphozyten-Reihe ● groß, oval ● Zellkern rund, grobes Heterochromatin mit "Radspeichenstruktur" ● viel granuliertes endoplasmatisches Retikulum (Antikörperbildung!)

Leucocytus (weiße Blutzelle, weißes Blutkörperchen): funktionell

	NEUTROPHILER GRANULOZYT	EOSINOPHILER GRANULOZYT	BASOPHILER GRANULOZYT	MONOZYT	LYMPHOZYT
Aufgaben	Unspezifische Abwehr als Mikrophagen: ● Leukotaxis: begeben sich auf chemische Reize zu Erkrankungsherd ● umfließen Fremdkörper mit Pseudopodien ● nehmen ihn als Phagosom in Zelleib auf ● dort Verschmelzung mit Granula und enzymatischer Abbau	Phagozytiert Antigen-Antikörper-Komplexe	Liefert "Mediatoren" (Wegbereiter, Vermittlerstoffe) für Entzündungen: ● Heparin: gerinnungshemmend ● Histamin: gefäßerweiternd ● Leukotriene (slow reacting substance of allergy): fördern Kontraktion glatter Muskeln	● Makrophage ● aktiviert Proliferation und Differenzierung der B-Lymphozyten zu Plasmazellen ● aktiviert T-Lymphozyten ● antigenpräsentierende Zelle	● *B-Lymphozyt*: humorale Immunreaktion (Antikörper) ● *T-Lymphozyt*: zelluläre Immunreaktion (wirken mit Makrophagen zusammen am Ort des Antigenreizes) ● Unterformen ⇨ 1.5.5
Aufenthalt im strömenden Blut	~ 10-15 h, dann Auswanderung in Gewebe			~ 2-7 d, dann Auswanderung in Gewebe	Meist <1 h, dann Auswanderung in lymphatische Gewebe und Rezirkulation
Lebensdauer	Wenige Tage	1-2 Wochen	Schätzungen in Literatur zwischen wenigen Tagen und 1-2 Jahren	Einige Monate	● ~ 10 % kurzlebig (wenige Tage) ● 90 % langlebig (1-2 Jahre)
Anteil (%) an Gesamtzahl der Leukozyten im Differentialblutbild	~ 60 (40-75) Neugeborenes: ~ 60 Kleinkind: ~ 30 Schulkind: ~ 50	~ 3 (0-6)	~ 0,5 (0-2)	~ 5 (2-8)	~ 30 (20-45) Neugeborenes: ~ 30 Kleinkind: ~ 60 Schulkind: ~ 40
Zahl pro µl Blut	2000-7500 Kleinkind 1000-8500	0-400	0-150	100-800	1000-4000 Kleinkind 3000-10000
Zahl vermehrt bei	Granulozytose: ● physiologisch in Schwangerschaft und beim Neugeborenen ● körperlicher Streß ● Schilddrüsen-Überfunktion ● gesteigerte Abwehr bei vielen Infektionen ● Vergiftungen (Blei, Quecksilber)	Eosinophilie: isolierte Vermehrung der eosinophilen Granulozyten, z.B. bei ● allergischen Reaktionen ● Parasitenbefall (vor allem Würmer) ● Heilungsphase von Infektionen ("Morgenröte der Genesung") ● Kollagenosen	Basophilie (Basozytose): z.B. bei ● Basophilenleukämie	Monozytose: ● Abwehrphase von Infektionen ("Überwindungsphase") ● Monozytenangina: Anfangsstadium der Mononucleosis infectiosa (Pfeiffer-Drüsenfieber), später überwiegen atypische T-Lymphozyten	Lymphozytose: bei ● Schlußphase von Infektionen ("lymphozytäre Heilungsphase") ● bestimmte Virusinfektionen ● normal beim Kleinkind
Zahl vermindert bei	Granulozytopenie (bis Agranulozytose): bei verminderter Neubildung im Knochenmark, z.B. ● Strahlenschäden ● Vergiftungen (Benzol, Anilin) ● Behandlung mit Zytostatika ● bestimmte Infektionskrankheiten (Tuberkulose, Typhus abdominalis, Viruskrankheiten) ● relative Granulozytopenie beim Kind (wegen der absolut vermehrten Lymphozyten)	Eosinopenie: isolierte Verminderung der eosinophilen Granulozyten, z.B. bei ● Streß ● Behandlung mit Glucocorticosteroiden ● Überfunktion der Nebennierenrinde (Cushing-Syndrom) ● Typhus abdominalis		Monozytopenie: z.B. in der Frühphase von Infektionen	Lymphozytopenie: ● Streß ● Behandlung mit Glucocorticosteroiden ● Überfunktion der Nebennierenrinde (Cushing-Syndrom) ● Systemkrankheiten des lymphoretikulären Gewebes, z.B. Lymphogranulomatose (Hodgkin-Krankheit) ● bestimmte Infektionen, z.B. Miliartuberkulose ● relative Lymphozytopenie oft bei Granulozytose

1.5.4 Haemocytopoiesis (Bildung der Blutzellen)

ZELLINIE	ZELLART	DURCH-MESSER (μm)	ZELLKERN	ZYTOPLASMA	ZELL-TEI-LUNG	AN-TEIL (%)*	BESONDERES
	Pluripotente Stammzelle (Haemocytoblastus)		● Ähnlich Proerythroblast und Myeloblast ● morphologisch kaum zu identifizieren		+		Differentielle Zellteilung: jeweils 1 Tochterzelle bleibt in Stammzellpool, 1 Tochterzelle differenziert sich weiter zu spezifischer Zellinie
Erythro-cyto-poiesis (Bildung der roten Blutzellen)	**Proerythroblast** (Proerythroblastus)	14-19	● Rund, zentral, groß (~ 80% des Zellvolumens) ● Chromatin fein ● 1-3 Nucleoli	● Intensiv basophil ● zahlreiche Polyribosomen	+	0,5	Erythropoetin (Nierenhormon): ● fördert Umwandlung pluripotenter Hämozytoblasten in Proerythroblasten ● abgegeben bei Sauerstoffmangel der Gewebe (nach Blutung, Höhenanpassung usw.)
	Basophiler Erythroblast (Erythroblastus basophilicus)	13-16	● ~ 60 % des Zellvolumens ● Chromatin grobschollig	● Homogen basophil ● reich an Ribosomen und Mitochondrien	+	3	Beginn der Hämoglobinbildung
Dauer ~ 5 Tage	**Polychromatischer Erythroblast** (Erythroblastus polychromatophilicus)	12-15	● ~ 50 % des Zellvolumens ● Chromatin dichter	Mischfarbe durch Zunahme des acidophilen Hämoglobins	+	10	
	Orthochromatischer Erythroblast (Normoblast, Erythroblastus acidophilicus)	8-10	● ~ 25 % ● exzentrisch ● pyknotisch ● wird nach einigen Zellteilungen abgeschnürt	Hoher Hämoglobingehalt bedingt Acidophilie, nur noch wenig Zellorganellen	+	10	Kernreste (Residuum chromatini [Granulum basophilicum]) in Erythrozyten vor allem bei Milzerkrankungen und gesteigerter Erythropoese
	Retikulozyt (Erythrocytus reticulatus [Haemoreticulocytus, Erythrocytus polychromatophilicus])	7-8	Ohne	Substantia reticularis: basophile Netze aus Rest ribosomaler RNA	-		~ 1 % der roten Blutzellen im strömenden Blut, reifen in ~ 1 d zu Erythrozyten unter Verlust der restlichen Zellorganellen
Granulo-cyto-poiesis (Bildung der Granulozyten)	**Myeloblast** (Myeloblastus)	10-20	● Groß, rund ● Chromatin fein ● 1-3 Nucleoli	● Stark basophil ● reich an Ribosomen, rauhem endoplasmatischen Retikulum, Mitochondrien	+	1	
	Promyelozyt (Promyelocytus)	10-25	● Oft einseitig abgeflacht ● große Nucleoli	● Stark basophil ● reich an Ribosomen und Golgi-Apparat ● Azurgranula	+	3	● Größte Zelle der Granulozytopoese ● Beginn des Auftretens spezifischer Granula
Dauer ~ 11 d	**Myelozyt** (Myelocytus)	10-15	● Oval ● oft exzentrisch ● Chromatin gröber ● Nucleoli verschwinden	● Zunahme der spezifischen Granula ● Abnahme von Azurgranula und Basophilie	+	15	Nach spezifischen Granula zu unterscheiden: ● Myelocytus neutrophilicus ● Myelocytus acidophilicus ● Myelocytus basophilicus
	Metamyelozyt ("jugendlicher" Granulozyt, Metamyelocytus [Granulocytus juvenilis])	10-15	● Einseitig eingebuchtet ● Chromatin dicht	● schwach acidophil ● Abnahme aller Zellorganellen, ausgenommen spezifische Granula	-	15	Nach spezifischen Granula zu unterscheiden: Metamyelocytus neutrophilicus/acidophilicus/basophilicus [Granulocytus neutro-/acido-/basophilicus juvenilis]
	Stabkerniger	9-14	Stabförmig	Wie reife Granulozyten (⇨ 1.5.3)	-	15	Im Blut ~ 3 % der Leukozyten
	Segmentkerniger	8-14	Gelappt		-	10	Reservepool, der sofort in das Blut entlassen werden kann

Fortsetzung der Tabelle nächste Seite

Bildung der Blutzellen (Fortsetzung)

ZELLINIE	ZELLART	DURCHMESSER (µM)	ZELLKERN	ZYTOPLASMA	ZELLTEILUNG	ANTEIL (%)*	BESONDERES
Monocytopoiesis (Bildung der Monozyten) Dauer nur ~ 2 d	**Monoblast** (Monoblastus) **Promonozyt** (nicht in Nomina histologica)	10-20	Wie Myeloblast	Wie Myeloblast	+ +	0,5	● Möglicherweise gemeinsame Stammzelle für Neutrophile und Monozyten ● wegen kurzer Dauer der Monozytopoese rascher Nachschub bei Bedarf ● Endausreifung erst in den Geweben bei Differenzierung zu verschiedenen Makrophagenformen
Lymphocytopoiesis (Bildung der Lymphozyten)	**Lymphoblast** (Lymphoblastus) **Prolymphozyt** (nicht in Nomina histologica)		Ähnlich Myeloblast Chromatin dichter	Ähnlich Myeloblast	+	15 (alle lymphatischen Zellen zusammen)	● Stammzellen im Knochenmark, von da aus Besiedlung der lymphatischen Organe, dort Hauptbildungsstätte zirkulierender Lymphozyten (Teilung bereits geprägter Lymphozyten) ● Differenzierung in einzelne Lymphozytenformen ⇨ 1.5.5 ● als Lymphoblasten werden bisweilen irreführend auch die Plasmoblasten (Zwischenstadium zwischen B- Lymphozyten und Plasmazellen) bezeichnet (⇨ 1.5.5)
Thrombocytopoiesis (Bildung der Blutplättchen)	**Megakaryoblast** (Megakaryoblastus)	15-60	● Groß (polyploid) ● zahlreiche Nucleoli	Basophil wegen vieler Ribosomen	+		
	Megakaryozyt (Megakaryocytus)	40-160	● Stark gelappt ● hoch polyploid (bis 64 n)	● Mit zunehmender Reifung acidophil ● reichlich Azurgranula ● Felderung im Elektronenmikroskop entspricht späteren Thrombozyten	+	0,5	● Größte Zelle im Knochenmark ("Knochenmarkriesenzelle"), dort leicht zu finden, im Knochenmarkausstrich selten ● Bildung der Thrombozyten durch Abschnürung von Zytoplasmateilen: aus 1 Megakaryozyt → 4000-8000 Thrombozyten

* Anteil an kernhaltigen Zellen im Knochenmarkausstrich (Myelogramm): Prozentangaben in der Literatur stark divergierend, offenbar sehr abhängig von Methode; Erythropoese zusammen ~ 25 %, Granulopoese ~ 60 %, Retikulumzellen ~ 1 %; man beachte: im Knochenmark überwiegen die Vorstufen der Granulozyten über die der Erythrozyten, weil Granulozyten sehr viel kürzer leben, die Reife länger dauert und sie im Knochenmark gespeichert werden

Wichtige Laborwerte der Blutzellen

Zellart	Parameter	Einheit	Frau	Mann	Neugeborenes	Kleinkind
Erythrozyten	Zahl	1/pl	4,0-5,2	4,5-5,9	~ 5,6	~ 4,2
	Blutsenkungsreaktion (BSR, BKS): Einstundenwert	mm/h	6-11	3-8		
	- Zweistundenwert		6-20	5-18		
	Anteil am Blutvolumen (Hämatokrit)	Vol.-%	36-46	41-53	~ 59	~ 42
	Anteil unreifer Zellen (Retikulozyten)	%	~ 1	~ 1	2-4	~ 1
	Mittleres Zellvolumen (MCV = mean cell volume)	fl	80-94	80-94	~ 105	~ 90
	Hämoglobingehalt (HbE, MCH = mean cell hemoglobin)	pg pmol	26-34 400-530	26-34 400-530	~ 36	~ 28
	Hämoglobinkonzentration (MCHC = mean cell hemoglobin concentration)	g/dl mmol/l	31-37 4,8-5,7	31-37 4,8-5,7	~ 33	~30
	Hämoglobin im Vollblut (Hb)	g/dl mmol/l	12-16 7,4-9,9	13-18 8,1-11,2	~ 20	~ 12
Leukozyten	Gesamtzahl	1/nl	4,3-10	4,3-10	~ 18	10-12
Thrombozyten	Zahl	1/nl	150-300	150-300	150-300	200-450

1.5.5 Zellen des Immunsystems

Tabelle z.T. nach Junqueira

GRUPPE	ZELLTYP	HERKUNFT	VORKOMMEN	AUFGABEN
Retiku-lumzelle	*Fibroblastische Retikulumzelle*	Mesenchym	Zelluläres Ma-schenwerk der lymphatischen Organe	Bildet retikuläre Fasern (Collagen Typ III) der lymphatischen Organe
	Histiozytäre Re-tikulumzelle	Monozyt		Makrophage
Dendriti-sche Zelle	*Interdigitierende dendritische Zelle* (IDC)	Knochenmark	T-Lymphozy-ten-Regionen	Antigenpräsentierende Zelle: bereitet Antige-ne chemisch auf und "präsentiert" sie den T-Lymphozyten gebunden an Haupthistokompa-tibilitätskomplex (MHC)
	Follikuläre den-dritische Zelle (FDC)		Keimzentren der Lymphfolli-kel	Antigen-Antikörper-Komplexe präsentierende Zelle, sehr langlebig
	Granstein-Zelle		Haut	Wirkt auf Ausreifung der T-Suppressorzellen
B-Lym-phozyt	*B-Lymphozyt*	Immunkompetente Prägung bei Vögeln in Bursa Fabricii, bei Säu-gern in "Bursaäquivalenten": ● Knochenmark ● GALT (darmassoziiertes lym-phatisches Gewebe) ● Langerhans-Zellen der Haut	Überwiegend ortsständig in Lymphknoten und Milz	Rezeptoren an Oberfläche erkennen Antige-ne, Zelle wandelt sich nach Antigenkontakt um in B-Immunoblast
	B-Immunoblast (Plasmoblastus)	Aktivierter B-Lymphozyt		● Wandelt sich um in Plasmazelle ● viele Zellteilungen (klonale Vermehrung)
	Plasmazelle (Plasmocytus)	B-Immunoblast		Sezerniert Antikörper
	B-Gedächtnis-zelle	B-Immunoblast		Bewahrt Information über bestimmtes Anti-gen, löst bei neuerlichem Antigenkontakt ra-sche Neubildung von Plasmazellen aus
T-Lym-phozyt	*T-Lymphozyt*	Immunkompetente Prägung in Thymus und später durch Lan-gerhans-Zellen der Haut	● In ständiger Zirkulation zwi-schen lympha-tischen Orga-nen ● Aufenthalt im Blut meist < 1 h	Nach Antigenkontakt (vermittlet durch anti-genpräsentierende Zelle, s.o.) Umwandlung in T-Immunoblast
	T-Immunoblast	T-Lymphozyt		● Zwischenstufe der Differenzierung der T-Lymphozyten zu den einzelnen Zelltypen der zellvermittelten Immunität ● viele Zellteilungen (klonale Vermehrung)
	Sensibilisierter T-Lymphozyt (T_2-Zelle)	T-Immunoblast		Bindet Antigen an der Zelloberfläche, wird dann mit diesem zusammen von zytotoxi-scher Zelle aufgelöst
	T-Helferzelle (T_H-Zelle, T_4-Zelle)	T-Immunoblast		● Fördert Proliferation und Differenzierung von B-Lymphozyten, produziert Interleukin 2 ● bei AIDS stark vermindert
	T-Suppressor-zelle (T_S-Zelle, T_8-Zelle)	T-Immunoblast		Unterdrückt Immunreaktion durch Eliminie-rung des Antigenstimulus, hemmt vor allem T-Helferzellen
	T-Killerzelle (zytotoxische Zelle, T_C-Zelle)	T-Immunoblast		Zerstört körperfremde Zelle durch direkten Zellkontakt: Protein Perforin perforiert Mem-bran der Fremdzelle
	T-Gedächtnis-zelle	T-Immunoblast		Bewahrt Information über bestimmtes Anti-gen, löst bei neuerlichem Antigenkontakt Neu-bildung zytotoxischer T-Lymphozyten aus
Nullzelle (Non-B-non-T-Zelle)	*Killerzelle (K-Zelle)*			Antikörperabhängige zelluläre Zytotoxizität (ADCC)
	Natürliche Kil-lerzelle (NK-Zelle, SC-Zelle)	Wahrscheinlich Monozyt		Zytotoxisch ohne Vorsensibilisierung ("spon-tan zytotoxische Zelle" = SC-Zelle)
Phagozyt	*Monozyt*	Knochenmark	Vermehrt im Entzündungs-herd	● Makrophage ● aktiviert Proliferation und Differenzierung der B-Lymphozyten zu Plasmazellen ● aktiviert T-Lymphozyten ● antigenpräsentierende Zelle
	Granulozyt	Knochenmark		Phagozytose
Langer-hans-Zelle		Knochenmark	Epidermis	● Makrophage ● Bursaäquivalent: Prägung von B- und T-Lymphozyten bei Erwachsenen

1.5.6 Lymphwege

	FEINBAU	BESONDERES	KLINIK
Vas lympho-capillare (Lymph-kapillare)	Lymphkapillaren ähnlich Blut-kapillaren, bilden auch Netze (Rete lymphocapillare), aber: ● beginnen blind im Gewebe ● weiter (bis 100 μm) ● dünnere Wand ● fehlen in Nervensystem, Knochenmark, Milzpulpa und Knorpel ■ **Wandschichten:** ● Endothel (Endothelium): sehr flach, Basalmembran unvoll-ständig oder fehlend ● umgebendes Bindegewebe mit feinen kollagenen Filamen-ten ("Ankerfasern") an Endo-thel verankert, steigt Gewebe-druck (vermehrte Flüssigkeit), dann Filamente gespannt und Lichtung der Lymphkapillare geöffnet	**Aufgaben:** ● Rückführen eiweißhaltiger Flüs-sigkeit aus Gewebespalten zum Blutkreislauf (pro Tag etwa 2 l) ● Abtransport im Darm resorbierter Fette in Form proteinumhüllter Tröpfchen (Chylomicronen) ● wegen hoher Wandpermeabilität auch Passage hochmolekularer Stoffe und sogar von Partikeln (durch vorübergehend sich bildende Öffnungen) möglich ● Teilchen, die nicht durch Wand der Blutkapillaren treten können, werden mit Lymphe abtransportiert, auch Zellen, z.B. Lymphozyten aus Lymphknoten ● Lymphflüssigkeit (Plasma lym-phae) ähnlich zusammengesetzt wie Blutplasma, aber niedrigerer Proteinanteil (2-5 %), fettreiche Lymphe vom Darm milchiges Aus-sehen	**Lymphödem:** ● teigige Schwellung, besonders von Ex-tremitätenabschnitten, Brustdrüse, äußeren Geschlechtsorganen, bei Abflußstörung in Lymphbahnen ● in schweren Fällen (mit monströsen Schwellungen) sehr anschaulich *Elephantia-sis* genannt ● primäres Lymphödem bei angeborener Hypoplasie oder krampfaderartig erweiterten, klappeninsuffizienten Lymphwegen ● sekundäres Lymphödem nach Zerstörung oder Blockade von Lymphwegen, z.B. ● Kompression von Lymphbahnen durch Ge-schwülste ● Entfernen metastasenverdächtiger Lymph-knoten bei Krebsoperationen, z.B. (meist vorübergehende) Armschwellung nach Aus-räumen der Achsellymphknoten bei Brust-krebsoperation, besonders bei Nachbestrah-lung ● *Lymphangitis* (Lymphgefäßentzündung) durch Bakterien, z.B. bei rezidivierendem Erysipel (Wundrose) ● *Lymphopathia venerea* (Lymphogranuloma inguinale): Infektion durch Chlamydia tracho-matis, meist bei Geschlechtsverkehr übertra-gen, eitrige Entzündung der Leisten- und Beckenlymphknoten führt zu Lymphödem der äußeren Geschlechtsorgane (Elephantia-sis genitoanorectalis) ● Besiedlung der Lymphbahnen durch Fa-denwürmer (*Filariose*): Tropenkrankheit mit Lymphödem (Elephantiasis tropica) erst 3-12 Monate nach Mückenstich (Übertragung von Wuchereria bancrofti) ● Behandlung oft langwierig (z.B. manuelle Lymphdrainage), wichtig ist Vermeiden von Verletzungen und zusätzlich stauender Maß-nahmen (auch schon Blutdruckmessung am geschwollenen Arm!)
Vas lymphati-cum (Lymph-gefäß)	■ **Gliederung:** nach zuneh-mender Weite ● *Sammelgefäße* (Lymphkol-lektoren): gehen aus Lymph-kapillarnetzen hervor, mit reichlich Klappen (Valvulae), wegen der Klappenbuchten (Sinus valvulae) perlschnurar-tiges Aussehen ● *Transportgefäße*: prä- und postnodäre Lymphgefäße, vereinigen sich zu Lymph-stämmen (Trunci lymphatici) ■ **Wandschichten:** ähnlich wie bei Venen, aber dünner und Grenzen der Schichten weni-ger deutlich ● *Tunica interna [intima]*: mit ● dünnem Endothel (Endothe-lium) ● Basalmembran ● subendothelialem Bindege-webe (Stratum subendothelia-le) ● Klappen aus Endothelfalten mit dünnem Bindegewebekern ● *Tunica media*: schraubig an-geordnete ● glatte Muskelzellen (Vas lym-phaticum myotypicum) ● Bindegewebefasern (Vas lymphaticum fibrotypicum) ● *Tunica externa [adventitia]*: Bindegewebe, bei den Lymph-stämmen auch Vasa vasorum usw.	■ **Lymphfluß:** sehr viel langsamer als Blutstrom (Größenordnung 1,5 ml/min gegenüber 5000 ml/min) ● rhythmische Kontraktionen der Muskelwand der einzelnen Klappen-segmente ("Lymphangione"), Fre-quenz etwa 6-12/min ● passive Kompression der Lymph-gefäße durch "Muskelpumpe", "Fußsohlenpumpe" usw. wie beim venösen Rückstrom ■ **Trunci lymphatici** (Lymphstäm-me): ● Truncus lumbaris dexter/sinister: Lymphe der Beine und der Bauch-wand ● Trunci intestinales: Lymphe der Baucheingeweide ● Truncus bronchomediastinalis dexter/sinister: Lymphe der Brust-eingeweide ● Truncus subclavius dexter/sini-ster: Lymphe der Arme und der Brustwand ● Truncus jugularis dexter/sinister: Lymphe von Kopf und Hals ■ **2 Ductus lymphatici:** entstehen durch Vereinigung der Lymphstäm-me, münden in den rechten und lin-ken "Venenwinkel" (Zusammenfluß von V. jugularis interna/externa und V. subclavia) ● *Ductus lymphaticus dexter* [Duc-tus thoracicus dexter]: Lymphe des rechten oberen Körperviertels ● *Ductus thoracicus* (Milchbrust-gang): Lymphe der beiden unteren und des linken oberen Körpervier-tels (mit Pars abdominalis, Pars tho-racica, Pars cervicalis, Arcus ductus thoracici)	■ **Geschwülste** der Lymphgefäße: ● gutartig: Lymphangiom ● bösartig: Lymphosarkom ■ **Chylothorax:** Ansammlung von Lymph-füssigkeit im Peuraraum (Brustfellerguß) bei Verletzung des Ductus thoracicus ■ **Lymphographie:** Darstellen von Lymph-bahnen im Röntgenbild nach Injektion eines Kontrastmittels ● um Lymphgefäße sichtbar zu machen, spritzt man einen Farbstoff in die Haut, der auf dem Lymphweg abtransportiert wird ● ein so dargestelltes Lymphgefäß wird dann freipräpariert und eine feinste Kanüle einge-führt ● Injektion extrem langsam (mit Injektions-maschine), damit das Lymphgefäß nicht platzt ● Kontrastmittel reichert sich in den Lymph-knoten an, die im Abflußweg liegen ● erst nach 1-2 Stunden große Lymphstäm-me sichtbar

1.5.7 Nodulus und Nodus lymphaticus (Lymphfollikel und Lymphknoten)

	FEINBAU	BESONDERES	KLINIK
Nodulus lymphaticus [Lymphonodulus] (Lymphknötchen, Lymphfollikel)	Knötchenförmige Ansammlung von Lymphozyten in retikulärem Gewebe: ■ **Primärfollikel** (Nodulus primarius): ● vor Antigenkontakt ● Lymphozyten gleichmäßig verteilt ■ **Sekundärfollikel** (Nodulus secundarius): ● nach Antigenkontakt Gliederung in helle Mitte und dunklen Rand: ● Keimzentrum (Reaktionszentrum, Centrum germinale): reichlich B-Immunoblasten ("Zentroblasten") mit großem hellen Kern, Zellteilungen und Differenzierung zu Plasmazellen ● Rand (Lymphozytenwall, Corona): mit 2 Teilbereichen: • Lymphozytenkappe: der Schleimhautoberfläche zugewandt, dicht aneinanderliegende kleine Lymphozyten, darunter viele Gedächtniszellen, hier erfolgt Antigenkontakt • "dunkle Zone": gegenüberliegende Seite, große und mittlere Lymphozyten, Plasmazellen, hier erfolgt Antikörperproduktion ■ **Vorkommen**: in den lymphatischen Organen (Organa lymphopoietica): Entwicklung ⇨ 1.5.8 ● Lymphknoten: ⇨ unten ● MALT ⇨ rechts ● Mandeln (Tonsillae): ⇨ 7.6.7 ● Thymus: ⇨ 3.4 ● Milz (Splen [Lien]): ⇨ 4.6.2	■ **MALT** (mucosa associated lymphatic tissue, schleimhautassoziiertes lymphatisches Gewebe): ① *GALT* (gut associated lymphatic tissue, darmassoziiertes lymphatisches Gewebe) ● einzeln durch Epithel und Lamina propria wandernde Lymphozyten und Makrophagen ● solitärer Lymphfollikel (Folliculus [Nodulus] lymphaticus solitarius): in Lamina propria ● *Peyer-Platte* (Folliculus [Nodulus] lymphaticus aggregatus): • Zusammenlagerung von 5 bis mehrere hundert Lymphfollikeln • Länge 1-12 cm, Gesamtzahl im Darm 15-50 (je nach Definition) • Epithel über Peyer-Platte durch Lymphozytenansammlung vorgewölbt ("Dom", Vergleich mit Kirchengewölbe) • M-Zellen (membranöse Zellen): antigentransportierende Epithelzellen, von intraepithelialen Lymphozyten umgeben, nur im Dom von Peyer-Platten ② *BALT* (bronchus associated lymphatic tissue, bronchusassoziiertes lymphatisches Gewebe): umstritten, ob auch in gesunder Lunge	■ **Lymphadenitis** (Lymphknotenentzündung): ● Schwellung des Lymphknotens infolge Zunahme des lymphatischen Gewebes und der Makrophagen der Sinuswände ● der normalerweise weiche und nicht tastbare Lymphknoten wird prallelastisch und tastbar ● kann bei längerer Entzündung mit Umgebung verbacken (Perilymphadenitis) ● kann infolge Faservermehrung (Vernarbung) nach Ausheilen der Entzündung zeitlebens tastbar bleiben ● Entzündung der regionären Lymphknoten bei meisten lokalen Infektionen ● Befall zahlreicher Lymphknotengruppen bei • Infektionskrankheiten, z.B. Mononucleosis infectiosa (Pfeiffer-Drüsenfieber), Tuberkulose u.a. • Sarkoidose ■ bösartige **Geschwülste** der Lymphknoten: ● *Metastasen*: regionäre Lymphknoten meist erste Metastasenstation aller bösartigen Geschwülste, deshalb ist Abtasten der zugänglichen Lymphknoten bei ärztlicher Untersuchung so wichtig: befallene Lymphknoten hart ● *Lymphogranulomatose* (Hodgkin-Krankheit): • Wucherung von lymphogranulomatösem Gewebe mit charakteristischen Sternberg-Riesenzellen in zunächst einer Lymphknotengruppe, dann auf weitere sowie innere Organe (Milz, Leber, Lunge) übergreifend • Beginn häufig in Dreißigerjahren (~ 20 % vor 20. Lebensjahr) • Verlauf behandelt meist über viele Jahre ● *Non-Hodgkin-Lymphome*: z.B. chronische lymphatische Leukämie
Nodus lymphaticus [Lymphonodus] (Lymphknoten)	■ **Äußere Gliederung**: ● zuführende Lymphgefäße (Vas lymphaticum afferens) treten an mehreren Stellen der Konvexität ein ● *Hilum*: Eintrittstelle der Blutgefäße und Nerven an konkaver Seite, hier verlassen den Lymphknoten auch die abführenden Lymphgefäße (Vas lymphaticum efferens) ■ **innere Gliederung**: ● *Kapsel* (Capsula): straffes kollagenes Bindegewebe, das sich scheidewandartig als Trabekel (Trabecula) in das Innere fortsetzt ● *Rinde* (Cortex): mit zahlreichen Lymphfollikeln, überwiegend B-Lymphozyten ● *Paracortex* [Zona thymodependens]: zwischen Rinde und Mark, überwiegend T-Lymphozyten, reichlich postkapilläre Venulen (Venula postcapillaris), durch deren Wände im Blut zirkulierende Lymphozyten in den Lymphknoten eintreten ● *Mark* (Medulla): überwiegend B-Lymphozyten, mit Marksträngen (Chordae medullares) aus retikulärem Gewebe ■ **Lymphsinus** (Sinus lymphaticus): Lymphwege innerhalb des Lymphknotens: ● diskontinuierliche Wand mit Uferzellen ● Lichtung von Netz aus retikulärem Gewebe (Textus reticularis) durchzogen	■ **Definition**: in den Verlauf von Lymphbahnen eingeschaltetes, rundliches bis bohnenförmiges, kapselumhülltes lymphoretikuläres Organ von bis zu 2 cm Durchmesser, meist in Gruppen beisammenliegend ● *regionärer Lymphknoten*: erster Lymphknoten in Lymphabfluß eines Organs usw. ■ **Aufgaben**: ● Filter: Lymphe strömt sehr langsam in Lymphsinus, langer Kontakt mit Uferzellen, diese phagozytieren Mikroorganismen u.a. Fremdkörper, z.B.: • Kohlestaub (Anthrakose) • Quarzstaub (Silikose) ● zelluläre und humorale Immunreaktionen ● Lymphozytenbildung ■ **Weg des Lymphflusses**: ● zuführende Lymphgefäße → ● *Randsinus* (Sinus subcapsularis): zwischen Kapsel und Rinde → ● *Intermediärsinus* (Sinus corticalis perinodularis): zwischen den Rindenlymphknötchen → ● *Marksinus* (Sinus medullaris): zwischen Marksträngen → ● *Terminalsinus*: sammelt Lymphe → ● abführende Lymphgefäße	

1.5.8 Entwicklung und Entwicklungsstörungen des lymphatischen Systems (Systema lymphaticum)

ORGAN	ENTWICKLUNG	ENTWICKLUNGSSTÖRUNGEN
Vasa lymphatica (Lymphgefäße), **Nodi lymphatici** (Lymphknoten)	■ **Lymphsäcke** (Sacci lymphatici): durch Verschmelzen von Mesenchymspalten entstehen in 6. Entwicklungswoche 6 endothelausgekleidete, reich verzweigte Lymphsäcke in Verbindung zu großen Venen: ● *Saccus lymphaticus jugularis*: paarig, dorsolateral der V. cardinalis anterior (der späteren V. jugularis interna), mit Fortsatz Richtung Armknospe (Saccus lymphaticus subclavius) ● *Saccus lymphaticus retroperitonealis*: unpaar, dorsal des Mesenteron, dahinter ● *Cisterna chyli*: unpaar ● *Saccus lymphaticus iliacus*: paarig, entlang V.iliaca externa ■ **Lymphgefäße** (Vasa lymphatica): sprossen von Lymphsäcken aus, größere Stämme: ● Ductus thoracicus duplicatus (dexter/sinister): zuerst paarig, mit Mündung in rechten und linken Venenwinkel (Junctio lymphatico-venosa), *Ductus thoracicus definitivus* entsteht aus kaudalem Absschnitt des rechten + kranialen Abschnitt des linken Ductus ● Ductus lymphaticus jugularis ● Ductus lymphaticus subclavius ● Ductus lymphaticus bronchomediastinalis ■ Anlagen der **Lymphknoten** (Primordia nodorum lymphaticorum): ausgehend von Lymphsäcken 3 Stadien: ● Lymphgefäßplexus innerhalb der Lymphsäckchen ● früher fetaler Lymphknoten (8. Entwicklungswoche): neben wenigen Lymphozyten auch Zellen der Granulopoese ● später fetaler Lymphknoten (14. Entwicklungswoche): Mark-Rinden-Differenzierung, keine Granulopoese mehr, Besiedlung mit T-Lymphozyten aus Thymus und B-Lymphozyten aus Knochenmark, Keimzentren jedoch erst nach Geburt (Antigenreiz erforderlich)	■ **Atypische Mündungen** des Lymphgefäßsystems in die Venen: ● *Ductus thoracicus dexter*: Mündung in den rechten Venenwinkel bei Erhaltenbleiben des kranialen Abschnitts des rechten Ductus ● beide Ductus thoracici erhalten ● zusätzliche Mündungen in Venen in Zusammenhang mit den ursprünglichen Lymphsäcken ■ angeborenes *Lymphangiom*: gutartige schwammartige Geschwulst aus Lymphgefäßen, z.B. als Lymphangioma colli cysticum congenitum (Hygroma) im Bereich des embryonalen Saccus lymphaticus jugularis
Tonsillae (Mandeln)	Entstehung in enger Beziehung zu Pharynx (Kryptenbildung ab 13. Entwicklungswoche): ● Tonsilla palatina in 2. Schlundtasche ● Tonsilla tubaria am Rand der 1. Schlundtasche ● Tonsilla pharyngealis im Rachendach ● Tonsilla lingualis Bereich des 3. + 4. Schlundbogens	**Hyperplasie von Mandeln** im Kindesalter häufig, besonders Rachenmandeln ("adenoide Vegetationen"), bei Behinderung der Atmung Operation nötig (Adenotomie, ⇨ 7.6.8)
Splen **[Lien]** (Milz)	● Milzanlage (Primordia splenica [lienis]) als Mesenchymverdichtung im Mesogastrium dorsale in 5. Entwicklungswoche ● Besiedlung mit lymphatischen Zellen ab 15. Entwicklungswoche ● ursprüngliche Läppchengliederung verschwindet bis auf Einkerbungen des Oberrandes	● **Splen accessorius** (Nebenmilz): Häufigkeit 10-40 %, meist etwa 1 cm Duchmesser und in Nähe der Hauptmilz, kann aber auch irgendwo im Bauchraum liegen! ● *Asplenie* (Milzaplasie): angeborenes Fehlen der Milz, selten
Thymus	● Anlage aus ventralen Knospen der 3. (+ 4.) Schlundtasche (Endoderm) + Teilen des Sinus cervicalis (Ektoderm) + Mesenchym der Neuralleiste ● deszendiert ab 5. Entwicklungswoche in Brustraum ● Besiedlung mit lymphoiden "präthymischen" Vorläuferzellen ab 9. Entwicklungswoche ● Differenzierung in Mark und Rinde etwa 12. Entwicklungswoche, ab dieser Zeit funktionsfähig als "primäres lymphatisches Organ", das entscheidend für Bildung der T-Lymphozyten, entläßt "postthymische" Vorläuferzellen zu peripheren lymphatischen Organen ● in Mitte des 1. postnatalen Lebensjahres bereits höchste Menge an funktionsfähigem Thymusgewebe erreicht, ab Pubertät langsame Regression, aber auch im Greisenalter noch Funktionsgewebe	● *Thymusaplasie* (di-George-Syndrom): Fehlen der T-Lymphozyten und damit der zellulären Immunität, oft kombiniert mit Fehlen der Nebenschilddrüsen ● *Thymushyperplasie*: wegen Raumnot im Brustraum Atemnot bei Säugling

1.6 Allgemeine Anatomie der Drüsen, Schleimhäute und serösen Höhlen

1.6.1 Glandula (Drüse): allgemein

DEFINITION, GLIEDERUNG	FEINBAU	BEISPIELE	STEUERUNG, KLINIK
■ **Definition**: Drüse (Glandula) = Zelle oder Ansammlung von Zellen, meist epithelialer Herkunft (Epithelium glandulare), die einen spezifisch wirkenden Stoff (Sekret) an die Umgebung abgeben ■ **Gliederung nach Ableitung des Sekrets**: ● *exokrine* Drüse (Glandula exocrina): gibt ihr Sekret an eine innere oder äußere Oberfläche des Körpers ab ● *endokrine* Drüse (Glandula endocrina): gibt ihr Sekret (Hormon) in das Blut ab ● *amphikrine* Drüse: mit exo- und endokriner Sekretion ● *parakrine* Sekretion: Spezialfall der endokrinen Sekretion: Sekret (Gewebehormon) wird nicht in das Blut, sondern in den Interzellularraum abgegeben und diffundiert dort zu den Zielzellen ■ **Gliederung nach Zellzahl**: ● *einzellige* Drüse (Glandula unicellularis) ● *mehrzellige* Drüse (Glandula multicellularis) ■ **Gliederung nach Lage**: ● *intraepitheliale* Drüse (Glandula intra-epithelialis) ● *extraepitheliale* Drüse: alle größeren Drüsen: • exokrine Drüsen bleiben durch den Ausführungsgang mit dem Epithel verbunden • endokrine Drüsen verlieren die Verbindung zum Epithel ■ **Gliederung nach Art der Sekretabgabe**: ● *merokrine* Drüse (Glandula merocrina, früher ekkrine Drüse genannt): Sekret wird durch Exozytose aus der Drüsenzelle geschleust ● *apokrine* Drüse (Glandula apocrina): Sekret wird mit einem Teil des Cytoplasma der Drüsenzelle abgeschnürt ● *holokrine* Drüse (Glandula holocrina): Drüsenzelle geht bei der Sekretbildung zugrunde und wird mit dem Sekret abgestoßen	■ **Drüsenzelle** (Glandulocytus): ● *exokrine* Drüsenzelle (Exocrinocytus) (⇨ 1.6.2) ● *endokrine* Drüsenzelle (Endocrinocytus) (⇨ 1.6.3) ■ **Drüse** (Glandula): 2 Gewebekomponenten: ① **Parenchym** = Funktionsgewebe (Parenchyma glandulare): eigentliches Drüsengewebe aus Drüsenzellen, meist gegliedert in: ● Drüsenlappen (Lobus glandularis) und weiter in ● Drüsenläppchen (Lobulus glandularis) ② **Stroma** = Stützgerüst (Stroma glandulare): aus Bindegewebe, bildet ● Drüsenkapsel (Capsula glandularis): äußere Umhüllung der Drüse ● Lappenscheidewand (Septum interlobare): trennt Drüsenlappen ● Läppchenscheidewand (Septum interlobulare): trennt Drüsenläppchen ● Balken (Trabecula glandularis): Stützpfeiler aus strafferem Bindegewebe, meist mit der Kapsel verbunden ● Zwischengewebe (Interstitium glandulare): lockeres Bindegewebe um Gruppen von Drüsenzellen ■ **Blutversorgung**: als stoffwechselintensive Organe weisen alle Drüsen ein reiches Kapillarnetz auf ■ **tägliche Sekretmenge** einiger Drüsen (mittlere Werte): ● Speicheldrüsen ~ 1,5 l ● Magen ~ 2-3 l ● Lebergalle ~ 0,6-0,8 l ● Pancreas ~ 1-2 l ● Schweißdrüsen ohne sichtbares Schwitzen ~ 0,3-0,5 l (Schwitzen kurzfristig bis 4 l/h) ● Tränendrüsen ohne sichtbares Weinen ~ 1 ml ● Milchdrüsen laktierend ~ 0,8 l	■ **Einzellige Drüsen**: ● Becherzelle (Exocrinocytus caliciformis) in Darm und Atemwegen ● Paneth-Körnerzelle (Exocrinocytus cum granulis acidophilicis) des Dünndarms ● Zellen des gastrointestinalen endokrinen Systems (Endocrinocytus gastrointestinalis) ■ **mehrzellige intraepitheliale Drüsen** (ohne Ausführungsgang): ● Nasendrüsen (Glandulae nasales) ● Harnröhrendrüsen (Glandulae urethrales) ■ **amphikrine Drüsen**: ● Pancreas: endokrine "Inseln" im exokrinen Gewebe eingeschlossen ● Hepatozyten: exokrin Galle, endokrin Glucose + Proteine ■ **merokrine Drüsen**: ● alle endokrinen Drüsen ● die meisten exokrinen Drüsen ■ **apokrine Drüsen**: ● Milchdrüse (Glandula mammaria) ● Duftdrüsen (Glandulae sudoriferae apocrinae) ● Ohrschmalzdrüsen (Glandulae ceruminosae) ■ **holokrine Drüsen**: ● Talgdrüsen (Glandulae sebaceae)	■ **Unmittelbare Steuerung der Sekretion**: ● *nerval*: sekretorische (allgemein viszeroefferente) Nervenfasern des autonomen Nervensystems (⇨ 1.8.3): • bei vielen exokrinen Drüsen fördert Parasympathikus Sekretmenge und hemmt Sympathikus • Schweißdrüsen aber sympathisch innerviert ● *humoral*: endokrine Drüsen werden z.T. durch Hormone anderer endokriner Drüsen gesteuert (Regelkreise) ● *nerval + humoral*: z.B. Magensaftbildung durch N. vagus (Parasympathikus) und Hormon Gastrin auszulösen ■ **mittelbare Steuerung der Sekretion**: ● *Bedarf*: Sekretion über Mechano- und Chemorezeptoren reflektorisch ausgelöst, z.B. Ankunft von Speisebrei im Magen fördert Magensekretion ● *negative Rückkoppelung*: Sekretion wird vermindert, wenn Bedarf gedeckt, z.B. Säuresekretion im Magen erlischt, wenn pH 1 erreicht ● *zirkadiane Rhythmen*: bei kontinuierlicher Sekretion, z.B. Gallesekretion der Hepatozyten, ist die Sekretionsmenge bei Tag meist größer als bei Nacht ● *psychische Beeinflussung* (über autonomes Nervensystem) bei manchen Drüsen möglich: • Tränendrüse: Weinen bei starker Gemütsbewegung, auch "Tränen lachen" • Speicheldrüsen: bei Vorstellung köstlicher Speisen "läuft Wasser im Munde zusammen" (bedingter Reflex), aber trockener Mund bei Aufregung • Schweißdrüsen: "kalter Schweiß" bei Angst, z.B. in Prüfung • Magendrüsen: Hemmung der Schleimsekretion + Übersäuerung des Magensaftes + verzögerte Magenentleerung bei Ärger und Frustration begünstigen Entstehung von Magengeschwüren ■ **Fehlregulation**: Beispiele ● Zollinger-Ellison-Syndrom: Geschwulst der gastrinbildenden G-Zellen des Pancreas (Gastrinom) produziert ungehemmt Gastrin → Magendrüsen kontinuierlich zur Sekretion stimuliert → Übersäuerung des Magens → rezidivierende Magengeschwüre ● Verner-Morrison-Syndrom: Geschwulst VIP-produzierender Zellen (Vipom, VIP = vasoaktives intestinales Polypeptid fördert Sekretion und Durchblutung der Verdauungsdrüsen) → Hypersekretion der Darmdrüsen und des Pancreas → wäßrige Durchfälle (im Extremfall bis 30 l pro Tag) + Hypokaliämie + Hypochlorhydrie

1.6.2 Glandula exocrina (exokrine Drüse)

GLIEDERUNG	FEINBAU	AUSFÜHRUNGS-GÄNGE	VORKOMMEN
■ **Gliederung nach Art des Sekrets:** ● *seröse* Drüse (Glandula serosa): dünnflüssiges Sekret ● *muköse* Drüse (Glandula mucosa): dickflüssiges Sekret (Schleim) ● *seromuköse* (gemischte) Drüse (Glandula seromucosa): Drüse mit serösen und mukösen Anteilen ■ **Gliederung nach Drüsenendstücken:** ● *schlauchförmige* Drüse (Glandula tubulosa): gleiche Durchmesser von sezernierenden und ableitenden Teilen ● *beerenförmige* Drüse (Glandula acinosa): sezernierende Teile verdickt, Lichtung jedoch gleichmäßig weit ● *bläschenförmige* Drüse (Glandula alveolaris): auch Lichtung der Endstücke erweitert ● *tubuloazinöse* Drüse (Glandula tuboloacinosa): mit tubulösen und azinösen Anteilen ● *tubuloalveoläre* Drüse (Glandula tubulo-alveolaris): mit tubulösen und alveolären Anteilen ■ **Gliederung nach Verzweigung des Ausführungsgangs:** ● *einfache* Drüse (Glandula simplex): mit unverzweigtem Ausführungsgang ● *zusammengesetzte* Drüse (Glandula composita): mit verzweigtem Ausführungsgang ● *traubenförmige* Drüse (Glandula racemosa): zusammengesetzte tubuloalveoläre Drüse	■ **Exokrine Drüsenzelle** (Exocrinocytus): ● Zellpole: • apikal = der Lichtung zugewandt • basal = zur Basalmembran ● Sekretbereitung und -abgabe: • Synthese der Proteine im granulierten endoplasmatischen Retikulum, der Glykoproteide im Golgi-Apparat • als membranumhülltes Sekretbläschen (Granulum secretorium) in Cytoplasma abgeschnürt (Membran schützt Cytoplasma vor Sekret) ● Sekretbläschen sammeln sich am apikalen Zellpol, verschmelzen bei Sekretabgabe mit Plamalemm, Membran wird recycelt ① **seröse Drüsenzelle:** ● in Routinefärbung dunkel ● Zellkern rund, liegt im basalen Drittel der Zelle ● Cytoplasma apikal gekörnt ● Zymogengranula (Granula zymogeni) ● Zellgrenzen undeutlich ② **muköse Drüsenzelle:** ● in Routinefärbung hell ● Zellkern abgeplattet, basal nahe Plasmalemm liegend ● Cytoplasma wabig ● Mucigengranula (Granula mucigeni) ● Zellgrenzen deutlich ■ **Drüsenendstück** (Portio terminalis): ● Tubulus: Drüsenzellen röhrenförmig um Lichtung angeordnet ● Acinus: Drüsenzellen beerenartig um enge Lichtung angeordnet ● Alveolus: Drüsenzellen bläschenartig um weite Lichtung angeordnet ● seröser Halbmond (Ebner-Halbmond, Gianuzzi-Halbmond, Semiluna serosa): bei gemischten Endstücken umgeben die serösen Zellen oft halbmondartig die mukösen ■ **Myoepithelzellen**: bei vielen Drüsen kontraktile Zellen zwischen Exokrinozyten und Basalmembran, die vermutlich die Endstücke auspressen: ● spindelförmige Myoepithelzelle (Stabzelle, Myoepitheliocytus fusiformis) ● sternförmige Myoepithelzelle (Korbzelle, Myoepitheliocytus stellatus)	■ **Innerhalb des Endstücks:** ● Sekretkanälchen innerhalb der Zelle (Canaliculus intracellularis) ● Sekretkanälchen zwischen Drüsenzellen (Canaliculus intercellularis): z.B. zwischen den mukösen Zellen für den Abfluß des Sekrets aus den serösen Halbmonden ● Sekretkanälchen im Endstück (Ductus secretorius) ■ **außerhalb des Endstücks:** ● Ausführungsgang innerhalb eines Drüsenläppchens (Ductus intralobularis): 2 Abschnitte: • Schaltstück (Ductus intercalatus): eng, kurz, plattes bis kubisches Epithel • Streifenstück (Ductus striatus): Epithel kubisch bis säulenförmig, mit basaler Streifung (Einfaltungen des Plasmalemm mit in Reihen angeordneten Mitochondrien) ● Zwischenläppchengang (Ductus interlobularis) ● Zwischenlappengang (Ductus interlobaris) ■ **außerhalb der Drüse:** ● Ausführungsgang i.e.S. (Ductus excretorius): bei größeren Ausführungsgängen kubisches bis hochprismatisches Epithel, 2- und mehrreihig	■ **Rein seröse Drüsen:** ● Tränendrüse (Glandula lacrimalis) ● Ohrspeicheldrüse (Glandula parotidea) ● Bauchspeicheldrüse (Pancreas) ● Schweißdrüsen (Glandulae sudoriferae) ● Drüsen der Riechschleimhaut (Glandulae olfactoriae) ● Spüldrüsen (Glandulae gustatoriae) ■ **rein muköse Drüsen:** ● Gaumendrüsen (Glandulae palatinae) ● hintere Zungendrüsen (Glandulae radicis linguae) ■ **seromuköse Drüsen:** ● Unterzungendrüse (Glandula sublingualis): überwiegend mukös ● Unterkieferdrüse (Glandula submandibularis): überwiegend serös ● vordere Zungendrüse (Glandula lingualis anterior [apicalis]) ● Lippendrüsen (Glandulae labiales) ● Wangendrüsen (Glandulae buccales) ● Luftröhrendrüsen (Glandulae tracheales) ● Bronchialdrüsen (Glandulae bronchiales) ■ **tubulöse Drüsen:** ① einfach: ● Darmkrypten (Glandulae [Cryptae] intestinales ● Magenhauptdrüsen (Glandulae gastricae propriae) ● Schweißdrüsen (Glandulae sudoriferae merocrinae [eccrinae]) ● Gebärmutterkörperdrüsen (Glandulae uterinae) ② zusammengesetzt: ● Kardiadrüsen (Glandulae cardiacae) ● Pylorusdrüsen (Glandulae pyloricae) ● Duodenaldrüsen (Glandulae duodenales) ● Zervixdrüsen (Glandulae cervicales uteri) ● große Scheidenvorhofdrüse (Bartholin-Drüse, Glandula vestibularis major) ● Gaumendrüsen (Glandulae palatinae) ● hintere Zungendrüsen (Glandulae radicis linguae) ■ **tubuloazinöse Drüsen:** ● große Speicheldrüsen (s.o.) ■ **alveoläre Drüsen:** ● Talgdrüsen (Glandulae sebaceae) ● Lidplattendrüsen (Meibom-Drüsen, Glandulae tarsales) ■ **tubuloalveoläre Drüsen:** ● Milchdrüse (Glandula mammaria) ● Prostata ● Samenblase (Vesicula [Glandula] seminalis) ● Cowper-Drüse (Glandula bulbo-urethralis) ● Duftdrüsen (apokrine Schweißdrüsen, Glandulae sudoriferae apocrinae) ● Drüsen der Riechschleimhaut (Glandulae olfactoriae)

1.6.3 Glandula endocrina (endokrine Drüse)

HORMONE	FEINBAU	VORKOMMEN	KLINIK
■ **Gliederung der Hormone nach chemischer Struktur:** ● *Proteo- und Peptidhormone:* Mehrzahl der Hormone ● *Steroidhormone:* Östrogene, Gestagene und Androgene ● *Aminhormone:* Adrenalin, Noradrenalin, Serotonin ■ **Gliederung der Hormone nach Zielorgan:** ● *Effektorhormone:* wirken auf nichtendokrines Organ ● *Steuerhormone:* wirken auf andere Hormondrüse (Liberine, Statine und Tropine des Hypothalamus und der Adenohypophyse) ■ **Wirkung der Hormone auf Zielzelle:** ● Bindung des Hormons (als "first messenger") an Membranrezeptoren, dann häufig über stimulierendes G-Protein Adenylatcyclase (→ cAMP), Guanylatcyclase (→ cGMP) oder Phospholipase C usw. aktiviert ● zyklisches Adenosinmonophosphat (cAMP) als "second messenger" (2. Informationsträger) aktiviert Proteinkinase, diese löst Zielreaktion aus ● anderer Weg über die Öffnung von Calciumkanälen und calciumbindendes Protein (Calmodulin) ● Bindung der lipidlöslichen (und daher leicht in die Zelle eindringenden) Steroidhormone an Rezeptoren im Cytoplasma oder im Zellkern → steigern Transkription mit Bildung spezifischer messenger RNS	**Endokrine Drüsenzelle** (Endocrinocytus): weniger Organellen als in exokriner Drüsenzelle, da weniger Sekret gebildet wird, Größenordnung 1 : 100 (Hormone sind in kleinsten Mengen wirksam) ■ **proteo- und peptidhormonbildende Zelle:** ● Hormonsynthese im granulierten endoplasmatischen Retikulum + Golgi-Apparat ● Sekretgranula, jedoch keine größeren Sekretmengen gespeichert, Ausnahme Schilddrüse mit extrazellulärer Sekretspeicherung im Schilddrüsenfollikel ■ **steroidhormonbildende Zelle:** ● reichlich glattes endoplasmatisches Retikulum (hier Steroidhormone synthetisiert) ● reich an tubulären Mitochondrien ● acidophiles Cytoplasma mit Lipidtröpfchen (Cholesterin als Ausgangsstoff der Hormonsynthese) ● rundliche bis vieleckige Zelle mit zentralem Zellkern ■ **APUD-Zelle:** ● synthetisiert biogene Amine und Polypeptide durch Dekarboxylierung von Aminosäuren ("amine precursor uptake and decarboxylation") ● kleine Sekretgranula (0,1-0,2 μm) enthalten biogene Amine und Polypeptide ● Herkunft vermutlich aus Neuralleiste (für einzelne umstritten) ● über große Teile des Körpers verteilt ("diffuses neuroendokrines System"): • A-Zelle (synthetisiert Glucagon): Pancreas • B-Zelle (Insulin): Pancreas • C-Zelle (Calcitonin): Schilddrüse • D-Zelle (Somatostatin): Magen, Darm, Pancreas • D_1-Zelle (VIP = vasoaktives intestinales Polypeptid): Magen, Darm • EC-Zelle (enterochromaffine Zelle, Serotonin): Magen, Darm • G-Zelle (Gastrin): Magen, Duodenum • I-Zelle (Cholecystokinin): Dünndarm • K-Zelle (GIP = gastric inhibitory polypeptide): Dünndarm • L-Zelle (Enteroglucagon): Darm • Mo-Zelle (Motilin): Dünndarm • S-Zelle (Secretin): Magen, Darm • endokrine Zellen von Hypothalamus, Adenohypophyse, Epiphyse, Nebenschilddrüsen, Placenta • chromaffine Zellen des Nebennierenmarks und der Paraganglien • SIF-Zelle autonomer Ganglien • Typ-I-Zelle des Glomus caroticum	■ **Einzellige Drüsen:** ● gastroenteropankreatisches endokrines System ● Zellen des diffusen neuroendokrinen Systems (APUD, ⇨ links) ● endokrine Zellen der Placenta ● endokrine Zellen der Niere im juxtaglomerulären Apparat (Renin) ● endokrine Zellen der Herzvorhöfe (Cardionatrin, Cardiodilatin) ■ **proteo- und peptidhormonbildende Drüsen:** ● Zellgruppen des Hypothalamus ● Adenohypophyse ● Epiphyse ● Schilddrüse (Calcitonin) ● Nebenschilddrüsen (Parathormon = Parathyrin) ● Inseln der Bauchspeicheldrüse ● Placenta (Choriongonadotropin) ■ **steroidhormonbildende Drüsen:** ● Nebennierenrinde (Mineralo- und Glucocorticosteroide, Ketosteroide) ● Eierstöcke (Östrogene + Gestagene) ● Hoden (Androgene) ● Placenta (keine Vollsynthese, sondern nur Endsynthese der Östrogene aus von der Nebennierenrinde gebildeten Vorstufen) ■ **katecholaminhormonbildende Drüsen:** ● Nebennierenmark ● sympathisches Paraganglion (Paraganglion sympatheticum [sympathicum]): Gruppen chromaffiner Zellen in Nähe der Grenzstrangganglien, können offenbar Ausfall des Nebennierenmarks voll kompensieren (keine klinische Symptomatik nach Entfernung des Nebennierenmarks)	■ **Regelkreise:** Abgabe von Hormonen in das Blut wird meist durch Selbststeuerungsmechanismen reguliert: ● *einfache negative Rückkoppelung* (Feedback): Beispiel: Anstieg des Blutzuckers (Hyperglykämie) → Sekretion von Insulin in Inseln der Bauchspeicheldrüse → Blutzucker fällt (Hypoglykämie) → Insulinsekretion gestoppt ● Modifikation der einfachen Rückkoppelung durch Einbindung in weitere Steuersysteme, zum obigen Beispiel: Blutzucker erhöht durch Glucagon, Glucocorticosteroide, Adrenalin, gesenkt durch bestimmte Serumpeptide (ILA = insulin like activity) ● komplizierte Steuersysteme: über Hypothalamus und Adenohypophyse ● 1. Stufe: die Hormonproduktion von Schilddrüse, Nebennierenrinde und Keimdrüsen wird durch Steuerhormone der Adenohypophyse geregelt: Thyrotropin, Corticotropin (ACTH), Gonadotropine (FSH, LH) ● 2. Stufe: die Sekretion der Adenohypophyse wiederum wird vom Hypothalamus mit Releasinghormonen (Liberine) und Inhibitinghormonen (Statine) gesteuert ● 3. Stufe: die Blutspiegel der Schilddrüsen-, Nebennierenrinden- und Keimdrüsenhormone wirken im Sinne einer negativen Rückkoppelung auf die Abgabe der Hypothalamushormone ■ **Störungen der Regulation:** ● Beispiel Jodmangelkropf: bei Jodmangel kann nicht genügend Trijod- (T_3) und Tetrajodthyronin (T_4) synthetisiert werden → niedrige Blutspiegel von T_3 + T_4 → hoher Spiegel von Thyroliberin → hoher Spiegel von Thyrotropin → Schilddrüse wächst (kann trotzdem nicht mehr Hormon bilden, wenn Jod fehlt) ● Beispiel Ovulationshemmer ("Pille"): Einnahme von Östrogenen und Gestagenen → hohe Blutspiegel weiblicher Geschlechtshormone → niedriger Spiegel von Gonadoliberin → niedriger Spiegel von FSH → Follikelreifung unterbleibt → keine Ovulation → Befruchtung unmöglich ■ **Apudome:** von APUD-Zellen abgeleitete Geschwülste erzeugen oft Hormone, z.B. ● Phäochromozytom (⇨ 4.7.3) ● Gastrinom, Vipom (s.o.) ● Insulinom, Glucagonom u.a.

1.6.4 Splanchnologia (Eingeweidelehre)

Allgemeiner Bau der Wand von Hohlorganen
Schichten von innen nach außen

BAUTEIL	FEINBAU	LEITUNGSBAHNEN	BESONDERE GESTALTUNG
Tunica mucosa (Schleimhaut)	① **Epithel** (Epithelium): ● glatte Grenzschicht zur Lichtung ● lückenloser Zellverband dichtet Organwand gegen Lichtung ab ● schützt mit Schleimüberzug Wand vor Inhalt ● vermittelt Auseinandersetzung mit Inhalt: • Drüsenzellen geben Enzyme usw. an Inhalt ab (Sekretion) • andere Zellen nehmen Inhalt auf (Resorption) ② **Bindegewebeschicht der Schleimhaut** (Lamina propria mucosae): lockeres Bindegewebe ③ **Muskelschicht der Schleimhaut** (Lamina muscularis mucosae): dünne Lage schraubig verlaufender glatter Muskelzellen, dient der Feineinstellung der Schleimhaut, z.B. Ausweichen vor spitzen Fremdkörpern	① **Epithel**: frei von Blut- und Lymphgefäßen, enthält aber sensible Nervenendungen, die, z.B. über Mechano- und Chemorezeptoren, Reize aus Inhalt aufnehmen ② **Lamina propria mucosae**: ● an Grenze zum Epithel: • subepitheliales Kapillarnetz (Rete capillare subepitheliale) • subepitheliales Lymphkapillarnetz (Rete lymphocapillare subepitheliale) ● in der Tiefe der Schleimhaut intramuköses Lymphgefäßgeflecht (Plexus lymphaticus intramucosus) ③ **Lamina muscularis mucosae**: innerviert von motorischen Ästen des Plexus neuralis submucosus	■ **Schleimhautoberfläche** eben oder zur Oberflächenvergrößerung ● gefaltet (Schleimhaut + Submukosa): z.B. Ringfalten (Plicae circulares) des Darms ● fingerförmig in die Lichtung ausgestülpt (nur Epithel + Lamina propria): Darmzotten (Villi intestinales) ① **Epithel** je nach Aufgaben: ● ein- oder mehrschichtig, je nach mechanischer Beanspruchung und spezifischen Zelleistungen (⇨ 1.3.2) ● eben oder handschuhartig in die Lamina propria mucosae eingestülpt: Magendrüsen (Glandulae gastricae), Darmkrypten (Glandulae intestinales) ● endokrine Zellen sind in Magen und Darm zwischen den Oberflächenzellen verteilt (gastroenteropankreatisches endokrines System, ⇨ 1.6.3, 4.3.2) ● drüsenfrei: Scheidenschleimhaut ② **Lamina propria mucosae**: Lymphozytenansammlungen in wechselndem Ausmaß, besonders reichlich im Darm ③ **Lamina muscularis mucosae**: nur im Verdauungskanal (von Speiseröhre bis zum Mastdarm)
Tela submucosa (Unterschleimhaut, Submukosa)	● Verschiebeschicht aus lockerem Bindegewebe zwischen Schleimhaut und Muskelwand ● reichlich Blutgefäße ● reichlich Abwehrzellen (Lymphozyten, Makrophagen, ⇨ 1.5.5) ● scharfe Grenze zur Schleimhaut nur, wenn Lamina muscularis mucosae vorhanden	● Submuköses Blutgefäßgeflecht (Plexus vascularis submucosus): • submuköses Arteriennetz (Rete arteriale submucosum) • submuköses Venengeflecht (Plexus venosus submucosus) ● submuköses Lymphgefäßgeflecht (Plexus lymphaticus submucosus) ● submuköses Nervengeflecht (Meissner-Plexus, Plexus neuralis submucosus): Teil des intramuralen Systems (Plexus neuralis intrinsecus [intramuralis]), ⇨ 1.8.2), steuert ● Sekretion der Drüsen in Schleimhaut und Submukosa ● Bewegungen der Lamina muscularis mucosae	● Enthält reichlich Drüsen im Duodenum ● im Darm größere Lymphozytenansammlungen (bis zum Epithel reichend) als: • Folliculus [Nodulus] lymphaticus solitarius • Folliculus [Nodulus] lymphaticus aggregatus (Peyer-Platte, ⇨ 1.5.7) ● Konzentration lymphatischen Gewebes im lymphatischen Rachenring (⇨ 7.6.7 + 7.6.8) und im Wurmfortsatz (⇨ 4.3.6) ● fehlt Lamina muscularis mucosae, so ist bisweilen strittig, ob überhaupt eine eigene Tela submucosa abzugrenzen ist, z.B. in den Atemwegen
Tunica muscularis (Muskelwand)	Schraubig angeordnete Muskelzellen, meist zweischichtig: ● innen *Ringschicht* (Stratum circulare): Schraubenwindung mit niedrigem Steigungswinkel ● außen *Längsschicht* (Stratum longitudinale): Schraubenwindung mit hohem Steigungswinkel	● Intramuskuläres Blutgefäßgeflecht (Plexus vascularis intramuscularis): stoffwechselintensive Muskelarbeit erfordert gute Blutversorgung! • intramuskuläres Arteriennetz (Rete arteriale intramusculare) • intramuskuläres Venengeflecht (Plexus venosus intramuscularis) ● Nervengeflecht der Muskelwand (Auerbach-Plexus, Plexus neuralis myentericus): zwischen Stratum circulare und Stratum longitudinale, mit eingeschalteten Nervenzellansammlungen (Ganglion plexus), Teil des intramuralen Systems (Plexus neuralis intrinsecus (intramuralis), ⇨ 1.8.2), steuert Motorik der Muskelwand	● Rachen + obere Speiseröhre + Kehlkopf: quergestreifte Muskeln, sonst glatte Muskeln ● fehlt, wenn Schleimhaut an Knochen befestigt (Nasenhöhle, Gaumen, Zahnfleisch) ● zusätzlich innere Längsschicht im Magen ● beim Dickdarm ist die Längsschicht nicht kontinuierlich, sondern zu 3 Bandstreifen (Taeniae coli) zusammengezogen (wichtiges Kennzeichen des Dickdarms!)

Fortsetzung der Tabelle nächste Seite

Wand von Hohlorganen (Fortsetzung)

BAUTEIL	FEINBAU	LEITUNGSBAHNEN	BESONDERE GESTALTUNG
Tunica adventitia [Tunica fibrosa, Capsula] (Adventitia, Organkapsel)	● Bindegewebige Hülle, wenn das Organ nicht von einer serösen Haut überzogen oder nicht direkt am Knochen befestigt ist ● verankert das Organ in der Umgebung	Größere Blutgefäße und Nerven laufen in der Tunica adventitia, bevor sie mit Ästen in die Muskelwand eintreten	● Als straffe Organkapsel nur bei parenchymatösen Organen, z.B. Drüsen ● als an Größenschwankungen angepaßte bindegewebige Hülle bei Hohlorganen: • Rachen, Speiseröhre, retroperitoneale Flächen des Darms • Luftröhre, Bronchen • Nierenbecken, Harnleiter, Harnblase (z.T.) • Scheide
Tela subserosa (Subserosa)	● Verschiebeschicht aus lockerem Bindegewebe zwischen Muskelwand und seröser Haut	● Subseröses Lymphgefäßgeflecht (Plexus lymphaticus subserosus) ● größere Blutgefäße und Nerven laufen in der Tela subserosa, bevor sie mit Ästen in die Muskelwand eintreten	● Entspricht etwa Tunica adventia der nichtserosabedeckten Bereiche ● vermag in manchen Bereichen große Mengen Fett zu speichern, z.B. in den Fettanhängseln (Appendices epiploicae) des Dickdarms
Tunica serosa (seröse Haut)	■ 2 Schichten: ● *Mesothel* (Mesothelium): einschichtiges flaches Epithel schafft glatte Oberfläche, die (mit Flüssigkeitsfilm bedeckt) reibungsarme Verschiebung des Organs gegen Nachbarorgane ermöglicht ● *Lamina propria serosae*: Bindegewebe mit Netz elastischer Fasern ■ befähigt zu Transsudation (keine Sekretion, da keine Drüsen!) und Resorption, um Flüssigkeitsfilm im Gleichgewicht zu halten ● Störung des Gleichgewichts von Transsudation und Resorption führt zu vermehrter Flüssigkeitsansammlung in Körperhöhle (Erguß, Hydrops), z.B. bei Rechtsherzinsuffizienz oder Bluteiweißmangel ● Fähigkeit zu Flüssigkeitsaustausch wird therapeutisch genutzt bei der Peritonealdialyse	Seröse Haut kann Organ nicht vollständig umschließen, sondern muß Bereich freilassen, in dem Blut- und Lymphgefäße sowie Nerven in das Organ ein- bzw. austreten können, schlägt sich dort auf Gefäß-Nerven-Platte um (Gekröse, Mesenterium) und bedeckt dann Wand der Körperhöhle	■ Seröse Häute findet man nur in den großen Körperhöhlen, wo Organe im Zuge ihrer Aufgaben ständige Größen- und/oder Lageänderungen durchmachen: ● Brustfell (Pleura): ⇨ 3.1.5 ● seröser Herzbeutel (Pericardium serosum): ⇨ 3.2.8 ● Bauchfell (Peritoneum): ⇨ 4.1 • vom Bauchfell leitet sich die seröse Hodenhülle (Tunica vaginalis testis, ⇨ 5.3.6) ab ■ jede seröse Haut bedeckt nicht nur Eingeweide, sondern auch Wand der Körperhöhle, nur so ist reibungsarme Beweglichkeit gesichert, deshalb kann man unterscheiden: ● viszerale Serosa: bedeckt Organe • Pleura visceralis [pulmonalis] • Lamina visceralis [Epicardium] des Pericardium serosum • Peritoneum viscerale ● parietale Serosa: bedeckt Wand der Körperhöhle • Pleura parietalis • Lamina parietalis des Pericardium serosum • Peritoneum parietale

Parenchym und Stroma

BEGRIFF	DEFINITION	VERWENDUNG	
Parenchyma (Parenchym)	Spezifisches Funktionsgewebe des Organs: ● im engeren Sinn: Drüsengewebe ● im weiteren Sinn auch Muskel- und Nervengewebe	In Nomina anatomica/histologica: ● ohne Zusatz bei: Prostata, Glandula thyroidea, Glandula lacrimalis, Nomina generalia der Splanchnologia ● mit Zusatz als: • Parenchyma glandulare • Parenchyma testis	**Parenchymatöse Organe**: traditioneller Oberbegriff für alle funktionsgewebereichen kompakten Organe, wie Leber, Niere und die größeren Drüsen (einschließlich Keimdrüsen)
Stroma (Stroma)	Stützgewebe des Organs: ● lockeres Bindegewebe gliedert das Funktionsgewebe in Lappen, Läppchen und kleinere Einheiten ● straffes Bindegewebe verankert das lockere Bindegewebe an der Organkapsel und bestimmt die Form des Organs	Die Nomina anatomica oder histologica benutzen den Begriff ausdrücklich: ● ohne Zusatz bei: Glandula lacrimalis, Glandula thyroidea, Nomina generalia der Splanchnologia ● mit Zusatz als: • Stroma endometriale • Stroma erythrocyti	• Stroma ganglii [ganglionicum] • Stroma glandulare • Stroma iridis • Stroma medullaris • Stroma myoelasticum • Stroma ovarii • Stroma villi • Stroma vitreum

1.7 Allgemeine Anatomie des Nervensystems

Entwicklung ⇨ 7.1.1

1.7.1 Gliederung des Nervensystems

GLIEDERUNG 1	GLIEDERUNG 2	GLIEDERUNG 3	ANMERKUNGEN
Pars centralis [Systema nervosum centrale] (Zentralnervensystem)	Encephalon (Gehirn)	● Cerebrum (Großhirn, ⇨ 7.3) ● Diencephalon (Zwischenhirn, ⇨ 7.2.8 + 7.2.9) ● Mesencephalon (Mittelhirn, ⇨ 7.2.6) ● Pons (Brücke, ⇨ 7.2.4) ● Cerebellum (Kleinhirn, ⇨ 7.2.5) ● Medulla oblongata (verlängertes Mark, ⇨ 7.2.3)	*Truncus encephalicus* (Hirnstamm): Medulla oblongata + Pons + Mesencephalon
übliche Abkürzung für Zentralnervensystem = ZNS	Medulla spinalis (Rückenmark) (⇨ 7.2.1 + 7.2.2)	*Segmenta medullae spinalis* (Rückenmarksegmente): ● Pars cervicalis: Segmenta cervicalia 1-8 ● Pars thoracica: Segmenta thoracica 1-12 ● Pars lumbaris: Segmenta lumbaria 1-5 ● Pars sacralis: Segmenta sacralia 1-5 ● Pars coccygea: Segmenta coccygea 1-3	
	Meninges (Hirn- und Rückenmarkhäute) (⇨ 7.1.2)	■ *Dura mater* (harte Hirn- und Rückenmarkhaut, "Dura"): ● Dura mater cranialis [encephali] (harte Hirnhaut) ● Dura mater spinalis (harte Rückenmarkhaut) ■ *Arachnoidea mater* (Spinnwebenhaut, "Arachnoidea"): ● Arachnoidea mater cranialis [encephali] (Spinnwebenhaut des Gehirns) ● Arachnoidea mater spinalis (Spinnwebenhaut des Rückenmarks) ■ *Pia mater* (weiche Hirn- und Rückenmarkhaut, "Pia"): ● Pia mater cranialis [encephali] (weiche Hirnhaut) ● Pia mater spinalis (weiche Rückenmarkhaut)	
Pars peripherica [Systema nervosum periphericum] (periphere Nerven)	Nn. craniales [encephalici] (Hirnnerven) (⇨ 6.7.2-6.7.6)	● Nn. olfactorii (I) ● N. opticus (II) ● N. oculomotorius (III) ● N. trochlearis (IV) ● N. trigeminus (V) ● N. abducens (VI) ● N. facialis [N. intermediofacialis] (VII) ● N. vestibulocochlearis (VIII) ● N. glossopharyngeus (IX) ● N. vagus (X) ● N. accessorius (XI) ● N. hypoglossus (XII)	
	Nn. spinales (Rückenmarknerven) (⇨ 2.7.1 + 2.7.2)	● Nn. cervicales (Halsnerven) ● Nn. thoracici (Brustnerven) ● Nn. lumbales [lumbares] (Lendennerven) ● Nn. sacrales (Kreuzbeinnerven) ● N. coccygeus (Steißnerv)	● Plexus cervicalis (⇨ 6.7.7) ● Plexus brachialis (⇨ 8.7.2) ● Plexus lumbalis (⇨ 9.7.1) ● Plexus sacralis (⇨ 9.7.2)
Pars autonomica [Systema nervosum autonomicum] (autonome = vegetative Nerven) (⇨ 1.8)	Pars sympathetica (Sympathikus)	*Truncus sympatheticus* (⇨ 2.7.3) ● Ganglion cervicale superius (⇨ 6.7.8) ● Ganglion cervicale medium (⇨ 6.7.8) ● Ganglion cervicothoracicum [stellatum] (⇨ 6.7.8) ● Ganglia thoracica (⇨ 2.7.3) ● Ganglia lumbalia [lumbaria] (⇨ 2.7.3) ● Ganglia sacralia (⇨ 2.7.3)	*Plexus autonomici [viscerales]* (⇨ 2.7.5): ● Pars thoracica autonomica ● Pars abdominalis autonomica ● Pars pelvica autonomica
	Pars parasympathetica (Parasympathikus)	Pars cranialis (⇨ 2.7.4, 6.7.9) Pars pelvica (⇨ 2.7.4)	

1.7.2 Neuron [Neurocytus] (Nervenzelle)

Textus nervosus (Nervengewebe): Gliederung und Vorkommen ⇨ 1.3.7

ZELLKERN + ZELLEIB	FORTSÄTZE	ARTEN DER ZELLEN	KLINIK
■ **Zellkern:** ● rund, groß, hell, meist zentral gelegen, mit deutlichem Nucleolus ● nach Geburt keine Zellteilung mehr, folglich keine Regeneration, jedoch können Aufgaben geschädigter Nervenzellen z.T. von gesunden Nervenzellen übernommen werden ■ **Perikaryon** (Zellkörper, Corpus neurale): Stoffwechselzentrum mit Zellorganellen, um Zellkern gelegen ● Durchmesser: • kleinste Nervenzellen ~ 4 μm: z.B. Körnerzellen des Kleinhirns • größte Nervenzellen ~130 μm: Riesenpyramidenzellen der Großhirnrinde ● *Nissl-Substanz* (Substantia chromatophilica): basophile Schollen von rauhem (granuliertem) endoplasmatischem Retikulum mit freien Ribosomen, wichtiges Kennzeichen von Nervenzellen im lichtmikroskopischen Präparat ● weitere Organellen: • Golgi-Apparat • Mitochondrien • Lysosomen • dense core vesicles: katecholaminhaltige Bläschen • neurosekretorische Granula (Substantia neurosecretoria) • Microtubuli ● Neurofilamente (Neurofilamenta): Durchmesser ~ 10 nm, umkreisen Nissl-Schollen, parallele Lage in Fortsätzen, gebündelt als Neurofibrillen (Neurofibrillae) ● Zelleinschlüsse: • Melanin: dunkelbraun, bei katecholaminergen Nervenzellen • Lipofuscin: hellbraun, Abbauprodukte aus Lysosomen • eisenhaltige Pigmente: rotbraun, z.B. im "roten Kern" (Nucleus ruber) des Mittelhirns	■ **Axon** [Neuritum]: vom Perikaryon wegleitender Fortsatz (jede Nervenzelle nur 1 Axon!) ● allgemeiner Bau: Axoplasma umgrenzt von Axolemm, enthält Neurofilamente, Microtubuli und einige Mitochondrien, aber keine Nissl-Substanz ● *Axonhügel* (Colliculus axonalis): Bereich des Abgangs des Axons aus Perikaryon frei von Nissl-Schollen ● *Initialsegment* (Segmentum initiale): zwischen Perikaryon und Beginn der Axonscheide, hier wird Aktionspotential ausgelöst ● *Hauptverlaufsstrecke*: mit • Axonscheide (Neurolemma, ⇨ 1.7.6) • Seitenzweigen (Rami collaterales): Abgang an Ranvier-Schnürringen (⇨ Neurofibra, 1.7.6) • gelegentlich Auftreibungen (Varicositas axonalis) bei autonomen Axonen ● *Endbaum* (Telodendron): in der Regel verzweigt mit Endanschwellung (bouton), darin synaptische Bläschen (Vesiculae synapticae) ■ **Dendrit** (Dendritum): zum Perikaryon hinleitender Fortsatz ● meist mehrere pro Zelle und in der Regel verzweigt, Dicke der Zweige nimmt mit Abstand von Perikaryon ab, ebenso Zahl der Zellorganellen ● enthält im Gegensatz zum Axon auch Nissl-Substanz) ● Dornen (spines, Spinulae dendriticae): bis 2 μm lange Vorwölbung für Synapse mit fremdem Axon, bis zu 200 000 an einer Nervenzelle (an Purkinje-Zellen der Kleinhirnrinde) ● Verwechslungsmöglichkeit: in der Literatur wird der Begriff Axon nicht immer nach obiger Definition gebraucht, manche Autoren wenden den Begriff auf alle langen Nervenzellfortsätze an, also auch auf die bis über 1 m langen Dendriten der pseudounipolaren Spinalganglienzellen (manchmal dann "dendritisches Axon" genannt) ■ **Neuropil** (Neuropilus): das zwischen den Perikarya liegende Geflecht von Axonen, Dendriten und Fortsätzen von Gliazellen ■ **axoplasmatischer Transport:** saltatorische Bewegung duch Binden und Lösen von Querbrücken zu Mikrotubuli ● anterograd: vom Perykaryon zum Endkolben, 4 Geschwindigkeitsstufen: • sehr langsam (0,2-1 mm/d): am Rand des Axons, Proteine von Neurofilamenten • langsam (2-8 mm/d): Actin , Tubulin • schnell (~ 50 mm/d): Mitochondrien • sehr schnell (200-400 mm/d): im Zentrum des Axons, Neuropeptide (Neurosekrete), Lipide und Glycoproteide für Membranen ● retrograd: Rücktransport von abzubauenden Stoffen zu den Lysosomen im Perikaryon ● dendritischer Transport: ähnlich wie retrograder axoplasmatischer Transport Richtung Perikaryon	■ **Gliederung nach Zahl der Fortsätze** (Vorkommen der einzelnen Zellarten ⇨ Nervengewebe, 1.3.7): ● unipolare Nervenzelle (Neuron unipolare): nur 1 Fortsatz ● bipolare Nervenzelle (Neuron bipolare): 2 Fortsätze (1 Dendrit, 1 Neurit = Axon) ● pseudounipolare Nervenzelle (Neuron pseudounipolare): zellkörpernahe Teile von Dendrit + Axon verschmolzen, Aktionspotential läuft von Dendrit ohne Beteiligung des Perikaryon auf Axon weiter ● multipolare Nervenzelle (Neuron multipolare): mehrere Dendriten, 1 Axon ■ **Gliederung nach Länge des Axons:** ● Golgi-Typ-I-Nervenzelle (Neuron multipolare longiaxonicum): mit langem Axon ● Golgi-Typ-II-Nervenzelle (Neuron multipolare breviaxonicum): mit kurzem Axon ■ **Stoffwechselbesonderheiten:** ● sekretorische Nervenzelle (Neuron secretorium): hormonbildend ● pigmentierte Nervenzelle (Neuron pigmentosum): lagert Farbstoff ein	■ **Altersveränderungen an Neuronen:** ● Verkleinerung der Perikaryen ● Verlust von Dendritendornen und ganzen Dendriten, damit Abnahme der Zahl der Synapsen ● Zunahme von Lipofuscin ● Degeneration von Neurofibrillen infolge Synthesestörung von Mikrofibrillenproteinen (Alzheimer-Fibrillenveränderung) ■ **retrograder axonaler Transport von Viren:** Beispiel: Tollwut (Lyssa, Rabies): ● Rhabdoviren gelangen meist durch Biß (oder Speichelkontakt) in Haut und Skelettmuskeln ● aus Muskel in Axonen zum Zentralnervensystem transportiert ● da axonaler Transport sehr langsam, dauert Inkubationszeit je nach Entfernung der Bißstelle vom Zentralnervensystem 10 Tage bis 1 Jahr ● Viren elektronenmikroskopisch als "Negri-Körperchen" in Perikaryen des Gehirns ● Viren sind in den Axonen nicht zugänglich für Immunabwehr, daher zu späte Antikörperbildung, ausgebrochene Erkrankung verläuft tödlich ● Schutz durch Impfung nach Biß: rasche Antikörperaufrüstung ● in Europa nur etwa 30 Todesfälle pro Jahr, in Indien aber 15 000

1.7.3 Synapsis (Synapse)

FEINBAU	TYPEN	ERREGUNGSÜBERTRAGUNG
Kontaktstelle zur Erregungsübertragung von Nervenzelle auf andere Zelle (besonders andere Nervenzelle), 2 Arten der Erregungsübertragung: ① **Chemische Synapse** (Synapsis vesicularis): Erregungsüberleitung durch Neurotransmitter (Substantia transmittens) immer nur in einer Richtung ■ **präsynaptischer Teil** (Pars presynaptica): Axon zu *Endkolben* (bouton, Bulbus terminalis) erweitert, enthält neben anderen Zellorganellen vor allem ● *präsynaptische Bläschen* (Vesiculae presynapticae): membranumhüllt, gefüllt mit Neurotransmitter, dieser wird im Perikaryon synthetisiert und durch axonalen Transport zur Synapse gebracht oder entsteht im Endkolben ● helle Bläschen (Vesiculae lucidae): Durchmesser 40-60 nm, Transmitter meist Acetylcholin oder Aminosäuren ● dichte Bläschen (Vesiculae densae, dense core vesicle): Durchmesser 40-60 nm, Transmitter meist Katecholamine (Noradrenalin, Adrenalin, Dopamin) ● besonders große dichte Bläschen: Durchmesser 60-150 nm, Transmitter meist Neuropeptide ● *präsynaptische Membran* (Membrana presynaptica): mit bienenwabenartiger submembranöser Verdichtung (Densitas presynaptica) des Axoplasma, in deren Hohlräume Transmitterbläschen eintreten, bevor sie ihren Inhalt in den Synapsenspalt entleeren ■ **Synapsenspalt** (Fissura synaptica): zwischen prä- und postsynaptischer Membran, Weite meist 20-30 nm, von Filamenten aus Glycoproteiden durchzogen (Substantia intrafissuralis), die den mechanischen Zusammenhalt sichern ■ **postsynaptischer Teil** (Pars postsynaptica) ● *postsynaptische Membran* (Membrana postsynaptica): der Kontaktbereich mit der präsynaptischen Membran wird manchmal auch subsynaptische Membran genannt ● Densitas postsynaptica: an die Membran schließt verdichtetes Cytoplasma an ② **elektrische Synapse** (Synapsis nonvesicularis [electricalis]): gap junctions (Nexus) zwischen Neuronen, sehr rasche Erregungsüberleitung (in beiden Richtungen möglich), bei höheren Wirbeltieren und Mensch geringe Bedeutung, ebenso gemischte Synapse (ein Teil chemisch, ein Teil elektrisch)	■ **Synapsentypen nach Gray:** ● *Synapse Typ I* (asymmetrische Synapse): ● submembranöse Verdichtungen an subsynaptischer Membran dicker ● über gesamte Kontaktzone ausgedehnt ● Synapsenspalt ~ 30 nm ● erregende Synapse ● *Synapse Typ II* (symmetrische Synapse): ● Verdichtungen gleich dick ● nur an einzelnen Stellen der Kontaktzone ● Synapsenspalt ~ 20 nm ● hemmende Synapse ■ **Synapsentypen nach Weite des Synapsenspaltes:** ● meiste Synapsen 20-30 nm ● bis 500 nm bei Synapsen "by distance", nur im peripheren Nervensystem, "freie Nervenendung" gibt Transmitter in Gewebespalt ab, der darin zu mehreren Zielzellen (glatte Muskelzellen, Drüsenzellen) gelangen kann ■ **Synapsentypen nach Kontaktelementen:** ● Synapsis axodendritica: Axon → Dendrit, z.B. ● Dornsynapse: auf Dorn eines Dendriten (⇨ 1.7.2) ● komplexe Synapse: ein Dorn trägt mehrere Synapsen ● glomerulusartige Synapse: Feld von mehreren Synapsen an einem Dendriten von Astrozyten umhüllt ● En-passant-Synapse: boutons nicht am Ende, sondern im Verlauf des Axons (Bulbus preterminalis) ● Synapsis axosomatica: Axon → Perikaryon, z.T. als ● invaginierte Synapse (Synapsis invaginata): in Zelleib eingestülpt ● Synapsis axo-axonalis: Axon → Axon, meist hemmend, meist nahe Axonende, auch als ● Initialsegmentsynapse: hemmend am Ort der Entstehung des Aktionspotentials ● serielle Synapse: mit mindestens 3 Elementen, z.B. axo-axo-dendritisch ● seltenere Formen: ● Synapsis somatodendritica ● Synapsis somatosomatica ● Synapsis dendrodendritica ● "reziproke Synapse": geteilt in 2 Bereiche, einer leitet in der einen, der andere in der entgegengesetzten Richtung, im Thalamus und im Bulbus olfactorius ■ **Synapsen mit Nichtnervenzellen:** ● mit Muskelzelle: Terminatio neuromuscularis (motorische Endplatte, myoneurale Verbindung), Endkolben zu Platte verbreitert, prä- und postsynaptische Membran stark gefaltet, Transmitter Acetylcholin ● Sonderform an Muskelspindel (Terminatio neuromuscularis fusi) ● mit Epithelzelle: Terminatio neuroepithelialis, speziell mit ● Drüsenzelle (Terminatio neuroglandularis) ● sekundärer Sinneszelle: neurosensorische Synapse ● mit Kapillarendothel bzw. dessen Basalmembran (Terminatio neurosecretoria): im Perikaryon synthetisierte, dann axonal transportierte Hormone werden ähnlich wie Transmitterstoffe durch Exozytose abgegeben, z.B. Ocytocin und Adiuretin in der Neurohypophyse	■ **Lauf des Aktionspotentials:** ● Ruhepotential an Axolemm (~ 90 mV) infolge ungleicher Verteilung von Natrium- und Kaliumionen außerhalb und innerhalb des Axon ● Aktionspotential (Depolarisationswelle) läuft an Axolemm entlang durch Öffnen und Schließen von Ionenkanälen mit Natrium- und Kaliumpumpen (Na- und K-ATPase) ● am Endkolben Calciumkanäle geöffnet, Calcium strömt in Endkolben ein, daraufhin verschmelzen präsynaptische Bläschen mit präsynaptischer Membran und entleeren Transmitter durch Exozytose in Synapsenspalt ● Transmitter diffundiert durch Synapsenspalt und bindet an subsynaptischer Membran an Rezeptoren, dadurch werden dort Ionenkanäle geöffnet oder geschlossen ● Depolarisation der postsynaptischen Membran erzeugt exzitatorisches postsynaptisches Potential (EPSP) ● überschüssiger Transmitter im Synapsenspalt rasch durch Enzyme, z.B. Acetylcholinesterase, abgebaut und resorbiert, Membranen der Bläschen werden recyclet (als coated vesicles) ■ **Neurotransmitter** (Transmitterstoffe) im peripheren Nervensystem vor allem: ● *cholinerge Synapsen* (Acetylcholin): z.B. ● motorische Endplatten ● Parasympathikus ● Sympathikus: alle präganglionären Synapsen sowie postganglionäre Synapsen an Schweißdrüsen und arteriovenösen Anastomosen ● *adrenerge Synapsen* (Noradrenalin + verwandte Stoffe): z.B. postganglionäre Synapsen des Sympathikus ● Zentralnervensystem ⇨ nächste Tabelle ■ **Synapsengifte:** viele Gifte wirken über Blockade der ● Rezeptoren ● transmitterabbauenden Enzyme ● Transmittersynthese ● Transmitterfreisetzung

1.7.4 Transmitterstoffe im Zentralnervensystem
(Beispiele aus der großen Zahl bereits entdeckter Stoffe)

GRUPPE	TRANSMITTER	TEILE DES ZNS (BEISPIELE)	FUNKTION, KLINIK
Mono-amine (biogene Amine) (~ 0,5 % der Syn-apsen)	Noradrenalin	Locus caeruleus im Boden des vierten Ventrikels (⇨ 7.1.4)	● Überwiegend Hemmwirkung, z.B. auf cholinerge Synapsen ● Degeneration des Locus caeruleus, z.B. bei der Alzheimer-Krankheit
	Adrenalin	Kleine Bereiche der Medulla oblongata	Im Zentralnervensystem wenig wichtig
	Dopamin	● Substantia nigra und nigros-triatale Bahnen ● Nuclei tegmenti [tegmentales] ● amakrine Zellen der Netzhaut ● Teile des limbischen Systems	● Überwiegend Hemmwirkung ● Dopaminmangel bedeutet Minderung der Hemmwirkung der Substantia nigra auf Corpus striatum, führt zu hypokinetisch-hy-pertonem Syndrom (⇨ 7.2.6, Parkinson-Krankheit) ● Dopaminüberschuß hemmt Corpus striatum überstark und führt zu hyperkinetisch-hypotonen Syndromen (⇨ 7.3.6) ● manche Psychopharmaka hemmen dopaminerge Synapsen und führen daher als Nebenwirkung zu hypokinetisch-hypertonen Symptomen
	Serotonin	Teile des Hirnstamms, z.B. wich-tige Raphekerne	● Überwiegend Hemmwirkung ● über bulbospinale Bahnen Beeinflussung der Substantia gelati-nosa → Schmerzhemmung ● bei Serotoninmangel ist Schmerzschwelle erniedrigt ● pharmakologische Serotoninhemmung verursacht Schlaflosig-keit, daher offenbar für Schlaf-Wach-Rhythmus von Bedeutung ● manche Halluzinogene, z.B. LSD (Lysergsäure-diäthylamid), greifen an Serotoninrezeptoren an, daher auch Beziehung zu Ge-fühlsleben ● Einfluß auch auf Flüssigkeitsgleichgewicht, Temperaturregula-tion, Aggressivität und Sexualität
	Histamin	Kleine Teile des Hypothalamus	
Choline (~ 10 % der Syn-apsen)	Acetylcholin	● Vor allem Bahnen mit Punkt-zu Punkt-Zuordnung (Projektions-bahnen): motorische Bahnen, sensible Bahnen, Sehbahn, Hör-bahn ● aufsteigendes Wecksystem	● Überwiegend erregende Wirkung ● Gegenspieler von Dopamin im Corpus striatum (⇨ 7.3.6)
Amino-säuren (~ 40 % der Syn-apsen)	Gammaami-nobuttersäure (GABA)	● Überwiegend in kurzen Bahnen ● Purkinje-Zellen des Kleinhirns ● efferente Bahnen des Corpus striatum ● Rhinencephalon ● Hippocampus	● Überwiegend Hemmwirkung ● GABA im Corpus striatum vermindert bei Chorea Huntington (⇨ 7.3.6)
	Glutamat	Subthalamus	Überwiegend erregend (⇨ 7.3.6)
	Glycin	Interneuronen des Rückenmarks	● Überwiegend Hemmwirkung ● Strychnin (Krampfgift) hemmt glycinerge Synapsen
Neuro-peptide (~ 50 % der Synap-sen, z.T. als "Kotrans-mitter")	Substanz P	Schmerzbahn, z.B. Substantia gelatinosa des Hinterhorns	● Präsynaptische Hemmung der Substanz-P-Synapsen durch Opiumalkaloide ● Substanz P ist stark gefäßerweiternd (Hautrötung bei mechani-scher Reizung)
	Opioide, z.B. β-Endorphin, Dynorphin, Enkephaline	● Hypothalamus ● Formatio reticularis des Rückenmarks	● Steuerung der Abgabe von Adiuretin und Ocytocin ● in Reflexbahnen für Herz, Gefäße, Atmung, Magen und Darm ● Wirkung auf limbisches System ● Schmerzhemmung
	Vasoaktives intestinales Polypeptid (VIP)	● Stria terminalis ● Fasciculus prosencephalicus medialis ● Efferente Bahnen des Nucleus suprachiasmaticus	● Beeinflussung des Serotoninsystems ● Gefäßerweiterung ● beteiligt an Steuerung des Schlaf-Wach-Rhythmus und des Energiestoffwechsels
	Hypothala-mushormone		Neben Wirkung auf Hypophyse auch zahlreiche Allgemeinwirkun-gen im vegetativen Nervensystem

1.7.5 Afferente Nervenendungen (Rezeptoren)

Muskelspindeln ⇨ 1.4.7, Sehnenspindeln ⇨ 1.4.8

GRUPPE	TYP	FEINBAU	VORKOMMEN	AUFGABEN
	Freie Nerven-endung (Terminatio neuralis libera)	Hüllenlose Endungen von ● markarmen Nervenfasern Typ A ● marklosen Nervenfasern Typ C	● Epidermis ● Haarfollikel (Terminatio folliculi pili) ● Schleimhäute ● seröse Häute ● Periost, Gelenkkapseln, Faszien ● Gefäßwände ● Hirnhäute	● Schmerzre-zeptoren (Nozi-zeptoren) ● Kaltrezeptoren ● Warmrezep-toren
Tastkörper-chen ohne Kapsel (Corpuscu-lum tactus noncap-sulatum)	**Merkel-Endung**	● Merkel-Zelle (Epithelioidocytus tacti-lis): helle Epithelzelle, 10-20 μm Durch-messer, mit fingerförmigen Fortsätzen zwischen Nachbarzellen, vermutlich aus Neuralleiste in Haut eingewandert ● an Basis der Merkel-Zelle endet markhaltige Aβ-Nervenfaser	Stratum basale und Stratum spino-sum der ● Epidermis (Oberhaut) ● Schleimhäute mit mehrschichtigem Plattenepithel	Druckrezeptor
	Tastscheibe (Meniscus tactus)	Gruppe von Merkel-Zellen		
Nervenend-körperchen mit Kapsel (Corpuscu-lum nervo-sum capsu-latum)	**Meissner-Tastkörper-chen** (Corpusculum tactile)	● oval, Längsachse senkrecht zu Haut-oberfläche, Durchmesser ~ 70 x 120 μm ● Gruppe von lamellar angeordneten taktilen Zellen (modifizierte Schwann-Zellen), dazwischen Verzweigung von bis zu 7 Nervenfasern (innerhalb des Körperchens marklos) ● Kapsel: Perineurium nur um basales Drittel des Körperchens ● feine kollagene Fasern verankern das Körperchen an der Basalmembran	■ Dermispapillen, reichlich an ● Leistenhaut, vor allem Finger- und Zehenspitzen ● Lippen ● Augenlid ● Glans + Preputium clitoridis/penis ■ einige Schleimhäute: ● Mundhöhle ● Rima glottidis	Berührungsre-zeptor
	Krause-Endkolben	● Durchmesser ~ 0,1 mm, rund bis spindelförmig ● glomerulusartig gewundene marklose Nervenfasern zwischen modifizierten Schwann-Zellen ● perineurale bindegewebige Hülle	Subepitheliale Bindegewebepapillen von ● Conjunctiva ● Mundhöhle ● Epiglottis	● Berührungs-rezeptor ● Kaltrezeptor?
	Genital-nerven-körperchen (Dogiel-Kör-perchen)	Ähnlich Krause-Endkolben, aber größer (Durchmesser 0,1-0,2 mm)	● Epidermis und Schwellkörper der äußeren Geschlechtsorgane ● Brustwarzen	Berührungsre-zeptor → ● Füllung der Schwellkörper ● Befeuchtung der Scheide
	Zungen-nerven-körperchen	Ähnlich Krause-Endkolben, aber kleiner (Durchmesser < 0,1 mm)	Zungenschleimhaut	Kaltrezeptor?
	Ruffini-Körperchen	● Durchmesser 1-2 mm, flach ● baumartige Verzweigung mehrerer Nervenfasern, nach Eintrittt in Körper-chen marklos, Enden kolbig erweitert ● bindegewebige Kapsel	● Stratum reticulare der Dermis, be-sonders von Fingern, Zehen und Fußsohle ● Stratum fibrosum der Gelenkkapsel	● Dehnungsre-zeptor ● auch Warm-rezeptor disku-tiert
	Lamellen-körperchen (Vater-Pacini-Körperchen, Corpusculum lamellosum)	● Größtes Nervenendkörperchen, oval, bis 5 mm lang ● Innenkolben (Bulbus internus): halb-mondförmige Lamellen (Lamella) von Schwann-Zellen um eine zentrale Ner-venfasser ● Außenkolben (Bulbus externus): peri-neurale Kapsel aus 10-60 Lamellen fla-cher Fibrozyten, dazwischen lymphähn-liche Flüssigkeit	● Dermis und Unterhaut ● Periost, Gelenkkapsel, Faszien ● Cornea und Conjunctiva ● Pleura parietalis, Peritoneum parie-tale und Mesenterien ● Herz, arteriovenöse Anastomosen ● Pancreas, Nebenniere, Harnblase, Urethra ● Eileiter, Scheide, Prostatakapsel, Tunica dartos	Vibrationsrezep-tor: Frequenzbe-reich etwa 40-1000 Hz
	Golgi-Mazzoni-Körperchen (Corpusculum bulboideum)	Ähnlich Lamellenkörperchen, aber ein-facher und kleiner		Vibrationsrezep-tor

1.7.6 Neurofibra (Nervenfaser)

GLIEDERUNG	FEINBAU	FUNKTION, KLINIK
■ **Definition**: Nervenfaser (Neurofibra) besteht aus: ● Nervenzellfortsatz (Axon, Dendrit) ● Hülle (Nervenscheide, Axonscheide, Investio processus neuralis, Neurolemma) ■ **Gliederung nach Art der Nervenscheide** (Neurolemma): ● *markhaltige Nervenfaser* (Neurofibra myelinata): Hüllzelle umwickelt Nervenzellfortsatz mit spiraliger Marklamelle ● *marklose Nervenfaser* (Neurofibra nonmyelinata): Hüllzelle umschließt Nervenzellfortsatz ohne Markwickelung ● Verwechslungsmöglichkeit: manche Autoren bezeichnen als "markfreie Nervenfasern" solche ohne Hüllzellen, doch handelt es sich nach obiger Definition dann eben nicht um Nervenfasern, sondern um hüllenlose Nervenzellfortsätze (eine Unterscheidung von "marklos" und "markfrei" entspräche der von "sauber" und "rein") ■ **Gliederung nach Leitungsrichtung**: ● *afferente Nervenfaser* (Neurofibra afferens): leitet zum Perikaryon hin, also mit Dendrit (bzw. "dendritischem Axon") ● *efferente Nervenfaser* (Neurofibra efferens): leitet von Perikaryon weg, also mit Axon ■ **Gliederung nach Systemzugehörigkeit**: ● *autonome (vegetative) Nervenfaser* (Neurofibra autonomica [visceralis]): zum autonomen Nervensystem gehörend, da dessen periphere efferente Bahn 2 Neuronen umfaßt, unterscheidet man: • *präganglionäre Nervenfaser* (Neurofibra preganglionica): Axon vor dem peripheren Ganglion, also zum 1. Neuron gehörend • *postganglionäre Nervenfaser* (Neurofibra postganglionica): Axon nach dem peripheren Ganglion, also zum 2. Neuron gehörend ● *somatische Nervenfaser* (Neurofibra somatica): zum somatischen (also nicht zum autonomen) Nervensystem gehörend	■ **Hüllzellen** sind ● *Schwann-Zelle* (Neurolemmocytus) im peripheren Nervensystem ● *Oligodendrozyt* (Oligodendrocytus) im ZNS ■ **marklose Nervenfaser** (Neurofibra nonmyelinata): ● die Hüllzelle umschließt den Nervenzellfortsatz ähnlich wie das Bauchfell den Darm: an einer Seite bleibt der den Nervenzellfortsatz umgebende Teil der Zellmembran der Hüllzelle (dem viszeralen Blatt des Bauchfells entsprechend) mit der oberflächlichen Zellmembran (dem parietalen Bauchfell entsprechend) gekröseartig (Mesenterium) verbunden, dieser aus 2 aneinanderliegenden Membranen bestehende Abschnitt wird sinngemäß *Mesaxon* genannt ● eine Hüllzelle kann 1 oder mehrere (bis 50) Axonen umhüllen, dabei kann jedes Axon sein eigenes Mesaxon oder Gruppen von Axonen können ein gemeinsames Mesaxon besitzen ■ **markhaltige Nervenfaser** (Neurofibra myelinata): ● *Markscheide* (Stratum myelini): sie entsteht, indem sich das Mesaxon spiralig um den Nervenzellfortsatz wickelt ● *Marklamelle* (Lamella myelini): ~ 15 μm dick, die aufeinanderliegenden Membranteile verschmelzen, so daß jede Wickelung aus 2 Schichten besteht: • dichte Hauptlinie (major dense line) • Intermediärlinie (intermediate line, intraperiod line) ● *markreiche Nervenfasern* haben viele (bis zu 300) Wickelungen der Marklamelle ● *markarme Nervenfasern* haben wenige Wickelungen der Marklamelle ● *Nervenfaserknoten* (Ranvier-Schnürring, Nodus neurofibrae): an Grenzen der Hüllzellen ist Markscheide unterbrochen, der Nervenzellfortsatz ist nur von den ineinander verzahnten Zytoplasmafortsätzen der Hüllzellen bedeckt ● *Zwischenknotensegment* (Segmentum internodale): zwischen 2 Nervenfaserknoten gelegen, jeweils einer Hüllzelle entsprechend, beim Erwachsenen meist 0,2-0,5 mm lang ● *Schmidt-Lanterman-Einkerbung* (Incisura myelini): im Lichtmikroskop als Unterbrechung der Markscheide erscheinend, elektronenmikroskopisch jedoch nur Bereich, in dem Membranverschmelzung an der dichten Hauptlinie ausblieb, nur an peripheren Nerven, verbessert Biegsamkeit der Nervenfaser? ● Schichtenfolge der Axonscheide bei peripherer Nervenfaser (von innen nach außen): • periaxonaler Spalt (~ 20 μm) • dünne Zytoplasmaschicht der Schwann-Zelle • Mesaxonwickelung • Cytoplasma und Zellkern der Schwann-Zelle	■ **Saltatorische Erregungsleitung**: Aktionspotential läuft nicht kontinuierlich durch Nervenfaser, sondern springt von Nervenfaserknoten zu Nervenfaserknoten, weil nur dort Kontakt mit dem Extrazellulärraum und dementsprechend nur hier Potentialdifferenz aufgrund von Ionenkonzentrationsunterschieden möglich ■ **Kontinuitätstrennung**: nach Durchschneiden einer Nenvenfaser kommt es im: ● proximalen Abschnitt zu Axonschwellung wegen Staus des anterograden Axonflusses ● distalen Abschnitt zu "Waller-Degeneration": • zunächst Schwellung wegen Staus des retrograden Axonflusses • nach 2-7 Tagen Absterben des gesamten distalen Axonabschnitts ● 8.-10. Tag Phagozytose der Axontrümmer durch Makrophagen und Proliferation der Schwann-Zellen ● Endstadium: "Büngner-Band" aus Schwann-Zellen ohne Axon ● Regeneration: aus proximalem Stumpf sproßt Axon aus, wächst in Büngner-Band als Führungsschiene distal, nach einigen Wochen remyelinisiert • trifft Axonsproß nicht auf Büngner-Band, dann findet er nicht den Weg und "irrt durch die Gegend" (Bildung eines Amputationsneuroms, s.u.)

Nervenfasergruppen nach Durchmesser und Leitungsgeschwindigkeit

TYP	DURCHMESSER (μm)	LEITUNGSGESCHWINDIGKEIT (m/s)	BEISPIELE
Aα	~ 12-20	~ 100 (70-120)	● efferent zu Skelettmuskeln ● afferent von Muskel- und Sehnenspindeln
Aβ	~ 8	~ 60 (30-70)	afferent: Tastsinn
Aγ	~ 5	~ 30 (15-40)	efferent zu Muskelspindeln
Aδ	~ 3	~ 20 (12-30)	afferent: Schmerz- und Temperatursinn (rasche Schmerzfasern)
B	~ 3	~ 10 (3-15)	efferent: präganglionär autonom
C	~ 1	~ 1 (0,5-2)	● efferent: postganglionär autonom ● afferent: Eingeweideschmerz (langsame Schmerzfasern)

1.7.7 Nervus (Nerv)

GLIEDERUNG	BEGRIFFE, FEINBAU	KLINIK
■ **Gliederung nach Lage der Perikaryen** (Nervenzellkörper): entsprechend der Hauptteile des Zentralnervensystems: ● *Rückenmarknerven* (Nn. spinales): die Perikaryen liegen im oder beim Rückenmark im: • Vorderhorn für efferente Nervenfasern • Spinalganglion für afferente Nervenfasern ● *Hirnnerven* (Nn. craniales [encephalici]): die Perikaryen liegen im oder beim Gehirn in den • Hirnnervenkernen (Nuclei nervorum cranialium [encephalicorum]): Ursprungskerne (Nuclei originis) für efferente Nervenfasern, Endkerne (Nuclei terminationis) für afferente Nervenfasern • Hirnnervenganglien, die den Spinalganglien entsprechen, für afferente Nervenfasern ● *autonome (vegetative) Nerven* (Nn. autonomici [viscerales]): die efferente Bahn ist zweigeteilt, die Perikaryen liegen: • erstes Neuron im Seitenhorn (Cornu laterale) des Rückenmarks • zweites Neuron in autonomen Ganglien (Ganglia autonomica [visceralia], ⇨ 1.7.8) ■ **einfache Gliederung nach Leitungsrichtung:** ● *efferent* (Neurofibrae efferentes, vom ZNS zur Peripherie): motorischer Nerv (N. motorius), zu Muskeln oder Drüsen ● *afferent* (Neurofibrae afferentes, von der Peripherie zum ZNS): sensibler (sensorischer) Nerv (N. sensorius), von Rezeptoren (Nervenendkörperchen, Sinnesorgane) ● *efferent und afferent*: gemischter Nerv (N. mixtus [N. mixtarum neurofibrarum]) ● man beachte: streng genommen müßten nahezu alle Nerven als "gemischt" bezeichnet werden: • jeder "rein" motorische Nerv enthält auch einige afferente Fasern von Muskel- und Sehnenspindeln • ein "rein" sensibler Nerv führt häufig auch efferente Fasern zu Drüsen und Haarbalgmuskeln ■ **ausführliche Gliederung nach Faserqualität** (vor allem in englischsprachiger Fachliteratur üblich): ● *allgemein somatoefferent* (GSE = general somatic efferent): zu Skelettmuskeln, die aus den Myotomen des paraxialen Mesoderm (⇨ 1.4.8 + 5.6.2) entstehen (praktisch alle Skelettmuskeln, ausgenommen Teil der Kopf- und Halsmuskeln) ● *speziell somatoefferent* (SSE): zu äußeren Augenmuskeln ● *allgemein viszeroefferent* (GVE): zu glatten Muskeln, Herzmuskel und Drüsen ● *speziell viszeroefferent* (SVE): zu Skelettmuskeln, die in den Schlundbogen (⇨ 7.6.9) entstehen: Kaumuskeln, mimische Muskeln, Rachen- und Kehlkopfmuskeln ● *allgemein somatoafferent* (GSA): von Mechano-, Thermo- und Nozizeptoren (Oberflächensensibilität und Tiefensensibilität aus Bewegungsapparat) ● *speziell somatoafferent* (SSA): vom Auge sowie vom Hör- und Gleichgewichtsorgan ● *allgemein viszeroafferent* (GVA): von den inneren Organen ● *speziell viszeroafferent* (SVA): von Geruch- und Geschmackrezeptoren	■ **Definition:** Nerv = von Bindegewebe umhülltes Bündel von Nervenfasern, die das Zentralnervensystem mit einem Zielorgan verbinden ■ **Gewebeanteile:** ● markhaltige Nervenfasern (Neurofibra myelinata) in Bündeln, bei einigen autonomen Nerven auch marklose Nervenfasern ● Hüllgewebe ● feine Blutgefäße (Vasa nervorum) ■ **Hierarchie der Hüllgewebe:** ● *Endoneurium*: um einzelne Nervenfaser, lockeres Bindegewebe mit retikulären Fasern + Basalmembran der Schwann-Zellen ● *Perineurium*: um Nervenfaserbündel: • Pars fibrosa: kollagenes Bindegewebe in schraubiger Anordnung • Pars epithelioidalis: epithelartiger Verband perineuraler Zellen, die sich von der weichen Hirn- und Rückenmarkhaut (Pia mater) ableiten, mit tight junctions, bilden Diffusionsbarriere ● *Epineurium*: um Nerv als Ganzes: • Epineurium superficiale: äußere Bindegewebehülle • Epineurium profundum: von der Oberfläche zwischen die Nervenfaserbündel vordringendes Bindegewebe mit Blutgefäßen (Vasa nervorum) ■ **Begriffe:** ● Rr. cutanei (Hautäste): afferent von Rezeptoren der Haut ● Rr. articulares (Gelenkäste): afferent von Gelenkkapseln ● Rr. musculares (Muskeläste): efferent zu Muskeln ● R. communicans (Verbindungsast): zwischen zwei Nerven oder zwischen Nerv und Ganglion ● Nn. vasorum (Gefäßnerven): efferent zu glatten Muskeln der Gefäßwand ● Plexus nervorum spinalium: Geflecht der vorderen Äste von Rückenmarknerven: • Plexus cervicalis (Halsnervengeflecht) • Plexus brachialis (Armnervengeflecht) • Plexus lumbalis (Lendennervengeflecht) • Plexus sacralis (Kreuzbeinnervengeflecht) ● Plexus autonomicus [visceralis]: Geflecht autonomer (vegetativer) Nervenfasern, vor allem an Brust- und Bauchorganen (⇨ 2.7.5) ● Plexus vascularis, Plexus periarterialis: autonomes Nervengeflecht entlang von Blutgefäßen, vor allem im Kopfbereich werden die sympathischen Nervenfasern mit den Arterien verteilt	■ **Traumatische Schäden:** ● infolge des hohen Anteils an kollagenem Bindegewebe sind periphere Nerven sehr zugfest und reißen nicht leicht ● nach Durchschneiden: • Waller-Degeneration des distalen Abschnitts (⇨ 1.7.6) und Aussprossen der Axonen aus proximalem Stumpf • treffen diese nicht auf distalen Stumpf, bilden sie Knäuel (Amputationsneurom) • deshalb *Nervennaht* wichtig: sorgfältiges Anfügen des distalen an den proximalen Stumpf mit Naht des Epineurium, wenn möglich sogar Anpassen einzelner Nervenfaserbündel mit Naht des Perineurium unter dem Mikroskop • ist spannungsfreie Naht der Stümpfe (z.B. bei Verlust eines längeren Nervenabschnitts) nicht möglich, kommt zum Erhalt wichtiger Nerven Interposition eines anderen (weniger wichtigen) Nervs infrage (z.B. N. suralis, Sensibilitätsstörung am lateralen Fußrand muß in Kauf genommen werden) ■ **Polyneuropathie** (nichtentzündliche Erkrankung mehrerer peripherer Nerven): ● primärer Angriffspunkt kann sein: • Perikaryon: z.B. bei Vergiftung durch organische Quecksilberverbindungen • Axon: z.B. bei Alkoholismus, Vitamin-B-Mangel, Urämie • Axonscheide: Entmarkungspolyneuropathien, z.B. bei Störungen des Lipidstoffwechsels • alle 3 (Mischtyp): z.B. bei Durchblutungsstörung ● Symptome: beruhen auf Ausfall oder Übererregbarkeit von Neuronen • Muskelschwächen (Paresen) bis Lähmungen, Muskeleigenreflexe abgeschwächt bis erloschen • Sensibilitätsminderung bis -ausfall: Berührungs- und Vibrationsempfindung (markreiche Nervenfasern) meist stärker betroffen als Temperatur- und Schmerzempfindung (markarme Nervenfasern) • Reizerscheinungen: Schmerzen, Muskelkrämpfe, Parästhesien (abnorme Empfindungen, z.B. Kribbeln) • trophische Störungen: z.B. Hautveränderungen

1.7.8 Ganglion (Nervenknoten)

TYP	GLIEDERUNG, VORKOMMEN	FEINBAU	KLINIK
Allgemeines	■ **Definition**: Gruppe von Nervenzellen außerhalb des Zentralnervensystems ■ **Gliederung**: ● Ganglia craniospinalia [encephalospinalia, sensoria]: Ganglien der somatischen Nerven ● Ganglia autonomica [visceralia]: Ganglien der autonomen Nerven	● Nervengewebe: • Perikaryen umhüllt von peripherer Glia (Mantelzellen) • Nervenfasern, oft mehrfach um Perikaryen gewunden ● Bindegewebe: • Capsula ganglii [ganglionica] (Ganglionkapsel): äußere Hülle • Stroma ganglii [ganglionicum]: von der Kapsel ins Innere des Ganglions ziehendes Bindegewebe mit Blutgefäßen	Verwechslungsmöglichkeit: als Ganglion wird in der Klinik auch das Hygrom ("Überbein", Wassergeschwulst) bezeichnet, eine flüssigkeitsgefüllte Zyste an Gelenkkapseln, Schleimbeuteln oder Sehnenscheiden
Ganglion craniospinale [encephalospinale, sensorium] (somatisches Ganglion)	■ **Ganglia spinalia** [sensoria] (Spinalganglien): in den hinteren (sensiblen) Wurzeln der Rückenmarknerven, entsprechend der Zahl der Rückenmarknerven beidseits ● 8 Halsganglien ● 12 Brustganglien ● 5 Lendenganglien ● 5 Kreuzbeinganglien ● 1-3 Steißbeinganglien ■ **Ganglia sensoria neurium cranialium** [Ganglia encephalica]: ● den Spinalganglien entsprechende Ganglien der Hirnnerven, für deren sensiblen (speziell viszeroafferenten) Anteile: • Ganglion trigeminale des N. trigeminus (5. Hirnnerv) • Ganglion geniculi [geniculatum] des N. facialis [intermediofacialis] (7. Hirnnerv) • Ganglion superius + Ganglion inferius des N. glossopharyngeus (9. Hirnnerv) • Ganglion superius + Ganglion inferius des N. vagus (10. Hirnnerv) ● Ganglien des N. vestibulocochlearis (8. Hirnnerv) für die speziell somatoafferenten Nerven des Hör- und Gleichgewichtsorgans (⇨ 6.7.6, 7.4.7, 7.4.8)	**Zellen:** ● pseudounipolare Nervenzelle (Neuron pseudo-unipolare): • große A-Zelle, Durchmesser ~ 100 µm • kleine B-Zelle, 15-30 µm • scheinbar nur 1 Fortsatz, dieser entstand durch Verschmelzen der perikaryonnahen Abschnitte des Dendrits und des Axons, teilt sich also unweit des Perikaryon • der Dendrit hat den Bau eines Axons ("dendritisches Axon") • die Erregung läuft von den Rezeptoren unter Umgehung des Perikaryons direkt zum Axon durch • das Perikaryon dient nur dem Stoffwechsel (keine Synapsen!) ● bipolare Nervenzellen in den Ganglien des N. vestibulocochlearis ● Mantelzelle (Satellitenzelle, Gliocytus ganglionicus): Schicht flacher Gliazellen umhüllt die Neuronen ● Bindegewebezellen	● *Gangliom*: mit ganglienzellähnlichen Geschwulstzellen, z.B. ● *Ganglioneurom*: gutartig ● *Ganglioneuroblastom*: bösartig ● *Ganglionitis* (Ganglienentzündung): z.B. bei Zoster (Gürtelrose, ⇨ 2.7.1)
Ganglion autonomicum [viscerale] (autonomes = vegetatives Ganglion)	■ **Ganglia sympathetica** [sympathica] (sympathische Ganglien): sie liegen als Ganglia trunci sympathetici in einer Kette, dem Truncus sympatheticus (Grenzstrang des Sympathikus), beidseits der Wirbelsäule: ● Ganglion cervicale superius ● Ganglion cervicale medium ● Ganglion cervicothoracicum [stellatum] ● Ganglia thoracica ● Ganglia lumbalia [lumbaria] ● Ganglia sacralia ■ **Ganglia parasympathetica** [parasympathica] (parasympathische Ganglien): in autonome (allgemein viszeroefferente) Anteile dreier Hirnnerven eingeschaltet: ● Ganglion ciliare des N. oculomotorius (3. Hirnnerv) ● Ganglion pterygopalatinum + Ganglion submandibulare des N. facialis [intermediofacialis] (7. Hirnnerv) ● Ganglion oticum des N. glossopharyngeus (9. Hirnnerv) ■ **gemischte autonome Ganglien**: sympathische und parasympathische Neuronen enthalten die sogenannten ● prävertebralen autonomen Ganglien, die den großen Arterien des Bauchraums anliegen: • Ganglia coeliaca • Ganglion mesentericum superius + inferius ● intramuralen Ganglien in der Wand innerer Organe	■ **Zellen:** ● multipolare Nervenzelle (Neuron multipolare): • Typ I: Durchmesser 20-35 µm, manchmal mehrkernig, dichte Bläschen (dense core vesicles) von ~ 50 nm enthalten Noradrenalin • Typ II: Durchmesser 10-20 µm, nach Behandlung mit Formaldehyd starke Fluoreszenz ("SIF-Zellen" = small intensely fluorescent cells), große dichte Bläschen (dense core vesicles) von 100-300 nm enthalten Dopamin, Interneuronen? ● Mantelzellen (Satellitenzellen): liegen nicht so dicht wie in Spinalganglien, dies ermöglicht axosomatische und somatosomatische Synapsen ● Bindegewebezellen ■ **Schaltung:** ● Divergenz: eine präganglionäre Nervenfaser bildet Synapsen mit bis zu mehreren hundert Zellen des 2. Neurons ● Konvergenz: ein 2. Neuron hat Synapsen mit mehreren präganglionären Nervenfasern	■ *Sympath(ik)oblastom*: vor allem bei Kleinkindern in sympathischen Ganglien und in der Nebenniere vorkommende Geschwulst, die sich von Vorstufen der Ganglienzellen ableitet ■ *Ganglionitis ciliaris acuta* (akute Entzündung des Ganglion ciliare): Symptome ● weite Pupille (Mydriasis) ● Pupillenstarre

1.8 Autonomes Nervensystem (Systema nervosum autonomicum)

Autonome Ganglien ⇨ 1.7.8, Truncus sympatheticus ⇨ 2.7.3 + 6.7.8, Pars parasympathetica ⇨ 2.7.4 + 6.7.9

1.8.1 Sympathikus und Parasympathikus als Gegenspieler

FUNKTIONEN, LAGE	SYMPATHIKUS	PARASYMPATHIKUS
Allgemein	ergotrop, katabol "Leistung", "Kampfbereitschaft"	trophotrop, anabol "Erholung", "Aufbau"
Pupillenweite, Weite der Bronchen, Herzfrequenz, Blutdruck, Spannung glatter Schließmuskeln	steigert	vermindert
Peristaltik des Magen-Darm-Kanals, Spannung der Harnblasenwand	vermindert	steigert
Schweißsekretion, Sträuben der Haare, Kontraktion der Milzkapsel	löst aus	kein Einfluß
Synapsen 1. efferentes Neuron ("präganglionär")	cholinerg	cholinerg
Synapsen 2. efferentes Neuron ("postganglionär")	adrenerg (Ausnahme: Schweißdrüsen cholinerg)	cholinerg
Rezeptorsubtypen	α_1: z.B. vasokonstriktorisch α_2: z.B. vasovasodilatorisch β_1: z.B. Herz β_2: z.B. Bronchen	N (nicotinerg): z.B. Muskel M (muscarinerg): M_1: z.B. Magen M_2: z.B. Herz
Perikaryen 1. efferentes Neuron	C_8-$L_{2(3)}$ "thorakolumbales System"	Hirnstamm + S_2-S_4 "kraniosakrales System"
Perikaryen 2. efferentes Neuron	eher nahe zum ZNS: ● Ganglia trunci sympathetici ● prävertebrale Ganglien	eher nahe zum Organ: ● 4 parasympathische Kopfganglien ● prävertebrale + intramurale Ganglien ● (wenige: Ganglion inferius des N. vagus)

1.8.2 Intramurales System

ALLGEMEINES	FEINBAU	BEISPIEL DARM	KLINIK
● **Charakterisierung**: in den inneren Organen gelegene autonome Nervenzellen, die nicht unmittelbar zum Sympathikus oder Parasympathikus zu rechnen sind, sondern gewissermaßen einen dritten Teil des autonomen Nervensystems bilden ● **Aufgabe**: Selbststeuerung der Organe durch Verarbeitung von Reizen, die in ihnen selbst entstehen ● **Beziehung zu Sympathikus und Parasympathikus**: die intramuralen Neuronen werden von ihnen beeinflußt, können aber auch unabhängig von ihnen arbeiten ● **Vergleich**: Stadtverwaltung: zwar abhängig von Weisungen des Bundes und der Länder, aber innerhalb ihres Bereichs doch sehr selbständig ● **Bedeutung** läßt sich an Zahl der Neuronen abschätzen: die des intramuralen Systems entspricht etwa der des Rückenmarks!	■ **Neuronen:** ● multipolare Nervenzellen ● Perikaryen: Durchmesser 10-35 μm, z.T. nicht von Mantelzellen umhüllt, sondern nur von Basallamina umgeben (keine Diffusionsbarriere!) ● kurze Dendriten und Axonen ■ **Synapsen**: präsynaptische Bläschen verschiedener Größenordnungen: ● klein: adrenerg ● mittel: cholinerg ● groß: peptiderg: • Substanz P: kontrahiert Lamina muscularis mucosae • vasoaktives intestinales Polypeptid (VIP): langsame Entspannung der Muskelwand • pankreatisches Polypeptid: gefäßverengernd • Angiotensin, Neurotensin: vor allem im Rectum (Defäkation) • Cholecystokinin, Endomorphin, Enkephalin, Somatostatin: inhibitorisch	■ **Plexus entericus:** ● Plexus submucosus (Meissner-Plexus): in Tela submucosa, steuert Sekretion und Lamina muscularis mucosae (Feineinstellung der Schleimhaut) ● Plexus myentericus (Auerbach-Plexus): zwischen Stratum circulare und Stratum longitudinale der Tunica muscularis, steuert Tunica muscularis (Segmentations- und Schaukelbewegungen, Peristaltik) ■ **intestino-intestinale Reflexe:** ● afferentes Neuron: Chemo- und Mechanorezeptoren (vor allem Dehnungsrezeptoren) in Darmwand ● (Zwischenneuron) ● efferentes Neuron: zu Lamina muscularis mucosae und Tunica muscularis	● Das intramurale System sichert die Organfunktion auch nach vollständigem Verlust der sympathischen und parasympathischen Nerven, die Anpassungsfähigkeit an die Bedürfnisse des Gesamtorganismus ist jedoch dann stark eingeschränkt ● bei Querschnittlähmungen sind zwar die Verbindungen zum Gehirn, nicht aber zu den autonomen Zentren des Rückenmarks unterbrochen, folglich bleibt die Steuerung des intramuralen Systems durch Sympathikus und Parasympathikus weitgehend erhalten, es fehlt lediglich die Möglichkeit der willentlichen Einflußnahme

1.8.3 Wege efferenter sympathischer und parasympathischer Innervation

Typ = sympathischer Rezeptortyp, ① 1. Neuron, ② 2. Neuron, ③ Zielstruktur

ORGAN	SYMPATHIKUS			PARASYMPATHIKUS	
	Funktion	*Typ*	*Weg der Innervation*	*Funktion*	*Weg der Innervation*
Auge	Mydriasis (Pupille erweitern)	α1	① *Columna intermediolateralis [autonomica]* C8-Th3 → ● R. communicans albus → ② *Ganglion cervicale superius* des Truncus sympatheticus → ● Plexus caroticus internus → ● Radix sympathetica des Ganglion ciliare → ● Nn. ciliares breves → ③ M. dilator pupillae	Miosis (Pupille verengen)	① *Nucleus oculomotorius accessorius* → ● N. oculomotorius (II), R. inferior → ● Radix parasympathetica [oculomotoria] des Ganglion ciliare → ② *Ganglion ciliare* → ● Nn. ciliares breves → ③ M. sphincter pupillae
				Akkomodation (Naheinstellen der Linse)	① ② wie oben ③ M. ciliaris
	Lider straffen, Lidspalte etwas erweitern	α1	① wie oben ② *Ganglion cervicale superius* → ● Plexus caroticus internus → ③ M. tarsalis superior + inferior		
	Protrusio bulbi (Vortreten des Augapfels)	α1	① ② wie oben ③ M. orbitalis		
		α1	① ② wie oben ③ Blutgefäße der Tränendrüse	Tränensekretion	① *Nucleus lacrimalis* → ● N. facialis (VII, Anteil des N. intermedius) → ● N. petrosus major → ● N. canalis pterygoidei → ● Radix parasympathetica des Ganglion pterygopalatinum → ② *Ganglion pterygopalatinum* → ● N. zygomaticus (V2) → ● R. communicans → ● N. lacrimalis (V1) → ③ Drüsenzellen (Lakrimozyten)
Glandulae nasales + palatinae (Nasen- und Gaumendrüsen)	Muköse Sekretion	α1	① wie oben ② *Ganglion cervicale superius* → ● Plexus caroticus internus → ● N. petrosus profundus → ● N. canalis pterygoidei → ● Radix sympathetica des Ganglion pterygopalatinum → ● Äste des N. maxillaris (V2) → ③ Drüsenzellen (Mukozyten?, Myoepithelzellen?) + Blutgefäße	Seröse Sekretion	① *Nucleus salivarius superior* → ● N. facialis (VII, Anteil des N. intermedius) → ● N. petrosus major → ● N. canalis pterygoidei → ● Radix parasympathetica des Ganglion pterygopalatinum → ② *Ganglion pterygopalatinum* → ● Äste des N. maxillaris (V2) → ③ Drüsenzellen (Serozyten)
Glandula submandibularis + Glandula sublingualis	Muköse Sekretion (?)	α1	① wie oben ② *Ganglion cervicale superius* → ● Plexus caroticus externus → ③ Drüsenzellen (Mukozyten?, Myoepithelzellen?) + Blutgefäße	Seröse Sekretion	① *Nucleus salivarius superior* → ● N. facialis (VII, Anteil des N. intermedius) → ● Chorda tympani → ● N. lingualis (V3) → ● Rami ganglionares → ② *Ganglion submandibulare* → ● Rr. glandulares → ③ Drüsenzellen (Serozyten)
Glandula parotidea (Ohrspeicheldrüse)			① wie oben ② *Ganglion cervicale superius* → ● Plexus caroticus externus → ● mit Arterien → ③ Blutgefäße der Ohrspeicheldrüse	Seröse Sekretion	① *Nucleus salivarius inferior* → ● N. glossopharyngeus (IX) → ● N. + Plexus tympanicus → ● N. petrosus minor → ② *Ganglion oticum* → ● R. communicans (cum nervo auriculotemporali) → ● Rr. communicantes (cum nervo faciali) → ③ Drüsenzellen (Serozyten)

Fortsetzung der Tabelle nächste Seite

Wege efferenter sympathischer und parasympathischer Innervation (Fortsetzung)

ORGAN	SYMPATHIKUS			PARASYMPATHIKUS	
	Funktion	*Typ*	*Weg der Innervation*	*Funktion*	*Weg der Innervation*
Trachea + Bronchen	Erschlaffen	ß2	① *Columna intermediolateralis [automomica]* Th1-Th4 → ● R. communicans albus → ② *Ganglion cervicale medium + Ganglion cervicothoracicum [stellatum] + Ganglia thoracica* → ● unbenannte Verbindungsäste zu N. laryngealis recurrens und N. vagus → ③ M. trachealis + Mm. bronchiales	Verengen, Sekretion	① *Nucleus dorsalis nervi vagi* → ● N. vagus (X) → ● Rr. tracheales + bronchiales (z.T. über N. laryngealis recurrens) → ② *Plexus pulmonalis + intramurale Ganglien* (ohne spezielle Bezeichnung in Nomina anatomica) ③ M. trachealis + Mm. bronchiales, Glandulae tracheales + bronchiales
Herz	● positiv chronotrop (Frequenz erhöhen) ● positiv inotrop (systolische Herzkraft steigern) ● positiv dromotrop (Überleitungszeit verkürzen)	ß1	① *Columna intermediolateralis [automomica]* Th1-Th4 → ● R. communicans albus → ② *Ganglion cervicale superius + Ganglion cervicale medium + Ganglion cervicothoracicum [stellatum] + Ganglia thoracica* → ● N. cardiacus cervicalis superior + medius + inferior + Rr. cardiaci thoracici → ● Plexus cardiacus ③ hauptsächlich Sinusknoten, keine Endplatten an Arbeitsmuskulatur!	● negativ chronotrop (Frequenz herabsetzen) ● negativ inotrop (Vorhofkraft vermindern) ● negativ dromotrop (Überleitungszeit verlängern)	① *Nucleus dorsalis nervi vagi* → ● N. vagus (X) → ● Rr. cardiaci cervicales superiores + inferiores + Rr. cardiaci thoracici → ② *Ganglia cardiaca* (im Plexus cardiacus) ③ hauptsächlich Sinusknoten, keine motorischen Endplatten an Arbeitsmuskulatur!
Magen	● Motorik vermindern ● Sekretion (schwach) vermindern ● Pylorus schließen	α2 + ß2 α1	① *Columna intermediolateralis [automomica]* Th5-Th9 → ● R. communicans albus → ● Ganglia thoracica (großteils durchlaufen ohne Schaltung) → ● N. splanchnicus major → ② *Ganglia coeliaca* im Plexus coeliacus → ● mit Arterien zum Magen → ③ Plexus neuralis intrinsecus [intramuralis] (⇨ rechts)	● Motorik vermehren ● Sekretion fördern ● Pylorus öffnen	① *Nucleus dorsalis nervi vagi* → ● N. vagus (X) → ● Truncus vagalis anterior + posterior → ● Rr. gastrici anteriores + posteriores → ② ③ *Plexus neuralis intrinsecus [intramuralis]* mit ● Plexus (neuralis) submucosus ● Plexus (neuralis) myentericus
Leber und Gallenwege	● Glykogenolyse ● Gallenblase erschlaffen	ß2	① Wie oben ② *Plexus hepaticus + Ganglia coeliaca* im Plexus coeliacus → ● mit Arterien → ③ Leberzellen (Hepatozyten) + Tunica muscularis der Gallenblase und Gallenwege	● Glykogenese ● Gallenblase kontrahieren	① *Nucleus dorsalis nervi vagi* → ● N. vagus (X) → ● Truncus vagalis anterior → ● Rr. hepatici → ② Ganglien des *Plexus hepaticus* → ● mit Arterien → ③ Leberzellen (Hepatozyten) + Tunica muscularis der Gallenblase
Pancreas (Bauchspeicheldrüse)	● Bauchspeichel vermindern ● Insulin vermindern	α1 α2	① *Columna intermediolateralis [automomica]* → ● R. communicans albus → ● Ganglia thoracica (großteils durchlaufen ohne Schaltung) → ● N. splanchnicus major → ② *Ganglia coeliaca + Ganglion mesentericum superius* im Plexus coeliacus + mesentericus superior → ● mit Arterien → ③ exokrines + endokrines Pancreas	Bauchspeichel vermehren	① *Nucleus dorsalis nervi vagi* → ● N. vagus (X) → ● Truncus vagalis posterior → ● Rr. coeliaci → ② *Ganglia coeliaca + Ganglion mesentericum superius* im Plexus coeliacus + mesentericus superior → ● mit Arterien → ③ exokrines Pancreas
Darm: Duodenum bis Flexura coli sinistra	● Peristaltik vermindern ● Sekretion (schwach) vermindern ● Schließmuskeln kontrahieren	α2 + ß2 α1	① *Columna intermediolateralis [automomica]* → ● R. communicans albus → ● Ganglia thoracica (großteils durchlaufen ohne Schaltung) → ● N. splanchnicus major + minor → ② *Ganglia coeliaca + Ganglion mesentericum superius* im Plexus coeliacus + mesentericus superior → ● mit Arterien zum Darm → ③ Plexus entericus	● Peristaltik vermehren ● Sekretion fördern ● Schließmuskeln erschlaffen	① *Nucleus dorsalis nervi vagi* → ● N. vagus (X) → ● Truncus vagalis posterior → ● Rr. coeliaci → ② Teil: *Ganglia coeliaca + Ganglion mesentericum superius* im Plexus coeliacus + mesentericus superior (Großteil der Nervenfasern läuft ungeschaltet durch) → ● mit Arterien zum Darm → ② Teil: parasympathische Ganglien im *Plexus entericus* → ③ Plexus entericus

Fortsetzung der Tabelle nächste Seite

Wege efferenter sympathischer und parasympathischer Innervation (Fortsetzung)

ORGAN	SYMPATHIKUS			PARASYMPATHIKUS	
	Funktion	*Typ*	*Weg der Innervation*	*Funktion*	*Weg der Innervation*
Darm: Flexura coli sinistra bis Rectum	● Peristaltik vermindern ● Sekretion (schwach) vermindern ● M. sphincter ani internus kontrahieren ● Kontinenz	α_2 + β_2 α_1	① *Columna intermediolateralis [autonomica]* → ● R. communicans albus → ● Ganglia thoracica (großteils durchlaufen ohne Schaltung) → ● N. splanchnicus major + minor → ② *Ganglion mesentericum inferius + Plexus hypogastricus superior + inferior* → ● mit Arterien zum Darm → ③ Teil: Plexus entericus + Plexus rectalis superior + medius + inferior ③ Teil: direkte Innervation des M. sphincter ani internus	● Peristaltik vermehrn ● Sekretion fördern ● M. sphincter ani internus erschlaffen ● Defäkation	① *Nuclei parasympathici sacrales* ● Nn. splanchnici pelvici [Nn. erigentes] → ② Teil: *Ganglia pelvica* im Plexus hypogastricus inferior (Großteil der Nervenfasern läuft ungeschaltet durch) → ● mit Arterien zum Darm → ② Teil: parasympathische Ganglien im *Plexus entericus + Plexus rectalis superior + medius + inferior* → ③ Plexus entericus
Niere	● Resorption steigern ● Renin sezernieren	α_2 + β_2	① wie oben ② *Ganglia renalia* im Plexus renalis ③ Tunica media der Nierengefäße + reninbildende Zellen	(umstritten)	① *Nucleus dorsalis nervi vagi* → ● N. vagus (X) → ● Truncus vagalis posterior → ● Rr. renales → ② *Ganglia renalia* im Plexus renalis
Vesica urinaria (Harnblase)	● M. detrusor vesicae gering erschlaffen ● Blasenausgang schließen (umstritten) ● Kontinenz	β_2 α_1	① *Columna intermediolateralis [autonomica]* L_1-L_3 → ● R. communicans albus → ● Ganglia lumbalia [lumbaria] (großteils durchlaufen ohne Schaltung) → ● Nn. splanchnici lumbales [lumbares] → ② Ganglien im *Plexus hypogastricus superior + inferior* → ③ Plexus vesicalis	● M. detrusor vesicae anspannen ● Blasenausgang öffnen ● Miktion	① *Nuclei parasympathici sacrales* ● Nn. splanchnici pelvici [Nn. erigentes] → ② Teil: *Ganglia pelvica* im Plexus hypogastricus inferior (Großteil der Nervenfasern läuft ungeschaltet durch) → ② Teil: parasympathische Ganglien im *Plexus vesicalis* → ③ M. detrusor vesicae
Organa genitalia (Genitalorgane)	● Erektion (?) ● Ejakulation	α_2 +β_2 α_1	① *Columna intermediolateralis [autonomica]* L_1-L_3 → ● R. communicans albus → ● Ganglia lumbalia [lumbaria] (großteils durchlaufen ohne Schaltung) → ● Nn. splanchnici lumbales [lumbares] → ② Ganglien im *Plexus hypogastricus superior + inferior* → ● Frau: Plexus uterovaginalis → Nn. vaginales; Plexus vesicalis → Nn. cavernosi clitoridis ● Mann: Plexus prostaticus + Plexus deferentialis; Plexus vesicalis → Nn. cavernosi penis ③ Corpora cavernosa + glatte Muskeln der Geschlechtsorgane	● Erektion ● Sekretion	① *Nuclei parasympathici sacrales* ● Nn. splanchnici pelvici [Nn. erigentes] → ② Teil: *Ganglia pelvica* im Plexus hypogastricus inferior (Großteil der Nervenfasern läuft ungeschaltet durch) → ② Teil: ● Frau: *Plexus uterovaginalis* → Nn. vaginales; *Plexus vesicalis* → Nn. cavernosi clitoridis ● Mann: *Plexus prostaticus + Plexus deferentialis; Plexus vesicalis* → Nn. cavernosi penis ③ Corpora cavernosa + Drüsen der Geschlechtsorgane
Arterien + Venen	● Vasokonstriktion ● in bestimmten Bereichen Vasodilatation im Skelettmuskel (beim Menschen umstritten)	α_1 α_2	① *Columna intermediolateralis [autonomica]* C_8-L_3 → ● R. communicans albus → ② *Ganglia trunci sympathetici* → ● R. communicans griseus → ● mit peripheren Nerven zu Blutgefäßen → ③ Tunica media von Arterien + Arteriolen + Venen		(Gegenspieler nicht nötig, weil Blutgefäße durch Blutdruck erweitert)
Glandulae sudoriferae (Schweißdrüsen)	Schweißsekretion	cholinerg	① *Columna intermediolateralis [autonomica]* C_8-L_3 → ● R. communicans albus → ② *Ganglia trunci sympathetici* → ● R. communicans griseus → ● R. anterior + R. posterior des N. spinalis → ● mit peripheren sensiblen Nerven zur Haut → ③ Drüsenzellen (Exocrinocyti + Myoepitheliocyti?)		

1.8.4 Viszerale Afferenzen

ALLGEMEIN	ORGAN	SEGMENTE	ÜBERTRAGENER SCHMERZ (HEAD-ZONE)
■ **Verlauf:** ● sympathische und parasympathische Nerven führen immer auch allgemein viszeroafferente Nervenfasern der Eingeweidesensibilität ● sie durchlaufen die autonomen Ganglien ohne Schaltung ● Ihre Perikaryen liegen in den Spinalganglien und im Ganglion superius und inferius des N. vagus ● Ausnahme: Perikaryen der afferenten Nervenfasern des enterischen Systems liegen im Plexus entericus	Herz	C_3-C_4 Th_1-Th_5	● "Nervöser Herzschmerz": leichter Dauerschmerz linke Brustwand ● Angina pectoris + Herzinfarkt: kurzdauernde schwere Beklemmung mit Angst bis Vernichtungsgefühl, nicht unbedingt Schmerz im üblichen Sinn retrosternal, auch linke und rechte Brustwand, Hals (bis Zähne ausstrahlend), Innenseite der Oberarme, Epigastrium (vor allem bei Hinterwandinfarkt), Rücken
■ **Rezeptoren:** ● Mechanorezeptoren: für Dehnung von Hohlorganen, Anspannung glatter Muskeln (Blutgefäße, Hohlorgane) ● Chemorezeptoren: für CO_2 im Blut, Osmolarität im Darm usw.	Lunge Pleura	C_3-C_4 Th_2-Th_{12}	● Lunge + Pleura pulmonalis nicht schmerzempfindlich ● Pars costalis der Pleura parietalis sehr schmerzempfindlich, aber nicht autonom, sondern somatisch innerviert (Nn. intercostales), Schmerzlokalisation entspricht Erkrankungsgebiet
■ **Beziehung zu Bewußtsein:** ● überwiegend nicht bewußt	Zwerchfell	C_3-C_5	Rechte + linke Schulter (Schmerzfasern im N. phrenicus auch von Pars diaphragmatica der Pleura parietalis und Peritoneum parietale am Zwerchfell + Umgebung)
● Eingeweideschmerz scheint vorwiegend über Sympathikus und Rr. communicantes zu Spinalganglien zu laufen ● Übelkeit, Hustenreiz und ähnliche Mißempfindungen laufen über N. vagus	Magen	Th_5-Th_9	Epigastrium + linke Regio hypochondriaca
	Leber + Gallenwege	Th_5-Th_{10} (C_4)	Rechter oberer Quadrant der Bauchwand, gelegentlich auch rechte Schulter (von zwerchfellnahem Leberperitoneum über N. phrenicus)
■ **Unterscheidung viszeraler und somatischer Schmerz:**	Pancreas	Th_6-Th_9	Unteres Epigastrium bis Nabel und links davon
● *viszeraler Schmerz* (über autonome Nerven): dumpf, quälend, anfallsweise (Koliken), unscharf lokalisiert, Patient wälzt sich unruhig hin und her oder läuft im Zimmer herum	Milz	Th_6-Th_{10}	Linker oberer Quadrant der Bauchwand
	Duodenum	Th_6-Th_{10}	Rechter oberer Quadrant der Bauchwand
	Jejunum + Ileum	Th_6-Th_{11}	Regio umbilicalis, Jejunum eher links, Ileum eher rechts
● *somatischer Schmerz* (über Nn. intercostales + N. phrenicus): schneidend, anhaltend, gut lokalisiert, Patient nimmt ruhige Schonhaltung ein, z.B. Rückenlage mit angezogenen Beinen zur Entspannung der Bauchwand	Caecum + Appendix vermiformis + Colon ascendens	Th_9-L_1	● Rechter unterer Quadrant der Bauchwand ● bei Appendizitis beginnt Schmerz oft unbestimmt lokalisierbar im Nabelbereich und zieht dann allmählich nach rechts unten
	Colon descendens - Rectum	Th_9-L_1	Linker unterer Quadrant der Bauchwand
■ **Übertragener Schmerz:** ● *Head-Zone*: viszeraler Schmerz wird in Hautgebiet projiziert, dessen afferente Nervenfasern ihre Perikaryen in den gleichen Spinalganglien haben wie die afferenten Nervenfasern von dem betreffenden Organ	Niere + Ureter	Th_9-L_2	● Seitengleich von Lendengegend in Leistengegend absteigend ● bei Pyelitis Schmerz auch im Oberbauch
	Harnblase	Th_{12}-L_2	Regio pubica
	Eierstock + Eileiter	Th_{12}-L_1	Seitengleicher Unterbauch
● *Mackenzie-Zone*: sinngemäß entsprechende Schmerzprojektion in Muskeln, die aus dem gleichen Segment innerviert werden	Bauchfell	Th_5-Th_{12}	● Peritoneum viscerale: ⇨ einzelne Organe ● Peritoneum parietale: somatisch innerviert (Nn. intercostales + N. phrenicus), Schmerzlokalisation entspricht Erkrankungsgebiet

Organbezug bei Schmerz im Bauchbereich
(Schema kann nur groben Anhalt bieten)

	RECHTS	MITTE	LINKS
Oberbauch	Leber, Gallenwege, Duodenum	Magen, Pancreas, Herz, Hiatushernie	Magen, Pancreas, Milz
Mittelbauch	Niere, Ileum, Colon ascendens, Caecum, Appendix vermiformis	Dünndarm, Colon transversum, Bauchaorta	Niere, Colon descendens
Unterbauch	Niere, Harnleiter, Eierstock, Eileiter, Caecum, Appendix vermiformis, Leistenbruch	Dickdarm, Harnblase	Niere, Harnleiter, Eierstock, Eileiter, Colon sigmoideum, Leistenbruch

1.9 Haut (Integumentum commune)

1.9.1 Übersicht

OBERBEGRIFF	GLIEDERUNG 1	GLIEDERUNG 2	GLIEDERUNG 3	AUFGABEN
Integumentum commune (Körperdecke, Haut im weiteren Sinn)	Cutis (Haut im engeren Sinn)	Epidermis (Oberhaut)	• Stratum basale (Basalschicht) • Stratum spinosum (Stachelzellschicht) • Stratum granulosum (Körnerschicht) • Stratum lucidum (helle Schicht) • Stratum corneum (Hornschicht)	• Abgrenzen des Organismus gegen Umwelt • Hornschicht mechanischer Schutz gegen Abrieb: Schwielenbildung an besonders beanspruchten Stellen • Pigmentierung als Strahlenschutz: Bräunung durch UV-Licht und ionisierende Strahlen • Oberhaut als Flüssigkeitsschutz: minimiert Eindringen von Flüssigkeit (und gelösten Stoffen) von außen und Austritt von Körpersäften von innen, große Flüssigkeitsverluste bei großflächigen Verbrennungen! • Infektionsschutz: gut gefettete Hornschicht mechanische Barriere, Immunreaktionen durch Makrophagen (Langerhans-Zellen), Reifung von Lymphozyten durch ETAF (epidermaler T-Lymphozyten-aktivierender Faktor)
		Dermis [Corium] (Lederhaut)	• Stratum papillare (Papillarschicht) • Stratum reticulare (Netzschicht)	• Lederhaut mechanischer Schutz gegen Zug • Temperaturregulation durch wechselnde Durchblutung der Gefäßnetze der Lederhaut (Hautrötung bei Wärmeabgabe, blasse Haut in Kälte) • Synthese von Cholesterin und D-Hormon
	Tela subcutanea (Unterhaut)		Panniculus adiposus (Fettpolster der Unterhaut)	• Mechanischer Schutz durch Polsterung und Verschieblichkeit der Haut (mindert Gefahr der Abscherung) • Wärmeisolierung • Energiespeicher für Zeiten unzureichender Nahrungszufuhr: Umbau von Kohlenhydraten in Fett und umgekehrt (1kg Fett entspricht 39 MJ = 9300 kcal, 1 kg Fettgewebe etwa 30 MJ = 7000 kcal)
	"Anhangsorgane" der Haut	Pili (Haare)		• Wäremeisolierung: halten Luftschicht um Körper (Pelz!) • Wärmeabgabe: vergrößern Verdunstungsoberfläche für Schweiß • Reibungsminderung: z.B. Achselgrube, Dammgegend • Berührungsempfindung: verbessert durch langen Hebelarm • Signalwirkung: geschlechtsspezifische Behaarung
		Ungues (Nägel)		• Kratzen • Schutz der Fingerkuppen • Widerlager für feinere Tastempfindung
		Glandulae cutis (Hautdrüsen)	• Glandula sudorifera merocrina [eccrina] (Schweißdrüse) • Glandula sudorifera apocrina (Duftdrüse, apokrine Schweißdrüse) • Glandula sebacea holocrina (Talgdrüse) • Glandula mammaria (Milchdrüse)	• Schweiß zur Wärmeabgabe: Verdunstungswärme für 1 l Schweiß 2,4 MJ = 580 kcal • "Säureschutzmantel" durch Schweiß, pH 4,2-7, daher wohl nicht sehr wirksam • Duftstoffe: dienen bei "makrosmatischen" Tieren (z.B. Hund) der Orientierung, wirken beim Menschen wohl eher unbewußt • Talg fettet Hornschicht und Haare ein und hält sie geschmeidig • Milch zur Ernährung des Säuglings, Milchdrüsen Charakteristikum der Säugetiere (Mammalia)
		Terminationes nervorum (Nervenendungen)		Hautsinnesorgane für Druck-, Berührungs-, Vibrations-, Schmerz-, Wärme- und Kälteempfindung dienen der Orientierung in der Welt ("Begreifen") und als Alarmauslöser

Regionale Unterschiede der Haut

MERKMAL	+	-	KLINIK
Regelmäßigkeit der Anordnung der Lederhautpapillen	**Leistenhaut:** ● Lederhautpapillen in Doppelreihen, über die sich eine Hautleiste wölbt ● Papillenmuster angeboren (schon im 4. Entwicklungsmonat angelegt) ● Schweißdrüsen münden auf jeder 2. Hautleiste ● keine Haare, Talg- und Duftdrüsen ● Vorkommen nur Palmarseite der Hand und Plantarseite des Fußes	**Felderhaut:** ● Lederhautpapillen in polygonalen Feldern ● Haare und Talgdrüsen in Furchen um Felder ● Schweißdrüsen münden auf Feldern ● etwa 95 % der Körperoberfläche	● Für Hauttransplantation steht keine Leistenhaut zur Verfügung, auf Handflächen oder Fußsohlen verpflanzte Felderhaut behält ihren Charakter bei ● *"Matratzenkonstruktion"*: intensive Kammerung der Subkutis unter der Leistenhaut durch Retinacula cutis ● bedingt starke Schmerzen bei Entzündungen ● das zugehörige Ödem hat in den engen Kammern keinen Platz und weicht in lockere Unterhaut des Hand- bzw. Fußrückens aus ● bei einer Schwellung an Hand- oder Fußrücken kann daher der Krankheitsherd palmar bzw. plantar liegen ● "Landmannshaut" (Cutis rhomboidalis nuchae): grobe rautenförmige Felderung der verdickten Nackenhaut mit tiefen Furchen als Alterserscheinung bei starker Sonnenexposition
Dicke der Cutis	**Dick:** ● Leistenhaut ● Felderhaut von Gesäß und Rücken	**■ Sehr dünn:** ● Lid ● Brustwarze und Warzenhof ● Penis **■ dünn:** ● vordere Bauchwand ● Beugeseite der Gliedmaßen	Anpassung der Hautdicke, besonders der Hornschicht, an Beanspruchung: ● *Schwielenbildung* bei schwerer Handarbeit ● nach mehrwöchiger Arbeitspause, z.B. Krankenlager, müssen unter Teilbelastung erst wieder Schwielen ausgebildet werden, bis der Arbeiter voll einsatzfähig wird
Dicke der Unterhaut	**Fettreich:** ● Brustdrüse ● Gesäß (Frau!) ● Bauchwand (Mann!) ● Fußsohle	**Fettarm:** ● Lid ● Ohrmuschel ● Nasenrücken ● Lippen ● kleine Schamlippen ● Penis und Hodensack	**■ Körperbautypen nach Fettverteilung** (keine wissenschaftliche Einteilung, aber manchmal zur kurzen Charakterisierung nützlich): ● *Rubenstyp*: harmonisch über den Körper verteiltes starkes Fettpolster ● *Reithosentyp*: bevorzugter Fettansatz an Gesäß und Oberschenkeln ● *Matronentyp*: Fettansatz vor allem am Oberkörper ● *Mannequintyp*: geringes Fettpolster, bei mehr knabenhafter Körperform auch Twiggytyp genannt **■ regionale Fettverteilungsstörungen:** ● *Stammfettsucht* mit "Vollmondgesicht" und "Büffelnacken" bei Cushing-Krankheit (vermehrte Bildung von Glucocorticoiden in der Nebennierenrinde) ● *Simons-Syndrom*: Fettschwund in oberer Körperhälfte mit normalem oder gar vermehrtem Fettansatz in unterer **■** manche fettarme Hautbereiche können große Mengen von Flüssigkeit einlagern (Ödeme bzw. Blutergüsse): ● Lidödem kann Auge völlig verschließen ● monströse Schwellung des Hodensacks **■** transplantierte Haut behält charakteristische Fettdicke des Ursprungsorts, gibt kosmetisches Problem, wenn z.B. Bauchhaut in Gesicht verpflanzt
Pigmentierung	**Stark pigmentiert:** ● Brustwarze und Warzenhof ● kleine und große Schamlippen ● Penis und Hodensack ● After ● Achselgrube	**Schwach pigmentiert:** ● dem Sonnenlicht kaum ausgesetzte Hautbereiche ● Leistenhaut (ist auch bei Farbigen hell)	**Örtliche Pigmentstörungen:** ● *Vitiligo*: scharf begrenzte pigmentfreie Hautflecken, bevorzugt an sonst stärker pigmentierten Hautbereichen, Beginn meist bei Jugendlichen, zunächst linsengroße Flecken können wachsen, im Extremfall "Scheckhaut" ● *Hypopigmentierung* von Hautnarben ● *Sommersprossen* (Epheliden): Melanin in Basalzellen vermehrt, bevorzugt blonde und rothaarige Kinder ● *Chloasma uterinum*: scharf begrenzte blaßbraune Flecken im Gesicht bei Schwangeren

1.9.2 Epidermis (Oberhaut)

SCHICHT	FEINBAU	KLINIK
Stratum basale (Basalschicht)	■ **Basalzelle** (Epitheliocytus basalis): ● relativ klein, dicht gedrängt, mit Wurzelfüßchen in Basalmembran verankert ● etwa 85 % der Zellen der Basalschicht ● Zellteilungen (Tagesrhythmus: Maximum morgens, Minimum abends), jeweils eine Tochterzelle differenziert sich zur verhornenden Zelle (Keratinozyt) ■ **interdigitierende Zellen** (Zellen mit Zellfortsätzen): ● *pigmentbildende Zelle* (Melanocytus [Melanoblastocytus]): braunschwarzer Farbstoff Melanin mit Hilfe von Tyrosinase aus Tyrosin über DOPA in Premelanosomen synthetisiert, die reifen Melanosomen [Granula melanini] werden über dendritische Zellfortsätze an Basalzellen abgegeben, pro mm² etwa 1000-2000 Melanozyten, bei dunklen Rassen nicht mehr Zellen, sondern stärkere Melaninsynthese ● *Langerhans-Zelle* (Macrophagocytus intra-epidermalis): gehört zum Makrophagensystem, Bedeutung für Immunreaktionen der Haut ● *Merkel-Zelle* (Epithelioidocytus tactilis [tactus]): Mechanorezeptorenzelle, vermutlich aus Neuralleiste eingewandert	■ **Hautfarbe** mehrere Komponenten: ● *Hämoglobin*: rötlich, aus durchscheinenden Gefäßen der Lederhaut ● *Carotin*: gelborange, Provitamin A, mit Pflanzennahrung aufgenommen, bei überreichlichem Genuß von Karotten Xanthodermie (orangegelbliche Hautfärbung, besonders bei Säuglingen, Karotinikterus) ● *Melanin*: Melaninbildung gesteuert durch melanozytenstimulierendes Hormon (Melanotropin) der Adenohypophyse (⇨ 7.7.2), Hyperpigmentation in Schwangerschaft (besonders Brustwarzen) und diffus bei Addison-Krankheit ("Bronzehautkrankheit", Nebennierenrindeninsuffizienz führt zu Enthemmung der Adenohypophyse), örtliche Melaninvermehrung nicht nur durch UV-Licht, sondern auch alle ionisierenden Strahlen, Melanin fehlt bei Albinismus (Mangel an Tyrosinase) ● *Bilirubin*: grünlichgelb, steigt der Spiegel an Gallenfarbstoffen im Blut stark an, so verfärbt sich die Haut gelb ("Gelbsucht", Ikterus), mögliche Ursachen sind vermehrter Abbau von Erythrozyten in der Milz (hämolytischer Ikterus), Leberentzündung (Hepatitis), Abflußstörung in den Gallengängen (Stauungsikterus) ■ von Zellen der Basalschicht ausgehende **Hauttumoren**: ● *Basaliom* (Basalzellgeschwulst): semimaligne: aggressives, aber langsames Wachstum, meist keine Metastasen bildend, an Oberfläche oft Geschwüre, bevorzugter Sitz im Gesicht ● *Nävuszellnävus* (Muttermal): von Melanozyten ausgehend, Nester von Pigmentzellen an Grenze zu oder in Dermis, gutartig, meist in Kindheit und bei Jugendlichen auftretend, beim Erwachsenen oft wieder Rückbildung ● *Melanom* (schwarzer Hautkrebs): sehr bösartig, bevorzugt an lichtexponierten Hautstellen, gehäuft bei starker Sonnenbestrahlung (z.B. Weiße in Tropen), metastasierend, manchmal kein Melanin bildend
Stratum spinosum (Stachelzellschicht)	**Stachelzelle** (Epitheliocytus spinosus): ● große Zelle ● Interzellularbrücken bedingen stacheliges Aussehen, an ihren Enden Maculae adherentes [Desmosomen] ● reichlich Tonofibrillen (Bündel von Tonofilamenten): an Desmosomen verankert ● auch Zellteilungen, daher Stratum spinosum und Stratum basale als "Stratum germinativum" zusammenzufassen	● *Spinaliom* (Stachelzellkrebs, Carcinoma spinocellulare): ein metastasierendes Plattenepithelkarzinom, derber Knoten in der Haut, meist keine Beschwerden verursachend ● *Akantholyse*: Verlust der Desmosomen führt zu Hohlraumbildung in Stachelzellschicht, z.B. Pemphigus vulgaris mit Autoantikörpern gegen Interzellularsubstanz der Epidermis
Stratum granulosum (Körnerschicht)	**Körnerzelle**: abgeplattet (Epitheliocytus squamosus): ● *Keratohyalinkörner* (Granula keratohyalini): Faserproteine, stark lichtbrechend, ohne Membran ● *Lamellenkörner* (Granula lamellosa): membranumschlossen, enthalten Glucosylceramide, Cholesterin und Phospholipide, werden in Interzellularraum entleert, mindern dort Diffusionsrate (wichtigste Permeabilitätsbarriere)	*Subkorneale Hautblasen*, z.B. bei leichten Verbrennungen oder übermäßiger Reibung: Spaltbildung zwischen Körnerschicht und Hornschicht, füllt sich mit Flüssigkeit
Stratum lucidum (helle Schicht)	Sehr homogen wirkende Schicht flacher Zellen, nur bei Leistenhaut	
Stratum corneum (Hornschicht)	● Hornzelle: flach (Epitheliocytus squamosus), verdickte Zellmembran, innen kernlose Matrix mit Fibrillen ● je nach Dicke der Hornschicht entsprechend viele Zellagen ● Abschilferung von Hornschüppchen (Squamae corneae) an Oberfläche ● oberste aufgelockerte Zellage auch Stratum disjunctum genannt	■ **Regeneration** der gesamten Oberhaut dauert unter normalen Bedingungen etwa 1 Monat ■ **Verhornungsstörungen** (Keratosen): ● *Clavus* (Hühnerauge): meist durch Druck von Schuhen auf Haut über Knochen, Schmerz durch Reizung des Periosts durch Hühneraugenwurzel (in die Tiefe gerichteter Zapfen der reißzweckenartigen Verdickung der Hornschicht) ● *Hyperkeratosis follicularis*: trichterförmige Hornpfröpfe in den Haarfollikeln, z.B. bei Vitamin-A-Mangel ● *Ichthyosis* (Fischschuppenkrankheit): mehlstaubartige Schuppung bis pflastersteinartige Ausbildung von Hautschuppen, angeboren

1.9.3 Dermis [Corium] (Lederhaut)

SCHICHT	FEINBAU	KLINIK
Stratum papillare (Papillar-schicht)	■ **Basalmembran**: von Epithel und Bindegewebe gemeinsam gebildete Grenzschicht, schafft mechanische Verbindung zwischen beiden ● Basalzellen befestigt mit "Wurzel-füßchen" (sehr fest, es bildet sich eher ein Spalt im Epithel, als daß sich die Basalschicht von der Dermis abhebt) ● Kollagengerüst der Dermis verankert mit "Ankerfasern" ■ **Papillen**: Bindegewebezapfen, die in die Epidermis ragen (Verzapfung ver-größert Oberfläche für Stoffaustausch, Epithel hat keine Blutgefäße!) ● lockeres Bindegewebe mit Abwehr-zellen und Kapillarschlinge (Ansa capil-laris intrapapillaris) ● bei Leistenhaut Anordnung der Pa-pillen in Doppelreihen, bedingt Hautlei-sten (Cristae cutis) und Hautrinnen (Sulci cutis)	■ Da Epithel blutgefäßfrei, reicht jede blutende Hautwunde minde-stens bis in Papillarschicht ■ **Durchblutungsstörungen** der Haut: ● *Akrozyanosis*: • bläuliche Verfärbung der Akren (vorspringende Körperteile: Hände, Füße, Nase, Ohren, Wangen usw.) • bevorzugt bei jungen Frauen • verschwindet meist bis zum 30. Lebensjahr ● *Cutis marmorata* (Livedo reticularis): an die Zeichnung von Marmor erinnernde fleck- oder netzförmige Verfärbung der Haut bei Kälte- oder Wärmeeinwirkung, vegetative Dysregulation ● *Raynaud-Syndrom*: anfallartige Verkrampfung der Hautarterien, be-vorzugt beider Hände, Wechsel der Hautfarbe in 3 Phasen: • 1. blaß (Gefäßkrampf) • 2. blau-rot (Sauerstoffmangel im Gewebe) • 3. hellrot (Hyperämie) ● *diabetische Angiolopathie*: • Erkrankung der Arteriolen bei schlecht eingestelltem Diabetes melli-tus • bevorzugt befallen Zehen, Fußrücken, Ferse • Gangrän zwingt oft zur Amputation ● *Besenreiservarizen* (kutane Phlebektasien): • erweiterte kleine Hautvenen • meist Frühzeichen einer chronischen venösen Insuffizienz ● *Ulcus cruris* (Unterschenkelgeschwür): • Hautnekrose meist Folge einer venösen Abflußstörung • wegen schlechter Blutversorgung langwieriger Heilungsprozeß
Stratum reticulare (Netzschicht)	Geflecht kräftiger Kollagenfaserbündel (Collagen Typ I) plus elastische Fasern ■ **Gefäße der Lederhaut**: ● *Arteriennetze*: • Rete arteriosum subpapillare • Rete arteriosum dermale ● *Venengeflechte*: • Plexus venosus subpapillaris super-ficialis • Plexus venosus subpapillaris profun-dus • Plexus venosus dermalis profundus ● *Lymphkapillarnetz*: Rete lymphoca-pillare cutis profundum ■ **Nerven der Lederhaut**: ● Plexus neuralis subepidermalis ● Plexus neuralis dermalis (Terminationes nervi cutis ⇨ 1.7.5)	■ **Spaltlinien** (Langer-Linien): runder Einstich in Haut wird zu längli-chem Spalt verzogen, bedingt durch bevorzugten Verlauf der elasti-schen Fasern ● Schnitt quer zu Richtung der Spaltlinien: Wunde klafft ● Schnitt in Richtung der Spaltlinien: Wundränder legen sich anein-ander, daher chirurgische Hautschnitte möglichst in Richtung der Spaltlinien ■ im Alter Abnahme der elastischen Fasern → geringere Elastizität der Haut ■ **Sklerodermie** (Darrsucht): Vermehrung und Verdichtung des kolla-genen Bindegewebes führt zu panzerartiger Haut ● umschriebene Sklerodermie: harte Hautplatten, meist mehrere runde Herde ● progressive Sklerodermie: • Beginn an Fingern und Gesicht (wegen der starren Haut fehlt der Gesichtsausdruck = Amimie, Lidschluß erschwert, "Tabaksbeutel-mund") • Übergreifen auf andere Hautbereiche • später auch Bindegewebe des Verdauungskanals befallen (Schluck-störungen wegen Versteifung der Speiseröhre)

1.9.4 Tela subcutanea (Unterhaut)

FEINBAU	LEITUNGS-BAHNEN	KLINIK
■ **Lockeres Bindegewebe** mit ● Retinacula cutis: kräftigere Züge, die die Haut mit der oberflächlichen Körperfaszie verbinden ■ **Fettpolster** (Panniculus adiposus): ● großteils Speicherfett ● Baufett, z.B. in Matratzenkonstruktion der Fußsohle und der Hohlhand: Fettgewebe durch Bindegewebe gekammert, steppdeckenartig an Plantar- bzw. Palmaraponeurose befestigt, ergibt Druckpolster ■ **glatte Muskelzellen** in: ● Brustwarze und Warzenhof ● große Schamlippen ● Penis und Hodensack (Tunica dartos) ● Haarbalgmuskeln	● Plexus venosus subcutaneus ● Plexus lymphaticus subcutaneus ● Rete lymphocapillare subcutaneum ● Plexus neuralis subcutaneus (Terminationes nervorum ⇨ 1.7.5)	■ **Fettsucht** (Adipositas, Obesitas): generalisierte Zunahme des Fettpolsters ● häufigste Ursache Überernährung, ferner Unterfunktion der Schilddrüse (Hypothyreose), Diabetes mellitus (Insulinmangel) ● Folgen: erhöhte Anfälligkeit für Arteriosklerose (Herzinfarkt, Hirnschlag!), Hypertonie, Diabetes mellitus, Gallenwegerkrankungen, Gelenkerkrankungen (höhere Belastung durch höheres Körpergewicht) ■ **Auszehrung** (Magersucht, Kachexie): generalisierte Abnahme des Fettpolsters, Ursache Unterernährung infolge: ● Nahrungsmangel ● psychischer Störung (Anorexia nervosa): bevorzugt bei Mädchen (unbewußte Ablehnung der weiblichen Rolle) ● unzureichender Resorption im Darm (Malabsorptionssyndrom): z.B. bei Enzymmangel, Darmerkrankungen, operativer Verkürzung des Darms, Lymphabflußstörung aus Darm usw. ● Endstadium von Krebserkrankungen ■ *Lipogranulome* ("Wucheratrophie"): Ersatz von Fettgewebe durch Bindegewebe (Narben im Fettpolster der Haut): meist nach subkutanen Injektionen ölhaltiger Präparate

1.9.5 Unguis (Nagel)

GLIEDERUNG	FEINBAU	KLINIK
■ **Corpus unguis** (Nagelplatte, Nagelkörper): etwa 0,5 mm dick ● Margo liber (freier Rand ● Margo lateralis (Seitenrand): im Nagelfalz steckend, vom Nagelwall überlagert ● Margo occultus (verborgener Rand): in der Nageltasche steckend ● Facies externa (Außenseite) ● Facies interna (Innenseite): dem Nagelbett zugewandt, mit Längsleisten ● Lunula (Möndchen): der hellere Teil im Bereich der Wachstumszone (Matrix unguis) ■ **Vallum unguis** (Nagelwall): bedeckt den Seitenrand und den verborgenen Rand ● Eponychium (Nageloberhäutchen): die auf dem Nagel liegende Hornschicht des Nagelwalls ■ **Lectulus** (Nagelbett): die unter der Nagelplatte liegende Haut mit längsgerichteten Leisten (Cristae) und Furchen (Sulci) ● Hyponychium: verdickte Haut unter dem freien Rand der Nagelplatte	■ **Corpus**: aus Nagelkeratin, Zellkerne meist noch sichtbar, reichlich Tonofibrillen in 3 Schichten: ● oberflächlich und tief in Längsrichtung ● mittlere Lage quer (ähnlich Sperrholz) ■ **Matrix**: mehrschichtiges Plattenepithel der Haut, Nagel entspricht der Hornschicht, Stratum granulosum fehlt ● Stratum germinativum aus Stratum spinosum und Stratum basale ● Dermis mit Leisten (Cristae dermales) und Rinnen (Sulci dermales) ● Nagelwachstum etwa 0,2-0,3 mm pro Tag	■ **Untersuchung** der Nägel: mit Lupe, Öltropfen auf Nagel bringen (hebt Lichtreflexe auf, macht Nagelplatte durchsichtig) ■ **Verfärbungen** der Nägel: ● Leukonychie: einzelne Flecken meist als Folge von Matrixtraumen, totale Weißfärbung aller Nägel als angeborene Störung oder erworben bei Leberzirrhose und Herzfehlern ● Gelbfärbung bei Pilzerkrankungen und Schuppenflechte (Psoriasis) ● braunschwarz bei Bluterguß oder Pigmentgeschwulst im Nagelbett ■ **Formänderungen** der Nägel: ● Koilonychie (Löffelnagel): eingedellte Nagelplatte bei Eisenmangel und Durchblutungsstörungen ● Onychogryposis (Krallennagel): stark verdickt und gekrümmt, bei zu engen Schuhen, bei Pilzbefall und als Alterserscheinung ● Querfurchen: bei vorübergehender Matrixstörung wird zeitlich begrenzt ein dünnerer Nagel gebildet ● Uhrglasnagel: auch in Längsrichtung stärker gekrümmt, bei "Trommelschlegelfingern" (verdickte Endglieder, z.B. bei Herzfehlern, Tuberkulose usw.) ■ **besondere Brüchigkeit** des Nagels: ● Nagelmykosen (Pilzbefall) ● Nagelpsoriasis (Psoriasis = Schuppenflechte): Tüpfelnagel (kleine Grübchen), weißliche Verfärbungen und bräunliche Flecken (psoriatische "Ölflecke") ● generell im Alter ■ **Entzündungen** des Nagelwalls: ● Unguis incarnatus (eingewachsener Nagel): besonders an den Zehen bei falschem Nagelschnitt (Ecken sollen vor Nagelwall enden, nicht rundschneiden) ● Paronychie (Umlauf): eitrige Entzündung, oft nach Einwachsen

1.9.6 Pilus (Haar)

ALLGEMEINES	FEINBAU HAAR	HAARFOLLIKEL	KLINIK
2 Arten von Haaren: ■ **Wollhaar** (Primärhaar, Lanugo): dünn, kurz, schwach pigmentiert, bedeckt größten Teil der Körperoberfläche ■ **Terminalhaar** (Sekundärhaar): länger, dicker, dunkler, z.T. erst in der Pubertät auftretend, nur an bestimmten Körperstellen, besonders benannt: ● Capilli: Haupthaare ● Supercilia: Augenbrauen ● Cilia: Wimpern ● Barba: Barthaare ● Tragi: Ohrhaare ● Vibrissae: Nasenhaare ● Hirci: Achselhaare ● Pubes: Schamhaare ■ **Anordnung** der Haare: ● Flumina pilorum (Strichrichtungen) ● Vortices pilorum (Haarwirbel) ● Cruces pilorum (Haarkreuze): wo 2 Strichrichtungen aufeinandertreffen ■ **Abschnitte** des Haars: ● Apex: freies Ende ● Scapus (Haarschaft): aus der Haut ragender Teil ● Radix (Haarwurzel): im Haarfollikel steckender Teil ● Bulbus (Haarzwiebel): erweitertes unteres Ende der Haarwurzel, mit Hohlraum (Papilla pili, Haarpapille) ■ zum Haar im weiteren Sinn gehören: ● Haarfollikel: zur Verankerung ● *Talgdrüse*: zum Einfetten ● *Haarbalgmuskel* (M. arrector pili): zum Aufrichten des Haars ("Sträuben" des Fells): fehlt bei Augenbrauen, Wimpern, Nasen- und Ohrhaaren ● Kapillarnetz der Haarpapille (Rete capillare papillae pili) ● Kapillarnetz des Haarbalgs (Rete capillare vaginae dermalis radicularis) ● Nervengeflecht (Plexus neuralis circularis) ■ **unbehaarte Haut**: ● Leistenhaut der Handflächen, Fußsohlen, Palmar-(Plantar-)seite und Endglieder der Finger und Zehen ● Lippenrot ● Glans clitoridis, Preputium clitoridis, Labia minora pudendi ● Glans penis, Preputium penis	■ Haar 3 **Schichten**: ● *Cuticula* (Haaroberhäutchen): außen 1 Schicht schuppenartiger flacher Zellen (Epitheliocytus cuticularis) ● *Cortex* (Haarrinde): mehrere Lagen kubischer Zellen, nach Verhornung spindelförmig, bei farbigen Haaren mit Melaningranula (bei rötlichen Haaren Phäomelanin), bei weißen Haaren Luftbläschen ● *Medulla* (Haarmark): nur bei Terminalhaaren, große Zellen (Epitheliocytus polyhedralis), Verhornung beginnt mit Auftreten von Trichohyalinkörnern (entsprechen Keratohyalin der Epidermis) ■ **3 Lebensphasen** eines Haars: ① *Anagen* (Wachstumsphase): ● Dauer bis 5 Jahre ● Zellen der Matrix (Epitheliocytus matricis) um Haarpapille teilen sich lebhaft ● Melanozyten geben Melanin an die verhornenden Zellen ab ● Wachstumsgeschwindigkeit beim Kopfhaar etwa 0,3-0,5 mm pro Tag (1 cm pro Monat) ② *Katagen* (Übergangsphase): ● Dauer 1-2 Wochen ● Teilungsfähigkeit der Matrixzellen ist erloschen ● Papille atrophiert ③ *Telogen* (Ruhephase): ● Dauer 2-4 Monate ● Kolbenhaar bleibt zunächst noch auf Höhe der Talgdrüsenmündung bis es ausfällt ● aus neuer Matrix entsteht neues Haar, neue Anagenphase ● "Lebensdauer" der Haare: ● Kopfhaar 2-5 Jahre ● andere Terminalhaare nur einige Monate	Haarfollikel (Folliculus pili) 3 Hauptschichten: ■ **innere epitheliale Wurzelscheide** (Vagina epithelialis radicularis interna): 3 Unterschichten: ● *Scheidenoberhäutchen* (Cuticula vaginalis): ähnlich Haarkutikula, aber Schuppung der Zellen in Gegenrichtung, so daß Haar in Follikel verhakt ● *Huxley-Schicht* (Stratum epitheliale internum [granuliferum]): mit Trichohyalingranula ● *Henle-Schicht* (Stratum epitheliale externum [pallidum]): blasse Zellen ■ **äußere epitheliale Wurzelscheide** (Vagina epithelialis radicularis externa): ● Fortsetzung der Keimschicht der Epidermis ● durch Glashaut (Membrana basalis [vitrea]) von Haarbalg getrennt ■ **Haarbalg** (bindegewebige Wurzelscheide, Vagina dermalis radicularis): Fortsetzung der Dermis mit 2 Unterschichten: ● Ringschicht (Stratum circulare internum): Kollagenfasern überwiegend ringförmig angeordnet ● Längsschicht (Stratum longitudinale externum): Kollagenfasern in Längsrichtung	■ **Haarverlust**: ● normal bis 100 Haupthaare pro Tag ● Effluvium: >100 Haare pro Tag ● Alopezie: Verlust von >60 % der Haare ■ **Trichogramm**: Haarbüschel ausgerissen, unter Mikroskop nach Haarwurzeln Zyklusphasen ausgezählt, normal etwa ● Anagenhaare 85 % ● Katagenhaare 1 % ● Telogenhaare 14 % ■ **Ursachen vermehrten Haarausfalls**: ● physiologisch bei hormonaler Umstellung: ● Säugling nach der Geburt ● Frau 2-12 Wochen nach Entbindung und im Klimakterium (Östrogenabfall) ● Mann Glatzenbildung nach Pubertät genetisch mitbedingt ● im Alter bei beiden Geschlechtern ● Schädigung der Matrix durch ● ionisierende Strahlen ● Gifte ● zellteilunghemmende Arzneimittel (Zytostatika) ● Infektionskrankheiten ● Mangelzustände ● mechanisch: z.B. "Säuglingsglatze" am Hinterhaupt infolge ständigen Aufliegens ■ **Hypertrichose**: verstärkte Terminalbehaarung (Hirsutismus: männliche Behaarungsform bei Frau), Ursachen: ● Störung des Hormongleichgewichts, besonders bei Geschwülsten der Nebennierenrinde ● iatrogen: Nebenwirkung mancher Arzneimittel, z.B. Anabolika, bestimmter Antihypertensiva usw. ■ **Furunkel** und Karbunkel nehmen meist Ausgang von Eiterung am Haarbalg

1.9.7 Glandulae cutis (Hautdrüsen)

DRÜSEN-ART	VORKOMMEN	FEINBAU	KLINIK
Glandula sudorifera merocrina [eccrina] (merokrine Schweißdrüse)	■ Gesamte Haut, Gesamtzahl etwa 2-3 Millionen, kommen nur beim Menschen und höheren Säugern vor, besonders viele: ● Stirn ● Hohlhand ● Fußsohle ■ fehlen an: ● Lippenrot ● Kitzler ● kleine Schamlippen ● Eichel ● Innenseite der Vorhaut ■ **Schweiß:** • hypoton, wenig Protein • enthält auch Stoffwechselabfallprodukte (Harnstoff, Harnsäure, Ammoniak) • pH 4,2-7 bewirkt "Säureschutzmantel" der Haut (mild antibakteriell)	Unverzweigte gewundene tubulöse Drüse (Knäueldrüse), Durchmesser etwa 0,4 mm, Innervation durch cholinerge (!) sympathische Nerven ■ **Endstück** (Portio terminalis) mit 3 Zellarten: ● helle Zelle (Exocrinocytus lucidus): wenig Sekretgranula, bildet wäßrigen Schweiß ● dunkle Zelle (Exocrinocytus densus): viele Glycoproteingranula (merokrine Schleimsekretion) ● kontraktile Zelle (Myoepitheliocytus fusiformis): preßt Endstück aus ■ **Ausführungsgang** (Ductus sudorifer): zweischichtiges kubisches Epithel (in Epidermis keine eigene Wand), aktive Leistung: Austausch von Natrium- gegen Chloridionen ● Mündung (Porus sudorifer): auf Höhe von Hautleisten oder Hautfeldern	■ **Hyperhidrose** (vermehrtes Schwitzen): ● am ganzen Körper bei: • Überfunktion der Schilddrüse (Hyperthyreose) • Fettsucht • Diabetes mellitus • Tuberkulose • Klimakterium ● an Handflächen, Fußsohlen, Achselhöhlen und Gesicht: bei psychischer Erregung (auch angestrengter geistiger Tätigkeit) ■ **Hypohidrose** bis Anhidrose: örtlich begrenzter Ausfall der Schweißsekretion weist auf lokale Störung des Sympathikus hin: hat Bedeutung für Höhenlokalisation von Rückenmarkprozessen (⇨ 6.7.8) ● Miliaria: Bläschen an den Schweißporen bei Abflußhindernis, z.B. Heftpflaster, besonders bei vermehrter Schweißsekretion Unadaptierter, z.B. in den Tropen ● Hidradenitis (Schweißdrüsenentzündung): Sekundärinfektion einer Miliaria
Glandula sudorifera apocrina (Duftdrüse, apokrine Schweißdrüse)	● Lid (Moll-Wimperndrüse, Glandula ciliaris) ● Nasenvorhof ● Ohrschmalzdrüse (Glandula ceruminosa) ● Achselgrube ● Brustwarze und Warzenhof (Glandula areolaris) ● Mons pubis und Leistengegend ● große Schamlippen ● Dammgegend, besonders um After (Glandula analis)	● Viel größer als merokrine Schweißdrüsen (Durchmesser 3-5 mm) ● Sekret alkalisch ● Innervation durch adrenerge sympathische Nervenfasern ● reichlich Myoepithelzellen ● Beginn der Sekretion beim Menschen erst mit Pubertät	● Farbiger Schweiß: manchmal bei apokrinen Schweißdrüsen, auch durch bakterielle Zersetzung ● starker Körpergeruch bei Hyperhidrose der apokrinen Schweißdrüsen ● Hidradenitis suppurativa (Schweißdrüsenabszesse): tiefreichende Eiterungen um apokrine Schweißdrüsen (Achselgrube, Brustdrüsen, After)
Glandula sebacea holocrina (Talgdrüse)	■ *Glandula sebacea pilaris*: an Haaren ■ *Glandula sebacea libera* (freie Talgdrüse): haarunabhängig ● Lid: modifiziert als Meibom-Drüse (Glandula tarsalis), daneben Talgdrüsen an Wimpern (Zeis-Drüsen) ● Lippenrot ● Brustwarzen und Warzenhof ● Kitzler und kleine Schamlippen ● Eichel und Vorhaut ● Umgebung des Afters	■ **Holokrine Drüse:** ● mehrschichtiger Endkolben ohne Lichtung (Sacculus glandularis) ● talgbildende Zelle (Exocrinocytus sebaceus [Sebocytus]): wandelt sich vollständig in Talg um und rückt dabei von der Wand in die Mitte des Endkolbens ● Ausführungsgang (Ductus glandularis): kurz und weit ■ **Talgsekretion:** ● durch Androgene gefördert, durch Östrogene gehemmt ● bei Kind sehr schwach , steiler Anstieg in Pubertät, ab 25 Jahren wieder Abfall ● Tagesmenge etwa 1-2 g ■ **Fettfilm** an Hautoberfläche: ● Hauptmenge Talg ● kleine Menge Hornfett (aus verhornten Epithelzellen) ● Schweiß wirkt als Spreitfaktor für Verteilung des Talgs als Oberflächenfilm	■ **Seborrhoe** (vermehrte Talgsekretion): übermäßig fette Haut, besonders Gesicht + Haare, oft kombiniert mit Hyperhidrosis und vegetativer Dystonie ■ **Comedo** (Mitesser): Hyperkeratose in Ausführungsgang großer Talgdrüsen führt zu Stau: ● weißer (junger) Comedo: Talg + Horn ● dunkler (alter) Comedo: Melanin und Oxidationsprodukte an freier Oberfläche ■ **Akne:** ● Beginn mit Androgenanstieg in Pubertät bei etwa 80 % aller Jugendlichen, meist spontaner Rückgang in Zwanzigerjahren ● bevorzugt befallen Regionen mit großen Talgdrüsen: Gesicht, Schultern, Brust, oberer Rücken ● Talg in Comedonen durch Propionibacterium acnes zersetzt, freie Fettsäuren reizen Gewebe, Entzündung um den Haarfollikel, Einwanderung von Eiterbakterien (Staphylokokken), Einschmelzung von Gewebe, Abszesse, evtl. Narben ● Auslösung auch durch Medikamente (Glucocorticoide, Antibiotika, Brom- und Jodpräparate usw.), Schmieröle und Teer (Berufskrankheit bei Schlossern und Straßenarbeitern), übermäßiger Anwendung von Hautcremes ("Pomadenakne")

1.9.8 Mamma (Brustdrüse)

Entwicklung ⇨ 1.9.9

GLIEDERUNG, RELIEF	FEINBAU	LEITUNGSBAHNEN	KLINIK
● *Corpus mammae* (Brustdrüsenkörper): zusammengesetzt aus 15-25 Einzeldrüsen (Glandulae mammariae) ● *Processus lateralis* [axillaris]: Fortsetzung des sonst etwa kreisförmig angeordneten Drüsenkörpers in Richtung Achselgrube ● *Papilla mammaria [mammae]* (Brustwarze, Mamille): mit den Mündungen der 15-25 Ductus lactiferi (Milchgänge), richtet sich auf Berührung auf (Reflex) ● *Areola mammae* (Warzenhof): Durchmesser wird bei Aufrichtung der Brustwarze kleiner, dabei wölben die Glandulae areolares (Warzenhofdrüsen) die Haut als kleine Höckerchen vor ■ **hormonelle Steuerung:** ● Entfaltung der Drüsen in Pubertät durch Östrogene und Gestagene (Eierstock), dann (meist geringe) zyklische Größenschwankungen ● Laktation ausgelöst durch Prolactin (Adenohypophyse) ● Kontraktion der Korbzellen durch Ocytocin (Neurohypophyse) ● neurohormonale Reflexe, durch Saugen ausgelöst, halten Laktation in Gang	■ **3 Gewebeanteile:** ● *Fettgewebe* (Stratum adiposum): nimmt den größten Teil der ruhenden Brustdrüse ein ● *lockeres Bindegewebe* (Stratum fibrosum): • bildet die Trennwände (Septa interlobularia) zwischen den Einzeldrüsen (Lobi glandulae mammariae, Brustdrüsenlappen) und den Drüsenläppchen (Lobuli glandulae mammariae) • umhüllt die Drüsenendstücke • etwas straffere Züge (Ligg. suspensoria mammaria) befestigen die Brustdrüse locker an der Brustfaszie ● *Drüsengewebe*: 15-25 Milchdrüsen (Glandulae mammariae) ■ **Drüsenendstück** (Alveolus glandulae): ● *milchbildende Zelle* (Exocrinocytus lactis [Lactocytus]): • apokrine Sekretion von Fett (apikaler Zellteil mit den Fetttröpfchen und umhüllendem Zytoplasma abgestoßen • dazu Milchproteine durch Exozytose abgegeben ● *kontraktile Korbzelle* (Myoepitheliocytus stellatus): preßt Endstück aus ■ **Ausführungsgänge:** ● *Milchgänge* der einzelnen Endstücke einer Milchdrüse (Ductus alveolares lactiferi): mit ein- bis zweischichtigem Würfelepithel, bilden verzweigtes System, vereinigen sich zu ● *Ductus lactifer colligens*: strahlig auf Brustwarze ausgerichtet, vor der Mündung erweitert zum ● *Milchsäckchen* (Sinus lactifer) ■ **Brustwarze** (Papilla mammaria [mammae]) und Warzenhof (Areola): ● *mehrschichtiges verhorntes Plattenepithel* reicht auch noch in Mündungen der (15-25) Milchgänge (Ostia papillaria) ● *M. sphincter papillae*: glatte Muskelzellen ● *Warzenhofdrüsen* (Glandulae areolares, Montgomery-Drüsen): • apokrine Duftdrüsen • daneben auch merokrine Schweißdrüsen und Talgdrüsen	■ **Arterien:** Äste von ● A. thoracica interna: Rr. mammarii mediales ● A. thoracica lateralis (aus A. axillaris): Rr. mammarii laterales ● A. thoraco-acromialis ● Aa. intercostales posteriores: Rr. mammarii laterales ■ **Venen:** Abfluß über Plexus venosus areolaris zu den Begleitvenen der genannten Arterien ■ **regionäre Lymphknoten:** Abfluß aus Rete lymphaticum intralobulare und Rete lymphaticum interlobulare zu ● Nodi lymphatici parammamarii ● Nodi lymphatici axillares interpectorales ● Nodi lymphatici axillares profundi ● Nodi lymphatici supraclaviculares ● Nodi lymphatici parasternales ■ **sensible Innervation:** ● Rr. mammarii laterales: aus Rr. cutanei laterales der Nn. intercostales ● Rr. mammarii mediales: aus Rr. cutanei anteriores der Nn. intercostales ■ **vegetative Innervation:** ● Plexus neuralis interlobularis ● Plexus neuralis parapapillaris: zu glatten Muskeln	■ **Mammae accessoriae** (zusätzliche Brustdrüsen): liegen im Bereich der embryonalen Milchleiste (⇨ 1.9.9) von der Achselgrube zur Leistengegend: ● *Hyperthelie*: überzählige Brustwarzen ohne Drüsenkörper ● *Hypermastie*: zusätzliche Brustdrüsen ■ **Mamma masculina** (männliche Brustdrüse): ● grundsätzlich gleicher Bau wie weibliche, verharrt aber normalerweise im kindlichen Stadium ● kann durch Zufuhr weiblicher Geschlechtshormone in weiblicher Form entwickelt werden (Gynäkomastie) ■ **Brustdrüse des Neugeborenen** kann kurze Zeit sezernieren ("Hexenmilch"): Wirkung der Plazentahormone am Ende der Schwangerschaft ■ **Mastitis** (Entzündung der Brustdrüse): am häufigsten während Laktation (Mastitis puerperalis) ■ **Geschwulstleiden:** ● *Mastopathie*: gutartige knotige Verdickungen mit gelegentlichen ziehenden Schmerzen in zweiter Zyklushälfte (etwa bei der Hälfte aller erwachsenen Frauen) ● *Fibroadenome* und *Papillome*: bis zum 30. Lebensjahr Mehrzahl der Geschwülste gutartig ● *Mammakarzinom* (Brustkrebs): häufigste Krebslokalisation der Frau (im vereinten Deutschland jährlich etwa 17500 Todesfälle, gegenüber nur 100 Brustkrebstodesfällen bei Männern), aber gute Überlebensaussichten bei Frühdiagnose, daher Vorsorgeuntersuchung (als Selbstuntersuchung durch die Frau) wichtig

1.9.9 Entwicklung und Entwicklungsstörungen der Haut (Systema integumentale)

TEIL	ENTWICKLUNG	ENTWICKLUNGSSTÖRUNGEN
Epidermis (Oberhaut)	■ **Herkunft aus Ektoderm** (Ectoderma), im 2. Entwicklungsmonat zweischichtig, im 3. dreischichtig: ● Oberflächenschicht (*Periderma*): vermutlich an Stoffaustausch mit Fruchtwasser beteiligt, auch Zellteilungen ● Zwischenschicht (Stratum intermedium) ● Basalschicht (Stratum basale) ■ Beginn der Verhornung (**Keratinisierung**) im 5. Entwicklungsmonat und Ausgestaltung der Schichtenfolge der Epidermis definitiva, bereits in Fetalzeit unterschiedliche Dicke der Hornschicht (an Palma manus dicker als an Dorsum manus), diese also nicht nur funktionell bedingt ■ **Einwanderung von Zellen:** ● *Melanozyten*: aus Neuralleiste im 3. Entwicklungsmonat ● *Langerhans-Zellen*: aus Knochenmark im 4. Entwicklungsmonat ● *Merkel-Zellen*: aus Neurektoderm oder lokal entstanden?	■ **Entwicklungsstörungen der Oberhaut:** ● *Ichthyosis congenita* ("Fischschuppenhaut", "Reptilienhaut"): übermäßige Verhornung (Hyperkeratose) bedingt Starre der Haut und klaffende Körperöffnungen ("Fischmaul", Ektropium, klaffende Schamspalte) ● Ichthyosis congenita gravis: bei schwerer Form Haut braunrot bis grünschwarz verfärbt und mit Rissen durchzogen (makaber auch "Harlekinfetus" oder "Alligatorbaby" genannt), nicht lebensfähig ● *Keratosis palmoplantaris*: übermäßige Verhornung bleibt auf Leistenhaut (Handfläche, Fußsohle) beschränkt ● *Cystis dermoides* (Dermoidzyste): mit Epidermis ausgekleidete Hautzyste, gefüllt mit Talg und abgeschilferten Zellen, auch mit Haaren ■ **Farbänderungen:** ● *Hypochromie*, Hypomelanose: Pigmentmangel ● *Albinismus*: Extremfall der Hypochromie:: ● Albinismus partialis ("Tigermensch"): als Weißscheckung auf einzelne Hautbereiche beschränkt ● Albinismus totalis: die gesamte Haut, Augen und Haare betreffend ● *Heterochromie*: unterschiedliche Haut- und Haarfarbe in verschiedenen Körperbereichen ● *Hypermelanose*, Melanismus: übermäßige Pigmentierung: ● häufig in kleinen Herden (Naevus pigmentosus, Nävuszellnävus) ● stark behaart als "Tierfellnävus" ● "Milchkaffeeflecken" bei der Neurofibromatose (Recklinghausen-Krankheit) ● blauer Nävus (Naevus caeruleus, großfleckig als "Mongolenfleck" in der Kreuzbeingegend) ● mildeste Form Sommersprossen (Epheliden) ● *Naevus flammeus* ("Storchenbiß", "Feuermal", "Portweinfleck"): hochroter Hautfleck, Hautgefäßerweiterung (Naevus vasculosus)
Dermis (Lederhaut)	■ Lederhaut und Unterhaut (Tela subcutanea) gehen aus dem **Mesoderm** hervor: ● am Rücken aus Dermatomen der Somiten ● vordere und seitliche Leibeswand sowie Extremitäten aus Somatopleura ● Kopf und Hals aus Mesektoderm (Neuralleiste) ■ *Lederhautpapillen* (Papillae dermales) und Verzahnung mit Oberhaut im 5. Entwicklungsmonat	● *Cutis hyperelastica*: übermäßige Dehnbarkeit der Haut beim Ehlers-Danlos-Syndrom, Defekt der Kollagenbildung
Pili (Haare)	● Haarknospen (Gemma pili) in 12. Entwicklungswoche als Ektodermverdickungen, wachsen in Dermis vor ● Mesenchymverdichtungen als Vorläufer der bindegewebigen Haarpapillen (Papilla pili) dringen in die glockenförmigen Enden der Haarknospen ein ● fetal zunächst nur Wollhaare (*Lanugo*) ● Terminalhaare erst ab 8. Entwicklungsmonat, z.T. erst nach Pubertät (⇨ 1.9.6) ● glatter Haarbalgmuskel (M. arrector pili) aus Mesoderm	■ **Störungen der Behaarung:** ● *Atrichie*: allgemeines oder herdförmiges Fehlen der Terminalhaare ● *Hypertrichosis* (Überbehaarung): besonders starke Behaarung ("Haarmensch" genannt, wenn am ganzen Körper) ● *Hypotrichosis*: besonders schwache Behaarung ● *Alopezie* (Haarausfall): selten angeboren ■ *Fistula pilonidalis*, Sinus pilonidalis (Steißbeinfistel): Haare enthaltende mediane Fistel im Kreuzbein- oder Steißbeinbereich, oft Pilonidalzyste (Cystis pilonidalis) mit Hautoberfläche verbindend

Fortsetzung der Tabelle nächste Seite

Haut (Fortsetzung)

TEIL	ENTWICKLUNG	ENTWICKLUNGSSTÖRUNGEN
Ungues (Nägel)	● Bildung der Nagelplatte (Lamina unguis) von ektodermaler Matrix unguis ● Nagel wächst distal, est kurz vor Geburt überragt Nagelplatte das Hyponychium (eines der "Reifezeichen" des Neugeborenen)	**Fehlbildungen der Nägel:** ● *Anonychie*: vollständiges oder teilweises Fehlen der Finger- und/oder Zehennägel ● *Polyonychie*: überzählige Nägel, z.B. bei Syndaktylie ● *Onychodystrophie*: Oberbegriff für alle Nagelbildungsstörungen: • *Hyperonychie* (Nagelhypertrophie): verdickte Nagelplatten • *Pachyonychie*: verdickte, eingerollte Nagelplatten • *Trachyonychie* ("Sandpapiernägel"): dünne Nagelplatten mit rauher Oberfläche
Glandulae (Drüsen)	■ **Talgdrüsen** (Glandulae sebaceae): ● Drüsenzellen aus Epithel des Haarfollikels (also aus Ektoderm) ● Bindegewebe (Stroma glandulae) aus Lederhaut (also aus Mesoderm) ● Talg + abgeschilferte Zellen bilden "Käseschmiere" (*Vernix caseosa*) als Schutzfilm auf Haut des älteren Fetus ■ **Brustdrüse** (Glandula mammaria): ● Milchleiste (*Crista mammaria*) als Ekdodermverdickung zwischen den Anlagen der oberen und unteren Extremitäten in 5. Entwicklungswoche, bildet sich bis auf Teil in Brustwand wieder zurück ● 15-25 epitheliale Drüsenknospen (Gemmae primariae) wachsen in die Tiefe und verzweigen sich, Lichtungen der Milchgänge (*Ductus lactiferi*) erst kurz vor Geburt ● unter Einfluß der Plazentahormone zur Zeit der Geburt manchmal funktionsfähig (bei Mädchen und Knaben), rasche Rückbildung in Ruhestadium ● in Pubertät neue Entfaltung bei Mädchen (⇨ 1.9.8)	■ **Störungen der Schweißdrüsen:** ● *Anhidrosis*: Fehlen der ekkrinen (merokrinen) Schweißdrüsen ● *Hypohidrosis*: verminderte Schweißsekretion ■ **Fehlbildungen der Brustdrüse:** ● *Amastie*: Fehlen der Brustdrüse ● *Athelie*: Fehlen der Brustwarze ● *Mikromastie*: zu kleine Brustdrüse ● *Mikrothelie*: zu kleine Brustwarze ● *Makromastie*: zu große Brustdrüse ● *Gynäkomastie*: abnorm vergrößerte männliche Brustdrüse, beim männlichen Neugeborenen unter dem Einfluß der Plazentahormone (Östrogene, Gestagene, human placental lactogen) • Gynaecomastia unilateralis: einseitig • Gynaecomastia bilateralis: beidseitig ● *Hypermastie*: doppelsinnig für Makromastie oder Polymastie ● *Polymastie*: überzählige Brustdrüsen ● *Polythelie*: überzählige Brustwarzen, meist in einer Linie von der Achselgrube (Thelium axillare) zur Leistengegend (Thelium inguinale), der "Milchleiste" entsprechend, angeordnet

2 Rumpf: Bewegungsapparat und Leitungsbahnen

2.1 Knochen des Rumpfes

Dem Brustkorb angelagerte Knochen der oberen Extremität ⇨ 8.1.1
Beckenknochen ⇨ 9.1.1

2.1.1 Columna vertebralis (Wirbelsäule)

Übliche Abkürzungen: HWS = Halswirbelsäule, BWS = Brustwirbelsäule, LWS = Lendenwirbelsäule

Vertebra (Wirbel)

TEIL	GELENK-KÖRPER	RÄNDER, FLÄCHEN, FORTSÄTZE	KLINIK
Corpus vertebrae [vertebrale] (Wirbelkörper)	⇨ Brustwirbel, 2.1.2	● Facies intervertebralis: Deck- und Bodenplatte ● Apophysis anularis: ringförmige Wachstumszone am Rand von Deck- und Bodenplatte ● Größe nimmt von Hals- über Brust- zur Lendenwirbelsäule zu	■ **Spondylose:** ● spangenartige knöcherne Auswüchse (Spondylophyten) von den Ansätzen des Lig. longitudinale anterius ausgehend bis zum Rand der Deck- und Bodenplatten ● meist Folge von Schäden der Zwischenwirbelscheibe ● bei älteren Menschen sehr häufig ■ **Wirbelkörperbrüche:** ● *Kompressionsfraktur:* Wirbelkörper keilförmig zusammengestaucht, Bänder bleiben meist intakt, Bruch ist stabil, Folge oft Fehlstellung (Kyphose) ● *Berstungsfraktur:* meist Wirbelgelenke mitverletzt, daher instabil ● *Luxationsfraktur:* mit Bänderrissen und Verschiebung der Wirbel gegeneinander, Gefahr der Mitverletzung des Rückenmarks
Arcus vertebrae [vertebralis] (Wirbelbogen)	● Processus articularis [Zygapophysis] superior (oberer Gelenkfortsatz) ● Processus articularis [Zygapophysis] inferior (unterer Gelenkfortsatz)	● Pediculus arcus vertebrae [vertebralis]: Bogenfuß am Wirbelkörper ● Lamina arcus vertebrae [vertebralis]: hinterer Bogenteil ■ **Band- und Muskelansätze:** ● *Processus spinosus* (Dornfortsatz) ● *Processus transversus* (Querfortsatz) ■ **Foramen vertebrale** (Wirbelloch): von Wirbelkörper und Wirbelbogen umschlossen ● Wirbellöcher aller Wirbel zusammen bilden den Canalis vertebralis (Wirbelkanal, ⇨ 2.8.5): Inhalt ● Rückenmark (⇨ 7.2.1) ● Rückenmarkhäute (⇨ 7.1.2) ■ **Foramen intervertebrale** (Zwischenwirbelloch): zwischen 2 Wirbeln, umgrenzt von: ● Incisura vertebralis superior des unteren Wirbels ● Incisura vertebralis inferior des oberen Wirbels ● hinterem Seitenrand des Discus intervertebralis	■ **Zuordnung der Dornfortsätze beim Lebenden:** alle Dornfortsätze sind tastbar, Orientierung aus gehend von: ● C_2: erster Dornfortsatz unter Hinterhaupt (C_1 kein Dornfortsatz!) ● C_7: Vertebra prominens, am stärksten vorragender Dornfortsatz am Übergang vom Nacken zum Rücken (gelegentlich aber Th_1 oder C_6) ● Th_3: etwa in Verbindungslinie der beiden Spinae scapulae, Höhe entspricht Wirbelkörper Th_4, da Dornfortsatz steil abwärts gerichtet ● Th_7: etwa in Verbindungslinie der beiden unteren Schulterblattwinkel (bei locker angelegten Armen) ● L_4: etwa in Verbindungslinie der beiden Cristae iliacae ■ **Spina bifida** (Dornfortsatzspalte): ● Wirbelbogen dorsal median nicht geschlossen ● angeboren ● in schweren Fällen kombiniert mit Vorfall der Rückenmarkhäute (Meningozele) und des Rückenmarks (Myelozele) (⇨ 7.1.1) ■ **Abrißfrakturen** der Quer- und Dornfortsätze: bedürfen meist keiner Behandlung ■ **Spondylarthrose:** Abnützungserkrankung an Gelenkfortsätzen ■ **Spondylolyse:** ● Spalt in "Interartikularportion" zwischen oberem und unterem Gelenkfortsatz ● entsteht meist nach Art eines Ermüdungsbruchs im Kindesalter ● 80 % 5. Lendenwirbel, 15 % 4. Lendenwirbel ● spezifisch menschliches Krankheitsbild: Aufrichtung zum zweibeinigen Stand führt zu Knick zwischen Kreuzbein und Lendenwirbelsäule (Promontorium) mit Überbelastung der Wirbelbogen ● wenn doppelseitig, Gefahr des Wirbelgleitens (*Spondylolisthesis*): Wirbelkörper mit oberem Gelenkfortsatz gleitet nach vorn, Wirbelbogen mit unterem Gelenkfortsatz bleibt an Ort und Stelle

2.1.2 Besonderheiten einzelner Wirbel

WIRBEL	BESONDERHEIT		KLINIK
Atlas [CI] (Träger)	Es fehlen Wirbelkörper und Dornfortsatz, stattdessen ■ **Arcus anterior atlantis** (vorderer Atlasbogen): mit • Gelenkfläche für Dens axis: dorsal • Tuberculum anterius: ventral ■ **Massa lateralis atlantis**: verstärkter Seitenteil mit den oberen und unteren Gelenkflächen ■ **Arcus posterior atlantis** (hinterer Atlasbogen): mit	• Tuberculum posterius: rudimentärer Dornfortsatz • Sulcus arteriae vertebralis: Rinne für die Wirbelschlagader auf dem hinteren Bogen ■ **5 Gelenkflächen:** • Facies articularis superior: für Articulatio atlanto-occipitalis, paarig • Facies articularis inferior: für Articulatio atlanto-axialis lateralis, paarig • Fovea dentis: für Articulatio atlanto-axialis mediana, unpaar	■ **Atlasberstungsfraktur** (Jefferson-Fraktur): durch axial auf den Kopf wirkende Kräfte ■ **Atlasassimilation**: Atlas mit Os occipitale verschmolzen • Foramen magnum ist häufig eingeengt • Beschwerden ähnlich wie bei basilärer Impression (⇨ 6.1.6)
Axis [CII] (früherer Name Epistropheus) (Dreher)	■ **Dens axis** (Zahn = Zapfen des Axis): gewissermaßen der mit dem Axis verschmolzene Wirbelkörper des Atlas • *Apex dentis* (Zapfenspitze): Befestigung des Lig. apicis dentis ■ **6 Gelenkflächen:** • 2 für Articulatio atlanto-axialis mediana: • Facies articularis anterior: vordere Gelenkfläche für Arcus anterior atlantis	• Facies articularis posterior: hintere Gelenkfläche für Lig. transversum atlantis • 2 für Articulatio atlanto-axialis lateralis: • Processus articulares superiores (obere Gelenkfortsätze) • 2 für Articulatio zygapophysialis mit 3. Halswirbel: • Processus articulares inferiores (untere Gelenkfortsätze)	• **Abbruch des Dens axis** meist kombiniert mit Atlasluxation (transdentale Atlasluxationsfraktur ⇨ 6.2.3) • Entwicklungsanomalien des Dens axis: kann hypoplastisch oder ohne knöcherne Verbindung zu Wirbelkörper sein ("Os odontoideum")
Vertebrae cervicales [CIII - CVII] (Halswirbel)	■ Kleine Wirbelkörper entsprechend geringer statischer Belastung • *Uncus corporis*: seitliche Erhebung der sattelförmigen Deckplatten der Wirbelkörper, bildet "Unkovertebralgelenk" mit nächsthöherem Wirbelkörper ■ **Vertebra prominens** [CVII]: stark vorragender Dornfortsatz des 7. Halswirbels, wichtige Orientierungsmarke am Nakken	■ am Querfortsatz: • Tuberculum anterius, besonders stark am 6. Halswirbel (Tuberculum caroticum) • Tuberculum posterius • dazwischen Sulcus nervi spinalis: Rinne für den Halsnerv • *Foramen transversarium* (Querfortsatzloch): für A. vertebralis ■ Varietät: überlanger Querfortsatz bis Halsrippe (Costa cervicalis, ⇨ 2.2.4)	■ *Badeunfall*: Kopfsprung in seichtes Wasser: • Hyperflexion oder Hyperextension der Halswirbelsäule • Bogenbrüche und Bänderrisse zwischen C_4 und C_6 • in schweren Fällen Mitverletzung des Rückenmarks (bis Tetraplegie = Lähmung der 4 Extremitäten) ■ *Klippel-Feil-Syndrom* (Kurzhals): • Verschmelzung von mehreren Halswirbelkörpern zu Blockwirbel, dadurch Hals besonders kurz, Kopf sitzt zwischen Schultern • meist zahlreiche weitere Mißbildungen ■ "*Unkovertebralarthrose*": Knochenauswüchse an den Unci corporis können A. vertebralis und umgebendes vegetatives Nervengeflecht (Plexus vertebralis) reizen
Vertebrae thoracicae [TI-TXII] (Brustwirbel)	■ Beidseits 2 Gelenkflächen für Rippen am Wirbelkörper (Brustwirbel 1, 11, 12 nur eine): • Fovea costalis superior: für obere Rippe • Fovea costalis inferior: für untere Rippe ■ Gelenkfläche für Rippe am Querfortsatz: Fovea costalis processus transversi (fehlt am 11. + 12. Brustwirbel)	■ Dornfortsätze vor allem im mittleren Brustbereich steil abwärts gerichtet, so daß Dornfortsatzspitzen z.T. auf Höhe des nächstniederen Wirbelkörpers enden	• *Kompressionsfrakturen* der Brustwirbelkörper, z.B. bei Sturz aus der Höhe, meist stabil und ohne Rückenmarkverletzung, aber verstärkte Kyphose • Varietäten der Zahl der Brustwirbel (11-13) weitgehend belanglos ■ **Adoleszentenkyphose** (Scheuermann-Krankheit): • Rundrücken und rasche Ermüdbarkeit bei Jugendlichen • Einbruch von Gallertkern in den Wirbelkörper (Schmorl-Knötchen) führt zu Abflachung der Zwischenwirbelscheibe und keilförmigem Umbau des Wirbelkörpers

Fortsetzung der Tabelle nächste Seite

Besonderheiten einzelner Wirbel (Fortsetzung)

WIRBEL	BESONDERHEIT		KLINIK
Vertebrae lumbales [lumba-res] [LI-LV] (Lenden-wirbel)	● Große Wirbelkörper entspre-chend hoher statischer Belastung ● Processus costalis: Querfortsatz entspricht Rippe	● Processus accessorius: ent-spricht Querfortsatz bei Brustwirbel ● Processus mammillaris: Vorwöl-bung am oberen Gelenkfortsatz	● *Kompressionsfrakturen* der Lendenwir-belkörper, z.B. bei Sturz aus der Höhe oder Sturz auf das Gesäß, meist stabil und ohne Rückenmarkverletzung ● *Lendenrippe*: Häufigkeit etwa 7 %, kli-nisch meist belanglos ● Varietäten der Zahl der Lendenwirbel (4-6) verändern Ausmaß der Beweglich-keit der Lendenwirbelsäule ● Spondylolisthesis (s.o.) fast nur an Lendenwirbeln
Os sacrum [sacrale] [Verte-brae sacrales I-V] (Kreuz-bein)	■ Beim Erwachsenen sind die 5 Kreuzbeinwirbel miteinander ver-schmolzen: ● beim Kind und beim Jugendli-chen dienen Knorpelzonen an der Stelle der Zwischenwirbelscheiben dem Höhenwachstum ■ **Basis ossis sacri**: kraniales Ende ● *Promontorium*: vorspringender Vorderrand der Kreuzbeinbasis, markiert Knick gegen Lendenwir-belsäule ● *Ala sacralis*: seitlicher Teil der Kreuzbeinbasis ● *Processus articularis superior*: für Articulatio lumbosacralis ■ **Pars lateralis**: seitlicher Teil des Kreuzbeins ● *Facies auricularis*: für Articulatio sacro-iliaca ● *Tuberositas sacralis*: dorsal der Facies auricularis für Ligg. sacro-iliaca posteriora ■ **Apex ossis sacri** (Kreuzbein-spitze): für Articulatio sacrococcy-gea ■ **Facies pelvica** (Beckenfläche): ● *Lineae transversae*: beim Er-wachsenen erinnern Querlinien an die knorpeligen Wachstumszonen	■ **Facies dorsalis** (Rückfläche): mit 5 longitudinalen Knochenleisten ● *Crista sacralis mediana* (media-ner Kreuzbeinkamm): entspricht verschmolzenen Dornfortsätzen ● *Crista sacralis intermedia*: ent-spricht verschmolzenen Gelenk-fortsätzen ● *Crista sacralis lateralis*: ent-spricht verschmolzenen Querfort-sätzen ■ **Canalis sacralis** (Kreuzbeinka-nal): entspricht Wirbelkanal, enthält jedoch kein Rückenmark (dieses endet beim Erwachsenen auf Höhe von L_1/L_2, beim Neugeborenen auf Höhe von L_2) ● *Hiatus sacralis*: untere Öffnung des Kreuzbeinkanals (nicht ge-schlossener Wirbelbogen von S_5), Rand seitlich verstärkt zu Cornu sacrale (Rest des Wirbelbogens), beim Lebenden leicht zu tasten ■ **Foramina intervertebralia**: öff-nen sich an Becken- und Rückflä-che mit: ● *Foramina sacralia anteriora [pelvica]*: für Rr. anteriores der Nn. sacrales I-IV ● *Foramina sacralia posteriora*: für Rr. posteriores der Nn. sacrales I-IV	■ **Angeborene Störungen des lumbo-sakralen Übergangs**: ● *Lumbalisation* des 1. Kreuzbeinwirbels (frei beweglich wie Lendenwirbel, Patient hat gewissermaßen 6 Lendenwirbel) ● *Sakralisation* des 5. Lendenwirbels (nur 4 Lendenwirbel) ● *Hemilumbalisation* bzw. *Hemisakralisa-tion*: einseitige Verschmelzung verursacht häufig seitliche Verkrümmungen der Wir-belsäule (Skoliosen), asymmetrische Be-lastung der Zwischenwirbelscheiben und Lumbalgien ("Kreuzschmerzen") ■ **Kreuzbeinfraktur**: meist als Querbruch auf Höhe von S_3 ■ **Sakralanästhesie** (Kaudalanästhesie): Epiduralanästhesie im Kreuzbeinkanal mit Einstich in den Hiatus sacralis, die anäs-thesierte Zone entspricht etwa dem Le-dereinsatz früher üblicher Reithosen ("*Reithosenanästhesie*")
Os coc-cygis [Coccyx] [Verte-brae coc-cygeae I-IV] (Steißbein)	Cornu coccygeum: nach kranial ragendes paariges Horn (Rest der oberen Gelenkfortsätze)		● *Steißbeinfraktur*: leicht zu tasten (Zei-gefinger im Mastdarm, Daumen auf äuße-rer Haut) ● *Kokzygodynie*: Schmerzen im Steiß-beinbereich, häufig ohne objektivierbarem Befund

2.1.3 Costae [I-XII] (Rippen)

KNOCHEN	GELENK-KÖRPER	RÄNDER, FLÄCHEN, SONSTIGES	KLINIK
Os costale [Costa] (Rippenknochen)	● Facies articularis capitis costae: Gelenkfläche für 2 Wirbelkörper, durch Crista capitis costae zweigeteilt ● Facies articularis tuberculi costae: Gelenkfläche für Querfortsatz	■ **Gliederung** in: ● *Caput costae* (Rippenkopf) ● *Collum costae* (Rippenhals): mit scharfer Kante (Crista colli costae) ● *Corpus costae* (Rippenkörper): beginnt dorsal mit Tuberculum costae und biegt im Angulus costae nach vorn um ■ **Muskelansatzhöcker:** ● Tuberculum musculi scaleni anterioris an Costa prima (I) ● Tuberositas musculi serrati anterioris an Costa secunda (II) ■ **Gefäß- und Nervenrinnen:** ● Sulcus costae: Rinne an Unterrand für A. + V. + N. intercostalis ● Sulcus arteriae subclaviae: auf Oberseite der 1. Rippe, dorsal von Tuberculum musculi scaleni anterioris ● Sulcus venae subclaviae: auf Oberseite der 1. Rippe, ventral von Tuberculum musculi scaleni anterioris	■ **Rippenfraktur** ("Rippenserienfraktur", wenn mehrere oder 2 benachbarte gebrochen): ● mittlere Rippen am häufigsten betroffen (oberste Rippen liegen geschützt, unterste frei beweglich) ● stechende Schmerzen, besonders beim Husten ● Gefahr bei Serienfraktur: instabiler Thorax: ausgesprengter Rippenbereich bewegt sich bei Atmung entgegengesetzt zur übrigen Brustwand (Einziehung bei Einatmung, Vorwölbung bei Ausatmung) ● häufige Komplikationen: Pneumothorax, Hämatothorax ● knöcherne Heilung dauert nur 10-14 Tage ■ **Rippenusur:** Knochenabbau entlang des Sulcus costae bei vermehrter Durchblutung der A. intercostalis posterior, z.B. bei Kollateralkreislauf zu Aortenisthmusstenose
Cartilago costalis (Rippenknorpel)		● *Arcus costalis* (Rippenbogen): die miteinander verschmolzenen Rippenknorpel der Rippen 8-10 ■ **Einteilung der Rippen** nach Rippenknorpel: ● *Costae verae* [I-VII]: "echte" Rippen, durch Rippenknorpel mit Brustbein verbunden ● *Costae spuriae* [VIII-XII]: "falsche" Rippen: Rippenknorpel zu Rippenbogen verschmolzen oder frei endigend ● *Costae fluitantes* [XI-XII]: freie Rippen, ohne Verbindung zu Rippenbogen oder Brustbein, regelmäßig Rippen 11 + 12, häufig auch 10, seltener 9	■ "*Kostalstigma*": frei bewegliche (nicht an Rippenbogen angeschlossene) 10. Rippe, früher als Zeichen einer Konstitutionsanomalie (Stiller-Syndrom) angesehen, gehäuft bei asthenischem Körperbau ■ Halsrippen ⇨ 2.2.4 ■ Tietze-Syndrom ⇨ 2.2.3

2.1.4 Sternum (Brustbein)

TEIL	GELENK-KÖRPER	RÄNDER, FLÄCHEN, SONSTIGES	KLINIK
Manubrium sterni (Brustbein-Handgriff)	Incisura clavicularis: für Articulatio sternoclavicularis	● Incisura jugularis: am oberen Rand zwischen den Incisurae claviculares ● Angulus sterni [sternalis] (Louis-Winkel): Knick zwischen Manubrium und Corpus sterni (⇨ 2.2.4) ● Ossa suprasternalia: kleine Knochen in Lig. interclaviculare, belanglose Varietät	■ **Sternalpunktion:** für Knochenmarkausstrich: ● wegen der Möglichkeit von Knorpelfugen Einstich immer auf Höhe der Zwischenrippenräume, beim Erwachsenen 2. oder 3. Interkostalraum, beim Kind Manubrium sterni
Corpus sterni (Brustbeinkörper)	Incisurae costales: für Articulationes sternocostales	● Verknöchert von paarigen segmentalen Knochenkernen aus (⇨ 2.1.5) ■ **Varietäten:** ● persistierende Knorpelfugen (horizontal zweigeteiltes Corpus) ● Loch im Knochen (meist im unteren Bereich) ● Sternoschisis (longitudinale Brustbeinspalte): wenn durchgehend, dann Sternum bifidum genannt	● Patient auf Schmerz vor Ansaugen des Knochenmarks hinweisen! ● wegen möglicher lebensbedrohender Komplikationen (Verletzung des Herzens oder großer Gefäße bei Durchstoßen der hinteren kompakten Knochenschicht) statt Sternalpunktion besser Beckenkammpunktion ■ **Sternumfraktur** (Brustbeinbruch): meist Querfraktur im Corpus
Processus xiphoideus (Schwertfortsatz)			■ *Xiphoidalgie*: chronischer entzündlicher Reizzustand des Schwertfortsatzes

2.1.5 Entwicklung und Entwicklungsstörungen des Achsenskeletts (Skeleton axiale)

ORGAN	ENTWICKLUNG	ENTWICKLUNGSSTÖRUNGEN
Notochorda **[Chorda dorsalis]** (Rücken-saite)	Vorläufer der Wirbelsäule: als erstes mesodermales Organ am Anfang der 3. Entwicklungswoche angelegt (⇨ 5.6.2) ● endgültiges Achsenorgan bei Teil der Fische, bei überwiegender Mehrzahl der Wirbeltiere einschließlich Mensch zurückgebildet zu rosenkranzartigem Chordascheidenstrang (Vagina notochordalis), aus dessen "Perlen" die Gallertkerne (Nuclei pulposi) in den Zwischenwirbelscheiben hervorgehen (oder induziert werden)	*Chordom*: von Resten der Chorda dorsalis ausgehende Geschwulst
Columna vertebralis (Wirbelsäule)	3 Entwicklungsstufen des Wirbels (Vertebra): ■ **Blastemstadium** (Vertebra blastemalis): ● die Sklerotome liegen ursprünglich beidseits der Chorda, in 4. Entwicklungswoche schwärmen Zellen in 3 Richtungen aus: ● nach ventromedial und umschließen Chorda (Centrum, später Wirbelkörper) ● nach dorsomedial und umschließen Neuralrohr (Processus neuralis, später Wirbelbogen) ● nach ventrolateral (Processus costalis, später Rippe im Brustbereich, Processus costalis im Lendenbereich, ventraler Teil des Processus transversus im Halsbereich und der Pars lateralis des Os sacrum) ● in jedem Sklerotom ist die kraniale Hälfte (Pars rostralis [cephalica]) zellärmer als die kaudale (Pars caudalis) ● *Neugliederung*: • bei manchen Wirbeltieren bildet jede Sklerotomhälfte einen vollständigen Wirbelkörper • bei anderen dehnt sich eine Sklerotomhälfte zum Wirbelkörper aus und wird die andere zur Zwischenwirbelscheibe (Expansionswirbel) • bei wieder anderen verschmilzt ein Teil der unteren Hälfte eines Sklerotoms mit einem Teil der oberen Hälfte des nächsten Sklerotoms (Konkreszenzwirbel) • beim Menschen werden beide letztgenannten Möglichkeiten diskutiert • Sinn der Neugliederung soll Verschiebung des Wirbels um ein halbes Segment gegenüber Ursegmenten sein, so daß der Wirbel zwischen zwei Nerven- und Muskelsegmente zu liegen kommt ● aus Wirbelbogen wachsen die Fortsätze aus: Processus spinosus, Processus transversus, Processus articularis ● aus Sklerotomen entstehen auch die Faserringe der Zwischenwirbelscheiben (Discus intervertebralis) und die harte Rückenmarkhaut (Dura mater) (hingegen Arachnoidea und Pia mater aus Neuralleiste) ■ **Knorpelstadium** (Vertebra cartilaginea): in 6. Entwicklungswoche von Knorpelzentren im Wirbelkörper und den Wirbelbogen ausgehend ■ **knöcherner Wirbel** (Vertebra ossea): ● in 8.-9. Entwicklungswoche *3 primäre Ossifikationszentren*, je 1 im Wirbelkörper und jeder Wirbelbogenhälfte, Knorpelfugen zwischen den 3 Knochenteilen bleiben bis zum 3.-6. Lebensjahr als Wachstumsfugen erhalten ● in Pubertät *5 sekundäre Ossifikationszentren*: Deck- und Bodenplatte des Wirbelkörpers, Querfortsätze, Dornfortsatz	**Fehlbildungen der Wirbelsäule** (Defectus columnae vertebralis): ● *akzessorische Brustwirbel* (Vertebra thoracica addita): z.B. 13 Brustwirbel, bleibt meist unbemerkt (Varietät) ● *Scoliosis*: seitliche Verkrümmung der Wirbelsäule ● *Kyphoscoliosis*: seitliche Verkrümmung mit Rundrücken ● *Hemivertebra* (Halbwirbel): Defekt des Wirbelkörpers, wobei eine Hälfte (vordere, hintere, rechte, linke) mangelhaft ausgebildet ist, führt zu abnormen Krümmungen der Wirbelsäule ● *Spina bifida, Rachischisis* (Wirbelspalte): leichteste Form als Spalte im Dornfortsatz und Wirbelbogen (Fissura arcus neuralis), unter der Haut verborgen (Spina bifida occulta) oder schwere Form als Spina bifida aperta mit Meningomyelozystozele (⇨ 7.1.1)
Costa (Rippe)	Wie Wirbel 3 Entwicklungsstadien: ● *Rippenblastem* (Costa blastemalis [Processus costalis]): aus ventrolateralen Fortsätzen der thorakalen Somiten ● *knorpelige Rippe* (Costa cartilaginea) ● *knöcherne Rippe* (Costa ossea)	● *Costa bifurcata*: zweigeteilte Rippe ● *Costa cervicalis* (Halsrippe): vollständige oder verkürzte Rippe an 7. (seltener auch höherem) Halswirbel, kann durch Druck auf Plexus brachialis Beschwerden verursachen
Sternum (Brustbein)	Mesoderma sternale: paarige, segmental gegliederte Anlagen (mit später entsprechend vielen primären Ossifikationszentren) verschmelzen zu: ● *Cartilago episternalis* (→ Manubrium sterni) ● *Cartilago sternalis* (→ Corpus sterni) ● *Processus xiphoideus*	● *Schistosternie* (Brustbeinspalte): median gespaltenes Brustbein bei mangelnder Vereinigung der paarigen Anlage ● *Foramen sternale* (Brustbeinloch): medianer unverknöcherter Bereich meist im unteren Teil des Brustbeinkörpers

2.2 Gelenke des Rumpfes

Gelenke des Schultergürtels ⇨ 8.2.1
Gelenke des Beckengürtels ⇨ 9.2.1

2.2.1 Articulationes vertebrales (Gelenke der Wirbelsäule): Bewegungssegment

GELENKE	BÄNDER	GELENKART, BEWEGUNGS-UMFANG	KLINIK
Bewegungssegment zwischen 2 Wirbeln besteht aus: ■ **Symphysis intervertebralis** (Zwischenwirbelfuge): Deck- und Bodenplatten der Wirbelkörper (zwischen C$_2$ und S$_1$) verbunden durch *Discus intervertebralis* (Zwischenwirbelscheibe, Bandscheibe): ● *Anulus fibrosus* (Faserring): aus Faserknorpel ● *Nucleus pulposus* (Gallertkern): Rest der embryonalen Rückensaite (Notochorda), unterschiedlicher Flüssigkeitsgehalt verändert Höhe der Zwischenwirbelscheibe und damit Körperlänge (etwa 1 cm Differenz zwischen morgens und abends) ■ **Articulationes zygapophysiales** (Wirbelbogengelenke): ● Processus articulares superiores ● Processus articulares inferiores ● Stellung der Gelenkfortsätze: Krümmungsmittelpunkt in ● BWS in Zwischenwirbelscheibe ● LWS im Dornfortsatz Übliche Abkürzungen: ● HWS = Halswirbelsäule ● BWS = Brustwirbelsäule ● LWS = Lendenwirbelsäule	● *Lig. longitudinale anterius* (vorderes Längsband): befestigt an Wirbelkörpervorderflächen ● *Lig. longitudinale posterius* (hinteres Längsband): strahlt in Zwischenwirbelscheiben ein ● *Ligg. flava* (Zwischenbogenbänder): überwiegend elastisches Bindegewebe, bedingt gelbliche Färbung ● *Ligg. intertransversaria* (Zwischenquerfortsatzbänder) ● *Ligg. interspinalia* (Zwischendornfortsatzbänder) ● *Ligg. supraspinalia* (Überdornfortsatzbänder) ● *Lig. nuchae* (Nackenband): von den Dornfortsätzen der Halswirbel zum Os occipitale	● Zwischenwirbelscheibe: Symphyse (ähnlich Schambeinfuge) ● Wirbelbogengelenk: synoviales Gelenk, häufig mit Diskus ● beide zusammen Bewegungsspielraum eines Kugelgelenks, im einzelnen Bewegungssegment Spielraum klein, summiert sich aber in Gesamtwirbelsäule zu stattlichen Werten, Hauptbewegungsrichtungen: ● Vorneigen (Inklination, Flexion) - Rückneigen (Reklination, Extension) ● Seitneigen rechts - links ● Kreiseln (Rotation) rechts - links, je nach Stellung der Gelenkfortsätze besser (untere BWS) oder schlechter (LWS) möglich ■ **natürliche Krümmungen**: ● *Lordose* (vorn konvex): HWS, LWS ● *Kyphose* (vorn konkav): BWS, Kreuzbein ● keine seitliche Krümmung (Skoliose ⇨ rechts) ■ **klinische Bewegungsprüfung**: Streckenmaße sind einfacher zu bestimmen als Winkel, werden daher vorgezogen (Meßwerte bei jungen gesunden Erwachsenen): ● *kleinster Finger-Boden-Abstand* bei gestreckten Knien (0 cm) ● *Schober-Maß*: im aufrechten Stand Strecke von 10 cm von S$_1$ kranial markieren, Patient vorneigen lassen, Längenzunahme der markierten Strecke abmessen (+ 5 cm) ● *Ott-Maß*: von Vertebra prominens (C$_7$) 30 cm nach kaudal, sonst wie Schober-Maß (+ 3 cm)	■ **Fehlhaltungen**: Verstärkung oder Verminderung normaler Krümmungen: ● *Rundrücken*: verstärkte Brustkyphose, z.B. als Altersrundrücken, Adoleszentenkyphose (⇨ 2.1.2) ● *hohlrunder Rücken*: z.B. zur Gleichgewichtserhaltung bei Fettsucht oder in der Schwangerschaft ● *Flachrücken*: abgeflachte Krümmungen ● *Gibbus* (Buckel): Knick in Wirbelsäule, bei keilförmigem Zusammenbruch eines Wirbelkörpers, mögliche Ursachen: Trauma, Tumor, Entzündung (z.B. Tuberkulose) ■ **Skoliosen**: Krümmungen in Frontalebene: ● Hinweise geben: ● einseitiger Schulterhochstand ● Asymmetrie der Taillendreiecke ● Rippenbuckel (beim Vorneigen steht eine Brustkorbhälfte höher) ● mögliche Ursache Beinlängenunterschied: Skoliose verschwindet bei Längenausgleich (bei Untersuchung Unterlegen von Brettchen unter kürzeres Bein) ● stärkere Skoliose beeinträchtigt Aussehen, behindert Brustorgane und führt zu vorzeitigem Verschleiß der Bewegungssegmente ■ **Nervenwurzelkompressionssyndrom** (Nucleus-pulposus-Prolaps, Diskushernie, Bandscheibenvorfall): ● Zwischenwirbelscheiben L$_4$/L$_5$ und L$_5$/S$_1$ am häufigsten betroffen ● Durchbruch des Gallertkerns meist dorsolateral Richtung Zwischenwirbelloch (Faserring aufgelockert durch frühere Gefäßeintritte), seltener median Richtung Wirbelkanal ● Beginn gewöhnlich mit akutem Schmerz ("Hexenschuß") bei "Verhebetrauma" (meist alltägliche Belastung) ● Schmerz strahlt entsprechend gequetschter hinterer Wurzel in Bein aus, z.B. L$_5$ zur Großzehe ● Muskelschwächen entsprechend vorderen Wurzeln, z.B. L$_5$ M. extensor hallucis longus ● exakte Höhendiagnose im Computertomogramm ■ **Spondylitis ankylosans** (Bechterew-Krankheit): ● langsam von kaudal nach kranial fortschreitende Versteifung der Wirbelbogengelenke und Verknöcherung der Längsbänder ("Bambusstabwirbelsäule") → völlige Unbeweglichkeit der Wirbelsäule in starker Kyphose ● etwa 1 % der Männer in Europa betroffen, Frauen erkranken seltener und milder

2.2.2 Besonderheiten einzelner Wirbelgelenke

GELENK	GELENK-FLÄCHEN	BÄNDER	GELENKART, BEWEGUNGSUMFANG	KLINIK
Articulatio lumbosacralis (Lenden-Kreuzbein-Gelenk)	● Bodenplatte (L5) + Basis ossis sacri (S1) ● Processus articulares inferiores (L5) und superiores (S1)	Lig. iliolumbale: von Processus costalis L5 zu Crista iliaca	Bewegungssegment zwischen L5 und S1: Symphyse + synoviale Gelenke (⇨ vorhergehende Seite)	Wegen des (spezifisch menschlichen) Knicks (etwa 140˚) zwischen Kreuzbein und Lendenwirbelsäule ist das Lumbosakralgelenk besonders stark mechanisch belastet, Bandscheibenschäden und Spondylolisthesis sind daher hier besonders häufig
Articulatio sacrococcygea (Kreuzbein-Steißbein-Gelenk)	● Apex ossis sacri ● kraniales Ende des Os coccygis	Fortsetzung vor allem der Längsbänder der Wirbelsäule: ● Lig. sacrococcygeum posterius [dorsale] superficiale ● Lig. sacrococcygeum posterius [dorsale] profundum ● Lig. sacrococcygeum anterius [ventrale] ● Lig. sacrococcygeum laterale	● Gewissermaßen Gallertkern in Zwischenwirbelscheibe durch Gelenkspalt ersetzt ● Bewegungen der Steißbeinspitze um etwa 2 cm	● Gelenk verknöchert häufig im mittleren Lebensalter ● vorzeitige Verknöcherung bei der Frau kann zum Geburtshindernis werden: der mediane Durchmesser des Beckenausgangs wird um etwa 2 cm kürzer, wenn das Steißbein nicht aus der Beckenausgangsebene nach hinten geklappt werden kann
Articulatio atlanto-occipitalis (oberes Kopfgelenk)	Beidseits: ● Condylus occipitalis am Os occipitale (konvex) ● Facies articularis superior der Massa lateralis atlantis (konkav)	● *Membrana atlanto-occipitalis anterior.* Fortsetzung des Lig. longitudinale anterius der Wirbelsäule (oft in der Mitte zum Lig. atlanto-occipitale anterius verstärkt) ● *Membrana atlanto-occipitalis posterior.* vom Arcus posterior atlantis ● *Lig. atlanto-occipitale laterale*: vom Querfortsatz	Funktionell Eigelenk: ● Neigen nach hinten und vorn 30˚-0˚-20˚ ● Neigen nach rechts und links nur im Röntgenbild von Bewegungen in Halswirbelsäule abzugrenzen, gesamte HWS: 45˚-0˚-45˚	Luxation meist als *Luxationsfraktur*, z.B. Atlasberstungsfraktur bei axial auf den Kopf wirkenden Gewalten, Gefahr der Mitverletzung des Rückenmarks, daher unnötiges Umlagern des Patienten vermeiden!
Articulatio atlanto-axialis mediana (mittleres unteres Kopfgelenk)	● Fovea dentis am Arcus anterior atlantis ● Facies articularis anterior und posterior am Dens axis ● überknorpelte Vorderfläche des Lig. transversum atlantis NB: kein Discus intervertebralis zwischen C1 und C2!	● Ligg.alaria: von Dens axis zu Lateralrand des Foramen magnum ● Lig. apicis dentis: von Densspitze zum Vorderrand des Foramen magnum ● Lig. cruciforme atlantis: kreuzförmig hinter Dens axis mit ● Fasciculi longitudinales ● *Lig. transversum atlantis* ● Membrana tectoria: Fortsetzung des Lig. longitudinale posterius	Funktionelle Einheit der 3 Atlanto-axialgelenke: Drehgelenk, Drehen nach rechts und links nur im Röntgenbild von Bewegungen in übriger Halswirbelsäule abzugrenzen, gesamte HWS: 70˚-0˚-70˚	● *Transligamentäre Atlasluxation*: nach vorn bei Riß des Lig. transversum atlantis ● häufiger *transdentale Atlasluxationsfraktur.* Abbruch des Dens axis, Atlas gleitet nach vorn, hinten oder zur Seite ● in beiden Fällen Tod oder Querschnittlähmung infolge Rückenmarkkompression möglich, daher keine unnötigen Umlagerungen! ● *Riß des Lig. transversum atlantis* auch bei Atlasberstungsfraktur (Jefferson): Fraktur der Massae laterales ● "*hanged man fracture*": doppelseitiger Bogenbruch des Atlas mit Luxation des Axis nach vorn
Articulatio atlanto-axialis lateralis (seitliches unteres Kopfgelenk)	Beidseitig: ● Facies articularis inferior der Massa lateralis atlantis ● Processus articularis superior des Axis			■ **Schleudertrauma** (Peitschenschlagverletzung, whiplash injury): ● besonders bei Auffahrunfall (von rückwärts) mit Überraschungseffekt (entspannte Halsmuskeln) ● abwechselnde Hyperextension und Hyperflexion der Halswirbelsäule mit Scherwirkung auf Zwischenwirbelscheiben ● meist nur Weichteilverletzung (Einriß des Lig. longitudinale anterius) mit schmerzhafter Bewegungseinschränkung für maximal 3 Monate

2.2.3 Articulationes thoracis (Gelenke und Knorpelfugen des Brustkorbs)

GELENK	GELENKFLÄCHEN	BÄNDER	GELENKART, BEWE-GUNGSUMFANG	KLINIK
Articulationes costovertebrales (Rippen-Wirbel-Gelenke)	**Articulatio capitis costae [costalis]** (Rippenkopfgelenk): • Fovea costalis superior + inferior der Wirbelkörper • Facies articularis capitis costae	• *Lig. capitis costae radiatum*: strahlenförmig vom Rippenkopf zu den Wirbelkörpern • *Lig. capitis costae intraarticulare*: von der Crista capitis costae zur Zwischenwirbelscheibe (fehlt bei den Rippen 1, 11 und 12, die nur mit einem Wirbelkörper verbunden sind)	Isoliert betrachtet Kugelgelenk, wegen Koppelung an Articulatio costotransversaria kann jedoch nur 1 Freiheitsgrad genutzt werden (Rotation um Achse des Rippenhalses)	
	Articulatio costotransversaria (Rippen-Querfortsatz-Gelenk): nur Rippen 1-10 • Fovea costalis processus transversi • Facies articularis tuberculi costae	• *Lig. costotransversarium [costotransversum]*: vom Rippenhals zum Querfortsatz • *Lig. costotransversarium superius*: zum nächsthöheren Querfortsatz, begrenzt Foramen costotransversarium (laterale Fortsetzung des Foramen intervertebrale) für Brustnerv • *Lig. costotransversarium laterale* • *Lig. lumbocostale* (Teil des tiefen Blatts der Fascia thoracolumbalis): von 12. Rippe zum Processus costalis L₁	• Radgelenk mit 1 Freiheitsgrad (Rotation um Achse des Rippenhalses) • wegen der Krümmung der Rippen führt die Rotation zum Heben und Senken der vorderen Rippenenden	Arthrose der Kostotransversalgelenke kann Ursache von Brustschmerzen sein
Articulationes sternocostales (Brustbein-Rippen-Gelenke)	• Incisurae costales des Sternum • Cartilagines costales • 1. Rippe Knorpelfuge (Synchondrosis sternocostalis costae primae) • 2.-7. Rippe synoviale Gelenke	• *Lig. sternocostale intra-articulare*: besonders stark an 2. Rippe (getrennte Gelenkflächen an Manubrium und Corpus sterni) • *Ligg. sternocostalia radiata*: verbinden sich an Vorderfläche des Sternum zur Membrana sterni • *Ligg. costoxiphoidea*: von 7. Rippe zum Schwertfortsatz • *Membrana intercostalis externa* • *Membrana intercostalis interna*	Keine eigenständige Beweglichkeit, ermöglichen die Verstellung der Rippen gegenüber dem Brustbein bei den Atembewegungen	• Zunehmende Verknöcherung der Rippenknorpel im Alter behindert Atmung • Tietze-Syndrom (Kostochondritis): druckschmerzhafte Verdikkung an Sternokostalgelenk oder Knorpel-Knochen-Grenze der oberen Rippen, Schmerz auch bei tiefer Einatmung
Articulationes costochondrales (Knorpel-Knochen-Fugen der Rippen)	Verbindung zwischen Rippenknorpel und Rippenknochen ohne Gelenkspalt		Keine eigenständige Beweglichkeit, Rippenknorpel werden bei Einatmung torquiert, dabei gespeicherte Energie unterstützt die Detorsion bei Ausatmung	*Rachitischer "Rosenkranz"*: bei Rachitis sind die Knorpel-Knochen-Grenzen der Rippen verdickt und durch die Haut hindurch perlschnurartig zu tasten
Articulationes interchondrales (Rippenknorpelgelenke)	Synoviale Gelenke zwischen den eng beisammen liegenden 7.-10. Rippenknorpeln		Keine eigenständige Beweglichkeit, gestatten Verschieben der Rippenknorpel gegeneinander bei den Atembewegungen	
Synchondrosis manubriosternalis (obere Brustbeinfuge)	• Kaudalrand des Manubrium sterni • Kranialrand des Corpus sterni	Membrana sterni (ventral)	• Knorpelfuge: wird meist in Faserknorpel umgebaut und so zur Symphysis manubriosternalis • keine eigenständige Beweglichkeit • Änderung des Angulus sterni beim Heben und Senken des Brustkorbs (Atembewegungen)	Angulus sterni (Brustbeinwinkel, Louis-Winkel, ⇨ 2.2.4)
Synchondrosis xiphisternalis (untere Brustbeinfuge)	• Kaudalrand des Corpus sterni • Kranialrand des Processus xiphoideus	Membrana sterni (ventral)	Knorpelfuge, verknöchert manchmal schon im frühen Erwachsenenalter, Stellung abhängig von Leibesfülle zu diesem Zeitpunkt	Nach vorn gerichteter Schwertfortsatz kann bei enger Kleidung gegen Haut drücken und Schmerzen verursachen (Xiphoidalgie)

2.2.4 Thorax (Brustkorb)

COMPAGES THORACIS [SKELETON THORACICUM] (GEFÜGE DES BRUSTKORBS)	MECHANIK DER ATEMBEWEGUNGEN	KLINIK
■ **Apertura thoracis superior** (obere Brustkorböffnung): begrenzt von ● Manubrium sterni ● 1. Rippe ● 1. Brustwirbel ■ **Apertura thoracis inferior** (untere Brustkorböffnung): begrenzt von ● Processus xiphoideus ● Arcus costalis ● Costae fluitantes ● 12. Brustwirbel ■ **Cavitas thoracis [thoracica]** (Brusthöhle): der vom Brustkorb umschlossene Raum, Inhalt: ● Mitte: *Mediastinum* (Mittelfellraum, ⇨ 3.5) mit ● Cor + Pericardium (Herz + Herzbeutel): ⇨ 3.2 ● Oesophagus (Speiseröhre): ⇨ 3.3 ● Thymus: ⇨ 3.4 ● Pars thoracica der Trachea + Bronchi principales ● rechts und links davon: *Regiones pleuropulmonales* mit ● Pulmo (Lunge): ⇨ 3.1.4 ● Pleura + Cavitas pleuralis (Brustfell + Brustfellhöhle): ⇨ 3.1.5 ■ **Begriffe**: ● *Sulcus pulmonalis* (Lungenrinne): Teil der Brusthöhle lateral der Wirbelkörper (fehlt bei vierbeinigen Wirbeltieren) ● *Spatium intercostale* (Zwischenrippenraum) ● *Fascia endothoracica* (innere Brustkorbfaszie): bedeckt Innenseite des Thorax ● *Angulus infrasternalis*: der Winkel der beiden Rippenbogen ■ **longitudinale Orientierungslinien**: ● Linea mediana anterior ● Linea sternalis: durch den Rand des Sternum ● Linea medioclavicularis: durch die Mitte der Clavicula ● Linea parasternalis: in der Mitte zwischen Sternallinie und Medioklavikularlinie ● Linea mamillaris: durch die Brustwarze ● Linea axillaris anterior: durch die vordere Achselfalte ● Linea axillaris media [Linea medioaxillaris]: durch die Spitze der Achselgrube ● Linea axillaris posterior: durch die hintere Achselfalte ● Linea scapularis: durch den Angulus inferior der Scapula bei entspannt herabhängendem Arm ● Linea paravertebralis: über die Querfortsätze der Wirbel ● Linea mediana posterior ■ **tastbare Knochen**: ● *Sternum*: alle Abschnitte ● *Rippen*: grundsätzlich alle streckenweise zu tasten, aber Überlagerung durch Clavicula, Scapula, kräftige Muskeln (M. pectoralis major, Rückenmuskeln), "Zählen" der Rippen beginnt man von kranial mit 2. Rippe am Angulus sterni und mit 12. Rippe von kaudal	■ **Atembewegungen des Brustkorbs**: ● Achsen der Articulationes costovertebrales ziehen schräg durch Brusthöhle zu Knorpel-Knochen-Grenzen der Rippen der Gegenseite ● Rotation in den Articulationes costovertebrales führt zu Heben und Senken der vorderen Rippenabschnitte ● bei Inspiration (Einatmung) nehmen sagittale und transversale Brustkorbdurchmesser vor allem im unteren Brustkorbbereich zu (Flankenatmung) ● Sternum wird bei Inspiration mit den Rippen gehoben, Angulus sterni wird dabei kleiner ■ **inspiratorische Muskeln**: ● Diaphragma (thoraco-abdominale) ● M. scalenus anterior + medius + posterior ● Mm. intercostales externi ● vordere Anteile der Mm. intercostales interni (medial der Knorpel-Knochen-Grenze und damit der Achse der Rippen-Wirbel-Gelenke), auch "Mm. intercartilaginei" genannt ● M. sternocleidomastoideus ● M. pectoralis minor ● Pars abdominalis und kaudale Teile der Pars sternocostalis des M. pectoralis major ● autochthone Rückenmuskeln: Reklination der Wirbelsäule begünstigt Inspiration ● M. serratus posterior inferior (⇨ 2.3.2) ■ **exspiratorische Muskeln**: ● alle Bauchmuskeln: • ihre Längskomponenten senken die Rippen • ihre Querkomponenten komprimieren den Bauchraum und schieben dadurch mit den Baucheingeweiden das Zwerchfell nach kranial ● Mm. intercostales interni + intimi ● Mm. subcostales ● M. transversus thoracis ● M. latissimus dorsi ("Hustenmuskel")	■ **Angulus sterni** (Brustbeinwinkel, Louis-Winkel) wichtige Orientierungsmarke bei der klinischen Untersuchung: ● Ansatz der 2. Rippen ● Projektion der Bifurcatio tracheae ● knapp unterhalb im 2. ICR (Interkostalraum) Aufsetzen des Stethoskops zur Auskultation rechts der Valva aortae, links der Valva trunci pulmonalis ● Projektion auf Wirbelkörper Th$_4$ ■ **Trichterbrust** (Pectus excavatum): ● trichterartige Einziehung des unteren Brustbeinteils mit angrenzenden Rippen ● da Sternum an Wirbelsäule angenähert, muß Herz nach links ausweichen ● je nach Schwere der Deformität Behinderung der Atmung, seltener des Kreislaufs ● Häufigkeit etwa 1 % ● Operation im Kindesalter vor allem wegen des Aussehens ■ **Kielbrust** (Hühnerbrust, Pectus carinatum): ● kielartiges Vorspringen der vorderen Thoraxwand ● seltener als Trichterbrust ■ **Thoracic-outlet-Syndrom** (Syndrom der oberen Brustkorböffnung): Sammelbezeichnung für die Engpaßsyndrome in der Umgebung der oberen Thoraxapertur bei ● Halsrippen ● Skalenusanomalien ● Schultertiefstand ● Korakopektoralsyndrom ■ **Halsrippe** (Costa cervicalis): ● rippenähnliche Verlängerung des vorderen Teils des Querfortsatzes des 7. und/oder 6. Halswirbels ● alle Übergänge von kurzem Stummel bis vollständig zum Sternum reichender Rippe kommen vor ● manchmal nur Knorpel-Bindegewebe-Streifen (im Röntgenbild nicht sichtbar!) ● ragt in Plexus brachialis und kann Nervenkompressionssyndrom hervorrufen (Schmerzen im Arm) ● auch Abklemmen oder Abknicken der A. subclavia (Engpaßsyndrom) möglich ● Tragetest: beim Heben schwerer Lasten werden Beschwerden schlimmer ● Adson-Test: Patient sitzt entspannt, atmet tief ein, neigt den Kopf zurück und dreht ihn zur Seite der Beschwerden, bei Behinderung der A. subclavia durch M. scalenus anterior (Skalenussyndrom) oder Abknicken über Halsrippe verschwindet dabei Radialispuls ■ **mediane Sternotomie**: Längsspaltung des Brustbeins und Auseinanderziehen der beiden Brustkorbhälften ist der klassische operative Zugang zum Herzen

2.3 Muskeln des Rumpfes

2.3.1 Übersicht

MUSKELGRUPPE		MUSKELN	INNERVATION	FUNKTION	FASZIEN
Mm. dorsi 1. Rückenmuskeln ventraler Herkunft	Muskeln der oberen Extremität (⇨ 8.3.2)	● M. latissimus dorsi ● M. rhomboideus major ● M. rhomboideus minor ● M. levator scapulae	Supraklavikulare Äste des Plexus brachialis	Bewegungen des Schultergürtels und des Oberarms	Lamina prevertebralis der Fascia cervicalis: auf M. levator scapulae
		● M. trapezius	N. accessorius + Pl. cervicalis		Fascia nuchae [nuchalis]
	Rumpfmuskeln	● M. serratus posterior inferior ● M. serratus posterior superior	Rr. anteriores der Nn. thoracici [Nn. intercostales]	Bewegungen der Rippen (Hilfsatemmuskeln) und des Kopfes	
Mm. dorsi 2. autochthone Rückenmuskeln	M. erector spinae	● M. iliocostalis ● M. longissimus ● M. spinalis	Rr. posteriores der Nn. thoracici	Reklination, Seitneigung und Rotation der Wirbelsäule	Umhüllt von Fascia thoracolumbalis
	Mm. transversospinales	● M. semispinalis ● Mm. multifidi ● Mm. rotatores			
	Spinotransversale Muskeln	● M. splenius capitis ● M. splenius cervicis			
	Mm. interspinales				
	Mm. intertransversarii				
Mm. thoracis (Brustmuskeln)	Muskeln der oberen Extremität (⇨ 8.3.3)	● M. pectoralis major ● M. pectoralis minor ● M. subclavius ● M. serratus anterior ● (M. sternalls)	Supraklavikulare Äste des Plexus brachialis	Bewegungen des Schultergürtels und des Oberarms	Faszien der Brustwand: ● Fascia pectoralis ● Fascia clavipectoralis ● Fascia thoracica ● Fascia endothoracica
	Eigentliche Brustmuskeln	● Mm. levatores costarum ● Mm. intercostales externi ● Mm. intercostales interni ● Mm. intercostales intimi ● Mm. subcostales ● M. transversus thoracis	Rr. anteriores der Nn. thoracici [Nn. intercostales]	Abdichten der Zwischenrippenräume und Bewegungen der Rippen (Atemmuskeln)	
	Vom Hals eingewandert	Diaphragma (thoraco-abdominale)	N. phrenicus	Atemmuskel	
Mm. abdominis (Bauchmuskeln)		● M. rectus abdominis ● M. pyramidalis ● M. obliquus externus abdominis ● M. obliquus internus abdominis ● M. cremaster ● M. transversus abdominis ● M. quadratus lumborum	Rr. anteriores der Nn. spinales Th_5-L_3	● Stabilisierung der weichen Bauchwand ● Atembewegungen ● Bauchpresse ● Gegenspieler der Rückenstrecker	● Doppelte Sehnenplatte in vorderer Bauchwand: Vagina musculi recti abdominis ● innere Bauchwandfaszie: Fascia transversalis
Diaphragma pelvis [**pelvicum**] ("Beckenzwerchfell")	Ehemalige Schwanzmuskeln	■ M. levator ani: ● M. pubococcygeus ● M. levator prostatae [M. pubovaginalis] ● M. puborectalis ● M. iliococcygeus ■ M. coccygeus	Muskeläste des Plexus sacralis aus S_3-S_4	Untere Begrenzung des Bauchraums, Verschluß des Beckenausgangs und des Mastdarms	Fascia pelvis : ● Fascia pelvis parietalis ● Fascia pelvis visceralis ● Fascia diaphragmatis pelvis superior ● Fascia diaphragmatis pelvis inferior
	Sphincter cloacalis	● M. sphincter ani externus ● Mm. perinei (⇨ unten)	N. pudendus		
Mm. perinei [**perineales**] [**Diaphragma urogenitale**] (Damm-Muskeln)	Spatium perinei profundum	● M. transversus perinei profundus ● M. sphincter urethrae ● M. compressor urethrae ● M. sphincter urethrovaginalis	N. pudendus	Verschluß des Levatortors sowie des Harn- und Geschlechtswegs	● Fascia diaphragmatis urogenitalis inferior ● Fascia perinei superficialis
	Spatium perinei superficiale	● M. transversus perinei superficialis ● M. ischiocavernosus ● M. bulbospongiosus			

2.3.2 Mm. dorsi I: Rückenmuskeln ventraler Herkunft

M. trapezius, Mm. rhomboidei, M. levator scapulae ⇨ 8.3.2, M. latissimus dorsi ⇨ 8.3.3

MUSKEL	URSPRUNG	ANSATZ	INNERVATION	FUNKTION	ANMERKUNGEN
M. serratus posterior inferior (hinterer unterer Sägemuskel)	Fascia thoraco-lumbalis	Rippen 9-12	Rr. anteriores der Nn. thoracici 9-11	● Senkt Rippen 9-12 (Hilfsausatemmuskel) ● hält Rippen 9-12 bei "Ziehharmonikabewegung" des Brustkorbs fest (Hilfseinatemmuskel)	Bei tiefer Einatmung müssen die unteren Rippen festgehalten werden, damit der Brustkorb maximal entfaltet werden kann und die Ausgangsbasis des Zwerchfells stabil bleibt
M. serratus posterior superior (hinterer oberer Sägemuskel)	Lange flache Ursprungssehne von: ● Processus spinosi C6-Th2 ● Lig. nuchae	Rippen 2-4 (5)	Rr. anteriores der Nn. thoracici 1-4	Hebt die Rippen 2-4 (Hilfseinatemmuskel)	

2.3.3 Mm. dorsi II: autochthone Rückenmuskeln

M. erector spinae

MUSKEL	URSPRUNG	ANSATZ	INNERVATION	FUNKTION	ANMERKUNGEN
M. iliocostalis (Darmbein-Rippen-Muskel)	*M. iliocostalis lumborum:* ● Crista iliaca ● Crista sacralis lateralis ● Fascia thoracolumbalis	● Processus costales L1-L3 ● Anguli costarum 7-12 ● Fascia thoracolumbalis (tiefes Blatt)	Rr. posteriores Th10-L1	● Reklination und Seitneigung der Wirbelsäule ● bei beidseitiger Kontraktion nur Reklination	Lateraler Muskelzug des M. erector spinae
	M. iliocostalis thoracis: Anguli costarum 7-12	Anguli costarum 1-6	Rr. posteriores Th2-Th9		
	M. iliocostalis cervicis: Anguli costarum 3-6	Processus transversi C4-C6	Rr. posteriores Th1-Th2		
M. longissimus (längster Muskel)	*M. longissimus lumborum:* mit oberflächlicher Sehnenplatte von ● Os sacrum ● Ligg. sacro-iliaca posteriora ● Crista iliaca	● Processus costales und Processus accessorii der Lendenwirbel ● tiefes Blatt der Fascia thoracolumbalis	Rr. posteriores L1-L5	● Reklination und Seitneigung der Wirbelsäule ● bei beidseitiger Kontraktion nur Reklination	Medialer Muskelzug des M. erector spinae
	M. longissimus thoracis: ● von Sehnenplatte des M. longissimus lumborum ● Processus spinosi Th7-L5 ● Processus transversi Th7-L2	● Anguli costarum 2-12 ● Processus transversi Th1-Th12	Rr. posteriores Th3-Th12		
	M. longissimus cervicis: Processus transversi C5-Th6	Processus transversi C2-C5	Rr. posteriores C4-Th2		
	M. longissimus capitis: Processus transversi C3-Th3	Processus mastoideus	Rr. posteriores C1-C3	Neigt und dreht den Kopf zur gleichen Seite	
M. spinalis (Dornfortsatzmuskel)	*M. spinalis thoracis:* Processus spinosi Th10-L3	Processus spinosi Th2-Th8	Rr. posteriores Th8-L1	Reklination und geringe Seitneigung der Wirbelsäule	Medianer Muskelzug des M. erector spinae
	M. spinalis cervicis: Processus spinosi C6-Th2	Processus spinosi C2-C4	Rr. posteriores C4-C8		
	M. spinalis capitis: Processus spinosi C6-Th2	Os occipitale zwischen Linea nuchalis superior und Linea nuchalis inferior	Rr. posteriores C4-C8	Rückneigen des Kopfes	Gemeinsamer Ansatz mit M. semispinalis capitis

Mm. transversospinales

MUSKEL	URSPRUNG	ANSATZ	NERV	FUNKTION	ANMERKUNGEN
M. semispinalis (Halbdornmuskel)	*M. semispinalis thoracis, M. semispinalis cervicis* (ohne scharfe Grenze): Processus transversi Th1-Th12	Processus spinosi C2-Th5	Rr. posteriores C3-Th6	Reklination, Seitneigung und (geringe) Rotation der Wirbelsäule	Lange Züge der transversospinalen Muskeln
	M. semispinalis capitis: Processus transversi C4-Th6	Os occipitale zwischen Linea nuchalis superior und Linea nuchalis inferior	Rr. posteriores C1-C4	Rückneigen, Seitneigen und (geringes) Drehen des Kopfes	Stärkster Nackenmuskel, prägt entscheidend die Nackenkontur (die beiden Längswülste)
Mm. multifidi (vielgefiederte Muskeln)	• Os sacrum • Ligg. sacro-iliaca posteriora • Crista iliaca • Fascia thoracolumbalis • Processus mammillares L1-L5 • Processus transversi Th1-Th12 • Processus articulares C4-C7	• Processus spinosi C2-L5 • Laminae arcuum vertebrarum [vertebralium]	Rr. posteriores C3-L5	Reklination, Seitneigung und Rotation der Wirbelsäule	Mittlere, im Lendenbereich sehr kräftige Züge der transversospinalen Muskeln
Mm. rotatores (Drehmuskeln) • Mm. rotatores lumborum • Mm. rotatores thoracis • Mm. rotatores cervicis	• Processus transversi C2-L5 • Processus mamillares L1-L5	Üblicherweise gegliedert in: • Mm. rotatores breves: zu Processus spinosus bzw. Lamina arcus vertebrae [vertebralis] des nächsthöheren Wirbelsegments • Mm. rotatores longi (zum übernächsten Wirbelsegment)	Rr. posteriores	Rotation sowie geringe Seitneigung und Reklination der Wirbelsäule	Kurze, tiefe Züge der transversospinalen Muskeln, im Brustbereich fast horizontal verlaufend

Muskeln zwischen benachbarten Dorn- und Querfortsätzen

MUSKEL	URSPRUNG	ANSATZ	INNERVATION	FUNKTION	ANMERKUNGEN
Mm. interspinales (Zwischendornfortsatzmuskeln)	• *Mm. interspinales cervicis*: Processus spinosi C2-Th1 • *Mm. interspinales thoracis*: Processus spinosi Th2-Th3, Th11-L1 • *Mm. interspinales lumborum*: Processus spinosi L2-L5	Nächsthöherer Processus spinosus	Rr. posteriores C3-Th2, Th10-L4	Reklination der Wirbelsäule	Im Halsbereich zweigeteilt bei geteilten Dornfortsatzspitzen
Mm. intertransversarii (Zwischenquerfortsatzmuskeln)	• *Mm. intertransversarii mediales lumborum*: Processus mamillares + Processus accessorii L1-L5 • *Mm. intertransversarii thoracis*: Processus transversi Th1-Th12 • *Mm. intertransversarii posteriores cervicis*: Tubercula posteriora der Processus transversi C1-C7	Nächsthöherer Processus transversus	Rr. posteriores C2-L4	Seitneigung und (geringe) Reklination der Wirbelsäule	
	• *Mm. intertransversarii laterales lumborum*: Processus costales L1-L5 • *Mm. intertransversarii anteriores cervicis*: Tubercula anteriora der Processus transversi C1-C7	Nächsthöherer Processus transversus	Rr. anteriores C2-C7, Th12-L4	Seitneigung der Wirbelsäule	

Spinotransversale Muskeln

MUSKEL	URSPRUNG	ANSATZ	INNERVATION	FUNKTION	ANMERKUNGEN
M. splenius cervicis (Riemenmuskel des Halses)	Processus spinosi Th3-Th5	Tubercula posteriora der Processus transversi C1-C3	Rr. posteriores C2-C4	Reklination, Seitneigung und (geringe) Rotation der Wirbelsäule	
M. splenius capitis (Riemenmuskel des Kopfes)	• Processus spinosi C7-Th3 • Lig. nuchae	• Linea nuchalis superior • Processus mastoideus	Rr. posteriores C2-C4	Rückneigen, Seitneigen und Drehen des Kopfes	Breites Muskelband, im Trigonum cervicale posterius oberflächlich

2.3.4 Mm. thoracis (Brustmuskeln)

M. pectoralis minor, M. subclavius, M. serratus anterior ⇨ 8.3.2, M. pectoralis major ⇨ 8.3.3

MUSKEL	URSPRUNG	ANSATZ	NERV	FUNKTION	ANMERKUNGEN
Mm. levatores costarum ("Rippenheber")	Processus transversi C_7–Th_{11}	● *Mm. levatores costarum breves:* Anguli costarum der nächsttieferen Rippen ● *Mm. levatores costarum longi:* Anguli costarum der übernächsten Rippen	Rr. anteriores C_8–Th_{11}	Funktion umstritten: ● Seitneigen und Rotation der Brustwirbelsäule (wegen des Brustkorbs nur geringer Spielraum) ● "Heben" der Rippen (gleiche Verlaufsrichtung wie Mm. intercostales externi, aber Rippen können am Angulus costae kaum gehoben, sondern nur rotiert werden, nach dem Ansatz auf der Rückseite müßte die Rotation zum Senken der Rippen führen)	Die Muskeln sind auch bei Leichen alter Menschen meist noch deutlich darstellbar, können also nicht ohne Funktion sein
Mm. intercostales externi (äußere Zwischenrippenmuskeln)	Rippen vom Tuberculum costae bis zur Articulatio costochondralis	Weiter ventral an nächsttieferer Rippe	Nn. intercostales [Rr. anteriores der Nn. thoracici] 1-11	● Abdichten der Zwischenrippenräume ● Heben der Rippen (Inspiration)	Ventral sehnenartige Fortsetzung bis zum Sternum als Membrana intercostalis externa
Mm. intercostales interni (innere Zwischenrippenmuskeln) **Mm. intercostales intimi** (innerste Zwischenrippenmuskeln)	Rippen vom Angulus costae bis zum Sternum	Weiter ventral an nächsthöherer Rippe		● Abdichten der Zwischenrippenräume ● Hauptteil Senken der Rippen (Exspiration) ● vordere Anteile zwischen den Rippenknorpeln ("Mm. intercartilaginei") Heben der Rippen (Inspiration), da medial der Achse der Articulationes costovertebrales (⇨ 2.2.3)	● Dorsale Fortsetzung als Membrana intercostalis interna ● durch A. + V. + N. intercostalis + begleitendes Bindegewebe Mm. intercostales interni in 2 Schichten geteilt, innerste Schicht wird Mm. intercostales intimi genannt
Mm. subcostales (Unterrippenmuskeln)	Dorsale Rippenabschnitte	Überspringen 1-2 Rippen		Senken der Rippen (Exspiration)	Abspaltung der Mm. intercostales intimi
M. transversus thoracis (querer Brustmuskel)	Dorsale Flächen von: ● Corpus sterni ● Processus xiphoideus ● Cartilago costalis 6 + 7	Cartilagines costales 2-6 (nahe den Articulationes costochondrales)	Nn. intercostales [Rr. anteriores der Nn. thoracici] 2-6	Zusammenschnüren des Brustkorbs (Exspiration)	● Kraniale Fortsetzung des M. transversus abdominis ● tiefste Muskelschicht des Brustkorbs

2.3.5 Mm. abdominis (Bauchmuskeln)

MUSKEL	URSPRUNG	ANSATZ	NERV	FUNKTION	ANMERKUNGEN
M. rectus abdominis (gerader Bauchmuskel)	● Cartilagines costales 5-7 ● Processus xiphoideus	● Os pubis ● Symphysis pubica	Rr. anteriores Th_7–Th_{12}	● Längsverspannung der vorderen Bauchwand ● Aufrichten des Oberkörpers aus Rückenlage ● zusammen mit Rückenstreckern Stabilisieren des Beckens bei Bewegungen im Hüftgelenk ● Senken des Brustkorbs (Exspiration) ● wegen der Zwischensehnen Kontraktion einzelner Abschnitte möglich (in Zusammenarbeit mit entsprechenden Abschnitten der schrägen Bauchmuskeln Auf- und Abrollen der "Bauchkugel")	● Intersectiones tendineae (Zwischensehnen): meist 3-4, ventral verwachsen mit Rektusscheide ■ **Vagina musculi recti abdominis** (Rektusscheide): gebildet von Sehnenplatten der schrägen und queren Bauchmuskeln: ● *Lamina anterior* (vorderes Blatt): durchgehend vom Brustkorb zum Schambein ● *Lamina posterior* (hinteres Blatt): endet etwas kaudal des Nabels in Linea arcuata ● *Linea alba*: mediane Durchflechtung der beiden Laminae

Fortsetzung der Tabelle nächste Seite

Bauchmuskeln (Fortsetzung)

MUSKEL	URSPRUNG	ANSATZ	NERV	FUNKTION	ANMERKUNGEN
M. pyramidalis (Pyramidenmuskel)	● Os pubis ● Symphysis pubica (ventral von M. rectus abdominis)	Linea alba	Rr. anteriores $Th_{12}-L_1$	Spannt Rektusscheide	● Phylogenetischer Rest des Beutelmuskels der Beuteltiere ● beim Menschen sehr variabel
M. obliquus externus abdominis (äußerer schräger Bauchmuskel)	Rippen 5-12 (Außenflächen)	● Crista iliaca (Labium externum) ● Lig. inguinale ● Tuberculum pubicum ● Linea alba	Rr. anteriores Th_5-Th_{12}	■ Bei beidseitiger Kontraktion: ● Längsverspannung der vorderen Bauchwand ● Aufrichten des Oberkörpers aus Rückenlage ● Senken des Brustkorbs (Exspiration) ■ bei einseitiger Kontraktion: ● zusammen mit M. obliquus internus abdominis der gleichen Seite: Seitneigung des Rumpfes ● zusammen mit M. obliquus internus abdominis der Gegenseite: Torsion des Rumpfes zur Gegenseite	Breite Aponeurose bildet vorderes Blatt der Rektusscheide: ● *Lig. inguinale* [Arcus inguinalis] (Leistenband): kaudale verstärkte Randzüge der Externusaponeurose ● *Anulus inguinalis superficialis* (äußerer Leistenring): Lücke in der Externusaponeurose für den Samenstrang, die Sehnenzüge weichen dazu als Crus mediale und Crus laterale auseinander ● *Fibrae intercrurales*: zwischen Crus mediale und laterale quer verlaufende Fasern, begrenzen den äußeren Leistenring nach oben
M. obliquus internus abdominis (innerer schräger Bauchmuskel)	● Fascia thoracolumbalis (oberflächliches Blatt) ● Crista iliaca (Linea intermedia) ● Lig. inguinale	● Rippen 10-12 (Unterrand) ● Linea alba	Rr. anteriores $Th_{10}-L_2$	■ Bei beidseitiger Kontraktion: ● Längsverspannung der vorderen Bauchwand ● Aufrichten des Oberkörpers aus Rückenlage ● Senken des Brustkorbs (Exspiration) ■ bei einseitiger Kontraktion: ● zusammen mit M. obliquus externus abdominis der gleichen Seite: Seitneigung des Rumpfes ● zusammen mit M. obliquus externus abdominis der Gegenseite: Torsion des Rumpfes zur Gegenseite	Anordnung der Bauchmuskeln nach dem Prinzip doppelter Kreuzzuggurtung: ● ein aufrechtes Kreuz aus M. rectus abdominis und M. transversus abdominis ● ein schrägstehendes Kreuz (Andreaskreuz) aus M. obliquus externus und internus abdominis ● beide Kreuze verbunden durch Rektusscheide
M. cremaster (Hodenheber)	Aus kaudalen Randfasern des M. obliquus internus abdominis	Samenstrang bis zum Hoden	R. genitalis des N. genitofemoralis	Zieht den Hoden an den Rumpf, wirkt dadurch mit an der Temperaturregulation im Hoden	**Kremasterreflex**: streicht man leicht über die Medialseite des Oberschenkels des Mannes, so wird der Hoden nach oben gezogen
M. transversus abdominis (querer Bauchmuskel)	● Rippen 7-12 (Innenflächen) ● Fascia thoracolumbalis (tiefes Blatt) ● Crista iliaca (Labium internum) ● Lig. inguinale	Linea alba	Rr. anteriores Th_7-L_1	Schnürt den Bauch ein, Hauptmuskel der "Bauchpresse", wichtig für: ● Stuhlgang ● Erbrechen ● Preßwehen bei Entbindung ● forcierte Exspiration (Husten) ● verstärkt Druck bei Harnentleerung	● Breite Aponeurose bildet hinteres Blatt der Rektusscheide kranial der Linea arcuata, kaudal Übergang in vorderes Blatt ● *Falx inguinalis* [Tendo conjunctivus]: von Transversusaponeurose zum Lig. pectineale ● *Fascia transversalis* (innere Bauchwandfaszie): auf Innenseite des queren Bauchmuskels ● *Linea semilunaris* (Spighel-Linie): halbmondförmige Grenzlinie zwischen Muskelfleisch und Aponeurose des queren Bauchmuskels
M. quadratus lumborum (quadratischer Lendenmuskel)	● Crista iliaca (Labium internum) ● Lig. iliolumbale	● 12. Rippe ● 12. Brustwirbel ● Lig. lumbocostale ● Processus costales L_1-L_4	Rr. anteriores $Th_{12}-L_3$	● Längsverspannung der hinteren Bauchwand ● senkt 12. Rippe ● Seitneigen der Wirbelsäule	● Liegt vor tiefem Blatt der Fascia thoracolumbalis ● *Lig. arcuatum laterale* ("Quadratusarkade"): Sehnenbogen vor dem M. quadratus lumborum für den Ursprung eines Teils des Zwerchfells

2.3.6 Diaphragma (thoraco-abdominale) (Zwerchfell)

URSPRUNG	ANSATZ	NERV	FUNKTION	ANMERKUNGEN
■ *Pars lumbalis diaphragmatis:* ● Lig. arcuatum medianum: Sehnenbogen über Hiatus aorticus ● Crus dextrum: Wirbelkörper Th_{12}-L_4 ● Crus sinistrum: Wirbelkörper Th_{12}-L_3 ● Lig. arcuatum mediale: Sehnenbogen über M. psoas ("Psoasarkade") ● Lig. arcuatum laterale: Sehnenbogen über M. quadratus lumborum ("Quadratusarkade") ■ *Pars costalis diaphragmatis:* Innenflächen der Rippen 7-12 ■ *Pars sternalis diaphragmatis:* Dorsalfläche des Processus xiphoideus	Centrum tendineum	N. phrenicus: aus Plexus cervicalis, entsprechend der embryonalen Anlage des Zwerchfells im Halsbereich (⇨ 3.1.6)	Schiebt Baucheingeweide kaudal, dadurch ● Druck in Brusthöhle vermindert (Inspiration) ● Druck in Bauchhöhle erhöht (Mitwirkung bei "Bauchpresse")	**Zwerchfellücken** (Entwicklung ⇨ 3.1.6): ■ in Pars lumbalis: ● Hiatus aorticus: für Aorta und Ductus thoracicus ● Hiatus oesophageus: für Oesophagus und Trunci vagales, ferner Bruchpforte für die weitaus überwiegende Zahl aller Zwerchfellhernien ● kleine Lücken für N. splanchnicus major/minor, Truncus sympatheticus, V. azygos/hemiazygos ■ zwischen Pars lumbalis und Pars costalis ("Bochdalek-Dreieck"): sehr selten Bruchpforte für lumbokostale Zwerchfellhernien ("Bochdalek-Hernien") ■ zwischen Pars costalis und Pars sternalis (Larrey-Spalte): für A. + V. epigastrica superior (Endäste von A. + V. thoracica interna), sehr selten Bruchpforte der sternokostalen Zwerchfellbrüche (links "Larrey-Hernie", rechts "Morgagni-Hernie" genannt) ■ im Centrum tendineum: Foramen venae cavae: für V. cava inferior und Ast des N. phrenicus

2.3.7 Diaphragma pelvis [pelvicum]

MUSKEL	URSPRUNG	ANSATZ	NERV	FUNKTION	ANMERKUNGEN
M. levator ani (Afterheber) 4 Teilmuskeln	■ Os pubis: ● *M. pubococcygeus* ● *M. pubovaginalis* bzw. *M. levator prostatae* ● *M. puborectalis* ■ Os ilii [Ilium] nahe Linea terminalis mit Sehnenplatte, die dem M. obturator internus anliegt (Arcus tendineus musculi levatoris ani): ● *M. iliococcygeus*	● Os coccygis ● Os sacrum ● Lig. anococcygeum ● M. sphincter ani externus ● Centrum tendineum perinei	Muskeläste des Plexus sacralis aus S_3-S_4	● Schließt Bauchraum trichterförmig nach unten ab (daher Diaphragma pelvis im Vergleich mit Diaphragma thoraco-abdominale) ● trägt Beckenorgane ● zieht After nach vorn und bedingt dadurch Flexura perinealis des Rektums (wichtig für Kontinenz) ● hebt After an (bei Defäkation)	■ Levatortor: ● vom Schambein entspringende Muskelteile umgeben torbogenartig den Harn- und Geschlechtsweg ● das "Tor" ist nötig für den Durchtritt des Kindes bei der Geburt ● das Levatortor wird teilweise durch das Diaphragma urogenitale verschlossen ● die Ränder des Muskels sind in der lateralen Wand der Scheide zu tasten ■ *Hängematte*: die beiden Mm. iliococcygei verbinden über das Lig. anococcygeum hinweg hängemattenartig die Darmbeine
M. sphincter ani externus (äußerer Afterschließmuskel)	● *Pars subcutanea*: Haut hinter dem After ● *Pars superficialis*: Lig. anococcygeum ● *Pars profunda*: Centrum tendineum perinei	● *Pars subcutanea*: Haut vor dem After ● *Pars superficialis*: Centrum tendineum perinei, z.T. Schlinge vor Rectum bildend ● *Pars profunda*: Centrum tendineum perinei (Schlinge hinter Rectum bildend, z.T. gemeinsam mit M. levator ani)	N. pudendus	Kreuzweiser Verschluß des Afters: ● Pars subcutanea und Teil der Pars superficialis bilden Längsspalt ● Pars profunda und Teil der Pars superficialis bilden Querspalt (zusammen mit M. levator ani) ● im "Ruhezustand" steht der Muskel unter mäßiger Dauerspannung, die willkürlich verstärkt ("Kneifen" bei Stuhldrang) und gelöst (Defäkation) werden kann	● Eigentlich kein "Sphincter", da keine ringförmigen Muskelfasern, sondern nur gegenläufige Schlingen ● Vv. rectales inferiores durchqueren den Muskel und werden bei dessen Daueranspannung abgeklemmt, dadurch wird der Plexus venosus rectalis (Hämorrhoidenvenen) gestaut und durch ihn die Haut vorgewölbt → gasdichter Verschluß des Afters ● Hämorrhoidalknoten bevorzugt an Stellen, an denen die Venen den Muskel durchqueren (bei 4, 7 und 11 "Uhr" in Rückenlage)
M. coccygeus (Steißmuskel)	Spina ischiadica	● Os sacrum ● Os coccygis	Äste des Plexus sacralis aus S_3-S_4	Entlastet Lig. sacrospinale und Lig. sacrotuberale	Dauerbelastung überdehnt Bänder, deshalb zeitweilige Entlastung nötig

2.3.8　Mm. perinei [perineales] (Damm-Muskeln)
(Diaphragma urogenitale)

MUSKEL	URSPRUNG	ANSATZ	NERV	FUNKTION	ANMERKUNGEN
M. transversus perinei profundus (tiefer querer Damm-Muskel)	● Ausgespannt im Arcus pubicus ● Endet dorsal im Centrum tendineum perinei		N. pudendus	Deckt das Levatortor nach unten ab und sichert so die Lage der Beckenorgane	Enthält auch glatte Muskelfasern
M. sphincter urethrae (Harnröhren-schließmuskel)	Umgibt ringförmig die Pars membranacea der Urethra		N. pudendus	Willkürlicher Verschluß des Harnwegs	Enthält auch glatte Muskelfasern
M. sphincter urethro-vaginalis (Harnröhren-Scheiden-Schließmuskel)	Umschließt brillenförmig Harnröhre und Scheide		N. pudendus	Verengt Harnröhre und Scheide	
M. transversus perinei superficialis (oberflächlicher querer Damm-Muskel)	Ramus ossis ischii	Centrum tendineum perinei	N. pudendus	Unterstützt M. transversus perinei profundus (⇨ oben)	Variabel, oft sehr schwach
M. ischio-cavernosus (Sitzbein-Schwellkörper-Muskel)	● Ramus ossis ischii ● Tuber ischiadicum ● Lig. sacrotuberale	Tunica albuginea corporis cavernosi	N. pudendus	Komprimiert hinteren Teil des Corpus cavernosum clitoridis/penis und verstärkt dadurch Erektion	● Umhüllt hinteren Teil des Corpus cavernosum clitoridis/penis ● bei der Frau oft schwach ausgebildet
M. bulbo-spongiosus (Schwellkörper-muskel)	● Centrum tendineum perinei ● beim Mann auch Raphe penis	● Frau: Clitoris und Umgebung ● Mann: Fascia penis profunda	N. pudendus	■ Bei der Frau: ● verengt den Scheideneingang ("Sphincter vaginae") ● preßt die Glandula vestibularis major (Bartholin-Drüse) aus ■ beim Mann: ● komprimiert hinteren Teil des Harnröhrenschwellkörpers und damit Harnröhre ● entleert die Harnröhre am Ende der Miktion und bei der Ejakulation ● verstärkt Erektion	Umschließt bei ● Frau Bulbus vestibuli (paarig) ● Mann Bulbus penis (unpaar)

2.3.9　Faszien und Bindegeweberäume des Rumpfes

FASZIE	TEIL	BEDECKT
Rückenfaszien	**Fascia thoracolumbalis** (Brustkorb-Lenden-Faszie)	Autochthone Rückenmuskeln, oberflächliches Blatt an Dornfortsätzen, tiefes Blatt an Querfortsätzen befestigt
Brustwandfaszien	**Fascia pectoralis** (oberflächliche Brustfaszie)	M. pectoralis major
	Fascia clavipectoralis (tiefe Brustfaszie)	M. pectoralis minor + M. subclavius
	Fascia thoracica (äußere Brustwandfaszie)	Mm. intercostales externi
	Fascia endothoracica (innere Brustwandfaszie)	Innenseite der Mm. intercostales intimi

Fortsetzung der Tabelle nächste Seite

Faszien und Bindegeweberäume des Rumpfes (Fortsetzung)

FASZIE	TEIL	BEDECKT
Bauchwandfaszien	Äußere Bauchwandfaszie (nicht in Nomina anatomica)	In der anglo-amerikanischen Literatur werden 2 Schichten unterschieden: ● oberflächliches Blatt (*Camper-Faszie*): in Fettschicht vor den Bauchmuskeln ● tiefes Blatt (*Scarpa-Faszie*): Außenseite des M. obliquus externus abdominis + vorderes Blatt der Rektusscheide
	Fascia transversalis (innere Bauchwandfaszie)	Innenseite des M. transversus abdominis und des hinteren Blatts der Rektusscheide
	Fascia renalis (Nierenfaszie, Gerota-Faszie)	Umschließt als Fasziensack mit vorderem und hinterem Blatt Niere + Nebenniere + Capsula adiposa der Niere, Sack ist nach medial und kaudal offen (für Nierengefäße + Harnleiter)
Tunicae funiculi spermatici (Hüllen des Samenstrangs)	Fascia spermatica externa (äußere Samenstrangfaszie)	Samenstrang (Fortsetzung der Aponeurose des M. obliquus externus abdominis)
	Fascia cremasterica (Hodenheberfaszie)	M. cremaster
	Fascia spermatica interna (innere Samenstrangfaszie)	Bündel aus Ductus deferens und Leitungsbahnen des Samenstrangs (Fortsetzung der Fascia transversalis)

Fascia pelvis

FASZIE	TEIL	BEDECKT
Fascia pelvis parietalis (Beckenwandfaszie)	Fascia obturatoria (Faszie des inneren Hüftlochmuskels)	Beckenwand und M. obturator internus (Fortsetzung der Fascia iliaca in das kleine Becken) ● eingelassen in die Fascia obturatoria ist der Canalis pudendalis (Alcock-Kanal) für A. + V. pudenda interna und N. pudendus
Fascia pelvis visceralis (Beckeneingeweidefaszie)	Fascia prostatae (Prostatafaszie)	Prostata
	Fascia peritoneoperinealis (Bauchfell-Damm-Faszie)	Bindegewebe zwischen Bauchfell und Damm: ● Septum rectovaginale: Bindegewebe zwischen Rectum und Vagina ● Septum rectovesicale: Bindegewebe zwischen Rectum und Harnblase bzw. Prostata ● Lig. pubovesicale: bei der Frau vom Schambein zum Blasenhals ● Lig. puboprostaticum: bei Mann vom Schambein zur Prostata
Fascia diaphragmatis pelvis superior (obere Afterheberfaszie)		Oberseite (Beckenseite) des M. levator ani ● Arcus tendineus fasciae pelvis: Sehnenzug von Symphysis pubica zu Spina ischiadica
Fascia diaphragmatis pelvis inferior (untere Afterheberfaszie)		Unterseite des M. levator ani (zur Fossa ischio-analis), grenzt an Corpus adiposum fossae ischio-analis
Membrana perinei (Damm-Membran)	Fascia diaphragmatis urogenitalis inferior (Colles-Faszie)	Unterseite des M. transverus perinei profundus ● Grenze zwischen Spatium perinei profundum und Spatium perinei superficiale ● Lig. transversum perinei: im Arcus pubicus vor M. transversus perinei profundus ausgespannt
Fascia perinei superficialis (oberflächliche Dammfaszie, Cruveilhier-Faszie)		M. transversus perinei superficialis, M. ischiocavernosus, M. bulbospongiosus (Teil der oberflächlichen Körperfaszie) ● setzt sich fort auf Penis als *Buck-Faszie*

2.4 Arterien des Rumpfes

2.4.1 Arterien des Lungenkreislaufs

ARTERIE	URSPRUNG, LAGE, VERLAUF	ÄSTE, VERSORGUNGSGEBIET	KLINIK
Truncus pulmonalis (Stamm der Lungenschlagadern)	● Entspringt aus Conus arteriosus [Infundibulum] der rechten Herzkammer (Ventriculus dexter), von diesem getrennt durch Pulmonalklappe (Valva trunci pulmonalis) ● unmittelbar kranial der Pulmonalklappe 3 Ausbuchtungen (Sinus trunci pulmonalis) entsprechend den 3 Taschenklappen (Valvula semilunaris anterior/dextra/sinistra) ● Länge 5-6 cm, liegt innerhalb des Herzbeutels (Pericardium) links der Pars ascendens aortae ● *Bifurcatio trunci pulmonalis*: distales Ende des Truncus pulmonalis teilt sich außerhalb des Herzbeutels links von der Medianebene T-förmig in die beiden Aa. pulmonales	● A. pulmonalis dextra (⇨ unten) ● A. pulmonalis sinistra (⇨ unten) ● Versorgungsgebiet: führt venöses Blut (!), Bronchen werden über Rr. bronchiales der Pars thoracica aortae mit Sauerstoff versorgt	**Fulminante Lungenembolie:** ● Verschluß des Truncus pulmonalis (vor allem durch ein Blutgerinnsel, das am Teilungssporn der Bifurcatio trunci pulmonalis hängen bleibt) ● plötzlicher Herzstillstand, da rechte Herzkammer nicht mehr entleert werden kann
A. pulmonalis dextra (rechte Lungenschlagader)	● Etwa rechtwinkliger Abgang aus Truncus pulmonalis an Bifurcatio trunci pulmonalis ● zieht dorsal von Pars ascendens aortae und V. cava superior, aber ventral vom Bronchus principalis dexter zum Hilum pulmonis der rechten Lunge ● wegen der Linkslage der Bifurkation ist die rechte Pulmonalarterie länger als die linke ● liegt im Lungenhilum kaudal des Hauptbronchus, aber kranial-dorsal der Lungenvenen ● verzweigt sich mit den Bronchen zu den Lungenlappen, Lungensegmenten usw.	Benannte Äste entsprechen den Lappen und Segmenten der rechten Lunge: ■ **Rr. lobi superioris:** ● R. apicalis ● R. anterior ascendens ● R. anterior descendens ● R. posterior ascendens ● R. posterior descendens ■ **Rr. lobi medii:** ● R. medialis ● R. lateralis ■ **Rr. lobi inferioris:** ● R. superior [apicalis] lobi inferioris ● Pars basalis: ● R. basalis anterior ● R. basalis lateralis ● R. basalis medialis ● R. basalis posterior	**Lungenembolie:** ● Schwere des Krankheitsbildes abhängig vom Kaliber der verschlossenen Arterie: ● bei zentraler Lungenembolie meist Tod durch Rechtsherzversagen ("Lungenschlag") ● kleine periphere Embolie kann unbemerkt bleiben ● dicker Embolus aus weiten Venen (z.B. Beckenvenen, untere Hohlvene) bleibt früher stecken und führt eher zum zentralen Verschluß ● dünner Embolus (z.B. aus Beinvenen) gelangt in feinere Gefäße → periphere Embolie ● Lungenembolie bei etwa 10 % aller Sektionen festzustellen, bei etwa 5 % Todesursache ● Trendelenburg-Operation (pulmonale Embolektomie): als Notoperation bei zentraler Embolie
A. pulmonalis sinistra (linke Lungenschlagader)	● Etwa rechtwinkliger Abgang aus Truncus pulmonalis an Bifurcatio trunci pulmonalis ● zieht kaudal des Arcus aortae und ventral der Pars descendens aortae und des Bronchus principalis sinister zum Hilum pulmonis der linken Lunge ● wegen der Linkslage der Bifurkation ist die linke Pulmonalarterie kürzer als die rechte ● nimmt in der Fetalzeit den Ductus arteriosus (Botallo-Gang) auf, der nach der Geburt zum Lig. arteriosum verödet ● liegt im Lungenhilum kranial des Hauptbronchus und der Lungenvenen ● verzweigt sich mit den Bronchen zu Lungenlappen, Lungensegmenten usw.	Benannte Äste entsprechen den Lappen und Segmenten der linken Lunge: ■ **Rr. lobi superioris:** ● R. apicalis ● R. anterior ascendens ● R. anterior descendens ● R. posterior ● R. lingularis: ● R. lingularis inferior ● R. lingularis superior ■ **Rr. lobi inferioris:** ● R. superior lobi inferioris ● Pars basalis ● R. basalis anterior ● R. basalis lateralis ● R. basalis medialis ● R. basalis posterior	

2.4.2 Aorta (Hauptschlagader)

ABSCHNITT	URSPRUNG, LAGE, VERLAUF	ÄSTE, VERSORGUNGSGEBIET	KLINIK
Pars ascendens aortae (aufsteigender Teil der Aorta)	■ **Ursprung:** aus linker Herzkammer (Ventriculus sinister), von dieser getrennt durch Aortenklappe (Valva aortae) ■ **Maße:** ● Länge 5-6 cm ● mittlerer Durchmesser 28 mm ■ **Lage:** innerhalb des Herzbeutels (Pericardium) erst hinter, dann rechts des Truncus pulmonalis ■ **Bulbus aortae:** unmittelbar kranial der Aortenklappe erweitert mit 3 Ausbuchtungen (Sinus aortae, Valsalva-Sinus) entsprechend den 3 Taschenklappen (Valvula semilunaris posterior/ dextra/sinistra)	■ Im "Lehrbuchfall" nur 2 Äste (Abgang unmittelbar über Aortenklappe): ● A. coronaria dextra (⇨ 2.4.3) ● A. coronaria sinistra (⇨ 2.4.3) ■ wichtige **Varietäten:** ● 3 Koronarostien (3 Öffnungen in Bulbus aortae für Herzkranzarterien): ● häufigster Fall: R. coni arteriosi entspringt direkt aus Aorta (bei etwa 1/3 aller Herzen) ● seltener (etwa 1 %): getrennter Ursprung der beiden Hauptäste der A. coronaria sinistra ● nur 1 Koronarostium (etwa 1 %): ● gemeinsamer Ursprung der beiden Koronararterien oder ● eine Koronararterie entspringt aus Truncus pulmonalis ■ **Versorgungsgebiet:** Herzwand	*Mesaortitis luica:* ● häufigste Spätfolge der Syphilis (etwa 20 Jahre nach Infektion) ● führt zu starker Erweiterung (Aneurysma) der Pars ascendens aortae ● Folgen sind ● Insuffizienz der Aortenklappe ● Einengung der Koronarostien ● Aortenruptur
Arcus aortae (Aortenbogen)	■ **Definition:** ● anatomische Definition: zwischen Austritt der Aorta aus Herzbeutel und Isthmus aortae ● im klinischen Sprachgebrauch werden häufig noch Teile der Pars ascendens und der Pars descendens (ohne scharfe Grenze) mit einbezogen ■ **Maße:** ● Länge etwa 5 cm ● mittlerer Durchmesser etwa 28 mm ■ **Lage und Verlauf:** ● Lage dorsal des Manubrium sterni und der V. brachiocephalica sinistra, ventral des 4. Brustwirbelkörpers ● Verlauf fast sagittal (leicht gedreht von rechts vorn nach links hinten) ■ **Nachbarorgane:** ● *rechts* liegen an: ● Trachea ● Ösophagus ● Ductus thoracicus ● *links* liegen an: ● N. phrenicus sinister ● Rr. und Nn. cardiaci ● N. vagus sinister ● linke Lunge ● *unten* liegen an: ● Bifurcatio trunci pulmonalis ● N. laryngeus recurrens sinister	■ Im "Lehrbuchfall" 3 Äste (Einzelheiten ⇨ 6.4.1): ● Truncus brachiocephalicus: gemeinsamer Stamm von A. carotis communis dextra und A. subclavia dextra ● A. carotis communis sinistra ● A. subclavia sinistra ■ wichtige **Varietäten:** ● A. carotis communis sinistra entspringt gemeinsam mit Truncus brachiocephalicus (etwa 20 %) ● A. vertebralis sinistra entspringt direkt aus Aortenbogen statt aus A. subclavia (etwa 4 %) ● A. thyreoidea ima als direkter Ast des Aortenbogens (etwa 1 %) ● A. subclavia dextra als letzter Ast des Aortenbogens ("A. lusoria", etwa 1 %): dann fehlt N. laryngeus recurrens dexter (⇨ 6.7.6) ● rechtsläufiger Aortenbogen (Arcus aortae dexter, selten, < 0,1 %) ● doppelter Aortenbogen (Arcus aortae duplex, selten, < 0,1 %) ■ **Versorgungsgebiet:** Kopf, Hals, Arme, Teile der Brustwand ■ **Corpora para-aortica:** ● in Umgebung des Aortenbogens liegende Ansammlungen katecholaminhaltiger Zellen ● gehören zu den Paraganglien ● Funktion unklar (Druckrezeptoren?)	■ **Röntgenbild:** ● "Aortenknopf" im sagittalen Bild im 1. Interkostalraum links ● besserer Überblick im transversalen oder LAO-Bild ● Aortenbogen verursacht Delle im Kontrastbild ("Breischluck") des Ösophagus ■ *Arcus aortae duplex* bildet Gefäßring um Trachea und Ösophagus und kann diese stark beengen
Pars descendens aortae (absteigender Teil der Aorta)	● Aorta zwischen Isthmus aortae und Bifurcatio aortae ● liegt etwas links der Medianebene vor den Wirbelkörpern Th5-L4, durch Hiatus aorticus des Zwerchfells gegliedert in: ● Pars thoracica aortae (⇨ nächste Seite) ● Pars abdominalis aortae (⇨ nächste Seite)	**Versorgungsgebiet:** untere Körperhälfte, Teile der Brustwand	

Fortsetzung der Tabelle nächste Seite

Aorta (Fortsetzung)

ABSCHNITT	URSPRUNG, LAGE, VERLAUF	ÄSTE, VERSORGUNGSGEBIET	KLINIK
Pars thoracica aortae (Brustaorta)	■ **Definition:** Brustabschnitt der absteigenden Aorta zwischen Isthmus aortae und Hiatus aorticus des Zwerchfells ■ **Länge:** 17-20 cm ■ **Verlauf und Nachbarorgane:** ● läuft etwas links der Medianebene ● *ventral* liegen an: • linke Lunge • Herzbeutel • Speiseröhre ● *dorsal* liegen an: • V. hemiazygos • Wirbelkörper Th5-Th12 (Aorta verursacht leichte Eindellung der Wirbelkörper Th4-Th6) ■ **Isthmus aortae** (Aortenenge): ● Verminderung des Durchmessers nach Abgang der 3 großen Äste des Arcus aortae ● beim Fetus Einschnürung, weil darunter Mündung des Ductus arteriosus und dadurch Aorta wieder weiter ■ **Aortenspindel:** Anfangsteil der Brustaorta direkt kaudal des Isthmus aortae manchmal auch beim Erwachsenen erweitert	■ **Äste zu den Mediastinalorganen und zum Zwerchfell:** ● Rr. bronchiales ● Rr. oesophageales ● Rr. pericardiaci ● Rr. mediastinales ● Aa. phrenicae superiores ■ **Aa. intercostales posteriores** III-IX: laufen am unteren Rippenrand zwischen den Mm. intercostales interni und intimi, anastomosieren mit Rr. intercostales anteriores der A. thoracica interna, Äste: ● *R. dorsalis:* zur Rückenhaut mit • R. cutaneus medialis • R. cutaneus lateralis ● *Rr. spinales:* zum Wirbelkanal mit • R. postcentralis • R. prelaminaris • A. radicularis posterior • A. radicularis anterior • A. medullaris segmentalis ● *R. collateralis:* am oberen Rippenrand ● *R. cutaneus lateralis:* zur Haut der seitlichen und vorderen Brustwand, mit • Rr. mammarii laterales zur Brustdrüse Man beachte: ● *A. subcostalis:* 12. Interkostalarterie liegt nicht mehr "zwischen", sondern "unter" Rippen ● 1. + 2. Interkostalarterie aus Truncus costocervicalis der A. subclavia	**Aortenisthmusstenose** (Coarctatio aortae): ● supraduktale (präduktale) Form ("infantiler Typ"): Engstelle kranial des meist offenen Ductus arteriosus, Zyanose der oberen Körperhälfte, Lebenserwartung nur 2-4 Jahre ● infraduktale (postduktale) Form ("Erwachsenentyp"): Engstelle kaudal des Lig. arteriosum, Blutdruckdifferenz zwischen oberer und unterer Körperhälfte, ausgedehnter Kollateralkreislauf mit Erweiterung der Gefäße der Rumpfwand
Pars abdominalis aortae (Bauchaorta)	■ **Definition:** Bauchabschnitt der Aorta vom Hiatus aorticus bis zur Bifurcatio aortae ■ **Lage:** ● läuft etwas links der Medianebene vor den Wirbelkörpern Th12-L4 ● rechts liegt die V. cava inferior an ■ **Bifurcatio aortae** (Aortengabel): ● Teilung in die beiden Aa. iliacae communes vor dem 4. oder 5. Lendenwirbelkörper ● Projektion auf Bauchwand unmittelbar links-unten neben Nabel ● Aa. iliacae communes entsprechen den 5. Lendenschlagadern, eigentliche Fortsetzung der Aorta ist die A. sacralis mediana ("Aorta caudalis") ■ **Puls:** ist unmittelbar links vom Nabel leicht zu tasten	■ **Unpaare Äste:** ● *Truncus coeliacus:* entspringt noch im Hiatus aorticus, gemeinsamer Stamm von • A. gastrica sinistra (⇨ 2.4.4) • A. hepatica communis (⇨ 2.4.4) • A. splenica [lienalis] (⇨ 2.4.4) ● *A. mesenterica superior* (⇨ 2.4.5) ● *A. mesenterica inferior* (⇨ 2.4.5) ● A. sacralis mediana: Fortsetzung der Aorta auf der Ventralseite des Kreuzbeins nach Abgang der Aa. iliacae communes ■ **paarige Äste:** ● A. phrenica inferior: Hauptarterie des Zwerchfells mit Ästen zur Nebenniere: Aa. suprarenales [adrenales] superiores ● Aa. lumbales: entsprechen den Interkostalarterien der Brustaorta ● A. suprarenalis [adrenalis] media: mittlere Nebennierenschlagader ● A. renalis (⇨ 2.4.5) ● A. ovarica bzw. A. testicularis (⇨ 2.4.5)	**Bauchaorten-Aneurysma:** ● starke Erweiterung der Bauchaorta ● bei etwa 3 % aller Leichen älterer Menschen zu finden ● Ursache meist Arteriosklerose ● Symptome uncharakteristisch: Anfälle stechender Schmerzen ● Tastbefund: pulsierende Geschwulst im Unterbauch ● im Ultraschallbild leicht zu erkennen ● Gefahr des Platzens (Ruptur), dann massive Blutung (häufig tödlich)

2.4.3 Aa. coronariae (Herzkranzschlagadern)

ARTERIE	URSPRUNG, LAGE, VERLAUF, VERSORGUNGSGEBIET	ÄSTE	KLINIK
A. coronaria dextra (rechte Herzkranzschlagader, RCA = right coronary artery)	● Entspringt aus Sinus aortae unmittelbar kranial der Valvula semilunaris dextra ● gelangt zwischen Conus arteriosus [Infundibulum] und Auricula dextra zum Sulcus coronarius ● läuft in diesem zwischen rechtem Vorhof und rechter Kammer nach dorsokaudal ● Endast R. interventricularis posterior steigt im Sulcus interventricularis posterior ab ■ **Versorgungsgebiet** (beim Normaltyp = ausgeglichenen Versorgungstyp): ● rechter Vorhof ● rechte Kammer ohne Streifen rechts des Sulcus interventricularis anterior ● linke Kammer: nur Streifen links des Sulcus interventricularis posterior ● hinterer Teil der Kammerscheidewand ● beide Knoten des Erregungsleitungssystems	(Klinisch übliche Bezeichnungen und Abkürzungen in Klammern) ■ **Äste des Hauptstamms:** ● Rr. atrioventriculares: kleine Äste zu rechtem Vorhof und rechter Kammer (RVD) ● R. coni arteriosi (RCO): zum Conus arteriosus [Infundibulum] ● R. nodi sinuatrialis (RNS): zum Sinusknoten ● Rr. atriales: zum rechten Vorhof ● R. marginalis dexter (RMD): stärkerer Ast am rechten Herzrand bis nahe zur Herzspitze ● R. atrialis intermedius (RAD = R. atrialis dexter): auf Dorsalseite des rechten Vorhofs ■ **R. interventricularis posterior** (RIP, PDA = posterior descendent artery) ● Rr. interventriculares septales (RSP = Rr. septales posteriores): zur Kammerscheidewand ● R. nodi atrioventricularis (RNAV): zum AV-Knoten ● R. posterolateralis dexter (RPLD): zum linken Ventrikel	■ **Ursprung von Koronararterien aus Truncus pulmonalis** (etwa 1 %): ● meist nur R. coni arteriosi ● auch bei RCA meist symptomlos ● bei LCA jedoch verkürzte Lebenserwartung ● Probleme: geringerer Sauerstoffgehalt und niedrigerer Blutdruck ■ **Koronarreserve:** Quotient von maximaler und Ruhedurchblutung, bei Gesunden etwa 4 ■ **koronare Herzkrankheit** (KHK): ● *Koronarsklerose* = Atheromatose (Arteriosklerose, ⇨ 1.5.2) der Koronararterien mit herdförmiger Ablagerung von Lipiden in Intima (Plaque)
A. coronaria sinistra (linke Herzkranzschlagader, LCA = left coronary artery)	● Entspringt aus Sinus aortae unmittelbar kranial der Valvula semilunaris sinistra ● gelangt zwischen Truncus pulmonalis und Auricula sinistra zum Sulcus coronarius ● der etwa 1 cm lange Stamm teilt sich hier in die beiden Hauptäste: ● R. circumflexus ● R. interventricularis anterior ■ **Versorgungsgebiet** (beim Normaltyp = ausgeglichenen Versorgungstyp): ● linker Vorhof ● linke Kammer ohne Streifen links des Sulcus interventricularis posterior ● rechte Kammer: nur Streifen rechts des Sulcus interventricularis anterior ● mittlerer und vorderer Teil der Kammerscheidewand ● Schenkel des Erregungsleitungssystems ■ **Überwiegen einer Koronararterie:** ● *Linksversorgungstyp*: A. coronaria sinistra greift auch dorsal auf rechten Ventrikel über + gesamtes Septum + beide Knoten ● *Rechtsversorgungstyp*: A. coronaria dextra greift auch ventral auf linken Ventrikel über + gesamtes Septum + Schenkel des Erregungsleitungssystems	■ **R. interventricularis anterior** (RIA, LAD = left anterior descendent): steigt im Sulcus interventricularis anterior ab ● R. coni arteriosi: zum Conus arteriosus [Infundibulum] ● R. lateralis (RD = R. diagonalis): etwa parallel links zum R. interventricularis anterior ● Rr. interventriculares septales (RSA = Rr. septales anteriores): zum vorderen Teil der Kammerscheidewand ■ **R. circumflexus** (RCX): im Sulcus coronarius zwischen linkem Vorhof und linker Kammer nach dorsal ● R. atrialis anastomoticus ● Rr. atrioventriculares: zum linken Vorhof und zur linken Kammer ● R. marginalis sinister (RMS): starker Ast am linken Herzrand ● R. atrialis intermedius (RAS = R. atrialis sinister): dorsal zum linken Vorhof ● R. posterior ventriculi sinistri (RPLS = R. posterolateralis sinister): starker Endast etwa parallel links vom R. interventricularis posterior ● R. nodi sinuatrialis: beim Linksversorgungstyp zum Sinusknoten ● R. nodi atrioventricularis: beim Linksversorgungstyp zum AV-Knoten ● Rr. atriales: zum linken Vorhof	● *Angina pectoris*: Anfälle von heftigem Beklemmungsgefühl im Brustbereich von wenigen Minuten Dauer, ausgelöst durch erhöhten myokardialen Sauerstoffbedarf bei körperlicher Anstrengung, Aufregung, Kälte usw. ● *Herzinfarkt*: Verschluß eines Koronararterienastes meist durch Aufbruch einer atheromatösen Plaque ■ **Koronarographie:** Einspritzen des Röntgenkontrastmittels durch einen über die A. femoralis oder A. brachialis in die Koronararterien eingeführten Katheter ■ **perkutane transluminale koronare Angioplastie** (PTCA): ● Aufdehnen einer Engstelle in einer Koronararterie durch einen Ballonkatheter im Rahmen einer Koronarographie ● dieser risikoarme Eingriff vermag in vielen Fällen die aufwendigere Bypassoperation zu ersetzen

2.4.4 Truncus coeliacus

ARTERIE	URSPRUNG, LAGE, VERLAUF	ÄSTE, VERSORGUNGSGEBIET	KLINIK
A. hepatica communis (gemeinsame Leberschlagader)	• Entspringt aus Truncus coeliacus • teilt sich kranial der Pars superior des Duodenum in: • A. hepatica propria: im Lig. hepatoduodenale zur Porta hepatis • A. gastroduodenalis: steigt dorsal der Pars superior des Duodenum ab und verzweigt sich zu Magen, Duodenum und Pancreas ■ **Sonderfälle des Ursprungs:** • direkt aus Aorta (unabhängig von A. gastrica sinistra und A. splenica): etwa 4 % • R. sinister oder akzessorische Leberarterie aus A. gastrica sinistra: etwa 3 % • vollständig aus A. mesenterica superior: etwa 3 % • R. dexter oder akzessorische Leberarterie aus A. mesenterica superior: etwa 20 % ■ große **Variabilität der A. cystica** in: • Zahl: eine etwa 80 %, zwei etwa 20 % • Ursprung: aus R. dexter etwa 75 %, A. hepatica propria etwa 12 %, R. sinister etwa 5 %, Rest aus A. hepatica communis, A. gastroduodenalis, A. gastrica sinistra, A. mesenterica superior • Verlauf: vollständig rechts vom Ductus hepaticus communis etwa 75 %, vor Ductus etwa 22%, hinter Ductus etwa 3 %	■ **A. hepatica propria:** • A. gastrica dextra: erreicht Magen an Pars pylorica, anastomosiert an kleiner Magenkurvatur mit A. gastrica sinistra • R. dexter (rechte Leberschlagader): Äste zu Gallenblase (A. cystica), rechtem Leberlappen (A. segmenti anterioris, A. segmenti posterioris) und Lobus caudatus (A. lobi caudati) • R. sinister (linke Leberschlagader): Äste zu linkem Leberlappen (A. segmenti medialis, A. segmenti lateralis) und Lobus caudatus (A. lobi caudati) • R. intermedius: zum Lobus quadratus ■ **A. gastroduodenalis:** • A. supraduodenalis + Aa. retroduodenales: zum Duodenum • A. pancreaticoduodenalis superior posterior + anterior: Äste zum Pancreas (Rr. pancreatici) und zum Duodenum (Rr. duodenales), anastomosieren mit Ästen der A. pancreaticoduodenalis inferior aus der A. mesenterica superior • A. gastro-omentalis [epiploica] dextra: anastomosiert an Curvatura gastrica [ventricularis] sinistra mit A. gastro-omentalis sinistra aus A. splenica [lienalis], Äste zum Magen (Rr. gastrici) und zum großen Netz (Rr. omentales)	■ Gefährdung der A. gastroduodenalis durch Ulcera duodeni (Zwölffingerdarmgeschwüre): dorsal die Wand der Ampulla durchsetzende Geschwüre können Hauptstamm der A. gastroduodenalis annagen (lebensbedrohender Blutung) ■ Bedeutung der Variabilität • des Ursprungs der A. hepatica propria bei Lebertransplantation • der A. cystica bei Entfernung der Gallenblase (Cholezystektomie) ■ **Durchblutungsstörungen:** • Befall der A. hepatica propria oder ihrer Äste: schlechtere Sauerstoffversorgung der Leber → Leberzellnekrosen im Läppchenzentrum (Zone 3, ⇨ 4.4.2) • Befall der A. hepatica communis: keine Leberstörung, da Kollateralkreislauf über A. gastroduodenalis
A. splenica [lienalis] (Milzschlagader)	• Entspringt aus Truncus coeliacus (in 1 % direkt aus Aorta) • zieht dorsal vom Magen zur Milz • die für die Milz bestimmten Endäste beginnen sich häufig (etwa 70 %) schon in großem Abstand zur Milz aufzuzweigen • obere und untere Polarterien sind sehr häufig • bei älteren Menschen ist der Hauptstamm meist stark geschlängelt (so daß eine gestreckte Länge von 50 cm nicht ungewöhnlich ist) ■ **4 Verlaufstrecken:** • zwischen Magen und Pancreas • am Oberrand des Corpus pancreatis ("suprapankreatisch"), atypische Verläufe: • retropankreatisch etwa 8 % • intrapankreatisch etwa 2 % • ventral von Cauda pancreatis (präpankreatisch) • vor dem Hilum splenicum (prähilar)	■ **Äste zum Pancreas:** Rr. pancreatici zu Corpus und Cauda pancreatis: • A. pancreatica dorsalis • A. pancreatica inferior • A. prepancreatica • A. pancreatica magna • A. caudae pancreatis ■ **Äste zum Magen:** • A. gastrica posterior: steigt an Dorsalfläche des Magens zu Pars cardiaca und Fundus gastricus [ventricularis] auf • Aa. gastricae breves: zum Fundus gastricus [ventricularis] • A. gastro-omentalis [-epiploica] sinistra: läuft an großer Magenkurvatur der A. gastro-omentalis dextra aus der A. gastroduodenalis entgegen (in 2/3 starke Anastomose), Äste: • Rr. gastrici zum Magenkörper • Rr. omentales zum großen Netz ■ **Äste zur Milz:** Rr. splenici	Die Milzarterie ist weitaus stärker, als es nach der Größe der Milz zu erwarten wäre: die Milz beansprucht als "Blutlymphknoten" und Mauserorgan der Erythrozyten etwa 3 % des Kreislaufs!
A. gastrica sinistra (linke Magenschlagader)	• Entspringt aus Truncus coeliacus (in 5 % direkt aus Aorta) • erreicht den Magen im Bereich der Pars cardiaca und läuft an der Curvatura gastrica [ventricularis] minor weiter und teilt sich dort in einen vorderen und hinteren Ast • meist anastomosiert der hintere Ast mit der A. gastrica dextra aus der A. hepatica propria	■ **Äste:** • Rr. oesophageales: zum magennahen Teil der Speiseröhre • mehrere unbenannte Äste zu • Pars cardiaca • Fundus gastricus [ventricularis] • Corpus gastricum [ventriculare]	Bei Magenoperationen bedeutende **Varietäten:** • akzessorische Leberarterie zum linken Leberlappen aus A. gastrica sinistra (etwa 15 %) • A. hepatica sinistra entspringt vollständig aus A. gastrica sinistra (etwa 5 %)

2.4.5 Weitere große Arterien des Bauchraums

ARTERIE	URSPRUNG, LAGE, VERLAUF	ÄSTE, VERSORGUNGSGEBIET	KLINIK
A. mesenterica superior (obere Gekröseschlagader)	**■ Ursprung:** ● aus Aorta etwa fingerbreit kaudal des Truncus coeliacus (in etwa 3 % gemeinsam mit diesem) ● auf Höhe der Wirbelkörper Th$_{12}$ oder L$_1$ ● meist kranial der Nierenarterien **■ Verlauf:** ● dorsal des Corpus pancreatis, aber ventral von Processus uncinatus des Pancreas und Pars ascendens des Duodenum in einem linkskonvexen Bogen in das Mesenterium ● dort verzweigt sie sich in zahlreiche Äste zu Dünn- und Dickdarm, die untereinander durch Arkaden verbunden sind (vorzüglicher Kollateralkreislauf bei Verschluß einzelner Äste) **■ Dickdarmarkade** (A. marginalis coli): ● läuft vom Versorgungsbereich der A. mesenterica superior zu dem der A. mesenterica inferior kontinuierlich weiter (in etwa 5 % jedoch nur schwache Verbindung) ● Grenze zwischen Versorgungsbereichen von A. mesenterica superior und inferior in linker Hälfte des Colon transversum oder linker Kolonflexur entspricht etwa Grenze zwischen kranialem und pelvinen Parasympathikus	**■ A. pancreaticoduodenalis inferior:** zu Pancreas und Duodenum, teilt sich häufig in R. anterior und R. posterior, die mit Ästen der A. pancreaticoduodenalis superior anterior und posterior (aus A. gastroduodenalis) vordere und hintere Arkaden vor dem Caput pancreatis in großer Variabilität des Verlaufs bilden **■ Aa. jejunales + Aa. ileales:** 10-15 starke, vom linken Umfang des Bogens der A. mesenterica superior entspringende Äste zu Jejunum und Ileum **■ A. ileocolica:** von der rechten Seite des Bogens der A. mesenterica superior sekundär retroperitoneal in Richtung Blinddarm, verzweigt sich zu diesem, zum Wurmfortsatz und zum Endabschnitt des Ileum: ● A. caecalis anterior ● A. caecalis posterior ● A. appendicularis: in 99 % dorsal, in 1 % ventral vom Ileum zur Appendix vermiformis ● R. ilealis ● R. colicus **■ Äste zu Colon ascendens und transversum:** von der rechten Seite des Bogens der A. mesenterica superior ziehen meist 3 (2-5) starke Arterien zum Dickdarm, die untereinander durch die am Darm entlanglaufende A. marginalis coli verbunden sind: ● A. colica dextra ● A. flexurae dextrae ● A. colica media **■ Versorgungsgebiet:** ● Teile von Duodenum und Pancreas (variable Grenze zu Truncus coeliacus, selten bis Pars pylorica des Magens) ● Jejunum + Ileum ● Dickdarm bis Flexura coli sinistra (variable Grenze zu A. mesenterica inferior) ● in etwa 30 % Äste zur Leber (in etwa 10 % Hauptversorgung)	Durchblutungsstörungen der A. mesenterica superior: **■ Gefäßverengung:** ● Ursache gewöhnlich Arteriosklerose ● Arkaden zu A. mesenterica inferior und A. gastroduodenalis reichen nicht aus, um das große Stromgebiet der A. mesenterica superior zu versorgen ● krampfartige, intermittierende Leibschmerzen (Angina abdominalis) **■ Mesenterialinfarkt** (akuter Verschluß): ● Ursache gewöhnlich Blutgerinnsel (Embolus) ● schwere Angina abdominalis mit Vernichtungsgefühl ● Darmlähmung ("Totenstille" im Bauch) ● Schock ● nicht ausreichend durchblutete Darmabschnitte sterben ab ● ohne Operation (Embolektomie und Entfernen geschädigter Darmabschnitte) Prognose infaust
A. mesenterica inferior (untere Gekröseschlagader)	● Entspringt aus Aorta in großem Abstand zur A. mesenterica superior auf Höhe der Wirbelkörper L$_3$ oder L$_4$ (Projektion etwa daumenbreit oberhalb des Nabels) ● zieht in spitzem Winkel nach links kaudal ● läuft getrennt von V. mesenterica inferior	● **A. ascendens [A. intermesenterica]:** zur Flexura coli sinistra und den angrenzenden Teilen des Colon transversum und descendens ● **A. colica sinistra:** zum Colon descendens ● **Aa. sigmoideae:** zum Colon sigmoideum ● **A. rectalis superior** (früher A. haemorrhoidalis superior): stärkster und am weitesten medial liegender Ast, steigt ins kleine Becken zur Dorsalseite des Rectum ab (Hauptversorgung des Rectum), anastomosiert mit A. rectalis media und inferior **■ Versorgungsgebiet:** Dickdarm von linker Kolonflexur (variable Grenze zu A. mesenterica superior) bis zum Mastdarm	Mesenteriales Entzugssyndrom (⇨ A. iliaca interna, 2.4.6)
A. ovarica (Eierstockschlagader) bzw. **A. testicularis** (Hodenschlagader)	● Keimdrüsen steigen in Fetalzeit aus Lendenbereich in Fossa ovarica bzw. Scrotum ab, nehmen dabei ihre Blutgefäße mit, daher Ursprung der Keimdrüsenarterien etwas kaudal der Nierenarterien vom vorderen Umfang der Aorta ● Verlauf auf M. psoas major ● überkreuzen den Harnleiter ● beim Mann durch Leistenkanal	● Rr. ureterici: zum Harnleiter ● Rr. tubarii [tubales]: zum Eileiter ● Rr. epididymales: zum Nebenhoden **■ Versorgungsgebiet:** ● Frau: Teile des Ureter, Eierstock. Teile des Eileiters ● Mann: Teile des Harnleiters, Hoden, Nebenhoden **■ wichtige Anastomosen:** ● Frau: mit R. tubarius [tubalis] und R. ovaricus der A. uterina ● Mann: mit A. ductus deferentis aus A. umbilicalis	● Varietät: bei hohem Ursprung liegen die Keimdrüsenarterien vor den Nierenvenen ● Varietät: Ursprung aus A. renalis (etwa 15 %)

Fortsetzung der Tabelle nächste Seite

Arterien des Bauchraums (Fortsetzung)

ARTERIE	URSPRUNG, LAGE, VERLAUF	ÄSTE, VERSORGUNGSGEBIET	KLINIK
A. renalis (Nierenschlagader)	• Entspringt nahezu rechtwinklig aus Aorta auf Höhe der Wirbelkörper L_1 oder L_2 (rechts manchmal etwas höher als links, obwohl rechte Niere tiefer) • rechte Nierenarterie ist länger als linke, weil Aorta links der Mittellinie • rechte Nierenarterie zieht in der Regel dorsal der V. cava inferior zur Niere (in etwa 4 % ventral), bei 2 Nierenarterien liegt eine häufig ventral • da durch die beiden Nieren etwa 20 % des Kreislaufs fließen, sind die Nierenarterien entsprechend stark ■ **Variabilität:** • *Polarterien*: nicht über Nierenhilum zum superioren (etwa 20 %) oder inferioren Segment (etwa 10 %) laufende Segmentarterien (Endarterien, nicht "zusätzliche" Arterien), entspringen meist aus Hauptstamm der Nierenarterie, seltener direkt aus Aorta • 2 oder mehr Nierenarterien entspringen aus Aorta: etwa 25 % • atypische Ursprünge, z.B. aus A. iliaca externa oder interna, gehäuft bei atypischer Nierenlage, z.B. Beckenniere	■ **Prärenale Äste:** • Aa. capsulares [perirenales]: zur Nierenkapsel • A. suprarenalis inferior: zur Nebenniere • Rr. ureterici: zum Harnleiter ■ **R. anterior:** Aufzweigung zu Endarterien für die 4 vorderen Nierensegmente: • A. segmenti superioris • A. segmenti anterioris superioris • A. segmenti anterioris inferioris • A. segmenti inferioris ■ **R. posterior:** Endarterie zum hinteren Nierensegment: • A. segmenti posterioris ■ **Versorgungsgebiet:** • Niere (einzige Versorgung, kein Kollateralkreislauf) • Teile der Nebenniere	**Renovaskuläre Hypertonie** (Bluthochdruck bei Engstelle in A. renalis): • Niere besitzt Regelmechanismus für Blutdruck im juxtaglomerulären Apparat (⇨ 4.8.5 + 4.8.6) • Engstelle in Nierenarterie bedingt verminderten Blutdruck in Niere • sinkt dieser unter den kritischen Perfusionsdruck von 40 mmHg, so löst dies den blutdrucksteigernden Mechanismus aus: das Renin-Angiotensin-Aldosteron-System wird aktiviert • Ursache der Engstelle ist bei älteren Menschen meist die Arteriosklerose, bei jüngeren eine fibromuskuläre Dysplasie der Media • etwa 1 % aller Hochdruckfälle so bedingt • Therapie: Beseitigen der Engstelle

2.4.6 Aa. iliacae (Beckenarterien)

ARTERIE	URSPRUNG, LAGE, VERLAUF	ÄSTE, VERSORGUNGSGEBIET	KLINIK
A. iliaca communis (gemeinsame Beckenschlagader, gemeinsame Darmbeinschlagader)	• Entsteht aus der Bifurcatio aortae auf Höhe des 4. Lendenwirbelkörpers (Projektion unmittelbar links des Nabels) • steigt parallel zur Beckeneingangsebene (etwas kranial zu dieser) in Richtung auf Mitte des Leistenbandes ab • da Bifurcatio aortae links der Medianebene, überkreuzt rechte A. iliaca communis linke V. iliaca communis	• A. iliaca communis teilt sich ventral der Articulatio sacro-iliaca in A. iliaca interna und A. iliaca externa • normalerweise keine Seitenäste • unterbleibt embryonaler Aufstieg der Niere ("Beckenniere"), so entspringt A. renalis aus A. iliaca communis oder ihren beiden Hauptästen ■ **Versorgungsgebiet:** • gesamtes Bein • Organe und Wand des Beckens • untere Hälfte der vorderen Bauchwand	Ausfall der A. iliaca communis verursacht schwerste Mangeldurchblutung des Beins, Operation (Rekanalisation oder Bypass) unumgänglich
A. iliaca externa (äußere Beckenschlagader, äußere Darmbeinschlagader)	• A. iliaca communis teilt sich ventral der Articulatio sacro-iliaca in A. iliaca interna und A. iliaca externa • A. iliaca externa setzt Verlaufsrichtung der A. iliaca communis fort: am Medialrand des M. psoas major zur Lacuna vasorum • dort ändert sie den Namen in A. femoralis (⇨ 9.4.1) • unter dem Lig. inguinale liegt sie lateral der V. iliaca externa • deshalb muß die rechte A. iliaca externa die rechte V. iliaca externa überkreuzen	Größere Äste erst kurz vor Eintritt in Lacuna vasorum: ■ **A. epigastrica inferior:** in Plica umbilicalis lateralis des Bauchfells zwischen Fossa inguinalis medialis und Fossa inguinalis lateralis zum M. rectus abdominis, an dessen Dorsalseite vor dem hinteren Blatt der Rektusscheide aufsteigend, anastomosiert mit A. epigastrica superior aus A. thoracica interna, Äste: • R. pubicus: zur Symphysis pubica • R. obturatorius: anastomosiert mit A. obturatoria, diese kann auch aus A. epigastrica inferior entspringen, dann läuft starke Arterie am Rand der Bruchpforte von Leistenbrüchen und kann bei Leistenbruchoperation verletzt werden ("Corona mortis", weil in früheren Jahrhunderten der Patient dabei oft verblutete) • A. ligamenti teretis uteri: zum runden Mutterband • A. cremasterica: zum Samenstrang ■ **A. circumflexa iliaca profunda:** im Winkel zwischen M. iliacus und M. transversus abdominis zur Spina iliaca anterior superior und weiter an Crista iliaca entlang, anastomosiert mit A. iliolumbalis aus A. iliaca interna	**Arterielle Verschlußkrankheit** (AVK) des Beins: • *Beckentyp*: bei Verschluß der A. iliaca externa Hauptschmerz im Oberschenkel • *Oberschenkeltyp*: bei Verschluß der A. femoralis Hauptschmerz im Unterschenkel • *Unterschenkeltyp*: bei Verschluß der A. tibialis anterior oder posterior Hauptschmerz im Fuß

Fortsetzung der Tabelle nächste Seite

Arterien des Beckens (Fortsetzung)

ARTERIE	URSPRUNG, LAGE, VERLAUF	ÄSTE, VERSORGUNGSGEBIET	KLINIK
A. iliaca interna (innere Beckenschlagader, innere Darmbeinschlagader)	• A. iliaca communis teilt sich ventral der Articulatio sacro-iliaca in A. iliaca interna und A. iliaca externa • während A. iliaca externa die Verlaufsrichtung der A. iliaca communis fortsetzt, steigt A. iliaca interna in das kleine Becken ab • sie überkreuzt dabei V. iliaca externa • zwischen A. iliaca externa und A. iliaca interna bildet sich eine Grube (Fossa ovarica), in ihr liegt bei der Frau der Eierstock • meist teilt sich der Hauptstamm der Arterie nach kurzem Verlauf in zwei oder mehr Unterstämme, aus denen die Seitenäste entspringen, seltener gehen alle Äste aus einem Stamm ab	Die Äste der A. iliaca interna werden gewöhnlich in 2 Gruppen eingeteilt: ■ parietale Äste: • *A. iliolumbalis*: dorsal von A. + V. iliaca communis und M. psoas major zur Fossa iliaca und zum Wirbelkanal • *Aa. sacrales laterales*: steigen auf pelviner Fläche des Kreuzbeins ab, Äste durch Foramina sacralia anteriora [pelvica] zum Canalis sacralis und weiter durch Foramina sacralia posteriora zu dorsaler Kreuzbeinfläche • *A. obturatoria*: mit N. obturatorius durch Canalis obturatorius in Membrana obturatoria zu den Adduktoren des Oberschenkels und hinteren Hüftmuskeln, R. acetabularis tritt in Lig. capitis femoris ein, reicht aber für Versorgung des Caput femoris nicht aus • *A. glutealis superior*: mit N. gluteus superior durch suprapiriforme Abteilung des Foramen ischiadicum majus zur Regio glutea, verzweigt sich zu M. gluteus medius + minimus sowie zum kranialen Teil des M. gluteus maximus • *A. glutealis inferior*: mit N. ischiadicus und N. gluteus inferior durch infrapiriforme Abteilung des Foramen ischiadicum majus zur Regio glutea, verzweigt sich zum kaudalen Teil des M. gluteus maximus und benachbarten Muskeln, ein Ast begleitet den N. ischiadicus (A. comitans nervi ischiadici [sciatici]) • *A. pudenda interna* (⇨ unten) ■ viszerale Äste: • *A. umbilicalis*: vor der Geburt eigentliche Fortsetzung der Aorta (alle übrigen Äste der A. iliaca interna und externa erscheinen als kleine Seitenäste), nach Geburt verödet nabelnaher Teil zum Lig. umbilicale mediale, aus dem offenen Teil (Pars patens) gehen Äste zu Samenleiter (A. ductus deferentis), Harnleiter (Rr. ureterici) und Harnblase (Aa. vesicales superiores) hervor • *A. vesicalis inferior*: zu Harnblasengrund, Scheide und Prostata (Rr. prostatici) • *A. uterina*: im Lig. latum uteri zur Cervix uteri, überkreuzt dabei Ureter, Äste zu Scheide (Rr. vaginales [Aa. azygoi vaginae]), Eierstock (R. ovaricus) und Eileiter (R. tubarius [tubalis]) • *A. vaginalis*: zur Scheide • *A. rectalis media*: zum unteren Teil des Rectum, Äste zur Scheide (Rr. vaginales) bzw. Prostata und Samenblasen	■ **Kollateralkreislauf vom Darm zum Bein:** A. mesenterica inferior → A. rectalis superior → A. rectalis media → A. iliaca interna → A. obturatoria + A. glutealis inferior → A. circumflexa femoris lateralis + medialis → A. profunda femoris → A. femoralis ■ **mesenteriales Entzugssyndrom** (Mesenteric-steal-Syndrom): bei Verschluß der A. Iliaca communis und /oder der A. iliaca externa kann über den genannten Kollateralkreislauf bei Muskelarbeit des Beins dem Darm soviel Blut entzogen werden, daß dort eine Mangelsituation auftritt (Schmerzen im Bauchraum beim Gehen) ■ **Bifurkationsbypass:** • bei schweren Durchblutungsstörungen der A. iliaca communis wird gewöhnlich eine Plastikprothese von der Aortenbifurkation bis zur A. femoralis eingesetzt • die A. iliaca interna wird an diesen Bypass häufig nicht angeschlossen, weil sie über ausreichende Kollateralen verfügt
A. pudenda interna (innere Schamschlagader)	• Verläßt mit N. pudendus die Beckenhöhle durch die infrapiriforme Abteilung des Foramen ischiadicum majus • biegt um Spina ischiadica und tritt durch Foramen ischiadicum minus in den Canalis pudendalis (*Alcock-Kanal*) der Fossa ischio-analis • dort verzweigt sie sich in zahlreiche Äste	• *A. rectalis inferior*: zum After • *A. perinealis*: zum Damm • *Rr. labiales/scrotales posteriores*: zu den großen Schamlippen bzw. zum Hodensack • *A. urethralis*: zur Harnröhre • zu Clitoris bzw. Penis: • *A. bulbi vestibuli [vaginae]/A. bulbi penis* • *A. dorsalis clitoridis/penis* • *A. profunda clitoridis/penis*	

2.4.7 Entwicklung und Entwicklungsstörungen der Arterien

Circulatio embryonica (embryonaler Kreislauf) ⇨ 1.5.1

GEFÄSS	ENTWICKLUNG	ENTWICKLUNGSSTÖRUNGEN
Erste Blutgefäße	■ "*Blutinseln*" (Insulae sanguineae): Mesenchymverdichtungen zu Beginn der 3. Entwicklungswoche am vorderen Umfang des Dottersacks (später auch im Chorion und am Haftstiel) mit 2 Zellarten im gefäßbildenden Gewebe (Textus angioblasticus): ● *Angioblasten*, endothelbildende Zellen (Endothelioblasti) ● *primitive Blutzellen* (Haemocytoblasti) ■ erstes *Kapillarnetz* (Rete capillare primitivum) durch Zusammenfließen der Blutinseln, Angioblasten schwärmen aus (Migration) und besiedeln Organanlagen, im Kapillarnetz erweitern sich einzelne Bahnen nach hämodynamischen Gegebenheiten, andere bilden sich zurück ■ erste intraembryonale Blutgefäße: ● paarige dorsale Aorten beidseits Chorda dorsalis (Mitte 3. Entwicklungswoche) ● paarige vordere Kardinalvenen (4. Entwicklungswoche)	● *Aneurysma arteriovenosum*: weite Verbindung zwischen Arterien und Venen ● *Haemangiom* (Blutschwamm): geschwulstartige Gefäßerweiterung, im Gegensatz zum harmlosen Naevus flammeus
Arcus aortae (Aortenbogen)	■ **Truncus arteriosus**: ● an Bulbus cordis anschließende Ausflußbahn des Herzens ● 2 Leisten im Innern (Crista aorticopulmonalis) verschmelzen zu Scheidewand (*Septum aorticopulmonale*) und trennen Aorta ascendens (mit Valva aortica) von Truncus pulmonalis (mit Valva trunci pulmonalis) ■ **Saccus aorticus**: ● unpaares Anfangsstück der Aorta ist über Schlundbogenarterien mit paarigen dorsalen Aorten verbunden ● durch Einwachsen von Bindegewebekeil (Septierungshypothese) Teilung in Truncus brachiocephalicus und Teil des Arcus aortae definitivus ■ **Schlundbogenarterien** (primitive Aortenbogen, Arcus aorticus I-VI): Zuordnung zu Schlundbogen ⇨ 7.6.9 ● Arcus aorticus primus (I), Arcus aorticus secundus (II): bilden sich zurück, Reste werden in Kopfarterien (A. stapedia?) aufgenommen ● Arcus aorticus tertius (III): wird zu A. carotis communis, A. carotis interna und Teil der A. carotis externa ● Arcus aorticus quartus (IV): wird links zum Hauptteil des Arcus aortae definitivus, rechts zum Anfangsstück der A. subclavia dextra ● Arcus aorticus quintus (V): wird wahrscheinlich beim Menschen nicht angelegt ● Arcus aorticus sextus (VI): wird rechts zur A. pulmonalis dextra, links zur A. pulmonalis sinistra und zum Ductus arteriosus (verödet nach Geburt zum Lig. arteriosum)	● *Ductus arteriosus patens*: nach der Geburt sich nicht schließender Ductus arteriosus (Botalli) ● doppelter Aortenbogen (*Arcus aortae duplex*): wenn 4. Schlundbogenarterie rechts und links vollständig erhalten bleibt; der dabei entstehende Arterienring umschließt Luft- und Speiseröhre und engt sie ein (Schluckstörungen) ● rechtsläufiger Aortenbogen (*Arcus aortae dexter*): wenn 4. Schlundbogenarterie rechts statt links vollständig erhalten bleibt, harmlose Varietät, kann aber Ärzte verwirren, die nicht an diese Möglichkeit denken! ● Ursprung der A. subclavia dextra als 4. Ast des Aortenbogens: wenn sich 4. Schlundbogenarterie rechts zurückbildet; kann ähnlich wie doppelter Aortenbogen Schluckstörungen auslösen (Dysphagia lusoria), Häufigkeit etwa 1 % ● gemeinsamer Stamm von Truncus brachiocephalicus und A. carotis communis sinistra: belanglos, sehr häufig (etwa 13 %) ● atypische Äste des Aortenbogens: A. thyroidea ima (etwa 1 %), A. vertebralis (etwa 4 %), Truncus costocervicalis, A. thoracica interna, A. thymica usw. ● Origo pulmonalis arteriae coronariae: Ursprung von Koronararterien aus Truncus pulmonalis statt aus Aorta (venöses Blut, niedriger Blutdruck!) ● Ursprung von Pulmonalarterien aus Aorta: bei atypischer Rückbildung der 6. Schlundbogenarterien oder Fehlverlauf des Septum aorticopulmonale
Aorta dorsalis (Hauptschlagader)	Ursprünglich paarige dorsale Aorten verschmelzen Ende 4. Entwicklungswoche zu unpaarem Stamm, endet als A. sacralis mediana, 3 Astgruppen: ● *Aa. intersegmentales dorsales* (Arterien der Leibeswand): z.B. Aa. intercostales, Aa. lumbales [lumbares], A. subclavia (6. oder 7. Halsarterie mit Fortsetzung in A. axialis membri superioris), A. iliaca communis (5. Lendenarterie mit Fortsetzung in A. axialis membri inferioris) ● *Aa. splanchnicae laterales* (Urnierenarterien): A. phrenica inferior, A. suprarenalis, A. renalis, A. gonadalis ● *Aa. splanchnicae ventrales* (Dottersackarterien): Aa. vitellinae, Truncus coeliacus, A. mesenterica superior, A. mesenterica inferior, A. allantoica, A. umbilicalis	**Aortenisthmusstenose** (Aorta coarctata): Enge am Anfang der Pars thoracica aortae, 2 Formen: ● *infraduktale (postduktale) Stenose*: nach Einmündung des Ductus arteriosus, schon fetal guter Kollateralkreislauf, gute Lebenserwartung ("Erwachsenentyp") ● *supraduktale (präduktale) Stenose*: vor Einmündung des Ductus arteriosus, schlechter Kollateralkreislauf, Tod im Kindesalter ("kindlicher Typ")

2.5 Venen des Rumpfes

2.5.1 Vv. pulmonales (Lungenvenen)

ALLGEMEINES	RECHTE LUNGE	LINKE LUNGE	KLINIK
● Die kleineren Äste der Lungenvenen laufen innerhalb der Lungensegmente, die stärkeren Äste jedoch an den Segmentgrenzen, deshalb werden an den rechts mit * bezeichneten Gefäßen zwei Abschnitte unterschieden: • Pars intrasegmentalis • Pars intersegmentalis ● während die Äste der Lungenarterien parallel zu den Ästen des Bronchialbaums verlaufen, nehmen die Lungenvenen ihren eigenen Weg ● wegen der rotierten Stellung des Herzens im Brustkorb ist der Weg zum dorsal liegenden linken Vorhof von der rechten Lunge kaum länger als von der linken ● die Lungenvenen sind klappenlos ● sie anastomosieren mit den Vv. bronchiales, durch diese wird dem in der Lunge arterialisierten Blut etwas venöses Blut beigemischt	■ **V. pulmonalis dextra superior** (rechte obere Lungenvene) ● R. apicalis * ● R. anterior * ● R. posterior • Pars intralobaris (intersegmentalis) • Pars infralobaris ● R. lobi medii • Pars lateralis • Pars medialis ■ **V. pulmonalis dextra inferior** (rechte untere Lungenvene) ● R. superior * ● V. basalis communis ● V. basalis superior • R. basalis anterior * ● V. basalis inferior	■ **V. pulmonalis sinistra superior** (linke obere Lungenvene) ● R. apicoposterior * ● R. anterior * ● R. lingularis • Pars superior • Pars inferior ■ **V. pulmonalis sinistra inferior** (linke untere Lungenvene) ● R. superior * ● V. basalis communis ● V. basalis superior • R. basalis anterior * ● V. basalis inferior	■ **Variabilität der Zahl der Mündungen:** ● die Lungenvenen entstehen als Aussprossung des linken Vorhofs (⇨ 2.5.7), je nachdem, wieviel von diesem Gefäßgebiet sekundär wieder in die Wand des sich vergrößernden Vorhofs einbezogen wird, variiert die Zahl der Mündungen ● meist münden rechts und links je 2 Lungenvenen in den linken Vorhof, es können aber auch nur 1 oder 3 oder 4 sein ■ **Variabilität der Mündungsstellen:** selten münden Lungenvenen in den rechten Vorhof oder in herznahe große Venen, z.B. V. brachiocephalica

2.5.2 Vv. cordis (Herzvenen)

VENE	URSPRUNG, LAGE, VERLAUF	ÄSTE, DRAINAGEGEBIET	KLINIK
Sinus coronarius (Herzkranzbucht)	● 2-3 cm langes Sammelbecken der Herzvenen im linken Sulcus coronarius ● mündet in rechten Vorhof ● keine Vene, sondern Herzabschnitt (Rest des Sinus venosus, ⇨ 3.2.2)	■ **Einmündungen:** ● von links: V. coronaria sinistra (⇨) ● von rechts: V. coronaria dextra (⇨) ● von unten evtl. direkte Mündung von V. interventricularis posterior ● kleinere Herzvenen ■ **Drainagegebiet:** nahezu das gesamte Herz	**Herzvenen bei Herzoperationen:** ● mit wenigen Ausnahmen werden Herzoperationen nicht am schlagenden, sondern mit Hilfe der extrakoporalen Zirkulation (Herz-Lungen-Maschine) am stillgelegten Herzen (Kardioplegie) vorgenommen ● dauert der Eingriff länger als etwa 30 Minuten, werden zur Myokardprotektion (Schutz des Herzmuskels) die Koronararterien mit kardioplegischen Lösungen und Blut durchgespült ● die Hauptmenge der Spüllösung fließt über den Sinus coronarius in den rechten Vorhof und kann dort abgesaugt werden ● da über die Vv. cardiacae minimae jedoch auch Spülflüssigkeit in die anderen 3 Herzhöhlen fließt, müssen auch diese von Zeit zu Zeit entleert werden
V. coronaria sinistra (linke Herzkranzvene)	● Entsteht im Sulcus interventricularis anterior als V. interventricularis anterior (vordere Zwischenkammervene), läuft parallel zu R. interventricularis anterior der A. coronaria sinistra ● biegt in linker Herzkranzfurche nach dorsal um und läuft mit R. circumflexus der A. coronaria sinistra ● mündet in Sinus coronarius ● hieß früher V. cordis [cardiaca] magna	● V. obliqua atrii sinistri (Marshall-Vene): unbedeutende Vene, aber entwicklungsgeschichtlich interessant als Rest der linken oberen Hohlvene (⇨ 2.5.7), unter Perikardfalte (Plica venae cavae sinistrae) ● V(v).ventriculi sinistri posterior(es) ● Vv. atriales sinistrae ● Vv. atrioventriculares ● Vv. ventriculares	
V. coronaria dextra (rechte Herzkranzvene)	Rechts von Sinus coronarius kurzer gemeinsamer Stamm von ● V. interventricularis posterior (hintere Zwischenkammervene): steigt im Sulcus interventricularis posterior parallel zum R. interventricularis posterior der A. coronaria dextra auf, hieß früher V. cordis [cardiaca] media ● V. cardiaca parva (kleine Herzvene): in der rechten Herzkranzfurche parallel zur A. coronaria dextra	● V. marginalis dextra: am rechten Herzrand ● V(v). ventriculi dextri anterior(es) ● Vv. atriales dextrae ● Vv. atrioventriculares ● Vv. ventriculares	
Vv. cardiacae minimae (kleinste Herzvenen)	Münden direkt in die Vorhöfe und Kammern	Die kleinsten Herzvenen mischen über ihre Mündungen im linken Vorhof und der linken Kammer dem arteriellen Blut eine geringe Menge venösen Blutes bei	

2.5.3 V. cava superior (obere Hohlvene)

VENE	URSPRUNG, LAGE, VERLAUF	ÄSTE, DRAINAGEGEBIET	KLINIK
Haupt-stamm	● Ursprung: entsteht durch Vereinigung der beiden Vv. brachiocephalicae (⇨ unten) dorsal des 1. rechten Rippenknorpels ● Verlauf: leicht außenkonvex gebogen, dorsal des rechten Brustbeinrandes ● Länge: 5-8 cm ● Mündung: von kranial in rechten Vorhof mit Ostium venae cavae superioris, etwa dorsal des Ansatzes der 3. rechten Rippe am Brustbein ● Durchmesser an Mündung etwa 3 cm	■ Äste: ● V. azygos (⇨ nächste Seite) ■ Drainagegebiet: ● Kopf + Hals + Arm + Brustwand (entsprechend den Ästen des Aortenbogens und der Brustaorta) ● Teil der hinteren Bauchwand + Wirbelsäule (über V. azygos + V. hemiazygos)	■ Oberes Hohlvenensyndrom: ● Abflußstörung im Bereich der V. cava superior ● Symptome: • Kopf- und Halsvenen erweitert • Ödeme im Gesicht, Hals (Stokes-Kragen), Arme ● Ursachen: • Thrombose • Druck von außen: Tumoren und Lymphknotenvergrößerungen im Mediastinum, Bronchuskarzinom ■ linke obere Hohlvene: ● die obere Hohlvene ist ursprünglich paarig angelegt (als V. cardinalis anterior, ⇨ 2.5.7), die linke bildet sich normalerweise zurück (zur V. obliqua atrii sinistri) ● bleibt sie erhalten, so mündet die V. brachiocephalica sinistra in den Sinus coronarius
V. brachiocephalica (dextra/ sinistra) (rechte/ linke Arm-Kopf-Vene) (früher V. anonyma genannt)	■ Ursprung: entsteht im "Venenwinkel" ("Angulus venosus") dorsal der Extremitas sternalis der Clavicula durch Vereinigung von ● V. jugularis interna ● V. jugularis externa ● V. subclavia ■ Verlauf: durch Apertura thoracis superior: ● V. brachiocephalica dextra: setzt Richtung der V. jugularis interna fort, nur 1-2 cm lang ● V. brachiocephalica sinistra: schräg von links oben nach rechts unten, dorsal des Manubrium sterni, etwa 5 cm lang ● Vereinigung der rechten und linken V. brachiocephalica dorsal des 1. rechten Rippenknorpels zur V. cava superior	■ Untere Schilddrüsenvenen: Vv. thyroideae inferiores, etwa der A. thyroidea ima entsprechend, Abfluß von: ● Plexus thyroideus impar ● V. laryngea inferior ■ Venen von Brust und Bauchwand: ● Vv. thoracicae internae (den parietalen Ästen der A. thoracica interna entsprechend): mit • Vv. epigastricae superiores • Vv. subcutaneae abdominis • Vv. musculophrenicae • Vv. intercostales anteriores ● V. intercostalis suprema ● V. intercostalis superior sinistra ■ Venen der Mediastinalorgane (den viszeralen Ästen der A. thoracica interna entsprechend): ● Vv. thymicae ● Vv. pericardiacae ● Vv. pericardiacophrenicae ● Vv. mediastinales ● Vv. bronchiales ● Vv. tracheales ● Vv. oesophageales ■ Venen von Nacken und Hinterhaupt: ● V. vertebralis (dem Halsabschnitt der A. vertebralis entsprechend): Verlauf in Foramina transversaria des 1.-6. (7.) Halswirbels ● V. cervicalis profunda (entspricht A. cervicalis profunda aus Truncus costocervicalis und A. occipitalis aus A. carotis externa) • V. occipitalis • V. vertebralis anterior • V. vertebralis accessoria • Plexus venosus suboccipitalis	

Fortsetzung der Tabelle nächste Seite

Obere Hohlvene (Fortsetzung)

VENE	URSPRUNG, LAGE, VERLAUF	ÄSTE, DRAINAGEGEBIET	KLINIK
V. azygos (rechte hintere Längsvene)	■ **Ursprung:** ● beginnt als V. lumbalis ascendens in der hinteren Bauchwand als Längsanastomose der Vv. lumbales (die den Interkostalvenen entsprechen) ● nimmt nach Durchtritt durch Zwerchfell den Namen V. azygos an ■ **Verlauf:** ● liegt in hinterer Bauchwand zwischen Querfortsätzen der Lendenwirbel und M. psoas major ● durchsetzt Zwerchfell in Pars lumbalis ● steigt am vorderen lateralen Umfang der Wirbelkörper bis etwa zum 3. Brustwirbel auf ● biegt mit dem *Arcus venae azygos* kranial des rechten Hilum pulmonis nach ventral und mündet in V. cava superior ● der Arcus venae azygos liegt dem Oberlappen der rechten Lunge an und kann so tief in Lunge einschneiden, daß von dieser eine Art Lappen abgegliedert wird (Lobus venae azygos)	■ **Venen der hinteren Bauchwand:** *V. lumbalis ascendens* (aufsteigende Lendenvene) mit Vv. lumbales (Lendenvenen, entsprechen Aa. lumbales aus Bauchaorta) ■ **Venen der hinteren Brustwand:** ● *Vv. intercostales posteriores* (hintere Zwischenrippenvenen): entsprechen Aa. intercostales posteriores aus Brustaorta, mit ● R. dorsalis ● V. intervertebralis ● R. spinalis ● V. intercostalis superior dextra ● V. subcostalis ■ **Venen der Mediastinalorgane** (den viszeralen Ästen der Brustaorta entsprechend): ● Vv. oesophageales ● Vv. bronchiales ● Vv. pericardiales ● Vv. mediastinales ● Vv. phrenicae superiores (obere Zwerchfellvenen) ■ **V. hemiazygos** (linke hintere Längsvene): ● Verlauf wie V. azygos, nur links ● ventral von mittleren Brustwirbelkörpern (meist 8.) 1-2 starke Querverbindungen zu V. azygos ● Abschnitt kranial dieser Querverbindungen wird *V. hemiazygos accessoria* genannt, diese mündet in V. brachiocephalica sinistra	**Variabilität:** ● Verbindung zwischen kaudalem und kranialem Abschnitt der V. hemiazygos kann fehlen (praktisch vollständiger Abfluß aus Hauptteil der V. hemiazygos in V. azygos) ● weit kaudale Vereinigung von V. azygos und V. hemiazygos: es steigt nur eine Vene auf Ventralseite der Brustwirbelkörper auf und nimmt die Äste aus beiden Seiten auf
Vv. columnae vertebralis (Wirbelvenen)	Die Venen der Wirbelsäule bilden 2 Wirbelvenengeflechte: ● *Plexus venosus vertebralis externus anterior + posterior* (äußeres Wirbelvenengeflecht): außerhalb der Wirbelsäule ● *Plexus venosus vertebralis internus anterior + posterior* (inneres Wirbelvenengeflecht): im Wirbelkanal im Epiduralraum ● die Venengeflechte der einzelnen Segmente stehen untereinander entlang der gesamten Wirbelsäule in Verbindung	■ **Zuflüsse:** ● Vv. basivertebrales: aus den Wirbelkörpern ● Vv. medullae spinalis: aus dem Rückenmark, mit ● Vv. spinales anteriores ● Vv. spinales posteriores ■ **Abflüsse:** ● im Halsbereich über V. vertebralis und V. vertebralis anterior zur V. brachiocephalica ● im Brustbereich über Vv. intervertebrales zu Vv. intercostales posteriores und weiter zur V. azygos/hemiazygos ● im Lendenbereich über Vv. intervertebrales zu Vv. lumbales und weiter ● teils zur V. azygos/hemiazygos ● teils zur V. cava inferior ● am Kreuzbein vom Plexus venosus sacralis über ● Vv. sacrales laterales zur V. iliaca interna ● V. sacralis mediana zur V. iliaca communis sinistra	**Wirbelvenen als Kollateralkreislauf bei Hohlvenenverschluß:** das Blut aus dem kranialen und mittleren Teil der Wirbelvenenplexus fließt zur oberen Hohlvene, das aus dem kaudalen zur unteren Hohlvene ab; bei Verschluß einer der beiden Hohlvenen kann über die Wirbelvenen ein Teil des Blutes zur jeweils anderen Hohlvene umgeleitet werden

2.5.4 V. cava inferior (untere Hohlvene)

URSPRUNG, LAGE, VERLAUF	ÄSTE, DRAINAGEGEBIET	KLINIK
■ **Ursprung:** ● entsteht durch Vereinigung von V. iliaca communis dextra + sinistra auf Höhe des 4.-5. Lendenwirbelkörpers etwas kaudal der Bifurcatio aortae ● Projektion auf Bauchwand: etwa 1-2 Fingerbreit rechts kaudal vom Nabel ■ **Verlauf:** ● steigt an rechter Vorderfläche der Lendenwirbelkörper rechts von Pars abdominalis aortae auf ● entfernt sich im oberen Bauchraum zunehmend von Aorta, liegt dort im Sulcus venae cavae der Facies diaphragmatica der Leber (manchmal so tief eingeschnitten, daß man im Präparierkurs die Leber nicht ohne Beschädigung der Hohlvene herausnehmen kann) ● durchsetzt das Centrum tendineum des Zwerchfells im Foramen venae cavae ● mündet etwa 1 cm kranial des Zwerchfells in den rechten Vorhof (Ostium venae cavae inferioris) mit angedeuteter Klappe (Valvula venae cavae inferioris) ● Gesamtlänge 22-25 cm ■ **kavokavale Anastomosen** (Umgehungskreisläufe bei Verschluß der unteren Hohlvene, bei Verschluß der oberen Hohlvene sinngemäß umgekehrt): ● V. cava inferior → Vv. lumbales → V. lumbalis ascendens → V. azygos/hemiazygos → V. cava superior ● V. cava inferior → Vv. lumbales → Plexus vertebralis externus + internus → V. azygos /hemiazygos → V. cava superior ● V. cava inferior → V. iliaca externa → V. epigastrica inferior → V. epigastrica superior → V. thoracica interna → V. brachiocephalica → V. cava superior ● V. cava inferior → portokavale Anastomose (z.B. Vv. rectales, ⇨ 2.5.5) → V. portae hepatis → portokavale Anastomose (z.B. Vv. oesophageales, Vv. para-umbilicales) → V. cava superior	■ **Den paarigen Ästen der Bauchaorta entsprechende Äste:** ● *Vv. phrenicae inferiores* (untere Zwerchfellvenen): von der abdominalen Seite des Zwerchfells, münden unmittelbar kaudal vom Foramen venae cavae ● *Vv. lumbales* (Lendenvenen): sie entsprechen den Vv. intercostales posteriores im Brustraum und bilden eine Längsanastomose aus (V. lumbalis ascendens), die sich in die V. azygos/hemiazygos fortsetzt ● *V. suprarenalis [adrenalis] dextra* (rechte Nebennierenvene): während das Blut meist über eine größere Zahl von Arterien in die Nebenniere eintritt, fließt es meist über nur eine Vene ab, die linke Nebennierenvene mündet in die linke Nierenvene (s.u.) ● *Vv. iliacae communes* (⇨ 2.5.6) ● **Vv. renales** (Nierenvenen): sie sind besonders weit, weil etwa 10 % des gesamten Kreislaufs durch die Nieren fließen, sie verlaufen annähernd horizontal, die linke Nierenvene ist deutlich länger als die rechte, sie überquert die Bauchaorta in der Regel ventral, Verzweigung in der Niere (⇨ 4.8.6), Äste: • Vv. capsulares: Venen der Nierenkapsel • nur linke Nierenvene: V. suprarenalis [adrenalis] sinistra V. ovarica/testicularis sinistra ● **V. ovarica** bzw. **V. testicularis** (Eierstockvene, Hodenvene) • sie gehen hervor aus dem Plexus pampiniformis (Rankengeflecht), der die aus den Keimdrüsen kommenden Venen sammelt • rechts schräg zur Mitte aufsteigend mit spitzwinkliger Mündung direkt in untere Hohlvene • links eher parallel zur Längsachse des Körpers aufsteigend zur rechtwinkligen Mündung in V. renalis sinistra ● Plexus pampiniformis der V. ovarica auf Lig. suspensorium ovarii ● Plexus pampiniformis der V. testicularis im Funiculus spermaticus und im Leistenkanal ■ **Vv. hepaticae** (Lebervenen): die den unpaaren Ästen der Bauchaorta entsprechenden Venen bilden die V. portae hepatis (Pfortader), aus der das Blut in einem Rete mirabile (Wundernetz) die Leber durchfließt und erst über die Lebervenen unmittelbar kaudal des Zwerchfells der unteren Hohlvene zugeführt wird; die Lebervenen münden ohne freie Verlaufsstrecke direkt aus der Leber in die V. cava inferior: ● Vv. hepaticae dextrae ● Vv. hepaticae intermediae ● Vv. hepaticae sinistrae	■ **Unteres Hohlvenensyndrom:** ● Abflußstörung im Bereich der V. cava inferior ● Symptome: • Stauung der Äste der unteren Hohlvene, deutlich sichtbar an den Hautvenen der Beine und der Bauchwand, Erweiterung der kavokavalen Anastomosen (s. links) • Ödem der unteren Körperhälfte ● Ursachen: • Thrombose • Druck von außen: Tumoren und Lymphknotenvergrößerungen im Retroperitonealraum, Bauchaortenaneurysma ■ **Kavafilterimplantation:** ● bei rezidivierenden Lungenembolien kann man perkutan (über die V. femoralis) einen Schirmfilter in den kaudalen Teil der unteren Hohlvene einsetzen, der die Blutgerinnsel auffängt ● der Filter thrombosiert allmählich und verschließt die untere Hohlvene vollständig, inzwischen konnte sich jedoch ein Kollateralkreislauf ausbilden ● es entwickelt sich ein unteres Hohlvenensyndrom mit allen Risiken, die man aber in Kauf nehmen muß, wenn die rezidivierenden Lungenembolien das Leben des Patienten bedrohen ■ **Nierenvenenthrombose:** gehäuft bei exzessivem Übergewicht (> 100 %) ■ **Varikozele:** krampfaderähnliche Erweiterung des Plexus pampiniformis ● etwa 10 % der Männer befallen ● Grad 1: tastbare Schwellung nur bei Bauchpresse ● Grad 2: tastbare Schwellung in Ruhe ● Grad 3: sichtbare Schwellung ● 95 % links (ungünstigerer Abfluß über V. renalis) ● Rückstau → Temperaturerhöhung im Hoden → Infertilität ● Therapie: Unterbindung der V. testicularis im Bauchraum (unterbricht Blutrückfluß aus Nierenvene) ■ **Budd-Chiari-Syndrom:** ● Verschluß von Lebervenen, vor allem Thrombose, z.B. bei Polyzythämie (erhöhte Erythrozytenzahl im Blut), Tumor, Einnahme von Ovulationshemmern, führt zu Stauungsleber ● akute Form: Symptome des "akuten Abdomen" ● langsam entstehende Form: Erweiterung der Zentralvenen, Verfettung der Leberzellen, zentrolobuläre Fibrose (Zone III, ⇨ 4.4.2), Übergang in Leberzirrhose ■ **Lebervenenverschlußdruck** (wedge pressure): ● der Druck in den Lebervenen (normal ~ 2 mmHg) interessiert bei portaler Hypertension zur Klärung der Lage des Strombahnhindernisses (präsinusoidal, sinusoidal, postsinusoidal) ● der Ballonkatheter zur Druckmessung wird z.B. über die V. jugularis interna → V. cava superior → rechter Vorhof → V. cava inferior in die Lebervenen eingebracht

2.5.5 V. portae hepatis (Pfortader)

VENE	URSPRUNG, LAGE, VERLAUF	ÄSTE, DRAINAGEGEBIET	KLINIK
V. portae hepatis (Pfortader, Portalvene)	● Entsteht aus Vereinigung von V. splenica und V. mesenterica superior dorsal des Caput pancreatis vor dem 1. Lendenwirbelkörper ● steigt nach rechts oben im Lig. hepatoduodenale zur Porta hepatis auf ● teilt sich dort in R. dexter und R. sinister zum rechten und linken Leberlappen (funktioneller Definition, ⇨ 4.4.1) ● Länge des Stamms etwa 5-6 cm, lichte Weite 0,5-1 cm ■ **portokavale Anastomosen:** Verbindungen zwischen den Stromgebieten der Pfortader und der Hohlvenen : ● V. gastrica sinistra → Vv. oesophageales ● V. rectalis superior → Vv. rectales mediae ● Vv. para-umbilicales → Bauchwandvenen ● kleine Venen sekundär retroperitonealer Organe und der Gekrösewurzeln → Venen der hinteren Bauchwand (Vv. lumbales)	■ **R. dexter** (rechter Hauptast): mit R. anterior zum vorderen und R. posterior zum hinteren Teil des rechten Leberlappens ■ **R. sinister** (linker Hauptast): zum linken Leberlappen (einschließlich Lobus quadratus und Lobus caudatus): ● Pars transversa: querverlaufendes Anfangsstück mit Ästen zum Lobus caudatus (Rr. caudati) ● Pars umbilicalis: • Fortsetzung in Richtung der ehemaligen Nabelvene (V. umbilicalis, verödet zum Lig. teres hepatis) • Lig. venosum: Rest des Ductus venosus (Arantius-Gang) zur V. cava inferior • Endaufzweigung in Rr. mediales + laterales ■ **kleinere Äste:** ● V. cystica: von der Gallenblase ● Vv. para-umbilicales (Sappey-Venen): von der Nabelgegend ● V. gastrica sinistra und V. gastrica dextra von der kleinen Magenkrümmung ● V. prepylorica: vom Pförtnerabschnitt des Magens ■ **Drainagegebiet:** Magen, Darm, Bauchspeicheldrüse, Milz (entspricht den unpaaren Ästen der Bauchaorta)	■ **Portale Hypertension** (Pfortaderhochdruck): ● vor allem bei Leberzirrhose mit Rückstau des Blutes im Pfortadergebiet ● starke Erweiterung der portokavalen Anastomosen mit Gefahr lebensbedrohender Blutungen ■ **Durchblutungsstörungen:** ● akute Pfortaderthrombose → hämorrhagischer Dünndarminfarkt ● langsam entstehende Pfortaderthrombose → portale Hypertension ● Verschluß intrahepatischer Äste → Atrophie der Leberzellen im Versorgungsbereich: "Zahn-Infarkt" (nach dem Pathologen Zahn benannt), häufig in Umgebung von Krebsmetastasen
V. mesenterica superior (obere Gekrösevene)	● Verzweigung und Drainagegebiet entsprechen Ästen und Versorgungsgebiet der A. mesenterica superior ● Hauptstamm liegt rechts der A. mesenterica superior ● vereinigt sich mit V. splenica zur V. portae hepatis	● Vv. jejunales ● Vv. ileales ● V. gastro-omentalis [epiploica] dextra ● Vv. pancreaticae ● Vv. pancreaticoduodenales ● V. ileocolica mit V. appendicularis ● V. colica dextra ● V. colica media [intermedia]	**Portokavale Shuntoperationen:** Ziel Senken des Drucks im Pfortadergebiet, um Blutungsgefahr bei portaler Hypertension herabzusetzen ■ **Wege:** ● splenorenaler Shunt: Einpflanzen der V. splenica in linke V. renalis
V. splenica (Milzvene)	● Verzweigung und Drainagegebiet entsprechen etwa Ästen und Versorgungsgebiet der A. splenica [lienalis] ● Hauptstamm liegt meist kaudal der Milzarterie in Pancreas eingebettet ● nimmt V. mesenterica inferior auf (während A. mesenterica inferior nicht aus der Milzarterie, sondern direkt aus der Aorta entspringt) ● vereinigt sich mit V. mesenterica superior zur V. portae hepatis	● Vv. pancreaticae (Pankreasvenen): das Blut der Bauchspeicheldrüse fließt teils zur V. splenica, teils zur V. mesenterica superior ab ● Vv. gastricae breves (kurze Magenvenen): hauptsächlich vom Fundus gastricus [ventricularis] ● V. gastro-omentalis [epiploica] sinistra: bildet mit der gleichnamigen rechten Vene (aus V. mesenterica superior) Venenarkade an der großen Magenkurvatur ● V. mesenterica inferior (⇨ unten)	● mesenterikokavaler Shunt: Einpflanzen der V. mesenterica superior in V. cava inferior ● portokavaler Shunt i.e.S.: Verbinden der V. portae hepatis mit der V. cava inferior (Seit-zu-Seit oder End-zu-Seit) ■ **Probleme:** ● Minderdurchblutung der Leber: Gefahr des Leberversagens (Coma hepaticum), deshalb evtl. Darmarterie in leber-
V. mesenterica inferior (untere Gekrösevene)	● Verzweigung und Drainagegebiet entsprechen Ästen und Versorgungsgebiet der A. mesenterica inferior ● Hauptstamm verläuft jedoch unabhängig von A. mesenterica superior in Nähe des linken Harnleiters weit nach oben ● mündet in V. splenica	● *V. colica sinistra* (linke Dickdarmvene): vom Colon descendens ● *Vv. sigmoideae* (Sigmavenen): vom Colon sigmoideum ● *V. rectalis superior* (obere Mastdarmvene): unpaare Hauptvene des Mastdarms, über die der Großteil des Blutes von diesem Organ abfließt, Anastomosen mit Vv. rectales mediae und inferiores aus der V. iliaca interna können als Kollateralkreislauf Bedeutung gewinnen	seitigen Stumpf der Pfortader einnähen ● Blut aus Darm mit resorbierten Stoffen wird ohne Entgiftung in Leber im "first pass" im Körper verteilt (→ Hirnstörung: hepatoportale Enzephalopathie)

2.5.6 Vv. iliacae (Beckenvenen)

VENE	URSPRUNG, LAGE, VERLAUF	ÄSTE, DRAINAGEGEBIET	KLINIK
V. iliaca communis (gemeinsame Beckenvene, gemeinsame Darmbeinvene)	● Entsteht aus Vereinigung von V. iliaca externa und V. iliaca interna ● die beiden Vv. iliacae communes vereinigen sich vor 5. (4.) Lendenwirbelkörper rechts der Medianebene zur V. cava inferior ● rechte A. iliaca communis überkreuzt beide Vv. iliacae communes	● *V. sacralis mediana*: unpaar, steigt auf Vorderfläche des Kreuzbeins zur V. iliaca communis sinistra oder Vereinigung der beiden Vv. iliacae communes auf ● *V. iliolumbalis*: auf dem M. iliacus, der gleichnamigen Arterie entsprechend ● praktisch das gesamte Blut der unteren Extremität einschließlich der Beckenwand fließt über die V. iliaca communis herzwärts	Überkreuzung durch A. iliaca communis dextra kann Blutrückfluß aus Bein behindern (links häufiger als rechts), begünstigt Entstehen von Krampfadern
V. iliaca interna (innere Beckenvene, innere Darmbeinvene)	● Entsteht aus Vereinigung zahlreicher Venen des kleinen Beckens (oft unter Bildung von Unterstämmen) etwa vor Articulatio sacro-iliaca ● vereinigt sich mit V. iliaca externa zu V. iliaca communis	Die Äste entsprechen weitgehend den gleichnamigen Ästen der A. iliaca interna: ■ **parietale Äste:** ● Vv. gluteales superiores ● Vv. gluteales inferiores ● Vv. obturatoriae ● Vv. sacrales laterales aus Plexus venosus sacralis ■ **viszerale Äste** aus Beckenhöhle: ● *Vv. vesicales* aus Plexus venosus vesicalis und Plexus venosus prostaticus mit Zustrom von V. dorsalis profunda clitoridis bzw. V. dorsalis profunda penis ● *Vv. uterinae* aus Plexus venosus uterinus und Plexus venosus vaginalis ● *Vv. rectales mediae* aus Plexus venosus rectalis ■ **V. pudenda interna** (innere Schamvene): Hauptvene des Beckenbodens: ● *Vv. profundae clitoridis* bzw. Vv. profundae penis ● *Vv. rectales inferiores* ● *Vv. labiales posteriores* bzw. Vv. scrotales posteriores ● *V. bulbi vestibuli* bzw. V. bulbi penis	**Beckenvenenthrombose:** ● Hauptgefahr: Ablösung eines Blutgerinnsels ● vom Blutstrom mitgerissen gelangt dieses durch rechtes Herz in Aa. pulmonales ● Lungenembolie ist um so gefährlicher, je weiter das Lumen der verschlossenen Lungenarterie ist ● dicke Emboli (aus weiten Venen) bleiben schon in starken Arterien stecken, dünne Emboli gelangen weiter in die Peripherie ● Venenthrombose ist also um so gefährlicher, je dicker die thrombosierte Vene ist
V. iliaca externa (äußere Beckenvene, äußere Darmbeinvene)	● Direkte Fortsetzung der V. femoralis (diese ändert Namen in Lacuna vasorum) ● vereinigt sich mit V. iliaca interna zu V. iliaca communis ● liegt in Lacuna vasorum medial der A. iliaca externa	● Drainagegebiet: gesamtes Bein, untere Bauchwand, vordere Dammgegend ● die Äste entsprechen weitgehend den gleichnamigen Ästen der A. iliaca externa: ● *V. epigastrica inferior*: mit R. pubicus und starker Verbindung zur V. obturatoria (V. obturaturia accessoria) ● *V. circumflexa iliaca profunda*	Plötzlicher Verschluß der V. iliaca externa: ● schwerer Blutrückstau im Bein ● kann tödlich enden (Lungenembolie!)

2.5.7 Entwicklung und Entwicklungsstörungen der Venen (Venae)

GEFÄSS	ENTWICKLUNG		ENTWICKLUNGS-STÖRUNGEN
Erste Venen	Gliederung in 4. Entwicklungswoche: ■ **Venen außerhalb des Embryos** (*Vv. extraembryonicae*): rechte und linke ● Dottersackvene (V. vitellina) ⇨ unten ● Nabelvene (V. umbilicalis) ⇨ unten	■ **Venen innerhalb des Embryos** (*Vv. intraembryonicae*): rechte und linke ● Kardinalvene (V. cardinalis) ⇨ unten ● Endabschnitt der Dottersackvene (V. vitellina) ● Endabschnitt der Nabelvene (V. umbilicalis)	■ **Mißbildungen:** ● Mündung der V. cava inferior in linken Vorhof ● Mündung von Lungenvenen in rechten Vorhof
V. vitellina (Dottersackvene)	Vom Dottersack zum Sinus venosus, linke Dottersackvene (Dottervene) bildet sich zurück, aus rechter entstehen:	● posthepatisches Segment der unteren Hohlvene (V. cava inferior): Teil deren Endabschnitts ● Pfortader (V. portae [portalis] hepatis)	■ **Wichtige Venenvarietäten:** ● *Vena cava superior duplex*: Verdoppelung der oberen Hohlvene bei Erhaltenbleiben der linken V. cardinalis anterior (bei mangelhafter Ausbildung der Anastomosis precardinalis), die linke obere Hohlvene mündet dann in den Sinus coronarius ● *Fehlen des Endabschnitts der V. cava inferior*: das Blut der unteren Körperhälfte wird über die V. azygos der oberen Hohlvene zugeführt, das Blut des Pfortadersystems gelangt über die direkt in den rechten Vorhof mündenden Lebervenen zum Herzen ● *gespaltene V. cava inferior*: kaudal der Nierenvenen 2 parallele große Venen
V. umbilicalis (Nabelvene)	● Von Placenta zum Sinus venosus ● rechte Nabelvene und Endstück der linken (zwischen Leber und Sinus venosus) bilden sich zurück ● Hauptteil der linken bleibt im gesamten intrauterinen Leben einziges Gefäß, das arterialisiertes Blut von der Placenta über Kurzschluß	(Arantius-Venengang, *Ductus venosus*) zur unteren Hohlvene leitet ● nach Geburt veröden: • linke Nabelvene zum runden Leberband (Lig. teres hepatis) • Arantius-Venengang zum Lig. venosum	
V. cardinalis (Kardinalvene)	Ende der 4. Entwicklungswoche bildet sich paariges Längsvenensystem im Embryo, das praktisch den gesamten intraembryonalen Blutrückfluß zum Sinus venosus gewährleistet: ● obere (vordere) Kardinalvene (Präkardinalvene, *V. cardinalis anterior*): kranial vom Herzen ● untere (hintere) Kardinalvene (Postkardinalvene, *V. cardinalis posterior*): kaudal vom Herzen ● gemeinsame Kardinalvene (*V. cardinalis communis*, Cuvier-Gang): kurzer gemeinsamer Stamm der vorderen und hinteren Kardinalvene vor der Mündung in den Sinus venosus ● *Anastomosis precardinalis*: zwischen den beiden oberen Kardinalvenen entsteht Querverbindung, daraufhin bildet sich Endabschnitt der linken oberen Kardinalvene (vor Mündung in gemeinsame Kardinalvene) zurück, das Blut von der linken oberen Hälfte des Embryos wird über die Verbindung zur rechten oberen Kardinalvene umgeleitet	● parallel zu den unteren Kardinalvenen entstehen 2 paarige Längsvenen: ● Subkardinalvene (*V. subcardinalis*): von Urnieren ● Suprakardinalvene (*V. supracardinalis*): in Leibeswand ● zwischen den 6 parallelen Längsvenen bilden sich mehrere Verbindungen aus: • Anastomosis subcardinalis • Anastomosis supracardinalis • Anastomosis sub-supracardinalis ● von den 6 parallelen Längsvenen bilden sich große Teile zurück, so daß zuletzt nahezu das gesamte Blut der unteren Körperhälfte über die unpaare V. cava inferior zum rechten Vorhof zurückfließt	
Herkunft der endgültigen Venen	■ **Obere Körperhälfte:** ● V. jugularis interna + V. jugularis externa: aus V. cardinalis anterior ● V. brachiocephalica sinistra: aus Anastomosis precardinalis ● V. brachiocephalica dextra: aus rechter V. cardinalis anterior ● V. cava superior: aus Endabschnitt der rechten V. cardinalis anterior + rechte V. cardinalis communis ● Sinus coronarius + V. obliqua atrii sinistri: aus linker V. cardinalis communis ● V. coronaria sinistra (früher V. cardiaca magna): aus linker V. cardinalis posterior ● Vv. pulmonales: Aussprossung aus linkem Vorhof oder Sinus venosus findet Anschluß an Plexus venosus visceralis ■ **V. cava inferior**: 4 Abschnitte: ● *posthepatisches Segment* (Endabschnitt vor Mündung in rechten Vorhof): aus rechter V. vitellina	● *hepatisches Segment*: aus rechter V. subcardinalis ● *renales Segment*: aus Anastomosis sub-supracardinalis ● *prärenales Segment* (kaudal der Nierenvenen): aus rechter V. supracardinalis (oder V. subcardinalis, umstritten) ■ **übrige untere Körperhälfte:** ● V. portae hepatis: aus rechter V. vitellina ● V. azygos, V. hemiazygos, V. azygos accessoria: aus V. supracardinalis • Arcus venae azygos aus Anastomosis supracardinalis • Endabschnitt aus rechter V. cardinalis posterior ● Vv. adrenales, Vv. gonadales: aus V. subcardinalis ● V. renalis: aus Anastomosis subcardinalis	

2.6 Lymphknoten des Rumpfes

2.6.1 Lymphknoten der Brustwand

GRUPPE	GLIEDERUNG	LAGE	EINZUGSGEBIET	ABFLUSS ZU
Nodi lymphatici axillares (Achsellymphknoten)	Nodi lymphatici axillares brachiales	Entlang Vv. brachiales und V. axillaris	Nodi lymphatici brachiales und cubitales	Nodi lymphatici axillares centrales
	Nodi lymphatici subscapulares	Dem M. subscapularis anliegend	Rücken	
	Nodi lymphatici pectorales	Am Lateralrand des M. pectoralis major	Vordere Brustwand (Brustdrüse!)	
	Nodi lymphatici interpectorales	Zwischen M. pectoralis major und minor	Vordere Brustwand (Brustdrüse!)	
	Nodi lymphatici axillares centrales	Zentral in der Regio axillaris	Nodi lymphatici axillares brachiales, subscapulares, pectorales, interpectorales	Nodi lymphatici axillares apicales
	Nodi lymphatici deltoideopectorales [infraclaviculares]	Im Trigonum clavipectorale (Mohrenheim-Grube)	Radial- und Dorsalseite des gesamten Arms (Lymphbahnen entlang der V. cephalica)	
	Nodi lymphatici axillares apicales	In der Spitze der Achselpyramide	Nodi lymphatici axillares centrales und deltoideopectorales	Nodi lymphatici cervicales laterales profundi inferiores
Nodi lymphatici paramammarii (Lymphknoten um die Brustdrüse)		In der Brustdrüse	Brustdrüse und vordere Brustwand	● Nodi lymphatici axillares pectorales ● Nodi lymphatici parasternales ● Nodi lymphatici cervicales laterales profundi inferiores
Nodi lymphatici parasternales (Lymphknoten neben dem Brustbein)		Innenseite der Brustwand entlang A. thoracica interna	● Vordere Brustwand ● Nodi lymphatici paramammarii ● Nodi lymphatici intercostales ● Nodi lymphatici phrenici superiores	Truncus bronchomediastinalis (dexter/sinister) (⇨ 1.5.6)
Nodi lymphatici intercostales (Zwischenrippen-Lymphknoten)		Zwischenrippenräume	● Brustwand ● parietale Pleura	● Nodi lymphatici parasternales ● Nodi lymphatici prevertebrales
Nodi lymphatici prevertebrales (Lymphknoten vor der Wirbelsäule)		Vor den Wirbelkörpern	● Wirbelsäule mit Wirbelkanal ● hinteres Mediastinum	Truncus bronchomediastinalis (dexter/sinister)
Nodi lymphatici phrenici superiores (obere Zwerchfell-Lymphknoten)		Um Foramen venae cavae und Hiatus aorticus dem Centrum tendineum oben anliegend	● Zwerchfell ● Teile der Leber und der Gallenwege	● Nodi lymphatici parasternales ● Nodi lymphatici prevertebrales

2.6.2 Lymphknoten der Brusthöhle

GRUPPE	GLIEDERUNG	LAGE	EINZUGSGEBIET	ABFLUSS ZU
Nodi lymphatici mediastinales anteriores (Lymphknoten des vorderen Mittelfellraums)		Vorderes Mediastinum	● Vorderes Mediastinum mit Herzbeutel, Herz, Thymus ● vordere Brustwand	Truncus bronchomediastinalis (dexter/sinister)
	Nodi lymphatici prepericardiales	Zwischen Herzbeutel und Brustwand	● Herzbeutel, Herz ● vordere Brustwand	
	Nodi lymphatici pericardiales laterales	Zwischen Herzbeutel und Pleura mediastinalis	● Herzbeutel, Herz ● Pleura mediastinalis	
	Nodus lymphaticus ligamenti arteriosi	Am Lig. arteriosum, variabel	Herzbeutel, Herz	

Fortsetzung der Tabelle nächste Seite

Lymphknoten der Brusthöhle (Fortsetzung)

GRUPPE	GLIEDERUNG	LAGE	EINZUGSGEBIET	ABFLUSS ZU
Nodi lymphatici mediastinales posteriores (Lymphknoten des hinteren Mittelfellraums)	Nodi lymphatici juxta-oesophageales	Um die Speiseröhre	● Speiseröhre ● hinteres Mediastinum	Truncus bronchomedia-stinalis (dexter/sinister)
	Nodi lymphatici pulmo-nales (Hiluslymphkno-ten)	Am Lungenhilum	Lunge	Nodi lymphatici tracheo-bronchiales
	Nodi lymphatici tracheo-bronchiales inferiores	Kaudal der Bifurcatio tracheae [trachealis]	● Mediastinum ● Nodi lymphatici pul-monales	Nodi lymphatici tracheo-bronchiales superiores
	Nodi lymphatici tracheo-bronchiales superiores	● An Hauptbrochen ● an Trachea kranial der Bifurcatio tracheae [trachealis]	● Mediastinum ● Nodi lymphatici pul-monales ● Nodi lymphatici tra-cheobronchiales inferio-res	Truncus bronchomedia-stinalis (dexter/sinister)
	Nodi lymphatici paratra-cheales	Seitlich der Luftröhre	Trachea und oberes Mediastinum	
	Nodus lymphaticus arcus venae azygos	An Arcus venae azygos, variabel	● Pleura mediastinalis ● oberes Mediastinum	

2.6.3 Parietale Lymphknoten des Bauches (Nodi lymphatici parietales)

GRUPPE	GLIEDERUNG	LAGE	EINZUGSGEBIET	ABFLUSS ZU
Nodi lymphatici inguinales (Leistenlymphknoten)	⇨ 9.5			
Nodi lymphatici lum-bales [lumbares] sinistri (linke Lendenlymph-knoten)	Nodi lymphatici aortici laterales	Links der Pars abdomi-nalis aortae	● Retroperitonealraum mit Niere, Nebenniere, Harnleiter ● Eierstock bzw. Hoden ● Eileiter bzw. Samen-strang ● Nodi lymphatici iliaci communes	Truncus lumbalis sinister (⇨ 1.5.6)
	Nodi lymphatici pre-aor-tici	Vor Pars abdominalis aortae		
	Nodi lymphatici post-aortici	Hinter Pars abdominalis aortae		
Nodi lymphatici lum-bales [lumbares] intermedii (mittlere Lendenlymph-knoten)		Zwischen Pars abdomi-nalis aortae und V. cava inferior		Truncus lumbalis dexter + sinister
Nodi lymphatici lum-bales [lumbares] dextri (rechte Lendenlymph-knoten)	Nodi lymphatici cavales laterales	Rechts der V. cava infer-ior		Truncus lumbalis dexter
	Nodi lymphatici precava-les	Vor V. cava inferior		
	Nodi lymphatici postca-vales	Hinter V. cava inferior		
Nodi lymphatici phrenici inferiores (untere Zwerchfell-Lymphknoten)		Um Foramen venae ca-vae und Hiatus aorticus dem Centrum tendineum unten anliegend	● Zwerchfell ● oberer Retroperito-nealraum	● Truncus lumbalis dex-ter/sinister ● Nodi lymphatici pa-rasternales ● Nodi lymphatici pre-vertebrales
Nodi lymphatici epi-gastrici inferiores (untere Bauchwand-lymphknoten)		Entlang A. epigastrica inferior	Innenseite der vorderen unteren Bauchwand	Nodi lymphatici iliaci ex-terni

2.6.4 Viszerale Lymphknoten des Bauches (Nodi lymphatici viscerales)

GRUPPE	GLIEDERUNG	LAGE	EINZUGSGEBIET	ABFLUSS ZU
Nodi lymphatici coeliaci (Zöliakuslymphknoten)		Um Truncus coeliacus	Sekundärstation für alle viszeralen Lymphknoten des Bauches	● Trunci intestinales ● Cisterna chyli
Nodi lymphatici gastrici (Magenlymphknoten)	● Nodi lymphatici gastrici dextri ● Nodi lymphatici gastrici sinistri ● Anulus lymphaticus cardiae	An Curvatura gastrica [ventricularis] minor entlang A. gastrica dextra/sinistra	Magen	Nodi lymphatici coeliaci
Nodi lymphatici gastro-omentales (Magen-Netz-Lymphknoten)	● Nodi lymphatici gastro-omentales dextri ● Nodi lymphatici gastro-omentales sinistri	An Curvatura gastrica [ventricularis] major entlang A. gastrio-omentalis [gastro-epiploica] dextra/sinistra	● Magen ● Omentum majus	Nodi lymphatici ● splenici ● hepatici ● coeliaci
Nodi lymphatici pylorici (Magenpförtner-Lymphknoten)	● Nodus lymphaticus suprapyloricus ● Nodi lymphatici subpylorici ● Nodi lymphatici retropylorici	Um Pylorus	● Pars pylorica des Magens ● Pars superior des Duodenum	Nodi lymphatici ● hepatici ● coeliaci
Nodi lymphatici pancreatici (Bauchspeicheldrüsen-Lymphknoten)	● Nodi lymphatici pancreatici superiores ● Nodi lymphatici pancreatici inferiores	An der Bauchspeicheldrüse	Pankreas	Nodi lymphatici ● splenici ● hepatici ● coeliaci
Nodi lymphatici splenici [lienales] (Milzlymphknoten)		Am Hilum splenicum	Milz	Nodi lymphatici coeliaci
Nodi lymphatici pancreaticoduodenales (Bauchspeicheldrüsen-Zwölffingerdarm-Lymphknoten)	● Nodi lymphatici pancreaticoduodenales superiores ● Nodi lymphatici pancreaticoduodenales inferiores	Zwischen Caput pancreatis und Duodenum	● Pancreas ● Duodenum	Nodi lymphatici ● hepatici ● coeliaci ● mesenterici
Nodi lymphatici hepatici (Leberlymphknoten)		An Porta hepatis und im Lig. hepatoduodenale	● Leber, Gallenwege ● Pancreas, Duodenum	Nodi lymphatici coeliaci
	Nodus lymphaticus cysticus	An Collum vesicae biliaris	Gallenblase	
	Nodus lymphaticus foraminalis	Am Foramen omentale [epiploicum]	Umgebung des Foramen omentale [epiploicum]	
Nodi lymphatici mesenterici (Gekröselymphknoten)	Nodi lymphatici mesenterici juxta-intestinales	Entlang Jejunum und Ileum	Dünn- und Dickdarm	Nodi lymphatici coeliaci
	Nodi lymphatici mesenterici superiores (centrales)	Im Aufzweigungsbereich des Stamms der A. mesenterica superior		
(Lymphknoten von Blinddarm und Wurmfortsatz)	Nodi lymphatici ileocolici	Entlang A. ileocolica	● Distales Ileum ● Caecum ● Appendix vermiformis	● Nodi lymphatici mesenterici superiores (centrales) ● Nodi lymphatici coeliaci
	Nodi lymphatici precaecales	Vor Caecum an A. caecalis anterior		
	Nodi lymphatici retrocaecales	Hinter Caecum an A. caecalis posterior		
	Nodi lymphatici appendiculares	Entlang A. appendicularis		
Nodi lymphatici mesocolici (Dickdarmgekröse-Lymphknoten)	Nodi lymphatici paracolici	Entlang Colon	Colon	● Nodi lymphatici mesenterici superiores (centrales) ● Nodi lymphatici coeliaci
	Nodi lymphatici colici dextri	An A. colica dextra	Colon ascendens	
	Nodi lymphatici colici medii	An A. colica media	Colon transversum	
	Nodi lymphatici colici sinistri	An A. colica sinistra	Colon descendens	
Nodi lymphatici mesenterici inferiores (untere Gekröselymphknoten)		An Stamm der A. mesenterica inferior	● Colon descendens ● Colon sigmoideum	● Nodi lymphatici mesenterici superiores (centrales) ● Nodi lymphatici lumbales
	Nodi lymphatici sigmoidei	An Aa. sigmoideae	Colon sigmoideum	
	Nodi lymphatici rectales superiores	An A. rectalis superior	Rectum	

2.6.5 Lymphknoten des Beckens

GRUPPE	GLIEDERUNG	LAGE	EINZUGSGEBIET	ABFLUß ZU
Nodi lymphatici iliaci communes (Lymphknoten entlang der gemeinsamen Beckenschlagader)	Nodi lymphatici iliaci communes mediales	Medial der A. iliaca communis	● Nodi lymphatici iliaci externi ● Nodi lymphatici iliaci interni ● Nodi lymphatici pararectales [anorectales]	Nodi lymphatici lumbales
	Nodi lymphatici iliaci communes intermedii	Vor der A. iliaca communis		
	Nodi lymphatici iliaci communes laterales	Lateral der A. iliaca communis		
	Nodi lymphatici subaortici	Kaudal der Bifurcatio aortae		
	Nodi lymphatici promontorii	Vor dem Promontorium		
Nodi lymphatici iliaci externi (Lymphknoten entlang der äußeren Beckenschlagader)	Nodi lymphatici iliaci externi mediales	Medial der A. iliaca externa	● Wand des großen und kleinen Beckens ● Nodi lymphatici paravesicales ● Nodi lymphatici parauterini ● Nodi lymphatici paravaginales ● Nodi lymphatici inguinales profundi	Nodi lymphatici iliaci communes
	Nodi lymphatici iliaci externi intermedii	Vor der A. iliaca externa		
	Nodi lymphatici iliaci externi laterales	Lateral der A. iliaca externa		
	Nodus lymphaticus lacunaris medialis (Rosenmüller-Lymphknoten, Cloquet-Lymphknoten)	In Lacuna vasorum medial der V. femoralis		
	Nodus lymphaticus lacunaris intermedius	In Lacuna vasorum zwischen A. femoralis und V. femoralis		
	Nodus lymphaticus lacunaris lateralis	In Lacuna vasorum lateral der A. femoralis		
	Nodi lymphatici interiliaci	Zwischen A. iliaca externa und interna (in Fossa ovarica)		
	Nodi lymphatici obturatorii	Medial des Foramen obturatum [obturatorium] auf dem M. obturator internus		
Nodi lymphatici iliaci interni (Lymphknoten entlang der inneren Beckenschlagader)	Nodi lymphatici gluteales superiores	In Regio glutea im Bereich der A. glutea superior	Gesäßgegend	Nodi lymphatici iliaci communes
	Nodi lymphatici gluteales inferiores	In Regio glutea im Bereich der A. glutea inferior		
	Nodi lymphatici sacrales	Ventral des Kreuzbeins	● Kreuzbein ● Mastdarm ● Nodi lymphatici pararectales [anorectales]	
Nodi lymphatici viscerales (Eingeweidelymphknoten)	Nodi lymphatici paravesicales ● Nodi lymphatici prevesicales ● Nodi lymphatici postvesicales ● Nodi lymphatici vesicales laterales	Um die Harnblase herum (ventral, dorsal, lateral)	Vordere Beckeneingeweide	● Nodi lymphatici iliaci externi ● Nodi lymphatici iliaci interni ● Nodi lymphatici iliaci communes
	Nodi lymphatici parauterini	Um die Gebärmutter	Beckeneingeweide	
	Nodi lymphatici paravaginales	Um die Scheide	Beckeneingeweide	
	Nodi lymphatici pararectales [anorectales]	Um Mastdarm und After	Hintere Beckeneingeweide	

2.7 Nerven des Rumpfes

2.7.1 Nn. spinales (Rückenmarknerven): allgemein

URSPRUNG	LAGE, VERLAUF, ZÄHLUNG	ÄSTE, INNERVATIONS-GEBIETE	KLINIK
Aus dem (nicht segmental gegliederten) Rückenmark (⇨ 7.2.1) treten 2 Reihen (entsprechend Vorder- und Hinterhorn) feiner Wurzelfäden (Fila radicularia) aus, sie bündeln sich entsprechend den Segmenten der Wirbelsäule zu ■ **Radix anterior [motoria]** (vordere Wurzel): sie führt motorische Nervenfasern: ● allgemein somatoefferente Nervenfasern von den großen α-Motoneuronen des Vorderhorns ● allgemein viszeroefferente Nervenfasern vom Seitenhorn ■ **Radix posterior [sensoria]** (hintere Wurzel): ● sie führt sensible Nervenfasern (allgemein somato- und viszeroafferent) ● die Perikaryen liegen in dem in die hintere Wurzel eingeschalteten *Ganglion spinale [sensorium]* (Spinalganglion, Rückenmarkganglion, ⇨ 1.7.8) ■ **Truncus nervi spinalis** (Stamm des Rückenmarknervs): die beiden Wurzeln vereinigen sich zu einem gemeinsamen Stamm, in dem sich die Nervenfasern durchmischen	■ **Wurzeln:** sind im Halsbereich kurz (~ 1 cm], werden aber wegen des fetalen Aufstiegs des Rückenmarks (⇨ 7.1.1) kaudal immer länger (sakrale Wurzeln bis 25 cm), 3 Abschnitte: im ① Spatium subarachnoideum (Liquorraum, ⇨ 7.1.3): ● Bildung der Wurzeln aus Fila radicularia ● hier findet man die langen Wurzelabschnitte: freie Beweglichkeit und damit geringere Gefahr mechanischer Beeinträchtigung bei Bewegungen der Wirbelsäule ● *Cauda equina* ("Pferdeschweif"): die kaudal des Rückenmarkendes im Liquorraum dicht gedrängten Wurzeln ② Spatium epidurale (Epiduralraum): eingebettet in Plexus venosus vertebralis internus (inneres Wirbelvenengeflecht) ③ Foramen intervertebrale (Zwischenwirbelloch): dort auch Spinalganglion ■ **Stamm:** ● kurz (5-10 mm) ● teilt sich am lateralen Ende des Foramen intervertebrale in seine 4 Äste ■ **Zählung:** sie ist inkonsequent: ● 8 Nn. cervicales (Halsnerven): 8 Halsnerven auf 7 Halswirbelsegmente! ● C1: der 1. Spinalnerv verläßt den Wirbelkanal zwischen Hinterhauptbein und Atlas ● C2-C7: nach dem jeweils darunter liegenden Wirbel bezeichnet ● C8: zwischen 7. Halswirbel und 1. Brustwirbel ● in den folgenden Abschnitten erfolgt die Numerierung jeweils entsprechend dem darüberliegenden Wirbel: ● 12 Nn. thoracici (Brustnerven): Th1-Th12 ● 5 Nn. lumbales [lumbares] (Lendennerven): L1-L5 ● 5 Nn. sacrales (Kreuzbeinnerven): S1-S5 ● 1 N. coccygeus (Steißnerv): Co	■ **R. anterior** (vorderer Ast): motorisch und sensibel zu ● vorderer und seitlicher Rumpfwand ● vorderem und seitlichem Halsbereich ● gesamten Extremitäten ● die vorderen Äste zu Hals und Extremitäten bilden Nervengeflechte: • Plexus cervicalis • Plexus brachialis • Plexus lumbalis • Plexus sacralis ■ **R. communicans** (autonomer Verbindungsast): ● *R. communicans albus* (weißer Verbindungsast): präganglionäre markhaltige (weiße) Nervenfasern vom Rückenmark zum sympathischen Ganglion (nur C8-L2) ● *R. communicans griseus* (grauer Verbindungsast): postganglionäre marklose (graue) Nervenfasern vom sympathischen Ganglion zum R. anterior und R. posterior des Spinalnervs ● beim Menschen nur ausnahmsweise klare Trennung von R. albus und R. griseus! ■ **R. posterior** (hinterer Ast): motorisch und sensibel zu ● hinterer Rumpfwand ● Nacken ● keine Beteiligung an Extremitäten! ■ **R. meningeus** (Rückenmarkhautast): durch Foramen intervertebrale zurück, sensible und autonome Nervenfasern für ● Rückenmarkhäute ● Periost, Bänder und Gelenkkapseln der Wirbel ● Blutgefäße im Wirbelkanal	■ **Gefährdung:** ● am stärksten im knöchernen Kanal des Foramen intervertebrale durch Raumbeengung, vor allem dorsolateraler Vorfall einer geschädigten Zwischenwirbelscheibe (Diskushernie, Nucleus-pulposus-Prolaps) ● im viel weiteren Wirbelkanal erst durch viel größere raumfordernde Prozesse, außer medianer Diskushernie z.B. Geschwülste und Entzündungen der Rückenmarkhäute (Meningiome, Arachnoiditis) ● selten Ausriß der Wurzelfäden bei schwerer Rückenmarkerschütterung ■ **Lähmungssyndrom:** bei isoliertem Ausfall eines Spinalnervs: ● Parese (Schwäche) der aus dem Segment innervierten Muskeln, jedoch kaum vollständige Lähmung, da die meisten Muskeln aus mehreren Segmenten innerviert werden ● nur ausnahmsweise Sensibilitätsstörung an der Haut, da sich die Hautgebiete der Spinalnerven weit überlappen (gewöhnlich 3 Segmente, so daß erst bei Schädigung von 3 nebeneinanderliegenden Segmenten Ausfall vom Patienten bemerkt ● Reizerscheinungen: Schmerzen, Parästhesien (Kribbeln, Jucken), die in das Hautgebiet des Spinalnervs projiziert werden, beeinträchtigen den Patienten am stärksten ■ **Leitungsanästhesie:** entsprechend Lage der sensiblen Wurzeln 2 Typen der rückenmarknahen Leitungsanästhesie (ausführlich ⇨ 7.1.3): ● *Spinalanästhesie*: Einspritzen des Anästhetikums in den Liquorraum ● *Epiduralanästhesie*: Einspritzen in Epiduralraum ■ **Zoster** (Gürtelrose): ● häufig auf das Hautgebiet eines Spinalnervs beschränkte Hauterkrankung mit bläschenförmigem Ausschlag und brennenden Schmerzen ● Ursache: Spätrezidiv einer Infektion durch das Varizellen-Zoster-Virus (Erreger der Windpocken), die Viren persistieren in den Spinalganglien und können bei Resistenzschwäche den Zoster auslösen ● meist nur lästig, vor allem postzosterische Neuralgien (etwa 10 %) über Monate ● gefährlich: • Befall von Hirnnerven, z.B. Gefährdung des Auges bei Befall von V1 (N. ophthalmicus) • Generalisierung: bei Immunschwäche einschließlich Immunsuppression

2.7.2 Nn. spinales (Rückenmarknerven): Besonderheiten einzelner Bereiche

BEREICH	RAMI ANTERIORES	RAMI POSTERIORES
Nn. cervicales (Halsnerven)	■ C_1-C_4 bilden **Plexus cervicalis** (ausführlich ⇨ 6.7.7): an Innervation der Rumpfes beteiligen sich: ● Nn. supraclaviculares: sensibel, schmaler Hautstreifen kaudal der Clavicula ● N. phrenicus: motorisch Zwerchfell, sensibel Perikard, Pleura und Peritoneum ■ C_5-Th_1 bilden **Plexus brachialis** (ausführlich ⇨ 8.7.2 + 8.7.3) an Innervation des Rumpfes beteiligen sich motorische Äste für Rumpf-Schultergürtel- und Rumpf-Arm-Muskeln: ● N. thoracicus longus: M. serratus anterior ● N. dorsalis scapulae: M. levator scapulae, Mm. rhomboidei ● N. subclavius: M. subclavius ● N. pectoralis medialis + lateralis: M. pectoralis major + minor ● N. thoracodorsalis: M. latissimus dorsi	■ **Motorisch**: Nackenabschnitte der autochthonen Rückenmuskeln (Einzelheiten ⇨ 2.3.3): ● R. medialis: spinale und transversospinale Muskeln ● R. lateralis: M. longissimus und M. iliocostalis ■ **sensibel**: Nackenhaut bis kaudal der Vertebra prominens ■ **besonders benannt** (ausführlich ⇨ 6.7.7): ● C_1: N. suboccipitalis ● C_2: N. occipitalis major ● C_3: Hautast reicht manchmal als "N. occipitalis tertius" bis zur Regio occipitalis
Nn. thoracici (Brustnerven)	**Nn. intercostales**: Th_2-Th_{11} keine Plexusbildung, sondern segmentaler Verlauf in Zwischenrippenräumen und Bauchwand, Aufzweigung in ■ **motorische Äste** zu ● Muskeln des Brustkorbs: Mm. intercostales externi + interni + intimi, Mm. subcostales, M. transversus thoracis ● M. serratus posterior superior + inferior ● Bauchmuskeln: M. rectus abdominis, M. obliquus externus + internus abdominis, M. transversus abdominis ■ **sensible Äste**: ● *R. cutaneus lateralis* [pectoralis/abdominalis]: durch M. serratus anterior zur Haut der seitlichen Rumpfwand ● Rr. mammarii laterales: lateraler Teil der Haut der Brustdrüse ● N. intercostobrachialis: aus Th_2-Th_3 zur Haut der Achselgegend und der Medialseite des Oberarms ● *R. cutaneus anterior* [pectoralis/abdominalis]: am lateralen Sternalrand bzw. durch M. rectus abdominis zur Haut der vorderen Brust- und Bauchwand, mit ● Rr. mammarii mediales: medialer Teil der Haut der Brustdrüse ■ *N. subcostalis*: den Nn. intercostales entsprechender segmentaler Nerv aus Th_{12}	■ **Motorisch**: Brustabschnitte der autochthonen Rückenmuskeln (Einzelheiten ⇨ 2.3.3): ● R. muscularis medialis: spinale und transversospinale Muskeln ● R. muscularis lateralis: M. longissimus und M. iliocostalis ■ **sensibel**: R. cutaneus posterior: Rückenhaut 1-2 Handbreit beidseits der Dornfortsätze
Nn. lumbales [lumbares] (Lendennerven)	Th_{12}-L_4 bilden **Plexus lumbalis** (ausführlich ⇨ 9.7.1): an Innervation des Rumpfes beteiligen sich: ● direkte motorische Äste zu M. quadratus lumborum und Mm. intertransversarii laterales lumborum ● *N. iliohypogastricus*: • motorisch zu Bauchmuskeln kranial der Symphysis pubica • sensibel: R. cutaneus anterior zur Haut der Regio pubica ● *N. ilio-inguinalis*: • motorisch zu Bauchmuskeln kranial der Symphysis pubica • sensibel: Rr. labiales/scrotales anteriores zur Haut der großen Schamlippen bzw. des Hodensacks ● *N. genitofemoralis*: R. genitalis • motorisch zu M. cremaster • sensibel: Haut der großen Schamlippen bzw. des Hodensacks	■ **Motorisch**: Lendenabschnitte der autochthonen Rückenmuskeln (Einzelheiten ⇨ 2.3.3): ● R. medialis: spinale und transversospinale Muskeln ● R. lateralis: M. longissimus und M. iliocostalis ■ **sensibel**: *Rr. clunium [gluteales] superiores* (L_1-L_3) zur Haut des kranialen Teiles der Regio glutea (Gesäßgegend)
Nn. sacrales und N. coccygeus (Kreuzbeinnerven und Steißnerv)	Verlassen Kreuzbeinkanal durch Foramina sacralia anteriora [pelvica] ■ L_5-S_4 bilden **Plexus sacralis** (ausführlich ⇨ 9.7.2): an Innervation des Rumpfes beteiligen sich: ● direkte Muskeläste zu M. levator ani + M. coccygeus ● *N. pudendus*: • motorisch zum M. sphincter ani externus und zu allen Muskeln des Diaphragma urogenitale • sensibel: Haut der Regio perinealis ■ S_5-Co bilden **Plexus coccygeus**: sensibel N. anococcygeus zur Haut über Steißbein bis zum After	Verlassen Kreuzbeinkanal durch Foramina sacralia posteriora ■ **Motorisch**: - ■ **sensibel**: ● R. medialis: Haut über Kreuzbein ● R. lateralis: mit *Rr. clunium [gluteales] mediales* (S_1-S_3) zur Haut des medialen Teiles der Regio glutea (Gesäßgegend)

2.7.3 Truncus sympatheticus (Grenzstrang)

BEREICH	BAU, LAGE	ÄSTE, INNERVATIONSGEBIETE	KLINIK
Truncus sympatheticus (Grenzstrang)	● Perlschnurartige Reihe von 22-23 Ganglien (Ganglia trunci sympathetici), von der Schädelbasis bis zum Steißbein beidseits der Wirbelsäule anliegend ● die Reihe endet kaudal mit unpaarem Ganglion impar ● Ganglia intermedia: kleine Ganglien in den Rr. communicantes ● afferente Nervenfasern ("sympathische Schmerzfasern") durchlaufen die Ganglien ohne Schaltung und gelangen über die Rr. communicantes zu den Spinalganglien	■ 3 Gruppen von Ästen: ● *Rr. interganglionares*: verbinden die Ganglien miteinander, überwiegend ● auf- und absteigende präganglionäre Nervenfasern ● afferente Nervenfasern: Schmerzfasern, Perikaryen in Spinalganglien, z. T. auch in Grenzstrangganglien ● *Rr. communicantes*: Verbindungsäste zu Spinalnerven und Hirnnerven: ● *Rr. communicantes albi*: Verbindungen vom Rückenmark mit markhaltigen ("weißen") präganglionären Nervenfasern von C_8-L_3 (Nervenfasern für Schweißsekretion erst ab Th_5) ● *Rr. communicantes grisei*: von allen Ganglien ziehen postganglionäre marklose ("graue") C-Nervenfasern zu den Segmentnerven und den ihnen entsprechenden Hirnnerven ● besonders benannte Äste zu den Organen (s.u.) ■ 3 Innervationsgebiete: ● **Haut**: postganglionäre sympathische Nervenfasern gelangen über Rr. communicantes grisei zu peripheren sensiblen Nerven (Hirn- und Rückenmarknerven) und verzweigen sich mit diesen ● Schweißsekretion: sudorisekretorische Nervenfasern haben atypischerweise cholinerge Synapsen! ● Piloarrektion: Aufrichten der Haare durch Mm. arrectores pilorum ● **Blutgefäße**: postganglionäre sympathische Nervenfasern laufen meist als sympathische Plexus den Gefäßen entlang, veranlassen Vasokonstriktion durch Gefäßwandmuskeln ● **Innere Organe**: prä- und postganglionäre sympathische Nervenfasern sowie afferente Fasern der Eingeweidesensibilität laufen häufig in eigenen Nerven (s.u.)	**Anhidrose** (Ausfall der Schweißsekretion): diagnostisch wichtig für Höhenlokalisation einer Läsion im Rückenmark oder im Grenzstrang (⇨ 6.7.8)
Ganglia cervicalia (sympathische Halsganglien) (Ausführlich ⇨ 6.7.8)	● Ganglion cervicale superius ● Ganglion cervicale medium ● Ganglion cervicothoracicum [stellatum]: ● Kerngebiet im Rückenmark C_8-Th_7	Vollständiger Überblick ⇨ 6.7.8, an der Innervation des Rumpfes beteiligen sich: ● von jedem Halsganglion 1 Herznerv: N. cardiacus cervicalis superior + medius + inferior (oberer, mittlerer und unterer sympathischer Halsherznerv): zu ● Plexus cardiacus ● über Verbindungen zu N. laryngealis recurrens zu Trachea und Bronchen ● aus Plexus subclavius Gefäßnerven mit A. thoracica interna zu Brust- und Bauchwand	● *Stellatumblockade*: ⇨ Regio sternocleidomastoidea (6.8.7) ● *Horner-Syndrom* (okulopupilläres Syndrom): typisch für Läsionen des Halssympathikus (⇨ 6.7.8)
Ganglia thoracica (sympathische Brustganglien)	● 10-13 Ganglien ● liegen meist Rippenköpfen an ● bedeckt von Pleura costalis	● Rr. cardiaci thoracici (sympathische Brustherznerven): zum Plexus cardiacus ● Rr. pulmonales thoracici (sympathische Lungennerven): zum Plexus pulmonalis ● Rr. oesophageales (sympathische Speiseröhrennerven): zum Plexus oesophagealis ● N. splanchnicus major (großer sympathischer Eingeweidenerv): vom 5.-9. Brustganglion nach medial auf Wirbelkörper, mit V. azygos/hemiazygos durch Zwerchfell, endet in Plexus aorticus abdominalis, im Verlauf auf Höhe des 9.-11. Brustwirbels manchmal kleines Ganglion thoracicum splanchnicum ● N. splanchnicus minor (kleiner sympathischer Eingeweidenerv): vom 10.-11. Brustganglion nach medial auf Wirbelkörper, mit V. azygos/hemiazygos durch Zwerchfell, endet in Plexus aorticus abdominalis, vor allem mit R. renalis in Plexus renalis ● N. splanchnicus imus: variabler zusätzlicher Nerv vom 12. Brustganglion zum Plexus renalis	**Sympathektomie**: Ausschaltung des 2. + 3. Brustganglions bei schweren Durchblutungsstörungen des Arms

Fortsetzung der Tabelle nächste Seite

Truncus sympatheticus (Grenzstrang) (Fortsetzung)

BEREICH	BAU, LAGE	ÄSTE, INNERVATIONSGEBIETE	KLINIK
Ganglia lumbalia [lumbaria] (sympathische Lendenganglien)	• Meist 4 Ganglien • medial vom Ursprung des M. psoas major • rechts dorsal von V. cava inferior • links dorsal der Nodi lymphatici aortici laterales	• 4 Nn. splanchnici lumbales [lumbares] (sympathische Lendeneingeweidenerven): von jedem Lendenganglion 1 Nerv zum Plexus aorticus abdominalis bzw. Plexus hypogastricus superior • 4. Lendeneingeweidenerv überkreuzt A. iliaca communis, gibt Gefäßnerven an diese ab (Versorgungsgebiet Becken + Oberschenkel) • weitere Gefäßnerven über Rr. communicantes grisei zu Ästen des Plexus lumbalis	Sympathektomie: Ausschaltung des 3. + 4. Lendenganglions bei schweren Durchblutungsstörungen des Beins • unerwünschte Nebenwirkung: Ausfall der Schweißsekretion + trophische Hautveränderungen im zugehörigen Hautgebiet • therapeutischer Erfolg unsicher
Ganglia sacralia (sympathische Kreuzbeinganglien)	• 4-5 Ganglien in Nähe der Foramina sacralia pelvica • Grenzstränge konvergieren zu Ganglion impar	• Nn. splanchnici sacrales (sympathische Kreuzbeineingeweidenerven von den Kreuzbeinganglien zum Plexus hypogastricus superior + inferior • Rr. communicantes grisei zu Ästen des Plexus sacralis mit postganglionären Nervenfasern zu Arterien, Schweißdrüsen und Haarbalgmuskeln • keine Rr. communicantes albi!	

2.7.4 Pars parasympathetica (parasympathischer Teil des autonomen Nervensystems)

BEREICH	LAGE, VERLAUF	INNERVATIONSGEBIETE	KLINIK
Pars cranialis (kranialer Teil des Parasympathikus)	Von den parasympathische Nervenfasern führenden Hirnnerven (III, VII, IX, X, ausführlich ⇨ 6.7.3-6.7.6) beteiligt sich nur N. vagus an Innervation des Rumpfes (intrakranieller Verlauf ⇨ 6.7.6): ■ extrakranieller Verlauf: • unmittelbar kaudal des Foramen jugulare Aufnahme des R. internus des N. accessorius und Ganglion inferius (sensibel und parasympathisch) • am Hals mit V. jugularis interna und A. carotis interna bzw. communis in Vagina carotica der Fascia cervicalis • im Mediastinum zwischen V. brachiocephalica und Aortenbogen (bzw. A. subclavia dextra) dorsal der Hauptbronchen zu Ösophagus • die beiden Nn. vagi bilden Plexus oesophagealis um Ösophagus, daraus entstehen 2 neue Stämme: • *Truncus vagalis anterior* und *Truncus vagalis posterior* gelangen mit dem Ösophagus durch den Hiatus oesophageus in den Bauchraum zu Vorder- und Hinterwand des Magens im Bereich der Curvatura gastrica minor • Aufzweigung zu Nervengeflechten der Pars abdominalis autonomica ■ Perikaryen: • 1. efferentes Neuron: Nucleus dorsalis nervi vagi in Medulla oblongata (⇨ 7.2.3) • 2. efferentes Neuron: Ganglion inferius und intramurale Ganglien • afferentes Neuron: Ganglion superius + inferius • Eingeweidesensibilität ⇨ 1.8.4	■ Trachea + Bronchen + Lunge: • *Rr. tracheales* des N. laryngealis recurrens (⇨ 6.7.6), dieser geht vom N. vagus im Mediastinum ab, unterschlingt rechts A. subclavia, links Aortenbogen (distal des Lig. arteriosum), steigt in Rinne zwischen Trachea und Oesophagus zu Kehlkopf auf • *Rr. bronchiales* des N. vagus: Abgang kaudal vom N. laryngealis recurrens an Kreuzung mit Hauptbronchus, Verteilung mit Bronchialbaum: Plexus pulmonalis ■ Ösophagus: • *Rr. oesophageales* des N. laryngealis recurrens • *Plexus oesophagealis* aus Vereinigung des rechten und linken N. vagus an der Speiseröhre ■ Herz: • *Rr. cardiaci cervicales superiores*: im mittleren Halsbereich vom Stamm abgehend, folgen Gefäß-Nerven-Strang, tauschen Fasern mit sympathischen Halsherznerven aus • *Rr. cardiaci cervicales inferiores*: gehen z.T. vom N. laryngealis recurrens ab • *Rr. cardiaci thoracici*: kaudal vom Abgang des N. laryngealis recurrens ■ Bauchorgane: • *Rr. gastrici anteriores*: aus Truncus vagalis anterior, verteilen sich von kleiner Magenkurvatur aus über Ventralseite des Magens • *Rr. gastrici posteriores*: aus Truncus vagalis posterior, verteilen sich von kleiner Magenkurvatur aus über Dorsalseite des Magens • *Rr. hepatici*: aus Truncus vagalis anterior von kleiner Magenkurvatur im Lig. hepatoduodenale zur Porta hepatis • *Rr. coeliaci*: aus Truncus vagalis posterior zum Plexus coeliacus, versorgen Darm bis nahe Flexura coli sinistra • *Rr. renales*: aus Truncus vagalis posterior zum Plexus renalis	■ Gefährdung extrakraniell (intrakraniell ⇨ 6.7.6): • ärztliche Eingriffe, z.B. Operationen an der Speiseröhre und am Magen (direkte Verletzung oder Narbenzug) • Tumoren von Schilddrüse, Oesophagus usw. ■ Vaguslähmung: ⇨ 6.7.6 ■ Vagotomie: Durchtrennen des N. vagus zur Minderung der Säurebildung bei Geschwürskranken, ⇨ 4.2.1

Fortsetzung der Tabelle nächste Seite

Parasympathische Nerven (Fortsetzung)

BEREICH	LAGE, VERLAUF	INNERVATIONSGEBIETE	KLINIK
Pars pelvica (Beckenteil des Parasympathikus)	Perikaryen: ● **1. efferentes Neuron**: *Nuclei parasympathici sacrales* in Columna lateralis des Rückenmarks von S_2-S_4 ● laterales Band im lateralen Bereich der Substantia (grisea) intermedia lateralis (Lamina VII), Axone führen markhaltige B-Fasern ● dorsales Band an Basis des Hinterhorns (Lamina V + VI), Axone führen marklose C-Fasern ● **2. efferentes Neuron:** ● *Ganglia pelvica*: in den autonomen Nervengeflechten des Beckens (Plexus hypogastricus inferior [Plexus pelvicus], ⇨ 2.7.5) ● intramurale Ganglien der Beckenorgane	■ **Verlauf** der autonomen Nervenfasern: ● Radix anterior [motoria] ● Foramina sacralia pelvica ● *Nn. splanchnici pelvici [Nn. erigentes]* zu Plexus hypogastricus inferior ● z.T. auch mit N. pudendus (enge Beziehungen des lateralen Bandes zu Onuf-Kern des N. pudendus im lateralen Bereich des Vorderhorns) ■ **Innervationsgebiete:** ● aus dorsalem Band motorisch zum Darm: Colon ab linkem Drittel des Colon transversum (oder ab Flexura coli sinistra, variabel) bis Colon sigmoideum, Rectum ● aus lateralem Band motorisch zur Harnblase ● gefäßerweiternd zu Schwellkörpern der äußeren Geschlechtsorgane (Nn. erigentes) ● sekretorisch und motorisch zu übrigen Beckenorganen	**Gefährdung** bei Operationen an ● der Beckenwand, z.B. Ausräumen von Lymphknoten ● den Beckenorganen, z.B. Prostatektomie bei Prostatakarzinom (bei radikaler Operation oft bleibende Impotenz)

2.7.5 Plexus autonomici [viscerales] und Ganglia plexuum autonomicorum [visceralium] (autonome = vegetative Nervengeflechte und Ganglien)

BEREICH	LAGE, VERLAUF	INNERVATIONSGEBIETE	KLINIK
Pars thoracica autonomica (Brustteil des autonomen Nervensystems)	**Plexus aorticus thoracicus**: Oberbegriff für die autonomen Nervengeflechte des Brustraums (⇨ rechts), Herkunft der Nervenfasern: ■ **sympathisch** (überwiegend postganglionär): ● N. cardiacus cervicalis superior + medius + inferior, Rr. cardiaci thoracici ● Rr. oesophageales ● Rr. pulmonales thoracici ■ **parasympathisch** (überwiegend präganglionär): N. vagus mit ● Rr. cardiaci cervicales superiores + cervicales inferiores + thoracici ● Rr. bronchiales ● Rr. oesophageales (z.T. über N. laryngealis recurrens)	● *Plexus cardiacus* mit eingelagerten Ganglia cardiaca: im Bereich von Aortenbogen und Truncus pulmonalis, zum Herzen ● *Plexus oesophagealis*: an der Außenwand des Ösophagus, Äste zur Speiseröhre, aber Hauptmenge setzt sich fort als Truncus vagalis anterior + posterior ● *Plexus pulmonalis* an beiden Lungenhilen, zu Bronchen + Lunge	Störungen des Gleichgewichts von Sympathikus und Parasympathikus oder Reizzustände führen zu Störungen ● der Atmung, z.B. exspiratorische Atemnot beim Asthma bronchiale ● des Herzens, z.B. Herzrhythmusstörungen

Fortsetzung der Tabelle nächste Seite

Autonome Nervengeflechte (Fortsetzung)

BEREICH	LAGE, VERLAUF	INNERVATIONSGEBIETE	KLINIK
Pars abdominalis autonomica (Bauchteil des autonomen Nervensystems)	**Plexus aorticus abdominalis**: Oberbegriff für die autonomen Nervengeflechte des Bauchraums (⇨ rechts), Lage vor Bauchaorta und mit deren Ästen ausstrahlend, Herkunft der Nervenfasern: ■ **sympathisch** (überwiegend präganglionär, passieren Grenzstrang ohne Schaltung): ● N. splanchnicus major + minor ● obere Nn. splanchnici lumbales [lumbares] ■ **parasympathisch** (überwiegend präganglionär): N. vagus (X) ● *Truncus vagalis anterior* mit • Rr. gastrici anteriores • Rr. hepatici ● *Truncus vagalis posterior* mit • Rr. gastrici posteriores • Rr. coeliaci • Rr. renales ■ **Hauptgliederung**: entsprechend den unpaaren Ästen der Bauchaorta: ● *Plexus coeliacus* mit Ganglia coeliaca und Ganglia aorticorenalia ● *Plexus mesentericus superior* mit Ganglion mesentericum superius ● *Plexus intermesentericus*: zwischen A. mesenterica superior und inferior ● *Plexus mesentericus inferior* mit Ganglion mesentericum inferius ■ **Sonderstellung des Plexus entericus**: intramurales System als dritter Teil des autonomen Nervensystems mit großer Selbständigkeit gegenüber Sympathikus und Parasympathikus (⇨ 1.8.2) ● *Plexus subserosus* ● *Plexus myentericus* (Auerbach-Plexus) ● *Plexus submucosus* (Meissner-Plexus)	● *Ganglia phrenica*: um A. phrenica inferior ● *Plexus hepaticus*: um A. heaptica communis + propria zu Leber und Gallenwegen ● *Plexus splenicus [lienalis]*: um A. splenica [lienalis] zu Milz und großer Magenkurvatur ● *Plexus gastrici*: an kleiner Magenkurvatur mit direkten Vagusästen zum Magen ● *Plexus pancreaticus*: um die zahlreichen Pankreasarterien von A. splenica [lienalis] + A. mesenterica superior ● *Plexus suprarenalis*: präganglionäre Sympathikusfasern enden an den endokrinen Markzellen (Epinephrozyten + Norepinephrozyten), das Nebennierenmark ist einem sympathischen Ganglion zu vergleichen, es produziert den Transmitter des postganglionären sympathischen Neurons als Hormon zur allgemeinen sympathischen Erregung über das Blut ● *Plexus renalis* mit Ganglia renalia: um A. renalis zur Niere ● *Plexus uretericus*: Fortsetzung des Plexus renalis zum Harnleiter ● *Plexus ovaricus*: entlang A. ovarica zum Eierstock ● *Plexus testicularis*: entlang A. testicularis zum Hoden ● *Plexus rectalis superior*: um A. rectalis superior zum Mastdarm, parasympathische Anteile aus den Nn. splanchnici pelvici [Nn. erigentes] vom sakralen Parasympathikus ● *Plexus iliaci* + *Plexus femoralis*: um A. iliaca communis + externa + interna sowie um Anfangsteil der A. femoralis überwiegend mit postganglionären sympathischen Fasern zur Gefäßinnervation	■ **Stumpfes Bauchtrauma:** ● z.B. Anprall an Lenkrad bei Auffahrunfall, Tiefschlag beim Boxen ● auch wenn keine inneren Organe verletzt werden, kann die Übererregung der autonomen Ganglien zu schweren vegetativen Störungen bis zum Herzstillstand führen ■ **autogenes Training**: das "autonome" Nervensystem ist in einem begrenzten Maße durch entsprechendes Training dem Willen zugänglich, typisch ist etwa die Übung "mein Sonnengeflecht ist ganz warm", bei der man ein wohltuendes Wärmegefühl und Entspannung im Bauchraum auslösen kann
Pars pelvica autonomica (Beckenteil des autonomen Nervensystems)	■ *Plexus hypogastricus superior [N. presacralis]*: unpaares kaudales Ende des Plexus aorticus abdominalis ● durch *N. hypogastricus* (dexter/sinister) verbunden mit: ■ **Plexus hypogastricus inferior [Plexus pelvicus]**: Oberbegriff für die autonomen Nervengeflechte des Beckenraums (⇨ rechts), Lage seitlich der großen Beckenorgane, Herkunft der Nervenfasern: ■ **sympathisch**: ● untere Nn. splanchnici lumbales [lumbares] ● Nn. splanchnici sacrales ■ **parasympathisch**: Nn. splanchnici pelvici [Nn. erigentes] mit Ganglia pelvica	● *Plexus rectalis medius*: um A. rectalis media zum mittleren Teil des Mastdarms ● *Plexus rectalis inferior*: um unteren Teil des Mastdarms ● *Plexus uterovaginalis*: im Parametrium zur Gebärmutter und mit *Nn. vaginales* zur Scheide, in der Klinik oft Frankenhäuser-Ganglion genannt ● *Plexus prostaticus*: um Prostata und Samenblasen, setzt sich fort als *Plexus deferentialis* zum Samenleiter ● *Plexus vesicalis*: um Harnblase mit Fortsetzung in • *Nn. cavernosi clitoridis*: zu Kitzlerschwellkörpern • *Nn. cavernosi penis*: zu Penisschwellkörpern	

2.8 Regionen des Rumpfes

2.8.1 Regiones pectorales (Brustwandgegenden)

Gesondert behandelte Teilregionen: Regio axillaris, Trigonum clavipectorale ⇨ 8.8.1, Regio mammaria ⇨ 1.9.8

GRENZEN, RELIEF	BEWEGUNGSAPPARAT	LEITUNGSBAHNEN	KLINIK
■ **Grenzen:** ● kranial: Schlüsselbein ● lateral: fließender Übergang zum Rücken ● kaudal: fließender Übergang in Regio hypochondriaca, mögliche Grenzdefinitionen (Problematik ⇨ 2.8.2): ● hohe Grenze: Xiphosternalebene (Horizontalebene durch Synchondrosis xiphisternalis) ● tiefe Grenze: Apertura thoracis inferior (Thoraxunterrand) ■ **Teilregionen:** ● *Regio presternalis* (Brustbeingegend): dem Brustbein entsprechend ● *Regio pectoralis* (Brustmuskelgegend, vordere Brustwandgegend): dem M. pectoralis major entsprechend, bei Frau 2 Teilregionen: ● Regio mammaria (Brustdrüsengegend): ⇨ 1.9.8 ● Regio inframammaria (Unterbrustdrüsengegend) ● *Trigonum clavipectorale* (früher Trigonum deltoideopectorale genannt, Unterschlüsselbeindreieck): schmales Dreieck zwischen Clavicula und Rändern des M. deltoideus und M. pectoralis major (⇨ 8.8.1) ● *Regio axillaris* (Achselgegend): zwischen vorderer und hinterer Achselfalte mit der Fossa axillaris (⇨ 8.8.1) ■ **Relief** bestimmt durch ● Muskelmasse des M. pectoralis major: ● bildet vordere Achselfalte ● bei kräftigem Muskel oft Einsenkung der Haut zwischen Pars clavicularis und Pars sternocostalis ● bei schwachem Muskel werden Vorwölbungen durch Rippen sichtbar ● Größe der Brustdrüse: gut entwickelte Mamma unterragt M. pectoralis major, Konturlinie geht seitlich oben in Unterrand des M. pectoralis major über ● "Linea serrata" (Sägelinie): an Grenze von M. serratus anterior und M. obliquus externus abdominis ● Fossa infraclavicularis (Mohrenheim-Grube): Hautgrube über Trigonum clavipectorale	**Schichten** (von der Oberfläche zur Tiefe): ① *Fascia pectoralis* (oberflächliche Brustfaszie): Teil der oberflächlichen Körperfaszie ② *M. pectoralis major* (großer Brustmuskel) ③ *Fascia clavipectoralis* (tiefe Brustfaszie) ④ *M. pectoralis minor* (kleiner Brustmuskel), lateral auch M. serratus anterior ⑤ *Fascia thoracica* (äußere Brustkorbfaszie) ⑥ *Thorax* (Sternum + Rippen) mit ● Mm. intercostales externi, interni und intimi ● Mm. subcostales ● M. transversus thoracis ⑦ *Fascia endothoracica* (innere Brustkorbfaszie) ⑧ Pars costalis der *Pleura parietalis* ■ longitudinale Orientierungslinien ⇨ 2.2.4	■ **Arterien:** ● *Arterienringe der Spatia intercostalia:* ● Aa. intercostales posteriores III-XI: direkte Äste der Pars thoracica aortae ● Aa. intercostales posteriores I-II: aus A. intercostalis suprema (aus Truncus costocervicalis der A. subclavia) ● Rr. intercostales anteriores: aus A. thoracica interna (Ast der A. subclavia) ● *Sternum:* Rr. sternales aus A. thoracica interna ● *Mm. pectorales + Mamma:* ● Rr. perforantes mit Rr. mammarii mediales: aus A. thoracica interna ● Rr. cutanei laterales mit Rr. mammarii laterales: aus Aa. intercostales posteriores ● A. thoracica superior: aus A. axillaris ● Rr. pectorales: aus A. thoraco-acromialis (Ast der A. axillaris) ● Rr. mammarii laterales: aus A. thoracica lateralis (Ast der A. axillaris) ■ **Venen:** Abfluß ● *über Vv. thoracicae internae zur V. brachiocephalica:* ● Vv. epigastricae superiores ● Vv. subcutaneae abdominis ● Vv. musculophrenicae ● Vv. intercostales anteriores ● *direkt in V. brachiocephalica:* ● V. intercostalis suprema ● V. intercostalis superior sinistra ● *zur V. axillaris:* ● V. thoracica lateralis: von der seitlichen Thoraxwand (M. serratus anterior) ● Vv. thoraco-epigastricae: von oberer Bauchwand und Brustdrüse (Plexus venosus areolaris) ● V. cephalica: im Trigonum clavipectorale ● *zur V. azygos/hemiazygos:* ● Vv. intercostales posteriores ● V. intercostalis superior dextra ■ **regionäre Lymphknoten:** ● Nodi lymphatici paramammarii ● Nodi lymphatici axillares (Untergruppen ⇨ 8.6) ● Nodi lymphatici intercostales ● Nodi lymphatici parasternales ● Nodi lymphatici phrenici superiores ■ **sensible Innervation:** ● Nn. supraclaviculares mediales (aus Plexus cervicalis): Hautstreifen kaudal der Clavicula ● Rr. cutanei anteriores [pectorales] der Rr. anteriores [Nn. intercostales] der Nn. thoracici: Hauptteil der Region ■ **motorische Innervation:** ● N. pectoralis medialis und lateralis (aus Plexus brachialis): für M. pectoralis major + minor ● N. thoracicus longus: für M. serratus anterior ● Rr. anteriores [Nn. intercostales] der Nn. thoracici: für Mm. intercostales + Mm. subcostales + M. transversus thoracis	■ **Punktion der V. subclavia** ("zentraler Zugang"): Einstich kaudal der Clavicula Richtung dorsal des Sternoklavikulargelenks ■ **mediane Sternotomie** (Brustbeinspaltung in Mittellinie): klassischer oprativer Zugang zum Herzen ■ **Mastektomie** (Entfernung der Brustdrüse): Hauptindikation Brustkrebs, Formen ● radikale Mastektomie (Ablatio mammae): entfernt wird Mamma mit M. pectoralis major + minor und Achsellymphknoten in einem Stück (en bloc), früher Standardoperation ● eingeschränkt radikale Mastektomie: Brustmuskeln aus kosmetischen Gründen erhalten, heute bevorzugtes Verfahren ● einfache Mastektomie: nur Brustdrüse entfernt, meist mit diagnostischer Entnahme pektoraler Achsellymphknoten, heute Regeleingriff in den Stadien I + II ● subkutane Mastektomie: Hautschnitt am Unterrand der Brustdrüse, Drüsenkörper unter der Haut ausgeräumt, zur Sicherung der Durchblutung der Brustwarze und des Warzenhofs muß etwa 0,5 cm Gewebe unter dem Warzenhof stehen bleiben ● einfache Tumorektomie: kleinere gutartige Geschwülste können unter Erhalt der Brustdrüse entfernt werden, kosmetisch günstiger Hautschnitt periareolär (am Rand des Warzenhofs)

2.8.2 Regiones abdominales (Bauchwandgegenden)

GRENZEN, RELIEF	BEWEGUNGS-APPARAT	LEITUNGSBAHNEN	KLINIK
■ Grenzen: ● naheliegend ist Bezug auf Ausdehnung der weichen Bauchwand: • kranial: Apertura thoracis inferior • kaudal: Crista iliaca - Lig. inguinale - Oberrand der Symphysis pubica • dorsal: lateraler Rand der autochthonen Rückenstrecker ● aber: • Ursprünge der Bauchmuskeln greifen weit auf Thorax über • Zwerchfell ist mit den Oberbauchorganen in die Thoraxhöhle bis etwa zur Xiphosternalebene (Horizontalebene durch Synchondrosis xiphisternalis) eingestülpt (Obergrenze wechselt mit Atembewegungen) ● daher: kraniale Grenze besser kranial der unteren Thoraxapertur, z.B. entsprechend Anlagerung von Bauchorganen an Thoraxwand, sinngemäß sollte dann kaudale Grenze der Regiones pectorales der Untergrenze der Lunge bei tiefer Einatmung entsprechen **■ Untergliederung** in 9 Teilregionen (⇨ nächste Tabelle) durch: ● 2 Vertikalen: an den Lateralrändern der Mm. recti abdominis ● 2 Horizontalen durch: • kaudale Enden der Rippenbogen • Spinae iliacae anteriores superiores (vordere obere Darmbeinstacheln): Interspinalebene, in anglo-amerikanischer Literatur wird Intertuberkularebene bevorzugt (durch Tubercula iliaca) **■ Relief:** Oberfläche bestimmt durch: ● Rand der Apertura thoracis inferior, der besonders bei tiefer Einatmung hervortritt ● Crista iliaca, besonders Spinae iliacae anteriores superiores ● Nabel (Umbilicus): liegt kaudal der "Mitte" der Bauchwand (zwischen Sternum und Symphysis pubica) ● Linea alba: mediane Hauteinsenkung in Ober- und Mittelbauch (endet kurz kaudal des Nabels) ● lateraler Rand und Intersectiones tendineae des M. rectus abdominis prägen das Relief vor allem bei muskelstarken Menschen mit dünnem Unterhautfettgewebe ● Querfurchen im Unterbauch, besonders im Sitzen und bei Fettsüchtigen, entsprechen nicht Lig. inguinale, sondern kranial davon!	**■ Schichten** (von der Oberfläche zur Tiefe): ① Unterhaut: Neigung zu Fetteinlagerung besonders beim Mann, mit dichterer Bindegewebeeinlage (Camper-Faszie der anglo-amerikanischen Literatur) ② äußere Bauchwandfaszie (Scarpa-Faszie) ③ 1. Muskelschicht: M. obliquus externus abdominis + Lamina anterior der Vagina musculi recti abdominis ④ 2. Muskelschicht: M. obliquus internus abdominis + M. rectus abdominis ⑤ 3. Muskelschicht: M. transversus abdominis + Lamina posterior der Vagina musculi recti abdominis ⑥ Fascia transversalis (innere Bauchwandfaszie) ⑦ Peritoneum (Bauchfell) **■ Bänder von Rektusscheide zu Clitoris/Penis:** ● Lig. suspensorium clitoridis/penis ● Lig. fundiforme penis **■ Bereiche mit besonderem Bau** (⇨ nächste Seite): ● Nabel ● Leistenkanal	**■ Arterien:** ● segmentale, schräg nach vorn abwärts verlaufende Arterien in der seitlichen Bauchwand: Aa. intercostales + A. subcostalis ● Längsverbindung innerhalb der Rektusscheide (wichtige Kollateralbahn bei Aortenisthmusstenose): • A. epigastrica superior aus A. thoracica interna • A. epigastrica inferior aus A. iliaca externa ● Hautarterien der Leistengegend aus A. femoralis: • A. epigastrica superficialis • A. circumflexa iliaca superficialis **■ Venen:** Abfluß ● *über Vv. thoracicae internae zur V. brachiocephalica:* • Vv. epigastricae superiores • Vv. subcutaneae abdominis • Vv. musculophrenicae ● *zur V. axillaris:* Vv. thoraco-epigastricae: von oberer Bauchwand ● *zur V. azygos/hemiazygos:* Vv. intercostales posteriores von seitlicher Bauchwand ● zur V. iliaca externa: V. epigastrica inferior ● über V. saphena magna zur V. femoralis: • V. epigastrica superficialis • V. circumflexa iliaca superficialis **■ regionäre Lymphknoten:** ● obere Bauchwand (kranial des Nabels): • Nodi lymphatici axillares (Lymphgefäße entlang V. thoraco-epigastrica) • Nodi lymphatici parasternales (entlang V. thoracica interna) ● untere Bauchwand (kaudal des Nabels): • Nodi lymphatici epigastrici inferiores (entlang V. epigastrica inferior) • Nodi lymphatici inguinales superficiales (entlang V. epigastrica superficialis und V. circumflexa ilaca superficialis) **■ sensible und motorische Innervation:** ● Segmentnerven Th_6-Th_{12}: Rr. anteriores der Nn. thoracici (Nn. intercostales) ● Äste der Plexus lumbalis: • N. iliohypogastricus • N. ilio-inguinalis **■ wichtige Dermatome:** ● Processus xiphoideus: Th_6 ● Nabel: Th_{10} ● Leistenfurche: Grenze Th_{12} - L_1	**■ Hautschnitte bei Bauchoperationen:** ● *obere mediane Laparotomie* (Oberbauch-Längsschnitt): zwischen Processus xiphoideus und Nabel genau in der Körpermitte (das Peritoneum wird etwas links der Medianen durchgetrennt, um das Lig. teres hepatis zu schonen), Standardzugang zu Magen und Pancreas ● *mittlere mediane Laparotomie* (Mittelbauch-Längsschnitt): Nabel wird links umschnitten, vor allem bei Notoperationen mit unklarer Situation (Erweiterung des Schnitts nach oben und unten möglich!) ● *untere mediane Laparotomie* (Unterbauch-Längsschnitt): zwischen Nabel und Symphysis pubica, vor allem für Operationen am Dünndarm ● *Pararektalschnitt* (Längsschnitt lateral vom M. rectus abdominis): rechts für Operationen an Leber und Colon ascendens, links für Milz und Colon descendens ● *Rippenbogen-Randschnitt:* rechts für Operationen an Gallenblase und Leber, links für Milz und Cauda pancreatis ● *Wechselschnitt:* von rechts oben nach links unten im Bereich des McBurney-Punktes (rechter Drittelpunkt zwischen Nabel und Spina iliaca anterior superior), mit wechselnder Schnittrichtung durch die 3 Schichten der Bauchmuskeln (jeweils parallel zu Muskelfasern), für Appendektomie ● *Pfannenstiel-Schnitt:* quer kranial der Symphysis pubica im Schamhaar, in der Tiefe als Unterbauch-Längsschnitt fortgesetzt, für Operationen an Harnblase und inneren weiblichen Geschlechtsorganen ● *Paramedianschnitt* (Kulissenschnitt): durch Rektusscheide, der M. rectus abdominis wird zur Seite gezogen ● *Oberbauch-Querschnitt:* für Eingriffe an Leber und Pancreas ● *Leistenschnitt:* parallel zu Lig. inguinale, bei Leistenbruchoperation **■ Hernien der Linea alba** (Oberbauchbrüche): gehäuft nach oberer medianer Laparotomie, aber auch spontan durch Lücken in Linea alba

Teilregionen

	RECHTS	MITTE	LINKS
Oberbauch	*Regio hypochondriaca dextra* *[Hypochondrium dextrum]* (rechte Rippenbogengegend, Lebergegend)	*Regio epigastrica [Epigastrium]* (Magengrube)	*Regio hypochondriaca sinistra* *[Hypochondrium sinistrum]* (linke Rippenbogengegend)
Mittelbauch	*Regio lateralis dextra* (rechte Flankengegend)	*Regio umbilicalis* (Nabelgegend)	*Regio lateralis sinistra* (linke Flankengegend)
Unterbauch	*Regio inguinalis dextra* (rechte Leistengegend)	*Regio pubica [Hypogastrium]* (Schamhaargegend)	*Regio inguinalis sinistra* (linke Leistengegend)

Bruchpforten

PFORTE	BESONDERER BAU		KLINIK
Anulus umbilicalis (Nabelring)	● Embryonal Lücke in der Bauchwand für den Duchtritt der Nabelgefäße (1 V. umbilicalis, 2 Aa. umbilicales) und der Verbindung zum Urharnsack (Allantois) ● die sich in der Linea alba durchkreuzenden Sehnenzüge der Aponeurosen der Mm. obliqui + trans-	versus abdominis weichen hier etwas auseinander, die Lücke wird durch zirkuläre straffe Faserzüge stabilisiert, um ein Abklemmen der Gefäße zu verhüten ● nach der Geburt verengt sich die Lücke und wird durch eine Bindegewebeplatte geschlossen	**Hernia umbilicalis** (Nabelbruch): ● beim Neugeborenen kleiner Nabelbruch sehr häufig, heilt ohne Behandlung, evtl. Heftpflasterverband ● beim Erwachsenen, besonders bei fettsüchtigen Frauen, Gefahr der Inkarzeration (Brucheinklemmung), Operation nötig
Canalis inguinalis (Leistenkanal)	Die Bauchwand schräg von lateral oben nach medial unten durchsetzender Kanal für das Lig. teres uteri bzw. den Samenstrang, bedingt durch Descensus ovarii/testis (⇨ 5.3.3) ■ **Wände:** ● Vorderwand: Sehnenplatte des M. obliquus externus abdominis ● Hinterwand: Fascia transversalis + Lig. interfoveolare ● Boden: Lig. inguinale ● Dach: kaudale Ränder des M. obliquus internus abdominis + M. transversus abdominis ■ **Öffnungen:** ● äußere Öffnung: *Anulus inguinalis superficialis* (äußerer Leistenring), Lücke in der Aponeurose des M. obliquus externus abdominis (⇨ 2.3.5) ● die Sehnenzüge weichen dazu als Crus mediale und Crus laterale auseinander ● Fibrae intercrurales: zwischen Crus mediale und Crus laterale quer verlaufende Fasern, begrenzen den äußeren Leistenring nach lateraloben ● innere Öffnung: *Anulus inguinalis profundus* (innerer Leistenring): Lücke in Fascia transversalis ■ **Inhalt Frau:** ● Lig. teres uteri (rundes Mutterband) ● N. ilio-inguinalis ● Lymphgefäße vom Corpus uteri zu Nodi lymphatici inguinales superficiales superomediales	■ **Inhalt Mann:** ● Ductus deferens (Samenleiter) mit A. ductus deferentis (aus A. umbilicalis) ● A. testicularis (aus Pars abdominalis aortae) ● Plexus pampiniformis mit Übergang in V. testicularis (rechts zu V. cava inferior, links zu V. renalis) ● N. ilio-inguinalis ● R. genitalis des N. genitofemoralis ● Anlagerung von Abzweigungen der einzelnen Schichten der Bauchwand, die die Hüllen des Samenstrangs bilden (Tunicae funiculi spermatici, ⇨ 5.5.5) ■ **Bänder:** ● *Lig. inguinale [Arcus inguinalis]* (Leistenband, Poupart-Band): kaudale verstärkte Begrenzung der Externusaponeurose ● *Lig. lacunare* (Gimbernat-Band): biegt am medialen Ende des Leistenbands bogenförmig zum oberen Schambeinast ab ● *Lig. pectineale*: Fortsetzung des Lig. lacunare am Pecten ossis pubis ● *Lig. reflexum* (Colles-Band): vom medialen Ende des Leistenbands bogenförmig nach oben, untere Begrenzung des äußeren Leistenrings ● *Falx inguinalis [Tendo conjunctivus]*: von Transversusaponeurose zum Lig. pectineale ● *Lig. interfoveolare* (Hesselbach-Band): Verstärkungszug der Fascia transversalis zwischen Fossa inguinalis medialis und lateralis	■ **Hernia inguinalis** (Leistenbruch): etwa 3/4 aller Eingeweidebrüche (90 % Männer, 10 % Frauen), 2 Hauptformen: ① **Hernia inguinalis indirecta** (lateralis, obliqua) (indirekter = schräger Leistenbruch): häufigere Form ● angeboren (congenita): wenn embryonaler Bauchfellfortsatz zum Hoden (Processus vaginalis) nach Geburt nicht verödet ● erworben (acquisita): wenn erneut Peritoneum ausgestülpt ● Verlauf: ● Fossa inguinalis lateralis (lateral der Plica umbilicalis lateralis mit A. epigastrica inferior) → ● Anulus inguinalis profundus → ● Canalis inguinalis → ● Anulus inguinalis superficialis ② **Hernia inguinalis directa** (medialis) (direkter = gerader Leistenbruch): immer erworben, Verlauf: unabhängig vom Leistenkanal: ● Fossa inguinalis medialis (medial der Plica umbilicalis lateralis) → ● Trigonum inguinale (Hesselbach-Dreieck), Grenzen: ● medial: Lateralrand des M. rectus abdominis ● kaudal: Lig. inguinale ● lateral: Lig. interfoveolare mit A. + V. epigastrica inferior ● Füllung: Fascia transversalis + Falx inguinalis (in wechselndem Ausmaß) ● Anulus inguinalis superficialis ■ **Hernia femoralis** (Schenkelbruch): ● statt durch äußeren Leistenring durch Lacuna vasorum unter dem Lig. inguinale → Canalis femoralis (Schenkelkanal) → Hiatus saphenus ● bei der Frau häufiger als beim Mann

2.8.3 Projektion wichtiger Baucheingeweide auf Bauchwand

ORGAN	PROJEKTIONSFELD	UNTERSUCHUNG OHNE APPARATE
Leber	● Oberrand: rechts etwa Xiphosternalebene (bei tiefer Einatmung und im Stehen weiter kaudal, bei tiefer Ausatmung und im Liegen weiter kranial), links einige Zentimeter weiter kaudal ● Unterrand: rechts lateral von Medioklavikularlinie etwa Unterrand des Brustkorbs, medial davon schräg durch Bauchwand zur Mitte des linken Rippenbogens	● Projektionsfeld beim Lebenden durch Perkussion leicht zu bestimmen (⇨ 4.4.1) ● gesunde Leber ist schwer zu tasten, vergrößerte leicht (unterragt untere Thoraxapertur)
Gallen-blase	Vom Schnittpunkt der rechten Medioklavikularlinie mit dem Rippenbogen schräg nach links oben	● Gesunde Gallenblase ist nicht zu tasten ● Murphy-Zeichen bei Gallenblasenentzündung: Rippenbogen im Bereich der Medioklavikularlinie umgreifen, Patient tief einatmen lassen → stechender Schmerz
Milz	● zwischen 9. und 11. Rippe dorsal der Linea axillaris posterior ● Größe etwa 4 x 7 x 11 cm ("4711")	● Oberrand durch Perkussion zu bestimmen ● gesunde Milz ist nicht zu tasten, stark vergrößerte Milz kommt vor Rippenbogen und ist dort leicht zugänglich
Magen	● Cardia: etwa fingerbreit links neben Spitze des Processus xiphoideus ● Pylorus: etwa fingerbreit rechts der Medianen etwas kaudal der Mitte des Rippenbogens (lageabhängig) ● Corpus gastricum: ersteckt sich je nach Füllung und Körperhaltung weiter nach links oder kaudal	● Gasblase im Magen ("Magenblase" der Röntgenologen): gibt tympanitischen Klopfschall, wandert jeweils zum höchsten Punkt bei Lagewechsel ● Druckschmerz bei Magenerkrankungen im Epigastrium links
Duode-num	● C-förmig, vollständig kranial des Nabels ● Pylorus: (⇨ oben, Magen) ● Pars superior: etwa Höhe der Mitte des Rippenbogens ● Pars descendens: etwa am Lateralrand des M. rectus abdominis ● Pars horizontalis [inferior]: etwa zwischen Subkostalebene und Nabel ● Flexura duodenojejunalis: etwa 4 cm medial und kaudal der Mitte des linken Rippenbogens	● Nicht zu tasten ● Druckschmerz im Epigastrium rechts
Pancreas	Aus der Höhlung des "C" des Duodenum (s.o.) nach links zur Milz (s.o.) ansteigend	● Nicht zu tasten ● Druckschmerz im Epigastrium Mitte und links
Jejunum + Ileum	● Wechselnde Lage innerhalb des "Rahmens" des Colon ● Jejunum meist mehr links kranial ● Ileum meist mehr rechts kaudal	● Auskultation: "gluckernde" Darmgeräusche, deren Fehlen ("Totenstille im Bauchraum") weist auf Darmverschluß (Ileus) hin ● tympanitischer Klopfschall über Gasblasen ● gesunder Dünndarm nicht zu tasten
Caecum + Appendix vermiformis	● McBurney-Punkt: Mittelpunkt oder lateraler Drittelpunkt der Verbindunglinie von Nabel und Spina iliaca anterior superior ● Lanz-Punkt: rechter Drittelpunkt der Verbindunglinie der beiden Spinae iliacae anteriores superiores ● Lage der Appendix wechselnd, häufiger retrozäkal als in Richtung zum kleinen Becken herabhängend	● Gesunde Appendix nicht zu tasten ● bei Appendizitis Schmerz im Bereich von McBurney- und Lanz-Punkt bei: ● Beklopfen der rechten Unterbauchwand ● Eindrücken und raschem Loslassen (Blumberg-Zeichen) der linken (!) Unterbauchwand ● retrogradem Ausstreichen des Dickdarms (entgegen dem Uhrzeigersinn) (Rovsing-Zeichen) ● Beugen oder Überstrecken im rechten Hüftgelenk ("Psoaszeichen") ● rektaler Untersuchung ("Douglas-Schmerz")
Colon	● "Rahmt" den Bauchraum ein: ● Colon ascendens an rechter seitlicher Bauchwand ● Colon transversum zwischen Leber und Milz (variable Lage, da intraperitoneal, meist girlandenartig durchhängend) ● Colon descendens an linker seitlicher Bauchwand ● Colon sigmoideum: im linken Unterbauch (variable Lage, da intraperitoneal)	● Perkussion: da Colon meist reichlich Gasblasen enthält, ist sein Verlauf anhand des tympanitischen Klopfschalls zu verfolgen ● Auskultation: "gluckernde" Darmgeräusche ● eingedickter Stuhl ("Kotballen") ist bisweilen im Bereich des Colon descendens zu tasten
Nieren	● Oberrand etwa an 11. Rippe ● medialer Nierenrand schräg nach kaudal lateral (entsprechend Rand des M. psoas major zum Trochanter minor) ● oben kleinster Abstand von Dornfortsätzen etwa 3-4 cm ● Abstand von Crista iliaca etwa 3-5 cm ● rechte Niere steht etwa 1 cm tiefer ● Größe etwa 4 x 7 x 11 cm ("4711")	● Tasten des unteren Nierenpols bimanuell möglich: eine Hand in hinterer Flankengegend zwischen Crista iliaca und 12. Rippe, andere Hand drückt vordere Bauchwand ein, Patient tief einatmen lassen ● Klopfschmerz bei Schlag in hintere Flankengegend meist bei Nierenbeckenentzündung

2.8.4 Regiones dorsales (Rückengegenden)

Gesondert behandelte Teilregionen: Regio scapularis (⇨ 8.8.1), Canalis vertebralis (⇨ 2.8.5)

GRENZEN, RELIEF	BEWEGUNGSAPPARAT	LEITUNGSBAHNEN	KLINIK
■ **Grenzen:** ● *kranial:* fließender Übergang zum Nacken (Regio nuchalis, ⇨ 6.8.9), eher willkürliche Grenze durch Vertebra prominens (Dornfortsatz C_7) ● *lateral:* fließender Übergang zu Brust- und Bauchwandgegenden (⇨ 2.8.1 + 2.8.2), mögliche natürliche Grenze hintere Achselfalte mit Lateralrand des M. latissimus dorsi ● *kaudal:* Crista iliaca → Apex ossis sacri ■ **Teilregionen:** ● *Regio vertebralis* (Wirbelsäulengegend): • enge Fassung: der Ausdehnung von Brust- und Lendenwirbelsäule entsprechend • weite Fassung: bis zum Lateralrand der autochthonen Rückenmuskeln (M. erector spinae) ● *Regio sacralis* (Kreuzbeingegend): • weite Fassung: der Ausdehnung des Kreuzbeins entsprechend • enge Fassung: soweit nicht vom M. gluteus maximus bedeckt, denn sonst Überlappung mit Gesäßgegend (Regio glutea, ⇨ 9.8.1) ● *Regio scapularis* (Schulterblattgegend): Gebiet, das der Scapula entspricht (Problematik ⇨ 8.8.1) ● *Regio infrascapularis* (Unterschulterblattgegend): zwischen Angulus inferior der Scapula und 12. Rippe ● *Regio lumbaris [lumbalis]* (Lendengegend): zwischen 12. Rippe und Crista iliaca ■ **Relief:** ● *tastbare Knochen:* • Wirbelsäule: alle Dornfortsätze (Zuordnung ⇨ 2.1.1) • Scapula: Margo medialis, Angulus inferior, Spina scapulae • Crista iliaca mit Spina iliaca posterior superior + inferior • Os sacrum [sacrale]: Facies dorsalis mit Crista sacralis mediana + intermedia, Hiatus sacralis mit den beiden Cornua sacralia • Rippen: in Regio infrascapularis, soweit nicht vom M. erector spinae überlagert ● *reliefbildende Muskeln:* • M. trapezius mit "Lindenblattsehne" • M. latissimus dorsi: Lateralrand beim Husten deutlich hervortretend, hintere Achselfalte • M. rhomboideus major: beim Heben des Arms → Scapula schwenkt nach lateral → M. rhomboideus wird lateral vom Rand des M. trapezius sichtbar • M. erector spinae: vor allem im Lendenbereich, manchmal Längsrinne zwischen M. iliocostalis und M. longissimus sichtbar ● *Lendenraute* (Michaelis-Raute): • seitliche Eckpunkte: Spinae iliacae posteriores superiores • oben: Tiefe der Lendenlordose (etwa L_3), nach anderer Definition Dornfortsatz L_5 • unten: Berührungspunkt der Ursprünge der beidseitigen Mm. glutei maximi (etwas kranial des Hiatus sacralis) = kraniales Ende der Afterfurche	**Schichten:** ① **Oberflächliche Rückenfaszie:** Teil der oberflächlichen Körperfaszie: geht kontinuierlich über in ● kranial: Fascia nuchae [nuchalis] ● lateral: Fascia axillaris + pectoralis + oberflächliche Bauchwandfaszie ● kaudal: oberflächliche Gesäßfaszie ② **Scapula + oberflächliche Rückenmuskeln:** ● oberflächliche Schicht: • M. trapezius • M. latissimus dorsi • tiefe Schicht: Scapula mit • Mm. rhomboidei • M. supra- + infraspinatus • M. subscapularis • M. serratus anterior • M. serratus posterior superior + inferior ③ **Fascia thoracolumbalis** (tiefe Rückenfaszie): umhüllt autochthone Rückenmuskeln ④ **autochthone Rückenmuskeln:** ● oberflächlich: lange Züge des M. erector spinae, von medial nach lateral: • M. spinalis • M. longissimus • M. iliocostalis ● tief: Mm. transversospinales (von der Oberfläche zur Tiefe) • M. semispinalis • Mm. multifidi • Mm. rotatores ⑤ **Wirbelsäule + Rippen:** mit angelagerten kurzen Muskeln ● Mm. interspinales ● Mm. intertransversarii ● Mm. levatores costarum ● Mm. intercostales externi ● Mm. intercostales interni mit Membrana intercostalis interna ● Mm. intercostales intimi ● Mm. subcostales ⑥ in Lendengegend: ● Bauchmuskeln (⇨ 2.8.2) ● M. quadratus lumborum	■ **Arterien:** Äste der Pars descendens aortae: ● Rr. dorsales zu Rückenmuskeln + Haut (R. cutaneus medialis + lateralis) der • Aa. intercostales posteriores (aus Pars thoracica aortae) • Aa. lumbales (aus Pars abdominalis aortae) ■ **Venen:** Abfluß über ● Vv. intercostales posteriores zur V. azygos/hemiazygos → V. cava superior ● Vv. lumbales teils über V. lumbalis ascendens zur V. azygos/hemiazygos oder direkt zur V. cava inferior (kavokavale Anastomose) ■ **regionäre Lymphknoten:** ● thorakaler Bereich: Nodi lymphatici axillares subscapulares ● lumbaler + sakraler Bereich: Nodi lymphatici inguinales superficiales superolaterales ● entlang tiefer Venen Verbindungen zu Lymphknoten des Mediastinum und des Retroperitonealraums ■ **Innervation** (sensibel + motorisch): Rr. posteriores der ● Nn. thoracici ● Nn. lumbales [lumbares] ● Nn. sacrales	■ **Herniae lumbales** (Lendenbrüche): selten, 2 Bruchpforten: ① *Trigonum lumbale* (unteres Lendendreieck, Petit-Dreieck): ● lateral: Dorsalrand des M. obliquus externus abdominis ● medial: Lateralrand des M. latissimus dorsi ● kaudal: Crista iliaca ● Bruchpforte der Petit-Hernien ② *oberes Lendendreieck* ("Trigonum costolumbo-abdominale") Grynfelt-Dreieck): ● kranial: 12. Rippe ● lateral: Dorsalrand des M. obliquus internus abdominis ● medial: Lateralrand des M. quadratus lumborum ● Bruchpforte der Grynfelt-Hernien ■ **Operationen am Rücken** (typische Beispiele): ● an Wirbelsäule: • Laminektomie: Entfernung eines Wirbelbogens, um Zugang zum Wirbelkanal zu gewinnen • Hemilaminektomie: Entfernung nur eines halben Wirbelbogens, reicht häufig für Beseitigung eines prolabierten Nucleus pulposus aus • Spondylodese: operative Versteifung eines Abschnitts der Wirbelsäule durch Einfügen eines Knochenspans und/oder eines Metallapparats, z.B. bei Wirbelbrüchen, Wirbelgleiten (Spondylolisthesis, ⇨ 2.1.1) ● posterolaterale Thorakotomie als einer der möglichen Zugangswege zur Lunge ● dorsaler Zugang zur Niere: dabei wird meist 12. Rippe entfernt

2.8.5 Canalis vertebralis (Wirbelkanal)

WÄNDE	GLIEDERUNG	LEITUNGSBAHNEN	KLINIK
■ **Wechsel von starren und beweglichen Ringen:** ● starr: *Foramen vertebrale* (Wirbelloch): umgeben von • ventral: Corpus vertebrae [vertebrale] • lateral und dorsal: Arcus vertebrae [vertebralis] ● beweglich: *Bewegungssegment:* • ventral: Anulus fibrosus des Discus intervertebralis • lateral: Articulatio zygapophysialis mit Processus articularis [Zygapophysis] inferior (vorn) + superior (hinten) • dorsal: Lig. flavum ● *Sonderfälle:* • Articulatio atlanto-occipitalis + Articulationes atlanto-axiales: keine Zwischenwirbelscheiben • Canalis sacralis: beim Erwachsenen keine beweglichen Elemente ■ **Öffnungen:** ● in jedem Segment beidseits 1 Foramen intervertebrale (Zwischenwirbelloch): umgrenzt von • ventral: Dorsalrand des Discus intervertebralis • kranial: Incisura vertebralis inferior des oberen Wirbels • kaudal: Incisura vertebralis superior des unteren Wirbels • dorsal: Processus articularis [Zygapophysis] superior des unteren Wirbels ● Sonderfall Canalis sacralis: Foramina intervertebralia völlig knöchern umschlossen, teilen sich lateral in • Foramina sacralia anteriora [pelvica] • Foramina sacralia posteriora	■ **3 Kompartimente** (ausführlich ⇨ 7.1.3): ① **Spatium epidurale [peridurale]** (Epiduralraum, Periduralraum): zwischen Periost des Wirbelkanals und Dura mater spinalis, gefüllt mit Venenplexus und Fettgewebe ② **Spatium subdurale** (Subduralraum): zwischen Dura mater spinalis und Arachnoidea mater spinalis, normalerweise nur kapillarer Spalt, erst durch Blutung usw. zum Raum erweitert ③ **Spatium subarachnoideum** (Subarachnoidealraum, Liquorraum): zwischen Arachnoidea mater spinalis und Pia mater spinalis, enthält das Rückenmark (⇨ 7.2.1), von Liquor cerebrospinalis umspült ■ **Höhenlage des Rückenmarks:** ● Pars cervicalis: entspricht Halswirbelsäule ● Pars thoracica: Brustwirbel 1-9 ● Pars lumbalis: Brustwirbel 10-11 (12) ● Pars sacralis: Brustwirbel 12 + Lendenwirbel 1 ● kaudales Ende des Rückenmarks (Conus medullaris): beim Erwachsenen Höhe der Zwischenwirbelscheibe zwischen Lendenwirbeln 1 + 2 ● kaudales Ende des Liquorraums: im Kreuzbeinkanal auf Höhe von S_2 ● zwischen L_1/L_2 und S_2 nur Nervenwurzeln (Cauda equina) im Liquorraum	■ **Arterien:** ● *segmentale Arterien* (durch Zwischenwirbellöcher in den Wirbelkanal): *Rr. spinales* der Aa. intercostales posteriores und der Aa. lumbales (im Halsbereich der A. vertebralis) mit • R. postcentralis • R. prelaminaris • A. radicularis posterior • A. radicularis anterior • A. medullaris segmentalis ● die Rr. spinales sind in den einzelnen Segmenten von sehr unterschiedlichem Kaliber, können völlig fehlen, gewöhnlich ist eine Arterie zwischen Th_8 und L_3 entscheidend wichtig: "A. radicularis magna" (*Adamkiewicz-Arterie*, nicht in Nomina anatomica) ● *Längsanastomosen* beginnend am Foramen magnum des Hinterhaupts mit Ästen der A. vertebralis: • A. spinalis anterior: unpaar, vor Fissura mediana anterior des Rückenmarks • Aa. spinales posteriores: paarig, in Nähe der hinteren Wurzeln ■ **Venen:** Abfluß über Vv. medullae spinalis zum *Plexus venosus vertebralis internus anterior + posterior*, weiterer Weg: ● im Halsbereich über V. vertebralis und V. vertebralis anterior zur V. brachiocephalica ● im Brustbereich über Vv. intervertebrales zu Vv. intercostales posteriores und weiter zur V. azygos/hemiazygos ● im Lendenbereich über Vv. intervertebrales zu Vv. lumbales und weiter • teils zur V. azygos/hemiazygos • teils zur V. cava inferior ● am Kreuzbein vom Plexus venosus sacralis über • Vv. sacrales laterales zur V. iliaca interna • V. sacralis mediana zur V. iliaca communis sinistra ■ **regionäre Lymphknoten:** Rückenmark keine Lymphgefäße, von übrigen Bereichen des Wirbelkanals mit den Venen zu den Lymphknoten des Mediastinum und des Retroperitonealraums (⇨ 2.8.6) ■ **sensible Innervation:** Rr. meningei der Nn. spinales, rückläufig vom Stamm des Spinalnervs durch Foramen intervertebrale zu Rückenmarkhäuten	■ **Ausführlich an anderer Stelle behandelte Aspekte:** ● Wirbelbrüche ⇨ 2.1.1 ● Nucleus-pulposus-Prolaps ⇨ 2.2.1 ● Schleudertrauma ⇨ 2.2.2 ● Querschnittlähmung ⇨ 7.2.1, man beachte dabei die Divergenz von Segmenten der Wirbelsäule und des Rückenmarks, bei Wirbelbrüchen kaudal von L_1/L_2 keine Querschnittlähmung möglich! ● Liquorgewinnung: Subokzipitalpunktion, Lumbalpunktion ⇨ 7.1.3 ● Blutungen in den 3 Kompartimenten: epidurales + subdurales Hämatom, subarachnoideale Blutung ⇨ 7.1.3 ● rückenmarknahe Leitungsanästhesie: Spinalanästhesie, Epiduralanästhesie, Kaudalanästhesie ⇨ 7.1.3 ■ **bildgebende diagnostische Verfahren:** ● *Myelographie:* das Rückenmark ist gut strahlendurchlässig und ist daher im normalen Röntgenbild nicht zu sehen, füllt man den Liquorraum mit einem Röntgenkontrastmittel (über Lumbalpunktion), so tritt das Rückenmark mit den Nervenwurzeln als Negativ hervor, Nachteil: nach Myelographie manchmal lang anhaltende Reizzustände der Arachnoidea mater spinalis ● Computertomographie (CT) + Magnetspinresonanztomographie (MRT): Weichteile gut zu beurteilen ■ **operative Zugänge** zum Wirbelkanal: ● Laminektomie (Wirbelbogenentfernung) ● Hemilaminektomie (Entfernung einer Bogenhälfte) ● so sparsam wie nur möglich, um Gefüge der Wirbelsäule nicht zu stören

2.8.6 Spatium retroperitoneale (Retroperitonealraum)

Cavitas peritonealis ⇨ 4.1.5

DEFINITION, BEWEGUNGSAPPARAT, EINGEWEIDE	GEFÄSSE	NERVEN	KLINIK
■ Definition: ● allgemeine Fassung: alles was dorsal vom Peritoneum (Bauchfell) liegt ● übliche Eingrenzung: dorsaler Teil der Bauchhöhle, der nach Wegnahme der intraperitonealen Organe (Cavitas peritonealis) übrig bleibt ● engste Fassung: dorsaler Teil der Bauchhöhle zwischen Zwerchfell und Beckeneingang nach Wegnahme der intra- und sekundär retroperitonealen Organe **■ Knochen** (dorsal der Region): ● Wirbelsäule von Th_{11}-L_5 ● Rippen 10-12 **■ Muskeln:** *Pars lumbalis diaphragmatis* mit: ● Lig. arcuatum medianum: Sehnenbogen über Hiatus aorticus • Crus dextrum: von Wirbelkörpern Th_{12}-L_4 • Crus sinistrum: von Wirbelkörpern Th_{12}-L_3 ● Lig. arcuatum mediale: Sehnenbogen über M. psoas ("Psoasarkade") ● Lig. arcuatum laterale: Sehnenbogen über M. quadratus lumborum ("Quadratusarkade") **■ Zwerchfellücken:** ● Hiatus aorticus: für Aorta und Ductus thoracicus ● Hiatus oesophageus: für Oesophagus und Trunci vagales, Bruchpforte für die weitaus überwiegende Zahl aller Zwerchfellhernien ● kleine Lücken für N. splanchnicus major/minor, Truncus sympaticus, V. azygos/hemiazygos ● "Bochdalek-Dreieck" zwischen Pars lumbalis und Pars costalis diaphragmatis: selten Bruchpforte **■ Faszien:** ● *Fascia transversalis*: innere Bauchwandfaszie ● *Fascia renalis* (Nierenfaszie, Gerota-Faszie): umschließt als Fasziensack mit vorderem und hinterem Blatt Niere + Nebenniere + Capsula adiposa der Niere, Sack ist nach medial und kaudal offen (für Nierengefäße + Harnleiter) **■ primär retroperitoneale Organe:** ● Nebennieren (⇨ 4.7) ● Nieren mit Nierenbecken und Harnleitern (⇨ 4.8) **■ sekundär retroperitoneale Organe:** ● Duodenum (⇨ 4.3.3) ● Colon ascendens + descendens (⇨ 4.3.7) **■ Gekrösewurzeln** (⇨ 4.1.2): ● *Radix mesenterii*: Projektionslinie von etwa 3 cm links der vorderen Medianlinie etwas kranial der Subkostalebene zu Mitte zwischen Nabel und Spina iliaca anterior superior ● Wurzel des *Mesocolon transversum*: • überquert rechte Niere, Pars descendens des Duodenum und Caput pancreatis, zieht dann entlang des Margo anterior des Pancreas über die linke Niere zum Hilum splenicum ● Projektionslinie steigt vom Ansatz der rechten 8. Rippe am Rippenbogen zum Schnittpunkt der linken 10. Rippe mit der Linea axillaris posterior sanft an	**■ Arterien:** ① paarige Äste der Pars abdominalis aortae (⇨ 2.4.2, 2.4.5): ● A. phrenica inferior: mit Aa. suprarenales [adrenales] superiores ● Aa. lumbales ● A. suprarenalis [adrenalis] media ● A. renalis: mit A. suprarenalis inferior und Rr. ureterici ● A. ovarica bzw. A. testicularis ● Teilung (Bifurcatio aortae) in die beiden Aa. iliacae communes vor dem 4. oder 5. Lendenwirbelkörper ② unpaare Äste der Pars abdominalis aortae: zu den sekundär retroperitonealen Organen (⇨ 2.4.4 + 2.4.5) **■ Venen:** Abfluß über ① *V. cava inferior* (⇨ 2.5.4): ● Vv. phrenicae inferiores ● Vv. lumbales ● V. suprarenalis [adrenalis] dextra ● Vv. renales: links mit V. suprarenalis [adrenalis] sinistra und V. ovarica/testicularis sinistra ● V. ovarica/testicularis dextra ● V. iliaca communis (⇨ 2.5.6) ② *V. azygos zur V. cava superior* (⇨ 2.5.3): V. lumbalis ascendens mit Vv. lumbales ③ *V. portae hepatis*: Venen der sekundär retroperitonealen Organe (⇨ 2.5.5) **■ regionäre Lymphknoten:** Nodi lymphatici parietales des Bauches (ausführlich: ⇨ 2.6.3): ● Nodi lymphatici phrenici inferiores ● Nodi lymphatici lumbales [lumbares] sinistri • Nodi lymphatici aortici laterales • Nodi lymphatici pre-aortici • Nodi lymphatici postaortici ● Nodi lymphatici lumbales [lumbares] intermedii ● Nodi lymphatici lumbales [lumbares] dextri • Nodi lymphatici cavales laterales • Nodi lymphatici precavales • Nodi lymphatici postcavales	**■ Sensible Innervation** (des Peritoneum): ● N. phrenicus ● Nn. intercostales ● autonome Nerven **■ autonome Innervation:** Pars abdominalis autonomica: ● sympathische Anteile aus: • N. splanchnicus major + minor • obere Nn. splanchnici lumbales [lumbares] ● parasympathische Anteile aus: N. vagus (X) (Truncus vagalis anterior/posterior) ● *Plexus autonomici [viscerales]*: • Ganglia phrenica • Plexus hepaticus • Plexus splenicus [lienalis] • Plexus gastrici • Plexus pancreaticus • Plexus suprarenalis • Plexus renalis + Ganglia renalia • Plexus uretericus • Plexus ovaricus/testicularis • Plexus rectalis superior • Plexus iliaci **■ durchlaufende Leitungsbahnen:** Plexus lumbalis (aus Th_{12}-L_4, ⇨ 9.7.1): ● N. subcostalis ● N. iliohypogastricus: ● N. ilio-inguinalis ● N. cutaneus femoris lateralis ● N. femoralis ● N. genitofemoralis	**Röntgenuntersuchung:** ● sagittale Leeraufnahme (ohne Kontrastmittel) des Bauches: man sieht • Ränder des M. iliopsoas • Nierenschatten • Luftblasen im Colon ascendens + descendens • kalhaltige Harnsteine in Nierenbecken und Ureter ● Harnwegdarstellung mit Kontrastmittel: • *intravenöse Urographie*: Infusion eines von der Niere auszuscheidenden Kontrastmittels • *retrograde Urographie*: bei Zystoskopie wird Ureterkatheter in Nierenbecken hinaufgeschoben und dort das Kontrastmittel injiziert ● *Arteriographie*: Darstellung aller Arterien möglich über Kontrastmittelinjektion in einen von der A. femoralis in die Pars abdominalis aortae hinaufgeschobenen Katheter (Seldinger-Technik) ● *Venographie*: ähnlich Arteriographie von V. femoralis aus ● *Pneumoretroperitoneum*: Luft oder Gas als negatives Kontrastmittel wird in den retroperitonealen Bindegeweberaum eingeblasen, z.B. über Punktion des retrorektalen Raums neben dem Steißbein, es heben sich dabei auch die sonst nicht sichtbaren Nebennieren und das Pancreas ab

2.8.7 Cavitas pelvis [pelvica] Beckenhöhle

KNÖCHERNES BECKEN	MUSKELN, EINGEWEIDE	LEITUNGSBAHNEN	KLINIK
■ **Pelvis:** "Beckenring" aus: ● *Os sacrum [sacrale]* (Kreuzbein): ⇨ 2.1.2 ● *Os coxae* (Hüftbein): ⇨ 9.1.1 ● *Articulatio sacro-iliaca* (Kreuzbein-Darmbein-Gelenk): ⇨ 9.2.1 ● *Symphysis pubica* (Schambeinfuge): ⇨ 9.2.1 ■ **2 Stockwerke**, getrennt durch Linea terminalis (vom Kranialrand der Symphysis pubica entlang Linea arcuata zum Promontorium): ● *Pelvis major* (großes Becken): Gebiet der Ala ossis ilii (Darmbeinschaufel), Teil der Wand der Bauchhöhle ● *Pelvis minor* (kleines Becken): umschließt den Beckenkanal mit der Cavitas pelvis [pelvica] (Beckenhöhle) ■ **Beckenkanal:** ● *Apertura pelvis [pelvica] superior* (Beckeneingang): umgrenzt von Linea terminalis ● *Apertura pelvis [pelvica] inferior* (Beckenausgang): Grenzen • ventral: Arcus pubicus (Schambogen) mit dem Angulus subpubicus (Schambeinwinkel) • lateral: Tuber ischiadicum [ischiale] (Sitzbeinhöcker) • dorsolateral: Lig. sacrotuberale (Kreuzbein-Sitzbeinhöcker-Band) • dorsal: Os coccygis [Coccyx] (Steißbein) ● *Inclinatio pelvis* (Beckenneigung): im Stehen bildet Beckeneingangsebene Winkel von etwa 60° mit der Horizontalen ● *Axis pelvis* (Beckenachse): dorsalkonvex gebogen ■ **Seitenausgänge des Beckenkanals:** ● *Canalis obturatorius* (Hüftlochkanal): Lücke in Membrana obturatoria (Hüftlochmembran), die das Foramen obturatum [obturatorium] (Hüftloch) abdeckt (Bruchpforte der Herniae obturatoriae) ● *Foramen sciaticum [ischiadicum] majus* (großes Sitzbeinloch): zwischen Incisura ischiadica [ischialis] major, Kaudalrand der Articulatio sacro-iliaca, Lateralrand des Os sacrum und Lig. sacrospinale, durch M. piriformis geteilt in: • suprapiriforme Lücke • infrapiriforme Lücke ● *Foramen sciaticum [ischiadicum] minus* (kleines Sitzbeinloch): zwischen Incisura ischiadica [ischialis] minor, Lig. sacrospinale und Lig. sacrotuberale	■ **Muskeln:** ● *M. obturator internus* (innerer Hüftlochmuskel, ⇨ 9.3.2): polstert laterale Wand des Beckenkanals, verläßt Beckenkanal durch Foramen ischiadicum minus, in Fascia obturatoria Sehnenbogen (Arcus tendineus musculi levatoris ani) für Ursprung des M. iliococcygeus ● *M. levator ani* (Afterheber, ⇨ 2.3.7): trichterförmig zum After, bildet Hauptteil des Diaphragma pelvis [pelvicum] ("Beckenzwerchfell") ● *M. piriformis* (birnförmiger Muskel, ⇨ 9.3.2): von Facies pelvica des Os sacrum [sacrale], verläßt Becken durch Foramen ischiadicum majus ● *M. coccygeus* (Steißmuskel, ⇨ 2.3.7): auf Lig. sacrospinale ■ **Bindegeweberäume:** ● *Fascia pelvis* (Übersicht ⇨ 2.3.9) ● *Spatium retropubicum* (Retzius-Raum): Verschiebeschicht zwischen knöchernem Becken und Harnblase ● *"Parazystium"*: Bindegeweberaum seitlich der Harnblase unter Fossa paravesicalis des Bauchfells ● *Parametrium + Paracervix*: Bindegeweberaum seitlich des Uterus im Mesometrium ● *"Paraproktium"*: Bindegeweberaum seitlich des Mastdarms ■ **Bauchfell + Eingeweide Frau:** von ventral nach dorsal: ① Vesica urinaria (Harnblase, ⇨ 5.1.1): Apex vesicae + oberer und seitlicher Teil des Corpus vesicae mit Peritonealüberzug ② Excavatio vesico-uterina ③ innere weibliche Geschlechtsorgane: ⇨ 5.4.1-5.4.7 ● Uterus + Tuba uterina [Salpinx] + Ovarium intraperitoneal ● Vagina (Scheide): Bauchfell nur im Bereich des hinteren Teils des Fornix vaginae (Scheidengewölbe) ● Lig. latum uteri (breites Mutterband): Bauchfellfalte lateral des Uterus mit Mesometrium + Mesosalpinx + Mesovarium ④ Excavatio recto-uterina (Douglas-Raum) ⑤ Rectum (Mastdarm): Peritonealüberzug auf vorderem-oberen Teil der Ampulla recti ■ **Bauchfell + Eingeweide Mann:** ① + ⑤ wie Frau (s.o.), zusätzlich kaudal der Harnblase: Prostata + Samenblasen (⇨ 5.5.6) ②-④ Excavatio rectovesicalis	■ **Arterien:** ● Hauptarterie des kleinen Beckens: A. iliaca interna (Äste ⇨ 2.4.6) ● zu Ampulla recti: A. rectalis superior aus A. mesenterica inferior ● zu Ovarium + Tuba uterina [Salpinx]: A. ovarica aus Pars abdominalis aortae ● zur Facies pelvica des Os sacrum [sacrale]: A. sacralis mediana (Endast der Aorta) ■ **Venen:** ● Hauptabfluß über V. iliaca interna (Äste ⇨ 2.5.6) ● von Ampulla recti: V. rectalis superior → V. mesenterica inferior → V. portae hepatis ● von Ovarium + Tuba uterina [Salpinx]: V. ovarica → rechts V. cava inferior, links V. renalis ● von Facies pelvica des Os sacrum [sacrale]: V. sacralis mediana → V. iliaca communis sinistra ■ **regionäre Lymphknoten:** Übersicht über Beckenlymphknoten ⇨ 2.6.5 ■ **autonome Innervation:** Pars pelvica autonomica (⇨ 2.7.5) ■ **durchlaufende Leitungsbahnen:** ● *Canalis obturatorius:* • A. + V . obturatoria • N. obturatorius ● *suprapiriforme Lücke:* • A. + V. glutea superior • N. gluteus superior ● *infrapiriforme Lücke:* • A. + V. glutea inferior • N. gluteus inferior • N. ischiadicus • N. cutaneus femoris posterior ● *infrapiriforme Lücke → Foramen ischiadicum minus → Canalis pudendalis:* • A. + V. pudenda interna • N. pudendus ■ **kaudal des Diaphragma pelvis:** Regio perinealis (⇨ 2.8.8)	■ **Becken als Gebärkanal:** Frucht vollführt beim Weg durch das Becken charakteristische Drehungen, die durch unterschiedliche Durchmesser des Beckens in verschiedenen Höhen bedingt sind: ● im Beckeneingang ist der transversale Durchmesser größer als der sagittale: der Kopf der Frucht tritt daher (bei der Normalgeburt, bei der der Kopf vorangeht) mit der längeren Längsachse in der Transversalrichtung in den Beckenkanal ein ● in der Mitte des kleinen Beckens ("Beckenweite") sind die schrägen Durchmesser am größten: der Kopf der Frucht dreht sich daher mit der Längsachse in den 1. oder 2. schrägen Durchmesser ● im Beckenausgang ist der sagittale Durchmesser vom Kaudalrand der Symphysis pubica zur Articulatio sacrococcygea (wenn das Steißbein ausgeklappt werden kann) größer als der transversale zwischen den beiden Tubera ischiadica: der Kopf der Frucht dreht sich daher mit der Längsachse in die Sagittalrichtung ■ **Durchmesser des Beckenkanals für Geburtshilfe:** ● *Diameter conjugata* (sagittaler Durchmesser): • "Conjugata vera" = kleinster Durchmesser zwischen Hinterrand der Symphysis pubica und Promontorium, wichtigster Durchmesser für Geburtshilfe, sollte für Normalgeburt mindestens 11 cm betragen • "Conjugata anatomica": vom Kranialrand der Symphysis pubica zum Promontorium • "Conjugata diagonalis": vom Kaudalrand der Symphysis pubica zum Promontorium, ist etwa 1,5 cm länger als Conjugata vera ● *Diameter transversa* (querer Durchmesser) ● *Diameter obliqua* (schräger Durchmesser)

2.8.8 Regio perinealis (Dammgegend): allgemein

GRENZEN, RELIEF	BEWEGUNGSAPPARAT	LEITUNGSBAHNEN	KLINIK
■ **Grenzen**: die Regio perinealis ist oval und entspricht etwa der Apertura pelvis [pelvica] inferior (Beckenausgang), markante Begrenzungspunkte sind: ● ventral: Symphysis pubica, am besten bezieht man sie voll in die Region ein, weil sonst der Mons pubis außerhalb der Region läge ● lateral: Tuber ischiadicum [ischiale] ● dorsal: Articulatio sacrococcygea, so daß Os coccygis [Coccyx] voll in der Region liegt ■ **Teilregionen**: ● Regio urogenitalis (Schamgegend): die vordere Hälfte des Ovals (⇨ oben) ● Regio analis (Aftergegend): hintere Hälfte des Ovals (⇨) ■ **tastbare Knochen und Bänder**: ● R. inferior ossis pubis: Schambeinwinkel (Angulus subpubicus) bei der Frau ~75°, beim Mann ~60° ● R. ossis ischii mit Tuber ischiadicum [ischiale] (Sitzbeinhöcker) ● Os coccygis [Coccyx] (Steißbein): beim jüngeren Menschen ausgiebig beweglich in Articulatio sacrococcygea (Beckenausgang kann so bei Geburt um etwa 2 cm erweitert werden) ● Lig. sacrotuberale: scharfe kaudale Kante vom Tuber ischiadicum Richtung Steißbein zu tasten	■ **Schichten** (von kranial nach kaudal): ① *Peritoneum* (Bauchfell) ② subperitonealer Bindegeweberaum: Bindegewebe um Beckenorgane ("Parazystium", Parametrium, "Paraproktium") ③ *Fascia diaphragmatis pelvis superior* (obere Afterheberfaszie) ④ *Diaphragma pelvis [pelvicum]* ("Beckenzwerchfell"): ● M. levator ani: trichterförmig auf After zulaufend ● in Regio analis überwiegend querverlaufend (M. iliococcygeus) ● in Regio urogenitalis Längszüge des M. pubococcygeus, die "Levatortor" für Harnröhre + Scheide (Geburtsweg!) freilassen ● M. sphincter ani externus ● M. coccygeus ● Lig. anococcygeum mit Os coccygis [Coccyx] ⑤ *Fascia diaphragmatis pelvis inferior* (untere Afterheberfaszie) ⑥-⑩ unterschiedlich in Regio urogenitalis und Regio analis (⇨ 2.8.9) ■ **Centrum tendineum perinei** (Sehnenzentrum des Damms): ● zwischen After und Scheide bzw. Hodensack liegt "Damm" i.e.S., er geht hervor aus dem Septum urorectale, das die ursprünglich gemeinsame Öffnung (Cloaca, ⇨ 5.2.3) trennt, hier treffen zusammen: ● von ventral: Membrana perinei mit M. bulbospongiosus ● von lateral: M. transversus perinei superficialis + profundus ● von dorsal: M. sphincter ani externus ● von kranial: Fascia peritoneoperinealis mit Septum rectovaginale bzw. Septum rectovesicale	■ **Arterien** (Äste: ⇨ Teilregionen, 2.8.9): ● *A. pudenda interna* (innere Schamschlagader): ● aus A. iliaca interna ● verläßt Beckenhöhle durch infrapiriformen Teil des Foramen ischiadicum majus ● biegt um Spina ischiadica [ischialis] ● tritt durch Foramen ischiadicum minus in Dammgegend ● verläuft da in Canalis pudendalis (Alcock-Kanal) der Fossa ischio-analis ● *Aa. pudendae externae* (äußere Schamschlagadern): aus A. femoralis ■ **Venen** (Äste: ⇨ Teilregionen, 2.8.9): ● *V. pudenda interna*: läuft mit A. pudenda interna (s.o.), mündet in V. iliaca interna ● *Vv. pudendae externae*: zur V. saphena magna im Hiatus saphenus ■ **regionäre Lymphknoten**: Nodi lymphatici inguinales superficiales superomediales ■ **Innervation**: ● aus Plexus lumbalis: ● *N. ilio-inguinalis* ● *N. genitofemoralis* ● aus Plexus sacralis: ● *N. pudendus* (läuft mit A. pudenda interna, s.o.) ● *N. cutaneus femoris posterior* ● unbenannte motorische Äste	■ **Dammgegend bei der Entbindung**: ● Dammgegend letztes Hindernis beim Weg durch den Gebärkanal (⇨ 2.8.7), wird mit jeder Wehe ein wenig gedehnt: ● infolge der nach vorn konkaven Führungslinie des kleinen Beckens (das Kreuzbein versperrt keilartig den geraden Weg durch den Beckenausgang) drängt der Kopf der Frucht nach vorn, dadurch wird die Regio analis stark gedehnt: der After beginnt zu klaffen, die Mastdarmschleimhaut wird sichtbar ● *"Einschneiden"* des Kopfes: der Kopf der Frucht wird während der Wehen kurze Zeit in Scheidenvorhof sichtbar, aber in der Wehenpause von den Beckenbodenmuskeln wieder zurückgedrängt ● *"Durchschneiden"* des Kopfes: der Kopf der Frucht bleibt auch während der Wehenpausen sichtbar, erfordert heftigste ganzkörperliche Anstrengung der Kreißenden ("Bauchpresse" wird zur "Rumpfpresse") ● Unterrand der Symphysis pubica als "Hypomochlion" (Stützpunkt), um das sich Kopf aus Beuge- in Steckstellung (Deflexion) dreht ● nach Geburt des Kopfes folgt Rest der Frucht meist mühelos nach ■ **Dammriß**: beim Durchneiden des Kopfes häufig, beginnt mit Scheidenriß ● Schweregrade: ● Grad 1: Riß der Commissura labiorum posterior bis 2 cm ● Grad 2: Riß von Damm-Muskeln, jedoch nicht des M. sphincter ani externus ● Grad 3: Riß des M. sphincter ani externus, Gefahr der bleibenden Stuhlinkontinenz ● *Dammschutz*: Abstützen des Damms (i.e.S.) während des Durchschneiden des Kopfes durch die Hände des Geburtshelfers, um Dammriß zu verhüten ● *Episiotomie* (Dammschnitt): scheint ein Dammriß unvermeidlich, ist es besser der Natur zuvorzukommen und die Öffnung durch Schnitt zu erweitern, weil ein glatter Schnitt gut zu nähen ist und bessere Heilungschancen bietet ■ **Senkung der Beckenorgane** bei Beschädigung der Beckenbodenmuskeln, z.B. als Folge mehrerer Geburten: ● *Prolapsus uteri* (Gebärmuttervorfall): Uterus tritt tiefer in Scheide und kann im Extremfall bis in den Scheidenvorhof absteigen, dabei wird Scheide umgekrempelt → Harninkontinenz ● *Prolapsus ani* (Aftervorfall): Schleimhautzone des Afterkanals wird sichtbar, in schweren Fällen *Prolapsus recti* mit Austreten von Mastdarmschleimhaut aus dem After ■ **Pfählungsverletzung**: Sturz mit der sonst so geschützten Dammgegend auf Zaunpfahl oder ähnliche Gegenstände, z.B. Aufspießen auf Rinderhorn, führt meist zu schweren Weichteilverletzungen, besonders Zerreißung von Beckenbodenmuskeln mit folgender Stuhlinkontinenz

2.8.9 Teilregionen der Dammgegend

REGION	GRENZEN, RELIEF	BEWEGUNGSAPPARAT	LEITUNGSBAHNEN
Regio urogenitalis (Schamgegend) (früher auch Regio pudendalis genannt)	■ **Ausdehnung:** von Symphysis pubica bis zum Dorsalrand des Diaphragma urogenitale (in Verbindungslinie der Tubera ischiadica) ■ **Relief Frau:** Pudendum femininum (weibliche Scham, ausführlich ⇨ 5.4.8) mit ● Mons pubis ● Labium majus pudendi ● Labium minus pudendi ● Vestibulum vaginae ● Clitoris ■ **Relief Mann:** ● Mons pubis ● Penis (⇨ 5.5.7) ● Scrotum (⇨ 5.5.8) mit • Hoden (⇨ 5.5.1) • Nebenhoden (⇨ 5.5.3) ● Ductus deferens (⇨ 5.5.4)	①-⑤ ⇨ Regio perinealis, 2.8.8 ⑥ *Spatium perinei profundum* (tiefer Dammraum): kaudal des Levatortors, mit offener Verbindung zu Bindegeweberaum des Beckens durch Levatortor, enthält: ● Fettkörper ● Leitungsbahnen ● tiefe Damm-Muskeln: • M. transversus perinei profundus • M. sphincter urethrae • M. sphincter urethrovaginalis ⑦ *Membrana perinei* (Damm-Membran): Bindegewebeplatte des Diaphragma urogenitale, vorn verstärkt durch Lig. transversum perinei, durchbrochen von Harnröhre und Scheide, früher als Fascia diaphragmatis urogenitalis inferior (Colles-Faszie) bezeichnet ⑧ *Spatium perinei superficiale* (oberflächlicher Dammraum): mit ● Bulbus vestibuli bzw. Bulbus penis ● oberflächlichen Damm-Muskeln: • M. transversus perinei superficialis • M. bulbocavernosus • M. ischiocavernosus ● Leitungsbahnen ⑨ *Fascia perinei superficialis* (oberflächliche Dammfaszie, Cruveilhier-Faszie) ⑩ Unterhaut	■ **Arterien:** Äste der ● A. pudenda interna: A. perinealis: zum Damm mit ● Rr. labiales/scrotales posteriores: zum hinteren Teil der großen Schamlippen bzw. des Hodensacks ● A. urethralis: zur Harnröhre ● A. bulbi vestibuli [vaginae]/A. bulbi penis: zu weichen Schwellkörpern ● A. dorsalis clitoridis/penis ● A. profunda clitoridis/penis: zu harten Schwellkörpern ● Aa. pudendae externae: Rr. labiales/scrotales posteriores zum vorderen Teil der großen Schamlippen bzw. des Hodensacks ■ **Venen:** Abfluß über ● *V. pudenda interna:* • Vv. labiales posteriores bzw. Vv. scrotales posteriores • V. bulbi vestibuli bzw. V. bulbi penis • Vv. profundae clitoridis bzw. Vv. profundae penis ● *Vv. pudendae externae:* • Vv. dorsales superficiales clitoridis bzw. Vv. dorsales superficiales penis • Vv. labiales anteriores bzw. Vv. scrotales anteriores ■ **regionäre Lymphknoten:** Nodi lymphatici inguinales superficiales superomediales ■ **sensible Innervation:** ● *N. ilio-inguinalis:* mit Nn. labiales/scrotales anteriores zum vorderen Teil der großen Schamlippen bzw. des Hodensacks ● *N. genitofemoralis:* mit R. genitalis zum vorderen Teil der Regio urogenitalis ● *N. pudendus:* Hauptteil der Region: • Nn. labiales/scrotales posteriores: große Schamlippen bzw. Hodensack • N. dorsalis clitoridis/penis: Clitoris bzw. Penis ■ **motorische Innervation:** ● *N. pudendus:* mit Rr. musculares der Nn. perineales zu den Muskeln des Diaphragma urogenitale ● *unbenannte motorische Äste des Plexus sacralis:* zum M. levator ani
Regio analis (Aftergegend)	**Relief:** Anus (After): trichterförmig eingezogen mit feinen radiären Falten, Rand manchmal auch leicht vorgewölbt, 4 Farbzonen (von außen nach innen): ① braun: stark pigmentierte Afterhaut ② weißlich-bläulich: Zwischenzone mit unpigmentierter Haut ③ violett: Zone des Pecten analis mit venösen Schwellkörpern ④ rosa: Rektumschleimhaut	**Schichten:** ①-⑤ ⇨ Regio perinealis, 2.8.8 ⑥ *Fossa ischio-analis* (Sitzbein-After-Grube): im Frontalschnitt dreieckiger Raum zwischen M. levator ani medial und M. obturator internus lateral, enthält ● Corpus adiposum fossae ischio-analis: Fettkörper (Baufett) ● Canalis pudendalis (Alcock-Kanal): an Fascia obturatoria, mit A. + V. pudenda interna + N. pudendus ⑦ *Fascia perinei superficialis* (oberflächliche Dammfaszie) ⑧ Unterhaut	■ **Arterien:** Äste der A. pudenda interna: ● A. rectalis inferior: zum After ● A. perinealis: zum Damm ■ **Venen:** Abfluß über V. pudenda interna: Vv. rectales inferiores ■ **regionäre Lymphknoten:** Nodi lymphatici inguinales superficiales superomediales ■ **sensible Innervation:** ● N. pudendus: mit Nn. rectales inferiores zur Afterhaut ● N. cutaneus femoris posterior: mit Rr. perineales zum lateralen Bereich der Aftergegend ■ **motorische Innervation:** ● N. pudendus: mit Nn. rectales inferiores zum M. sphincter ani externus ● *unbenannte motorische Äste des Plexus sacralis:* zum M. levator ani

3 Brusteingeweide

3.1 Atmungsorgane (Apparatus respiratorius [Systema respiratorium])

3.1.1 Entwicklung und Entwicklungsstörungen der unteren Atemwege

ORGAN	ENTWICKLUNG	ENTWICKLUNGSSTÖRUNGEN
Trachea (Luftröhre)	● Kehlkopf-Luftröhren-Rinne (*Sulcus laryngotrachealis*): sinkt in 4. Entwicklungswoche in Vorderwand des Vorderdarms kaudal der Eminentia hypobranchialis ein ● wächst als *Tubus laryngotrachealis* kaudal (bildet Lungenanlage), Trachea wird durch Crista tracheo-oesophagealis und Septum tracheo-oesophageale von Speiseröhre getrennt	*Fistula tracheo-oesophagealis* (Luftröhren-Speiseröhren-Fistel): vor allem bei Ösophagusatresie (⇨ 7.6.9)
Pulmo (Lunge)	■ **Lungenknospen** (Gemmae pulmonariae): ● bilden sich am kaudalen Ende des Tubus laryngotrachealis ● wachsen in Canalis pleuroperitonealis ein ● verzweigen sich laufend dichotom (Gemmae lobales, Gemmae bronchopulmonariae), bis Geburt etwa 17 Teilungsschritte, nach Geburt weitere 7 ■ **4 Entwicklungsperioden** (die sich z.T. überlappen): ① *frühembryonale Periode*: etwa 4.-7. Entwicklungswoche, Bildung der Organanlage (s.o.), Aussprossen der Bronchen ② *drüsenähnliche Periode* (Periodus pseudoglandularis): etwa 5.-17. Entwicklungswoche, Ausbildung der Bronchen und Lappen, noch keine Atmung möglich ③ *Kanälchenperiode* (Periodus canalicularis): etwa 13.-26. Entwicklungswoche, Bildung der ● Bronchioli ● Bronchioli respiratorii ④ *Bläschenperiode* (Periodus alveolaris): etwa ab 24. Entwicklungswoche bis 4. Lebensjahr, Bildung der ● Ductuli alveolares ● Sacculi alveolares ● Gemmae alveolares (Endausreifung erst nach Geburt) ● entscheidend für Atemfähigkeit ist Antiatelektasefaktor (Surfactant) ■ bei Geburt Ersatz der Flüssigkeit in Atemwegen durch Luft: ● Teil der Flüssigkeit durch Kompression des Thorax im Geburtsweg ausgepreßt ● Teil über Blut- und Lymphkapillaren abtransportiert ● nichtbeatmete Lunge ist schwerer als Wasser: ● "Schwimmprobe" mit der Lunge toter Neugeborener (manchmal rechtsmedizinisch von Belang): • wurde Kind schon tot geboren, so ist die Lunge nicht beatmet worden und geht daher unter • wurde Kind lebend geboren und ist anschließend verstorben, so wurde die Lunge beatmet, ist viel leichter als Wasser, schimmt daher oben auf	**Fehlbildungen der Lungen** (Defectus respiratorius thoracicus): ● *Agenesie* und Aplasie der Lunge: Fehlen der Lunge, wenn beidseitig, dann extrauterin nicht lebensfähig ● *Hypoplasie* der Lunge: bei großer Zwerchfellhernie kann sich Lunge der betroffenen Seite nicht voll entfalten ● *Lungensequestration*: von der übrigen Lunge abgespaltene Teile, die nicht von den Lungenarterien, sondern von Ästen der Aorta versorgt werden, sie können extralobär ("Nebenlungen", Rokitansky-Lappen) oder intralobär (vor allem in den Unterlappen) liegen ● *Multilobatio pulmonis*: Mehrlappigkeit der Lunge, zusätzliche Spalten an Segmentgrenzen ● *Lobus azygos*: V. azygos verursacht normalerweise nur Delle im rechten Oberlappen, kann jedoch so tief in das Lungengewebe einschneiden, daß eine Art Lappen abgegliedert wird ● *angeborene Bronchiektasie*: Erweiterungen von Bronchen mit einzelnen großen Zysten (Cystis pulmonaria, Sacklunge) oder kleingekammerter Wabenlunge (Pulmo polycysticus) ● angeborenes lobäres *Emphysem*: Hypoplasie der Bronchialknorpel führt nach der Geburt rasch zu Überdehnung des befallenen Lappens ● *Respiratory-distress-Syndrom* des Neugeborenen (Syndrom der hyalinen Membranen, Surfactant-Mangel-Syndrom): fehlendes Surfactant führt zu endexspiratorischem Kollaps der Alveolen, kommt vor allem bei Frühgeborenen vor (bei 50 % der vor der 28. Entwicklungswoche Geborenen), häufigste Ursache für Tod des Neugeborenen

3.1.2 Trachea (Luftröhre)

GLIEDERUNG, RELIEF	FEINBAU	LEITUNGSBAHNEN	KLINIK
■ **Maße:** ● Länge 10-12 cm ● lichte Weite 16-18 mm (etwa Dicke des kleinen Fingers) ● Dehnung bei: • Inspiration (Längendifferenz bei tiefer Ein- und Ausatmung ~ 1,5 cm) • Reklination der Halswirbelsäule • Schlucken ■ **Abschnitte:** ● Pars cervicalis (Halsteil): zwischen Kehlkopf und Apertura thoracis superior (obere Brustkorböffnung) ● Pars thoracica (Brustteil): zwischen oberer Brustkorböffnung und Teilung ■ **Bifurcatio tracheae** [trachealis] (Luftröhrengabelung): ● Teilung in Bronchus principalis dexter + sinister ● Teilungswinkel ~ 70° ● Carina tracheae (Luftröhrenkiel, Luftröhrensporn): springt an Teilungsstelle in Lichtung vor (gut sichtbar bei Bronchoskopie) ● Projektion auf vordere Brustwand: etwa Angulus sterni (Ansatz der 2. Rippen am Brustbein), etwas rechts der Medianen ● Schwingungen bei Atmung mitbeteiligt an bronchialem Atemgeräusch ● wegen hoher mechanischer Beanspruchung durch Luftstrom bedeckt mit mehrschichtigem Plattenepithel ■ **Lage:** ● Pars cervicalis: in Eingeweideraum des Halses zwischen • ventral: Lamina pretrachealis der Fascia cervicalis + Isthmus glandulae thyroideae • lateral: Hauptversorgungsstraße des Halses in Vagina carotica + Lappen der Schilddrüse + N. laryngealis recurrens • dorsal: Ösophagus ● Pars thoracica: im Mediastinum superius zwischen • ventral: Plexus thyroideus impar + V. brachiocephalica sinistra + Truncus brachiocephalicus • rechts: Arcus venae azygos + Pulmo dexter, Lobus superior (in Pleura) • links: Arcus aortae + A. carotis communis sinistra + N. laryngealis recurrens sinister • dorsal: Ösophagus ● im gesamten Verlauf anliegend Lymphknoten	■ **Schleimhaut (Tunica mucosa respiratoria):** ● *respiratorisches Epithel* (Epithelium pseudostratificatum columnare ciliatum): mehrreihiges Flimmerepithel mit • Flimmerzelle (Epitheliocytus ciliatus): Schlag der Flimmerhaare befördert Schleimstraße Richtung Rachen • Becherzelle (Exocrinocytus caliciformis): erzeugt Schleim, auf dem sich Staub usw. niederschlägt • Bürstensaumzelle (Epitheliocytus microvillosus) Typ I: von sensiblen Nervenfasern umsponnen (Sinneszellen?), Pinozytosebläschen weisen auf Resorption hin • Bürstensaumzelle (Epitheliocytus microvillosus) Typ II: weniger differenziert, für Ersatz anderer Oberflächenzellen? • endokrine Zelle (Pa-Zelle): verwandt mit enterochromaffinen Zellen des gastroenteropankreatischen Systems (⇨ 4.3.2), sezerniert Dopamin? • Basalzelle (Epitheliocytus basalis): kleine Zelle nahe Basalmembran, dient dem Ersatz der Oberflächenzellen ● *Lamina propria mucosae*: Bindegewebeschicht ● *Lamina fibrarum elasticarum*: Schicht elastischer Fasern bildet Grenze zwischen Schleimhaut und Submukosa ■ **Tela submucosa** (Submukosa): kollagenes Bindegewebe befestigt Schleimhaut an Knorpelspangen, mit ● *Glandulae tracheales* (Luftröhrendrüsen): seromukös, vor allem in Dorsalwand ● *Noduli lymphatici tracheales*: Lymphknötchen ■ **Tunica fibromusculocartilaginea** (Band-Muskel-Knorpel-Wand): ● *Cartilagines tracheales* (Luftröhrenknorpel): 16-20 hufeisenförmige Spangen aus hyalinem Knorpel (im Alter zunehmend Faserknorpel), umgeben von Perichondrium, verbunden durch ● *Ligg. anularia [trachealia]* (Ringbänder): aus kollagenem + elastischem Bindegewebe ● *M. trachealis* (Luftröhrenmuskel): glatte Muskelzellen verbinden die dorsalen freien Enden der Knorpelspangen und bilden mit Bindegewebe zusammen die häutige Hinterwand der Luftröhre (*Paries membranaceus*) ■ **Tunica adventitia:** lockere Verschiebeschicht mit Blutgefäßen und Nerven	■ **Arterien:** Rr. tracheales von ● A. thyroidea inferior aus Truncus thyrocervicalis ● A. thoracica interna ■ **Venen:** Abfluß über Vv. tracheales zur V. brachiocephalica ■ **regionäre Lymphknoten:** ● Nodi lymphatici cervicales anteriores profundi: • Nodi lymphatici pretracheales • Nodi lymphatici paratracheales ● Nodi lymphatici mediastinales posteriores: • Nodi lymphatici paratracheales • Nodi lymphatici tracheobronchiales superiores • Nodi lymphatici tracheobronchiales inferiores ■ **sensible Innervation:** ● Rr. tracheales des N. laryngealis recurrens (aus N. vagus (X)) ■ **autonome Innervation:** ● sympathisch (β_2-Rezeptoren): Äste des Ganglion cervicale medium + cervicothoracicum und der oberen Ganglia thoracica, die sich dem N. vagus bzw. dem N. laryngealis recurrens anlegen ● parasympathisch: Rr. tracheales des N. laryngealis recurrens (aus N. vagus)	■ **Intubation:** ● Einführen eines Trachealtubus durch Mund oder Nase (bei direkter Laryngoskopie, ⇨ 7.8.9), um Atemweg freizuhalten oder zur Inhalationsnarkose ● Tubus darf nur 3-4 cm in Luftröhre vorgeschoben werden (bis Blockmanschette unter Stimmbändern verschwunden), Tubus muß unbedingt oberhalb der Carina tracheae enden: gelangt Tubusende in Hauptbronchus, dann wird nur eine Lunge beatmet (daher durch Abhören überzeugen, daß über beiden Lungen Atemgeräusche!) ■ **Tracheotomie** (Luftröhrenschnitt): ● *obere Tracheotomie*: zwischen Ringknorpel und Isthmus der Schilddrüse ● *mittlere Tracheotomie*: nach Durchtrennen des Isthmus der Schilddrüse ● *untere Tracheotomie*: kaudal des Isthmus der Schilddrüse ● Hauptindikation: maschinelle Beatmung des Patienten: • verkleinert Totraum der Atmung • verhindert Aspiration von Erbrochenem • erleichtert Absaugen von Schleim usw. ■ **Trachealstenose** (Luftröhrenverengung): z.B. als Spätfolge einer Tracheotomie ■ **Tracheomalazie** (Luftröhrenerweichung): bei Schädigung der Cartilagines tracheales, z.B. durch Druck einer Struma (Kropf, ⇨ 7.7.3), kann Wandstabilität verloren gehen → Luftröhre verengt sich bei Inspiration und erweitert sich bei Exspiration → inspiratorische Atemnot

3.1.3 Bronchi (Bronchen)

GLIEDERUNG, RELIEF	FEINBAU	LEITUNGSBAHNEN	KLINIK
■ **Arbor bronchialis** (Bronchialbaum): ● *Bronchi principales* [dexter et sinister] (Hauptbronchen, Stammbronchen): 2, gehen aus Bifurcatio tracheae [trachealis] hervor ● *Bronchi lobares* (Lappenbronchen): 5, rechts 3, links 2 ● *Bronchi segmentales* (Segmentbronchen): 18-20, rechts 10, links 8-10 (⇨ 3.1.4) ● Rami bronchiales segmentorum: weitere dichotome Aufzweigung, Äste heißen Bronchi, solange lichte Weite > 1 mm ● *Bronchioli*: lichte Weite unter 1 mm ■ **Verlauf der Hauptbronchen**: Bifurcatio tracheae liegt rechts der Mittelebene und linkes Hilum pulmonis vom Herzen nach lateral gedrängt, daher ● *Bronchus principalis dexter*: kürzer, steiler absteigend (daher häufiger Fremdkörper!), Projektionslinie medial von rechter Brustwarze ● *Bronchus principalis sinister*: länger, eher horizontal verlaufend, Projektionslinie kranial von linker Brustwarze ■ **Lagebeziehung zu Gefäßen des Lungenkreislaufs**: ● die Äste der A. pulmonalis verzweigen sich mit den Bronchen zu Lappenarterien, Segmentarterien usw. (⇨ 2.4.1) ● die Äste der Vv. pulmonales laufen unabhängig von den Bronchen (größere Venen an den Segmentgrenzen, ⇨ 2.5.1) ● im rechten Lungenhilum liegt der Hauptbronchus dorsokranial der Lungenarterien ● im linken Lungenhilum liegt der Hauptbronchus kaudal der Lungenarterien	■ **Bronchus**: Feinbau grundsätzlich wie Trachea (⇨ 3.1.2) ① *Tunica mucosa respiratoria* (respiratorische Schleimhaut): wird mit abnehmender lichter Weite des Bronchus dünner ● mehrreihiges Flimmerepithel (Epithelium pseudostratificatum ciliatum): Zelltypen ⇨ Trachea, 3.1.2 ● Lamina propria mucosae ● Lamina fibrarum elasticarum ● Lamina muscularis mucosae: glatte Muskelzellen zwischen Schleimhaut und Submukosa ② *Tela submucosa*: mit ● Glandulae bronchiales (Bronchialdrüsen), seromukös ● Lymphknötchen (Noduli lymphatici bronchiales) ③ *Tunica musculocartilaginea*: ● *Cartilagines bronchiales* (Bronchialknorpel): im Unterschied zu Luftröhrenknorpeln nicht regelmäßig hufeisenförmig, sondern unregelmäßige Platten, Spangen und Ringe, bei kleinen Bronchen nur noch vereinzelte Knorpelinseln ● *M. bronchialis, M. spiralis*: Schicht ring- bis schraubenförmig angeordneter glatter Muskelzellen überwiegend lichtungseitig von Knorpelwand ④ *Tunica adventitia*: lockeres Bindegewebe als Verschiebeschicht ■ **Bronchiolus**: Drüsen + Knorpel fehlen ● Tunica mucosa respiratoria: • Flimmerepithel wird einschichtig (Epithelium simplex ciliatum) • Lamina propria mucosae: mit überwiegend längs verlaufenden elastischen Fasern (Fibrae elasticae longitudinales) • Lamina muscularis mucosae • Tela submucosa ● Tunica muscularis: kräftige Wand aus ring- bis schraubenförmig angeordneten glatten Muskelzellen ● Tunica adventitia ■ **Bronchiolus terminalis** (Endbronchiole): kleinster Abschnitt des nur luftleitenden Gangsystems, lichte Weite ~ 0,4 mm ● einschichtiges kubisches Flimmerepithel (Epithelium simplex cuboideum ciliatum) mit eingestreuten Drüsenzellen (Clara-Zelle, Exocrinocytus bronchiolaris), wirken mit bei Bildung von Surfactant ● Versorgungsbereich wird sekundäres Lungenläppchen (Lobulus pulmonis secundarius) genannt, davon menschliche Lunge etwa 65 000 ● verzweigt sich zu mehreren Bronchioli respiratorii (⇨ 3.1.5)	■ **Arterien**: Rr. bronchiales von ● Pars thoracica aortae ● A. thoracica interna ● NB: Bronchen gehören zum Versorgungsgebiet des Körperkreislaufs, keine Versorgung durch A. pulmonalis! ■ **Venen**: Abfluß über Vv. bronchiales zu ● V. brachiocephalica ● V. azygos rechts bzw. V. hemiazygos accessoria links ● über Anastomosen zu Ästen der Vv. pulmonales fließt kleine Menge des Bronchialblutes über Lungenkreislauf ab ■ **regionäre Lymphknoten**: Nodi lymphatici mediastinales posteriores: ● Nodi lymphatici tracheobronchiales superiores ● Nodi lymphatici tracheobronchiales inferiores ● Nodi lymphatici pulmonales ■ **autonome Innervation**: *Plexus pulmonalis* ● sympathisch: Rr. pulmonales thoracici der oberen Ganglia thoracica des Grenzstrangs ● parasympathisch: Rr. bronchiales des N. vagus	■ **Bronchitis** (Bronchialkatarrh): ● akute: meist Virusinfektion, auch physikalische + chemische Reizung ● chronische: Ursache oft Überlastung des Selbstreinigungsmechanismus (Flimmerepithel + Schleim), z.B. durch Staub, Zigarettenrauch ■ **Bronchographie**: Darstellung des Bronchialbaums im Röntgenbild nach Einblasen eines Kontrastmittels: anatomisch eindrucksvoll, aber klinisch nur selten nötig, besser: ■ **Bronchoskopie** (Bronchusspiegelung): ● Einführen eines biegsamen Bronchoskops wie bei Intubation, eines starren Bronchoskops wie bei direkter Laryngoskopie (⇨ 7.8.9) ● Besichtigung und kleine Eingriffe bis zu Segmentbronchen möglich ■ **Asthma bronchiale**: ● Anfälle von Atemnot infolge funktioneller Stenosen kleiner Bronchen und Bronchiolen: • Spasmen der Bronchialmuskeln • Schwellung der Schleimhaut • Schleimpfröpfe mit Ventilwirkung: bei Inspiration werden Bronchiolen weiter (keine Stabilisierung der Wand durch Knorpel!), Luft strömt ein, bei Exspiration Bronchiolen komprimiert → Luft in den Alveolen gefangen ("air trapping") ● Schwere des Asthmaanfalls proportional zur Zahl der befallenen Bronchen ● im Extremfall reicht Gasaustausch nicht mehr aus → Hypoxie des Gehirns → Tod ● Ursache: oft Allergie auf Inhalationsallergene (z.B. Blütenstaub, dann saisonabhängig), Mitbeteiligung der Psyche ■ **Bronchiektasien**: ● irreversible Erweiterung von Bronchen, besonders Unterlappen ● Ursache: intrabronchiale Druckerhöhung bei chronischem Husten, Stauung von Sekret vor Engstellen → Infektion → Schädigung der Bronchialwand durch Entzündung ● Symptome: Husten, reichlich Auswurf ("maulvolle Expektoration"), Bluthusten, Fieberschübe ■ **Bronchialtoilette**: übliche klinische Bezeichnung für das Absaugen von Sekret aus Luftröhre und großen Bronchen mit Bronchialkatheter, vor allem während Narkose

3.1.4 Pulmones (Lungen): makroskopisch

GLIEDERUNG, RELIEF	LAGE	LEITUNGSBAHNEN	KLINIK
■ **Hauptgliederung:** ● Pulmo dexter/sinister (rechte + linke Lunge = Lungenflügel) ● Lobi (Lappen) ● Segmenta bronchopulmonalia (Lungensegmente, ⇨ nächste Seite) ■ **Größe:** ● Gewicht einer Leichenlunge: je nach Flüssigkeitsgehalt 200-400 g ● Volumen: ~ 2 l ● Dichte 0,1-0,2 ■ **Spalten:** ● *Fissura obliqua* (schräge Spalte): trennt Lobus superior von Lobus inferior ● *Fissura horizontalis* (pulmonis dextri) (horizontale Spalte): nur rechts, trennt Lobus superior von Lobus medius (pulmonis dextri) ■ **Flächen:** ● *Facies costalis* (Rippenseite): die konvexe, dem Brustkorb zugewandte Seite, einschließlich • Pars vertebralis: Fläche zur Wirbelsäule ● *Facies mediastinalis* (Mediastinalseite): konkave mediale Seite, mit • Impressio cardiaca: Eindellung durch Herz (links stärker als rechts) ● *Facies diaphragmatica* (Zwerchfellseite): praktisch identisch mit Basis pulmonis [pulmonalis] (Lungenbasis) ● *Facies interlobaris* (Zwischenlappenfläche): Kontaktflächen der Lappen ■ **Ränder:** ● *Margo anterior* (Vorderrand): ventral zwischen Facies costalis und Facies mediastinalis, mit • Incisura cardiaca (pulmonis sinistri) (Herzeinschnitt der linken Lunge) ● *Margo inferior* (Unterrand): zwischen Facies costalis und Facies diaphragmatica ■ **weitere Begriffe** der äußeren Oberfläche: ● *Apex pulmonis [pulmonalis]* (Lungenspitze): der aus der oberen Brustkorböffnung ragende Teil ● *Radix [Pediculus] pulmonis* (Lungenwurzel, Lungenstiel): die im Hilum pulmonis (Lungenhilum) in die Lunge eintretenden Bronchen, Blut- und Lymphgefäße sowie Nerven ● *Lingula pulmonis sinistri* (Lungenzünglein, Lungenzipfel): der kaudal der Incisura cardiaca vorspringende Teil des linken Oberlappens (entspricht dem rechten Mitellappen)	■ **Lage:** ● Die Lunge liegt, von Pleura visceralis [pulmonalis] (Lungenfell, ⇨ 3.1.6) bedeckt, in der Cavitas pleuralis (Brustfellhöhle) ● die gesunde Lunge hat keine direkte Verbindung zur Brustwand: alle Blut- und Lymphgefäße sowie Nerven treten über das Hilum pulmonis in die Lunge ein bzw. aus ■ **Projektion der Lungengrenzen auf die Brustwand:** ● Kaudalrand: bei ruhiger Atmung: • parasternal: 6. Rippe • Medioaxillarlinie: 8. Rippe • paravertebral: 10.-11. Rippe • bei tiefer Einatmung lateral bis 10 cm weiter kaudal ● vorderer Medialrand: • rechts: zwischen Mitte und rechtem Rand des Sternum • links: im Bereich der 4.-6. Rippe nach links bis nahe Knorpel-Knochen-Grenze verschoben (Incisura cardiaca) ● Fissura obliqua: Projektion liegt etwa in Verbindungslinie von Spitze des 3. Brustwirbeldornfortsatzes zum Nabel (oder Medialrand des Schulterblatts bei maximal gehobenen Armen) ● Fissura transversa: etwa 4. Rippe rechts vorn ■ **Nachbarorgane:** ● zur Facies mediastinalis rechts: • ventral: rechter Vorhof + Aorta ascendens im Perikard, Thymus, N. phrenicus • dorsal: Ösophagus mit N. vagus, V. azygos, Ductus thoracicus • kranial: V. cava superior, V. azygos, V. brachiocephalica dextra, Trachea. ● zur Facies mediastinalis links: • ventral: Perikard mit linker Herzkammer und linkem Vorhof, N. phrenicus • dorsal: Aorta descendens mit Aa. intercostales • kranial: A. + V. subclavia, N. vagus ● zum Apex pulmonis: • Mm. scaleni, A. + V. subclavia, Plexus brachialis • überragt Apertura thoracis superior (Stich- und Schußverletzungen kranial der Clavicula können noch Lunge treffen)	■ **Arterien:** 2 Kreislaufgebiete: ● "Vasa publica": A. pulmonalis (Äste ⇨ 2.4.1) ● "Vasa privata": Rr. bronchiales von • Pars thoracica aortae • A. thoracica interna ■ **Venen:** Abfluß über ● Vv. pulmonales (Äste ⇨ 2.5.1) ● Vv. bronchiales zu • V. brachiocephalica • V. azygos rechts bzw. V. hemiazygos accessoria links ■ **regionäre Lymphknoten:** Nodi lymphatici mediastinales posteriores: ● Nodi lymphatici pulmonales ● Nodi lymphatici tracheobronchiales inferiores ● Nodi lymphatici tracheobronchiales superiores ■ **autonome Innervation:** *Plexus pulmonalis* ● sympathisch: Rr. pulmonales thoracici der oberen Ganglia thoracica des Grenzstrangs ● parasympathisch: Rr. bronchiales des N. vagus	■ **Lungenchirurgie:** ● Voraussetzungen: • Druckdifferenz zwischen Lunge und Umgebung muß gesichert sein (sonst kollabiert Lunge aufgrund des Zugs ihrer elastischen Fasern) • Luftweg darf keine Verbindung zu Pleuraspalt gewinnen (sonst entsteht Pneumothorax) ● daher möglichst Entnahme vollständiger Einheiten: • Segmentresektion: Entfernen eines Segments (oder mehrerer), vor allem bei gutartigen Lungenerkrankungen • Lobektomie: Entfernen eines Lungenlappens • Pneumonektomie: Entfernen eines Lungenflügels, Operationsletalität 5-7 %, Folgeproblem der große Hohlraum ● wichtige Komplikation: Bronchusstumpfinsuffizienz = nicht luftdicht verschlossener Bronchus (daher heute meist Klammergeräte zum Verschluß von Bronchen eingesetzt) ■ **Bronchialkarzinom** (Lungenkrebs): ● häufigste Krebserkrankung des Mannes: im vereinten Deutschland sterben jährlich etwa 27 000 Männer und etwa 6600 Frauen an Krebs der unteren Luftwege ● Risikofaktoren: Inhalationsrauchen, chronische Bronchitis (besonders häufig bei Rauchern), verschiedene gewerbliche Noxen (Asbest, Teer, bestimmte Farben usw.), hingegen allgemeine Luftverunreinigung und Viren umstritten - das Risiko des Rauchers von mehr als 20 Zigaretten pro Tag ist etwa 50mal höher als das des Nichtrauchers ● zentrales Bronchialkarzinom: von Haupt-, Lappen- oder Segmentbronchen ausgehend, häufig erstes Symptom Verschluß eines Bronchus und Atelektase des zugehörigen Segments (im Röntgenbild als Verschattung sichtbar) ● peripheres Lungenkarzinom: von kleinen Bronchen oder Alveolen ausgehend: im Röntgenbild als "Rundherd" erscheinend, oft pleuranahe, dann Übergreifen auf Brustwand möglich ● Therapie: Lobektomie oder Pneumonektomie ● Prognose: ungünstig, weil meist zu spät erkannt (sehr unspezifische Frühsymptome)

Arbor bronchialis (Bronchialbaum) und Segmentgliederung der Lunge

PULMO DEXTER	BRONCHUS PRINCIPALIS DEXTER	BRONCHUS PRINCIPALIS SINISTER	PULMO SINISTER
Lobus superior ● Segmentum apicale [S I] ● Segmentum posterius [S II] ● Segmentum anterius [S III]	**Bronchus lobaris superior dexter** ● Bronchus segmentalis apicalis [B I] ● Bronchus segmentalis posterior [B II] ● Bronchus segmentalis anterior [B III]	**Bronchus lobaris superior sinister** ● Bronchus segmentalis apicoposterior [B I + II] ● Bronchus segmentalis anterior [B III]	**Lobus superior** ● Segmentum apicoposterius [S I + II] ● Segmentum anterius [S III]
Lobus medius ● Segmentum laterale [S IV] ● Segmentum mediale [S V]	**Bronchus lobaris medius dexter** ● Bronchus segmentalis lateralis [B IV] ● Bronchus segmentalis medialis [B V]	● Bronchus lingularis superior [B IV] ● Bronchus lingularis inferior [B V]	● Segmentum lingulare superius [S IV] ● Segmentum lingulare inferius [S V]
Lobus inferior ● Segmentum superius [S VI] ● Segmentum basale mediale [cardiacum] [S VII] ● Segmentum basale anterius [S VIII] ● Segmentum basale laterale [S IX] ● Segmentum basale posterius [S X]	**Bronchus lobaris inferior dexter** ● Bronchus segmentalis superior [B VI] ● Bronchus segmentalis basalis medialis [Bronchus cardiacus] [B VII] ● Bronchus segmentalis basalis anterior [B VIII] ● Bronchus segmentalis basalis lateralis [B IX] ● Bronchus segmentalis basalis posterior [B X]	**Bronchus lobaris inferior sinister** ● Bronchus segmentalis superior [B VI] ● Bronchus segmentalis basalis medialis [Bronchus cardiacus] [B VII] ● Bronchus segmentalis basalis anterior [B VIII] ● Bronchus segmentalis basalis lateralis [B IX] ● Bronchus segmentalis basalis posterior [B X]	**Lobus inferior** ● Segmentum superius [S VI] ● Segmentum basale mediale [cardiacum] [S VII] ● Segmentum basale anterius [S VIII] ● Segmentum basale laterale [S IX] ● Segmentum basale posterius [S X]

Perkussion und Auskultation der Lunge

METHODE	TECHNIK	NORMALBEFUND	PATHOLOGISCHE BEFUNDE
Perkussion (Abklopfen)	● "Plessimeterfinger" wird fest an Brustwand angelegt, "Plexorfinger" schlägt rechtwinklig locker aus dem Handgelenk auf ● mit leiser Perkussion werden oberflächennahe Strukturen erfaßt, mit lauter Perkussion tiefer liegende ● *vergleichende Perkussion*: symmetrisch zur Mittellinie wird der Brustkorb vorn und Rückwärts auf verschiedenen Höhen abwechselnd rechts und links abgeklopft ● *abgrenzende Perkussion*: zur Bestimmung der Lungengrenzen wird Plessimeterfinger parallel zur Grenzlinie aufgesetzt, kurz beklopft und um Fingerbreite verschoben	■ 3 Schallqualitäten: ● *sonorer Klopfschall*: lang, laut, tief über feingekammerter Luft ("Lungenschall") ● *gedämpfter Klopfschall*: leise hoch kurz über luftfreiem Gewebe (Muskel, Leber, Milz, Flüssigkeiten) ● *tympanitischer Klopfschall*: trommelähnlich über großen Luftblasen, z.B. in Magen und Darm ■ Grenze zwischen Lungen- und Leberschall: ● bei ruhiger Atmung: • Medioklavikularlinie: 6. Interkostalraum • mittlere Axillarlinie: 8. Rippe • Skapularlinie: 9. Rippe ● bei tiefer Einatmung einige cm weiter kaudal: • Medioklavikularlinie: ~ 3 cm • mittlere Axillarlinie: ~ 10 cm • Skapularlinie: ~ 5-6 cm	■ *Gedämpfter statt sonorer Klopfschall* über: ● Atelektase: luftfreier Lungenbereich, z.B. bei Verschluß eines Bronchus ● Infiltration: Luft durch Flüssigkeit ersetzt bei Entzündungen ● Pleuraerguß (⇨ 3.1.6) ● Pleuraschwarte: stark verdicke Pleura (nach Pleuritis) ■ *hypersonorer Klopfschall*: besonders lauter Klopfschall bei Lungenblähung (Emphysem), häufig bei älteren Menschen ■ *tympanitischer Klopfschall* über: ● Pneumothorax ● Kavernen: größere Hohlräume nach eitriger Einschmelzung von Lungengewebe, z.B. bei Lungentuberkulose
Auskultation (Abhören)	Anlegen des Ohrs oder, bequemer, des Stethoskops: ● offener Schalltrichter ("Glocke") ● durch Membran verschlossener Schalltrichter: verstärkt Schwingungen, aber hohe und tiefe Frequenzen gehen verloren ● knisternde Nebengeräusche bei stark behaarter Haut ● Patienten durch offenen Mund atmen lassen	2 Arten des Atemgeräusches: ● *bronchiales Atemgeräusch*: rauhes "ch" (Fauchen einer Katze), durch Schwingungen der Teilungssporne der Bronchen, am besten über Luftröhre und großen Bronchen zu hören ● *alveoläres (vesikuläres) Atemgeräusch*: schlürfendes "w" (Rauschen von Blättern), durch Schwingungen der Alveolarwände bei inspiratorischer Anspannung, nicht bei Exspiration, am besten über bronchusfernen Lungenteilen zu hören	● *Abgeschwächtes Atemgeräusch*: Pleuraerguß, Pneumothorax, Atelektase ● *verstärktes Atemgeräusch*: bei Infiltration, dann bronchiales Atemgeräusch auch in Bereichen, wo sonst nur alveoläres zu hören ● *feuchte Nebengeräusche*: wenn Luft durch entzündliche Flüssigkeit perlt (grob- und feinblasige Rasselgeräusche), vor allem bei Bronchitis ● *trockene Nebengeräusche*: wenn Schleimfäden in Schwingungen geraten (Giemen, Brummen, Knacken, Knistern)

3.1.5 Pulmones (Lungen): mikroskopisch

RESPIRATORISCHE ANTEILE DES BRONCHIALBAUMS	ZELLEN	FUNKTION, KLINIK
■ **Bronchiolus respiratorius** (respiratorische Bronchiole): ● Beginn des Gasaustausches, lichte Weite 0,1-0,2 mm, teilt sich dichotom in Bronchioli respiratorii 1.-3. Ordnung ● im einschichtigen kubischen Epithel (Epithelium simplex cuboideum ciliatum) nimmt Zahl der Flimmerzellen und Clara-Zellen (Exocrinocyti bronchiolares) ab ● längsverlaufende elastische Fasern (Fibrae elasticae longitudinales) ● schraubig angeordnete glatte Muskelzellen (M. spiralis) ● in der Wand einzelne Alveolen ● Versorgungsbereich wird primäres Lungenläppchen (Lobulus pulmonis primarius) genannt ● Arbor alveolaris [Acinus pulmonaris]: der an einer Bronchiole hängende "Lungenbläschenbaum" wird auch mit einem beerenförmigen Drüsenendstück (⇨ 1.6.2) verglichen, die Bronchiole entspricht dabei dem Drüsenausführungsgang ■ **Ductus alveolaris** (Alveolargang): ● Wand besteht überwiegend aus Alveolen, dazwischen einzelne Gruppen von kubischem Epithelzellen, darunter elastische Fasern (Fibrae elasticae) und glatte Muskelzellen (Myocyti nonstriati) ● Atrium alveolare (Alveolarvorhof): ringförmiger Eingang in Sacculus alveolaris (Alveolarsäckchen, Gruppe von Alveolen), kann durch Muskeln stark eingeengt werden ■ **Alveolus pulmonis** (Lungenbläschen): ● kleinste Einheit des Arbor bronchialis, Durchmesser 0,2-0,3 mm ● davon in menschlicher Lunge ~ 300 Millionen, Gesamtoberfläche 100-500 m² (die Schätzungen gehen weit auseinander) ● Septum interalveolare (Lungenbläschenscheidewand): sehr dünne Trennwand zwischen 2 Alveolen, trägt auf beiden Seiten Alveolarepithel, dazwischen dichtes Kapillargeflecht ● Porus septalis: Loch von 10-15 μm Durchmesser in Bläschenscheidewand, das den Druckausgleich zwischen benachbarten Lungenbläschen ermöglicht ● Alveolarepithel: einschichtiges Plattenepithel (Epithelium simplex squamosum) mit 2 Zelltypen (⇨ rechts) ● elastische Fasern umspinnen korbgeflechtartig Alveole → kontrahieren die bei der Einatmung geblähte Alveole bei der Ausatmung, unterstützt durch kontraktile Zellen ● Kapillarnetz: dichtestes des gesamten Körpers, Endothel grenzt z.T. direkt an Alveolarepithel, nur durch die miteinander verschmolzenen Basalmembranen des Kapillarendothels und des Alveolarepithels getrennt ● Alveolarwand enthält ferner kollagene Fasern, Fibrozyten, Mastzellen, Makrophagen, Nervenfasern	■ **Alveolarepithelzellen:** ① Alveolarepithelzelle Typ I (Deckzelle, kleiner Pneumozyt, Epitheliocytus respiratorius): ● sehr flach, stellenweise nur ~ 25 nm dick und nur elektronenmikroskopisch zu erkennen ● mit Nachbarzellen durch Zonulae occludentes verbunden ● wenig Zellorganellen, sehr verletzlich, entsteht aus Typ-II-Zelle ● ~ 95 % der Alveolaroberfläche ② Alveolarepithelzelle Typ II (Nischenzelle, großer Pneumozyt, Epitheliocytus [granularis] magnus): ● sezernierende Zelle mit reichlich granulärem endoplasmatischem Retikulum und Golgi-Apparat ● spezielle Sekretbläschen ("multilamelläre Körper", Zytosomen), Durchmesser bis 1 μm, enthalten Surfactant ● teilungsfähig ● nur ~ 5 % der Oberfläche, trotzdem zahlreicher als die flach ausgebreitete Typ-I-Zelle ■ **Alveolarmakrophage** (Macrophagocytus alveolaris): ● Monozyt verläßt Kapillare im Alveolarseptum und tritt durch Basalmembran und Alveolarepithel in Lungenbläschen aus ● dort Phagozytose von allem, was nicht in Alveolen gehört (Staub, Erythrozyten, überschüssiges Surfactant usw.) ● Staubzelle (Macrophagocytus pulvereus): mit Staubteilchen beladener Alveolarmakrophage, wird ausgehustet ● Herzfehlerzelle: bei Stauung im Lungenkreislauf treten Erythrozyten in Alveolen aus, werden von Makrophagen phagozytiert, Hämosiderin ist im ausgehusteten Makrophagen nachweisbar	■ **Blut-Luft-Schranke:** ● Diffusionsstrecke der Atemgase im Mittel 2,2 μm, stellenweise wesentlich dünner ● 4 Anteile: Kapillarendothel + Basalmembranen + Alveolarepithel + Surfactant ● **Lungenfibrose**: narbiges Endstadium vieler Lungenerkrankungen mit Vermehrung der kollagenen Fasern → Verlängerung der Diffusionsstrecke → Gasaustausch erschwert ■ **Surfactant** (Antiatelektasefaktor): ● Proteinphospholipidfilm setzt Oberflächenspannung der Lungenbläschen um etwa 90 % herab, verhindert deren Kollabieren (Atelektase) ● auch antibakterielle Wirkung ● sezerniert von Alveolarepithelzellen Typ II + Clara-Zellen ● von Alveolarepithelzellen Typ I wieder durch Pinozytose aufgenommen, Halbwertzeit 12-24 h ● *Surfactant-Mangel-Syndrom*: Sekretion beginnt ab 24. Entwicklungswoche (⇨ 5.6.4), bei Frühgeborenen oft nicht zureichend → schwere Atemstörung (⇨ 3.1.1) ■ **Selbstreinigung der Lunge:** ● Schleimstraße in Bronchen in Richtung Rachen durch Flimmerepithel in Gang gehalten, Flußgeschwindigkeit ~ 1 cm/min ● Phagozytose duch Alveolarmakrophagen ● *alveoläre Pneumonie* (Lungenentzündung): bei Versagen der Selbstreinigung gegenüber inhalierten Bakterien (z.B. "klassische" lobäre Pneumonie durch Pneumokokken), toxische Gase, Aspiration von Erbrochenem ● *Silikose* (Quarzstaublunge): fortschreitende verschwielende Lungenerkrankung, zunächst Bildung von kleinen Knötchen (Granulomen) aus quarzstaubbeladenen Histiozyten, die in der Folge miteinander verschmelzen und verschwielen → Einengung der Gefäße und Luftwege → Drucksteigerung im Lungenkreislauf + kompensatorisches Emphysem ● *Asbestose*: Einlagerung faserförmiger kristallisierter Silikate von 10-100 mm Länge, die nicht phagozytiert werden können, begünstigt Entstehung eines Bronchialkarzinoms (Präkanzerose) ■ **bronchoalveoläre Lavage** (BAL): Spülung von Teilen des Bronchialbaums mit physiologischer Kochsalzlösung bei Bronchoskopie, die zytologishe Untersuchung der dabei gewonnenen Zellen läßt Schlüsse z.B. auf Entzündungen der Alveolen (Alveolitis) zu ■ **Lungenemphysem** (Lungenblähung): ● Erweiterung der luftführenden Räume distal des Bronchiolus terminalis ● Ursache z.B. chronische Schädigung des Lungengewebes durch inhalatives Rauchen + Drucksteigerung durch Husten → Schwund der Alveolen → leerer Lobulus → verminderte Gasaustauschfläche → Dyspnoe (Atemnot) + Drucksteigerung im Lungenkreislauf → Überlastung des rechten Herzens

3.1.6 Pleura (Brustfell)

Seröse Häute allgemein ⇨ 1.6.4, Entwicklung ⇨ 3.1.7

GLIEDERUNG, RELIEF	FEINBAU, INNERVATION	KLINIK
■ **Gliederung:** ● Pleura visceralis [pulmonalis] (Lungenfell): bedeckt Lungenoberfläche ● Pleura parietalis (wandständiges Brustfell): 3 Abschnitte: • Pars costalis (Rippenfell): der Fascia endothoracica anliegend • Pars diaphragmatica: der Kranialseite des Zwerchfells anliegend • Pars mediastinalis: dem Mittelfellraum anliegend ■ **Recessus pleurales** (Brustfelltaschen): Reserveräume für Entfaltung der Lunge bei tiefer Inspiration ● Recessus costodiaphragmaticus: zwischen Brustkorb und Zwerchfell ● Recessus costomediastinalis: ventral zwischen Brustkorb und Mittelfellraum ● Recessus phrenicomediastinalis: zwischen Zwerchfell und Mittelfellraum ■ **Projektion der Pleuragrenzen auf Brustwand:** ● kaudal (Unterrand des Recessus costodiaphragmaticus): • am Brustbein: 6. Rippe • Medioklavikularlinie: 8. Rippe • Medioaxillarlinie: 10. Rippe • neben der Wirbelsäule: 12. Rippe ● medial vorn (Recessus costomediastinalis): • rechts: leicht medialkonvexer Bogen vom Sternoklavikulargelenk zum Ansatz der 6. Rippe am Brustbein • links: entsprechend Incisura cardiaca der linken Lunge Pleuragrenze von 4. -6. Rippe in Mitte zwischen Brustbeinrand und Parasternallinie nach lateral verschoben ● größte Nähe von rechter und linker Pleura auf Höhe der 3. Rippen (fast Berührung hinter Corpus sterni ● kranial: Cupula pleurae (Pleurakuppel) überragt Apertura thoracis superior (auch oberhalb des Schlüsselbeins eindringende Stichverletzung kann zu Pneumothorax führen!) ■ **weitere Begriffe:** ● Lig. pulmonale: vom Hilum pulmonis kaudal verlaufende Umschlagfalte der Pleura visceralis [pulmonalis] auf die Pars mediastinalis der Pleura parietalis ● Membrana suprapleuralis (Sibson-Aponeurose): straffe Faszie kranial der Pleurakuppel ● Fascia phrenicopleuralis: Bindegewebeschicht zwischen Pars diaphragmatica der Pleura parietalis und Zwerchfell	■ **Tunica serosa:** 2 Teilschichten: ● *Mesothel* (Mesothelium): einschichtiges flaches Epithel • schafft glatte Oberfläche, die (mit Flüssigkeitsfilm bedeckt) reibungsarme Verschiebung der Lunge gegen Nachbarorgane ermöglicht • befähigt zu Transsudation (keine Sekretion, da keine Drüsen!) und Resorption, um Flüssigkeitsfilm im Gleichgewicht zu halten ● *Lamina propria serosae*: Bindegewebe mit Netz elastischer Fasern ■ **Tela subserosa:** Verschiebeschicht aus lockerem Bindegewebe zwischen Lungengewebe bzw. Fascia endothoracica und seröser Haut ■ **sensible Innervation:** nur Pleura parietalis ist schmerzempfindlich: ● Pars costalis: Nn. intercostales ● Pars diaphragmatica: N. phrenicus	■ **Pleuritis** (Rippenfellentzündung): ● Entstehung häufig durch Übergreifen einer Entzündung von Nachbarschaft, z.B. lobäre Pneumonie ● Symptome: atmungsabhängige stechende Schmerzen, Husten ● Formen: Pleuritis sicca ohne Pleuraerguß, Pleuritis exsudativa mit Pleuraerguß (s.u.) ● Folgen: Verklebung von viszeraler und parietaler Pleura (Pleuraadhäsion, Pleuraschwarte) → Behinderung der Atmungsbewegungen der Lunge ■ **Pleuraerguß:** ● Störung des Gleichgewichts von Flüssigkeitsabgabe und Resorption führt zu vermehrter Flüssigkeitsansammlung im Pleuraspalt (Hydrops), z.B. als ● Transsudat (eiweißarm, Dichte < 1,015) bei Rechtsherzinsuffizienz oder Bluteiweißmangel ● Exsudat (eiweißreich, Dichte > 1,015) bei Entzündungen ● größerer Pleuraerguß behindert Entfaltung der Lunge bei Inspiration → restriktive Atemstörung ● einseitiger Erguß führt zu Verschiebung des Mediastinum zur Gegenseite → auch andere Lunge beeinträchtigt ● Lage des Ergusses abhängig von Körperlage: Flüssigkeit sammelt sich entsprechend Schwerkraft jeweils unten an, aber kein horizontaler Pegel (außer bei gleichzeitigem Pneumothorax) ● Damoiseau-Ellis-Linie: obere Grenzlinie eines Pleuraergusses, parabelförmig mit Gipfelpunkt in Linea axillaris media ● Feststellen der Ausdehnung eines Ergusses: Röntgenbild, Ultraschall oder Tasten des Stimmfremitus (ist im Ergußbereich aufgehoben) ● Punktion: nahe dem tiefsten Teil des Ergusses, daher am besten bei sitzendem Patienten etwa in hinterer Axillarlinie durch Zwischenrippenraum am Oberrand einer Rippe (Interkostalgefäße und -nerven verlaufen am Unterrand!) ● bei einseitiger Punktion nicht mehr als 1-1,5 l Erguß auf einmal ablassen: rasche Rückverlagerung des Mediastinum kann vegetative Störungen auslösen ● Sonderformen: • Pleuraempyem: Eiteransammlung im Pleuraraum, meist nach direkter Infektion bei Verletzung der Brustwand • Hämatothorax: Blutung in den Pleuraraum, z.B. nach Rippenbrüchen mit Verletzung von Aa. intercostales • Chylothorax: Lympherguß in den Pleuraraum bei Verletzung des Ductus thoracicus ■ **Pneumothorax** (Luftansammlung im Brustfellraum): ● Entstehung: spontan (z.B. Platzen einer subpleuralen Emphysemblase) oder traumatisch (Verletzung der Brustwand und/oder der Lungenwand), auch iatrogen (durch den Arzt), z.B. bei Versuch der Punktion der V. subclavia (zentraler Zugang) ● geschlossener Pneumothorax: kein weiterer Einstrom von Luft ● offener Pneumothorax: ständige Verbindung zur Außenluft, nach innen zum Bronchialbaum oder nach außen bei Brustwandverletzung → Unterdruck im Pleuraspalt aufgehoben → Lunge kollabiert → Hypoxie, Mediastinalpendeln, venöser Rückstrom behindert → akute Lebensgefahr → sofortige Intubation + Beatmung nötig ● Spannungspneumothorax: mit Ventilmechanismus: bei Inspiration wird Luft in den Pleuraraum gesaugt, die bei Exspiration nicht entweichen kann → Pneumothorax wächst ständig → akute Lebensgefahr → sofortige Punktion nötig (Tiegel-Ventil: auf Kanüle wird Gummifingerling gebunden und eingeschnitten: einfaches Ventil in Gegenrichtung)

3.1.7 Entwicklung der serösen Höhlen des Brustraums aus primärer Leibeshöhle (Coeloma)

ORGAN	ENTWICKLUNG	ENTWICKLUNGSSTÖRUNGEN
Coeloma (primäre Leibeshöhle, Zölom)	Zölom entsteht als Hohlraum im Mesoderm, 2 Bereiche: • *Coeloma extra-embryonicum*: Chorionhöhle (Cavitas chorionica) und Nabelzölom (Coeloma umbilicale) • *Coeloma intra-embryonicum*: Leibeshöhle i.e.S., ursprünglich breite Verbindung zum extraembryonalen Zölom wird bei Abfaltung des Embryos durch die aufeinander zu wachsenden seitlichen Körperfalten eingeengt und bei deren Vereinigung geschlossen, gliedert sich in Herzbeutel-, Brustfell- und Bauchfellhöhle	**Situs inversus visceralis**: spiegelbildliche Lage der Eingeweide • *Situs inversus totalis*: spiegelbildliche Lage aller Brust- und Baucheingeweide • *Situs inversus partialis*: spiegelbildliche Lage nur der Brust- oder der Baucheingeweide (Situs inversus abdominalis) oder nur einzelner Organe, z.B. des Herzens (Dextrokardie)
Cavitas pericardialis (Herzbeutelhöhle)	*Coeloma pericardiale*: • liegt hufeisenfömig vor Herzanlage • setzt sich rechts und links durch Perikardioperitonealkanal (Herzbeutel-Bauchfell-Kanal, Canalis pericardioperitonealis [Ductus coelomicus]) zum Coeloma peritoneale fort • Coeloma pericardiale trennt sich von Perikardioperitonealkanal durch Membrana pleuropericardialis (s.u.), wird zum Pericardium serosum • Pericardium fibrosum geht aus Membrana pleuropericardialis hervor	**Angeborene Herzbeuteldefekte:** • beruhen auf unvollständiger Bildung der Membrana pleuropericardialis • führen zu offener Verbindung von Cavitas pericardialis und Cavitas pleuralis • selten
Cavitas pleuralis (Brustfellhöhle)	Abgrenzung der beiden Pleurahöhlen aus den Perikardioperitonealkanälen: • Lungenknospe wächst in Perikardioperitonealkanäle ein • *Hiatus pleuropericardialis* kranial der Lungenknospe wird durch Pleuroperikardialfalte (Plica pleuropericardialis) eingeengt und schließlich geschlossen (*Membrana pleuropericardialis*) • *Hiatus pleuroperitonealis* kaudal der Lungenknospe wird durch Pleuroperitonealfalte (Plica pleuroperitonealis) eingeengt und schließlich geschlossen (*Membrana pleuroperitonealis*)	
Diaphragma (Zwerchfell)	**4 Herkunftsbereiche:** • *Septum transversum*: schon Ende der 3. Entwicklungswoche kranial von Perikardzölom angelegt (deshalb Innervation aus Plexus cervicalis!), wird mit Einkrümmung der Kopffalte an Dottersack angenähert, bildet später Centrum tendineum • *Meso-oesophageum dorsale* umgibt die 3 großen Durchtritte (Hiatus oesophageus, Hiatus aorticus, Foramen venae cavae) • *Membrana pleuroperitonealis* schließt beidseits des Meso-oesophageum den Hiatus pleuroperitonealis (s.o.) • Körperwand bildet Zwerchfellmuskel im Bereich des Recessus costodiaphragmaticus	• *Hernia diaphragmatica congenita* (angeborener Zwerchfellbruch): besonders dorsolateral bei mangelhaftem Verschluß des Hiatus pleuroperitonealis, seltener als Hiatushernie bei weitem Hiatus oesophageus • angeborene *Relaxatio (Eventratio) diaphragmatica* (Zwerchfellhochstand): wenn in eine Zwerchfellhälfte (häufiger links) keine Muskeln einwandern, die schlaffe bindegewebige Membran wird durch die Baucheingeweide hochgedrängt und dadurch die Lunge komprimiert

3.2 Herz (Cor)

Aa. coronariae ⇨ 2.4.3, Vv. cordis ⇨ 2.5.2

3.2.1 Übersicht

	RECHTES HERZ	SCHEIDEWAND	LINKES HERZ
Einfluß-öffnungen	● Ostium venae cavae superioris ● Ostium venae cavae inferioris mit Valvula venae cavae inferioris ● Ostium sinus coronarii mit Valvula sinus coronarii ● Foramina venarum minimarum		■ Ostia venarum pulmonalium für ● V. pulmonalis dextra superior und inferior ● V. pulmonalis sinistra superior und inferior ■ Foramina venarum minimarum (deshalb kein rein arterielles Blut im linken Herzen!)
Vorhöfe	*Atrium dextrum:* ● Auricula dextra ● Musculi pectinati ● Sinus venarum cavarum ● Nodus sinu-atrialis (Sinusknoten) ● im sagittalen Röntgenbild rechte Herzkontur	*Septum interatriale:* ● rechts: Fossa ovalis mit Limbus fossae ovalis ● links: Valvula foraminis ovalis [Falx septi] ● evtl. offenes Foramen ovale ● Nodus atrioventricularis (AV-Knoten)	*Atrium sinistrum:* ● Auricula sinistra ● Musculi pectinati ● im sagittalen Röntgenbild kleiner Bereich (3. der 4 Bogen der linken Kontur des Mittelschattens), im transversalen Röntgenbild Kontur sichtbar durch Kontrastbreischluck in Oesophagus
Vorhof-Kammer-Grenze	■ Ostium atrioventriculare dextrum (umgeben von Anulus fibrosus dexter) mit *Valva atrioventricularis dextra [Valva tricuspidalis]:* ● Cuspis anterior, posterior und septalis ● M. papillaris anterior und posterior ● Chordae tendineae ● Auskultation: Ansatz der 6.Rippe rechts am Sternum oder über kaudalem Teil des Corpus sterni ■ außen: Sulcus coronarius mit A. + V. coronaria dextra	Dorsal außen Zusammenfluß der großen Herzwandvenen im Sinus coronarius: ● V. coronaria sinistra ● V. coronaria dextra ● V. interventricularis posterior	■ Ostium atrioventriculare sinistrum (umgeben von Anulus fibosus sinister) mit *Valva atrioventricularis sinistra [Valva mitralis]:* ● Cuspis anterior, posterior und Cuspides commissurales ● M. papillaris anterior und posterior ● Chordae tendineae ● Auskultation: 5. ICR im Bereich des Herzspitzenstoßes ■ außen: Sulcus coronarius mit A. coronaria sinistra (Hauptstamm + R. circumflexus) + V. coronaria sinistra
Kammern	*Ventriculus dexter:* ● Trabeculae carneae ● Trabecula septomarginalis (mit dem rechten Schenkel des Erregungsleitungssystems) ● Conus arteriosus (durch Crista supraventricularis von übriger Kammer getrennt) ● im sagittalen Röntgenbild nicht konturgebend (aber in RAO = Fechterstellung)	■ *Septum interventriculare:* ● Pars muscularis ● Pars membranacea mit Septum atrioventriculare ● Fasciculus atrioventricularis (His-Bündel) teilt sich am Beginn der Pars muscularis in Crus dextrum und sinistrum ■ außen: ● Sulcus interventricularis anterior mit R. + V. interventricularis anterior ● Sulcus interventricularis posterior mit R. + V. interventricularis posterior	*Ventriculus sinister:* ● Trabeculae carneae ● im sagittalen Röntgenbild linke Herzkontur (unterster der 4 Bogen der linken Kontur des Mittelschattens)
Ausfluß-öffnungen	Ostium trunci pulmonalis mit *Valva trunci pulmonalis:* ● Valvula semilunaris anterior, dextra und sinistra ● Noduli valvularum semilunarium ● Lunulae valvularum semilunarium ● Auskultation: 2. ICR links am Sternalrand		Ostium aortae mit *Valva aortae:* ● Valvula semilunaris posterior, dextra und sinistra ● Noduli valvularum semilunarium ● Lunulae valvularum semilunarium ● Auskultation: 2. ICR rechts am Sternalrand (Geräusche werden in die Aa. carotides communes mitgenommen und sind auch über diesen zu hören)

3.2.2 Entwicklung und Entwicklungsstörungen des Herzens

STADIUM	ENTWICKLUNG		ENTWICKLUNGS-STÖRUNGEN
Cor tubulare simplex (primitiver Herz-schlauch, schlauch-förmiges Herz)	■ **Herzanlage** (Cor primordiale): ● kardiogene Zone (*Mesoderma cardio-genicum*): gegen Ende der 3. Entwick-lungswoche Mesenchymproliferation im Mesoderma splanchnicum im Übergangs-gebiet von intra- zu extraembryonalem Mesoderm kranial der Membrana bucco-pharyngealis, an Anlage des Herzbeutels (⇨ Coeloma pericardiale, 3.1.6) angren-zend ● in Zellstrang treten Bläschen auf, die allmählich zusammenhängende Lichtung (*Primordium endocardiale*) bilden, umstrit-ten ob 2 paarige Anlagen verschmelzen oder primär unpaar ● bei Abfaltung des Embryos mit kranialer Darmpforte kaudal verlagert (*Descensus cordis*): in ● 4. Entwicklungswoche im Halsbereich ● 6. Entwicklungswoche vor oberen Brust-wirbeln ● Endokardschlauch wölbt Dorsalwand der primitiven Herzbeutelhöhle immer stär-ker vor, das ursprünglich breite Mesocar-dium wird dabei zur Falte ● Myokardanlage (*Primordium myocar-diale*) als Mesenchymverdichtung um En-dokardschlauch	● durchgehende Lichtung etwa am 20. Entwicklungstag ● erste Kontraktionen schon bevor durch-gehender Schlauch, koordinierte Bewe-gungen erst ab Ende der 4. Entwicklungs-woche (peristaltische Wellen von Sinus venosus zu Truncus arteriosus) ■ **Wandschichten** des Herzschlauchs: ● *Endocardium primitivum* ● *Herzgallerte* (Cardioglia, cardiac jelly): extrazelluläre Matrix von ungeklärter Be-deutung ● *Myocardium primitivum* ● *Epicardium primitivum* ■ **Gliederung** in Abschnitte (umstritten, ob Furchen in Wand des Herzschlauchs bei fixierten Embryonen Vorläufer von Ab-schnittsgrenzen oder zufällige Kontrakti-onslinien): ● *Sinus venosus*: Sammelbecken der in das Herz mündenden paarigen großen Venen ● Vorhof (*Atrium primitivum*) ● Kammer (*Ventriculus primitivus*) ● Ausflußbahn (*Bulbus cordis primitivus*): mit Anschluß an die Schlundbogenarterien	● *Akardie*: Fehlen des Herzens (⇨ 5.6.6) ● *Diplokardie*: gespaltenes Herz ● *Hemikardie*: nur eine Hälfte des Herzens aus-gebildet ● *Ektokardie*: Lage des Herzens vor der Brust-wand bei Defekt der Brust-wand (z.B. Brustbeinspal-te) ● *Ectopia cordis*: atypische Lage des Herzens, z.B. im Halsbereich oder unter dem Zwerchfell
Cor sig-moideum (Herz-schleife, S-förmiges Herz, car-diac loop)	Beginn der Schleifenbildung etwa am 21. Entwicklungstag: Mitte des Herzschlauchs nach rechts-ventral ausgebuchtet, kauda-ler Teil steigt dorsal auf, **Herzschleife** ent-spricht (von ventral gesehen) liegendem "S" mit 3 Schenkeln und 2 Knickstellen: ■ **Schenkel** (Erweiterungen) der Herz-schleife: ● proximaler (kaudaler) Schenkel: links dorsal aufsteigend, wird zum *Atrium primi-tivum* ● mittlerer Schenkel: von links dorsal nach rechts ventral, wird zum *Ventriculus primi-tivus* ● distaler (kranialer) Schenkel: rechts ven-tral aufsteigend, wird zum *Bulbus cordis* ■ **Knickstellen** zwischen den 3 Schleifen-schenkeln: ● zwischen proximalem und mittleren Schenkel: Vorhof-Kammer-Kanal ("Ohrka-nal", *Canalis atrioventricularis*), innen ein-geengt durch 2 Endokardkissen (Tubera endocardialia), außen beginnt sich Sulcus coronarius einzuschnüren	● zwischen mittlerem und distalen Schen-kel: Kammer-Bulbus-Schleife (Ansa bulbo-ventricularis) mit Einschnitt von dorsal kra-nial (*Sulcus bulboventricularis*) und Eng-stelle im Schlauch (Ostium bulboventricu-lare), mit zunehmender Einbeziehung des Bulbus im Kammer wird Einschnitt flacher ■ **Sinus venosus**: dem Atrium primitivum vorgelagerte Sammelstelle der großen Ve-nen ● Sinushörner (*Cornu dextrum/sinistrum*) mit Einmündung von je 3 großen Venen: ● Dottersackvene (V. vitellina) ● Nabelvene (V. umbilicalis) ● Kardinalvene (V. cardinalis communis) ● Querteil des Sinus (*Pars transversa*): zwischen den beiden Sinushörnern, mün-det durch Ostium sinuatriale mit angedeu-teten Klappen (Valvulae sinuatriales) in Atrium primitivum	● *Dextrokardie*: Rechtsla-ge des Herzens, wenn sich Herzschleife nach links, statt nach rechts wendet (bei Situs inversus partialis oder totalis) ● *Cor biloculare*: Fehlen von Vorhof- und Kammer-scheidewand, also nur 1 Vorhof + 1 Kammer wie bei Herzschleife ● *Cor triloculare*: Fehlen von Vorhof- oder Kammer-scheidewand, also ● 2 Vorhöfe + 1 Kammer (Cor biatriale) oder ● 1 Vorhof + 2 Kammern (Cor biventriculare)

Fortsetzung der Tabelle nächste Seite

Herz (Fortsetzung)

STADIUM	ENTWICKLUNG		ENTWICKLUNGSSTÖRUNGEN
Cor quadricameratum (vierkammeriges Herz)	■ **Umgestaltung des Sinus venosus:** ● die rechtsseitigen Venen verstärken sich, so daß der Hauptrückstrom des Blutes über das rechte Sinushorn erfolgt ● die in linkes Sinushorn mündenden Venen bleiben in Entwicklung zurück oder verschwinden ganz (8. Entwicklungswoche), aus linkem Sinushorn (+ linker vorderer Kardinalvene) gehen endgültig hervor: • Sinus coronarius • V. obliqua atrii sinistri ■ **Teilung des Atrium primitivum** (primitiven Vorhofs): ● von dorsokranialer Wand des Atrium primitivum wächst sichelförmig häutiges *Septum primum* auf vereinigte Endokardkissen zu • dabei wird das zwischen beiden liegende *Foramen (interatriale) primum* zunehmend eingeengt • bevor dieses endgültig verschlossen ist (6. Entwicklungswoche), reißt im Septum primum das *Foramen (interatriale) secundum* ein ● auf Außenseite entspricht Rinne (Sulcus interatrialis) dem Septum primum ● rechts vom Septum primum wächst sichelförmig *Septum secundum* vor und deckt Foramen secundum ab, zu den Endokardkissen bleibt Foramen ovale offen ● der freie Rand des Septum secundum bildet den Limbus fossae ovalis ● durch Septum primum + Septum secundum ist der primitive Vorhof in den rechten und linken Vorhof (*Atrium dextrum + Atrium sinistrum*) geteilt, Septum secundum und primum verschmelzen jedoch intrauterin nicht miteinander, so daß Blutstrom durch *Foramen ovale* zu Foramen secundum und damit vom rechten zum linken Vorhof ungehindert ist ● nach der Teilung des Vorhofs mündet der Sinus venosus nur noch in den rechten Vorhof, der linke Vorhof gewinnt über die Lungenvenen Anschluß an das Gefäßnetz der Lunge ● Teile des Sinus venosus und der Lungenvenen werden in die Vorhöfe als Pars venosa einbezogen, sie sind an der glatten Wand im Gegensatz zu den Muskelbalken (*Mm. pectinati*) der ursprünglichen Vorhofanteile zu erkennen, an der Grenze der beiden springt im rechten Vorhof die Crista terminalis vor	● die schlitzförmige Mündung des rechten Sinushorns in den rechten Vorhof wird rechts und links von einer Falte (Valva sinus venosi) begrenzt: • die linke Sinusklappe wird in die Vorhofscheidewand einbezogen • von der rechten Sinusklappe bleiben Teile als Valva venae cavae inferioris und Valva sinus coronarii erhalten ■ **Teilung des Canalis atrioventricularis** (Atrioventrikularkanals): die beiden *Endokardkissen* (Tubera endocardialia) verschmelzen und teilen die Valva atrioventricularis in ● rechten Teil: später *Valva tricuspidalis* ● linken Teil: später *Valva mitralis [bicuspidalis]* ■ **Teilung des Bulboventriculus** (der durch Einbeziehung großer Teile des Bulbus cordis vergrößerten Kammer): ● muskuläre Kammerscheidewand (*Septum interventriculare*) wächst halbmondförmig von der späteren Herzspitze in die gemeinsame Kammer vor, dabei bildet der ursprüngliche • Ventriculus primitivus den Hauptteil des Ventriculus sinister • Bulbus cordis den Hauptteil des Ventriculus dexter, z.B. den glattwandigen Conus arteriosus ● auf Außenseite Einziehung (*Sulcus interventricularis*) entsprechend dem Vorwachsen des Septums ● zwischen muskulärem Teil (Pars muscularis) der Kammerscheidewand und Endokardkissen bleibt bis 7. Woche *Foramen interventriculare* offen ● Verschluß des Foramen interventriculare durch Pars membranacea aus Vereinigung der Bulbuswülste (s.u.) und der Endokardkissen ■ **Teilung des Bulbus cordis und des Truncus arteriosus:** ● je 2 Längswülste im Bulbus (*Cristae bulbares*) und im Truncus (*Cristae aorticopulmonales*) verwachsen so miteinander, daß spiralige Scheidewand (*Septum spirale*) entsteht ● Aorta kommt so aus Ventriculus sinister ● Truncus pulmonalis aus Ventriculus dexter ● Klappe an Grenze von Bulbus und Truncus (Valva semilunaris) wird geteilt in • Valva aortica [aortae] • Valva pulmonalis	■ **Vorhofseptumdefekte** (Defectus septi atrialis): ● offenes Foramen ovale (*Foramen ovale patens*): bei Ausbleiben der Verwachsung von Septum secundum mit Septum primum ● *Ostium-secundum-Defekt*: Septum secundum ist nicht groß genug, um Ostium secundum abzudecken ● *Ostium-primum-Defekt*: Ostium primum verwächst nicht mit Endokardkissen, meist verbunden mit unvollständiger Verwachsung der Endokardkissen (persistierender Atrioventrikularkanal ● Fehlen des Septum primum (*Septum primum absens*) oder Fehlen des Septum secundum (*Septum secundum absens*) ■ **Ventrikelseptumdefekt** (Defectus septi ventricularis): ● meist als offenes Zwischenkammerloch (*Foramen interventriculare patens*) mit Defekt im membranösen Teil (Pars membranacea defectiva) der Kammerscheidewand ● selten tiefer Defekt im muskulären Teil (Pars muscularis defectiva) ■ *Arteria pulmonalis stenotica*: Pulmonalarterienstenose ■ **Fallot-Tetrade** (Tetralogia Fallotii): häufige Kombination von Herzfehlern: ● *Transpositio aortae* ("reitende Aorta"): Aorta entspringt über Kammerscheidewand mit Zuflüssen aus beiden Ventrikeln ● *Stenosis trunci pulmonalis*: Verengung des Truncus pulmonalis ● *Hypertrophia ventriculi dextri*: Verdickung der Wand der rechten Herzkammer als Anpassung an den erhöhten Widerstand im Truncus pulmonalis ● *Defectus septi ventricularis* (Ventrikelseptumdefekt)

3.2.3 Äußere Form des Herzens

RELIEF	LEITUNGEN	RÖNTGENBILD	KLINIK
■ **Größe:** ● Gewicht (ausgespült): Frau 250-300 g, Mann 300-350 g ● Gesamtvolumen (aus Röntgenbild errechnet): 500-800 ml (Erwachsener 9-10 ml/kg Körpergewicht, Kleinkind 14) ● Volumen der Herzkammern am Ende der Füllungsphase (enddiastolisches Volumen) in Ruhe: je 50-90 ml/m² Körperoberfläche ● Schlagvolumen (in Ruhe): je ~ 70 ml ● Auswurffraktion (in Ruhe): 60-75 % ■ **Ränder und Flächen:** ● *Facies sternocostalis [anterior]* (Brustwandfläche, Vorderseite): vor allem rechter Ventrikel ● *Facies diaphragmatica [inferior]* (Zwerchfellfläche, Unterseite): vor allem rechter + linker Ventrikel ● *Facies pulmonalis* (Lungenfläche): die Kontaktfläche zur linken Lunge, vor allem linker Ventrikel ● *Margo dexter* (rechter Rand): die Kontaktfläche zur rechten Lunge, nur im Röntgenbild ein "Rand", vor allem rechter Vorhof ● *Basis cordis* (Herzbasis): die der Herzspitze gegenüberliegende Fläche, im wesentlichen Dorsalfläche, vor allem linker Vorhof ● *Apex cordis* (Herzspitze): stark gerundeter Treffpunkt der Vorder-, Unter- und Lungenfläche vorn-unten-links, wird vom linken Ventrikel gebildet ■ **Furchen:** ● *Sulcus coronarius* (Kranzfurche): das Herz umrundende Grenzfurche zwischen Vorhöfen und Kammern, nur auf Vorderseite im Bereich der Ausflußbahn des rechten Ventrikels (Conus arteriosus [Infundibulum]) unterbrochen, im ihr verlaufen: • rechts: A. + V. coronaria dextra • links: Hauptstamm + R. circumflexus der A. coronaria sinistra, V. coronaria sinistra • Ebene des Sulcus coronarius steht nicht horizontal, sondern ist von links-vorn-oben nach rechts-hinten-unten geneigt ● *Sulcus interventricularis anterior* (vordere Zwischenkammerfurche): Grenzfurche zwischen rechtem und linkem Ventrikel auf Vorderseite, in ihr verläuft R. interventricularis anterior der A. coronaria sinistra, V. interventricularis anterior ● *Sulcus interventricularis posterior* (hintere Zwischenkammerfurche): Grenzfurche zwischen rechtem und linkem Ventrikel auf Zwerchfellfläche, mit R. interventricularis posterior der A. coronaria dextra + V. interventricularis posterior ● *Incisura apicis cordis* (Einschnitt der Herzspitze): Treffpunkt von Sulcus interventricularis anterior + posterior rechts der Herzspitze	■ **Arterien:** A. coronaria dextra + sinistra (Äste und Versorgungsbereiche ⇨ 2.4.3) ■ **Venen:** Vv. cordis (Äste und Versorgungsbereiche ⇨ 2.5.2) ■ **regionäre Lymphknoten:** ● Nodi lymphatici mediastinales anteriores • Nodi lymphatici prepericardiales ● Nodi lymphatici pericardiales laterales • Nodus lymphaticus ligamenti arteriosi ● Nodi lymphatici mediastinales posteriores • Nodi lymphatici tracheobronchiales inferiores • Nodi lymphatici juxta-oesophageales ■ **autonome Innervation:** Plexus cardiacus ● sympathisch: Nn. cardiaci der Ganglia cervicalia + thoracica des Truncus sympatheticus (⇨ 2.7.3, 6.7.8) ● parasympathisch: Rr. cardiaci des N. vagus (⇨ 2.7.4)	■ **Sagittales Röntgenbild** (PA = posteroanteriores): Konturen des sog. Mittelschattens im Thoraxröntgenbild: ● rechte Kontur (im Bild links!) 2 Bogen: ● oberer Bogen (von Clavicula bis Ansatz der 3. Rippe am Sternum): V. cava superior ● unterer Bogen (zwischen Ansätzen der 3. und 6. Rippe am Sternum): Atrium dextrum ● linke Kontur 4 Bogen (in kraniokaudaler Folge): • 1. Bogen (im 1. Interkostalraum): Arcus aortae ("Aortenknopf") • 2. Bogen (2. Rippe + 2. Interkostalraum): Truncus pulmonalis • 3. Bogen (3. Rippe + 3. Interkostalraum): Atrium sinistrum • 4. Bogen (von 4. Rippe bis zum Herzspitzenstoß im 5. Interkostalraum etwas medial der Medioklavikularlinie): Ventriculus sinister ■ **RAO-Röntgenbild** (right anterior oblique, Fechterstellung, 1. schräger Durchmesser von links hinten nach rechts vorn): ● konturbildend im Bild links: • kranial: Arcus aortae • kaudal: Atrium sinistrum ● konturbildend im Bild rechts: • kranial: Arcus aortae • Mitte: Truncus pulmonalis + Conus arteriosus [Infundibulum] des Ventriculus dexter • kaudal: Ventriculus sinister ■ **LAO-Röntgenbild** (left anterior oblique, Boxerstellung, 2. schräger Durchmesser von rechts hinten nach links vorn): ● konturbildend im Bild links: • kranial: Arcus aortae • kaudal: Ventriculus dexter ● konturbildend im Bild rechts: • kranial: Atrium sinistrum • kaudal: Ventriculus sinister ● Arcus aortae + Pars descendens aortae getrennt vom Röntgenschatten des Herzens, deshalb besonders gut zu beurteilen ■ **Röntgenuntersuchungen mit Kontrastmittel:** ● Koronarographie + Lävographie (Darstellung der linken Herzhöhlen): Einführen des Katheters über A. femoralis oder A. brachialis ● Dextrographie (rechte Herzhöhlen): Katheter über V. femoralis oder V. cephalica ● "Breischluck": Kontrastmittel in der Speiseröhre verdeutlicht Kontur des linken Vorhofs	■ **Perkussion:** das Herz als luftleeres Organ gibt gedämpften Klopfschall ("Herzdämpfung"), wird jedoch z.T. von Lunge überlagert, deshalb 2 Zonen: ● *absolute Herzdämpfung:* kleiner Bereich, in dem das Herz (im Herzbeutel) unmittelbar der Brustwand anliegt, mit leiser Perkussion zu bestimmen, aber klinisch uninteressant ● *relative Herzdämpfung:* Bereich der Überlagerung des Herzens durch die Lunge ● klinisch wichtig, weil so die Größe des Herzens und evtl. Formänderungen zu beurteilen ● mit lauter Perkussion zu bestimmen (um das in der Tiefe liegende Herz zu erfassen) ● der Plessimeterfinger (der beklopfte Finger) wird parallel zur erwarteten Herzgrenze über der Lunge an die Brustwand angelegt, kurz beklopft und fingerbreit radiär zum Herzen verschoben bis sich der Klangcharakter vom sonorem Lungenschall (⇨ 3.1.4) zu einer leichten Dämpfung verändert ● es wird immer vom sonoren zum gedämpften Klopfschall perkutiert, nicht umgekehrt ■ **Formänderungen des Herzens:** ● *Hypertrophie* (Massenzunahme): Zunahme des Herzgewichts um > 50 g ● ausgelöst durch erhöhte Ausgangsspannung der Herzmuskelzellen ● zunächst Zahl der Actin- und Myosinfilamente in Herzmuskelzellen vermehrt ● dann Zahl der Herzmuskelzellen vergrößert ● Zunahme der Kapillarzahl jedoch beschränkt ● kritische Grenze Herzgewicht von ~ 500 g ● *Dilatation* der Herzhöhlen: • initiale Dilatation: Anpassung an Mehrbelastung • finale Dilatation: Myokardinsuffizienz

3.2.4 Schichten der Herzwand

SCHICHT	GLIEDERUNG, RELIEF	FEINBAU	KLINIK
Endo-cardium (Herz-innenhaut)	● Kleidet alle Innen-räume des Herzens aus ● geht kontinuierlich in Tunica interna [intima] der in das Herz ein-mündenden oder aus ihm entspringenden Blutgefäße über ● verdickt an Stellen starker Blutströmung, z.B. Gefäßmündungen ● Klappensegel und Klappentaschen sind Endokardfalten, die durch Sehnenplatten im Innern verfestigt sind	■ **Endocardium** i.e.S.: gefäßfrei, Bau grundsätz-lich wie Tunica interna [intima] der Blutgefäße: ● Endothel (Endothelium): einschichtiges Plat-tenepithel mit polygonalen Zellen, darunter Basal-membran ● Stratum subendotheliale: dünne, feinfaserige Bindegewebeschicht ● Stratum myoelasticum: kollagene + elastische Fasern sowie Netz glatter Muskelzellen ■ **Tela subendocardialis:** ● lockere Verschiebeschicht zwischen Endo- und Myokard ● mit Blut- und Lymphgefäßen, Nerven und Zweigen des Erregungsleitungssystems ● fehlt auf Mm. papillares und Chordae tendi-neae	**Endokarditis** (Herzinnenhautentzün-dung): ● vor allem Klappensegel und -taschen befallen, Schließungsränder meist schon durch mechanische Beanspru-chung vorgeschädigt ● häufigste Form: Endocarditis rheu-matica als Zweitkrankheit 1-3 Wochen nach Infektion mit β-hämolysierenden Streptokokken: • thrombotische Auflagerungen auf Klappensegeln → blutgefäßhaltiges Granulationsgewebe → Vermehrung kollagener Fasern → Narben → Segel schrumpfen und verkleben miteinander → Klappenstenose • Mitralklappe am häufigsten befallen ● postendokarditische Klappenfehler ⇨ 3.2.6
Myo-cardium (Herz-muskel)	● Spezialform des Muskelgewebes für pausenlose rhythmi-sche Kontraktionen von 4. Entwicklungs-woche bis zum Tod ● Muskelzellen in Schrauben- und Spi-ralwindungen so ange-ordnet, daß optimale Verkleinerung der um-schlossenen Räume erreicht ● bei Systole (Anspan-nung) Leerung der Herzhöhlen auf etwa Hälfte des Volumens in Diastole (Entspan-nung): vollständige Leerung (wie z.B. bei der Harnblase) würde zuviel Zeit benötigen ● Wandstärke ange-paßt an Druck: rechter Ventrikel ~ 4 mm, lin-ker Ventrikel (+ Ventri-kelseptum) ~ 14 mm ● Trabeculae carneae: in die Lichtung der Herzhöhlen vorsprin-gende Muskelbalken ● Vortex cordis (Herzwirbel): strudel-förmige Anordnung der Herzmuskelzellen an der Herzspitze	■ **Herzmuskelzelle** (Myocytus cardiacus): ● Länge 50-120 μm ● Durchmesser 15-25 μm, beim Neugeborenen 7-8 μm ● 1-2 Zellkerne zentral im Zellinnern (im Gegen-satz zu den randständigen Kernen der Skelett-muskelfasern) ● Herzmuskelfaser (Myofibra) kein Syncytium, sondern durch Glanzstreifen getrennte, spitz-winklig verzweigte Herzmuskelzellen ● Querstreifungsmuster der Muskelfibrillen (Myo-fibrillae) entspricht Skelettmuskel ● reich an Mitochondrien vom Cristatyp ● sarkoplasmatisches Retikulum (Reticulum en-doplasmaticum nongranulosum) mit weiten T-Tu-buli (Tubuli transversi), jedoch ohne Terminalzi-sternen ● Lipofuscingranula nehmen mit Alter zu ● umhüllt von Basalmembran und Endomysium mit reichlich Blut- und Lymphkapillaren ● in bestimmten Vorhofmuskelzellen Synthese und Speicherung von Peptidhormonen: • Cardionatrin (atrialer natriuretischer Faktor) → steigert Natriurese in Niere • Cardiodilatin → erweitert Blutgefäße ■ **Discus intercalatus** (Glanzstreifen): Kontakt-bereich der Enden aneinandergrenzender Herz-muskelzellen: ● entspricht Z-Streifen der Skelettmuskeln ● Zellgrenzen ineinander verzahnt, mit quer- und längsverlaufenden Abschnitten ● Interzellularspalt ~ 20 nm ● spezielle Haftkomplexe (⇨ 1.2.6): • Macula adherens (Fleckdesmosom): sichert Zusammenhalt der Zellen • Fascia adherens (Streifendesmosom): Veran-kerung der Actinfilamente • Nexus (gap junction): ionale Koppelung ermög-licht synchrone Kontraktion, entspricht elektri-schen Synapsen	**Myokardinfarkt:** ● Untergang von Herzmuskel aufgrund eines Mißverhältnisses von Sauerstoff-bedarf und Sauerstoffangebot ● häufigste Ursache: akute koronare Durchblutungsminderung durch Throm-bose oder Vergrößerung eines athero-matösen Plaque ● transmuraler Infarkt: Nekrose aller Schichten der Herzwand bei plötzli-chem Totalverschluß eines Koronarar-terienastes (⇨ 2.4.3) ● Innenschichtinfarkt: schubweise Ent-stehung mit Zusammenfluß zunächst kleinerer Nekroseherde ● zeitlicher Ablauf: • 1. Stunde: Untergang von Zellorga-nellen, bei wieder einsetzender Durch-blutung reversibel • 2.-8. Stunde: Entstehen irreversibler Zellveränderungen • nach 8-12 Stunden vollständige Ne-krose • 1. Woche: Einwanderung von Makro-phagen, Beseitigung des untergegan-genen Gewebes • 1-2 Monate Vernarbung: Ersatz des nekrotischen Gewebes durch kollage-nes Bindegewebe (keine Regeneration des Herzmuskels), vom Rand etwa 1 mm pro Woche zum Zentrum des In-farkts fortschreitend ● Folgerung: Therapie sollte möglichst noch innerhalb der 1. Stunde beginnen ● ~ 40 % der Infarktpatienten sterben in den ersten beiden Tagen, weitere 10 % im ersten Vierteljahr ● häufige Komplikation: Störung von Papillarmuskeln → Klappensegel schlagen durch → Mitralinsuffizienz
Epi-cardium (Herz-außen-haut)	● Glättet Konturen der äußeren Oberfläche des Herzens ● Teil des Pericardium serosum (⇨ 3.2.8)	● Mesothel (Mesothelium): einschichtiges Plat-tenepithel ● Tela subepicardiaca [subserosa]: fettreiches Bindegewebe mit Blut- und Lymphgefäßen, Ner-ven und Ganglienzellen	

3.2.5 Besondere Strukturen einzelner Herzabschnitte

	RECHTE HERZHÄLFTE	LINKE HERZHÄLFTE	KLINIK
Atrium cordis (Herzvorhof)	**Atrium dextrum** (rechter Vorhof): ● Auricula dextra (rechtes Herzohr): zipfelförmige Ausbuchtung des rechten Vorhofs in der Delle zwischen rechtem Ventrikel und Aorta ascendens ● Crista terminalis (Grenzleiste): zwischen • dem ursprünglichen Vorhof mit in die Lichtung vorspringenden Muskelbalken (Mm. pectinati) • dem Sinus venarum cavarum: glattwandiger, sekundär aus dem Sinus venosus (⇨ 3.2.2) einbezogener Bereich ● Sulcus terminalis (Grenzrinne): auf der Außenseite des Vorhofs, entspricht Crista terminalis ● Fossa ovalis (ovale Grube): am Vorhofseptum an der Stelle des pränatalen Foramen ovale (⇨ 3.2.2, 1.5.1) mit etwas vortretendem Rand (Limbus fossae ovalis) ● Venenmündungen: • Ostium venae cavae inferioris: untere Hohlvene mit angedeuteter Klappe (Valvula venae cavae inferioris) • Ostium venae cavae superioris: obere Hohlvene • Ostium sinus coronarii: Sinus coronarius (Sammelbecken der Herzvenen) mit angedeuteter Klappe (Valvula sinus coronarii) • Foramina venarum minimarum: kleinste Herzvenen ● Tuberculum intervenosum: Wulst zwischen den Mündungen der oberen und unteren Hohlvene	**Atrium sinistrum:** ● Auricula sinistra (linkes Herzohr): zipfelförmige Ausbuchtung des linken Vorhofs in der Delle zwischen linkem Ventrikel und Truncus pulmonalis ● M. pectinati: in die Lichtung vorspringende Muskelbalken ● Ostia venarum pulmonalium: Mündungen der Lungenvenen (meist 4) ● Valvula foraminis ovalis [Falx septi]: Rest des Septum primum (⇨ 3.2.2)	■ **Hypertrophie des rechten Vorhofs** bei: ● Trikuspidalstenose und Trikuspidalinsuffizienz ● Vorhofseptumdefekt ● sekundär bei Rückstau aus den anderen Herzhöhlen (⇨ 3.2.6) ● im Röntgenbild Herz nach rechts verbreitert (unterer Bogen der rechten Herzkontur im Mittelschatten vorgewölbt) ■ **Hypertrophie des linken Vorhofs** bei: ● Mitralstenose und -insuffizienz (⇨ 3.2.6) ● sekundär bei Rückstau infolge Aortenklappenstenose ● im Röntgenbild "Herztaille" verstrichen: dritter linker Bogen im Mittelschatten (⇨ 3.2.3) vergrößert
Ventriculus cordis (Herzkammer)	**Ventriculus dexter:** ● Ostium atrioventriculare dextrum: Mündung des rechten Vorhofs in den rechten Ventrikel, rhythmisch geschlossen durch Trikuspidalklappe ● Trabeculae carneae: in die Lichtung vorspringende Muskelbalken ● Trabecula septomarginalis: vom Ventrikelseptum zum vorderen Papillarmuskel verlaufende Muskelleiste mit dem Crus dextrum des Erregungsleitungssystems (⇨ 3.2.7) ● Conus arteriosus [Infundibulum] (Trichter): glattwandige Ausflußbahn (von Bulbus cordis abstammend, ⇨ 3.2.2), mit Grenzleiste (Crista supraventricularis) zu Hauptteil der Kammer ● Ostium trunci pulmonalis: Ausflußöffnung, rhythmisch geschlossen durch Pulmonalklappe	**Ventriculus sinister:** ● Ostium atrioventriculare sinistrum: Mündung des linken Vorhofs in den linken Ventrikel, rhythmisch geschlossen durch Mitralklappe ● Trabeculae carneae: in die Lichtung vorspringende Muskelbalken ● Ostium aortae: Ausflußöffnung, rhythmisch geschlossen durch Aortenklappe	■ **Hypertrophie des rechten Ventrikels** bei: ● Pulmonalstenose ● Ventrikelseptumdefekt ● Lungenerkrankungen mit Behinderung des Lungenkreislaufs (Cor pulmonale) ● Mitralstenose und -insuffizienz (⇨ 3.2.6) ■ **Hypertrophie des linken Ventrikels** bei: ● Aortenklappenstenose ● Aortenstenose ● Bluthochdruck (Hypertonie)

	FUNKTION	GLIEDERUNG	KLINIK
Septa (Scheidewände)	● Vollständige Trennung der rechten und linken Herzhälfte nach der Geburt und damit von Lungen- und Körperkreislauf ● vor der Geburt (⇨ 1.5.1) Kurzschlußverbindung durch Vorhofseptum zur Minderung des Lungenkreislaufs ● Herzscheidewände fehlen bei Fischen, bei Amphibien nur Vorhofseptum	■ **Septum interventriculare** (Kammerscheidewand): ● Pars muscularis: Hauptteil mit dicker Muskelwand (da Teil der Wand des linken Ventrikels!) ● Pars membranacea: kleiner muskelfreier Teil, vorhofnahe, an der Stelle des ursprünglichen Foramen interventriculare (⇨ 3.2.2) ● Septum atrioventriculare: Teil der Pars membranacea zwischen Atrium dextrum und Ventriculus sinister ■ **Septum interatriale** (Vorhofscheidewand)	**Septumdefekte:** Löcher in den Scheidewänden sind meist angeboren: ● Vorhofseptumdefekte ⇨ 3.2.2 ● Ventrikelseptumdefekte ⇨ 3.2.2
Herzskelett	● Versteifung der Ostien der AV-Klappen ● vollständige Trennung von Vorhof- und Kammermuskulatur durch straffes Bindegewebe: elektrische Isolierung, um Kammersystole gegenüber Vorhofsystole verzögern zu können ● Ventilebene: alle 4 großen Ostien liegen etwa in einer Ebene, Lage entspricht etwa Kranzfurche	● Anulus fibrosus dexter (rechter Faserring): um das Ostium atrioventriculare dextrum ● Anulus fibrosus sinister (linker Faserring): um das Ostium atrioventriculare sinistrum ● Trigonum fibrosum dextrum (rechtes Faserdreieck): im Zwickel zwischen Ostium aortae und Anulus fibrosus dexter, mit Loch für Fasciculus atrioventricularis (⇨ 3.2.7) ● Trigonum fibrosum sinistrum (linkes Faserdreieck): im Zwickel zwischen Ostium aortae und Anulus fibrosus sinister	Erweiterung des Faserrings im Zuge einer Dilatation der Herzhöhlen (⇨ 3.2.3) führt zu mangelhaftem Schluß (Insuffizienz) der Klappe (⇨ 3.2.6)

3.2.6 Große Herzklappen

TYP	BAU, FUNKTION	RECHTES HERZ	LINKES HERZ	KLINIK
Valva atrioventricularis (Vorhof-Kammer-Klappe, Segelklappe)	● Verhindert Rückfluß von Blut aus Herzkammer in Vorhof bei Systole ● weite Klappenöffnung, da Blut unter niedriger Druckdifferenz langsam hindurchfließt, Öffnungsfläche 4-6 cm² ● 2-4 Cuspides (Klappensegel) werden von Mm. papillares (Papillarmuskeln) mit Chordae tendineae (Sehnenfäden) festgehalten, damit sie beim Klappenschluß während Verkürzung der Kammern nicht durchschlagen ● die benannten großen Papillarmuskeln ziehen zu 2 Segeln, zusätzliche unbenannte Papillarmuskeln sind sehr variabel und ziehen meist nur zu einem Segel ● die Klappen öffnen und schließen sich rein passiv aufgrund der Druckdifferenz zwischen Vorhof und Herzkammer ● Papillarmuskeln dienen nicht dem Öffnen der Klappen!	**Valva atrioventricularis dextra [Valva tricuspidalis]** (rechte Vorhof-Kammer-Klappe, rechte AV-Klappe, Trikuspidalklappe, Dreizipfelklappe): ● Cuspis anterior (vorderes Klappensegel) ● Cuspis posterior (hinteres Klappensegel) ● Cuspis septalis (Klappensegel an Scheidewandseite) ● M. papillaris anterior (vorderer Papillarmuskel) ● M. papillaris posterior (hinterer Papillarmuskel) ■ **Projektion** auf vordere Brustwand: Sternum auf Höhe des Ansatzes der 6. Rippen ■ **Auskultationsstelle:** Sternum auf Höhe des Ansatzes der 6. Rippen (wie Projektion)	**Valva atrioventricularis sinistra [Valva mitralis]** (linke Vorhof-Kammer-Klappe, linke AV-Klappe, Mitralklappe, Zweizipfelklappe): ● Cuspis anterior (vorderes Klappensegel) ● Cuspis posterior (hinteres Klappensegel) ● Cuspides commissurales: kleine Klappensegel in den Zwickeln zwischen den beiden großen ● M. papillaris anterior (vorderer Papillarmuskel) ● M. papillaris posterior (hinterer Papillarmuskel) ■ **Projektion** auf vordere Brustwand: linker 4. Zwischenrippenraum unmittelbar neben Sternum ■ **Auskultationsstelle:** 5. Zwischenrippenraum etwa 2 Fingerbreit rechts der linken Medioklavikularlinie	■ **Herzklappenfehler:** ● meist Folge einer rheumatischen Endokarditis (⇨ 3.2.4), 3 Hauptformen: ● Stenose (Verengung): Ursachen: ● Verwachsung der Ränder der Klappensegel miteinander ● Minderung der Beweglichkeit der Klappensegel infolge Verdickung (Verkalkung, Verschwielung) ● Insuffizienz (Undichtigkeit): Ursachen: ● Verkürzung der Klappensegel durch narbige Schrumpfung ● Zerreißung der Klappensegel ● Durchschlagen der Klappensegel infolge Schwäche von Papillarmuskeln (nach Herzinfarkt) oder Riß von Sehnenfäden ● kombinierter Klappenfehler: insuffiziente Stenose ■ **Folgen von Herzklappenfehlern** am Beispiel der ● **Mitralstenose:** Rückstau des Blutes vor Stenose führt zu Mehrbelastung des rechten Vorhofs → Hypertrophie + Dilatation des linken Vorhofs → Stauung der Lungenvenen → Druckerhöhung im Lungenkreislauf → Hypertrophie + Dilatation des rechten Ventrikels → Dilatation des Anulus fibrosus dexter → Trikuspidalinsuffizienz → Dilatation des rechten Vorhofs → Stauung im Hohlvenensystem ● **Mitralinsuffizienz:** ein Teil des bei der Vorhofsystole in die Kammer ausgeworfenen Blutes fließt bei der Kammersystole in den Vorhof zurück (Pendelblut) → vermehrte Füllung des linken Vorhofs → Hypertrophie + Dilatation des linken Vorhofs → weiter wie bei Mitralstenose
Valva semilunaris (Semilunarklappe, Taschenklappe)	● Verhindert Rückfluß von Blut aus Aorta bzw. Truncus pulmonalis in Herzkammer bei Diastole ● enge Klappenöffnung, da Blut unter hoher Druckdifferenz rasch hindurchfließt, Öffnungsfläche 2-3 cm² ● 3 Valvulae semilunares (Klappentaschen) sind so an Wand festgewachsen, daß sie nicht durchschlagen können ● Lunulae valvularum semilunarium ("Möndchen" der Taschenklappen): die verstärkten freien Ränder der Klappentaschen ● Noduli valvularum semilunarium (Knötchen der Taschenklappen)	**Valva trunci pulmonalis** (Pulmonalklappe): zwischen rechter Herzkammer und Truncus pulmonalis, mit 3 Taschen: ● Valvula semilunaris anterior (vordere Klappentasche) ● Valvula semilunaris dextra (rechte Klappentasche) ● Valvula semilunaris sinistra (linke Klappentasche) ■ **Projektion** auf vordere Brustwand: Sternum links auf Höhe des Ansatzes der 5. Rippen ■ **Auskultationsstelle:** linker 2. Zwischenrippenraum unmittelbar neben Sternum	**Valva aortae** (Aortenklappe): zwischen linker Herzkammer und Aorta ascendens, mit 3 Taschen: ● Valvula semilunaris dextra (rechte Klappentasche) ● Valvula semilunaris sinistra (linke Klappentasche) ● Valvula semilunaris posterior (hintere Klappentasche) ■ **Projektion** auf vordere Brustwand: Sternum links auf Höhe des Ansatzes der 4. Rippen ■ **Auskultationsstelle:** rechter 2. Zwischenrippenraum unmittelbar neben Sternum	■ **Häufigkeit von Herzklappenfehlern:** ● Mitralfehler ~ 70 % ● Trikuspidalfehler ~ 4 % ● Aortenklappenfehler ~ 25 % ● Pulmonalklappenfehler < 1 % ■ **Aortenklappenstenose:** Folgen: ● Hypertrophie + Dilatation des linken Ventrikels ● auch Kammerseptum als Teil der Wand des linken Ventrikels verdickt und in den rechten Ventrikel vorgewölbt → Ausflußtraktstenose des rechten Ventrikels (Bernheim-Syndrom) ● Druckminderung im Körperkreislauf → auch in Koronararterien niedriger Druck → unzureichende Versorgung des Myokards bei infolge der Hypertrophie gesteigertem Bedarf → Angina pectoris (⇨ 2.4.3) ● Rückstau des Blutes vor linkem Ventrikel → s.o. Mitralstenose ■ **Aortenklappeninsuffizienz:** Folgen: ● Hypertrophie + Dilatation des linken Ventrikels, Rückstau s.o. ● niedriger diastolischer Blutdruck, hohe Blutdruckamplitude

3.2.7 Systema conducens cordis [cardiacum] (Erregungsleitungssystem)

TEILE	LAGE, GLIEDERUNG, FUNKTION	FEINBAU	KLINIK
Nodus si-nu-atrialis (Sinus-knoten, Keith-Flack-Kno-ten)	● Lage an Mündung der V. cava superior in rechten Vorhof ● Projektion auf vordere Brustwand: über Sternum rechts auf Höhe des 3. Interkostalraums ● "Schrittmacher" der Herzaktion, erzeugt unabhängig vom Nervensystem Erregungen mit einer Frequenz von 60-80/min, Frequenz wird nach Bedürfnissen des Körpers vom autonomen Nervensystem verändert: ● Sympathikus steigert (positiv chronotrop) → Tachykardie (rascher Herzschlag) ● Parasympathikus vermindert (negativ chronotrop) → Bradykardie (langsamer Herzschlag) ● über Verhofmuskulatur gelangt Erregung während der Vorhofkontraktion zum Nodus atrioventricularis	Knotenmuskelzelle (Myocytus nodalis): spezifische Muskelzelle des Sinus- und AV-Knotens, von polygonaler bis kugeliger Form, in ihr entstehen rhythmisch Erregungen	■ **Herzrhythmusstörungen**: Gliederung: ● nach Herzfrequenz: ● Tachykardie (Herzjagen): Frequenz > 100/min ● Bradykardie: Herzfrequenz < 60/min ● nach Regelmäßigkeit des Herzschlags: ● Arrhythmien: unregelmäßige Schlagfolge, einfachste Form: Extrasystole ● nach formaler Ursache (Pathogenese): ● Störungen der Erregungsbildung ● Störungen der Erregungsleitung ■ **vom Sinusknoten ausgehend:** ● Sinustachykardie: bei körperlicher Belastung, Fieber, Sympathikuserregung (Angst, Streß) ● Sinusbradykardie: im Schlaf, bei körperlichem Training (Sportler!), Parasympathikuserregung ● Sinusarrhythmie, Sinusextrasystolen
Nodus atrioven-tricularis (Atrioventrikular-knoten, AV-Knoten, Aschoff-Tawara-Knoten)	● Auf rechter Seite des Septum interatriale unmittelbar oberhalb des Trigonum fibrosum dextrum ● Projektion auf vordere Brustwand: über Mitte des Sternum auf Höhe des 4. Interkostalraums ● erzeugt unabhängig vom Nervensystem Erregungen mit einer Frequenz von etwa 40/min, wird aber normalerweise nicht wirksam, weil die einander rascher folgenden Erregungen des Sinusknotens schon früher eintreffen ● verzögert Weitergabe der Erregung um etwa 0,1 s, damit genügend Zeit für Blutstrom aus Vorhöfen in die Kammern bleibt, dies ist möglich, weil Vorhofmuskulatur durch Herzskelett von Kammermuskulatur getrennt ist und die Erregung nur über ein Loch im Trigonum fibrosum dextrum weiterlaufen kann (s.u.)		■ **atrioventrikuläre Überleitungsstörungen:** ● AV-Block 1. Grades: Überleitungszeit (PQ-Zeit im EKG) > 0,2 s ● AV-Block 2. Grades: Überleitungszeit wächst von Schlag zu Schlag bis eine Kammersystole ausfällt ● AV-Block 3. Grades: Überleitung vollständig unterbrochen, Vorhöfe und Kammern schlagen unabhängig voneinander, die Kammern meist mit der Eigenfrequenz des AV-Knotens von ~ 40/min (die beim Gesunden nicht wirksam wird, da die vom Sinusknoten kommende Erregung bereits beim AV-Knoten eintrifft, bevor dessen Eigenerregung den Höhepunkt erreicht) ● Therapie bei Grad 2 + 3: Implantation eines Schrittmachers, der die Kammerkontraktionen wieder mit den Vorhofkontraktionen synchronisiert
Fasciculus atrio-ventricularis (His-Bündel)	● Truncus (Stamm): ~ 4 mm dick, durchsetzt Trigonum fibrosum dextrum, gelangt zu Pars membranacea des Septum interventriculare, teilt sich dort in 2 Schenkel: ● Crus dextrum (rechter Schenkel): steigt auf rechter Seite der Pars muscularis des Septum interventriculare ab mit Hauptteil (R. cruris dextri) in Richtung auf Ursprung des M. papillaris anterior der rechten Herzkammer (wirft Trabecula septomarginalis auf) ● Crus sinistrum (linker Schenkel): steigt auf linker Seite der Pars muscularis des Septum interventriculare ab, teilt sich in 2 Teile ● R. cruris sinistri anterior (vorderer Ast des linken Schenkels): in Richtung zum M. papillaris anterior der linken Herzkammer ● R. cruris sinistri posterior (hinterer Ast des linken Schenkels): in Richtung zum M. papillaris posterior der linken Herzkammer ● Rr. subendocardiales (Äste unter der Herzinnenhaut): Aufzweigung der Schenkel zur Arbeitsmuskulatur des Myokards als "Purkinje-Fasern" ● Projektion auf vordere Brustwand: von Mitte des Sternum auf Höhe des 4. Interkostalraums schräg nach links unten Richtung Herzspitze im 5. Interkostalraum, entspricht etwa elektrischer Herzachse (wichtig für Verständnis der Zackenhöhe der einzelnen Ableitungen im EKG)	Purkinje-Faser (Myofibra conducens cardiaca [Myofibra purkinjiensis]): ● leitet Erregung rascher (2-3 m/s) als Arbeitsmuskulatur (~ 0,6 m/s) ● besteht aus spezifischen Purkinje-Muskelzellen (Myocyti conducentes cardiaci): ● reich an Sarkoplasma und Glycogen ● arm an Myofibrillen, Mitochondrien und T-Tubuli	■ **Schenkelblock**: Störung der Erregungsleitung im Crus dextrum (Rechtsschenkelblock) oder sinistrum (Linksschenkelblock) ■ **Extremitätenableitungen im EKG:** ● bipolare Standardableitungen nach Einthoven: ● I: rechter Arm → linker Arm ● II: rechter Arm → linkes Bein ● III: linker Arm → linkes Bein ● unipolare Ableitungen nach Goldberger: ● aVR: vom rechten Arm ● aVL: vom linken Arm ● aVF: vom linken Fuß ■ unipolare **Brustwandableitungen** nach Wilson (Befestigungspunkte der differenten Elektrode): ● Standardprogramm: ● V_1: 4. Interkostalraum (ICR), rechter Sternalrand ● V_2: 4. ICR, linker Sternalrand ● V_3: 5. Rippe, linke Parasternallinie (Mitte zwischen V_2 und V_4) ● V_4: 5. ICR, linke Medioklavikularlinie ● V_5: Höhe von V_4, linke vordere Axillarlinie ● V_6: Höhe von V_4, linke mittlere Axillarlinie ● Erweiterungsprogramm: ● V_7: Höhe von V_4, linke hintere Axillarlinie ● V_8: Höhe von V_4, linke Skapularlinie ● V_9: Höhe von V_4, linke Paravertebrallinie ● V_{r3} bis V_{r9}: spiegelbildlich zu V_3 bis V_9 auf der rechten Brustkorbhälfte

3.2.8 Pericardium (Herzbeutel)

GLIEDERUNG, BAU	INNENRELIEF	LEITUNGSBAHNEN	KLINIK
■ **Pericardium fibrosum** (fibröser Herzbeutel): ● Sack aus scherengitterartig durchflochtenem kollagenen Bindegewebe ● etwa kegelförmig: Basis an Zwerchfell, Spitze in Mediastinum superius ● da nicht rasch dehnbar, muß Herzbeutel größer als Herz sein, um sich der bei erhöhter Belastung vorübergehend zunehmenden Herzgröße anpassen zu können ● Reserveräume vor allem kranial, höchster Punkt entspricht etwa Angulus sterni ● befestigt an: • Zwerchfell: Basis des Herzbeutels verwachsen mit Centrum tendineum • Brustbein: Bandzüge vom Herzbeutel zum Periost des Brustbeins (Ligg. sternopericardiaca) • Einfluß- und Ausflußbahnen des Herzens: s.u. ● grenzt seitlich an Pars mediastinalis der Pleura parietalis (reicht bis an Hilum pulmonis): Pleura und Pericardium sind leicht stumpf voneinander zu lösen ● grenzt dorsal an Ösophagus ■ **Pericardium serosum** (seröser Herzbeutel): mit Pleura und Peritoneum zu vergleichen, von einschichtigem Mesothel bedeckt ● *Lamina parietalis* (wandständiges Blatt): liegt Pericardium fibrosum an (getrennt nur durch Tela subpericardialis [subserosa] aus lockerem Bindegewebe) ● *Lamina visceralis [Epicardium]* (Herzaußenhaut): bedeckt äußere Oberfläche des Herzens (⇨ 3.2.4) ■ **2 Umschlagfalten von Lamina parietalis auf Lamina visceralis:** ① arterielle Pforte gemeinsam um die dicht nebeneinander liegenden Ausflußbahnen: ● Aorta: an Grenze zwischen Pars ascendens aortae und Arcus aortae ● Truncus pulmonalis: unmittelbar herzwärts von Bifurcatio trunci pulmonalis ② venöse Pforte gemeinsam um die deutlich getrennt (in Form eines liegenden T) mündenden Einflußbahnen: ● vertikaler Schenkel: • V. cava superior (kranial) • Vv. pulmonales dextrae (Mitte) • V. cava inferior (kaudal) ● transversaler Schenkel: Vv. pulmonales sinistrae ■ **Cavitas pericardialis** (Herzbeutelhöhle): Spaltraum zwischen Lamina parietalis und visceralis des Pericardium serosum ● von kapillarer Flüssigkeitsschicht gefüllt (Gesamtmenge der Flüssigkeit ~ 20 ml) ● Aufgabe: ermöglicht die reibungsarme Bewegung des Herzens	■ **Buchten der Herzbeutelhöhle:** ① *Sinus transversus pericardii* (Querbucht der Herzbeutelhöhle): ● zwischen den Umschlagfalten des Pericardium serosum um die Ausfluß- und Einflußbahnen ● das enge Nebeneinander wird aus der Frühentwicklung des Herzens (⇨ 3.2.2) verständlich: Krümmung des Herzschlauchs zur Herzschleife ② *Sinus obliquus pericardii* (schräge Bucht der Herzbeutelhöhle): von links-unten nach rechts oben, umgeben von der T-förmigen Umschlagfalte um die Einflußbahnen: ● kranial: Vv. pulmonales sinistrae ● rechts: Vv. pulmonales dextrae + V. cava inferior ■ **Intraperikardiale Gefäßabschnitte:** ● gesamte Pars ascendens aortae ● Truncus pulmonalis ohne Bifurcatio trunci pulmonalis ● bis einige cm der V. cava superior ● nur wenige mm der V. cava inferior ● nur wenige mm der Vv. pulmonales dextrae ● 0,5-2,5 cm der Vv. pulmonales dextrae	■ **Arterien:** ● Rr. pericardiaci der Pars thoracica aortae ● A. pericardiacophrenica von A. thoracica interna aus A. subclavia ■ **Venen:** Abfluß über ● Vv. pericardiacae und Vv. pericardiacophrenicae zur V. brachiocephalica ● Vv. pericardiales zur V. azygos/hemiazygos ■ **regionäre Lymphknoten:** ● Nodi lymphatici mediastinales anteriores • Nodi lymphatici prepericardiales • Nodi lymphatici pericardiales laterales • Nodus lymphaticus ligamenti arteriosi ● Nodi lymphatici mediastinales posteriores • Nodi lymphatici tracheobronchiales inferiores • Nodi lymphatici juxta-oesophageales ■ **sensible Innervation:** ● R. pericardiacus des N. phrenicus aus Plexus cervicalis	■ **Perikarditis** (Herzbeutelentzündung): ● Entstehungswege: • Übergreifen von Nachbarschaft, z.B. von Myokarditis, Pneumonie, Pleuritis, erkrankten mediastinalen Lymphknoten, Durchbruch eines Magengeschwürs (Magen wird nur durch das mit dem Herzbeutel verwachsene Centrum tendineum des Zwerchfells vom Herzen getrennt) • hämatogen, z.B. Streuung von Bakterien von einem irgendwo im Körper liegenden Krankheitsherd aus • lokal, z.B. traumatisch (direkte Verletzung, Operation), Einwachsen von Geschwülsten ● Hauptformen: • serös: mit klarem Herzbeutelerguß (s.u.) • fibrinös: Abscheidung von Fibrinogen an der Oberfläche, kann Herz in dicker Schicht überziehen ("Zottenherz") • eitrig: bei Einwanderung von Bakterien • hämorrhagisch: mit Blutungen in die Herzbeutelhöhle, z.B. bei Geschwülsten ● Folgen: • Adhäsionen: Verwachsung von Lamina parietalis und Lamina visceralis des Pericardium serosum (Concretio cordis cum pericardio) mit Behinderung der Herzarbeit • Panzerherz: Herz wird von verkalkten Schwielen umgeben → Einflußstauung • Accretio pericardii: schwielige Verwachsung des Herzbeutels mit Umgebung, z.B. Brustwand ■ **Hydroperikard** (Herzbeutelerguß): Hauptformen: ● Exsudat: bei Entzündung (s.o.) ● Transsudat: bei Störung des Gleichgewichts von Flüssigkeitsabgabe in die Herzbeutelhöhle und Rückresorption, z.B. bei • erhöhtem hydrostatischen Druck: Stauung vor dem rechten Herzen • vermindertem onkotischen Druck: Bluteiweißmangel ● langsam zunehmender Erguß kann den Herzbeutel bis auf etwa 1500 ml Volumen dehnen ■ **Hämatoperikard** (Blutung in den Herzbeutel): ● Ursachen: z.B. direkte Verletzung des Herzens (Schuß, Stich), Ruptur eines Aneurysmas der Pars ascendens aortae, Aufplatzen der geschädigten Herzwand nach Herzinfarkt ● Gefahr: Tod durch: ■ **Herzbeuteltamponade:** rasche Füllung des Herzbeutelhöhle mit Flüssigkeit (vor alle bei kontinuierlicher Blutung) → Dehnbarkeit des Herzbeutels überschritten → Druck in Herzbeutelhöhle höher als Druck in Vorhöfen und Venen → keine Füllung → Herz bleibt in Systole stehen

3.3 Speiseröhre (Oesophagus)

AUFGABEN, GLIEDERUNG	FEINBAU	LEITUNGSBAHNEN	KLINIK
■ **Aufgaben:** ● peristaltischer Transport von Speisebrei vom Rachen zum Magen ● antiperistaltischer Transport beim Erbrechen ● funktioneller Verschluß des Speiseröhreneingangs ("oberer Ösophagussphinkter"): Daueranspannung der zirkulären Anteile der Muskelwand, die nur durch die Reflexe beim Transport unterbrochen wird ● funktioneller Verschluß des Speiseröhrenausgangs ("unterer Ösophagussphinkter"): wie oben, unterstützt durch Druckdifferenz zwischen Brust- und Bauchraum ● Hauptteil der Speiseröhre im Ruhezustand schlaff, Lichtung durch Unterdruck im Brustraum weit, luftgefüllt ■ **Maße** (wichtig beim Einführen einer Magensonde): ● Länge der Speiseröhre selbst ~ 25 cm ● von Lippen zum Ösophaguseingang ~ 15 cm ● von Lippen zum Mageneingang ~ 40 cm ■ **3 Abschnitte:** ● *Pars cervicalis* (Halsteil): zwischen Pharynx und Apertura thoracis superior ● *Pars thoracica* (Brustteil): zwischen oberer Thoraxapertur und Hiatus oesophageus des Zwerchfells ● *Pars abdominalis* (Bauchteil): zwischen Hiatus oesophageus und Ostium cardiacum des Magens, nur 1-2 cm lang ■ **Engstellen:** ● obere Enge: am Ösophaguseingang (Speiseröhrenmund) Umordnung der Rachenmuskeln zur zweischichtigen Ösophagusmuskulatur ● mittlere Enge: an Kreuzung mit Aortenbogen ● untere Enge: im Hiatus oesophageus ■ **Nachbarorgane:** ● *Pars cervicalis:* • ventral: Larynx + Trachea • lateral: Schilddrüse mit Nebenschilddrüsen, N. laryngealis recurrens, weiter entfernt in Vagina carotica: A. carotis communis + V. jugularis interna + N. vagus • dorsal: Wirbelsäule ● *Pars thoracica:* • ventral-kranial: Trachea bzw. Bronchus principalis sinister • ventral kaudal: Pericardium mit linkem Vorhof • rechts: Pleura + Pulmo dexter • links-kranial: Pleura + Pulmo sinister • links kaudal: Pars thoracica aortae • dorsal: Wirbelsäule ● *Pars abdominalis:* • ventral: Truncus vagalis anterior (linker N. vagus), davor Lobus sinister der Leber mit Impressio oesophagea • dorsal: Truncus vagalis posterior (rechter N. vagus)	① **Tunica mucosa** (Schleimhaut): im ungedehnten Zustand in Längsfalten, daher sternförmige Lichtung ● hohes mehrschichtiges unverhorntes Plattenepithel: kontinuierlicher Übergang von Pharynx, aber scharfe Grenze zu einschichtigem hochprismatischen Epithel des Magens ("Epithelgrenze") ● *Lamina propria mucocae:* Bindegewebeschicht, mit: • *Glandulae oesophageae cardiacae:* muköse Drüsen in Nähe der Kardia, ähnlich den Kardiadrüsen des Magens, verzweigt tubulös (Pars terminalis tubularis), Schleim schützt Speiseröhre vor evtl. zurücklaufendem Magensaft ● *Lamina muscularis mucosae* (Muskelschicht der Schleimhaut): relativ kräftig, glatte Muskelzellen, überwiegend längsverlaufend, bildet Grenze zu: ② **Tela submucosa** (Submukosa): bindegewebige Verschiebeschicht, mit: ● *Glandulae oesophageae propriae:* verzweigte tubuloalveoläre Drüsen (Pars terminalis tubuloalveolaris), mukös (Mucocytus), vor allem in oberer Hälfte des Ösophagus • Ausführungsgang zystisch erweitert (Ampulla ductalis) mit zunächst hochprismatischem, zuletzt mehrschichtigem Plattenepithel ● Venengeflecht ③ **Tunica muscularis** (Muskelwand): schraubig angeordnete Muskelfasern in 2 Schichten, innen mehr zirkulär, außen mehr längsverlaufend ● oberes Drittel: quergestreift ● mittleres Drittel: gemischt ● unteres Drittel: glatt, mit deutlichem Plexus myentericus ● Muskelverbindungen zu Nachbarorganen: • Tendo crico-oesophageus: zum Ringknorpel • M. broncho-oesophageus: zum Bronchus principalis sinister • M. pleuro-oesophageus: zur Pars mediastinalis der linken Pleura parietalis ④ **Tunica adventitia:** lockere Verschiebeschicht zu Nachbarorganen, mit Blut- und Lymphgefäßen sowie Nerven, nur ein Teil der Pars abdominalis mit Tunica serosa	■ **Arterien:** Rr. oesophageales von ● A. thyroidea inferior aus Truncus thyrocervicalis ● Pars thoracica aortae ■ **Venen:** Abfluß über Vv. oesophageales zu ● V. brachiocephalica ● V. azygos/hemiazygos ■ **regionäre Lymphknoten:** ● Nodi lymphatici paratracheales aus Gruppe der Nodi lymphatici cervicales anteriores profundi ● Nodi lymphatici paratracheales + tracheobronchiales aus Gruppe der Nodi lymphatici mediastinales posteriores ● Anulus lymphaticus cardiae ■ **autonome Innervation:** Plexus oesophagealis ● sympathisch: Rr. oesophageales der oberen Ganglia thoracica des Truncus sympatheticus ● parasympathisch: Rr. oesophageales des N. vagus, z.T. von N. laryngealis recurrens abgehend	● *Röntgenuntersuchung:* mit Kontrastmittel (sog. "Breischluck"), dabei auch der im Standardröntgenbild schlecht abzugrenzende linke Vorhof gut beurteilen ● *Ösophagusvarizen:* Verbindungen zu Magenvenen als portokavale Anastomosen (⇨ 2.5.5) bedingen Blutüberfüllung bei Stauung im Pfortadergebiet → lebensbedrohende Blutungen ● *Achalasie* (Entleerungsstörung): wenn "unterer Ösophagussphinkter" beim Schlucken nicht erschlafft → Rückstau der Speisen mit Erweiterung der Speiseröhre, es drohen Regurgitation (Rückfluß) und Aspiration (Speisen gelangen in untere Luftwege) ● *Divertikel* (Blindsäcke): Ausbuchtungen der Speiseröhrenwand, besonders vor Engstellen, vor allem als Hypopharynxdivertikel kranial des Speiseröhreneingangs ● *Ösophagusstimme:* viele Kehlkopflose erlernen "Rülpssprache" durch willkürliche Betätigung der Speiseröhre ● *Schwierigkeiten der Ösophaguschirurgie:* • schlecht zugänglich • ungünstige Blutversorgung: viele dünne Arterien ohne kräftige Längsverbindungen, dadurch Speiseröhre schlecht zu mobilisieren • fehlender Serosaüberzug: Wunden benötigen lange Zeit, bis sie dicht sind • starker Längszug durch kräftige Längsmuskulatur: jede querverlaufende Naht steht unter starkem Zug

3.4 Thymus

Entwicklung ⇨ 1.5.8 + 7.6.9

GLIEDERUNG, LAGE	FEINBAU, AUFGABEN	LEITUNGS-BAHNEN	KLINIK
Deutsche Bezeichnung Bries wird fast nur auf Thymus von Schlachttieren angewandt, z.B. Kalbsbries ■ **Gewicht** (g): ● Neugeborenes: 10-15 ● Pubertät: 30-40 ● mittleres Alter: 10-15 ■ **Lage**: ● im vorderen Teil des oberen Mediastinum ● grenzt vorn an Brustbein und Pleura, dorsal an große Gefäße und Perikard ● überragt bisweilen den Brustbeinoberrand (entsprechend dem Abstieg vom Hals in der Entwicklung) ■ **Gliederung**: ● 2 Lappen (Lobus dexter/sinister) mit verbindender Gewebebrücke (ähnlich Schilddrüse, aber entsprechend Raumverhältnissen flacher und unregelmäßiger geformt) ● Läppchen (Lobuli thymi [thymici]): • durch Bindegewebe unvollständig abgegrenzt • Durchmesser 1-2 mm • an den Enden des baumartig verzweigten Marks (Medulla thymi), die von Rinde (Cortex thymi) überzogen sind ● Nebenthymi (Noduli thymici accessorii): kommen vor allem im vorderen Halsbereich vor, entsprechend der Entwicklung aus 4 Anlagen und Deszensus ■ **Involution**: mit zunehmendem Alter Schwund der Rinde und Ersatz durch Fettgewebe ("Thymusrestkörper", "retrosternaler Fettkörper")	■ **Aufgaben**: primäres lymphatisches Organ, in dem die T-Lymphozyten immunologisch geprägt werden ■ **innere Gliederung**: ● *Kapsel* (Capsula): kollagenes Bindegewebe, setzt sich in Scheidewänden (Septum corticale) in Tiefe fort und bildet Umgrenzung der Läppchen (Lobuli thymi [thymici]) ● *Rinde* (Cortex): im gefärbten Schnitt dunkel, dicht liegende kleine Lymphozyten ● *Mark* (Medulla): hell, mit Hassall-Körperchen ● beim älteren Menschen reichlich Fettgewebe ● keine Lymphfollikel, keine zuführenden Lymphgefäße! ■ **Zellarten**: ● *epitheliale Retikulumzelle* (Epithelioreticulocytus thymicus): • ähnlich mesenchymaler Retikulumzelle, aber Herkunft aus Endoderm (3. + 4. Schlundtasche, ⇨ 7.6.9), ohne extrazelluläre Fasern • umgreift mit langen Zellfortsätzen Gruppen von Lymphozyten, z.T. sogar intrazelluläre Lage von Lymphozyten, deswegen auch nurse cell (TNC) genannt • enthält Granula: sezerniert vermutlich Thymopoetin (Thymosin), das Rolle bei T-Lymphozyten-Reifung spielt • Thymus wird dieser Zellen wegen zu "lymphoepithelialen Organen" gerechnet ● *T-Lymphozyt* (Thymocytus [Lymphocytus thymicus]): • Stammzelle eingewandert aus Blutinseln des Dottersacks und aus Knochenmark • lebhafte Proliferation (3-5mal stärker als in Lymphknoten und Milz) bis Pubertät, dann Abnahme • erfährt, von epithelialen Retikulumzellen umgeben, ihre immunologische Prägung ● *Makrophage*: Abbau fehlgeprägter Lymphozyten? ■ **Hassall-Körperchen** (Corpusculum thymicum): ● rundliches Gebilde aus zwiebelschalenartig gelagerten epithelialen Retikulumzellen, in Mitte Zellen mehr rundlich, außen eher flach ● Durchmesser: 30-150 μm ● schon beim Neugeborenen vorhanden ● Funktion unbekannt ● charakteristisch für Thymus, Präparat daran leicht zu erkennen ■ **Blut-Thymus-Schranke**: ● Kapillaren mit ungefenstertem Epithel und Basalmembran, von Fortsätzen der Retikulumzellen umhüllt ● in Rinde offenbar Abschirmung der reifenden Lymphozyten von Antigenen	● **Arterien**: Rr. thymici der A. thoracica interna (aus A. subclavia) ● **Venen**: Abfluß über Vv. thymicae zur V. brachiocephalica dextra + sinistra ● **regionäre Lymphknoten**: Nodi lymphatici mediastinales anteriores ● **autonome Innervation**: Äste des • Truncus sympatheticus • N. vagus	■ **Thymusaplasie**: ● di-George-Syndrom: Fehlen der T-Lymphozyten und damit der zellulären Immunität, oft kombiniert mit Fehlen der Nebenschilddrüsen ● thymuslose Maus ("Nacktmaus", da unbehaart): wichtiges Versuchstier, da keine Abstoßungsreaktion bei Transplantation körperfremder Gewebe, es lassen sich z.B. menschliche Geschwülste auf die Nacktmaus transplantieren und dann die Wirkungen von Zytostatika testen ■ **Thymushyperplasie**: ● Säugling: wegen Raumnot im Brustraum oft Atemnot ● Thymus oft vergrößert bei Autoaggressionskrankheiten: Bildung von Antikörpern gegen körpereigene Gewebe, z.B. gegen • Skelettmuskel: Myasthenia gravis (Muskelschwächekrankheit) • Thyreoglobulin: Hashimoto-Thyreoiditis (besondere Form der Schilddrüsenentzündung) • Basalmembran der Nierengewebe: chronische Glomerulonephritis • Darmepithel: Colitis ulcerosa (geschwürige Dickdarmentzündung) • Vielzahl nicht organspezifischer Antikörper bei Lupus erythematodes disseminatus ■ **Thymom**: ● von den epithelialen Retikulumzellen ausgehende Geschwulst ● meist gutartig ● Beschwerden durch Kompression von Trachea und V. cava superior (oberes Hohlvenensyndrom) ■ **Thymustransplantation**: ● bei Thymusaplasie Transplantation von fetalem Thymus ● Spenderthymus wird von wirtseigenen Lymphoblasten besiedelt, damit normale Thymusfunktion ■ **hormonelle Beeinflussung**: ● *akzidentelle Involution*: (vorübergehende) Rückbildung des Thymus durch • weibliche und männliche Geschlechtshormone • Glucocorticosteroide: daher führt anhaltender Streß zu Abnahme der Lymphozyten im Blut (Lymphopenie) ● *Hyperplasie*: durch • Kastration • Wachstumshormon (STH, GH)

3.5 Mittelfellraum (Mediastinum)

GLIEDERUNG, LAGE	VERBINDUNGSWEGE	LEITUNGSBAHNEN	KLINIK
■ **Definition:** Mediastinum = Teil der Cavitas thoracis [thoracica] zwischen den beiden Regiones pleuropulmonales ■ **Grenzen:** ● ventral: Fascia endothoracica der vorderen Brustwand ● lateral: Pars mediastinalis der Pleura parietalis ● dorsal: Fascia endothoracica der hinteren Brustwand + Wirbelkörper ● kranial: Apertura thoracis superior ● kaudal: Zwerchfell ■ **Gliederung:** ● *Mediastinum superius* (oberer Mittelfellraum): kranial des Herzens ● *Mediastinum inferius* (unterer Mittelfellraum): der das Herz enthaltende Teil, unterzugliedern in: ● Mediastinum anterius: ventral vom Herzen ● Mediastinum medium: Mittelteil mit dem Herzen ● Mediastinum posterius: dorsal vom Herzen ■ **Lagebeziehungen:** ● *Mediastinum superius*: von ventral nach dorsal: ● Vv. brachiocephalicae ● Thymus ● Äste des Arcus aortae ● Trachea + Bronchi principales ● Ösophagus ● *Mediastinum anterius*: nur Bindegeweberaum ● *Mediastinum medium*: ● lateral zwischen Herzbeutel und Pleura N. phrenicus + A. pericardiacophrenica ● innerhalb des Herzbeutels von rechts nach links: V. cava superior, Pars ascendens aortae, Truncus pulmonalis ● *Mediastinum posterius*: von rechts nach links: ● V. azygos ● Ösophagus mit angelagerten Nn. vagi, dahinter Ductus thoracicus ● Pars thoracica aortae ● V. hemiazygos	■ **Nach kranial:** *Apertura thoracis superior*, für: ● Trachea ● Ösophagus ● Arterien: ● Truncus brachiocephalicus ● A. carotis communis sinistra ● A. subclavia sinistra ● Venen: ● Vv. brachiocephalicae ● Plexus thyroideus impar ● Lymphgefäße: ● Ductus thoracicus ● Trunci bronchomediastinales ● Nerven: ● Nn. phrenici ● Nn. vagi mit Rr. cardiaci cervicales, N. laryngealis recurrens ● Trunci sympathetici mit Nn. cardiaci cervicales ■ **nach lateral:** *Hilum pulmonis* ● Bronchus principalis bzw. Bronchi lobares ● Arterien: ● A. pulmonalis ● Rr. bronchiales ● Venen: ● Vv. pulmonales ● Vv. bronchiales ● Lymphgefäße ● autonome Nerven: ● Rr. pulmonales thoracici des Sympathikus ● Rr. bronchiales des N. vagus ■ **nach kaudal:** Lücken im Zwerchfell: ● *Foramen venae cavae*: für ● V. cava inferior ● Äste des N. phrenicus ● *Hiatus oesophageus*: für ● Ösophagus ● Trunci vagales ● *Hiatus aorticus*: für ● Pars descendens aortae ● Ductus thoracicus ● *Larrey-Spalte* zwischen Pars sternalis und Pars costalis: für ● A. epigastrica superior ● Vv. epigastricae superiores ● *unbenannte Lücken* in Pars lumbalis: für ● V. azygos/ hemiazygos ● Truncus sympatheticus ● N. splanchnicus major ● N. splanchnicus minor ■ **nach dorsal:** ● Aa. intercostales posteriores ● Vv. intercostales posteriores	■ **Arterien:** Äste von ● *Pars ascendens aortae*: ● Aa. coronariae ● *Pars thoracica aortae*: ● Rr. mediastinales ● Rr. bronchiales ● Rr. oesophageales ● Rr. pericardiaci ● *A. thoracica interna* aus A. subclavia: ● Rr. mediastinales ● Rr. thymici ● Rr. bronchiales ● A. pericardiacophrenica ■ **Venen:** Abfluß über ● *Vv. thoracicae internae* oder direkt zu *V. brachiocephalica*: ● Vv. mediastinales ● Vv. thymicae ● Vv. tracheales ● Vv. bronchiales ● Vv. pericardiacae ● Vv. pericardiacophrenicae ● Vv. oesophageales ● *V. azygos/hemiazygos*: ● Vv. mediastinales ● Vv. bronchiales ● Vv. pericardiales ● Vv. oesophageales ■ **regionäre Lymphknoten:** ● *Nodi lymphatici mediastinales anteriores* ● Nodi lymphatici prepericardiales ● Nodi lymphatici pericardiales laterales ● Nodus lymphaticus ligamenti arteriosi ● *Nodi lymphatici mediastinales posteriores* ● Nodi lymphatici tracheobronchiales inferiores + superiores ● Nodi lymphatici paratracheales ● Nodus lymphaticus arcus venae azygos ● Nodi lymphatici juxta-oesophageales ■ **durchlaufende Leitungsbahnen:** ● Aorta (⇨ 2.4.2) ● Truncus pulmonalis mit Aa. pulmonales (⇨ 2.4.1) ● V. cava superior (⇨ 2.5.3) ● V. cava inferior (⇨ 2.5.4) ● Ductus thoracicus (⇨ 1.5.6) ● N. phrenicus (mit Ästen zum Perikard) ● Truncus sympatheticus (⇨ 2.7.3) ● Nn. vagi (⇨ 6.7.6)	■ **Mediastinaltumoren** (Geschwülste des Mittelfellraums): ● etwa 40 % zystische Geschwülste ● lange Zeit symptomlos ● Beschwerden durch Kompression von ● Trachea: Atemnot, Reizhusten ● V. cava superior: Einflußstauung, oberes Hohlvenensyndrom (⇨ 2.5.3) ● Nerven: Heiserkeit (Rekurrensparese), Zwerchfell-Lähmung (N. phrenicus), Horner-Syndrom (Sympathikus, ⇨ 6.7.8) ● Speiseröhre: Dysphagie (Schluckbeschwerden) ● Herz: Tachykardie, Extrasystolen ● bei Thymom oft Muskelschwäche (Myasthenia gravis) ■ **Mediastinalemphysem** (Pneumomediastinum): ● Luftansammlung im Mittelfellraum ● Luft dringt in Unterdruckraum durch äußere oder innere Verletzung (Luftwege, Speiseröhre) ein ● größeres Emphysem kann mediastinale Organe komprimieren (s.o.) ● im Extremfall Herzfunktion wie bei Herzbeuteltamponade (⇨ 3.2.8) beeinträchtigt ● häufig spontane Rückbildung ■ **Mediastinitis** (Entzündung des Mittelfellraums): ● *akute Mediastinitis*: ● häufigste Ursache: Perforation der Speiseröhre, z.B. bei Verätzung, Krebs, aber auch Gastroskopie ● Prognose schlecht ● *chronische Mediastinitis*: ● Ursachen: Tumorbestrahlung, chronische Infektionskrankheiten, z.B. Tuberkulose ● Prognose gut ■ **Perikardpunktion:** ● kann bei drohender Herzbeuteltamponade lebensrettend sein ● Einstich der Punktionsnadel zwischen Processus xiphoideus und linkem Rippenbogen ● evtl. Einführen eines Verweilkatheters über Punktionsnadel (subxiphoidale Perikarddrainage) ● Gefahren: Verletzung der Herzwand, von Koronargefäßen, Leber, Magen, Lunge

4 Baucheingeweide

4.1 Bauchfell (Peritoneum) und Bauchfellhöhle (Cavitas peritonealis)

4.1.1 Entwicklung und Entwicklungsstörungen der Cavitas peritonealis (Bauchfellhöhle)

ENTWICKLUNG	ENTWICKLUNGSSTÖRUNGEN
■ Entwicklung aus primärer Leibeshöhle (Coeloma, ⇨ 3.1.7) durch Abgrenzung von ● Pleurahöhlen durch Membrana pleuroperitonealis ● extraembryonalem Nabelzölom (Coeloma umbilicale) nach Rücklagerung des physiologischen Nabelbruchs durch Anulus umbilicalis (schließt Hiatus umbilicalis) ■ **Bursa omentalis** (Netzbeutel): ● im ursprünglich sehr breiten Mesogastrium dorsale entstehen Hohlräume, die zusammenfließen und sich ausdehnen ● linke Wand wird weit nach links verschoben → bleibendes Mesogastrium dorsale bzw. Omentum majus ● rechte Wand gerät weit nach rechts bis an Befestigung der Leber an dorsaler Bauchwand ("Lig. hepatocavale") ● zur Vorderwand wird nach Magendrehung Omentum minus (und damit Mesogastrium + Mesoduodenum ventrale) ● Eingang (*Foramen omentale [epiploicum]*) am kaudalen Ende des ventralen Mesos ● *Recessus pneumato-entericus* wächst bis in späteren Brustbereich aus, bildet sich kranial des Zwerchfells zurück (persistiert selten als Bursa infracardiaca), Rest wird zum Recessus superior omentalis ● *Recessus gastropancreaticus* (später Recessus inferior omentalis) wächst vor Colon + Mesocolon transversum nach kaudal, bildet "Schürze" des Omentum majus	**Fehlbildungen der Bauchwand:** ● *Hernia umbilicalis congenita* (angeborener Nabelbruch): bei weitem Anulus umbilicalis, Vorwölbung beim Schreien des Neugeborenen, verschwindet meist rasch auch ohne Behandlung, bei 80 % der Frühgeborenen unter 1500 g und 20 % aller Neugeborenen über 2500 g ● *Hernia funiculi umbilicalis*, Exomphalos (Nabelschnurbruch): Bruchsack (Peritoneum) mit Baucheingeweiden in der Nabelschnur, bei breiter Basis *Omphalozele* genannt: mangelhafte Rückbildung des "physiologischen" Nabelbruchs ● *Gastroschisis*, Schistocoelie, Paromphalozele, Fissura abdominis (Bauchspalte): Defekt der Bauchwand (bevorzugt im Bereich des Nabels), Lage der Bauchorgane vor der Bauchwand in der Amnionhöhle ohne Bauchfellsack (Eventeratio, Eventration), Nabelschnur inseriert lateral ● *Hautnabel* (Kutisnabel): äußere Haut setzt sich auf Nabelschnur fort, nach Abfallen des Nabelschnurstumpfes bleibt vorübergehend 1-2 cm langer Hautbürzel stehen ● *Amnionnabel*: Amnion setzt sich ein Stück auf Bauchdecke fort, nach Abfallen des Nabelschnurstumpfes entsteht vorübergehend Hautdefekt um Nabel ● *Fistula umbilicalis* (Nabelfistel): bei Persistenz des Ductus vitellinus (Nabel-Darm-Fistel, Stuhl tritt aus Nabel aus) oder des Urachus (Nabel-Harnblasen-Fistel, Harn tritt aus)

Entwicklung der Gekröse (Mesenteria) und Bauchfellfalten (Plicae peritoneales)

MESENTERIUM DORSALE (hinteres Gekröse)	MESENTERIUM VENTRALE (vorderes Gekröse)
Mesenterium dorsale primitivum reicht von Mitte des Pro-enteron bis Ende des Metenteron, gliedert sich in: ■ **Meso-oesophageum dorsale**: wird in Lig. gastrophrenicum einbezogen ■ **Mesogastrium dorsale**: wird zum Omentum majus, durch die sich in ihm entwickelnde Milz in mehrere Abschnitte gegliedert, diese werden in Embryologie Plicae, später Ligamenta genannt: ● Plica phrenicosplenica → Lig. splenorenale [lienorenale, phrenicosplenicum] ● Plica gastrophrenica → Lig. gastrophrenicum ● Plica gastrosplenica → Lig. gastrosplenicum [gastrolienale] ● Plica gastrocolica → Lig. gastrocolicum ● Plica phrenicocolica → Lig. phrenicocolicum ■ **Mesoduodenum dorsale**: verschmilzt mit parietalem Peritoneum, Duodenum wird dadurch sekundär retroperitoneal ● Fascia retinens rostralis wird zum M. suspensorius duodeni (Treitz-Muskel) ■ **Mesenterium dorsale commune**: gemeinsames hinteres Gekröse von Mittel- und Enddarm, ermöglicht Bildung der Nabelschleife und Darmdrehung ● Mesojejunum ● Meso-ileum ● Mesocolon (Mesocolon ascendens + descendens verschmelzen nach Darmdrehung mit parietalem Peritoneum, dadurch werden diese Dickdarmteile sekundär retroperitoneal) ● Mesorectum	■ **Mesenterium ventrale primitivum** nur in unterer Hälfte des Pro-enteron, gliedert sich in: ● Meso-oesophageum ventrale ● Mesogastrium ventrale ● Mesoduodenum ventrale ■ im **Mesogastrium ventrale** (vorderen Magengekröse) entwickelt sich Leber, dadurch neue Teilabschnitte des Mesenterium ventrale: ● *Omentum minus* (kleines Netz): zwischen Leber und ● Magen: Plica hepatogastrica → Lig. hepatogastricum ● Zwölffingerdarm: Plica hepatoduodenalis → Lig. hepatoduodenale ● Plica falciformis → Lig. falciforme (hepatis): um Nabelvene ● Plica coronaria → Lig. coronarium: umgrenzt bauchfellfreie Area nuda der Leber, endet rechts und links in Plica triangularis → Lig. triangulare dextrum + sinistrum ■ in Nomina embryologica zu Mesenterium ventrale auch gerechnet: *Mesocystis* ("Harnblasengekröse"): ● *Plica umbilicalis mediana* (mittlere Nabelfalte): Bauchfellfalte über Urachus ● *Plica umbilicalis medialis* (mediale Nabelfalte): Bauchfellfalte über A. umbilicalis (Nabelarterie)

4.1.2 Mesenterium (Gekröse)

Allgemeines ⇨ 1.6.4 (Tunica serosa), Entwicklung ⇨ 4.1.1

BEREICH	GLIEDERUNG	LAGE	KLINIK
Mes-enterium (i.e.S.) (Dünn-darm-gekröse)	Ohne scharfe Grenze: ● *Mesojejunum* ● *Meso-ileum*	● Verbindet intraperitoneale Dünndarmabschnitte mit der hinteren Bauchwand: ● Ansatz am Darm ist lang (etwa 2 m funktionelle Länge, 5 m Leichenlänge), Ursprung an hinterer Bauchwand (Radix mesenterii) ist kurz (etwa 15 cm), daher ist Ansatz halskrausenartig gefaltet ● enthält zwischen 2 Bauchfellblättern Aa. + Vv. jejunales und ileales, Lymphbahnen und Lymphknoten, vegetative Nerven und je nach Ernährungszustand mehr oder weniger viel Fettgewebe	*Mesenterialvenenverschluß*: ohne Operation häufig Tod innerhalb von 48 h (Schock), mögliche Ursachen: ● Thrombose ● Volvulus (Darmverschlingung): Abklemmen der Venen im Torsionsstiel ● Invagination: oraler Darmteil in aboralen eingeschoben, vor allem bei Säuglingen ● Strangulation: Kompression oder Aknickung des Darms durch Bauchfelladhäsionen oder Narbenzüge nach Operationen ● Inkarzeration (Einklemmung) einer äußeren oder inneren Hernie (Eingeweidebruch)
	Radix mesenterii (Dünndarmgekrösewurzel)	● Verbindet Übergänge von retro- und intraperitonealen Darmabschnitten: von Flexura duodenojejunalis zu Valva ileocaecalis ● überquert Pars horizontalis [inferior] des Duodenum ● Projektionslinie: von etwa 3 cm links der vorderen Medianlinie etwas kranial der Subkostalebene zu Mitte zwischen Nabel und Spina iliaca anterior superior	
Meso-colon (Dickdarm gekröse)	*Meso-appendix* (Wurmfortsatzgekröse, früher Mesenteriolum genannt)	● Freies Bauchfellblatt zur Appendix vermiformis (Wurmfortsatz) ● an deren Basis relativ breit, zur Spitze schmäler werdend, Form und Größe individuell sehr unterschiedlich ● im freien Rand A. + V. appendicularis	Bei Appendektomie sind vor Durchtrennen der Meso-appendix A. + V. appendicularis sorgfältig zu unterbinden, sonst massive Blutung
	Mesocolon ascendens	● Verwächst im Zuge der Drehung der Nabelschleife im 4. Entwicklungsmonat mit dem parietalen Bauchfell der hinteren Bauchwand ● enthält A. + V. colica dextra	Bei unvollständiger Verklebung mit der Hinterwand bleiben Caecum und Appendix vermiformis abnorm beweglich (Caecum mobile)
	Mesocolon transversum (Querdick-darmgekröse)	● Bauchfelldoppelblatt zwischen Colon transversum und hinterer Bauchwand ● trennt Oberbauchsitus von Unterbauchsitus ● bildet Teil der Wand der Bursa omentalis (verschmolzen mit hinterem Blatt des Omentum majus) ● enthält A. + V. colica media ● Gekrösewurzel verbindet Flexura coli dextra und sinistra, überquert rechte Niere, Pars descendens des Duodenum und Caput pancreatis, zieht dann entlang dem Margo anterior des Pancreas über linke Niere zum Hilum splenicum ● Projektionslinie der Gerkösewurzel steigt vom Ansatz der rechten 8. Rippe am Rippenbogen zum Schnittpunkt der linken 10. Rippe mit der Linea axillaris posterior sanft an	Wichtige Grenze bei Operationen im Bauchraum, z.B.: ● bei Gastroenterostomien (Verbindung des Restmagens nach Magenresektion mit dem Jejunum) Hochziehen der Jejunumschlinge ● antekolisch: vor dem Colon transversum ● retrokolisch: durch das Mesocolon transversum ● Zugang zum Pancreas supra- oder inframesokolisch
	Mesocolon descendens	● Verwächst im Zuge der Drehung der Nabelschleife im 4. Entwicklungsmonat mit dem parietalen Bauchfell der hinteren Bauchwand ● enthält A. + V. colica sinistra und A. ascendens [intermesenterica]	*Malrotatio intestini*: bei fehlerhafter Drehung der Nabelschleife kann das Mesenterium dorsale commune erhalten bleiben, dann ist das Colon nicht an der Hinterwand des Bauchraums fixiert und bleibt frei beweglich (⇨ 4.3.1)
	Mesocolon sigmoideum (Sigmagekröse, "Mesosigma")	● Bauchfelldoppelblatt zwischen Colon sigmoideum und hinterer Bauchwand ● enthält Aufzweigung von A. + V. mesenterica inferior ● Gekrösewurzel verbindet Übergang des Colon descendens in Colon sigmoideum (in Fossa iliaca) mit Übergang des Colon sigmoideum in Rectum (vor dem Sacrum) ● Gekrösewurzel ist nach oben geknickt, dadurch entsteht kaudal der Recessus intersigmoideus (⇨ 4.1.4) ● Projektion etwa in Intertuberkularebene von nahe der linken Crista iliaca zur vorderen Medianlinie	

4.1.3 Omenta (Netze) und Bursa omentalis (Netzbeutel)

BEREICH	GLIEDERUNG	LAGE	KLINIK
Omentum minus (kleines Netz)		● Bauchfelldoppelblatt zwischen Porta hepatis einerseits und Magen + Duodenum andererseits ● embryologisch dorsaler Teil des Mesenterium ventrale primitivum (⇨ 4.1.1)	Bei der Magenresektion wird das kleine Netz meist nahe an der kleinen Magenkurvatur durchtrennt, dabei ist auf den Gefäßbogen aus A. gastrica dextra + sinistra sowie auf die Äste des N. vagus zur Leber zu achten
	Lig. hepatogastricum	● Bauchfelldoppelblatt zwischen Porta hepatis und Curvatura gastrica [ventricularis] minor ● straffer Teil ("Pars tensa") zur Cardia ● lockerer Teil ("Pars flaccida") zum Corpus gastricum ● entwicklungsgeschichtlich dorsaler Teil des Mesogastrium ventrale	
	Lig. hepatoduodenale	● Bauchfelldoppelblatt zwischen Porta hepatis und Duodenum ● entwicklungsgeschichtlich dorsaler Teil des Mesoduodenum ventrale ● enthält Ductus choledochus, V. portae hepatis, A. hepatica propria	
	Lig. hepatocolicum	Nicht regelmäßig vorhandene Fortsetzung des Lig. hepatoduodenale nach rechts zwischen Leber, Gallenblase und Colon transversum	
Omentum majus (großes Netz)		● i.w.S.: Bauchfelldoppelblatt zwischen Curvatura gastrica [ventricularis] major und dorsaler Bauchwand, dessen Abschnitte durch Entwicklung aus Mesogastrium dorsale (⇨ 4.1.1) zu verstehen sind ● i.e.S.: freier Teil, hängt schürzenartig vom Colon transversum vor dem Dünndarm herab, kann ● durchlöchert sein (Fenestra omentalis), so daß im Extremfall nur Balkenwerk (Trabecula omentalis) übrig bleibt ● erhebliche Mengen an Fett (Lobulus adiposus) speichern	● Wichtig für Abwehr und Flüssigkeitsgleichgewicht in der Peritonealhöhle ● bei Entzündungen in der Bauchfellhöhle ist der freie Teil gewöhnlich zum Entzündungsherd hin verlagert ● bei drohendem Einbruch einer Eiterung in die Bauchfellhöhle wird die Durchbruchstelle oft vom großen Netz abgedeckt, um eine diffuse Verbreitung der Bakterien mit folgender allgemeiner Bauchfellentzündung zu verhüten ("gedeckte Perforation")
	Lig. gastrophrenicum	● Bauchfelldoppelblatt zwischen großer Magenkurvatur und Zwerchfell ● Teil der Kranialwand der Bursa omentalis	
	Lig. gastrosplenicum [gastrolienale]	● Bauchfelldoppelblatt zwischen großer Magenkurvatur und Milzhilum ● Teil der linken Wand der Bursa omentalis	
	Lig. gastrocolicum	● Bauchfelldoppelblatt zwischen großer Magenkurvatur und Colon transversum ● Teil der Kaudalwand der Bursa omentalis	
	Lig. phrenicocolicum	Bauchfelldoppelblatt zwischen Flexura coli sinistra und Zwerchfell	
	Lig. splenorenale [lienorenale, phrenicosplenicum]	● Bauchfelldoppelblatt zwischen Milzhilum und Zwerchfell ● Teil der linken Wand der Bursa omentalis	
Bursa omentalis (Netzbeutel, Netztasche)		Bauchfelltasche, begrenzt von: ● ventral: Omentum minus, Paries posterior des Magens ● dorsal: Peritoneum vor Retroperitonealraum ● kranial: Zwerchfell + Lig. gastrophrenicum ● rechts: Lig. coronarium (s.u.) ● links: Milz + Lig. gastrosplenicum + Lig. splenorenale ● kaudal: Colon transversum + Lig. gastrocolicum + Mesocolon transversum ● Eingang rechts unten: *Foramen omentale [epiploicum]* (Winslow-Loch) zwischen freiem Rand des Lig. hepatoduodenale, Leber und parietalem Bauchfell der hinteren Bauchwand (ventral rechts von V. cava inferior)	● Bursa omentalis gibt der Hinterwand des Magens freie Beweglichkeit, die für die Anpassung an wechselnde Füllungszustände wichtig ist, die aber auch operative Eingriffe am Magen erleichtert ● *Hernia bursae omentalis:* ● innerer Eingeweidebruch durch das Foramen epiploicum (oder Lücke in Mesocolon transversum) ● bei der Operation ist auf das den Bruchring mitbildende Lig. hepatoduodenale mit den Versorgungsstraßen der Leber besonders zu achten
	Vestibulum bursae omentalis	Vorhof des Netzbeutels: zwischen Foramen epiploicum [omentale] und Plica gastropancreatica (s.u.)	
	Recessus superior omentalis	● Blindsack vom Vestibulum bursae omentalis nach kranial, zwischen V. cava inferior und Pars abdominalis des Ösophagus ● in ihm liegt der Lobus caudatus der Leber	
	Recessus inferior omentalis	Blindsack nach kaudal zwischen Lig. gastrocolicum und Mesocolon transversum, Richtung zum freien Teil des Omentum majus	
	Recessus splenicus [lienalis]	Blindsack nach links zum Hilum splenicum zwischen Lig. gastrosplenicum [gastrolienale] und Lig. splenorenale [lienorenale, phrenicosplenicum]	
	Plica gastropancreatica	Bauchfellfalte in der Dorsalwand der Bursa omentalis, die durch die darin verlaufende A. gastrica sinistra aufgeworfen wird	

4.1.4 Plicae et Fossae [Recessus] (Bauchfellfalten und Bauchfellnischen)

BEREICH	GLIEDERUNG	LAGE	KLINIK
Duode-num	Fascia retinens rostra-lis	● Bauchfellfalte von Flexura duodenojejunalis nach kranial ● umhüllt M. suspensorius duodeni (Treitz-Muskel)	Treitz-Hernie: ● innerer Eingewei-debruch in einen der Recessus duodena-les ● führt zu hohem Dünndarmverschluß (Ileus) ● bei der Operation ist auf die in der Bruchpforte liegende V. mesenterica infe-rior besonders zu achten
	Plica duodenalis supe-rior [Plica duodeno-jejunalis]	● Bauchfellfalte links neben Flexura duodenojejunalis ● aufgeworfen durch V. mesenterica inferior ● bedeckt Recessus duodenalis superior von links kranial	
	Recessus duodenalis superior	Bauchfellnische dorsal der Plica duodenalis superior [Plica duode-nojejunalis], Öffnung nach rechts kaudal	
	Plica duodenalis infe-rior [Plica duodeno-mesocolica]	● Inkonstante quere Bauchfellfalte links von Pars ascendens des Duodenum ● bedeckt Recessus duodenalis inferior von kaudal	
	Recessus duodenalis inferior	Bauchfellnische dorsal der Plica duodenalis inferior [Plica duodeno-mesocolica], Öffnung nach kranial	
	Plica paraduodenalis	● Longitudinale inkonstante Bauchfellfalte links von Pars ascen-dens des Duodenum ● bedeckt Recessus paraduodenalis von links	
	Recessus paraduo-denalis	Bauchfellnische dorsal der Plica paraduodenalis, Öffnung nach rechts	
	Recessus retroduo-denalis	Bauchfellnische dorsal der Pars ascendens des Duodenum, Öff-nung nach links	
Caecum	Plica caecalis vascu-laris	● Inkonstante Bauchfellfalte kranial der Mündung des Ileum in das Caecum ● aufgeworfen durch A. ileocolica ● bedeckt Recessus ileocaecalis superior von kaudal	Hernia recessus ileocaecalis (Rieux-Hernie): ● innerer Eingewei-debruch in den Re-cessus ileocaecalis superior oder inferior ● meist nur kleiner Bruch, da wenig Platz ● bei Operation der oberen Ileozäkalher-nie ist auf die A. ileo-colica besonders zu achten
	Recessus ileocaecalis superior	Bauchfellnische dorsal der Plica caecalis vascularis, Öffnung nach kranial	
	Plica ileocaecalis	● Bauchfellfalte kaudal der Mündung des Ileum in das Caecum ● aufgeworfen durch A. appendicularis ● bedeckt Recessus ileocaecalis inferior von kranial	
	Recessus ileocaecalis inferior	Bauchfellnische dorsal der Plica ileocaecalis inferior, Öffnung nach kaudal	
	Plicae caecales	● Bauchfellfalten rechts vom Caecum zur hinteren Bauchwand ● begrenzen Recessus retrocaecalis kranial und kaudal	
	Recessus retrocaeca-lis	Bauchfellnische(n) dorsal rechts von Caecum und/oder Colon ascendens, teilbegrenzt von Plicae caecales, Öffnung nach rechts oder kaudal, z.T. sehr eng	
Colon	Sulci paracolici	Inkonstante Bauchfellnischen links dorsal vom Colon descendens, Öffnungen nach links	
	Recessus intersigmoideus	Trichterförmige Bauchfellnische kaudal des Mesocolon sigmoideum, dorsal des herabhängenden Colon sigmoideum, Öffnung nach kau-dal	Selten Hernien
Leber	Recessus subphrenici	● 2 ausgedehnte Bauchfellnischen zwischen Facies diaphragmatica der Leber und Zwerchfell beidseits des Lig. falciforme (hepatis) ● kranial begrenzt durch Lig. coronarium, Öffnung nach kaudal	
	Recessus subhepatici	● Ausgedehnte Bauchfellnischen zwischen Facies visceralis der Leber einerseits und Colon + Mesocolon transversum + hintere Bauchwand andererseits ● begrenzt kranial durch Lig. coronarium, links durch Foramen epi-ploicum [omentale], Öffnung nach kaudal und rechts	
	Recessus hepatorena-lis	Teil der Recessus suphepatici zwischen Leber und rechter Niere, rechts vom Eingang in Bursa omentalis	
Ligg. he-patis (Leber-bänder)	Lig. coronarium (Kronenband)	Umschlagfalte des Bauchfells vom Zwerchfell auf die Leber, um-grenzt Area nuda der Leber (Entwicklung ⇨ 4.1.1), Abschnitte: ● Lig. triangulare sinistrum: nach links spitz auslaufender Teil ● Lig. triangulare dextrum: nach rechts unten spitz auslaufender Teil ● Lig. hepatorenale: zwischen rechtem Leberlappen und rechter Niere	
	Lig. falciforme (hepatis) (Sichelband)	Bauchfellfalte vom Nabel zur Fissura ligamenti teretis der Leber, enthält das Lig. teres hepatis (die verödete Nabelvene) ● entwicklungsgeschichtlich vorderes Lebergekröse (ventraler Teil des Mesenterium ventrale primitivum, ⇨ 4.1.1)	

Fortsetzung der Tabelle nächste Seite

Bauchfellfalten und Bauchfellnischen (Fortsetzung)

BEREICH	GLIEDERUNG	LAGE	KLINIK
Peritoneum parietale anterius (vorderes wandständiges Bauchfell)	*Plica umbilicalis mediana* (mittlere Nabelfalte)	● Bauchfellfalte zwischen Nabel und Apex vesicae ● aufgeworfen durch Lig. umbilicale medianum (Rest des Urachus, ⇨ 5.3.4)	Urachusfisteln ⇨ 5.3.4
	Plica umbilicalis medialis (mediale Nabelfalte)	● Bauchfellfalte zwischen Nabel und Lateralwand des kleinen Bekkens (früher Plica umbilicalis lateralis genannt!) ● aufgeworfen durch Lig. umbilicale mediale (Pars occlusa der A. umbilicalis, ⇨ embryonaler Kreislauf 1.5.1)	
	Plica umbilicalis lateralis (laterale Nabelfalte)	● Bauchfellfalte von A. iliaca externa etwa handbreit in Richtung Nabel verlaufend (ohne diesen zu erreichen) ● aufgeworfen durch A. epigastrica inferior + Begleitvenen (daher früher Plica epigastrica genannt)	A. epigastrica inferior liegt bei indirekten Leistenbrüchen medial vom Bruchsack
	Fossa supravesicalis	Flache Bauchfellnische zwischen Plica umbilicalis mediana und Plica umbilicalis medialis	Bruchpforte der *supravesikalen Hernien*
	Fossa inguinalis medialis (mediale Leistengrube)	● Flache Bauchfellnische zwischen Plica umbilicalis medialis und Plica umbilicalis lateralis ● ihr entsprechen in der Bauchwand das Trigonum inguinale und der Anulus inguinalis superficialis	● Bruchpforte der *direkten Leistenbrüche* (⇨ 2.8.2) ● A. epigastrica inferior liegt bei direkten Leistenbrüchen lateral vom Bruchsack
	Trigonum inguinale (Hesselbach-Dreieck)	● Schwache Stelle in Bauchwand vor Fossa inguinalis medialis, Grenzen: • medial: Lateralrand des M. rectus abdominis • kaudal: Lig. inguinale • lateral: Lig. interfoveolare mit A. + V. epigastrica inferior ● Füllung: Fascia transversalis + Falx inguinalis (in wechselndem Ausmaß) ● unmittelbar ventral liegt: Anulus inguinalis superficialis	
	Fossa inguinalis lateralis (laterale Leistengrube)	● Flache Bauchfellnische lateral der Plica umbilicalis lateralis ● ihr entspricht in der Bauchwand der Anulus inguinalis profundus	Bruchpforte der *indirekten Leistenbrüche* (⇨ 2.8.2)
	Plica vesicalis transversa	Quere Stauchungsfalte des Bauchfells über leerer Harnblase, verstreicht mit zunehmender Füllung	
	Fossa paravesicalis	Bauchfellgrube lateral der Harnblase	
Peritoneum urogenitale (Bauchfell der Harn- und Geschlechtsorgane)	*Lig. latum uteri* (breites Mutterband)	● Bauchfelldoppelblatt von der Gebärmutter zur Lateralwand des kleinen Beckens ● im freien oberen Rand liegt der Eileiter, aus der Vorderwand schwenkt das Lig. teres uteri (rundes Mutterband) nach vorn zum Anulus inguinalis profundus ● 3 Abschnitte: • *Mesometrium* (Gebärmuttergekröse): lateral der Gebärmutter mit deren Versorgungsstraßen (A. uterina, Plexus venosus uterinus, Nodi lymphatici para-uterini, Plexus uterovaginalis) und Aufhängebändern ("Lig. cardinale", Lig. ovarii proprium) • *Mesosalpinx* (Eileitergekröse): am oberen Rand des Lig. latum uteri mit Versorgungsstraßen des Eileiters • *Mesovarium* (Eierstockgekröse): Ausstülpung aus dorsalem Blatt des Lig. latum uteri mit Versorgungsstraßen des Eierstocks	*Hysterektomie* (Entfernung der Gebärmutter): Lig. latum uteri muß durchgeschnitten und A. uterina unterbunden werden, dabei ist auf den nahegelegenen Harnleiter zu achten (⇨ 4.8.8 + 5.4.5)!
	Lig. suspensorium ovarii (Aufhängeband des Eierstocks)	● Bauchfellfalte vom Eierstock zur Dorsolateralwand des kleinen Beckens ● aufgeworfen durch A. ovarica + Plexus pampiniformis	
	Fossa ovarica (Eierstockgrube)	● Flache Grube im Teilungswinkel der A. + V. iliaca communis ● in ihr liegt der intraperitoneale Eierstock ● an der Beckenwand läuft N. obturatorius	Reizzustände des N. obturatorius bei Eierstockerkrankungen
	Plica recto-uterina	● Bauchfellfalte vom Uterus zur Lateralwand des Rectum ● aufgeworfen durch M. recto-uterinus	
	Excavatio recto-uterina (Douglas-Raum)	● Breite Bauchfellnische zwischen Uterus und Rectum, lateral begrenzt durch Plica recto-uterina ● reicht bis an Fornix vaginae (tiefste Stelle der Peritonealhöhle bei der Frau)	"Douglasskopie": Endoskopie des Douglas-Raums von Fornix vaginae aus
	Excavatio vesico-uterina	● Bauchfellnische zwischen Uterus und Harnblase, Größe hängt ab von Flexio und Versio des Uterus (⇨ 5.4.5) ● reicht bis etwa Isthmus uteri	
	Excavatio rectovesicalis	● Bauchfellnische zwischen Harnblase und Rectum beim Mann ● reicht bis an Kuppen der Samenblasen (tiefste Stelle der Peritonealhöhle beim Mann)	

4.1.5 Cavitas peritonealis (Bauchfellhöhle)

Vorbemerkung: die ärztlich außerordentlich wichtigen Organe und Leitungsbahnen der Bauchfellhöhle sind in diesem Buch entsprechend ausführlich behandelt (über 30 Tabellenseiten), hier wird nur ein kurzer Überblick gegeben und auf die Hauptstellen verwiesen

BAUCHFELLHÖHLE I.E.S.	ORGANE	LEITUNGSBAHNEN	KLINIK
■ **Definition:** ● Cavitas peritonealis i.e.S.: der normalerweise nur mit einem Flüssigkeitsfilm gefüllte Spaltraum, der vom geschlossenen Sack des Peritoneum (Peritoneum parietale + Peritoneum viscerale) umgeben wird ● Cavitas peritonealis i.w.S.: zur Besprechung als "Bauchsitus" werden gewöhnlich die intraperitonealen und sekundär retroperitonealen Organe mit einbezogen ■ **Gliederung** (Kompartimente der Bauchfellhöhle): ① **Oberbauch** (supramesokolisches Kompartiment): ● suprahepatischer (subdiaphragmatischer) Raum: vor Area nuda, durch Lig. falciforme (hepatis) in rechte und linke Hälfte geteilt (Recessus subphrenici) ● infrahepatischer Raum (Recessus subhepatici): • rechter infrahepatischer Raum: zwischen Leber und rechter Niere (Recessus hepatorenalis) • linker infrahepatischer Raum: zwischen Leber einerseits, Magen + Omentum minus + Omentum majus (kranial des Lig. gastrophrenicum) andererseits ● Bursa omentalis ② **Unterbauch** (inframesokolisches Kompartiment): ● rechte parakolische Rinne: rechts von Caecum + Colon ascendens ● supramesenterischer Raum: zwischen Colon ascendens, rechter Hälfte des Mesocolon transversum und Radix mesenterii ● inframesenterischer Raum: zwischen Radix mesenterii, linker Hälfte des Mesocolon transversum, Colon descendens und Mesocolon sigmoideum ● linke parakolische Rinne: links des Colon descendens ③ **Beckenhöhle** (Cavitas pelvis [pelvica] ⇨ 2.8.7): ● rechte und linke pararektale Rinne: neben Rectum bzw. Beckenteil des Mesocolon sigmoideum ● Excavatio recto-uterina und Excavatio vesico-uterina (Frau) ● Excavatio rectovesicalis (Mann) ■ **Nachbarregion**: Spatium retroperitoneale ⇨ 2.8.6	■ **Gliederung nach Lage zum Bauchfell:** ① **intraperitoneal**: Organ ist mit Ausnahme der Gekröseansätze von Bauchfell (Peritoneum viscerale) bedeckt: ● Gaster [Ventriculus] (Magen) ⇨ 4.2 ● Hepar (Leber) mit Vesica biliaris [fellea] (Gallenblase) ⇨ 4.4 ● Splen [Lien] (Milz) ⇨ 4.6 ● Großteil des Dünndarms: Jejunum (Leerdarm) + Ileum (Krummdarm) ⇨ 4.3.4 ● etwa Hälfte des Dickdarms: • Caecum (Blinddarm) mit Appendix vermiformis (Wurmfortsatz) ⇨ 4.3.6 • Colon transversum (Quergrimmdarm) + Colon sigmoideum (Sigma) ⇨ 4.3.7 ● Beckenorgane nur bei Frau: • Ovarium (Eierstock), ⇨ 5.4.1 • Tuba uterina [Salpinx] (Eileiter), ⇨ 5.4.4 • Uterus (Gebärmutter), ⇨ 5.4.5 ② **retroperitoneal**: das Organ ist nur zum Teil mit Bauchfell (Peritoneum viscerale) bedeckt, 2 Fälle: ● *primär retroperitoneal*: das Organ liegt während der gesamten Entwicklung retroperitoneal • Glandula suprarenalis [adrenalis] (Nebenniere) ⇨ 4.7 • Ren [Nephros] (Niere) ⇨ 4.8 • Vesica urinaria (Harnblase) ⇨ 5.1 • Rectum (Mastdarm) ⇨ 5.2 ● *sekundär retroperitoneal*: das Organ entsteht während der Embryonalphase intraperitoneal, in der Fetalzeit verklebt jedoch ein Teil des Peritoneum viscerale des Organs mit dem Peritoneum parietale der hinteren Bauchwand, so daß bei Geburt das Organ als retroperitoneal erscheint • Duodenum (Zwölffingerdarm) ⇨ 4.3.3 • Pancreas (Bauchspeicheldrüse) ⇨ 4.5 • Colon ascendens + descendens (auf- und absteigender Grimmdarm) ⇨ 4.3.7 ③ **extraperitoneal**: Organe , die an keiner Stelle von Bauchfell bedeckt werden (Organum extraperitoneale, der Begriff wird in der Literatur nicht einheitlich gebraucht, manche Autoren unterscheiden nicht zwischen retro- und extraperitoneal) ■ **Projektion** der Baucheingeweide auf Bauchwand ⇨ 2.8.3	■ **Arterien**: unpaare Äste der Pars abdominalis aortae (ausführlich ⇨ 2.4.4 + 2.4.5): ● *Truncus coeliacus*: entspringt noch im Hiatus aorticus, gemeinsamer Stamm von • A. gastrica sinistra • A. hepatica communis • A. splenica [lienalis] ● *A. mesenterica superior* ● *A. mesenterica inferior* ■ **Venen**: Abfluß über V. portae hepatis durch Leber (venöses Wundernetz) zu V. cava inferior, Hauptäste (ausführlich ⇨ 2.5.5): ● *V. mesenterica superior* ● *V. splenica* ● *V. mesenterica inferior* ● portokavale Anastomosen ⇨ 2.5.5 ■ **regionäre Lymphknoten**: Nodi lymphatici viscerales des Bauches (ausführlich mit Untergruppen ⇨ 2.6.4), Nodi lymphatici ● coeliaci ● gastrici ● gastro-omentales ● pylorici ● pancreatici ● splenici [lienales] ● pancreaticoduodenales ● hepatici ● mesenterici ● mesocolici ● mesenterici inferiores ■ **sensible Innervation:** ● Peritoneum parietale: somatische Nerven: • Nn. intercostales • N. phrenicus ● Peritoneum viscerale + Organe: autonome Nerven: ausführlich Tabelle viszerale Afferenzen ⇨ 1.8.4 ■ **autonome Innervation**: Sympathikus + Parasympathikus, ausführlich ⇨ 1.8.3	**Peritonitis** (Bauchfellentzündung): ● meist durch Bakterien verursacht ● Infektionswege: • Trauma: Verletzung oder Operation • *Durchwanderungsperitonitis*: Bakterien durchwandern noch erhaltene Wand eines erkrankten Bauchorgans (z.B. Wurmfortsatz, Gallenblase), Bauchdecke oder Zwerchfell (bei Pleuraempyem) • *Perforationsperitonitis*: Durchbruch von Eitermassen durch Wand eines vereiterten Hohlorgans ● Symptome: • Schmerz im Bauchraum: bis Vernichtungsschmerz bei Perforation • Bauchdeckenspannung: Patient beugt im Hüftgelenk zur Entspannung • Brechreiz bis kotiges Erbrechen • Fieber, kalter Schweiß, Unruhe • Oligurie bis Anurie ● hohe Todesgefahr durch • Darmlähmung (paralytischer Ileus) • Schock ● Therapie: sofortige Operation zur Beseitigung der Ursache, jede Stunde Verzögerung erhöht die Sterblichkeit um 5-10 %! ● Spätfolgen: Verklebung von Bauchfellbereichen (Adhäsionen) → behindert Bewegung der Bauchorgane → Gefahr des Darmverschlusses (Adhäsions- bzw. Strangulationsileus)

4.2 Magen (Gaster [Ventriculus])

Entwicklung und Entwicklungsstörungen ⇨ 4.3.1

4.2.1 Gaster [Ventriculus] (Magen): makroskopisch

GLIEDERUNG, RELIEF	LAGE	LEITUNGSBAHNEN	KLINIK
■ **Wände:** ● *Paries anterior* (Vorderwand): der obere Teil liegt dem linken Leberlappen, der untere der vorderen Bauchwand an ● *Paries posterior* (Hinterwand): grenzt an die Bursa omentalis ■ **Magenkrümmungen:** ● *Curvatura gastrica [ventricularis] major* (große Magenkrümmung): linke und untere Magenkontur, grenzt an Omentum majus ● *Curvatura gastrica [ventricularis] minor* (kleine Magenkrümmung): rechte Magenkontur, grenzt an Omentum minus ■ **Mageneinschnitte:** ● *Incisura cardiaca*: spitzer, nach oben offener Winkel zwischen Speiseröhre und Magenfundus ● *Incisura angularis*: im Röntgenbild Einschnitt am tiefsten Punkt der kleinen Magenkurvatur, bedingt durch Kontraktion der Ringmuskeln, verändert Lage mit peristaltischer Welle, funktionelle Grenze zwischen Magenkörper und Pförtnerabschnitt ■ **Relief der Schleimhautoberfläche:** ● Plicae gastricae: Schleimhautfalten, überwiegend in Längsrichtung ● Areae gastricae (Magenfelder): von feinen Furchen umgebene Bereiche (Durchmesser 1-6 mm) ● Plicae villosae: Epithelkämme zwischen den Magengrübchen ● Foveolae gastricae (Magengrübchen): Mündungen der Magendrüsen ■ **Hauptabschnitte** des Magens (ausführlich ⇨ 4.2.3): ● Pars cardiaca (Mageneingang) ● Fundus gastricus [ventricularis] (Magenkuppel) ● Corpus gastricum [ventriculare] (Magenkörper) ● Pars pylorica (Pförtnerabschnitt)	■ **Lage:** im linken Oberbauch, intraperitoneal zwischen 2 Bauchfelldoppelblättern (Einzelheiten ⇨ 4.1.3): ● Omentum minus: Ansatz an Curvatura gastrica [ventricularis] minor ● Omentum majus: Ansatz an Curvatura gastrica [ventricularis] major ■ **Nachbarschaft:** ● kranial: Zwerchfell (darüber Lobus inferior der linken Lunge) + Lobus sinister der Leber ● ventral (Paries anterior): • rechts: Leber • links oben: Zwerchfell • links unten: Bauchwand (Lamina posterior der Vagina musculi recti abdominis) ● dorsal (Paries posterior): • oben + Mitte links: Zwerchfell • Mitte rechts: Milz • Mitte: linke Nebenniere + oberer Pol der linken Niere • Mitte bis rechts unten: Pancreas • links unten: Colon transversum ■ **Projektion** auf Wirbelsäule: ● Pars cardiaca: Th11-Th12 ● Pylorus: L1-L2 ● Corpus: kann bei starker Füllung bis kaudal des Nabels (L4) sinken	■ **Arterien:** Äste des Truncus coeliacus: ● Arkade der kleinen Kurvatur: • A. gastrica sinistra (direkt aus Truncus) • A. gastrica dextra (aus A. hepatica propria oder communis) ● Arkade der großen Kurvatur: • A. gastro-omentalis [-epiploica] sinistra (aus A. splenica) • A. gastro-omentalis [-epiploica] dextra (aus A. gastroduodenalis) ● Äste zu Cardia und Fundus (aus A. splenica): • A. gastrica posterior • Aa. gastricae breves ■ **Venen:** Abfluß zur Pfortader: ● Arkade der kleinen Kurvatur (V. gastrica sinistra + V. gastrica dextra) sowie V. prepylorica direkt zu Hauptstamm der V. portae hepatis ● Arkade der großen Kurvatur: • V. gastro-omentalis [-epiploica] sinistra (zur V. splenica) • V. gastro-omentalis [-epiploica] dextra (zur V. mesenterica superior) ● Vv. gastricae breves (zur V. splenica) ■ **regionäre Lymphknoten:** ● an kleiner Kurvatur: • Nodi lymphatici gastrici dextri • Nodi lymphatici gastrici sinistri ● an großer Kurvatur: • Nodi lymphatici gastro-omentales dextri • Nodi lymphatici gastro-omentales sinistri ● an Cardia: • Anulus lymphaticus cardiae ● an Pars pylorica: • Nodus lymphaticus suprapyloricus • Nodi lymphatici subpylorici • Nodi lymphatici retropylorici ■ **Innervation:** Plexus gastrici: ● *sympathisch* (motorisch zum Pylorus, sensibel gesamte Magenschleimhaut): aus Th6-Th9 über N. splanchnicus major ● *parasympathisch* (sekretorisch und motorisch): Rr. gastrici anteriores und posteriores aus Truncus vagalis anterior und posterior	■ **Magenformen im Röntgenbild:** abhängig von Füllung, Magenmotorik, Körperlage und Körperbau, Extreme: ● *Langmagen*: bei Schmalwüchsigen im Stehen ● *Stierhornform* (Posthornform): bei Breitwüchsigen in Rückenlage ■ **Magenruptur:** heftiger Schlag auf Bauchraum bei gefülltem Magen (z.B. durch Sicherheitsgurt bei Frontalzusammenstoß) kann zu dessen Bersten führen, sofortige Laparotomie (operative Eröffnung der Bauchhöhle) nötig ■ **Gastrektomie** (vollständige Magenentfernung): Standardoperation bei Magenkrebs, Schließen der Lücke zwischen Ösophagus und Duodenum z.B. durch Jejunuminterposition (Bilden eines Ersatzmagens aus Jejunum), häufige Folgen: ● Dumping-Syndrom (⇨ unten) ● Refluxösophagitis ● B_{12}-Hypovitaminose, z.B. megalozytäre Anämie (daher regelmäßige Injektion von Vitamin B_{12} nötig) ■ **Dumping-Syndrom** (Sturzentleerung des Magens): ● häufige Folge nach Magenoperation ● "Frühdumping": Völlegefühl, Schwitzen und Übelkeit 10-20 min nach Mahlzeit, verursacht durch starke Dehnung des Jejunum und Hyperosmolarität ● "Spätdumping": Herzklopfen, Schwitzen, Schwindel 2-3 Stunden nach Mahlzeit, verursacht durch Hypoglykämie ● Patienten essen daher zu wenig → Unterernährung ■ **Vagotomie:** Durchtrennen des N. vagus zur Minderung der Säurebildung bei Geschwürskranken, 3 Formen: ● *trunkuläre* Vagotomie: Durchschneiden des Truncus vagalis anterior und posterior: einfach, aber auch Ausfall der Innervation von Gallenwegen und Darm ● *selektiv totale* Vagotomie: nur Magennerven ● *selektiv proximale* Vagotomie: nur Äste zu Fundus und Corpus, erhält Pylorusfunktion, aber zeitaufwendige Operation, weil viele kleine Äste zu präparieren ● Postvagotomiesyndrom: vorübergehende Funktionsstörung des Mageneingangs mit Dysphagie (Schluckbeschwerden) und Reflux von Magensaft in Speiseröhre (Sodbrennen, Refluxösophagitis ⇨ 4.2.3)

4.2.2 Gaster [Ventriculus] (Magen): mikroskopisch

FEINBAU	AUFGABEN, STEUERUNG	KLINIK
Schichten der Magenwand: ① **Tunica mucosa** (Schleimhaut): ● *Epithel:* einschichtiges Säulenepithel (hochprismatisches Epithel) mit ● Oberflächenzelle (Epitheliocytus superficialis gastricus) ● hormonbildende Zelle (Endocrinocytus gastrointestinalis) ● *Lamina propria* mucosae: Bindegewebeschicht mit Noduli lymphatici ● *Lamina muscularis mucosae* (Muskelschicht der Schleimhaut): Grenzschicht zur Submukosa ② **Tela submucosa** ("Submukosa"): gefäß- und nervenreiche Verschiebeschicht zwischen Schleimhaut und Muskelwand ③ **Tunica muscularis** (Muskelwand): ● Stratum longitudinale (Längsschicht, außen) ● Stratum circulare (Ringschicht) ● Fibrae obliquae (innen) ④ **Tela subserosa**: Bindegewebelage zwischen Muskelwand und Bauchfell ⑤ **Tunica serosa**: Bauchfellüberzug (Magen liegt intraperitoneal)	■ **Aufgaben:** ● Speicherung der in der Mundhöhle zerkleinerten Nahrung und Abgabe in kleinen Mengen an Darm zur weiteren Verarbeitung ● Desinfektion des Speisebreis (mit Salzsäure) ● Beginn der Proteinverdauung (Pepsin) ● Sekretion des Intrinsic-Faktor (für Resorption von Vitamin B_{12} nötig) ■ **Steuerung der Magenmotorik:** ● parasympathisch (N. vagus): fördernd, cholinerge Rezeptoren ● sympathisch (N. splanchnicus major): hemmend, dopaminerge Rezeptoren (daher Behandlung der Magenatonie mit Dopaminantagonisten) ● M. sphincter pyloricus offenbar umgekehrt innerviert: Sympathikus fördert (α_1-Rezeptoren, ⇨ 1.8.3), Parasympathikus hemmt ● verschiedene Enterohormone hemmen Magenmotorik: regeln damit Übergabe des Speisebreis von Magen an Duodenum ■ **Steuerung der Magensekretion:** ● parasympathisch (s.o.) ● sympathisch (s.o.) ● Gastrin (G-Zellen): fördernd ● Histamin (Mastzellen): fördernd ● verschiedene Enterohormone: hemmend	■ **Ulcus ventriculi** (Magengeschwür): ● bevorzugte Lage: kleine Kurvatur, Pylorusabschnitt ● Entstehung: vegetative Disharmonie führt zu lokaler Durchblutungsstörung und diese zu lokalem Mißverhältnis von schützendem Schleim und aggressiver Säure, begünstigend wirkt Infektion mit Helicobacter pylori ● hohe Spontanheilungsrate ● Gefahren: Blutung, Perforation, Stenose (durch Narbenschrumpfung) ● Therapie: hemmen der Säurebildung (Histamin-H_2-Antagonisten) + bekämpfen der Infektion, nur ausnahmsweise noch Operation (Magenresektion und/oder Vagotomie) nötig ■ **Carcinoma ventriculi** (Magenkrebs): ● Epidemiologie: in Deutschlad dritthäufigste Krebslokalisation (hinter Brust- und Dickdarmkrebs bei der Frau, hinter Bronchial- und Prostatakrebs beim Mann), im vereinten Deutschland sterben daran jährlich etwa 17 000 Menschen, in den letzten Jahren nimmt die Häufigkeit in allen hochzivilisierten Ländern ab ● Lokalisation: 80-90 % kleine Kurvatur ● meist drüsige Strukturen (Adenokarzinom), z.T. mit "Siegelringzellen" (schleimgefüllte Zellen mit randständigem Kern), seltener Plattenepithelkarzinom ● Metastasen: ● lymphogen: frühzeitig regionäre Lymphknoten (⇨ 4.2.1) befallen ● hämatogen: über V. portae hepatis zur Leber, von dort zur Lunge, selten weiter (z.B. Knochen) ● peritoneal: nach Erreichen des Bauchfells Aussaat über Cavitas peritonealis

4.2.3 Abschnitte des Magens

ABSCHNITT	GLIEDERUNG, RELIEF	FEINBAU	KLINIK
Pars cardiaca (Mageneingang)	● Öffnung: Ostium cardiacum [Cardia] (oberer Magenmund) ● Projektion dorsal: etwa Höhe des 10. Brustwirbelkörpers ● Projektion ventral: Rippenbogen auf Höhe der Spitze des Processus xiphoideus	● Scharfe Grenze zwischen mehrschichtigem Plattenepithel der Speiseröhre und einschichtigem Säulenepithel des Magens, doch kommen Inseln von Magenschleimhaut in der Speiseröhrenschleimhaut vor ● Glandula cardiaca (Kardiadrüse): schleimbildend, lockere Lage, häufig gewunden, weite Lichtung, von unregelmäßigen Magengrübchen ausgehend	● *Refluxösophagitis*: bei mangelhaftem Verschluß der Cardia fließt Magensaft in die Speiseröhre und verursacht dort Geschwüre ● *Fundoplicatio*: Verbessern des Kardiaschlusses durch Manschettenbildung um Pars cardiaca: 2 Falten des Fundus gasticus werden vor und hinter der Cardia durchgezogen und rechts der Cardia vernäht
Fundus [Fornix] gastricus [ventricularis] (Magenkuppel, Magengrund)	● Grenzt an linken Leberlappen und Zwerchfell (darüber rechte Herzkammer) ● Lage beim Lebenden durch Perkussion der Luftblase (im Stehen) zu bestimmen (tympanitischer Klopfschall!)	Magenhauptdrüsen wie im Corpus (⇨ nächste Seite)	**"Magenblase":** ● Bezeichnung der Röntgenologen für die normalerweise im Magen befindliche und im Röntgenbild sichtbare größere Luftblase ● Entstehung: mit dem Speisebrei geschluckte Luft, aus Mineralwasser freiwerdendes CO_2 usw. ● Lage: jeweils im höchsten Abschnitt des Magens, bei stehendem Patienten also im Fundus

Fortsetzung der Tabelle nächste Seite

Abschnitte des Magens (Fortsetzung)

ABSCHNITT	GLIEDERUNG, RELIEF	FEINBAU	KLINIK
Corpus gastricum [ventriculare] (Magenkörper)	● Hauptteil des Magens ● Canalis gastricus [ventricularis] (Magenstraße): an die Curvatura minor angrenzender funktioneller Bereich, in dem nicht Speisen gestapelt werden, sondern der für die rasche Passage von Flüssigkeiten offen gehalten wird	**Glandula gastrica propria** (Magenhauptdrüse): in Corpus und Fundus, lang, wenig verzweigt, enge Lage, enge Lichtung, 3 Abschnitte mit 5 Zellarten: ■ **Isthmus** (Engstelle): in Tiefe des Magengrübchens vor Aufzweigung in Einzeldrüsen ● undifferenzierte Zelle (Epitheliocytus nondifferentiatus): ähnlich Oberflächenzelle ■ **Cervix** (Hals): ● schleimbildende Nebenzelle (Mucocytus cervicalis): Schleim als Schutz vor Selbstverdauung ■ **Pars principalis** (Hauptteil): mit ● *Belegzelle* (Exocrinocytus parietalis): eosinophil, intrazelluläre Canaliculi, zahlreiche Mitochondrien, bildet Salzsäure und Intrinsic-Faktor, bevorzugt in Mitte der Drüse ● *Hauptzelle* (Exocrinocytus principalis): basophil, Zymogengranula, bildet Pepsinogen, hauptsächlich im basalen Drüsenteil ● *endokrine Zellen*: bilden verschiedene gastrointestinale Hormone (⇨ 4.3.2), z.B. ● A-Zelle (Enteroglucagon) ● D-Zelle (Somatostatin) ● D₁-Zelle (VIP = vasoaktives intestinales Polypeptid) ● EC-Zelle (Serotonin, Motilin)	**Magenresektion**: Teilentfernung des Magens, meist als Zweidrittelresektion (Pars pylorica + Teil von Corpus), erfordert Gastroenterostomie (Verbinden des Restmagens mit Dünndarm), 2 Formen: ● *Billroth-1-Magenresektion*: Restmagen End-zu-End mit Duodenum verbunden: ● Problem: Duodenum schlecht zu mobilisieren, Naht steht unter Spannung, Gefahr der Nahtdehiszenz (Klaffen der Naht) ● *Billroth-2-Magenresektion*: Restmagen End-zu-Seit mit Jejunum verbunden, dieses ist gut beweglich und kann vor (antekolisch) oder hinter (retrokolisch) dem Colon transversum hochgezogen werden, Probleme: ● Syndrom der "zuführenden Schlinge" (blind beginnendes Duodenum): Duodenalsaft strömt in Magen, fördert Geschwüre (Anastomosenulkus) und Stenosenbildung an Verbindungsstelle → Abflußstörung des Duodenum → Infektion ● Syndrom der "abführenden Schlinge": Stenose oder Invagination (Einstülpung) behindert Magenentleerung ● Probleme der Billroth-2-Operation können gemildert werden durch: ● *Braun-Fußpunktanastomose*: am "Fuß" der hochgezogenen Jejunumschlinge wird Lichtung der beiden Schenkel verbunden, dann strömt Duodenalsaft unter Umgehung der Schlinge in Jejunum weiter ● *Roux-Y-Anastomose*: Restmagen wird End-zu-End mit Jejunum verbunden, Duodenum wird 30-40 cm entfernt End-zu-Seit in Jejunum eingepflanzt
Pars pylorica (Pförtnerabschnitt)	● *Antrum pyloricum* (Pförtnervorhof): Hauptteil des von der Incisura angularis zum Pylorus ansteigenden Pförtnerabschnitts ● *Canalis pyloricus* (Pförtnerkanal): der etwa 2-3 cm lange Endabschnitt ● *Pylorus* (Magenpförtner, Magenausgang): Projektion dorsal auf Höhe des 1. Lendenwirbelkörpers, ventral einige cm kaudal der Mitte des Rippenbogens, etwa 2 cm rechts der vorderen Medianlinie ● *Ostium pyloricum* (unterer Magenmund): die Lichtung im Bereich des Pylorus	■ **Glandula pylorica** (Pylorusdrüse): kurz, lockere Lage, häufig verzweigt, weite Lichtung, von tiefen Magengrübchen ausgehend, bildet ● Schleim (Exocrinocytus pyloricus) und ● Gastrin (G-Zelle, Endocrinocytus gastrointestinalis) ■ **Stratum circulare** (Ringschicht) der Tunica muscularis am Pylorus verstärkt zum **M. sphincter pyloricus**	■ **Spastisch-hypertrophische Pylorusstenose**: ● bei Säuglingen im Alter von 3-5 Wochen erstmals Symptome ● mangelnde Erschlaffung des überstarken M. sphincter pyloricus verursacht Krämpfe in Pars pylorica (Peristaltik versucht Hindernis zu überwinden) ● typisch: Erbrechen in hohem Bogen ● Passagestörung für Speisebrei führt zu schwerer Gedeihstörung ● Therapie: Pyloromyotomie (Durchtrennen des hypertrophierten M. sphincter pyloricus) ■ **Pylorusstenose des Erwachsenen**: meist durch Narbenschrumpfung nach Magengeschwür ● Leitsymptom: häufiges Erbrechen ● Therapie: Pyloroplastik: Erweiterung des Magenausgangs durch Pyloromyotomie (Durchtrennen des M. sphincter pyloricus)

4.3 Darm (Intestinum)

4.3.1 Entwicklung und Entwicklungsstörungen des Magen-Darm-Kanals

Abkömmlinge des Vorderdarms (Pre-enteron)

ORGAN	ENTWICKLUNG	ENTWICKLUNGSSTÖRUNGEN
Gaster [Ventriculus] (Magen)	• *Gaster primitiva* [Ventriculus primitivus] als Erweiterung und Krümmung im kaudalen Teil des Vorderdarms, Ausbuchtung nach dorsal wird zur großen Kurvatur • in 5. Entwicklungswoche zwischen C_7 und Th_4, deszendiert bis 8. Entwicklungswoche zur endgültigen Lage zwischen Th_{11} und L_3 • Rotation um Längsachse (90° gegen den Uhrzeigersinn von kaudal gesehen) führt große Kurvatur nach links • Rotation um Sagittalachse (etwa 45° im Uhrzeigersinn von ventral gesehen) bringt Pylorus nach rechts • *Mesogastrium ventrale* aus kaudalem Teil des Septum transversum • in 13. Entwicklungswoche alle Zellarten in Schleimhaut differenziert	• *Ventriculus thoracicus*: Magen liegt im Brustraum, bei Zwerchfelldefekt • *spastisch-hypertrophische Pylorusstenose*: Hypertrophie der Muskulatur des Antrum pyloricum führt zu heftigem Erbrechen (beginnend in 3.-6. Lebenswoche) bei etwa 0,3 % aller Neugeborenen (Knaben etwa 5mal häufiger als Mädchen) • *Mucosa gastrica umbilicalis*: in die Nabelschnur versprengte Magenschleimhaut • *Lageanomalien* bei fehlerhafter Magendrehung, z.B. Upside-down-Magen, Retortenmagen
Duodenum (Zwölffingerdarm)	• *Duodenum primitivum* teils aus kaudalstem Abschnitt des Vorderdarms (mit Mesoduodenum ventrale), teils aus kranialem Abschnitt des Mitteldarms (ohne Mesoduodenum ventrale) • im Zuge der Magendrehung Schleifenbildung nach rechts, wird sekundär retroperitoneal • *Mesoduodenum ventrale* wird zur Plica hepatoduodenalis mit Hauptversorgungsstraße der Leber • wie bei Ösophagus vorübergehender Verschluß der Lichtung und Rekanalisation	**Duodenalatresie:** • bei fehlender Rekanalisation • führt meist zu Hydramnion (⇨ 5.7.1), weil Fetus Fruchtwasser nicht über Verdauungstrakt resorbieren kann • nach Geburt nach erstem Stillen Erbrechen (gallig, wenn Atresie aboral der Mündung des Ductus choledochus) • sofortige Operation nötig • Duodenalstenose: auch durch Pancreas anulare (s.u.) möglich
Hepar (Leber) + **Vesica biliaris [fellea]** (Gallenblase)	• *Leberknospe* (Diverticulum hepaticum): ventrale Aussackung des kaudalen Vorderdarms in 4. Entwicklungswoche, wächst als Ductus hepatopancreaticus in Septum transversum ein • *Ductus hepatopancreaticus* teilt sich in ventrale Pankreasanlage (s.u.) und Antrum hepaticum • *Antrum hepaticum* bildet Ductus choledochus [biliaris] und zweigt sich in eigentliche Leberanlage (Ductus hepatici, Laminae hepaticae) und Gallenblasenanlage (Ductus cysticus, Vesica biliaris [fellea]) auf • aus Nabel- und Dottersackvenen im Septum transversum gehen Lebersinusoide hervor • Hämatopoese (Blutbildung) beginnt in 6. Entwicklungswoche in Lebermesenchym, wird in Fetalzeit von Knochenmark übernommen • Bildung von Gallenfarbstoffen etwa ab 13. Entwicklungswoche (dann Darminhalt grün) • Leber in Fetalzeit sehr groß, bis zu 10 % des Gesamtgewichts des Fetus (beim Neugeborenen noch 5 %, beim Erwachsenen 2 %)	• *Angeborene Choledochuszyste*: sackartige Erweiterung des Hauptgallengangs bis Faustgröße • große Variabilität in Verzweigungsmuster und Lage der Gallengänge ■ **Gallengangatresie** (Gallengangstenose): • Engstelle (z.B. Stenosis choledochalis) oder Verschluß in den extrahepatischen Gallenwegen • behindert oder verhindert Abfluß der Galle von der Leber zum Darm • führt zu schwerer Gelbsucht • erfordert operative biliodigestive Anastomose (Einzelheiten ⇨ 4.4.3)
Pancreas (Bauchspeicheldrüse)	Entwicklung aus **2 Anlagen:** • *ventrale Pankreasanlage* (Gemma pancreatica ventralis): zweigt von Ductus hepatopancreaticus aus Diverticulum hepaticum ab • *dorsale Pankreasanlage* (Gemma pancreatica dorsalis): direkter dorsaler Auswuchs aus kaudalem Abschnitt des Vorderdarms • vordere Anlage wandert nach dorsal und vereinigt sich mit dorsaler Anlage • aus Pancreas ventrale gehen hervor: Ductus pancreaticus ventralis und Processus uncinatus • aus Pancreas dorsale geht der überwiegende Teil der Bauchspeicheldrüse hervor: Caput, Corpus, Cauda, Ductus pancreaticus dorsalis • *Anastomosis ductalis*: ventraler und dorsaler Pankreasgang verschmelzen T-förmig, wobei endgültiger Ductus pancreaticus aus ventralem und Großteil des dorsalen Pankreasgangs entsteht, Endstück des dorsalen Pankreasgangs wird zum Ductus pancreaticus accessorius • wegen gemeinsamer Herkunft aus Leberdivertikel münden Ductus choledochus und Ductus pancreaticus meist gemeinsam in Duodenum • beide Pankreasanlagen bilden Endstücke (Acini) und Inseln (Insulae) • Proinsulinsekretion etwa ab 10. Entwicklungswoche immunzytochemisch nachzuweisen	**Pancreas anulare** (Ringbauchspeicheldrüse): • Pancreas umschließt ringförmig die Pars descendens des Duodenum (atypische "Wanderung" der vorderen Pankreasanlage rechts und links um das Duodenum zur hinteren Anlage) • dabei kann die Lichtung des Duodenum eingeengt und damit die Speisebreipassage behindert werden

Abkömmlinge von Mitteldarm (Mesenteron) + Enddarm (Metenteron)

ORGAN	ENTWICKLUNG	ENTWICKLUNGSSTÖRUNGEN
Intestinum tenue (Dünndarm)	■ Ausgenommen kraniale Hälfte des Duodenum (bis Mündung des Ductus choledochus) geht gesamter Dünndarm aus Mesenteron hervor: ● Blutversorgung durch A. mesenterica superior ● Innervation durch N. vagus ■ "physiologischer" Nabelbruch: ● *Nabelschleife* (Ansa umbilicalis intestini): Mesenteron wächst rascher als Körperwand, bildet große U-förmige Schleife, an deren Scheitel Dottergang (Ductus vitellinus) abgeht ● kranialer Schenkel (Crus craniale) der Nabelschleife: Jejunum + orale Hälfte des Ileum ● kaudaler Schenkel (Crus caudale): aborale Hälfte des Ileum + Caecum + Colon ascendens + orale Hälfte des Colon transversum ● Platz in Peritonealhöhle reicht nicht, daher Nabelschleife in 6. Entwicklungswoche aus Körper des Embryos in (extraembryonales) Nabelzölom ausgestülpt ● in 10. Entwicklungswoche wird mit zunehmendem Wachstum der Peritonealhöhle Nabelschleife wieder in Bauchraum zurückverlagert ● Dünndarm wächst rascher als Mesenterium, daher bilden Jejunum + Ileum zusätzlich zur großen Nabelschleife viele kleine "Darmschlingen"	■ **Relikte des Dottergangs** (Vestigium ductus vitellini): ● *Diverticulum intestinale ilei* [Syndroma Meckelii] (Meckel-Divertikel): einige Zentimeter langer Rest des Dottergangs am Ileum mit Darmlichtung (Diverticulum ileale patens) ● manchmal nur bindegewebiger Strang vom Ileum zum Nabel (*Chorda fibrosa*) ● bisweilen durchgehende Lichtung von Ileum bis Nabel (Nabel-Dünndarm-Fistel) mit Stuhlaustritt aus Nabel ● *Dottergangzyste*: Lichtung nur in begrenztem Bereich ohne Verbindung zu Nabel oder Darm ■ **Septen** im Darm: als Gewebereste bei Rekanalisierung, im Extremfall doppelte Darmlichtung, Divertikel, Zysten oder Verschluß möglich ■ **angeborener Darmverschluß** (Ileus): ● mangelnde Rekanalisation (s.o.) ● *Volvulus congenitalis* (angeborene Darmverschlingung): übermäßige Drehung einer Darmschlinge um Blutgefäßachse im Mesenterium führt zu Durchblutungsstörung und Darmverschluß ● *Intussusceptio congenitalis* (Invagination): Einstülpung eines Darmabschnitts in den Nachbarabschnitt, wegen Miteinstülpung des Mesenteriums Durchblutungsstörung und Darmverschluß
Intestinum crassum (Dickdarm)	■ **Herkunft aus Mesenteron**: Blutversorgung durch A. mesenterica superior, Innervation durch N. vagus: ● Bulla caecalis (Blinddarmblase → Caecum + Appendix vermiformis) ● Colon ascendens ● Colon transversum (etwa rechte 2/3 mit großer Variabilität) ■ **Herkunft aus Metenteron**: Blutversorgung durch A. mesenterica inferior, Innervation durch Nn. splanchnici pelvici (Beckenparasympathikus): ● Colon transversum (linker Teil) ● Colon descendens ● Colon sigmoideum ● Rectum ■ **Darmdrehung** (Rotatio ansae intestinalis): ● während des physiologischen Nabelbruchs beginnt Drehung der Nabelschleife um 270˚ gegen den Uhrzeigersinn ● dadurch Colon vor Duodenum nach rechts gezogen, Caecum gelangt in rechten Unterbauch, Dickdarm "umrahmt" Jejunum + Ileum ● Fixation der Drehung durch Verschmelzen des Mesocolon ascendens + descendens mit parietalem Bauchfell (Colon ascendens + descendens werden sekundär retroperitoneal) ● Ursprungslinie des Dünndarmmesenteriums (*Radix mesenterii*) läuft deswegen von links oben nach rechts unten (von Flexura duodenojejunalis Richtung Valva ileocaecalis)	■ **Störungen der Darmdrehung**: ● *Malrotatio intestini*: fehlerhafte Dickdarmdrehung, meist mit atypischer Lage des Blinddarms (Ectopia caeci) und entsprechender atypischer Lokalisation des Schmerzes bei Appendicitis ● gelegentlich auch Durchzug des Dickdarms dorsal des Dünndarms (*Colon retrojejunale*) ● *Caecum mobile*: abnorm beweglicher Blinddarm bei mangelhafter Verschmelzung des parietalen und viszeralen Peritoneum im Bereich des Colon ascendens (dieses bleibt intraperitoneal) ● *Nonrotation*: bei Ausbleiben der Rotation bleibt gesamter Darm intraperitoneal, Dünndarm liegt dann meist rechts, Dickdarm links, wegen der großen Beweglichkeit erhöhte Gefahr von Darmverschlingung (Volvulus) ■ **Megacolon congenitum** (Hirschsprung-Krankheit): ● Fehlen der Ganglienzellen in einem Teil des Dickdarms (Aganglionosis colica) und/oder Mastdarms (Aganglionosis rectalis) führt zu Unterbrechung der Peristaltik, Rückstau des Stuhls und Erweiterung des Dickdarms vor dem aganglionären Segment ● je nach Länge des aganglionären Segments treten die Symptome des Darmverschlusses (Ileus) schon bald nach der Geburt oder erst im Kindesalter auf

4.3.2 Intestinum tenue (Dünndarm): Allgemeines

AUFGABEN, GLIEDERUNG, RELIEF	FEINBAU	ZELLARTEN	KLINIK
■ **Definition:** Abschnitt des Verdauungskanals zwischen Pylorus und Valva ileocaecalis ■ **Aufgaben:** ● Spalten ("Verdauen") der Nahrungsbestandteile zu resorbierbaren Molekülen mit Hilfe von Enzymen, die in Dünndarmwand, Leber und Pancreas gebildet werden ● Resorption und Abtransport der resorbierbaren Moleküle auf dem Blut- (Kohlenhydrate und Aminosäuren) oder Lymphweg (Fette) ● Weitertransport der nichtresorbierbaren Nahrungsanteile in den Dickdarm ■ **Länge:** ● Leiche: 5-6 m ● Lebender: 2-3 m ■ **Gliederung:** ● Duodenum (⇨ 4.3.3): sekundär retroperitoneal ● Jejunum (⇨ 4.3.4): intraperitoneal ● Ileum (⇨ 4.3.4): intraperitoneal ■ **Innenrelief:** Oberflächenvergrößerung durch: ● Plicae circulares (Ringfalten, Kerckring-Falten): bis 1 cm hohe Schleimhautfalten ● Villi intestinales (Darmzotten): ⇨ rechts ● Mikrovilli (Bürstensaum) der Epithelzellen ■ **Motorik:** ● Peristaltik ● Mischbewegungen ● Feineinstellung der Schleimhaut ● Zottenpumpe	■ **Wandschichten:** ● *Tunica mucosa* (Schleimhaut): mit einschichtigem Säulenepithel, bindegewebiger Lamina propria und Lamina muscularis mucosae ● *Tela submucosa*: Verschiebeschicht aus lockerem Bindegewebe, enthält nur im Duodenum Drüsen: Glandulae duodenales [submucosae] (Brunner-Drüsen) ● *Tunica muscularis* (Muskelwand): mit • Stratum circulare (Ringschicht) innen • Stratum longitudinale (Längsschicht) außen ● *Tela subserosa*: Verschiebeschicht aus lockerem Bindegewebe ● *Tunica serosa* (Bauchfellüberzug) ■ **Villus intestinalis** (Darmzotte): 1-2 mm hohe, fingerartige Schleimhautvorwölbung ● Epithel mit Saum- und Becherzellen ● Stroma villi: lockeres, kapillarreiches Bindegewebe (Fortsetzung der Lamina propria) mit zentralem Lymphgefäß (Vas lymphaticum centrale) und kontraktilen Zellen (Myocytus villi) → "Zottenpumpe" ● ohne Lamina muscularis mucosae ■ **Glandula intestinalis** [Crypta intestinalis] (Dünndarmdrüse, Lieberkühn-Krypte): handschuhfingerartige Einsenkung des Epithels ("Negativ" der Zotte), meist unverzweigte tubuläre Drüse ■ **GALT** (gut associated lymphatic tissue, darmassoziiertes lymphatisches Gewebe): ● einzeln durch Epithel und Lamina propria wandernde Lymphozyten und Makrophagen ● solitärer Lymphfollikel (Folliculus [Nodulus] lymphaticus solitarius): in Lamina propria ● *Peyer-Platte* (Folliculus [Nodulus] lymphaticus aggregatus): • Zusammenlagerung von 5 bis mehrere hundert Lymphfollikeln, vor allem im Ileum, Lage meist gegenüber Gekröseansatz • Länge 1-12 cm, Gesamtzahl 15-50 (je nach Definition) • Epithel über Peyer-Platte durch Lymphozytenansammlung vorgewölbt ("Dom", Vergleich mit Kirchengewölbe), frei von Zotten • M-Zellen (membranöse Zellen): antigentransportierende Epithelzellen, nur im Dom von Peyer-Platten ■ **intramurales Nervensystem** (Plexus entericus): Geflechte vegetativer Nervenfasern mit Ganglienzellen (⇨ 1.8.2) ● *Plexus submucosus* (Meissner-Plexus): in Submukosa, steuert Sekretion der Darmdrüsen und Motorik der Lamina muscularis mucosae, auch afferente Fasern ● *Plexus myentericus* (Auerbach-Plexus): zwischen Stratum circulare und longitudinale, steuert Motorik der Tunica muscularis	■ **Zellen des Schleimhautepithels:** ● *Saumzelle* (Enterozyt, Exocrinocytus columnaris): häufigste Zellform, hoch (etwa 20 μm), schlank, dichtstehende Mikrovilli (Länge 1-2 μm, etwa 3000 pro Zelle), typische Zelle des "transportierenden Epithels", Lebensdauer nur 1-2 Tage, wird in Darmlichtung abgestoßen und mit Stuhl ausgeschieden (deshalb auch Stuhl bei "Nulldiät") ● *Becherzelle* (Exocrinocytus caliciformis): schleimbildend, fehlt in Peyer-Platten ● *Paneth-Körnerzelle* (Exocrinocytus cum granulis acidophilicis): mit apikalen acidophilen Sekretgranula ● *undifferenzierte Epithelzelle* (Epitheliocytus nondifferentiatus): Vorstufe der Saumzelle in Tiefe von Krypte, rückt unter Differenzierung in 1-2 Tagen bis zur Zottenspitze auf ● *intraepithelialer Lymphozyt*: gehört zum GALT ● *M-Zelle* (membranöse Zelle): Membranfalten statt Mikrovilli, Antigenaufnahme (⇨ links, GALT) ● *endokrine Zelle* (Endocrinocytus gastrointestinalis): ■ **Zellen des gastroenteropankreatischen endokrinen Systems** (GEP, Teil des APUD-Systems, ⇨ 1.6.3) und ihre Hormone: ● A-Zelle: Enteroglucagon, fördert Glycogenolyse in Leber ● D-Zelle: Somatostatin, hemmt andere endokrine Zellen ● D_1-Zelle: vasoaktives intestinales Polypeptid (VIP): fördert Durchblutung und Sekretion der Speicheldrüsen + Darmdrüsen + Pancreas ● EC-Zelle: Serotonin, Substanz P, steigern Darmmotilität ● G-Zelle: Gastrin, fördert Magensekretion ● I-Zelle: Cholecystokinin, fördert Pankreassekretion und Motorik der Gallenblase ● K-Zelle: gastroinhibitorisches Peptid (GIP), hemmt Magensekretion ● S-Zelle: Secretin, fördert Pankreassekretion	■ **Malassimilationssyndrome:** ● *Maldigestionssyndrom*: Störung der Verdauung infolge unzureichender Verdauungsenzyme, z.B. bei Erkrankungen von Pancreas, Leber oder Gallenwegen ● *Malabsorptionssyndrom*: unzureichende Resorption, bei Störung des Membrantransports, Abflußbehinderung oder zu kurzem Dünndarm, z.B. nach ausgedehnter Dünndarmresektion ● Leitsymptome: • Durchfälle • Gewichtsverlust • Hypovitaminosen ■ **Crohn-Krankheit** (Enteritis regionalis): ● Beginn meist im Alter zwischen 15 und 30 Jahren ● schubweiser Verlauf lebenslang ● Bildung von Geschwüren bevorzugt im aboralen Teil des Ileum ("Ileitis terminalis"), aber auch im übrigen Dünn- und Dickdarm ● charakteristisch Fistelbildungen, z.B. zwischen benachbarten Darmschlingen, vom Darm zur Haut oder zu Nachbarorganen ● Darmwand verdickt (gartenschlauchartig), Lichtung verengt ● Leitsymptome: • Schmerzen • Durchfall • Fieber ● im akuten Schub oft ähnlich Appendizitis (und deswegen fälschlich Appendektomie) ● Ursache unklar

4.3.3 Duodenum (Zwölffingerdarm)

GLIEDERUNG, RELIEF	FEINBAU	LEITUNGSBAHNEN	KLINIK
Sekundär retroperitoneal, C-förmig um Kopf des Pancreas gekrümmt: ■ **3 Krümmungen:** ● Flexura duodeni superior ● Flexura duodeni inferior ● Flexura duodenojejunalis: Übergang vom sekundär retroperitonealen zum intraperitonealen Verlauf des Dünndarms, dabei Bildung zweier Bauchfelltaschen (⇨ 4.1.4): ● Recessus duodenalis superior ● Recessus duodenalis inferior ■ **4 Abschnitte:** ⇨ nächste Tabelle ● Pars superior ● Pars descendens ● Pars horizontalis [inferior] ● Pars descendens ■ **Projektion** auf vordere Bauchwand: liegt vollständig oberhalb des Nabels (ausgenommen bei Enteroptose im hohen Alter)	**Kennzeichen** des Duodenum: ● submuköse Drüsen (Glandulae duodenales, Brunner-Drüsen) ● hohe Ringfalten (Plicae circulares) ● dichtstehende plumpe Darmzotten (Villi intestinales) ● flache Darmkrypten (Glandulae intestinales)	■ **Arterien:** Arkaden der ● A. pancreaticoduodenalis superior anterior und A. pancreaticoduodenalis superior posterior: Endäste der A. gastroduodenalis (aus A. hepatica communis des Truncus coeliacus) ● R. anterior und R. posterior der A. pancreaticoduodenalis inferior: Ast der A. mesenterica superior ■ **Venen:** Abfluß über Vv. pancreaticoduodenales zur V. mesenterica superior ■ **regionäre Lymphknoten:** ● Nodi lymphatici pancreaticoduodenales superiores ● Nodi lymphatici pancreaticoduodenales inferiores ● Nodi lymphatici pylorici ● Nodi lymphatici hepatici ● Nodi lymphatici coeliaci ■ **vegetative Innervation:** aus Plexus coeliacus und Plexus mesentericus superior über Plexus entericus (⇨ 4.3.2)	**Ulcus duodeni** (Zwölffingerdarmgeschwür): ● fünfmal häufiger als Magengeschwür ● Männer viermal häufiger als Frauen befallen ● Hypersekretion des Magens + beschleunigte Magenentleerung → Übersäuerung der Pars superior des Duodenum ● Rauchen fördert nächtliche Säuresekretion, die besonders ulzerogen, da nicht durch Nahrung gepuffert ● Symptome entsprechen denen beim Magengeschwür ● Spontanheilung bei 1/3 der Fälle in 4 Wochen, bei 1/2 in 8 Wochen, mit Pharmakotherapie Heilung über 90 % ● Rezidive: 30 % innerhalb eines Jahres ● ernste Komplikationen: Blutung, Perforation, Magenausgangstenose

Abschnitte des Duodenum

ABSCHNITT	GRENZEN	PROJEKTION	NACHBARSCHAFT	BESONDERHEITEN	KLINIK
Pars superior (oberer Teil)	● Beginn an Ostium pyloricum ● endet an Flexura duodeni superior	● Auf vordere Bauchwand: etwa zwischen vorderer Medianlinie und Mitte des rechten Rippenbogens ● auf Wirbelsäule: Th_{12}-L_1	● Ventral Lobus quadratus der Leber ● dorsal: Pancreas, V. cava inferior	Erweiterter Anfangsteil (Ampulla): in Klinik meist "Bulbus" genannt	● Ulcus duodeni (Zwölffingerdarmgeschwür) fast ausschließlich in Ampulla ● A. gastroduodenalis liegt der Dorsalwand der Pars superior an, bei Arrosion der Arterie durch perforierendes Geschwür lebensbedrohende Blutung
Pars descendens (absteigender Teil)	● Beginn an Flexura duodeni superior ● endet an Flexura duodeni inferior	● Auf vordere Bauchwand: etwa am Rand des rechten Rippenbogens auf Höhe der ersten beiden Lendenwirbel ● auf Wirbelsäule: L_1-L_2	● Ventral: Gallenblase und Ursprungslinie des Mesocolon transversum ● medial: Caput pancreatis ● dorsal: rechte Niere	● *Papilla duodeni major* (Vater-Papille): Mündung von Ductus choledochus und Ductus pancreaticus (gemeinsam oder getrennt) in Hinterwand des unteren Drittels ● *Papilla duodeni minor:* Mündung des Ductus pancreaticus accessorius (sofern selbständige Mündung) in Hinterwand des oberen Drittels ● *Plicae longitudinales duodeni:* Längsfalten in Hinterwand, verbinden Papillen	**Dünndarmdivertikel:** ● abgesehen von Meckel-Divertikel (⇨ 4.3.4) häufig in Umgebung der Papillae duodeni ● meist Pseudodivertikel ("falsche" Divertikel, weil nicht alle Schichten der Dünndarmwand, sondern nur Schleimhaut ausgestülpt) ● können bei endoskopischer Untersuchung mit Papillen verwechselt werden ● juxtapapilläre Divertikel begünstigen Entstehung von Gallensteinen in Ductus choledochus

Fortsetzung der Tabelle nächste Seite

Zwölffingerdarm (Fortsetzung)

ABSCHNITT	GRENZEN	PROJEKTION	NACHBAR-SCHAFT	BESONDERHEITEN	KLINIK
Pars horizontalis [inferior] (unterer Teil)	● Beginn rechts an Flexura duodeni inferior ● links fließender Übergang in Pars ascendens	● Auf vordere Bauchwand: kaudal der Subkostalebene zur vorderen Medianlinie ● auf Wirbelsäule: L_3 (im Alter auch L_4)	● Ventral: Colon transversum ● kranial: Caput pancreatis ● dorsal: V. cava inferior		Liegt kaudal der Ursprungslinie des Mesocolon transversum und ist damit chirurgisch durch den Unterbauch zugänglich
Pars ascendens (aufsteigender Teil)	● Rechts fließender Übergang aus Pars horizontalis ● linkes Ende an Flexura duodenojejunalis	● Auf vordere Bauchwand: links der vorderen Medianlinie ansteigend bis etwa 4 cm medial und kaudal der Mitte des linken Rippenbogens ● auf Wirbelsäule: L_2-L_3	● Ventral: Pars pylorica des Magens, A. + V. mesenterica superior ● kranial: Corpus pancreatis ● dorsal: Pars abdominalis aortae, linke Niere	**M. suspensorius duodeni** (Treitz-Muskel): teils quergestreift, teils glatt ● Ursprung: Crus dextrum der Pars lumbalis diaphragmatis ● Ansatz: Pars ascendens des Duodenum ● Funktion: zieht Pars ascendens kranial	**Oberes Mesenterialarteriensyndrom:** ● Pars ascendens kann zwischen A. mesenterica superior und Pars abdominalis aortae eingeengt werden, besonders bei zu kurzem M. suspensorius duodeni ● Therapie: Durchtrennen des Muskels oder Umlagerung des Darms vor Arterie

4.3.4 Jejunum und Ileum

ABSCHNITT	LAGE	FEINBAU	LEITUNGSBAHNEN	KLINIK
Jejunum (Leerdarm)	● Orale 2/5 des intraperitonealen Teils des Dünndarms, ohne scharfe Grenze zu Ileum ● in Schlingen gelegt mit wechselnder Lage in Bauchfellhöhle, bevorzugt links oben	**Kennzeichen** des Jejunum: ● hohe, dichtstehende Ringfalten (Plicae circulares) ● lange Darmzotten (Villi intestinales) ● flache Darmkrypten (Glandulae intestinales) ● solitäre Lymphfollikel (Folliculi [Noduli] lymphatici solitarii)	■ **Arterien:** Äste der A. mesenterica superior mit reichen Arkadenbildungen (bis 6 Ordnungen übereinander): ● Aa. jejunales ● Aa. ileales ● R. ilealis der A. ileocolica ■ **Venen:** Abfluß über V. mesenterica superior zur V. portae hepatis ● Vv. jejunales	Unterscheidung von Jejunum und Ileum bei Gastroenterostomien (Verbinden des Restmagens bei Billroth-2-Magenresektion) für Patient lebenswichtig: ● versehentliche Verbindung mit Ileum führt zu schwerem Malassimilationssyndrom mit langer blinder Schlinge und erfordert Reoperation ● zur exakten Zuordnung Ausgang von Flexura duodenojejunalis oder Ileum-Zäkum-Übergang nötig
Ileum (Krummdarm)	● Aborale 3/5 des intraperitonealen Teils des Dünndarms, ohne scharfe Grenze zu Jejunum ● in Schlingen gelegt mit wechselnder Lage in Bauchfellhöhle, bevorzugt rechts unten	**Kennzeichen** des Ileum: ● niedrige oder fehlende Ringfalten (Plicae circulares) ● kurze und spärliche Darmzotten (Villi intestinales) ● flache Darmkrypten (Glandulae intestinales) ● Peyer-Platten (Folliculi [Noduli] lymphatici aggregati): aber nicht in jedem Schnitt getroffen!	● Vv. ileales ● V. ileocolica ■ **regionäre Lymphknoten:** ● Nodi lymphatici mesenterici juxta-intestinales ● Nodi lymphatici mesenterici superiores ■ **vegetative Innervation:** Plexus mesentericus superior über Plexus entericus (⇨ 4.3.2)	**Meckel-Divertikel** (Diverticulum intestinale ilei): ● bei 2 % der Menschen ● Ausstülpung des distalen Ileum von 1-25 cm Länge mit allen Schichten der Darmwand ● Rest des embryonalen Dottergangs (Ductus vitellinus, ⇨ 5.8.2), reicht daher gelegentlich bis Nabel (Nabel-Darm-Fistel) ● enthält häufig versprengte Magenschleimhaut (mit Möglichkeit der Geschwürbildung) ● Divertikulitis: oft ähnliche Symptome wie Appendizitis, führt daher bisweilen irrtümlich zur Appendektomie (bei unauffälliger Appendix vermiformis sollte man daher unbedingt nach einem Meckel-Divertikel suchen!)

4.3.5 Intestinum crassum (Dickdarm): Allgemeines

Aufgaben	Gliederung	Feinbau	Klinik
● Abschluß von Verdauung und Resorption (normalerweise unbedeutend, kann aber bei Störung des Dünndarms wichtig werden) ● Vorbereiten der unverwertbaren Nahrungsbestandteile zur Ausscheidung als Stuhl: Einstellen des optimalen Wassergehalts (meist Wasserresorption, aber auch Sekretion möglich), Beimengen von Schleim zur Verbesserung der Gleitfähigkeit ● Speicherung des Stuhls (Faeces) bis zur Stuhlentleerung (Defäkation)	■ **Definition**: Abschnitt des Verdauungskanals zwischen Valva ileocaecalis und Afterkanal ■ **Länge**: an Leiche etwa 1,2-1,4 m, beim Lebenden etwa 1 m ■ **Gliederung**: ● Caecum mit Appendix vermiformis (⇨ 4.3.6): intraperitoneal ● Colon (⇨ 4.3.7): abwechselnd sekundär retroperitoneale und intraperitoneale Abschnitte ● Rectum (⇨ 5.2): retro- bzw. extraperitoneal	■ **Bau** grundsätzlich wie Dünndarm (⇨ 4.3.2), aber: ● keine Darmzotten ● Darmkrypten länger (~0,5 mm, im Rectum bis 0,8 mm) und dichter stehend ● sehr reichlich Becherzellen (Schleimsekretion!) ● Paneth-Zellen fehlen ● Stratum longitudinale der Tunica muscularis an Caecum und Colon auf 3 etwa 1 cm breite Tänien (Taeniae coli, "Bandstreifen") reduziert ● subseröses Fettgewebe in Appendices epiploicae [omentales] ■ **Besonderheiten der Appendix vermiformis**: ● kleiner Querschnitt ● reichlich lymphatisches Gewebe (Folliculi lymphatici aggregati appendicis vermiformis)	■ **Divertikulose** (Divertikelkrankheit): ● Dickdarmdivertikel bei älteren Menschen sehr häufig, aber meist symptomlos ● akute Divertikulitis (Entzündung eines Divertikels): Gefahr der massiven Blutung, Perforation und Fistelbildung zu Nachbarorganen ● chronische Divertikulitis: Gefahr der Darmstenose beim Schrumpfen von Narben ■ **Colitis ulcerosa** (geschwürige Dickdarmentzündung): ● beginnt meist im Rectum, breitet sich über gesamten Dickdarm aus ● blutig-schleimige Durchfälle, Bauchkrämpfe, Appetitlosigkeit, Übelkeit ● Gefahr des toxischen Megacolon (massive Ausdehnung der geschädigten Darmwand mit Fieber, Exsikkose, Kachexie und drohendem Durchbruch) ● erhöhtes Krebsrisiko, vor allem bei Beginn im Kindesalter ● Ursache: Autoimmunkrankheit?

4.3.6 Caecum (Blinddarm) mit Appendix vermiformis (Wurmfortsatz)

Abschnitt	Gliederung, Relief	Lage	Leitungsbahnen	Klinik
Caecum (Blinddarm)	● Intraperitonealer Anfangsabschnitt des Dickdarms ● Länge etwa 7 cm ■ **ileozäkaler Übergang**: Ende des Ileum kann in 2 Formen in Caecum eingestülpt sein: ● *Valva ileocaecalis* [Valva ilealis] (Bauhin-Klappe): klappenähnlich mit schlitzförmiger Öffnung (Ostium valvae ilealis) zwischen 2 Lippen, die sich vorn und hinten in einer Falte (Frenulum valvae ilealis) vereinigen ● *Papilla ilealis*: mehr knopfförmig mit rundlicher Öffnung (Ostium papillae ilealis) ● in beiden Fällen kein völlig dichter Verschluß möglich: bei Kontrasteinlauf Reflux des Kontrastmittels aus Caecum in Ileum im Röntgenbild zu sehen	■ **Typische Lage**: im rechten Unterbauch zwischen vorderer Bauchwand und M. iliacus (durch kräftiges Anziehen des rechten Oberschenkels an den Rumpf wird der Blinddarm zusammengepreßt und dabei entleert) ■ **Projektion**: ● *McBurney-Punkt*: rechter Drittelpunkt (oder Halbierungspunkt) der Verbindungslinie vom Nabel zur rechten Spina iliaca anterior superior ● *Lanz-Punkt*: rechter Drittelpunkt der Interspinallinie (Verbindungslinie der beiden Spinae iliacae anteriores superiores) ● die 3 Punkte liefern nur groben Anhalt (deshalb ist die Streitfrage, ob Drittel- oder Halbierungspunkt bei McBurney, belanglos)	■ **Arterien**: Äste der A. ileocolica aus A. mesenterica superior ● A. caecalis anterior ● A. caecalis posterior ● A. appendicularis ■ **Venen**: Abfluß über V. appendicularis und V. ileocolica zur V. mesenterica superior und weiter zur V. portae hepatis ■ **regionäre Lymphknoten**: ● Nodi lymphatici ileocolici ● Nodi lymphatici precaecales ● Nodi lymphatici postcaecales ● Nodi lymphatici appendiculares ■ **vegetative Innervation**: ● aus Plexus mesentericus superior über Plexus entericus	■ **Lageanomalien** (führen notwendigerweise auch zu atypischer Lage der Appendix vermiformis): ● Caecum mobile: abnorm beweglicher Blinddarm, wenn Mesocolon ascendens nicht vollständig mit parietalem Bauchfell verwachsen ● Caecum altum: Lage weiter kranial als normal (bis an Leber grenzend) bei Malrotation (unvollständiger embryonaler Dickdarmdrehung) ● beliebige Lage in Bauchfellhöhle, bevorzugt links, bei Nonrotation (Ausbleiben der Dickdarmdrehung und keine Verschmelzung von Mesocolon ascendens und descendens mit parietalem Peritoneum) ■ **Perityphlitis** (Entzündung in Umgebung des Blinddarms): vor allem nach Perforation einer retrozäkalen Appendix

Fortsetzung der Tabelle nächste Seite

Blinddarm mit Wurmfortsatz (Fortsetzung)

ABSCHNITT	GLIEDERUNG, RELIEF	LAGE	LEITUNGSBAHNEN	KLINIK
Appendix vermiformis (Wurmfortsatz)	● Beim Menschen zu "Anhängsel" zurückgebildeter Darmteil (groß bei pflanzenfressenden Vögeln und Säugetieren, z.B. Pferd etwa 50 l!) ● Durchmesser etwa 0,5-1 cm ● Länge 0-25 cm, meist 8-10 cm (0 = angeborenes Fehlen) ● intraperitoneal, mit schmaler freier Meso-appendix ● Ostium appendicis vermiformis (Mündung des Wurmfortsatzes): meist links hinten am Caecum ● Taenia libera am Caecum weist Weg zur Appendix vermiformis ● an Appendix selbst keine Tänien, sondern Längsmuskeln gleichmäßig verteilt	■ **Typische Lagen**: ● von Caecum in Richtung auf kleines Becken herabhängend (wie üblich auf Atlasbildern): etwa 1/3 ● retrozäkal: etwa 2/3 ■ **Nachbarschaft**: ● dorsal: Bauchfell auf Fascia iliaca: bei Anspannen des M. iliopsoas (Beugen im Hüftgelenk gegen Widerstand) Schmerz bei Appendizitis verstärkt ("Psoaszeichen") ● kaudal (sofern in kleines Becken herabhängend): Bauchfell auf Fascia obturatoria: bei Dehnen des M. obturator internus (Innenrotation im Hüftgelenk) Schmerz bei Appendizitis verstärkt ("Obturatorzeichen")	⇨ vorhergehende Seite, Caecum	**Appendizitis** (Wurmfortsatzentzündung): ● häufigste Veranlassung für Bauchoperationen ● Ausgang meist von Lichtungsstenose mit enterogener Infektion des Blindsacks ● eitrige Infiltration der Wand → Abszeß → Durchbruch → Peritonitis (Bauchfellentzündung) → akute Lebensgefahr ● Symptome: ● Klopf- und Loslaßschmerz rechter Unterbauch ● Abwehrspannung der Bauchdecke ● mäßiges Fieber (rektal >> axillar) ● Erbrechen ● Therapie: Appendektomie (vollständiges Entfernen des Wurmfortsatzes) möglichst noch vor Durchbruch (daher im Zweifelsfall operieren)

4.3.7 Colon (Grimmdarm)

Allgemeines

GLIEDERUNG, RELIEF	LAGE	LEITUNGSBAHNEN	KLINIK
■ **Makroskopische Kennzeichen** des Colon: ● *Tänien*: zu 3 Streifen reduzierte Längsschicht (Stratum longitudinale) der Tunica muscularis ● *Plicae semilunares coli*: Einschnürungen durch Kontraktion der Ringschicht (Stratum circulare) der Muskelwand ● *Haustra* [Sacculationes] coli: Vorwölbungen zwischen den Einschnürungen ● *Appendices epiploicae* [omentales] (Fettanhängsel): bis walnußgroße subseröse Fettkörper, meist in 2 Reihen (Colon transversum nur 1 Reihe) ■ **Taeniae coli** ("Bandstreifen"): ● Taenia mesocolica: an Ansatz des Mesocolon ● Taenia omentalis: an Anheftung des Omentum majus ● Taenia libera: frei ■ **Gliederung**: Einzelheiten ⇨ nächste Seite ● Colon ascendens ● Colon transversum ● Colon descendens ● Colon sigmoideum	● Das Colon "umrahmt" das Jejunum und Ileum ● die typische Lage des Colon ist Ergebnis der Drehung der Nabelschleife um die Achse der A. mesenterica superior während der Phase des "physiologischen Nabelbruchs" (6.-10. Entwicklungswoche, ⇨ 4.3.1) ● Störungen der Darmdrehung bedingen abnorme Lagen des Colon: ● Malrotation: die Drehung ist unvollständig oder atypisch (z.B. retroduodenales Colon) ● Nonrotation: die Drehung ist ausgeblieben, das gesamte Colon liegt intraperitoneal und damit mehr oder weniger beliebig im Bauchraum (bevorzugt aber links)	■ **Arterien**: Äste von A. mesenterica superior und inferior (⇨ einzelne Abschnitte, nächste Seite) ■ **Venen**: Abfluß über Äste von V. mesenterica superior und inferior (⇨ einzelne Abschnitte) zu V. portae hepatis ■ **regionäre Lymphknoten**: Gruppen der ● Nodi lymphatici paracolici ● Nodi lymphatici mesocolici ● Nodi lymphatici mesenterici inferiores ■ **vegetative Innervation**: Plexus mesentericus superior und inferior über Plexus entericus ● parasympathische Anteile aus Rr. coeliaci des N. vagus und aus Nn. splanchnici pelvici (Grenze im linken Teil des Colon transversum) ● sympathische Anteile aus N. splanchnicus major und minor	■ **Colon irritabile** (Reizdickdarm): ● Symptomtrias: Bauchschmerzen, Stuhlunregelmäßigkeiten (wechselnd Durchfall und Verstopfung), Blähungen (bzw. Gefühl des Aufgeblähtseins) ● außer sichtbarer Auftreibung des Bauches kein objektivierbarer Befund ● Entstehung: Fehlernährung, psychogen? ● etwa 1/3 der Erwachsenen in Wohlstandsländern befallen ● Gefahr: Übersehen des Anfangsstadiums einer ernsteren Erkrankung wegen Bagatellisierung der chronischen Beschwerden ■ **Dickdarmpolypen**: ● bei etwa 7 % der Erwachsenen einzelne bis viele (Polyposis coli) ● meist symptomlos, evtl. Blutung und krampfartige Schmerzen ● Gefahr der Krebsentstehung bei großen Polypen hoch (bei >2 cm Durchmesser 50 %, <1 cm nur 1 %) ● Diagnose: Koloskopie, dabei evtl. Abtragen

Abschnitte des Colon

ABSCHNITT	LAGE	LEITUNGSBAHNEN	KLINIK
Colon ascendens (aufsteigender Grimmdarm)	● Zwischen Caecum und Flexura coli dextra ● sekundär retroperitoneal ● Lage im Bauchraum ganz rechts zwischen rechter parakolischer Rinne und links angelagerten Jejunum und Ileum ● rechte Dickdarmbiegung an Facies visceralis der Leber (Impressio colica), Projektion auf Bauchwand etwa auf 9. Rippe in Linea axillaris anterior	● R. colicus der A. ileocolica ● A. colica dextra ● A. flexurae dextrae ● V. ileocolica ● V. colica dextra ● Nodi lymphatici colici dextri ● parasympathische Innervation aus N. vagus	■ **Dickdarmkarzinom**: ⇨ 5.2.1 kolorektales Karzinom ■ **Hemikolektomie**: Entfernen der rechten oder linken Dickdarmhälfte, z.B. wegen Karzinoms, Polyposis, Divertikeln, Colitis ulcerosa usw. ■ **akute Kolitis** (akute Dickdarmentzündung): ● meist Teil einer Enterokolitis (Entzündung von Dünn- und Dickdarm) ● meist ausgelöst durch Bakterien und/oder
Colon transversum (Querkolon, Quergrimmdarm)	● Zwischen Flexura coli dextra und Flexura coli sinistra ● intraperitoneal, daher wechselnde Lage, meist girlandenartig durchhängend ● Nachbarschaft: kranial Leber, Magen, Milz, kaudal Jejunum, Ileum ● Mesocolon transversum trennt Ober- und Unterbauch, Ursprungslinie von rechter Niere über Pars descendens des Duodenum entlang Pancreas zu Hilum splenicum	● A. flexurae dextrae ● A. colica media ● A. ascendens [A. intermesenterica] ● V. colica media [intermedia] ● Nodi lymphatici colici medii ● parasympathische Innervation überwiegend aus N. vagus	deren Toxine, je nach Art der Toxine 2 Verlaufstypen: ● Choleratyp: Enterotoxine werden von Rezeptoren der Saumzellen gebunden, aktivieren Adenylcyclase → vermehrte Sekretion von Flüssigkeit und Elektrolyten → wäßriger Durchfall ● bakterielle Ruhr (Dysenterie): Zytotoxine zerstören Saumzellen, Bakterien dringen in Epithel ein → blutig-schleimige Durchfälle ■ **Beispiele für Enterokolitiden:** ● *bakterielle Nahrungsmittelvergiftung* ("Cholera nostras") meist durch Salmonellen
Colon descendens (absteigender Grimmdarm)	● Zwischen Flexura coli sinistra und Beginn des Mesocolon sigmoideum ● sekundär retroperitoneal ● Lage im Bauchraum ganz links zwischen linker parakolischer Rinne und rechts angelagerten Jejunum und Ileum ● linke Dickdarmbiegung an Facies visceralis der Milz (Facies colica), Projektion auf Bauchwand etwa auf 10. Rippe in Linea axillaris posterior	● A. ascendens [A. intermesenterica] ● A. colica sinistra ● V. colica sinistra ● Nodi lymphatici colici sinistri ● parasympathische Innervation aus Nn. splanchnici pelvici	● Cholera asiatica durch Vibrio cholerae mit "reiswasserähnlichen" Stühlen, Lebensgefahr durch Exsikkose ● *Typhus abdominalis* durch Salmonella typhi mit "erbsensuppenartigen" Stühlen, Lebensgefahr durch Bakteriämie mit Befall anderer Organe, z.B. des Gehirns ● *pseudomembranöse Kolitis*: meist nach Antibiotikabehandlung Überwuchern der geschädigten normalen Darmflora durch Clostridium difficile
Colon sigmoideum (S-förmiger Grimmdarm, Sigma)	● Im Bereich des Mesocolon sigmoideum (Sigmagekröse) zwischen Colon descendens und Rectum ● intraperitoneal, daher wechselnde Lage, meist in mehreren Schlingen im linken Unterbauch ● Wurzel des Mesocolon sigmoideum auf Höhe des Promontoriums horizontal an linker hinterer Bauchwand (Projektion in Intertuberkularebene), in der Medianen bis S_3 absteigend ● Wurzel des Mesocolon sigmoideum überquert ● linken Ureter ● A. + V. iliaca communis ● A. + V. ovarica bzw. testicularis	● Aa. sigmoideae ● Vv. sigmoideae ● Nodi lymphatici sigmoidei ● parasympathische Innervation aus Nn. splanchnici pelvici	■ **Megacolon congenitum** (Hirschsprung-Krankheit, ⇨ 4.3.1): ● Fehlen der Ganglienzellen des Plexus entericus im aboralen Dickdarm ● Darm vom M. sphincter ani internus aufwärts in wechselnder Höhe gelähmt (meist Rectum + Sigma, selten gesamter Dickdarm) ● schwere Obstipation schon bei Neugeborenen (kein Mekoniumabgang innerhalb 24 h) ● keine Peristaltik im aganglionären Darmteil, daher Rückstau vor diesem Abschnitt und zunehmende Erweiterung ● Therapie: Resektion des aganglionären Abschnitts, Durchzug des proximalen Kolonstumpfes zum After

4.4 Leber (Hepar) und Gallenwege

Entwicklung und Entwicklungsstörungen ⇨ 4.3.1

4.4.1 Hepar (Leber): makroskopisch

OBERFLÄCHENRELIEF	GLIEDERUNG	LEITUNGSBAHNEN	KLINIK
■ **Facies diaphragmatica** (Zwerchfellseite): gewölbte Oberseite: ● Pars superior: dem Centrum tendineum anliegend, mit Impressio cardiaca (Eindellung durch das Herz) ● Pars anterior ● Pars dextra ● Pars posterior ● Area nuda: bauchfellfreie Verwachsungsfläche mit Zwerchfell und rechter Nebenniere, umgrenzt vom Lig. coronarium (⇨ 4.1.3) ● Sulcus venae cavae (Rinne der unteren Hohlvene): rechts ● Fissura ligamenti venosi (Spalte des Venenbandes): links, mit Lig. venosum = Rest des Ductus venosus (Arantius-Gang, pränataler Kurzschluß zwischen V. umbilicalis bzw. V. portae hepatis und V. cava inferior zur Umgehung der Leber, ⇨ 2.5.7) ■ **Facies visceralis** (Eingeweideseite): flache Unterseite, gegliedert durch: ● Fossa vesicae biliaris (Gallenblasengrube) ● Fissura ligamenti teretis (Spalte des runden Leberbandes): mit Lig. teres hepatis = nach der Geburt verödete V. umbilicalis ● Porta hepatis (Leberpforte): Ein- bzw. Austrittsstelle der großen Blutgefäße und Gallengänge (die bei anderen Organen "Hilum" genannt wird) ● Tuber omentale: Wulst links vom Lig. venosum ■ **"Hauptspalten"**: ● rechte Hauptspalte ("Hauptgrenzspalte"): Fossa vesicae biliaris + Sulcus venae cavae ● linke Hauptspalte ("Nebengrenzspalte"): Fissura ligamenti teretis + Fissura ligamenti venosi ■ **Abdrücke von Nachbarorganen**: ● Impressio oesophagea: Oberrand des linken Lappens ● Impressio gastrica: Hauptfläche des linken Lappens ● Impressio duodenalis: rechts von Gallenblase ● Impressio colica: unten (vorn) am rechten Leberlappen ● Impressio renalis: Mitte des rechten Leberlappens, bis in Area nuda ● Impressio suprarenalis: in Area nuda rechts von V. cava inferior ■ **Margo inferior** (Unterrand, Vorderrand): mit Incisura ligamenti teretis (Einschnitt des runden Leberbandes) ■ **Gewicht**: beim Erwachsenen etwa 2 % des Körpergewichts (im Mittel 1500 g)	■ **Alte anatomische Gliederung**: ● *Lobus hepatis dexter* (rechter Leberlappen): rechts von rechter Hauptspalte ● Segmentum anterius (2 Subsegmente) ● Segmentum posterius (2 Subsegmente) ● *Lobus hepatis sinister* (linker Leberlappen): links der linken Hauptspalte ● Segmentum mediale ● Segmentum laterale (2 Subsegmente) ● links oben oft in Bindegewebezipfel (Appendix fibrosa hepatis) auslaufend ● *Lobus quadratus* (Quadratlappen): begrenzt links von Fissura ligamenti teretis, hinten von Porta hepatis, rechts von Fossa vesicae biliaris und vorn von Margo inferior ● *Lobus caudatus* (Schwanzlappen, Spighel-Lappen): begrenzt links von Fissura ligamenti venosi, vorn von Porta hepatis, rechts von Sulcus venae cavae, mit ● Processus papillaris (Vorwölbung gegen Leberpforte) ● Processus caudatus (Verbindung zum rechten Leberlappen) ■ **funktionelle Gliederung** nach Blutgefäßen und Gallengängen: ● linker Lappen: • Lobus sinister • Lobus quadratus • linke Hälfte des Lobus caudatus ● rechter Lappen: • Lobus dexter • rechte Hälfte des Lobus caudatus	■ **Arterieller Zufluß** ("Vasa privata", etwa 1/4 des gesamten Blutzuflusses): A. hepatica propria aus A. hepatica communis aus Truncus coeliacus ● R. dexter: zum rechten "Lappen" (funktioneller Definition) ● R. sinister: zum linken "Lappen" (funktioneller Definition) ● Unteräste und Varietäten ⇨ 2.4.4 ■ **venöser Zufluß** ("Vasa publica", etwa 3/4 des gesamten Blutzuflusses): V. portae hepatis (Pfortader) ● R. dexter: zum rechten "Lappen" (funktioneller Definition) ● R. sinister: zum linken "Lappen" (funktioneller Definition) ● Unteräste und Varietäten ⇨ 2.5.5 ■ **venöser Abfluß**: Vv. hepaticae zur V. cava inferior ● Vv. hepaticae dextrae ● Vv. hepaticae intermediae ● Vv. hepaticae sinistrae ■ **regionäre Lymphknoten**: ● Nodi lymphatici hepatici: an Porta hepatis ● Nodus lymphaticus foraminalis: an Foramen omentale [epiploicum] ● Nodus lymphaticus cysticus: an Gallenblasenhals ● Nodi lymphatici pancreaticoduodenales superiores: zwischen Duodenum und Pankreaskopf ● Nodi lymphatici gastrici: an kleiner Magenkurvatur ● Nodi lymphatici coeliaci ● Nodi lymphatici phrenici superiores ■ **vegetative Innervation**: Plexus hepaticus	■ **Größenbestimmung der Leber beim Lebenden**: ● Perkussion: gedämpfter Klopfschall über Leber zwischen sonorem Lungenschall kranial und tympanitischem Klopfschall im Dickdarm kaudal ● Palpation: vergrößerte Leber kaudal des Rippenbogens tastbar, gesunde meist nicht ● "Leberschatten" im Röntgenbild ● Szintigraphie ■ **Gelbsucht** (Ikterus): Gelbfärbung der Haut bei erhöhtem Blutspiegel an Gallenfarbstoffen, Ursachen: ● prähepatisch: vermehrter Abbau von Erythrozyten (Milz) ● hepatisch: bei Schädigung der Leberzellen (Infektion, Lebergifte) ● posthepatisch: Abflußstörung in den Gallenwegen (⇨ 4.4.3) ■ **akute Hepatitis** (Leberentzündung): Virusinfektion ● Typ A: Infektion meist über Wasser und Nahrungsmittel, Inkubationszeit 3-5 Wochen ● Typ B: Infektion über Blut oder Speichel, Inkubationszeit 1-6 Monate ● Non-A-non-B: Infektion über Transfusion, Inkubationszeit 1-2 Monate ● Delta: in Deutschland selten ■ **chronische Hepatitis**: Verlauf über Monate nach akuter Virushepatitis oder Intoxikation: ● chronisch persistierende Form: mild ● chronisch aggressive Form: in etwa 50 % Übergang in Leberzirrhose ■ **Leberzirrhose**: ● Untergang von Leberzellen (Alkohol, Virushepatitis) und Bildung von Regeneratknoten ● Ersatz des feinen Stützgerüsts aus retikulären Fasern ("Gitterfasern") durch grobe kollagene Fasern ("Bindegewebesepten"), von Ito-Zellen (⇨ 4.4.2) ausgehend ● führt zu Pfortaderhochdruck (⇨ 2.5.5) ● Therapie im fortgeschrittenen Stadium: Lebertransplantation

4.4.2 Hepar (Leber): mikroskopisch

AUFGABEN, KREISLAUF	LÄPPCHENGLIEDERUNG	FEINBAU
■ Aufgaben: ● zentrales Stoffwechselorgan: • Aufbau und Abbau von Plasmaproteinen (ohne Gammaglobuline), Phosphatiden, Phospholipiden, Cholesterin, Enzymen, Glycogen • Gluconeogenese • Inaktivierung und Entgiftung von Hormonen und Fremdstoffen durch Hydroxilierung, Oxidation, Reduktion, Konjugation usw. ● Speicherung von Glycogen, Fetten, Proteinen, Vitaminen ● Bildung von Galle ● vor Geburt auch Blutbildung und Blutmauserung **■ intrahepatischer Kreislauf:** ● Zuflüsse aus A. hepatica propria (Vasa privata) und V. portae hepatis (Vasa publica): Aufzweigung der Segmentarterien und segmentalen Pfortaderäste zu Zwischenläppchenarterien (Aa. interlobulares) und Zwischenläppchenvenen (Vv. interlobulares) ● weite (4-15 μm) Kapillaren: Lebersinusoide (Vas capillare sinusoideum) mit bis 2 μm weiten Fenstern, keine Basalmembran ● Abfluß von Zentralveno (V. contralis) über V. sublobularis zu Lebervenen (Vv. hepaticae) **■ Periportalfeld** = Portalkanal (Canalis portalis): im mikroskopischen Präparat gut erkennbar verlaufen unmittelbar nebeneinander, von Bindegewebe (Capsula fibrosa perivascularis) umgeben, 3 Kanäle ("*Glisson-Trias*", Trias hepatica): ● *Pfortaderast* (V. interlobularis): mit weitem Lumen ● *Leberarterienast* (A. interlobularis): mit engem Lumen ● *Gallengang* (Ductus interlobularis bilifer): mit kubischem bis hochprismatischem Epithel ● außerdem Lymphgefäße und Nerven **■ Perisinusoidalraum** (Disse-Raum, Spatium perisinusoideum): ● Spaltraum zwischen Endothel und Leberzellen ● 0,5-2 μm weit, von Blutplasma durchströmt (da Endothel gefenstert) ● erleichtert Stoffaustausch zwischen Blut und Leberzellen, da keine trennende Kapillarwand	Je nach Betrachtungsweise 3 Arten von Leberläppchen: **■ Zentralvenen-Leberläppchen** = klassisches Leberläppchen (Lobulus hepaticus): ● im Mittelpunkt steht der Blutabfluß (V. centralis) ● am Rand des Läppchens 3-6 Periportalräume ● bei der Schweineleber von Bindegewebe umgrenzt und bei entsprechender Färbung besonders gut sichtbar ● Durchmesser etwa 1 mm, Länge 1,5-2 mm ● klassische morphologische Betrachtungsweise ● "Leberläppchen" ohne genauere Differenzierung bedeutet in der Regel Zentralvenen-Leberläppchen **■ Portalvenen-Leberläppchen** = Gallengang-Leberläppchen: ● im Mittelpunkt steht der Gallenabfluß (Ductus interlobularis bilifer parallel zum Portalvenenast) ● am Rand des Läppchens etwa 3 Zentralvenen ● Portalvenen-Leberläppchen entspricht den Drüsenendstücken der "Drüse" Leber, die über einen gemeinsamen Ausführungsgang Galle sezernieren ● mehr physiologische Betrachtungsweise **■ Leberazinus** = Rappaport-Leberläppchen: ● in der Mitte steht die Verbindungslinie zweier Portalkanäle, in der die starken Seitenäste der V. interlobularis verlaufen (Vas capillare interlobulare), von diesen gehen nahezu rechtwinklig die Lebersinusoide (Vas capillare sinusoideum) ab, die zur V. centralis konvergieren ● die Ecken dieses rautenförmigen Läppchens werden von 2 Zentralvenen und 2 Portalkanälen gebildet ● beidseits der Mittelachse werden 3 Zonen (mit fließenden Übergängen) unterschieden: • I = Zona peripheralis: gute Sauerstoffversorgung • II = Zona intermedia: Übergangszone • III = Zona centralis: schlechte Sauerstoffversorgung, besonders anfällig gegen Lebergifte ● mehr pathologische Betrachtungsweise	**■ Leberzelle** (Epitheliocytus hepatis [Hepatocytus]): ● große, meist 6flächige Zelle: 20-30 μm Durchmesser, 1/4 zweikernig, Mehrzahl tetraploid, Größenklassen nach Ploidie (di-, tetra-, oktoploid) ● reich an Zellorganellen: • granuliertes endoplasmatisches Retikulum: Synthese des Plasmaproteine, der Proteinanteile der Lipoproteide usw. • glattes endoplasmatisches Retikulum: Synthese von Triglyceriden, Cholesterin, Enzymen für zahlreiche Umbauvorgänge, z.B. Entgiftung von Medikamenten durch Oxidation, Reduktion, Hydrolyse, Konjugation, Abbau von Steroidhormonen usw. • Golgi-Apparat: Zusammenbau der Lipoproteide ● Anordnung der Leberzellen in einschichtigen Platten (Lamina hepatica), so daß an 2 Flächen (mit reichlich Mikrovilli) Kontakt zu Perisinusoidalraum ● Glycogengranula vor allen in Umgebung des glatten endoplasmatischen Retikulums ● langlebig (mindestens 5 Monate) **■ Endothelzelle:** ● arm an Zellorganellen ● Poren (0,1 μm) und interzelluläre Fenster gestatten Übertritt von Blutplasma in Perisinusoidalraum **■ Kupffer-Sternzelle** (Macrophagocytus stellatus): ● modifizierter Monozyt, stammt aus Knochenmark, gehört zum Makrophagensystem ● phagozytiert, daher reich an Zellorganellen, z.B. Lysosomen ● liegt Endothelzelle an **■ Fettspeicherzelle** = Ito-Zelle (Lipocytus perisinusoideus): ● speichert Vitamin A ● kann sich in Fibroblast umwandeln **■ Gallenkanälchen** (Canaliculus bilifer): ● beginnt als Spaltsystem (0,5-1 μm) zwischen 2 Leberzellen ● bildet Netz in Leberzellplatte ● Abfluß über Hering-Kanälchen (Ductulus bilifer) zu Zwischenläppchen-Gallengang, Stromrichtung entgegen Blutstrom **■ Leberkapsel** (Glisson-Kapsel, Tunica fibrosa): ● relativ dünne Bindegewebehülle der Leber in Zusammenhang mit Bindegewebe entlang der Blutgefäße ● großteils bedeckt mit Tunica serosa + Tela subserosa

4.4.3 Extrahepatische Gallengänge

ABSCHNITT	GLIEDERUNG, LAGE	FEINBAU	KLINIK
Ductus hepaticus communis (gemeinsamer Lebergallengang)	■ Entsteht durch Vereinigung von: ● *Ductus hepaticus dexter* (rechter Lebergallengang): mit R. anterior und R. posterior aus rechtem Leberlappen (funktioneller Definition) ● *Ductus hepaticus sinister* (linker Lebergallengang): mit R. lateralis und R. medialis aus linkem Leberlappen ● *Ductus lobi caudati dexter*: vom rechten Teil des Lobus caudatus, mündet meist in Ductus hepaticus dexter ● *Ductus lobi caudati sinister*: vom linken Teil des Lobus caudatus, mündet meist in Ductus hepaticus sinister ■ **Länge** 4-6 cm	**Wandschichten:** ● Schleimhaut (Tunica mucosa): einschichtiges hochprismatisches Epithel mit ● Becherzellen (Exocrinocyti caliciformes) ● kleinen Schleimdrüsen (Glandulae tunicae mucosae [Glandulae biliares]) ● glatte Muskulatur (Tunica muscularis) ● Bindegewebe (Tunica adventitia)	■ **Extrahepatische Gallengangatresie:** ● Entwickungsstörung der Gallenwege: Gallenwege einschließlich Gallenblase machen embryonal lichtungsloses Stadium durch; einzelne Abschnitte oder das gesamte System können ohne Lichtung oder eng bleiben ● kann auch Folge einer Entzündung sein (z.B. Röteln): sekundärer Verschluß einer bereits vorhandenen Lichtung ● führt zu Gallerückstau in Leber (Cholestase) und Erweiterung der Gallenwege vor Engstelle ● Leitsymptom: anhaltende schwere Gelbsucht (Icterus gravis prolongatus) bei Neugeborenen ● umgehende Operation nötig: Entfernen des engen Abschnitts, Sicherung des Galleabflusses zum Duodenum (biliodigestive Anastomose, z.B. bei Engstelle im Ductus choledochus Einpflanzen des Ductus hepaticus communis in Duodenum = Hepatikoduodenostomie) ■ **Cholangitis** (Gallenwegentzündung): ● häufigste Komplikation einer Choledocholithiasis (Gallensteine im Hauptgallengang) ● Infektion meist vom Duodenum aufsteigend ● Erreger: Bakterien, Protozoen (Lamblia intestinalis) oder Würmer (z.B. Spulwurm) ● unbehandelt hohe Letalität (Gefahr der Sepsis) ● Therapie: endoskopische Erweiterung der Papilla duodeni major (Papillotomie) und Steinextraktion
Ductus cysticus (Gallenblasengang)	● Verbindet Gallenblase mit Ductus hepaticus communis bzw. Ductus choledochus ● Länge 3-4 cm	Spiralfalte (Plica spiralis) springt in Lichtung vor	**Cholezystektomie**: Entfernung der Gallenblase mit Ductus cysticus ● angezeigt bei Cholelithiasis, Cholezystitis und Tumor ● Präparation "antegrad" vom Fundus zum Ductus cysticus, "retrograd" umgekehrt ● wichtig korrektes Abtragen des Ductus cysticus: Blindsack begünstigt Steinbildung, zuviel weggenommen verursacht Engstelle im Ductus choledochus
Ductus choledochus [biliaris] (Hauptgallengang)	● Fortsetzung des Ductus hepaticus communis nach Einmündung des Ductus cysticus ● mündet in Pars descendens des Duodenum an Papilla duodeni major (Vater-Papille) ● kurz vor Mündung zur Ampulla hepatopancreatica erweitert, diese nimmt häufig auch Ductus pancreaticus auf (dieser kann aber auch getrennt in Duodenum münden) ● Länge 4-8 cm, Durchmesser etwa 5 mm ● Verlauf im freien Rand des Lig. hepatoduodenale, dann dorsal der Pars descendens des Duodenum, manchmal in Gewebe des Caput pancreatis eingeschlossen	Ringmuskulatur verdickt an Mündung in Duodenum zu: ● *M. sphincter ductus choledochi*: am distalen Ende des Ductus choledochus vor Vereinigung mit Ductus pancreaticus, verschließt Ductus choledochus → Galle füllt Gallenblase und wird dort eingedickt ● *M. sphincter ampullae hepatopancreaticae* [Sphincter ampullae] (Oddi-Schließmuskel): verschließt Ampulla hepatopancreatica gegen Duodenum, verhindert Einfluß von Darminhalt in Gallen- und Bauchspeichelgang	■ **Choledochoskopie**: Besichtigung des Hauptgallengangs mit einem speziellen Endoskop ■ **Cholangiographie** (Darstellung der Gallenwege im Kontrastmittel-Röntgenbild): ● *indirekte* (orale): das oral eingenommene Kontrastmittel wird von der Leber in die Galle ausgeschieden ● *direkte*: Einspritzung des Kontrastmittels direkt in Gallenwege bei Operation (zur Suche nach Steinen) ● *endoskopische retrograde* (ERCP): Einspritzung des Kontrastmittels durch Papilla duodeni major bei Duodenoskopie ● *perkutane transhepatische*: Anstechen eines gestauten Gallengangs durch die Haut bei Ultraschallkontrolle ■ **Choledochoenterostomie** (Neueinpflanzen des Ductus choledochus in den Dünndarm): ● Galle muß unbedingt von Leber abfließen können (lebensnotwendig!), deshalb muß bei Verschluß der Papilla duodeni major (z.B. durch Tumor) oder Entfernung der Pars descendens des Duodenum (z.B. bei Entfernung eines Pankreaskopfkarzinoms) der Gallenweg erneut mit dem Darm verbunden werden ● Formen: Choledochoduodenostomie, Choledochojejunostomie (die Gallenwege sind nur begrenzt beweglich, das Jejunum jedoch sehr gut)

4.4.4 Vesica biliaris [fellea] (Gallenblase)

GLIEDERUNG, LAGE	FEINBAU	LEITUNGSBAHNEN	KLINIK
■ **Aufgaben:** ● Speicherung nicht unmittelbar für die Verdauung benötigter Galle ● Eindicken der Galle auf das 5-10fache durch Wasserentzug ● bei Bedarf Entleerung (gesteuert durch Darmhormon Cholecystokinin-Pancreozymin, CCK) ■ **Form und Größe:** ● birnförmiger Sack ● Länge etwa 8 cm ● Durchmesser 3-4 cm ● Fassungsvermögen etwa 40-100 ml ■ **Lage:** ● in Fossa vesicae biliaris (Gallenblasengrube) der Leber (ventrokaudaler Abschnitt der rechten Hauptspalte) ● manchmal der Leber locker anliegend, manchmal in Leber eingebettet ● in Bauchfell der Leber einbezogen (Kontaktfläche zur Leber meist bauchfellfrei) ● je nach Körperhaltung und Konstitutionstyp Längsachse eher vertikal oder horizontal (bei Röntgenuntersuchung beachten!) ● Druckpunkt: Schnittpunkt des rechten Rippenbogens mit Lateralrand des M. rectus abdominis ■ **Gliederung:** ● *Fundus vesicae biliaris* (Gallenblasenboden): blindes Ende der Gallenblase, nach ventrokaudal gerichtet, unterragt oft Margo inferior der Leber ● *Corpus vesicae biliaris* (Gallenblasenkörper): Hauptteil ● *Collum [Cervix] vesicae biliaris* (Gallenblasenhals): das sich verjüngende Übergangsstück zum Ductus cysticus ■ **Gallezu- und Abfluß:** ● normalerweise nur über Ductus cysticus ● gelegentlich direkte Verbindung (Ductus hepatocysticus) in Fossa vesicae biliaris zu kleinen Gallengängen der Leber (möglicher Infektionsweg!)	■ **Schleimhaut** (Tunica mucosa): ● einschichtiges hochprismatisches Epithel mit Mikrovilli ● bei leerer Gallenblase stark gefaltet (Plicae mucosae) mit tiefen Epitheleinsenkungen (Cryptae tunicae mucosae) ● keine Becherzellen, nur im Collum kleine Schleimdrüsen (Glandulae mucosae) ● keine Lamina muscularis mucosae ● Histophysiologie: Wasserresorption mit aktivem Natrium- und Chloridionentransport, Sekretion von Schleim ■ **Muskelwand** (Tunica muscularis): ● dünn, reicht vermutlich eher zur Anpassung der Wand an Füllungsmenge als zum aktiven Auspressen des Inhalts ● für (langsamen) Abfluß der Galle reicht geringer Druckunterschied, wenn Schließmuskeln der Gallenwege erschlaffen ● glatte Muskelzellen scherengitterartig angeordnet ■ **Bauchfell** (Tunica serosa) mit Tela subserosa	■ **Arterien:** A. cystica: sehr variabel nach ● *Ursprung:* ● meist von R. dexter der A. hepatica propria ● seltener von R. sinister, Hauptstamm der A. hepatica propria, A. hepatica communis, A. gastroduodenalis ● *Verlauf* im Operationssitus: ● meist erst rechts von Ductus hepaticus ● wenn links entspringend, dann meist vor Ductus ● *Anzahl:* ● 80 % eine A. cystica ● 20 % zwei ■ **Venen:** ● Hauptabfluß über V. cystica zu Hauptstamm der V. portae hepatis ● Nebenabfluß von den der Leber anliegenden Wandbereichen zu Venensystem der Leber ■ **regionäre Lymphknoten:** ● Nodus lymphaticus cysticus: liegt Collum vesicae biliaris an ● Nodi lymphatici der Leber (⇨ 4.4.1) ■ **vegetative Innervation:** ● Plexus hepaticus ● Schmerzfasern auch über Rr. phrenico-abdominales des N. phrenicus (C4, typische Schmerzausstrahlung bei Gallenkoliken in rechte Schulter)	■ **Palpation:** ● Untersucher faßt um rechten Rippenbogen im Bereich der Medioklavikularlinie und dringt mit den Fingerspitzen in die Tiefe ● bei sitzendem Patienten ist Bauchdecke entspannt und tiefere Palpation möglich ● Murphy-Zeichen: bei Palpation und tiefer Einatmung tritt bei Cholezystitis häufig ein stechender Schmerz auf ■ **Gallenblasenentzündung** (Cholezystitis): ● Infektionsweg: ● aszendierend (vom Darm aufsteigend, z.B. Kolibakterien) ● deszendierend (von der Leber her, z.B. Salmonellen) ● hämatogen (bei Sepsis) ● lymphogen (z.B. bei Appendizitis) ● Symptome des "akuten Abdomen": Fieber, Erbrechen, kolikartiger Schmerz im Oberbauch, Abwehrspannung der Bauchdecke ● Gefahren: Bakterien durchwandern Wand → "Durchwanderungsperitonitis", Perforation ● akute Entzündung auch bei Steineinklemmung ● Übergang in chronische Entzündung möglich → ● Schrumpfgallenblase oder ● Verkalkung der Wand ("Porzellangallenblase") ■ **Gallensteine:** ● Bildung: wenn optimales Mischungsverhältnis von Cholesterin, Gallensäuren und Phosphatidylcholin (Lecithin) in Galle gestört ● Cholesterinsteine: gelb, bis kirschgroß ● Pigmentsteine (Bilirubinsteine): braun bis schwarz, weich, bröckelig, meist sandkorngroß, oft zu Hunderten in Gallenblase ● Kombinationssteine (Pigment-Cholesterin-Kalk-Steine): vielfarbig, hart, bis hühnereigroß ■ **Gallensteinleiden** (Cholelithiasis): ● etwa 15 % der Erwachsenen (30 % der alten Menschen) in hochzivilisierten Ländern befallen ● bei 1/3 bis 1/2 der Befallenen völlig symptomlos ● kleine Steine können über Gallenwege in den Darm abgehen ● heftige Schmerzanfälle ("Gallenkolik") bei Einklemmung eines Steins in Ductus cysticus ● Therapie: ● medikamentöse Auflösung (langwierig, nur bei Cholesterinsteinen) ● Cholezystektomie ● extrakorporale Stoßwellenlithotripsie ■ **Gallenblasenkarzinom:** ● häufige Krebsart, im vereinten Deutschland jährlich über 6000 Todesfälle, Frauen etwa 3mal häufiger befallen als Männer ● häufig geht Gallensteinleiden voraus ● Leitsymptom: ständig zunehmende Gelbsucht bei älteren Menschen ● Courvoisier-Zeichen: längere Zeit vergrößerte schmerzlose Gallenblase → Verdacht auf Tumor ● ungünstige Prognose, da bei Diagnose häufig schon auf Umgebung der Gallenblase übergegriffen und radikale Operation nicht mehr möglich

4.5 Bauchspeicheldrüse (Pancreas)

Entwicklung und Entwicklungsstörungen ⇨ 4.3.1

4.5.1 Pancreas (Bauchspeicheldrüse): makroskopisch

GLIEDERUNG, RELIEF	LAGE, PROJEKTION	LEITUNGSBAHNEN	KLINIK
■ **Äußere Form**: feingelappter Drüsenstrang, etwa 15 cm lang, 3-4 cm breit, 1-2 cm dick, Gewicht 70-100 g ■ **äußere Gliederung:** ● Caput pancreatis (Kopf der Bauchspeicheldrüse): rechts der Incisura pancreatis ● Corpus pancreatis (Körper der Bauchspeicheldrüse): Hauptteil ● Cauda pancreatis (Schwanz der Bauchspeicheldrüse): linkes Ende, ohne scharfe Grenze zum Corpus ■ **Caput pancreatis**: Der vom "C" des Duodenum umgebene rechte Teil: ● Incisura pancreatis: Einschnitt durch A. + V. mesenterica superior ● Processus uncinatus (Hakenfortsatz): dorsal der Gefäße, kommt durch die embryonale Drehung der Nabelschleife um die Gefäßachse zustande ■ **Corpus pancreatis**: Im Querschnitt dreieckiger Mittelteil der Drüse mit ● Facies anterior (Vorderseite): mit Bauchfellüberzug, grenzt an Bursa omentalis ● Facies posterior (Rückseite): bauchfellfrei (sekundär retroperitoneal!) ● Facies inferior (Unterseite): mit Bauchfellüberzug, grenzt an Unterbauch ● Margo superior (Oberkante) ● Margo anterior (Vorderkante): Ursprung des Mesocolon transversum (trennt Ober- und Unterbauch) ● Margo inferior (Unterkante) ● Tuber omentale: Vorwölbung in Bursa omentalis (durch Wirbelkörper bedingt) ■ **Ausführungsgänge:** ● *Ductus pancreaticus* (Bauchspeichelgang, Wirsung-Gang): durchzieht Drüse in voller Länge, mit Schließmuskel (M. sphincter ductus pancreatici) vor Mündung in Duodenum an Papilla duodeni major (meist gemeinsam mit Ductus choledochus in Papilla hepatopancreatica) ● *Ductus pancreaticus accessorius* (Nebenbauchspeichelgang, Santorini-Gang): zweigt von Ductus pancreaticus ab oder beginnt blind, mündet an Papilla duodeni minor	■ **Lage**: sekundär retroperitoneal, leicht hufeisenförmig um Wirbelkörper L_1/L_2 gebogen, von rechts nach links leicht ansteigend ■ **Nachbarorgane:** ● Duodenum: umrahmt Caput pancreatis oben, rechts und unten ● Magen: liegt ventral vom Corpus pancreatis, durch Bursa omentalis von ihm getrennt ● Milz: Cauda pancreatis endet an Milzhilum ● linke Niere: Cauda pancreatis liegt ihr ventral in der Mitte an ● Jejunum und Ileum: können Facies inferior anliegen ● Mesocolon transversum: entspringt am Margo anterior, bedingt Dreieckform des Querschnitts ● Ductus choledochus: oft dorsal in Drüsengewebe des Caput pancreatis eingebettet ● A. + V. mesenterica superior: liegen kaudal an, bedingen Incisura pancreatis ● A. splenica: läuft meist parallel zu Margo superior, gibt zahlreiche Äste an Pancreas ab ● V. splenica: liegt meist Facies posterior an	■ **Arterien**: von kranial Äste des Truncus coeliacus, von kaudal Äste der A. mesenterica superior: ● aus A. gastroduodenalis: • Rr. pancreatici der A. pancreaticoduodenalis superior posterior • Rr. pancreatici der A. pancreaticoduodenalis superior anterior ● Rr. pancreatici aus A. splenica [lienalis]: • A. pancreatica dorsalis • A. pancreatica inferior • A. prepancreatica • A. pancreatica magna • A. caudae pancreatis ● aus A. mesenterica superior: A. pancreaticoduodenalis inferior mit • R. anterior • R. posterior ■ **Venen**: Abfluß zur V. portae hepatis über ● V. mesenterica superior (Vv. pancreaticae, Vv. pancreaticoduodenales) ● V. splenica (Vv. pancreaticae) ■ **regionäre Lymphknoten:** ● Nodi lymphatici pancreatici superiores ● Nodi lymphatici pancreatici inferiores ● Nodi lymphatici pancreaticoduodenales superiores ● Nodi lymphatici pancreaticoduodenales inferiores ■ **vegetative Innervation**: Plexus pancreaticus aus Plexus aorticus abdominalis ● sympathische Anteile über N. splanchnicus major und minor ● parasympathische Anteile aus N. vagus	■ **Entwicklungsstörungen**: Pancreas entwickelt sich aus ventraler und dorsaler Anlage, die miteinander verschmelzen, bei fehlerhafter "Wanderung" der vorderen Anlage kann entstehen: ● Pancreas accessorium (Nebenbauchspeicheldrüse): Knoten von heterotopem (an falschem Ort liegendem) Pankreasgewebe in der Magen- oder Darmwand, Durchmesser wenige Millimeter bis einige Zentimeter, kann wie normales Pancreas erkranken ● Pancreas anulare (Ringbauchspeicheldrüse): Bauchspeicheldrüse umgibt ringförmig die Pars descendens des Duodenum, kann Darm einengen und Speisebreipassage behindern ● Pancreas divisum (zweigeteilte Bauchspeicheldrüse): zwei getrennte Drüsen oder nur doppelschwänzig ■ **Pankreaskarzinom** (Krebs der Bauchspeicheldrüse): ● häufige Krebsform mit ungünstiger Prognose: im vereinten Deutschland jährlich etwa 10000 Todesfälle ● Männer häufiger befallen als Frauen, Raucher 2-3mal häufiger als Nichtraucher ● meist von Gangepithel ausgehend (tubuläres Adenokarzinom) ● etwa 3/4 im Caput pancreatis (Pankreaskopfkarzinom) ● Kompression des Ductus choledochus → ständig zunehmender Verschlußikterus ● hämatogene Metastasierung über V. portae hepatis bevorzugt in Leber ■ **Pankreasresektion** (Entfernen von Teilen der Bauchspeicheldrüse): ● Problem: Bauchspeichel muß aus Restdrüse in Darm abfließen können ● Linksresektion: Entfernen beliebig großer Teile von Cauda und Corpus technisch unproblematisch (wenn zuwenig Inseln verbleiben → Diabetes) ● Pankreatojejunostomie: bei Entfernen rechter Drüsenteile muß Restdrüse in Darmwand eingenäht werden ■ **Duodenopankreatektomie** (Whipple-Operation): beim Pankreaskopfkarzinom werden wegen der Ausbreitung des Tumors meist entnommen: Pancreas + Duodenum + distaler Teil des Magens + Milz + Lymphknoten (hohes Operationsrisiko wohl verständlich)

4.5.2 Pancreas (Bauchspeicheldrüse): mikroskopisch

TEILE	AUFGABEN,	FEINBAU	KLINIK
Pars exocrina pancreatis (exokriner Teil der Bauchspeicheldrüse)	■ **Aufgaben:** Produktion von "Bauchspeichel": ● Bicarbonat: zur Neutralisierung des Magensaftes ● Verdauungsenzyme: z.T. als Proenzyme in Darm abgegeben und erst dort aktiviert (als Schutz vor Selbstverdauung der Drüse) ■ **Pankreasenzyme:** ● Proteasen (z.B. Trypsinogen, Chymotrypsinogen) ● Nucleasen (Ribonuclease, Desoxyribonuclease) ● Lipasen ● Amylasen ■ **Förderung der Sekretion** durch: ● Parasympathikus ● Cholecystokinin (CCK): steigert Enzymgehalt ● Secretin: steigert Bicarbonatgehalt ■ **Hemmung der Sekretion** durch: ● Sympathikus ● pankreatisches Polypeptid	■ **Gliederung:** ● zusammengesetzte tubuloalveoläre Drüse, grundsätzlich wie Kopfspeicheldrüsen (⇨ 7.6.3) ● Gliederung in Läppchen (Lobuli pancreatici) durch bindegewebige Scheidewände (Septa interlobularia) schon makroskopisch sichtbar! ● Acinus pancreaticus als Endstück oder seitlich an Ausführungsgang ■ **Zellen:** ● seröse Azinuszelle (Exocrinocytus pancreaticus [Acinocytus]): Merkmale proteinsezernierender Zellen (besonders RNA-haltig → stark basophil), apikale Zymogengranula (Granula zymogeni) ● zentroazinäre Zelle (Epitheliocytus centro-acinosus): in innerhalb des Acinus gelegenen Teilen des Schaltstücks, helle Zelle mit wenig Organellen, charakteristisch für Pancreas ■ **Ausführungsgänge** ● Schaltstück (Ductus intercalatus): beginnt mit zentroazinären Zellen, niedriges Epithel ● intralobulärer Gang (Ductus intralobularis): typische Streifenstücke fehlen! ● Zwischenläppchengang (Ductus interlobularis): Epithel hochprismatisch	■ **Akute Pankreatitis** (akute Entzündung der Bauchspeicheldrüse): ● Entstehung: Aktivierung von Enzymen schon in der Bauchspeicheldrüse (z.B. infolge von Reflux von Duodenalsaft und Galle in Bauchspeichelgänge) führt zu Selbstverdauungsprozessen → Nekrose kleinerer oder größerer Drüsenteile ● Ursachen: Choledocholithiasis (Gallengangsteine), Alkoholismus, Bauchoperationen, Bauchtraumen, Arzneimittel (auch "Pille") u.a. ● Symptome: heftiger Oberbauchschmerz (mit Ausstrahlung zu linker Brust und Rücken), Übelkeit, Erbrechen, Meteorismus (Aufblähung) ● Diagnose: erhöhte Spiegel von Pankreasenzymen im Serum (Amylase, Lipase) + vergrößertes Pancreas (Ultraschall, CT) ● Lebensgefahr: etwa 10 % Todesfälle durch Volumenmangelschock, Sepsis, Nieren- und Lungenversagen ■ **chronische Pankreatitis:** ● Hauptursache: chronischer Alkoholismus ● Folgen: Pankreasinsuffizienz (unzureichende Verdauung → Abmagerung der Patienten), Diabetes mellitus (s.u.) ■ **zystische Pankreasfibrose** (Mukoviszidose): ● häufigste angeborene Stoffwechselkrankheit (Inzidenz: 1 Fall auf 2000-3000 Neugeborene), autosomal rezessiv erblich ● Zähflüssigkeit der Sekrete (glycoproteid- und kochsalzreich) exokriner Drüsen (Exokrinopathie) ● Verstopfung der Bauchspeichelgänge → Sekretstau, Zystenbildung, Atrophie des exokrinen Pancreas, unzureichende Enzymmenge im Darm → Abmagerung ● in Bronchen Hyperplasie der Becherzellen → obstruktive Ateminsuffizienz
Pars endocrina pancreatis (endokriner Teil der Bauchspeicheldrüse, Inselorgan)	■ **Anteil:** etwa 2 % des Pancreas ■ **Aufgaben:** Sekretion von Peptidhormonen: ● *Insulin* (steigert Glucoseaufnahme der Körperzellen, senkt Blutzuckerspiegel) ● *Glucagon* (Gegenspieler von Insulin) ● *Somatostatin* (hemmt Insulin- und Glucagonsekretion) ● *pankreatisches Polypeptid* (hemmt exokrine Pankreas- und Magensekretion) ● weitere Peptidhormone	**Insulae pancreaticae** (Langerhans-Inseln): Nester endokriner Zellen im exokrinen Gewebe, Durchmesser etwa 0,1-0,2 mm ● *Alpha-Zelle* (A_2-Zelle, Endocrinocytus alpha [Glucagonocytus]): sezerniert Glucagon, etwa 20 % der Inselzellen, an Inselperipherie gelegen, Sekretgranula dicht und groß (300 nm) ● *Beta-Zelle* (B-Zelle, Endocrinocytus beta [Insulinocytus]): sezerniert Insulin, etwa 70 % der Inselzellen, in Inselmitte gelegen, Sekretgranula kleiner als bei A-Zellen, enthalten Kristalle ● *Delta-Zelle* (D-Zelle, Endocrinocytus delta): sezerniert Somatostatin, etwa 5% der Inselzellen, sehr große Granula ● *PP-Zelle*: sezerniert pankreatisches Polypeptid	■ **Diabetes mellitus** (Zuckerkrankheit): Störung des Kohlenhydratstoffwechsels ● Hauptsymptome: Hyperglykämie (erhöhter Blutzucker), Glucosurie (Glucoseausscheidung im Harn), Anfälligkeit gegen Infektionen, Juckreiz ● Gefahren: Erkrankungen der Nerven und Blutgefäße (Polyneuropathie, Mikro- und Makroangiopathie) mit Absterben distaler Extremitätenabschnitte, Erblindung, hyperglykämisches Koma ● Typ I (insulinabhängiger Diabetes mellitus) infolge Insulinmangels, Beginn in Kindheit, Therapie: Diät + Insulin ● Typ II (insulinunabhängiger Diabetes mellitus): infolge verminderter Insulinwirkung, Beginn im Erwachsenenalter, Therapie: Diät + orale Antidiabetika ● Typ IIA mit normalem Körpergewicht ● Typ IIB mit erhöhtem Körpergewicht ■ **Hyperinsulinismus:** Überdosierung von Insulin oder zu hohe körpereigene Produktion, z.B. durch Insulinom (Geschwulst der Beta-Zellen) führt zu Krampfanfällen (hypoglykämisches Koma)

4.6 Milz (Splen [Lien])

Entwicklung und Entwicklungsstörungen ⇨ 1.5.5

4.6.1 Splen [Lien] (Milz): makroskopisch

AUFGABEN, GLIEDERUNG	FORM, LAGE	LEITUNGSBAHNEN	KLINIK
■ **Aufgaben und innere Gliederung**: die Milz ist ein lymphatisches Organ mit 2 Gewebeanteilen (schon makroskopisch sichtbar): ● **Pulpa alba** (weiße Pulpa): reich an weißen Blutzellen, etwa 1/4 des Milzparenchyms, Abwehrorgan ("Blutlymphknoten") ● Bildung von Lymphozyten (fetal auch Erythrozyten und Granulozyten) ● wichtige Station bei Lymphozytenrezirkulation ● **Pulpa rubra** (rote Pulpa): reich an roten Blutzellen, etwa 3/4 des Milzparenchyms ● Abbau überalterter Erythrozyten ("Blutmauserung") ● beim Menschen kaum Blutspeicherung (ausgenommen etwa 1/3 aller Thrombozyten) ■ **Bedeutung für Organismus:** ● nicht lebensnotwendig: Abwehraufgaben können von Lymphknoten, Blutmauserung von Leber übernommen werden ● trotzdem möglichst nicht entfernen, weil nach Splenektomie größere Anfälligkeit gegen Sepsis ("Blutvergiftung"), besonders bei Kindern)	■ **Größe:** ● etwa 4 cm dick, 7 cm breit, 11 cm lang ("4711") ● Gewicht etwa 150 g ■ **Form**: zwischen Tetraeder und Orangensegment mit 4 Flächen ● *Facies diaphragmatica* (Zwerchfellfläche): konvex, dem Zwerchfell anliegend ● *Facies visceralis* (Eingeweidefläche): mit Eintrittsstelle der Leitungsbahnen (Hilum splenicum), durch 3 Nachbarorgane eingedellt: ● Facies renalis: linke Niere liegt links vom Hilum an ● Facies gastrica: Magen liegt rechts vom Hilum an ● Facies colica: Flexura coli sinistra liegt kaudal vom Hilum an ■ **Lage**: intraperitoneal im linken Oberbauch mit der Längsachse etwa parallel zur 10. Rippe ● Extremitas anterior (vorderer Milzpol): normalerweise dorsal der Linea axillaris media (vergrößerte Milz kann bis vor Rippenbogen kommen) ● Extremitas posterior (hinterer Milzpol): etwa 5 cm von Wirbelsäule entfernt ● Margo superior (Oberrand): etwa der 9. Rippe entsprechend ● Margo inferior (Unterrand): etwa der 11. Rippe entsprechend ● bei tiefer Inspiration Milz 2-5 cm weiter kaudal ■ **Bauchfellüberzug** (Tunica serosa): ● Milz ist nahezu vollständig von Bauchfell bedeckt ● sie entwickelt sich im Mesogastrium dorsale und teilt dieses in (⇨ 4.1.3) ● Lig. gastrosplenicum [gastrolienale] ● Lig. splenorenale [lienorenale, phrenicosplenicum] ● zwischen den beiden Peritonealduplikaturen reicht Bursa omentalis mit ihrem Recessus splenicus [lienalis] bis an das Hilum splenicum	■ **Arterien**: A. splenica [lienalis] aus Truncus coeliacus: ● teilt sich meist in 2 Hauptäste schon weit von Milz entfernt, am Hilum splenicum Aufzweigung in ● 6-36 Rr. splenici (Segmentarterien) ● im Alter meist stark geschlängelt ■ **Venen**: Abfluß über V. splenica zu V. portae hepatis ■ **regionäre Lymphknoten:** ● Nodi lymphatici splenici [lienales] ■ **vegetative Innervation**: Plexus splenicus [lienalis] aus Plexus aorticus abdominalis, mit großen Ästen der A. splenica laufend, Kapsel frei	■ **Anomalien:** ● angeborene *Asplenie* (Fehlen der Milz): selten ● *Splen accessorius* (Nebenmilz): in 10-40 % kleine Nebenorgane, meist im Omentum majus oder Pancreas gelegen, erkranken häufig gemeinsam mit Hauptorgan, können bei Verlust der Hauptmilz einen Teil deren Aufgaben übernehmen, aber auch den therapeutischen Erfolg einer Splenektomie bei hämolytischem Ikterus (s.u.) zunichte machen ● *Lien mobilis* (Wandermilz): Lage weiter kaudal als üblich, häufig bei Splenomegalie ■ **Milzruptur** (Platzen der Milz): ● führt zu lebensbedrohender Blutung ● wegen der relativ dünnen Kapsel ist Milz bei allen den Bauchraum treffenden Traumen gefährdet ● auch bei Bauchoperationen kann Milz, z.B. durch einen abrutschenden Haken, verletzt werden ● früher wurde Milz in solchen Fällen wegen der Schwierigkeit der Naht (brüchige Kapsel) vollständig entfernt, heute gelingt es mit Wundklebern einen Teil der Milzen zu retten ● zweizeitige Ruptur: bei Unfall zunächst nur subkapsuläres Hämatom (Bluterguß), Kapsel platzt erst Stunden später ● Spontanruptur: ohne größeres Trauma bei Splenomegalie, vor allem bei Malaria und Mononucleosis infectiosa ■ **Splenomegalie** (Milzvergrößerung): Milz kann oft vor dem linken Rippenbogen getastet werden ● verbunden mit *Hypersplenismus* (Überfunktion) bei angeborenen Formanomalien der Erythrozyten (Sphärozyten, Elliptozyten, Drepanozyten usw., ⇨ 1.5.3), hämolytische Anämie führt zum prähepatischen Ikterus ("Gelbsucht", ⇨ 4.4.1) ● bei *Milzstauung*: Abflußbehinderung in Milzvene bei Pfortaderhochdruck (meist bei Leberzirrhose) oder Rechtsherzinsuffizienz ● bei *Geschwulstkrankheiten* des lymphatischen Systems: Lymphogranulomatose, Non-Hodgkin-Lymphome, akute und chronische lymphatische Leukämie ● bei "*Speicherkrankheiten*" (angeborenen Stoffwechselanomalien): vor allem bei Kindern, z.B. Gaucher-Krankheit (Glucocerebroside), Niemann-Pick-Krankheit (Sphingomyeline) ● *Milzzysten* bei Parasitenbefall, z.B. Hundebandwurm (Echinococcus) ● bei Infektionskrankheiten: reaktive Hyperplasie der weißen Pulpa als "Blutlymphknoten", vor allem ● *Sepsis* ("Blutvergiftung"): Überschwemmung des Blutes mit Bakterien, bei Fehlen der Milz erhöhte Lebensgefahr ● *Malaria*: bei chronischer Malaria extreme Milzvergrößerung (bis 6 kg) ● *Mononucleosis infectiosa* (Pfeiffer-Drüsenfieber): Vergrößerung der Milz auf 3-4faches des Normalen, dabei Gefahr des Platzens (Milzruptur, s.o.)

4.6.2 Splen [Lien] (Milz): mikroskopisch

BINDEGEWEBEGERÜST	PULPA ALBA	PULPA RUBRA	MILZKREISLAUF
■ **Gewebeanteile:** ● straffes kollagenes Bindegewebe (Fibrae collagenae) ● elastische Fasern (Fibrae elasticae) ● glatte Muskelzellen (Myocyti nonstriati): ● beim Menschen nur wenige ("Stoffwechsel-milz") ● bei manchen Säugetieren (Hund, Katze, Pferd) reichlich, können Milz kontrahieren und gespeichertes Blut auspressen ("Blutspeichermilz") ■ **Strukturen:** ● Tunica fibrosa (Milzkapsel): für Größe des Organs zu zart, reißt bei Traumen leicht ein → massive Blutung ● Trabeculae splenicae (Milzbalken): von der Kapsel in die Pulpa splenica ziehend, an ihnen ist retikuläres Gerüst für Pulpa aufgehängt, enthalten starke Blutgefäße (A. + V. trabecularis) und Lymphgefäße	2 Hauptstrukturen: ■ **periarterioläre lymphatische Begleitscheide** (PALS, Vagina periarterialis lymphatica): ● um Zentralarterie gelegene T-Lymphozyten-Region ● auch reichlich interdigitierende dendritische Zellen (antigenpräsentierend) ■ **Milzfollikel** (Malpighi-Milzkörperchen, Folliculi lymphatici splenici [Lymphonoduli splenici]): Dreizonenbau: ● *Follikelzentrum* (Reaktionszentrum): in üblichen Färbungen hell, überwiegend B-Lymphozyten + B-Immunoblasten ● *Corona*: in Färbung dunkel, dicht liegende B-Lymphozyten ● *Marginalzone* (Randzone): an Grenze zu Pulpa rubra, B- und T-Lymphozyten, reichlich Makrophagen und dendritische Zellen, wichtige Kontaktzone für Antigene und Auslösung von Immunreaktionen	■ **Milzstränge** (Chordae splenicae): ● schwammartiges Maschenwerk aus Retikulumzellen und retikulären Fasern ● in ihm reichlich Blutzellen ■ **Milzsinus** (Sinus splenicus [Sinus venularis, Vas capillare sinusoideum]): ● weite Kapillaren (bis 40 μm) mit Spalten (1-5 μm) zwischen den Uferzellen (Endotheliocyti fusiformes) ● ohne kontinuierliche Basalmembran ● querverlaufende Ringfasern (Fibrae reticulares anulares) ● Uferzellen kaum Phagozytose, diese durch Makrophagen in Umgebung ■ **"Blutmauserung"** (Abbau überalterter oder abnorm geformter Erythrozyten und Leukozyten): ● mittlere Lebensdauer von Erythrozyten 120 Tage ● sie besitzen keine Organellen, die Membranen erneuern können, folglich zunehmend starrer, können sich aus dem Maschenwerk der Milzstränge nicht mehr durch Spalten zwischen den Uferzellen in die Milzsinus zwängen, bleiben hängen ● werden von Makrophagen abgebaut ● Hämoglobin in Häm und Globin gespalten ● Häm zu Bilirubin umgebaut, gelangt über V. portae hepatis zur Leber, dort in Galle ausgeschieden ● Eisen aus Häm als Hämosiderin und Ferritin gespeichert, als Transferrin ins Knochenmark transportiert und dort bei Erythropoese erneut verwendet ● auch abnorm geformte Erythrozyten (Kugelzellen, Sichelzellen usw.) werden - in diesem Fall unzweckmäßig - vermehrt abgebaut, dies führt zur hämolytischen Anämie und kann oft durch Milzentfernung (Splenektomie) behoben werden ● in der Milz werden auch Kernreste in den Erythrozyten "ausgemolken", "Howell-Jolly-Körperchen" in Erythrozyten weisen auf Insuffizienz oder Fehlen der Milz hin	■ **Prinzip:** Hilum splenicum → Trabeculae splenicae → Pulpa alba → Pulpa rubra → Trabeculae splenicae → Hilum splenicum ■ **Blutgefäße:** das Blut durchströmt nacheinander: ● *A. trabecularis* (Balkenarterie): in Trabecula splenica verlaufend, hat Charakter einer Segmentarterie → ● *A. pulpae albae*: in weiße Pulpa eintretend, als "Zentralarterie" von lymphatischem Gewebe umgeben (PALS), z.T. in Lymphfollikeln (A. lymphonoduli) → ● *A. pulpae rubrae*: aus weißer in rote Pulpa übertretend, Aufzweigung in → ● "Pinselarteriolen" (Arteriolae penicillares): gestreckter Verlauf, Aufzweigung zu → ● "Hülsenkapillaren": mit Makrophagenscheide (Schweigger-Seidel-Hülse, Vagina pericapillaris macrophagiosa), es folgen → ● *Endkapillaren* (Vasa capillaria terminalia): öffnen sich in Pulpastränge ("offener Milzkreislauf") oder gehen direkt über ("geschlossener Milzkreislauf") in → ● *Milzsinusoide* (Sinus venulares, Vasa capillaria sinusoidea), von da Abfluß über → ● *V. pulpae rubrae* zu → ● *V. trabecularis* (Balkenvene)

4.7 Nebenniere (Glandula suprarenalis [adrenalis])

4.7.1 Entwicklung und Entwicklungsstörungen

TEIL	ENTWICKLUNG	ENTWICKLUNGS-STÖRUNGEN
	● Anlage Mitte 5. Entwicklungswoche medial des oberen Teils der Urnierenleiste (Crista mesonephrica) im oberen Brustbereich unmittelbar kranial der Keimdrüsenanlage (Crista gonadalis) ● Abstieg zum oberen Lendenbereich bis 8. Entwicklungswoche ● rasches Wachstum, zeitweise drittgrößtes Organ im Bauchraum (nach Leber und Magen), bei Geburt etwa Erwachsenengröße (etwa 10 g), dann postnatale Involution auf etwa 2 g und allmählicher Wiederanstieg ● Einwanderung hormonbildenden Zellen in Schüben von 5.-8. Entwicklungswoche	● Beidseitige *Aplasie* sehr selten ● einseitige Aplasie häufiger rechts ● vesprengtes Nebennierengewebe (Glandulae suprarenales accessoriae): ⇨ 4.7.2
Cortex (Rinde)	Gliederung in **2 Zonen**: ■ *"fetale" (provisorische) Nebennierenrinde* (bis 80 % der gesamten Rinde vor Geburt): ● Zellen wandern aus Splanchnopleura (Zölomepithel) ein ● große Zellen mit viel glattem endoplasmatischen Retikulum, weitlumige Kapillaren ● starke Sekretion ab 8. Entwicklungswoche: Steroide (in Placenta weiterverarbeitet) ● "physiologische Involution" nach Geburt ■ *"endgültige" Nebennierenrinde*: ● aus Urniere eingewanderte Zellen bilden zunächst nur schmale Zone unter Kapsel ● Entfaltung beginnt erst gegen Ende des intrauterinen Lebens	● *Adrenogenitales Syndrom*: Überproduktion von Androgenen ⇨ 5.3.8 ● genetisch bedingte Enzymdefekte führen meist zu Salzverlustsyndromen (bei Minderproduktion von Mineralocorticoiden)
Medulla (Mark)	● Einwanderung der Chromaffinoblasten aus Neuralleiste über prävertebrale Ganglien ● zunächst Zellnester in Rinde, erst nach deren postnatalen Involution zusammenhängendes Mark	Perinatale Blutdruckkrisen bei Überproduktion von Katecholaminen

4.7.2 Glandula suprarenalis [adrenalis] (Nebenniere): makroskopisch

GLIEDERUNG, FORM	LAGE	LEITUNGSBAHNEN	KLINIK
■ 2 Hormondrüsen unterschiedlicher Herkunft (⇨ 4.7.1) vereinigt zu einem Organ (bei Fischen noch getrennt): ● *Cortex* (Nebennierenrinde): gelb ● *Medulla* (Nebennierenmark): mausgrau, verfärbt sich nach dem Aufschneiden rasch braunrot ■ **Form:** ● kappenförmig (halbmondförmig bis dreieckig) ● 3 Seiten: • Facies anterior • Facies posterior • Facies renalis ● 2 Ränder: • Margo superior • Margo medialis ● Maße: ~ 5 x 3 x 1 cm ● Gewicht: 5-10 g ■ **Peritonealüberzug:** auf Facies anterior: ● rechts: nur kaudales Drittel ● links: meist ganze Vorderfläche ■ **Capsula** (Organkapsel): mit Lamina fibrosa + Lamina cellulosa	■ **Lage:** lateral des 11. + 12. Brustwirbelkörpers, dem kranialen Nierenpol angelagert ■ **Nachbarschaft:** ● *rechte Nebenniere*: • dorsal + kranial: Zwerchfell • ventral: Leber (Area nuda) • medial: V. cava inferior • kaudal: Niere ● *linke Nebenniere*: • dorsal + kranial: Zwerchfell • ventral: Bursa omentalis, davor Magen • medial: Crus sinistrum der Pars lumbalis diaphragmatis + Pars abdominalis aortae • kaudal: Niere ■ **Glandulae suprarenales accessoriae:** versprengtes Nebennierengewebe findet man häufig in Retroperitonealraum und Keimdrüsen	■ **Arterien**: aus 3 Bereichen der Pars abdominalis aortae: ● Aa. suprarenales [adrenales] superiores aus A. phrenica inferior ● A. suprarenalis [adrenalis] media direkt aus Aorta ● A. suprarenalis inferior aus A. renalis ■ **Venen**: Abfluß über nur 1 V. suprarenalis [adrenalis]: ● rechts: direkt in V. cava inferior ● links: über V. renalis sinistra ■ **Kreislauf innerhalb der Nebenniere:** ● Arterien treten mit zahlreichen Ästen in die Kapsel ein, bilden subkapsulären Plexus → ● gestreckte weite Kapillaren (Rindensinusoide) durchqueren Rinde → ● bilden im Mark Venengeflecht (Plexus venosus medullaris) → ● V. centralis → V. suprarenalis ● auf diesem Weg hormonreiches Blut aus Rinde zunächst zum Mark transportiert und Mark unmittelbar beeinflußt ■ **regionäre Lymphknoten:** ● Nodi lymphatici lumbales (Untergruppen ⇨ 2.6.3) ● Nodi lymphatici phrenici inferiores ● Nodi lymphatici phrenici superiores ■ **autonome Innervation**: Plexus suprarenalis mit präganglionären Nervenfasern des Sympathikus über N. splanchnicus major + minor	■ **Radiologische Untersuchung:** ● in "Leeraufnahme" (ohne Kontrastmittel) des Bauchraums nicht sichtbar ● Pneumoretroperitoneum: Einblasen von Luft als negativem Kontrastmittel in retroperitonealen Bindegeweberaum ● am besten Computertomographie (CT) oder Kernspinresonanztomographie (MRT) ■ **Adrenalektomie** (Entfernen einer Nebenniere): ● Indikation: meist ungesteuert Hormone sezernierendes Adenom (⇨ 4.7.3) ● meist wird Nebenniere vollständig entfernt ● Zugangswege: • transperitoneal von vorn: ermöglicht Besichtigung beider Nebennieren • retroperitoneal von dorsolateral • kombiniert thorakoabdominal (durch Zwerchfell) ● besonders schonender Umgang mit Drüse nötig: Gefahr massiver Adrenalinausschüttung, vor allem bei Phäochromozytom

4.7.3 Glandula suprarenalis [adrenalis] (Nebenniere): mikroskopisch

TEIL	FEINBAU		KLINIK
Cortex (Nebennierenrinde)	■ **Nebennierenrindenzelle** (Endocrinocytus corticalis) zeigt die Merkmale steroidsezernierender Zellen (⇨ 1.6.3): ● reichlich glattes (ungranuliertes) endoplasmatisches Retikulum ● Mitochondrien vom Tubulustyp ● Lipidtröpfchen im Cytoplasma ● ausgeprägter Golgi-Apparat ■ **3 Rindenzonen** nach Anordnung der Drüsenzellen (von außen nach innen): ● *Zona glomerulosa* (Knäuelzone): produziert Mineralocorticosteroide ● *Zona fasciculata* (Bündelzone): erzeugt Glucocorticosteroide, gesteuert durch ACTH (adrenocorticotropes Hormon) der Adenohypophyse ● *Zona reticularis* (Netzzone): erzeugt 17-Ketosteroide (Androgene + Östrogene und deren Vorstufen)	**Nebennierenrindenhormone:** ● *Mineralocorticosteroide*, Hauptvertreter Aldosteron, fördern Natriumrückresorption im distalen Tubulus ● *Glucocorticosteroide*, Hauptvertreter Cortisol, mobilisieren Reserven in Streßsituationen, z.B. wird Blutglucosespiegel erhöht (Hyperglykämie) ● *Androgene + Östrogene* und deren Vorstufen	■ **Hyperkortizismus** (Überfunktion der Nebennierenrinde): ● *Aldosteronismus* (Conn-Syndrom): vermehrte Abgabe von Mineralocorticosteroiden führt zu Hypertonie, Polyurie, Muskelschwächen bis Lähmungen ● *Hypercortisolismus* (Cushing-Syndrom): vermehrte Abgabe von Glucocorticosteroiden führt zu • Stammfettsucht, "Vollmondgesicht", Striae (bläulich-rote Überdehnungssteifen der Bauchhaut) • Muskelschwund der Extremitäten • Osteoporose bis Spontanfrakturen • Steroiddiabetes infolge gesteigerter Gluconeogenese • Bluthochdruck (Hypertension) ● *Hyperketosteroidismus*: vermehrte Abgabe von Androgenen führt zum adrenogenitalen Syndrom (⇨ 5.3.8) ■ **Hypokortizismus** (Unterfunktion der Nebennierenrinde): ● *Addison-Krankheit* (Bronzehautkrankheit): bei Zerstörung der Nebennierenrinde, z.B. durch Tuberkulose, Tumor, Immunstörung (Autoaggression) • braune Pigmentierung von Haut und Schleimhäuten • Abmagerung bis Kachexie • Muskelschwäche, starke Ermüdbarkeit • Blutdruck, Herzfrequenz und Körpertemperatur herabgesetzt • Addison-Krise: lebensbedrohlicher Zustand mit Kreislaufversagen nach körperlicher Anstrengung ● *Waterhouse-Friderichsen-Syndrom*: akutes Versagen der Nebennierenrinde bei Meningokokkensepsis mit Verbrauchskoagulopathie → Schock → Tod
Medulla (Nebennierenmark)	■ **Nebennierenmarkzelle** (Endocrinocytus medullaris): ● modifizierte postganglionäre Zelle des Sympathikus ohne Axon, die die typischen Transmitterstoffe des Sympathikus als Hormone in das Blut abgibt ● präganglionäre Synapsen zwischen Sympathikus und Nebennierenmarkzellen mit Acetylcholin als Transmitter ● 2 Typen der chromaffinen Zellen: • *noradrenalinbildende Zelle* (Endocrinocytus densus [Norepinephrocytus]): Synthese aus Thyrosin über DOPA und Dopamin • *adrenalinbildende Zelle* (Endocrinocytus lucidus [Epinephrocytus]): Adrenalin entsteht aus Noradrenalin unter Mitwirkung der Phenylethanolamin-N-Methyltransferase (PNMT), deren Aktivität durch Glucocorticosteroide gesteigert wird ■ daneben kommen auch sympathische Ganglienzellen vor (Neuron multipolare (autonomicum)	**Nebennierenmarkhormone:** ● Katecholamine: • Adrenalin (~ 80 %) • Noradrenalin (~ 20 %) ● Wirkung: diffuse Erregung des Sympathikus als Notfallreaktion	■ **Überfunktion des Nebennierenmarks**: meist durch *Phäochromozytom* bedingt: ● Geschwulst der chromaffinen Zellen, sezerniert Adrenalin und Noradrenalin, meist gutartig ● Lokalisation: rechts häufiger als links, ~ 10 % beidseitig, ~ 10 % (bei Kindern ~ 25 %) extraadrenal (in chromaffinen Paraganglien) ● Symptome: "H-Trias": • Hypertonie: oft paroxysmal (anfallartig) als Blutdruckkrise, Blutdruck steigt dabei auf 200-300 mmHg • Hyperglykämie • Hypermetabolismus ● Therapie: Adrenalektomie nach mehrtägiger Vorbehandlung mit Alpharezeptorenblockern, um intraoperativen Blutdruckkrisen vorzubeugen ■ **Unterfunktion des Nebennierenmarks:** ● vollständige Zerstörung des Nebennierenmarks führt meist zu keinen Ausfallserscheinungen, da die Hormonproduktion von den chromaffinen Paraganglien (⇨ 1.6.3) voll kompensiert wird ● verminderte Sekretionsleistung des vorhandenen chromaffinen Gewebes führt zu • orthostatischer Hypotonie: Blutdruckabfall beim Aufstehen • Hypoglykämie (vor allem im Kindesalter, mit Krampfanfällen)

4.8 Niere (Ren [Nephros]) und Harnleiter (Ureter)

4.8.1 Entwicklung und Entwicklungsstörungen

ORGAN	ENTWICKLUNG	ENTWICKLUNGSSTÖRUNGEN
Ren [Nephros] (Niere)	Im intermediären Mesoderm ("Ursegmentstiele", Mesoderma intermedium) entwickeln sich in zeitlicher und kraniokaudaler Folge 3 Nierengenerationen:	■ **Fehlbildungen der Nieren** ● einseitige *Nierenagenesie*, Nierenaplasie: Fehlen einer Niere, meist ist vorhandene Niere kompensatorisch vergrößert, etwa 0,1 % aller Menschen ● doppelseitige Nierenagenesie, Nierenaplasie: Fehlen beider Nieren, bis zur Geburt weitgehend normale Entwicklung, da auf dem Weg über die Placenta letztlich die Nieren der Mutter für die Ausscheidung sorgen, jedoch Gefahr des Oligohydramnion (⇨ 5.7.1), da kein Harn in Fruchtwasser ausgeschieden wird, nach Geburt nicht lebensfähig ● *Nierenhypoplasie*: zu kleine Niere (nur bis zu 5 Nierenkelche) ● *überzählige Nieren*: bis zu 6 (hypoplastische) Nieren wurden beobachtet ● *Ren elongatus* (Langniere): besonders lange Niere, oft mit zwei Nierenbecken ● *Ren lobatus*, Ren glomeratus: äußerlich gelappte Niere ● *Ren pelvicus* (Beckenniere): Niere liegt an Beckenwand bei unzureichendem Aufstieg der Nachniere ● *Ren polycysticus* (polyzystische Niere): mit kleinen Hohlräumen durchsetzte Niere, wenn Zweige der Ureterknospe und entsprechende Teile des nephrogenen Blastems nicht zueinander fanden ● *Ren concretus* (Verschmelzungsniere): die beidseitigen Nierenanlagen sind miteinander verschmolzen ● *Ren unguliformis*, Ren arcuatus (Hufeisenniere): an der A. mesenterica inferior "hängengebliebene" mediane Verschmelzungsniere ● *Ren scutulatus* (Kuchenniere): Niere ohne typische "Nierenform" ■ **Fehlbildungen der Harnleiter:** ● *Ureter duplex*: doppelter Harnleiter von zwei Nierenbecken einer Niere, der vom oberen Nierenbecken kommende Harnleiter mündet oft atypisch (Ureter ectopicus), z.B. in Harnröhre, Scheide, Mastdarm oder Damm ● *Ureter fissus*, Ureter bifidus: gespaltener Harnleiter, von 2 Nierenbecken zu gemeinsamer Mündung in Harnblase ● *Ureter postcavalis*: atypischer Verlauf des rechten Harnleiters dorsal der V. cava inferior ● *Ureter retroiliacus*: atypischer Verlauf des Harnleiters dorsal von A. + V. iliaca communis ● *Ureterostenosis* (Harnleiterstenose): Engstelle im Harnleiter
Pro-nephros (Vorniere)	■ **Anlage:** Anfang 4. Entwicklungswoche im Halsbereich, segmental gegliedert, Segmente = Ursegmentstiele = Nephrotome ● *Vornierenkanälchen* (Tubuli pronephrici): wachsen von Öffnung in Somatopleura (Nephrostoma) als Canaliculus nephrostomaticus in Tiefe, Kapillarknäuel stülpen sich ein (Glomeruli interni), daneben ragen Kapillarknäuel direkt in intraembryonales Zölom (Glomeruli externi) ● *Vornierengang* (Ductus pronephricus): entsteht aus Vereinigung der blinden Enden der Vornierenkanälchen, wächst Richtung Kloake aus ■ **Funktion:** endgültige Niere bei Schleimfischen, vorübergehend funktionsfähig bei übrigen Fischen und Amphibien, nie bei höheren Tieren ■ **weitere Entwicklung:** von Vorniere beim Menschen nur Vornierengang erhalten, der in Urniere übernommen wird	
Meso-nephros (Urniere)	■ **Anlage:** Ende 4. Entwicklungswoche im Brust- und Lendenbereich ● *Urnierenleiste* (Crista mesonephrica): nicht segmental gegliedert, wölbt sich als Prominentia mesonephrica in Zölom vor ● *Urnierenbläschen* (Corpuscula mesonephrica): mehrere pro Ursegment, wachsen aus zu Urnierenkanälchen (Tubuli mesonephrici), Kapillarknäuel stülpen sich ein (Glomeruli) ● *Urnierenkanälchen* finden Anschluß an Vornierengang, der dann Urnierengang (Ductus mesonephricus, Wolff-Gang) genannt wird ■ **Funktion:** endgültige Niere bei Amphibien und Mehrzahl der Fische, vorübergehend funktionsfähig bei Reptilien, Vögeln und Säugetieren, beim Menschen bis 9. Entwicklungswoche weitgehend rückgebildet ■ **weitere Entwicklung:** ● von Urnierenkanälchen leiten sich ab ● bei der Frau: Epoophoron + Paroophoron ● beim Mann: Ductuli efferentes, Ductuli aberrantes rostrales, Ductuli aberrantes caudales, Paradidymis ● der Urnierengang wird beim Mann zum Ductus deferens	
Meta-nephros (Nach-niere)	■ **2 Anlagen:** Anfang 5. Entwicklungswoche, im Sakralbereich ① **Ureterknospe** (Gemma ureterica [Diverticulum metanephricum]): stülpt sich dorsal aus Urnierengang etwas kranial der Kloake aus, wächst kranial auf metanephrogenes Blastem zu, teilt sich wiederholt dichotom (in 2 Knospen), so entstehen: ● Harnleiter (Ureter) ● Nierenbecken (Pelvis renalis) mit Nierenkelchen (Calices renales) ● Papillargänge (Ductus papillares) ● gerade Sammelrohre (Tubuli colligentes recti) ● gekrümmte Sammelrohre (Tubuli colligentes arcuati) ② **metanephrogenes Blastem** (Cappa nephrogenica [Blastema metanephrogenicum]): am kaudalen Ende des intermediären Mesoderms, in ihm lösen blinde Enden der Ureterknospe die Bildung der Nephrone aus: ● *Nierenkörperchen* (Corpusculum renale) mit Glomeruluskapsel (Bowman-Kapsel, Capsula glomerularis) und sich einstülpendem Gefäßknäuel (Glomerulus) ● *Nierenkanälchen* (Tubulus secretorius) mit 2 geknäuelten und dazwischen gestrecktem Abschnitt: Tubulus convolutus proximalis, Ansa nephrica (Nephronschleife, Henle-Schleife), Tubulus convolutus distalis ■ **Funktion:** ab etwa 11. Entwicklungswoche Harnausscheidung (bis zur Geburt in Fruchtwasser) ■ **weitere Entwicklung:** Niere "steigt" scheinbar aus Becken in Lendenbereich auf (übriger Körper wächst an ihr vorbei kaudal), dabei knüpfen und lösen sich Gefäßverbindungen aus hämodynamischen Gründen (deshalb Gefäßversorgung der Niere besonders reich an Varietäten)	

4.8.2 Ren [Nephros] (Niere): makroskopisch

FORM, GRÖSSE	GLIEDERUNG	LAGE	LEITUNGSBAHNEN
■ **Äußere Form:** bohnenförmig ● Margo lateralis (Seitenrand): konvex ● Margo medialis (Medialrand): konkav, in der Mitte eingezogen durch das *Hilum renale* (Ein- und Austrittsstelle der Leitungsbahnen und des Harnleiters), das sich in der Tiefe zum *Sinus renalis* (Nierenbucht) erweitert, in der die *Pelvis renalis* (Nierenbecken) liegt ● Facies anterior (Vorderfläche) ● Facies posterior (Hinterfläche) ● Extremitas superior (oberer Pol) ● Extremitas inferior (unterer Pol) ■ **Lage im Hilum renale:** variabel, aber meist Venen ventral, Arterien Mitte, Harnleiter dorsal ■ **Seitendiagnose:** rechte und linke aus dem Körper entnommene Nieren unterscheidet man nach der Lage des Harnleiters (liegt im Hilum renale hinten und biegt nach unten ab) ■ **Maße:** ● Dicke ~ 4 cm, Breite ~ 7 cm, Länge ~ 11 cm ("4711") ● Gewicht: 120-200 g ■ **Nierenhüllen:** ● *Capsula fibrosa* (fibröse Nierenkapsel): unmittelbar dem Parenchym anliegend ● *Capsula adiposa* (Fettkapsel): Niere schwebt in Fettlager, dieses begrenzt von ● *Fascia renalis* (Nierenfaszie, Gerota-Faszie): aus subserösem Bindegewebe, umschließt mit 2 Blättern Fettkapsel ● geht lateral in Fascia transversalis über ● Fasziensack ist nach medial und kaudal offen ● Corpus adiposum pararenale (pararenaler Fettkörper): dorsal außerhalb des Nierenfasziensacks zwischen Fascia renalis und Fascia transversalis ■ **Bauchfellüberzug:** nur auf Facies anterior, unterbrochen durch Ansätze von Bauchfellduplikaturen: ● rechts: quer über kaudales Drittel (Mesocolon transversum) ● links: Y-förmig (Mesocolon transversum + Lig. splenorenale)	■ **Gliederung an Schnittfläche:** 1-3 cm breiter Parenchymmantel um die weite Nierenbucht ① **Cortex renalis** (Nierenrinde): fein gekörnte Außenschicht, im Durchschnitt etwa 1 cm breit ● *Columnae renales* (Nierensäulen, Bertini-Säulen): Rindenbereiche zwischen den Markpyramiden ● Untergliederung in: • Zona externa [peripherica] • Zona interna [juxtamedullaris] ② **Medulla renalis** (Nierenmark): streifige Innenschicht, nicht kontinuierlich, sondern auf etwa 10 Pyramides renales (Nierenpyramiden) beschränkt: ● *Basis pyramidis* (Pyramidenbasis): der Nierenrinde zugewandt ● *Papillae renales* (Nierenpapillen): ragen kegelförmig in das Nierenbecken, ihre Oberfläche ist von den Mündungen der jeweils 10-30 Papillengänge (Foramina papillaria) durchlöchert (Area cribrosa) ● Untergliederung in: • Zona externa • Zona interna ■ **Lappengliederung:** ● *Lobus renalis* (Nierenlappen) = Nierenpyramide + zugehörige Rinde ● entsprechend Zahl der Nierenpyramiden etwa 10 Nierenlappen ● beim Neugeborenen auch als Vorwölbungen an Nierenoberfläche sichtbar, beim Erwachsenen ist die Oberfläche glatt ● *Lobulus corticalis* (Rindenläppchen): je nach Definition: • Markstrahlläppchen: 1 Markstrahl + zugehörige Rinde • Gefäßläppchen: A. intralobularis + zugehörige Rinde • etwa 400-500 in einem Lappen ● Pars convoluta: stärker gekörnt, überwiegend Nierenkörperchen + gewundene Nierenkanälchen ● Pars radiata: leicht streifig durch Radii medullares (Markstrahlen), überwiegend radiär verlaufende Sammelrohre ■ **Segmentgliederung:** nach der Blutversorgung ist die Niere in 5 Segmente (Segmenta renalia) zu gliedern, die meist je 2 Nierenlappen umfassen (bei Teilresektionen der Niere zu beachten): ● Segmentum superius ● Segmentum anterius superius ● Segmentum anterius inferius ● Segmentum inferius ● Segmentum posterius	■ **Stellung der Niere im Bauchraum:** ● in der Rinne zwischen Wirbelsäule und dorsaler bzw. lateraler Bauchwand ("Lungenrinne" im Brustbereich genannt) ● Höhe 12. Brustwirbel bis 3. Lendenwirbel, untere Pole etwa 3 Fingerbreit kranial der Cristae iliacae ● rechte Niere steht 1-2 cm weiter kaudal als linke (große Leber fordert Platz!) ● Medialrand angelagert an M. psoas major, dadurch • divergieren untere Pole (Drehung um sagittale Achse) • steht Margo medialis weiter ventral als Margo lateralis (Drehung um longitudinale Achse) ■ **Nachbarschaft der rechten Niere:** ● kranial: rechte Nebenniere ● lateral + ventral: Lobus hepatis dexter ● medial: Pars descendens des Duodenum ● kaudal: Flexura coli dextra ● dorsal: Zwerchfell + 12. Rippe + M. quadratus lumborum, davor: N. iliohypogastricus + N. ilio-inguinalis ■ **Nachbarschaft der linken Niere:** ● kranial: linke Nebenniere ● lateral-ventral: Milz ● medial-ventral: Cauda pancreatis + Bursa omentalis ● kaudal: Flexura coli sinistra ● dorsal: wie rechte Niere	■ **Arterien:** A. renalis aus Pars abdominalis aortae, in ~ 1/4 zwei oder mehr Aa. renales (ausführlich ⇨ 2.4.5) ■ **Venen:** V. renalis (ausführlich ⇨ 2.5.4) ■ **regionäre Lymphknoten:** ● *Nodi lymphatici lumbales [lumbares] dextri* • Nodi lymphatici lumbales cavales laterales • Nodi lymphatici lumbales precavales • Nodi lymphatici lumbales postcavales ● *Nodi lymphatici lumbales [lumbares] intermedii* ● *Nodi lymphatici lumbales [lumbares] sinistri* • Nodi lymphatici aortici laterales • Nodi lymphatici pre-aortici • Nodi lymphatici postaortici ● *Nodi lymphatici phrenici inferiores* ■ **autonome Innervation:** *Plexus renalis* mit Ganglia renalia ● sympathische Anteile von: R. renalis aus N. splanchnicus major + minor ● parasympathische Anteile von: Rr. renales des N. vagus

4.8.3 Nephron

BEGRIFFE			KLINIK
Nephron (Plural: korrekt Nephra oder Nephren, häufig zu lesen Nephronen) ● kleinste Funktionseinheit der Niere ● in jeder Niere 1-1,5 Millionen Nephra ● Länge 30-40 mm ● geht aus metanephrogenem Blastem hervor (⇨ 4.8.1) ■ **Gliederung** (nach üblicher Definition): ① *Corpusculum renale* (Nierenkörperchen) mit ● Glomerulus (Gefäßknäuel) ● Capsula glomerularis (Glomeruluskapsel) ② *Tubulus renalis* (Nierenkanälchen): ● Tubulus proximalis (Hauptstück): • Tubulus contortus proximalis • Tubulus rectus proximalis ● Tubulus attenuatus (Überleitungsstück) ● Tubulus distalis (Mittelstück) • Tubulus rectus distalis • Tubulus contortus distalis ● Tubulus renalis arcuatus (Verbindungsstück)	■ **abweichende Definitionen** (Nomina histologica, 2. Auflage): ● Glomerulus nicht einbezogen (also Beginn bei Capsula glomerularis) ● Tubulus renalis arcuatus (Verbindungsstück) zu Sammelrohr gerechnet ■ **Typen der Nephra**: ● *Nephron breve [corticale]* (kurzes Nephron): von kapselnahen Nierenkörperchen, mit kurzem Überleitungsstück (dünner Teil der Henle-Schleife), z.T. vollständig in Nierenrinde gelegen ● *Nephron intermedium* (mittleres Nephron): von in Rindenmitte gelegenen Nierenkörperchen, Schleifen reichen bis in Zona externa des Nierenmarks ● *Nephron longum [juxtamedullare]* (langes Nephron): von marknahen (juxtamedullären) Nierenkörperchen, mit langem Überleitungsstück, Schleifen reichen bis in Zona interna des Nierenmarks, nur ~ 20 % der Nephra	■ **Ansa nephrica** (Nephronschleife, Henle-Schleife): Begriff in Literatur unterschiedlich gebraucht: ● enge Fassung: nur Tubulus attenuatus (so z.B. in 1. Auflage der Nomina histologica) ● weite Fassung: gesamte "Haarnadel" aus • Tubulus rectus proximalis • Tubulus attenuatus • Tubulus rectus distalis (so z.B. in 2. Auflage der Nomina histologica)	■ **Nephroblastom** (malignes Nephrom, Wilms-Tumor): ● Mischtumor der Niere, der sich vom metanephrogenen Blastem ableitet, mit an Glomeruli und Tubuli erinnernden Strukturen ● häufigste bösartige Organgeschwulst im Kindesalter (~ 1/4 der malignen Neoplasmen des Kleinkinds) ■ **Glomerulonephritis**: von den Glomeruli ausgehende Nierenentzündung mit einer Vielzahl von Formen → Verödung der Glomeruli → Atrophie der Tubuli → Gefahr der Niereninsuffizienz + Hypertonie

Corpusculum renale (Nierenkörperchen, Malpighi-Körperchen)

TEIL	GLIEDERUNG, FEINBAU	ZELLEN	AUFGABEN, KLINIK
Glomerulus (Gefäßknäuel)	■ **Rete capillare glomerulare** (Kapillarnetz des Glomerulus): ● Aufzweigung der zuführenden Arteriole (Arteriola glomerularis afferens [Vas afferens]) zu etwa 30 parallelen arteriellen Kapillarschlingen, die sich zur wegführenden Arteriole (Arteriola glomerularis efferens [Vas efferens]) wiedervereinigen ● *Vas capillare glomerulare* (Glomeruluskapillare): Wand aus • gefenstertem Endothel • Basalmembran (Membrana basalis): dreischichtig (⇨ 1.2.1), 0,2-0,3 μm dick ■ **Mesangium**: zwischen den Kapillaren liegendes Gewebe ● Mesangiumzellen ● Grundsubstanz zwischen den Mesangiumzellen (Lamella hyalina)	■ **Gefensterte Endothelzelle** (Endotheliocytus fenestratus): ● sehr flach ● runde Poren von 70-90 nm Durchmesser: lassen auch größere Moleküle durch, verhindern aber Durchtritt von Zellen ● von Glycocalix bedeckt ■ **Mesangiumzelle** (Mesangiocytus): ● dunkler Kern ● Fortsätze ● Stützfunktion für Glomeruluskapillaren ● Phagozytose ● Sekretion von Erythropoetin?	■ **Aufgabe**: Bildung des Primärharns, ~ 120 ml/min, 150-180 l pro Tag ■ **Ultrafilter**: ● besteht aus: • Endothelporen • Basalmembran • Schlitzporen ● frei durchlässig für Moleküle bis ~ 10 000 relativer Molekülmasse, abnehmend duchlässig bis ~ 70 000 ■ **glomeruläre Filtrationsrate** (GFR): ● abhängig von:
Capsula glomerularis (Glomeruluskapsel)	■ **Glomerulus** liegt in einem kleinen Hohlraum wie der Darm in der Bauchhöhle, die Glomeruluskapsel entspricht dem Bauchfell: ● *Paries externus* (äußere Wand, Bowman-Kapsel): bildet die Wand des Nierenkörperchens, entspricht dem parietalen Bauchfell, niedriges einschichtiges Plattenepithel + Basalmembran ● *Paries internus* (inneres Blatt): bedeckt den Glomerulus ähnlich wie das viszerale Bauchfell den Darm, besteht aus Podozyten (⇨ rechts) ● Lumen capsulae (Kapselraum): mit enger Lichtung für Aufnahme des Primärharns ■ **Pole des Nierenkörperchens**: ● *Polus vascularis* (Gefäßpol): Ein- bzw. Austrittstelle von zu- und wegführender Arteriole ● *Polus tubularis* (Harnpol): Ablauf des Kapselraums, Beginn des Nierenkanälchens (Tubulus renalis)	**Podozyt** (Füßchenzelle, Podocytus): stark verzweigte Zelle mit: • Primärfortsätzen (Cytotrabeculae), die sich verzweigen zu zahlreichen • Sekundärfortsätzen (Fußfortsätzen, Cytopodia): liegen mit "Füßchen" der Basalmembran an • "Schlitzporen": Filtrationsschlitze zwischen Füßchen, ~ 25 nm Weite (im geschrumpften Präparat, funktionell weniger) • Schlitzmembran: Dicke 4-6 nm, verschließt Schlitzpore, bestimmt als feinster Teil des Ultrafilters der Niere sehr wesentlich die Durchlässigkeitsgrenze für Moleküle	● Größe der filtrierenden Oberfläche ● Durchlässigkeit des Filters ● Filtrationsdruck: Blutdruck minus onkotischer Druck minus Druck im Kapselraum ● vermindert bei • Blutdruckabfall, z.B. im Schock • Anstieg des Drucks im Kapselraum, z.B. bei Rückstau des Harns bei Abflußstörung ● verkleinerter filtrierender Oberfläche, z.B. bei Entzündung, Infarkt, Geschwulst

Tubulus renalis (Nierenkanälchen)

Teil	Gliederung, Feinbau	Zellen	Aufgaben, Klinik
Tubulus proximalis (proximaler Teil des Nierenkanälchens, Hauptstück)	● Länge ~ 14 mm ● Durchmesser ~ 60 μm ● 2 Abschnitte: ● *Tubulus contortus proximalis* (gewundener Abschnitt, proximales Tubuluskonvolut): in Nierenrinde in Nähe des zugehörigen Nierenkörperchens ● *Tubulus rectus proximalis* (gestreckter Abschnitt, dicker absteigender Teil der Henle-Schleife): zum Nierenmark absteigend ● einschichtiges kubisches bis hochprismatisches Epithel (Epithelium simplex cuboideum) ● Basalmembran	**Hauptstückzelle** (Epitheliocytus microvillosus): ● Bürstensaum (Limbus penicillatus): dicht stehende Microvilli (~ 6000 pro Zelle), ~1 μm lang, von Glycocalix bedeckt ● basale Streifung (Limbus striatus basalis): Einfaltungen der Zellmembran + zahlreiche Mitochondrien ● runde Zellkerne in Zellmitte ● in apikaler Zellhälfte (zwischen Zellkern und Bürstensaum) Pinozytosebläschen + zahlreiche Lysosomen ● Zellmembranen mit denen der Nachbarzellen stark verzahnt, deshalb seitliche Zellgrenzen im Lichtmikroskop undeutlich	**■ Aufgaben des Tubulus:** ● vereinfacht: aus der großen Menge des Glomerulusfiltrats das zu retten, was für den Körper erhaltenswert ist, Sicherung des Mineral-, Säure-Basen- und Wasserhaushalts ● Wiederaufnahme des Großteils der Elektrolyte, z.T. durch aktive Resorption unter Energieeinsatz (ATP) ● vollständige Wiederaufnahme von Glucose und Aminosäuren beim Gesunden ● Wiederaufnahme von ~ 95 % des Wassers: von den ~ 170 l Glomerulumfiltrat gelangen weniger als 10 l in die Sammelrohre ● Sekretion von "harnpflichtigen" Stoffen, z.B. nicht weiter verwertbaren Stoffwechselabfallprodukten (Harnstoff, Creatinin, Harnsäure), manchen Medikamenten (Penicillin, Barbiturate)
Tubulus attenuatus (dünner Teil des Nierenkanälchens, Überleitungsstück)	● Scharfe Grenze zu Tubulus rectus proximalis, aber manchmal allmählicher Übergang zu Tubulus rectus distalis ● Durchmesser 10-15 μm, Länge sehr unterschiedlich je nach Art der Nephra (s.o.) ● 2 Abschnitte: ● *Pars descendens* (absteigender Teil): kürzerer Teil, kann bei kurzen Nephra fehlen ● *Pars ascendens* (aufsteigender Teil) ● sehr niedriges Plattenepithel (Epithelium simplex squamosum), kann im Präparat mit Kapillarendothel verwechselt werden (Lichtung enthält aber keine Erythrozyten)	**Zelle des Überleitungsstücks:** ● sehr niedrig (1-2 μm) mit in Lichtung vorgewölbtem Kernbereich ● wenig Zellorganellen, daher hell im Lichtmikroskop	**■ Funktionsstörungen des Tubulus:** ● Überforderung: bei zu hoher Blutkonzentration reicht tubuläre Resorption nicht aus, z.B.: ● Glucosurie: wird ein Blutspiegel von ~ 10 mmol/l Glucose überschritten, erscheint Glucose im Harn (bei Diabetes mellitus) ● Enzymdefekte im Tubulus können zur Aminoacidurie führen, z.B. Cystinurie (als Erbkrankheit) ● hormonelle Fehlsteuerung: ● Parathormon (aus Nebenschilddrüsen): steigert Calciumresorption, vermindert Phosphatresorption; bei Hyperparathyreoidismus jedoch Calcium vermehrt aus Knochen mobilisiert → Hypercalciämie → Hypercalciurie → Bildung von kalkhaltigen Harnsteinen im Nierenbecken + Kalkablagerungen im Nierenparenchym ● Thyreocalcitonin (aus C-Zellen der Schilddrüse): hemmt Calciumresorption ● Aldosteron (aus Nebennierenrinde): steigert Kaliumsekretion; Hyperaldosteronismus (Conn-Syndrom, ⇨ 4.7.3) → Hypokaliämie + Polyurie
Tubulus distalis (distaler Teil des Nierenkanälchens, Mittelstück)	● Durchmesser ~ 35 μm ● 2 Abschnitte: ● *Tubulus rectus distalis* (gestreckter Abschnitt, dicker aufsteigender Teil der Henle-Schleife): vom Nierenmark aufsteigend, Durchmesser 25-30 μm ● *Tubulus contortus distalis* (gewundener Abschnitt, distales Tubuluskonvolut): in Nierenrinde in Nähe des zugehörigen Nierenkörperchens, Durchmesser 40-45 μm ● einschichtiges kubisches bis hochprismatisches Epithel (Epithelium simplex cuboideum) ● Basalmembran ● Macula densa (s.u.)	**Mittelstückzelle:** ● kein Bürstensaum, nur vereinzelt Microvilli, jedoch Glycocalix ● basale Streifung (Limbus striatus basalis): Einfaltungen der Zellmembran + zahlreiche Mitochondrien ● runde Zellkerne in apikaler Zellhälfte ● seitliche Zellgrenzen im Lichtmikroskop undeutlich	**■ Nierenzellkarzinom** (Grawitz-Tumor, früher auch Hypernephrom genannt): ● Adenokarzinom, von Tubuluszellen abgeleitet ● 80 % der bösartigen Nierengeschwülste des Erwachsenen ● gehäuft bei Rauchern ● Leitsymptom: Harnblutung (Hämaturie) ● bei 1/4 schon Metastasen (Lunge, Knochen, Leber), bevor Diagnose gestellt
Tubulus renalis arcuatus (gebogenes Nierenkanälchen, Verbindungsstück)	● Fortsetzung des Tubulus contortus distalis vom Beginn des ersten Auftretens von Sammelrohrzellen an bis zur Mündung in gestrecktes Sammelrohr ● Durchmesser ~ 25 μm ● zu Nephron oder zu Sammelrohr gerechnet, je nach Annahme über Herkunft aus metanephrogem Blastem oder Ureterknospe (⇨ 4.8.1)	**Nebeneinander:** ● Mittelstückzellen (s.o.) ● Sammelrohrzellen (⇨ 4.8.4): in Richtung Sammelrohr häufiger werdend	● Therapie: *Nephrektomie* (Entfernung der Niere), wichtigste Zugangswege: ● dorsolumbal: Flankenschnitt im 11. Interkostalraum mit oder ohne Entfernung der 12. Rippe, Vorteil: wenig belastend, Nachteil: die Nierengefäße sind schlecht zugänglich (da die Niere mit dem Hilum nach vorn gedreht ist, ⇨ 4.8.2) ● abdominal: mediane Laparotomie (⇨ 2.8.2), durch Peritonealhöhle zur Niere

4.8.4 Tubulus renalis colligens (Sammelrohr)

GLIEDERUNG, FEINBAU	ZELLEN	AUFGABEN, KLINIK
• *Definition*: aus der Ureterknospe (⇨ 4.8.1) hervorgehender Teil des Kanälchensystems der Niere • Länge 20-23 mm • einschichtiges kubisches Epithel (Epithelium simplex cuboideum) ■ **Tubulus colligens rectus** (gestrecktes Sammelrohr): • nimmt 8-10 Tubuli renales arcuati auf • gestreckter Verlauf von Rinde zum Mark • Durchmesser nimmt allmählich von 40 auf 200 μm zu, dabei wird Epithel höher (bis hochprismatisch) • 4-6 Sammelrohre liegen in einem Markstrahl beisammen • die anfangs ~ 10 000 parallelen Sammelrohre eines Nierenlappens vereinigen sich fortlaufend, bis zuletzt etwa 10-30 große Papillengänge in einer Nierenpyramide übrig bleiben ■ **Ductus papillaris** (Papillengang, Bellini-Gang): • Endabschnitt des Sammelrohrs in Papilla renalis vor Mündung durch Area cribrosa in Calix renalis • Durchmesser 200-300 μm	■ **2 Zelltypen** des Sammelrohrs (mit im Lichtmikroskop gut sichtbaren Zellgrenzen): • *Hauptzellen* (helle Zellen): organellenarm, dunkler Zellkern • *Schaltzellen* (dunkle Zellen): organellenreich, dichte Microvilli, im Mark seltener werdend ■ *interstitielle Zellen* (vor allem zwischen den Papillengängen gelegen, in geringerer Zahl auch in übriger Niere): • Anordnung wie Leitersprossen zwischen Tubuli und Gefäßen • zahlreiche Lipidgranula (Durchmesser ~ 1 μm), ohne Membran • reichlich granuläres endoplasmatisches Retikulum + Golgi-Apparat • sezernieren Proteoglycane, Glycoproteine und Prostaglandine • Phagozytose	■ **Aufgabe**: Konzentration des Harns durch Resorption von täglich etwa 7 l Wasser aus dem zu den Sammelrohren gelangenden restlichen Glomerulusfiltrat, so daß etwa 1,5 l Harn ausgeschieden werden ■ **Steuerung**: durch Adiuretin (antidiuretisches Hormon = ADH des Hypothalamus, das über die Neurohypophyse abgegeben wird, ⇨ 7.7.2) • Osmorezeptoren des Hypothalamus registrieren Anstieg des osmotischen Drucks im Blut → Sekretion von Adiuretin • Adiuretin steigert Wasseraufnahme in Sammelrohren → Wassergehalt des Blutes steigt → osmotischer Druck sinkt • Diabetes insipidus: bei Adiuretinmangel scheidet die Niere große Mengen dünnen Harns aus (⇨ 7.7.2) ■ **Diuretika** (harntreibende Mittel): Angriffspunkte: • Hauptzellen des Sammelrohrs: Aldosteronantagonisten, Natriumkanalblocker • Tubulus contortus distalis: Thiazide • Tubulus rectus distalis: Schleifendiuretika • Tubulus proximalis: Carboanhydrasehemmer • im gesamten Kanalsystem: Osmodiuretika (frei filtrierbar, aber schwer resorbierbar)

4.8.5 Complexus juxtaglomerularis (juxtaglomerulärer Apparat)

TEIL	LAGE, FEINBAU	ZELLEN	AUFGABEN, KLINIK
	• 3 eng benachbarte Zellgruppen am Gefäßpol des Nierenkörperchens • reichlich adrenerge Nervenfasern		■ **Aufgabe**: steuert Nierendurchblutung, um glomeruläre Filtration zu sichern (*Renin-Angiotensin-System*): • Renin spaltet Plasmaprotein Angiotensinogen in Angiotensin I
Macula densa	• Lage: im Tubulus rectus distalis im Kontaktbereich mit Gefäßpol des Nierenkörperchens • schmale Zellplatte von 40-50 Zellen	*Macula-densa-Zelle* (Epitheliocytus maculae densae): • schmale hohe Zelle • dunkler als andere Mittelstückzellen • ohne basale Streifung • deutliche Zellgrenzen • Chemorezeptoren registrieren Natriumkonzentration im distalen Tubulus?	• Converting-Enzym wandelt Angiotensin I in Angiotensin II um • Angiotensin II: • vasokonstriktorisch: verengt auch afferente + efferente Arteriolen des Glomerulus • steigert Natriumresorption im proximalen Tubulus
Juxtaglomeruläre Zellen (Polkissen)	• Lage: in Wand der Arteriola afferens, weniger in Arteriola efferens (Tunica media arteriolae glomerularis) • glatte Muskelzellen der Tunica media durch epithelähnliche Zellen ersetzt	*Juxtaglomeruläre Zelle* (Endocrinocytus myoideus [Juxtaglomerulocytus]): • rundliche epithelähnliche Zelle, modifizierte glatte Muskelzelle • Merkmale proteinsezernierender Zellen: • reichlich rauhes (granuläres) endoplasmatisches Retikulum • ausgeprägter Golgi-Apparat • spezifische Granula: enthalten Renin • Barorezeptoren?	• erhöht Sekretion von Aldosteron in Nebennierenrinde (dieses fördert Kaliumsekretion in den Tubuli) • Reninsekretion ausgelöst durch: • Natriumanstieg im distalen Tubulus • Blutdruckabfall • Reninsekretion gehemmt durch atriales natriuretisches Peptid (Cardionatrin), das von den Herzvorhöfen bei Dehnung gebildet wird (bei vermehrtem intravasalem Volumen)
Insula perivascularis mesangii (extraglomeruläre Mesangiumzellen)	• Lage: zwischen Tubulus rectus distalis und Gefäßpol des Nierenkörperchens außerhalb des Glomerulus • auch Goormaghtigh-Zellgruppe genannt	*Extraglomeruläre Mesangiumzelle* (Mesangiocytus): • ähnelt Myoepithelzelle • helles Zytoplasma mit zahlreichen Filamenten • lange dünne Fortsätze • Nachschub für juxtaglomeruläre Zellen?	■ **Hyperplasie des juxtaglomerulären Apparats**: bei lang anhaltender Hypotonie (zu niedrigem Blutdruck), z.B. bei Addison-Krankheit (Hypokortizismus, ⇨ 4.7.2)

4.8.6 Vasa sanguinea renalia (Nierengefäße): Kreislauf in der Niere

GEFÄSSE	KLINIK
■ Arterieller Schenkel: ● A. renalis (Nierenschlagader) → ● A. interlobaris (Zwischenlappenschlagader) → ● A. arcuata (Bogenschlagader) → ● A. interlobularis (Zwischenläppchenschlagader) → ● A. intralobularis (Läppchenschlagader) → ● Arteriola glomerularis afferens [Vas afferens] (zuführende Arteriole) → ● Rete capillare glomerulare (Kapillarnetz des Nierenkörperchens) → ● Arteriola glomerularis efferens [Vas efferens] (wegführende Arteriole) → ● Arteriola recta [Vas rectum, Fasciculus vascularis] (gestreckte Arteriole) → **■ Kapillarnetz II:** ● Rete capillare peritubulare corticale/medullare (Kapillarnetz um die Nierenkanälchen in der Rinde und im Mark): arterielles Wundernetz! (⇨ 1.5.2) → **■ venöser Schenkel:** ● Venula recta (gestreckte Venule): vom Mark zur Rinde aufsteigend + ● Venula stellata (Sternvenule): aus kapselnahem Rindenbereich → ● V. intralobularis (Läppchenvene) → ● V. interlobularis (Zwischenläppchenvene) → ● V. arcuata (Bogenvene) → ● V. interlobaris (Zwischenlappenvene) → ● V. renalis (Nicronvene)	**■ Nierendurchblutung:** ● ~ 1,2 l/min, entspricht 20-25 % des Herzminutenvolumens in Ruhe (bei nur ~ 0,5 % des Körpergewichts!) ● davon gelangen ~ 90% in Nierenrinde, ~ 10 % in Nierenmark (dort daher eher anaerobe Stoffwechselvorgänge) ● Gegenstromdiffusion: Arteriola recta und Venula recta laufen nebeneinander, Blutgaskonzentrationen gleichen sich an, dadurch Sauerstoffangebot in den Markkapillaren am geringsten und CO_2-Konzentration am höchsten ● stärkster Druckabfall in Arteriola glomerularis afferens und efferens ● Durchblutung des Glomerulus vermehrt bei Erweiterung der zuführenden oder Verengung der abführenden Arteriole ● Glomerulusfiltrat wird durch Autoregulationsmechanismen über große Bereiche des arteriellen Blutdrucks (80-180 mmHg Mitteldruck) weitgehend konstantgehalten: ● Renin-Angiotensin-Aldosteron-System, ⇨ 4.8.5 ● Bayliss-Effekt: Dehnung der glatten Muskelzellen der Gefäßwand bei erhöhten transmuralem Druckgradienten führt zu deren Kontraktion ● weitere Mediatoren: gefäßverengernd z.B. Adenosin, Katecholamine, gefäßerweiternd z.B. Acetylcholin, Prostaglandine **■ renovaskuläre Hypertonie** (nierengefäßbedingter Bluthochdruck): ● vermindertes Blutangebot an Niere, z.B. Engstelle in A. renalis (angeboren oder Arteriosklerose), Kompression von Nierengefäßen durch Tumor oder bei Schrumpfniere → Auslösung des Renin-Angiotensin-Aldosteron-Mechanismus → Blutdruck erhöht (⇨ 2.4.5) ● Beseitigung des Hindernisses, z.B. Aufdehnen einer Engstelle durch intraluminale Ballondilatation → Blutdruck meist wieder normal **■ Niereninfarkt**: bei plötzlichem Verschluß eines Arterienastes Untergang des versorgten Bereichs, da wenig Kollateralen

4.8.7 Pelvis renalis (Nierenbecken)

AUFGABEN, GLIEDERUNG, FORM	LAGE	FEINBAU	KLINIK
■ Aufgabe: fängt den aus der Area cribrosa der Nierenpapillen austretenden Harn auf und leitet ihn zum Harnleiter weiter **■ Gliederung** in Calices renales (Nierenkelche): ● *Calices renales minores* (kleine Nierenkelche): ● sie umgeben meist eine Nierenpapille (wie der Eierbecher das Ei) ● entsprechend der Zahl der Nierenpapillen gibt es etwa 10 kleine Nierenkelche ● *Calices renales majores* (große Nierenkelche): die kleinen Nierenkelche vereinigen sich zu meist 2 großen Nierenkelchen, die in den Hauptraum des Nierenbeckens übergehen **■ Variabilität:** ● *dendritischer Typ* des Nierenbeckens: schlanke kleine Kelche, die großen Kelche gehen nahezu ohne gemeinsamen Hauptraum in Harnleiter über ● *ampullärer Typ:* kurze kleine Kelche münden in weiten Sack ohne große Nierenkelche	**■ Lage:** ● im Sinus renalis (Nierenbucht), in Fettgewebe eingehüllt, nahezu völlig von Nierenparenchym umschlossen, nur kleiner Teil ragt aus Hilum renale ● meist dorsal von A. + V. renalis, doch durchflechten sich Nierenkelche und Gefäßäste ● Projektion auf Wirbelsäule: etwa L_1-L_2, 3-6 cm lateral der Wirbelkörperseitenwand **■ Leitungsbahnen:** ⇨ Niere, 4.8.2	**Dreischichtenwand** der Hohlorgane: ① *Tunica mucosa* (Schleimhaut): ● Übergangsepithel (Epithelium transitionale): ⇨ 1.3.2, mit 2-3 Zellschichten ② *Tunica muscularis* (Muskelwand): spiralig angeordnete glatte Muskelzellen (+ reichlich Bindegewebe) in 2 Hauptsteigungsrichtungen ● Stratum longitudinale (Längsschicht): innen ● Stratum circulare (Ringschicht): außen ③ *Tunica adventitia* (Faserhaut): bindegewebige Hülle mit Blut- und Lymphgefäßen sowie Nerven	**■ Hydronephrose** (Sackniere): ● Nierenbecken sackartig erweitert ● Entstehung: Abflußstörung des Harns, mögliche Ursachen: ● Harnsteine ● Geschülste der Harnwege (beim älteren Mann am häufigsten die gutartige Prostatahypertrophie) ● narbige Verengungen der Harnwege ● Druck auf die Harnwege von der Umgebung her, z.B. Uteruskarzinom, Schwangerschaft ● neuromuskuläre Störung, z.B. Ausfall der Innervation bei Rückenmarkerkrankungen **■ Pyelitis** (Nierenbeckenentzündung): meist nicht isolierte Erkrankung, sondern ● aszendierend: von Zystitis (Harnblasenentzündung) über Ureter aufsteigend ● deszendierend: vom Nierenparenchym bei verschiedenen Infektionskrankheiten durch in den Harn ausgeschiedene Toxine oder Erreger

4.8.8 Ureter (Harnleiter)

GLIEDERUNG, LAGE	FEINBAU	LEITUNGSBAHNEN	KLINIK
■ **Aufgabe:** Transport des Harns vom Nierenbecken zur Harnblase ● 1-4 peristaltische Wellen pro Minute ■ **Maße:** ● Durchmesser ~ 3 mm ● Länge 30-35 cm ■ **Gliederung nach Verlauf:** ● *Pars abdominalis* (Bauchteil): vom Nierenbecken bis zur Beckeneingangsebene ● *Pars pelvica* (Beckenteil): von Beckeneingangsebene bis zur Harnblase ■ **Bauchfellüberzug:** Peritoneum bedeckt ● kaudale Hälfte der Pars abdominalis ● kraniale Hälfte der Pars pelvica ■ **Nachbarschaft der Pars abdominalis:** ● ventral von beiden Harnleitern: • Äste der A. + V. renalis im Hilum renale • A. + V. ovarica/testicularis: kreuzen auf unterschiedlicher Höhe, liegen kranial medial, kaudal lateral ● ventral nur vor rechtem Harnleiter: • Pars descendens des Duodenum • Radix mesenterii mit A. ileocolica ● ventral nur vor linkem Harnleiter: • Äste der A. mesenterica inferior kreuzen, V. mesenterica inferior läuft meist parallel lateral • Wurzel des Mesocolon sigmoideum mit Recessus intersigmoideus ● dorsal: • M. psoas • A. + V. iliaca communis • Articulatio sacro-iliaca • V. cava inferior: gelegentlich streckenweise hinter rechtem Ureter ■ **Nachbarschaft der Pars pelvica:** ● lateral: Äste von A. + V. iliaca interna ● medial: bei Frau Cervix uteri ● kranial: • Frau: A. uterina (1-2 cm lateral der Cervix uteri) • Mann: Ductus deferens ■ **Engstellen** (bevorzugte Stellen für das Steckenbleiben aus dem Nierenbecken abgehender Harnsteine): ● kraniale Enge: am Übergang vom Nierenbecken ● mittlere Enge: an Überkreuzung der A. + V. iliaca communis (Ureter kann hier abgeknickt werden) ● kaudale Enge: an Mündung in Harnblase	■ **Dreischichtenwand** der Hohlorgane: ① **Tunica mucosa** (Schleimhaut): ● umgibt die im quergeschnittenen Präparat gewöhnlich sternförmige Lichtung ● Übergangsepithel (Epithelium transitionale): ➪ 1.3.2, mit 4-5 Zellschichten, keine Drüsen ② **Tunica muscularis** (Muskelwand): schraubig angeordnete glatte Muskelzellen in 2 Hauptsteigungsrichtungen ● *Stratum longitudinale internum* (innere Längsschicht) ● *Stratum circulare* (Ringschicht): stärkste Schicht ● *Stratum longitudinale externum* (äußere Längsschicht): nur im kaudalen Drittel ③ **Tunica adventitia** (Faserhaut): mit Blut- und Lymphgefäßen sowie Nerven in bauchfellfreien Bereichen ● als retroperitoneales Organ nur z.T. mit • *Tunica serosa* (Bauchfellüberzug) und • *Tela subserosa* (subseröse Bindegewebeschicht) ■ **Mündung in Harnblase:** ● Harnleiter durchsetzt Harnblasenwand (im dorsolateralen Eck des Trigonum vesicae) schräg: Mündung wird bei Miktion abgeklemmt, um Rückfluß (Reflux) von Harn in Harnleiter zu verhindern	■ **Arterien:** Rr. ureterici von: ● A. renalis ● A. ovarica/testicularis ● A. umbilicalis ■ **Venen:** Abfluß über unbenannte Venen zu ● V. renalis ● V. ovarica/testicularis ● V. iliaca communis ● V. iliaca interna ■ **regionäre Lymphknoten:** entsprechend dem Verlauf in der Nähe großer Lymphknotenstationen kommen die meisten Lymphknoten des Retroperitonealraums (➪ 2.6.3) und des Beckens (➪ 2.6.5) infrage, z.B. ● Nodi lymphatici lumbales dextri + sinistri ● Nodi lymphatici iliaci communes ● Nodi lymphatici paravesicales ■ **autonome Innervation:** Plexus uretericus (mit Schmerzfasern!) ● sympathische Anteile von Nn. splanchnici lumbales [lumbares] ● parasympathische Anteile von Nn. splanchnici pelvici [Nn. erigentes]	■ **Fehlbildungen und atypische Verlaufsformen:** ➪ 4.8.1 ■ **Palpation:** der Harnleiter zieht bei der Frau lateral der Cervix uteri zur Harnblase ● der gesunde Harnleiter hebt sich bei Betastung durch das Scheidengewölbe kaum von der Umgebung ab ● hingegen sind vor der Mündung in die Harnblase im Ureter steckengebliebene Harnsteine zu tasten ■ **Ureterstenose** (verengter Harnleiter): ● bei allmählicher Einengung → Sackniere ● bei plötzlichem Verschluß: Harnabfluß unterbrochen → Rückstau des Harns in die Nierenkanälchen → Druck im Kapselraum übersteigt den Filtrationsdruck → Niere stellt Funktion ein ■ **Gefährdung bei gynäkologischen Operationen:** ● Harnleiter unterkreuzt die A. uterina lateral der Cervix uteri, bei jeder Unterbindung der A. uterina kann der Harnleiter versehentlich mit abgebunden werden (geschieht gehäuft bei vaginalem Zugang zum Uterus) ● Folge: funktionslose Niere, deshalb Harnausscheidung nach jeder Unterbindung der A. uterina sorgfältig beachten ■ **Ureteritis** (Harnleiterentzündung): meist aszendierende oder deszendierende Erkrankung ➪ Pyelitis (4.8.7) ■ **Urolithiasis** (Harnsteinleiden): ● Entstehung: Auskristallisieren von Stoffen, wenn im Harn kritische Konzentration (pH-abhängig!) überschritten oder Schutzkolloide (Kristallisationsinhibitoren) vermindert, häufige Steinarten: ● Phosphatsteine: manchmal das ganze Nierenbecken ausfüllend (Ausgußstein) und sich zu den Kelchen aufzweigend (Hirschgeweihstein) ● Calciumoxalatsteine: verletzen mit rauher Oberfläche Wand der ableitenden Harnwege → Blutung → Stein dunkelbraun ● Uratsteine: glatte Oberfläche, geben keinen Röntgenschatten, vor allem bei Gicht ● Beschwerden: meist erst, wenn Stein zu Harnstauung führt oder bei Abgang im Ureter stecken bleibt (bevorzugt an Engstellen) ■ **Steinkolik:** bei im Ureter steckengebliebenem Stein: ● heftigster Flankenschmerz, in die äußeren Geschlechtsorgane ausstrahlend (entsprechend Head-Zone, ➪ 1.8.4), Übelkeit, Erbrechen, Hämaturie (Harnblutung) ● Steine bis 4 mm Durchmesser gehen meist spontan ab (gefördert durch viel Trinken und körperliche Bewegung) ● größere Steine durch extrakorporale Stoßwellenlithotripsie (ESWL) zerkleinern

5 Beckeneingeweide und Entwicklungsgeschichte

5.1 Harnblase (Vesica urinaria) und Harnröhre (Urethra)

Entwicklung und Entwicklungsstörungen ⇨ 5.3.4

5.1.1 Vesica urinaria (Harnblase)

GLIEDERUNG, RELIEF	LAGE	LEITUNGS-BAHNEN	KLINIK
■ **Bauprinzip**: mit Schleimhaut ausgekleideter Muskelsack: ● Muskelwand gestattet Größenänderung (passiv bei Füllung, aktiv bei Entleerung) ● Schleimhaut verhindert Rückresorption (Übergangsepithel!) ■ **Form**: ● leer: flach, von oben eingedellt ● mit zunehmender Füllung: sich allmählich zur Kugelform aufrichtend ● während Leerung: ständig Kugelform (konzentrische Wandkontraktion) ■ **Gliederung**: ● *Apex vesicae [vesicalis]* (Harnblasenscheitel, Harnblasenspitze): vorn oben, setzt sich fort in Lig. umbilicale medianum (medianes Nabelband) = Rest des Urachus (embryonaler Verbindungsgang zur Allantois = Urharnsack) ● *Corpus vesicae* (Harnblasenkörper): Hauptteil der Harnblasenwand ● *Fundus vesicae* (Harnblasengrund): der Spitze gegenüberliegend hinten-unten mit den Mündungen der beiden Harnleiter ● *Cervix vesicae* (Harnblasenhals): mit dem Harnblasenausgang (innerer Harnröhrenmund) ■ **Trigonum vesicae** (Harnblasendreieck): dreieckiges Feld im Fundus vesicae ohne Schleimhautfalten, Eckpunkte: ● Mündung des Harnleiters (*Ostium ureteris*) rechts und links hinten, verbunden durch Schleimhautfalte (Plica interureterica) ● Harnblasenausgang = innerer Harnröhrenmund (*Ostium urethrae internum*) mit hinter ihm gelegenen Wulst (Uvula vesicae = Harnblasenzäpfchen) ■ **Tunica muscularis** (Muskelwand) mit 4 glatten Muskeln: ● *M. detrusor vesicae* (Harnblasenauspresser): Hauptanteil, Muskelwand im engeren Sinn ● *M. pubovesicalis*: Muskelschlinge vom Schambein um Cervix vesicae ● *M. rectovesicalis*: Muskelschlinge von Muskelwand des Mastdarms um Cervix vesicae ● *M. recto-urethralis*: Muskelzüge von Muskelwand des Mastdarms zur Wand der männlichen Harnröhre	■ **Lage**: im vorderen Teil des kleinen Beckens zwischen Beckenboden und Bauchfell ■ **Nachbarschaft**: ● ventral unten: Spatium retropubicum (Retzius-Raum, lockeres Bindegewebe), davor Symphysis pubica (Schambeinfuge) ● ventral oben: Fossa supravesicalis (dextra/sinistra) zwischen Plica umbilicalis mediana (über Lig. umbilicale medianum) und Plica umbilicalis medialis (über Lig. umbilicale mediale = Pars occlusa der A. umbilicalis) ● bei zunehmender Füllung schiebt sich Harnblase zwischen vorderer Bauchwand (innerste Schicht Fascia transversalis) und Bauchfell in Richtung Nabel vor ● lateral: Fossa paravesicalis der Bauchfellhöhle, danach seitliche Beckenwand mit M. obturator internus ● dorsal kranial (Frau): Excavatio vesico-uterina der Bauchfellhöhle, danach Uterus (Druck der schwangeren Gebärmutter verursacht Harndrang) ● dorsal (Mann): Excavatio rectovesicalis der Bauchfellhöhle, danach Rectum ● kaudal: M. levator ani mit Levatortor (darunter Diaphragma urogenitale), beim Mann dazwischen Prostata ● kaudal dorsal (Frau): Scheide ● kaudal dorsal (Mann): Anlagerung von Samenblasen und Samenleitern ● kaudal lateral: Anlagerung und Einmündung der Harnleiter	■ **Arterien**: Äste der A. iliaca interna: ● Aa. vesicales superiores (aus Pars patens der A. umbilicalis) ● A. vesicalis inferior (direkter Ast) ● Kollateralen zu A. uterina und A. rectalis media ■ **Venen**: Abfluß über Plexus venosus vesicalis und Vv. vesicales zu V. iliaca interna ■ **regionäre Lymphknoten**: ● Nodi lymphatici prevesicales ● Nodi lymphatici postvesicales ● Nodi lymphatici vesicales laterales ● Abfluß zu Nodi lymphatici iliaci interni + externi ■ **vegetative Innervation**: Plexus vesicalis: ● parasympathische Anteile: • Nn. splanchnici pelvici [Nn. erigentes] aus S_2-S_4 ● sympathische Anteile: • Nn. splanchnici lumbales aus Th_{12}-L_2	■ **Sectio alta** (hoher Harnblasenschnitt): extraperitonealer Zugang durch vordere Bauchwand in "Steinschnittlage" (Rückenlage mit stark gebeugten und abgespreizten Hüft- und Kniegelenken) ● Füllung der Harnblase über Katheter, dadurch wird Bauchfell von Bauchwand abgedrängt ● medianer Unterbauchschnitt über Symphysis pubica ● Freilegen der Harnblase ● Entleeren der Harnblase über den noch liegenden Katheter ● Eröffnen der Harnblase ■ **Harnblasenpunktion**: mit langer Hohlnadel median suprapubisch ● bei Entleerungsstörung der Harnblase (Harnverhaltung) ● zum keimfreien Gewinnen von Harn zur bakteriologischen Untersuchung (keine Verunreinigung durch Keime der Harnröhre) ● bei voller Harnblase keine Gefahr der Verletzung des Bauchfells! ■ **suprapubischer Harnblasenkatheter**: ● zur Dauerableitung von Harn, z.B. nach Operationen an den Harnwegen oder bei Abflußstörungen ● weniger infektionsgefährdet als transurethraler Katheter ■ **Balkenblase**: ● Vorspringen von schleimhautbedeckten Muskelbalken in die Lichtung der Harnblase ● bei starker Verdickung der Muskelwand als Anpassung an erhöhten Druck infolge Abflußstörung, z.B. bei Postatahypertrophie oder Harnröhrenstenose

Fortsetzung der Tabelle nächste Seite

Harnblase (Fortsetzung)

AUFGABEN	FEINBAU	KLINIK
■ **Aufgaben:** ● Speichern des von den Nieren gebildeten Harns bis zur Harnentleerung (Miktion) ● Verhindern der Rückresorption des Harns während der Speicherzeit ■ **Speicherkapazität:** etwa 500 ml (große Variabilität), Harndrang ab etwa 200 ml, dringend ab etwa 400 ml ■ **Verschluß** in 2 Stockwerken: ● Verschluß des Harnblasenausgangs durch Kontraktion der gegenläufigen Schlingen von M. pubovesicalis und M. rectovesicalis + elastische Netze (zusammen auch innerer, oberer oder glatter "Sphinkter" genannt) ● Verschluß der Harnröhre im Diaphragma urogenitale durch M. sphincter urethrae (auch äußerer, unterer oder quergestreifter Sphinkter genannt) ● willkürliche Anspannung nur des quergestreiften Sphinkters, willkürliche Entspannung beider Sphinktere möglich) ■ **Miktion** (Harnblasenentleerung): ● Erschlaffen der Sphinktere ● Kontraktion des M. detrusor vesicae ● unwillkürliche Entleerung, wenn Fassungsvermögen überschritten	3 Haupt- und 2 Zwischenschichten: ■ **Tunica mucosa** (Schleimhaut): ● Übergangsepithel (Epithelium transitionale) ● Drüsen nur am Harnblasenausgang (Glandulae trigoni vesicae) ■ **Tela submucosa:** lockeres Bindegewebe mit elastischen Netzen gestattet Faltenbildung der Schleimhaut bei Leerung, fehlt im Trigonum vesicae (deshalb hier keine Schleimhautfalten) ■ **Tunica muscularis** (Muskelwand): spiralig angeordnete glatte Muskelzellen ● innere Längsschicht (Stratum longitudinale internum) ● Ringschicht (Stratum circulare) in der Mitte ● äußere Längsschicht (Stratum longitudinale externum) ■ **im bauchfellfreien Bereich:** ● **Tunica adventitia** (Faserhaut) mit Gefäßen und Nerven ■ **im Bauchfellbereich:** ● **Tela subserosa:** lockere Verschiebeschicht ermöglicht Vergrößerung der Harnblase zwischen Bauchwand und Bauchfell bei Füllung ● **Tunica serosa** (Bauchfellüberzug)	■ **Zystitis** (Harnblasenentzündung): ● meist über Harnröhre aufsteigende Infektion ● Pollakisurie (Harndrang): Körper versucht durch häufige Harnentleerung die Keimzahl in der Harnblase herabzusetzen ● Tenesmus vesicae: mit Harndrang verbundener Dauerschmerz ● Bakteriurie: Ausscheidung von Bakterien mit Harn, "signifikant", wenn mehr als 100 000 Keime/ml Urin ● Gefahr: Aufstieg der Infektion über Harnleiter in Nierenbecken → Pyelonephritis ● Therapie: Antibiotika nach Antibiogramm, viel Trinken (dies ermöglicht häufige Miktionen, wodurch die Keimzahl immer wieder herabgesetzt wird ■ **Harnblasenkarzinom:** ● geht meist vom Übergangsepithel aus ● Leitsymptom schmerzlose Hämaturie (blutiger Harn) ● Entstehung begünstigt durch Zigarettenrauchen, Umgang mit über den Harn ausgeschiedenen Chemikalien, z.B. Anilinfarben ● Therapie: wenn nur Schleimhaut befallen transurethrale Resektion des Tumors, sonst Zystektomie (Entfernung der Harnblase) ■ **Ersatzharnblase:** ● Problem: es steht kein Übergangsepithel zur Verfügung, aus dem man eine nicht rückresorbierende Ersatzblase schaffen könnte, alle gängigen Methoden sind Kompromisse: ● Einpflanzen der Harnleiter in vordere Bauchwand direkt oder in Tasche aus Ileum (Ileum-Conduit) oder Colon (Colon-Conduit), Tragen eines Auffangbeutels nötig ● Einpflanzen der Harnleiter in Colon sigmoideum: führt häufig zu aufsteigender Infektion durch Darmkeime ● Einpflanzen der Harnleiter in Rectum (Mastdarmblase), zur Verhinderung der Infektion Abtrennen des Rectum vom übrigen Darm und Anlage eines Anus praeter naturalis ■ **angeborene Fehlbildungen:** ● *Spaltblase* (Ekstrophia oder Ectopia vesicae urinariae): es fehlen Vorderwand der Harnblase und unterer Teil der vorderen Bauchwand, die Harnleiter münden frei an der in die vordere Bauchwand einbezogenen Hinterwand der Harnblase ● *Sanduhrblase:* transversale Einschnürung bei fehlerhafter Bildung des Septum urorectale ● *Blasenscheiteldivertikel:* unvollständige Rückbildung des Urachus, wenn bis Nabel reichend, dann Nabelfistel genannt (Harn fließt aus Nabel) ● echte *Blasendivertikel:* Ausstülpung aller Wandschichten, meist auf Höhe der Harnleitermündungen ("falsche" Divertikel: nur Schleimhaut ausgestülpt, meist erworben: bei erhöhtem Druck in Harnblase, z.B. bei Abflußbehinderung infolge Prostatahypertrophie, wird Schleimhaut durch Lücken in Muskelwand gepreßt) ● *Agenesie* (fehlende Anlage), Aplasie (fehlende Entwicklung) oder Verdoppelung: selten ■ **Harninkontinenz** (unwillkürlicher Harnabgang): ● *Streßinkontinenz* (Harnträufeln bei Anstrengung): häufigste Ursache bei der Frau Gebärmuttersenkung, beim Mann Prostatahypertrophie ● *Dranginkontinenz* (unwiderstehlicher Harndrang): z.B. Reizblase bei Harnblasenentzündung, Bettnässen der Kinder ● *Reflexblase* (spastische Harnblasenlähmung): z.B. bei Querschnittlähmung kranial des Harnblasenzentrums im Rückenmark und bei manchen Erkrankungen des Zentralnervensystems ● *Überlaufblase* (schlaffe Harnblasenlähmung): bei Ausfall der parasympathischen Innervation, z.B. Verletzung der Nerven bei Operationen im Becken ● *Harnfluß außerhalb der Harnröhre:* z.B. bei atypischer Uretermündung (⇨ 4.8.1) oder Harnfisteln

5.1.2 Urethra feminina (weibliche Harnröhre)

GLIEDERUNG, RELIEF	FEINBAU	LEITUNGS-BAHNEN	KLINIK
• Länge 2,5-5 cm • leere Lichtung stern-förmig wegen Längsfalten der Schleimhaut • *Crista urethralis*: stärkere Längsfalte in Dorsalwand • *Ostium urethrae externum* (äußerer Harnröhrenmund): Mündung in Vestibulum vaginae • leicht nach vorn konkav gekrümmt (bedingt durch davor liegende Symphysis pubica • wölbt im unteren Teil der Vorderwand der Scheide die Carina urethralis vaginae vor	3 Schichten: ■ **Tunica mucosa** (Schleimhaut): • harnblasennah Übergangsepithel (*Epithelium transitionale*) • Mitte: mehrreihiges Säulenepithel (hochprismatisches Epithel, Epithelium pseudostratificatum columnare) • nahe äußerer Mündung mehrschichtiges Plattenepithel (Epithelium stratificatum squamosum) • Lacunae urethrales: Schleimhautbuchten mit Mündungen von Schleimdrüsen (Glandulae urethrales) • Ductus [Canales] para-urethrales (Skene-Gänge): blinde Gänge (1-2 cm lang) an äußerem Harnröhrenmund mit Mündungen von Glandulae para-urethrales ■ **Tunica spongiosa** [Stratum spongiosum]: submuköses Bindegewebe mit Venengeflecht ■ **Tunica muscularis:** • innen Längsschicht (Stratum longitudinale) • außen Ringschicht (Stratum circulare)	Entsprechen im oberen Teil denen der Harnblase, im unteren Teil denen des Scheidenvorhofs (⇨ 5.4.8)	**Urethritis** (Harnröhrenentzündung): • brennendes Gefühl in Harnröhre bei Miktion • eitriger Ausfluß • steigt bei Frau wegen Kürze der Harnröhre fast regelmäßig in Harnblase auf (Zystitis ⇨ 5.1.1) • Schulmädchen besonders häufig befallen: Ursache meist unzweckmäßige Reinigung nach Defäkation: Darmbakterien (Escherichia coli) in Scheidenvorhof verschleppt • Geschlechtsverkehr begünstigt aufsteigende Infektion: Harnröhre in Richtung Harnblase massiert (z.B. "Honeymoon-Zystitis")

5.1.3 Urethra masculina (männliche Harnröhre)

GLIEDERUNG, RELIEF	FEINBAU	LEITUNGS-BAHNEN	KLINIK
Gesamtlänge 20-25 cm, 3 Abschnitte: ■ **Pars prostatica**: in der Prostata, etwa 3-4 cm • *Crista urethralis*: Schleimhautfalte in Dorsalwand, Fortsetzung der Uvula vesicae • *Colliculus seminalis* (Samenhügel): Verdickung der Crista urethralis mit Mündungen der 2 Ductus ejaculatorii • *Utriculus prostaticus* [Uterus masculinus]: blind endende Grube im Colliculus seminalis, bis 1 cm tief, als Rest der embryonalen Ductus paramesonephrici (Müller-Gänge) angesehen • *Sinus prostaticus*: Rinne beidseits des Colliculus seminalis ■ **Pars membranacea**: im Diaphragma urogenitale, nur 1 cm, umgeben von M. sphincter urethrae ■ **Pars spongiosa**: im Corpus spongiosum penis, 15-20 cm • *Fossa navicularis urethrae* (Schiffergrube): Erweiterung der Harnröhre vor der äußeren Mündung • *Valvula fossae navicularis*: variable, klappenartige Schleimhautfalte (in der z.B. ein Katheter stecken bleiben kann) • *Ostium urethrae externum* (äußerer Harnröhrenmund): Längsspalt	■ **Epithel:** • Übergangsepithel (Epithelium transitionale) in Pars prostatica • mehrreihiges Säulenepithel (hochprismatisches Epithel, Epithelium pseudostratificatum columnare) in Pars membranacea und proximalem Teil der Pars spongiosa • mehrschichtiges unverhorntes Plattenepithel (Epithelium stratificatum squamosum) in Fossa navicularis urethrae • *Lacunae urethrales*: Schleimhautbuchten mit Mündungen von Schleimdrüsen (Glandulae urethrales) • *Ductus [Canales] para-urethrales*: blinde Gänge an äußerem Harnröhrenmund ■ **Tunica muscularis:** • innen Längsschicht (Stratum longitudinale) • außen Ringschicht (Stratum circulare)	Entsprechen in • Pars prostatica denen der Prostata (⇨ 5.5.6) • Pars membranacea denen des Diaphragma urogenitale • Pars spongiosa denen des Corpus spongiosum penis (⇨ 5.5.7)	■ **Hypospadie**: Harnröhre mündet nicht an typischer Stelle, sondern weiter proximal, häufigste angeborene Mißbildung der Harnröhre • Grad 1: Mündung auf Facies urethralis des Collum glandis • Grad 2: Mündung auf Facies urethralis des Corpus penis • Grad 3: Mündung auf Perineum ■ **Epispadie**: Harnröhre mündet an Dorsum penis, seltene angeborene Mißbildung der Harnröhre ■ **Urethritis** (Harnröhrenentzündung): • brennendes Gefühl in Harnröhre bei Miktion • eitriger Ausfluß, sichtbar vor allem morgens nach längerer Miktionspause ("Bonjour-Tröpfchen") • Infektion meist bei Geschlechtsverkehr

5.2 Mastdarm (Rectum) und Afterkanal (Canalis analis)

5.2.1 Rectum (Mastdarm)

AUFGABEN, GLIEDERUNG, LAGE	FEINBAU	LEITUNGSBAHNEN	KLINIK
■ **Probleme der Definition:** ● Grenze zum Colon sigmoideum durch Beckeneingangsebene (also S_1) oder nach Ende des Mesocolon sigmoideum (also S_3) ● Canalis analis als selbständiger Teil des Magen-Darm-Kanals (so Nomina anatomica) oder als Teil des Mastdarms (so Gegenstands-katalog) ● je nach Definition Länge etwa 12-25 cm ■ **Aufgaben:** ● Speicher für Stuhl: Begrenzung auf eine oder wenige Stuhlentlee-rungen pro Tag (Hautschäden bei ständiger Beschmutzung mit bak-terienhaltigem Stuhl) ● Unterstützung der Defäkation durch Kontraktion der Wand ■ **Gliederung:** ● *Flexura sacralis:* sanfte Krüm-mung, der konkaven Facies pelvina des Os sacrum folgend ● *Ampulla recti* (Kotblase): stark erweiterungsfähiger Speicherteil in Flexura sacralis ● *Flexura perinealis:* scharfer Knick (~100°) bei Durchtritt durch Beckenboden, Lichtung hier (außer bei Defäkation) eng ● Krümmungen stehen in Zusam-menhang mit "Aufrichtung" des Menschen, bei Vierfüßern ist der Mastdarm gerade (rectus) ■ **Beziehung zum Bauchfell:** ● *Mesosigmoideum* (und damit intraperitonealer Dickdarm) endet auf Höhe von S_3 ● kaudal von S_3 bedeckt Bauchfell noch einige cm Vorder- und Sei-tenwand des Rectum ● *Excavatio recto-uterina* (Dou-glas-Raum): tiefe Bauchfelltasche zwischen Rectum und Uterus, reicht bis zum hinteren Scheiden-gewölbe, kaudalster Teil der Perito-nealhöhle ● *Excavatio rectovesicalis* beim Mann reicht meist nur bis zu Kup-pen der Samenblasen ● dorsal bauchfellfreie Anlagerung an das Kreuzbein, getrennt von ihm durch Verschiebeschicht aus lok-kerem Bindegewebe	● Allgemeines ⇨ Dünndarm 4.3.2 und Dickdarm 4.3.5 ● Schleimhaut dicker als im üb-rigen Dickdarm, daher längere Krypten ● reichlich Folliculi lymphatici solitarii ● es fehlen Plicae semilunares, Haustren und Tänien ■ **Besonderheiten der Tunica muscularis:** ● Stratum longitudinale wieder kontinuierlich (schon bei Colon sigmoideum werden Tänien brei-ter) ● Stratum circulare: am analen Ende verdickt zu M. sphincter ani internus ● Züge glatter Muskulatur von Muskelwand zu Umgebung: • M. rectococcygeus • M. recto-urethralis • M. rectovesicalis ■ **Plicae transversae recti** (Querfalten des Mastdarms): ● meist 3 (0-7) unverstreichbare Schleimhautfalten: mit Ring-muskelschicht (daher auch "Sphincter tertius" genannt) ● meist 1 Falte von rechts ("Kohlrausch-Falte") etwa 7-8 cm von After entfernt (also mit tastendem Finger gerade noch zu erreichen) ● meist 2 Falten von links (ge-wöhnlich etwas höher) ■ **Faeces** (Stuhl): ● unverwertbare Nahrungsbe-standteile, z.B. Cellulose ● abgestoßene Darmepithelien ● Schleim (aus Dickdarmkryp-ten) ● von Leber in Galle ausge-schiedene Stoffe, z.B. Gallen-farbstoffe (fehlen bei Verschluß-ikterus, dann Stuhl lehmfarben), Schwermetalle u.a. nicht wasserlösliche Stoffe, die nicht von Nieren ausgeschieden werden können ● Bakterien: bei gesundem Darm vorwiegend Escherichia coli ● Wasser: bei gesundem Darm soviel, daß Stuhl gut gleitfähig	■ **Arterien:** ● A. rectalis superior: unpaar, aus A. mesenterica inferior: ● A. rectalis media: paarig, aus A. iliaca interna ● A. rectalis inferior: paarig, aus A. puden-da interna ■ **Venen:** Abfluß aus Plexus venosus rec-talis (portokavales Grenzgebiet!): ● V. rectalis superior: unpaar, zu V. mes-enterica inferior (weiter zu V. portae hepatis) ● Vv. rectales me-diae: paarig, zu V. iliaca interna (weiter zu V. cava inferior) ● Vv. rectales infe-riores: paarig, zu V. pudenda interna (weiter zu V. cava inferior) ■ **regionäre Lymph-knoten:** ● Nodi lymphatici rectales superiores (weiter zu Nodi lymphatici mesente-rici inferiores) ● Nodi lymphatici pa-rarectales (weiter zu Nodi lymphatici iliaci interni) ■ **vegetative Inner-vation:** ● Plexus rectalis su-perior ● Plexus rectalis me-dius ● Plexus rectalis in-ferior ● über Plexus enteri-cus ● parasympathische Anteile aus Nn. splanchnici pelvici ● sympathische An-teile aus Nn. splanch-nici lumbales [lumba-res]	■ **Lagerung des Patienten** zu rektaler Untersuchung oder Rek-toskopie: ● Seitenlage (Hüftgelenk maxi-mal gebeugt) ● Steinschnittlage (im gynäkolo-gischen Untersuchungsstuhl) ● Knie-Ellenbogen-Lage ● stehend (vorgeneigt oder Oberkörper auf Untersuchungs-tisch) ■ **Rektoskopie** = Proktoskopie (Mastdarmspiegelung): ● Einführen des Rektoskops ähnlich wie Finger bei rektaler Untersuchung (⇨ 5.2.2) in Rich-tung auf Nabel (entsprechend Verlauf des Canalis analis) ● nach Durchqueren des After-kanals Richtung entsprechend Flexura perinealis ändern ● Vorschieben des Rektoskops nur unter ständiger Sichtkontrolle: könnte sich sonst in Plicae transversales recti verfangen ● mittlere Querfalte (nach 8-10 cm) entspricht etwa tiefstem Punkt der Excavatio rectovesica-lis ● etwa 12-15 cm kranial des Af-ters beginnen Plicae semilunares coli ■ **kolorektales Karzinom** (Dickdarm-Mastdarm-Krebs): ● zweithäufigste Krebstodesur-sache (im vereinten Deutschland jährlich etwa 30000 Sterbefälle) ● etwa Hälfte in Rectum und Endteil des Colon sigmoideum, Rest etwa gleichmäßig auf übrige Dickdarmabschnitte verteilt ● Leitsymptome: Blut im Stuhl und Änderung der Stuhlbeschaf-fenheit (häufig Wechel von Durchfall und Obstipation), später auch Schmerzen, Abmagerung, Leistungsknick ● sehr langsames Wachstum ● bei Operaton im Stadium T_1 bzw. A (nach Dukes) über 90 % Dauerheilungen, Frühdiagnose daher wichtig, aber Vorsorgeun-tersuchung wenig beliebt (Abnei-gung gegen rektale Untersu-chung)

5.2.2 Canalis analis (Afterkanal)

Aufgaben, Gliederung	Feinbau	Leitungsbahnen	Klinik
■ **Definition**: 3-4 cm langer Endabschnitt des Verdauungskanals ● Grenze gegen Rectum: Linea anorectalis (⇨ unten) ● Anus (After): aborales Ende des Afterkanals ■ **Aufgaben**: ● flüssigkeits- und gasdichter Verschluß des Afters ● willensgesteuerte Öffnung ■ **Afterkamm** (*"Pecten analis"*): es wechseln wie Zähne eines Kamms Vorwölbungen und Einsenkungen: ● *Columnae anales* (Aftersäulen): 8-14 Längsfalten, vorgewölbt durch Schwellkörper ● *Sinus anales* (Afterbuchten): Einsenkungen zwischen den Aftersäulen mit Mündungen von Schleimdrüsen (Glandulae anales) ● *Valvulae anales*: feine Fältchen als untere Begrenzung der Sinus anales ■ **4 Farbzonen** im Afterkanal: ● rosa: Rektumschleimhaut ● violett: Afterkamm ● weißlich-bläulich: Zwischenzone ● braun: stark pigmentierte Afterhaut ■ **Grenzlinien** (in Fachliteratur unterschiedlich definiert): ● *Linea anorectalis*: Grenze zwischen typischer Rektumschleimhaut (rosa) und oberem Ende des Afterkamms (violett) ● "Linea mucocutanea" (nicht in Nomina anatomica): zwischen Afterkamm (violett) und Zwischenzone (weißlich) ● *Linea anocutanea*: zwischen Zwischenzone (weißlich) und Afterhaut (braun) ■ **Defäkation** (Stuhlgang): ● Erschlaffen des "Kontinenzorgans" (⇨ rechts) ● Kontraktion der Muskelwand des Rectum ● Einsatz der Bauchpresse	■ **Gliederung** der "mukokutanen Übergangszone" in 3 Epithelbereiche: ● *Schleimhautzone* (Zone des Afterkamms, "Zona columnaris"): auf den Sinus anales einschichtiges kubisches bis hochprismatisches Epithel, auf den Columnae anales mehrschichtiges Plattenepithel (hohe mechanische Beanspruchung!) ● *Zwischenzone* ("Zona intermedia"): mehrschichtiges unverhorntes Plattenepithel, sehr schmerzempfindlich, freie Talgdrüsen ● *Hautzone* (Afterhaut, "Zona cutanea"): leicht verhorntes mehrschichtiges Plattenepithel, stark pigmentiert, feine Härchen mit großen Talgdrüsen, apokrine Duftdrüsen (Glandulae apocrinae) ■ **"Kontinenzorgan"**: ● Schließmuskeln: nur flüssigkeitsdichter Verschluß ● Schwellkörper der Columnae anales ("Corpus cavernosum recti"): auch gasdichter Verschluß, mit arteriellem Blut gefüllte Gefäßgeflechte, Zufluß aus Ästchen der A. rectalis superior, Venen ziehen durch M. sphincter ani internus sind wegen dessen Dauersanspannung gestaut, bei Defäkation wegen Entspannung des Schließmuskels Abfluß frei ■ **Kontinenzmuskeln**: ● *M. sphincter ani internus*: verdicktes Stratum circulare der Tunica muscularis, ohne Ganglienzellen, reicht kaudal bis etwa Linea anocutanea ● *M. sphincter ani externus*: Gliederung in 3 Stockwerke: • Pars subcutanea • Pars superficialis • Pars profunda ● *M. puborectalis*: Teil des M. levator ani, zieht mit Schlinge auf Höhe der Linea anorectalis Rectum nach vorn, bedingt Flexura perinealis ("Knickverschluß")	■ **Arterien**: Äste der A. iliaca interna: ● A. rectalis inferior aus A. pudenda interna ■ **Venen**: Abfluß über : ● Vv. rectales inferiores über V. pudenda interna zu V. iliaca interna ● aus Schwellkörpern über V. rectalis superior zu V. portae hepatis (portokavale Anastomose) ■ **regionäre Lymphknoten**: ● Nodi lymphatici inguinales superficiales ● Nebenweg zu Beckenlymphknoten (⇨ Rectum, 5.2.1) ■ **sensible Innervation**: ● Nn. rectales [anales] inferiores aus N. pudendus ■ **motorische Innervation**: ● M. sphincter ani externus: Nn. rectales [anales] inferiores aus N. pudendus ● M. sphincter ani internus (aganglionär!): Dauerkontraktion durch Sympathikus ● M. levator ani und M. coccygeus: Rr. musculares des Plexus sacralis aus S₃-S₄	■ **Rektale Untersuchung**: ● Lagerung des Patienten ⇨ 5.2.1 ● Gummihandschuhe, tastenden Finger reichlich mit Gleitmittel benetzen ● Aufsetzen des Fingers löst Afterreflex aus, abwarten bis Kontraktion abgeklungen ● Patienten auffordern, wie beim Stuhlgang leicht zu pressen, Schließmuskeln erschlaffen, dann erst Finger vorschieben (Zielrichtung auf Nabel entsprechend Verlauf des Afterkanals) ● zuerst Afterkanal austasten (Finger nur bis Mittelglied vorschieben, Daumen als Widerlager auf Dammhaut) ● systematisches Austasten des kleinen Beckens: Finger so weit wie möglich vorschieben, dann sanft tastend zurückziehen, 30˚ drehen, wieder vorschieben und zurückziehen usw. entsprechend Stunden eines Zifferblatts ● Befunde als "Uhrzeiten" mit Zifferblatt wie in Steinschnittlage notieren (12 Uhr Richtung Symphysis pubica, 6 Uhr Richtung Steißbein) ■ **Hämorrhoiden**: ● knotige Hypertrophie der Schwellkörper der Schleimhautzone (Columnae anales) ● bei etwa 80 % der über 30jährigen ● Entstehung begünstigt durch sitzende Lebensweise, Fettsucht, chronische Verstopfung (und dehalb starkes Pressen beim Stuhlgang), Schwangerschaft, Pfortaderhochdruck ● Knoten meist bei 3, 7 und 11 Uhr (in Steinschnittlage) wegen des üblichen Verlaufs der Äste der A. rectalis superior ● Symptome: hellrotes Blut auf dem Stuhl (Schwellkörper arterielles Blut!), Schmerzen beim Stuhlgang, Juckreiz am After ● 4 Stadien oder Grade: • Grad 1: Knoten nur mit Rektoskop sichtbar • Grad 2: Knoten treten beim Pressen nach außen, schlüpfen aber spontan zurück • Grad 3: beim Pressen ausgetretene Knoten sind manuell reponibel • Grad 4: die Knoten sind konstant prolabiert und können nicht mehr reponiert werden ● Therapie: • Diät: reichlich Ballaststoffe (viel rohes Gemüse, Obst und Getreide) sorgen für weichen Stuhl • Hygiene: Abbrausen der Aftergegend mit kaltem Wasser nach jedem Stuhlgang beugt Infektionen vor • Verödung, Gummibandligatur oder Operation meist nur nötig, wenn Patient Lebensweise nicht ändern kann oder nicht will

5.2.3 Entwicklung und Entwicklungsstörungen des Afterkanals (Canalis analis)

ENTWICKLUNG	ENTWICKLUNGSSTÖRUNGEN
■ Der Afterkanal entsteht als gemeinsame Bildung von ● Endoderm: Metenteron (Hinterdarm) ● Ektoderm: Proctodeum (Afterbucht) ■ Entwicklung im einzelnen: ● *Kloakenmembran* (Membrana cloacalis) trennt Ektoderm und Endoderm (ohne dazwischen liegendes Mesoderm!) am kaudalen Ende des Embryos zwischen Neuralrohr und Haftstiel ● mit Abfaltung und Einkrümmung des Embryos gelangt Kloakenmembran in die Tiefe, Einsenkung des Ektoderms wird *Proctodeum* genannt (ektodermale Afterbucht gegenüber der endodermalen hinteren Darmbucht) ● *Septum urorectale* wächst zwischen Allantois und Enddarm auf Kloake (Cloaca) zu und trennt *Sinus urogenitalis* (Uro-enteron, ventral) und *Rectum* (dorsal) ● Septum urorectale verschmilzt mit Membrana cloacalis Ende der 6. Entwicklungswoche und teilt diese in *Membrana urogenitalis* (ventral) und *Membrana analis* (dorsal), dazwischen Dammvorwölbung (Prominentia perinealis) ● Analmembran reißt in 8. Entwicklungswoche, Enddarm kommuniziert mit Fruchtwasserhöhle ● kranialer Teil des Afterkanals stammt mithin vom endodermalen Metenteron, kaudaler vom ektodermalen Proctodeum ● weitere Entwicklung des Sinus urogenitalis ⇨ 5.3.4	**Anal- und Rektumatresie:** ● Formen: ● *Atresia ani*: Canalis analis angelegt, aber keine Afteröffnung ● *Atresia recti*: Canalis analis fehlt, breite Gewebezone zwischen blind endendem Rectum und Haut ● Entstehung: Afteröffnung fehlt (Anus imperforatus), weil ● Membrana analis persistiert ● Septum urorectale zuweit dorsal vorgewachsen ist ● Metenteron weit kranial des Proctodeum endet (Mesoderm hat sich dazwischengeschoben) ● oft verbunden mit Mastdarmfistel (Fistula rectalis) bei Defekten des Septum urorectale: rektovaginale, rektovestibuläre, rektourethrale, rektovesikale, rektoperineale, rektoskrotale Fisteln (⇨ 5.3.4) ● Operation innerhalb weniger Tage nach Geburt nötig: Aufdehnen einer vorhandenen Fistel, evtl. Anlegen eines Anus praeter naturalis sigmoideus und Korrekturoperation im Alter von 7-8 Monaten

5.3 Geschlechtsorgane: Überblick und Entwicklung

5.3.1 Überblick über weibliche und männliche Geschlechtsorgane

GLIEDERUNG 1	GLIEDERUNG 2	GLIEDERUNG 3
Organa genitalia feminina interna (innere weibliche Geschlechtsorgane)	● Ovarium (Eierstock) ● Tuba uterina [Salpinx] (Eileiter) ● Uterus (Gebärmutter) ● Vagina (Scheide) ● Epoophoron (Nebeneierstock) ● Paroophoron (Beieierstock)	
Organa genitalia feminina externa (äußere weibliche Geschlechtsorgane)	Pudendum femininum [Vulva] (weibliche Scham)	● Clitoris (Kitzler) ● Vestibulum vaginae (Scheidenvorhof) ● Glandula vestibularis major (große Scheidenvorhofdrüse) ● Labium minus pudendi (kleine Schamlippe) ● Labium majus pudendi (große Schamlippe)
	Urethra feminina (weibliche Harnröhre): ⇨ 5.1.2	
Organa genitalia masculina interna (innere männliche Geschlechtsorgane)	● Testis [Orchis] (Hoden) ● Epididymis (Nebenhoden) ● Paradidymis (Beihoden) ● Ductus deferens (Samenleiter)	
	Glandulae genitales accessoriae (akzessorische Geschlechtsdrüsen)	● Vesicula seminalis (Samenblase) ● Prostata (Vorsteherdrüse) ● Glandula bulbo-urethralis (Cowper-Drüse)
Organa genitalia masculina externa (äußere männliche Geschlechtsorgane)	● Penis (männliches Glied) ● Scrotum (Hodensack) ● Urethra masculina (männliche Harnröhre): ⇨ 5.1.3	

5.3.2 Embryologischer Vergleich der weiblichen und männlichen Geschlechtsorgane

WEIBLICHE GESCHLECHTSORGANE	HERKUNFT	MÄNNLICHE GESCHLECHTSORGANE
Ovarium	Crista gonadalis (Keimdrüsenleiste)	Testis
● Epoophoron (Tubuli transversi) ● Paroophoron	Tubuli mesonephrici (Urnierenkanälchen)	● Ductuli efferentes ● Paradidymis
● Epoophoron (Ductus epoophori longitudinalis) ● Ductus deferens paravaginalis (Gartner-Gang) ● (Trigonum vesicae)	Ductus mesonephricus (Urnierengang, Wolff-Gang)	● Epididymis ● Ductus deferens ● Vesicula seminalis ● Ductus ejaculatorius ● (Trigonum vesicae)
● Tuba uterina ● Uterus ● Vagina (oberer Teil)	Ductus paramesonephricus (Müller-Gang)	● Utriculus prostaticus (?) ● Appendix testis
● Vagina (unterer Teil) ● Vestibulum vaginae (Teil) ● Glandula vestibularis major ● Urethra feminina ● (Vesica urinaria ohne Trigonum vesicae)	Sinus urogenitalis	● Prostata ● Glandula bulbo-urethralis ● Urethra masculina (proximaler Teil) ● (Vesica urinaria ohne Trigonum vesicae)
Clitoris	Tuberculum genitale (Genitalhöcker)	● Glans penis ● Preputium ● Pars dorsalis penis ● Urethra masculina (Urethra glandaris mit Fossa navicularis urethrae)
Labium minus pudendi	Plicae urogenitales (Urogenitalfalten, Urethralfalten)	Pars ventralis penis
Vestibulum vaginae (Hauptteil)	Sulcus urogenitalis (Urogenitalspalte)	Urethra masculina (Teil der Pars spongiosa)
Labium majus pudendi	Tuber labioscrotale (Genitalwulst)	Scrotum

5.3.3 Entwicklung und Entwicklungsstörungen der Keimdrüsen (Gonada)

ORGAN	ENTWICKLUNG	ENTWICKLUNGSSTÖRUNGEN
Status indifferens (indifferentes Stadium)	■ **Keimdrüsenleiste** (Crista gonadalis [genitalis]): in 5. Entwicklungswoche Vorwölbung am medialen Rand der Urnierenleiste (Crista mesonephrica) ● bedeckt von "Keimepithel" (Epithelium coelomicum): Name stammt von inzwischen überholter Ansicht, daß daraus Keimzellen hervorgingen ● Mark aus Mesenchym ● (primäre) Keimstränge (Chordae sexuales) wachsen fingerförmig aus Keimepithel in Mesenchym ein ■ **Urgeschlechtszellen** (Cellulae germinales primordiales): Abgliederung großer Zellen aus Wand des Dottersacks und der Allantois in 4. Entwicklungswoche ● Migratio: Urgeschlechtszellen wandern zu Keimdrüsenleiste und lagern sich in 6. Entwicklungswoche in Keimstränge ein ● je nach Konstellation der Geschlechtschromosomen Weiterentwicklung zu weiblichen (XX) oder männlichen (XY) Keimzellen (Cellulae germinales) ■ bis 7. Entwicklungswoche kein morphologischer Unterschied zwischen weiblichen und männlichen Keimdrüsen	**Zwitter**, Intersexualität (ausführlich ⇨ 5.3.8): ● *Ovotestis*: Keimdrüse mit Eierstock- und Hodengewebe ● *Hermaphroditismus verus* (echter Zwitter): mit Hoden und Eierstöcken (sehr selten) ● *Hermaphroditismus falsus* (falscher Zwitter): Keimdrüsen des einen Geschlechts verbunden mit Aussehen des anderen Geschlechts, z.B. bei adrenogenitalem Syndrom oder Anomalien der Gonosomen
Ovarium (Eierstock)	● In Keimdrüsenleiste (Crista gonadalis [genitalis]) zerfallen die (primären) *Keimstränge* (Chordae sexuales), durch (sekundäre) *Rindenstränge* (Chordae corticales) aus Zölomepithel (Epithelium coelomicum) ersetzt, diese nehmen Ovogonien auf ● in 16. Entwicklungswoche zerfallen auch Rindenstränge, die Ovogonien liegen in Gruppen zusammen ("*Eiballen*", Racemus ovorum) ● *Primordialfollikel* (Folliculi corticales primordiales): die Ovogonien werden mit einer Schicht von aus den Rindensträngen stammenden Follikelzellen (Cellulae folliculares) umgeben ● rasche Zellteilungen der Ovogonien führen zu Höchstbestand von etwa 7 Millionen, noch vor Geburt beginnt Zelluntergang (Bildung von Corpora atretica), bei Geburt etwa 1 Million, bei Menarche 200 000 Primordialfollikel in jedem Ovar, primärer Ovozyt verharrt in Zygotänstadium der 1. Reifeteilung (Weiterentwicklung erst in Tertiärfollikel, ⇨ 5.4.2) ● im Eierstock Rinde (Cortex) stärker entwickelt, in Hoden Mark (Medulla) ● zwischen Keimepithel und Eierstockrinde dünne Faserhaut (Tunica albuginea ovarii) ● im Eierstockzwischengewebe (*Stroma ovarii*) endokrine Zellen (Endocrinocyti interstitiales, keine Sekretion vor Geburt) und zellreiches Bindegewebe (Textus connectivus cellularis)	● *Anovarie*: Fehlen des Eierstocks ● *Polyovarie*: mehr als 1 Eierstock pro Seite
Testis (Hoden)	● In Keimdrüsenleiste (Crista gonadalis [genitalis]) vergrößern sich in 6.-8. Entwicklungswoche die *Keimstränge* (Chordae sexuales), wachsen in das Mark ein, verzweigen und verbinden sich im Hodennetz (Rete testis), finden Anschluß an Urnierenkanälchen (diese werden zu Ductuli efferentes) und damit an Urnierengang (wird zum Nebenhodengang usw.) ● zwischen dem Keimepithel (Epithelium coelomicum) und der Rinde verstärkt sich in 7. Entwicklungswoche die Faserschicht zu kräftiger Hodenkapsel (*Tunica albuginea testis*) ● die *Hodenstränge* = Keimstränge (Chordae sexuales) entwickeln sich weiter zu den *Samenkanälchen* (Tubuli seminiferi) mit schleifenförmigen (Tubuli seminiferi ansiformes) und gestreckten (Tubuli seminiferi recti) Anteilen, sie enthalten Ursamenzellen (Spermatogonia) und Stützzellen (Sertoli-Zellen, Cellulae sustentaculares), die Entwicklung von Samenzellen beginnt erst in der Pubertät ● Hodenzwischengewebe (Stroma): bildet Trennwände (Septula testis) zwischen den Samenkanälchen ■ fetale **Hormonsekretion**: ● *Hodenzwischenzellen* (Leydig-Zellen, Endocrinocyti interstitiales): beginnen mit der Sekretion bereits im 3. Entwicklungsmonat: Testosteron stimuliert die Weiterentwicklung des Urnierengangs und steuert die Entwicklung der sekundären Geschlechtsmerkmale ● *Sertoli-Stützzellen* sezernieren Hemmfaktor für Müller-Gänge ("Anti-Müller-Hormon"): unterdrückt Weiterentwicklung der Ductus paramesonephrici ■ Abstieg des Hodens (**Descensus testis**): ● geleitet durch das Hodenleitband (*Gubernaculum testis*) steigt der Hoden aus der Lendengegend durch den Leistenkanal in den Hodensack ab ● Ankunft am inneren Leistenring etwa in 28. Entwicklungswoche, im Hodensack etwa 32. Entwicklungswoche, bei etwa 3 % der Neugeborenen wird der Abstieg erst nach der Geburt vollendet	● *Anorchismus*: Fehlen des Hodens ● *Polyorchismus*: mehr als 1 Hoden pro Seite ● *Kryptorchismus*: verborgener Hoden bei unvollendetem Abstieg (vor allem als Leistenhoden) ● *Ectopia testis*: atypische Lage des Hodens außerhalb des Hodensacks, z.B. ● Bauchhöhlenhoden ● Leistenhoden ● Dammhoden ● Oberschenkelhoden

5.3.4 Abkömmlinge des Sinus urogenitalis (Harn- und Geschlechtsbucht)

ENTWICKLUNG FRAU + MANN	NUR FRAU	NUR MANN	ENTWICKLUNGSSTÖRUNGEN
■ **Kloake** (Cloaca): gemeinsames kaudales Ende von Urharnsack (Allantois) und Enddarm (Metenteron) durch *Membrana cloacalis* gegen Proctodeum verschlossen ● *Septum urorectale* wächst zwischen Allantois und Enddarm auf Kloake zu und trennt ● Sinus urogenitalis primitivus (Uro-enteron, ventral) ● Rectum (dorsal) ● Septum urorectale verschmilzt mit Membrana cloacalis Ende der 6. Entwicklungswoche und teilt diese in ● *Membrana urogenitalis* (ventral) ● *Membrana analis* (dorsal) ● dazwischen Dammvorwölbung (Prominentia perinealis) ■ **Sinus urogenitalis definitivus** in 3 Teile zu gliedern (⇨ unten): ● Pars vesicalis ● Pars pelvica ● Pars phallica	**Entwicklung der Scheide** (*Vagina*): ● die beiden median vereinigten *Müller-Gänge* (Primordium uterovaginale) enden an der Dorsalwand des Sinus urogenitalis und wölben dort den Müller-Hügel vor (Tuberculum sinuale) ● aus Wand des Sinus urogenitalis wächst ihnen die zunächst solide *Vaginalplatte* (Bulbus sinuvaginalis) entgegen, die sekundär Lichtung gewinnt ● *Jungfernhäutchen* (Hymen): Teil der Vaginalplatte, der erst um die Zeit der Geburt eine Öffnung erhält ● kranialer Teil (Drittel, Hälfte?) der Scheide stammt mithin vom Mesoderm, kaudaler Teil vom Endoderm	● Dem Müller-Hügel entspricht beim Mann der *Colliculus seminalis* der Dorsalwand der Pars prostatica der Harnröhre ● der Vaginalplatte ist beim Mann der *Bulbus sinu-utricularis* zu vergleichen, der einen Teil des Utriculus prostaticus bildet ("Vagina masculina") ■ Man beachte: ● Sinus urogenitalis stammt aus Endoderm ● Geschlechtsgänge stammen aus Mesoderm	● *Cloaca persistens*: gemeinsame Öffnung von Harnröhre und Mastdarm (+ Scheide) ● *Hymen imperforatus*: Jungfernhäutchen ohne Öffnung, führt bei Menarche zu Blutrückstau in der Scheide (Hämatokolpos)
Pars vesicalis (Harnblasenteil): aus ihr geht hervor ● Hauptteil des Epithels der *Harnblase* (Vesica urinaria), mesodermal ist zunächst das Trigonum vesicae mit der Mündung der Harnleiter, wird jedoch sekundär von endodermalem Epithel überwuchert ● *Urachus* (embryonaler Harngang): vom Harnblasenscheitel zum Nabel, bedeckt von medianer Nabelfalte des Bauchfells (Plica umbilicalis mediana)			**Fehlbildungen der Harnblase:** ● *Ectopia vesicae urinariae*, Exstrophie (Harnblasenspalte): Defekt der Bauchwand und der Vorderwand der Harnblase, die Hinterwand der Harnblase mit den Ureteröffnungen bildet scheinbar einen Teil der Bauchwand ● *Cystis urachalis* (Urachuszyste): Zyste zwischen Harnblase und Nabel bei unvollständiger Verödung des Urachus ● *Fistula urachalis* (Urachusfistel): Lichtung im Lig. umbilicale medianum als Rest des Urachus mit Verbindung zur Harnblase und/oder zum Nabel (Nabel-Harnblasen-Fistel, Harn tritt aus Nabel aus)
Pars pelvica (Beckenteil): im kleinen Becken liegt ursprünglich nur der Vorläufer der Harnröhre, die Harnblase steht ● beim Kleinkind noch kranial der Symphyse ● tritt beim etwa 6jährigen Kind in die Beckenhöhle ● findet erst in der Pubertät den endgültigen Platz	Gesamte weibliche Harnröhre (*Urethra feminina*)	■ Teile der männlichen Harnröhre (*Urethra masculina*): ● Pars prostatica urethrae ● Pars membranacea urethrae ■ *Prostataanlage* (Gemmae glandulares prostaticae)	**Harnröhren-, Harnblasen-, Scheiden- und Mastdarm-Fisteln:** ● *Fistula recto-urethralis*: Mastdarm-Harnröhren-Fistel ● *Fistula recto-vaginalis*: Mastdarm-Scheiden-Fistel ● *Fistula recto-vesicalis*: Mastdarm-Harnblasen-Fistel ● *Fistula recto-vestibularis*: Mastdarm-Scheidenvorhof-Fistel ● *Fistula vesico-uterina*: Harnblasen-Gebärmutter-Fistel
Pars phallica (Gliedteil): wird vom auswachsenden Phallus primitivus ausgezogen	● Teile des Scheidenvorhofs (*Vestibulum vaginae*) (Hauptteil kommt von Sulcus urogenitalis, s.u.) ● große Scheidenvorhofdrüse (*Glandula vestibularis major*)	● Wird von Plicae urogenitales umwachsen und bildet Hauptteil der *Pars spongiosa urethrae* (ohne Pars glandaris, s.u.) ● *Bulbus urethralis* ● Cowper-Drüse (*Glandula bulbo-urethralis*)	● *Fistula vesico-vaginalis*: Harnblasen-Scheiden-Fistel

5.3.5 Abkömmlinge der Ductus genitales (Geschlechtsgänge)

EMBRYONAL	ENTWICKLUNG FRAU + MANN	NUR FRAU	NUR MANN	ENTWICKLUNGSSTÖRUNGEN
Ductus mesonephricus (Urnierengang, Wolff-Gang)	Ursprünglicher Vornierengang (Ductus pronephricus) in Urniere als Urnierengang (Ductus mesonephricus) übernommen, aus ihm gehen bei Frau und Mann Teile der Harnorgane hervor: ● *Ureterknospe*: sproßt unmittelbar kranial der Kloake aus, entwickelt sich weiter (⇨ Metanephros, 4.8.1) zu • Ureter • Nierenbecken • Sammelrohren ● *Trigonum vesicae* mit der Mündung der Ureteren	Nur unbedeutende Relikte (aber gelegentlich zu Zysten erweitert): ● Morgagni-Hydatide (*Appendix vesiculosa*) ● Nebeneierstockgang (*Ductus epoophori*) ● *Gartner-Gang* (Ductus deferens paravaginalis)	● *Nebenhodengang* (Ductus epididymidis) ● Nebenhodenanhang (*Appendix epididymidis*) ● *Samenleiter* (Ductus deferens) mit Ampulla ductus deferentis ● *Samenblase* (Glandula seminalis) ● *Spritzkanal* (Ductus ejaculatorius)	Ovarialzysten (⇨ 5.4.2)
Ductus paramesonephricus (Müller-Gang)	In Keimdrüsenleiste (Crista gonadalis) sinkt lateral Längsfurche (Sulcus paramesonephricus) ein, die sich zu Kanal schließt, der parallel zum Urnierengang (Ductus mesonephricus) verläuft (daher der Name Ductus paramesonephricus) ● sein kraniales Ende (Pars infundibularis) mündet trichterförmig in Zölom ● kaudal verschmelzen die paarigen Müller-Gänge in der Medianen	● Aus paarigen Anteilen: Eileiter (*Tuba uterina*) ● aus unpaarem Teil (Primordium uterovaginale): • Gebärmutter (*Uterus*) • kranialer Teil der Scheide (*Vagina*)	Nur unbedeutende Relikte (aber gelegentlich zu Zysten erweitert), da Entwicklung der Müller-Gänge durch Suppressorhormon unterdrückt wird ("Anti-Müller-Hormon" der Sertoli-Zellen, s.o.): ● Hodenanhang (*Appendix testis*) ● Teil des *Utriculus prostaticus*: blind endende Grube in Dorsalwand der Pars prostatica der Harnröhre	● *Uterus infantilis*: Gebärmutter in kindlichem Zustand (bei der erwachsenen Frau), streng genommen keine Mißbildung, da erst in der Pubertät entstanden ■ Spaltbildungen der Gebärmutter bei unvollständiger Vereinigng der Müller-Gänge: ● zweihörnige Gebärmutter (*Uterus bicornis*) ● einhörnige Gebärmutter (*Uterus unicornis*, ein Horn nicht entwickelt) ● gespaltener Gebärmutterhals (*Uterus bicervicalis*) ● Scheidewand in der Gebärmutterhöhle (*Uterus septatus*) ● Doppelgebärmutter (*Uterus duplex*, Uterus didelphys)

5.3.6 Entwicklung des Peritoneum der Geschlechtsorgane

Mesenterium urogenitale (Gekröse der Harn- und Geschlechtsorgane)

PLICA SUSPENSORIA GONADALIS (Keimdrüsengekröse)	MESENTERIUM DUCTUS PARAMESONEPHRICI (Gekröse der Müller-Gänge)	MESENCHYMA GUBERNACULARE (Mesenchym des Leitbandes)
Keimdrüsenleiste (Crista gonadalis) wölbt sich mit Wachstum der Keimdrüsenanlage und Rückbildung der Urniere immer stärker vor, bis schließlich nur noch gekröseartige Verbindung zu Dorsalwand des Zöloms: ● Eierstockgekröse (*Mesovarium*) ● Hodengekröse (*Mesorchium*)	Bei Frau neben Keimdrüsengekröse (beim Mann zurückgebildet), bildet Bauchfellüberzug des breiten Mutterbandes (Plica lata uterina) mit ● Eileitergekröse (*Mesosalpinx*) ● Gebärmuttergekröse (*Mesometrium*)	Leitband (Gubernaculum ovarii/testis) für den Abstieg des Eierstocks bzw. Hodens (Descensus ovarii/testis) wirft Bauchfellfalten auf: ● *Plica ovarii propria*: über Eierstockband (Lig. ovarii proprium) ● *Plica teres uterina* über rundem Mutterband (Lig. teres uteri) ● *Plica gubernacularis* über Hodenleitband

Tunica vaginalis testis (seröse Hodenhülle)

ENTWICKLUNG	ENTWICKLUNGSSTÖRUNGEN
Saccus [Processus] vaginalis: Bauchfellfortsatz durch Leistenkanal zur Hodensackhöhle (Cavitas scrotalis), an ihm entlang (nicht in ihm!) steigt Hoden in Hodensack ab (Descensus testis), dem Hoden anliegender Teil des Saccus wird zur Tunica vaginalis testis, Rest bildet sich nach Descensus zurück	● *Hernia inguinalis congenita* (angeborener Leistenbruch): bei Erhaltenbleiben des Bauchfellfortsatzes (Processus vaginalis apertus) im Leistenkanal: ● *Hydrozele* (Wasserbruch): Erweiterung des Spaltraums der Tunica vaginalis testis (Hydrocoelia testis) oder Zyste in Rest des Processus vaginalis (Hydrocoelia funiculi spermatici)

5.3.7 Entwicklung und Entwicklungsstörungen der äußeren Geschlechtsorgane (Genitalia externa)

EMBRYONAL	ENTWICKLUNG FRAU + MANN	NUR FRAU	NUR MANN	ENTWICKLUNGS-STÖRUNGEN
Tuberculum genitale (Genitalhöcker)	● In 4. Entwicklungswoche wächst vor Kloakenmembran (Membrana cloacalis) Genitalhöcker aus, verlängert sich zu *Phallus primitivus* ● bis 8. Entwicklungswoche gleiches Bild bei weiblichen und männlichen Embryonen	Phallus primitivus bleibt in Wachstum zurück, es entstehen daraus: ● Kitzlereichel (*Glans clitoridis*) ● Kitzlerrücken (*Pars dorsalis clitoridis*)	Unter Einfluß des von Leydig-Zellen gebildeten Testosterons wächst Phallus primitivus weiter: ● Eichel (*Glans penis*) ● Kranzfurche (*Sulcus coronarius*) ● Gliedrücken (*Pars dorsalis penis*) ● von Eichelspitze wächst Epithelstrang (Lamella glandaris) in Tiefe auf Sulcus urogenitalis zu, erhält Lichtung, wird zum distalen Abschnitt der Harnröhre (*Urethra glandaris* mit *Fossa navicularis urethrae*) ● in 12. Entwicklungswoche wächst Penishaut über Eichel (Lamella glandopreputialis), bildet sich aber bis auf Frenulum wieder zurück ● in zweitem Anlauf endgültige Vorhaut (*Preputium*) gebildet, bleibt bis in Kleinkindesalter mit Eichel verklebt	● *Phimosis* (Vorhautenge): Preputium penis kann nicht über Glans penis zurückgestreift werden ● *Diphallie*, Penis duplex (Doppelpenis): teilweise oder vollständige Verdoppelung des Penis, oft verbunden mit Hypospadie
Plicae urogenitales (Urogenitalfalten) + **Sulcus urogenitalis definitivus** (Urogenitalspalte)	● Urogenitalfalten seitlich der Urogenitalmembran (Membrana urogenitalis) und (nach deren Einriß) des Ostium urogenitale ● werden mit wachsendem Phallus primitivus nach vorn gezogen, dadurch entsteht Urogenitalspalte	● Urogenitalfalten bleiben getrennt, werden zu kleinen Schamlippen (*Labia minora pudendi*) ● aus Urogenitalspalte geht Großteil des Scheidenvorhofs (*Vestibulum vaginae*) hervor	● Durch starkes Wachstum des Phallus werden Urogenitalfalten stark verlängert, bilden *Pars ventralis penis* ● Pars phallica des Sinus urogenitalis wächst zwischen ihnen in Urogenitalspalte in Richtung Glans aus ● Urogenitalfalten verschmelzen um Urethra primitiva herum in Mittelebene Richtung Eichel	**Fehlbildungen der männlichen Harnröhre** (Defectus urethrae masculinae): ● *Epispadie*: Mündung der Harnröhre am Dorsum penis ● *Hypospadie*: Mündung der Harnröhre an Facies urethralis des Penis oder in der Dammgegend
Tuber labioscrotale (Genitalwulst)	Entsteht als breiter Wulst lateral der Urogenitalfalte	● Große Schamlippe (*Labium majus pudendi*) ● die beiden Genitalwülste vereinigen sich zwischen After und Scheide (*Commissura caudalis*)	● Die beiden Genitalwülste verschmelzen in Mittelebene zum Hodensack (*Scrotum*) ● Nahtstelle als (*Raphe scrotalis*) zeitlebens sichtbar	

5.3.8 Stufen sexueller Differenzierung

STUFE	WEIBLICH	MÄNNLICH	INTERSEXUALITÄT
Genetisch (chromosomal): nach Geschlechtschromosomen	XX	XY	■ **X0-Syndrom** = Monosomie X (Ullrich-Turner-Syndrom): ● chromosomal: 45 X0 (auch Mosaik) ● Gonadendysgenesie: Bindegewebestränge ("streaks") ohne Eizellen anstelle der Ovarien ● keine Pubertät: innere und äußere weibliche Geschlechtsorgane bleiben im kindlichen Zustand, primäre Amenorrhö ● Kleinwuchs: ohne Therapie Erwachsenengröße 135-145 cm ● häufig Organmißbildungen, besonders Nieren, Herz, Innenohr ● Intelligenz meist normal ● sehr häufig intrauteriner Fruchttod (etwa 20 % aller spontanen Fehlgeburten haben X0-Konstellation) ■ **XXY-Syndrom** = Klinefelter-Syndrom: ● chromosomal: 47 XXY, seltener 48 XXXY, 48 XXYY, Mosaik ● Hypogenitalismus: Penis und Hoden bleiben in Pubertät klein, Atrophie der Tubuli seminiferi, Azoo- oder Oligospermie, weiblicher Behaarungstyp ● hypergonadotroper Hypogonadismus: im Blut Gonadotropinspiegel erhöht, Testosteronspiegel vermindert ● eunuchoider Hochwuchs: Endgröße etwa 10 cm über Familiendurchschnitt ● Intelligenz oft leicht vermindert (10-15 Punkte unter Familiendurchschnitt)
Gonadal: nach Keimdrüsen	Ovaria (Eierstöcke)	Testes (Hoden)	**Hermaphroditismus verus** (echtes Zwittertum): ● Nebeneinander von Eierstock- und Hodengewebe, auch in einem Organ (Ovotestis) ● übrige Geschlechtsorgane meist gemischt (manchmal seitenverschieden) ● sehr selten
Phänotypisch (somatisch): nach Geschlechtsorganen und sekundären Geschlechtsmerkmalen	■ Innere und äußere weibliche Geschlechtsorgane (⇨ 5.3.1) ■ **weibliche Körperform:** ● im Durchschnitt 7 % kleiner als Mann, entsprechend auch kleinere innere Organe ● dickeres Unterhautfettgewebe, damit Körperform rundlicher ● breiteres Becken, geringere Schulterbreite, typischer Rumpfbreitenindex (Beckenbreite / Schulterbreite x 100) 80-85 ● Brustdrüsen größer ● kleinerer Kehlkopf, daher höhere Stimme ● schwächere Körperbehaarung ● Schambehaarung horizontal begrenzt	■ Innere und äußere männliche Geschlechtsorgane (⇨ 5.3.1) ■ **männliche Körperform:** ● im Durchschnitt größer als Frau, entsprechend auch größere innere Organe ● dünneres Unterhautfettgewebe, damit "eckigere" Körperform ● typischer Rumpfbreitenindex 73-79 ● Brustdrüsen unentfaltet ● starkes Kehlkopfwachstum in Pubertät führt zu Stimmbruch ● stärkere Körperbehaarung ● Schambehaarung zum Nabel aufsteigend	**Pseudohermaphroditismus** (Scheinzwittertum): ● weiblicher Pseudohermaphroditismus: Eierstöcke + äußerlich Mann, z.B. bei adrenogenitalem Syndrom ● männlicher Pseudohermaphroditismus: Hoden + äußerlich Frau, z.B. bei testikulärer Feminisierung ■ **adrenogenitales Syndrom** (AGS): ● Überproduktion von Androgenen (17-Ketosteroide) durch Nebennierenrinde ● Ursache: meist Enzymdefekt, vor allem 21-α-Hydroxylase-Mangel (je nach betroffenem Enzym werden verschiedene Typen des AGS unterschieden), autosomal-rezessiv vererbt ● Mädchen: schon intrauterine Virilisierung der äußeren bei normalen weiblichen inneren Geschlechtsorganen, Stimmbruch, fehlende Brustentwicklung, Amenorrhö ● Knaben: Penisvergrößerung, aber kleine Hoden (Pseudopubertas praecox) ● Mädchen und Knaben: frühzeitige Scham- und Achselbehaarung, vorzeitiger Epiphysenschluß mit verminderter Endgröße, evtl. Salzverlustsyndrom ■ **testikuläre Feminisierung:** ● Rezeptorprotein für Testosteron defekt, deswegen Testosteron unwirksam (Leydig-Zellen sogar vermehrt) ● Hemmfaktor für Müller-Gänge wirksam, daher fehlen Uterus und Eileiter bei weiblichen äußeren Geschlechtsorganen ● Tubuli seminiferi mit unreifen Sertoli-Stützzellen ● oft Leistenhoden ● psychisch meist weiblich
Psychisch	Gefühl, Frau zu sein	Gefühl, Mann zu sein	Hermaphrodisie: Unsicherheit im Zugehörigkeitsgefühl zu einem Geschlecht

5.4 Weibliche Geschlechtsorgane (Organa genitalia feminina)

Überblick: ⇨ 5.3.1
Embryologischer Vergleich der weiblichen und männlichen Geschlechtsorgane: ⇨ 5.3.2
Entwicklung und Entwicklungsstörungen ⇨ 5.3.3-5.3.8

5.4.1 Ovarium (Eierstock)

AUFGABEN, GLIEDERUNG	FEINBAU	LEITUNGS-BAHNEN	KLINIK
■ **Aufgaben:** ● Betreuung des Vorrats an Eizellen ● rhythmisches Bereitstellen befruchtungsfähiger Eizellen ● hormonelle Steuerung der für die Weiterentwicklung der befruchteten Eizelle wichtigen Organe ■ **Größe:** etwa 4 x 2 x 1 cm, Gewicht 6-8 g, nach Menopause Altersatrophie ■ **Form:** flach eiförmig (Vergleich mit großer Dörrpflaume) mit 2 Seiten, 2 Rändern und 2 Polen: ● *Facies medialis* (Medialseite): dem Beckeninneren zugewandt ● *Facies lateralis* (Lateralseite): der Beckenwand anliegend ● *Margo liber* (freier Rand) ● *Margo mesovaricus* (Gekröserand): Rand, an dem das Eileitergekröse ansetzt, mit Hilum ovarii (Eintritt der Leitungsbahnen) ● *Extremitas tubaria [tubalis]* (oberer Pol): dorsal kranial ● *Extremitas uterina* (unterer Pol): ventral kaudal ■ **Lage:** intraperitoneal in *Fossa ovarica* (Eierstockgrube): in Gabelung der A. + V. iliaca communis, aufgehängt durch: ● *Lig. suspensorium ovarii* (Eierstockaufhängeband): zur Extremitas tubaria, mit A. + V. ovarica ● *Lig. ovarii proprium* (Eierstockband): zur Extremitas uterina ● *Mesovarium* (Eierstockgekröse): zum Margo mesovaricus, Teil des Lig. latum uteri, mit R. ovaricus der A. uterina ■ **Nachbarschaft:** ● dorsal: Ureter, A. + V. iliaca interna ● kranial-ventral: Tuba uterina, A. + V. iliaca externa ● lateral: N. obturatorius, M. obturator internus ● medial: intraperitoneale Eingeweide, wechselnd Jejunum, Ileum, Appendix vermiformis, Colon sigmoideum, stark gefüllte Harnblase oder Mastdarm, schwangere Gebärmutter ■ **Adnexe** ("Anhangsgebilde" der Gebärmutter): klinische Bezeichnung für Eierstock + Eileiter + Epoophoron	■ **Innere Gliederung:** ● *Epithelium superficiale* (Keimepithel): Bauchfellüberzug aus kubischen Mesothelzellen (Mesotheliocyti cuboidei microvillosi) ● *Tunica albuginea:* Organkapsel aus straffem Bindegewebe ● *Stroma ovarii:* Grundgerüst aus zellreichem Bindegewebe (Textus connectivus cellularis) zwischen den Follikeln (Interstitium ovaricum) mit hormonbildenden Stromaluteinzellen (Endocrinocyti interstitiales) ● *Cortex ovarii* [Zona parenchymatosa] (Eierstockrinde): in ständigem Umbau mit Entwicklung und Rückbildung der Follikel (Folliculi ovarici ⇨ 5.4.2) ● *Medulla ovarii* [Zona vasculosa] (Eierstockmark): reich an Blutgefäßen ■ **Reste fetaler Gewebe** (variables Vorkommen): ● *Chorda medullaris:* solider Markstrang ● *Tubulus medullaris* (Markschlauch) ● *Rete ovarii* (Eierstocknetz): Spalträume mit Flimmerepithel ● Eierstockzysten (⇨ 5.4.2)	■ **Arterien:** ● A. ovarica: direkt aus Pars abdominalis aortae ● R. ovaricus der A. uterina (aus A. iliaca interna) ■ **Venen:** Abfluß über ● V. ovarica dextra direkt zur V. cava inferior ● V. ovarica sinistra zur V. renalis sinistra und weiter zur V.cava inferior ● Nebenabfluß über Plexus venosi der Nachbarorgane zu V. iliaca interna ■ **regionäre Lymphknoten:** ● Hauptweg zu Nodi lymphatici lumbales (mehrere Gruppen ⇨ 2.6.3) ● Nebenweg zu Lymphknoten der Beckenwand ■ **vegetative Innervation:** Plexus ovaricus	■ **Palpation:** bimanuell, 2 Finger in Scheide, andere Hand drückt durch Bauchdecke entgegen, Ovar ist druckschmerzhaft! ■ **Ovarialtumoren** (Geschwülste des Eierstocks): größte Vielfalt von allen Organen ● etwa 20 % von Keimzellen ausgehende Tumoren, z.B. Teratom (⇨ unten) ● etwa 70 % vom Oberflächenepithel ausgehende Tumoren, z.B. Zystadenom und Zystadenokarzinom (⇨ unten) ● etwa 10 % vom Mesenchym ausgehende Tumoren, z.B. Granulosathekazelltumoren (sezernieren Keimdrüsenhormone!) ● im vereinten Deutschland jährlich etwa 6300 Todesfälle durch maligne Ovarialtumoren ■ **Teratom** ("Wundergeschwulst"): ● meist Zyste mit verdickten Wandteilen, die eine Vielfalt ausdifferenzierter Gewebe enthalten, z.B. behaarte Haut, Zähne, Knochen, Knorpel, Darmepithel ● es handelt sich gewissermaßen um Teile eines Embryos aus einer fehlentwickelten Eizelle (⇨ 5.8.4) ■ **Zystadenom:** ● ein- oder mehrkammerige Hohlräume mit wäßriger Flüssigkeit oder Schleim gefüllt ● können gewaltige Größe erreichen und ganzen Bauchraum ausfüllen ● Gefahren: Platzen (→ Gallertbauch), Stieldrehung (→ Nekrose), Vereiterung, Übergang in Krebs (Zystadenokarzinom) ■ **Ovarialgravidität** (Eierstockschwangerschaft): seltene Form der Extrauteringravidität mit Einnistung der befruchteten Eizelle im Eierstock, führt meist früher oder später zum Tod der Frucht, die dann verkalkt (Lithopädion = "Steinkind") ■ **Oophoritis** (Eierstockentzündung) meist kombiniert mit Salpingitis (Eileiterentzündung) als "Adnexitis" ■ **Ureter-Ovarika-Kompressionssyndrom:** gestaute V. ovarica kann (z.B. in Schwangerschaft) auf Ureter drücken und Harnstauung verursachen

5.4.2 Folliculi ovarici (Eierstockfollikel) und Corpus luteum (Gelbkörper)

STADIUM	FEINBAU	HORMONE	KLINIK
Folliculus ovaricus primordialis (Primordialfollikel)	● Primärer Ovozyt (Durchmesser 30-50 µm) von flachen Follikelzellen umgeben ● bei Geburt etwa 1 Million Primordialfollikel, laufend Untergang von Follikeln, bei Menarche nur noch etwa 200 000 ■ Entstehung: ● *Urgeschlechtszellen* (Cellulae germinales primordiales) wandern in Eierstockanlage ein, mitotische Teilung zu Ovogonien, Gesamtzahl etwa 7 Millionen, Großteil geht zugrunde, Rest bildet Zellklone, von denen jeweils 1 Ovogonium sich weiterentwickelt ● *Ovogenesis*: aus Ovogonium wird durch Wachstum primärer Ovozyt (Ovocytus primarius), tritt in 1. Reifeteilung (Divisio meiotica I) ein, verharrt im Stadium der Chromosomenpaarung (Zygotän, Phasis zygotenica), Weiterentwicklung zum sekundären Ovozyten (Ovocytus secundarius) und zur reifen Eizelle (Ovum) unter Abspaltung der Polzellen (Polocytus primarius und Polocytus secundarius) erst im Tertiärfollikel ● *Follikelzellen* (Epitheliocytus follicularis) stammen vom Keimepithel (Zölomepithel) ab	■ 2 gonadotrope Hormone (Gonadotropine) der Adenohypophyse steuern Follikelreifung: ● *Follitropin* (follikelstimulierendes Hormon, FSH) ● *Lutropin* (Luteinisierungshormon, LH) ■ Hypothalamus fördert Gonadotropinsekretion der Adenohypophyse durch Gonadoliberin (Gonadotropin-Releasinghormon, GnRH) ■ Rückkoppelung: ● niedrige Spiegel an Ovarialhormonen → viel Gonadoliberin ● hohe Spiegel an Ovarialhormonen → wenig Gonadoliberin	■ **Gutartige Ovarialzysten** ohne Geschwulstwachstum: ● Follikelzysten bis hühnereigroß ● Corpus-luteum-Zysten (Granulosaluteinzysten, Thekaluteinzysten) bis kopfgroß ● Schokoladenzyste: bunte Färbung durch Blutungen aus versprengter Gebärmutterschleimhaut (Endometriose) ■ **Stein-Leventhal-Syndrom:** ● bilateral polyzystische Ovarien (Follikel in verschiedenen Entwicklungsstadien) Oligomenorrhoe, Sterilität ● vermehrte Follikelreifung führt zu den vielen Zysten ● wegen Enzymdefekts in Steroidsynthese fehlt Rückkoppelung zu Hypophyse → ständig hohe Lutropinspiegel
Folliculus ovaricus primarius (Primärfollikel)	Primärer Ovozyt ist gewachsen, wird von einschichtigem kubischen bis hochprismatischen Follikelepithel (Epithelium folliculare) umgeben		
Folliculus ovaricus secundarius (Sekundärfollikel)	● Primärer Ovozyt weiter gewachsen (Durchmesser etwa 80-100 µm) ● Follikelepithel mehrschichtig (bis 5 Schichten), in den Follikelzellen treten Körnchen auf, daher wird das Follikelepithel auch Stratum granulosum genannt ● zwischen Ovozyt und Follikelepithel bildet sich helle Eihülle (Zona pellucida) ● um das Follikelepithel herum verdichtet sich das Stroma ovarii zur Theca (folliculi), durch Basalmembran (Membrana basalis) von Follikelepithel getrennt		
Folliculus ovaricus tertiarius [vesiculosus] (Tertiärfollikel, Bläschenfollikel)	● Primärer Ovozyt jetzt Durchmesser etwa 100-120 µm ● im 6-12 Schichten hohen Follikelepithel treten Spalten auf, die sich zu großer Höhle (Antrum folliculare) vereinigen, mit hyaluronsäurereicher Flüssigkeit (Liquor follicularis) gefüllt, Ovozyt liegt in Zellhügel (Eihügel, Cumulus oophorus [ovifer]) am Rande ● in Theca sind 2 Schichten (unscharf) abzugrenzen: • *Theca interna*: zell- und gefäßreich, ihre Zellen (Endocrinocytus thecalis) synthetisieren Steroide • *Theca externa*: faserreich, kontraktile Zellen, fließender Übergang in Stroma ovarii ● mittlerer Follikeldurchmesser 5-8 mm	● Theca-interna-Zellen produzieren Östrogene ● um ausreichenden Östrogenspiegel zu sichern, entstehen in jedem Zyklus etwa 20 Tertiärfollikel, von denen aber meist nur einer ausreift	
Reifer Follikel (Graaf-Follikel)	● Follikel vergrößert sich durch Zunahme des Liquor follicularis weiter, Follikelepithel wird dabei gedehnt und niedriger, um Eizelle bleibt aber Kranz von Follikelzellen (Corona radiata), Follikel rückt an Oberfläche des Ovars, Durchmesser 1-2,5 cm ● Ovozyt vollendet 1. Reifeteilung unter Abspaltung des 1. Polkörperchens, wird dadurch zum sekundären Ovozyten, beginnt 2. Reifeteilung, die in Metaphase gestoppt, damit befruchtungsfähige Eizelle (Ovum, Durchmesser 120-130 µm) erreicht, 2. Reifeteilung wird erst bei Befruchtung vollendet		
Ovulatio (Eisprung, Follikelsprung)	14 Tage vor dem Beginn der nächsten Menstruation reißt Follikelwand ein, Eizelle tritt mit Corona radiata in Bauchfellhöhle aus, von Fimbrientrichter des Eileiters aufgefangen; mögliche Mechanismen (nach Tierversuchen): ● Druck des Follikels beeinträchtigt Durchblutung an Oberfläche des Eierstocks → Gewebe weniger widerstandsfähig ● Enzyme in Liquor folliculi lösen Gewebe auf ● Kontraktion der glatten Muskelzellen in Theca externa führt zu Fältelung der Follikelwand und Riß an vorgeschädigter Stelle ● nach neueren Beobachtungen langsamer Vorgang, kein "Platzen", Fimbrientrichter hat daher Zeit, die Ovulationsstelle abzudecken	Hoher Anstieg von Lutropin (LH) der Adenohypophyse löst Ovulation aus	**Ovulationshemmer:** Lutropinanstieg und damit Ovulation ist auch durch hohe Blutspiegel synthetischer Ovarialhormone (vor allem Gestagene) zu unterdrücken ("Pille")

Fortsetzung der Tabelle nächste Seite

Follikel und Gelbkörper (Fortsetzung)

STADIUM	FEINBAU	HORMONE	KLINIK
Corpus haemorrhagicum	Nach Ovulation kollabiert Follikel, Blutung in Follikelhöhle, Blutgerinnsel wird durch einsprossendes Bindegewebe organisiert		
Corpus luteum (Gelbkörper)	Gelbe Farbe durch Lipochrom, starke Vermehrung zweier Sorten hormonbildender Zellen (Endocrinocytus corporis lutei [Luteocytus]): ● *Granulosaluteinzelle* (Granulosoluteocytus): groß (Durchmesser bis 30 µm), aus Follikelepithel ● *Thekaluteinzelle* (Thecaluteocytus): kleiner (Durchmesser etwa 15 µm), aus Theca-interna-Zelle	Lutealzellen produzieren: ● Östrogene ● Gestagene, vor allem Progesteron	*Granulosazelltumor, Thekazelltumor:* ● produzieren meist Östrogene → ● Hyperplasie des Endometriums (Blutungen) ● beim Kind Pubertas praecox (vorzeitige Geschlechtsreife)
Corpus luteum graviditatis (Schwangerschaftsgelbkörper)	Wenn Eizelle befruchtet wird, weiteres Wachstum des Gelbkörpers, Durchmesser bis 5 cm, nach dem 3. Schwangerschaftsmonat nimmt er an Größe ab, da die Placenta praktisch die gesamte Hormonproduktion übernimmt	Gelbkörper wird durch Choriongonadotropin (HCG) des Trophoblasten erhalten	Unzureichende Hormonbildung durch Corpus luteum führt zu Endometriuminsuffizienz → häufigste Ursache des Frühaborts (Fehlgeburt im ersten Schwangerschaftsdrittel)
Corpus luteum cyclicum [menstruationis] (Zyklusgelbkörper)	Wenn Eizelle nicht befruchtet wird, beginnt Gelbkörper sich nach 10-14 Tagen zurückzubilden	Maximum der Progesteronsekretion etwa am 8. Tag nach der Ovulation erreicht, dann steiler Abfall	
Corpus luteum regressum (rückgebildeter Gelbkörper)	Zellen zerfallen, von Makrophagen beseitigt		
Corpus albicans (Weißkörper)	Narbe aus dichtem Bindegewebe an der Stelle des zurückgebildeten Gelbkörpers		
Folliculus atreticus (rückgebildeter Follikel)	● Weitaus überwiegende Anzahl der Follikel in allen Stadien bildet sich zurück und wird restlos abgebaut ● von Tertiärfollikel bleibt einige Zeit ein bindegewebiger Restkörper (Corpus atreticum) bestehen ● einige Theca-interna-Zellen überleben als Zwischenzellen (Endocrinocyti interstitiales)	Interstitielle Zellen produzieren Androgene	*Androblastom* (Arrhenoblastom, Leydig-Zell-Tumor): von Zwischenzellen abgeleitete Geschwulst produziert Androgene im Überschuß → Virilisierung der Frau

5.4.3 Epoophoron und Paroophoron

	HERKUNFT	FEINBAU	KLINIK
Epoophoron (Nebeneierstock, Parovar, Rosenmüller-Organ, Wrisberg-Körper)	Urnierenrest in Mesosalpinx näher an Ovar ● *Ductus epoophori longitudinalis*: Rest des Ductus mesonephricus (Wolff-Gang) ● *Ductuli transversi*: Rest kranialer Urnierenkanälchen ● *Appendices vesiculosae*: kleine Bläschen in Ampulla tubae uterinae (auch Morgagni-Hydatiden genannt)	Blind endende Kanälchen mit einschichtigem kubischen bis hochprismatischem Epithel	*Epoophoronzyste* (Parovarialzyste): ● langsam wachsende gutartige Zyste im Bauchfelldoppelblatt zwischen Eileiter und Eierstock ● kann bei entsprechender Größe Eierstock komprimieren (Druckatrophie) ● 2 Epithelschichten mit getrennter Blutgefäßversorgung: eine vom Bauchfell, andere vom Epoophoron ● bei langem Stiel Gefahr der Stieldrehung
Paroophoron (Beieierstock)	Urnierenrest in Mesosalpinx näher an Uterus ● *Ductuli paroophori*: Rest kaudaler Urnierenkanälchen ● *Ductus deferens vestigialis*: Rest des Ductus mesonephricus (Wolff-Gang)	Wie Epoophoron (s.o.)	*Paroophoronzyste*: wie Epoophoronzyste (s.o.)

5.4.4 Tuba uterina [Salpinx] (Eileiter)

AUFGABEN, GLIEDERUNG, RELIEF	FEINBAU	LEITUNGS-BAHNEN	KLINIK
■ Aufgaben: ● Auffangen der bei der Ovulation aus dem Eierstock austretenden Eizelle ● Weg für Samenzellen zur Eizelle ● aktiver Transport der befruchteten Eizelle zur Gebärmutter (einschließlich Ernährung) **■ Form und Größe:** ● schleimhautausgekleideter Muskelschlauch ("Fallopio-Röhre"), der lateral weiter wird ("Gebärmuttertrompete") ● Länge: etwa 10-15 cm **■ 4 Abschnitte:** ● *Infundibulum tubae uterinae* (Eileitertrichter): trichterförmig erweitertes bauchhöhlenseitiges Ende des Eileiters, in Fransen (Fimbriae tubae) auslaufend, eine davon besonders lang und am Ovar befestigt (Fimbria ovarica) ● *Ampulla tubae uterinae* (Eileiterampulle): weite laterale zwei Drittel ● *Isthmus tubae uterinae* (Eileiterenge): mediales Drittel ● *Pars uterina* (Gebärmutterteil): im Myometrium verlaufender Teil des Eileiters **■ 2 Öffnungen:** ● *Ostium abdominale tubae uterinae* (bauchhöhlenseitige Öffnung des Eileiters): einzige Stelle der Cavitas peritonealis mit (theoretisch) offener Verbindung zur Außenwelt ● *Ostium uterinum tubae* (gebärmutterseitige Öffnung des Eileiters): Mündung in die Cavitas uteri **■ Innenrelief:** Lichtung ● in Ampulle fast völlig von reichverzweigten Schleimhautfalten (Plicae tubariae [tubales]) ausgefüllt ● in Isthmus eher glatt **■ Lage:** ● intraperitoneal, durch Mesosalpinx (Eileitergekröse) mit Lig. latum uteri (breites Mutterband) verbunden ● in Mesosalpinx kommen Blut- und Lymphgefäße sowie Nerven zum Eileiter ● Verlauf: • vom Cornu uteri zur seitlichen Beckenwand • parallel kaudal zu A. iliaca externa aufsteigend • um oberen (kraniodorsalen) Eierstockpol (Extremitas tubaria [tubalis]) kaudal umbiegend ● in kleines Becken herabhängende Appendix vermiformis berührt rechten Eileiter	**■ 4 Wandschichten:** ① **Tunica mucosa** (Schleimhaut): ● einschichtiges kubisches bis Säulenepithel (Epithelium simplex columnare) mit 2 Zellarten (Zahlenverhältnis zyklusabhängig): • Flimmerzelle (Epitheliocytus ciliatus): bewegt mit Flimmerschlag Schleim, auf dem Eizelle gleiten kann • Drüsenzelle mit kurzen Mikrovilli (Epitheliocytus microvillosus) ● *Lamina propria mucosae*: lockeres, zellreiches Bindegewebe (Textus connectivus cellulosus) ② **Tunica muscularis** (Muskelwand): 2 Anteile: ● eileitereigene (autochthone) Muskulatur für Peristaltik (Eitransport): spiralig und schraubig angeordnete glatte Muskelzellen mit unterschiedlichem Steigungswinkel: • innen und außen mehr längs (Stratum longitudinale) • in Mitte mehr ringförmig (Stratum circulare) ● subperitoneale glatte Muskulatur ermöglicht Lageveränderungen des Eileiters, z.B. Anlegen an Stelle der Ovulation ③ **Tela subserosa:** lockere Verschiebeschicht ④ **Tunica serosa:** Bauchfellüberzug **■ Transport der Eizelle:** 2 Mechanismen: ● Schleimstraße durch Flimmerzellen in Richtung Uterus bewegt ● Peristaltik der Muskelwand	**■ Arterien:** ● Rr. tubarii [tubales] der A. ovarica ● R. tubarius [tubalis] der A. uterina **■ Venen:** Abfluß über ● V. ovarica ● Vv. uterinae **■ regionäre Lymphknoten:** ● Hauptabfluß zu Nodi lymphatici lumbales (mehrere Gruppen ⇨ 2.6.3) ● Nebenabfluß zu Lymphknoten der Beckenwand **■ vegetative Innervation:** nicht eigens benannter Plexus zwischen Plexus ovaricus und Plexus uterovaginalis	**■ Akute Salpingitis** (Eileiterentzündung: ● meist aus Cavitas uteri aufsteigende Infektion, z.B. Gonorrhoe ● klinisches Bild: "akutes Abdomen", oft ähnlich Appendizitis ● zurück bleibt häufig Unwegsamkeit infolge Verklebung von Schleimhautfalten → gehäuft Tubargravidität (⇨ unten), wenn beidseitig: Sterilität **■ Tubargravidität** (Eileiterschwangerschaft): ● etwa 1 % aller Schwangerschaften ● befruchtete Eizelle bleibt in verklebten Schleimhautfalten stecken oder kann wegen Störung der Muskelwand nicht transportiert werden ● bei etwa 1/4 frühzeitiger Fruchttod: unzureichende Blutversorgung des Trophoblasten → zu wenig HCG → Zusammenbruch des Corpus luteum graviditatis → Abbruchblutung der wie bei einer orthotopen Schwangerschaft verdickten Gebärmutterschleimhaut ● bei normalem Wachstum der Frucht Gefahr der Tubarruptur: bei Nidation im Isthmus in 3.-5. Schwangerschaftswoche, in Ampulle später ● bei Tubarruptur lebensbedrohende Blutung, die sofortige Operation erfordert (etwa 6 % der "mütterlichen" Mortalität = Todesfälle in Schwangerschaft, Entbindung und Wochenbett) ● sehr selten kann Tubargravidität ausgetragen werden, Kinder häufig mißgebildet, daher frühzeitige Operation zur Verhinderung der Tubarruptur **■ Tubensterilisation** (operativer Eileiterverschluß): ● Unterbrechen der Eileiterlichtung durch Unterbindung, Resektion, Koagulation oder Clip verhindert Aufstieg der Spermien zu Eizelle ● da Eröffnen der Bauchfellhöhle (Laparotomie oder Laparoskopie) nötig, höhere Komplikationsrate als Vasektomie (Unterbrechen des Samenleiters) **■ Intrauterinpessar** (IUD) schützt nicht vor Tubargravidität: ● kann Nidation der Zygote in Eileiter nicht mechanisch verhindern ● fördert durch chronische Entzündungsvorgänge Verklebung von Schleimhautfalten des Eileiters und damit verzögerten Eitransport

5.4.5 Uterus (Gebärmutter)

GLIEDERUNG	LAGE	FEINBAU	LEITUNGS-BAHNEN	KLINIK
■ **Aufgaben:** ● "Brutraum" für Frucht ● Austreiben der Frucht bei Geburt ■ **Form und Größe** (nichtschwanger): ● abgeflacht birnförmig ● Gewicht etwa 50 g ● Länge etwa 7-10 cm ● Breite etwa 4-5 cm ● Dicke etwa 2-3 cm ● Rückbildung nach Menopause ■ **Gliederung** (ausführlich ⇨ nächste Seite): ● Corpus uteri ● Isthmus uteri ● Cervix uteri ■ **2 Hauptflächen:** ● *Facies vesicalis* (Harnblasenseite): Unter- bzw. Vorderseite ● *Facies intestinalis* (Darmseite): Ober- bzw. Hinterseite ■ **Bauchfellverhältnisse:** ● Facies intestinalis vollständig, Facies vesicalis großteils mit Peritoneum bedeckt ● Excavatio rectouterina reicht bis zu hinterem Scheidengewölbe, Excavatio vesico-uterina nur etwa bis Isthmus uteri ● lateral Mesometrium (Gebärmuttergekröse): gebärmutternaher Teil des Lig. latum (breites Mutterband): Bauchfelldoppelblatt um Versorgungsstraßen, Eileiter und Bänder	■ **Lage:** intraperitoneal in der Mitte des kleinen Beckens: ● *Flexio*: Winkel zwischen Corpus und Cervix, normal Anteflexio ● *Versio*: Winkel zwischen Uterus und Scheide, normal Anteversio, Versio ist stark abhängig von Füllung von Harnblase und Mastdarm, je nach Versio liegt der Muttermund der Hinter- oder Vorderwand der Scheide an ● *Positio*: Stellung innerhalb des kleinen Beckens, häufig sind kleine Abweichungen zur Seite (Dextro- bzw. Sinistropositio) ■ **Aufhängeapparat:** Lig. latum umschließt: ● *Parametrium* und Paracervix: Bindegewebezüge zur seitlichen Beckenwand (die straffen Anteile werden auch "Lig. cardinale" genannt) ● *Lig. teres uteri* (rundes Mutterband): vom Cornu uteri durch Leistenkanal zu großen Schamlippen ● *Lig. ovarii proprium* (Eierstockband): unterhalb des Cornu uteri zum Ovarium ● *M. recto-uterinus*: in Seitenwand der Excavatio recto-uterina zum Rectum, wölbt Bauchfellfalte vor (Plica recto-uterina) ■ **Nachbarschaft:** ● vorn bzw. unten: Harnblase ● oben: Dünndarm oder Colon sigmoideum ● dorsal: Rectum ● lateral: Versorgungsstraßen des Beckenbindegewebes, besonders wichtig ist dabei die Überkreuzung des Harnleiters durch die A. uterina seitlich der Cervix uteri	3 Hauptschichten + 1 Zwischenschicht: ■ **Tunica mucosa** [Endometrium] mit Glandulae uterinae: ⇨ nächste Seite ■ **Tunica muscularis** [Myometrium] (Muskelwand): Geflecht von glatten Muskelzellen, Bindegewebe und Blutgefäßen in schraubiger bis spiraliger Anordnung: ● *Stratum submucosum*: innere Schicht, mehr längsorientiert ● *Stratum vasculosum*: sehr gefäßreiche Mittelschicht mit mehr zirkulärer Anordnung der Muskelzellen ● *Stratum supravasculosum* [Stratum subserosum]: äußere Schicht, mehr längsorientiert ● Myometrium der Cervix uteri besteht mehr aus Bindegewebe als aus Muskulatur ■ **Tela subserosa:** dünne Verschiebeschicht aus lockerem Bindegewebe zwischen Muskelwand und Bauchfell ■ **Tunica serosa** [Perimetrium]: Bauchfellüberzug, an bauchfellfreien Stellen Tunica adventitia aus Bindegewebe	■ **Arterien:** A. uterina aus A. iliaca interna ■ **Venen:** Abfluß über Plexus venosus uterinus und Vv. uterinae zu V. iliaca interna ■ **regionäre Lymphknoten:** ● Nodi lymphatici para-uterini ● Nodi lymphatici paravaginales ● Nodi lymphatici paravesicales ● von Corpus uteri auch zu Nodi lymphatici inguinales superficiales superomediales (Lymphgefäße entlang Lig. teres uteri) ■ **vegetative Innervation:** Plexus uterovaginalis	■ **Angeborene Fehlbildungen:** ● Uterus duplex, Uterus didelphys: 2 Uteri mit je einem Eileiter bei fehlender Verschmelzung der Müller-Gänge ● Uterus bicornis: Uterus mit medianem Einschnitt an Fundus ● Uterus unicornis: nur 1 Eileiter ● Uterus septatus: mit innerer Scheidewand ■ **Leiomyom** (gutartige Geschwulst der glatten Muskulatur): ● häufigste Geschwulst des Uterus: etwa 20 % der geschlechtsreifen Frauen ● am häufigsten intramural (im Myometrium) → Störung der Kontraktion → verlängerte und verstärkte Menstruationsblutung ● subseröse Myome: erst bei erheblicher Größe Beschwerden ● submuköse Myome: häufig Zwischenblutungen ■ **bösartige Geschwülste** der Gebärmutter: ● etwa 1/4 Korpuskarzinom (Tendenz zunehmend) ● etwa 3/4 Zervixkarzinom (Tendenz abnehmend) ● im vereinten Deutschland etwa 5800 Todesfälle pro Jahr ■ **Endometriumkarzinom** = Korpuskarzinom (Gebärmutterkörperkrebs): ● überwiegend unverheiratete, kinderlose Frauen nach Menopause ● Leitsymptom: Blutung nach Menopause ■ **Zervixkarzinom** (Gebärmutterhalskrebs): ● vor allem bei Frauen ● zwischen 30 und 50 Jahren ● mit frühem Geschlechtsverkehr ● häufigem Partnerwechsel ● schlechter Genitalhygiene (karzinogener Faktor im Smegma? Herpes- und Papillomavirus-Infektion?) ● Leitsymptom: Schmierblutungen zwischen Menstruationen ● Vorstufen bei Vorsorgeuntersuchung schon jahrelang vorher zu finden (s.u.)

Uterus (Gebärmutter): Abschnitte

ABSCHNITT	GLIEDERUNG	FEINBAU DER SCHLEIMHAUT	KLINIK
Corpus uteri (Gebärmutterkörper)	■ **Gliederung:** ● *Fundus uteri* (Gebärmuttergrund, Gebärmutterkuppe): oberes Ende ● *Cornu uteri dextrum/sinistrum* (rechtes und linkes Gebärmutterhorn): verjüngt sich zum Eileiter ● *Margo uteri dexter/sinister* (rechter und linker Gebärmutterrand) ■ **Cavitas uteri** (Gebärmutterhöhle): Hauptteil im Corpus uteri flach dreieckig, Ecken: ● oben rechts und links: Ostium uterinum tubae ● unten: "innerer Muttermund" (in Nomina anatomica nicht eigens benannt) in Isthmus uteri	**Tunica mucosa** [Endometrium] (Schleimhaut) nach 2 Aspekten zu gliedern: ■ deskriptiv: ● *Epithel*: einschichtiges Säulenepithel (Epithelium simplex columnare) mit 2 Zellarten: • Flimmerzelle (Epitheliocytus ciliatus) • sezernierende Zelle mit Microvilli (Epitheliocytus microvillosus) ● *Lamina propria mucosae* [Stroma endometriale]: zellreiches, faserarmes Bindegewebe (Textus connectivus cellulosus) mit den schlauchförmigen Gebärmutterdrüsen (Glandulae uterinae) ■ funktionell: ● *Funktionsschicht* (Stratum functionale endometriale): unterliegt zyklischen Veränderungen, wird bei Menstruation abgestoßen • oberflächennahe dicht (Stratum compactum endometriale) • in der Tiefe aufgelockert (Stratum spongiosum endometriale) • mit spiraligen Arterien (Aa. spirales) ● *Basalschicht* (Stratum basale endometriale): etwa 1 mm dick, dem Myometrium anliegend, wird bei Menstruation erhalten, dient der Regeneration der Funktionsschicht, Basalarterien (Aa. basales) bilden Netz	■ **Endometritis** (Gebärmutterschleimhautentzündung): ● Keimaufstieg aus Scheide bei geschädigtem zervikalen Schleimpfropf ● Leitsymptom: Schmierblutung nach Menstruation ■ **Endometriose** (versprengte Gebärmutterschleimhaut): ● Entstehung: Einwachsen des stark proliferierenden Endometriums in Myometrium, Verschleppung von bei Menstruation abgestoßenen Endometriumteilen zu Eileiter, Ovar oder Bauchfell, bei Operationen auch zu anderen Organen ● auch atopisches Endometrium folgt Menstruationszyklus → Blutungen, "Schokoladenzysten"
Isthmus uteri (Gebärmutterenge)	Etwa 0,5-1 cm langes, enges Zwischenstück zwischen Corpus und Cervix	● Bau ähnlich Stratum basale des Corpus uteri ● etwa 1 mm dick ● bei Menstruation nur Epithel abgestoßen	Erst im 3. Schwangerschaftsmonat in Fruchthöhle einbezogen
Cervix uteri (Gebärmutterhals)	■ **Form und Größe:** im Querschnitt rund, Länge 2-3 cm ■ **Gliederung:** ● *Portio supravaginalis [prevaginalis] cervicis*: oberhalb der Scheide gelegener Teil des Gebärmutterhalses ● *Portio vaginalis cervicis*: in die Scheide ragender Teil des Gebärmutterhalses, im Klinikjargon kurz "Portio" genannt ● *Canalis cervicis uteri* (Gebärmutterhalskanal): 2-3 cm lange, enge Röhre, Teil der Cavitas uteri in Cervix uteri ● *Ostium uteri* (äußerer Muttermund): Öffnung des Gebärmutterhalskanals in die Scheide, bei der Nullipara (Frau , die nicht geboren hat) rund, nach Geburt querstehender Spalt mit • Labium anterius (vorderer Lippe) • Labium posterius (hinterer Lippe)	■ **"Endocervix":** Schleimhaut des Canalis cervicis uteri: ● etwa 2-3 mm dick, wird bei Menstruation nicht abgestoßen ● fächerförmige Falten (*Plicae palmatae*) ● einschichtiges Säulenepithel (Epithelium simplex columnare) mit 2 Arten von Oberflächenzellen (Epitheliocyti superficiales): • schleimbildende Zelle (Exocrinocytus mucosus) • Flimmerzelle (Epitheliocytus ciliatus) ● stark verzweigte schlauchförmige Schleimdrüsen (Glandulae cervicales uteri): z.T. aber nur verzweigte Furchen zwischen den Plicae palmatae mit schleimbildenden Wandzellen (Exocrinocyti mucosi), bilden Schleimpfropf ("Kristeller-Schleimpfropf") in Zervikalkanal als Barriere für Bakterien usw. ■ **"Ektocervix":** Schleimhaut der Oberfläche der Portio vaginalis cervicis: ● mehrschichtiges Plattenepithel (Epithelium stratificatum squamosum) wie in Scheide ● bei geschlechtsreifer Frau greift Säulenepithel des Zervikalkanals häufig etwas auf Oberfläche der Portio vaginalis über ("Ektropium") ● die beiden Epithelarten sind mit "Jodprobe" bei gynäkologischer Untersuchung abzugrenzen: • glykogenreiches Plattenepithel färbt sich mit Lugol-Lösung braunrot • glykogenfreies Säulenepithel bleibt rosa	■ **Umbauvorgänge** an Grenze zwischen Säulen- und Plattenepithel an Portio vaginalis bei geschlechtsreifer Frau: ● Plattenepithel überwächst stellenweise Säulenepithel ● dabei Öffnungen von Zervixdrüsen verschlossen → Sekret kann nicht abfließen → Retentionszysten ● diese wurden im 18. Jahrhundert fälschlich für Eizellen gehalten (Naboth-Eier, Ovula nabothi) ● Umbauzone besonders sensibel gegen Karzinogene ■ **Vorstufen des Zervixkarzinoms:** ● *zervikale intraepitheliale Neoplasie* (CIN): Epithelschichtung gestört, Mitosen nicht mehr auf Stratum basale beschränkt ● *Carcinoma in situ*: karzinomatöse Veränderung auf Epithel beschränkt, noch keine Invasion in Stroma ● Therapie: Konisation: großer Gewebekegel aus Portio ausgeschnitten

5.4.6 Cyclus menstrualis (Menstruationszyklus)

ORGAN	PHASE 1	PHASE 2	PHASE 3	PHASE 4
Ovarium	**Follikelreifungsphase** (Phasis ovogenetica): ● Dauer etwa 4 Tage mit fließendem Übergang zur nächsten Phase ● Reifung von Primärfollikeln zu Sekundärfollikeln zur Sekretion von Östrogenen	**Follikelphase** (Phasis follicularis): ● Dauer sehr variabel, im Mittel 10 Tage ● Thekazellen der Sekundär- und Tertiärfollikel sezernieren Östrogene	**Gelbkörperphase** (Phasis corporis lutei): ● Dauer von Ovulation bis Beginn der Menstruation sehr konstant 14 Tage, davon Gelbkörperphase etwa 12 Tage ● Gelbkörper sezerniert Östrogene und Gestagene (Progesteron)	**Rückbildungsphase** (Phasis involutionis): ● Dauer etwa 2 Tage ● Hormonsekretion fällt steil ab
Corpus uteri	**Desquamationsphase** (Menstruationsphase, Phasis menstrualis): ● im Stratum functionale (durch Gefäßkrämpfe und Leukozytenenzyme geschädigt) treten Blutungen auf ● gesamtes Stratum functionale wird in Fetzen abgestoßen, mittlerer Blutverlust etwa 50 ml ● vom erhaltenen Stratum basale wird die Oberfläche mit neuem Epithel überzogen	**Proliferationsphase** (Östrogenphase, Phasis follicularis): ● Wiederaufbau des Stratum functionale aus dem erhaltenen Stratum basale ● Gesamtdicke des Endometriums nimmt von etwa 1 mm auf etwa 5 mm zu ● Drüsen werden entsprechend länger und beginnen sich zu schlängeln ● einsprossende Arterien verlaufen spiralig (Aa. spirales)	**Sekretionsphase** (Gestagenphase, Phasis lutealis, Phasis progestationalis): ● Vorbereitung des Endometriums auf Implantation der Zygote ● Gesamtdicke des Endometriums wächst auf etwa 5-8 mm ● Drüsen beginnen zu sezernieren, erscheinen ziehharmonikaartig ("sägeblattförmig") gefaltet ● Bindegewebezellen lagern Fett und Glycogen ein ("Pseudodeziduazellen")	**Ischämiephase** (Phasis ischaemica): ● Sekretion der Drüsen erlischt ● Schleimhaut schrumpft auf 3-4 mm Dicke ● wiederholt krampfartige Kontraktion der Muskelwand der Spiralarterien → Ernährungsstörung des Stratum functionale ● Leukozyten wandern aus Blutbahn in Stroma ein und geben proteolytische Enzyme ab
Cervix uteri		● Zunehmende Schleimsekretion ● Schleim wird zur Zeit der Ovulation dünnflüssig und für Spermien durchgängig	● Sekretion läßt allmählich nach ● Schleim wird weniger durchlässig	
Scheidenabstrich	● Intermediärzellen ● reichlich Erythrozyten, Leukozyten, Bakterien	● zunächst Intermediär- und Oberflächenzellen zu gleichen Teilen ● in Spätphase nur Oberflächenzellen ● kaum Leukozyten und Bakterien	● zunächst Oberflächenzellen in Haufen (Massenabschilferung) ● später Intermediärzellen in Haufen, Oberflächenzellen zurückgehend, Leukozyten zunehmend	● Zytolyse ● zunehmend Bakterien
Mamma	"Entspannung"		Vergrößerung infolge stärkerer Duchblutung und Flüssigkeitseinlagerung	"Prämenstruelles Spannungssyndrom": leicht schmerzhafte Spannung in den Brüsten
(Klinik)			Stark verkürzte Gelbkörperphase ("short luteal phase") verhindert Gravidität: Gelbkörper bricht zusammen, bevor HCG wirksam	

5.4.7 Vagina (Scheide)

AUFGABEN, GLIEDERUNG, RELIEF	FEINBAU	LEITUNGS-BAHNEN	KLINIK
■ Aufgaben: ● Kopulationsorgan ● Teil des Gebärkanals, muß daher auf ein Vielfaches des Ruhedurchmessers erweiterbar sein (biparietaler Kopfdurchmesser der reifen Frucht etwa 10 cm) **■ Form und Größe:** schleimhautausgekleideter Muskelschlauch, im leeren Zustand querer Spalt, Länge ungedehnt etwa 10 cm **■ Wände und Nachbarschaft:** ● *Paries anterior* (Vorderwand): durch Bindegewebe von Harnblase getrennt, Harnröhre ist mit Vorderwand verwachsen und wirft dort Carina urethralis vaginae auf ● *Paries posterior* (Hinterwand): durch bindegewebiges Septum rectovaginale (Teil der Fascia peritoneoperinealis) von Mastdarm getrennt **■ Fornix vaginae** (Scheidengewölbe): oberes Ende der Scheide, in das die Portio vaginalis cervicis ragt: ● Pars anterior: vor "Portio" ● Pars posterior: hinter "Portio", Vaginalwand grenzt hier an Excavatio recto-uterina ● Pars lateralis: seitlich von "Portio" **■ Hymen** (Jungfernhäutchen): ● unvollständiger Verschluß des Ostium vaginae bei Jungfrau ● erschwert Keimeinwanderung ● Öffnung nötig für Abfluß von Menstruationsblutung ● nach Defloration (Entjungferung) Reste als Carunculae hymenales meist bis zu erster Entbindung sichtbar **■ Schleimhautrelief** (Tunica mucosa) gekennzeichnet durch Querfalten (Rugae vaginales), verstärkt in 2 Säulen (Columnae rugarum) mit unterpolsterndem Schwellgewebe (Tunica spongiosa): ● *Columna rugarum anterior* (vordere Querfaltensäule): in Vorderwand, im unteren Teil verstärkt durch Carina urethralis vaginae (Harnröhrenkiel) ● *Columna rugarum posterior* (hintere Querfaltensäule): in Hinterwand **■ Bauchfellüberzug:** nur im Bereich der Pars posterior des Fornix vaginae, hier sinkt Peritoneum zwischen Uterus und Rectum zur Excavatio recto-uterina (Douglas-Raum) ein (hier ist Douglas-Punktion möglich)	3 Schichten: **■ Tunica mucosa** (Schleimhaut): ● mehrschichtiges unverhorntes Plattenepithel (Epithelium stratificatum squamosum) ● Lamina propria mucosae: drüsenfrei, aber reich an Blutgefäßen und elastischen Fasern **■ Tunica muscularis** (Muskelwand): glatte Muskelzellen ● einzelne submuköse zirkuläre Bündel (Fasciculi circulares) ● überwiegend Längsschicht (Stratum longitudinale) **■ Tunica adventitia** (Faserhaut): reichlich elastische Fasern und Venengeflechte **■ Zellformen bei Scheidenabstrich** zur Zyklusdiagnose (⇨ 5.4.6): ● *Parabasalzellen*: klein, kubisch (entsprechen Stachelzellschicht) ● *Intermediärzellen*: größer, polygonal ● *Superfizialzellen*: groß, flach ausgebreitet, Kern pyknotisch, Zytoplasma wird eosinophil **■ Hymen:** dünne Schleimhautfalte, auf beiden Seiten mehrschichtiges unverhorntes Plattenepithel, dazwischen Bindegewebe	**■ Arterien:** Äste der A. iliaca interna: ● A. vaginalis ● Rr. vaginales [Aa. azygoi vaginae] der A. uterina ● A. bulbi vestibuli [vaginae] aus A. pudenda interna ● A. rectalis media (Teile der Hinterwand) **■ Venen:** Abfluß über Plexus venosus vaginalis zu V. iliaca interna **■ regionäre Lymphknoten:** ● Nodi lymphatici paravaginales ● benachbarte Lymphknoten der seitlichen Beckenwand (⇨ 2.6.5) ● vom Ostium vaginae auch zu Nodi lymphatici inguinales superficiales superomediales **■ vegetative Innervation:** Plexus uterovaginalis	**■ Lubrikation** (Befeuchtung) bei sexueller Erregung: ● Scheide: durch Transsudation aus den Blutgefäßen der drüsenfreien Schleimhaut ● Scheidenvorhof: durch Scheidenvorhofdrüsen (⇨ 5.4.8) **■ Spekulumuntersuchung** der Scheide: ● Entfalten der Scheide durch zweiblättriges Spekulum ● Besichtigen von Scheidenwand und Portio vaginalis cervicis ● Abstrich von Portiooberfläche und aus Zervikalkanal mit Watteträger zur zytologischen Untersuchung ● evtl. Kolposkopie (Kolposkop = binokulare Lupe mit 10-40facher Vergrößerung) ● Schiller-Jodprobe mit Lugol-Lösung (Jod + Kaliumjodid): ⇨ 5.4.5 ● Nativuntersuchung des Scheidensekrets: normal "Döderlein-Flora" (Lactobacillus acidophilus), bei abnormem Befund spezielle bakteriologische Untersuchung **■ gynäkologische bimanuelle Palpation** (Tastuntersuchung mit 2 Händen): ● vaginal: 1 oder 2 Finger in Scheide, andere Hand drückt durch Bauchdecke entgegen, Beurteilen von Größe, Form, Konsistenz, Lage und Beweglichkeit von Uterus und Adnexe (Ovar ist druckschmerzhaft!) ● rektal: bei Kindern und Jungfrauen sowie zum Beurteilen der Hinterfläche des Uterus ● rektovaginal: je 1 Finger in Scheide und Rectum, ermöglicht Beurteilen von Septum rectovaginale, Paracervix und Hinterfläche des Uterus **■ zytologische Befunde** bei Vorsorgeuntersuchung: Papanicolaou-Schema ("Pap"), vereinfacht: ● I: normales Zellbild ● II: entzündliche oder degenerative Veränderungen ● III: schwere entzündliche oder degenerative Veränderungen ● IIID: mäßige Dysplasie ● IVa: schwere Dysplasie oder Carcinoma in situ ● IVb: schwere Dysplasie oder Carcinoma in situ, invasives Karzinom nicht sicher auszuschließen ● V: invasives Karzinom **■ Kolpitis** (Scheidenentzündung): ● vorwiegend im geschlechtsreifen Alter ● Überwuchern der Döderlein-Flora durch pathogene Keime ● Leitsymptome: Fluor vaginalis (Scheidenausfluß), Brennen und Juckreiz ● oft kombiniert mit Vulvitis **■ Vaginalkarzinom** (Scheidenkrebs): ● selten, bei Frauen nach Menopause ● meist Plattenepithelkarzinom

5.4.8 Äußere weibliche Geschlechtsorgane (Organa genitalia feminina externa)

Pudendum femininum [Vulva] (weibliche Scham): Allgemeines

GLIEDERUNG	LEITUNGSBAHNEN	KLINIK
● *Mons pubis* (Schamberg): mit Schambehaarung (Pubes) und subkutanem Fettkörper vor Symphysis pubica ● *Labium majus pudendi* (große Schamlippe): ⇨ nächste Tabelle ● *Rima pudendi* (Schamspalte): von den beiden großen Schamlippen umschlossen ● *Labium minus pudendi* (kleine Schamlippe): ⇨ nächste Seite ● *Vestibulum vaginae* (Scheidenvorhof): ⇨ nächste Seite ● *Glandulae vestibulares* (Scheidenvorhofdrüsen): ⇨ nächste Seite ● *Clitoris* (Kitzler): ⇨ nächste Seite ● *Urethra feminina* (weibliche Harnröhre): ⇨ 5.1.2	■ **Arterien**: Äste von ● *A. pudenda interna* aus A. iliaca interna: ● A. perinealis ● Rr. labiales posteriores ● A. urethralis ● A. bulbi vestibuli [vaginae] ● A. dorsalis clitoridis ● A. profunda clitoridis ● *Aa. pudendae externae* aus A. femoralis: ● Rr. labiales anteriores ■ **Venen**: Abfluß zu ● *V. iliaca interna*: ● V. dorsalis profunda clitoridis ● Vv. profundae clitoridis über V. pudenda interna ● Vv. labiales posteriores ● V. bulbi vestibuli ● *V. saphena magna*: ● Vv. pudendae externae ● Vv. dorsales superficiales clitoridis ● Vv. labiales anteriores ■ **regionäre Lymphknoten**: Nodi lymphatici inguinales superficiales superomediales ■ **sensible Innervation**: ● Hauptteil aus Nn. perineales des *N. pudendus*: ● Nn. labiales posteriores ● N. dorsalis clitoridis ● vorn seitlich: ● Nn. labiales anteriores des *N. ilio-inguinalis* ● R. genitalis des *N. genitofemoralis* ■ **motorische Innervation** (Schwellkörpermuskeln): Rr. musculares des N. pudendus	■ **Angeborene Fehlbildungen**: ● *Hymen imperforatus* (Jungfernhäutchen ohne Loch): bei Menarche kann Menstruationsblut nicht abfließen → Hämatokolpos (blutgefüllte Scheide), Rückstau bis Eileiter (Hämatosalpinx), Gefahr der Ruptur ● *Hermaphroditismus* (echtes Zwittertum) und Pseudohermaphroditismus (Scheinzwittertum): ⇨ 5.3.8 (Intersexualität) ■ **Vulvitis** (Entzündung der weiblichen Scham): ● da große Teile der Vulva mit äußerer Haut bedeckt sind, kommen viele Formen von Dermatitiden auch an der Vulva vor, z.B. Ekzeme, Warzen, Pilz- und Wurmerkrankungen ● Infektionen können von After, Harnröhre und Scheide auf Vulva übergreifen und umgekehrt ● unspezifische Infektionen sind keine "Geschlechtskrankheiten", werden aber häufig bei Geschlechtsverkehr übertragen, z.B. Candidiasis (Soor), Herpes genitalis, Condylomata acuminata (Feigwarzen), Trichomoniasis ■ **spezifische Infektionen** ("Geschlechtskrankheiten" i.e.S.): ● Lues (Syphilis): Primäraffekt (schmerzloses Geschwür) häufig an Vulva, im Sekundärstadium breite Kondylome (nässende Papeln), Erreger: Treponema pallidum (Spirochäten) ● Gonorrhoe (Tripper): häufig eitrige Entzündung von Harnröhre, Skene-Gängen und Scheide, Erreger: Neisseria gonorrhoeae (Diplokokken) ● Lymphogranuloma inguinale: geschwürige Einschmelzung der Leistenlymphknoten führt zu starker Schwellung der Vulva, in Europa selten, Erreger: Chlamydia trachomatis ● Ulcus molle (weicher Schanker): multiple schmerzhafte Geschwüre an Vulva, Erreger: Haemophilus ducreyi ■ **Vulvakarzinom**: ● relativ selten (etwa 5 % der weiblichen Genitalkarzinome) ● meist bei Frauen über 60 Jahren

Pudendum femininum [Vulva] (weibliche Scham): Abschnitte

ABSCHNITT	GLIEDERUNG, RELIEF	FEINBAU	KLINIK
Labium majus pudendi (große Schamlippe)	Breiter Hautwulst seitlich der Schamspalte (Rima pudendi) ● *Commissura labiorum anterior* (vordere Vereinigung der großen Schamlippen): vor Preputium clitoridis ● *Commissura labiorum posterior* (hintere Vereinigung der großen Schamlippen): zwischen Scheidenvorhof und After	● Hauptteil: äußere, stärker pigmentierte Haut mit gekräuselten Haaren, Talg-, Schweiß- und Duftdrüsen ● der Rima pudendi zugewandte Seite: haarlos, freie Talgdrüsen ● in Unterhaut reichlich Fettgewebe mit glatten Muskelzellen	Beim angeborenen adrenogenitalen Syndrom können (bei normalem inneren Genitale) die großen Schamlippen in der Medianlinie miteinander verwachsen sein (entsprechend Raphe scroti)

Fortsetzung der Tabelle nächste Seite

Weibliche Scham (Fortsetzung)

ABSCHNITT	GLIEDERUNG, RELIEF	FEINBAU	KLINIK
Labium minus pudendi (kleine Schamlippe)	Schmale fettfreie Hautfalte als Seitenwand des Vestibulum vaginae ● läuft vorn aus in Frenulum clitoridis medial und Preputium clitoridis lateral ● *Frenulum labiorum pudendi* (Schamlippenzügel): dünne quere Hautfalte vor Commissura labiorum posterior	● Mehrschichtiges unverhorntes Plattenepithel, auf Lateralseite stark pigmentiert, auf Medialseite schleimhautähnlich rosa ● große freie Talgdrüsen ● Haare und Schweißdrüsen fehlen ● in Tiefe dichtes kollagenes Bindegewebe mit reichlich elastischen Fasern, Venen und Nerven	*Hottentottenschürze*: starke Vergrößerung der kleinen Schamlippen, können im Stehen bis zu 20 cm die großen Schamlippen unterragen
Vestibulum vaginae (Scheidenvorhof)	■ **Umgrenzung:** ● vorn: Frenulum clitoridis ● seitlich: Labium minus ● hinten: Frenulum labiorum pudendi (davor Fossa vestibuli vaginae) ● seitlich in der Tiefe: Bulbus vestibuli, vereinigt sich mit Bulbus der Gegenseite in Pars intermedia [Commissura] bulborum, endet in Glans clitoridis ■ **Mündungen** von: ● Harnröhre (Ostium urethrae externum) ● Scheide (Ostium vaginae), teilverschlossen durch Hymen ● Glandulae vestibulares minores ● Glandula vestibularis major	■ **Schleimhaut:** ● mehrschichtiges unverhorntes Plattenepithel (Epithelium stratificatum squamosum) ● Lamina propria mucosae mit reichlich Genitalnervenkörperchen, Meissner- und Pacini-Körperchen (⇨ 1.7.5) ● Glandulae vestibulares minores ■ **Bulbus vestibuli** (Vorhofschwellkörper): ● weicher Schwellkörper (Venengeflecht), entspricht Corpus spongiosum des Mannes ● bedeckt mit M. bulbospongiosus	**Vulvadystrophie** (Kraurosis vulvae): ● atrophische oder hyperplastische Veränderung der schleimhautähnlichen Haut, erhöhte Verletzbarkeit ● Juckreiz, Brennen, Dyspareunie (Schmerzen beim Geschlechtsverkehr) ● Schrumpfungsneigung der Ostien (Urethra, Vagina) ● meist erst nach Menopause ● Präkanzerose
Glandulae vestibulares (Scheidenvorhofdrüsen)	● *Glandulae vestibulares minores* (kleine Scheidenvorhofdrüsen): besonders zahlreich um Clitoris und Ostium urethrae ● *Glandula vestibularis major* (große Scheidenvorhofdrüse, Bartholin-Drüse): etwa erbs- bis haselnußgroß, am Hinterende des Bulbus vestibuli, Ausführungsgang (Ductus glandulae) etwa 1-2 cm lang, mündet an Innenseite der kleinen Schamlippe	Tubuloalveoläre zusammengesetzte Schleimdrüsen: ● Lobulus glandularis ● Portio terminalis alveolaris ● Exocrinocytus mucosus ● Portio terminalis tubulosa ● Ductus interlobularis ● Sinus ductus	**Bartholinitis** (Entzündung der großen Scheidenvorhofdrüse): ● schmerzhafte Schwellung im hinteren Bereich einer großen Schamlippe ● meist Bildung eines bis hühnereigroßen Abszesses ● Inzision und Marsupialisation (Einnähen des Abszeßbalges in Hautränder) zweckmäßig
Clitoris (Kitzler)	● *Crus clitoridis* (Kitzlerschenkel): an Ramus inferior ossis pubis befestigt, enthält Corpus cavernosum clitoridis [dextrum/sinistrum] ● *Corpus clitoridis* (Kitzlerschaft): entsteht durch Vereinigung der beiden Crura clitoridis, die beiden Schwellkörper sind durch Septum corporum cavernosorum unvollständig getrennt ● *Glans clitoridis* (Kitzlereichel): vorragendes Ende der Pars intermedia bulborum (vereinigtes vorderes Ende der Bulbi vestibuli) ● *Frenulum clitoridis* (Kitzlerzügel): vom Labium minus zum Kitzler ziehende Schleimhautfalte ● *Preputium clitoridis* (Kitzlervorhaut): Vereinigung der Labia minora vor Kitzler	● *Glans clitoridis*: bedeckt mit mehrschichtigem unverhornten Plattenepithel ● *Fascia clitoridis* (Kitzlerfaszie): bindegewebige Hülle der nicht epithelbedeckten Kitzlerteile ● *Corpora cavernosa clitoridis*: entsprechen im Bau den Corpora cavernosa des Penis (⇨ 5.5.7), nur kleiner (Tunica albuginea, Trabeculae, Cavernae) ● *Bulbus vestibuli* entspricht Corpus spongiosum	**Klitorishypertrophie**: bis penisartige Vergrößerung der Klitoris beim angeborenen adrenogenitalen Syndrom (es bestehen oft Zweifel über das Geschlecht des Neugeborenen)

5.5 Männliche Geschlechtsorgane (Organa genitalia masculina)

Überblick: ⇨ 5.3.1
Embryologischer Vergleich der weiblichen und männlichen Geschlechtsorgane: ⇨ 5.3.2
Entwicklung und Entwicklungsstörungen ⇨ 5.3.3-5.3.8

5.5.1 Testis [Orchis] (Hoden)

AUFGABEN, FORM, GLIEDERUNG	FEINBAU	LEITUNGSBAHNEN	KLINIK
■ **Aufgaben:** ● Bereitstellen der Samenzellen ● Produktion der Hauptmenge männlicher Geschlechtshormone (Nebenmenge von Nebennierenrinde) ■ **Form und Größe:** Gewicht etwa 30 g, leicht abgeplattet eiförmig: ● Extremitas superior (oberer Pol) ● Extremitas inferior (unterer Pol) ● Facies lateralis (Lateralseite) ● Facies medialis (Medialseite) ● Margo anterior (vorderer Rand) ● Margo posterior (hinterer Rand) ■ **Tunica vaginalis testis** (seröse Hodenhülle): umhüllt größten Teil des Hodens, entwicklungsgeschichtlich Teil des Bauchfells ● *Lamina visceralis* (früher Epiorchium genannt): der Tunica albuginea des Hodens anliegend ● *Lamina parietalis* (früher Periorchium): dem Hodensack zugewandt, von Lamina visceralis durch kapillaren Spalt getrennt ● Lig. epididymidis superius: Umschlag von Lamina visceralis in Lamina parietalis am Caput epididymidis ● Lig. epididymidis inferius: Umschlag von Lamina visceralis in Lamina parietalis an Cauda epididymidis ● Sinus epididymidis: Bucht der Tunica vaginalis testis zwischen Hoden und Nebenhoden ■ **Gliederung:** ● *Tunica albuginea* (Hodenkapsel): straffes Bindegewebe mit glatten Muskelzellen, Innenschicht (Tunica vasculosa) gefäßreich ● *Mediastinum testis*: dorsaler Bindegeweberaum ● *Septula testis*: bindegewebige Scheidewände mit Blut- und Lymphgefäßen von der Tunica albuginea zum Mediastinum testis ● *Lobuli testis* (Hodenläppchen): etwa 250-400, durch Septula testis voneinander getrennt, sie bestehen aus • Parenchyma testis (1-4 Tubuli seminiferi pro Lobulus testis) • Interstitium testis (Zwischengewebe mit endokrinen Zellen) ● *Ductuli efferentes testis*: etwa 10 Verbindungskanälchen vom Rete testis zum Nebenhoden, je 10-12 cm lang, aber geknäuelt	■ **Hodenparenchym:** Gliederung: ● *Tubuli seminiferi contorti*: geknäuelter Hauptteil des Samenkanälchens (Hodenkanälchens): s.u. ● *Tubuli seminiferi recti*: kurzer gestreckter Endabschnitt des Samenkanälchens mit kubischem Epithel ohne Keimzellen ● *Rete testis* (Hodennetz): Kanälchennetzwerk mit flachem Epithel im Mediastinum testis ■ **Tubulus seminifer contortus [convolutus]** (geknäueltes Samenkanälchen): Kanallänge etwa 30-70 cm, auf 2-3 cm aufgeknäuelt, Durchmesser etwa 0,2 mm, Wand besteht aus: ● *Keimepithel* (Epithelium spermatogenicum): • Keimzellen (Cellulae spermatogenicae, ⇨ 5.5.2) • Sertoli-Stützzellen (Fußzellen, Epitheliocytus sustenans, ⇨ 5.5.2) ● *Lamina limitans* (Grenzmembran): • Basalmembran (Membrana basalis): als Grenze zum Keimepithel • kontraktile Schicht (Stratum myoideum): mit Myofibroblasten (zum Auspressen der Samenkanälchen?) • Bindegewebeschicht (Stratum fibrosum) ■ **Interstitium testis** (Hodenzwischengewebe): zwischen den Tubuli seminiferi, lockeres Bindegewebe mit endokrinen Zellen (Leydig-Hodenzwischenzelle = interstitielle Zelle, Endocrinocytus interstitialis): ● etwa 12 % des Hodenvolumens ● enthalten Reinke-Proteinkristalle (Crystalloideum) ● synthetisieren bereits ab 4. Entwicklungsmonat Testosteron und steuern so Ausbildung der äußeren Geschlechtsorgane ● Ruhephase nach Geburt bis zu Pubertät ● dann aktiv bis zum Tod, steuern Spermiogenese ● Testosteronsekretion durch LH (Lutropin) der Adenohypophyse angeregt	■ **Arterien:** A. testicularis aus Pars abdominalis aortae (als Varietät aus A. renalis) ■ **Venen:** Abfluß über Plexus pampiniformis zu V. testicularis, diese ● rechts zu V. cava inferior ● links zu V. renalis ■ **regionäre Lymphknoten:** ● Nodi lymphatici lumbales dextri + sinistri (Lymphbahnen entlang A. testicularis) ● Nodi lymphatici iliaci interni (entlang Ductus deferens) ● Nodi lymphatici inguinales superficiales superomediales (Nebenweg von Tunica vaginalis testis entlang Aa. pudendae externae) ■ **vegetative Innervation:** ● Plexus testicularis (Abzweigung des Plexus aorticus abdominalis entlang A. testicularis) ● afferente Fasern zu Th10 (Hoden ist sehr schmerzempfindlich, besonders bei Druck)	■ **Orchitis** (Hodenentzündung): ● Hoden vergrößert, hart, druckschmerzhaft ● häufig bei generalisierten Infektionskrankheiten, vor allem bei Mumps (bei Erwachsenen 20-30 % Orchitis) ■ **Hydrocele testis** (Wasserbruch des Hodens): Flüssigkeitsansammlung in Tunica vaginalis testis führt zu praller Geschwulst (bis Kindskopfgröße), Diagnose mit ● Taschenlampe (lichtdurchlässig, da klare Flüssigkeit) und ● Stethoskop (keine Darmgeräusche im Gegensatz zur Hernie) ■ **Hodenkrebs:** ● relativ frühes Erkrankungsalter (15-45 Jahre; Zeit der intensivsten Spermiogenese) ● meist von Keimzellen ausgehend (Seminom und Teratom), seltener Leydig-Zell-Tumor oder Sertoli-Zell-Tumor (Androblastom) ● Beginn mit schmerzloser Schwellung des Hodens ● frühzeitig metastasierend ● gut zu behandeln

5.5.2 Epithelium spermatogenicum (Keimepithel)

KEIMZELLEN (CELLULAE SPERMATOGENICAE)	SPERMATOZOON [SPERMIUM]	SERTOLI-STÜTZ-ZELLEN	KLINIK
■ **Stufen der Spermatogenese** = Spermiogenese i.w.S. (Achtung: in Literatur unterschiedliche Definitionen!): ● *Spermatogonium A* (Stammsamenzelle): große Stammzelle der Spermatogenese (Ad mit dunklem [dark], Ap mit blassem [pale] Kern), teilt sich mitotisch, wobei jeweils eine Tochterzelle den Bestand an Spermatogonien A erhält und eine sich weiterentwickelt zu ● *Spermatogonium B*: kleiner, vermehrt sich zunächst mitotisch, dann Beginn der ersten Reifeteilung, dadurch zu ● *Spermatocytus primarius*: größte Zelle der Spermatogenese, Prophase der Meiose I (Verdoppelung der DNA, Crossing over) mit 4 Unterphasen (Proleptotän, Leptotän, Zygotän, Pachytän) dauert etwa 22 Tage, dann rasche Meta-, Ana- und Telophase zu ● *Spermatocytus secundarius*: 23 Chromosomen, aber mit doppelter DNA, Meiose II (Trennung der Chromatiden ohne DNA-Verdoppelung) zu ● *Spermatidium*: kleinste Zelle im Keimepithel ■ **Spermiogenese** i.e.S.: Umwandlung des Spermatidium zum Spermium ● Kernkondensation: Kern wird paddelförmig (tennisschlägerförmig) und auf etwa 10 % des Ausgangsvolumens verdichtet ● Akrosombildung: vom Golgi-Apparat wird Kopfkappe um Zellkern gelegt (Idiosoma → Proacrosoma → Acrosoma) ● Geißelbildung (Flagellum, ⇨ nächste Spalte) ● Abschnüren des überschüssigen Zytoplasmas als Restkörper (Corpus residuale) ■ **Keimzellklon**: Abkömmlinge eines Spermatogonium bleiben während Spermatogenese durch Zytoplasmabrücken verbunden, machen gemeinsam die gleichen Entwicklungsschritte durch, daher auf Schnitten durch Tubulus seminifer jeweils viele gleichartige Zellen ■ **Dauer der Spermatogenese**: 2-3 Monate	■ **Maße**: Länge etwa 60 μm, davon ● Kopf 4 μm (2-3 μm dick) ● Geißel (Schwanz) 56 μm (am Hals 1 μm, am Endstück 0,2 μm dick) ■ **Caput** (Kopf): ● *Nucleus* (Zellkern): mit großer Kernvakuole an Spitze (Vesicula nuclearis) ● *Acrosoma* [Galea acrosomatica] (Kopfkappe): bedeckt vordere 2/3 der Kerns ● Substantia acrosomatica mit Granula acrosomalia (enthalten hydrolytische Enzyme, die für das Eindringen des Spermium in die Eizelle nötig sind) ● Membrana acrosomatica externa bedeckt von Zellmembran (Plasmalemma) ● Membrana acrosomatica interna grenzt an Kernmembran (Nucleolemma) ● *postakrosomale Scheide* (Substantia postacrosomatica): umgibt hinteres Drittel des Kerns ● *Anulus* (Ring): Verschmelzung von Kern- und Zellmembran ● *Fossula articularis* (Implantationsgrube): grubenförmige Vertiefung des Kerns am hinteren Ende des Kopfes, die an den "Gelenkkopf" der Geißel angrenzt ■ **Flagellum** (Geißel): ● *Pars conjungens* (Verbindungsstück, Hals): etwa 0,3-1 μm, mit "Gelenkkopf" (Patella basalis), Streifenkörper (Columna striata, Rest des distalen Zentriols) aus 9 Segmenten umgibt das proximale Zentriol (Centriolum proximale) ● *Pars intermedia* (Mittelstück): etwa 5-6 μm, Axonema [Filamentum axiale] (Achsenfaden, 9+2-Struktur: 2 Microtubuli centrales umgeben von 9 Diplomicrotubuli peripherici), darum herum 9 Außenfibrillen (Fibrae densae), umhüllt von Mitochondrien (Vagina mitochondrialis), endet mit Schlußring (Anulus) ● *Pars principalis* (Hauptstück): etwa 45 μm, anstelle der Mitochondrienhülle jetzt Ringfaserscheide (Vagina fibrosa) mit 2 Längsleisten (Columnae longitudinales) um Axonema und Fibrae densae ● Pars terminalis (Endstück): etwa 5 μm, nur noch Axonema, von Zellmembran umgeben	● Reichen von Basalmembran bis zu Lichtung (bis 50 μm hoch) ● untereinander im basalen Drittel durch Verbindungskomplexe (Junctio intercellularis complexa) verbunden, dadurch Keimepithel in 2 Kompartimente gegliedert: ● basales Kompartiment: mit Spermatogonien und Spermatozyten I ● adluminales Kompartiment: mit Spermatidien und Spermatozyten ● bilden dadurch Blut-Hoden-Schranke: zum Schutz der empfindlichen Keimzellen vor Schadstoffen im Blut, vielleicht auch Immunbarriere ● Ernährungsaufgabe für Keimzellen ("Ammenzelle") ● produzieren *androgenbindendes Protein* (hält Androgene im Keimepithel fest), gesteuert durch FSH (Follitropin) der Adenohypophyse ● phagozytieren Restkörper und Teil der fehlgebildeten Spermien	**Spermatogramm** = Spermiogramm: Befund der mikroskopischen Untersuchung des Ejakulats (nach mindestens 5tägiger sexueller Karenz), Auszählen der Zellen nach Verdünnung in Erythrozyten-Zählkammer ● *Normozoospermie*: 40-120 Millionen Spermien/ml ● *Hyperzoospermie*: > 120 Millionen/ml ● *Hypozoospermie*: 20-40 Millionen/ml ● *Oligozoospermie I*: 10-20 Millionen/ml ● *Oligozoospermie II*: < 10 Millionen/ml ● *Kryptozoospermie*: < 1 Million/ml ● *Azoospermie*: nur Zellen der Spermatogenese ● *Aspermie*: keine Zellen ● *Normokinospermie*: > 60 % bewegliche Spermien ● *Hypokinospermie*: < 60 % bewegliche Spermien ● *Asthenospermie*: Normozoospermie bei verminderter Beweglichkeit ● *Normomorphospermie*: > 80 % normale Spermien, 2-3 % Zellen der Spermatogenese ● *Teratospermie*: > 40 % abnorme Spermien (z.B. mehrköpfige oder mehrschwänzige Formen, fehlender oder mißgestalteter Kopf oder Schwanz), > 5 % Zellen der Spermatogenese

5.5.3 Epididymis (Nebenhoden)

GLIEDERUNG, RELIEF	FEINBAU	LEITUNGS-BAHNEN	KLINIK
■ **Gliederung** (ohne scharfe Grenzen) und Nachbarschaft: ● *Caput epididymidis* (Nebenhodenkopf): dem oberen Hodenpol anliegend, enthält die aufgeknäuelten Ductuli efferentes testis, die in den Ductus epididymidis (Nebenhodengang) einmünden ● *Corpus epididymidis* (Nebenhodenkörper): langgestreckt am Hinterrand des Hodens, enthält den größten Teil des 5-6 m langen, aber auf etwa 7 cm aufgeknäuelten Ductus epididymidis ● *Cauda epididymidis* (Nebenhodenschwanz oder Nebenhodenschweif): am unteren Hodenpol, in den Samenleiter übergehend ■ **Aufgaben:** ● Ausreifung der Samenzellen bis zur Fähigkeit zur Eigenbeweglichkeit (aktiviert erst bei Ejakulation durch Prostatasekret) ● Samenspeicher ● Resorption überschüssiger Flüssigkeit, die mit den Spermien vom Hoden kommt ● Sekretion: Ernährung der Spermien während der Speicherdauer ■ **entwicklungsgeschichtliche Relikte:** blind endende Kanälchen und Zysten ● *Ductulus aberrans superior:* im Nebenhodenkopf, Rest von Urnierenkanälchen ● *Ductulus aberrans inferior:* im Nebenhodenschwanz (manchmal bis zum Kopf aufsteigend), Rest von Urnierenkanälchen ● *Appendix testis* (Hodenanhang, Morgagni-Hydatide): Rest des Müller-Gangs am oberen Hodenpol, etwa 3-4 mm Durchmesser, blut- und lymphgefäßreich ● *Appendix epididymidis* (Nebenhodenanhang): Rest des Wolff-Gangs am Nebenhodenkopf ● *Paradidymis* (Beihoden, Giraldè-Organ): Rest von Urnierenkanälchen zwischen Nebenhodenkopf und Samenstrang, bildet sich manchmal nach dem Kindesalter zurück	■ **Lobulus epididymidis:** je 1-2 aufgeknäuelte Ductuli efferentes testis bilden, eingebettet in gefäßreiches Bindegewebe, einen "Samenkegel" mit Spitze am Mediastinum testis und Basis an der dem Hoden abgewandten Seite des Nebenhodenkopfs, von Nachbarlobulus durch Septum epididymidis getrennt ■ **Ductulus efferens testis:** ● mehrreihiges (kubisches bis) hochprismatisches Epithel, im Querschnitt "girlandenartiges" Profil (höhere und niedrigere Abschnitte), mit ● resorbierenden Zellen (Epitheliocyti microvillosi) ● Flimmerzellen (Epitheliocyti ciliati) ● Stratum fibromusculare: Basalmembran und ringförmig angeordnetes Bindegewebe mit glatten Muskelzellen ■ **Ductus epididymidis** (Nebenhodengang): ● mehrreihiges Säulenepithel (Epithelium pseudostratificatum columnare) mit ● Hauptzellen (Epitheliocyti microvillosi mit langen Microvilli = Stereozilien) ● hellen Zellen (mit niedrigem Bürstensaum) ● Basalzellen (Epitheliocyti basales) ● Tunica fibromuscularis: glatte Muskulatur nimmt in Richtung Samenleiter zu (Lichtung nimmt dafür ab) ● Makrophagen durchwandern die Wand des Nebenhodengangs und phagozytieren in der Lichtung defekte Spermien (sie werden dann auch Spermatophagen genannt) ■ **Tunica adventitia:** bindegewebige Hülle des Nebenhodens ■ **Tunica serosa** mit Tela subserosa: ⇨ Tunica vaginalis testis (5.5.1)	⇨ Hoden (5.5.1), zusätzlich arterielle Anastomose zu A. ductus deferentis aus A. umbilicalis	■ **Epididymitis** (Nebenhodenentzündung): ● Infektion meist aus der Harnröhre über den Samenleiter aufsteigend ● Erreger oft Gonokokken (Tripper) ● Symptome: Schmerz und Schwellung des Nebenhodens, Rötung und Ödem des Hodensacks ● greift oft auf Hodenhüllen über (Periorchitis) mit Eiteransammlung in Tunica vaginalis testis ● kann zu Verklebung des Nebenhodengangs führen (wenn beidseitig, dann Unfruchtbarkeit) ■ **Tuberkulose** des Nebenhodens: eine der häufigsten Lokalisationen der Urogenitaltuberkulose ■ **Prehn-Zeichen:** Änderung des Hodenschmerzes bei Anheben des Hodensacks: ● Zunahme bei Hodentorsion ● Abnahme bei Epididymitis ■ **hämorrhagischer Infarkt** von Hoden und Nebenhoden: z.B. bei Venenverschluß infolge Torsion des Samenstrangs ■ **Nebenhodenpunktion:** ● Gewinnung von Spermien zur künstlichen Befruchtung bei Passagestörung in den ableitenden Samenwegen ● die Spermien sind um so befruchtungsfähiger, je besser ausgereift sie sind (also distale Abschnitte des Nebenhodens punktieren!)

5.5.4 Ductus deferens (Samenleiter)

GLIEDERUNG, RELIEF	FEINBAU	LEITUNGSBAHNEN	KLINIK
■ **Maße:** ● Länge etwa 35-40 cm (gestreckt 50-60 cm, da Anfangsteil gewunden) ● Durchmesser etwa 3-4 mm ● Lichtung etwa 0,5 mm ■ **Aufgaben:** ● Transport der Spermien vom Nebenhoden zur Harnröhre ● Nebenaufgabe Sekretion ■ **Gliederung und Lage:** ● *Transportteil:* Abschnitte im Samenstrang, im Leistenkanal und an der Beckenwand ● *Drüsenteil:* Ampulla ductus deferentis mit seitlichen Ausbuchtungen (Diverticula ampullae) an der Hinterwand der Harnblase kraniomedial der Samenblasen ● *Ductus ejaculatorius* (Spritzkanal) in der Prostata	■ **Tunica mucosa** (Schleimhaut): stark gefaltet (Plicae mucosae), mehrreihiges Säulenepithel (Epithelium pseudostratificatum columnare) ähnlich wie im Nebenhodengang, jedoch niedriger, mit ● Hauptzellen (Epitheliocyti microvillosi) mit Stereozilien ● Basalzellen (Epitheliocyti basales) ■ **Tunica muscularis:** sehr kräftige Muskelwand mit 3 Schichten (fehlt beim Ductus ejaculatorius, da hier die Prostatamuskulatur die Aufgaben der Muskelwand übernimmt): ● Stratum longitudinale internum ● Stratum circulare: im Transportteil sehr dick, in Ampulla dünn ● Stratum longitudinale externum ■ **Tunica adventitia:** bindegewebige Hülle mit reichlich adrenergen Nervenfasern ■ **Tunica serosa** mit Tela subserosa: nur auf dem im kleinen Becken liegenden Abschnitt des Transportteils ■ **Diagnose** des mikroskopischen Präparats: ● Hohlorgan ● etwa 3-4 mm Durchmesser ● im Verhältnis zur Weite der Lichtung mächtige Muskelwand	■ **Arterien:** Äste der A. iliaca interna: ● Transportteil: A. ductus deferentis aus A. umbilicalis ● Ampulla: A. rectalis media und A. vesicalis inferior ■ **Venen:** Abfluß über ● Plexus pampiniformis und Vv. testiculares (Transportteil) ● Plexus vesicalis (Ampulla) ■ **regionäre Lymphknoten:** ● Nodi lymphatici lumbales dextri/sinistri: Abschnitte im Samenstrang und im Leistenkanal (Lymphbahnen entlang A. testicularis) ● Nodi lymphatici iliaci interni: Abschnitte im kleinen Becken: ■ **vegetative Innervation:** Plexus deferentialis aus Plexus hypogastricus	■ **Palpation:** ● wegen der mächtigen Muskelwand fühlt sich der Samenleiter sehr hart an ● er ist das härteste Gebilde im Samenstrang und daran leicht zu erkennen ● er ist innerhalb des Samenstrangs verschiebbar ■ **Vasektomie:** Unterbrechen des Samenleiters ● zur permanenten Sterilisation des Mannes ● zur Verhinderung des Aufstiegs von Infektionen aus der Harnröhre, z.B. nach Entfernen der Prostata ● Palpation und Verschieben des Samenleiters unmittelbar unter die Haut des Hodensacks ● kleiner Hautschnitt, Herausziehen einer Schleife des Samenleiters, Herausschneiden eines Stücks von 1-2 cm Länge, Abbinden der beiden Schnittenden ● beim Schnitt sorgfältiges Schonen der Blutgefäße und Nerven, die am Samenleiter entlangziehen (verbessert Aussichten einer evtl. später gewünschten Rekanalisierungsoperation)

5.5.5 Funiculus spermaticus (Samenstrang)

GLIEDERUNG, RELIEF	LEITUNGSBAHNEN	KLINIK
■ **Samenstrang:** aus dem Hodensack zum Leistenkanal, ist etwa kleinfingerdick und 10 cm lang, besteht aus: ● Ductus deferens (⇨ 5.5.4) ● Leitungsbahnen zu Hoden und Nebenhoden ● Samenstranghüllen (⇨ unten) ■ **Tunicae funiculi spermatici** (Hüllen des Samenstangs): entstehen beim Descensus testis durch Mitnahme aller Schichten der Bauchwand: ● *Fascia spermatica externa* (äußere Samenfaszie): entspricht oberflächlicher Körperfaszie ● *Fascia cremasterica* (Hodenheberfaszie) mit Sehnenzügen, entspricht Sehnenplatte des M. obliquus externus abdominis ● *M. cremaster* (Hodenheber): Abspaltung von M. obliquus internus abdominis und M. transversus abdominis ● *Fascia spermatica interna* (innere Samenfaszie): entspricht Fascia transversalis ● *Vestigium processus vaginalis:* Reste des fetalen Bauchfellfortsatzes, falls vollständig erhalten, dann Bruchpforte der angeborenen Leistenbrüche	■ **Arterien:** ● A. testicularis aus Pars abdominalis aortae ● A. deferentialis aus A. umbilicalis (Ast der A. iliaca interna) ● A. cremasterica aus A. epigastrica inferior (Ast der A. iliaca externa) ■ **Venen:** ● Plexus pampiniformis: Abfluß über V. testicularis rechts zu V. cava inferior links zu V. renalis ● kleine Venen entlang Ductus deferens zu Plexus vesicalis und im M. cremaster zu Bauchwandvenen ■ **Lymphbahnen:** ● entlang A. testicularis zu Nodi lymphatici lumbales dextri/sinistri ● entlang Ductus deferens zu Nodi lymphatici iliaci interni ● Nebenweg von Tunica vaginalis testis entlang Aa. pudendae externae zu Nodi lymphatici inguinales superficiales superomediales ■ **Nerven:** ● N. ilio-inguinalis (sensibel) ● R. genitalis des N. genitofemoralis (motorisch zu M. cremaster, sensibel zum Hodensack) ● Plexus testicularis + Plexus deferentialis (autonom)	■ **Hodentorsion:** ● mehrfache Stieldrehung des Hodens um seine Längsachse klemmt Blutgefäße im Samenstrang ab ● heftiger Schmerz ● Gefahr der Gangrän ■ **Varikozele:** ● krampfaderähnliche Erweiterung des Plexus pampiniformis ● Schwellung und ziehende Schmerzen im Hodensack ● bevorzugtes Erkrankungsalter 18-30 Jahre ● fast immer links: rechtwinklige Einmündung der V. testicularis in V. renalis behindert venösen Abfluß ● seltenere Ursache: Kompression der V. testicularis durch Tumor ■ *Kremasterreflex:* ⇨ 2.3.5

5.5.6 Glandulae genitales accessoriae (akzessorische Geschlechtsdrüsen)

DRÜSE	GLIEDERUNG, RELIEF	FEINBAU	LEITUNGS-BAHNEN	KLINIK
Vesicula seminalis [Glandula seminalis] (Samenblase, Bläschen-drüse)	■ **Aufgaben:** ● fructosereiches Sekret dient der Ernährung der Spermien ● liefert Hauptanteil (50-70 %) des Sperma ● Sekret wird bei der Ejakulation als dritte Fraktion ausgeworfen ● kein Samenspeicher (enthält aber gewöhnlich einige Spermien) ■ **äußere Form:** ● 4-5 cm langer, 1-2 cm breiter Blindsack ● enthält einen etwa 15 cm langen gewundenen Drüsenschlauch (auf Schnitten daher mehrfach getroffen) ● Ductus excretorius (Ausführungsgang) vereinigt sich mit Ductus deferens zum Ductus ejaculatorius (Spritzkanal) ■ **Lage:** paarig ● an Dorsolateralfläche der Harnblase ● unmittelbar kranial der Prostata ● kaudal des Ductus deferens ● berührt Ventralseite des Rectum ● Peritoneum (Excavatio rectovesicalis) bedeckt meist nur Kuppe, kann aber auch tiefer reichen ● je nach Füllung von Harnblase und Rectum liegt Dünndarm den Kuppen an	Grundsätzlich ähnlich wie Drüsenteil des Ductus deferens ■ **Tunica mucosa** (Schleimhaut): ● stark gefaltet mit Gewebebrücken ● Epithel meist zweireihig hochprismatisch ● Höhe abhängig von Testosteronspiegel (atrophiert bei Testosteronmangel) ■ **Tunica muscularis:** ● vor allem Ringschicht schwächer als im Ductus deferens ● preßt Drüse bei Ejakulation aus ■ **Tunica adventitia**: bindegewebige Hülle ■ **Tunica serosa**: Peritonealüberzug meist nur auf Kuppe der Samenblase	Wie Ampulla ductus deferentis (⇨ 5.5.4)	■ **Sekret** enthält Flavine, die im ultravioletten Licht fluoreszieren, damit in Rechtsmedizin Spermaflecken rasch erkannt ■ **Palpation:** ● ist bei genügend langem Finger bei der rektalen Untersuchung zu tasten ● dabei kann Sekret ausmassiert werden: tritt als Tropfen aus Ostium urethrae externum (manchmal auch bei Defäkation: "Massage" der Drüse durch Peristaltik des Rectum) ■ **Vesikulitis** (Samenblasenentzündung): ● meist aus Urethra über Ductus ejaculatorius aufsteigend ● Erreger meist Gonokokken (Tripper)
Prostata [Glandula prostatica] (Vorsteher-drüse)	(⇨ nächste Seite)			
Glandula bulbo-urethralis (Cowper-Drüse)	● Paarige, etwa erbsgroße schlauchförmige Drüse (sehr unterschiedliche Form) ● zähflüssiges Sekret befeuchtet Urethra und Glans penis ● eingebettet in M. sphincter urethrae dem Bulbus penis kranial anliegend ● Ausführungsgang (Ductus glandulae bulbo-urethralis) etwa 3-6 cm lang, mündet in Pars spongiosa urethrae	● Verzweigte tubuloalveoläre Drüse ● einschichtiges kubisches bis hochprismatisches Epithel mit Schleimzellen (Exocrinocyti mucosi) ● Ductus glandulae bulbo-urethralis mit mehrschichtigem hochprismatischem Epithel ● Tunica adventitia: bindegewebige Hülle	Wie Bulbus penis	Entzündung der Drüse ("**Cowperitis**"): ● über Ductus glandulae bulbo-urethralis aus Urethra aufsteigende Infektion, z.B. bei Gonorrhö (Tripper) ● oft hartnäckiger als Urethritis (Harnröhre wird durch Harn laufend durchgespült!)

Prostata [Glandula prostatica] (Vorsteherdrüse)

AUFGABEN, FORM, GLIEDERUNG	FEINBAU	LEITUNGS-BAHNEN	KLINIK
■ **Aufgabe:** Sekret liefert erste Fraktion (15-30 %) des Sperma bei der Ejakulation ■ **Lage:** ● kastaniengroßes Organ zwischen Harnblase und Diaphragma urogenitale bzw. Symphysis pubica und Rectum ● umgibt ersten Abschnitt der Urethra masculina und die beiden Ductus ejaculatorii ■ **äußere Form:** ● Basis prostatae: kraniale Fläche, der Harnblase zugewandt, leicht schüsselförmig eingedellt, umgreift Ostium urethrae internum ● Apex prostatae: eher spitz zulaufendes kaudales Ende, unmittelbar kranial des M. sphincter urethrae ● Facies anterior (Vorderfläche): der Symphysis pubica zugewandt ● Facies posterior (Hinterfläche): dem Rectum zugewandt ● Facies inferolaterales: die beiden unteren Seitenflächen, der seitlichen Beckenwand und dem M. levator ani zugewandt, vom M. puboprostaticus umgeben ■ **Maße:** ● etwa 3 x 4 x 2 cm (sagittal, transversal, longitudinal) ● Gewicht etwa 20 g ● im Greisenalter meist vergrößert ■ **anatomische Gliederung:** ● Lobus [dexter/sinister] (rechter und linker Lappen): rechts und links der Urethra ● Isthmus prostatae: vor der Urethra, meist frei von Drüsengewebe ● Lobus medius (Mittellappen): zwischen den beiden Ductus ejaculatorii ■ **in Klinik übliche Gliederung** in 3 konzentrische Zonen: ● urethrale Zone: um Urethra gelegen ● Transitionalzone (Übergangszone): in ihr entstehen die meisten Adenome ● periphere Zone: bevorzugter Sitz der Karzinome ■ **ältere Gliederung:** ● Innendrüse (urethrale + Transitionalzone) ● Außendrüse (periphere Zone) ■ **innere Gliederung:** ● 30-50 Einzeldrüsen mit gesonderten Ausführungsgängen (Ductuli prostatici) ● münden mit 15-25 Ductus prostatici in Pars prostatica urethrae beidseits des Colliculus seminalis	■ **Capsula prostatica** [prostatae] (Prostatakapsel): ● Stratum fibrosum: derbes Bindegewebe ● Stratum musculare: glatte Muskeln ● NB: in der Klinik wird als "Prostatakapsel" meist die von einem Adenom zusammengepreßte periphere Zone bezeichnet, aus der bei der Operation das Adenom ausgeschält wird ■ **Stroma myoelasticum:** ● derbes Stützgerüst um das Drüsengewebe mit reichlich glatter Muskulatur ● bildet Scheidewände (Septum prostaticum) zwischen den Einzeldrüsen ● preßt bei der Ejakulation die Drüse aus ● bedingt die palpatorische prallelastische "Härte" der Prostata ■ **Parenchyma:** Drüsengewebe ● verzweigte tubuloalveoläre Drüsen ● Epithel uneinheitlich (ein- bis mehrschichtig oder mehrreihig) mit ● meist hochprismatischen Hauptzellen (Exocrinocyti mucosi) ● Basalzellen ● Sekretion testosteronabhängig ● Sekret schwach sauer (pH um 6,4), reich an Zink, Geruch wird gewöhnlich mit dem von Edelkastanien verglichen ● *Prostatasteine* (Concretio prostatica): konzentrisch lamelläre verkalkte Sekreteindickungen von 0,5-1 mm Durchmesser, schon beim Fetus beobachtet	■ **Arterien:** Äste der A. iliaca interna: ● A. vesicalis inferior ● A. rectalis media ● A. bulbi penis aus A. pudenda interna ■ **Venen:** Abfluß des Plexus venosus prostaticus über Vv. vesicales zu V. iliaca interna ■ **regionäre Lymphknoten:** ● Nodi lymphatici paravesicales, vor allem Nodi lymphatici vesicales laterales ■ **vegetative Innervation:** Plexus prostaticus	■ **Prostataadenom** (benigne Prostatahyperplasie = BPH) ● Knotenbildung (Adenofibromyomatose) im Bereich der Transitionalzone ● z.T. beachtliche Größenzunahme der Prostata (im Extremfall bis über 800 g) ● Kompression der Urethra → Harnabflußbehinderung → Balkenblase (⇨ 5.1.1) → Harnblaseninsuffizienz ● Miktionsstörung begünstigt aufsteigende Infektion → Pyelonephritis → Niereninsuffizienz ● Beschwerden nicht unbedingt proportional zu Größe des Adenoms: kleines Adenom kann Urethra komprimieren, großes sie freilassen ● Mehrzahl der älteren Männer betroffen (etwa 90 % der 70jährigen) ● Ursache hormonelle Dysregulation bzw. Hormonfehlverwertung (Überaktivität der 5α-Reductase), nie bei Kastraten beobachtet ● Therapie: transurethrale Resektion der Prostata (TURP) ■ **Prostatakarzinom:** ● im Greisenalter häufigste Krebserkrankung des Mannes ● im vereinten Deutschland in der amtlichen Statistik jährlich etwa 10 300 Todesfälle ● vor dem 50. Lebensjahr selten ● Beginn meist in dorsaler peripherer Zone, dort bei rektaler Untersuchung zu tasten (Vorsorgeuntersuchung!) ● diagnostisch wichtig: Anstieg des prostataspezifischen Antigens (PSA) ● Metastasierung bevorzugt in Lymphknoten und Skelett (Anstieg der prostataspezifischen sauren Phosphatase = PSP) ● Therapie: radikale Prostatektomie ■ **chirurgische Zugangswege:** ● transurethral: durch die Urethra wie bei der Zystoskopie ● suprapubisch: durch Bauchwand kranial der Symphysis pubica, dann ● transvesikal: durch Harnblase ● retropubisch: durch Spatium prevesicale ● transperineal: durch Regio perinealis an Bulbus penis vorbei

5.5.7 Penis (männliches Glied)

GLIEDERUNG, RELIEF	FEINBAU	LEITUNGSBAHNEN	KLINIK
■ **Äußere Gliederung:** ● *Radix penis* (Gliedwurzel): am Schambein befestigter Teil ● *Corpus penis* (Gliedschaft): Mittelstück zwischen Radix penis und Glans penis ● *Glans penis* (Eichel): mit ● Corona glandis (Eichelkrone): verdicktes proximales Ende ● Collum glandis (Eichelhals): Einschnürung zwischen Corona glandis und Corpus penis ● Septum glandis (mediane Eichelscheidewand) ● Ostium urethrae externum (Harnröhrenmündung) ■ **Seiten:** ● *Dorsum penis* (Gliedrücken): bei herabhängendem Penis ventral! ● *Facies urethralis* (Harnröhrenseite): bei herabhängendem Penis dorsal! ■ **Preputium penis** (Vorhaut) ● distales Ende der Penishaut bedeckt als Doppelblatt Glans penis, kann zurückgestreift werden (sofern nicht bei Beschneidung entfernt) ● *Frenulum preputii* (Vorhautbändchen, Vorhautzügel): befestigt Vorhaut an Harnröhrenseite der Eichel ● *Raphe penis* (Gliednaht): als Rest der embryonalen Verwachsung median an Harnröhrenseite mehr oder weniger gut sichtbar (z.B. als stärker pigmentierter Streifen) ● beim Säugling ist Vorhaut mit Eichel verklebt, Verklebung löst sich meist bis zum 4. Lebensjahr ■ **Innere Gliederung:** ● *Corpus cavernosum penis* (Gliedschwellkörper): paarig, endet proximal mit Crus penis (Gliedschenkel) in Radix penis, zu harter (arterieller) Schwellung befähigt ● *Corpus spongiosum penis* (Harnröhrenschwellkörper): unpaar, umgibt Urethra masculina, endet distal mit Glans penis, proximal mit Bulbus penis ("Gliedzwiebel"), nur weiche (venöse) Schwellung ■ **Faszien und Bänder:** ● *Fascia penis profunda* (tiefe Gliedbinde): umhüllt Schwellkörper, A. + N. dorsalis penis, V. dorsalis profunda penis ● *Fascia penis superficialis* (oberflächliche Gliedbinde): mit glatten Muskelzellen (Fortsetzung der Tunica dartos des Scrotum), paßt Haut an Größe des Penis an ● *Lig. suspensorium penis* (Gliedhalteband): von Symphysis pubica zu Fascia penis profunda ● *Lig. fundiforme penis* (Schlingenband des Glieds): vom vorderen Blatt der Rektusscheide das proximale Ende des Corpus penis umgreifend	■ **Corpus cavernosum penis:** ● *Cavernae corporum cavernosorum*: Hohlraumsystem, wird bei Erektion über Aa. helicinae (Rankenarterien) mit arteriellem Blut gefüllt ● *Trabeculae corporum cavernosorum*: bindegewebiges Balkenwerk (kollagene + elastische Fasern) zwischen Kavernen ● *Tunica albuginea corporum cavernosorum*: straffe bindegewebige Hülle um Gliedschwellkörper, von Vv. emissariae durchsetzt ● *Septum penis* (Gliedscheidewand): mediane (unvollständige) Verschmelzung der beiden Tunicae albuginae corporum cavernosorum ■ **Corpus spongiosum penis:** Bau ähnlich Corpora cavernosa, aber: ● *Cavernae corporis spongiosi*: geknäuelte Venen (Vv. cavernosae) ● *Trabeculae corporis spongiosi*: zarter ● Tunica albuginea corporis spongiosi: dünner ■ **Cutis penis:** ● dünn, gut verschieblich, bei Erektion Haut des Hodensacks auf Corpus penis gezogen ● *Preputium*: Innenseite unbehaart, mit Glandulae preputiales [sebaceae] (Vorhautdrüsen) = modifizierte Talgdrüsen mit talgbildenden Zellen (Sebozyten) ● *Cutis glandis* (Eichelhaut): schleimhautähnlich, ohne Subcutis ● *Smegma* (Vorhautschmiere): übelriechender Belag auf Eichel infolge bakterieller Zersetzung von Sekreten der Vorhautdrüsen, abgeschilferten Zellen und Schmutz (daher täglich waschen!)	■ **Arterien:** Äste der A. pudenda interna aus A. iliaca interna: ● A. dorsalis penis: Verlauf zwischen Fascia penis profunda und Tunica albuginea corporum cavernosorum ● A. profunda penis: Verlauf im Corpus cavernosum penis, gibt Aa. helicinae ab ● A. urethralis: Verlauf im Corpus spongiosum penis ● A. bulbi penis: zum Bulbus penis ■ **Venen:** Abfluß über ● Vv. profundae penis und V. bulbi penis zu V. pudenda interna und weiter zu V. iliaca interna ● V. dorsalis profunda penis zu Plexus venosus prostaticus ● Vv. dorsales superficiales penis zu Vv. pudendae externae und weiter zu V. femoralis ■ **regionäre Lymphknoten:** Nodi lymphatici inguinales superficiales superomediales ■ **sensible Innervation:** N. dorsalis penis aus N. pudendus ■ **motorische Innervation:** Rr. musculares des N. pudendus zu ● M. bulbocavernosus ● M. ischiocavernosus) ■ **vegetative Innervation:** ● sympathisch (Ejakulationszentrum L_2/L_3): Nn. splanchnici lumbales ● parasympathisch (Erektionszentrum S_3): Nn. splanchnici pelvici [Nn. erigentes]	■ **Erektion** (Versteifung des Glieds): ● Erschlaffen der Sperrmuskeln in der Wand der Aa. helicinae + Hemmung des venösen Abstroms → Füllung der Kavernen ● Druck in den Corpora cavernosa penis durch Kontraktion ihrer glatten Muskeln über arteriellen Blutdruck hinaus gesteigert, dadurch Aufrichtung des Penis in die direkte Fortsetzung der am Schambein verankerten Radix penis ● in Corpus spongiosum penis nur weiche venöse Schwellung (Urethra muß für Ejakulat durchgängig bleiben) ● bei gesunden Männern regelmäßig Erektionen während REM-Phasen des Schlafs ■ **Priapismus** (Dauererektion): ● Stunden bis Wochen ● ohne sexuelle Empfindung, schmerzhaft ● Ursache: Störung im Erektionszentrum oder Venenthrombose ■ **Impotenz:** ● Impotentia generandi: Zeugungsunfähigkeit, z.B. bei Azoospermie (⇨ 5.5.2) ● Impotentia coeundi: fehlende oder unzureichende Erektion behindert Coitus, häufig psychogen (Beweis: Erektion in REM-Phasen erhalten) ■ **Phimose** (Vorhautenge): ● Preputium kann nicht über Glans penis zurückgestreift werden → Reinigung des Vorhautsacks erschwert → starke Smegmabildung → begünstigt Peniskarzinom ● Therapie: Zirkumzision (Beschneidung) ■ **Paraphimose** ("spanischer Kragen"): wird zu enge Vorhaut gewaltsam zurückgezogen, kann sie u.U. nicht mehr vorgeschoben werden → schmerzhafte Schwellung der Eichel, Nekrosegefahr ■ **Peniskarzinom:** in hochzivilisierten Ländern (bei regelmäßiger Reinigung des Vorhautsacks) selten

5.5.8 Scrotum (Hodensack)

GLIEDERUNG, RELIEF	FEINBAU	LEITUNGSBAHNEN	KLINIK
● Beutelartige Ausstülpung der Haut der Regio urogenitalis zur Aufnahme von Hoden, Nebenhoden und Samenstrang mit deren Hüllen ● große Oberfläche bedeutet Wärmeverlust → Temperatur im Hodensack einige Grad unter Körperkerntemperatur (je nach Bekleidung und Umwelttemperatur verschieden), wichtig für Temperaturregulation im Hoden ● *Raphe scroti* [scrotalis] (Hodensacknaht): als Rest der embryonalen Verwachsung median mehr oder weniger gut sichtbar (z.B. als stärker pigmentierter Streifen), setzt sich ventral in Raphe penis, dorsal in Raphe perinealis fort ● *Septum scroti* [scrotale] (Hodensackscheidewand): trennt Hodensack median in 2 Kammern	**Cutis scroti** (Hodensackhaut): ● dünn, fettarm, stärker pigmentiert ● Talgdrüsen als kleine Knötchen sicht- und tastbar ● Tunica dartos (Fleischhaut): Schicht glatter Muskelzellen (M. dartos) zwischen Dermis und Subcutis, paßt Hodensackhaut an Lage des Hodens an: • bei hochgezogenem Hoden (Kälte, Kremasterreflex) wird die Hodensackhaut zusammengerunzelt • bei herabgesunkenem Hoden erschlafft die Hodensackhaut und wird glatt ● lockeres Bindegewebe zwischen Tunica dartos und Hodenhüllen erleichtert Verschiebung des Hodens	■ **Arterien:** ● ventral Rr. scrotales anteriores der Aa. pudendae externae (aus A. femoralis) ● dorsal Rr. scrotales posteriores der A. pudenda interna (aus A. ilaca interna) ■ **Venen:** Abfluß über ● Vv. scrotales anteriores zu Vv. pudendae externae (weiter über V. saphena magna zur V. femoralis) ● Vv. scrotales posteriores zur V. pudenda interna (weiter zur V. iliaca interna) ■ **regionäre Lymphknoten:** Nodi lymphatici inguinales superficiales superomediales ■ **sensible Innervation:** ● Nn. scrotales anteriores des N. ilioinguinalis (aus Plexus lumbalis) ● R. genitalis des N. genitofemoralis (aus Plexus lumbalis) ● Nn. scrotales posteriores des N. pudendus (aus Plexus sacralis) ■ **motorische Innervation** (Tunica dartos): R. genitalis des N. genitofemoralis (aus Plexus lumbalis)	● *Skrotalreflex*: Bestreichen der Perinealhaut → Kontraktion der Tunica dartos (Runzelung der Hodensackhaut) ● *Skrotalhernie* (Hodensackbruch): in das Scrotum abgestiegene Inguinalhernie ● *Skrotalödem*: starke Schwellung des Hodensacks bei Lymphabflußstörung, z.B. bei Lymphogranuloma inguinale (durch Chlamydia trachomatis verursachte Geschlechtskrankheit) ● *Skrotalhämatom*: Blutungen können sich im lockeren Bindegewebe rasch ausbreiten → bläulich-rote Verfärbung des Scrotum ● *Skrotalkarzinom*: früher Berufskrankheit bei Schornsteinfegern (Ruß!), Teer- und Paraffinarbeitern

5.6 Embryologie (Entwicklungsgeschichte)

Wichtige Vorbemerkungen:
● Wie kaum ein anderes Teilgebiet der Anatomie ist das Studium der Frühentwicklung des Menschen zur Zeit in einem stürmischen Umbruch. Früher wurden im wesentlichen Beobachtungen über die Entwicklung von Wirbeltieren auf den Menschen übertragen. Seit einigen Jahren sind jedoch auch frühe Entwicklungsstadien des Menschen infolge der In-vitro-Fertilisation und der weitgehenden Freigabe des Schwangerschaftsabbruchs für die Forschung reichlich verfügbar. Deshalb müssen viele ältere Lehrmeinungen revidiert werden. Beim Vergleich mehrerer Lehrbücher der Embryologie kann man zu manchen Problemen entsprechend viele Interpretationen finden. Man sollte daher auch die folgenden Tabellen nicht zu dogmatisch sehen.
● Die offiziellen Nomina embryologica stimmen nicht völlig mit den Nomina anatomica und Nomina histologica überein. In den Abschnitten 5.6 bis 5.8 und den entwicklungsgeschichtlichen Tabellen der Organkapitel können daher die Bezeichnungen geringfügig von denen im übrigen Buch abweichen, z.B. Papilla dentis und Papilla dentalis.

5.6.1 Allgemeines

Zeitangaben

ALTER	NULLPUNKT (AUSGANGSPUNKT DER BERECHNUNG)	KOMMENTAR	BEVORZUGT ANGEWENDET IN
Entwicklungsalter (Konzeptionsalter)	Befruchtung	● An sich einzig richtige Zeitangabe, aber in der Praxis nicht genau zu bestimmen, ausgenommen bei künstlicher Befruchtung (In-vitro-Fertilisation) ● beste Annäherung: Ovulationsalter (⇨ unten) ● bei Früchten ohne anamnestische Angaben gewöhnlich nach Entwicklungsstadium und Größe geschätzt	Embryologie
Ovulationsalter	14. Tag vor erwartetem Beginn der ersten ausgefallenen Menstruation	● Da Gelbkörperphase bei den meisten Frauen konstant 14 Tage beträgt, ist bei konstanter Zyklusdauer der Ovulationstermin gut abzuschätzen ● da Eizelle nur wenige Stunden befruchtungsfähig, ist das Ovulationsalter nur wenige Stunden größer als das Konzeptionsalter, kann also in der Praxis mit dem Konzeptionsalter gleichgesetzt werden	Embryologie
Menstruationsalter	Erster Tag der letzten normalen Menstruation	● Beginn der letzten normalen Menstruation ist der einzige Termin, der von den meisten Schwangeren einigermaßen sicher angegeben werden kann ● der Bezug zum Ovulationsalter ist abhängig von der Zyklusdauer (Differenz = Zyklusdauer minus 14)	Klinik
Schwangerschaft	Erster Tag der erwarteten, aber ausgefallenen Menstruation	● Nach vollzogener Einnistung der Blastozyste stellt sich der mütterliche Organismus auf seine neue Aufgabe ein ● "Schwangerschaft" beginnt für Frau mit Ausbleiben der fälligen Menstruation, also erst nach 2 Wochen Entwicklung der Frucht bzw.vom Ende des ersten "Schwangerschaftsmonats"* (Menstruationsalter) an	Rechtswissenschaft

* "Schwangerschaftsmonate": gewöhnlich als Lunarmonate (28 Tage) gerechnet

Wichtige Termine
Alle Angaben als Entwicklungsalter

BEGRIFF	DEFINITION
Mittlere Tragzeit	268 ± 10 Tage (≈ 38 Wochen)
Teilung des Keims zu eineiigen Zwillingen	Bis etwa Ende 2. Woche möglich (Carnegie-Stadium 6)
Frühgeburt	Mehrere Definitionen: ● vorzeitig geborenes, aber überlebensfähiges Kind: für Überlebensfähigkeit ist entscheidend vor allem die Möglichkeit der eigenen Sauerstoffversorgung, d.h. entsprechende Reifung der Lunge (ab 26., ausnahmsweise ab 24. Woche) ● Geburt zwischen 26. und 36.Woche ● vorzeitig geborenes, lebendes Kind mit Geburtsgewicht unter 2500 g (WHO)
Legaler Schwangerschaftsabbruch (§218 StGB)	● Bis 14. Woche (Ende des 3. Monats der "Schwangerschaft"), bei kindlicher Indikation bis 24. Woche ● Maßnahmen vor Beginn der "Schwangerschaft" (also bis zum Ende der 2. Woche Entwicklungsalter) sind juristisch irrelevant, z.B. Nidationshemmer, "Pille danach"

Phasen der vorgeburtlichen Entwicklung

PHASE	UNTERPHASE	ENTWICKLUNGSVORGÄNGE	CARNEGIE-STADIUM	OVULA-TIONSALTER (WOCHEN)	MENSTRUA-TIONSALTER (WOCHEN)	SCHWAN-GERSCHAFT (WOCHEN)
Prä-embryonal-periode	Präimplantations-stadien	● Von Befruchtung bis Anheftung der Blastozyste an Endometrium ● Segregation von Embryoblast und Trophoblast	1-4	1	3	-
	Implantations-stadien	● Eindringen in Endometrium ● bilaminare Keimscheibe ● Bildung von Chorion, Amnion und Dottersack	5-6	2	4	-
	Dreiblättrige Keimscheibe	Invagination des Mesoderms	7-9	3	5	1
Embryonal-periode	Embryo i.e.S.	● Anlage aller wichtigen Organe ● Placenta ● Keim wird zunehmend "menschen-ähnlich"	10-23	4-8	6-10	2-6
Fetal-periode	Frühe Fetalzeit	Abschluß der Organbildung	-	9-12	11-14	7-10
	Mittlere Fetalzeit	Überwiegend Wachstum und Diffe-renzierung	-	13-25	15-27	11-23
	Späte Fetalzeit	● Reifung der Organe zu Funktions-fähigkeit ● Wachstum	-	26-38	28-40	24-36

Wichtige Begriffe

BEGRIFF	DEFINITION	BEISPIEL
Prospektive Potenz	Summe der Möglichkeiten der Weiterentwicklung einer Zelle (Zellgruppe)	Prospektive Potenz einer Morulazelle im 8-Zellen-Stadium ist ein vollständiger Organismus: Wird sie aus dem Verband der übrigen Zellen gelöst, kann sie sich zu einem vom Rest der Morula unabhängigen Keim weiterentwickeln (eineiiger Zwilling)
Prospektive Bedeutung	Wahrscheinliches Ziel der Entwicklung einer Zelle	Prospektive Bedeutung einer wandständigen Zelle der Morula ist der Tropho-blast, einer Zelle im Innern der Morula der Embryoblast
Restriktion	Einengen der prospekti-ven Potenz einer Zelle	Die gesamte Frühentwicklung ist ein Vorgang ständiger Restriktion, d.h. immer weiterer Spezialisierung der Zellen
Determination	Festlegen einer Zelle auf prospektive Bedeutung	Wird eine determinierte Zelle aus ihrem Verband gelöst und an einer anderen Körperstelle eingefügt, so kann sie sich nur entsprechend ihrer Herkunft, nicht gemäß ihrem Implantationsort weiterentwickeln
Differenzierung	Bilden gewebetypischer Strukturen	Auswachsen von Fortsätzen bei Nervenzellen, Auftreten kontraktiler Fibrillen in Muskelzellen usw.
Induktion	Auslösen der Differenzie-rung einer Zellgruppe durch eine andere Zell-gruppe ("Organisator") oder äußere Reize	● Bildung der Neuralplatte im Ektoderm erfolgt nur bei Kontakt mit der Chorda-anlage (fehlt Chordafortsatz, so unterbleibt Neurulation) ● Augenbläschen induziert Linsenbildung im Oberflächenektoderm, Augenlinse wiederum induziert Bildung der Cornea ● Ureterknospe induziert in metanephrogenem Blastem Bildung der Tubuli renales
Fehlgeburt (Abortus)	Totgeborene Leibesfrucht von weniger als 1000 g Geburtsgewicht	● Spontane Fehlgeburt: z.B. bei intrauterinem Fruchttod ● künstliche Fehlgeburt (artifizieller Abort): Schwangerschaftsabbruch

5.6.2 Erste Entwicklungswoche (Präimplantationsstadien)

Durchmesser etwa 0,1-0,2 mm (kein Wachstum, Zellen werden immer kleiner)

STADIUM ALTER*	ENTWICKLUNG	ENTWICKLUNGSSTÖRUNGEN
1 **Zygota** (Zygote, befruchtete Eizelle) 0-1 d	● Eizelle + Zona pellucida + Corona radiata werden nach Ovulation rasch durch Ampulla tubae uterinae transportiert, verweilen dann (bis 3 Tage) an Übergang zu Isthmus, dort Befruchtung ● nach Ejakulation vollenden Spermien in Uterus und Eileiter Membranreifung ("*Capacitation*"), dann Akrosomenreaktion: Auflösung des Plasmalemm und der äußeren Akrosomenmembran über Kopfkappe, Austritt der Akrosomenenzyme, dadurch Penetration der Zona pellucida möglich ● "*Polyspermieblock*": verhindert Eindringen weiterer Spermien, Depolarisationswelle als Sofortreaktion durch Vereinigung der Membranen von Ovozyt und Spermium ausgelöst, es folgt Dauerblockade durch Rindengranula-Extrusion ● Vollendung der 2. Reifeteilung der Eizelle, Bildung des weiblichen und männlichen Vorkerns (Pronucleus) dauert etwa 20 Stunden, in beiden Chromosomenreduplikation, Auflösung der Vorkernmembranen (keine vorherige Membranverschmelzung!), gemeinsame Teilungsspindel, erste Furchungsteilung ● bereits wenige Stunden nach Befruchtung von Zygote EPF (*early pregnancy factor*) sezerniert: schützt Frucht vor mütterlicher Immunabwehr	● Befruchtung außerhalb des Eileiters kann zu Bauchhöhlen- oder Eierstockschwangerschaft führen (wird sehr selten ausgetragen) ● Zygoten mit 3 Vorkernen kommen vor (bei In-vitro-Fertilisation etwa 10 %): 2 Spermien sind in den Ovozyten eingedrungen, meist geht 1 Vorkern zugrunde, selten *Triploidie* (regelmäßig Tod in Embryonalperiode) oder Chromosomenmosaik ● Mehrzahl der Frühaborte (Abgang der Frucht bis zum Ende des 1. Schwangerschaftsmonats) chromosomal bedingt
2 **Morula** ("Maulbeerstadium") 2-3 d	● Furchungsteilungen führen zu 2-, 4-, 8-, 16-, 32-Zellen-Stadium ● *Compaction*: Oberflächenzellen lagern sich eng zusammen, bilden Zellkontakte ● innere Zellen werden zum Embryoblasten (→ Embryo), äußere zum Trophoblasten (→ Eihüllen + Placenta)	
3 **Blastocystis uni-/ bilaminaris** (freie Blastozyste) 4-5 d	● Erweiterung der Interzellularräume im Innern der Morula ("*Cavitation*"), Zusammenfluß zu Blastozysthöhle (*Cavitas blastocystica*) ● Fortsetzung des Transports durch Tuba uterina ● *Embryoblast* zweischichtig: • primäres Endoderm (inneres Keimblatt, der Blastozystenhöhle zugewandt, auch *Hypoplast* genannt) • primäres Ektoderm (äußeres Keimblatt, *Epiplast*) ● Beginn der Sekretion von HCG (*human chorionic gonadotropin*) durch den Trophoblasten: hält Corpus luteum funktionsfähig und verhindert damit Menstruation ● Sekretion auch von PAF (*platelets activating factor*): verstärkt Kapillarpermeabilität im Endometrium	"*Pille danach*" (morning after pill): ● hohe Dosen von Östrogenen über 5 Tage, beginnend innerhalb von 24 Stunden nach Geschlechtsverkehr, verhindern Implantation (nicht Befruchtung und Blastozystenbildung!) ● wegen starker Nebenwirkungen nicht als "Routinemethode" der Kontrazeption zu empfehlen ● Indikation: z.B. Vergewaltigung zur Zeit der Ovulation
4 (angeheftete Blastozyste) 6 d	● Auflösung der Zona pellucida ● Anheftung mit embryonalem Pol an Endometrium: Kontakte der Microvilli, erste Ausläufer von Trophoblastzellen zwischen Endometriumzellen	● Vorzeitige Auflösung der Zona pellucida: Anheftung schon in Tube (→ Tubargravidität) ● keine Auflösung der Zona pellucida: Anheftung unterbleibt, Blastozyste geht ab

* *Carnegie-Stadium*, darunter Bezeichnung der Nomina embryologica (sofern vorhanden), darunter in Klammern übliche Bezeichnung in deutschsprachigen Lehrbüchern der Embryologie, darunter ungefähres Alter (Enwicklungsalter) in Tagen

5.6.3 Zweite Entwicklungswoche (Implantationsstadien)

● Durchmesser etwa 0,1-0,2 mm (noch kein Wachstum des Embryoblasten)
● Der Begriff "Implantationsstadien" ist offen: Manche Autoren rechnen schon Carnegie-Stadium 4 (Anheftung) und noch die Stadien 7 und 8 (endgültiger zellulärer Schluß des Endometriums über Frucht) hinzu

STADIUM ALTER*	ENTWICKLUNG TROPHOBLAST	ENTWICKLUNG EMBRYOBLAST + HOHLRÄUME	ENTWICKLUNGS- STÖRUNGEN
5a 7-8 d	*Trophoblast* wird am embryonalen Pol zweischichtig: ● **Cytotrophoblast**: dem Embryoblasten zugewandt, lebhafte Zellteilung ● **Syncytiotrophoblast**: dem Endometrium zugewandt, ohne Zellgrenzen (synzytial), dringt durch Endometriumepithel bis in Stroma endometriale vor	■ Bildung von 3 Hohlräumen: ● **Amnionhöhle** (Cavitas amniotica): zwischen Ektoderm und Trophoblast aus konfluierendem Spalt in Ektoderm, Wand auf Seite des ● Embryoblasten (hohe Zellen) ist Ektoderm ● Trophoblasten (flache Zellen) wird Amnion genannt ● **primärer Dottersack** (Saccus vitellinus primarius): zwischen Endoderm und Chorionhöhle aus konfluierendem Spalt im Endoderm, Grenze gegen Chorionhöhle dünne Zellschicht + Basalmembran (Heuser-Membran) ● **Chorionhöhle** (Cavitas chorionica [Coeloma extra-embryonicum]): Rest der Blastozysthöhle, wird von zellulärem Maschenwerk aus extraembryonalem Mesoderm gefüllt (stammt vermutlich vom Endoderm), gegen den Trophoblasten durch Basalmembran abgegrenzt, umgibt Amnion + Keimscheibe + Dottersack	■ Mehrzahl der Blastozysten wird abgestoßen, bei ● natürlicher Befruchtung etwa 60 % ● künstlicher Befruchtung und Blastozysttransfer ("Embryotransfer"): etwa 80 % ■ Ursachen: primäre Störung von ● Embryoblast: vor allem Chromosomenanomalien ● Trophoblast: z.B. ungenügende Eindringtiefe, mangelnde Lakunenbildung bedingt unzureichende Ernährung des Embryoblasten
5b 9-10 d	● Bildung von Hohlräumen (Lakunen) im Trophoblasten ● Arrosion mütterlicher Blutgefäße, Blut tritt in Lakunen aus	● NB: nach anderer Auffassung ist der primäre Dottersack der Rest der Blastozystenhöhle und entsteht die Chorionhöhle sekundär als Spalt im extraembryonalen Mesoderm	
5c 11-12 d	● Lakunen verbinden sich, werden von mütterlichem Blut durchspült ● Epitheldefekt im Endometrium durch Fibrin geschlossen (Schlußkoagel)	● Vergleich: im Innern eines größeren Luftballons (Chorionhöhle) zwei kleinere Luftballons (Amnionhöhle + Dottersack), die an Keimscheibe miteinander verklebt und mit Haftstiel an Innenseite des größeren Ballons aufgehängt sind ■ **bilaminare Keimscheibe** (*Discus embryonicus*): 2 Schichten größerer Zellen zwischen Amnionhöhle und Dottersack: ● *Ectoderma embryonicum*: Boden der Amnionhöhle ● *Endoderma embryonicum*: Dach des Dottersacks	
6a 13 d		**Sekundärer Dottersack** (Saccus vitellinus secundarius): ● Verkleinerung des primären Dottersacks mit Abschnürung von Exozölzysten ● Dach des Dottersacks (Tectum sacci vitellini) bleibt das Endoderm	
6b 14-15 d	*Primäre Trophoblastzotten*: 2 Schichten (von Oberfläche zur Tiefe): ● Syncytiotrophoblast ● Cytotrophoblast	Mit **Primitivstreifen** (Linea primitiva) wird Längsachse des Körpers festgelegt: ● von kaudalem Ende der Keimscheibe wächst Verdickung in Ektoderm nach kranial ● vorderes Ende = *Primitivknoten* (Nodus primitivus) ● mediane Rinne = *Primitivrinne* (Sulcus primitivus) endet an Primitivknoten mit Primitivgrube (Fovea primitiva) ● Beginn der Bildung des intraembryonalen Mesoderms (mittleres Keimblatt, *Mesoderma intra-embryonicum*) von Primitivgrube ausgehend: Einwanderung von Zellen zwischen Ektoderm und Endoderm ("*Invagination*"), die sich nach kranial und lateral (dort Übergang zum extraembryonalen Mesoderm) ausbreiten (in Analogie zu Entwicklung bei niederen Wirbeltieren auch "*Gastrulation*" genannt) ● ursprünglich runde Keimscheibe wird birnförmig (sandalenförmig) längsgestreckt (kranial breit, kaudal schmal)	Endometriale Blutung an Einnistungsstelle kann (schwache) Menstruationsblutung vortäuschen und zu Fehlberechnung der Schwangerschaft führen

* Carnegie-Stadium, darunter ungefähres Alter (Enwicklungsalter) in Tagen

5.6.4 Dritte Entwicklungswoche (dreiblättrige Keimscheibe)

STADIUM LÄNGE ALTER*	EIHÜLLEN	KEIMSCHEIBE
7 0,4 mm 16-17 d	■ Starke Ausdehnung der *Chorionhöhle*: ● großer Hohlraum zwischen Trophoblast einerseits und Amnion + Keimscheibe + Dottersack andererseits, mit lockerem Maschenwerk aus extraembryonalem Mesoderm gefüllt ● Maschenwerk verdichtet: • an Grenze zu Trophoblast (parietales extraembryonales Mesoderm) • um Amnion + Keimscheibe + Dottersack (viszerales extraembryonales Mesoderm, "*Hüllmesoderm*") ● *Haftstiel* (Pedunculus connectens [Pedunculus corporealis]): dichteres Maschenwerk zwischen viszeralem und parietalem extraembryonalen Mesoderm im Bereich zwischen Amnion und Trophoblast am kaudalen Ende der Keimscheibe wird zur einzigen Verbindung zwischen Keimscheibe und Trophoblast ■ *sekundäre Chorionzotten*: 3 Schichten (von Oberfläche zur Tiefe): ● Syncytiotrophoblast ● Cytotrophoblast ● parietales extraembryonales Mesoderm	Discus embryonicus <trilaminaris>: ■ **Ektoderm/Endoderm**: An 3 Stellen bleiben Ekto- und Endoderm in unmittelbarem Kontakt: ● *Prächordalplatte* (Lamina prechordalis): Verdickung im Endoderm kranial des Primitivknotens ● *Rachenmembran* (Membrana oropharyngealis [buccopharyngealis]): kranial der Prächordalplatte ● *Kloakenmembran* (Membrana cloacalis [proctodealis]): am kaudalen Ende ■ **Endoderm**: ● *Allantoisdivertikel* (Diverticulum allanto-entericum): kaudal von Kloakenmembran aus Dottersack in den Haftstiel auswachsend ■ **Mesoderm**: ● *Chordafortsatz* (Processus notochordalis): vom Primitivknoten kranial in Richtung Prächordalplatte invaginierte Zellen bilden Strang mit zentraler Lichtung = Chordakanal (Canalis notochordalis) ● mit Wachstum des Chordafortsatzes bildet sich Primitivstreifen zurück ● *Area cardiogenica*: Zellverdichtung am kraniolateralen Rand der Keimscheibe wird zur Anlage des Herzens ● erste Blutgefäßgeflechte in Dottersackwand
8 **Periodus initialis sulci neuralis** (Beginn der Neurulation) 1 mm 18-19 d	*Tertiäre Chorionzotten*: im Kern aus parietalem extraembryonalen Mesoderm entstehen Kapillaren	■ **Ektoderm**: Anlage des Zentralnervensystems (Neurulatio): ● *Neuralplatte* (Lamina neuralis): mediane Verdickung im Ektoderm kranial des Primitivknotens, durch Chordafortsatz induziert ● *Neuralrinne* (Sulcus neuralis): die in der Neuralplatte lateral gelegenen Ektodermzellen teilen sich rascher als die medianen, so daß seitlich Wülste (Neuralwülste) und median eine Einsenkung (Neuralrinne) entsteht ■ **Mesoderm**: ● *Chordaplatte* (Lamina notochordalis): Chordafortsatz wird vorübergehend in Endoderm aufgenommen ● dadurch vorübergehend Verbindung zwischen Amnion über Primitivgrube und Chordakanal zu Dottersack (*Canalis neurentericus*) ● *Chorda* (Notochorda): Chordaplatte löst sich aus Endoderm und liegt wieder zwischen Ekto- und Endoderm ■ Gliederung des intraembryonalen Mesoderms (Mesoderma intra-embryonicum): ● *paraxiales Mesoderm* (Stammplatten, Mesoderma paraxiale [Epimerus]): lateral vom Chordafortsatz, wird später metamer gegliedert (Somiten = Ursegmente) ● *intermediäres Mesoderm* (Mesoderma intermedium [Mesomerus]): lateral vom paraxialen Mesoderm, nicht gegliedert, später nephrogenes Blastem ● *Seitenplatten* (Mesoderma laminae lateralis [Hypomerus]): später Gliederung in Somato- und Visceropleura ● *Mesoderma cardiogenicum*: an Prächordalplatte vorbei kranial wanderndes Mesoderm bildet Anlage des Herzens

Fortsetzung der Tabelle nächste Seite
* Carnegie-Stadium, darunter Bezeichnung der Nomina embryologica (sofern vorhanden), darunter in Klammern übliche Bezeichnung in deutschsprachigen Lehrbüchern der Embryologie, darunter größte Länge der Keimscheibe, darunter ungefähres Alter (Enwicklungsalter) in Tagen

Dritte Entwicklungswoche (Fortsetzung)

STADIUM LÄNGE ALTER*	EIHÜLLEN	KEIMSCHEIBE
9 **Periodus sulci neuralis maturi et somitorum immaturorum** (Neuralrinne und Beginn der Somitenbildung) 2 mm 20-21 d	*Cytotrophoblasthülle*: Cytotrophoblast durchbricht der Decidua anliegende Schicht des Syncytiotrophoblasten und bildet neue Grenzschicht zwischen mütterlichem und kindlichem Gewebe	■ Ektoderm: ● *Neuralfalten* (Plicae neurales): Neuralrinne wird immer tiefer, Neuralwülste falten sich auf ● *Sulcus opticus*: zunächst flache schräge dorsale Rinne deutet Grenze zwischen späterem Di- und Telencephalon an ● *Ohrplakode* (Placoda otica): Ektodermverdickung lateral des Neuralwulstes auf Höhe des späteren Rhombencephalon ■ Mesoderm: ● Beginn der metameren Gliederung des paraxialen Mesoderms im Okzipitalbereich (Zona [Lamina] segmentalis), von da kaudal fortschreitend: *Somiten* (Somiti, *Ursegmente*) 1-3 ● durchgehender *Herzschlauch* (Cor tubulare simplex) aus Zusammenfluß isolierter Bläschen ● Bildung des *Septum transversum* auf Höhe des 4. Halssomiten

* Carnegie-Stadium, darunter Bezeichnung der Nomina embryologica (sofern vorhanden), darunter in Klammern übliche Bezeichnung in deutschsprachigen Lehrbüchern der Embryologie, darunter größte Länge der Keimscheibe, darunter ungefähres Alter (Enwicklungsalter) in Tagen

Abkömmlinge der 3 Keimblätter

EKTODERM	MESODERM	ENDODERM
■ **Neur(o)ektoderm:** ① *Neuralrohr:* ● Gehirn und Rückenmark ● Retina ● Epiphyse ● Neurohypophyse ② *Neuralleiste:* ● sensible Nerven mit Ganglien ● sympathische Nerven mit Ganglien ● Pia + Arachnoidea mater ● Schwann-Zellen ● Nebennierenmark ● Pigmentzellen ● Bewegungsapparat des Kopfes (Mesektoderm) ■ **Oberflächenektoderm:** ● Epidermis ● epitheliale Anteile der Anhangsgebilde der Haut: Haare, Nägel, Hautdrüsen ● Augenlinse ● Innenohr ● Adenohypophyse ● Zahnschmelz	■ **Paraxiales Mesoderm** (Somiten): ● Bewegungsapparat (ausgenommen im Kopfbereich) ● Dermis + Subkutis ■ **Intermediäres Mesoderm** (Somitenstiele): ● Harnorgane: nur Niere, Ureter, Trigonum vesicae ● innere Geschlechtsorgane ■ **Seitenplatten:** ● seröse Häute (Pleura, Pericardium, Peritoneum) ● Bindegewebe und Muskeln aller inneren Organe ● Herz + Blutgefäße ● lymphatische Organe (ausgenommen Thymus und Tonsillen) ● Nebennieren ■ Gliederung des Mesoderms in 4. Entwicklungswoche (Mesoderma per periodum branchiogenesis): ● *Mesoderma paraxiale*: Somiti gegliedert in • Dermatomi • Myotomi • Sclerotomi ● *Mesoderma intermedium* ● *Mesoderma laminae lateralis*: • Mesoderma somaticum [parietale], Somatopleura • Mesoderma splanchnicum [viscerale], Splanchnopleura ● *Mesoderma pharyngeale [branchiale]* ● *Mesoderma gemmarum membrorum*: • Massa dorsalis • Massa ventralis ● *Mesenchyma*	■ Pharynx und Abkömmlinge der *Schlundtaschen* ● Epithel von Tuba auditoria + Cavitas tympanica ● Tonsillen ● Glandula thyroidea ● Glandulae parathyroideae ● Thymus ■ epitheliale Anteile der unteren Atemwege: ● Kehlkopf ● Trachea ● Bronchen + Lunge ■ epitheliale Anteile des Magen-Darm-Kanals einschließlich Leber und Pancreas ■ Abkömmlinge des *Sinus urogenitalis*: ● Epithel von Harnblase (ohne Trigonum vesicae) und Harnröhre ● Scheide (Teile), Vestibulum vaginae, Glandula vestibularis major ● Prostata, Glandula bulbourethralis

5.6.5 Vierte Entwicklungswoche: Abfaltung des Embryos

Zuordnung zu den Stadien 10-13 am einfachsten nach der Zahl der Somiten (Ursegmente)

STADIUM LÄNGE ALTER*	EMBRYO ALS GANZES OBERFLÄCHE BEWEGUNGSAPPARAT	NERVENSYSTEM + SINNESORGANE	EINGEWEIDE
10 **Periodus tubi neuralis** (Neuralrohr) **Periodus pharyngealis initialis** (beginnendes Rachenstadium) 4-12 Somiten 3 mm 22-23 d	■ Starkes Längenwachstum: Embryo verdoppelt in 4. Woche seine Länge ● Dottersack (ventrale Mitte des Embryos) nimmt an Längenwachstum nicht teil, deswegen krümmen sich kraniales und kaudales Ende nach ventral (in Seitenansicht C-förmig) ● Keim hebt sich aus dem ursprünglichen Niveau der Keimscheibe heraus ■ Amnionhöhle dehnt sich aus, wächst um Embryo herum, dadurch Bildung von 3 "Falten" am Embryo: ● *Kopffalte* (Plica capitalis) ● *Schwanzfalte* (Plica caudalis) ● *Seitenfalte* (Plica lateralis corporis) ■ Bildung der ersten beiden **Schlundbogen** (Branchialbogen, "Kiemenbogen"): ● *Mandibularbogen* (Arcus pharyngealis [branchialis] primus (I)) mit Prominentia maxillaris und Prominentia mandibularis ● erste *Branchialfurche* (Kiemenfurche, Sulcus pharyngealis [branchialis] primus (I)) ● *Hyoidbogen* (Arcus pharyngealis [branchialis] secundus (II))	■ **Neuralrohr** (Tubus neuralis): ● Neuralfalten wachsen aufeinander zu, vereinigen sich median ● Verschmelzung beginnt in Mitte der Keimscheibe und schreitet kranial und kaudal fort ● dorsal des Neuralrohrs vereinigt sich Oberflächenektoderm ● kraniales (Neuroporus rostralis) und kaudales Ende (Neuroporus caudalis) bleiben vorerst noch offen und klaffen deutlich auseinander ■ Beginn der Bildung der **Neuralleiste** (Crista neuralis): aus Neuralwülsten wandern Zellen aus und bilden Leiste neben dem sich schließenden Neuralrohr (erst Stadium 17 beendet) ■ Sinnesorgane: ● Augengrube (Fovea optica) ● Ohrgrube (Fovea otica)	■ Durch Abfaltung Teile des Dottersacks in Bildung des Darms einbezogen: ● vordere Darmbucht (Vorderdarm, *Pre-enteron*): durch Rachenmembran (Membrana oropharyngealis) von ektodermaler Mundbucht (*Stomatodeum*, zwischen Herzanlage und Großhirnanlage) getrennt ● hintere Darmbucht (Hinterdarm, *Metenteron*): durch Kloakenmembran (Membrana cloacalis) von Amnionhöhle getrennt ■ in Kopffalte: ● Septum transversum ● Perikardanlage ● Herzanlage (*Primordium cardiacum*): Bildung der Herzschleife ■ erste Anlage von ● Schilddrüse (*Diverticulum thyroideum*) ● Leber (*Diverticulum hepaticum*) ● Vornierengang (→ *Wolff-Gang*)
11 13-20 Somiten 3,5 mm 24-25 d	■ Amnionhöhle dehnt sich weiter aus, dadurch: ● Verbindung zwischen Embryo und Dottersack eingeengt ● Teil des Hüllmesoderms in Embryo verlagert → Splanchnopleura und Somatopleura ■ Neuralrohr wächst rasch nach kranial und kaudal und krümmt sich ein, dadurch ● Herzanlage vom kraniolateralen Rand der Keimscheibe kaudal verlagert ("*Descensus cordis*"): verbleibt in Nähe des Dottersacks, Herzanlage wölbt sich stark vor (Prominentia cardiaca) ● Kloakenmembran und Haftstiel scheinbar von kaudal nach ventral an den Dottersack verschoben ■ Gemma caudalis (*Endknospe*, Schwanzknospe)	■ Schluß des *Neuroporus cranialis [rostralis]* ■ longitudinale Gliederung des Neuralrohrs wird deutlich: ● *Vorderhirnbläschen* (Prominentia prosencephalica) ● *Mittelhirnbeuge* (Flexura mesencephalica) ● *Mittelhirnbläschen* (Prominentia mesencephalica) ● *Rautenhirnbläschen* (Prominentia rhombencephalica) ● *Nackenbeuge* (Flexura cervicalis) ● *Rückenmark* (Medulla spinalis)	● *Rachenmembran* degeneriert, damit offene Verbindung zwischen Magen-Darm-Kanal und Amnionhöhle ● Beginn der Trabekulierung der Herzwand ● *Perikardhöhle*: Teil des intraembryonalen Zöloms, liegt hufeisenförmig vor Übergang des intra- in extraembryonalen Dottersack ● vordere Darmbucht wird seitlich von paarigen *Ductus pericardiacoperitoneales* begleitet → ventrales und dorsales Mesenterium des Vorderdarms ● *Laryngotrachealrinne*: Beginn der Trennung von Speise- und Luftröhre, Lungenknospe ● Beginn der Bildung der *Urniere*
12 **Periodus initialis gemmarum membrorum** 21-29 Somiten 4 mm 26-27 d	● *3. Schlundbogen* (Arcus pharyngealis [branchialis] tertius (III)) ● Vorwölbungen durch Eingeweideanlagen: *Herzwulst* (Prominentia cardiaca), *Leberwulst* (Prominentia hepatis), *Urnierenwulst* (Prominentia mesonephrica) ● *Armknospe* (Gemma membri superioris) ● Grenzfurche zwischen Amnion und Ektoderm engt sich um den späteren Nabel immer weiter ein: Hiatus umbilicalis wird zum Anulus umbilicalis ● Endknospe ("Schwanz", Cauda) deutlich	● Schluß des Neuroporus caudalis ● *Augenbläschen* (Vesicula optica) ● Gliederung der Neuralleiste in Kopf- und Spinalganglien	● Anlage des *Pancreas dorsale* ● Bildung des Sulcus atrioventricularis und des Sulcus interventricularis ● Beginn des Vorwachsens des *Septum primum* ● Beginn der Fusion der paarigen dorsalen Aorten ● Gefäßplexus um Lungenknospe an 6. Schlundbogenarterie angeschlossen ● *Ductus mesonephricus* (Wolff-Gang) erreicht Kloake

* Carnegie-Stadium, darunter Bezeichnung der Nomina embryologica (sofern vorhanden), darunter Zahl der Somiten, darunter größte Länge des Embryos, darunter ungefähres Alter (Enwicklungsalter) in Tagen

5.6.6 Fünfte bis achte Entwicklungswoche

Wichtige Kennzeichen der Carnegie-Stadien in Stichworten (z.T. nach Hinrichsen und nach Moore), Einzelheiten ⇨ Organentwicklung 5.6.9

WO-CHE	STADIUM LÄNGE ALTER*	EMBRYO ALS GANZES OBERFLÄCHE BEWEGUNGSAPPARAT	NERVENSYSTEM + SINNESORGANE	EINGEWEIDE
5	13 Periodus sera gemmarum membrorum 30-35 Somiten 5 mm 28-31 d	■ *4. Schlundbogen* (Arcus pharyngealis [branchialis] quartus (IV)) sichtbar ■ *Beinknospe* (Gemma membri inferioris): an Extremitätenknospen sind zu unterscheiden: ● Hinterseite (Facies dorsalis) ● Vorderseite (Facies ventralis) ● Längsachse (Axis proximodistalis) ● Hauptarterie (Arteria axialis) ● epitheliale Randleiste (Crista ectodermalis apicalis)	● *Nasenanlage* (Placoda nasalis) ● *Linsenanlage* (Placoda lentis) ● *Ohrbläschen* = Labyrinthbläschen (Vesicula otica [Otocystis])	● *Herzschleife* ● regelmäßige Herzkontraktionen, wirksamer Kreislauf ● Leberzellbalken und -platten ● Anlage des *Pancreas ventrale* ● Teilung der Kloake durch *Septum urorectale* in Sinus urogenitalis vorn und Rectum hinten ● *Ureterknospe* beginnt aus Wolff-Gang (Ductus mesonephricus) auszuwachsen
	14 36-41 Somiten 7 mm 32 d	■ **Nasenwülste**: aus Prominentia frontonasalis heben sich ab: ● *medialer Nasenwulst* (Prominentia nasalis medialis) ● *lateraler Nasenwulst* (Prominentia nasalis lateralis) ● *medianer Nasenwulst* (Processus nasalis medianus) ■ 2. Schlundbogen wächst oberflächlich vor 3. + 4. Schlundbogen nach kaudal mit Plica opercularis [Operculum hyoideum], dadurch entsteht vorübergehend Epitheltasche der Halsbucht (*Sinus cervicalis*) ■ Fovea externa cloacalis	■ Weitere Gliederung des Gehirns: ● Mittelhirnbeuge wird allmählich rechtwinklig ● *Brückenbeuge* (Flexura pontina): nach dorsal gerichtet, teilt Rautenhirnbläschen (Prominentia rhombencephalica) in Nachhirnbläschen (Prominentia metencephalica) + Markhirnbläschen (Prominentia myelencephalica) ■ Neuralleiste: Auswachsen von Axonbündeln aus Kopf- und Spinalganglien ■ Sinnesorgane: ● *Augenbecher* (Calix opticus) ● *Linsengrube* (Fovea lentis) ● *Ohrbläschen* mit endolymphatischem Divertikel ● *Nasenanlage* (Placoda nasalis) beginnt einzusinken	● Beginn der Bildung der *Nabelschleife* ● Anlage der Nebenschilddrüsen ● Speise- und Luftröhre vollständig getrennt ● primäre Glottis ● *metanephrogenes Blastem* als Kappe auf Ureterknospe ● Atrioventrikularsepten beginnen zu fusionieren ● Anlage des Sinusknotens ● Aussprossen der großen unpaaren Äste der Bauchaorta: • Truncus coeliacus • A. mesenterica superior • A. mesenterica inferior ● Milzanlage aus Mesoderm ● *Crista mammaria* (Milchleiste)
	15 42-44 Somiten 8 mm 33-36 d	*Handplatte* (Lamina primitiva manus)	● Paarige *Endhirnbläschen* (Prominentia telencephalica) ● alle Spinalganglien und Spinalnerven angelegt, Beginn der Plexusbildung ● *Linsenbläschen* (Vesicula lentis) ● *Nasengrube* (Fovea nasalis)	● *Rathke-Tasche* als Ausstülpung des Stomatodeum → Adenohypophyse ● Mund- und Nasenhöhle verbinden sich ● Ureterknospe ● hormonbildende Zellen beginnen in *Nebennierenanlage* einzuwandern: • Rindenzellen aus Splachnopleura und Urniere • Markzellen aus Neuralleiste ● *Foramen secundum* entsteht ● rechte Nabelvene (V. umbilicalis) bildet sich zurück
6	16 10 mm 37-40 d	■ *Fußplatte* (Lamina primitiva pedis) ■ Dreigliederung des Arms (Membrum tripartitum) deutlich: ● Brachium ● Antebrachium ● Manus primitiva	● Pigmentierung des Auges beginnt ● *Ohrhöckerchen* (Tubercula auricularia) ● Anlage der Bogengänge ● Nasengrube beginnt ventral zu wandern	● Pancreas ventrale wird nach dorsal verlagert ● Lappenbronchen ● Ureterknospe verbreitert sich zu Nierenbecken ● Anlage des Atrioventrikularknotens ● Erythropoese in Leber

Fortsetzung der Tabelle nächste Seite

5.-8. Entwicklungswoche (Fortsetzung)

Wo-che	Stadium Länge Alter*	Embryo als Ganzes Oberfläche Bewegungsapparat	Nervensystem + Sinnesorgane	Eingeweide
6	17 12 mm 41–43 d	● Nasenwülste durch Furchen getrennt ● *Tränennasenrinne* erreicht größte Tiefe ● knorpelige Wirbelsäule ● Mittelhandstrahlen ● Leberwulst erreicht Größe des Herzwulstes	Schluß der *Augenbecherspalte* abgeschlossen	● Primärer Gaumen ● Choanalmembran ● primäre Nabelschleife ● Gänge der ventralen und dorsalen Pankreasanlage verschmelzen ● Ureterknospe verzweigt sich zu Nierenkelchen ● Schluß des Foramen primum ● Beginn des Vorwachsens des *Septum secundum* ● *Membrana pleuropericardialis* trennt Perikard- und Pleurahöhle
7	18 Periodus labii fissi 15 mm 44–47 d	■ *Gesichtswülste* verschmelzen ● Stirn (Frons) ● Nase mit Nasenöffnungen (Nares) und Sulcus nasomaxillaris ● Mundöffnung (Orificium oris): mit Premaxilla, Maxilla, Mandibula ■ Schädel: ● zusammenhängende knorpelige Schädelbasis ● sekundäre Gaumenwülste ■ Dreigliederung des Beins: ● Femur ● Crus primitivum ● Pes primitivus mit Mittelfußstrahlen ■ Beginn der Ossifikation	● Endhirn stark ausgeweitet: Hemisphärenbläschen überdecken Zwischenhirn ● Linse solide ● Tragus + Antitragus deutlich	● Verbindung der Adenohypophyse zum Rachen verliert Lichtung ● Beginn des *physiologischen Nabelbruchs* ● *Proctodeum* [Fovea analis] ● Choanen geöffnet ● Kehlkopfknorpel im Mesenchym des 3. + 4. Schlundbogens ● Kehlkopflichtung geschlossen ● *Müller-Gang* ● Kloakenmembran reißt (unter Druck des von der Urniere gebildeten Harns?) ● äußeres Genitale: Tuber genitale (Genitalhöcker), Plica urogenitalis, Sulcus urogenitalis ● Beginn der Bildung der Koronargefäße ● Mamillenanlage
	19 18 mm 48–49 d	● Primordia digitorum (*Fingerknospen*) ● Flexurae membrorum (Beugung von Arm und Hand)	● Mesoderm in Cornea ● Axonen der Ganglienzellen der Netzhaut wachsen in Augenbecherstiel (Sehnerv) ein ● Cochlea C-förmig ● vomeronasales Organ	● Knospe der Glandula submandibularis ● Hoden und Eierstock sind zu unterscheiden ● *Septum aorticopulmonale* trennt Aorta und Truncus pulmonalis
8	20 21 mm 50–51 d	● Finger getrennt ● Dorsalflexion Fuß ● Zehenknospen ● Gefäßplexus seitlich Stirn und Hinterhaupt	● Cochlea 1/2 Windung ● Cornea mehrschichtig	● *Analmembran* eröffnet ● Anlage von Glomeruli ● Schluß des *Foramen interventriculare* (Abschluß der Herzseptierung)
	21 23 mm 52–53 d	● Nase, Lider, äußeres Ohr deutlich ● Kopfaufrichtung beginnt ● Hände und Füße zur Medianen	● Hinteres Hornhautepithel ● Cochlea 3/4 Windung	● Glandula submandibularis verzweigt ● 2. + 3. Generation von Glomeruli ● *Membrana pleuroperitonealis* trennt Pleura- und Peritonealhöhle
	22 26 mm 54–55 d	● Beginn des Gaumenschlusses von vorn nach hinten ● Zehen getrennt	● Augenlider beginnen Augapfel zu bedecken ● *Membrana iridopupillaris* ● Cochlea 1 Windung	● 4. + 5. Generation von Glomeruli ● erste Lymphknoten im Halsbereich ● Verbindung der Adenohypophyse zum Rachen unterbrochen
	23 29 mm 56 d	● Unterkiefer prominent (keilförmiges *Spitzgesicht*) ● Sphenoidknorpel geschlossen ● im *Zwerchfell* Beginn der Differenzierung von Sehnen und quergestreiften Muskeln ● Endknospe rückgebildet	● Augenlider noch nicht geschlossen ● Cochlea 1 1/2 Windungen ● sensible Innervation erreicht Finger- und Zehenenden	● Physiologischer Nabelbruch besteht noch ● äußeres Genitale noch indifferent

* Carnegie-Stadium, darunter mittlere größte Länge (mm), darunter ungefähres Alter (Tage, Entwicklungsalter), Länge und Alter mit großer Schwankungsbreite (z.T. methodisch bedingt: Schrumpfung des Embryos bei Fixierung, Schwierigkeit der Bestimmung des Ovulationstermins)

5.6.7 Periodus fetalis (Fetalperiode)

In folgender Tabelle Lunarmonate gerechnet von Beginn der letzten Menstruation an (Menstruationsalter), Entwicklungswochen von Befruchtung an (Entwicklungsalter = Ovulationsalter), SSL = Scheitel-Steiß-Länge (Stammlänge), Körpergewicht in Gramm, Daten z.T. nach Hinrichsen und nach Moore

LUNAR MONAT	ENTW.- WOCHE	SSL (MM)	GRAMM	ÄUSSERE KENNZEICHEN	INNERE ENTWICKLUNG FUNKTIONEN
3	9	33	11	Augenlider verkleben, äußeres Genitale noch nicht zu differenzieren, physiologischer Nabelbruch	Beginn der Besiedlung des Thymus mit präthymischen Vorläuferzellen, in Adenohypophyse TSH-, FSH- und LH-Zellen, Hormone immunzytochemisch nachzuweisen
	10	40	17	Darm wird in Bauchraum zurückverlagert, Beginn der Fingernagelentwicklung	Blutbildung in Leber und Milz, Nachniere scheidet Harn aus, in Speiseröhre Lamina muscularis mucosae, Bildung der Zahnglocken der Milchzähne, Kehlkopflichtung wieder geöffnet, 4 Parenchymzelltypen in Pankreasinseln, Proinsulin immunzytochemisch nachzuweisen
4	11	48	23		Beginn der Bildung des Corpus callosum und der Fossa lateralis cerebri, Tänien und Haustren am Dickdarm
	12	56	30	Geschlecht äußerlich zu erkennen	Erste Statokonien in Utriculus und Sacculus, Thymus funktionsfähig (gibt postthymische Vorläuferzellen ab), Lichtung in Darmkrypten
	13	65	40		Alle Zellarten in Magenschleimhaut differenziert, Beginn der Entwicklung von Nebenhoden und Samenleiter (nachdem Wolff-Gang nicht mehr als Harnleiter der Urniere benötigt wird)
	14	75	60	Kopf aufgerichtet, Beine gut entwickelt	In Lymphknoten Mark und Rinde differenziert, Zungenpapillen
5	15	88	90		Beginn der Besiedlung der Milz mit lymphatischen Zellen
	16	99	130	Ohren stehen vom Kopf ab	Skelett im Röntgenbild deutlich zu erkennen, Ovarien differenziert
	17	112	180		Anlagen der bleibenden Zähne im Kappenstadium
	18	125	250	Vernix caseosa bedeckt Haut, Beginn der Zehennagelentwicklung	Erste Kindsbewegungen von Mutter wahrgenommen, Uterus ausgebildet, Scheide mit Lichtung
6	19	137	320		Beginn der Keratinisierung der Haut
	20	150	400	Flaum (Lanugo) zu erkennen	Braunes Fettgewebe wird angelegt
	21	163	480		Opercula beginnen über Insel vorzuwachsen
	22	176	560	Haut runzlig und rot	Muskulatur hypoton, Pupillenreflex und Fluchtreflex auslösbar, Bildung der Atrioventrikularklappen abgeschlossen
7	23	188	650		Erste Großhirnfurchen (Fissura lateralis, Sulcus centralis), Gehörknöchelchen erreichen Endgröße
	24	200	750	Fingernägel ausgebildet, Körper mager	Kapillarisierung der Lunge, unterste Grenze der selbständigen Lebensfähigkeit, Beginn der Sekretion von Surfactant
	25	213	870		Beginn der Myelinisierung des N. opticus
	26	226	1000	Augen teilweise geöffnet, Lider ausgebildet	Bei Frühgeburt Überlebenschance, weil Atmung möglich, noch keine Unterscheidung von Schlaf- und Wachzuständen, Handgreifreflex und Moro-Reflex auslösbar, generalisierte Zuckungen nach plötzlichem akustischen Reiz, Fettpolster nimmt zu
8	27	236	1130		
	28	250	1260	Augen geöffnet, stärker behaart, Haut leicht schrumpelig	Ende der Erythropoese in Milz, Körper enthält 3-4 % Fettgewebe, Beginn des Descensus testis, beginnender Muskeltonus in Beinen
	29	263	1400		
	30	276	1550	Zehennägel ausgebildet, Körper fülliger	Zyklus von Wach- und Schlafphasen zu erkennen, Saugreflex auslösbar, Anteil an Fettgewebe steigt auf 7-8 %
9	31	289	1700		
	32	302	1900	Fingernägel reichen bis zu Fingerkuppen, Haut rosig und glatt	Insel fast vollständig bedeckt, Oberfläche des Großhirns durch seichte Furchen gegliedert, Gyri noch niedrig
	33	315	2100		Frühgeborenes erkennt einfache optische Muster
	34	328	2300		

Fortsetzung der Tabelle nächste Seite

Fetalperiode (Fortsetzung)

LUNAR MONAT	ENTW.- WOCHE	SSL (MM)	GRAMM	ÄUSSERE KENNZEICHEN	INNERE ENTWICKLUNG FUNKTIONEN
10	35	341	2500		Abnahme der vorher lebhaften Spontanmotorik (Schwangere fühlt weniger Kindsbewegungen)
	36	354	2750	Zehennägel reichen bis zu Zehenkuppen, Flaum (Lanugo) fehlt weitgehend, Körper rundlich, Kopf und Bauch etwa gleichen Umfang	Zuwendung zu Lichtquelle, kräftiger Griff
	37	367	3000		
	38	380	3400	Brustkorb ausgeprägt, Mammae leicht vorgewölbt, Hoden im Hodensack, Fingernägel reichen über Fingerkuppen hinaus, Bauchumfang größer als Kopfumfang	Anteil an Fettgewebe steigt auf 16 %

5.6.8 Neonatus (reifes Neugeborenes)

"Reifezeichen"

ORGAN	REIFEZEICHEN
Gewicht	mindestens 2500 g
Gesamtlänge	mindestens 48 cm
Haut	blaßrosa, nur größere Gefäße scheinen durch, an gesamter Fußsohle einschließlich Ferse Hautfältelung, Unterhautfettpolster gut entwickelt, Lanugobehaarung auf Schultern und Oberarme beschränkt
Mamma	Drüsenkörper von mehr als 10 mm Durchmesser durch Haut zu tasten, Brustwarze gut zu erkennen, Warzenhof deutlich erhaben
Ohrmuscheln	nicht zu falten, Verknorpelung bis Helix fortgeschritten
Fingernägel	überragen Fiingerkuppen
Mitesser	auf Nase beschränkt (Küstner-Reifezeichen)
Labia minora	von Labia majora verdeckt
Hoden	im Hodensack
Nabel	in Mitte zwischen Symphyse und Schwertfortsatz
Knochenkerne	in distaler Femur- und proximaler Tibiaepiphyse

Apgar-Schema

- Summe der Punkte = Apgar-Wert (Apgar-Score), wird eine, fünf und 15 Minuten nach der Geburt bestimmt
- Beurteilung: 7-10: "lebensfrisch", 4-6: leichte bis mäßige Beeinträchtigung, 0-3: schwere Beeinträchtigung
- niedriger Einminutenwert bedeutet hohe Gefährdung des Neugeborenen, Fünfminutenwert läßt Schlüsse auf die weitere Entwicklung zu

KRITERIUM	2 PUNKTE	1 PUNKT	0 PUNKTE
Herzfrequenz	über 100	unter 100	kein Herzschlag
Atmung	regelmäßig (Kind schreit)	schwach oder unregelmäßig	fehlt
Muskeltonus	Kind bewegt sich aktiv	schwache Muskelanspannung	schlaffe Muskeln
Reflexe	lebhaft (Kind schreit)	vermindert (verzieht nur das Gesicht)	keine Reaktion
Hautfarbe	rosig	bläulich	blau-weiß

5.6.9 Organogenesis (Organentwicklung)

Das 31 Tabellenseiten umfassende Kapitel Organentwicklung ist aufgeteilt auf 20 Abschnitte, die in die jeweiligen Organkapitel eingegliedert wurden. Wer die Entwicklungsgeschichte kontinuierlich lesen will, mag nach der folgenden Übersicht vorgehen:

ORGANSYSTEM	ENTWICKLUNG UND ENTWICKLUNGSSTÖRUNGEN
Systema skeletale + Systema musculare (Bewegungsapparat)	Allgemein ⇨ 1.4.9 Skeleton axiale (Achsenskelett) ⇨ 2.1.5 Cranium (Schädel) ⇨ 6.1.1 Skeleton appendiculare (Gliedmaßen) ⇨ 9.1.5
Systema digestivum (Verdauungsorgane)	Cavitas oris (Mundhöhle) und Pharynx (Rachen) ⇨ 7.6.9 Magen-Darm-Kanal ⇨ 4.3.1 Canalis analis (Afterkanal) ⇨ 4.3.1 Cavitas peritonealis (Bauchfellhöhle) ⇨ 4.1.1
Systema respiratorium (Atmungsorgane)	Nasus (Nase) ⇨ 7.8.1 Larynx (Kehlkopf) ⇨ 7.8.7 Untere Atemwege ⇨ 3.1.1
Systema urogenitale (Harn- und Geschlechtsorgane)	Systema renale (Niere und Harnleiter) ⇨ 4.8.1 Gonada (Keimdrüsen) ⇨ 5.3.3 Abkömmlinge des Sinus urogenitalis (Harn- und Geschlechtsbucht) ⇨ 5.3.4 Abkömmlinge der Ductus genitales (Geschlechtsgänge) ⇨ 5.3.5 Mesenterium urogenitale (Gekröse der Harn- und Geschlechtsorgane) ⇨ 5.3.6 Genitalia externa (äußere Geschlechtsorgane) ⇨ 5.3.7
Systema cardiovasculare (Kreislauforgane)	Cor (Herz) ⇨ 3.2.2 Arteriae (Arterien) ⇨ 2.4.7 Venae (Venen) ⇨ 2.5.7
Systema lymphaticum (lymphatisches System)	⇨ 1.5.8
Systema nervosum (Nervensystem)	⇨ 7.1.1
Organa sensoria (Sinnesorgane)	Oculus (Auge) ⇨ 7.5.2 Auris (Hör- und Gleichgewichtsorgan) ⇨ 7.4.1
Systema integumentale (Haut)	⇨ 1.9.9

5.7 Eihäute und Placenta (Membranae fetales humanae)

5.7.1 Amnion (Schafshaut) und Liquor amnioticus (Fruchtwasser)

AMNION	FRUCHTWASSER	KLINIK
■ **Definition:** ● Amnion bildet innere Begrenzungsschicht der mit Fruchtwasser (Liquor amnioticus) gefüllten Amnionhöhle (*Cavitas amniotica*) ● diese umschließt ab dem 2. Entwicklungsmonat den gesamten Embryo bzw. Fetus (Frucht "schwimmt " im Fruchtwasser) ■ **Entwicklung:** ● *primäres Amnion* (Amnion primarium): während Implantation der zweiblättrigen Blastozyste am Beginn der 2. Entwicklungswoche erweitert sich Interzellularspalt im Ektoderm zu Amnionhöhle, amniogene Zellen (Cellulae amniogenicae [Amnioblasti]) aus Ektoderm wandern an Chorion entlang ● *endgültiges Amnion* (Amnion definitivum): Amnionhöhle weitet sich in 4. Entwicklungswoche im Zuge der Abfaltung des Embryo stark aus, umschließt gesamten Embryo, wird gegen Chorion von Mesoderm unterlagert (Mesoderma amnioticum) ■ **"Fruchtblase"** (Terminologie des Geburtshelfers): die das Fruchtwasser umgebenden Eihäute: ● Innenschicht: Amnion ● Außenschicht: Chorion ■ **Eihäute bei Zwillingen** (Gemini): 4 Alternativen: ① *bei zwei- und eineiigen Zwillingen*: ● Placenta + Chorion + Amnion getrennt (Placenta duplex dichorialis diamnialis) ● gemeinsame Placenta (Verwachsung zweier zunächst getrennter Plazenten), aber Chorion + Amnion getrennt (Placenta simplex dichorialis diamnialis) ② *nur bei eineiigen Zwillingen*: ● gemeinsame Placenta + gemeinsames Chorion, aber Amnion getrennt (Placenta simplex monochorialis diamnialis) ● Placenta + Chorion + Amnion gemeinsam (Placenta simplex monochorialis monamnialis)	■ **Aufgaben** des Fruchtwassers: ● freie Entfaltung der Frucht ohne Verklebung mit umhüllenden Gewebe ● Bewegungsraum für Frucht: "Kindsbewegungen" werden etwa ab Ende des 4. Entwicklungsmonats von der Schwangeren wahrgenommen, mit Ultraschall schon früher nachzuweisen ● Schutz vor mechanischen Schäden: Erschütterungen und Stöße gegen den Bauchraum der Schwangeren werden gedämpft ● in Eröffnungsphase der Geburt bis zum "Blasensprung" (Einreißen der Eihäute mit Abfluß des Fruchtwassers) gleichmäßige Verteilung des wehenbedingten Drucks auf Gebärmutterhals → sanfte Erweiterung des Muttermunds ● Temperaturausgleich zwischen stoffwechselaktiven (daher wärmeren) und stoffwechselträgen (kälteren) Regionen ■ **Menge und Dynamik** des Fruchtwassers: ● *Volumen*: • entspricht in ersten beiden Schwangerschaftsdritteln etwa Volumen der Frucht • bleibt dann zurück • bei Geburt etwa ein Liter ● *Zufluß*: • Transsudation aus Blutgefäßen der Decidua und des Chorion • Harn der Frucht • Sekretion über Atemwege ● *Abfluß*: • Resorption über Eihäute • Trinken des Fetus (am Ende der Schwangerschaft etwa 500 ml pro Tag, die über Placenta dem mütterlichen Kreislauf zugeführt werden) ● *Austauschgeschwindigkeit*: sehr unterschiedliche Schätzungen in Literatur (Vollaustausch zwischen 3 Stunden und 3 Tagen)	■ **Amniozentese** (Fruchtwasserpunktion): ● Ziel: Gewinnen von Fruchtwasser zur genetischen Untersuchung, z.B. abgeschilferte fetale Zellen auf Chromosomenaberrationen, Stoffwechseldefekte, α-Fetoprotein bei Neuralrohrdefekten ● Voraussetzung: genügend Fruchtwasser, so daß Punktion ohne Gefährdung des Fetus möglich, i.allg. ab 16. Entwicklungswoche, dann etwa 150 ml Fruchtwasser ● Technik: unter Ultraschallkontrolle Einstich durch • Bauchdecke (transabdominal) • hinteres Scheidengewölbe (posterofornikal) • Gebärmutterhalskanal bei Amnioskopie ■ **Amnioskopie** (Schafshautspiegelung): ● Besichtigen des Amnions (der "Fruchtblase") durch Gebärmutterhalskanal mittels Amnioskops bei "Risikoschwangerschaft" ● Trübung oder Verfärbung des Fruchtwassers kann auf Erkrankung des Fetus hinweisen, z.B. • Grünfärbung bei Erythroblastose (bei Blutgruppenunverträglichkeit zwischen Mutter und Kind) • Mekoniumabgang bei Sauerstoffmangel ■ *Fetoskopie* (Fruchtspiegelung): ● direktes Besichtigen des Fetus durch in Amnionhöhle eingeführte Optik (Fetoskop) ● Ziel: Feststellen von Mißbildungen (wenn Verdacht im Ultraschallbild), evtl. auch Punktion des Fetus zur Blutgewinnung ■ *Amniographie, Fetographie*: ● Injektion eines Röntgenkontrastmittels in Fruchtwasser macht Ausdehnung der Amnionhöhle und Umrisse des Fetus im Röntgenbild sichtbar ● da Fetus Fruchtwasser trinkt, wird auch Verdauungstrakt des Fetus dargestellt (Nachweis von Mißbildungen, z.B. Ösophagusatresie) ■ **Hydramnion:** > 2 l Fruchtwasser (bis 20 l beobachtet) ● Ursachen: Diabetes mellitus der Mutter, Mißbildungen des Verdauungstraktes des Kindes (wenn Fetus kein Fruchtwasser trinkt), Zwillinge usw. ● Folgen für Frucht: vermehrte Beweglichkeit begünstigt atypische Stellung, Nabelschnurvorfall usw. ● Folgen für Mutter: größeres Volumen des Bauchraums mit stärkerer Dehnung der Bauchdecken, Behinderung des venösen Rückflusses, Kreuzschmerzen usw. ■ **Oligohydramnion** (Fruchtwassermangel): < 300 ml Fruchtwasser: ● Folgen für Frucht: eingeschränkte Beweglichkeit, Verkrümmungen an Wirbelsäule und Extremitäten ● Folgen für Mutter: Kindsbewegungen und Wehen schmerzhafter, Geburt verzögert (Muttermund öffnet sich langsamer) ■ **"Blasensprung":** Einriß der "Fruchtblase" mit Abfluß des Fruchtwassers: ● rechtzeitiger: zwischen Ende der Eröffnungs- und Anfang der Austreibungsperiode der Geburt ● frühzeitiger: zwischen Wehenbeginn und vollständiger Eröffnung des Muttermundes ● unzeitiger: vor Wehenbeginn (erhöht Infektionsgefahr!)

5.7.2 Chorion (Zottenhaut)

AUFGABEN	ENTWICKLUNG	KLINIK
● Verankert Frucht in Gebärmutter ● vermittelt Stoffaustausch zwischen kindlichem und mütterlichem Organismus: Atmung, Ernährung, Ausscheidung; der Stoffaustausch wird optimiert in einem vom Chorion und der Decidua gemeinsam gebildeten Organ, der Placenta (voll funktionsfähig ab dem 4. Entwicklungsmonat) ● grenzt Frucht gegen Umwelt ab (bildet äußere Schicht der Fruchtblase) ● *Hormondrüse*: schon wenige Tage nach Befruchtung sezerniert Trophoblast Choriongonadotropin (HCG), Voraussetzung für Erhalt des Corpus luteum und damit für Verhinderung der Menstruation, später auch weitere Hormone (⇨ Placenta, 5.7.5)	■ Vom Trophoblast zum Chorion: ● Vorläufer des Chorion ist der Trophoblast ● dieser wird zweischichtig: äußere Schicht ohne Zellgrenzen (*Syncytiotrophoblastus*) wird ständig aus innerer Schicht aus Einzelzellen (*Cytotrophoblastus*) ergänzt ● Syncytiotrophoblast dringt bei Implantation in Gebärmutterschleimhaut (Endometrium) ein und löst mütterliches Gewebe auf (dient Ernährung der Frucht) ● im Syncytiotrophoblasten treten Hohlräume auf (Lacunae trophoblasticae), die bald von mütterlichem Blut aus vom Syncytiotrophoblasten arrodierten Blutgefäßen des Endometrium durchspült werden ● in die Lakunen wachsen Zotten ein, Trophoblast wird dadurch zur "Zottenhaut" (Saccus chorionicus immaturus [Vesicula chorionica]) ■ **Chorionhöhle**: ● Blastozysthöhle wird zur Chorionhöhle (Cavitas chorionica [Coeloma extra-embryonicum]) ● diese wird von lockerem zellulären Maschenwerk aus extraembryonalem Mesoderm gefüllt (Mesoderma chorionicum) ● ist zunächst größter Hohlraum innerhalb der Frucht, umgibt Keimscheibe + Amnion + Dottersack ● wird mit zunehmendem Wachstum des Amnion zunächst Spalt und dann durch Bindegewebe ersetzt, Amnion und Chorion liegen nun aneinander und bilden die "Fruchtblase" (Chorio-amnion) ■ 3 Generationen von **Chorionzotten**: ● bestehen zunächst nur aus Syncytiotrophoblast (*Primärzotte*, Villus primarius) ● dann wachsen bei zunehmender Verzweigung Cytotrophoblast und extraembryonales Mesoderm ein (*Sekundärzotte*, Villus secundarius) ● zuletzt entstehen im Zottenmesoderm Blutgefäße (*Tertiärzotte*, Villus tertiarius) ● die Blutgefäße des Chorion (Vasa chorionica) finden Anschluß an Blutgefäße des Embryos, Plazentakreislauf kann beginnen ■ lokale Spezialisierung des Chorion: ● *Chorion laeve* (glatter Teil der Zottenhaut, "Zottenhautglatze"): In den an die Decidua capsularis anliegenden Teilen des Chorion bilden sich gegen Ende des dritten Entwicklungsmonats die Zotten zurück ● *Chorion frondosum* (zottentragender Teil der Zottenhaut): an der Basis der Einnistungsstelle nimmt Verzweigung der Zotten zu, im Zusammenwirken mit der Decidua basalis entsteht die Placenta (⇨ 5.7.5) ■ Beziehung des Chorion zu Decidua (⇨ 5.7.5): ● Chorion grenzt zunächst an gefäßreiche Decidua basalis und an gefäßarme Decidua capsularis ● bei Bildung des Chorion frondosum ist inzwischen Frucht so groß, daß sie ganze Gebärmutterhöhle ausfüllt, Decidua capsularis liegt Decidua parietalis an und vereinigt sich mit ihr, dadurch verschwindet Spalt der ehemaligen Cavitas uteri, Chorion grenzt nun rundherum an dicke, gefäßreiche Decidua	■ *Chorionbiopsie*: ● Ziel: Entnahme von Chorionzotten zur genetischen Untersuchung ● Methode: Einführen eines Katheters durch Canalis cervicis uteri unter Ultraschallkontrolle bis in Placenta und Ansaugen von Gewebe ● Vorteil gegenüber Amniozentese: bereits ab 7. Entwicklungswoche möglich ■ *Blasenmole* (Mola hydatidosa): Mole = entwicklungsgestörte Leibesfrucht ● Chorionzotten zu traubenartigen Bläschen (bis 2 cm Durchmesser) vergrößert ● zur Pathogenese 2 Hypothesen: • primärer Fruchttod führt zu Atrophie der Choriongefäße, Zotten nehmen weiter Flüssigkeit aus mütterlichem Blut auf • primär genetisch bedingte Störung des Trophoblasten, Zotten können Frucht nicht ernähren → Tod der Frucht ● Placenta (und damit auch Gebärmutter) stark vergrößert ● wenn nur Teil der Zotten befallen (partielle Blasenmole), kann Frucht u.U. ausgetragen werden ● selten tumorartiges Einwachsen in Myometrium und sogar Metastasierung (destruierende Blasenmole) ■ *Chorionepitheliom* (Choriokarzinom): ● bösartige Geschwulst mit von Cyto- und Syncytiotrophoblast abgeleiteten Zellen ● gestational (im Zusammenhang mit Schwangerschaft, vor allem Blasenmole und Abort) oder teratogen (vor allem im Eierstock und im Hoden)

5.7.3 Saccus vitellinus (Dottersack)

AUFGABEN	ENTWICKLUNG	KLINIK
● Bei sich aus Eiern entwickelnden Wirbeltieren (Fische, Amphibien, Reptilien, Vögel, Kloaken- und Beuteltiere) Ernährungsorgan des Embryos: Dottersack umhüllt den Dotter, die Nährstoffe werden über den Dotterkreislauf zum Embryo transportiert ● bei den höheren Säugetieren einschließlich Mensch im wesentlichen stammesgeschichtliches Relikt, beim Menschen nach 20. Entwicklungswoche meist zurückgebildet ● erhaltene Funktionen: • liefert Urkeimzellen • hier beginnt Hämatopoese • exkretorische Aufgaben ("Vorläuferorgan der Leber")	● *Primärer Dottersack* (Saccus vitellinus primarius): entsteht in 2. Entwicklungswoche aus erweitertem Interzellularspalt des Endoderms, vorübergehend größer als Amnionhöhle, Grenze zu Chorionmesoderm bildet basalmembranähnliche Heuser-Membran (Membrana exocoelomica) ● *endgültiger Dottersack* (Saccus vitellinus definitivus): Ende 2. Entwicklungswoche wird primärer Dottersack deutlich verkleinert, dabei werden Exozölbläschen abgeschnürt (Vesicula vitellina) ● während Abfaltung des Embryos wird die zunächst breite Verbindung zum Embryo schmäler (Pedunculus vitellinus), schließlich zum *Dottergang* (Ductus vitellinus) verengt ● außen lagert sich extraembryonales Mesoderm an (Mesoderma vitellinum), in ihm treten in der 3. Entwicklungswoche primitive Blutzellen und die ersten Blutgefäße (Vasa vitellina) auf	*Dottersacktumor* (endodermaler Sinustumor, Mesoblastoma vitellinum extraembryonale): ● häufigste bösartige Geschwulst des Eierstocks bei Frauen unter 25 Jahren ● mikroskopischer Bau erinnert an Dottersackgewebe

5.7.4 Typi placentales (Vergleich der Säugerplazenten)

GLIEDERUNGS-KRITERIUM	HAUPTGLIEDERUNG	GGF. UNTERGLIEDERUNG, BEISPIELE
Äußere Form	*Placenta diffusa*: gesamtes Chorion ist Plazentafläche	Schwein
	Placenta cotyledonaria: auf dem Chorion sitzen verstreut Plazentabezirke (Placentome)	● über 100 Placentome: Ziege, Giraffe ● etwa 50-100 Placentome: Rind, Schaf ● etwa 5-12 Placentome: Hirsch ● etwa 3-5 Placentome: Reh
	Placenta localisata: Placenta ist auf einen oder zwei Bereiche des Chorions beschränkt	● *Placenta zonaria* (gürtelförmig um Fruchtblase laufend): Hund, Katze, Seekuh ● unvollständiger Gürtel: Iltis, Waschbär ● *Placenta discoidea* (scheibenförmig): Bär, Mensch ● *Placenta bidiscoidea* (2 einander gegenüberliegende Scheiben): viele Affen (Rhesus, Pavian), Tupaia
Decidua	*Placenta indeciduata* (Halbplazenta): Endometrium bleibt intakt, bei Geburt werden keine mütterlichen Blutgefäße eröffnet	Metatheria *
	Placenta deciduata (Vollplazenta): Endometrium wird zu Decidua umgebaut, bei Geburt wird ein Teil der Decidua abgestoßen (Blutung!)	Eutheria (Plazentatiere) *
Limes placentae (Grenze zwischen Chorion und mütterlichem Gewebe) **	*Placenta epitheliochorialis*: Chorion grenzt an Endometriumepithel	Pferd, Rind, Schwein, Nilpferd, Wale, viele Halbaffen
	Placenta syndesmochorialis: Chorion grenzt an Stroma endometriale	Schaf, Ziege, Faultier
	Placenta endotheliochorialis: Chorion grenzt an Endothel der Blutgefäße des Endometrium	Raubtiere, Spitzhörnchen (Tupaia), Maulwurf
	Placenta haemochorialis: Chorion grenzt direkt an mütterliches Blut	Hasentiere, Nagetiere, Elefant, viele Insektenfresser, Koboldmaki, Mensch

* Gliederung der Klasse Säugetiere (Mammalia, ⇨ 1.1.7):
1. Unterklasse: Prototheria = eierlegende Säugetiere (nur Kloakentiere)
2. Unterklasse: Theria = Säuger, die lebende Junge gebären
  1. Überordnung: Metatheria (nur Beuteltiere)
  2. Überordnung: Eutheria = Plazentatiere (alle übrigen Säuger)
** Länge der Diffusionsbarriere offenbar kein Kriterium der funktionellen Wertigkeit des Gesamtorgans Placenta: Placenta epitheliochorialis (lange Diffusionsstrecke) der großen Huftiere und der Wale schafft ein Vielfaches des Gewichtszuwachses des Fetus verglichen mit Placenta haemochorialis (kurze Diffusionsstrecke) des Menschen

5.7.5 Placenta humana (reife menschliche Placenta) I: Aufgaben und Gliederung

AUFGABEN	GLIEDERUNG	KLINIK
■ **Stoffaustausch**: Diffusion oder aktiver Transport zwischen Blut der Mutter und Blut der Frucht ● Atemgase: Sauerstoff, Kohlendioxid, aber auch Narkosegase (operative Entbindung!) ● Nährstoffe: Proteine (z.T. unter Spaltung zu Aminosäuren), Kohlenhydrate, freie Fettsäuren (vermutlich nur in kleinen Mengen), Vitamine, Elektrolyte ● Stoffwechselabfallprodukte ● Hormone ● Antikörper (nur zum Teil) ● andere im Blutserum gelöste Stoffe (meist unerwünscht, z.B. Pharmaka, Genußgifte) ● keine zellulären Elemente (ausgenommen Infektion der Placenta durch Bakterien und Viren) ■ **Hormonproduktion** (durch Syncytiotrophoblast): ● *Choriongonadotropin* (HCG, human chorionic gonadotropin): Maximum der Sekretion um 8.-10. Entwicklungswoche, dann Abfall (weil nun Placenta die Bildung der weiblichen Geschlechtshormone voll übernimmt und Eierstock nicht mehr stimuliert werden muß) ● *Chorionsomatotropin* (HCS, human placental lactogen): von 4. Entwicklungswoche bis zum Ende der Schwangerschaft ansteigend, Wirkungen von Wachstumshormon und Prolactin der Adenohypophyse ● weitere *Proteohormone* (Chorionthyrotropin, Chorioncorticotropin, uterotropes Plazentahormon) ● *Steroidhormone* (Östrogene, Progesteron): Endsynthese aus in den Nebennierenrinden gebildeten Vorstufen, Maximum am Ende der Schwangerschaft	■ Charakteristika der menschlichen Placenta (Structura typica): *Placenta deciduata haemochorialis discoidea villosa* (⇨ 5.7.4) ■ **Maße** bei Normalgeburt: ● Durchmesser: 16-20 cm ● Dicke 2-3 cm ● Gewicht: etwa 500-600 g ■ **Gliederung** der Plazentascheibe (Discus placentalis [Chorion frondosum]): ● *Chorionplatte* (Lamina chorionica) ● *Zottenbäume* (Cotyledones) mit intervillösem Raum (Spatium intervillosum) ● *Basalplatte* (Deziduaplatte)	■ **Belanglose Formvarianten** (Variationes formae): ● statt runder Scheibe, z.B. nierenförmig (*Placenta reniformis*), geigenförmig (*Placenta panduraformis*), sichelförmig (*Placenta lunata*), ringförmig (*Placenta anularis, Placenta zonaria*) ● gelappt (*Placenta lobata*), z.B. zweigelappt (Placenta bilobata [bipartita], Placenta duplex), dreigelappt (Placenta trilobata), vielgelappt (Placenta multilobata, Placenta multiplex) ● Fensterbildung (*Placenta fenestrata*): Plazentascheibe weist "Löcher" ohne Zotten auf ● verdickter, aufgeworfener Rand (*Placenta reflexa*) ■ **nicht belanglose Formvarianten**: ● 2 oder mehr getrennte Plazenten, durch im Chorion laeve verlaufende Blutgefäße untereinander verbunden: z.B. *Placenta bidiscoidea*; Gefahr einer kleinen Nebenplazenta (Placenta accessoria, Placenta succenturiata): kann bei Nachgeburt übersehen werden und in Gebärmutter zurückbleiben, behindert deren gleichmäßige Kontraktion (wichtig für Abklemmen der aufgerissenen Blutgefäße) und unterhält so Blutung ● *Placenta marginata*, Placenta circumvallata: Basalplatte ist größer als Chorionplatte, erschwert Lösung bei Nachgeburt ● *Placenta membranacea*: dünn und ausgedehnt (im Extremfall kein Chorion laeve), besonders bei wenig leistungsfähiger Decidua, z.B. nach Kürettage (Auskratzen der Gebärmutterhöhle) ■ **Lagevarianten** (Variationes situs): ● belanglos, ob Placenta dorsal, lateral, ventral oder fundal in Cavitas uteri liegt, solange sie sich vollständig oberhalb des Isthmus uteri befindet ● nicht belanglos tiefsitzende Plazenta, die dem Fetus den Weg durch den Geburtsweg versperrt (Placenta praevia, ⇨ unten) ■ **Placenta praevia** (Isthmusplazenta): Insertion der Placenta im Isthmus uteri ("unteres Uterinsegment") ● *Placenta praevia totalis* (centralis): verdeckt Canalis cervicis uteri vollständig ● *Placenta praevia marginalis*: bis an inneren Muttermund heranreichend ● *Placenta praevia partialis*: nur z.T. in den Isthmus reichend ● es droht vorzeitige Ablösung der Placenta: gegen Ende der Schwangerschaft, wenn der Isthmus uteri erweitert und in den Brutraum einbezogen wird, und während Eröffnungsphase der Geburt ● Gefahr für Mutter: lebensbedrohliche Blutung ● Gefahr für Kind: lebensbedrohlicher Sauerstoffmangel, wenn Zeitspanne der Mangelversorgung bis zur eigenen extrauterinen Atmung zu lang ist ● Therapie: rechtzeitige Schnittentbindung ("Kaiserschnitt")

5.7.6 Placenta humana (reife menschliche Placenta) II: Feinbau

CHORIONPLATTE	ZOTTENBAUM	BASALPLATTE
● *Amnionepithel* (Epithelium amnioticum): an Oberfläche zu Fruchtwasser ● *Bindegewebe*, darin Blutgefäße (Vasa chorionica) ● *Chorionepithel*: lokkere Schicht von Cytotrophoblast und lükkenhafte Schicht von Syncytiotrophoblast ● *subchoriales Fibrinoid* (Langhans-Fibrinoid): zellfreier Niederschlag aus Fibrin usw. aus untergegangenem Trophoblast	■ **Gliederung des Zottenbaums** (Cotyledo): ● Zottenstamm (Stammzotte, *Villus peduncularis*): Durchmesser 1-2 mm, 1-5 mm lang, geht von Chorionplatte aus, mit je 1 Arterie und Vene mit Choriongefäßen verbunden ● Zottenzweig (Zweigzotte, *Villus ramosus*): Zottenstamm teilt sich dichotom in immer feinere Zweige ● Intermediärzotte ● Endzotte (*Villus terminalis*): Durchmesser etwa 50 μm, endet frei im intervillösen Raum (Spatium intervillosum) ● Haftzotte (*Villus ancoralis*): verankert Zottenbaum über "Zellsäulen" aus Cytotrophoblast an Basalplatte ■ Feinbau der **Plazentazotte** (Schichtenfolge): ① *Syncytiotrophoblast*: zusammenhängender Schlauch an der Oberfläche, lokal unterschiedlich in Dicke, Kern- und Organellenreichtum: ● Epithelplatten: dünn, organellenarm, Transport niedermolekularer Stoffe einschließlich Atemgase ● kernloses Syncytium: organellenreich, dichte Mikrovilli, aktive Transportvorgänge mit Ab- und Umbau ● kernhaltiges Syncytium: Synthese der Plazentahormone ● Knoten (Nodi syncytiales) ② *Cytotrophoblast* (Langhans-Zellen): dient dem Syncytiotrophoblasten zum Zellnachschub (da im Syncytiotrophoblasten keine Zellteilung), nimmt mit Dauer der Schwangerschaft ab, bei Normalgeburt nur noch 20-25 % des Syncytiotrophoblasten vom Cytotrophoblasten bedeckt ③ *Basalmembran* ④ *Zottenbindegewebe*: als ● fibröses Zottenstroma: kollagene Fasern in Stammzotten ● retikuläres Zottenstroma: Intermediärzotten ● sinusoidales Zottenstroma :weite Kapillaren in Endzotten ● Makrophagen (Hofbauer-Zellen) vor allem in unreifen Intermediärzotten ■ *Zellinseln* (Insulae cellularum): Nester von Cytotrophoblast, bedeckt mit Syncytiotrophoblast und Fibrinoid, gefäßfrei, mit Zottenbaum verbunden, Reste von Primärzotten?	■ **Partes fetales** (Trophoblastschale): ● *Syncytiotrophoblast* ● *Rohr-Fibrinoid* ● *Cytotrophoblast*: mit einkernigen Riesenzellen (Cellula gigantica trophoblastica uninuclearis) ● *Nitabuch-Fibrinoid*: mit vielkernigen Riesenzellen (Cellula gigantica trophoblastica multinuclearis) ■ **Partes maternae:** ● *Decidua basalis*: Gebärmutterschleimhaut mit ● Deziduazellen (Cellulae deciduales) ● weiten gewundenen Blutgefäßen (Spiralarterien), die in intervillösen Raum münden ■ **Septa:** ● von Basalplatte ragen unvollständige Scheidewände in den intervillösen Raum, teilweise bis nahe Chorionplatte ● reichen nicht aus, um (wie früher angenommen) Placenta in einzelne Kammern (Kotyledonen) zu gliedern, doch bedingen sie Furchen an Basalseite der geborenen Placenta, die 10-40 Felder hervortreten lassen ● Schichtenfolge der Scheidewand entspricht Basalplatte mit Dezidua in Mitte ■ *Placenton*: ● Strömungseinheit, die von einer Spiralarterie versorgt wird ● etwa 100 in einer Placenta ■ *Randsinus*: erweiterte Venenöffnungen am Rand der Placenta
PLAZENTASCHRANKE		
Maternofetale Diffusionsbarriere besteht aus: ● Syncytiotrophoblast ● Basalmembran ● Zottenbindegewebe ● Basalmembran ● Kapillarendothel ● stellenweise liegen Kapillaren direkt Syncytiotrophoblast an ● Länge der Diffusionsstrecke: 2-10 μm ● Austauschoberfläche: 10-15 m²		

5.7.7 Decidua (Siebhaut)

DEFINITION	GLIEDERUNG, ENTWICKLUNG	KLINIK
● Decidua = Endometrium (Schleimhaut) der schwangeren Gebärmutter ● mit Nachgeburt wird auch Teil der Decidua abgestoßen (daher der Name)	■ Mit Implantation Endometrium in Decidua umgewandelt, charakteristisch (auch rechtsmedizinisch!): ● "*Deziduazellen*" (Cellulae deciduales): Zellen des Stroma endometriale vergrößern sich stark und lagern Fett und Glycogen ein ■ Dezidua nach Implantation in 3 Bereiche gegliedert: ● *Decidua basalis* (wo Blastozyste der Decidua aufliegt) ● *Decidua capsularis* (der dünne, gefäßarme Überzug über Blastozyste) ● *Decidua parietalis* (ohne Bezug zur Blastozyste) ■ Ende des 3. Entwicklungsmonats ist Frucht so groß, daß sie ganze Gebärmutterhöhle ausfüllt, Decidua capsularis liegt Decidua parietalis an und vereinigt sich mit ihr, dadurch verschwindet Spalt der ehemaligen Cavitas uteri	Angewachsene Placenta (*Placenta adhaerens*, Placenta accreta): ● Stratum spongiosum und Stratum basale der Decidua sind zu dünn, Chorionzotten reichen bis an oder in Myometrium, dies behindert Lösung der Placenta in Nachgeburtsphase ● in schweren Fällen Hysterektomie (Entfernen der Gebärmutter) zur Blutstillung nötig

5.7.8 Funiculus umbilicalis (Nabelschnur)

AUFGABEN, INHALT, MASSE	ENTWICKLUNG, FEINBAU	KLINIK
■ Aufgaben: ● verbindet Leibesfrucht mit ihrem Ernährungsorgan (Placenta) ● ermöglicht freie Beweglichkeit der Frucht im Fruchtwasser ● ermöglicht bei Geburt rasche Trennung des Neugeborenen von Placenta **■ Inhalt:** ● Nabelgefäße: stark umeinandergewunden (im Extremfall wurden 380 Windungen gezählt) ● 2 Nabelarterien (*A. umbilicalis dextra + sinistra*) ● 1 Nabelvene (*V. umbilicalis sinistra*), ● Dottergang (*Ductus vitellinus*) mit begleitendem Bindegewebe (Mesoderma vitellinum), bildet sich normalerweise bis zur Geburt zurück ● Allantoisdivertikel (*Diverticulum allanto-entericum [Ductus allantoicus]*) und begleitendes Bindegewebe (Mesoderma allantoicum): verbindet Harnblase mit dem Urharnsack (Allantois) **■ Maße:** ● Länge: enspricht etwa Länge der Frucht, beim reifen Neugeborenen etwa 50 cm ● Durchmesser: beim reifen Neugeborenen etwa 1 cm (davon etwa 5 mm für Nabelvene, 3 mm für Nabelarterien)	**■ Entwicklung:** ● *Haftstiel* (Pedunculus connectens [corporealis]): Verdichtung des extraembryonalen Mesoderms zwischen kaudalem Ende der Keimscheibe und Chorion ● wird in 4. Entwicklungswoche bei Abfaltung des Embryos auf dessen ventrale Seite verlagert ● Grenzfurche zwischen Ektoderm und Amnion engt sich konzentrisch zum Nabel ein, umschließt: ● Haftstiel ● Dottergang ● Allantoisdivertikel ● Nabelgefäße ● Nabelzölom ● *Nabelzölom* (Coeloma umbilicale) nimmt im 3. Entwicklungsmonat "physiologischen Nabelbruch" auf, bildet sich mit dessen Rückverlagerung in das intraembryonale Zölom im 4. Entwicklungsmonat zurück **■ Feinbau:** ● Oberflächenepithel vom Amnion (*Epithelium amnioticum*), von Bindegewebe unterlagert (Mesoderma amnioticum) ● *Gallertgewebe* (Wharton-Sulze, Textus mucoideus connectivus) ● Tunica media der Aa. umbilicales reich an Muskelzellen und elastischen Fasern (Arterien klemmen sich bei Geburt nach Durchtrennen der Nabelschnur selbst ab)	**■ Spielarten der Länge der Nabelschnur:** ● zu kurz: bei hohem Sitz der Placenta <30 cm, bei tiefem Sitz <20 cm, behindert bei Geburt Tiefertreten der Frucht und führt zu Zug an Placenta → vorzeitige Ablösung der Placenta (gefährliche Blutung), bei festsitzender Placenta Inversion (Umstülpung) der Gebärmutter ● zu lang: bis zu 3 m beschrieben, begünstigt Nabelschnurumschlingung (s.u.) **■ Spielarten des Eintritts der Nabelschnur in die Placenta** (Variationes fixionis funiculi): ● *Fixio centralis*: zentraler Eintritt, eher selten ● Eintritt zwischen Mitte und Rand: häufigster Fall ● *Fixio marginalis*: Eintritt am Rand ● *Fixio velamentosa*: Befestigung nicht an Placenta, sondern an Fruchtblase, mehr oder weniger weit von Placenta entfernt, Nabelgefäße laufen dann ungeschützt zwischen Chorion und Amnion, können bei Blasensprung einreißen und zu für den Fetus lebensbedrohlicher Blutung führen **■ Nabelschnurknoten und Nabelschnurumschlingung:** ● Bewegungen des Fetus können zu Knoten in der Nabelschnur oder Umschlingung fetaler Teile führen, besonders bei zu langer Nabelschnur ● durch Knoten Durchblutung der Nabelschnur behindert → Ernährungsstörung der Frucht ● Schlingen um Hals oder Extremitäten können Blutfluß in umschlungenen Teilen behindern, in schweren Fällen Mißbildungen (Schürfurchen, Amputationen) verursachen ● besonders gefährdet sind monamniotische Zwillinge (eineiige Zwillinge mit gemeinsamer Amnionhöhle) **■ *"falsche" Nabelschnurknoten*:** Verdickungen der Nabelschnur durch variköse (krampfaderähnliche) Venenerweiterung **■ Nabelschnurvorfall:** ● bei Blasensprung kann mit Abfluß des Fruchtwassers Nabelschnur in den Geburtsweg gespült werden, besonders bei atypischen Kindslagen, wenn der Kopf des Fetus das Becken der Mutter nicht ausfüllt und abdichtet ● vorgefallene Nabelschnur wird zwischen Fetus und mütterlichem Becken eingeklemmt → Blutfluß behindert, Fetus gerät in akuten Sauerstoffmangel

5.8 Teratologie (Mißbildungslehre)

5.8.1 Begriffe

BEGRIFF	DEFINITION	BEISPIEL
Mißbildung	Vor der Geburt entstandene Abweichung vom normalen Körperbau mit Nachteilen für den Träger	• *Blastopathie*: Entwicklungsstörung während der Präembryonalperiode • *Embryopathie*: Entwicklungsstörung während der Embryonalperiode • *Fetopathie*: Entwicklungsstörung während der Fetalperiode
Varietät	Vor der Geburt entstandene Abweichung vom normalen Körperbau ohne Nachteile für den Träger	• Spielarten im Verzweigungsmuster und im Verlauf von Blutgefäßen und Nerven • Spielarten in Ursprüngen und Ansätzen von Muskeln • Nebenorgane (von Hauptmasse des Organs abgespaltener Teil), z.B. Nebenmilz • Wirbelzahl, z.B. 11, 12 oder 13 Brustwirbel
teratogen	Mißbildungen verursachend	Teratogene Medikamente (⇨ 5.8.3)
Teratogene Terminationsphase	Zeitspanne in der Entwicklung eines Organs, in der teratogene Noxen zu Mißbildungen führen können	Besonders gefährdete Entwicklungsphasen (Gefährdung reicht aber, in minderem Maß noch 1-3 Wochen über die angegebenen Zeitspannen hinaus): • Lippen: 2.-6. Entwicklungswoche • Zentralnervensystem, Herz: 3.-6. Entwicklungswoche • Extremitäten: 4.-6. Entwicklungswoche • Auge: 4.-8. Entwicklungswoche • Innenohr: 4.-9. Entwicklungswoche • Zähne: 6.-8. Entwicklungswoche • Gaumen: 6.-9. Entwicklungswoche

Grundgesetze der Teratologie (Mißbildungslehre)

• Je schwerer eine Mißbildung ist, desto früher ist sie im allgemeinen entstanden
• Der Zeitpunkt der Einwirkung einer Noxe ist für die Art der entstehenden Mißbildung wichtiger als die Art der Noxe
• Ist die Entwicklung eines Organs abgeschlossen, können keine Mißbildungen in ihm mehr entstehen

5.8.2 Formale Teratogenese (Entstehung von Mißbildungen)

BEGRIFFE	DEFINITION	BEISPIELE
Agenesie	Fehlen der Organanlage	Anephrie: Fehlen einer Niere
Aplasie	Fehlende Ausbildung eines Organs	Aplasia corporis callosi: Balkenmangel
Hypoplasie	Zu kleines Organ aufgrund zu geringer Zellzahl	• Uterus infantilis: zu kleine Gebärmutter • Zwergwuchs (Nanismus): Hypoplasie des gesamten Organismus
Hyperplasie	Vergrößertes Organ aufgrund erhöhter Zellzahl	• Hyperplasie der Nebennierenrinde (beim angeborenen adrenogenitalen Syndrom) • Riesenwuchs (Gigantismus): Hyperplasie des gesamten Organismus
Hypertrophie	Vergrößertes Organ aufgrund vergrößerter Zellen	Megalokardie: Herzvergrößerung
Verdoppelung (Duplikation)	2 Organe statt 1	• aufgrund mangelnder Verschmelzung der paarigen Anlage, z.B. Uterus duplex (doppelte Gebärmutter) • aufgrund vorzeitiger Teilung, z.B. Ureter duplex (zwei Harnleiter an einer Niere)
Überschußbildung	Überzähliges Organ	• Polymastie: überzählige Brustdrüse • Polydaktylie: überzählige Finger
Verwachsung	Vereinigung normalerweise getrennter Organe	Syndaktylie: Verwachsung von Fingern
Atresie	Fehlende Lichtung	• Gallengangatresie: Galle kann nicht abfließen • Atresia ani: Fehlen der Afteröffnung
Persistenz	Erhaltenbleiben einer normalerweise zurückgebildeten Struktur	• Persistenz der A. hyaloidea im Auge • Persistenz des Ductus arteriosus (streng genommen keine Mißbildung, da erst nach Geburt entstanden)
Spaltbildung	Ausbleiben einer Vereinigung	• Spina bifida: nicht geschlossener Wirbelbogen • Palatum fissum: Gaumenspalte
Ektopie	Atypische Lage eines Organs	• Ectopia lentis: atypische Lage der Augenlinse (meist mit Ectopia pupillae kombiniert) • ektopische Uretermündung: Harnleiter mündet nicht in Harnblase, sondern in Harnröhre, Scheide, Mastdarm usw.

5.8.3 Kausale Teratogenese (Ursachen von Mißbildungen)

URSACHEN-GRUPPE	URSACHE	BEISPIELE
Genetische Schäden	Numerische Aberration (abweichende Chromosomenzahl)	● Bei Autosomen: Trisomie 21 (Down-Syndrom, "mongoloide Idiotie") ● bei Gonosomen: Klinefelter-Syndrom (XXY), Turner-Syndrom (X0)
	Morphologische Aberration (abweichende Chromosomenstruktur)	● Deletion: Ausfall eines Chromosomenstücks, z.B. Cri-du-chat-Syndrom (Katzenschreisyndrom) mit Deletion am Chromosom 5 ● Translokation: Verschiebung eines Chromosomenstücks auf ein anderes Chromosom
Exogene Schäden	Fehlernährung	● Hypoproteinämie: in Hungergebieten ● Hypoglykämie: bei Diabetes mellitus der Mutter ● Hypovitaminosen: bei einseitiger Ernährung der Mutter, z.B. Augenmißbildungen bei Vitamin-A-Mangel
	Sauerstoffmangel	● Durchblutungsstörung der Placenta ● zu niedriger Sauerstoff-Partialdruck im mütterlichen Blut, z.B. bei Herzfehler der Mutter
	Strahlenschäden (aktinische Noxen)	Vor allem Schäden an Chromosomen der Keimzellen
	Infektionskrankheiten, vor allem durch Viren (von der Mutter auf die Leibesfrucht übergehend)	● Rubeolenembryopathie (durch Rötelnvirus): grauer Star + Innenohrtaubheit + Ventrikelseptumdefekt + Ductus arteriosus persistens ● Schäden des Zentralnervensystems durch Herpes, Toxoplasmose, Zytomegalie, Lues
	Schäden durch chemisch wirkende Stoffe (chemische Noxen)	Alkoholembryopathie (durch Ethylalkohol): Minderwuchs + Mikrozephalie + Septumdefekte des Herzens + Gesichtsdysmorphie + Hypospadie
	Teratogene Nebenwirkungen von Pharmaka (pharmakologische Noxen)	● sicher teratogen: Thalidomid ("Contergan-Kinder"), Androgene, Zytostatika (zellteilunghemmende Medikamente) ● verdächtig: Antiepileptika, orale Antidiabetika, Tranquilizer, Antikoagulantien, Tetracycline
	Immunologische Schäden	Antikörper der Mutter gegen die Leibesfrucht, z.B. bei Blutgruppeninkompatibilität
	Mechanische Schäden	Schnürfurchen durch Amnionstränge, Nabelschnurumschlingung usw.

5.8.4 Doppelmißbildungen

MISSBIL-DUNGS-GRUPPE	ERLÄUTERUNG	MISSBILDUNG
Akardie (Geminus acardiacus)	Eineiige Zwillinge, von denen einer normal gebaut ist, während der andere schwer mißgebildet ist: vollständiges oder teilweises Fehlen des Herzens, der Kreislauf wird vom gesunden Zwilling über die Placenta aufrechterhalten	● *Holoakardie* (Defectio cordis totalis): Herz fehlt völlig ● *Hemiakardie* (Defectio cordis subtotalis): Herz rudimentär
Pagus (Gemini conjuncti symmetrici <completi>)	● 2 vollständige eineiige Zwillinge sind durch eine mehr oder weniger ausgedehnte Gewebebrücke verbunden ● im Bereich der Verwachsung können gemeinsame Organe vorkommen oder Teile fehlen (was die operative Trennung erschwert) ● volkstümlich "siamesische Zwillinge" genannt	● *Craniopagus*: am Kopf verwachsen ● *Thoracopagus*: am Brustkorb verwachsen ● *Craniothoracopagus*: von Kopf bis Brustkorb verwachsen ("Januskopf", wenn Gesichter voneinander abgewandt) ● *Xiphopagus*: am Brustbein verwachsen ● *Pygopagus*: am Steißbein verwachsen ● *Ischiopagus*: am Becken verwachsen
Duplicitas (Gemini conjuncti symmetrici <incompleti>)	Unvollständige Zwillingsbildung mit Verdoppelung nur eines Teils des Körpers	● *Dicephalus*: mit 2 Köpfen ● *Diprosopus*: Kopf mit 2 Gesichtern ● *Dipygus*: Verdoppelung der unteren Körperhälfte (4 Beine)
Parasit (Gemini conjuncti asymmetrici (unus imperfectus))	● Zwillingsbildung mit einem für sich allein lebensfähigem Individuum (*Autosit*, Hospes) und einem stark rudimentärem Teil (*Parasit*) ● der Parasit kann dem Autosit äußerlich angewachsen (z.B. als *Epignathus* am Kopf) oder im Innern verborgen sein ("*Fetus in feto*", kann bei entsprechender Größe lange Zeit unbemerkt bleiben)	Unterscheidung eines kleinen, sehr unvollständigen Parasiten von einem Teratom (Mischgewulst mit verschiedenen Gewebeanteilen) kann schwierig sein

Mißbildungen der einzelnen Organe ⇨ Organkapitel (Übersicht ⇨ 5.6.9)

6 Kopf und Hals: Bewegungsapparat und Leitungsbahnen

6.1 Knochen von Kopf und Hals

6.1.1 Entwicklung und Entwicklungsstörungen des Schädels (Cranium)

TEIL	ENTWICKLUNG	ENTWICKLUNGSSTÖRUNGEN
Neuro- cranium (Hirn- schädel)	■ **Chondrocranium**: knorpelig vorgebildet werden die Knochen der Schädelbasis, sie gehen hervor aus: ● *Nasenkapsel* (Capsula nasalis): Cartilago ethmoidalis → Teile des Siebbeins ● *Ohrkapsel* (Capsula otica): Cartilago petrosa temporalis → Felsenbein ● 3 *okzipitalen Sklerotomen* (Sclerotomi occipitales): • Cartilago parachordalis + Cartilago occipitalis → Hinterhauptbein • Cartilago sphenoidalis → Keilbein • Cartilago trabecularis → Teile des Siebbeins ■ **Desmocranium**: ohne Knorpelstadium verknöchern die Knochen des Schädeldachs (*Calvaria*), zwischen ihnen bleiben vor der Geburt 6 größere Lücken (*Fontanellen*, Fonticuli ⇨ 6.2.1), die das Verformen des Schädels in den Geburtswegen erleichtern ■ *Meninx primitiva*: aus dem Material des Neurocranium geht auch die harte Hirnhaut (Dura mater) hervor ■ endgültiges Neurocranium besteht aus: ● Os frontale (Stirnbein): ⇨ 6.1.2 ● Os ethmoidale (Siebbein): ⇨ 6.1.5 ● Os sphenoidale (Keilbein): ⇨ 6.1.3 ● Os temporale (Schläfenbein): ⇨ 6.1.4 ● Os parietale (Scheitelbein): ⇨ 6.1.5 ● Os occipitale (Hinterhauptbein): ⇨ 6.1.6	■ **Fehlbildungen des Hirnschädels** (Defectus cranialis): ● *Azephalie*: Fehlen des Kopfes ("Kopflosigkeit") ● *Dizephalie*: Doppelbildung mit 2 Köpfen ("Doppelkopf") (⇨ 5.6.6) ● *Trizephalie*: Doppelbildung mit 3 Köpfen (sehr selten) ● *Hemizephalie*: einseitiger Schädeldefekt ● *Hydrozephalie* ("Wasserkopf"): Vergrößerung des Hirnschädels infolge vermehrten Liquor cerebrospinalis (meist bei Hydrenzephalie) ● *Makrozephalie*: zu großer Kopf ● *Mikrozephalie*: zu kleiner Kopf mit meist relativ stark entwickelter Nase ("Vogelkopf") ● *Akranie* ("Froschkopf"): Fehlen des Schädeldachs (meist kombiniert mit Anenzephalie) ● *Hemikranie*: teilweises Fehlen des Schädeldachs (Hinterhauptschuppe erhalten) ● *Cephaloschisis*, Cranioschisis, Schistokranie, Schistozephalie: Schädelspalte, oft verbunden mit Exenzephalie ● *Craniorachischisis*, totale dorsale Dysraphie: Schädel- + Wirbelspalte ● *Canalis craniopharyngealis*: offene Verbindung zwischen Türkensattel und Rachen entsprechend Rathke-Tasche (Adenohypophyse!) ■ **Craniosynostosis**: vorzeitiger knöcherner Schluß von Schädelnähten: ● *Oxyzephalie*, Turrizephalie ("Turmschädel", "Hochkopf"): Sutura coronalis + sagittalis + lambdoidea ● *Pachyzephalie* ("Kurzschädel"): Sutura lambdoidea ● *Plagiozephalie* ("Schiefköpfigkeit"): einseitig Sutura coronalis und/oder lambdoidea ● *Skaphozephalie* ("Kahnschädel"): Sutura sagittalis ● *Trigonozephalie* ("Dreieckschädel"): Sutura frontalis
Viscero- cranium (Gesichts- schädel)	"Schlundbogenskelett": ● *Arcus pharyngealis [branchialis]* I-VI (Kiemenbogen, Schlundbogen): in 4. Entwicklungswoche nacheinander 6 Vorwölbungen seitlich der ektodermalen Mundbucht (Stomatodeum [Stomodeum]) bzw. des Vorderdarms (Pre-enteron) sichtbar ● *Sulcus pharyngealis [branchialis]* I-V (Kiemenfurche): 5 Einsenkungen zwischen den 6 Schlundbogen auf Außenseite ● *Saccus pharyngealis* I-V (Schlundtaschen): 5 Einsenkungen zwischen den 6 Schlundbogen auf Innenseite (von Vorderdarm = Pre-enteron ausgehend) ● Viscerocranium stammt im wesentlichen vom 1. Schlundbogen ("Mandibularbogen"): • Prominentia maxillaris (Oberkieferwulst) • Prominentia mandibularis (Unterkieferwulst) ● weitere Abkömmlinge ⇨ 7.6.9	■ **Fehlbildungen der Kiefer** (Defectus maxillaris): ● *Agnathie*: Fehlen des Unterkiefers ● *Dignathie*: Doppelbildung des Unterkiefers (oder eines Teils von ihm) mit zusätzlichen Zähnen ● *Makrognathie*: zu großer Oberkiefer ● *Mikrognathie* (Hypognathie): zu kleiner Unter- und/oder Oberkiefer, z.B. beim Pierre-Robin-Syndrom ● *Hypogenie*: zu kleiner Unterkiefer ■ **Fehlbildungen des Gesichts** (Defectus facialis) ● *Aprosopie*: Fehlen des Gesichts ("Gesichtslosigkeit") ● *Diprosopie*: Doppelbildung mit 2 Gesichtern (⇨ 5.8.4) ● Spaltbildungen ⇨ 7.6.1

Gliederung nach Ersatz- und Deckknochen

	ERSATZKNOCHEN UND KNORPEL	DECKKNOCHEN
Urschädel	Os occipitale, Os temporale (Pars petrosa), Os sphenoidale (Corpus, Ala minor), Os ethmoidale, Concha nasalis inferior, Cartilagines nasi	Os frontale, Os parietale, Os temporale (Pars squamosa, Pars tympanica), Vomer
Schlundbogen I	Os sphenoidale (Ala major), Mandibula (kleiner Teil: Meckel-Knorpel), Malleus, Incus	Maxilla, Os lacrimale, Os nasale, Os palatinum, Os zygomaticum, Os sphenoidale (Processus pterygoideus), Mandibula (Hauptteil)
Schlundbogen II	Stapes, Os temporale (Processus styloideus), Os hyoideum (Cornu minus, obere Hälfte des Corpus)	
Schlundbogen III	Os hyoideum (Cornu majus, untere Hälfte des Corpus)	
Schlundbogen IV + V	Epiglottis, Cartilago thyroidea	
Schlundbogen VI	Cartilago cricoidea, Cartilago arytenoidea	

6.1.2 Os frontale (Stirnbein)

GLIEDE-RUNG	OBERFLÄCHENRELIEF	LÖCHER UND KANÄLE	KLINIK
Squama frontalis (Stirn-schuppe)	● Unpaares Vorderteil des Schädeldachs, entsteht paarig, aber Sutura frontalis verwächst normalerweise im 2. Lebensjahr ● Margo supraorbitalis: oberer Rand der Augenhöhle ● Arcus superciliaris: Knochenwulst kranial der Augenbrauen ● Glabella: Ebene zwischen den Arcus superciliares, "Stirnglatze" ● Linea temporalis: Vorderrand des Ursprungs des M. temporalis ● Processus zygomaticus: Jochfortsatz Richtung Os zygomaticum	● *Incisura supraorbitalis* oder *Foramen supraorbitale*: Einschnitt oder Kanal am Margo supraorbitalis für • A. supraorbitalis (aus A. ophthalmica) • R. lateralis des N. supraorbitalis (aus V_1) ● *Incisura frontalis* oder *Foramen frontale*: Einschnitt oder Kanal am Margo supraorbitalis medial vom vorhergehenden für • A. supratrochlearis (aus A. ophthalmica) • R. medialis des N. supraorbitalis (aus V_1) ● *Foramen caecum*: blind endendes Loch median in vorderer Schädelgrube	*Metopismus*: median zweigeteiltes Stirnbein bei Persistenz der Sutura frontalis (⇨ 6.2.1)
Pars nasalis (Nasenteil)	Nasenteil des Stirnbeins zwischen den beiden Augenhöhlen		
Pars orbitalis (Augenhöhlenteil)	Dach und oberer Teil der Medialwand der Augenhöhle	● *Foramen ethmoidale anterius*: Kanal zum Siebbein und weiter auf kraniale Fläche der Lamina cribrosa für • A. ethmoidalis anterior (aus A. ophthalmica) • N. ethmoidalis anterior (aus N. nasociliaris, V_1) ● *Foramen ethmoidale posterius*: Kanal zum Siebbein für • A. ethmoidalis posterior (aus A. ophthalmica) • N. ethmoidalis posterior (aus V_1)	
Sinus frontalis (Stirnhöhle)	● 2 unabhängig voneinander entstandene Nasennebenhöhlen ● Septum intersinuale frontale: Scheidewand häufig stark verbogen und nicht median	*Apertura sinus frontalis*: Ausführungsgang der Stirnhöhle, mündet in mittleren Nasengang	Stirnhöhlenentzündung (⇨ Nasennebenhöhlen, 7.8.6)

6.1.3 Os sphenoidale (Keilbein)

GLIEDERUNG	OBERFLÄCHENRELIEF	LÖCHER UND KANÄLE	KLINIK
Corpus (Keilbein-körper)	■ **Sella turcica** (Türkensattel): ● Fossa hypophysialis: Hypophysengrube ● Dorsum sellae: Sattellehne, daran seitlich: ● Processus clinoideus posterior: Befestigung des Diaphragma sellae und des Tentorium cerebelli ■ **Sulcus caroticus**: Rinne für die A. carotis interna	**Sinus sphenoidalis** (Keilbeinhöhle): ● *Septum intersinuale sphenoidale*: Scheidewand der beiden Keilbeinhöhlen ● *Apertura sinus sphenoidalis*: Mündung des Ausführungsgangs in den Recessus spheno-ethmoidalis der Nasenhöhle	● Chirurgischer Zugang zur Hypophyse durch Keilbeinhöhle ● *Sinusitis sphenoidalis* als seltene Komplikation beim Schnupfen (⇨ Nasennebenhöhlen, 7.8.6)
Ala minor (kleiner Keilbeinflügel)	● Grenze zwischen vorderer und mittlerer Schädelgrube ● Processus clinoideus anterior: Befestigung des Diaphragma sellae und des Tentorium cerebelli	■ **Canalis opticus** (Sehnervenkanal): für ● N. opticus (II) ● A. ophthalmica ■ **Fissura orbitalis superior** (obere Augenhöhlenspalte): zwischen Ala minor und Ala major, für ● Augenmuskelnerven: N. oculomotorius (III), N. trochlearis (IV), N. abducens (VI) ● N. ophthalmicus (V₁) ● V. ophthalmica superior	● Syndrom der Fissura orbitalis superior ⇨ N. oculomotorius, 6.7.3 ● Weite des Türkensattels im Röntgenbild ermöglicht Beurteilung der Größe der Hypophyse
Ala major (großer Keilbeinflügel)	● Facies cerebralis: vorderer Teil der mittleren Schädelgrube ● Facies temporalis: vorderer Teil der Schläfengrube ● Facies orbitalis: Hauptteil der Lateralwand der Orbita ● Sulcus tubae auditoriae [auditivae]: Rinne an Unterseite für die Ohrtrompete	● *Foramen rotundum*: für N. maxillaris (V₂), zur Fossa pterygopalatina ● *Foramen ovale*: für N. mandibularis (V₃) und Plexus venosus foraminis ovalis ● *Foramen spinosum*: für A. meningea media (aus A. maxillaris)	
Processus pterygoideus (Flügelfortsatz)	● Lamina lateralis (processus pterygoidei): äußeres Blatt, Ursprung des M. pterygoideus lateralis ● Lamina medialis (processus pterygoidei): inneres Blatt ● *Fossa pterygoidea*: nach hinten offene Grube zwischen Lamina medialis und lateralis, Ursprung des M. pterygoideus medialis ● Hamulus pterygoideus: Hakenfortsatz, um den die Sehne des M. tensor veli palatini läuft ● Rückwand der Fossa pterygopalatina	**Canalis pterygoideus**: Kanal zur Fossa pterygopalatina für ● N. canalis pterygoidei: entsteht aus N. petrosus major (VII) und N. petrosus profundus (sympathisch, aus Plexus caroticus internus) ● A. canalis pterygoidei (aus A. maxillaris)	

6.1.4 Os temporale (Schläfenbein)

GLIEDERUNG	OBERFLÄCHENRELIEF	LÖCHER UND KANÄLE	KLINIK
Pars squamosa (Schläfenschuppe)	■ **Facies temporalis**: Außenseite, Ursprung des M. temporalis ● *Processus zygomaticus* (Jochfortsatz): bildet mit dem Processus temporalis des Jochbeins den Jochbogen (Arcus zygomaticus) ● Fossa mandibularis: Pfanne des Kiefergelenks ● Facies articularis: überknorpelte Gelenkfläche ● Tuberculum articulare: Höcker vor der Gelenkpfanne, auf den das Caput mandibulae bei der Kieferöffnung gleitet ■ **Facies cerebralis**: Innenseite		
Pars tympanica (Gehörgangteil)	Anulus tympanicus: beim Neugeborenen ist der Gehörgangknochen nur ein Ring, wächst allmählich zur Röhre aus	● Meatus acusticus externus (äußerer Gehörgang): vom Trommelfell bis zu ● Porus acusticus externus ● Fissura petrotympanica (Glaser-Spalte): zwischen Pars petrosa und Pars tympanica, für Chorda tympani	
Pars petrosa	⇨ nächste Seite		

Pars petrosa (Felsenbein)

GLIEDERUNG	OBERFLÄCHENRELIEF	LÖCHER UND KANÄLE	KLINIK
Facies anterior partis petrosae (Vorderfläche des Felsenbeins)	• *Tegmen tympani*: Dach der Paukenhöhle • Eminentia arcuata: Vorwölbung über dem oberen Bogengang • Impressio trigeminalis: Delle für Ganglion trigeminale (Gasser-Ganglion)	• *Hiatus canalis nervi petrosi majoris*: Austritt des N. petrosus major (VII) von Geniculum canalis facialis, zieht weiter in Sulcus nervi petrosi majoris zum Foramen lacerum • *Hiatus canalis nervi petrosi minoris*: obere Öffnung des Canaliculus tympanicus für den N. petrosus minor (IX), zieht weiter im Sulcus nervi petrosi minoris zum Foramen lacerum	*Felsenbein-Längsfraktur.* Berstung bei Seitendruck, durch Facies anterior und Paukenhöhle zur Squama, meist Trommelfell gerissen
Margo superior partis petrosae (Oberrand des Felsenbeins, "Pyramidenkante")	• Grenze zwischen mittlerer und hinterer Schädelgrube • Sulcus sinus petrosi superioris: Rinne für den gleichnamigen Blutleiter		
Facies posterior partis petrosae (Hinterfläche des Felsenbeins)		• *Porus acusticus internus*: mediale Öffnung des Meatus acusticus internus: für N. facialis, N. vestibulocochlearis und A. labyrinthi (aus A. inferior anterior cerebelli der A. basilaris) • *Apertura externa aqueductus vestibuli*: Öffnung des Aqueductus vestibuli für den Ductus endolymphaticus (Druckausgleichsgang für die Endolymphe)	*Felsenbein-Querfraktur.* Berstung bei Druck auf Stirn oder Hinterhaupt, oft durch Meatus acusticus internus, translabyrinthär, Trommelfell meist intakt
Margo posterior partis petrosae (Hinterrand des Felsenbeins)	• Sulcus sinus petrosi inferioris • Incisura jugularis: Einschnitt für das Foramen jugulare, durch Processus intrajugularis zweigeteilt	*Foramen jugulare* zwischen Pars petrosa und Os occipitale: für N. glossopharyngeus (IX), N. vagus (X), N. accessorius (XI) und Übergang des Sinus sigmoideus in V. jugularis interna	Syndrom des Foramen jugulare ⇨ N. glossopharyngeus, 6.7.6
Facies inferior partis petrosae (Unterfläche des Felsenbeins)	• Fossa jugularis: für Bulbus superior venae jugularis • Incisura jugularis: s.o. • *Processus styloideus* (Griffelfortsatz): sehr unterschiedliche Länge, beim Kind knorpelig, Ursprung von M. stylopharyngeus, M. styloglossus und M. stylohyoideus • Fossula petrosa: Grube für Ganglion inferius des N. glossopharyngeus (und Abgang des N. tympanicus)	• *Apertura externa canaliculi cochleae*: Öffnung des Canaliculus cochleae für Aqueductus cochleae (Druckausgleich für Perilymphe) • *Canaliculus mastoideus*: für R. auricularis des N. vagus • *Canaliculus tympanicus*: zur Paukenhöhle für N. tympanicus (IX) und A. tympanica anterior (aus A. pharyngea ascendens) • *Foramen stylomastoideum*: Öffnung des Canalis facialis für N. facialis und A. stylomastoidea (aus A. auricularis posterior der A. carotis externa), Canalis facialis = längster Knochenkanal im Felsenbein, mit rechtwinkligem Knick (Geniculum canalis facialis) und Abzweigung (Canaliculus chordae tympani) für Chorda tympani	Schwellungen im Canalis facialis führen zur peripheren Fazialislähmung (⇨ 6.7.5)
Apex partis petrosae (Spitze des Felsenbeins, "Pyramidenspitze")	*Canalis musculotubarius*: verbindet Paukenhöhle und Nasopharynx, knorpelige Unterwand, zweigeteilt durch Septum canalis musculotubarii: • Semicanalis musculi tensoris tympani • Semicanalis tubae auditoriae [auditivae]	• *Canalis caroticus*: für A. carotis interna, Plexus caroticus internus (sympathisch) und Plexus venosus caroticus internus, S-förmig gebogen ("Karotissyphon" im Kontrastmittel-Röntgenbild) • *Canaliculi caroticotympanici*: 2 feine Kanäle vom Canalis caroticus zur Paukenhöhle für sympathische Nn. caroticotympanici zum Plexus tympanicus	
Cavitas tympanica (Paukenhöhle)	⇨ Mittelohr, 7.4.3		
Processus mastoideus (Warzenfortsatz)	• Incisura mastoidea: tiefer Einschnitt für den Ursprung des M. digastricus, dahinter: • Sulcus arteriae occipitalis • Sulcus sinus sigmoidei: auf Innenseite	• *Foramen mastoideum*: für V. emissaria mastoidea • *Cellulae mastoideae*: ⇨ Mittelohr, 7.4.3	• Wächst erst nach Geburt aus, N. facialis kommt bei Fetus ungeschützt aus Foramen stylomastoideum, ist bei Zangengeburt gefährdet (Geburtslähmung) • Mastoiditis: ⇨ Mittelohr, 7.4.3

6.1.5 Os parietale (Scheitelbein) und Os ethmoidale (Siebbein)

KNOCHEN	GLIEDE-RUNG	OBERFLÄCHENRELIEF	LÖCHER UND KANÄLE	KLINIK
Os parietale (Scheitelbein)	*Facies interna* (Gehirnseite)	Konkav mit eingeprägten Gefäßrinnen: ● Sulcus sinus sigmoidei ● Sulcus sinus sagittalis superioris ● Sulcus arteriae meningeae mediae		Schädeldach-frakturen: ● Berstungs-brüche bei stumpfer Gewalt ● Impressions-frakturen bei spitzer Gewalt (Gefahr der Hirnverletzung)
	Facies externa (Außenseite)	Konvex mit Muskelursprungslinien: ● Linea temporalis superior: Anheftung der Fascia temporalis ● Linea temporalis inferior: Oberrand des Ursprungs des M. temporalis	*Foramen parietale* für V. emissaria parietalis	
Os ethmoidale (Siebbein)		● Crista galli (Hahnenkamm): Ursprung der Falx cerebri ● Lamina perpendicularis: oberer Teil des Septum nasi osseum, häufig nicht genau median	*Lamina cribrosa*: Siebplatte mit den Foramina cribrosa für ● Nn. olfactorii (I) ● A. + N. ethmoidalis anterior	● Verbogenes Septum nasi kann Atmung behindern ● *Rhinoliquor-rhoe*: Abfluß von Liquor cerebro-spinalis aus der Nasenhöhle bei Schädelbasis-frakturen durch die Lamina cribrosa
	Labyrinthus ethmoidalis (Siebbein-labyrinth)	● Cellulae ethmoidales (Siebbeinzellen ⇨ Nasennebenhöhlen, 7.8.6): Teil der Wände von Nachbarknochen gebildet ● Lamina orbitalis: papierdünne Wand (früher Lamina papyracea genannt) zur Orbita ● Concha nasalis suprema: variable oberste Nasenmuschel ● Concha nasalis superior: obere Nasenmu-schel ● Concha nasalis media: mittlere Nasenmu-schel ● Bulla ethmoidalis: vorgewölbte Siebbein-zelle im mittleren Nasengang ● Processus uncinatus: hakenförmiger Fort-satz vor Öffnung der Kieferhöhle	● *Infundibulum ethmoidale* (Sieb-beintrichter): zwischen Bulla ethmo-idalis und Processus uncinatus mit den Mündungen von ● Stirnhöhle ● Kieferhöhle ● vorderen Siebbeinzellen ● *Hiatus semilunaris*: Öffnung des Infundibulum ethmoidale in halb-mondförmigem Spalt in mittleren Nasengang ● *Foramina ethmoidalia* (⇨ Os fron-tale, 6.1.2)	

6.1.6 Os occipitale (Hinterhauptbein)

GLIEDE-RUNG	OBERFLÄCHENRELIEF	LÖCHER UND KANÄLE	KLINIK
Squama occipitalis (Hinter-haupt-schuppe) (hinter Foramen magnum)	Unpaares Hinterteil des Schädeldachs: ■ **Außenseite:** ● Protuberantia occipitalis externa: der gut tastbare Hinterhaupthöcker, von ihm ausgehend: ● Linea nuchalis suprema: Obergrenze des Ur-sprungs des M. trapezius ● Linea nuchalis superior: Grenze zwischen den An-sätzen von M. trapezius und M. semispinalis capitis ● Linea nuchalis inferior: zwischen Ansätzen von M. semispinalis capitis und den kleinen Nackenmuskeln ■ **Innenseite:** ● Protuberantia occipitalis interna: Vorsprung, an dem folgende Blutleiter-Rinnen zusammentreffen: ● Sulcus sinus transversi (Fortsetzung in Sulcus si-nus sigmoidei) ● Sulcus sinus occipitalis	**Foramen magnum** (großes Loch): verbindet die Schädelhöh-le mit dem Wirbelkanal, wird durchsetzt von: ● Zentralnervensystem: Grenze zwischen Medulla spinalis und Medulla oblongata ● Radix spinalis des N. accesso-rius ● A. vertebralis ● A. spinalis anterior (unpaar) ● A. spinalis posterior ● Spatium subarachnoideum (Li-quorraum) von Rückenmark und Gehirn in offener Kontinuität	■ Verknöchert von mehreren Knochenker-nen aus, oberer Teil der Schuppe kann selb-ständiger Knochen sein (Inkabein), Fuge kann im Röntgenbild mit Bruchspalt verwechselt werden ■ **basiläre Impression:** trichterförmige Einstül-pung des Randes des Foramen magnum in hintere Schädelgrube Entwicklungsstörung (oder infolge Knochen-erweichung): ● Kopfschmerz ● bulbäre Symptome ● Hydrocephalus
Pars basi-laris (vor Foramen magnum)	● Clivus ("Abhang"): zum Keilbeinkörper aufsteigend ● Tuberculum pharyngeum: Ursprung des M. con-strictor pharyngis superior		
Pars lateralis (lateral von Foramen magnum)	*Condylus occipitalis*: Gelenkkörper für die Articulatio atlanto-occipitalis (oberes Kopfgelenk)	● *Canalis condylaris*: für die V. emissaria condylaris ● *Canalis hypoglossi*: für ● N. hypoglossus (XII) ● Plexus venosus canalis hypo-glossi	■ **Atlasassimilation:** Atlas mit Condylus oc-cipitalis verwachsen

6.1.7 Maxilla (Oberkiefer)

GLIEDERUNG	OBERFLÄCHENRELIEF	LÖCHER UND KANÄLE	KLINIK
Corpus maxillae (Oberkieferkörper)	■ **Facies orbitalis**: Boden der Augenhöhle ● Margo infraorbitalis: Unterrand der vorderen Öffnung der Augenhöhle ■ **Facies anterior**: Vorderfläche ● Incisura nasalis: Unter- und Seitenrand der Apertura piriformis (vordere knöcherne Nasenöffnung), in der Mitte: ● Spina nasalis anterior: vorderer Nasenstachel ■ **Facies infratemporalis**: Teil der Wand der Fossa infratemporalis ● Tuber maxillare [Eminentia maxillaris]: Vorwölbung der Kieferhöhlenwand zur Fissura pterygomaxillaris (Zugang zur Fossa pterygopalatina), außen von Mandibula verdeckt ■ **Facies nasalis**: vorderer Teil der Lateralwand der Nasenhöhle ● Sulcus lacrimalis: Teil der Wand des Canalis nasolacrimalis ● Sulcus palatinus major: Teil der Wand des Canalis palatinus major	● *Foramen infraorbitale*: Öffnung des Canalis infraorbitalis (beginnt mit Sulcus infraorbitalis) für ● A. infraorbitalis (aus A. maxillaris) ● N. infraorbitalis (aus V_2, mittlerer Trigeminusdruckpunkt) ● *Foramina alveolaria*: Öffnungen der Canales alveolares (von Fossa pterygopalatina und Canalis infraorbitalis zu den Oberkieferzähnen) für ● Aa. alveolares superiores (aus A. maxillaris) ● Nn. alveolares superiores (aus V_2) ● *Hiatus maxillaris*: knöcherne Öffnung der Kieferhöhle (Sinus maxillaris), z.T. durch Processus uncinatus des Siebbeins verdeckt ● *Sinus maxillaris* (Kieferhöhle): ⇨ Nasennebenhöhlen, 7.8.6	■ **Oberkieferfrakturen** werden gewöhnlich nach Le Fort eingeteilt: ● *Le Fort I*: tiefer Querbruch, Absprengung des Processus alveolaris und des Bodens der Kieferhöhle ● *Le Fort II*: "Pyramidenbruch", vor Jochbein zur Augenhöhle und dann quer durch Nasenwurzel ● *Le Fort III*: Abriß des Gesichtsschädels von der Schädelbasis, Bruch geht quer durch Nasenwurzel und Orbita ■ **Orbitabodenfraktur** (Blow-out-Fraktur): bei Schlag auf den Augapfel bricht dieser in Kieferhöhle ein
Processus frontalis (Stirnfortsatz)	Crista lacrimalis anterior: Knochenkante vor dem Tränenbein		■ Zahnalveolen der oberen Molaren können in Sinus maxillaris ragen: ● bei Zahnextraktion Eröffnung der Kieferhöhle oder Eintreiben von Wurzelfragmenten möglich ● Zahnschmerz bei Sinusitis maxillaris (Kieferhöhlenentzündung)
Processus zygomaticus (Jochfortsatz)			
Processus palatinus (Gaumenfortsatz)	● *Os incisivum* (Zwischenkieferknochen): bei etwa der Hälfte der Erwachsenen ist noch Sutura incisiva angedeutet ● Spinae palatinae und Sulci palatini: Längsleisten und -furchen für Gefäße und Nerven	*Canalis incisivus* s.u.	
Processus alveolaris (zahntragender Fortsatz)	● Arcus alveolaris: Zahnbogen ● *Alveoli dentales*: beidseits je 8 Zahnfächer, getrennt durch Septa interalveolaria (zwischen den Zähnen) und Septa interradicularia (zwischen den Zahnwurzeln) ● Juga alveolaria: Vorwölbungen an Außenseite durch die Zahnfächer	*Foramen incisivum*: unpaare orale Öffnung des Canalis incisivus für N. nasopalatinus longus (V_2)	

6.1.8 Kleine Knochen des Gesichtsschädels

KNOCHEN	OBERFLÄCHENRELIEF	LÖCHER UND KANÄLE	KLINIK
Concha nasalis inferior (untere Nasenmuschel)	Processus lacrimalis: bildet kleinen Teil der Wand des Canalis nasolacrimalis	*Canalis nasolacrimalis*: ● gebildet von Tränenbein, Oberkiefer und unterer Nasenmuschel ● für Ductus nasolacrimalis ● mündet in Meatus nasi inferior	
Os lacrimale (Tränenbein)	● Crista lacrimalis posterior: Knochenkante hinter Fossa lacrimalis ● Sulcus lacrimalis: bildet mit gleichnamiger Rinne des Oberkiefers Canalis nasolacrimalis	*Fossa lacrimalis*: ● gebildet von Tränenbein und Oberkiefer ● für Saccus lacrimalis	

Fortsetzung der Tabelle nächste Seite

Kleine Knochen des Gesichtsschädels (Fortsetzung)

KNOCHEN	OBERFLÄCHENRELIEF	LÖCHER UND KANÄLE	KLINIK
Os nasale (Nasenbein)	Knochen des Nasenrückens	*Foramina nasalia*: feine Löcher für Zweige des R. nasalis externus des N. ethmoidalis anterior (aus N. nasociliaris V$_1$)	*Nasenbeinfraktur.* ● durch direkte Gewalt ● oft verbunden mit Septumfraktur
Vomer (Pflugscharbein)	Knochen der unteren Hälfte der Nasenscheidewand ● Sulcus vomeris: Rinne für den N. nasopalatinus longus		
Os zygomaticum (Jochbein)	● Facies orbitalis: Teil der Lateralwand der Orbita ● Processus frontalis: Stirnfortsatz Richtung Stirnbein ● Processus temporalis: bildet mit Processus zygomaticus des Schläfenbeins den Arcus zygomaticus	● *Foramen zygomatico-orbitale*: Eintrittloch des N. zygomaticus (V$_2$) aus Orbita in Jochbein, teilt sich in diesem in 2 Äste: ● *Foramen zygomaticofaciale*: Austritt des N. zygomaticofacialis ● *Foramen zygomaticotemporale*: Austritt des N. zygomaticotemporalis	*Jochbeinfraktur.* oft Einbruch in Kieferhöhle bei seitlicher Gewalteinwirkung, evtl. Kieferklemme bei Beteiligung des Kiefergelenks

Os palatinum (Gaumenbein)

GLIEDERUNG	OBERFLÄCHENRELIEF	LÖCHER UND KANÄLE	KLINIK
Lamina perpendicularis ("vertikale" Platte, steht aber schräg!)	● Facies nasalis: hinterer Teil der Lateralwand der Nasenhöhle ● Facies maxillaris: gegen Kieferhöhle und Fossa pterygopalatina ● Processus pyramidalis: paßt in Einschnitt zwischen Lamina lateralis und medialis des Processus pterygoideus ● Processus orbitalis: kleiner Anteil am Boden der Orbita	● *Incisura sphenopalatina*: umschließt das Foramen sphenopalatinum (zwischen Fossa pterygopalatina und Nasenhöhle), für • A. sphenopalatina • Rr. nasales posteriores superiores aus V$_3$ ● *Sulcus palatinus major*: bildet mit gleichnamigem Fortsatz der Maxilla den Canalis palatinus major für N. palatinus major (V$_2$) ● *Canales palatini minores*: s.u.	
Lamina horizontalis (horizontale Platte)	● Facies nasalis: hinterer Teil des Bodens der Nasenhöhle ● Facies palatina: hinteres Viertel des knöchernen Gaumens (Hauptteil: Processus palatinus der Maxilla) ● Spina nasalis posterior: hinterer Nasenstachel	● *Foramen palatinum majus*: Austritt des N. palatinus major (V$_2$) ● *Foramina palatina minora*: Austritt der Nn. palatini minores (V$_2$, mit Anteilen von VII + IX) aus Canales palatini minores zum weichen Gaumen	Gaumenspalten (⇨ 7.6.1)

Os hyoideum (Zungenbein)

GLIEDERUNG	OBERFLÄCHENRELIEF	LÖCHER UND KANÄLE	KLINIK
Corpus ossis hyoidei (Zungenbeinkörper)	Anheftung von beidseits 6 Muskeln: ● M. mylohyoideus ● M. geniohyoideus ● M. stylohyoideus ● M. sternohyoideus ● M. thyrohyoideus ● M. omohyoideus		
Cornu minus (kleines Horn)	Ansatz des Lig. stylohyoideum, sehr variable Länge		
Cornu majus (großes Horn)	Oft Knorpelfuge zum Corpus, Anheftung von 3 Muskeln: ● M. hyoglossus ● M. constrictor pharyngis medius ● M. thyrohyoideus		Abbruch des großen Horns, z.B. beim Würgen

6.1.9 Mandibula (Unterkiefer)

GLIEDERUNG	OBERFLÄCHENRELIEF	LÖCHER UND KANÄLE	KLINIK
Corpus mandibulae (Unterkieferkörper)	● Basis mandibulae: Unterrand ● Protuberantia mentalis: dreieckige Vorwölbung, obere Ecke zwischen den 1. Schneidezähnen, untere Ecken beidseits Tuberculum mentale ● Linea mylohyoidea: auf Innenseite schräg von unten-vorn nach hinten-oben, Ursprung des M. mylohyoideus, trennt: ● Fovea sublingualis: Delle für Glandulae sublinguales ● Fovea submandibularis: Delle für Glandula submandibularis ● Spina mentalis: Ursprung von M. geniohyoideus + M. genioglossus ● Fossa digastrica: Ursprung des M. digastricus ■ **Pars alveolaris** (Zahnfortsatz): ● Arcus alveolaris (Zahnbogen) ● *Alveoli dentales*: beidseits 8 Zahnfächer ● Septa interalveolaria: Scheidewände zwischen den Zähnen ● Septa interradicularia: Scheidewände zwischen Zahnwurzeln ● Juga alveolaria: Vorwölbungen durch die Zahnfächer	*Foramen mentale* (Kinnloch): vorderes-unteres Ende des Canalis mandibulae, Austritt von ● R. mentalis der A. alveolaris inferior (aus A. maxillaris) ● N. mentalis (V_3, 3. Trigeminusdruckpunkt)	■ Rückbildung des Processus alveolaris nach Ausfall aller Zähne bedingt typische Proportionen des Greisengesichts ■ *Mandibulafraktur* bevorzugt paramedian, durch Eckzahnbereich oder Kieferwinkel: ● abnorme Beweglichkeit ● Empfindungsstörung des N. alveolaris inferior (meist im Canalis mandibulae verletzt) ■ bei *Akromegalie* tritt Protuberantia mentalis stark hervor
Ramus mandibulae (Unterkieferast)	● *Angulus mandibulae* (Kieferwinkel): Ansatz des M. pterygoideus medialis innen und M. masseter außen ● *Sulcus mylohyoideus*: Rinne für • R. mylohyoideus der A. alveolaris inferior (aus A. maxillaris) • N. mylohyoideus (V_3) ● *Processus coronoideus* (Kronenfortsatz): Ansatz des M. temporalis ● *Incisura mandibulae*: Einschnitt zwischen Processus coronoideus und Processus condylaris ■ **Processus condylaris** (Gelenkfortsatz): für das Kiefergelenk: ● *Caput mandibulae* (Unterkieferkopf): quergestellte Walze ● *Collum mandibulae* (Unterkieferhals): Einziehung unter Caput ● *Fovea pterygoidea*: Ansatz des M. pterygoideus lateralis	■ *Foramen mandibulae*: oberes-hinteres Ende des Canalis mandibulae, Eintritt von ● A. alveolaris inferior (aus A. maxillaris) ● N. alveolaris inferior (aus V_3) ■ aus *Canalis mandibulae* ziehen zu Zahnfächern und Zahnfleisch: ● Rr. dentales inferiores und Rr. gingivales inferiores aus dem Plexus dentalis inferior des N. alveolaris inferior ● Rr. dentales und Rr. peridentales der A. alveolaris inferior	● Luxation des Kiefergelenks (➪ 6.2.3) ● *Leitungsanästhesie* der Unterkieferzähne am Foramen mandibulae (etwa 1cm oberhalb und 2 cm dorsal der Krone des Weisheitszahns): Betäubung des N. alveolaris inferior und des N. lingualis (Zahnfleisch!)

6.2 Gelenke von Kopf und Hals

Articulatio atlanto-occipitalis, Articulatio atlanto-axialis mediana, Articulatio atlanto-axialis lateralis ⇨ 2.2.2

6.2.1 Suturae (Nähte)

NAHT	ZWISCHEN	ENTWICKLUNGSSTÖRUNGEN
Sutura coronalis (Kranznaht)	Os fronatale, Os parietale	● *Oxyzephalie*, Turrizephalie ("Turmschädel", "Hochkopf"): bei vorzeitigem knöchernen Schluß der Sutura coronalis + sagittalis + lambdoidea ● *Plagiozephalie* ("Schiefköpfigkeit"): bei vorzeitigem einseitigen knöchernen Schluß der Sutura coronalis und/oder lambdoidea
Sutura sagittalis (Pfeilnaht)	den beiden Ossa parietalia	*Skaphozephalie* ("Kahnschädel"): bei vorzeitigem knöchernen Schluß der Sutura sagittalis
Sutura lambdoidea (Lambdanaht)	Os occipitale, Os parietale	*Pachyzephalie* ("Kurzschädel"): bei vorzeitigem knöchernen Schluß der Sutura lambdoidea
Sutura squamosa (Schuppennaht)	Os temporale, Os parietale	
Sutura frontalis [metopica] (Stirnnaht)	Median im Os frontale	● "Kreuzschädel" (*Metopismus*): Stirnnaht verknöchert normalerweise im 2. Lebensjahr, bleibt gelegentlich erhalten, bildet Kreuz mit Kranz- und Pfeilnaht ("gespaltene" Stirn beeinträchtigt Aussehen) ● Metopismus auch bei angeborenem Wasserkopf (Hydrocephalus) ● *Trigonozephalie* ("Dreieckschädel"): bei vorzeitigem knöchernen Schluß der Sutura frontalis
Sutura palatina mediana (mediane Gaumennaht)	beiden Gaumenhälften	*Gaumenspalte* (Fissio palatalis mediana, Palatoschisis, Uranoschisis): wenn nicht von Schleimhaut geschlossen, dann offene Verbindung zwischen Mund- und Nasenhöhle (Wolfsrachen), Häufigkeit etwa 1 auf 2500 Neugeborene, muß frühzeitig verschlossen werden (Schluckstörung, unverständliche Sprache!)
Sutura palatina transversa (quere Gaumennaht)	Maxilla (Processus palatinus), Os palatinum (Lamina horizontalis)	
Sutura incisiva (Zwischenkiefernaht)	In Maxilla von Foramen incisivum schräg nach vorn zwischen 2. und 3. Zahnfach, normalerweise schon vor Geburt geschlossen	*Laterale Kieferspalte* (Gnathoschisis, Schistognathie): stets mit Lippenspalte (Hasenscharte) verbunden (Häufigkeit: 1 auf 1000 Neugeborene) (⇨ 7.6.1)
Sutura intermaxillaris (mediane Oberkiefernaht)	Maxilla rechts und links	*Mediane Kieferspalte* (selten)
Weitere über 20 benannte Nähte	Jeweils benannt nach den angrenzenden Knochen, z.B. Sutura occipitomastoidea	
Hinzu kommen einige Synchondrosen, die an sich nicht zu den Suturen gehören, aber der Einfachheit halber hier mit erwähnt werden sollen	Jeweils benannt nach den durch sie verbundenen Knochen, z.B. Synchondrosis spheno-occipitalis (im Clivus)	Vorzeitiger Schluß der Synchondrosis spheno-occipitalis bei der Osteochondrodystrophie (⇨ 9.1.5) verkürzt die Schädelbasis → typische Schädelform mit eingezogener Nasenwurzel und vorgewölbter Stirn

6.2.2 Fonticuli cranii (Fontanellen)

FONTANELLE	LAGE	KLINIK
Fonticulus anterior (Stirnfontanelle, große Fontanelle)	Viereckig, zwischen den beiden Stirnbeinhälften und den beiden Scheitelbeinen	● Bei Geburt: Fontanellen als Orientierungsmarken: bei Normalgeburt in Hinterhauptlage führt die kleine Fontanelle, bei der pathologischen Vorderhauptlage (Deflexionshaltung) geht die große Fontanelle voran
Fonticulus posterior (Hinterhauptfontanelle, kleine Fontanelle)	Dreieckig, zwischen den beiden Scheitelbeinen und dem Hinterhauptbein	
Fonticulus sphenoidalis [anterolateralis] (Keilbeinfontanelle))	Viereckig, zwischen Keilbein (Ala major), Stirnbein, Scheitelbein und Schläfenbeinschuppe	● beim Säugling und Kleinkind: die Verknöcherung der Fontanellen ist ein wichtiges Kriterium bei der Beurteilung der körperlichen Entwicklung: Schluß der Stirnfontanelle im 9.-16. Monat, der übrigen Fontanellen schon in der 6. Woche
Fonticulus mastoideus [posterolateralis] (Warzenfontanelle)	Dreieckig, zwischen Scheitelbein, Schläfenbein und Hinterhauptbein	

6.2.3 Articulatio temporomandibularis (Kiefergelenk)

GELENK-FLÄCHEN	BÄNDER, MUSKELN	GELENKART, BEWEGUNGSUMFANG	KLINIK
● Facies articularis der Fossa mandibularis und des Tuberculum articulare an der Pars squamosa des Os temporale ● Caput mandibulae am Processus condylaris der Mandibula	■ **Verstärkungsbänder** der Gelenkkapsel: ● Lig. laterale ● Lig. mediale ■ **kapselunabhängige Bänder:** ● Lig. sphenomandibulare ● Lig. stylomandibulare ■ **Discus articularis** teilt Gelenkraum: ● Membrana synovialis superior ● Membrana synovialis inferior ■ **Muskeln der Kieferbewegungen:** ① Schließen: ● 3 Kaumuskeln (⇨ 6.3.4): ● M. masseter ● M. temporalis (ventrale Anteile) ● M. pterygoideus medialis ● unterstützt durch Schließmuskeln des Mundes (⇨ 6.3.3) ② Öffnen: ● 1 Kaumuskel: M. pterygoideus lateralis ● unterstützt durch den Kopf nach hinten neigende Muskeln, z.B. autochthone Rückenmuskeln (⇨ 2.3.3) ③ nach vorn (bzw. zur Gegenseite): M. pterygoideus lateralis ④ nach hinten (bzw. zur gleichen Seite): M. temporalis (dorsale Anteile)	■ **Drehgleitgelenk mit 3 Hauptbewegungen:** ① *Scharnierbewegung:* ● Schließen - Öffnen 0˚-0˚-60˚ ● einfacher zu protokollieren als medianer Abstand der Zahnreihen: normal 40-50 mm (3 Fingerbreiten) bei maximaler Öffnung ② *Schlittenbewegung:* vor - zurück 10 mm - 5 mm (gemessen an Schneidekanten der oberen und unteren medialen Schneidezähne) ③ *Mahlbewegung:* rechts - links 10 mm - 10 mm (gemessen an Spalt zwischen medialen Schneidezähnen oben und unten) ■ **Untersuchung:** ● beachte: beide Kiefergelenke wirken zwangsweise zusammen (außer bei Mandibulafraktur) ● Bewegungsprüfung (⇨ oben), dabei auf seitliche Abweichungen bei Scharnier- und Schlittenbewegung achten ● Tasten des Caput mandibulae und des Gelenkspalts unmittelbar vor dem äußeren Gehörgang (Einsenkung bei Kieferöffnung) ● Auskultation: Abhören mit dem Stethoskop: Gelenkknacken weist auf Schädigung des Discus articularis hin	■ **Kiefersperre:** Kieferschluß ist unmöglich, z.B. bei Luxation oder Unterkieferfraktur ■ **Kieferklemme** (Ankylostoma): Mundöffnung ist unmöglich, z.B. bei ● Krampf der Kaumuskeln: neurogen oder infolge Entzündung ● Kieferbruch ● Parotitis (Entzündung der Ohrspeicheldrüse) ● Tonsillitis (Entzündung der Gaumenmandeln) und Peritonsillarabszeß ● Schleimhautinfektion bei durchbrechendem Weisheitszahn ● Schrumpfung der Gesichtshaut durch Narbenzüge oder Sklerodermie (⇨ 1.9.3) ■ **Kieferluxation:** das Caput mandibulae gleitet auf den vorderen Umfang des Tuberculum articulare (bei Subluxation nur vor Discus articularis) ● Ursache: übermäßige Kieferöffnung, z.B. beim Gähnen, aber auch bei ärztlichen und zahnärztlichen Eingriffen (Tonsillektomie, Behandlung hinterer Zähne) ● Hauptsymptome: federnde Fixation (Mund steht offen), Schmerz, Krampf der Kaumuskeln ● Reposition: gleichzeitig hintere Zähne nach unten und Kinn nach oben drücken (Hippokrates-Handgriff) ● habituelle Luxation: bei Schlaffheit der Gelenkkapsel und der Bänder, Gähnen genügt bereits zur Luxation ■ **Kiefergelenkfraktur:** Abbruch des Caput mandibulae, Unterkiefer wird durch Muskelzug nach vorn verlagert ■ **Kiefergelenkarthritis** (Gelenkentzündung): ● eitrige Arthritis: Übergreifen von Umgebung oder hämatogene Infektion ● traumatische Arthritis: Verletzung bei übermäßiger Mundöffnung, z.B. bei Gähnen, zahnärztlichen Eingriffen, Intubation ● rheumatische Arthritis: Kiefergelenk in mehr als der Hälfte der Fälle von Polyarthritis (⇨ 8.2.3) mitbefallen ■ **Kiefergelenkarthrose:** ● Degeneration des Gelenkknorpels ● meist bei älteren Menschen, bei jüngeren nach Traumen und Entzündungen ● Symptome: Steifigkeitsgefühl und Schmerz bei Kieferbewegungen, Bewegungseinschränkung, Gelenkknacken ■ **Myoarthropathie des Kiefergelenks** (myofaziales Schmerz-Dysfunktions-Syndrom): ● häufigste Erkrankung des Kiefergelenks ● Entstehung: überwiegend psychogen: gewohnheitsmäßiges Zähneknirschen in Streßsituationen (auch nachts im Traum!) → Krämpfe der Kaumuskeln → chronische Überlastung des Kiefergelenks begünstigt Entstehung der Kiefergelenkarthrose ● Symptome: meist einseitiger dumpfer Schmerz vor dem Ohr, in Umgebung ausstrahlend, Bewegungseinschränkung und Druckempfindlichkeit des Kiefergelenks

6.3 Muskeln von Kopf und Hals (Mm. capitis et colli)

6.3.1 Übersicht

MUSKELGRUPPE	MUSKELN	INNERVATION	FUNKTION	ANMERKUNGEN
Mm. bulbi (äußere Augenmuskeln)	M. orbitalis M. rectus superior M. rectus inferior M. rectus medialis M. rectus lateralis M. obliquus superior M. obliquus inferior M. levator palpebrae superioris	● N. oculomotorius (III) ● N. trochlearis (IV) ● N. abducens (VI)	● Alle Bewegungen des Augapfels ● Heben des Oberlids	Augenmuskellähmungen besonders bei Schädelbasisfrakturen (⇨ Hirnnerven, 6.7.3)
Mm. ossiculorum auditus (Muskeln der Gehörknöchelchen)	M. tensor tympani M. stapedius	● N. trigeminus (V₃) ● N. facialis (VII)	Dämpfen der Schwingungen der Gehörknöchelchen	Hyperakusis bei Fazialislähmung
Mm. faciales (Gesichtsmuskeln, mimische Muskeln)	■ **Muskeln der Sehnenhaube und der Ohrmuschel:** M. epicranius M. auricularis anterior M. auricularis superior M. auricularis posterior ■ **Muskeln der Lidspalte:** M. procerus M. orbicularis oculi M. corrugator supercilii M. depressor supercilii ■ **Muskeln der Mundspalte und der Nase:** M. orbicularis oris M. depressor anguli oris M. transversus menti M. risorius M. zygomaticus major M. zygomaticus minor M. levator labii superioris M. levator labii superioris alaeque nasi M. depressor labii inferioris M. levator anguli oris M. buccinator M. mentalis M. nasalis M. depressor septi	N. facialis VII)	Alle Bewegungen der Gesichtshaut, z.B. ● Lidschluß ● Lippenschluß ● Öffnen der Mundspalte ● Gesichtsausdruck (Mimik) ● Mitwirkung bei Lautbildung (Lippenlaute = Labiale) ● Unterstützen Kaumuskeln (Wangenmuskel schiebt Bissen zwischen die Zähne, Lippenschluß verhindert Auslaufen des Speisebreis)	● Vollständige halbseitige Gesichtslähmung bei peripherer Fazialislähmung (⇨ 6.7.5) ● Lähmung des Untergesichts bei zentraler (supranukleärer) Fazialislähmung (⇨ 6.7.5)
Mm. masticatorii (Kaumuskeln)	M. masseter M. temporalis M. pterygoideus lateralis M. pterygoideus medialis	N. trigeminus (V₃): Radix motoria	Kaubewegungen der Mandibula	Bedeckt von Fascia masseterica und Fascia temporalis
Mm. linguae (Zungenmuskeln)	■ **Zungenaußenmuskeln:** M. genioglossus M. hyoglossus M. chondroglossus M. styloglossus ■ **Zungenbinnenmuskeln:** M. longitudinalis superior M. longitudinalis inferior M. transversus linguae M. verticalis linguae	N. hypoglossus (XII)	Bewegungen der Zunge, z.B. beim Kauen, Schlucken und bei Stimmbildung	Bei doppelseitiger Hypoglossuslähmung Sprechen und Schlucken erschwert bis unmöglich

Fortsetzung der Übersicht nächste Seite

Übersicht (Fortsetzung)

MUSKELGRUPPE	MUSKELN	INNERVATION	FUNKTION	ANMERKUNGEN
Mm. palati et faucium (Gaumen- und Schlundengenmuskeln)	M. levator veli palatini M. tensor veli palatini M. uvulae M. palatoglossus M. palatopharyngeus	• N. trigeminus (V_3) • N. glossopharyngeus (IX) • N. vagus (X)	Bewegungen des Gaumensegels, z.B. beim Schlucken und bei der Stimmbildung	Sprech- und Schluckstörungen bei Erkrankungen der Medulla oblongata
Mm. suboccipitales (subokzipitale Muskeln, kleine Nackenmuskeln)	M. rectus capitis anterior M. rectus capitis posterior major M. rectus capitis posterior minor M. rectus capitis lateralis M. obliquus capitis superior M. obliquus capitis inferior	Nn. cervicales I + II	Bewegungen des Kopfes im Atlantookzipital- und Atlantoaxialgelenk	
Mm. suprahyoidei (obere Zungenbeinmuskeln)	M. digastricus M. stylohyoideus M. mylohyoideus M. geniohyoideus	• N. trigeminus (V_3) • N. facialis (VII) • Plexus cervicalis	• Heben des Zungenbeins und mittelbar des Kehlkopfs, z.B. beim Schlucken • Verspannen des Mundbodens	
Mm. infrahyoidei (untere Zungenbeinmuskeln)	M. sternohyoideus M. omohyoideus M. sternothyroideus M. thyrohyoideus (M. levator glandulae thyroideae)	Plexus cervicalis: Ansa cervicalis	• Ziehen Zungenbein herab • spannen mittleres Blatt der Halsfaszie	Umschlossen von Lamina pretrachealis der Fascia cervicalis
Tunica muscularis pharyngis (Muskeln der Rachenwand)	M. constrictor pharyngis superior M. constrictor pharyngis medius M. constrictor pharyngis inferior M. stylopharyngeus M. salpingopharyngeus	• N. glossopharyngeus (IX) • N. vagus (X)	• Befördern des Bissens durch Rachen beim Schlucken • Abdichten des Rachens gegen Nasenhöhle beim Schlucken	Schluckstörungen bei Erkrankungen der Medulla oblongata
Mm. laryngis (Kehlkopfmuskeln)	M. cricothyroideus M. crico-arytenoideus posterior (M. ceratocricoideus) M. crico-arytenoideus lateralis M. vocalis M. thyro-arytenoideus M. arytenoideus obliquus M. arytenoideus transversus	N. vagus (X): • N. laryngealis superior • N. laryngealis recurrens	• Steuerung des Luftstroms durch Stimmritze • Spannen der Stimmlippen bei der Lautbildung	Rekurrenslähmung, z.B. bei Kropf und bei Schilddrüsenoperationen
Mm. colli [cervicis] (Halsmuskeln) ohne offizielle Gruppenzuordnung	Hautmuskel: Platysma	• N. facialis (VII)	• Anspannen der Haut des Halses, z.B. beim Rasieren • Fletschen der Zähne	Oberflächlich zu Lamina superficialis der Fascia cervicalis
	M. sternocleidomastoideus M. trapezius	• N. accessorius (XI) • Plexus cervicalis	Bewegungen von Kopf, Hals und Schultergürtel, indirekt auch des Arms (Heben über Horizontale)	Oberflächliche Halsmuskeln (gehören zu oberen Gürtelmuskeln): eingehüllt von Lamina superficialis der Fascia cervicalis
	M. longus colli M. longus capitis M. scalenus anterior M. scalenus medius M. scalenus posterior (M. scalenus minimus)	• Nn. cervicales	• Bewegungen von Hals, Kopf und Brustkorb • Mm. scaleni Einatemmuskeln	Tiefe Halsmuskeln (prävertebrale Muskeln): bedeckt von Lamina prevertebralis der Fascia cervicalis)

6.3.2 Muskeln der Augenhöhle und des Mittelohrs

Mm. bulbi (äußere Augenmuskeln)

MUSKEL	URSPRUNG	ANSATZ	NERV	FUNKTION	ANMERKUNGEN
M. rectus superior (oberer gerader Augenmuskel)	Anulus tendineus communis	Sclera: oben vor Äquator des Bulbus oculi	N. oculomotorius (III): R. superior	● Dreht den Augapfel nach oben und etwas nach innen ● stärkste Blickhebung bei leichter Abduktion, daher bei Funktionsprüfung Blick des Patienten nach oben-außen	Lähmungen einzelner oder aller Augenmuskeln bei Erkrankungen der Augenmuskelnerven, z.B. bei Schädelbasisfrakturen oder Tumoren der Schädelhöhle (⇨ Fissura-orbitalis-superior-Syndrom, 6.7.3)
M. rectus inferior (unterer gerader Augenmuskel)	Anulus tendineus communis	Sclera: unten vor Äquator des Bulbus oculi	N. oculomotorius (III): R. inferior	● Dreht den Augapfel nach unten und etwas nach innen ● stärkste Blicksenkung bei leichter Abduktion, daher bei Funktionsprüfung Blick des Patienten nach unten-außen	
M. rectus medialis (innerer gerader Augenmuskel)	Anulus tendineus communis	Sclera: medial vor Äquator des Bulbus oculi	N. oculomotorius (III): R. inferior	Dreht den Augapfel rein nach innen	Bei der Schieloperation werden die Ansatzsehnen des inneren und äußeren geraden Muskels am Auge neu befestigt
M. rectus lateralis (äußerer gerader Augenmuskel)	● Anulus tendineus communis ● Lacertus musculi recti lateralis von Ala major	Sclera: lateral vor Äquator des Bulbus oculi	N. abducens (VI)	Dreht den Augapfel rein nach außen	● *Abduzenslähmung* ist die häufigste Hirnnervenlähmung bei Schädelbasisfrakturen, daher ist die Abduktionsschwäche die häufigste Bewegungsstörung des Auges ● bei Lähmung Doppelbilder (ohne Höhenverschiebung!) beim Blick nach lateral
M. obliquus superior (oberer schräger Augenmuskel)	Kranial-medial des Anulus tendineus communis	● Sclera: oben lateral hinter Äquator des Bulbus oculi ● Ansatzsehne wird durch faserknorpelige Trochlea abgelenkt, durch Sehnenscheide (Vagina tendinis musculi obliqui superioris) gegen Reibung geschützt	N. trochlearis (IV)	● Dreht den Augapfel nach unten und etwas nach außen, rotiert ihn nach innen ● stärkste Blicksenkung bei leichter Adduktion, daher bei Funktionsprüfung Blick des Patienten nach unten-innen	Bei Trochlearislähmung höhenverschobene schräge Doppelbilder
M. obliquus inferior (unterer schräger Augenmuskel)	Vorn an unterer Medialwand der Orbita lateral des Sulcus lacrimalis	Sclera: unten lateral hinter Äquator des Bulbus oculi	N. oculomotorius (III): R. inferior	● Dreht den Augapfel nach oben und etwas nach außen, rotiert ihn nach außen ● stärkste Blickhebung bei leichter Adduktion, daher bei Funktionsprüfung Blick des Patienten nach oben-innen	Er umfaßt den Augapfel von unten wie die Hand des Keglers die Kugel
M. levator palpebrae superioris (Oberlidheber)	Ala minor oberhalb des Anulus tendineus communis	Breite flache Sehne spaltet sich in 2 Lamellen auf: ● Lamina superficialis zur Dermis des Oberlids ● Lamina profunda zum Tarsus superior	N. oculomotorius (III): R. superior	● Hebt das Oberlid ● Antagonist des M orbicularis oculi	● *Ptosis*: Schwäche oder Lähmung des M. levator palpebrae superioris, das Auge kann nicht (oder nicht voll) geöffnet werden ● die breite Ansatzsehne teilt die Tränendrüse in Pars orbitalis und Pars palpebralis
M. orbitalis (Augenhöhlenmuskel, Müller-Muskel)	Ränder der Fissura orbitalis inferior	Ränder der Fissura orbitalis inferior	Glatter Muskel, daher vegetativ innerviert	Verschließt Fissura orbitalis inferior	● Beim Menschen rudimentär (bei vielen Säugetieren, denen knöcherne Seitenwand der Orbita fehlt, ausgedehnte Muskelplatte) ● gehört nicht zu Skelettmuskeln, wird aber in den Nomina anatomica hier aufgeführt

Mm. ossiculorum auditus (Muskeln der Gehörknöchelchen)

MUSKEL	URSPRUNG	ANSATZ	NERV	FUNKTION	ANMERKUNGEN
M. tensor tympani (Trommel-fell-spanner)	● Cartilago tubae audi-toriae ● Wand des Semicana-lis musculi tensoris tym-pani (Sehne biegt bei Austritt aus Kanal na-hezu rechtwinklig ab)	Manu-brium mallei	N. trigemi-nus (V₃): N. musculi tensoris tympani	Zieht Hammergriff nach innen und spannt so Trom-melfell	*Canalis musculotubarius* durch Sep-tum canalis musculotubarii geteilt in: ● Semicanalis musculi tensoris tympani für den Trommelfellspanner ● Semicanalis tubae auditoriae für die Ohrtrompete
M. stape-dius (Steigbüge lmuskel)	In vom Canalis facialis abzweigenden Kno-chenkanal, Austritt an Eminentia pyramidalis	Caput sta-pedis	N. facialis (VII): R. stapedius	Verkantet Steigbügel im ovalen Fenster und dämpft so Schwingungen	*Hyperakusis* (überlautes Hören) bei Fazialislähmung: wichtiges Sym-ptom für Lokalisierung der Läsion

6.3.3 Mm. faciales (Gesichtsmuskeln)

Muskeln der Sehnenhaube und der Ohrmuschel

MUSKEL	URSPRUNG	ANSATZ	NERV	FUNKTION	ANMERKUNGEN
M. epicranius (Sehnenhau-benmuskel)	■ *M. occipito-frontalis:* ● Venter fronta-lis: Haut der Au-genbraue ● Venter occipi-talis: Linea nu-chalis suprema ■ *M. temporo-parietalis:* Fas-cia temporalis superficialis	Galea apo-neurotica [Aponeurosis epicranialis] (Sehnen-haube)	N. facialis (VII): Rr. temporales und N. au-ricularis posterior	● Bewegt die Sehnen-haube und damit die Kopf-schwarte vor und zurück sowie zur Seite ● wichtigster Teil: Venter frontalis (Stirnmuskel), legt die Stirnhaut in Querfalten ("Stirnrunzler") und zieht dabei auch das Oberlid ein wenig hoch (Stirnfalten bei Ermüdung: der Venter fron-talis unterstützt den M. levator palpebrae superio-ris bei der Lidöffnung)	■ 2 Vergleiche: ● mit dem Zwerchfell: in eine in der Mitte liegende große Sehnenplatte strahlen von allen Seiten Muskeln ein ● mit der Palmar- und Plantaraponeu-rose: die Haut ist in einer Matratzen-konstruktion fest mit der Sehnenplatte verbunden ■ Mimik: Horizontalfalten der Stirn ("Notfalten") bei Ermüdung und An-triebsschwäche
M. auricula-ris anterior (vorderer Ohrmuschel-muskel)	Galea aponeu-rotica [Aponeurosis epicranialis]	Vorderrand der Ohrmu-schel	N. facialis (VII): Rr. temporales	Zieht die Ohrmuschel et-was nach vorn	Oft in Zusammenhang mit M. temporo-parietalis
M. auricula-ris superior (oberer Ohrmuschel-muskel)	Galea aponeu-rotica [Aponeurosis epicranialis]	Hinterwand der Ohrmu-schel	N. facialis (VII): Rr. temporales	Zieht die Ohrmuschel et-was nach oben	Die Ohrmuskeln werden wenig benützt, sind aber trainierbar (vor Spiegel üben, dabei Muskelanspannung tasten)
M. auricula-ris posterior (hinterer Ohrmuschel-muskel)	Processus ma-stoideus	Hinterwand der Ohrmu-schel	N. facialis (VII): N. auricularis posterior	Zieht die Ohrmuschel et-was nach hinten	Die Nomina anatomica führen weitere 8 Mm. auriculares auf, sie liegen inner-halb der Ohrmuschel, haben beim Men-schen keine praktische Bedeutung und werden daher hier nicht aufgelistet

Muskeln der Lidspalte

MUSKEL	URSPRUNG	ANSATZ	INNERVATION	FUNKTION	ANMERKUNGEN
M. corrugator supercilii (Augenbrauen-runzler)	Os frontale: Glabella, Margo supraorbitalis	● Haut der Au-genbraue ● Galea apo-neurotica [Aponeurosis epicranialis]	N. facialis (VII): Rr. tem-porales	● Vorwölben der Augen-braue (gewissermaßen als Sonnenblende, daher Kon-traktion bei Blendung) ● Vertikalfalten der Stirn	Mimik: Vertikalfalten der Stirn als Zeichen starker innerer Spannung (geistig und emotio-nal)
M. depressor supercilii (Augenbrauen-senker)	Os frontale: Glabella, Margo supraorbitalis	● Haut der Au-genbraue	N. facialis (VII): Rr. tem-porales und Rr. zygomatici	Unterstützt Pars orbitalis des M. orbicularis oculi beim Herabziehen der Au-genbrauen	Medial-kraniale Abspaltung der Pars orbitalis des M. orbi-cularis oculi

Fortsetzung der Tabelle nächste Seite

Muskeln der Lidspalte (Fortsetzung)

MUSKEL	URSPRUNG	ANSATZ	INNERVATION	FUNKTION	ANMERKUNGEN
M. procerus (Nasenwurzel-runzler, Stirn-hautherabzie-her)	● Os nasale ● Sehne des M. nasalis	Haut über Gla-bella	N. facialis (VII): Rr. tem-porales und Rr. zygomatici	● Zieht Stirnhaut herab (auch M. depressor gla-bellae genannt) ● erzeugt dabei Querfalten auf Nasenwurzel	Mimik: wirkt oft mit M. corru-gator supercilii zusammen: gespannter bis drohender Ge-sichtsausdruck
M. orbicularis oculi (Augen-schließmuskel, Lidschließ-muskel, Augen-ringmuskel)	● Os frontale: Pars nasalis ● Maxilla: Pro-cessus zygo-maticus und Processus fron-talis ● Os lacrimale ● Saccus lacri-malis NB: bei ring-förmigen Mus-keln kann man verschiedener Meinung über Ursprung und Ansatz sein!	● Lig. palpebra-le mediale ● Lig. palpebra-le laterale ▦ Gliederung in 3 Teile: ● Pars palpe-bralis: in den Li-dern ● Pars orbitalis: vor dem Orbita-rand ● Pars lacrima-lis: Teil der Pars palpebralis, der vom Tränensack entspringt	N. facialis (VII): Rr. tem-porales und Rr. zygomatici	● Lidschluß (beim Oberlid unterstützt durch die Schwerkraft) ● Verteilen der Tränen-flüssigkeit über Vorderflä-che des Auges ● beim einfachen Lid-schlag nur Pars palpebralis ● beim Zukneifen des Au-ges Stirn- und Wangenhaut durch Pars orbitalis zusätzlich über Lider ge-zogen ● beim Lidöffnen wird Pars palpebralis unter Pars or-bitalis geschoben, dadurch entsteht Tarsalfalte)	● *Lagophthalmus*: bei Ausfall des Muskels (periphere Fa-zialislähmung ⇨ 6.7.5) kann das Lid nicht geschlossen werden, beim Versuch des Lidschlusses wird wegen des Bell-Phänomens die weiße Sclera sichtbar, das unge-schützte Auge ist durch Aus-trocknen gefährdet (Horn-hautgeschwüre, Erblindung) ● Mimik: im Wachzustand ge-schlossenes Auge bei "innerer Schau", Abwenden von der Außenwelt in tiefer Trauer und im Genuß (z.B. Orgasmus)

Muskeln der Mundspalte und der Nasenöffnung

MUSKEL	URSPRUNG	ANSATZ	INNERVATION	FUNKTION	ANMERKUNGEN
M. orbicularis oris (Schließmuskel des Mundes, Mund-ringmuskel)	● Mundwinkel (Übergang zu M. buccinatorius) ● Maxilla + Mandibula (im Schneidezahn-bereich)	In Ober- und Unterlippe zur Gegenseite: ● Pars labialis: in ganzer Höhe der Lippe ● Pars margi-nalis: haken-förmig unter Lippenrot nach vorn umge-schlagen	N. facialis (VII): Rr. buccales	● Lippenschluß ● verkürzt Mundspalte ● verhindert Auslaufen von Speichel und Speisebrei beim Kauen ● bei Kontraktion einzelner Abschnitte schiebt er z.B. Lippen rüsselartig nach vorn (beim Pfeifen und Küssen) oder stülpt sie ein	● Hauptmuskel der Mund-spalte, aus dem sich die mei-sten anderen Muskeln der Mundspalte ausgliederten ● die von Ober- und Unterkie-fer entspringenden Teile auch Mm. incisivi genannt ● bei Fazialisparese können die Lippen nicht geschlossen werden, Speichel läuft aus ● Mimik: halbgeöffneter Mund bei körperlicher und seelischer Schlaffheit, Erstaunen ● verpreßter Mund bei beson-derer Anspannung, "verbisse-ner" Wut usw.
M. depressor labii inferioris (Unterlippen-senker)	Mandibula (Unterrand)	Haut der Unter-lippe	N. facialis (VII): R. marginalis mandibulae	● Zieht Unterlippe herab ● stülpt sie leicht nach au-ßen, erhöht dadurch Lip-penrot	● Setzt Richtung des Platys-ma zur Unterlippe fort ● wegen Form früher M. qua-dratus labii inferioris genannt
M. mentalis (Kinnmuskel)	Mandibula (Juga alveolaria von Schneidezähnen + Eckzahn)	Kinnhaut	N. facialis (VII): R. marginalis mandibulae	● Zieht Kinnhaut nach oben, hilft damit bei der Bildung einer "Schnute" ● zieht Kinngrübchen ein	Ursprung vom M. depressor labii inferioris überdeckt
M. depressor anguli oris (Mundwinkel-senker)	Mandibula (Unterrand ge-genüber den Ansätzen des Platysma)	● Haut des Mundwinkels ● z.T. in M. or-bicularis oris der Oberlippe über-gehend	N. facialis (VII): Rr. buccales	● Zieht Mundwinkel nach unten ● verlängert dadurch Na-solabialfurche	● Wegen seiner dreieckigen Form früher M. triangularis genannt ● Mimik: Muskel der Unfroh-heit und Bitterkeit
M. transversus menti (Kinn-quermuskel)	Verbindung der medialen Rand-fasern des M. depressor anguli oris unter dem Kinn über die Me-diane hinweg		N. facialis (VII): Rr. buccales	Bedingt Unterkinnfurche (vertieft führt sie zum "Dop-pelkinn")	Sehr variabel

Fortsetzung der Tabelle nächste Seite

Muskeln der Mundspalte und der Nasenöffnung (Fortsetzung)

MUSKEL	URSPRUNG	ANSATZ	INNERVATION	FUNKTION	ANMERKUNGEN
M. risorius (Lachmuskel)	Mundwinkel (Muskelknoten)	● Wangenhaut ● Fascia masseterica	N. facialis (VII): Rr. buccales	● Zieht Lachgrübchen in Wange ein ● verbreitert Mundspalte	● Abspaltung der lateralen (querverlaufenden) Randfasern des M. depressor anguli oris ● fehlt häufig
M. levator labii superioris (Oberlippenheber)	● Maxilla (Margo infraorbitalis) ● Os zygomaticum ● z.T. aus M. orbicularis oculi ausscherende Muskelfasern	● Haut der Oberlippe ● z.T. in M. orbicularis oris einschwenkend ● vereinzelt Haut der Wange	N. facialis (VII): Rr. zygomatici	● Zieht Oberlippe nach oben ● vertieft dabei Nasolabialfurche und biegt sie nach oben außen ● beim Zusammenwirken mit M. depressor labii inferioris nimmt Mund rechteckige Form an (Heulen kleiner Kinder)	● Wegen seiner breiten Form früher auch M. quadratus labii superioris genannt ● Mimik: wirkt mit beim Ausdruck des Weinens, der Traurigkeit und Bitterkeit (Oberlippe nach oben, Mundwinkel nach unten gezogen)
M. levator labii superioris alaeque nasi (Oberlippen- und Nasenflügelheber)	● Maxilla (Processus frontalis)	Haut von Oberlippe und Nasenflügel	N. facialis (VII): Rr. zygomatici	● Hebt Nasenflügel ● erweitert Nasenöffnung	
M. zygomaticus minor (kleiner Jochbeinmuskel)	Os zygomaticum	Haut der Oberlippe	N. facialis (VII): Rr. zygomatici	● Zieht Oberlippe nach lateral-oben ● entblößt dabei Eckzahn ● unterstützt M. zygomaticus major beim Lachen ● staucht Haut über Jochbein ("Krähenfüße")	● Bedecken das Corpus adiposum buccae (Bichat-Wangenfettpfropf) ● Mimik: Hauptmuskeln des Lachens und der frohen Gestimmtheit
M. zygomaticus major (großer Jochbeinmuskel)	Os zygomaticum	Mundwinkel	N. facialis (VII): Rr. zygomatici	● Zieht Mundwinkel nach lateral-oben ● Nasolabialfalte wird S-förmig gebogen	
M. levator anguli oris (Mundwinkelheber)	Maxilla (Fossa canina)	Haut des Mundwinkels	N. facialis (VII): Rr. buccales, Rr. zygomatici	Hebt den Mundwinkel	● Wegen Lage (Eckzahn!) früher M. caninus genannt ● bedeckt vom M. levator labii superioris
M. buccinator (Wangenmuskel, Trompetermuskel)	Hufeisenförmiger Ursprung: ● Maxilla (Processus alveolaris) ● Raphe pterygomandibularis ● Mandibula (Innenseite des Processus coronoideus, Außenseite des Processus alveolaris)	Mundwinkel	N. facialis (VII): Rr. buccales, Rr. zygomatici	● Schmiegt Wangenschleimhaut an Zahnreihe an ● schiebt beim Kauen Bissen aus der Wangentasche zwischen die Zahnreihen (Gegenspieler der Zunge) ● verhindert Einklemmen der Wangen zwischen Zähne beim Kauen ● Blasen (wenn vorgedehnt durch Luftfüllung der Wangentasche)	● Bedeckt von Fascia buccopharyngea ● bei einseitiger Schwäche (Fazialisparese) geht der Luftstrom beim Blasen schräg aus dem Mund, eine gerade vor den Mund gehaltene Flamme kann nicht ausgeblasen werden ● bei Schwäche ist auch das Kauen behindert, da Speisebrei immer wieder in die Wangentasche zurückgleitet
M. nasalis (Nasenmuskel)	Maxilla (Fossa canina + Rand der Apertura piriformis)	● Pars alaris: Nasenflügel ● Pars transversa: mit flacher breiter Sehne über Nasenrücken zur Gegenseite	N. facialis (VII): Rr. buccales, Rr. zygomatici	● Pars alaris: zieht Nasenflügel nach lateral-unten, verändert dadurch Form der Nasenöffnung, vertieft Nasenflügelfurche ● Pars transversa: zieht weichen Teil des Nasenrückens zurück, senkt Nasenspitze, verursacht manchmal feine Fältchen auf Nasenrücken	Kontraktion des Muskels ist leicht zu tasten, wenn man mit Daumen und Zeigefinger die Nasenflügel zangenartig umgreift
M. depressor septi (Nasenscheidewandsenker)	Aus M. orbicularis oris abschwenkende Muskelfasern	Haut der Nasenscheidewand	N. facialis (VII): Rr. buccales, Rr. zygomatici	Senkt weichen Teil der Nasenscheidewand und damit Nasenspitze	

6.3.4 Mm. masticatorii (Kaumuskeln)

MUSKEL	URSPRUNG	ANSATZ	NERV	FUNKTION	ANMERKUNGEN
M. masseter (Masseter, "Kaumuskel")	● Pars superficialis: Arcus zygomaticus (Unterrand) ● Pars profunda: Arcus zygomaticus (Innenfläche)	● Angulus mandibulae (Außenseite) ● Tuberositas masseterica	N. massetericus aus N. mandibularis (V₃)	● Kieferschließer (Kaudruck) ● **"Masseterreflex"** (mitbeteiligt sind die anderen Kieferschließer): wichtigster Muskeleigenreflex im Kopfbereich ● Auslösung: Schlag auf Kinn oder auf Spatel, der auf die Unterkieferzähne gelegt wurde, bei leicht geöffnetem Mund ● Reaktion: Kieferschluß	Bedeckt von *Fascia masseterica*, geht über in ● Fascia parotidea ● Fascia temporalis
M. temporalis (Schläfenmuskel)	Planum temporale (kaudal der Linea temporalis inferior an Os zygomaticum, Os frontale, Os sphenoidale, Os parietale, Os temporale	● Processus coronoideus ● Crista temporalis der Mandibula	Nn. temporales profundi aus N. mandibularis (V₃)	● Stärkster Kaumuskel ● Kieferschließer ● zieht Mandibula nach hinten (bei Mahlbewegung) ● Antagonist des M. pterygoideus lateralis	Bedeckt von Lamina profunda der Fascia temporalis (Fettpolster zwischen Lamina superficialis und profunda)
M. pterygoideus medialis (innerer Flügelmuskel)	Fossa pterygoidea	● Angulus mandibulae (Innenseite) ● Tuberositas pterygoidea	N. pterygoideus medialis aus N. mandibularis (V₃)	Kieferschließer	M. pterygoideus medialis (innen) und M. masseter (außen) umfassen Angulus mandibulae schlaufenartig
M. pterygoideus lateralis (äußerer Flügelmuskel)	● Processus pterygoideus (Lamina lateralis) ● Ala major (Unterseite)	● Processus condylaris der Mandibula (Fovea pterygoidea) ● Discus articularis	N. pterygoideus lateralis aus N. mandibularis (V₃)	● Kieferöffner ● zieht Mandibula nach vorn und zur Gegenseite (Mahlbewegung) ● spannt den Discus articularis, drückt dabei Kieferkopf aus der Pfanne und erleichtert sein Aufgleiten auf Tuberculum articulare ● Antagonist des M. temporalis	Dreieckige Lücke zwischen den beiden Mm. pterygoidei benutzen ● N. lingualis (V₃) ● N. alveolaris inferior (V₃)

6.3.5 Zungen- und Gaumenmuskeln

Mm. linguae (Zungenmuskeln)

MUSKEL	URSPRUNG	ANSATZ	NERV	FUNKTION	ANMERKUNGEN
M. genioglossus (Kinn-Zungen-Muskel)	Mandibula (Spina mentalis)	● Aponeurosis lingualis ● Nebenansätze an Os hyoideum und Epiglottis	N. hypoglossus (XII)	● Zieht Zunge nach vorn unten ● zieht Epiglottis (schwach) nach vorn	Alle Zungenmuskeln wirken zusammen beim ● Kauen: Zunge hält im Wechselspiel mit Wange den Bissen zwischen den Zahnreihen ● Durchspeicheln: Mischbewegungen ● Schlucken: Zunge schiebt wie ein Kolben den Speisebrei in den Rachen ● Sprechen: bilden der Zungenlaute (Linguale) ● Saugen: erzeugen von Unterdruck in der Mundhöhle
M. hyoglossus (Zungenbein-Zungen-Muskel)	● Corpus ossis hyoidei ● Cornu majus	Aponeurosis lingualis	N. hypoglossus (XII)	Zieht Zunge nach hinten unten	
M. chondroglossus (Zungenbeinhorn-Zungen-Muskel)	Cornu minus des Os hyoideum	Aponeurosis lingualis	N. hypoglossus (XII)	Zieht Zunge nach hinten unten	Variabler Muskel, aber meist deutlich von M. hyoglossus getrennt

Fortsetzung der Tabelle nächste Seite

Zungenmuskeln (Fortsetzung)

MUSKEL	URSPRUNG	ANSATZ	NERV	FUNKTION	ANMERKUNGEN
M. styloglossus (Griffelfortsatz-Zungen-Muskel)	Processus styloideus des Os temporale	Seitenrand der Zunge	N. hypoglossus (XII)	Zieht Zunge nach hinten oben	A. lingualis läuft medial, N. lingualis und N. hypoglossus laufen lateral vom M. hyoglossus
M. longitudinalis superior (oberer Längsmuskel der Zunge)	Aponeurosis lingualis	Aponeurosis lingualis	N. hypoglossus (XII)	● Verkürzt die Zunge und verbreitert sie ● hebt die Zungenspitze	Bei einseitiger Hypoglossuslähmung weicht die Zungenspitze beim Herausstrecken zur erkrankten Seite ab
M. longitudinalis inferior (unterer Längsmuskel der Zunge)	Corpus linguae	Corpus linguae	N. hypoglossus (XII)	● Verkürzt die Zunge und verbreitert sie ● senkt die Zungenspitze	
M. transversus linguae (querer Zungenmuskel)	Aponeurosis lingualis	Aponeurosis lingualis	N. hypoglossus (XII)	● Verschmälert und verlängert die Zunge ● streckt zusammen mit M. verticalis linguae die Zungenspitze aus dem Mund (Beispiel für aktive Verlängerung eines Muskels)	Median durch Septum linguale geteilt
M. verticalis linguae (vertikaler Zungenmuskel)	● Aponeurosis lingualis ● Facies inferior linguae	● Aponeurosis lingualis ● Facies inferior linguae	N. hypoglossus (XII)	● Flacht die Zunge ab und verlängert sie ● streckt zusammen mit M. transversus linguae die Zungenspitze aus dem Mund	

Mm. palati et faucium (Gaumenmuskeln)

MUSKEL	URSPRUNG	ANSATZ	INNERVATION	FUNKTION	ANMERKUNGEN
M. levator veli palatini (Gaumensegelheber)	● Facies inferior der Pars petrosa ● Cartilago tubae auditoriae	Aponeurosis palatina	● N. glossopharyngeus (IX) ● N. vagus (X) ● umstritten ob auch N. facialis (VII)	● Hebt und spannt Gaumensegel ● öffnet Ohrtrompete (Druckausgleich für die Paukenhöhle) ● schließt zusammen mit M. constrictor pharyngis superior (Passavant-Ringwulst) den Nasenrachenraum beim Schlucken	Wölbt Torus levatorius (Levatorwulst) der Rachenwand vor (bei Rhinoscopia posterior sichtbar)
M. tensor veli palatini (Gaumensegelspanner)	● Processus pterygoideus (Lamina medialis) ● Ala major ● Lamina membranacea der Tuba auditoria	● Aponeurosis palatina ● als Hypomochlion: Hamulus pterygoideus	● N. trigeminus (V₃) ● umstritten ob auch N. glossopharyngeus (IX) und N. vagus (X)	● Spannt Gaumensegel, z.B. beim Schlucken und Sprechen ● öffnet Ohrtrompete (Druckausgleich für die Paukenhöhle) ● verändert Länge des schwingenden Teils des Gaumensegels bei der Lautbildung	Gaumensegellaute (Velare, Gutturale): k, g, ch
M. uvulae (Zäpfchenmuskel)	Aponeurosis palatina	Schleimhaut der Spitze der Uvula palatina	● N. glossopharyngeus (IX) ● N. vagus (X)	Verkürzt das Gaumenzäpfchen	
M. palatoglossus (Gaumen-Zungen-Muskel)	Abspaltung aus M. transversus linguae	Aponeurosis palatina	N. glossopharyngeus (IX)	● Senkt das Gaumensegel ● schließt die Schlundenge (schneidet vor dem Schlucken Bissen vom in der Mundhöhle verbleibenden Rest ab)	● Muskel des vorderen Gaumenbogens ● zwischen beiden Gaumenbogen liegt Fossa tonsillaris mit Gaumenmandel
M. palatopharyngeus (Gaumen-Rachen-Muskel)	● Dorsale Pharynxwand ● Schildknorpel	Aponeurosis palatina	N. glossopharyngeus (IX)	● Senkt das Gaumensegel ● hebt den Rachen	Muskel des hinteren Gaumenbogens

6.3.6 Mm. colli [cervicis] (Halsmuskeln)

MUSKEL	URSPRUNG	ANSATZ	NERV	FUNKTION	ANMERKUNGEN
Platysma (Hautmuskel des Halses)	Mandibula, Hautmuskeln der Unterlippe und Gesichtshaut	● Haut von Brust und Schulter ● Varietät: M. transversus nuchae Abspaltung einiger Muskelfasern zur Nackengegend	N. facialis (VII): R. colli	● Spannt Haut des Halses (z.B. beim Rasieren) ● zieht Mundwinkel herab ("zähnefletschen") ● Vorderrand wirft oft Längsfalte der Halshaut auf (vor allem bei älteren Menschen)	● Sehr variable Ausbildung von einzelnen Muskelfasern bis zur dichten Muskelplatte mit in der Medianen überkreuzenden Fasern ● Mimik: gesenkte Mundwinkel bei depressiver Stimmung und Ekel
M. sternocleidomastoideus (Kopfwender)	2 Köpfe: ● Manubrium sterni ● Extremitas sternalis der Clavicula	● Processus mastoideus ● Linea nuchalis superior	N. accessorius (XI) + Plexus cervicalis	● HWS + Kopfgelenke: neigt den Kopf zur Seite und nach hinten und dreht ihn zur Gegenseite ● Sternoklavikulargelenk: hebt die Clavicula ● Kostovertebralgelenke: hebt den Thorax (Hilfseinatemmuskel!)	● Der zweiköpfige Muskel bestimmt entscheidend die Halskonturen ● die Hautgrube zwischen den beiden Ursprüngen nennt man Fossa supraclavicularis minor
M. trapezius (Trapezmuskel)	● Os occipitale (Linea nuchalis superior, Protuberantia occipitalis externa) ● Lig. nuchae + Processus spinosi aller Hals- und Brustwirbel	● Extremitas acromialis der Clavicula ("Pars descendens") ● Acromion ("Pars transversa") ● Spina scapulae ("Pars ascendens")	N. accessorius (XI) + Plexus cervicalis	● *Pars descendens*: hebt den Schultergürtel und neigt den Kopf zur Seite ● *Pars transversa*: zieht die Scapula nach medial ● *Pars ascendens*: senkt die Scapula und schwenkt deren Angulus inferior nach vorn (wichtig für das Heben des Arms)	● Oberflächlichster Rückenmuskel, wegen seiner Form früher auch Kapuzenmuskel genannt ● Ursprungssehnenspiegel im Bereich der Vertebra prominens ("Lindenblattsehne") und der Vertebra thoracica XII ● Ansatzsehnenspiegel am medialen Ende der Spina scapulae
M. longus colli (langer Halsmuskel)	● Lig. longitudinale anterius vor unteren Hals- und oberen Brustwirbeln ● Tubercula anteriora der Querfortsätze der Halswirbel	● Längsfasern: Lig. longitudinale anterius vor oberen Halswirbeln ● Schrägfasern: Tubercula anteriora der Querfortsätze der Halswirbel	Nn. cervicales: Rr. anteriores	● Neigt den Hals zur Seite und nach vorn ● Schrägfasern geringe Drehkomponente	Vordere Längsmuskeln der Wirbelsäule nur im Halsbereich
M. longus capitis (langer Kopfmuskel)	Tubercula anteriora der Querfortsätze der Halswirbel	Os occipitale (lateral des Tuberculum pharyngeum)	Nn. cervicales: Rr. anteriores	● Neigt den Kopf zur Seite und nach vorn ● nur geringe Drehkomponente	
M. scalenus anterior (vorderer Treppenmuskel)	Tubercula anteriora der Querfortsätze der mittleren Halswirbel	1. Rippe (Tuberculum musculi scaleni anterioris)	Nn. cervicales: Rr. anteriores	● Hebt 1. Rippe und damit den Thorax (wichtiger Einatemmuskel) ● neigt Hals zur Seite und nach vorn	Spalt zwischen M. scalenus anterior und Clavicula ("vordere Skalenuslücke") für V. subclavia
M. scalenus medius (mittlerer Treppenmuskel)	Tubercula anteriora der Querfortsätze aller Halswirbel	1. Rippe (dorsal des Sulcus arteriae subclaviae)	Nn. cervicales: Rr. anteriores	● Hebt 1. Rippe und damit den Thorax (wichtiger Einatemmuskel) ● neigt Hals zur Seite	● Spalt zwischen M. scalenus anterior und posterior ("hintere Skalenuslücke") für ● A. subclavia ● Plexus brachialis
M. scalenus posterior (hinterer Treppenmuskel)	Tubercula posteriora der Querfortsätze der unteren Halswirbel	2. Rippe	Nn. cervicales: Rr. anteriores	● Hebt 2. Rippe und damit den Thorax (wichtiger Einatemmuskel) ● neigt Hals zur Seite	● Skalenussyndrom: Einengung der A. subclavia und des Plexus brachialis (Schulter-Arm-Schmerzen, Empfindungsstörungen, Blutdruckabfall)
M. scalenus minimus (kleinster Treppenmuskel)	Querfortsätze der Halswirbel 6 + 7	● 1. Rippe ● Cupula pleurae	Nn. cervicales: Rr. anteriores	Ähnlich M. scalenus anterior	● Sehr variable Abspaltung des M. scalenus anterior ● kann durch Band ersetzt sein (Lig. pleurocostale, Lig. pleurovertebrale)

Mm. suprahyoidei (obere Zungenbeinmuskeln)

MUSKEL	URSPRUNG	ANSATZ	INNERVATION	FUNKTION	ANMERKUNGEN
M. digastricus (zweibäuchiger Muskel)	● Corpus mandibulae (Fossa digastrica) ● Incisura mastoidea	Über Schlaufe für Zwischensehne am Os hyoideum	● Venter anterior: N. trigeminus (V3): N. mylohyoideus ● Venter posterior: N. facialis	● Hebt das Zungenbein ● Teil einer Muskelschlinge für die Kieferöffnung	Oberflächlichster Muskel des Mundbodens
M. mylohyoideus (Unterkiefer-Zungenbein-Muskel)	Corpus mandibulae (Linea mylohyoidea)	● Corpus ossis hyoidei ● mediane Raphe zwischen Zungenbein und Kinn	N. trigeminus (V3): N. mylohyoideus	● Spannt und hebt den Mundboden ● zieht das Zungenbein nach vorn ● Teil einer Muskelschlinge für die Kieferöffnung	Bildet den Mundboden i.e.S., daher auch Diaphragma oris genannt
M. geniohyoideus (Kinn-Zungenbein-Muskel)	Corpus mandibulae (Spina mentalis)	Corpus ossis hyoidei	Ansa cervicalis	● Zieht das Zungenbein nach vorn ● Teil einer Muskelschlinge für die Kieferöffnung	Setzt die infrahyalen Muskeln kranial fort (Rektussystem des Halses), daher die Innervation durch Ansa cervicalis
M. stylohyoideus (Griffelfortsatz-Zungenbein-Muskel)	Processus styloideus des Os temporale	Mit gespaltener Sehne (um Zwischensehne des M. digastricus) zu ● Corpus ossis hyoidei ● Cornu majus	N. facialis	● Hebt das Zungenbein und damit indirekt den Kehlkopf, passiver Verschluß des Kehlkopfeingangs beim Schlucken ● Teil einer Muskelschlinge für die Kieferöffnung	Kann mit dem Venter posterior des M. digastricus verschmelzen (gleiche Innervation!)

Mm. infrahyoidei (untere Zungenbeinmuskeln)

MUSKEL	URSPRUNG	ANSATZ	INNERVATION	FUNKTION	ANMERKUNGEN
M. sternohyoideus (Brustbein-Zungenbein-Muskel)	● Manubrium sterni (Dorsalseite) ● Kapsel der Articulatio sternoclavicularis	Corpus ossis hyoidei	Ansa cervicalis aus Plexus cervicalis	● Zieht das Zungenbein nach kaudal ● Hilfsmuskel beim Schlucken, Sprechen und Singen	
M. omohyoideus (Schulterblatt-Zungenbein-Muskel)	● Margo superior der Scapula ● Lig. transversum scapulae superius	Corpus ossis hyoidei	Ansa cervicalis aus Plexus cervicalis	Spannt die Lamina pretrachealis der Fascia cervicalis	Zweibäuchiger Muskel mit Zwischensehne (Verbindung zu Vagina carotica): ● Venter superior ● Venter inferior
M. sternothyroideus (Brustbein-Schildknorpel-Muskel)	● Manubrium sterni (Dorsalseite) ● Rippenknorpel 1	Linea obliqua des Schildknorpels	Ansa cervicalis aus Plexus cervicalis	● Zieht den Kehlkopf nach kaudal ● Hilfsmuskel beim Schlucken, Sprechen und Singen	Liegt unter M. sternohyoideus
M. thyrohyoideus (Schildknorpel-Zungenbein-Muskel)	Linea obliqua des Schildknorpels	Corpus ossis hyoidei	Ansa cervicalis aus Plexus cervicalis	● Verkürzt den Abstand von Zungenbein und Kehlkopf ● dadurch Corpus adiposum preepiglotticum gegen Epiglottis gepreßt und Kehlkopfeingang geschlossen (wichtig beim Schluckakt)	Wichtiger Muskel zum Verhindern der Aspiration von Speisebrei
M. levator glandulae thyroideae (Schilddrüsenheber)	● Corpus ossis hyoidei oder ● Cartilago thyroidea	Isthmus glandulae thyroideae oder Lobus pyramidalis	● Ansa cervicalis aus Plexus cervicalis oder ● N. laryngealis recurrens	Zieht Schilddrüse nach kranial	Sehr variabler Muskel von wechselnder Herkunft (und entsprechend verschiedener Innervation)

Mm. suboccipitales (kleine Nackenmuskeln)

MUSKEL	URSPRUNG	ANSATZ	INNERVATION	FUNKTION	ANMERKUNGEN
M. rectus capitis anterior (vorderer gerader Kopfmuskel)	Massa lateralis atlantis	Os occipitale: vor Foramen magnum	N. cervicalis I: R. anterior	Neigt den Kopf nach vorn	
M. rectus capitis lateralis (seitlicher gerader Kopfmuskel)	Processus transversus des Atlas	Os occipitale: Processus jugularis	N. cervicalis I: R. anterior	Neigt den Kopf zur Seite	
M. rectus capitis posterior major (großer hinterer gerader Kopfmuskel)	Processus spinosus des Axis	Linea nuchalis inferior (mittleres Drittel)	N. cervicalis I: R. posterior (N. suboccipitalis)	Neigt den Kopf nach hinten	Bildet mit den beiden schrägen Kopfmuskeln ein Dreieck, in dessen Tiefe die A. vertebralis vom Querfortsatz des Atlas zum Foramen magnum zieht
M. rectus capitis posterior minor (kleiner hinterer gerader Kopfmuskel)	Tuberculum posterior des Atlas	Planum occipitale unter Linea nuchalis inferior	N. cervicalis I: R. posterior (N. suboccipitalis)	Neigt den Kopf nach hinten	
M. obliquus capitis superior (oberer schräger Kopfmuskel)	Processus transversus des Atlas	Linea nuchalis inferior (laterales Drittel)	N. cervicalis I: R. posterior (N. suboccipitalis)	• Neigt den Kopf nach hinten • dreht ihn zur Gegenseite	
M. obliquus capitis inferior (unterer schräger Kopfmuskel)	Processus spinosus des Axis	Processus transversus des Atlas	N. cervicalis I + II: R. posterior	Dreht Atlas (und damit Kopf) zur gleichen Seite	

6.3.7 Tunica muscularis pharyngis (Muskeln der Rachenwand)

MUSKEL	URSPRUNG	ANSATZ	NERV	FUNKTION	ANMERKUNGEN
M. constrictor pharyngis superior (oberer Schlundschnürer)	• Pars pterygopharyngea: Processus pterygoideus • Pars buccopharyngea: Raphe pterygomandibularis • Pars mylopharyngea: Mandibula • Pars glossopharyngea: M. transversus linguae	Raphe pharyngis	• N. glossopharyngeus (IX) • N. vagus (X)	• Verengt die Pars nasalis pharyngis (Nasenrachenraum) • wölbt beim Schlucken die Rachenwand (Passavant-Ringwulst) dem Gaumensegel entgegen, um dem Speisebrei den Weg in die Nasenhöhle zu verwehren	• Auch M. cephalopharyngeus genannt • außen von Fascia buccopharyngealis bedeckt • bei Lähmung (z.B. bei Erkrankungen der Medulla oblongata) fließt beim Schlucken Speisebrei durch den Nasenrachenraum in die Nasenhöhle
M. constrictor pharyngis medius (mittlerer Schlundschnürer)	• Pars chondropharyngea: Cornu minus des Os hyoideum • Pars ceratopharyngea: Cornu majus des Os hyoideum	Raphe pharyngis	• N. glossopharyngeus (IX) • N. vagus (X)	• Verengt die Pars oralis pharyngis (Mundrachenraum) • schiebt beim Schlucken den Bissen in Richtung Speiseröhre	• Auch M. hyopharyngeus genannt • bei Lähmung Schluckstörung
M. constrictor pharyngis inferior (unterer Schlundschnürer)	• Pars thyropharyngea: Cartilago thyroidea • Pars cricopharyngea: Cartilago cricoidea	Raphe pharyngis	N. vagus (X)	• Verengt die Pars laryngea pharyngis (Unterrachenraum) • schiebt beim Schlucken den Bissen in Richtung Speiseröhre	Auch M. laryngopharyngeus genannt • bei Lähmung Schluckstörung
M. stylopharyngeus (Griffelfortsatz-Rachen-Muskel)	Processus styloideus des Os temporale	Laterale Pharynxwand zwischen M. constrictor pharyngis superior und medius	N. glossopharyngeus (IX)	Hebt und erweitert Rachen und Schlundenge (deswegen auch M. dilatator isthmi faucium genannt)	
M. salpingopharyngeus (Ohrtrompeten-Rachen-Muskel)	Cartilago tubae auditoriae	Laterale Pharynxwand	N. glossopharyngeus (IX)	Hebt den Rachen	

6.3.8 Mm. laryngis (Kehlkopfmuskeln)

MUSKEL	URSPRUNG	ANSATZ	NERV	FUNKTION	ANMERKUNGEN
M. crico-thyroideus (Ringknorpel-Schildknorpel-Muskel)	Arcus cartilaginis cricoideae	Cartilago thyroidea (Unterrand, Cornu inferius) Manchmal zweigeteilt: ● Pars recta ● Pars obliqua	N. laryngealis superior	● Kippt den Schildknorpel über dem Ringknorpel nach vorn, spannt dabei das Stimmband (daher auch äußerer Stimmbandspanner genannt)	● Einziger Kehlkopfmuskel, der nicht vom N. laryngealis recurrens innerviert wird (wichtig bei Rekurrenslähmung!) ● in der Klinik meist kurz "*Externus*" genannt
M. crico-arytenoideus posterior (hinterer Ringknorpel-Stellknorpel-Muskel)	Lamina cartilaginis cricoideae	● Processus muscularis des Stellknorpels ● in ~25 % auch Cornu inferius des Schildknorpels (M. ceratocricoideus)	N. laryngealis recurrens	● Öffnet Pars intermembranacea der Rima glottidis ● einziger Erweiterer des Hauptteils der Stimmritze	In der Klinik meist kurz "*Postikus*" genannt
M. crico-arytenoideus lateralis (seitlicher Ringknorpel-Stellknorpel-Muskel)	Arcus cartilaginis cricoideae	● Processus muscularis des Stellknorpels	N. laryngealis recurrens	● Schließt Pars intermembranacea der Rima glottidis	In der Klinik meist kurz "*Lateralis*" genannt
M. vocalis (Stimm-Muskel)	Innenseite des Schildknorpels	● Processus vocalis des Stellknorpels	N. laryngealis recurrens	Verändert Dicke und Spannung der Stimmlippe	● In der Klinik meist kurz "*Vokalis*" genannt ● eigentlich nur medialer (stimmbandnaher) Teil des M. thyro-arytenoideus
M. thyro-arytenoideus (Schildknorpel-Stellknorpel-Muskel)	Innenseite des Schildknorpels	● Processus muscularis des Stellknorpels ● Pars thyro-epiglottica: Epiglottis	N. laryngealis recurrens	● Zieht Stellknorpel nach vorn, verkürzt dadurch Stimmlippe ● schließt Pars intercartilaginea der Rima glottidis	● Antagonist des M. cricothyroideus ● sehr variabel
M. aryteno-ideus obliquus (schräger Stellknorpelmuskel)	● Processus muscularis des Stellknorpels	● Apex cartilaginis arytenoideae der Gegenseite ● Pars ary-epiglottica: Epiglottis	N. laryngealis recurrens	Schließt Pars intercartilaginea der Rima glottidis	Bedeutung der Pars ary-epiglottica ("Kehldeckelmuskel") umstritten, ist zu schwach, um Aditus laryngis zu schließen
M. aryteno-ideus transversus (querer Stellknorpelmuskel)	Facies posterior des Stellknorpels	Facies posterior des Stellknorpels der Gegenseite	N. laryngealis recurrens	Schließt Pars intercartilaginea der Rima glottidis	

6.3.9 Offiziell benannte Faszien im Bereich von Kopf und Hals

FASZIE	TEIL	BEDECKT
Fascia buccopharyngea (Wangen-Rachen-Faszie)		M. buccinatorius, Tunica muscularis pharyngis
Fascia masseterica (Masseterfaszie)		M. masseter
Fascia parotidea (Parotisfaszie)		Glandula parotidea
Fascia temporalis (Schläfenfaszie)	Lamina superficialis (oberflächliches Blatt)	Fettkörper der Schläfe
	Lamina profunda (tiefes Blatt)	M. temporalis
Fascia cervicalis (Halsfaszie)	Lamina superficialis (oberflächliches Blatt)	M. sternocleidomastoideus, M. trapezius
	Lamina pretrachealis (mittleres Blatt)	Mm. infrahyoidei
	Lamina prevertebralis (tiefes Blatt)	M. longus colli/capitis, Mm. scaleni, M. levator scapulae
	Vagina carotica (Karotisscheide)	A. carotis communis/interna, V. jugularis interna, N. vagus
Fascia nuchae [nuchalis] (Nackenfaszie)		M. semispinalis capitis, Mm. splenii, Halsteil des M. erector spinae

6.4 Arterien von Kopf und Hals

Entwicklung und Entwicklungsstörungen ⇨ 2.4.7

6.4.1 Überblick

ARTERIE	URSPRUNG, LAGE, VERLAUF	ÄSTE, VERSORGUNGSGEBIET	KLINIK
A. carotis communis (gemeinsame Kopfschlagader, Halsschlagader)	● Ursprung rechts aus Truncus brachiocephalicus, links direkt aus Arcus aortae ● steigt zunächst von M. sternocleidomastoideus bedeckt neben Trachea eingehüllt in Vagina carotica der Fascia cervicalis (gemeinsam mit V. jugularis interna und N. vagus) zum Trigonum caroticum auf, dort etwa auf Höhe des Oberrandes des Schildknorpels (variabel, Altersabstieg des Kehlkopfs!): ● *Bifurcatio carotidis*: Teilung in die beiden Endäste A. carotis externa und interna (⇨ unten), an der Teilungstelle ● Chemorezeptoren (Glomus caroticum überwacht Blutspiegel der Atemgase) ● Pressorezeptoren (Sinus caroticus kontrolliert Blutdruck)	■ **Versorgungsgebiet:** ● gesamter Kopf (ausgenommen die von der A. vertebralis versorgten Hirnteile) ● vorderer-oberer Teil des Halses ■ **Seitenäste:** keine	● Abdrücken gegen Querfortsatz des 6. Halswirbels ● Karotissinussyndrom: Kollaps bei Druck auf Sinus caroticus (manchmal schon durch zu engen Kragen oder heftige Kopfbewegungen) ● bei einseitigem Verschluß kaum Ausfälle, sofern Bifurkation frei: Kollateralkreislauf zur A. carotis interna über Anastomosen der A. carotis externa zur Gegenseite ● doppelseitiger Verschluß (z.B. Erhängen) führt in wenigen Sekunden zur Bewußtlosigkeit, in etwa 20 Minuten zum Tod
A. carotis externa (äußere Kopfschlagader)	● Verzweigt sich im Trigonum caroticum ● Teilung in die beiden Endäste (A. temporalis superficialis, A. maxillaris) dorsomedial des Ramus mandibulae	■ **Versorgungsgebiet:** ● Gesicht und oberer-vorderer Teil des Halses ● Mundhöhle, Rachen ● Teil der Nasenhöhle mit Kieferhöhle ● äußeres Ohr und Mittelohr ■ **Hauptäste** (ausführlich ⇨ 6.4.2): ● A. thyroidea superior ● A. lingualis ● A. facialis ● A. pharyngea ascendens ● A. occipitalis ● A. auricularis posterior ● A. temporalis superficialis ● A. maxillaris	Kaum Durchblutungsstörungen, da reichlich Anastomosen mit Gegenseite
A. carotis interna (innere Kopfschlagader)	4 Verlaufsstrecken: ● *Pars cervicalis*: setzt Richtung der A. carotis communis zur Schädelbasis fort, eingehüllt in Vagina carotica der Fascia cervicalis (gemeinsam mit V. jugularis interna und N. vagus) ● *Pars petrosa*: durch S-förmig gebogenen Canalis caroticus in das Schädelinnere, begleitet vom Plexus venosus caroticus internus und vom sympathischen Plexus caroticus internus ● *Pars cavernosa*: im Sinus cavernosus mit den Hirnnerven III, IV, V₁ und VI ● *Pars cerebralis*: medial vom Processus clinoideus anterior durch Dura in Spatium subarachnoideum, dort 5 große Äste und Einbindung in Circulus arteriosus cerebri (⇨ 6.4.3)	■ **Versorgungsgebiet:** ● Gehirn (hauptsächlich vorderer-oberer Teil, durch Einbau in den Arterienring potentiell Versorgung des gesamten Gehirns möglich) ● Hypophyse ● kleine Teile der Schädelbasis und der Hirnhäute ■ **Hauptäste:** ● *Pars cervicalis*: keine Seitenäste ● *Pars petrosa* und *Pars cavernosa*: nur kleine Zweige zur Umgebung: ● *Pars cerebralis*: 5 große Äste mit zahlreichen Zweigen (ausführlich ⇨ 6.4.3): ● A. ophthalmica ● A. choroidea anterior ● A. communicans posterior ● A. cerebri anterior ● A. cerebri media	● Trotz des Circulus arteriosus cerebri bei Verschluß der A. carotis interna häufig leichtere bis lebensbedrohliche Durchblutungsstörungen des Gehirns ■ **Karotisinsuffizienz:** Verengung durch Arteriosklerose oder (seltener) Entzündung, 4 Stadien: ● I: asymptomatisch ● II: TIA (transitorische ischämische Attacken): Bewußtlosigkeit für Minuten bis 24 Stunden ● III: PRIND (prolongiertes reversibles ischämisches neurologisches Defizit): Erholung innerhalb einer Woche; Apoplexie: länger anhaltend ● IV: postapoplektisches Syndrom: Aussicht auf Besserung gering

Fortsetzung der Tabelle nächste Seite

Überblick (Fortsetzung)

ARTERIE	URSPRUNG, LAGE, VERLAUF	ÄSTE, VERSORGUNGSGEBIET	KLINIK
A. subclavia (Schlüsselbeinschlagader)	● Ursprung rechts aus Truncus brachiocephalicus, links direkt aus Arcus aortae ● *1. Verlaufstrecke* medial der Skalenuslücke: durch die Apertura thoracis superior zur Kranialseite der 1. Rippe ● *2. Verlaufstrecke* in der Skalenuslücke: mit Plexus brachialis durch Lücke zwischen M. scalenus anterior und M. scalenus medius (hintere Skalenuslücke), getrennt von V. subclavia (vordere Skalenuslücke) ● *3. Verlaufstrecke* lateral der Skalenuslücke ● nimmt nach Hinterkreuzen der Clavicula den Namen A. axillaris an ● "A. lusoria": wichtige Varietät (etwa 1 %): A. subclavia dextra entspringt als letzter Ast aus Aortenbogen, hinter oder vor Ösophagus nach rechts, verursacht oft Schluckstörungen (Dysphagia lusoria), es fehlt der N. laryngealis recurrens (⇨ 6.7.6) rechts	■ **Versorgungsgebiet**: ● unterer Teil des Halses ● vordere Brustwand ● obere vordere Bauchwand ● Gehirn (hauptsächlich hinterer-unterer Teil, durch Einbau in den Arterienring potentiell Versorgung des gesamten Gehirns möglich) ● gesamter Arm (in ihrer Fortsetzung als Hauptarterie der oberen Extremität) ■ **Hauptäste** (ausführlich ⇨ 6.4.4): ● A. vertebralis, vereinigt sich in der Schädelhöhle mit der A. vertebralis der anderen Seite zur A. basilaris ● A. thoracica interna ● Truncus thyrocervicalis ● Truncus costocervicalis	● Abdrücken hinter Extremitas sternalis der Clavicula gegen erste Rippe: direkter Druck oder Arm nach hinten-unten ziehen (Einklemmen der Arterie zwischen Clavicula und Rippe) ● *Anzapfsyndrom der A. subclavia* (Subclavian-steal-Syndrom): bei Verschluß der ersten Verlaufstrecke der A. subclavia läuft Blut von der gegenseitigen A. subclavia über die Vereinigung zur A. basilaris und rückläufig durch die A. vertebralis zum Arm, dabei kann eine Minderdurchblutung des Hirnstamms eintreten (besonders bei Muskelarbeit des Arms)

6.4.2 Äste der A. carotis externa

ARTERIE	URSPRUNG, LAGE, VERLAUF	ÄSTE, VERSORGUNGSGEBIET	KLINIK
A. thyroidea superior (obere Schilddrüsenschlagader)	● Erster Ast der A. carotis externa, meist kurz über Bifurcatio carotidis ● im Bogen unter M. omohyoideus zum oberen Schilddrüsenpol absteigend	● R. sternocleidomastoideus: zum gleichnamigen Muskel ● A. laryngea superior: mit N. laryngealis superior durch Membrana thyrohyoidea zum Kehlkopf ● R. cricothyroideus: zwischen Schild- und Ringknorpel zum Kehlkopf ● Endaufzweigung zur Schilddrüse: R. glandularis anterior + posterior + lateralis	Ausgezeichneter Kollateralkreislauf gestattet Unterbindung aller Schilddrüsenarterien bei Operationen
A. lingualis (Zungenschlagader)	● Ursprung aus A. carotis externa etwa auf Höhe des Cornu majus ossis hyoidis ● manchmal gemeinsamer Stamm mit A. facialis (Truncus linguofacialis) ● medial von M. hyoglossus und lateral vom M. genioglossus zur Zunge	● R. suprahyoideus: zu Zungenbein und Mundboden ● A. sublingualis: zum Mundboden ● Rr. dorsales linguae: zum Zungenrücken und zu den Gaumenmandeln ● A. profunda linguae: Hauptarterie der Zunge	
A. facialis (Gesichtsschlagader)	● Ursprung aus A. carotis externa etwa auf Höhe des Angulus mandibulae ● manchmal gemeinsamer Stamm mit A. lingualis (Truncus linguofacialis) ● bedeckt vom Venter posterior des M. digastricus zur Basis mandibulae (manchmal durch Glandula submandibularis) ● am Vorderrand des M. masseter auf Außenseite der Mandibula (hier Puls leicht zu tasten: gegen Mandibula drücken!) ● hinter Mundwinkel zum inneren Augenwinkel aufsteigend, bedeckt von oberflächlicher Schicht der mimischen Muskeln	● A. palatina ascendens: zwischen den Stylomuskeln zum Rachen, R. tonsillaris zur Gaumenmandel ● A. submentalis: kaudal vom M. mylohyoideus zum Kinn, Rr. glandulares zur Glandula submandibularis ● A. labialis inferior: zur Unterlippe ● A. labialis superior: zur Oberlippe, R. septi nasi zur Nasenscheidewand ● R. lateralis nasi: zum Nasenflügel ● A. angularis: Endast zum Angulus oculi medialis	● A. angularis anastomosiert mit der A. ophthalmica (wichtige Verbindung zwischen A. carotis externa und interna) ● bei unstillbaren Blutungen bei Tonsillektomie notfalls A. facialis im Trigonum caroticum unterbinden
A. pharyngea ascendens (aufsteigende Rachenschlagader)	● Ursprung aus Medialseite der A. carotis externa ● an Lateralwand des Pharynx zur Schädelbasis aufsteigend ● Endast durch Foramen jugulare in hintere Schädelgrube	● Rr. pharyngeales: zur Rachenwand ● A. tympanica inferior: durch Canaliculus tympanicus zur Paukenhöhle ● A. meningea posterior: zur Dura der hinteren Schädelgrube	

Fortsetzung der Tabelle nächste Seite

Äste der A. carotis externa (Fortsetzung)

ARTERIE	URSPRUNG, LAGE, VERLAUF	ÄSTE, VERSORGUNGSGEBIET	KLINIK
A. occipitalis (Hinterhaupt-schlagader)	● Aus Trigonum caroticum bedeckt von M. sternocleidomastoideus und M. splenius zu Processus mastoideus (prägt in diesen den Sulcus arteriae occipitalis ein) ● durch M. trapezius an Oberfläche zur Kopfschwarte über dem Hinterhaupt	● Rr. sternocleidomastoidei: zum gleichnamigen Muskel ● R. mastoideus: durch Foramen mastoideum zu Diploe und Dura ● R. descendens: zu den Nackenmuskeln ● Rr. occipitales: zur Kopfschwarte der Hinterhauptgegend	
A. auricularis posterior (hintere Ohr-muschel-schlagader)	Bedeckt von Glandula parotidea an M. stylohyoideus zur Gegend zwischen Ohrmuschel und Processus mastoideus aufsteigend	● R. parotideus: zur Glandula parotidea ● R. auricularis: zur Ohrmuschel ● R. occipitalis: zur Gegend kranial des Processus mastoideus ● A. stylomastoidea: durch Foramen stylomastoideum in den Canalis facialis, als A. tympanica posterior mit Chorda tympani in die Paukenhöhle, Rr. mastoidei zu den Cellulae mastoideae	A. stylomasto-idea anastomosiert im Canalis facialis mit R. petrosus der A. meningea media
A. temporalis superficialis (oberflächliche Schläfen-schlagader)	● A. carotis externa teilt sich hinter und medial des Ramus mandibulae in die A. temporalis superficialis und die A. maxillaris ● A. temporalis superficialis setzt Richtung der A. carotis externa zur Schläfengegend fort ● teilt sich dort in ihre beiden Endäste zur Stirn und zur Scheitelgegend ● Hauptstamm tritt vor Meatus acusticus externus an die Oberfläche, dann im ganzen weiteren Verlauf oberflächlich: Puls leicht zu tasten, häufig ist die Arterie durch die Haut zu sehen	● R. parotideus: zur Glandula parotidea ● A. transversa faciei [facialis]: unterhalb des Jochbogens oberflächlich zum M. masseter quer über das Gesicht laufend ● Rr. auriculares anteriores: zur Ohrmuschel ● A. zygomatico-orbitalis: etwa parallel zur A. transversa faciei, aber 1-2 cm weiter kranial quer über das Gesicht zum Seitenrand der Orbita ● A. temporalis media: zum Periost der Squama temporalis ● R. frontalis: Stirnast ● R. parietalis: Scheitelast	*Arteriitis temporalis* (Horton-Syndrom): Entzündung in Tunica media mit Riesenzellen, befällt auch andere Kopfarterien (Gefahr der Erblindung, wenn Übergriff auf A. ophthalmica), Leitsymptom: schwerer Kopfschmerz
A. maxillaris (Oberkiefer-schlagader)	● A. carotis externa teilt sich hinter und medial des Ramus mandibulae in die A. temporalis superficialis und die A. maxillaris ● A. maxillaris biegt annähernd rechtwinklig nach vorn ab ● lateral (seltener medial) vom M. pterygoideus lateralis und der Hauptäste des N. mandibularis (V_3) zur Fossa pterygopalatina ● die vor der Fossa pterygopalatina entspringenden Äste laufen z.T. parallel mit gleichnamigen Ästen des N. mandibularis (V_3) ● die in der Fossa pterygopalatina entspringenden Äste laufen z.T. parallel mit gleichnamigen Ästen des N. maxillaris (V_2)	● *A. auricularis profunda*: zu Meatus acusticus externus und Trommelfell ● *A. tympanica anterior*: durch Fissura petrotympanica zur Paukenhöhle ● *A. alveolaris inferior*: tritt mit N. alveolaris inferior (V_3) in Canalis mandibulae: Rr. dentales zu den Zahnhöhlen, Rr. peridentales zum Zahnhalteapparat, R. mentalis verläßt mit gleichnamigem Nerv den Unterkieferkanal im Foramen mentale ● *A. meningea media*: Hauptarterie der Dura mater, durch Foramen spinosum in mittlere Schädelgrube (R. accessorius durch Foramen ovale), Endäste R. frontalis und R. parietalis, auch Äste zur Paukenhöhle (R. petrosus und A. tympanica superior) und zur Orbita (R. orbitalis) ● Äste zu den Kaumuskeln: A. masseterica, A. temporalis profunda anterior, A. temporalis profunda posterior, Rr. pterygoidei ● *A. buccalis*: zur Wange ● *A. alveolaris superior posterior*: zum hinteren Teil des Oberkiefers und zu den oberen Molaren (Rr. dentales, Rr. peridentales) ● *A. infraorbitalis*: mit gleichnamigem Nerv durch Sulcus und Canalis infraorbitalis zum Foramen infraorbitale, gibt durch Knochenkanäle die Aa. alveolares superiores anteriores zu den vorderen Oberkieferzähnen ab (Rr. dentales, Rr. peridentales) ● *A. canalis pterygoidei*: durch Canalis pterygoideus zu Tuba auditoria und Pharynx ● *A. palatina descendens*: Verzweigung in A. palatina major (durch Foramen palatinum majus zu hartem Gaumen) und Aa. palatinae minores (durch Foramina palatina minora zu weichem Gaumen) ● *A. sphenopalatina*: durch Foramen sphenopalatinum zur Nasenhöhle (Aa. nasales posteriores laterales, Rr. septales posteriores)	● R. orbitalis der A. meningea media anastomosiert mit A. lacrimalis aus A. ophthalmica (eine der Verbindungen zwischen A. carotis externa und interna) ● A. meningea media bei Schädelfrakturen häufig verletzt, Blutung hebt Dura von Schädelknochen ab (epidurale Blutung ⇨ 7.1.3)

6.4.3 Äste der A. carotis interna

ARTERIE	URSPRUNG, LAGE, VERLAUF	ÄSTE, VERSORGUNGSGEBIET	KLINIK
(Kleinere Äste)	Pars petrosa	Aa. caroticotympanicae: zur Paukenhöhle	
	Pars cavernosa	● Zur Dura, besonders zum Tentorium cerebelli: ● R. basalis tentorii ● R. marginalis tentorii ● R. meningeus ● zum Sinus cavernosus: R. sinus cavernosi ● zur Hypophyse: A. hypophysialis inferior ● zum N. trigeminus: ● R. ganglionis trigeminalis ● Rr. nervorum	
	Pars cerebralis	A. hypophysialis superior	
A. ophthalmica (Augenhöhlenschlagader)	● Abgang aus A. carotis interna unmittelbar nach deren Austritt aus Sinus cavernosus ● mit N. opticus durch Canalis opticus in Orbita ● Aufzweigung in Corpus adiposum orbitae ● die Äste laufen großteils parallel zu gleichnamigen Ästen der durch die Fissura orbitalis superior in die Orbita gelangenden Nerven (III, IV, V_1, VI)	● *A. centralis retinae*: Eintritt in N. opticus etwa 1 cm hinter Bulbus oculi, durch Discus nervi optici zur Netzhaut ● *A. lacrimalis*: zur Tränendrüse, Aa. palpebrales laterales zum lateralen Augenwinkel ● *Aa. ciliares*: zur Augenwand (hauptsächlich Choroidea): 10-15 Aa. ciliares posteriores breves, 2 Aa. ciliares posteriores longae, Aa. ciliares anteriores, Aa. conjunctivales anteriores, Aa. episclerales ● *Aa. musculares*: zu den äußeren Augenmuskeln ● *A. supraorbitalis*: zum Dach der Orbita, durch Incisura supraorbitalis (bzw. Foramen supraorbitale) mit gleichnamigem Nerv (V_1) zur Stirn ● *A. ethmoidalis anterior*: mit dem gleichnamigen Nerv durch Foramen ethmoidale anterius in Siebbein und weiter zur vorderen Schädelgrube, dort R. meningeus anterior zur Dura, durch Lamina cribrosa in Nasenhöhle (Rr. septales anteriores, Rr. nasales anteriores laterales) ● *A. ethmoidalis posterior*: mit gleichnamigem Nerv durch Foramen ethmoidale posterius zu den Siebbeinzellen ● *Aa. palpebrales mediales*: zum medialen Augenwinkel, Äste zur Bindehaut (Aa. conjunctivales posteriores), Anastomosen mit Aa. palpebrales laterales bilden Gefäßbogen im Unter- und Oberlid (Arcus palpebralis inferior, Arcus palpebralis superior) ● *A. supratrochlearis*: medial von A. supraorbitalis durch Incisura frontalis (Foramen frontale) mit gleichnamigem Nerv zur Stirn ● *A. dorsalis nasi* [A. nasalis externa]: zum Nasenrücken	● Verzweigung der A. centralis retinae an der Netzhaut mit Augenspiegel zu besichtigen: beim Lebenden damit Erkrankungen kleiner Arterien direkt zu sehen (Hypertonie, Diabetes mellitus) ■ 2 Anastomosen zur A. carotis externa können bei Thrombosierung der A. carotis interna für Ernährung des Gehirns wichtig werden: ● A. dorsalis nasi zur A. angularis (aus A. facialis) ● R. anastomoticus der A. lacrimalis zur A. meningea media (aus A. maxillaris)
A. choroidea anterior (vordere Gefäßzottenwulstschlagader)	Folgt dem Tractus opticus zum Corpus geniculatum laterale, lateral von diesem in Ventriculus lateralis	Versorgungsgebiet: basale Hirnteile und Plexus choroidei, Einzelheiten sind unschwer aus den Namen der Äste abzuleiten: ● Rr. choroidei ventriculi lateralis ● Rr. choroidei ventriculi tertii ● Rr. substantiae perforatae anterioris ● Rr. tractus optici ● Rr. corporis geniculati lateralis ● Rr. capsulae internae ● Rr. globi pallidi ● Rr. caudae nuclei caudati ● Rr. tuberis cinerei ● Rr. nucleorum hypothalamicorum ● Rr. substantiae nigrae ● Rr. nuclei rubri ● Rr. corporis amygdaloidei	*Arteria-choroidea-anterior-Syndrom:* bei Verschluß ● homonyme Hemianopsie ● kontralaterale Hemiparese + Hemihypästhesie ● extrapyramidal-motorische Störungen

Fortsetzung der Tabelle nächste Seite

Äste der A. carotis interna (Fortsetzung)

ARTERIE	URSPRUNG, LAGE, VERLAUF	ÄSTE, VERSORGUNGSGEBIET	KLINIK
A. cerebri anterior (vordere Großhirnschlagader)	● Schwächerer der beiden Endäste der A. carotis interna (Gabelung unmittelbar kranial des Processus clinoideus anterior) ● Pars precommunicalis (A_1-Segment der Neuroradiologen) vor Abgang der A. communicans anterior: kranial des N. opticus zur Körpermittelebene, kurz vor deren Erreichen biegt sie nach vorn um, Verbindung zur Gegenseite durch A. communicans anterior ● Pars postcommunicalis [A. pericallosa] (A_2-Segment) nach Abgang der A. communicans anterior: an der Facies medialis des Lobus frontalis zum Rostrum corporis callosi, dann ständig dem Corpus callosum anliegend nach vorn, oben und hinten bis zum Splenium corporis callosi	■ **Äste der Pars precommunicalis:** ● Aa. centrales anteromediales [Aa. thalamostriatae anteromediales]: durch Substantia perforata anterior zu vorderem Abschnitt des Hypothalamus, Caput nuclei caudati, vorderem Teil der Capsula interna und Umgebung, besonders benannt: A. centralis longa [A. recurrens]: "Heubner-Arterie" ● A. communicans anterior: mit weiteren Rr. centrales anteromediales ■ **Äste der Pars postcommunicalis** [A. pericallosa]: ● A. frontobasalis medialis [R. orbitofrontalis medialis]: zur Unterseite des Lobus frontalis ● A. callosomarginalis: mit mehreren Ästen zur Medialseite des Großhirns (Rr. frontales, R. cingularis) ● A. paracentralis: zum Lobulus paracentralis ● A. precunealis: zum Precuneus ● A. parieto-occipitalis: zum Sulcus parieto-occipitalis, anastomosiert mit Ästen der A. cerebri posterior	■ *Arteria-cerebri-anterior-Syndrom*: bei Verschluß der Pars postcommunicalis ● kontralaterale Hemiparese + Hemihypästhesie, vor allem der Beine ● Harninkontinenz ● bei Balkenläsion beim Rechtshänder linksseitige Apraxie (u.u.) ■ bei Verschluß der Pars precommunicalis meist keine Ausfälle (guter Kollateralkreislauf)
A. cerebri media (mittlere Großhirnschlagader)	● Stärkerer der beiden Endäste der A. carotis interna (Gabelung unmittelbar kranial des Processus clinoideus anterior) ● in Cisterna fossae lateralis cerebri nach lateral, 3 Verlaufsstrecken: ● Pars sphenoidalis (M_1-Segment): parallel zu Ala minor, setzt Richtung des Stamms der A. carotis interna fort ● Pars insularis (M_2-Segment): an Oberfläche des Lobus insularis, oft in 2 Stämme geteilt ● Pars terminalis [Pars corticalis]: von Sulcus lateralis Endaufzweigung über Oberfläche von Lobus frontalis, Lobus parietalis und Lobus temporalis	■ **Äste der Pars sphenoidalis:** ● Aa. centrales anterolaterales [Aa. thalamostriatae anterolaterales]: 10-15 annähernd parallel verlaufende feine Arterien, durch Substantia perforata anterior zu Basalganglien und lateralen Teil der Capsula interna ■ **Äste der Pars insularis:** ● Aa. insulares: zum Lobus insularis ● A. frontobasalis lateralis [R. orbitofrontalis lateralis]: zur Unterseite des Lobus frontalis ● Arterien zum Lobus temporalis: A. temporalis anterior, A. temporalis media, A. temporalis posterior ■ **Äste der Pars terminalis** [Pars corticalis]: ihr Verlauf geht weitgehend aus den Namen hervor: ● A. sulci centralis ● A. sulci precentralis ● A. sulci postcentralis ● A. parietalis anterior + posterior ● A. gyri angularis	Aa. centrales häufigste Quelle von Hirnblutungen (Schlaganfall) mit Schädigung der inneren Kapsel (⇨ 7.3.8)
A. communicans posterior (hintere Verbindungsschlagader)	● Verbindet A. carotis interna mit A. cerebri posterior aus A. basilaris ● sehr variabel im Kaliber	Versorgungsbereich geht aus Namen der Äste hervor: ● R. chiasmaticus ● R. nervi oculomotorii ● R. thalamicus ● R. hypothalamicus ● R. caudae nuclei caudati	
Circulus arteriosus cerebri (Arterienring des Gehirns)	Die 4 großen Arterien zum Gehirn (A. carotis interna, A. vertebralis) sind durch 3 Verbindungsarterien zu einem Ring zusammengeschlossen: ● A. communicans anterior: unpaar, zwischen den Aa. cerebri anteriores ● A. communicans posterior: paarig, zwischen A. carotis interna und A. cerebri posterior aus A. basilaris	Arterienring soll Blutversorgung des Gehirns bei Störungen einzelner Äste sicherstellen, ist aber häufig nicht lehrbuchmäßig ausgebildet: ● unzureichende Verbindung zwischen den beiden Aa. carotides internae (dünne oder fehlende A. communicans anterior): etwa 10 % ● unzureichende Verbindung zwischen A. carotis interna und A. basilaris (dünne oder fehlende A. communicans posterior): etwa 45 %	

6.4.4 Äste der A. subclavia

ARTERIE	URSPRUNG, LAGE, VERLAUF	ÄSTE, VERSORGUNGSGEBIET	KLINIK
A. vertebralis (Wirbelschlagader)	● Ursprung aus 1. Verlaufstrecke der A. subclavia (links in etwa 5 % direkt aus Aortenbogen) ● *Pars prevertebralis*: vom Ursprung bis zum Eintritt in das Foramen transversarium des 6. Halswirbels (gelegentlich auch des 5. oder 7.) ● *Pars transversaria [cervicalis]*: in den Querfortsatzlöchern der Halswirbel aufsteigend ● *Pars atlantica*: zwischen Atlas und Foramen magnum, da das Foramen transversarium des Atlas weiter lateral liegt als das der übrigen Halswirbel, wird die A. vertebralis in einer deutlichen Schleife nach dorsomedial zum Foramen magnum geführt ● *Pars intracranialis*: die A. vertebralis liegt zunächst lateral der Medulla oblongata, strebt dann der Medianen zu und vereinigt sich mit der A. vertebralis der Gegenseite kaudal der Brücke zur A. basilaris (⇨ unten)	● Pars prevertebralis: ohne Seitenäste ● Pars transversaria [cervicalis]: Äste zum Rückenmark (Rr. spinales [radiculares]) und zu Nackenmuskeln (Rr. musculares) ● Pars atlantica: ohne Seitenäste ■ **Äste der Pars intracranialis:** ● Rr. meningei: zur Dura der hinteren Schädelgrube ● Rr. medullares mediales et laterales: zur Medulla oblongata ● A. inferior posterior cerebelli: stärkster Seitenast, zum Kleinhirn und zum 4. Ventrikel (R. choroideus ventriculi quarti) ● A. spinalis anterior: vereinigt sich mit der gleichnamigen Arterie der Gegenseite, steigt durch Foramen magnum in der Fissura mediana anterior zum Halsmark ab ● A. spinalis posterior: steigt durch Foramen magnum zum Halsmark ab	*Vertebralis-Basilaris-Insuffizienz*: meist arteriosklerotisch bedingte Mangelversorgung der unteren und hinteren Bereiche des Gehirns (vor allem Kleinhirn) mit Schwindel, Paresen, Hirnnervenausfällen usw., Sonderform: Subclavian-steal-Syndrom (⇨ 6.4.1)
A. basilaris (Hirnbasisschlagader)	● Unpaar, entsteht am Kaudalrand der Brücke durch Vereinigung der beiden Aa. vertebrales ● steigt im Sulcus basilaris des Pons auf ● teilt sich am Oberrand des Pons oder in der Cisterna interpeduncularis in die rechte und linke A. cerebri posterior (⇨ unten)	Versorgungsbereich: Hirnstamm und Kleinhirn, über A. cerebri posterior Lobus occipitalis des Großhirns, Äste: ● zum Kleinhirn: A. inferior anterior cerebelli, A. superior cerebelli ● zur Brücke: Aa. pontis ● zum Mittelhirn: Aa. mesencephalicae ● zum Innenohr: A. labyrinthi	
A. cerebri posterior (hintere Großhirnschlagader)	● Entsteht durch Aufgabelung der A. basilaris am Oberrand des Pons oder in der Cisterna interpeduncularis ● Pars precommunicalis (P1-Segment): vom Ursprung bis zur Anastomose mit A. communicans posterior, überkreuzt N. oculomotorius ● Pars postcommunicalis (P2- und P3-Segment): in der Cisterna ambiens zwischen Tractus opticus und Oberrand der Brücke um die Hirnschenkel herumbiegend, lateral der Colliculi inferiores und superiores zur Medialseite des Lobus occipitalis des Großhirns ● Pars terminalis [corticalis] (P4-Segment): Endaufzweigung zum Lobus occipitalis des Großhirns	■ **Äste der Pars precommunicalis:** ● Aa. centrales posteromediales: durch Substantia perforata interpeduncularis [posterior] zu oberem Mesencephalon, Hypothalamus, Thalamus und Crus posterius capsulae internae ■ **Äste der Pars postcommunicalis:** ● Aa. centrales posterolaterales: zu Corpus geniculatum laterale, Thalamus und Crus posterius capsulae internae ● Rr. choroidei posteriores mediales: zum Plexus choroideus des Ventriculus tertius ● Rr. choroidei posteriores laterales: zum Plexus choroideus ventriculi lateralis ● Rr. pedunculares: feine Äste zu den Pedunculi cerebri ■ **Äste der Pars terminalis [corticalis]:** ● A. occipitalis lateralis: zur Unterfläche des Lobus occipitalis und Lobus temporalis ● A. occipitalis medialis: zur Medialfläche des Lobus occipitalis und Lobus parietalis (R. parieto-occipitalis und R. calcarinus zur Sehrinde) und zum hinteren Teil des Balkens (R. corporis callosi dorsalis)	● *Arteria-cerebri-posterior-Syndrom*: charakteristisch bei Verschluß dieser Arterie ist die kontralaterale homonyme Hemianopsie, oft unvollständig (Quadrantenanopsie) und mit erhaltenem zentralen Sehen ● Verschluß beider Aa. cerebri posteriores, z.B. durch "reitenden" Embolus an Aufzweigung der A. basilaris: beidseitige Blindheit

Fortsetzung der Tabelle nächste Seite

Äste der A. subclavia (Fortsetzung)

ARTERIE	URSPRUNG, LAGE, VERLAUF	ÄSTE, VERSORGUNGSGEBIET	KLINIK
A. thoracica interna (innere Brustkorbschlagader) (alter Name A. mammaria interna in Klinik noch gebräuchlich)	● Ursprung aus 1. Verlaufstrecke der A. subclavia ● zwischen Pleura und Articulatio sternoclavicularis zur Innenseite des Brustkorbs ● etwa 1 cm lateral des Lateralrandes des Sternum absteigend ● durch Larrey-Spalte zwischen Pars sternalis und Pars costalis des Zwerchfells zur Bauchwand ● Endast (nach Durchtritt durch Larrey-Spalte) A. epigastrica superior	● Äste zum Mediastinum: Rr. mediastinales, Rr. thymici, Rr. bronchiales, Rr. tracheales ● A. pericardiacophrenica: begleitet N. phrenicus zu Herzbeutel und Zwerchfell ● Rr. sternales: zum Brustbein ● Rr. perforantes: zur Brusthaut und zur Brustdrüse (Rr. mammarii mediales) ● Rr. intercostales anteriores: bilden in den Spatia intercostalia Gefäßringe mit den Aa. intercostales posteriores (aus Aorta und Truncus costocervicalis), untere entspringen aus: ● A. musculophrenica: zwischen Arcus costalis und Zwerchfell absteigend ● A. epigastrica superior: anastomosiert zwischen M. rectus abdominis und hinterem Blatt der Rektusscheide mit A. epigastrica inferior aus A. iliaca externa	*"Mammaria-Bypass"*: bei Unwegsamkeit von Strecken der Aa. coronariae (bei koronarer Herzkrankheit) ist durch Einpflanzen der A. thoracica interna distal der Engstelle eine Überbrückung möglich (Alternative zum Venen-Bypass)
Truncus thyrocervicalis (Schilddrüsen-Hals-Schlagaderstamm)	■ Gemeinsamer Ursprung von (meist 4) Arterien aus 1. Verlaufstrecke der A. subclavia: ● A. thyroidea inferior (untere Schilddrüsenschlagader) ● A. cervicalis ascendens (aufsteigende Halsschlagader) ● A. suprascapularis (Überschulterblattschlagader) ● A. transversa cervicis [colli] (quere Halsschlagader) ■ sehr variabel: ● einzelne Äste entspringen direkt aus A. subclavia ● A. thoracica interna enstspringt aus Truncus thyrocervicalis (etwa 20 %)	■ **A. thyroidea inferior**: zunächst an Vorderfläche des M. scalenus anterior etwa 5 cm aufsteigend, dann in großem Bogen nach medial zur Schilddrüse: ● Rr. glandulares: meist 2-3 Äste zum unteren Pol der Schilddrüse ● der Versorgungsbereich der übrigen Äste geht aus den Namen hervor: ● A. laryngealis inferior ● Rr. pharyngeales ● Rr. oesophageales ● Rr. tracheales ■ **A. cervicalis ascendens**: auf Vorderfläche des M. scalenus anterior neben N. phrenicus aufsteigend, zu hinteren Halsmuskeln und Wirbelkanal (Rr. spinales) ■ **A. suprascapularis**: hinter Clavicula zur Incisura scapulae, im Gegensatz zu N. suprascapularis jedoch kranial des Lig. transversum scapulae superius zur Fossa supraspinata und zum Acromion (R. acromialis) ■ **A. transversa cervicis** [colli]: oft selbständig aus 3. Verlaufstrecke der A. subclavia, durchbohrt Plexus brachialis, teilt sich in: ● R. superficialis: zu M. trapezius ● R. profundus [A. dorsalis scapulae]: am Margo medialis der Scapula absteigend zu Mm. rhomboidei	● Ausgezeichneter Kollateralkreislauf zu Schilddrüse: bei Operation dürfen alle 4 Schilddrüsenarterien unterbunden werden ● N. laryngealis recurrens läuft vor, durch oder hinter Aufzweigung der A. thyroidea inferior, ist bei Operationen sorgfältig zu schonen!
Truncus costocervicalis (Rippen-Hals-Schlagaderstamm)	Gemeinsamer Stamm aus 2. Verlaufstrecke der A. subclavia von: ● A. cervicalis profunda ● A. intercostalis suprema	● A. cervicalis profunda: zu tiefen Nackenmuskeln, z.B. M. semispinalis capitis ● A. intercostalis suprema: gemeinsamer Stamm für die ersten beiden Aa. intercostales posteriores	

6.5 Venen von Kopf und Hals

6.5.1 Große Halsvenen

VENE	URSPRUNG, LAGE, VERLAUF	ÄSTE, DRAINAGEGEBIET	KLINIK
V. brachiocephalica (Arm-Kopf-Vene) (alte Bezeichnung V. anonyma wird gelegentlich noch verwendet)	■ Sie entsteht durch Vereinigung dreier Venen im "Venenwinkel" des Halses (dorsal der Extremitas sternalis der Clavicula, ventral des M. scalenus anterior, "vordere" Skalenuslücke) : ● V. jugularis interna ● V. jugularis externa ● V. subclavia ■ Die beiden Vv. brachiocephalicae vereinigen sich hinter dem Ansatz der 1. rechten Rippe am Manubrium sterni zur V. cava superior ● die linke V. brachiocephalica ist deutlich länger als die rechte ■ Die **V. subclavia** ist kürzer und hat weniger Seitenäste als die A. subclavia, weil ● die Vereinigungsstelle mit den vom Kopf kommenden Venen zur V. brachiocephalica weiter lateral liegt als die Aufzweigung des Truncus brachiocephalicus ● die meisten der den Seitenästen der A. subclavia entsprechenden Venen in die V. brachiocephalica münden	● Das Drainagegebiet umfaßt Kopf, Hals, Arm, vordere Brust- und Bauchwand, Mediastinum ● die V. brachiocephalica entspricht der 1. Verlaufstrecke der A. subclavia und nimmt daher die deren Ästen entsprechenden Venen auf: ■ der A. vertebralis entsprechend: ● *V. vertebralis* mit Verbindung zur V. occipitalis und zu Plexus venosus suboccipitalis ■ der A. thoracica interna entsprechend: ● *Vv. thoracicae internae* mit Aufnahme der Vv. epigastricae superiores, Vv. subcutaneae abdominis, Vv. musculophrenicae, Vv. intercostales anteriores (einschließlich V. intercostalis suprema) ● in die Vv. thoracicae internae oder direkt in die V. brachiocephalica münden: Vv. thymicae, Vv. pericardiacae, Vv. pericardiacophrenicae, Vv. mediastinales, Vv. bronchiales, Vv. tracheales, Vv. oesophageales ■ dem Truncus thyrocervicalis entsprechend: ● *V. laryngea inferior* ● *V. cervicalis profunda* ● *Vv. thyroideae inferiores*: entsprechen jedoch nicht der A. thyroidea inferior, sondern A. thyreoidea ima, die als Varietät (1 %) direkt aus Aortenbogen zur Schilddrüse zieht (zum Plexus thyroideus impar)	**Punktion der V. subclavia** zum Einlegen eines zentralen Venenkatheters: ● Einstich 2-3 cm kaudal der Mitte der Clavicula ● Punktionsnadel in Richtung Sternoklavikulargelenk vorschieben, bis Kontakt mit Clavicula ● Nadel 0,5-1 cm zurückziehen und erneut, jedoch steiler, unter ständiger Aspiration vorschieben, bis Blut in Spritze sichtbar ● Plastikhülse 2-3 cm weiterschieben, Metallkanüle entfernen, Katheter durch Plastikhülse einführen
V. jugularis interna (innere Drosselvene, innere Halsvene)	● Fortsetzung des Sinus sigmoideus kaudal des Foramen jugulare, Abfluß für das gesamte Blut des Gehirns ● vereinigt sich mit V. jugularis externa und V. subclavia im Venenwinkel zur V. brachiocephalica ● Anfang und Ende erweitert (Bulbus superior venae jugularis, Bulbus inferior venae jugularis) ● liegt oben dorsolateral der A. carotis interna, unten ventrolateral der A. carotis communis (gemeinsam mit N. vagus in Vagina carotica der Fascia cervicalis) ● Vergleich mit Arterien: untere Hälfte der V. jugularis entspricht A. carotis communis, obere Hälfte der A. carotis interna, die der A. carotis externa entsprechenden Äste münden mit einem gemeinsamen Stamm oder getrennt im Trigonum caroticum etwas unterhalb des Kieferwinkels in die V. jugularis interna ein	■ Unmittelbar kaudal der Schädelbasis münden: ● *Vv. pharyngeales* aus dem Plexus pharyngeus [pharyngealis] ● *Vv. meningeae* ■ unterhalb des Kieferwinkels münden: ● *V. lingualis*: Äste entsprechend A. lingualis ● *V. thyroidea superior*: Äste entsprechend A. thyroidea superior ● *Vv. thyroideae mediae*: entsprechen etwa A. thyroidea inferior, können auch in V. brachiocephalica münden ● *V. facialis*: Äste entsprechend A. facialis, hinzu kommen Venen von den Augenlidern (Vv. palpebrales superiores, Vv. palpebrales inferiores), Stirn (Vv. supratrochleares, V. supraorbitalis) und seitlicher Gesichtsgegend (V. profunda faciei [facialis]) ● *V. retromandibularis*: entsteht dorsal des Ramus mandibulae durch Vereinigung der Vv. temporales superficiales und Vv. maxillares (aus Plexus pterygoideus), Äste entsprechend den gleichnamigen Arterien und Teilen der A. auricularis posterior	Neben V. subclavia die beliebteste Vene für das Einlegen eines Katheters als "zentralem Zugang"
V. jugularis externa (äußere Drosselvene, äußere Halsvene)	● Entsteht hinter dem Ohr (Stromgebiet der A. auricularis posterior) als Hautvene ● überkreuzt unterhalb des Ohrläppchens den M. sternocleidomastoideus ● lateral von diesem durch Fascia cervicalis, mündet in Venenwinkel ● rechte und linke V. jugularis externa sind durch Arcus venosus jugularis verbunden	Drainagegebiet: Oberfläche des gesamten Halses, in wechselndem Maße auch von Teilen des Kopfes, Äste: ● *V. auricularis posterior* ● *V. jugularis anterior*: entsteht unterhalb des Kinns, mündet in Arcus venosus jugularis, sehr variabel, kann auch unpaar sein ● *V. suprascapularis* ● *Vv. transversae cervicis*	● Oft gut durch Haut sichtbar ● intravenöse Injektion möglich: Kopf zur Gegenseite drehen, Einstich in Verlaufstrecke auf M. sternocleidomastoideus

6.5.2 Venen von Schädel, Hirnhäuten und Augenhöhle

VENE	URSPRUNG, LAGE, VERLAUF	ÄSTE, DRAINAGEGEBIET	KLINIK
Vv. diploicae (Diploevenen)	"Sandwich-Konstruktion" des Schädeldachs: zwischen 2 kompakten Schichten liegt venenreiche Diploe, Nebenaufgabe: Klimatisierung des Gehirns (je nach Hauttemperatur Heizung oder Kühlung durch Blutstrom)	Größere Kanäle in der Diploe: ● V. diploica frontalis ● V. diploica temporalis anterior ● V. diploica temporalis posterior ● V. diploica occipitalis	
Vv. emissariae (Emissarienvenen)	Verbinden Sinus durae matris und Vv. diploicae mit Hautvenen	● V. emissaria parietalis: durch Foramen parietale (von Sinus sagittalis superior) ● V. emissaria mastoidea: stärkste Emissarienvene, durch Foramen mastoideum (von Sinus sigmoideus) ● V. emissaria condylaris: durch Canalis condylaris (von Sinus sigmoideus) ● V. emissaria occipitalis: von Confluens sinuum ■ den Emissarienvenen zu vergleichen sind Venengeflechte, die Nerven oder Arterien durch Schädelkanäle begleiten: ● Plexus venosus canalis hypoglossi ● Plexus venosus foraminis ovalis ● Plexus venosus caroticus internus	Wichtige Kollateralbahnen bei Abflußstörungen in Sinus, aber auch Fortleitung von Eiterungen der Kopfhaut in das Schädelinnere
Sinus durae matris (Blutleiter der harten Hirnhaut)	● Teil der Venen der Schädelhöhle ist in Dura eingebaut: starre Kanäle ● Vorteil: immer offen ● Nachteil: keine Venenpumpe, keine Klappen (schlechter Blutabfluß bei Kopftieflagerung) ● Abfluß aller Sinus durae matris über Sinus sigmoideus in V. jugularis interna häufig asymmetrisch: kann rechts sehr viel stärker als links sein	2 wichtige Sammelstellen für venöses Blut im Schädelinnern: ■ **Sinus cavernosus**: vordere Sammelstelle, seitlich des Türkensattels, wird von 4 Hirnnerven (III, IV, V₁, VI) und A. carotis interna durchsetzt ● Verbindung zur Gegenseite: Sinus intercavernosi (Blutleiterring um Hypophyse) ● nimmt auf: V. ophthalmica superior, Sinus sphenoparietalis (an Knochenkante zwischen vorderer und mittlerer Schädelgrube), Plexus basilaris (Venengeflecht auf Clivus) ● fließt ab zum Sinus sigmoideus über: ● Sinus petrosus inferior (direkt zum Foramen jugulare, nimmt Vv. labyrinthales auf) ● Sinus petrosus superior (auf Pyramidenkante) ■ **Confluens sinuum**: hintere, unpaare Sammelstelle vor Tuberantia occipitalis interna, Vereinigung von 2 starken (von oben und vorn) und einem schwächeren Blutleiter (von unten): ● *Sinus sagittalis superior*: im knochennahen Rand der Falx cerebri, mit seitlichen Erweiterungen (Lacunae laterales) für Granulationes arachnoideae, nimmt Großteil der Vv. superiores cerebri auf ● *Sinus rectus*: wo Falx cerebri und Tentorium cerebelli verwachsen sind, Fortsetzung von V. magna cerebri und Sinus sagittalis inferior (im freien Rand der Falx cerebri) ● *Sinus occipitalis*: vom Foramen magnum in Knochenrand der Falx cerebelli aufsteigend ● Abfluß aus Confluens sinuum beidseits über *Sinus transversus* (im Hinterrand des Tentorium cerebelli, nimmt Vv. inferiores cerebri auf) zu *Sinus sigmoideus* (S-förmig zu Foramen jugulare)	● *Sinus-cavernosus-Thrombose*: oft fortgeleitet von Eiterungen im Gesichtsbereich über Anastomose der V. facialis mit V. ophthalmica superior ● *Sinus-cavernosus-Syndrom* (⇨ N. oculomotorius, 6.7.3) ● *Thrombose des Sinus sigmoideus* durch Übergreifen von Eiterung in Warzenfortsatzzellen möglich ● Einriß von Blutleitern bei Schädelfraktur führt meist zu subduralem Hämatom (⇨ 7.1.3)
V. ophthalmica superior (obere Augenhöhlenvene)	● Sammelt Blut von den oberen und mittleren Teilen der Augenhöhle einschließlich Augapfel ● zu den Quellgebieten gehört auch der Sinus venosus sclerae, der Abflußkanal des Kammerwassers ● durch Fissura orbitalis superior (also getrennt von A. ophthalmica!) zum Sinus cavernosus	Die Äste entsprechen weitgehend den gleichnamigen Ästen der A. ophthalmica (⇨ 6.4.3), ihre Drainagegebiete gehen aus den Namen hervor: ● V. nasofrontalis ● Vv. ethmoidales ● V. lacrimalis ● Vv. vorticosae [Vv. choroideae oculi] ● Vv. ciliares ● Vv. sclerales ● V. centralis retinae ● Vv. episclerales ● Vv. palpebrales ● Vv. conjunctivales	V. angularis (Beginn der V. facialis am inneren Augenwinkel) anastomosiert mit Ästen der V. ophthalmica superior: Eiterungen im Gesichtsbereich können so zum Sinus cavernosus aufsteigen und auf Hirnhäute übergreifen

Fortsetzung der Tabelle nächste Seite

Venen von Schädel, Hirnhäuten und Augenhöhle (Fortsetzung)

VENE	URSPRUNG, LAGE, VERLAUF	ÄSTE, DRAINAGEGEBIET	KLINIK
V. ophthalmica inferior (untere Augenhöhlenvene)	● Vom Unterlid und dem Boden der Augenhöhle ● mündet in V. ophthalmica superior oder durch Fissura orbitalis inferior in Plexus pterygoideus (weiterer Abfluß über V. maxillaris zur V. retromandibularis)		Infektionsweg aus tiefem Gesichtsbereich über Augenhöhle zum Sinus cavernosus

6.5.3 Venen des Gehirns

VENE	URSPRUNG, LAGE, VERLAUF	ÄSTE, DRAINAGEGEBIET	KLINIK
Vv. superficiales cerebri (oberflächliche Hirnvenen)	● Liegen im Subarachnoidealraum an Oberfläche der Hemisphären ● verlaufen großteils unabhängig von Arterien, Furchen und Windungen ● münden in Sinus durae matris, dabei liegen sie eine kurze Strecke im subduralen Spaltraum	■ Vv. superiores cerebri: von oberen Teilen der Facies superolateralis + medialis der Hemisphären, münden in Sinus sagittalis superior, 4 Gruppen: ● Vv. prefrontales ● Vv. frontales ● Vv. parietales ● Vv. occipitales ■ Vv. mediae superficiales cerebri: in Sulcus lateralis und Umgebung, münden in Sinus sphenoparietalis oder Sinus cavernosus, zahlreiche Verbindungen zu den Vv. superiores und inferiores cerebri, 2 davon besonders stark: ● V. anastomotica superior (Trolard-Vene): zum parietalen Bereich des Sinus sagittalis superior ● V. anastomotica inferior (Labbé-Vene): zum Sinus transversus ■ Vv. inferiores cerebri: münden in Sinus transversus	Schwachpunkt der oberflächlichen Großhirnvenen ist die Mündung in die starre Sinuswand, bei heftigen Vor- und Rückbewegungen des Gehirns (Hirnprellung) reißen hier die Venen leicht ein, es kommt zur subduralen Blutung (⇨ Spatium subdurale, 7.1.3)
Vv. profundae cerebri (tiefe Hirnvenen)	● Leiten das Blut vom medialen Teil der Unterfläche des Großhirns sowie aus dem Innern (vor allem Basalganglien und innere Kapsel) ab ● die beiden Vv. basales bilden einen dem Circulus arteriosus cerebri vergleichbaren Venenring (Hexagon von Trolard) ● im Foramen interventriculare vereinigen sich mehrere von den Basalganglien und dem Seitenventrikel kommende Venen ("vorderer Venenkonfluens") zur V. interna cerebri ● die beiden Vv. basales und die beiden Vv. internae cerebri vereinigen sich ("hinterer Venenkonfluens") zum kurzen unpaaren Stamm der V. magna cerebri (große Galen-Vene) ● diese mündet in den Sinus rectus	■ Wichtige Äste der V. basalis (Rosenthal-Vene): ● Vv. anteriores cerebri: mit A. cerebri anterior dem Corpus callosum anliegend ● V. media profunda cerebri: in der Tiefe des Sulcus lateralis, den tiefen Ästen der A. cerebri media entsprechend (Vv. insulares, Vv. thalamostriatae inferiores) ● Vv. pedunculares: vom Pedunculus cerebri ■ wichtige Äste der V. interna cerebri (kleine Galen-Vene): ● V. choroidea superior: vom Plexus choroideus ventriculi lateralis und angrenzenden Hirnteilen ● V. thalamostriata superior [V. terminalis]: vom Corpus striatum und der Capsula interna ● ferner Äste vom Septum pellucidum, Nucleus caudatus, den hinteren Teilen des Corpus callosum und dem Großhirnmark	Vorderer und hinterer Venenzusammenfluß sind im Kontrastmittel-Röntgenbild wichtige Orientierungspunkte
Vv. trunci encephalici (Venen des Hirnstamms)	● Bilden ein Netz aus Längs- und Querkomponenten um Hirnstamm ● wichtiger Abfluß über V. petrosa (Dandy-Vene) zum Sinus petrosus superior (oder inferior)	● V. pontomesencephalica anterior ● Vv. pontis ● Vv. medullae oblongatae ● V. recessus lateralis ventriculi quarti	
Vv. cerebelli (Kleinhirnvenen)	● Verlaufen weitgehend unabhängig von Arterien, Furchen und Windungen ● wichtiger Abfluß über V. petrosa (Dandy-Vene) zum Sinus petrosus superior (oder inferior)	● V. superior vermis ● V. inferior vermis ● Vv. superiores cerebelli ● Vv. inferiores cerebelli ● V. precentralis cerebelli	

6.6 Lymphknoten von Kopf und Hals

6.6.1 Lymphknoten des Kopfes

GRUPPE	GLIEDERUNG	LAGE	EINZUGSGEBIET	ABFLUSS ZU
Nodi lymphatici occipitales (Hinterhauptlymphknoten)		Oberflächlich zum Ansatz des M. trapezius	● Regio occipitalis ● Regio nuchalis	Nodi lymphatici cervicales laterales profundi superiores
Nodi lymphatici mastoidei (Warzenfortsatzlymphknoten)		Oberflächlich zum Warzenfortsatz	● Processus mastoideus ● Dorsalseite der Ohrmuschel ● benachbarte Kopfhaut	
Nodi lymphatici parotidei superficiales (oberflächliche Ohrspeicheldrüsen-Lymphknoten)		Oberflächlich zur Fascia parotidea	● Regio temporalis ● Vorderseite der Ohrmuschel ● seitliche Gesichtshaut	Nodi lymphatici cervicales anteriores profundi
Nodi lymphatici parotidei profundi (tiefe Ohrspeicheldrüsen-Lymphknoten)	Nodi lymphatici preauriculares	Unter Fascia parotidea, vor dem Ohr	● Meatus acusticus externus ● Cavitas tympanica ● Regio temporalis ● Regio orbitalis ● Regio nasalis	
	Nodi lymphatici infra-auriculares	Unter Fascia parotidea, unterhalb des Ohrs		
	Nodi lymphatici intraglandulares	Unter Fascia parotidea, in Glandula parotidea		
Nodi lymphatici faciales (Gesichtslymphknoten)	Nodus lymphaticus buccinatorius	Im Corpus adiposum buccae auf dem M. buccinatorius (variabel)	● Regio buccalis ● Regio orbitalis	Nodi lymphatici submandibulares
	Nodus lymphaticus nasolabialis	Im Bereich der Nasolabialfalte (variabel)	Oberlippen-Nasen-Bereich	
	Nodus lymphaticus malaris	Oberflächlich in der Wange (variabel)	Regio buccalis	
	Nodus lymphaticus mandibularis	Im Unterkieferbereich (variabel)	Seitliche Gesichtsgegend	
Nodi lymphatici linguales (Zungenlymphknoten)		In der Nähe des N. hypoglossus	Zunge	Nodi lymphatici submandibulares

6.6.2 Lymphknoten des Halses

GRUPPE	GLIEDERUNG	LAGE	EINZUGSGEBIET	ABFLUSS ZU
Nodi lymphatici submentales (Unterkinnlymphknoten)		Kaudal vom Kinn	● Unterlippe ● vordere Unterkieferzähne + Zahnfleisch ● Zungenspitze	Nodi lymphatici cervicales anteriores profundi
Nodi lymphatici submandibulares (Unter-Unterkiefer-Lymphknoten)		Kaudal der Basis mandibulae (im Bereich der Glandula submandibularis)	● Lippen + äußere Nase ● Zähne + Zahnfleisch ● Zunge ● Mundboden ● Nodi lymphatici faciales	Nodi lymphatici cervicales anteriores profundi

Fortsetzung der Tabelle nächste Seite

Lymphknoten des Halses (Fortsetzung)

GRUPPE	GLIEDERUNG	LAGE	EINZUGSGEBIET	ABFLUSS ZU
Nodi lymphatici cervicales anteriores superficiales [jugulares anteriores] (vordere oberflächliche Halslymphknoten)		In der Subcutis der Regio cervicalis anterior, vor allem in der Umgebung der V. jugularis anterior	Haut der Regio cervicalis anterior	Nodi lymphatici cervicales anteriores profundi
Nodi lymphatici cervicales anteriores profundi (vordere tiefe Halslymphknoten)	Nodi lymphatici infrahyoidei	Zwischen Zungenbein und Kehlkopf	● Nodi lymphatici submandibulares ● Nodi lymphatici cervicales anteriores superficiales [jugulares anteriores]	● Nodi lymphatici cervicales laterales profundi inferiores ● Truncus jugularis (⇨ 1.5.6)
	Nodi lymphatici prelaryngeales	Vor dem Kehlkopf, besonders zwischen Schild- und Ringknorpel	● Kehlkopf ● Nodi lymphatici cervicales anteriores superficiales [jugulares anteriores]	
	Nodi lymphatici thyroidei	An der Schilddrüse	● Schilddrüse ● Nodi lymphatici cervicales anteriores superficiales [jugulares anteriores]	
	Nodi lymphatici pretracheales	Vor der Luftröhre	● Luft- und Speiseröhre ● Nodi lymphatici cervicales anteriores superficiales [jugulares anteriores]	
	Nodi lymphatici paratracheales	Seitlich der Luftröhre		
Nodi lymphatici cervicales laterales superficiales (seitliche oberflächliche Halslymphknoten)		In der Subcutis der Regio cervicalis lateralis	Haut der Regio cervicalis lateralis und angrenzende Hautbereiche	Nodi lymphatici cervicales laterales profundi
Nodi lymphatici cervicales laterales profundi (seitliche tiefe Halslymphknoten)	Nodi lymphatici cervicales laterales profundi superiores	Subfaszial im oberen Teil der Regio cervicalis lateralis	Nodi lymphatici cervicales laterales superficiales	● Andere Nodi lymphatici cervicales laterales profundi ● Truncus jugularis ● Truncus subclavius (⇨ 1.5.6)
	Nodus lymphaticus jugulodigastricus	Lateral der Kreuzung von V. jugularis interna und M. digastricus	● Tonsilla palatina ● Tonsilla lingualis	
	Nodi lymphatici cervicales laterales profundi inferiores	Subfaszial im unteren Teil der Regio cervicalis lateralis	Nodi lymphatici cervicales laterales superficiales	
	Nodus lymphaticus jugulo-omohyoideus	Lateral der Kreuzung von V. jugularis interna und M. omohyoideus	Zunge	
	Nodi lymphatici supraclaviculares	Subfaszial kranial des Schlüsselbeins	Nodi lymphatici axillares apicales	
	Nodi lymphatici accessorii	In der Umgebung des N. accessorius	Nodi lymphatici cervicales laterales superficiales	
Nodi lymphatici retropharyngeales (Hinterrachenlymphknoten)		An Hinter- und Seitenwand des Pharynx	● Pharynx ● Tuba auditoria ● Cavitas tympanica	Nodi lymphatici cervicales laterales profundi

Weiterer Abfluß (⇨ 1.5.6):
● rechts: Truncus subclavius dexter und Truncus jugularis dexter münden über Ductus lymphaticus dexter [Ductus thoracicus dexter] in den rechten Venenwinkel
● links: Truncus subclavius sinister und Truncus jugularis sinister münden über Ductus thoracicus in den linken Venenwinkel

6.7 Nerven von Kopf und Hals

Entwicklung und Entwicklungsstörungen ⇨ 7.1.1

6.7.1 Übersicht

● Nervenfaserqualitäten: cut = Haut, muc = Schleimhaut oder Eingeweide, sensorisch = höhere Sinnesorgane, parasymp = parasympathisch, sek = sekretorisch, symp = sympathisch
● in englischsprachiger Literatur übliche Abkürzungen: GSE = allgemein somatoefferent, SSE = speziell somatoefferent, GVE = allgemein viszeroefferent, SVE = speziell viszeroefferent, GSA = allgemein somatoafferent, SSA = speziell somatoafferent, GVA = allgemein viszeroafferent, SVA = speziell viszeroafferent - über die Definitionen der einzelnen Komponenten besteht offenbar keine allgemeine Übereinstimmung: man findet unterschiedliche Zuordnungen zu "allgemein" und "speziell" sowie zu "somato" und "viszero"
● nicht eingetragen sind die in den motorischen Nerven verlaufenden afferenten Fasern von den Muskelspindeln sowie die afferenten Fasern im Sympathikus

NERVENGRUPPE	NERV	MOTORISCH			SENSIBEL (I.W.S.)				PARASYMP		SYMP
					CUT	MUC	SENSORISCH		SEK	MOT	
		GSE	SSE	SVE	GSA	GVA	SSA	SVA	GVE		
Nn. craniales [Nn. encephalici] (Hirnnerven)	Nn. olfactorii (I)							+			
	N. opticus (II)						+				
	N. oculomotorius (III)		+							+	
	N. trochlearis (IV)		+								
	N. trigeminus (V)			+	+	+					
	N. abducens (VI)		+								
	N. facialis [N. intermedio-facialis] (VII)			+	(+)	(+)		+	+		
	N. vestibulocochlearis (VIII)						+				
	N. glossopharyngeus (IX)			+	(+)	+		+	+		
	N. vagus (X)			+	(+)	+		+	+	+	
	N. accessorius (XI)			+							
	N. hypoglossus (XII)	+									
Rr. posteriores der Nn. cervicales (hintere Äste der Halsnerven)	N. suboccipitalis	+									
	N. occipitalis major				+						
	Rr. posteriores III-VIII	+			+						
Plexus cervicalis (Rr. anteriores der Nn. cervicales I-IV) (Halsnervengeflecht)	Ansa cervicalis	+									
	N. occipitalis minor				+						
	N. auricularis magnus				+						
	N. transversus colli				+						
	Nn. supraclaviculares				+						
	N. phrenicus	+				+					
Truncus sympathicus											+

6.7.2 Nn. craniales [encephalici] I + II (Riechnerven und Sehnerv)

Nn. olfactorii (I) (Riechnerven)

LAGE, VERLAUF	INNERVATIONS-GEBIETE	GEFÄHRDUNG	LÄHMUNGSSYNDROM
● Meatus nasi superior: Axonen der Riechzellen (primäre Sinneszellen) vereinigen sich zu etwa 20 Nn. olfactorii, durch ● Lamina cribrosa des Siebbeins (Os ethmoidale) in → ● Fossa cranialis anterior, enden in → ● Bulbus olfactorius des Lobus frontalis (Beginn des 2. Neurons der Riechbahn)	■ Motorisch: - ■ **sensorisch** (speziell viszeroafferent): Riechschleimhaut (Tunica mucosa olfactoria) = Regio olfactoria im Meatus nasi superior (je etwa 1,5 cm² am Septum nasi und an der Concha nasalis superior)	● Vorübergehender Riechausfall bei Entzündungen der Nasenschleimhaut (Rhinitis = Schnupfen), weil Riechstoffe wegen der Schleimhautschwellung nicht mehr zur Riechschleimhaut gelangen ● Abriß von Riechnerven und Schädigung von Bulbus und Tractus olfactorius bei Schädelbasisfrakturen, besonders wenn sie durch die Lamina cribrosa gehen ● iatrogene Schäden bei Operationen an den Siebbeinzellen ● Tumor der vorderen Schädelgrube	● *Anosmie*: Ausfall des Geruchsvermögens für reine Riechstoffe, Reaktionen auf stechende Gerüche (Ammoniak, Formaldehyd usw., "Trigeminusreizstoffe") bleiben erhalten (von N. trigeminus geleitet) ● *Hyposmie*: herabgesetztes Geruchsvermögen ● *Parosmie*: abnorme Geruchsempfindungen, z.B. üble Gerüche (Kakosmie) ■ *Syndrom der Olfaktoriusrinne* (⇨ 7.3.2): ● Anosmie: erst ein- dann doppelseitig ● Erblindung ● Stirnhirnsymptome: erst Enthemmung, dann Mangel an Initiative

N. opticus (II) (Sehnerv)

LAGE, VERLAUF	INNERVATIONS-GEBIETE	GEFÄHRDUNG	LÄHMUNGSSYNDROM
■ **Pars intraocularis:** ● Beginn an den multipolaren Nervenzellen des Stratum ganglionicum der Retina (3. Neuron der Sehbahn) ● Axonen verlassen den Bulbus oculi im Discus nervi optici (blinder Fleck, Sehnervenpapille) ■ **Pars orbitalis:** ● von Vagina externa und Vagina interna umhüllt (entsprechen Hirnhäuten, dazwischen Spatium intervaginale) ● durch Anulus tendineus communis der äußeren Augenmuskeln ■ **Pars intracanalicularis:** durch Canalis opticus des Os sphenoidale ■ **Pars intracranialis:** ● Chiasma opticum (Sehnervenkreuzung) in Fossa cranialis media ● Fortsetzung als Tractus opticus zum Corpus geniculatum laterale (Beginn des 4. Neurons der Sehbahn)	■ Motorisch: - ■ **sensorisch** (speziell somatoafferent): Pars optica retinae ● Im N. opticus liegen die der lateralen Gesichtsfeldhälfte entsprechenden Nervenfasern medial, die der medialen Gesichtsfeldhälfte entsprechenden lateral ● im Chiasma opticum kreuzen die medialen Nervenfasern (also von den lateralen Gesichtsfeldhälften) ● der linke Tractus opticus führt daher die Nervenfasern der rechten Gesichtsfeldhälfte, der rechte die der linken ● ein Teil der von der Macula kommenden Nervenfasern (makulopapilläres Bündel) kreuzt, ein Teil bleibt ungekreuzt	■ **Pars intraocularis:** Durchblutungsstörungen der A. centralis retinae, z.B. Erblindung bei: ● Diabetes mellitus ● erhöhtem Augeninnendruck (Glaukom) ■ **Pars orbitalis:** ● Tumoren der Orbita ● Entzündung des Sehnervs (z.B. retrobulbäre Optikusneuritis bei multipler Sklerose) ● traumatischer Ausriß des Sehnervs aus der Sclera ●Hirndruck: erhöhter Innendruck im Liquorraum des Gehirns setzt sich auf Spatium intervaginale fort, führt zur "Stauungspapille" mit meist kurzdauernden Sehstörungen ■ **Pars intracanalicularis:** ● Schädelbasisfrakturen ● mediale Keilbeinmeningeome ■ **Pars intracranialis:** ● Tumoren des Türkensattels: Kraniopharyngeome und Hypophysenadenome (z.B. eosinophile Adenome bei Akromegalie)	● *Skotom*: begrenzter Gesichtsfeldausfall: an einem Auge bei Teilverletzung eines N. opticus, gleichseitig an beiden Augen bei Teilverletzung des Tractus opticus ● *Amaurose* (Erblindung eines Auges): bei Schädigung des N. opticus vor dem Chiasma opticum ● *bitemporale Hemianopsie* (Ausfall beider lateralen Gesichtsfeldhälften, "Scheuklappenphänomen"): bei Zerstörung der kreuzenden Nervenfasern des Chiasma opticum (meist durch Hypophysentumoren) ● *homonyme Hemianopsie* (Ausfall der linken oder rechten Gesichtsfeldhälfte beider Augen): bei Verletzung des Tractus opticus, der Radiatio optica oder der Kalkarinarinde ● *Lichtreflexe beeinträchtigt*: bei Zerstörung des N. opticus ist der Pupillenreflex nicht direkt auszulösen, bei gesundem zweiten Auge reagiert jedoch das kranke Auge mit (konsensuelle Lichtreaktion) ■ *Kennedy-Syndrom* (bei Tumoren der vorderen Schädelgrube und des Keilbeins): ● Optikusatrophie ● Stauungspapille auf Gegenseite (venöse Abflußstörung durch Druck auf Sinus cavernosus) ● evtl. Riechstörung ● evtl. Stirnhirnsymptome ■ der N. opticus ist streng genommen ein Teil des Zwischenhirns und kein peripherer Nerv, deshalb ● ergreifen typische Erkrankungen des ZNS, z.B. Entmarkungskrankheiten (multiple Sklerose) auch den N. opticus ● sparen typische Erkrankungen der peripheren Nerven den N. opticus aus

6.7.3 Nn. craniales [encephalici] III + IV + VI (Augenmuskelnerven)

NERV	LAGE, VERLAUF	INNERVA-TIONSGEBIETE	GEFÄHRDUNG	LÄHMUNGSSYNDROM
N. oculomotorius (III) (Augenbewegungsnerv)	■ **Kerngebiet:** keilförmig im Mittelhirn im Tegmentum mesencephalicum nahe der Medianebene (z.T. mit Gegenseite verschmolzen): ● Nucleus nervi oculomotorii [Nucleus oculomotorius]: motorisch ● Nucleus oculomotorius accessorius [autonomicus] (Edinger-Westphal-Kern): parasympathisch ■ **infranukleärer Verlauf:** ● ein Teil der Fasern kreuzt zur Gegenseite ● Austritt aus dem Hirnstamm vor der Brücke (Pons) ● in der Cisterna interpeduncularis nach vorn ● Eintritt in die Dura der Lateralwand des Sinus cavernosus ● durch die Fissura orbitalis superior in die Orbita ● teilt sich dort in R. superior und R. inferior ● vom R. inferior zweigt die Radix parasympathetica [oculomotoria] des Ganglion ciliare ab	■ **Motorisch** (speziell somatoefferent): ● *R. superior.* ● M. rectus superior ● M. levator palpebrae superioris ● *R. inferior.* ● M. rectus medialis ● M. rectus inferior ● M. obliquus inferior ■ **parasympathisch** (allgemein viszeroefferent): (Radix parasympathetica [oculomotoria] des Ganglion ciliare über die Nn. ciliares breves) ● M. sphincter pupillae ● M. ciliaris ■ sensibel: -	● Kerngebiet durch Tumoren und Durchblutungsstörungen (wegen der medialen Lage auch doppelseitige Ausfälle!) ● an der Kante des Tentoriumschlitzes (Incisura tentorii) durch Tumoren oder Hirndruck (Klivuskantensyndrom) ● in der Dura durch Hirnhautentzündungen (Meningitiden) ● in der Wand des Sinus cavernosus und in der Fissura orbitalis superior durch Aneurysmen der A. carotis interna und Schädelbasisfrakturen (Fissura-orbitalis-superior-Syndrom = Sinus-cavernosus-Syndrom = Keilbeinflügelsyndrom)	■ *Bei isoliertem Ausfall* (z.B. beim Klivuskantensyndrom): ● Mydriasis: Pupille weit und lichtstarr ● Akkomodationsschwäche ● Ptosis: Oberlid hängt herab ● partielle Ophthalmoplegie: Bewegungsbehinderung des Augapfels (vor allem nach innen und oben) ● Diplopie: Doppelbilder (höhenverschoben!) ■ *bei Fissura-orbitalis-superior-Syndrom* (Störung der Nerven III, IV, V₁ und VI) außer den bereits genannten Symptomen: ● evtl. vollständige Ophthalmoplegie ● Sensibilitätsstörung an Stirn, Oberlid und Nasenrücken ● evtl. Horner-Syndrom: Miosis, Ptosis, Enophthalmus bei Schädigung der Radix sympathetica des Ganglion ciliare ■ *Syndrom der Orbitaspitze:* zusätzlich zu Fissura-orbitalis-Syndrom: ● Optikusatrophie
N. trochlearis (IV) (Augenrollnerv)	● Kerngebiet im Mittelhirn im Anschluß an die Kerne des N. oculomotorius: Nucleus (nervi) trochlearis ● alle Fasern kreuzen im Tectum mesencephalicum zur Gegenseite: Decussatio nervorum trochlearium [Decussatio trochlearis] ● verläßt als einziger Hirnnerv den Hirnstamm dorsal (hinter den Colliculi inferiores) ● tritt in vorderes Ende des Tentorium cerebelli ein	■ **Motorisch** (speziell somatoefferent): ● M. obliquus superior ■ sensibel: -	● Beim Lebenden in der Lateralwand des Sinus cavernosus und in der Fissura orbitalis superior ● beim anatomischen Präparat meist beim Eintritt in das Tentorium cerebelli abgerissen	■ *Selten isoliert geschädigt.* ● Bewegungsbehinderung des Augapfels nach innen unten ● schräg höhenverschobene Doppelbilder ■ meist betroffen im Rahmen des *Fissura-orbitalis superior-Syndroms* ⇨ N. oculomotorius
N. abducens (VI) (Augenabziehnerv)	● Kerngebiet im Tegmentum pontis im Anschluß an den Kern des N. trochlearis: Nucleus nervi abducentis [Nucleus abducens] ● alle Fasern bleiben ungekreuzt ● verläßt Hirnstamm am Ende der Brücke ● tritt im Bereich des Clivus in die Dura ● in Lateralwand des Sinus cavernosus ● durch Fissura orbitalis superior in Orbita	■ **Motorisch** (speziell somatoefferent): ● M. rectus lateralis ■ sensibel: -	● Häufigst geschädigter Augenmuskelnerv ● wegen des langen intraduralen Verlaufs häufig betroffen bei Schädelbasisfrakturen, Hirndruck und Meningitiden ● an Pyramidenspitze bei Gradenigo-Syndrom: Eiterungen (Ausbreitung von Otitis media) und Tumoren des Felsenbeins ● beteiligt beim Fissura-orbitalis-superior-Syndrom	■ *Bei isolierter Schädigung:* ● partielle Ophthalmoplegie: Bewegungsbehinderung des Augapfels beim Blick zur Seite ● Diplopie: Doppelbilder (nebeneinander!) ■ bei *Fissura-orbitalis-superior-Syndrom* ⇨ N. oculomotorius ■ *Syndrom der Pyramidenspitze* (Gradenigo-Syndrom): zusätzlich zu Fissura-orbitalis-superior-Syndrom: Mitbefall von N. trigeminus und N. facialis

6.7.4 N. cranialis [encephalicus] V: N. trigeminus (Drillingsnerv)

	LAGE, VERLAUF	INNERVATIONSGEBIETE	GEFÄHRDUNG	LÄHMUNGSSYNDROM
Übersicht	■ Ausgedehntes **Kerngebiet** vom Mittelhirn bis zu Halsmark: ● Nucleus tractus mesencephalici nervi trigemini ● Nucleus pontinus nervi trigemini ● Nucleus spinalis nervi trigemini ● Nucleus motorius nervi trigemini ■ **Austritt aus Hirnstamm** am Vorderrand des Pedunculus cerebellaris medius in 2 Wurzeln: ● Radix sensoria ● Radix motoria ■ **in Duratasche** (Cavitas trigeminalis, Meckel-Raum) Ganglion trigeminale (Gasser-Ganglion, sensibel, Spinalganglion entsprechend), Aufzweigung in 3 Hauptäste: ● N. ophthalmicus (V₁) (⇨ unten) ● N. maxillaris (V₂) (⇨ nächste Seite) ● N. mandibularis (V₃) (⇨ übernächste Seite): mit Radix motoria ■ **"Trigeminusdruckpunkte"**: jeder der 3 Hauptäste entläßt einen Hautast aus einem Knochenkanal zur Gesichtshaut und kann an der Austrittstelle auf Druckschmerzhaftigkeit geprüft werden (die 3 Druckpunkte liegen etwa in der Pupillen-Mundwinkel-Linie): ● V₁: N. supraorbitalis am Oberrand der Orbita (Incisura oder Foramen supraorbitale, Incisura oder Foramen frontale) ● V₂: N. infraorbitalis im Foramen infraorbitale ● V₃: N. mentalis im Foramen mentale	■ **Motorisch** (speziell viszeroefferent): (einzelne Muskeln ⇨ V₃) ● 4 (alle) Kaumuskeln ● 2 Mundbodenmuskeln ● 1 Gaumensegelmuskel ● 1 Mittelohrmuskel ■ **sensibel** (allgemein somato-/ viszeroafferent): ● V₁: Haut von Stirn, Oberlid, Nasenrücken; Schleimhaut des vorderen Teils der Nasenhöhle; Auge ● V₂: Haut des Gesichts zwischen Lid- und Mundspalte; Schleimhaut von mittlerem und hinterem Teil der Nasenhöhle, Rachendach, Gaumen, Zahnfleisch des Oberkiefers; obere Zähne ● V₃: Haut von Unterlippe, Kinn, Schläfen, äußerem Gehörgang, oberem Teil der Ohrmuschel, Außenseite des Trommelfells; Schleimhaut von Wange, Mundboden, vordere 2/3 der Zunge, Schlundenge ■ **sensorisch**: angelagerte Geschmacksfasern (speziell viszeroafferent) der Chorda tympani (VII) für vordere 2/3 der Zunge ■ **parasympathisch** (allgemein viszeroefferent): keine eigenen Anteile, nur angelagerte Nervenfasern von oder für: ● V₁: Ganglion ciliare (III): innere Augenmuskeln ● V₂: Ganglion pterygopalatinum (VII): Tränen-, Nasen-, Gaumendrüsen ● V₃: ● Ganglion submandibulare (VII): Mundboden- und Zungendrüsen ● Ganglion oticum (IX): Parotis	● Tumoren des Hirnstamms und der Meningen ● Schädelbasisfrakturen ● Gesichtsschädelfrakturen ● ärztliche Eingriffe: ● unbeabsichtigte Komplikationen bei Operationen im Gesichtsbereich, z.B. an den Nasennebenhöhlen ● aber auch beabsichtigt, z.B. zur Therapie schwerster Schmerzzustände bei der Trigeminusneuralgie (⇨ rechts)	■ *Selten Ausfall des gesamten Nervs*: ● Anästhesie einer Gesichtshälfte vom Kinn bis zur Scheitel-Ohr-Linie (außer Bereich des Kieferwinkels) ● Schleimhautanästhesie von Auge, Nasen und Mundhöhle ● Lähmung der Kaumuskeln ■ meist *Teilausfälle* einzelner Hauptäste (⇨ unten) ■ **Trigeminusneuralgie**: eigenständiges Krankheitsbild mit unklarer Ätiologie ● Anfälle mit heftigsten Schmerzen (meist V₂ oder V₃), blitzartig einsetzend und schnell (0,5-1 min) abklingend ● verzerrtes Gesicht (Tic douloureux) ● oft auslösbar von bestimmten Triggerzonen (z.B. Zähneputzen, Niesen, kalte Getränke, bisweilen schon Sprechen) ● befällt vor allem Frauen über 50 Jahre ● Therapie in schweren Fällen: neurochirurgisches Auschalten des Ganglion trigeminale oder zentraler Bahnen (mit entsprechend schweren Ausfällen)
N. ophthalmicus (Augenast des Drillingsnervs) *(Fortsetzung nächste Seite)*	● Vom Ganglion trigeminale subdural nach vorn in Lateralwand des Sinus cavernosus ● durch Fissura orbitalis superior in Orbita ● teilt sich (meist schon vor Fissur) in 3 Äste: ■ **N. lacrimalis**: am Oberrand des M. rectus lateralis nach vorn, durch Tränendrüse zum Angulus oculi lateralis ■ **N. frontalis**: zwischen Periorbita und M. levator palpebrae superioris nach vorn, teilt sich in: ● N. supratrochlearis: zum Oberlid *(Fortsetzung nächste Seite)*	■ Motorisch: - ■ **sensibel** (allgemein somato-/viszeroafferent): ● R. tentorii [meningeus]: zum Tentorium cerebelli ● N. lacrimalis: lateraler Teil des Oberlids und der Conjunctiva ● N. frontalis: Stirn, Nasenwurzel, Oberlid ● Nn. ciliares longi: Cornea und andere Augenteile ● N. ethmoidalis posterior: hintere Siebbeinzellen und Keilbeinhöhle *(Fortsetzung nächste Seite)*	● *Hauptstamm* bei Schädelbasisfrakturen, die durch die Sella turcica gehen ● *N. frontalis* bei Stirnbeinfrakturen und Kieferhöhlenoperationen ● *N. nasociliaris* bei Frakturen im Nasenwurzelbereich und bei Operationen an den Stirnhöhlen und Siebbeinzellen	● Sensibilitätsstörungen an Stirn, Oberlid, Nasenrücken, vorderer Nasenhöhle, Auge ● Ausfall des Kornealreflexes: Berühren der Cornea, z.B. mit einem Wattestäbchen, löst normalerweise bilateralen Lidschluß aus, bei einseitigem Ausfall des Nervs kann der Reflex nicht direkt, aber von der Gegenseite ausgelöst werden ● der Ausfall dieses Schutzreflexes gefährdet das Auge

Fortsetzung der Tabelle nächste Seite

278　　　　　6 Kopf und Hals

N. trigeminus (Fortsetzung)

HAUPTAST	LAGE, VERLAUF	INNERVATIONSGEBIETE	GEFÄHRDUNG	LÄHMUNGS-SYNDROM
N. ophthalmicus (Fortsetzung)	● N. supraorbitalis: in 2 (leicht tastbaren) Einschnitten oder Kanälen im oberen Augenhöhlenrand (Incisura frontalis/supraorbitalis bzw. Foramen frontale/ supraorbitale) zur Stirn ■ N. nasociliaris: zwischen M. obliquus superior und M. rectus medialis nach vorn, Äste: ● Nn. ciliares longi zum Augapfel und als Radix sensoria zum Ganglion ciliare (von dort weiter als Nn. ciliares breves) ● N. ethmoidalis posterior durch Foramen ethmoidale posterius in Siebbein ● N. ethmoidalis anterior durch Foramen ethmoidale anterius auf kraniale Fläche der Lamina cribrosa, subdural nach vorn, durch Lamina cribrosa in Nasenhöhle ● N. infratrochlearis zum Angulus oculi medialis	● N. ethmoidalis anterior: vordere Siebbeinzellen, vorderer Teil der Nasenhöhlenschleimhaut, Nasenrücken ● N. infratrochlearis: Haut des medialen Augenwinkels und des Nasenrückens ■ parasympathisch (allgemein viszeroefferent): über R. communicans (cum nervo zygomatico) erhält der N. lacrimalis sekretorische Fasern aus dem Ganglion pterygopalatinum (des N. intermedius) für die Glandula lacrimalis	s.o.	s.o.
N. maxillaris (Oberkiefernerv)	● Vom Ganglion trigeminale subdural nach vorn in unterer Lateralwand des Sinus cavernosus ● durch Foramen rotundum in Fossa pterygopalatina, dort Aufzweigung, Hauptäste: ■ N. infraorbitalis: durch Fissura orbitalis inferior in Orbita, an deren Boden im Sulcus und Canalis infraorbitalis, durch Foramen infraorbitale zur Gesichtshaut: ● Rr. palpebrales inferiores ● Rr. nasales externi und interni ● Rr. labiales superiores ■ Nn. alveolares superiores: zweigen in 3 Gruppen vom N. infraorbitalis ab, laufen in getrennten Knochenkanälen zum Processus alveolaris der Maxilla und bilden dort den Plexus dentalis superior: ● Rr. alveolares superiores posteriores ● R. alveolaris superior medius ● Rr. alveolares superiores anteriores ■ N. zygomaticus: durch Fissura orbitalis inferior in Orbita, teilt sich in 2 Äste, die durch Kanäle im Os zygomaticum zur Haut der seitlichen Gesichtsgegend gelangen: ● R. zygomaticotemporalis ● R. zygomaticofacialis ■ Rr. ganglionici (früher Nn. pterygopalatini): sensible Wurzel des Ganglion pterygopalatinum (⇨ 6.7.9), von diesem zahlreiche Äste (Name weist auf Zielorgan): ● Rr. orbitales ● Rr. nasales ● Nn. nasopalatini ● N. pharyngeus ● Nn. palatini ● Rr. tonsillares	■ Motorisch: - ■ sensibel (allgemein somato-/ viszeroafferent): ● R. meningeus (medius): Dura der Fossa cranialis media ● N. infraorbitalis: Gesichtshaut zwischen Lidspalte und Mundspalte: Unterlid, Nase, Oberlippe ● Nn. alveolares superiores: Zähne und Zahnfleisch des Oberkiefers ● Rr. orbitales: Periorbita, hintere Siebbeinzellen, Keilbeinhöhle ● Rr. nasales posteriores superiores: Concha nasalis superior und media, oberer Teil des Septum nasi ● Rr. nasales posteriores inferiores: Concha nasalis inferior ● N. nasopalatinus: vordere Gaumenschleimhaut, Zahnfleisch hinter oberen Schneidezähnen ● Rr. sinus maxillaris: Kieferhöhle ● N. pharyngeus: Rachendach ● Nn. palatini: orale und nasale Seite des Gaumens, Zahnfleisch ● Rr. tonsillares: Tonsilla palatina ■ parasympathisch (allgemein viszeroefferent): den durch das Ganglion pterygopalatinum hindurch- oder an ihm vorbeiziehenden Ästen werden sekretorische Nervenfasern (des N. intermedius) für Tränen-, Nasen- und Gaumendrüsen zugesellt	● Hauptstamm bei Schädelbasisfrakturen, die durch das Foramen rotundum gehen ● N. infraorbitalis bei Frakturen des Orbitabodens, z.B. "Blow-out-Fraktur" (bei stumpfem Schlag auf das Auge kann dieses in die Kieferhöhle einbrechen) ● N. zygomaticus bei Jochbeinfrakturen ● Nn. alveolares superiores bei Maxillafrakturen, bei Kieferhöhlenoperationen, gezielte Leitungsanästhesie bei Eingriffen an den Oberkieferzähnen	Sensibilitätsstörung im Mittelgesicht (zwischen Lid- und Mundspalte), in der Nasenhöhle und am Gaumen

Fortsetzung der Tabelle nächste Seite

N. trigeminus (Fortsetzung)

HAUPTAST	LAGE, VERLAUF	INNERVATIONSGEBIETE	GEFÄHRDUNG	LÄHMUNGSSYNDROM
N. mandibularis (Unterkiefernerv)	● Aus der Cavitas trigeminalis subdural abwärts, durch Foramen ovale aus Schädelhöhle in Fossa infratemporalis ● zunächst Abgang der motorischen Äste (z.T. über Ganglion oticum) und des N. buccalis, dann Dreiteilung: ■ **N. auriculotemporalis:** ● Äste zum Ohr: • N. meatus acustici externi • Rr. membranae tympani • Nn. auriculares anteriores ● Äste zu den Schläfen: Nn. temporales superficiales ● angelagerte parasympathische Fasern zur Parotis ■ **N. alveolaris inferior**: zwischen M. pterygoideus medialis und lateralis zu Mandibula ● Abgang des N. mylohyoideus ● Eintritt in Foramen mandibulae ● aus Canalis mandibulae: • Rr dentales inferiores • Rr. gingivales inferiores ● Endast N. mentalis tritt aus Foramen mentale zur Kinnhaut aus ■ **N. lingualis**: zunächst mit N. alveolaris inferior, dann aber an Medialseite der Mandibula zum Boden der Mundhöhle ● Äste zur Schlundenge: Rr. isthmi faucium (Rr. fauciales) ● Äste zur Zunge und zum Zahnfleisch: N. sublingualis ● Äste zum Ganglion submandibulare (aus Chorda tympani) ● mit N. lingualis laufen auch einige motorische Nervenfasern des N. hypoglossus zur Zunge ● die Geschmacksfasern von der Zunge verlassen den N. lingualis im R. communicans (cum chorda tympani)	■ **Motorisch** (speziell viszeroefferent): ● M. masseter ● M. temporalis ● M. pterygoideus lateralis ● M. pterygoideus medialis ● M. tensor veli palatini ● M. tensor tympani ● M. mylohyoideus ● Venter anterior des M. digastricus ■ **sensibel** (allgemein somato-/viszeroafferent): ● *R. meningeus [N. spinosus]*: Dura im Ausbreitungsgebiet der A. meningea media, Cellulae mastoideae ● *N. buccalis*: Wangenschleimhaut, bukkale Seite des Zahnfleisches des Unterkiefers ● *N. auriculotemporalis*: Haut der Schläfen, des oberen Teils der Ohrmuschel, des äußeren Gehörgangs und die Außenseite des Trommelfells ● *N. alveolaris inferior*: Zähne und labiale Seite des Zahnfleisches des Unterkiefers, Haut des Kinns und der Unterlippe, Schleimhaut der Unterlippe ● *N. lingualis*: vordere 2/3 der Zunge (bis Papillae vallatae), linguale Seite des Zahnfleisches des Unterkiefers, Schleimhaut der Schlundenge ■ **sensorisch** (speziell viszeroafferent): Geschmacksempfindung von den vorderen 2/3 der Zunge (zur Chorda tympani) ■ **parasympathisch** (allgemein viszeroefferent): ● dem N. lingualis lagern sich über die Chorda tympani präganglionäre sekretorische Nervenfasern (des N. intermedius) für die Glandula submandibularis und die Glandulae sublinguales an, sie werden im Ganglion submandibulare (⇨ 6.7.9) auf das 2. Neuron geschaltet ● dem N. auriculotemporalis lagern sich sekretorische Nervenfasern (des N. glossopharyngeus) für die Glandula parotis aus dem Ganglion oticum (⇨ 6.7.9) an, sie verlassen ihn als Rr. parotidei	■ *Hauptstamm*: ● Schädelbasisfrakturen, die durch das Foramen ovale gehen ● Tumoren des Nasenrachenraums, die sich in Richtung Foramen ovale ausdehnen ■ *N. alveolaris inferior*: ● Mandibulafrakturen ● Übergreifen von Eiterungen der Zahnhöhlen von Unterkieferzähnen (Pulpitis) ■ *N. lingualis*: bei zahnärztlichen Eingriffen, besonders bei Extraktion eines Weisheitszahns ■ *Leitungsanästhesie* vor Eingriffen an Unterkieferzähnen: ● beabsichtigte vorübergehende Ausschaltung des N. alveolaris inferior und des N. lingualis ● Einstich oberhalb des Weisheitszahns ● Kanüle medial vom Ramus mandibulae etwa 2 cm vorschieben)	● *Sensibilitätsstörung* an Unterlippe, Kinn, Schläfen, Mundhöhlenschleimhaut ("Taubheit" einer Zungenhälfte), Unterkieferzähnen ● *Schwäche des Kauens*: bei einseitigem Ausfall vom Patienten oft nicht bemerkt, bei doppelseitigem Ausfall schwere Beeinträchtigung: Mund kann nicht mehr kraftvoll geschlossen werden (Patienten stützen Kinn mit der Hand ab) ● bei einseitigem Ausfall weicht Mandibula zur kranken Seite ab: Zug des M. pterygoideus lateralis der gesunden Seite ● bei doppelseitiger Schädigung Ausfall des Masseterreflexes

6.7.5 N. cranialis [encephalicus] VII: N. facialis [intermediofacialis] (Gesichtsnerv)

Lage, Verlauf	Innervationsgebiete	Gefährdung	Lähmungssyndrom
■ **Kerngebiet** in der Pars posterior pontis [Tegmentum pontis]: ● motorische Anteile aus Nucleus nervi facialis, in Schleife um Nucleus nervi abducentis (inneres Fazialisknie, Genu nervi facialis), bilden N. facialis i.e.S. ● sekretorische Anteile aus Nucleus salivarius superior und Geschmacksfasern aus Nucleus solitarius bilden N. intermedius ● Austritt nebeneinander aus Hirnstamm am Hinterrand der Brücke (Kleinhirn-Brücken-Winkel) ■ **in Pars petrosa** des Os temporale: ● gemeinsamer Eintritt in Porus acusticus internus an Facies posterior partis petrosae ● im Meatus acusticus internus mit N. vestibulocochlearis, A. + V. labyrinthi ● durch Area facialis des Fundus meatus acustici interni in Canalis facialis ● dieser setzt zunächst Richtung bis nahe der Facies anterior partis petrosae fort und biegt dann nach lateral hinten (parallel zum Margo superior partis petrosae) um: Geniculum (nervi facialis) (äußeres Fazialisknie) mit Ganglion geniculi [geniculatum], Abgang des N. petrosus major ● Canalis facialis schwenkt in sanftem Bogen in die Vertikale nach unten, 2 Äste: ● N. stapedius ● Chorda tympani: in Paukenhöhle, zwischen Hammer und Amboß dicht am Trommelfell, durch Fissura sphenopetrosa (früher irrtümlich angenommen Fissura petrotympanica = Glaser-Spalte) in Fossa infratemporalis zu N. lingualis ● N. facialis verläßt im Foramen stylomastoideum den Schädel ■ **extrakranieller Verlauf**: ● Abgang des N. auricularis posterior, dann Eintritt in die Glandula parotidea ● dort Plexus intraparotideus und Aufzweigung in Äste zur mimischen Muskulatur, diese treten radiär (wie gespreizte Finger) aus der Parotis aus	■ **Motorisch** (speziell viszeroefferent): ● alle Hautmuskeln des Kopfes und Halses (⇨ 6.3.3) ● Venter posterior des M. digastricus ● M. stylohyoideus *Motorische Äste*: ● N. stapedius ● N. auricularis posterior: ● R. occipitalis ● R. auricularis ● R. digastricus ● R. stylohyoideus ● Plexus intraparotideus: ● Rr. temporales ● Rr. zygomatici ● Rr. buccales ● R. lingualis ● R. marginalis mandibularis ● R. colli [cervicalis] ■ **sensibel** (allgemein somato-/viszeroafferent): ● umstrittene eigene Gebiete im äußeren Gehörgang und am Foramen caecum der Zunge, Nervenzellkörper im Ganglion geniculi ● reichlich Verlauf von Trigeminusfasern (vor allem V₃) über Fazialisäste zur Haut ■ **sensorisch** (speziell viszeroafferent): Geschmacksfasern von vorderen 2/3 der Zunge (über N. lingualis, V₃) zu Chorda tympani, Nervenzellkörper im Ganglion geniculi ■ **parasympathisch** (allgemein viszeroefferent): sekretorische Nervenfasern des N. intermedius für: ● Tränen-, Nasen-, Gaumendrüsen: N. petrosus major (über Äste von V₁ und V₂), Nervenzellkörper im Ganglion pterygopalatinum ● Mundboden - und Zungendrüsen: Chorda tympani (über N. lingualis, V₃), Nervenzellkörper in Ganglion submandibulare und evtl. in kleinem Ganglion sublinguale	■ *Hauptstamm*: ● zwischen Hirnstamm und Meatus acusticus internus: vor allem durch Kleinhirn-Brücken-Winkel-Tumoren ● im Felsenbein: Frakturen, Otitis media, Entzündungen im Canalis facialis (Schwellung führt zu Durchblutungsstörung im engen Kanal) ● extrakraniell: Parotistumoren ■ *Chorda tympani*: ● in Cavitas tympanica durch Otitis media und Operationen an Trommelfell und Gehörknöchelchen ● extrakraniell: Kiefergelenkluxation, Tumoren der Fossa infratemporalis, Elektrokoagulation des Ganglion trigeminale durch das Foramen ovale ■ *R. marginalis mandibulae*: kann an Mandibulakante gequetscht werden, z.B. beim Hochhalten des Unterkiefers in Narkose ■ *angeborene Fazialislähmung*: Geburtsschaden, z.B. durch Druck der Löffel der Entbindungszange	■ **Vollständige einseitige Fazialislähmung**: ● *halbseitige Gesichtslähmung*: ● Stirn kann nicht gerunzelt werden ● Lidspalte kann nicht geschlossen werden ● Nase kann nicht gerümpft werden ● Mund kann nicht aufgeblasen oder gespitzt, Zähne können nicht gefletscht werden ● Mundwinkel hängt herab ● Wange ist schlaff ● *Bell-Phänomen*: bei Lidschluß werden Augen nach oben gedreht; kann Lidspalte nicht geschlossen werden, so sieht man "das Weiße des Auges" (die Sclera) in der Lidspalte ● *verminderte Tränensekretion* (mit Filterpapierstreifen in beiden Augen zu prüfen) ● *Hyperakusis*: mangelnde Geräuschdämpfung bei Lähmung des M. stapedius ● *Ageusie* (Geschmackausfall) an vorderen 2/3 der Zunge (einseitig vom Patienten meist nicht bemerkt) ● *verminderte Speichelbildung*: (einseitig vom Patienten meist nicht bemerkt) ■ **Sonderfälle**: ● *supranukleäre Lähmung*: Stirnast intakt, weil Kern von beiden Großhirnhälften Impulse erhält ● *Tränensekretion intakt*: Schaden distal von Abgang des N. petrosus major ● *keine Hyperakusis*: Schaden distal von Abgang des N. stapedius ● *keine Geschmackstörung*: Schaden distal von Abgang der Chorda tympani

6.7.6 Nn. craniales [encephalici] VIII-XII (Hirnnerven 8-12)

N. vestibulocochlearis (VIII) (Vorhof-Schnecken-Nerv, Hör- und Gleichgewichtsnerv)
⇨ Wegen Platzersparnis Tabelle erst drittnächste Seite

N. glossopharyngeus (IX) (Zungen-Rachen-Nerv)

LAGE, VERLAUF	INNERVATIONSGEBIETE	GEFÄHRDUNG	LÄHMUNGSSYNDROM

■ **Kerngebiete** in der Medulla oblongata:
● motorisch: oberer Teil des Nucleus ambiguus
● sensibel: Beteiligung an Nucleus spinalis nervi trigemini
● sensorisch: oberer Teil des Nucleus solitarius
● parasympathisch-sekretorisch: Nucleus salivarius inferior
 	
■ **Intrakranieller Verlauf:**
● Austritt aus oberem Ende des Sulcus posterolateralis (zwischen Olive und Tuberculum cuneatum)
● durch Kleinhirn-Brücken-Winkel zu Foramen jugulare
● dort Ganglion superius (sensibel)
 	
■ **extrakranieller Verlauf:**
● unmittelbar kaudal des Foramen jugulare Ganglion inferius (sensibel und parasympathisch)
● Abgang des N. tympanicus
● Hauptstamm zwischen V. jugularis interna und A. carotis interna im Bogen nach vorn, folgt M. stylopharyngeus zum Pharynx
 	
■ **N. tympanicus:**
● vom Ganglion inferius durch Canaliculus tympanicus zu Boden der Paukenhöhle (Cavitas tympanica)
● dort Plexus tympanicus (mit Sympathikus- und Fazialiszweigen), darin einige Nervenzellen: Intumescentia tympanica [Ganglion tympanicum]
● erneut in Knochen, durch Hiatus canalis nervi petrosi minoris als N. petrosus minor auf Vorderfläche des Felsenbeins (Facies anterior partis petrosae) in mittlerer Schädelgrube
● subdural zum Foramen lacerum, durch dieses aus Schädel zum Ganglion oticum
● dort Umschaltung der parasympathischen Nervenfasern auf 2. Neuron, die über den N. auriculotemporalis (V₃) zur Glandula parotidea gelangen
● der Weg vom N. tympanicus zum Ganglion oticum wird auch Jacobson-Anastomose genannt
	■ **Motorisch** (speziell viszeroefferent):
	● kranialer Teil der Rachenmuskeln (⇨ 6.3.7) (Plexus pharyngealis gemeinsam mit N. vagus, Grenzen variabel, gemeinsamer Ursprungskern!)
	● 2 Muskeln des Gaumensegels (gemeinsam mit N. vagus):
	  • M. levator veli palatini
	  • M. uvulae
	● Muskeln der Gaumenbogen:
	  • M. palatoglossus
	  • M. palatopharyngeus
	  • M. stylopharyngeus
	
	■ **sensibel** (allgemein viszeroafferent): Nervenzellkörper im Ganglion superius und inferius:
	● Rr. pharyngeales [pharyngei]: zum kranialen Teil der Rachenschleimhaut
	● Rr. tonsillares: für die Gaumenmandelbucht
	● Rr. linguales: für das hintere Zungendrittel
	● Plexus tympanicus: für die Paukenhöhlenschleimhaut
	● R. tubarius [tubalis]: für Schleimhaut der Tuba auditoria
	● R. sinus carotici: für
	● Pressorezeptoren im Sinus caroticus (Blutdruckregelung)
	● Chemorezeptoren des Glomus caroticum (registrieren O₂- und CO₂-Gehalt im Blut)
	
	■ **sensorisch** (speziell viszeroafferent): Geschmacksempfindung vom hinteren Zungendrittel (Papillae vallatae, hauptsächlich Bitterempfindung), Nervenzellkörper im Ganglion inferius
	
	■ **parasympathisch** (allgemein viszeroefferent): Nervenzellkörper im Ganglion oticum:
	● Glandula parotidea
	● hintere Zungendrüsen
		■ *Intrakraniell:* Tumoren des Kleinhirn-Brücken-Winkels
		
		■ *im Foramen jugulare:*
		● Schädelbasisfrakturen
		● Thrombose der V. jugularis oder des Sinus sigmoideus
		● Glomustumor: von kleinen Paraganglien im Bereich des Foramen jugulare ausgehend, langsam in Richtung Felsenbein wachsend (Ertaubung und Ohrgeräusche)
		
		■ *extrakraniell:*
		● ärztliche Eingriffe, z.B. Tonsillektomie (direkte Verletzung oder Narbenzug)
		● Tumoren des Spatium lateropharyngeum, dann häufig Befall der Nerven IX-XII und des Truncus sympatheticus (vor allem Ganglion cervicale superius), evtl. kann auch der N. facialis mitbetroffen sein: Villaret-Syndrom
			■ **Isolierte einseitige Lähmung** (selten):
			● Sensibilitätsstörung an Nasopharynx, Zungengrund und Gaumenmandeln
			● Ageusie (Geschmackausfall) am hinteren Zungendrittel (vor allem für bitter)
			● Gaumensegel hängt auf kranker Seite leicht herab
			● geringe Schluckstörung
			● Würgreflex geschwächt
			● Kulissenphänomen: beim Versuch, den Würgreflex auszulösen, verzieht sich senkrechte Falte an Rachenhinterwand zur gesunden Seite
			● einseitige Störung ist für den Patienten nicht sehr beeinträchtigend, doppelseitige jedoch schwerwiegend (Schluckstörung!)
			
			■ *Syndrom des Foramen jugulare:* Befall der Nerven IX-XI:
			● zusätzliche Symptome zu Ausfall des N. glossopharyngeus ⇨ N. vagus und N. accessorius
			● Leitsymptom ist dann gewöhnlich die Heiserkeit
			
			■ **Villaret-Syndrom:** Befall der Nerven IX-XII und des Halssympathikus: zusätzlich zu Syndrom des Foramen jugulare:
			● periphere Lähmung des N. hypoglossus (⇨)
			● Horner-Syndrom: Miosis, Ptosis, Enophtahlmus

N. vagus (X) (Vagus, "umherschweifender Nerv")

Lage, Verlauf	Innervationsgebiete	Gefährdung	Lähmungssyndrom
■ **Kerngebiete** in der Medulla oblongata: ● motorisch: unterer Teil des Nucleus ambiguus ● sensibel: Beteiligung an Nucleus spinalis nervi trigemini ● sensorisch: oberer Teil des Nucleus solitarius ● parasympathisch: Nucleus dorsalis nervi vagi ■ **intrakranieller Verlauf:** ● Austritt mit 10-15 feinen Wurzeln aus Sulcus posterolateralis (zwischen Olive und Tuberculum cuneatum) ● durch Kleinhirn-Brücken-Winkel zu Foramen jugulare (unterste Wurzelfäden legen sich dem N. accessorius an und verlassen ihn extrakraniell als R. internus) ● im Foramen jugulare Ganglion superius (sensibel) ■ **extrakranieller Verlauf:** ● unmittelbar kaudal des Foramen jugulare Aufnahme des R. internus des N. accessorius und Ganglion inferius (sensibel und parasympathisch) ● am Hals mit V. jugularis interna und A. carotis interna bzw. communis in Vagina carotica der Fascia cervicalis ● im Mediastinum zwischen V. brachiocephalica und Aortenbogen (bzw. A. subclavia dextra) dorsal der Hauptbronchen zu Ösophagus ● die beiden Nn. vagi bilden Plexus oesophagealis um Ösophagus, daraus entstehen 2 neue Stämme: ● *Truncus vagalis anterior* und *Truncus vagalis posterior* gelangen mit dem Ösophagus durch den Hiatus oesophageus in den Bauchraum zur Vorder- und Hinterwand des Magens im Bereich der Curvatura gastrica minor ● Aufzweigung zu Nervengeflechten der Pars abdominalis autonomica	■ **Motorisch** (speziell viszeroefferent): ● kaudaler Teil der Rachenmuskeln (⇨ 6.3.7) (Plexus pharyngealis gemeinsam mit N. glossopharyngeus, Grenzen variabel, gemeinsamer Ursprungskern!) ● 2 Muskeln des Gaumensegels (gemeinsam mit N. glossopharyngeus): • M. levator veli palatini, • M. uvulae ● alle Kehlkopfmuskeln (⇨ nächste Seite, N. laryngealis superior + N. laryngealis recurrens) ■ **sensibel** (allgemein viszeroafferent): Nervenzellkörper im Ganglion superius und inferius: ● R. meningeus: zur Dura der hinteren Schädelgrube ● R. auricularis: durch Canaliculus mastoideus zu äußerem Gehörgang und Ohrmuschel ● Rr. pharyngeales [pharyngei]: zum kaudalen Teil der Rachenschleimhaut ● Kehlkopfschleimhaut (⇨ nächste Seite, N. laryngealis superior + N. laryngealis recurrens) ■ **sensorisch** (speziell viszeroafferent): Geschmackempfindung vom Zungengrund, Nervenzellkörper im Ganglion inferius ■ **parasympathisch** (allgemein viszeroefferent): Nervenzellkörper im Ganglion inferius und in intramuralen Ganglien: ● Rr. cardiaci cervicales superiores ● Rr. cardiaci cervicales inferiores ● Rr. cardiaci thoracici ● Rr. bronchiales ● Plexus pulmonalis ● Plexus oesophagealis ● Rr. gastrici anteriores ● Rr. gastrici posteriores ● Rr. hepatici ● Rr. coeliaci ● Rr. renales (nähere Beschreibung der parasympathischen Äste ⇨ 2.7.4)	■ *Intrakraniell*: Tumoren des Kleinhirn-Brücken-Winkels ■ *im Foramen jugulare*: ● Schädelbasisfrakturen ● Thrombose der V. jugularis oder des Sinus sigmoideus ● Glomustumor: (⇨ N. glossopharyngeus) ■ *extrakraniell*: ● ärztliche Eingriffe, z.B. Operationen an der Speiseröhre und am Magen (direkte Verletzung oder Narbenzug) ● Tumoren von Pharynx, Schilddrüse, Oesophagus usw. ● bei Ohrspülung über Reizung des R. auricularis parasympathische Erregung auslösbar (z.B. Bradykardie) ● beabsichtigte Schädigung: Durchtrennen des N. vagus zur Minderung der Säurebildung bei Magengeschwürskranken (*Vagotomie*, ⇨ 4.2.1)	■ **Isolierte einseitige Lähmung** (selten): ● Leitsymptom: Heiserkeit (Rekurrenslähmung) ● Sensibilitätsstörung an Meso- und Hypopharynx ● Gaumensegel hängt auf kranker Seite herab und hebt sich unzureichend beim Schlucken ● nasale Sprache: unvollständiger Verschluß des Nasopharynx wegen Gaumensegellähmung ● Schluckstörung und Kulissenphänomen vor allem bei gleichzeitiger Glossopharyngeuslähmung ■ **doppelseitige Vaguslähmung** für Patient schwerwiegend: ● Schlucken unmöglich ● Flüssigkeiten beim Trinken leicht aspiriert (Pneumonie!) ● Sprache aphon oder unmöglich ● Erstickungsanfälle bei beidseitiger Stimmbandlähmung ■ *Syndrom des Foramen jugulare*: Befall der Nerven IX-XI: ● zusätzliche Symptome ⇨ N. glossopharyngeus und N. accessorius ■ *Neuralgie des R. auricularis*: Schmerzen vom Ohr in die Schulter ausstrahlend

Fortsetzung der Tabelle nächste Seite

N. vagus (Fortsetzung)

ÄSTE	LAGE, VERLAUF	INNERVATIONSGEBIETE	GEFÄHRDUNG	LÄHMUNGSSYNDROM
N. laryngealis superior (oberer Kehlkopfnerv)	● Abgang von Kaudalende des Ganglion inferius des N. vagus ● auf Außenseite des Pharynx zu Membrana thyrohyoidea ● durchbohrt diese mit A. laryngea superior zu Wand des Recessus piriformis, wirft dort Plica nervi laryngei auf ● Aufzweigung zur oberen Kehlkopfhälfte	■ **Motorisch** (speziell viszeroefferent): R. externus: ● M. cricothyroideus ● Pars cricopharyngea des M. constrictor pharyngis inferior ■ **sensibel** (allgemein viszeroafferent): R. internus: ● Schleimhaut des Kehlkopfs kranial der Stimmritze ● Vorderteil des Stimmbands ● Beteiligung an Trachea über R. communicans (cum nervo laryngeali recurrenti): "Galen-Anastomose"	● Gelegentlich bei Schilddrüsenoperationen ● Reizung des R. internus in Recessus piriformis möglich	● Schluckstörung, besonders beim Trinken ● Neuralgie des N. laryngealis superior: Reizzustand mit anfallartigen Schmerzen im Bereich der Membrana thyrohyoidea
N. laryngealis recurrens (rückläufiger Kehlkopfnerv, "Rekurrens")	● Abgang von N. vagus in Mediastinum, unterschlingt rechts A. subclavia, links Aortenbogen (distal des Lig. arteriosum) ● steigt in Rinne zwischen Trachea und Oesophagus zu Kehlkopf auf ● Varietät (Häufigkeit etwa 1 %): entspringt die A. subclavia dextra atypisch als letzter Ast des Aortenbogens, so bildet sich rechts kein rückläufiger Nerv aus, vielmehr ziehen die Äste auf direktem Weg vom Hauptstamm des N. vagus zu Larynx, Trachea und Oesophagus	■ **Motorisch** (speziell viszeroefferent): ● alle Kehlkopfmuskeln außer M. cricothyroideus ● Trachea ● Oesophagus ● unterer Pharynx ■ **sensibel** (allgemein viszeroafferent): ● Schleimhaut des Kehlkopfs kaudal der Stimmritze ● hinterer Teil des Stimmbands ● Trachea ● Oesophagus ● unterer Pharynx	● Hauptgefahr: Operationen an der Schilddrüse (Thyreoidektomie): der Nerv läuft durch die Aufzweigung der A. thyroidea inferior am unteren Pol des Schilddrüsenlappens und kann beim Freilegen gedehnt oder direkt verletzt werden (Häufigkeit 1-10 %) ● Tumoren des oberen Mediastinum	■ **Einseitige Rekurrenslähmung:** ● Stimmband steht in Intermediärstellung ("Kadaverstellung") ● Stimme heiser ● ein Teil der Patienten erlernt Kompensation durch gesundes Stimmband ■ **doppelseitige Rekurrenslähmung:** ● Stimmritze kann nicht mehr aktiv erweitert werden ● Erstickungsanfälle erfordern evtl. Tracheotomie

N. accessorius (XI) (Beinerv)

LAGE, VERLAUF	INNERVATIONSGEBIETE	GEFÄHRDUNG	LÄHMUNGSSYNDROM
■ **Zwei Ursprungsbereiche:** ● *Radices craniales* [Pars vagalis]: vom Nucleus ambiguus im Anschluß an Kerngebiet des N. vagus in der Medulla oblongata ● *Radices spinales* [Pars spinalis]: vom Nucleus nervi accessorii in Columna anterior des Rückenmarks (bis C$_{4-6}$ herabreichend); die sich aneinanderlagernden feinen Wurzeln steigen neben dem Rückenmark auf und gelangen durch Foramen magnum in hintere Schädelgrube, dort vereinigen sie sich mit den Radices craniales zum ● Truncus nervi accessorii: dieser zieht gemeinsam mit den Nerven IX und X durch das Foramen jugulare aus dem Schädel und teilt sich sofort wieder in seine Herkunftsteile: ■ **extrakranieller Verlauf:** ● R. internus (kranialer Teil) legt sich dem N. vagus an ● R. externus (spinaler Teil) vor Querfortsatz des Atlas nach lateral zu M. sternocleidomastoideus, unter diesem in Trigonum cervicale posterius zu M. trapezius (Verlaufsrichtung vom Ohr zum Acromion)	a) *Pars vagalis* ⇨ N. vagus b) *Pars spinalis*: ■ **Motorisch** (speziell viszeroefferent): (gemeinsam mit Ästen des Plexus cervicalis) ● M. sternocleidomastoideus ● M. trapezius ■ sensibel: -	■ *Intrakraniell:* Tumoren des Kleinhirn-Brücken-Winkels ■ *im Foramen jugulare:* ● Schädelbasisfrakturen ● Thrombose der V. jugularis oder des Sinus sigmoideus ● Glomustumor: (⇨ N. glossopharyngeus) ■ *extrakraniell:* ● Hauptgefahr ärztliche Eingriffe in Regio cervicalis lateralis, z.B. Biopsie von Halslymphknoten, neck dissection ● gelegentlich Verletzung wegen oberflächlicher Lage, beschrieben z.B. Bienenstich oder Biß beim Liebesspiel	■ **Isolierte einseitige vollständige Lähmung:** ● Ausfall des M. sternocleidomastoideus: wegen des Überwiegens des gegenseitigen Muskels steht der Kopf leicht zur gesunden Seite geneigt und zur kranken Seite gedreht ● Ausfall des M. trapezius: die Schulter hängt herab, der Arm kann kaum über die Horizontale gehoben werden ● Zerrungsschmerz in Schulter ■ bei Verletzung *in seitlicher Halsgegend* (häufigster Lähmungstyp): nur Ausfall des M. trapezius (s.o.) ■ *Syndrom des Foramen jugulare:* Befall der Nerven IX-XI: ● zusätzliche Symptome ⇨ N. glossopharyngeus und N. vagus

                     6 Kopf und Hals

N. hypoglossus (XII) (Unterzungennerv, motorischer Zungennerv)

LAGE, VERLAUF	INNERVATIONS-GEBIETE	GEFÄHRDUNG	LÄHMUNGSSYNDROM
● Nucleus nervi hypoglossi [Nucleus hypoglossalis] in Boden der Rautengrube nahe Medianebene ● Austritt aus Medulla oblongata mit 10-15 feinen Wurzeln in Sulcus anterolateralis (zwischen Pyramide und Olive) ● in 1-3 Stämmen zu Canalis hypoglossi im Condylus occipitalis, dort von Venengeflecht umgeben (Plexus venosus canalis hypoglossi) ● extrakraniell zwischen V. jugularis interna (lateral) und A. carotis interna/externa (medial) in sanftem Bogen zum Mundboden absteigend ● Anlagerung von Nervenfasern des Plexus cervicalis, die ihn als Ansa cervicalis und R. thyrohyoideus wieder verlassen ● lateral vom M. hyoglossus Beginn der Endaufzweigung zur Zunge	■ **Motorisch** (allgemein somatoefferent): Rr. linguales ● alle Binnenmuskeln der Zunge ● in die Zunge einstrahlende Muskeln: • M. styloglossus • M. hyoglossus • M. genioglossus ■ sensibel: -	■ *Intrakraniell:* ● Erkrankungen der Medulla oblongata (Bulbärparalyse) ● Tumoren der hinteren Schädelgrube (dann auch weitere Hirnnerven befallen) ● Schädelbasisfrakturen durch Condylus occipitalis ■ *extrakraniell:* ● Geschwülste der Speicheldrüsen ● ärztliche Eingriffe, z.B. Tonsillektomie bei Kindern, Desobliteration der A. carotis interna	■ **Supranukleäre Parese:** ● einseitig: nur geringe Abweichung der Zunge zur kranken Seite beim Vorstrecken ● doppelseitig: Sprechen und Schlucken erschwert bis unmöglich, keine Atrophie ■ **nukleäre Parese:** ● meist doppelseitig wegen der benachbarten Lage der beiden Kerne ● verwaschene Sprache ● Zunge kann nicht vorgestreckt werden ● Atrophien ■ **periphere einseitige Lähmung:** ● einseitige Atrophie ● deutliche Abweichung der Zunge zur kranken Seite

N. vestibulocochlearis (VIII) (Vorhof-Schnecken-Nerv, Hör- und Gleichgewichtsnerv)
(früher N. statoacusticus)

LAGE, VERLAUF	INNERVATIONS-GEBIETE	GEFÄHRDUNG	LÄHMUNGSSYNDROM
■ **Kerngebiet** in der Pars posterior pontis und in der Medulla oblongata: ● Nuclei vestibulares ● Nuclei cochleares ● gemeinsamer Austritt aus Hirnstamm am Hinterrand der Brücke (Kleinhirn-Brücken-Winkel) ■ **in Pars petrosa** des Os temporale: ● gemeinsamer Eintritt in Porus acusticus internus an Facies posterior partis petrosae ● im Meatus acusticus internus mit N. facialis, A. + V. labyrinthi ● hier hat N. vestibularis sein Ganglion vestibulare ● getrennt durch Fundus meatus acustici interni in Innenohr: ■ **N. cochlearis:** zum Organum spirale (Corti-Organ) der Cochlea (⇨ 7.4.7) ■ **N. vestibularis:** in 2 Stockwerken zum Gleichgewichtsorgan: ● *Pars superior:* N. utriculoampullaris aus • N. utricularis • N. ampullaris anterior • N. ampullaris lateralis ● *Pars inferior:* • N. ampullaris posterior • N. saccularis	■ Motorisch: - ■ sensibel: - ■ **sensorisch** (speziell somatoafferent): ● N. cochlearis: vom Hörorgan, die Nervenzellkörper liegen im Ganglion cochleare [Ganglion spirale cochleae] ● N. vestibularis: vom Gleichgewichtsorgan, die Nervenzellkörper liegen im Ganglion vestibulare	■ Zwischen Hirnstamm und Felsenbein: ● Kleinhirn-Brücken-Winkel-Tumoren, z.B. Vestibularisneurinom ● Tumoren der Schädelbasis, z.B. Glomustumor (⇨ N. glossopharyngeus) ■ im Felsenbein: ● Felsenbeinfrakturen, z.B. Pyramidenquerfraktur ● Durchblutungsstörungen der A. labyrinthi	■ **N. cochlearis:** ● Hörnervenschwerhörigkeit: Schallempfindungsschwerhörigkeit, jedoch gekennzeichnet durch pathologische Hörermüdung für Dauertöne ● Ohrgeräusche (Tinnitus) ● bei vollständiger Unterbrechung des Nervs Ertaubung des Ohrs ■ **N. vestibularis:** Symptome ähnlich wie bei Kleinhirnstörungen: ● Drehschwindel ● Nystagmus ● Ataxie ■ *Syndrom des Kleinhirn-Brücken-Winkels:* ● erst Reizzustände, dann Ausfälle des N. vestibulocochlearis ● später Befall der Hirnnerven V-VII

6.7.7 Nn. cervicales (Halsnerven)

Plexus cervicalis (Halsnervengeflecht) (aus Rr. anteriores der Nn. cervicales I-IV)

Sensible Nerven des Plexus cervicalis

NERV	LAGE, VERLAUF	INNERVATIONS-GEBIETE	GEFÄHRDUNG	LÄHMUNGSSYNDROM
N. occipitalis minor (kleiner Hinterhauptnerv)	● Am Dorsalrand des M. sternocleidomastoideus kranial dessen Mitte durch Lamina superficialis der Fascia cervicalis ● Verzweigung im Bereich des Processus mastoideus	■ Motorisch: - ■ sensibel: Hautgebiet kranial des Processus mastoideus	Liegt im Bereich des Warzenfortsatzes ungeschützt unter der Haut, kann an dessen Hinterrand (undeutlich) getastet werden (am Druckschmerz zu erkennen)	■ Bei Ausfall aller Hautäste des Plexus cervicalis großer gefühlloser Hautbereich: ● gesamte vordere und seitliche Halsgegend ● bis 2-3 Fingerbreit über Clavicula kaudal ● gesamte Schulter ● am Kieferwinkel auf seitliche Gesichtsgegend übergreifend ● nahezu gesamte Ohrmuschel (ohne Gehörgangöffnung und deren Umgebung) ● bis handbreit kranial des Processus mastoideus
N. auricularis magnus (großer Ohrmuschelnerv)	● Am Dorsalrand des M. sternocleidomastoideus etwa in dessen Mitte durch Lamina superficialis der Fascia cervicalis ● steigt schräg über den Muskel zur Ohrmuschel auf und teilt sich in 2 Astgruppen: ● R. posterior: zur Dorsalseite der Ohrmuschel ● R. anterior: zur Lateralseite der Ohrmuschel und zur Haut im Bereich des Kieferwinkels	■ Motorisch: - ■ sensibel: Ohrmuschel und angrenzende Hautbereiche	Liegt auf dem M. sternocleidomastoideus ungeschützt unter der Haut, kann auf ihm (mit etwas Übung) getastet werden, wenn man den Muskel möglichst hart anspannt	
N. transversus colli (querer Halsnerv)	● Am Dorsalrand des M. sternocleidomastoideus etwa in dessen Mitte durch Lamina superficialis der Fascia cervicalis ● überquert den Muskel etwa horizontal und teilt sich in ● Rr. superiores ● Rr. inferiores	■ Motorisch: - ■ sensibel: Haut der Regio cervicalis anterior	Liegt auf dem M. sternocleidomastoideus ungeschützt unter der Haut, kann auf ihm (mit etwas Übung) getastet werden, wenn man den Muskel möglichst hart anspannt	■ Leitungsanästhesie des Plexus cervicalis: ● Einstich an der Mitte des Hinterrandes des M. sternocleidomastoideus
Nn. supraclaviculares (Überschlüsselbeinnerven)	● Am Dorsalrand des M. sternocleidomastoideus unterhalb dessen Mitte durch Lamina superficialis der Fascia cervicalis ● in 3 Astgruppen die Clavicula überquerend: ● Nn. supraclaviculares mediales ● Nn. supraclaviculares intermedii ● Nn. supraclaviculares laterales [posteriores]	■ Motorisch: - ■ sensibel: Haut der Regio cervicalis lateralis [Trigonum cervicale posterius] und anschließender Bereiche der Brustwand und der Schulter	Liegen auf dem Schlüsselbein ungeschützt unter der Haut, können auf ihm leicht getastet werden, wenn man die Haut quer hin und her schiebt	● während der Injektion des Anästhetikums Kanüle etwa 2 cm kranial und kaudal führen ● ermöglicht z.B. Operationen an der Schilddrüse

Motorische Nerven des Plexus cervicalis

NERV	LAGE, VERLAUF	INNERVATIONS-GEBIETE	GEFÄHRDUNG	LÄHMUNGSSYNDROM
Ansa cervicalis (früher Ansa hypoglossi) (Halsnervenschlinge)	Schlinge aus 2 Wurzeln: ● *Radix anterior.* Fasern aus C_1 legen sich dem N. hypoglossus (XII) an und verlassen ihn z.T. wieder an dessen Kreuzung mit der A. carotis interna ● *R. thyrohyoideus*: der Rest der Nervenfasern aus C_1 verläßt den N. hypoglossus erst vor dessen Eintritt in den Mundboden ● *Radix posterior.* Fasern aus C_{1-3} vereinigen sich und steigen dorsolateral der V. jugularis interna ab ● etwa im Bereich der Zwischensehne des M. omohyoideus vereinigen sich die beiden Wurzeln in Form einer Schlinge, aus der die Äste zu den Unterzungenbeinmuskeln abgehen	■ Motorisch: ● M. geniohyoideus ● M. thyrohyoideus ● M. omohyoideus ● M. sternohyoideus ● M. sternothyroideus ■ sensibel: -	Verletzungen, Tumoren und Lymphknotenerkrankungen am Hals	Zungenbein kann nicht aktiv gesenkt werden, dies führt z.B. zu Verzögerung der Rückstellbewegung nach dem Schlucken

Fortsetzung der Tabelle nächste Seite

Motorische Nerven des Plexus cervicalis (Fortsetzung)

NERV	LAGE, VERLAUF	INNERVATIONS-GEBIETE	GEFÄHRDUNG	LÄHMUNGSSYNDROM
N. phrenicus (Zwerchfell-nerv)	• Hauptsächlich aus C_4 (C_{3-5}) • auf Vorderfläche des M. scalenus anterior absteigend • zwischen A. und V. subclavia zur Pleurakuppel • ventral des Lungenhilums zur Lateralfläche des Pericards • mit A. pericardiacophrenica zum Zwerchfell • trifft auf Zwerchfell: • rechts lateral der V. cava inferior • links dorsal der Herzspitze • Nn. phrenici accessorii (Nebenphrenizi): Nervenfasern aus C_5 laufen manchmal große Strecken getrennt vom Hauptstamm und vereinigen sich mit diesem auf unterschiedlicher Höhe	■ **Motorisch**: Zwerchfell ■ **sensibel**: • R. pericardiacus: Vorderfläche des Herzbeutels • Rr. phrenico-abdominales: Pleura diaphragmatica, Peritoneum im Bereich des Zwerchfells und der Leber	• Tumoren am Hals und im Mediastinum • Operationen in der Brusthöhle, z.B. Lungenresektion • starke Vergrößerung des Herzens mit Dehnung des Herzbeutels	• Einseitige Zwerchfelllähmung: die Zwerchfellkuppel steht hoch, die Beatmung der betreffenden Lunge ist vermindert • "Phrenikusexhairese": die einseitige Zwerchfelllähmung wurde vor Entwicklung wirksamer tuberkulostatischer Medikamente therapeutisch bei der Lungentuberkulose eingesetzt, um das Ausheilen größerer Erkrankungsherde zu fördern, dazu wurde der N. phrenicus gequetscht, unterkühlt oder herausgerissen • Singultus (Schluckauf): heftige Zwerchfellkontraktionen bei Schluß der Stimmritze bei Reizung des N. phrenicus, iatrogen z.B. durch einen schlecht liegenden Herzschrittmacher
Unbenannte motorische Äste	Legen sich z.T. dem N. accessorius und dem N. dorsalis scapulae an	■ **Motorisch**: • Mm. scaleni • M. longus colli • M. longus capitis • M. levator scapulae • Teile des M. trapezius und M. sternocleidomastoideus ■ **sensibel**: -	Verletzungen und Operationen am Hals, z.B. neck dissection zur Ausräumung der Halslymphknoten	• Ausfall der Mm. scaleni behindert Rippenatmung • bei den doppelt innervierten Muskeln hängt das Ausmaß der Lähmung davon ab, ob die Läsion vor oder nach Vereinigung der Halsnerven mit dem N. accessorius erfolgt, also nur ein Teil oder der gesamte Muskel ausfällt

Rr. posteriores der Nn. cervicales (hintere Äste der Halsnerven)

NERV	LAGE, VERLAUF	INNERVATIONSGEBIETE	GEFÄHRDUNG	LÄHMUNGSSYNDROM
N. sub-occipitalis (Unterhinter-hauptnerv)	• R. posterior aus C_1 • Verläßt Canalis vertebralis zwischen Os occipitale und Atlas • verzweigt sich im Dreieck zwischen M. rectus capitis posterior major, M. obliquus capitis superior, M. obliquus capitis inferior	■ **Motorisch**: Nackenmuskeln ■ **sensibel**: meist keine sensiblen Anteile		Isolierte Lähmung dürfte kaum auffallen, da die meisten Nackenmuskeln aus mehreren Segmenten innerviert werden
N. occipitalis major (großer Hinterhauptnerv)	• Hautast des R. posterior aus C_2 • steigt bedeckt vom M. semispinalis capitis auf, durchbohrt diesen und den M. trapezius	■ **Motorisch**: - ■ **sensibel**: Regio occipitalis, Regio parietalis bis zur Scheitel-Ohr-Linie	Liegt in der Regio occipitalis ungeschützt unter der Haut, kann hier etwa 2-3 Fingerbreit neben der Medianen (undeutlich) getastet werden (am Druckschmerz zu erkennen)	Sensibilitätsstörung am Hinterhaupt
Rr. posteriores III-VIII (hintere Äste der Halsnerven 3-8)	Teilen sich in • R. medialis • R. lateralis Hautast von C_3 reicht manchmal als "N. occipitalis tertius" bis zur Regio occipitalis	■ **Motorisch**: Nackenabschnitte der autochthonen Rückenmuskeln: • R. medialis: spinale und transversospinale Muskeln • R. lateralis: M. longissimus und M. iliocostalis ■ **sensibel**: Nackenhaut bis unter Vertebra prominens		Isolierte Lähmung eines Nervs dürfte kaum auffallen, da die langen Nackenmuskeln aus mehreren Segmenten innerviert werden und sich die Hautgebiete weit überlappen

6.7.8 Halsteil des Truncus sympatheticus (Grenzstrang)

TEIL	LAGE	INNERVATIONSGEBIETE	KLINIK
Truncus (Stamm)	● Auf M. longus colli in Lamina prevertebralis der Fascia cervicalis ● dorsal des Gefäß-Nerven-Strangs der Vagina carotica ● Verbindungen vom Rükkenmark (Rr. communicantes albi) erst von C_8 kaudal ● Nervenfasern für Schweißsekretion sogar erst ab Th_3 ● alle Nervenfasern zu den oberen Halsganglien durchlaufen daher die unteren Halsganglien ● von allen Halsganglien ziehen Verbindungsäste (Rr. communicantes grisei) zu den Segmentnerven	3 Aufgabenbereiche: ■ **Haut:** sympathische Nervenfasern gelangen über Rr. communicantes grisei zu peripheren sensiblen Nerven und verzweigen sich mit diesen ● Schweißsekretion: anders als sonst beim Sympathikus cholinerge Synapsen! ● Piloarrektion: Aufrichten der Haare durch Mm. arrectores pilorum ■ **Blutgefäße:** Vasokonstriktion durch Gefäßwandmuskeln, sympathische Nervenfasern laufen meist als sympathische Plexus den Gefäßen entlang ■ **innere Organe:** Antagonismus von Sympathikus und Parasympathikus, Eingeweidesensibilität, die sympathischen Nervenfasern laufen häufig in eigenen Nerven, Zielorgane des Halssympathikus: ● Herz ● Auge ● Drüsen	■ **Horner-Syndrom** (okulopupilläres Syndrom): typisch für Läsionen des Halssympathikus ist Symptomtrias: ● Miosis (enge Pupille): Lähmung des M. dilator pupillae ● Ptosis (enge Lidspalte): Lähmung des M. tarsalis superior und M. tarsalis inferior ● Enophthalmus (Einsinken des Augapfels in Augenhöhle): Lähmung des M. orbitalis ■ **2 Varianten** des Horner-Syndroms je nach Ausfall der "Cocainreaktion" der Pupille: Einträufeln eines Sympathikomimetikums (sympathikuserregenden Stoffs, z.B. Hydroxyamphetamin) in den Bindehautsack setzt bei intaktem peripheren Sympathikus Noradrenalin an den Synapsen frei, Pupille wird weit (Mydriasis): ● peripheres Horner-Syndrom: keine Cocainreaktion, Läsion zwischen Rückenmark und Auge ● zentrales Horner-Syndrom: Cocainreaktion erhalten, Läsion liegt oberhalb der Zellkörper des 1. peripheren sympathischen Neurons im Rückenmark (C_8-Th_2) ■ weitere Differenzierung je nach **Anhidrose** (Ausfall der Schweißsekretion): die Nervenfasern für das Auge und die Schweißsekretion des Gesichts treffen erst im Grenzstrang zusammen ● *Horner-Syndrom + Anhidrose*: Läsion im Grenzstrang ● *Horner-Syndrom ohne Anhidrose*: Läsion zwischen Rückenmark und Grenzstrang auf Höhe von C_8-Th_2 oder in Orbita (nach Trennung der sudorisekretorischen Nervenfasern von den zum Auge ziehenden) ● *Anhidrose von Kopf und Hals ohne Horner-Syndrom*: die Läsion liegt kaudal von Th_2 (die sudorisekretorischen Nervenfasern zu Kopf und Hals kommen aus Th_3-Th_4) ■ Stellatumblockade: ⇨ 6.8.6, vordere Halsgegend
Ganglion cervicothoracicum [stellatum] (unteres Halsganglion, Sternganglion)	● Entsteht aus Verschmelzung des untersten Halsganglions mit dem obersten (evtl. auch noch dem zweiten) Brustganglion ● gelegentlich 2 getrennte Ganglien ● liegt dorsal der A. subclavia auf Höhe des ersten Brustwirbels ● Ansa subclavia (Vieussen-Schlinge): Verbindungsstrang zwischen Ganglion cervicale medium und Ganglion stellatum ventral der A. subclavia, Grenzstrang bildet damit Ring um A. subclavia	● Plexus subclavius: sympathisches Nervengeflecht um A. subclavia, das auch deren Ästen folgt, über dieses gelangen z.B. sympathische Nervenfasern zur Schilddrüse ● N. vertebralis (manchmal mit Ganglion vertebrale): zur A. vertebralis, bildet dort Plexus vertebralis (sympathisches Nervengeflecht um A. vertebralis), steigt mit dieser in den Querfortsatzlöchern der Halswirbel bis zur hinteren Schädelgrube auf ● N. cardiacus cervicalis inferior (unterer sympathischer Herznerv)	
Ganglion cervicale medium (mittleres Halsganglion)	● Auf Höhe des 6. Halswirbels ● kann fehlen	N. cardiacus cervicalis medius (mittlerer sympathischer Herznerv)	
Ganglion cervicale superius (oberes Halsganglion)	● Auf Höhe des 2. und 3. Halswirbels ● etwa 2-3 cm lang	● N. jugularis: zu Ganglion inferius des N. glossopharyngeus (IX) und Ganglion superius des N. vagus (X) ● N. caroticus internus: zu A. carotis interna, bildet dort Plexus caroticus internus, Äste: z.B. Nn. caroticotympanici, N. petrosus profundus ● Nn. carotici externi: zu A. carotis externa, bilden dort Plexus caroticus externus ● Plexus caroticus communis: um A. carotis communis ● Rr. laryngopharyngeales: zu Plexus pharyngeus und Kehlkopf ● N. cardiacus cervicalis superior (oberer sympathischer Herznerv)	

6.7.9 Parasympathische Ganglien im Kopfbereich

GANGLION	PARASYMPATHISCHE WURZEL	SYMPATHISCHE WURZEL	DURCHLAUFENDE ANIMALE NERVEN	ZIELORGANE	KLINIK
Ganglion ciliare (Augenhöhlenganglion) liegt in der Orbita zwischen N. opticus und M. rectus lateralis	Radix parasympathetica [oculomotoria]: ● geht vom R. inferior des N. oculomotorius (III) ab ● stammt vom Nucleus oculomotorius accessorius [autonomicus] (Edinger-Westphal-Kern)	Radix sympathetica: ● geht von Plexus caroticus internus ab ● stammt vom Ganglion cervicale superius	Radix sensoria [nasociliaris]: R. communicans (cum ganglio ciliari) des N. nasociliaris (V_1)	● M. sphincter pupillae ● M. ciliaris Der Augapfel wird erreicht über Nn. ciliares breves, in ihnen laufen auch die sympathischen Nervenfasern zum M. dilator pupillae und die sensiblen Nervenfasern zu Cornea und Tunica conjunctiva	Ganglionitis ciliaris acuta: ● als Begleiterscheinung einer Infektionskrankheit oder nach Trauma ● weite, lichtstarre Pupille ● keine Augenbewegungsstörungen (Differentialdiagnose gegenüber Okulomotoriuslähmung)
Ganglion pterygopalatinum (Flügel-Gaumen-Ganglion) liegt in Fossa pterygopalatina	Radix parasympathetica: ● geht ab vom N. facialis (Anteil des N. intermedius) am Geniculum (nervi facialis) als N. petrosus major ● stammt vom Nucleus salivarius superior	Radix sympathetica: ● geht ab vom Plexus caroticus internus als N. petrosus profundus, vereinigt sich mit Radix facialis zum N. canalis pterygoidei ● stammt vom Ganglion cervicale superius	Radix sensoria: Rr. ganglionici [ganglionares] des N. maxillaris (V_2)	■ **Glandula lacrimalis**: die vegetativen Nervenfasern ● legen sich zuerst dem N. zygomaticus (V_2) an ● gelangen dann über R. communicans zum N. lacrimalis (V_1) und mit diesem in die Tränendrüse ■ **Glandulae nasales** und **Glandulae palatinae**: die vegetativen Nervenfasern legen sich den durch das Ganglion durchlaufenden sensiblen Ästen des N. maxillaris an (⇨ 6.8.4, Fossa pterygopalatina)	"Trockenes Auge": fehlende Tränensekretion bei Schädigung des ● N. facialis (VII) vor Abgang des N. petrosus major ● N. petrosus major ● Ganglion pterygopalatinum ● Weges vom Ganglion pterygopalatinum zur Tränendrüse (s. links)
Ganglion submandibulare (Unterkieferganglion) liegt zwischen N. lingualis und Glandula submandibularis, oft getrennt davon kleines Ganglion sublinguale	● Kommt von Chorda tympani (aus N. facialis, VII, Anteil des N. intermedius), legt sich N. lingualis an, geht von diesem ab als Rr. ganglionares ● stammt vom Nucleus salivarius superior	● Geht ab vom Plexus caroticus externus ● stammt vom Ganglion cervicale superius	-	■ **Glandula submandibularis**: über direkte Rr. glandulares des Ganglion ■ **Glandula sublingualis**: die vegetativen Nervenfasern kehren zurück zum N. lingualis und gelangen mit diesem zur Unterzungendrüse ■ **vordere Glandulae linguales**: über Rr. linguales des N. lingualis	● "Trockener Mund": bei Aufregung durch sympathische Hemmung der Speichelsekretion ● verminderte Speichelsekretion bei einseitiger Fazialislähmung (vor Abgang der Chorda tympani) wird vom Patienten meist nicht bemerkt, wenn andere Speicheldrüsen intakt
Ganglion oticum (Ohrganglion) liegt kaudal des Foramen ovale zwischen M. tensor veli palatini und N. mandibularis (V_3)	● Kommt vom N. petrosus minor (aus N. glossopharyngeus, IX, über N. tympanicus und Plexus tympanicus) ● stammt vom Nucleus salivarius inferior	● Geht ab vom Plexus caroticus externus ● stammt vom Ganglion cervicale superius	● R. communicans (cum nervo pterygoideo mediali) ● N. musculi tensoris veli palatini ● N. musculi tensoris tympani ● R. communicans (cum ramo meningeo) ● R. communicans (cum chorda tympani)	■ **Glandula parotidea**: die vegetativen Nervenfasern ● legen sich zunächst als R. communicans (cum nervo auriculotemporali) dem N. auriculotemporalis (V_3) an ● verlassen diesen als Rr. communicantes (cum nervo faciali) ● verzweigen sich mit dem Plexus intraparotideus des N. facialis ■ **Glandulae buccales** (über N. facialis), hintere Glandulae linguales (?)	Vermehrte Speichelsekretion (Speichelfluß): ● z.B. bei Reizerscheinungen im Hirnstamm (Bulbärparalyse) ● belästigt den Patienten besonders dann, wenn gleichzeitig Schluckstörungen bestehen (und der Patient den Speichel nicht schlucken kann)

6.8 Regionen von Kopf (Regiones capitis) und Hals (Regiones cervicales)

6.8.1 Calvaria (Schädeldach)

GLIEDERUNG	BEWEGUNGSAPPARAT	LEITUNGSBAHNEN		KLINIK
Nach den zugrunde liegenden Knochen zu gliedern in: ● Regio frontalis (Stirngegend) ● Regio parietalis (Scheitelgegend) ● Regio occipitalis (Hinterhauptgegend) ● Regio temporalis (Schläfengegend)	Schichtenbau: ■ **Kopfschwarte:** ● Haut mit Haupthaaren (Capilli) ● Matratzenkonstruktion der Unterhaut ● *Galea aponeurotica* [Aponeurosis epicranialis] (Sehnenhaube) mit einstrahlenden Muskeln (M. epicranius ⇨ Gesichtsmuskeln, 6.3.3) ■ nur im Schläfenbereich: M. temporalis (⇨ Kaumuskeln, 6.3.4) ■ **Calvaria (Schädeldach):** ● *Pericranium*: Periost des Schädeldachs ● *Lamina externa*: kompakte äußere Knochenschicht ● *Diploe*: aufgelockerter Knochen, jedoch dichter als Spongiosa der platten Knochen, mit Venenkanälen (Canales diploici) ● *Lamina interna*: kompakte innere Knochenschicht ● Dura mater cranialis [encephali] ■ in Lamina interna prägen sich ein: ● Sulcus sinus sagittalis superioris ● Foveolae granulares: durch Granulationes arachnoideae (Pacchioni-Granulationen) ● Impressiones digitatae [gyrorum]: Abdrücke von Hirnwindungen ● Sulci venosi: Venenrinnen ● Sulci arteriales: Arterienrinnen	■ **Arterien:** ● mediale Stirngegend: A. supraorbitalis + A. supratrochlearis aus A. ophthalmica (aus A. carotis interna) ● laterale Stirngegend, Schläfengegend und Scheitelgegend: A. temporalis superficialis (aus A. carotis externa) ● Hinterhauptgegend: A. occipitalis (aus A. carotis externa) ■ **Venen:** Abfluß über ● V. facialis und V. temporalis superficialis zur V. jugularis interna ● V. occipitalis → V. vertebralis → V. brachiocephalica Größere Kanäle in Diploe: ● V. diploica frontalis ● V. diploica temporalis anterior ● V. diploica temporalis posterior ● V. diploica occipitalis ● V. emissaria parietalis: durch Foramen parietale (von Sinus sagittalis superior) ● V. emissaria occipitalis: von Confluens sinuum	■ **regionäre Lymphknoten:** ● Nodi lymphatici parotidei superficiales et profundi ● Nodi lymphatici mastoidei ● Nodi lymphatici occipitales ■ **sensible Innervation:** Grenze zwischen N. trigeminus und Halsnerven in Scheitel-Ohr-Linie ● Stirngegend: N. supraorbitalis aus N. frontalis (V₁) ● vordere Schläfengegend: Nn. temporales superficiales aus N. auriculotemporalis (V₃) ● hintere Schläfengegend: N. occipitalis minor aus Plexus cervicalis ● Hinterhauptgegend: N. occipitalis major (R. posterior aus C₂) ■ **motorische Innervation:** ● M. epicranius: N. facialis ● M. temporalis: Nn. temporales profundi aus N. mandibularis (V₃)	*Schädeldachfrakturen:* ● Berstungsbrüche bei stumpfer Gewalt ● Impressionsfrakturen bei spitzer Gewalt (Gefahr der Hirnverletzung)

6.8.2 Basis cranii interna (innere Schädelbasis)

GLIEDERUNG	LEITUNGSBAHNEN	KNOCHENKANÄLE	KLINIK
Fossa cranii [cranialis] anterior (vordere Schädelgrube)	■ **Arterien:** ● R. meningeus anterior der A. ethmoidalis anterior (aus A. ophthalmica) ● R. frontalis der A. meningea media (aus A. maxillaris) ■ **Venen:** Abfluß zum Sinus cavernosus, z.T. über Vv. ethmoidales und V. ophthalmica superior ■ **sensible Innervation:** Dura nur streckenweise schmerzempfindlich ● unbenannte Äste des N. ethmoidalis anterior: folgen R. meningeus anterior der A. ethmoidalis anterior ● R. meningeus medius (aus N. maxillaris, V₂): folgt R. frontalis der A. meningea media	■ **Im Os ethmoidale:** ● Lamina cribrosa (Siebplatte): mit den Foramina cribrosa zur Nasenhöhle, für: ● Nn. olfactorii (I) ● A. ethmoidalis anterior (aus A. ophthalmica) ● N. ethmoidalis anterior (aus N. nasociliaris, V₁) ● Weg führt weiter durch Foramen ethmoidale anterius zur Augenhöhle für: ● A. ethmoidalis anterior ● N. ethmoidalis anterior ■ im Os frontale: - ■ **In Ala minor des Os sphenoidale:** ● Canalis opticus (Sehnervenkanal, zur Augenhöhle, kann auch schon zur mittleren Schädelgrube gerechnet werden): für ● N. opticus (II) ● A. ophthalmica (aus A. carotis interna)	● Syndrom der Olfaktoriusrinne (⇨ Nn. olfactorii, 6.7.2) ● Kennedy-Syndrom (⇨ N. opticus, 6.7.2)

Fortsetzung der Tabelle nächste Seite

Innere Schädelbasis (Fortsetzung)

GLIEDERUNG	LEITUNGSBAHNEN	KNOCHENKANÄLE	KLINIK
Fossa cranii [cranialis] media (mittlere Schädelgrube)	■ **Arterien:** Äste von ● A. meningea media (aus A. maxillaris): mit R. frontalis und R. parietalis, prägt Sulci arteriales in Knochen ● R. meningeus aus Pars cavernosa der A. carotis interna ■ **Venen:** Abfluß über ● Sinus sphenoparietalis ● Sinus cavernosus ● Sinus petrosus superior ■ **sensible Innervation:** ● R. meningeus medius (aus N. maxillaris, V₂): folgt R. frontalis der A. meningea media ● R.meningeus [N. spinosus] (aus N. mandibularis, V₃): folgt R. parietalis der A. meningea media	■ **Zwischen Ala minor und Ala major** des Os sphenoidale: ● *Fissura orbitalis superior*: zwischen Ala minor und Ala major zur Augenhöhle, für: ● N. oculomotorius (III) ● N. trochlearis (IV) ● N. abducens (VI) ● N. ophthalmicus (V₁) ● V. ophthalmica superior ■ **In Ala major** des Os sphenoidale: ● *Foramen rotundum*: zur Fossa pterygopalatina, für N. maxillaris (V₂) ● *Foramen ovale*: zur Fossa infratemporalis, für: ● N. mandibularis (V₃) ● Plexus venosus foraminis ovalis ● *Foramen spinosum*: zur Fossa infratemporalis, für: ● A. meningea media (aus A. maxillaris) ● R. meningeus [N. spinosus] des N. mandibularis ■ **in Pars petrosa** des Os temporale: ● *Canalis caroticus*: S-förmig gebogen ("Karotissyphon" im Kontrastmittel-Röntgenbild), für: ● A. carotis interna ● Plexus venosus caroticus internus ● Plexus caroticus internus (sympathisch) ● *Hiatus canalis nervi petrosi majoris*: Austritt des N. petrosus major (VII) von Geniculum canalis facialis, zieht weiter in Sulcus nervi petrosi majoris zum Foramen lacerum ● *Hiatus canalis nervi petrosi minoris*: obere Öffnung des Canaliculus tympanicus für den N. petrosus minor (IX), zieht weiter im Sulcus nervi petrosi minoris zum Foramen lacerum	● Syndrom der Fissura orbitalis superior (⇨ N. oculomotorius, 6.7.3)
Fossa cranii [cranialis] posterior (hintere Schädelgrube)	■ **Arterien:** Äste von ● A. meningea posterior (aus A. pharyngea ascendens): durch Foramen jugulare ● R. meningeus (aus A. occipitalis): variabel, durch Foramen mastoideum ● Rr. meningei (aus Pars intracranialis der A. vertebralis): zur Umgebung des Foramen magnum ■ **Venen:** Abfluß über ● Sinus petrosus inferior, Sinus occipitalis, Sinus transversus und Sinus sigmoideus zur V. jugularis interna ● Plexus basilaris → Plexus venosi vetebrales interni → V. vertebralis → V. brachiocephalica ■ **sensible Innervation:** R. meningeus des N. vagus (X): aus Ganglion superius durch Foramen jugulare	■ **In Pars petrosa** des Os temporale: ● *Porus acusticus internus*: mediale Öffnung des Meatus acusticus internus, für: ● N. facialis (VII) ● N. vestibulocochlearis (VIII) ● A. labyrinthi (aus A. inferior anterior cerebelli der A. basilaris) ● *Apertura externa aqueductus vestibuli*: Öffnung des Aqueductus vestibuli für Ductus endolymphaticus (Druckausgleichsgang für Endolymphe) ■ **zwischen Pars petrosa und Os occipitale:** ● *Foramen jugulare*: für ● N. glossopharyngeus (IX) ● N. vagus (X) ● N. accessorius (XI) ● Sinus sigmoideus (Übergang in V. jugularis interna) ■ **im Os occipitale:** ● *Foramen magnum* (großes Loch): verbindet Schädelhöhle mit Wirbelkanal, enthält: ● Zentralnervensystem (Grenze zwischen Medulla spinalis und Medulla oblongata) ● Radix spinalis des N. accessorius ● A. vertebralis ● A. spinalis anterior (unpaar) ● A. spinalis posterior ● Spatium subarachnoideum (Liquorraum, von Schädelhöhle zu Wirbelkanal in offener Kontinuität) ● *Canalis condylaris*: für V. emissaria condylaris ● *Canalis hypoglossi*: für ● N. hypoglossus (XII) ● Plexus venosus canalis hypoglossi	■ *Basiläre Impression*: trichterförmige Einstülpung des Randes des Foramen magnum in hintere Schädelgrube (Entwicklungsstörung oder infolge Knochenerweichung): ● Kopfschmerz ● bulbäre Symptome ● Hydrocephalus ■ *Syndrom des Foramen jugulare* (⇨ N. glossopharyngeus, 6.7.6)

6.8.3 Basis cranii externa [Norma basilaris] (äußere Schädelbasis)

● Knöcherne Grundlage vieler klinisch relevanter Regionen (Regio nuchalis, Regio sternocleidomastoidea, Trigonum caroticum, Fossa infratemporalis, Spatium peripharyngeum, Pars nasalis pharyngis, Palatum)
● aber als Ganzes keine selbständige Region, eher "Spielwiese der Anatomen" im Knochentestat, daher werden hier nur einige bereits an anderer Stelle aufgeführte Einzelheiten der Knochen wiederholt

KNOCHEN	RELIEF	KNOCHENKANÄLE
Os occipitale (Hinter-hauptbein)	● *Protuberantia occipitalis externa*: der gut tastbare Hinterhaupthöcker, von ihm ausgehend: • *Linea nuchalis suprema*: Obergrenze des Ursprungs des M. trapezius • *Linea nuchalis superior*: Grenze zwischen den Ansätzen von M. trapezius und M. semispinalis capitis ● *Linea nuchalis inferior*: Grenze zwischen den Ansätzen von M. semispinalis capitis und den kleinen Nackenmuskeln ● *Tuberculum pharyngeum*: Ursprung des M. constrictor pharyngis superior ● *Condylus occipitalis*: Gelenkkörper für die Articulatio atlanto-occipitalis (oberes Kopfgelenk)	● *Foramen magnum* (großes Loch): verbindet die Schädelhöhle mit dem Wirbelkanal, wird durchsetzt von: • Zentralnervensystem, Spatium subarachnoideum (Liquorraum), Radix spinalis des N. accessorius • A. vertebralis, A. spinalis anterior (unpaar), A. spinalis posterior, ● *Canalis condylaris*: für die V. emissaria condylaris ● *Canalis hypoglossi*: für • N. hypoglossus (XII) • Plexus venosus canalis hypoglossi ● *Foramen jugulare*: zwischen Pars petrosa und Os occipitale, für: • N. glossopharyngeus, N. vagus, N. accessorius (IX-XI) • Übergang des Sinus sigmoideus in V. jugularis interna
Os temporale (Schläfen-bein)	**Squama temporalis** (Schläfenschuppe): ● *Facies temporalis*: Ursprung des M. temporalis ● *Processus zygomaticus*: Jochfortsatz, bildet mit dem Processus temporalis des Jochbeins den Jochbogen (Arcus zygomaticus) ● *Fossa mandibularis*: Pfanne des Kiefergelenks ● *Facies articularis*: überknorpelte Gelenkfläche ● *Tuberculum articulare*: Höcker vor der Gelenkpfanne, auf den das Caput mandibulae bei Kieferöffnung gleitet	● *Porus acusticus externus*: laterales Ende des Meatus acusticus externus
	Pars petrosa (Felsenbein): ● *Fossa jugularis*: für Bulbus superior venae jugularis ● *Processus styloideus* (Griffelfortsatz): sehr unterschiedliche Länge, beim Kind knorpelig, Ursprung von: • M. stylopharyngeus • M. styloglossus • M. stylohyoideus ● *Fossula petrosa*: Grube für Ganglion inferius des N. glossopharyngeus (und Abgang des N. tympanicus) ● *Apex partis petrosae* (Spitze des Felsenbeins, "Pyramidenspitze")	● *Foramen stylomastoideum*: Öffnung des Canalis facialis für N. facialis und A. stylomastoidea (aus A. auricularis posterior der A. carotis externa) ● *Canalis caroticus*: S-förmig gebogen ("Karotissyphon" im Kontrastmittel-Röntgenbild), für: • A. carotis interna • Plexus caroticus internus (sympathisch) • Plexus venosus caroticus internus ● *Fissura petrotympanica* (Glaser-Spalte): zwischen Pars petrosa und Pars tympanica, für Chorda tympani ● *Apertura externa canaliculi cochleae*: Öffnung des Canaliculus cochleae für den Aqueductus cochleae (Druckausgleichsgang für die Perilymphe) ● *Canaliculus mastoideus*: für R. auricularis des N. vagus ● *Canaliculus tympanicus*: von Fossula petrosa zur Paukenhöhle für N. tympanicus (IX) und A. tympanica anterior (aus A. pharyngea ascendens) ● *Canalis musculotubarius*: verbindet Paukenhöhle und Nasopharynx, zweigeteilt durch Septum canalis musculotubarii ● *Foramen lacerum*: am Treffpunkt von Fissura spheno-petrosa und Fissura petro-occipitalis, beim Lebenden durch Knorpel verschlossen, Durchtritt des N. petrosus minor (IX)
	Processus mastoideus (Warzenfortsatz): ● *Incisura mastoidea*: tiefer Einschnitt für den Ursprung des M. digastricus, dahinter: ● *Sulcus arteriae occipitalis*	● *Foramen mastoideum*: für V. emissaria mastoidea
Vomer (Pflugschar-bein)	Bildet hinteres Ende des Septum nasi osseum	
Os palatinum (Gaumen-bein)	**Lamina horizontalis** (horizontale Platte): ● *Facies palatina*: hinteres Viertel des knöchernen Gaumens ● *Spina nasalis posterior*: hinterer Nasenstachel ● *Fissura palatina mediana* (mediane Gaumennaht) ● *Fissura palatina transversa* (quere Gaumennaht): zwischen Gaumenbein und Oberkiefer	● *Foramen palatinum majus*: Austritt des N. palatinus major (V₂) aus Canalis palatinus major ● *Foramina palatina minora*: Austritt der Nn. palatini minores (V₃, mit Anteilen von VII + IX) aus Canales palatini minores zum weichen Gaumen

Fortsetzung der Tabelle nächste Seite

Äußere Schädelbasis (Fortsetzung)

Knochen	Relief	Knochenkanäle
Os sphenoidale (Keilbein)	**Ala major** (großer Keilbeinflügel) • Sulcus tubae auditoriae [auditivae]: Rinne für die Ohrtrompete	• *Foramen ovale*: für • N. mandibularis (V_3) • Plexus venosus foraminis ovalis • *Foramen spinosum*: für A. meningea media (aus A. maxillaris)
	Processus pterygoideus (Flügelfortsatz) • Lamina lateralis (processus pterygoidei): äußeres Blatt, Ursprung des M. pterygoideus lateralis • Lamina medialis (processus pterygoidei): inneres Blatt • Fossa pterygoidea: nach hinten offene Grube zwischen Lamina medialis und Lamina lateralis, Ursprung des M. pterygoideus medialis • Hamulus pterygoideus (Hakenfortsatz): um ihn läuft die Sehne des M. tensor veli palatini	
Maxilla (Oberkiefer)	**Processus palatinus** (Gaumenfortsatz) • Os incisivum (Zwischenkieferknochen): bei etwa der Hälfte der Erwachsenen ist noch Sutura incisiva angedeutet • Spinae palatinae und Sulci palatini: Längsleisten und -furchen für Gefäße und Nerven	
	Processus alveolaris (Zahnfortsatz): • Arcus alveolaris: Zahnbogen • Alveoli dentales: beidseits je 8 Zahnfächer, getrennt durch Septa interalveolaria (zwischen den Zähnen) und Septa interradicularia (zwischen den Zahnwurzeln) • Juga alveolaria: Vorwölbungen an Außenseite durch die Zahnfächer	*Foramen incisivum*: unpaare orale Öffnung des Canalis incisivus für N. nasopalatinus longus (V_2)
	Corpus maxillae (Oberkieferkörper): • Facies infratemporalis: Teil der Wand der Fossa infratemporalis • Tuber maxillare [Eminentia maxillaris]: Vorwölbung der Kieferhöhlenwand zur Fissura pterygomaxillaris (Zugang zur Fossa pterygopalatina)	

6.8.4 Seitliche Gesichtsgegenden

Oberflächliche seitliche Gesichtsgegend
(Regio facialis lateralis superficialis, kein Begriff der Nomina anatomica)

Gliederung	Bewegungsapparat	Eingeweide	Leitungsbahnen	Klinik
• Obergrenze gegen Regio temporalis: Arcus zygomaticus • *Regio infraorbitalis* (Unteraugenhöhlengegend): schmaler Streifen seitlich der Nase • *Regio zygomatica* (Jochbeingegend): dem Jochbein entsprechend • *Regio buccalis* (Wangengegend): dem lateral des Mundwinkels gelegenem Teil des Vestibulum oris entsprechend • bleibt Teil bis zum Dorsal- und Unterrand der Mandibula (früher Regio parotideomasseterica genannt)	■ **Knochen:** • Mandibula: Ramus mandibulae und lateraler Teil des Corpus mandibulae • Maxilla: lateraler Teil • Os zygomaticum ■ **Muskeln:** • Mm. faciales: • M. zygomaticus major + minor • M. buccinator • M. depressor anguli oris • Mm. masticatorii: M. masseter ■ **Faszien:** • Fascia buccopharyngea • Fascia masseterica • Fascia parotidea	• *Glandula parotidea*: Teil der Pars superficialis • *Ductus parotideus*: etwa fingerbreit kaudal vom Jochbogen gut zu tasten • *Glandula parotidea accessoria*: bisweilen an Ductus parotideus hängend	■ **Arterien**: Äste von • A. *temporalis superficialis*: • A. zygomatico-orbitalis • A. transversa faciei [facialis] • *A. maxillaris*: • A. infra-orbitalis • A. buccalis • A. masseterica • *A. facialis* ■ **Venen**: Abfluß über • V. transversa faciei [facialis] zu V. retromandibularis • V. facialis ■ **regionäre Lymphknoten**: • Nodi lymphatici faciales • Nodi lymphatici submandibulares • Nodi lymphatici parotidei ■ **motorische Innervation**: • Mm. faciales: N. facialis (VII) • Mm. masticatorii: N. mandibularis (V_3) ■ **sensible Innervation**: • N. infraorbitalis (V_2) • N. buccalis (V_3) • N. auricularis magnus (aus Plexus cervicalis)	• Bei Operationen werden Hautschnitte aus ästhetischen Gründen möglichst vermieden und der Zugang durch das Vestibulum oris unter Abziehen der Wange gewählt, z.B. Radikaloperation der Kieferhöhle (⇨ 7.8.6) • läßt sich Hautschnitt nicht vermeiden, dann wegen des Verlaufs der Äste des N. facialis Schnittführung radiär auf Glandula parotidea zu

Tiefe seitliche Gesichtsgegenden

REGION	BEWEGUNGSAPPARAT	LEITUNGSBAHNEN		KLINIK
Fossa infra-temporalis (Unterschläfengrube) (früher Regio facialis lateralis profunda, tiefe seitliche Gesichtsgegend, genannt)	Von außen zugänglich nach Wegnahme von: ● Arcus zygomaticus ● M. masseter ● Ramus mandibulae ● M. temporalis ■ **Knochen:** ● Pars squamosa des Os temporale ● Ala major und Processus pterygoideus des Os sphenoidale ■ **Muskeln:** ● M. pterygoideus lateralis ● M. pterygoideus medialis ● M. stylohyoideus ● M. styloglossus ● M. stylopharyngeus	■ **Arterien:** Aufzweigung der A. carotis externa in A. temporalis superficialis und A. maxillaris *Äste der A. maxillaris:* ● A. auricularis profunda: zu Meatus acusticus externus und Trommelfell ● A. tympanica anterior: durch Fissura petrotympanica zur Paukenhöhle ● A. alveolaris inferior: mit N. alveolaris inferior (V_3) zum Canalis mandibulae ● A. meningea media: durch Foramen spinosum in mittlere Schädelgrube ● Äste zu den Kaumuskeln: • A. masseterica • A. temporalis profunda anterior • A. temporalis profunda posterior • Rr. pterygoidei ● A. buccalis: zur Wange ● A. alveolaris superior posterior: zum hinteren Teil des Oberkiefers und zu den oberen Molaren ■ **Venen:** Abfluß über Plexus pterygoideus zur V. retromandibularis	■ **regionäre Lymphknoten:** ● Nodi lymphatici retropharyngeales ● Nodi lymphatici parotidei profundi ● Nodi lymphatici submandibulares ■ **Nerven:** N. mandibularis (V_3) ● durch Foramen ovale aus Schädelhöhle in Fossa infratemporalis ● zunächst Abgang der motorischen Äste (z.T. über Ganglion oticum) und des N. buccalis, dann Dreiteilung: • N. auriculotemporalis • N. alveolaris inferior: zwischen M. pterygoideus medialis und lateralis zu Mandibula, vor Eintritt in Foramen mandibulae Abgang des N. mylohyoideus • N. lingualis: zunächst mit N. alveolaris inferior, dann aber an Medialseite der Mandibula zum Boden der Mundhöhle ● Chorda tympani (aus N. intermediofacialis, VII) lagert sich dem N. lingualis an	**Leitungsanästhesie** des N. alveolaris inferior und des N. lingualis zur Schmerzbetäubung bei Eingriffen an den Unterkieferzähnen: ● Einstich vom gegenseitigen Mundwinkel aus in Mundschleimhaut etwa 1 cm oberhalb des Weisheitszahns ● Hohlnadel medial des Ramus mandibulae etwa 2 cm in die Tiefe führen (Bereich des Foramen mandibulae) ● Einspritzen des Lokalanästhetikums, dieses erreicht gleichzeitig N. alveolaris inferior und N. lingualis ● zusätzlich kann nötig sein: Umspritzen des Zahnfleisches auf bukkaler Seite zur Ausschaltung des N. buccalis
Fossa pterygopalatina (Flügelgaumengrube)	● Tiefer Teil der Fossa infratemporalis ● Zugang durch Fissura pterygomaxillaris ■ **Knochenkanäle und Spalten:** ● nach lateral (zum Hauptteil der Unterschläfengrube): Fissura pterygomaxillaris ● nach oben (zur Augenhöhle): Fissura orbitalis inferior ● nach vorn oben (zur Augenhöhle und weiter zum Gesicht): Sulcus + Canalis infraorbitalis ● nach hinten oben (zur mittleren Schädelgrube): Foramen rotundum ● nach hinten (zur Unterseite der Schädelbasis): Canalis pterygoideus ● nach medial (zur Nasenhöhle): Foramen sphenopalatinum ● nach unten (zur Mundhöhle): Canalis palatinus major	Endaufzweigung der A. maxillaris und des Ganglion pterygopalatinum durch: ■ **Fissura pterygomaxillaris:** ● Eintritt der A. maxillaris (Endast) ● Nn. palatini minores (aus V_2) ■ **Fissura orbitalis inferior:** ● V. ophthalmica inferior ● N. zygomaticus (aus V_2) mit parasympathischem R. communicans zum N. lacrimalis (für die Tränendrüse) ■ **Sulcus und Canalis infraorbitalis:** ● A. infraorbitalis, gibt durch Knochenkanäle die Aa. alveolares superiores anteriores zu den vorderen Oberkieferzähnen ab ● N. infraorbitalis (V_2) ■ **Foramen rotundum:** N. maxillaris (V_2)	■ **Canalis pterygoideus:** ● A. canalis pterygoidei: zu Tuba auditoria und Pharynx ● N. canalis pterygoidei, entsteht aus • N. petrosus major (parasympathisch aus VII) und • N. petrosus profundus (sympathisch) ■ **Foramen sphenopalatinum:** ● A. sphenopalatina zur Nasenhöhle ● Rr. nasales posteriores superiores (aus V_2) ■ **Canalis palatinus major:** ● A. palatina descendens, Verzweigung in • A. palatina major (durch Foramen palatinum majus zu hartem Gaumen) • Aa. palatinae minores (durch Foramina palatina minora zu weichem Gaumen) ● N. palatinus major (aus V_2)	Sehr geschützte Lage, nur geringe Gefährdung, z.B. bei Kieferhöhlenoperation, wenn Hinterwand der Kieferhöhle durchstoßen wird

Fortsetzung der Tabelle nächste Seite

Tiefe seitliche Gesichtsgegenden (Fortsetzung)

REGION	BEWEGUNGSAPPARAT	LEITUNGSBAHNEN	KLINIK
Spatium peripharyngeum (Raum um den Rachen) Gliederung in 2 Teilregionen: ● *Spatium retropharyngeum*: zwischen Rachen und Wirbelsäule ● *Spatium lateropharyngeum* (früher Spatium parapharyngeum): lateral des Rachens	■ **Knochen:** ● Os occipitale: Pars basilaris mit Tuberculum pharyngeum ● Os temporale: Facies inferior partis petrosae bis Processus styloideus mit • Foramen jugulare • Eingang in den Canalis caroticus ● Os sphenoidale: Unterseite von Corpus und Ala major ● Halswirbelsäule ■ **Muskeln:** ● vorn bzw. medial: M. constrictor pharyngis superior, M. salpingopharyngeus ● lateral: M. stylopharyngeus ● dorsal: M. longus colli, M. longus capitis ■ **Faszien:** ● vorn: Fascia buccopharyngea ● hinten: Lamina prevertebralis der Fascia cervicalis ● um Gefäß-Nerven-Strang: Vagina carotica	■ **Arterien:** ● A. carotis interna: ohne Seitenäste zum Canalis caroticus ● A. pharyngea ascendens: • Rr. pharyngeales • A. meningea posterior durch Foramen jugulare ■ **Venen:** ● V. jugularis interna: aus Foramen jugulare, nimmt Vv. pharyngeales aus Plexus pharyngeus [pharyngealis] auf ● Nebenabfluß über Plexus pterygoideus zu V. retromandibularis ■ **regionäre Lymphknoten:** ● Nodi lymphatici retropharyngeales ● Nodi lymphatici cervicales laterales profundi ■ **Nerven:** ① Hirnnerven aus Foramen jugulare: ● *N. glossopharyngeus* (IX): lateral von A. carotis interna nach vorn, mit • Ganglion inferius • Rr. pharyngeales [pharyngei] ● *N. vagus* (X): Hauptstamm mit A. carotis interna und V. jugularis interna in Vagina carotica zum Trigonum caroticum, mit • Ganglion inferius • R. pharyngealis [pharyngeus] • N. laryngealis superior ● *N. accessorius* (XI): lateral von V. jugularis interna zur Regio cervicalis lateralis ② *Truncus sympatheticus* auf M. longus colli in Lamina prevertebralis der Fascia cervicalis: mit ● Ganglion cervicale superius ● R. jugularis ● R. caroticus internus	● Syndrom des Foramen jugulare (⇨ N. glossopharyngeus, 6.7.6) ● Durchblutungsstörungen der A. carotis interna (⇨ Karotisinsuffizienz, 6.4.1)

6.8.5 Vordere Gesichtsgegenden

REGION	GRENZEN	BEWEGUNGSAPPARAT	LEITUNGSBAHNEN	KLINIK
Regio orbitalis (Augengegend)	Etwa dem Bereich des M. orbicularis oculi entsprechend	⇨ 6.3.3 Muskeln der Lidspalte ⇨ 7.5.9 Aditus orbitalis	⇨ 7.5.7 Palpebrae	● Ptosis ⇨ 7.5.7 ● Fazialislähmung ⇨ 6.7.5
Regio nasalis (Nasengegend)	Etwa dem Bereich der äußeren Nase entsprechend	⇨ 6.3.3 Muskeln der Nase	⇨ 7.8.2 Nasus externus	Nasenbeinfraktur ⇨ 6.1.8 Os nasale
Regio oralis (Mundgegend)	Etwa dem Bereich der Lippen entsprechend	⇨ 6.3.3 Muskeln der Mundspalte	⇨ 7.6.2 Labia	Fazialislähmung ⇨ 6.7.5
Regio mentalis (Kinngegend)	Kleiner Bereich zwischen Unterlippe und Regio submentalis	Protuberantia mentalis ⇨ 6.1.9 Corpus mandibulae	⇨ 7.6.2 Labium inferius	Prognathie ⇨ 7.6.4 Dysgnathien

6.8.6 Regio cervicalis anterior [Trigonum cervicale anterius] (vordere Halsgegend, vorderes Halsdreieck)

Gliederung in 4 Unterregionen

UNTERREGION	BEWEGUNGSAPPARAT, EINGEWEIDE	LEITUNGSBAHNEN	KLINIK
Trigonum submentale (Unterkinngegend): ● medianer Teil des Mundbodens zwischen Kinn und Zungenbein, seitlich begrenzt vom Lateralrand des M. digastricus ● zwar dorsal breiter als ventral, aber eigentlich kein Dreieck	■ **Knochen:** ● vorn: Corpus mandibulae ● hinten: Os hyoideum ■ **Muskeln:** ● oberflächlich: M. digastricus ● Mitte: M. mylohyoideus ● tief: M. geniohyoideus, M. genioglossus	■ **Arterien:** ● unteres Stockwerk: Äste der A. submentalis aus A. facialis ● oberes Stockwerk: Äste der A. sublingualis aus A. lingualis ■ **Venen:** Abfluß über ● V. submentalis zur V. facialis ● V. sublingualis zur V. lingualis und weiter zur V. jugularis interna ■ **regionäre Lymphknoten:** ● Nodi lymphatici submentales ■ **sensible Innervation:** ● Rr. superiores des N. transversus colli ■ **motorische Innervation:** ● N. mylohyoideus aus N. alveolaris inferior (V3): ● Venter anterior des M. digastricus ● M. mylohyoideus ● Ansa cervicalis: M. geniohyoideus ● N. hypoglossus: M. genioglossus	■ *Schwellung der Nodi lymphatici submentales* bei ● Erkrankungen der Unterlippe, der vorderen Unterkieferzähne und der Zungenspitze ● Erkrankungen des lymphatischen Systems, z.B. Mononucleosis infectiosa (Pfeiffer-Drüsenfieber), Lymphogranulomatose (Hodgkin-Krankheit) ■ *Mundbodenphlegmone*: ● Ausgang meist von Zähnen oder Lymphknoten ● bretthartе Schwellung des Mundbodens ● hohes Fieber ● Schluck- und Sprechstörungen ● Ausbreitung nach oben in Fossa infratemporalis und Spatium lateropharyngeum, nach unten bis in Mediastinum
Trigonum submandibulare (Unter-Unterkiefer-Dreieck): ● zwischen Lateralrand des M. digastricus und Mandibula ● hauptsächlich von Glandula submandibularis eingenommen	■ **Knochen:** ● lateral: Corpus mandibulae ● hinten: Os hyoideum ■ **Muskeln:** ● M. mylohyoideus teilt vorderen Teil der Region in 2 Stockwerke ● M. hyoglossus im hinteren Teil des oberen Stockwerks, wichtige vertikale Scheidewand: ● lateral N. hypoglossus, N. lingualis und Ductus submandibularis ● medial A. lingualis ■ **Eingeweide:** ● Glandula submandibularis: in eigener Faszienloge im unteren Stockwerk ● Ductus submandibularis: umrundet U-förmig Hinterrand des M. mylohyoideus und läuft im oberen Stockwerk nach vorn zur Caruncula sublingualis ● Glandula sublingualis: im oberen Stockwerk	■ **Arterien:** ● unteres Stockwerk: Äste der A. submentalis aus A. facialis ● oberes Stockwerk: Äste der A. sublingualis aus A. lingualis ■ **Venen:** Abfluß über ● V. submentalis zur V. facialis ● V. sublingualis zur V. lingualis und weiter zur V. jugularis interna ■ **regionäre Lymphknoten:** ● Nodi lymphatici submandibulares ■ **Nerven:** ● motorisch: ● N. mylohyoideus aus N. alveolaris inferior (V3): M. mylohyoideus ● N. hypoglossus: M. hyoglossus ● sensibel: Rr. superiores des N. transversus colli ● sensibel + sensorisch (Geschmack) + sekretorisch: N. lingualis mit Ganglion submandibulare (Chorda tympani)	■ *Schwellung der Nodi lymphatici submandibulares* bei Erkrankungen von: ● Lippen, äußerer Nase, Wange, medialen Teilen der Augenlider, Zähnen, Zahnfleisch, Zunge, Mundboden ● lymphatischem System (s.o.) ● Lymphknotenschwellungen sind bei örtlichen Erkrankungen meist einseitig, bei Systemkrankheiten doppelseitig ■ *Schwellungen der Glandula submanibularis*: ● beruhen meist auf Speichelsteinen im Ausführungsgang oder auf Entzündung, z.B. bei Mumps ● können mit Lymphknotenschwellung verwechselt werden

Fortsetzung der Tabelle nächste Seite

Vordere Halsgegend (Fortsetzung)

UNTERREGION	BEWEGUNGSAPPARAT, EINGEWEIDE	LEITUNGSBAHNEN	KLINIK
Trigonum caroticum (Kopfschlagaderdreieck): ● Grenze kranial: Venter posterior des M. digasticus ● Grenze dorsal: Vorderrand des M. sternocleidomastoideus ● Grenze kaudal: M. omohyoideus ● Hauptinhalt: Verzweigung der A. carotis communis und der A. carotis externa	■ **Knochen**: Cornu majus des Os hyoideum ■ **Muskeln**: ● die genannten Randmuskeln: • Venter posterior des M. digasticus • M. sternocleidomastoideus • M. omohyoideus ● oberflächlich: Platysma ● in der Tiefe: • Tunica muscularis pharyngis • M. longus colli • M. scalenus anterior ■ **Faszien**: Fascia cervicalis mit ● *Lamina superficialis* (oberflächliches Blatt): unter Platysma (Hautmuskel!), seitlich an M. sternocleidomastoideus befestigt ● *Lamina pretrachealis* (mittleres Blatt): umhüllt Mm. infrahyoidei ● *Lamina prevertebralis* (tiefes Blatt): umhüllt M. longus colli und Mm. scaleni ● *Vagina carotica*: um Gefäß-Nerven-Strang (A. carotis communis/ interna, V. jugularis, N. vagus)	■ **Arterien**: ● *Bifurcatio carotidis*: etwa auf Höhe des Oberrandes des Schildknorpels (variabel, Altersabstieg des Kehlkopfs!), Teilung der A. carotis communis in die beiden Endäste A. carotis externa + interna, dort auch ● Pressorezeptoren (Sinus caroticus kontrolliert Blutdruck) ● Chemorezeptoren (Glomus caroticum überwacht Blutspiegel der Atemgase) ● *A. carotis interna*: setzt Richtung der A. carotis communis zur Schädelbasis fort, Pars cervicalis keine Seitenäste ● *A. carotis externa*: verzweigt sich im Trigonum caroticum in: ● A. thyroidea superior ● A. lingualis ● A. facialis ● A. pharyngea ascendens ● A. occipitalis ● A. auricularis posterior ● A. temporalis superficialis ● A. maxillaris ■ **Venen**: Abfluß über ● V. facialis und V. retromandibularis zur V. jugularis interna ● V. jugularis anterior und V. jugularis externa zum Venenwinkel ■ **regionäre Lymphknoten**: ● Nodi lymphatici cervicales anteriores superficiales ● Nodi lymphatici cervicales anteriores profundi, besonders Nodi lymphatici infrahyoidei ● Nodi lymphatici cervicales laterales profundi, besonders • Nodus lymphaticus jugulodigastricus • Nodus lymphaticus jugulo-omohyoideus ■ **Nerven**: ① *Hirnnerven*: ● N. glossopharyngeus (IX): zu Sinus caroticus und Glomus caroticum ● N. vagus (X): mit • N. laryngealis superior zum Kehlkopf • R. cardiacus cervicalis superior zum Herzen ● N. hypoglossus (XII): zur Zunge, angelagert Äste des Plexus cervicalis (Radix anterior der Ansa cervicalis und R. thyrohyoideus) ② *Plexus cervicalis*: ● N. auricularis magnus und N. transversus colli: zur Haut ● Ansa cervicalis: motorisch zu Mm. infrahyoidei ③ *Truncus sympatheticus*: ● Ganglion cervicale superius und medium ● N. cardiacus cervicalis superior und medius ● Nn. carotici externi	● *Schwellung des Nodus lymphaticus jugulodigastricus* häufig bei "Erkältungskrankheiten", wenn Gaumenmandeln mitbetroffen ● *Puls der A. carotis communis* bzw. ihrer Hauptäste am Vorderrand des M. sternocleidomastoideus leicht zu tasten, auch Abdrücken gegen Halswirbelsäule möglich ● Unterbinden der A. carotis externa bei sonst unstillbaren Blutungen im Gesichtsbereich ● Karotisinsuffizienz ⇨ 6.4.1 ● Karotissinussyndrom ⇨ 6.4.1

Fortsetzung der Tabelle nächste Seite

Vordere Halsgegend (Fortsetzung)

UNTERREGION	BEWEGUNGS-APPARAT	LEITUNGSBAHNEN		KLINIK
Trigonum musculare [omotracheale] (Muskeldreieck): ● Grenze kranial: Os hyoideum ● Grenze lateral oben: M. omohyoideus ● Grenze lateral unten: M. sternocleidomastoideus ● Grenze unten: Incisura jugularis des Manubrium sterni ● Hauptinhalt: Kehlkopf (⇨ 7.8.7-7.8.9) und Schilddrüse (⇨ 7.7.3)	■ **Knochen:** oben Zungenbein, unten Brustbein, im Hintergrund Halswirbelsäule ■ **Muskeln:** ● Platysma ● M. sternohyoideus ● M. omohyoideus ● M. sternothyroideus ● M. thyrohyoideus ■ **Faszien:** Fascia cervicalis, Gliederung s.o. ■ **Eingeweide:** ● Kehlkopf ● Schilddrüse	■ **Arterien:** ● A. thyroidea superior aus A. carotis externa: mit A. laryngea superior ● A. thyroidea inferior des Truncus thyrocervicalis aus A. subclavia: mit A. laryngealis inferior ■ **Venen:** Abfluß über ● V. thyroidea superior und Vv. thyroideae mediae zur V. jugularis interna ● V. thyroidea inferior und Plexus thyroideus impar zur V. brachiocephalica	■ **regionäre Lymphknoten:** ● Nodi lymphatici cervicales anteriores superficiales ● Nodi lymphatici cervicales anteriores profundi: ● Nodi lymphatici infrahyoidei ● Nodi lymphatici prelaryngeales ● Nodi lymphatici thyroidei ● Nodi lymphatici pretracheales ● Nodi lymphatici paratracheales ■ **Innervation:** ● N. transversus colli aus Plexus cervicalis: zur Haut ● R. colli [cervicalis] des N. facialis: Platysma ● Ansa cervicalis aus Plexus cervicalis: Mm. infrahyoidei ● N. laryngealis superior und N. laryngealis recurrens aus N. vagus (X): Kehlkopf, Luftröhre	■ **Operative Zugänge zu den Luftwegen:** ● *Koniotomie*: zwischen Schild- und Ringknorpel ● *mediane Laryngotomie* (Thyrotomie): Trennen der beiden Schildknorpelplatten ● *obere Tracheotomie*: zwischen Ringknorpel und Isthmus der Schilddrüse ● *mittlere Tracheotomie*: nach Durchtrennen des Isthmus der Schilddrüse ● *untere Tracheotomie*: kaudal des Isthmus der Schilddrüse ■ **operativer Zugang zur Schilddrüse:** ● *Kocher-Kragenschnitt*: parallel zu den Schlüsselbeinen im unteren Halsbereich, so daß Narbe von Kragen von Bluse oder Hemd verdeckt wird ● stumpfes Auseinanderdrängen der Mm. infrahyoidei, notfalls Durchtrennen ● Intubationsnarkose oder Leitungsanästhesie des Plexus cervicalis an der Mitte des Hinterrandes des M. sternocleidomastoideus

6.8.7 Regio sternocleidomastoidea (Kopfwendergegend)

GRENZEN, RELIEF	BEWEGUNGSAPPARAT	LEITUNGSBAHNEN	KLINIK
● Entspricht der Ausdehnung des M. sternocleidomastoideus ● dieser Muskel bestimmt entscheidend die Kontur des Halses, so daß Abgrenzung der Region verständlich ● in Tiefe jedoch sehr uneinheitlich: von der oberen Hälfte der Region gehört der vordere Teil funktionell zum Trigonum caroticum, der hintere zum Trigonum cervicale posterius ● Fossa supraclavicularis minor (kleine Oberschlüsselbeingrube): Einsenkung der Haut zwischen den beiden Köpfen des M. sternocleidomastoideus	■ **Knochen:** kranial Processus mastoideus, kaudal Clavicula, in der Tiefe Halwirbelsäule ■ **Muskeln:** ● Platysma ● M. sternocleidomastoideus ● M. omohyoideus ● Mm. scaleni ● M. levator scapulae ● Mm. splenii ■ **Fascia cervicalis** ● Lamina superficialis: umscheidet M. sternocleidomastoideus ● Lamina pretrachealis: umscheidet Mm. infrahyoidei, daher nur im unteren Teil der Region ● Lamina prevertebralis: bedeckt • Mm. scaleni • M. levator scapulae • Mm. splenii ● Vagina carotica: umscheidet Gefäß-Nerven-Strang: • A. carotis communis • V. jugularis interna • N. vagus	■ **Arterien:** ● kranial: Äste der A. carotis externa: • A. occipitalis • A. auricularis posterior ● Mitte: Äste der A. thyroidea superior aus A. carotis externa: R. sternocleidomastoideus ● kaudal Äste der A. subclavia: • A. vertebralis • Truncus thyrocervicalis mit A. cervicalis ascendens und A. transversa cervicis ● in der Tiefe: A. carotis communis ■ **Venen:** Abfluß zum Venenwinkel ● oberflächlich: über V. jugularis externa ● tief: über V. jugularis interna ■ **regionäre Lymphknoten:** ● Nodi lymphatici cervicales laterales superficiales ● Nodi lymphatici cervicales laterales profundi	■ **Innervation:** ● *Hautäste des Plexus cervicalis*: ● N. auricularis magnus ● N. transversus colli ● Nn. supraclaviculares mediales ● *N. phrenicus* aus Plexus cervicalis: auf M. scalenus anterior zum Mediastinum (und weiter zum Zwerchfell) ● *R. colli des N. facialis* (VII): zum Platysma ● *N. accessorius* (XI): zu M. sternocleidomastoideus und M. trapezius ● *N. vagus* (X): im Gefäß-Nerven-Strang, mit • Rr. cardiaci cervicales superiores und inferiores • N. laryngealis recurrens ● *Truncus sympatheticus*: mit Ganglion cervicothoracicum [stellatum] ● *Plexus brachialis*: Rr. anteriores der Nn. cervicales V-VIII bilden 3 Trunci zwischen M. scalenus anterior und M. scalenus medius (hintere Skalenuslücke)	■ **Torticollis** (Caput obstipum, Schiefhals): bei ● ungleicher Länge oder einseitiger Verkrampfung des M. sternocleidomastoideus ● Skoliose der Halswirbelsäule ■ **Stellatumblockade:** Leitungsanästhesie des Ganglion cervicothoracicum [stellatum]: ● Einstich durch Fossa supraclavicularis minor oder am Vorderrand des M. sternocleidomastoideus ● unterbricht sympathische Bahnen zu Kopf, Hals und Arm ● daher Horner-Syndrom ⇨ 6.7.8

6.8.8 Regio cervicalis lateralis [Trigonum cervicale posterius] (seitliche Halsgegend, hinteres Halsdreieck)

GRENZEN	BEWEGUNGSAPPARAT	LEITUNGSBAHNEN		KLINIK
■ Dreieck zwischen: ● Hinterrand des M. sternocleidomastoideus ● Vorderrand des M. trapezius ● Clavicula ■ Teilregion: *Trigonum omoclaviculare:* kaudal des M. omohyoideus, weitgehend gleichbedeutend mit Fossa supraclavicularis major (große Oberschlüsselbeingrube)	■ **Knochen:** Clavicula, in der Tiefe Halswirbelsäule ■ **Muskeln:** ● Platysma ● M. omohyoideus ● M. scalenus anterior ● M. scalenus medius ● M. scalenus posterior ● M. levator scapulae ● M. splenius cervicis ● M. splenius capitis ■ **Faszien:** Fascia cervicalis ● *Lamina superficialis*: spannt sich vom M. sternocleidomastoideus zum M. trapezius aus ● *Lamina pretrachealis*: umscheidet Mm. infrahyoidei, daher nur im Trigonum omoclaviculare ● *Lamina prevertebralis*: bedeckt • Mm. scaleni • M. levator scapulae • Mm. splenii ■ **Skalenuslücken:** ● *vordere Skalenuslücke*: zwischen Clavicula und M. scalenus anterior, für • V. subclavia • A. suprascapularis ● *hintere Skalenuslücke*: zwischen M. scalenus anterior und M. scalenus medius, für • A. subclavia • Plexus brachialis	■ **Arterien:** Äste der A. subclavia ● Truncus thyrocervicalis: vor allem hintere Äste: • A. transversa cervicis • A. suprascapularis ● Truncus costocervicalis mit A. cervicalis profunda (zu Nackenmuskeln) ● ganz oben: A. occipitalis aus A. carotis externa ■ **Venen:** Abfluß über ● V. occipitalis zu V. vertebralis und weiter zu V. brachiocephalica ● Vv. transversae cervicis und V. suprascapularis zu V. jugularis externa und weiter zum Venenwinkel ■ **regionäre Lymphknoten:** ● Nodi lymphatici occipitales ● Nodi lymphatici mastoidei ● Nodi lymphatici cervicales laterales superficiales ● Nodi lymphatici cervicales laterales profundi, besonders Nodi lymphatici supraclaviculares	■ **Innervation:** ① *Plexus cervicalis:* ● Hautäste: • N. occipitalis minor • Nn. supraclaviculares mediales, intermedii und laterales ● N. phrenicus: auf M. scalenus anterior zum Mediastinum (und weiter zum Zwerchfell) ② *Hirnnerven:* ● R. colli des N. facialis (VII): zum Platysma ● N. accessorius (XI): etwa in Ohr-Schulter-Linie zu M. trapezius ③ *Plexus brachialis:* Trunci (in hinterer Skalenuslücke) beginnen sich in 3 Fasciculi umzuordnen, Abgang der supraklavikulären Äste: ● N. dorsalis scapulae ● N. thoracicus longus ● N. subclavius ● N. suprascapularis ● N. pectoralis medialis und laterales ● Nn. subscapulares ● N. thoracodorsalis	**Leitungsanästhesie** des Plexus brachialis (Interskalenusblock): ● Patient in Rückenlage dreht Kopf zur Gegenseite ● tasten des Plexus brachialis zwischen M. scalenus anterior und medius ● Einstich auf Höhe von C_6 schräg nach unten (45°) leicht dorsal (10-20°) ● meist Plexus cervicalis mitbetroffen, dabei kann auch N. phrenicus ausgeschaltet werden, daher immer nur einseitiges Vorgehen! ● Truncus inferior nicht sicher zu erreichen, evtl. zusätzliche Anästhesie des N. ulnaris im Ellbogenbereich nötig ● Gefahren: Injektion in A. vertebralis (Krämpfe!), Pneumothorax, Einstich bis in Wirbelkanal (Periduralanästhesie)

6.8.9 Regio cervicalis posterior [Regio nuchalis] (hintere Halsgegend, Nackengegend)

GRENZEN	BEWEGUNGSAPPARAT	LEITUNGSBAHNEN		KLINIK
● Grenze kranial: Ursprung des M. trapezius (Linea nuchalis superior, Protuberantia occipitalis externa) ● Grenze kaudal: Horizontale auf Höhe der Vertebra prominens ● Grenze lateral 2 Definitionen möglich: Rand des M. trapezius oder der autochthonen Rückenmuskeln	■ **Knochen:** Os occipitale, Halswirbelsäule ■ **Muskeln:** ● M. trapezius ● M. splenius capitis ● M. splenius cervicis ● M. semispinalis capitis ● M. semispinalis cervicis ● M. rectus capitis posterior major ● M. rectus capitis posterior minor ● M. obliquus capitis superior ● M. obliquus capitis inferior ■ **Faszien:** Fascia nuchae [nuchalis] ● *oberflächliches Blatt*: Fortsetzung der Lamina superficialis der Fascia cervicalis, umscheidet M. trapezius ● *tiefes Blatt*: Fortsetzung der Lamina prevertebralis der Fascia cervicalis, bedeckt autochthone Rückenmuskeln	■ **Arterien:** ● hauptsächlich Rr. musculares der Pars transversaria der A. vertebralis ● A. occipitalis aus A. carotis externa ● A. cervicalis profunda aus Truncus costocervicalis der A. subclavia ■ **Venen:** Abfluß über V. vertebralis und V. cervicalis profunda zur V. brachiocephalica ■ **regionäre Lymphknoten:** ● Nodi lymphatici occipitales ● Nodi lymphatici cervicales laterales superficiales ● Nodi lymphatici cervicales laterales profundi	■ **sensible Innervation:** ● Plexus cervicalis: • N. occipitalis minor • Nn. supraclaviculares laterales ● Rr. posteriores der Nn. cervicales, z.B. N. occipitalis major ■ **motorische Innervation:** ● N. accessorius (XI): M. trapezius ● Rr. posteriores der Nn. cervicales, z.B. N. suboccipitalis: autochthone Rückenmuskeln	**Subokzipitalpunktion** (Punktion der Cisterna cerebellomedullaris): ● zum Messen des Liquordrucks oder zur Gewinnung von Liquor zur Untersuchung ● Einstich genau median zwischen Os occipitale und Arcus posterior atlantis

7 Kopf und Hals: Eingeweide

7.1 Zentralnervensystem (Systema nervosum centrale) I: Entwicklung, Meningen, Liquorräume

Wichtige Vorbemerkungen

Falls Sie in einem anderen Buch eine andere Darstellung des Zentralnervensystems finden:
● In wohl keinem Teilbereich der Anatomie gehen die Meinungen verschiedener Autoren so weit auseinander wie in der Neuroanatomie. Vergleicht man fünf Lehrbücher, so wird man zu manchen Themen, vor allem funktionellen Fragen, fünf verschiedene Versionen finden.
● Dies liegt hauptsächlich daran, daß experimentelle Forschung beim Menschen nur sehr begrenzt möglich ist und daher unser Wissen im wesentlichen von Versuchstieren (Affe, Katze) stammt. Die Übertragung auf den Menschen ist problematisch.
● Zur Verwirrung trägt zusätzlich bei, daß sich die offizielle anatomische Nomenklatur in Abständen von wenigen Jahren von Auflage zu Auflage der "Nomina anatomica" ändert. Besonders schwierig scheint die Einigung über Richtungsbegriffe zu sein.
● Das Vorderhirn ist beim Menschen gegenüber dem Hirnstamm nahezu rechtwinklig abgebogen, beim Vierbeiner liegen die einzelnen Hirnabschnitte hintereinander. Deshalb wird von vielen Neuroanatomen der neutrale Begriff "rostral" für oben bzw. vorn bevorzugt. Leider hat die bei Abfassung dieses Buches gültige 6. Auflage der Nomina anatomica (1989) rostralis durch superior bzw. anterior ersetzt. Die Alternativen cranialis - caudalis - ventralis - dorsalis für superior - inferior - anterior - posterior wurden grundsätzlich gestrichen, an einigen Stellen aber dann doch beibehalten.
● Forschung vollzieht sich oft in den Schritten These - Antithese - Synthese. Die "neuesten" Befunde sind oft schon nach wenigen Monaten überholt. Lehrbücher unterscheiden sich daher auch darin, wie weit die aktuelle Entwicklung berücksichtigt oder überwiegend das gesicherte Wissensgut vermittelt wird.

7.1.1 Entwicklung und Entwicklungsstörungen des Systema nervosum centrale (Zentralnervensystem)

Embryonale Gliederung des Zentralnervensystems

TUBUS NEURALIS (Neuralrohr)			ENDGÜLTIG		
Pars spinalis (Rumpfteil)			Medulla spinalis (Rückenmark)		
Pars cranialis (Kopfteil)	Rhombencephalon (Rautenhirn)	Myelencephalon (Markhirn, Nachhirn)	Medulla oblongata (verlängertes Mark)	⇐	Truncus encephalicus (Hirnstamm)
		Metencephalon (Hinterhirn)	Pons (Brücke)	⇐	
			Cerebellum (Kleinhirn)		
	Mesencephalon (Mittelhirn)		Mesencephalon (Mittelhirn)	⇐	
	Prosencephalon (Vorderhirn)	Diencephalon (Zwischenhirn)	Diencephalon (Zwischenhirn)		
		Telencephalon (Endhirn)	Cerebrum (Großhirn)		

Truncus encephalicus (Hirnstamm): Medulla oblongata + Pons + Mesencephalon

Neurogenesis (Anlage des Nervensystems)

TUBUS NEURALIS (NEURALROHR)	CRISTA NEURALIS (NEURALLEISTE)
■ **Bildung des Neuralrohrs** (Neurulatio): ● Neuralplatte (*Lamina neuralis*): Mitte der 3. Entwicklungswoche mediane Verdickung im Ektoderm kranial des Primitivknotens, durch Chordafortsatz induziert ● Neuralrinne (*Sulcus neuralis*): die in der Neuralplatte lateral gelegenen Ektodermzellen teilen sich rascher als die medianen, so daß seitlich Wülste (Neuralwülste) und median eine Einsenkung (Neuralrinne) entsteht ● Neuralfalten (*Plicae neurales*): Neuralrinne wird immer tiefer, Neuralwülste falten sich auf ● Neuralrohr (*Tubus neuralis*): Anfang der 4. Entwicklungswoche wachsen Neuralfalten aufeinander zu, vereinigen sich median ● Vereinigung beginnt etwa in Mitte der Keimscheibe und schreitet kranial und kaudal fort ● kraniales (*Neuroporus cranialis [rostralis]*) und kaudales Ende (*Neuroporus caudalis*) bleiben noch einige Tage offen und klaffen deutlich auseinander ● dorsal des Neuralrohrs schließt sich das Oberflächenektoderm ■ **Gliederung der Wand** des Neuralrohrs: aus zunächst einheitlichem mehrreihigen hochprismatischen Epithel mit lebhaften Mitosen entwickeln sich allmählich 3 Schichten: ● *Ventrikulärzone* (Stratum ependymale): Hauptproliferationszone um Neuralkanal (Canalis neuralis) ● *Mantelschicht* (Intermediärzone, Stratum palliale): entsteht durch Auswanderung von Zellen aus der Ventrikulärzone ● *Randschicht* ("Randschleier", Marginalzone, Stratum marginale): zellarm, überwiegend Nervenzellfortsätze ■ **Histogenese**: aus Epithel des Neuralrohrs (Epithelium tubi neuralis [Neurectoderma]) gehen hervor Stammzellen der: ● Wandzellen der Hirnkammern und des Zentralkanals (Ependymoblasti → Ependymocyti) ● Gliazellen (Spongioblasti, Glioblasti → Gliocyti) ohne Mikroglia (kommt aus Blutgefäßmesenchym, gehört zum Makrophagensystem) ● Nervenzellen (Neuroblasti → Neuria), diese bilden Fortsätze (Processificatio), die sich verzweigen (Dendrificatio) und mit Markscheiden umhüllt werden (Myelinisatio) ■ eine **Hauptregel der Neurogenese** (Neurogenesis): Nervenzellen des Gehirns werden nicht am Bestimmungsort gebildet, sondern wandern (manchmal einige Zentimeter) zu ihm hin	■ Aus Neuralwülsten (und später aus Neuralrohr) wandern von 4.-6. Entwicklungswoche Zellen aus und bilden breites Band zwischen Neuralrohr und Oberflächenektoderm, das sich zu 2 Leisten neben dem Neuralrohr verdickt, die sich in Zellgruppen gliedern (Segmenta cristae neuralis) ■ aus Gewebe der Neuralleiste (Textus cristae neuralis) wandern Zellen aus und bilden: ① im Körper allgemein: ● Nervenzellen (Neuroblasti) und Gliazellen (Glioblasti ganglionici) der *Spinalganglien* + analogen Ganglien der Hirnnerven (Ganglia craniospinalia [encephalospinalia]) ● Nerven- und Gliazellen der *Ganglien des vegetativen Nervensystems* (Ganglia autonomica) ● *Schwann-Zellen* (Neurolemmoblasti) der Markscheiden der peripheren Nerven ● weiche Hirn- und Rückenmarkhäute (*Endomeninx*): Spinnwebenhaut (Arachnoidea mater craniospinalis) und Pia (Pia mater craniospinalis) ● neuroendokrine Zellen: *chromaffine Zellen* (Chromaffinoblasti, Cellulae chromaffinae) des Nebennierenmarks (Medulla suprarenalis), C-Zellen der Schilddrüse (?) ● pigmentbildende Zellen der gesamten Haut (*Melanoblasti*): Wanderung über große Strecken nötig! ② im Kopfbereich auch Binde- und Stützgewebe, die sonst aus dem Mesoderm hervorgehen, daher *Mesectoderma* genannt: ● *Mesenchyma capitis*: z.B. auch hinteres Hornhautepithel ● knorpelbildende Zellen (*Chondroblasti*) der Ersatzknochen des Schädels · ● zahnbeinbildende Zellen (*Odontoblasti*)

Entwicklung und Entwicklungsstörungen der Medulla spinalis (Rückenmark)

ENTWICKLUNG		ENTWICKLUNGSSTÖRUNGEN
■ **Frühe Gliederung** des Querschnitts des Neuralrohrs: ● *Deckplatte* (Lamina dorsalis): dünn ● *Flügelplatte* (Lamina dorsolateralis [Lamina alaris]): das spätere Hinterhorn, sensibler Bereich ● Grenzfurche (Sulcus limitans) ● *Grundplatte* (Lamina ventrolateralis [Lamina basalis]): das spätere Vorderhorn, motorischer Bereich, aus ihr wächst vordere (motorische) Wurzel aus ● *Bodenplatte* (Lamina ventralis): dünn ● Zentralkanal (Canalis centralis): der ursprüngliche Canalis neuralis ● durch starke Entfaltung von Flügel- und Grundplatte bzw. deren Bahnen entstehen hinter Deck- und vor Bodenplatte Septum medianum dorsale und Fissura mediana ventralis	■ Spinalganglien und hintere (sensible) Wurzel aus Neuralleiste ■ **"Aszensus" des Rückenmarks**: Wirbelsäule wächst rascher als Rückenmark, daher steigt dessen unteres Ende (Conus medullaris) im Wirbelkanal scheinbar auf ● in Fetalzeit bis zum Unterrand des 2. Lendenwirbels ● postnatal nur noch ein halbes Segment (zum Oberrand des 2. Lendenwirbels ● nervenzellfreier Endfaden (Filum terminale) reicht auch beim Erwachsenen bis in Kreuzbeinkanal ■ **Anschwellungen** im Hals- (Intumescentia cervicalis) und Lendenbereich (Intumescentia lumbosacralis) entstehen im Zusammenhang mit Entwicklung der Extremitäten	**Fehlbildungen des Rückenmarks** (Defectus medullae spinalis): ● *Neuroblastom*: von Neuroblasten ausgehende Geschwulst ● *Amyelie*: Fehlen des Rückenmarks ● *Myeloschisis*, Schistomyelie, Diplomyelie: mediane Rückenmarkspalte ● *Meningozele*: Ausstülpung der Rückenmarkhäute durch Spina bifida (Wirbelspalte, ⇨ 2.1.5) ● *Myelozele*: Ausstülpung des Rückenmarks durch Spina bifida ● *Meningomyelozele*: Ausstülpung der Rückenmarkhäute und des Rückenmarks durch Spina bifida

Entwicklung und Entwicklungsstörungen des Encephalon (Gehirn): allgemein

ENTWICKLUNG	ENTWICKLUNGSSTÖRUNGEN
■ Mitte 4. Entwicklungswoche wird **longitudinale Gliederung** des Neuralrohrs in 3 Hirnbläschen (Vesiculae encephalicae) + Rückenmark deutlich: ● *Vorderhirnbläschen* (Prominentia prosencephalica mit Cavitas prosencephalica) ● *Mittelhirnbeuge* (Flexura mesencephalica): Biegung nach ventral (in Zusammenhang mit Abfaltung des Embryos), wird allmählich rechtwinklig ● *Mittelhirnbläschen* (Prominentia mesencephalica mit Cavitas mesencephalica) ● *Rautenhirnbläschen* (Prominentia rhombencephalica mit Cavitas rhombencephalica) ● *Nackenbeuge* (Flexura cervicalis): Biegung nach ventral ● *Rückenmark* (Medulla spinalis) ■ Mitte 5. Entwicklungswoche weitere Untergliederung: ● Vorderhirnbläschen (Prominentia prosencephalica) unterteilt in • paarige *Endhirnbläschen* (Prominentia telencephalica mit Cavitas telencephalica) • *Zwischenhirn* (Diencephalon mit Cavitas diencephalica) ● durch *Brückenbeuge* (Flexura pontina, nach dorsal gerichtet) wird Rautenhirnbläschen unterteilt in • *Nachhirnbläschen* (Prominentia metencephalica) • *Markhirnbläschen* (verlängertes Mark, Prominentia myelencephalica)	■ **Fehlbildungen des Gehirns** (Defectus encephalicus): ● *Anenzephalie*: Fehlen des Gehirns, meist kombiniert mit Akranie ● *Exenzephalie*: Großhirn liegt bei Schädelspalte außerhalb des Schädels ohne Weichteildeckung, z.B. bei Verwachsung des Großhirnbläschens mit Eihäuten (amniogene Exenzephalie) ● *Hydrenzephalie* (in der Klinik gewöhnlich "Hydrocephalus" genannt): bei Abflußstörung des Liquor cerebrospinalis • aus inneren Liquorräumen (Hydrocephalus occlusus) • aus äußeren Liquorräumen (Hydrocephalus communicans) • mit Drucksteigerung (Tensionshydrozephalus) • ohne Drucksteigerung (statischer Hydrocephalus) ● *Makrenzephalie*: zu großes Gehirn ● *Mikrenzephalie*: zu kleines Gehirn ■ **Fehlbildungen der Großhirnwindungen:** ● *Agyrie*, Lissenzephalie: keine Großhindungen ● *Mikrogyrie*: besonders schmale Großhirnwindungen ● *Pachygyrie*: besonders breite und plumpe Großhirnwindungen ● *Polygyrie*: mehr Hirnwindungen als üblich

Entwicklung und Entwicklungsstörungen des Encephalon (Gehirn): Abschnitte

TEIL	ALLGEMEINE GLIEDERUNG	SPEZIELLE GLIEDERUNG	VENTRIKEL
Rhombencephalon (Rautenhirn)	■ **Gliederung:** ● Brückenbeuge (Flexura pontina) teilt Rautenhirn in: • Nachirn (Metencephalon) • verlängertes Mark (Myelencephalon) ● Nackenbeuge (Flexura cervicalis) bildet Grenze zu Rückenmark ● Gliederung des Querschnitts in Deck-, Flügel-, Grund- und Bodenplatte wie im Rückenmark, aber zunehmend buchartig auseinandergeklappt, so daß Flügelplatte lateral von Grundplatte ● seitliche Vorwölbungen des Rautenhirns werden Rhombomeren genannt ■ **Kleinhirnanlage** (Primordium cerebellare): ● paarige dorsale Auswüchse des Nachhirns mit Zellen, die aus Ventrikulärzone in Randzone gewandert waren, vereinigen sich median, starkes Wachstum führt zu Überlagerung des gesamten Rautenhirns ● Gliederung der Nervenzellen in: • Kleinhirnrinde • Kleinhirnkerne	■ Gliederung der Nervenkerne in **Grundplatte** von medial nach lateral: ● *somatoefferente* Kerne (VI, XII) ● *speziell viszeroefferente* Kerne (V, VII, IX, X, XI) ● *allgemein viszeroefferente* Kerne (parasympathisch) ■ Gliederung der Nervenkerne in **Flügelplatte** von medial nach lateral: ● *speziell viszeroafferente* Kerne (Geschmack, VII, IX, X) ● *allgemein viszeroafferente* Kerne (Schleimhautsensibilität: V, IX, X) ● *allgemein somatoafferente* Kerne (Haut, V) ● *speziell somatoafferente* Kerne (Hör- und Gleichgewichtsapparat, VIII) ■ phylogenetische Gliederung des Kleinhirns (⇨ 7.2.5): ● Archaeocerebellum ● Palaeocerebellum ● Neocerebellum	Hohlraum des Nachhirnbläschens (Cavitas rhombencephalica) wird zur vierten Hirnkammer **(Ventriculus quartus)**
Mesencephalon (Mittelhirn)	● Mittelhirnbeuge (Flexura mesencephalica) bildet Grenze zu Zwischenhirn ● Flügelplatte → Mittelhirndach (*Tectum mesencephalicum*) ● Grundplatte → Mittelhirnhaube (*Tegmentum mesencephalicum*) ● vor Grundplatte ziehen Hirnstiele (Crura cerebri, absteigende Bahnen vom Großhirn) durch		Hohlraum des Mittelhirnbläschens (Cavitas mesencephalica) wird zum "Wasserleiter" (**Aqueductus mesencephali [cerebri]**)

Fortsetzung der Tabelle nächste Seite

Entwicklung und Entwicklungsstörungen der Gehirnabschnitte (Fortsetzung)

TEIL	ALLGEMEINE GLIEDERUNG	SPEZIELLE GLIEDERUNG	VENTRIKEL
Di-encepha-lon (Zwi-schenhirn)	● Gliederung des Hirnstamms in Grund- und Flügelplatte wird nicht auf Zwischenhirn fortgesetzt, Sulcus limitans endet im Mittelhirn ● seichte Rinne in Wand des 3. Ventrikels (*Sulcus hypothalamicus*) trennt: • *Thalamus* (oben) • *Hypothalamus* (unten) ● in *Epithalamus* (oberhalb des Thalamus) Anlage der *Zirbeldrüse* (Gemma pinealis)	**Hypophysis cerebri** [Glandula pituitaria] (Hirnanhangsdrüse): ● aus Hypothalamus wächst Anlage des Hypophysenhinterlappens (Gemma neurohypophysialis) aus ● aus ektodermaler Mundbucht (Stomatodeum, ⇨ 7.6.9) stülpt sich in 5. Entwicklungswoche *Rathke-Tasche* (Saccus hypophysialis) dem Zwischenhirn entgegen, bildet Hypophysenvorderlappen (Adenohypophysis [Lobus anterior hypophysis]), Beginn der Sekretion etwa 9. Entwicklungswoche	Hohlraum des Zwischenhirnbläschens (Cavitas diencephalica) wird zum Hauptteil der dritten Hirnkammer **(Ventriculus tertius)**
Tel-encepha-lon (Endhirn)	■ **Paarige Endhirnbläschen** bilden *Großhirnhemisphären* (Hemispherium cerebrale) ● wachsen in 5. Entwicklungswoche aus unpaarem Teil aus ● rasches Wachstum führt zu dorsaler und anschließend seitlicher Überlagerung des Zwischenhirns ● Mesenchym zwischen den Hemisphärenbläschen wird zur Falx cerebri zusammengepreßt ● in 6. Entwicklungswoche Gliederung in: • Pars striata hemispherii (⇨ rechts) • Pars suprastriata hemispherii (⇨ rechts) ● in Fetalzeit wird Insel von den rascher wachsenden Frontal-, Parietal- und Temporallappen überlagert und dadurch scheinbar in die Tiefe gedrängt ■ **unpaarer Teil** des Endhirns endet vorn mit *Lamina terminalis primitiva*, bildet später: ● Lamina terminalis definitiva: Vorderwand des 3. Ventrikels zwischen Chiasma opticum und Commissura anterior ● Lamina commissuralis: • zuerst nur Commissura anterior • dann Commissura hippocampalis • zuletzt (erst 11. Entwicklungswoche) Commissura neopallialis (das spätere *Corpus callosum*) ● Septum pellucidum	■ **Pars striata hemispherii** (Streifenkörper): an der Basis des Hemisphärenbläschens entstehen die Basalganglien, sie werden durch die hindurchziehenden afferenten und efferenten Fasern der Capsula interna geteilt in ● den späteren Nucleus caudatus ● das spätere Putamen, dem sich vom Zwischenhirn der Globus pallidus zum Nucleus lentiformis (Linsenkern) anlegt ■ **Pars suprastriata hemispherii**: die Großhirnrinde (Pallium) mit 3 phylogenetischen Bereichen: ● *Palaeocortex* (Altrinde): Rhinencephalon mit • Cavitas rhinencephalica • Bulbus olfactorius ● *Archaeocortex* (Urrinde): Hippocampus primitivus ● *Neocortex*: Großteil der menschlichen Hirnrinde ■ **Histogenese**: ● Cortex trilaminaris primarius: zunächst dreischichtig wie andere Teile des Neuralrohrs (ventrikuläre, intermediäre und marginale Zone), über mehrere Zwischenstufen ("fetale Schichtung") erst in später Fetalzeit zu ● Cortex stratificatus definitivus: endgültige Schichtung	■ **Aus Hohlraum der Endhirnbläschen** (Cavitas telencephalica) gehen hervor: ● aus unpaarem Teil (Pars mediana) der vorderste Abschnitt der 3. Hirnkammer (Ventriculus tertius) ● aus den paarigen Hemisphärenbläschen die seitlichen Hirnkammern **(Ventriculus lateralis dexter/sinister)** ● entsprechend Hauptwachstumsrichtungen der Hemisphären entstehen Vorder-, Hinter- und Unterhorn des Seitenventrikels ● Verbindung zwischen Seitenventrikel und 3. Ventrikel engt sich zum *Foramen interventriculare* ein ■ Bildung des **Plexus choroideus**: ● dünne Wand im Dach der Endhirnbläschen (Fissura choroidea) stülpt sich als *Stratum choroideum epitheliale* in Kammer ein ● Gefäßbindegewebe bildet *Tela choroidea*

Entwicklung und Entwicklungsstörungen der Meninges (Hirn- und Rückenmarkhäute)

ENTWICKLUNG	ENTWICKLUNGSSTÖRUNGEN
■ Mesenchym der Sklerotome (Mesenchyma sclerotomicum) bildet primitive Rückenmarkhaut (Meninx primitiva), die sich zur straff gefaserten **Ectomeninx** weiterentwickelt, aus ihr gehen hervor: ● Lamina interna periostealis (Periost des Wirbelkanals): in der Schädelhöhle verschmolzen mit ● Dura mater craniospinalis (harte Hirn- und Rückenmarkhaut) ■ aus Zellen der Neuralleiste (Textus cristae neuralis) entsteht **Endomeninx** mit 2 Blättern: ● Arachnoidea mater craniospinalis (Spinnwebenhaut): durch Reticulum arachnoideum (Faserzüge im Subarachnoidealraum) verbunden mit ● Pia mater craniospinalis (weiche Hirn- und Rückenmarkhaut)	**Meningozelen** (Hirnhautbrüche): Ausstülpung von Hirn und/oder Hirnhäuten durch Defekt in Schädelkapsel mit Weichteildeckung (im Gegensatz zur Exenzephalie): ● *Meningozele*: Ausstülpung von Hirnhäuten (Meningocoelia cranialis) oder Rückenmarkhäuten (Meningocoelia spinalis) ● *Enzephalozele*: Ausstülpung von Gehirn ● *Meningoenzephalozele*: Ausstülpung von Gehirn und Hirnhäuten

7.1.2 Meninges (Hirn- und Rückenmarkhäute)

MENINX	BAU, GLIEDERUNG	ARTERIEN	NERVEN	KLINIK
Dura mater cranialis [encephali] (harte Hirnhaut, "Dura")	■ Straffes, geflechtartiges kollagenes Bindegewebe, zugleich Endost der die Schädelhöhle umgebenden Knochen, beim Neugeborenen fest mit Knochen verbunden, beim Erwachsenen leicht ablösbar ■ **Freie Durablätter** (nur am Rand am Knochen befestigt): ● *Falx cerebri* (Hirnsichel): median zwischen den Hemispheria cerebri ● *Tentorium cerebelli* (Kleinhirnzelt): zeltartig über Fossa cranialis posterior zwischen Cerebrum und Cerebellum mit Ausschnitt (Incisura tentorii) für Durchtritt des Hirnstamms ● *Falx cerebelli*: schmaler medianer Vorsprung in Fossa cranialis posterior ● *Diaphragma sellae*: überspannt Fossa hypophysialis der Sella turcica ● *Cavitas trigeminalis* [Cavum trigeminale]: Duratasche für das Ganglion trigeminale	■ **Duraäste der A. carotis externa**: ● A. meningea media (aus A. maxillaris): Hauptarterie, durch Foramen spinosum in mittlere Schädelgrube, versorgt mit R. frontalis und R. parietalis große Teile der Dura des Schädeldachs, prägt Sulci arteriales in Knochen ● A. meningea posterior (aus A. pharyngea ascendens): durch Foramen jugulare zur Dura der hinteren Schädelgrube ● R. meningeus (aus A. occipitalis): variabel, durch Foramen mastoideum zur Dura der hinteren Schädelgrube ■ **Duraäste der A. carotis interna**: ● R. meningeus anterior (aus A. ethmoidalis anterior): zur Dura der vorderen Schädelgrube ● R. meningeus recurrens (aus A. ophthalmica): zum vorderen Teil des Tentorium cerebelli ● R. basalis tentorii und R. marginalis tentorii (aus Pars cavernosa der A. carotis interna): zum Tentorium cerebelli ● R. meningeus (aus Pars cavernosa der A. carotis interna): zur Dura der mittleren Schädelgrube ■ **Duraäste der A. vertebralis**: ● Rr. meningei (aus Pars intracranialis): zur Dura in Umgebung des Foramen magnum	■ **Äste des N. trigeminus** (V): ● R. tentorii (aus N. ophthalmicus, V_1): zum Tentorium cerebelli ● R. meningeus medius (aus N. maxillaris, V_2): folgt R. frontalis der A. meningea media ● R.meningeus (aus N. mandibularis, V_3): durch Foramen spinosum in Schädelhöhle (daher auch N. spinosus genannt), folgt R. parietalis der A. meningea media ■ **Äste des N. vagus** (X): ● R. meningeus (aus Ganglion superius): durch Foramen jugulare zur Dura der hinteren Schädelgrube	● Falx cerebri gibt Echo bei Ultraschalluntersuchung: Seitenverschiebung bei einseitigen raumfordernden Prozessen der Schädelhöhle ● Incisura tentorii bildet scharfe Kante: Druckschädigung des Hirnstamms möglich, wenn bei erhöhtem intrazerebralen Druck ("Hirndruck") Großhirn in den Tentoriumschlitz gepreßt wird ■ **Meningitis** (Hirnhautentzündung): ● meist durch Kokken (Meningokokken und Pneumokokken etwa 50 % aller Meningitiden) ● Entstehung hämatogen oder fortgeleitet (Nasennebenhöhlen- oder Warzenfortsatzeiterungen, Venenthrombosen) ● heftiger Kopfschmerz ● charakteristische Körperhaltung (zur Entspannung der Meningen): ● nach hinten geneigter Kopf (Opisthotonus) ● Nackensteifigkeit ● angezogene Beine
Dura mater spinalis (harte Rückenmarkhaut)	● Im Gegensatz zu Dura mater cranialis getrennt vom Periost des Wirbelkanals als derber "Durasack" ● reicht kaudal bis S_2 ● läuft anschließend in Filum terminale externum [durale] aus	● *Halswirbelsäule*: ● Rr. spinales der Pars transversaria der A. vertebralis ● A. spinalis anterior + A. spinalis posterior der Pars intracranialis der A. vertebralis ● *Brustwirbelsäule*: Rr. spinales der Aa. intercostales posteriores ● *Lendenwirbelsäule*: Rr. spinales der Aa. lumbales und der A. iliolumbalis ● *Kreuzbeinkanal*: Rr. spinales der Aa. sacrales laterales	Rr. meningei der Rr. posteriores der Nn. spinales	**Projektion des unteren Endes** des Durasacks (und damit des Liquorraums): S_2 ● entspricht der Verbindungslinie der beiden Spinae iliacae posteriores superiores (hinteren oberen Darmbeinstachel) ● leicht zu finden als seitliche Eckpunkte der Lendenraute
Arachnoidea mater cranialis [encephali] (Spinnwebenhaut des Gehirns, "Arachnoidea")	● Dünne Bindegewebeschicht, liegt der Dura locker an ● *Granulationes arachnoideae*: Arachnoideazotten ragen in Sinus durae matris und Diploe (Liquorresorption)	Arachnoidea selbst gefäßlos, aber alle zum Gehirn gelangenden Arterien laufen große Strecken im Subarachnoidealraum	Keine sensiblen Nerven	**Meningiome**: ● von Arachnoideazellen ausgehende gutartige Geschwülste (10-20 % aller Hirntumoren) ● Altersgipfel 40-50 Jahre ● scharf begrenzt ● langsam über Jahre wachsend ● Kompressionssyndrome je nach Sitz: bevorzugt Olfaktoriusrinne, Keilbeinflügel, Tentoriumschlitz, Falx, Konvexität

Fortsetzung der Tabelle nächste Seite

Meninges (Fortsetzung)

MENINX	BAU, GLIEDERUNG	ARTERIEN	NERVEN	KLINIK
Arachnoidea mater spinalis (Spinnweben-haut des Rückenmarks)	● Keine Arachnoideazotten ● reicht mit Dura mater spinalis bis S2	Gefäßlos	Keine sensiblen Nerven	Meningiome etwa 1/3 aller Tumoren des Wirbelkanals
Pia mater cranialis [encephali] (weiche Hirnhaut, "Pia")	● Dünne Bindegewebeschicht, liegt der Hirnoberfläche an, durch Astrozytenfortsätze befestigt ● mit Arachnoidea durch Trabecula arachnoidea verbunden (gemeinsam auch Leptomeninx genannt)	● Piafortsätze folgen den in das Gehirn eintretenden Blutgefäßen ● die zugehörigen Ausläufer des Subarachnoidealraums werden Virchow-Robin-Räume genannt	Sympathisches Nervengeflecht begleitet Blutgefäße (von Ganglion cervicale superius über Plexus caroticus internus)	**Meningoenzephalitis**: von der weichen Hirnhaut auf das Gehirn übergreifende Entzündung, z.B. bei ● Lues cerebrospinalis (Syphilisbefall des Gehirns) ● Frühsommer-Meningoenzephalitis ● als Komplikation bei Parotitis epidemica (Mumps)
Pia mater spinalis (weiche Rückenmarkhaut)	● Ligg. denticulata: verbinden als frontale gezähnte Bindegewebeplatte Pia und Arachnoidea und hängen so Rückenmark an Dura auf (Hauptbefestigung aber durch austretende Nerven!) ● Septum cervicale intermedium: im Hinterstrang des Halsmarks liegende Bindegewebeplatte zwischen Fasciculus gracilis und Fasciculus cuneatus ● Filum terminale internum [piale]: Endfaden der Pia auf Filum terminale [spinale] des Rückenmarks	Rr. spinales ⇨ Dura mater spinalis	Rr. spinales ⇨ Dura mater spinalis	■ **Meningomyelitis**: von der weichen Rückenmarkhaut auf das Rückenmark übergreifende Entzündung, z.B. bei verschiedenen Viruskrankheiten (durch Poliomyelitis-, Coxsackie-, Echo-, Arbo-, Herpes-Viren) ■ **Meningoenzephalomyelitis**: Entzündung von Meningen, Gehirn und Rückenmark ■ **Radikulomyelomeningoenzephalitis** nach Zeckenbiß (Borreliose, Lyme-Krankheit): ● heftige radikuläre Schmerzen ● Lähmungen ● Prognose meist gut, Symptome verschwinden nach Wochen bis Monaten

7.1.3 Spalträume der Hirn- und Rückenmarkhäute

SPATIUM	DEFINITION, GLIEDERUNG	KLINIK
Spatium epidurale [peridurale] (Epiduralraum, Periduralraum)	In Cavitas cranii (Schädelhöhle): normalerweise kein Spalt zwischen Dura und Schädelknochen	**Epidurales Hämatom**: hebt Dura von Schädelknochen ab, meist bei Riß von Ästen der A. meningea media bei Schädelfrakturen (bei etwa 15 % aller Schädel-Hirn-Traumen), auch venöse Blutung aus Sinus durae matris möglich, oft "freies Intervall" ("Dreiphasensyndrom": Patient ist durch Unfall zunächst bewußtlos, dann kehrt Bewußtsein zurück und trübt sich nach Minuten oder Stunden durch zunehmenden intrazerebralen Druck wieder ein)
	In Canalis vertebralis (Wirbelkanal): Raum zwischen Dura und Periost des Wirbelkanals gefüllt von Fettgewebe und Venengeflecht: ● Plexus venosus vertebralis internus anterior ● Plexus venosus vertebralis internus posterior	■ **Epiduralanästhesie** (Periduralanästhesie): ● Einstich zwischen zwei Wirbelbogen (median zwischen 2 Dornfortsätzen oder schräg paramedian) ● Hauptproblem Identifizierung des Epiduralraums (sticht man zu tief, gelangt man in Liquorraum oder gar in Rückenmark!): Widerstand läßt bei Eintritt in den Epiduralraum plötzlich nach, augenfällig zu beobachten mit "Technik des hängenden Tropfens": Tropfen Anästhetikum wird in Ansatz der Hohlnadel gebracht und wölbt sich nach außen vor, solange Widerstand hoch; tritt Nadelschliff in Epiduralraum ein, wird der Tropfen in die Hohlnadel gesaugt ● Spritze aufsetzen und aspirieren: kommt Liquor, so ist die Nadelspitze in den Subarachnoidealraum eingedrungen, kommt Blut, so liegt sie im Venenplexus, in beiden Fällen muß die Lage korrigiert werden ● durch die Kanüle kann ein Periduralkatheter in den Epiduralraum eingeführt werden und nach Rückziehen der Kanüle liegen bleiben (ermöglicht, Anästhetikum nachzuspritzen) ■ **Kaudalanästhesie**: Epiduralanästhesie durch den Hiatus sacralis in den unteren Kreuzbeinkanal kaudal des Liquorraums (endet auf Höhe von S2!)

Fortsetzung der Tabelle nächste Seite

Spalträume der Hirn- und Rückenmarkhäute (Fortsetzung)

SPATIUM	DEFINITION, GLIEDERUNG	KLINIK
Spatium subdurale (Subduralraum)	In Cavitas cranii (Schädelhöhle): beim gesunden Lebenden vermutlich kein Spalt zwischen Dura und Arachnoidea, entsteht erst, wenn durch Blutung oder nach dem Tode die beiden getrennt werden	**Subdurales Hämatom**: drängt Arachnoidea von Dura ab ● meist bei Abriß von Brückenvenen (Venen von Großhirnoberfläche münden in Sinus sagittalis, reißen unmittelbar an Mündung ab) oder Verletzung von Sinus ● charakteristisch: relativ langes "freies Intervall" (bis mehrere Wochen bei Sickerblutung) ● besonders gefährdet Säuglinge und alte Menschen
	In Canalis vertebralis (Wirbelkanal): wie in Schädelhöhle	
Spatium subarachnoideum (Subarachnoidealraum)	In Cavitas cranii (Schädelhöhle): ● zwischen Arachnoidea und Pia äußerer Liquorraum, mit Liquor cerebrospinalis (Hirnwasser) gefüllt ■ **Cisternae subarachnoideae**: da die Arachnoidea der Dura, die Pia dem Gehirn anliegt, ist der Subarachnoidealraum stellenweise erweitert: ● Cisterna cerebellomedullaris [magna]: zwischen Kleinhirn, Medulla oblongata und Os occipitale ● Cisterna fossae lateralis cerebri ● Cisterna chiasmatica ● Cisterna interpeduncularis ● Cisterna ambiens ● Cisterna pericallosa ● Cisterna pontocerebellaris	■ **Subarachnoideale Blutung** in den äußeren Liquorraum: ● meist bei Schädel-Hirn-Traumen aus kleinen extrazerebralen Gefäßen, massive Blutung bei Platzen eines Hirnarterien-Aneurysmas ● heftigster Kopfschmerz infolge Reizung der schmerzempfindlichen weichen Hirnhäute ● Diagnose durch Liquorpunktion (Lumbalpunktion, Subokzipitalpunktion) ■ **Punktion der Cisterna cerebellomedullaris** [magna]: Subokzipitalpunktion zur Liquorgewinnung aus der Schädelhöhle, Einstich genau median kaudal des Hinterhauptbeins, schräg nach oben zwischen Os occipitale und Arcus posterior atlantis durch Foramen magnum
	In Canalis vertebralis (Wirbelkanal): reicht kaudal bis S_2	■ **Lumbalpunktion**: zur Liquorgewinnung aus dem Wirbelkanal: ● Patient sitzt vorgeneigt oder liegt in Seitenlage ● Desinfektion der Haut (großer Hautbereich), Desinfektionsmittel darf aber nicht in Liquorraum verschleppt werden, weil sonst Arachnoiditis droht ● Hautquaddel mit Lokalanästhetikum an der geplanten Einstichstelle ● medianer Zugang: Einstich der Spinalnadel genau median zwischen den Dornfortsätzen L_3/L_4 oder L_4/L_5, medianes Vorschieben durch Lig. supraspinale, Lig. interspinale und Lig. flavum in Epiduralraum ● paramedianer Zugang: Einstich 1,5-2 cm lateral, Nadel leicht medial und kranial vorschieben (Vorteil: Umgehung des Lig. supraspinale und Lig. interspinale, die Schwierigkeiten verursachen können, wenn sie verkalkt sind) ● Ist Epiduralraum erreicht (wenn Widerstand nachläßt), Nadel nur noch 1 cm weiterführen, Liquor tropft aus dem Ansatz der Kanüle, wenn der Subarachnoidealraum erreicht ist ■ **Spinalanästhesie:** ● Einstich der Kanüle wie bei Lumbalpunktion, prüfen ob gesamter Schliff der Kanüle im Liquorraum liegt (Nadel um 360˚ drehen, es muß ständig Liquor ablaufen) ● langsame Injektion des Lokalanästhetikums (um Wirbelbildung im Liquor und damit unkontrollierbare Ausbreitung des Anästhetikums zu vermeiden) ● Patient sofort in die für die gewünschte kraniale Ausbreitung der Anästhesie richtige Lage bringen: ist die Dichte des Anästhetikums höher als die des Liquors (hyperbar), so sinkt das Anästhetikum im Liquorraum nach unten, ist sie geringer (hypobar), so steigt das Anästhetikum auf; je nach gewünschter Ausbreitungshöhe der Anästhesie wird der Winkel des Wirbelkanals mit der Horizontalen gewählt (dabei müssen auch Lordosen und Kyphosen berücksichtigt werden); nach 10-30 Minuten ist das Anästhetikum an die Nervenwurzeln gebunden, der Patient kann beliebig umgelagert werden, ohne daß sich die anästhesierte Zone ändert ● das Lokalanästhetikum bildet keine scharfe Grenze zum Liquor, sondern vermischt sich, dabei entstehen Konzentrationsgefälle am kranialen Rand: in dieser Übergangszone werden die dünneren B- und C-Nervenfasern (autonome Nerven) weiter kranial anästhesiert als die dickeren A-Fasern (Aα motorisch am dicksten, Aδ Schmerz- und Temperaturempfindung mittlere Dicke)

7.1.4 Innere Liquorräume

Hirnkammer	Wandbildende Hirnteile	Plexus choroidei	Klinik
Ventriculus quartus (vierte Hirnkammer)	■ **Boden: Fossa rhomboidea** (Rautengrube): etwa 3 cm lang, 1,5-2 cm breit, oberer Teil gehört zum Pons, unterer zur Medulla oblongata, Oberfläche gegliedert durch: ● Sulcus medianus: tief eingeschnittene mediane Rinne ● flache seitliche Vertiefung: Sulcus limitans, Fovea superior, Fovea inferior ● Eminentia medialis: zwischen Sulcus medianus und Sulcus limitans ● Striae medullares: querverlaufende Markstreifen ● Vorwölbungen durch Hirnnervenkerne: • Colliculus facialis • Area vestibularis • Trigonum nervi vagi [Trigonum vagale] • Trigonum nervi hypoglossi [Trigonum hypoglossale] ● Locus caeruleus: bläulich schimmernder Bereich wegen starker Pigmentierung (noradrenerger Hauptkern) ■ **Dach: Tegmen ventriculi quarti:** ● Pedunculus cerebellaris superior, medius und inferior ● Velum medullare superius ● Velum medullare inferius ● Tela choroidea ventriculi quarti: Piaplatte, die den Plexus choroideus trägt ■ **3 Öffnungen** zu den äußeren Liquorräumen: ● Apertura mediana (Magendie-Loch): unpaar ● Apertura lateralis (Luschka-Loch): paarig, am Ende des Recessus lateralis	Plexus choroideus ventriculi quarti: paarig, T-förmig ● quillt aus Apertura lateralis in Cisterna pontocerebellaris (alte Bezeichnung für freies Ende: Bochdalek-Blumenkörbchen) ● Feinbau: blutgefäßreiche Bindegewebezotten der Pia mater von kubischem Epithel überzogen (mikroskopisches Bild erinnert an Placenta)	**Liquor cerebrospinalis** (Hirnwasser): ● Gesamtmenge 100-200 ml ● Eigenschaften: • wasserklar (bei Meningitis trüb, bei Subarachnoidealblutung blutig) • Dichte etwa 1,007 (also stark hypoton zum Blutplasma) • Protein etwa 0,3 g/l (bei Hirntumor und Hirnabszeß vermehrt) • Glucose etwa 60 % des Blutwerts (bei Meningitis vermindert) • Druck 0,7-1,2 kPa (70-120 mm-H_2O, stark erhöht bei Hirnabszeß und akuter Meningitis) ● Zellzahl: • normal bis 4/µl (gewöhnlich angegeben als 12/3, weil die Fuchs-Rosenthal-Zählkammer 3,2 µl enthält) • Leukozyten stark vermehrt bei Meningitis • Erythrozyten stark vermehrt bei Blutung in den Liquorraum (Subarachnoidealblutung) ● Sekretion: in Plexus choroidei (etwa 60 %) und von Pia mater, pro Tag etwa 650 ml ● Resorption: • Granulationes arachnoideae • Pia mater • Abfluß auch in periphere Nervenscheiden
Aqueductus mesencephali [cerebri] (Wasserleiter des Mittelhirns, Sylvius-Kanal)	● trennt Tectum mesencephalicum (Vierhügelplatte) und Tegmentum mesencephalicum (Haube) ● etwa 1 cm lang ● die Enden etwas enger, die Mitte weiter	Kein Plexus choroideus	Angeborene oder erworbene Aquäduktstenose oder Aquäduktverschluß (⇨ nächste Seite, Hydrocephalus internus)
Ventriculus tertius (dritte Hirnkammer)	● Sulcus hypothalamicus: Grenzfurche zwischen Thalamus (oben) und Hypothalamus (unten) ● Foramen interventriculare (Monro-Loch): Mündung der Seitenventrikel ● Recessus opticus: Nische über dem Chiasma opticum ● Recessus infundibuli [infundibularis]: trichterförmige Ausstülpung in den Hypophysenstiel ● Recessus pinealis: Nische in die Zirbeldrüse ● Recessus suprapinealis: Nische oberhalb der Zirbeldrüse	● Tela choroidea ventriculi tertii (Dach des 3. Ventrikels) mit Plexus choroideus ventriculi tertii ● Taenia thalami: seitliche Anheftung des Plexus choroideus	

Fortsetzung der Tabelle nächste Seite

Innere Liquorräume (Fortsetzung)

HIRN-KAMMER	WANDBILDENDE HIRNTEILE	PLEXUS CHOROIDEI	KLINIK
Ventriculus lateralis (seitliche Hirnkammer)	**4 Abschnitte:** ■ **Pars centralis**: etwa 4 cm lang ● Dach: Truncus des Corpus callosum und Radiatio corporis callosi ● lateral: Nucleus caudatus ● Boden: Thalamus, Stria terminalis an Grenze zu Nucleus caudatus (Grenzstreifen zwischen Diencephalon und Telencephalon) ● medial: Crus und Corpus des Fornix, Foramen interventriculare (Monro-Loch) verbindet mit 3. Ventrikel ● Hinterende dreieckig erweitert: Trigonum collaterale im Boden ■ **Cornu frontale** [anterius] (Vorderhorn): im Lobus frontalis, etwa 2,5 cm lang ● Dach: Truncus des Corpus callosum und Radiatio corporis callosi ● vorn: Genu des Corpus callosum ● unten: Rostrum des Corpus callosum ● medial: Septum pellucidum ● lateral: Caput des Nucleus caudatus ■ **Cornu occipitale** [posterius] (Hinterhorn): im Lobus occipitalis, etwa 3,5 cm lang ● Dach: Splenium des Corpus callosum und Radiatio corporis callosi ● medial: Bulbus cornus occipitalis [posterioris] und Calcar avis (bedingt durch Sulcus calcarinus) ■ **Cornu temporale** [inferius] (Unterhorn): im Lobus temporalis, etwa 4 cm lang, weitester Teil des Seitenventrikels ● Dach: Radiatio corporis callosi und Cauda des Nucleus caudatus ● medial: Hippocampus (Ammonshorn) mit Pes (tatzenartiges Vorderende), Alveus (dünne Marklamelle an Oberfläche) und Fimbria (Faserstrang, geht über in Crus fornicis) ● Boden: Eminentia collateralis und Trigonum collaterale	Plexus choroideus ventriculi lateralis: ● nur in Pars centralis und Cornu temporale ● Taenia choroidea: Anheftung an Thalamus	■ **Hydrocephalus internus** (Wasserkopf): bei Verschluß der 3 Öffnungen des vierten Ventrikels oder des Wasserleiters des Mittelhirns kann der von den Plexus choroidei gebildete Liquor nicht abfließen, der Druck in den inneren Liquorräumen steigt ● das Gehirn wird zusammengepreßt und in seiner Funktion behindert ● beim Kind paßt sich der Schädel der wachsenden Hirngröße an (auffallend großer Kopf beim Kind immer verdächtig!) ● etwa 0,3 % aller Säuglinge, Ursache meist intrauteriner Virusinfekt, seltener genetisch bedingt ● ohne Operation führt der Hydrocephalus internus zur Verblödung und später zum Tod ■ **Ableitungsoperationen bei Hydrocephalus:** ● vordere Ventrikulostomie: künstliches Loch in Boden des Ventriculus tertius zum Abfluß des Liquors in Cisterna interpeduncularis ● Einsetzen eines Plastikschlauchs (mit großteils extrakraniellem Verlauf) vom Ventriculus lateralis zu: • Cisterna cerebellomedullaris (Ventrikulozisternostomie) • rechtem Vorhof (ventrikuloatrialer Shunt) • Bauchfellhöhle (ventrikuloperitonealer Shunt)

7.1.5 Zirkumventrikuläre Organe

ALLGEMEINES	ORGAN	LAGE	BEDEUTUNG
● Auch Ependymorgane genannt ● grenzen an innere und (meist auch) äußere Liquorräume ● mit Ausnahme des Subkommissuralorgans keine Blut-Hirn-Schranke ● Lage in der Medianebene oder von ihr aus entstanden	**Neurohypophysis**	Teil des Hypothalamus	⇨ Hormondrüsen 7.7.2
	Infundibulum	Teil des Hypothalamus	⇨ Hypothalamus 7.2.9
	Corpus pineale	Teil des Epithalamus	⇨ Hormondrüsen 7.7.1
	Organum subcommissurale (Subkommissuralorgan)	Zwischen Corpus pineale und Commissura epithalamica [posterior]	Produziert Glykoproteidfaden (Reissner-Faden): reicht durch Canalis centralis des gesamten Rückenmarks ("Sagittalorgan"), Bedeutung unklar
	Organum subfornicale (Subfornikalorgan)	Zwischen Foramen interventriculare und Fornix (stecknadelkopfgroß)	Nachgewiesen: Somatostatin. Luliberin, Angiotensin-converting-Enzym
	Gefäßorgan der Lamina terminalis	In Vorderwand des 3. Ventrikels	Beim Menschen rudimentär, produziert bei manchen Säugern Somatostatin. Luliberin, Motilin
	Area postrema	Am unteren Ende der Rautengrube	Triggerzone für Erbrechen
	Plexus choroidei (Adergeflechte, Gefäßzottenwülste)	In allen Hirnkammern, von Ependym (einschichtiges Epithel) überzogenes Bindegewebe der weichen Hirnhaut (Tela choroidea)	Produktion von Liquor cerebrospinalis

7.2 Zentralnervensystem (Systema nervosum centrale) II: Rückenmark bis Zwischenhirn (Medulla spinalis bis Diencephalon)

7.2.1 Medulla spinalis (Rückenmark) I: allgemein

Entwicklung und Entwicklungsstörungen ⇨ 7.1.1

RELIEF, GLIEDERUNG	BAHNEN	KLINIK
■ **Äußere Form:** ● Länge: 40-45 cm ● Durchmesser: 1-1,5 cm (etwa wie Kleinfingergrundglied) ● *Intumescentia cervicalis* (Halsanschwellung): bedingt durch Versorgungsbereich obere Extremitäten ● *Intumescentia lumbosacralis*: durch untere Extremitäten ● *Conus medullaris* (Markkegel): zugespitztes unteres Ende, beim Erwachsenen auf Höhe L_1-L_2 ● *Filum terminale [spinale]* (Endfaden): nur Glia reicht bis in Kreuzbeinkanal ■ **Querschnittbild:** ● *Canalis centralis* (Zentralkanal): Fortsetzung der inneren Liquorräume des Gehirns, umgeben von Substantia gelatinosa centralis, im Conus medullaris erweitert zum Ventriculus terminalis ● *Substantia grisea* (graue Substanz): "Schmetterlingsfigur" mit Nervenzellkörpern, gegliedert in 3 Columnae griseae (Säulen, Hörner): Columna anterior, lateralis und posterior (⇨ unten) ● *Substantia alba* (weiße Substanz): Nervenfasern, gegliedert in 3 Stränge: Funiculus anterior, lateralis und posterior (⇨ rechts und 7.2.2) ● rechte und linke Hälfte getrennt vorn durch *Fissura mediana anterior*, hinten durch Sulcus medianus posterior und *Septum medianum posterius* ● Grenzen der Funiculi an Oberfläche markiert durch *Sulcus anterolateralis* (Austritt der Radix anterior [motoria]) und *Sulcus posterolateralis* (Eintritt der Radix posterior [sensoria] ● *Funiculus posterior* im Halsbereich geteilt durch Sulcus intermedius posterior und Septum cervicale intermedium ■ **Segmenta medullae spinalis** (Rückenmarksegmente): ● Pars cervicalis: Segmenta cervicalia 1-8 ● Pars thoracica: Segmenta thoracica 1-12 ● Pars lumbaris: Segmenta lumbaria 1-5 ● Pars sacralis: Segmenta sacralia 1-5 ● Pars coccygea: Segmenta coccygea 1-3 ■ **Columnae griseae** (Säulen der grauen Substanz): Gliederung nach Zytoarchitektonik in 10 Rexed-Laminae (ausführlich ⇨ nächste Seite) ● *Columna anterior* (Vordersäule), im Querschnitt Cornu anterius (Vorderhorn): motorische Kerne mit großen multipolaren Nervenzellen (Motoneuronen) ● *Columna lateralis* (Seitensäule), im Querschnitt Cornu laterale (Seitenhorn): überwiegend Kerngebiete des autonomen Nervensystems ● *Columna posterior* (Hintersäule), im Querschnitt Cornu posterius (Hinterhorn): sensible Kerngebiete, Untergliederung in Apex, Caput, Cervix, Basis ● *Commissura grisea anterior/posterior* (vordere/hintere graue Kommissur): vor und hinter Zentralkanal	■ **Funiculus anterior** (Vorderstrang): ● Fasciculi proprii anteriores: Eigenapparat, dazu gehört auch Fasciculus sulcomarginalis am Rand des Sulcus medianus anterior ● Tractus corticospinalis [pyramidalis] anterior ● Tractus vestibulospinalis ● Tractus reticulospinalis ● Tractus spinothalamicus anterior ■ **Funiculus lateralis** (Seitenstrang): ● Fasciculi proprii laterales ● Tractus corticospinalis [pyramidalis] lateralis ● Tractus rubrospinalis ● Tractus bulboreticulospinalis ● Tractus pontoreticulospinalis ● Tractus tectospinalis ● Tractus olivospinalis ● Tractus spinotectalis ● Tractus spinothalamicus ● Tractus spinocerebellaris anterior ● Tractus spinocerebellaris posterior ● Tractus posterolateralis ● Tractus spino-olivaris ● Tractus spinoreticularis ■ **Funiculus posterior** (Hinterstrang): ● Fasciculi proprii posteriores ● Fasciculus septomarginalis ● Fasciculus interfascicularis [semilunaris] ● Fasciculus gracilis ● Fasciculus cuneatus ■ **Commissura alba anterior/posterior** (vordere/hintere weiße Kommissur)	■ **Vollständige Querschnittlähmung:** ① *akutes Stadium*: Ausfall aller Rückenmarkfunktionen kaudal der Durchtrennung: ● schlaffe Lähmung ● Lähmung von Harnblase ("Überlaufblase") und Mastdarm, Impotenz ● vollständiger Sensibilitätsausfall ● Areflexie ● keine Gefäßreaktionen ② *nach einigen Tagen* Autonomie des Rückenmarks kaudal der Durchtrennung: ● spastische Lähmung ● Rückkehr der Reflexe ● automatische Harnblasenentleerung als ● "Reflexblase" (Läsion kranial von Th_{12}) ● "autonome Blase" (kaudal von Th_{12}) ● vollständiger Sensibilitätsausfall ■ **Halbseitenläsion** des Rückenmarks (Brown-Sequard-Syndrom): ● auf Seite der Läsion: schlaffe Lähmung auf Segmenthöhe (Vorderhornzellen), darunter spastische Lähmung (Pyramidenbahn), Ausfall der Berührungs-, Vibrations- und Tiefenempfindung (Hinterstrangbahnen) ● auf Gegenseite: Ausfall von Schmerz- und Temperaturempfindung (spinothalamische Bahnen, "dissoziierte Empfindungsstörung") ■ **Poliomyelitis anterior acuta** ("Kinderlähmung"): ● Viruskrankheit, Inkubationszeit 7-21 Tage ● befällt bevorzugt die Vorderhornzellen → schlaffe Lähmungen, besonders bedrohlich, wenn Atemmuskeln betroffen ● keine Sensibilitätsstörungen ● Beginn mit Symptomen wie Erkältungskrankheit ● meiste Erkrankungen ohne Lähmungen, aber lebenslanger Immunität ("stille Feiung") ● Prophylaxe durch Schutzimpfung, da noch keine Therapie

Columnae griseae (Säulen der grauen Substanz)

SÄULE	KERN	REXED LAMINA	BEREICH	FUNKTION	KLINIK
Columna anterior [Cornu anterius] (Vorder- horn)	● Nucleus anteromedialis ● Nucleus posteromedialis	IX	C_1-Co	α- und γ-Motoneuronen für Muskeln des Körperstamms	**Vorderhornsyndrom:** ● schlaffe Lähmungen ● allmähliche Atrophie der ge- lähmten Muskeln ● Faszikulationen (spontane Kon- traktionen einzelner Muskelfaser- bündel) von teilgeschädigten Ker- nen ausgehend ● 2 Krankheitsbilder: • chronische progressive spinale Muskelatrophie: infantile, juvenile und adulte Verlaufsformen • Poliomyelitis anterior acuta ("Kinderlähmung"): Viruskrankheit ($\Rightarrow$ vorhergehende Seite)
	● Nucleus anterolateralis ● Nucleus posterolateralis	IX	C_4-Th_1, L_2-S_3	α- und γ-Motoneuronen für Muskeln der Extremitäten	
	Nucleus retroposterolatera- lis	IX	C_8-Th_1, S_1-S_3	α- und γ-Motoneuronen für Muskeln der Finger und Zehen	
	Nucleus nervi accessorii [Nucleus accessorius]	IX	C_1-C_6	α- und γ-Motoneuronen für ● M. sternocleidomastoideus ● M. trapezius	
	Nucleus nervi phrenici [Nucleus phrenicus]	IX	C_3-C_5	α- und γ-Motoneuronen für Zwerchfell	
Columna lateralis [Cornu laterale] (Seiten- horn)	Substantia (grisea) interme- dia centralis (periependy- male graue Substanz)	X	C_1-Co	Teil des autonomen Nerven- systems	
	Columna thoracica [Nucleus thoracicus] (Stilling-Clarke-Säule)	VII	C_8-L_3	Kerngebiet des Tractus spino- cerebellaris posterior (Flech- sig-Bündel)	
	● Substantia (grisea) inter- media lateralis ● Columna intermediolate- ralis [autonomica]	VII	Th_1-L_3	Sympathisches Kerngebiet, Ursprung der präganglionären Axonen des Sympathikus	
	Nuclei parasympathici sa- crales (Onufrowicz-Kern)	VII	S_2-S_4	Parasympathisches Kernge- biet, Ursprung des Becken- parasympathikus	
	Formatio reticularis (Netzsubstanz des Rückenmarks): zwischen Seiten- und Hinterhorn	-	C_1-Co	Teil des autonomen Nerven- systems	
Columna posterior [Cornu posterius] (Hinter- horn)	Caput, Cervix und Basis cornus posterius <Nucleus proprius>	IV-VI	C_1-Co	Ursprungsgebiet des Tractus spinothalamicus anterior und lateralis (protopathische Sen- sibilität)	**Hinterhornsyndrom:** ● dissoziierte Empfindungsstö- rung: Schmerz- und Temperatur- empfindung im erkrankten Gebiet erloschen, alle übrigen Empfin- dungen erhalten ● Spontanschmerzen können in das anästhetische Gebiet projiziert werden
	Apex cornus dorsalis <Nucleus dorsolateralis> (Lissauer-Randzone)	I	C_1-Co	Beteiligung an Tractus spino- thalamici	
	Substantia gelatinosa (Roland-Substanz): liegt der Spitze der Hintersäule kap- penartig an	II, III	C_1-Co	Relaiskern der Schmerz- und Temperaturbahn: möglicher- weise kann hier Schmerzemp- findung gehemmt werden: Ga- te-control-Theorie (Kontroll- schrankentheorie), Angriffs- punkt der Akupunktur?	

Vegetative Funktionen im Rückenmark

FUNKTION	SYMPATHISCH	PARASYMPATHISCH
Schweißsekretion	Th_3-L_2	
Piloarrektion	Th_3-L_2	
Miktion	Th_{12}-L_3	S_2-S_4
Defäkation	Th_{12}-L_3	S_3-S_5
Erektion		S_3-S_5
Ejakulation	L_1-L_2	S_2-S_3

7.2.2 Medulla spinalis (Rückenmark) II: Bahnen und Reflexe

Aufsteigende Bahnen

BAHN	REZEPTOREN	ZELLKÖRPER (PERIKARYEN)	KREUZUNG	ENDE	FUNKTION
Tractus spinothalamicus anterior	Haut, Gelenke, Muskeln, Eingeweide	● 1. Neuron: Spinalganglion ● 2. Neuron: Columna posterior ● 3. Neuron: Thalamus	Kranial des Segments in Commissura alba	Gyrus postcentralis (Area 1-3)	Protopathische Sensibilität (Berührung, Druck, Vibration)
Tractus spinothalamicus lateralis	Haut, Gelenke, Muskeln, Eingeweide	● 1. Neuron: Spinalganglion ● 2. Neuron: Columna posterior ● 3. Neuron: Thalamus	Commissura alba des gleichen Segments	Gyrus postcentralis (Area 1-3)	Protopathische Sensibilität (Schmerz, Temperatur)
Tractus spinocerebellaris anterior (Gowers-Bündel)	Muskel- und Sehnenspindeln	● 1. Neuron: Spinalganglion ● 2. Neuron: Columna posterior ● 3. Neuron: -	Im gleichen Segment	Kleinhirn (über Pedunculus cerebellaris superior)	Information des Kleinhirns über Körperperipherie zur Gleichgewichtssteuerung
Tractus spinocerebellaris posterior (Flechsig-Bündel)	Muskel- und Sehnenspindeln	● 1. Neuron: Spinalganglion ● 2. Neuron: Columna thoracica (Stilling-Clarke-Säule) ● 3. Neuron: -	Ohne	Kleinhirn (über Pedunculus cerebellaris inferior)	Information des Kleinhirns über Körperperipherie zur Gleichgewichtssteuerung
Tractus spinotectalis		● 1. Neuron: Spinalganglion ● 2. Neuron: Columna posterior ● 3. Neuron: -	Im gleichen Segment	Colliculus superior	Phylogenetisch alte Reflexbahn
Tractus spinoolivaris (Helweg-Dreikantenbahn)	Muskel- und Sehnenspindeln	● 1. Neuron: Spinalganglion ● 2. Neuron: Columna posterior ● 3. Neuron: Nucleus olivaris inferior, Nuclei olivares accessorii	Im gleichen Segment	Kleinhirn	Information des Kleinhirns über Körperperipherie zur Gleichgewichtssteuerung
Tractus spinoreticularis		Polysynaptische Bahn	Ohne	Formatio reticularis des Hirnstamms	Koordinationsbahn
Fasciculus gracilis (Goll-Strang)	Haut, Muskel, Sehnen, Gelenke	● 1. Neuron: Spinalganglion ● 2. Neuron: Nucleus gracilis in Medulla oblongata (weiter in Lemniscus medialis) ● 3. Neuron: Thalamus	Medulla oblongata (Decussatio lemniscorum medialium)	Gyrus postcentralis (Area 1-3)	Epikritische Sensibilität, Tiefensensibilität der unteren Körperhälfte
Fasciculus cuneatus (Burdach-Strang)	Haut, Muskel, Sehnen, Gelenke	● 1. Neuron: Spinalganglion ● 2. Neuron: Nucleus cuneatus in Medulla oblongata (weiter in Lemniscus medialis) ● 3. Neuron: Thalamus	Medulla oblongata (Decussatio lemniscorum medialium)	Gyrus postcentralis (Area 1-3)	Epikritische Sensibilität, Tiefensensibilität der Arme, des oberen Brustbereichs und des Halses

Absteigende Bahnen

BAHN	BEGINN	ERFOLGSNEURON	KREUZUNG	LAGE	FUNKTION
Tractus corticospinalis (pyramidalis) anterior	Gyrus precentralis (Area 4 + 6) des Großhirns	α-Motoneuron der Columna anterior (nach Durchlaufen von Zwischenneuronen)	Rückenmark	Vorderstrang (Pyramidenvorderstrangbahn)	Willkürmotorik (etwa 10-20 % der Bahnen)
Tractus corticospinalis (pyramidalis) lateralis	Gyrus precentralis (Area 4 + 6) des Großhirns	α-Motoneuron der Columna anterior (nach Durchlaufen von Zwischenneuronen)	Decussatio pyramidum in Medulla oblongata	Seitenstrang (Pyramidenseitenstrangbahn)	Willkürmotorik (Hauptmasse der Bahnen)

Fortsetzung der Tabelle nächste Seite

Absteigende Bahnen(Fortsetzung)

BAHN	BEGINN	ERFOLGSNEURON	KREUZUNG	LAGE	FUNKTION
Tractus vestibulo-spinalis	Nucleus vestibularis lateralis (Deiters-Kern) der Medulla oblongata	α- und γ-Motoneuronen der Columna anterior	-	Vorderstrang	Gleichgewichtsregelung (Tonus der Strecker erhöht, der Beuger vermindert)
Tractus reticulospinalis	2 Teile (die beiden folgenden Bahnen)				
Tractus ponto-reticulospinalis	Formatio reticularis des Pons	α- und γ-Motoneuronen der Columna anterior (polysynaptische Bahn)	-	Vorderstrang	Gleichgewichtsregelung (Tonus der Strecker erhöht, der Beuger vermindert)
Tractus bulbo-reticulospinalis	Formatio reticularis der Medulla oblongata	α- und γ-Motoneuronen der Columna anterior (polysynaptische Bahn)	-	Seitenstrang	Gleichgewichtsregelung (Tonus der Strecker vermindert, der Beuger erhöht)
Tractus rubro-spinalis (Monakow-Bündel)	Nucleus ruber (Pars magnocellularis) im Mesencephalon	α- und γ-Motoneuronen der Columna anterior	Decussationes tegmenti (ventrale Haubenkreuzung)	Seitenstrang	Gleichgewichtsregelung (Tonus der Beuger erhöht)
Tractus tecto-spinalis	Colliculus superior im Mesencephalon	α- und γ-Motoneuronen der Columna anterior (über Neuronen des Eigenapparats)	Decussationes tegmenti (dorsale Haubenkreuzung)	Vorderstrang	Gleichgewichtsregelung (optische Stellreflexe, im wesentlichen oberer Halsbereich)
Tractus olivo-spinalis	Beim Menschen noch nicht nachgewiesen				

Klinisch wichtige Muskeleigenreflexe

REFLEX	AUSLÖSUNG	REAKTION	AFFERENTER = EFFERENTER SCHENKEL	SEGMENT
Masseterreflex	Schlag von oben auf Kinn bei leicht geöffnetem Mund	Kieferschluß	N. trigeminus	Pons
Infraspinatusreflex	Schlag von lateral gegen Angulus inferior der Scapula	Adduktion und Außenrotation des Arms	N. supraspinatus	C_4 (-C_6)
Bizepsreflex	Schlag auf Bizepshauptsehne bei leicht gebeugtem Ellbogengelenk	Beugung im Ellbogengelenk	N. musculocutaneus	C_5 (C_6)
Brachioradialisreflex (Radiusperiostreflex)	Schlag von oben auf Radius bei leicht gebeugtem Ellbogengelenk	Beugung im Ellbogengelenk	N. radialis	C_6 (C_5-C_7)
Tricepsreflex	Schlag auf Trizepssehne bei leicht gebeugtem Ellbogengelenk	Streckung im Ellbogengelenk	N. radialis	C_7 (C_8)
Fingerbeugereflexe	● Trömner-Reflex: Schlag von palmar gegen Fingerendglied ● Knipsreflex: Knipsen am Fingernagel	● Fingerbeugung ● bei Störung der Pyramidenbahnen Mitbewegung des Daumens	N. medianus, N. ulnaris	C_7-Th_1
Adduktorenreflex	Schlag von medial auf Finger, der am distalen Oberschenkel gegen Adduktoren drückt	Adduktion des Oberschenkels	N. obturatorius	L_2-L_4
Quadrizeps-femoris-Reflex (Patellarsehnenreflex)	Schlag von vorn gegen Lig. patellae bei locker gebeugtem Kniegelenk	Streckung im Kniegelenk	N. femoralis	L_3 (L_2-L_4)
Tibialis-posterior-Reflex	Schlag auf Sehne in Nähe des Malleolus medialis	Adduktion des Fußes	N. tibialis	L_5
Triceps-surae-Reflex (Achillessehnenreflex)	Schlag von hinten auf Achillessehne	Plantarflexion des Fußes	N. tibialis	S_1 (S_2)

Klinisch wichtige Fremdreflexe

REFLEX	AUSLÖSUNG	REAKTION	AFFERENTER SCHENKEL	SEGMENT	EFFERENTER SCHENKEL
Pupillenreflex	Lichteinfall in Auge	Verengung der Pupille	N. opticus	Mittelhirn	N. oculomotorius
Kornealreflex	Berühren der Cornea	Lidschluß	N. trigeminus	Medulla oblongata	N. facialis
Würgreflex	Berühren der Rachenschleimhaut	Hochziehen des Gaumensegels, Kontraktion der Rachenmuskeln	N. glossopharyngeus + N. vagus	Medulla oblongata	N. glossopharyngeus + N. vagus
Bauchhautreflexe ● obere Etage ● mittlere Etage ● untere Etage	Bestreichen der Bauchhaut von lateral nach medial	Kontraktion der Bauchmuskeln mit Verziehen des Nabels zur gereizten Seite	Rr. anteriores der Nn. thoracici [Nn. intercostales]	● Th_8-Th_9 ● $Th_{10}-Th_{11}$ ● $Th_{11}-Th_{12}$	Rr. anteriores der Nn. thoracici [Nn. intercostales]
Kremasterreflex	Bestreichen der Haut der Medialseite des Oberschenkels	Hochziehen des Hodens	N. femoralis, N. obturatorius	L_1-L_2	R. genitalis des N. genitofemoralis
Bulbospongiosusreflex*	Leichtes Kneifen der Glans penis	Kontraktion des M. bulbospongiosus	N. pudendus	S_3	N. pudendus
Analreflex	Bestreichen der Afterhaut	Kontraktion der Afterschließmuskeln	N. pudendus	S_4 (S_3-S_5)	N. pudendus

* Üblicherweise bei den Fremdreflexen aufgeführt, aber zumindest Teilkomponente ist Muskeleigenreflex: Bei Kompression der Glans penis läuft Druckwelle zurück zu Bulbus penis und dehnt dort die den Bulbus umgreifenden Muskelfasern des M. bulbospongiosus

7.2.3 Medulla oblongata [Bulbus] (verlängertes Mark)

Überblick

RELIEF, GLIEDERUNG	KERNE	DURCHLAUFENDE BAHNEN	KLINIK
Oberfläche gegliedert durch Rinnen und Vorwölbungen (von vorn nach hinten): ● Fissura mediana anterior: stellenweise unterbrochen durch die Decussatio pyramidum (Pyramidenkreuzung) ● Pyramis (medullae oblongatae) ● Sulcus anterolateralis: mit Austritt des N. hypoglossus (XII) ● Oliva ● Sulcus retro-olivaris ● Area retro-olivaris ● Sulcus posterolateralis: mit Austritt der Hirnnerven IX-XI ● Fasciculus cuneatus mit Tuberculum cuneatum ● Fasciculus gracilis mit Tuberculum gracile ● Sulcus medianus posterior	■ Hirnnervenkerne: ● N. glossopharyngeus (IX) ● N. vagus (X) ● N. accessorius (XI) ● N. hypoglossus (XII) bis in den Pons reichen Kerngebiete von: ● N. trigeminus (V) ● N. vestibulocochlearis (VIII) ■ Kerne aufsteigender Bahnen: ● Nucleus gracilis ● Nucleus cuneatus ● Nucleus cuneatus accessorius ■ Kerne des Olivensystems: ● Nucleus olivaris inferior ● Nucleus olivaris accessorius medialis ● Nucleus olivaris accessorius posterior ■ Kerne der Formatio [Substantia] reticularis: ⇨ 7.2.7	(Einzelheiten ⇨ 7.2.2) ■ absteigende Bahnen: ● Fibrae corticospinales des Fasciculus pyramidalis ● Tractus rubrospinalis ● Tractus tectospinalis ● Tractus vestibulospinalis ● Tractus reticulospinalis ● Tractus bulboreticulospinalis ● Tractus pontoreticulospinalis ■ aufsteigende Bahnen: ● Tractus spinothalamicus anterior ● Tractus spinothalamicus posterior ● Tractus spinocerebellaris anterior ● Tractus spinocerebellaris posterior ● Tractus spinoreticularis ● Tractus spinotectalis	■ Akutes Bulbärhirnsyndrom: ● meist Folge von Kleinhirneinklemmung in Foramen magnum bei Hirndruck ● Muskeln von Rumpf und Extremitäten erschlafft ● Abnahme der vegetativen Funktionen: Blutdruckabfall, Bradykardie, Atemstillstand ● ohne Druckentlastung Tod in wenigen Minuten ■ Bulbärparalyse: ● progressive Atrophie motorischer Hirnnervenkerne: ● verwaschene Sprache ● Schluckstörungen ● Heiserkeit ● Zungenlähmung mit Atrophie ■ Pseudobulbärparalyse: bei Schädigung kortikobulbärer Bahnen ähnliche Symptome, aber keine Zungenatrophie ■ Wallenberg-Syndrom (dorsolaterales Oblongatasyndrom): ● bei Durchblutungsstörung der A. inferior posterior cerebelli ● Beginn mit Drehschwindel ● gleichseitig: Nystagmus, Hemiataxie, Horner-Syndrom, Schluckstörung ● kontralateral: dissoziierte Empfindungsstörung

Kerne der Medulla oblongata und zugehörige Bahnen

GRUPPE	KERN	AFFERENTE BAHNEN	EFFERENTE BAHNEN
Kerne auf-steigender Bahnen	Nucleus gracilis	Fasciculus gracilis	● Als Fibrae arcuatae internae zur Medianen ● kreuzen diese in Decussatio lemniscorum medialium [Decussatio sensoria]
	Nucleus cuneatus	Fasciculus cuneatus	● steigen auf als Lemniscus medialis zum Thalamus
	Nucleus cuneatus accessorius	Entsprechend Nucleus thoracicus des Rückenmarks	● Fibrae arcuatae externae anteriores: ge-kreuzt im Pedunculus cerebellaris inferior zu Kleinhirn ● Fibrae arcuatae externae posteriores: unge-kreuzt im Pedunculus cerebellaris inferior zu Kleinhirn
Sensible (sensori-sche) Hirn-nerven-kerne	Nucleus spinalis [in-ferior] nervi trigemini ("spinaler" Trigeminus-kern, aber hauptsäch-lich in Medulla oblon-gata und Pons gele-gen)	Tractus spinalis nervi trigemini: ● Hautsensibilität (überwiegend Schmerz- und Temperaturempfindung, protopathische Sensibilität) des N. tri-geminus (Zellkörper des 1. Neurons im Ganglion trigeminale): • im oberen (pontinen) Teil vor allem N. mandibularis und N. maxillaris • im unteren (bulbären) Teil vor allem N. ophthalmicus ● Hautsensibilität des N. vagus (R. auri-cularis)	Lateraler Teil des Lemniscus trigeminalis [Tractus trigeminothalamicus] zu Thalamus (Zellkörper des 3. Neurons) und weiter zu Gy-rus postcentralis
	Nuclei cochleares (Zellkörper des 2. Neu-rons der Hörbahn) ● Nucleus cochlearis anterior ● Nucleus cochlearis posterior	N. cochlearis (Zellkörper im Ganglion cochleare [Ganglion spirale cochleae])	Axonen des 2. Neurons der Hörbahn: ● kreuzen im Corpus trapezoideum oder im Boden des vierten Ventrikels ● steigen in Lemniscus lateralis zu Colliculi in-feriores auf ● enden zum Teil in Nucleus olivaris superior, Nuclei corporis trapezoidei, Nuclei lemnisci la-teralis (Beginn des 3. Neurons)
	Nuclei vestibulares ● Nucleus vestibularis inferior (Roller-Kern) ● Nucleus vestibularis medialis (Schwalbe-Kern) ● Nucleus vestibularis superior (Bechterew-Kern, im Pons)	N. vestibularis (Zellkörper im Ganglion vestibulare in Meatus acusticus internus)	● Fasciculus longitudinalis medialis: zu Augen-muskelkernen ● zum Kleinhirn über Pedunculus cerebellaris inferior (vor allem zu Nucleus fastigii) ● Tractus vestibulospinalis (medialer Teil) zum Rückenmark (⇨ 7.2.2) ● zum Großhirn über Thalamus
	● Nucleus vestibularis lateralis (Deiters-Kern): Sonderstellung als großzelliger Kern der Formatio reticularis	● Nur wenig Anteile des N. vestibularis (Zellkörper im Ganglion vestibulare in Meatus acusticus internus) ● Hauptanteil von Purkinje-Zellen des Kleinhirns ● Verbindungen von Nuclei cochleares und Tractus spinocerebellaris posterior	● Fasciculus longitudinalis medialis: zu Augen-muskelkernen ● Tractus vestibulospinalis (lateraler Teil) zum Rückenmark (⇨ 7.2.2) ● zu Nucleus ruber ● inhibitorische Fasern zurück zu Gleichge-wichtsorgan
	Nucleus solitarius 2 Teile (nicht in Nomi-na anatomica): ● kranial: Pars gusta-toria (Zellkörper des 2. Neurons der Ge-schmacksbahn) ● kaudal: Pars cardio-respiratoria	Tractus solitarius: ■ Geschmacksfasern des ● N. facialis (Zellkörper im Ganglion ge-niculi) ● N. glossopharyngeus (Zellkörper im Ganglion inferius) ● N. vagus (Zellkörper im Ganglion infe-rius) ■ Eingeweidesensibilität aus ● Rachen, Mittelohr (N. glossopharyn-geus) ● untere Atemwege, Verdauungskanal, Herz (N. vagus)	● Geschmacksbahn zum Nucleus parabra-chialis (3. Neuron) der Formatio reticularis der Mittelhirnhaube ● Eingeweidesensibilität im Fasciculus longitu-dinalis dorsalis [posterior] (Schütz-Bündel) zu Nuclei tegmenti [tegmentales] der Mittelhirnhau-be ● Verbindungen zum Nucleus dorsalis nervi vagi [Nucleus vagalis dorsalis]

Fortsetzung der Tabelle nächste Seite

Medulla oblongata (Fortsetzung)

GRUPPE	KERN	AFFERENTE BAHNEN	EFFERENTE BAHNEN
Motorische Hirnnervenkerne	**Nucleus ambiguus**	Fibrae corticonucleares (von Pyramidenbahn)	• N. glossopharyngeus (IX) • N. vagus (X)) • Radices craniales [Pars vagalis] des N. accessorius (XI)
	Nucleus nervi hypoglossi [Nucleus hypoglossalis]	Fibrae corticonucleares (von Pyramidenbahn)	N. hypoglossus (XII)
Parasympathische Hirnnervenkerne	**Nucleus salivarius inferior**	Von Nuclei tegmenti [tegmentales]	Präganglionäre Nervenfasern im N. glossopharyngeus (IX) über N. petrosus minor zum Ganglion oticum
	Nucleus dorsalis nervi vagi [Nucleus vagalis dorsalis]	Fasciculus longitudinalis dorsalis [posterior]	Präganglionäre viszeromotorische Nervenfasern im N. vagus (X) zu Ganglien des Brust- und Bauchraums
Kerne des Olivensystems	**Nucleus olivaris inferior**	Tractus tegmentalis centralis vom Nucleus ruber durch Amiculum olivare (Faserhülle)	• Tractus olivocerebellaris: tritt aus Hilum nuclei olivaris inferioris aus, kreuzt und gelangt im Pedunculus cerebellaris inferior zum Kleinhirn • Tractus olivospinalis: beim Menschen nicht nachgewiesen
	• **Nucleus olivaris accessorius medialis** • **Nucleus olivaris accessorius posterior**	• Tractus spino-olivaris: vom Rückenmark • von Formatio reticularis	Im Tractus olivocerebellaris durch Pedunculus cerebellaris inferior zum Kleinhirn

7.2.4 Pons (Brücke)

Überblick

RELIEF, GLIEDERUNG	KERNE	DURCHLAUFENDE BAHNEN	KLINIK
■ **Äußere Gliederung:** • *Sulcus bulbopontinus*: tiefe querverlaufende Furche zwischen Medulla oblongata und Pons mit dem Austritt der Hirnnerven VI-VIII • *Sulcus basilaris*: flache mediane Rinne für A. basilaris • *Pedunculus cerebellaris medius [pontinus]*: mittlerer Kleinhirnstiel • *Trigonum pontocerebellare* (Kleinhirn-Brücken-Winkel): tiefe Einsenkung, wo Pons, Cerebellum und Medulla oblongata zusammentreffen ■ **Gliederung auf dem Querschnitt** (Sectiones pontis): • *Pars anterior [basilaris] pontis*: mit zahlreichen querverlaufenden Nervenfasern, enthält hauptsächlich vom Großhirn kommende Bahnen • *Pars posterior pontis* [Tegmentum pontis] (Brückenhaube) mit Raphe pontis in der Medianen	■ **Hirnnervenkerne** (⇨ nächste Seite): • N. trigeminus (V) • N. abducens (VI) • N. facialis (VII) • Teile des N. vestibulocochlearis (VIII) ■ **Kerne der Großhirn-Brükken-Kleinhirn-Bahn** (⇨ nächste Seite) ■ **Kerne der Formatio reticularis** (⇨ 7.2.7)	■ **Pars anterior [basilaris] pontis:** Fibrae pontis longitudinales • Fibrae corticospinales (Pyramidenbahn zum Rückenmark) • Fibrae corticonucleares (Pyramidenbahn zu Hirnnervenkernen) • Fibrae corticoreticulares: vom Großhirn zu Kernen der Formatio reticularis ■ **Pars posterior pontis** [Tegmentum pontis]: • Fasciculus longitudinalis medialis: Verbindungen der Augenmuskelkerne • Fasciculus longitudinalis dorsalis [posterior] (Schütz-Bündel): vegetative Bahnen, Eingeweidesensibilität • Lemniscus medialis: Fortsetzung der Hinterstrangbahnen • Tractus tectospinalis: optische Reflexbahn	**Syndrome der Brückenhaube**: kennzeichnend ist die Kombination von: • Störungen der Hirnnerven V-VIII auf der Herdseite (Ausfall von Kernen) • Hemiparese der Gegenseite (Läsion der Pyramidenbahn) • Sensibilitätsstörungen (Störung aufsteigender Bahnen) • Ursache ist meist eine Durchblutungsstörung im Vertebralis-Basilaris-Bereich • je nach Lokalisation in der Brücke wird eine Reihe von Syndromen unterschieden, z.B. Brissaud-Syndrom: Fazialiskrämpfe + Hemiparese

Kerne der Brücke und zugehörige Bahnen

GRUPPE	KERN	AFFERENTE BAHNEN	EFFERENTE BAHNEN
Kerne der Großhirn-Kleinhirn-Bahn	**Nuclei pontis** (Brückenkerne)	Fibrae corticopontinae (1. Neuron) von allen Großhirnlappen: ● Tractus frontopontinus (Arnold-Bündel) ● Fibrae temporopontinae (Türck-Bündel) ● Fasciculus parieto-occipitopontinus	Fibrae pontocerebellares (2. Neuron) im Pedunculus cerebellaris medius zum Kleinhirn, kreuzen in Brücke zur Gegenseite als Fibrae pontis transversae
Sensible (sensorische) Hirnnervenkerne	**Nucleus spinalis [inferior] nervi trigemini** ("spinaler" Trigeminuskern, aber hauptsächlich in Medulla oblongata und Pons gelegen)	Tractus spinalis nervi trigemini: ● Hautsensibilität (überwiegend Schmerz- und Temperaturempfindung, protopathische Sensibilität) des N. trigeminus (Zellkörper des 1. Neurons im Ganglion trigeminale): ● im oberen (pontinen) Teil vor allem N. mandibularis und N. maxillaris ● im unteren (bulbären) Teil vor allem N. ophthalmicus ● Hautsensibilität des N. vagus (R. auricularis)	Lateraler Teil des Lemniscus trigeminalis [Tractus trigeminothalamicus] zu Thalamus (Zellkörper des 3. Neurons) und weiter zu Gyrus postcentralis
	Nucleus pontinus nervi trigemini (Trigeminus-Hauptkern)	Haut- und Schleimhautsensibilität (überwiegend Tastempfindung, epikritische Sensibilität) des N. trigeminus (Zellkörper des 1. Neurons im Ganglion trigeminale)	Dorsaler Teil des Lemniscus trigeminalis [Tractus trigeminothalamicus] zu Thalamus (Zellkörper des 3. Neurons) und weiter zu Gyrus postcentralis
	Nucleus mesencephalicus nervi trigemini [Nucleus mesencephalicus trigeminalis]	Tractus mesencephalicus nervi trigemini [Tractus mesencephalicus trigeminalis]: Muskelsensibilität, für Kaumuskelreflexe, z.B. Masseterreflex (propriozeptive Sensibilität), Nervenfasern von Muskelspindeln durchlaufen Ganglion trigeminale ohne Schaltung	● Im Tractus mesencephalicus nervi trigemini [Tractus mesencephalicus trigeminalis] zum Nucleus motorius nervi trigemini ● Verbindungen zu Kernen der Formatio reticularis
	Nucleus vestibularis superior	⇨ Medulla oblongata (7.2.3)	
Motorische Hirnnervenkerne	**Nucleus motorius nervi trigemini** [Nucleus motorius trigeminalis]	● Fibrae corticonucleares der Pyramidenbahn ● Reflexbahnen im Tractus mesencephalicus nervi trigemini [Tractus mesencephalicus trigeminalis]	Radix motoria des N. trigeminus (V)
	Nucleus nervi abducentis [Nucleus abducens]	● Fibrae corticonucleares der Pyramidenbahn (von gegenseitiger Großhirnhemisphäre)	● N. abducens (VI) ● Verbindungen im Fasciculus longitudinalis medialis zum Nucleus nervi oculomotorii
	Nucleus nervi facialis [Nucleus facialis]	● Fibrae corticonucleares der Pyramidenbahn (für Augen-Stirn-Bereich von beiden Großhirnhemisphären ⇨ zentrale Fazialislähmung 6.7.5)	N. facialis (VII): die Nervenfasern umrunden den Abduzenskern im Genu nervi facialis (inneres Fazialisknie)
Parasympathische Hirnnervenkerne	**Nucleus salivarius superior**	Von Nuclei tegmenti [tegmentales]	Präganglionäre Nervenfasern im N. intermedius zum ● Ganglion pterygopalatinum (über N. petrosus major): für Nasen- und Gaumendrüsen usw. ● Ganglion submandibulare (über Chorda tympani): für Glandula sublingualis und Glandula submandibularis
	Nucleus lacrimalis (meist mit zum Nucleus salivarius superior gerechnet, in den Nomina anatomica aber gesondert aufgeführt)	Von Nuclei tegmenti [tegmentales]	Präganglionäre Nervenfasern für die Tränendrüse im N. intermedius zum Ganglion pterygopalatinum (über N. petrosus major)
Kerne der Hörbahn	● **Nucleus olivaris superior** ● **Nucleus corporis trapezoidei anterior/posterior** ● **Nuclei lemnisci lateralis**	Ein Teil der von den Nuclei cochleares durch Corpus trapezoideum oder ungekreuzt aufsteigenden Axonen des 2. Neurons wird hier schon auf 3. Neuron geschaltet (Hauptmasse läuft ungeschaltet zu Colliculi inferiores)	● Im Lemniscus lateralis zu Colliculus inferior ● Tractus olivocochlearis: rückläufige Reflexbahn zum Corti-Organ

7.2.5 Cerebellum (Kleinhirn)

Überblick

RELIEF, GLIEDERUNG	FEINBAU	BAHNEN	KLINIK
■ **Äußere Gliederung I** in: ● *Vermis cerebelli* (Kleinhirnwurm): median ● *Hemispherium cerebelli*: seitlich, Oberfläche vergrößert durch Fissurae cerebelli (Kleinhirnfurchen) und Folia cerebelli (Kleinhirnwindungen), die beiden Hemisphären getrennt durch Vallecula (Einschnitt für Medulla oblongata) ■ **äußere Gliederung II** durch 2 Hauptfurchen in 3 Lappen: ● Lobus anterior cerebelli ● Fissura prima ● Lobus posterior cerebelli (Corpus cerebelli = Lobus anterior + Lobus posterior cerebelli) ● Fissura posterolateralis ● Lobus flocculonodularis ■ **phylogenetische Gliederung:** ● *Archaeocerebellum* (Urkleinhirn): Lobus flocculonodularis, Verbindungen hauptsächlich mit N. vestibularis ("Vestibulocerebellum"), Aufgabe: Gleichgewichtserhaltung ● *Palaeocerebellum* (Altkleinhirn): Lobus anterior + Pyramis vermis + Uvula vermis, Verbindungen hauptsächlich mit Rückenmark ("Spinocerebellum"), Aufgabe: Koordination von Bewegungen, an denen beide Körperseiten beteiligt sind ● *Neocerebellum* (Neukleinhirn): Rest des Lobus posterior, Verbindungen hauptsächlich mit Brückenkernen ("Pontocerebellum"), Aufgabe: Koordination der gleichseitigen Extremitätenbewegungen ■ **Untergliederung der Lappen:** ① *Lobus anterior cerebelli*: ● Lingula ● Lobulus centralis ● Culmen ● Ala lobuli centralis ● Lobulus quadrangularis (Pars anterior] ② *Lobus posterior cerebelli*: ● Declive ● Folium vermis ● Tuber vermis ● Pyramis vermis ● Fissura secunda ● Uvula vermis ● Lobulus simplex [Lobulus quadrangularis (Pars inferoposterior)] ● Lobulus semilunaris superior ● Fissura horizontalis ● Lobulus semilunaris inferior ● Lobulus gracilis [Lobulus paramedianus] ● Lobulus biventer ● Tonsilla cerebelli ③ *Lobus flocculonodularis*: ● Nodulus ● Flocculus mit Pedunculus floccularis ● Paraflocculus	■ **Corpus medullare** (Kleinhirnmark) verzweigt sich mit Laminae albae (Markleisten) in die Folia cerebelli (Kleinhirnwindungen) und bietet so das Schnittbild des Arbor vitae (cerebelli) ("Lebensbaum") ■ **Cortex cerebellaris** (Kleinhirnrinde): Breite etwa 1 mm, 3 Hauptschichten: ① *Stratum moleculare [plexiforme]* (Molekularschicht): ● Korbzellen (Axonen bilden Faserkorb um Purkinje-Zellen) ● Sternzellen ② *Stratum neurium piriformium* (Purkinje-Zell-Schicht): nur 1 Schicht Purkinje-Zellen: großer Zellkörper (30-70 μm) mit 1 Axon (inhibitorisch zu Kleinhirnkernen) und 2-3 spalierobstartig verzweigten Dendriten, diese haben Synapsen mit ● Moosfasern (exzitatorisch von Hirnstamm und Rückenmark) ● Kletterfasern (exzitatorisch von Olivenkernen) ● Parallelfasern (exzitatorisch von Körnerzellen) ● inhibitorischen Axonen von Korbzellen und Sternzellen ③ *Stratum granulosum* (Körnerschicht): ● Körnerzellen ● große Sternzellen (große Golgi-Zellen) ● Glomeruli (Kleinhirnknäuel): kernfreie Bereiche ■ **Nuclei cerebellares** (Kleinhirnkerne, ⇨ nächste Seite): im Kleinhirnmark ● Nucleus dentatus mit Hilum nuclei dentati ● Nucleus emboliformis ● Nucleus globosus ● Nucleus fastigii	Treten in Pedunculi cerebellares (Kleinhirnstielen) in Kleinhirn ein oder aus: ■ **Pedunculus cerebellaris inferior** (unterer Kleinhirnstiel, frühere Bezeichnung Corpus restiforme, Strickkörper): ● Tractus spinocerebellaris posterior (Flechsig-Bündel) ● Tractus olivocerebellaris ● Bahn von Vestibulariskernen ● Fibrae arcuatae externae anteriores + posteriores von Nucleus cuneatus accessorius ● efferente Bahnen zu Vestibulariskernen ■ **Pedunculus cerebellaris medius [pontinus]** (mittlerer Kleinhirnstiel, frühere Bezeichnung Brachium pontis, Brückenarm): ● Fibrae pontocerebellares ■ **Pedunculus cerebellaris superior** (oberer Kleinhirnstiel, frühere Bezeichnung Brachium conjunctivum, Bindearm): ● Tractus spinocerebellaris anterior (Gowers-Bündel) ● Tractus dentatothalamicus ● Bahn zum Nucleus ruber	■ **Kleinhirnsyndrome** charakterisiert durch 2 Grundstörungen: ● **zerebellare Ataxie** (mangelnde Koordination von Bewegungen): ● *Richtungsabweichung* in Zeigeversuchen, z.B. Zeigefinger-Nasen-Versuch, Knie-Hacken-Versuch ● *Standataxie*: Schwanken im Blindstand ● Gangataxie: breitbeiniger Gang, Richtungsabweichung im Blindgang ● *Rebound-Phänomen*: Unfähigkeit zu rechtzeitiger Bremsung von Bewegungen ● *Dysdiadochokinese*: Unvermögen, rasche Bewegungsfolgen auszuführen, z.B. Klavierspiel ● *Intentionstremor*: verstärkt bei Bewegungen im Gegensatz zum Ruhetremor beim Parkinson-Syndrom ● *Nystagmus*: ruckartige Augenbewegungen zur Herdseite ● *skandierende Sprache*: stockend, abgehackt ● **Muskelhypotonie auf Herdseite:** ● Absinken des waagrecht vorgehaltenen Arms im Blindstand, des gehobenen Beins in Rückenlage usw. ● abnormes Schlenkern des Arms ● rasche Ermüdbarkeit ● Gewichtsverschätzen ■ **Kleinhirntumoren:** verursachen häufig erst bei beachtlicher Größe Symptome: große Kompensationsfähigkeit durch andere Zentren

Nuclei cerebellares (Kleinhirnkerne) und zugehörige Bahnen

KERN	AFFERENTE BAHNEN	EFFERENTE BAHNEN
Nucleus dentatus (Zahnkern, größter der Kleinhirnkerne)	● Überwiegend von Purkinje-Zellen des Neocerebellum ● Kollateralen von afferenten Bahnen der Kleinhirnrinde	Aus Hilum nuclei dentati durch Pedunculus cerebellaris superior: ● von kleinzelligem Kernteil zum Nucleus ruber ● vom großzelligen Kernteil als Tractus dentatothalamicus zum Thalamus (weiter zum Lobus frontalis des Großhirns)
Nucleus emboliformis (Pfropfkern)	Überwiegend von Purkinje-Zellen des paramedianen Rindenbereichs des Palaeocerebellum	Im Pedunculus cerebellaris superior zu Nucleus ruber und Thalamus
Nucleus globosus (Kugelkern)	Überwiegend von Purkinje-Zellen des paramedianen Rindenbereichs des Palaeocerebellum	Im Pedunculus cerebellaris superior zu Nucleus ruber und Thalamus
Nucleus fastigii (Dachkern, Firstkern)	Überwiegend von Purkinje-Zellen des Archaeocerebellum (aus Lobus flocculonodularis und Vermis cerebelli)	Im Pedunculus cerebellaris inferior zu Vestibulariskernen und Formatio reticularis der Medulla oblongata

7.2.6 Mesencephalon (Mittelhirn)

Überblick

RELIEF, GLIEDERUNG	KERNE	DURCHLAUFENDE BAHNEN	KLINIK
■ **Innere Gliederung** auf Querschnitt (Sectiones mesencephalici): ● *Basis pedunculi cerebri* (vorderer Teil des Hirnstiels, Hirnschenkel) ● *Tegmentum mesencephalicum* (Mittelhirnhaube): zwischen Substantia nigra und Aqueductus mesencephali ● *Tectum mesencephalicum* (Mittelhirndach) ■ **Pedunculus cerebri** [cerebralis] (Hirnstiel, Hirnschenkel im weiteren Sinn): ● Pars anterior [Crus cerebri]: Hirnschenkel im engeren Sinn ● Pars posterior: gleichbedeutend mit Tegmentum mesencephalicum (Mittelhirnhaube) ■ **Oberflächenrelief des Pedunculus cerebri:** ● Fossa interpeduncularis: Grube zwischen den Hirnschenkeln mit Substantia perforata interpeduncularis (posterior), erscheint durchlöchert durch Ein- und Austritt von zahlreichen Blutgefäßen ● Sulcus oculomotorius: Rinne für den Austritt des N. oculomotorius (II) ● Trigonum lemnisci: zwischen Lamina tecti und Crus cerebri ● Pedunculus cerebellaris superior (oberer Kleinhirnstiel) ■ **Oberflächenrelief des Tectum mesencephalicum:** ● Lamina tectalis (Vierhügelplatte): mit ● Colliculus inferior (unterer Hügel) ● Colliculus superior (oberer Hügel) ● Brachium colliculi inferioris (unterer Bindearm): vom unteren Hügel zum Corpus geniculatum mediale ● Brachium colliculi superioris (oberer Bindearm): vom oberen Hügel zum Corpus geniculatum laterale	■ **Hirnnervenkerne:** ● N. oculomotorius (III) ● N. trochlearis (IV) ● N. trigeminus (V): nur Teil ■ **Kerne des basalen motorischen Systems** (früher "extrapyramidalmotorisches System"): ● Nucleus ruber ● Substantia nigra ● Nucleus interstitialis ■ **Kerne der Vierhügelplatte:** ● Strata (grisea et alba) colliculi superioris ● Nucleus colliculi inferioris ■ **Kerne der Formatio reticularis** (⇨ 7.2.7)	■ **Basis pedunculi cerebri:** ● Fibrae corticospinales ● Fibrae corticonucleares ● Fibrae corticopontinae ● Fibrae parietotemporopontinae ● Fibrae frontopontinae ■ **Tegmentum mesencephalicum:** ● Lemniscus medialis ● Lemniscus spinalis ● Lemniscus trigeminalis	■ **Parkinson-Syndrom** (hypokinetisch-rigides Syndrom): ● Untergang der dopaminergen (inhibitorischen) melaninhaltigen Zellen der Substantia nigra (Pars compacta) verschiebt Gleichgewicht im extrapyramidalmotorischen System (⇨ 7.3.6) ● *Hypokinesie* (Bewegungsarmut): Hypomimie (Maskengesicht), keine Mitbewegungen ● *Rigidität* (Steifigkeit): ● Muskeltonus erhöht ● vornübergeneigte Haltung ● monotone Sprache ● Mikrographie (kleine, krakelige Schrift) ● "Zahnradphänomen" (ruckartige, unterbrochene Bewegungen) ● *Ruhetremor* (Zittern der Hände): "Geldzählen", "Pillendrehen" ● psychisch verlangsamt, affektlabil ● etwa 1 % der über 60jährigen befallen ■ **akutes Mittelhirnsyndrom:** ● Tonus der Strecker erhöht bis Streckkrämpfe ("Enthirnungsstarre") ● Okulomotoriusreizung bis -lähmung: erst Miosis, dann Mydriasis ● Enthemmung vegetativer Funktionen: Tachykardie, Hypertonie, Hyperthermie, Tachypnoe, Hyperhidrosis usw. ● Bewußtseinstrübung bis Koma ■ **Rubersyndrome:** z.B. bei umschriebenen Durchblutungsstörungen im Vertebralis-Basilaris-Gebiet ● Herdseite: Okulomotoriusparese ● Gegenseite: Hemiataxie und oder Hemiparese

Mittelhirnkerne und zugehörige Bahnen

GRUPPE	KERN	AFFERENTE BAHNEN	EFFERENTE BAHNEN
Sensible (sensorische) Hirnnervenkerne	**Nucleus mesencephalicus nervi trigemini** [Nucleus mesencephalicus trigeminalis] [Nucleus tractus mesencephalici nervi trigeminalis]	Tractus mesencephalicus nervi trigemini [Tractus mesencephalicus trigeminalis]: Muskelsensibilität, für Kaumuskelreflexe, z.B. Masseterreflex (propriozeptive Sensibilität), Nervenfasern von Muskelspindeln durchlaufen Ganglion trigeminale ohne Schaltung	● Im Tractus mesencephalicus nervi trigemini [Tractus mesencephalicus trigeminalis] zum Nucleus motorius nervi trigemini ● Verbindungen zu Kernen der Formatio reticularis
Motorische Hirnnervenkerne	**Nucleus nervi oculomotorii** [Nucleus oculomotorius]	● Fibrae corticonucleares der Pyramidenbahn ● Verbindungen im Fasciculus longitudinalis medialis vom Nucleus nervi abducentis ● Reflexbahnen von Colliculi superiores und Stationen der Sehbahn	N. oculomotorius zu Augenmuskeln der gleichen Seite
	Nucleus nervi trochlearis [Nucleus trochlearis]	● Fibrae corticonucleares der Pyramidenbahn (von gleichseitiger Großhirnhemisphäre)	N. trochlearis: kreuzt im Velum medullare anterius zu Gegenseite (Decussatio trochlearis [Decussatio nervorum trochlearium]) und tritt als einziger Hirnnerv dorsal aus dem Hirnstamm
Parasympathische Hirnnervenkerne	**Nucleus oculomotorius accessorius [autonomicus]** (Edinger-Westphal-Kern)	Von Nuclei pretectales des Epithalamus	Präganglionäre Nervenfasern im N. oculomotorius zum Ganglion ciliare für: ● M. sphincter pupillae ● M. ciliaris
Kerne des basalen motorischen (extrapyramidalmotorischen) Systems	**Nucleus ruber** (roter Kern, wegen des hohen Eisengehalts): ● Pars magnocellularis: phylogenetisch alter Teil (Palaeorubrum), beim Menschen schwach ● Pars parvocellularis: phylogenetisch neuer Teil (Neorubrum)	● Fibrae corticorubrales: vom Lobus frontalis des Großhirns ● Fibrae dentatorubrales: vom Kleinhirn durch Pedunculus cerebellaris superior, kreuzt in Decussatio pedunculorum cerebellarium superiorum ● Ansa lenticularis von Basalganglien (Corpus striatum und Nucleus lentiformis)	● Im Tractus tegmentalis centralis (zentrale Haubenbahn): hauptsächlich absteigend zum Nucleus olivaris inferior, aber auch zu Basalganglien aufsteigend ● in vorderen Teil der Decussationes tegmenti [tegmentales] (ventrale Haubenkreuzung, Forel-Kreuzung) zu Tractus rubrospinalis (Monakow-Bündel) (⇨ 7.2.2)
	Substantia nigra (schwarzer Kern): ● Pars compacta (schwarze Zone): dorsal, melaninhaltig ● Pars reticularis (rote Zone): ventral, eisenhaltig	● Pars compacta + Pars reticularis: hemmendes nigrostriatales GABAerges System von Nucleus caudatus und Putamen (Striatum, ⇨ 7.3.6) ● Pars reticularis: erregend von Nucleus subthalamicus	● Pars compacta: nigrostriatales dopaminerges System zu Nucleus caudatus und Putamen ● Pars reticulata: hemmende Bahnen zu Colliculus superior und ventralen Thalamuskernen
	Nucleus interstitialis (Cajal-Kern)	● Absteigend über Ansa lenticularis von Basalganglien ● aufsteigend im Fasciculus longitudinalis medialis von Vestibulariskernen	● Aufsteigend im Fasciculus longitudinalis medialis zu Augenmuskelkernen ● absteigend zu unterem Hirnstamm und Halsmark
Kerne der Vierhügelplatte	**Strata (grisea et alba) colliculi superioris:** 7schichtiges optisches Reflexzentrum	● Über Brachium colliculi superioris von Corpus geniculatum laterale (Verbindungen von N. opticus) ● Verbindungen zur Gegenseite in Commissura colliculorum superiorum	● Tractus tectobulbaris: zu motorischen Hirnnervenkernen, kreuzt im hinteren Teil der Decussationes tegmenti [tegmentales] (dorsale Haubenkreuzung, Meynert-Kreuzung) ● Tractus tectospinalis (⇨ 7.2.2) ● Verbindungen zur Gegenseite in Commissura colliculorum superiorum
	Nucleus colliculi inferioris: akustisches Reflexzentrum	● Lemniscus lateralis (Hörbahn) ● Verbindungen zur Gegenseite in Commissura colliculorum inferiorum	● Tractus tectobulbaris: zu motorischen Hirnnervenkernen, kreuzt im hinteren Teil der Decussationes tegmenti [tegmentales] (dorsale Haubenkreuzung, Meynert-Kreuzung) ● Tractus tectospinalis (⇨ 7.2.2) ● Verbindungen zur Gegenseite in Commissura colliculorum inferiorum

7.2.7 Formatio reticularis [Substantia reticularis] des Hirnstamms

- Die Formatio reticularis ist der Eigenapparat des Hirnstamms
- sie besteht auch zahlreichen kleinen Zellgruppen, deren Aufgaben und Verbindungen noch mangelhaft erforscht sind
- das vorhandene Wissen ist meist an Versuchstieren gewonnen, die Übertragung auf den Menschen ist unsicher
- über Gliederung und Benennung besteht keine allgemeine Übereinstimmung, die folgende Übersicht folgt den Nomina anatomica, 6. Auflage, 1989

KERNGRUPPE	KERN	AUFGABEN	BAHNEN
Nuclei reticulares magnocellulares (großzellige Kerne, vorwiegend in medialer Zone)	• Nucleus reticularis intermedius medullae oblongatae (Pars anterior et Pars posterior) • Nucleus reticularis intermedius pontis inferioris • Nucleus reticularis intermedius pontis superioris • Nucleus reticularis intermedius gigantocellularis	■ Koordination der Hirnnerven: • z.B. Blickzentrum in Raphekernen ■ Mitwirkung an Steuerung des sensomotorischen Systems: • Modulation sensorischer Impulse • Beeinflussung des Muskeltonus ■ vegetative "Zentren": • Atemzentrum: • inspiratorische Atembewegungen in großzelligen Kernen • exspiratorische Atembewegungen in kleinzelligen Kernen • Kreislaufzentren (Vasomotorenzentren): • Pressorzentrum erhöht Blutdruck	■ Afferent: • vom Großhirn: Fibrae corticoreticulares • vom Rückenmark: Tractus spinoreticularis (⇨ 7.2.2) ■ efferent: • zum Großhirn über Thalamus • zum Rückenmark: Tractus reticulospinalis, gegliedert nach Ursprung in: • Tractus pontoreticulospinalis • Tractus bulboreticulospinalis
Nuclei reticulares parvocellulares (kleinzellige Kerne, lateral)	• Nucleus reticularis lateralis medullae oblongatae • Nucleus reticularis lateralis pontis		
Nuclei reticulares raphae ("Raphekerne", median)	• Nucleus magnus • Nucleus obscurus • Nucleus pallidus • Nucleus pontis • Nucleus posterior • Nucleus centralis superior • Nucleus linearis intermedius • Nucleus linearis superior	• Depressorzentrum senkt Blutdruck • Brechzentrum ■ Beeinflussung des Bewußtseins und des Gefühls: • aktivierendes Retikularissystem für Großhirnrinde • Raphekerne gehören zu serotoninergem System, hauptsächlich verbunden mit limbischem System (⇨ 7.3.5)	■ innerhalb der Formatio reticularis auf- und absteigend: • Fasciculus longitudinalis medialis • Fasciculus longitudinalis dorsalis [posterior] (Schütz-Bündel)
(Weitere Kerne der Formatio reticularis)	• Nucleus reticularis lateralis [precerebelli] • Nucleus reticularis paramedianus [precerebelli] • Nucleus reticularis tegmentalis pontinus • Nucleus reticularis tegmentalis pedunculopontinus • Substantia grisea peri-aqueductalis • Nucleus cuneiformis [mesencephalicus] • Nucleus subcuneiformis [mesencephalicus] • Nucleus caeruleus • Nucleus subcaeruleus • Nucleus parabrachialis (isthmorhombencephalicus)		
Der Formatio reticularis nahestehende Kerne	• Nucleus interpeduncularis • Nuclei tegmenti [tegmentales]		• Afferent: Tractus habenulo-interpeduncularis <Fasciculus retroflexus Meynert> vom Epithalamus • efferent: im Fasciculus longitudinalis posterior und im Fasciculus prosencephalicus medialis

7.2.8 Diencephalon (Zwischenhirn) I: Epithalamus, Thalamus, Metathalamus und Subthalamus

	RELIEF, GLIEDERUNG	KERNE	BAHNEN	KLINIK
Epi-thala-mus	Oberster Teil des Zwischenhirns: ● *Habenula* (Zügel): Fortsetzung der Stria medullaris thalamica mit Sulcus habenulae [habenularis] (Grenzrinne zum Pulvinar) und Trigonum habenulae [habenulare], darunter Nuclei habenulares ● *Area pretectalis*: mit Nuclei pretectales ● *Corpus pineale* [Glandula pinealis]: ⇨ Hormondrüsen 7.7.1 ● *Organum subcommissurale*: gehört zu zirkumventrikulären Organen (⇨ 7.1.5)	● *Nucleus habenularis medialis* + *Nucleus habenularis lateralis*: Verbindungen zu extrapyramidalmotorischem und limbischem System sowie zur Formatio reticularis ● *Nuclei pretectales*: Verbindungen zur Sehbahn, wichtig für Lichtreflex der Pupillen	● *Commissura habenularum [habenularis]*: Vereinigung der beiden Zügel ● *Tractus habenulo-interpeduncularis* (Fasciculus retroflexus Meynert): von Nuclei habenulares zu Nucleus interpeduncularis des Mittelhirns ● *Commissura epithalamica* [posterior]: u.a. kreuzen hier Nervenfasern der Nuclei pretectales zu den Colliculi superiores (Pupillenreflexe!)	**Pinealome** (gutartige Geschwülste der Zirbeldrüse): ● da die Zirbeldrüse auf der Vierhügelplatte liegt, stehen Mittelhirnsymptome im Vordergrund (Parinaud-Syndrom) ● durch Druck auf Aqueductus mesencephali [cerebri] frühzeitig Hirndruck bzw. Hydrocephalus
Thala-mus (Thalamus dorsalis)	Eiförmiger größter Abschnitt des Zwischenhirns ■ **Oberfläche:** ● Tuberculum anterius thalamicum: Höcker am vorderen Ende ● Adhesio interthalamica: Brücke der beiden Thalami durch den 3. Ventrikel hindurch ● Stria medullaris thalamica: Faserbündel unter Taenia thalami ● Pulvinar: hinteres Ende ■ **Nachbarschaft:** ● dorsolateral: Nucleus caudatus ● lateral: Crus posterius capsulae internae ● dorsomedial: Cornu frontale [anterius] des Ventriculus lateralis ● medial: Ventriculus tertius ● ventral: Haubenfeld H₁, danach Zona incerta	■ *Morphologische Gliederung* durch 2 Markschichten (⇨ nächste Seite): ● Lamina medullaris interna ● Lamina medullaris externa ■ *funktionelle Gliederung:* ① **spezifische Schaltkerne:** Punkt-zu-Punkt-Zuordnung von Peripherie und zu Großhirnrinde in sensiblen Bahnen, z.B. ● Nucleus ventralis posterolateralis ● Nucleus ventralis posteromedialis ② **unspezifische Kerne:** überwiegend subkortikale Verbindungen, keine Punkt-für Punkt-Zuordnung, z.B. ● Nucleus reticulatus (thalami) ● Nuclei reticulares (intralaminares thalami) ③ **Assoziationskerne:** vor allem wechselseitige (reziproke) Verbindungen zum Großhirn, z.B. ● Nuclei anteriores (thalami) ● Nuclei mediales (thalami) ● Nuclei pulvinares	Tractus et fasciculi thalamici: ■ **Verbindungen vom Hirnstamm:** ● Lemniscus lateralis: Teil der Hörbahn ● Lemniscus medialis: Fortsetzung der Hinterstrangbahnen ● Lemniscus spinalis: Schmerzbahn ● Lemniscus trigeminalis: von sensiblen Trigeminuskernen ■ **Verbindungen zum Großhirn:** Radiationes thalamicae ● anteriores ● centrales ● posteriores ■ **Verbindungen zum Kleinhirn, den Basalganglien und innerhalb des Zwischenhirns:** ● Tractus dentatothalamicus ● Fasciculus thalamicus ● Fasciculus mamillothalamicus ● Pedunculus thalamicus inferior ● Ansa et Fasciculus peduncularis ● Fibrae intrathalamicae ● Fibrae periventriculares	**Thalamuserkrankungen:** ■ *Symptome:* ● kontralaterale Minderung der Sensibilität, vor allem der Tiefensensibilität ● Hyperpathie: heftigste Schmerzen auf kleine Schmerzreize ● spontane Parästhesien, durch Emotionen verstärkt ● kontralaterale Hemiparese ● Hemiataxie mit Intentionstremor und athetotischer Bewegungsunruhe ● bizarre Kontrakturstellungen, vor allem der Hand ("Thalamushand") ● Affektlabilität ■ *Ursachen:* ● Gefäßverschluß ● Tumor ● Entzündung, z.B. bei Toxoplasmose
Meta-thala-mus	Bereich der beiden Kniehöcker: ● Corpus geniculatum mediale ● Corpus geniculatum laterale	● Nucleus geniculatus medialis ● Nucleus geniculatus lateralis gehören zu spezifischen Schaltkernen	■ **Teile der Hörbahn:** ● Brachium colliculi inferioris ● Radiatio acustica ■ **Teile der Sehbahn:** ● Brachium colliculi superioris ● Radiatio optica: Sehstrahlung	Bei Zerstörung des Corpus geniculatum laterale Ausfall der gegenseitigen Gesichtsfeldhälfte
Sub-thala-mus [Thalamus ventralis]	Fortsetzung des Tegmentum mesencephalicum zwischen Hypothalamus und Capsula interna	● Nucleus subthalamicus ● Zona incerta ● Nuclei regionum H, H₁, H₂ (Kerne der Forel-Haubenfelder H, H₁, H₂) ● Globus pallidus: wird als Teil des Nucleus lentiformis beim Großhirn behandelt (⇨ 7.3.6)	Verbindungen zum extrapyramidalmotorischen System, hauptsächlich zum Globus pallidus: ● Fasciculus subthalamicus ● Ansa lenticularis ● Fasciculus lenticularis	**Kontralateraler Hemiballismus** (blitzartige schleudernde Bewegungen) bei Ausfall des Nucleus subthalamicus

Kerne des Epithalamus und Thalamus sowie zugehörige Bahnen

● Texte über Thalamuskerne in verschiedenen Büchern sind meist schwer zu vergleichen, da fast jeder Autor eine andere Nomenklatur verwendet, die folgende Tabelle geht von der Gliederung in Nomina anatomica, 6. Aufl., 1989, aus
● Für die meisten Kerne ist eine Vielzahl afferenter und efferenter Verbindungen beschrieben, es sind jeweils beispielhaft nur einige besonders wichtige angegeben
● Bezeichnungen aus älterer oder klinischer Nomenklatur in spitzen Klammern <>
● Gängige Abkürzungen in runden Klammern ()

KERNGRUPPE	KERNE	AFFERENTE BAHNEN	EFFERENTE BAHNEN	FUNKTION
Kerne des Epithalamus	● **Nucleus habenularis medialis** ● **Nucleus habenularis lateralis**	In Stria medullaris thalamica von Kernen des extrapyramidalmotorischen und limbischen Systems und der Formatio reticularis	● Tractus habenulo-interpeduncularis <Fasciculus retroflexus Meynert>: von Nuclei habenulares zu Nucleus interpeduncularis des Mittelhirns ● zu Formatio reticularis und Colliculus superior	Koordination von extrapyramidalmotorischem und limbischem System
	Nuclei pretectales	Von Sehbahn	In Commissura epithalamica [posterior] zu Colliculus superior	Steuerung des Lichtreflexes der Pupillen
Nucleus reticulatus (thalami)		Aus vielen Bereichen des Zentralnervensystems	Zu anderen Thalamuskernen und Nucleus caudatus	Aufsteigendes retikuläres Wecksystem
Nuclei anteriores (thalami)	● Nucleus anterodorsalis [anterosuperior] (AD) ● Nucleus anteroventralis [anteroinferior] (AV) ● Nucleus anteromedialis (AM)	Von limbischem System, vor allem Corpus mamillare	Großhirnrinde, z.B. hinterer Teil des Gyrus cinguli	● Emotionen ● Kurzzeitgedächtnis
Nuclei mediani (thalami)	● Nuclei paraventriculares anteriores ● Nuclei paraventriculares posteriores ● Nucleus rhomboidalis ● Nucleus reuniens ● Nucleus parataenialis (thalami)	Riechhirn	Riechhirn	Integration olfaktorischer Erregungen
Nuclei mediales (thalami)	● Nucleus medialis dorsalis (MD)	Vom limbischen System und vom Lobus frontalis über Pedunculus thalamicus inferior	Hauptsächlich zu Lobus frontalis, präfrontaler Bereich	Enge Beziehung zu "Persönlichkeit", Gefühlen und Antrieben (⇨ 7.3.3, Lobus frontalis)
Nuclei reticulares (intralaminares thalami)	● Nucleus centromedianus ● Nucleus paracentralis ● Nucleus parafascicularis (PF) ● Nucleus centralis lateralis ● Nucleus centralis medialis (CM)	Rückenmark u.a.	Striatum, Gyrus cinguli u.a.	Schmerz, Motorik
Nuclei ventrales (thalami)	● Nucleus ventralis anterior (VA) ● Nucleus ventralis intermedius (VL) <ventralis lateralis> ● Nuclei ventrales posteriores (VP) <ventrocaudales>: ● Nucleus ventralis posterolateralis (VPL) <ventrocaudalis externus> ● Nucleus ventralis posteromedialis (VPM) <ventrocaudalis internus>	Lemniscus medialis u.a.	Radiationes thalamicae centrales	Sensomotorik
Nuclei dorsales (thalami)	● Nucleus dorsalis anterior (LD) <lateralis dorsalis> <dorsalis superficialis> ● Nucleus dorsalis posterior (LP) <lateralis posterior> <dorsalis intermedius> ● Nuclei pulvinares (PU)	Lemniscus medialis u.a.	Radiationes thalamicae centrales	Sensomotorik

Kerne des Metathalamus und Subthalamus sowie zugehörige Bahnen

KERNGRUPPE	KERNE	AFFERENTE BAHNEN	EFFERENTE BAHNEN	FUNKTION
Nuclei metathalami	**Nucleus geniculatus lateralis** (GL) ● Pars dorsalis (GLd) ● Pars ventralis (GLv)	Tractus opticus	● Radiatio optica zum Lobus occipitalis (Kalkarinarinde) ● im Brachium colliculi inferioris zum Colliculus inferior	Subkortikales Sehzentrum
	Nucleus geniculatus medialis (GM) ● Pars dorsalis ● Pars ventralis	Hörbahn von Colliculus inferior im Brachium colliculi inferioris	Radiatio acustica zum Lobus temporalis	Subkortikales Hörzentrum
Kerne des Subthalamus	**Nucleus subthalamicus** (Luys-Körper): tritt erst bei Säugetieren auf, stärkste Entwicklung bei den Primaten	● Im Fasciculus subthalamicus hauptsächlich vom Globus pallidus ● von der motorischen Großhimrinde, vor allem von Area 4	Im Fasciculus subthalamicus hauptsächlich zum Globus pallidus (Fasern kreuzen Mittellinie in Commissura supraoptica dorsalis)	● Gehört zum basalen motorischen System ● erregt Globus pallidus und hemmt damit Motorik der kontralateralen Körperhälfte (⇨ 7.3.6)
	Zona incerta	Von Globus pallidus über: ● Ansa lenticularis ● Fasciculus lenticularis	Zum Hirnstamm	Umschaltstation im basalen motorischen (extrapyramidalmotorischen) System
	Nuclei regionum H, H1, H2 (Kerne der Forel-Haubenfelder H, H1, H2)	Im Fasciculus thalamicus von Kernen des extrapyramidalmotorischen Systems	Im Fasciculus thalamicus zu ventralen Thalamuskernen	

7.2.9 Diencephalon (Zwischenhirn) II: Hypothalamus

RELIEF, GLIEDERUNG	KERNE	BAHNEN	KLINIK
Basaler Teil des Zwischenhirns: ● *Sulcus hypothalamicus*: Grenze gegen Thalamus in Seitenwand des 3. Ventrikels ● *Area preoptica*: zwischen Commissura anterior und Chiasma opticum ● *Chiasma opticum* (Sehnervenkreuzung): es kreuzen die Nervenfasern der medialen Netzhauthälften, also der lateralen Gesichtsfeldhälften ● *Tractus opticus* (Sehstrang): Fortsetzung des Sehnervs hinter dem Chiasma opticum mit ● Radix lateralis (zum Corpus geniculatum laterale und zum Colliculus superior) ● Radix medialis ● *Corpus mamillare*: paarige Vorwölbung an der Basis ● *Tuber cinereum*: graue Substanz zwischen Corpus mamillare und Infundibulum ● *Infundibulum* (Hypophysenstiel): trichterartig zur Himanhangsdrüse ● *Neurohypophysis* (Hinterlappen der Hirnanhangsdrüse): ⇨ Hormondrüsen 7.7.2	■ Kombinierte Gliederung nach Funktion und Morphologie: ① **markreiche Kerne:** ● Nucleus corporis mamillaris medialis ● Nucleus corporis mamillaris lateralis ② **großzellige hypophysäre Kerne:** ● Nucleus supraopticus ● Nuclei paraventriculares ③ **kleinzellige hypophysäre Kerne:** ● Nucleus infundibularis [arcuatus] ● Nucleus hypothalamicus ventrolateralis <ventromedialis> ④ **markarme nichthypophysäre Kerne:** alle übrigen ■ topographische Gliederung (Kerne ⇨ nächste Seite): ● Regio [Area] hypothalamica dorsalis ● Regio hypothalamica anterior ● Regio hypothalamica intermedia ● Regio hypothalamica lateralis ● Regio hypothalamica posterior	● Fibrae periventriculares: zwischen Thalamus und Hypothalamus ● Fasciculus longitudinalis dorsalis [posterior] (Schütz-Bündel): vom Hirnstamm zum Hypothalamus ● Fibrae striae terminalis: vom Corpus amygdaloideum zum Hypothalamus ● Fasciculus prosencephalicus medialis: zwischen Hypothalamuskernen und Fasciculus longitudinalis dorsalis ■ durchlaufende Kommissurenbahnen: ● Commissura supraoptica dorsalis (Meynert-Kreuzung): vom Nucleus subthalamicus zum kontralateralen Globus pallidus ● Commissura supraoptica ventralis (Gudden-Kreuzung): zwischen Corpora geniculata medialia ■ Rezeptorsysteme für Hormone im Blut: ● gehören zwar nicht zu den Bahnen, aber im weiteren Sinn zu den Afferenzen ● steuern im Sinne eines Regelkreises (Feedback) die Abgabe der Hypothalamushormone	■ **Ausfallerscheinungen** bei isolierter Läsion einzelner Kerne ergeben sich aus deren Funktion, z.B.: ● *Diabetes insipidus*: bei gestörter Synthese von Adiuretin ● *Hyperthermie* (Überhitzung des Körpers): bei Verletzung des Hypothalamus im Verlauf von Operationen an der Hypophyse beschrieben ● *Russel-Syndrom*: bei Hypothalamustumor in den ersten Lebensjahren extreme Abmagerung infolge Verlusts des Interesses an Nahrungsaufnahme bei sonst normalem psychischen Verhalten ■ häufigster Tumor des Hypothalamus ist das Astrozytom (von den Astrozyten ausgehend)

Kerne des Hypothalamus und zugehörige Bahnen
Gliederung nach Nomina anatomica, 6. Aufl., 1989

REGION	KERNE	BAHNEN	FUNKTION
Regio [Area] hypothalamica dorsalis	● Nucleus endopeduncularis: liegt in Capsula interna ● Nucleus ansae lenticularis		
Regio hypothalamica anterior	● Nucleus supraopticus ● Nuclei paraventriculares	Verbindungen zur Neurohypophyse in Nomina anatomica doppelt benannt: ● Tractus hypothalamohypophysialis mit Fibrae supraopticae und Fibrae paraventriculares ● Tractus supraopticohypophysialis ● Tractus paraventriculohypophysialis	Produzieren die Hormone der Neurohypophyse: ● Adiuretin (ADH) ● Ocytocin
	● Nucleus preopticus medialis ● Nucleus preopticus lateralis ● Nucleus hypothalamicus anterior		● Übergeordnetes Zentrum des Parasympathikus ● Abkühlung des Körpers
	<Nucleus suprachiasmaticus> (nicht in Nomina anatomica)	Verbindung zu N. opticus	Steuerung des Tagesrhythmus vieler vegetativer Funktionen über die Beeinflussung der Abgabe von ● Steuerhormonen für die Adenohypophyse im Nucleus Infundibularis ● Melatonin im Corpus pineale
Regio hypothalamica intermedia	Nuclei tuberales		⇨ unten, Nucleus infundibularis
Regio hypothalamica lateralis	● Nucleus hypothalamicus ventrolateralis <ventromedialis> ● Nucleus hypothalamicus dorsomedialis		● Hungerzentrum ● Fettstoffwechsel ● Kontrolle von Aggressionsverhalten
	● Nucleus hypothalamicus dorsalis ● Nucleus periventricularis posterior		⇨ unten, Nucleus infundibularis
	● Nucleus infundibularis [arcuatus]		Steuerung der Adenohypophyse: ■ Releasinghormone (Liberine): ● Corticoliberin (CRH) ● Folliberin (FSH-RH) ● Luliberin (LH-RH) ● Melanoliberin (MRH) ● Prolactoliberin (PRH) = vasoaktives intestinales Polypeptid (VIP) ● Somatoliberin (GH-RH) ● Thyroliberin (TRH) ■ Inhibitinghormone (Statine): ● Melanostatin (MIF) ● Prolactostatin (PIF) ● Somatostatin (SIF)
Regio hypothalamica posterior	● Nucleus corporis mamillaris medialis ● Nucleus corporis mamillaris lateralis	● Fornix: vom Hippocampus zum Corpus mamillare ● Fasciculus mamillotegmentalis: vom Corpus mamillare zum Tegmentum mesencephalicum ● Fasciculus mamillothalamicus: vom Corpus mamillare zu Nuclei anteriores (thalami)	● Kurzzeitgedächtnis ● Teil des Papez-Kreises des limbischen Systems
	● Nucleus hypothalamicus posterior		● Übergeordnetes Zentrum des Sympathikus ● Wärmezentrum ● Schlaf-Wach-Rhythmus ● Bewußtsein

7.3 Zentralnervensystem (Systema nervosum centrale) III: Großhirn (Cerebrum)

7.3.1 Überblick

RELIEF	MORPHOLOGISCHE GLIEDERUNG	FUNKTIONELLE GLIEDERUNG
Hemispherium (cerebrale): Großhirnhälfte (Hemisphäre): ■ **3 Ränder:** ● Margo superior [superomedialis] (obere Mantelkante) ● Margo inferior [inferolateralis] (untere Mantelkante) ● Margo medialis [inferomedialis] (innere Mantelkante) ■ **3 Flächen:** ● Facies superolateralis hemispherii: konvexe Außenfläche der Hemisphäre, dem Schädeldach zugewandt ● Facies medialis hemispherii: flache Kontaktfläche der beiden Hemisphären (durch Falx cerebri getrennt) ● Facies inferior hemispherii: leicht konkave Unterfläche, der Schädelbasis bzw. dem Tentorium cerebelli anliegend ■ **3 Pole:** ● Polus frontalis (Stirnpol) ● Polus occipitalis (Hinterhauptpol) ● Polus temporalis (Schläfenpol) ■ **3 Hauptfurchen:** ● *Fissura longitudinalis cerebralis* (Interhemisphärenspalt): Längsspalte zwischen den Hemisphären ● *Fissura transversa cerebralis*: Grenze zwischen Groß- und Zwischenhirn ● *Sulcus lateralis* (Sylvius-Spalte): senkt sich ein zur Fossa lateralis cerebralis, in derer Tiefe liegt die Insel, 3 Äste: • R. anterior: kurz, zwischen Pars orbitalis und Pars triangularis des Gyrus frontalis inferior • R. ascendens: kurz, zwischen Pars triangularis und Pars opercularis des Gyrus frontalis inferior • Ramus posterior: lang, zwischen Schläfenlappen (unten) und Stirn- + Scheitellappen (oben), endet umrundet vom Gyrus supramarginalis ■ **Insula:** während fetaler Entwicklung (⇨ 7.1.1) wird Insel von den rascher wachsenden Frontal-, Parietal- und Temporallappen überlagert und dadurch scheinbar in die Tiefe gedrängt: 3 Opercula ("Deckel"): ● Operculum frontale ● Operculum frontoparietale ● Operculum temporale ■ **Septum pellucidum** [lucidum]: nervenzellarmer Rest des ursprünglichen Großhirnbläschens (⇨ 7.1.1), zwischen Corpus callosum und Fornix ausgespannt, trennt Vorderhörner der Ventriculi laterales: ● Lamina septi pellucidi: Doppelblatt mit (oft unvollständigem) Hohlraum (Cavum septi pellucidi) ■ **morphologische Asymmetrie:** Schläfenlappen ist auf Seite der dominanten Hemisphäre etwas größer	■ **Innere Gliederung** (Schnitt): ① oberflächliche graue Substanz: Cortex cerebralis [Pallium] (Großhirnrinde, Mantel) ② weiße Substanz: Großhirnmark ③ tiefe graue Substanz: Nuclei basales (Basalganglien, ⇨ 7.3.6) ④ Liquorraum: Ventriculus lateralis (Seitenventrikel, ⇨ 7.1.4) ■ **äußere Gliederung:** ① in *Gyri cerebrales* (Großhirnwindungen) und *Sulci cerebrales* (Großhirnfurchen) ② 5 *Lobi cerebrales* (Großhirnlappen, ausführlich ⇨ 7.3.3): ● Lobus frontalis (Stirnlappen) ● Lobus parietalis (Scheitellappen) ● Lobus occipitalis (Hinterhauptlappen) ● Lobus temporalis (Schläfenlappen) ● Lobus insularis (Insellappen) ③ Lappen teilweise getrennt durch Furchen: ● *Sulcus centralis* (Roland-Furche): trennt Stirn- von Scheitellappen ● *Sulcus lateralis* (Sylvius-Spalte): trennt Stirn- und Scheitellappen von Schläfenlappen ● *Sulcus parieto-occipitalis*: trennt Scheitel- von Hinterhauptlappen ● *Incisura preoccipitalis*: zwischen Schläfen- und Hinterhauptlappen ④ nicht zu den "Lappen" i.e.S. zu rechnen: ● Rhinencephalon (Riechhirn, ⇨ 7.3.4): in anglo-amerikanischer Literatur auch "olfactory lobe" genannt ● limbisches System ("limbic lobe"): ⇨ 7.3.5 ■ **phylogenetische Gliederung** (⇨ 7.1.1): ● *Palaeocortex* (Altrinde): Riechhirn ● *Archaeocortex* (Urrinde): Hippocampus ● *Neocortex* (Neurinde): der größte Teil der Hirnrinde ■ **Gliederung nach Zytoarchitektonik:** Area 1 bis Area 52 ● keine systematische, sondern mehr oder weniger zufällige Bezifferung in der Reihenfolge der Untersuchung von Brodmann ● trotzdem wichtigste Bezeichnung für kleinere Hirnrindengebiete, da morphologische Eigentümlichkeiten auch funktionellen Besonderheiten entsprechen	■ **Spezifische Felder der Großhirnrinde:** ① *Modalitäten:* ● 4 Hauptmodalitäten: • motorisch (M) • somatosensorisch (S) • visuell (V) • akustisch (A) ● Nebenmodalitäten (beim Menschen kleinere Bereiche des Cortex). • olfaktorisch • gustatorisch • vestibulär • Eingeweide ② *Ordnung:* ● primäre Felder: • unimodale Punkt-zu-Punkt-Beziehung zu Thalamuskernen (S1, V1, A1) bzw. zu Vorderhorn des Rückenmarks und motorischen Hirnnervenkernen (M1) • parallele Verarbeitung von Submodalitäten • zuerst myelinisierte Bahnen ● sekundäre und höhere Felder (z.B. V2-V5): ebenfalls somatotop gegliedert • sensorisch: Integration der Submodalitäten auf immer höheren Ebenen • motorisch: komplexe Bewegungsmuster, Anpassung des Gesamtkörpers, räumliche Koordination ■ **unspezifische Felder der Großhirnrinde** (Assoziationsfelder): Verknüpfen von ● multisensorischen Informationen ● motorischen Leistungen ● Motivationen ■ **dominante Hemisphäre** (beim Rechtshänder in der Regel die linke, beim Linkshänder die rechte): ● stärkere Beziehung zum Bewußtsein ● sprachorientiert ● analytisch ● abstraktes Denken ■ **untergeordnete Hemisphäre:** ● stärkere Beziehung zum Unbewußten ● nonverbal ● synthetisch, ganzheitlich ● anschauliches, räumliches Denken

7.3.2 Feinbau des Cortex cerebralis [Pallium] (Großhirnrinde)

SCHICHTEN	ZELLEN	KLINIK
■ 6-Schichten-Typ des Neocortex \<Isocortex\> nach Zellform (Nomina anatomica: Lamina, Nomina histologica: Stratum): ① *Lamina molecularis [plexiformis]*, Stratum moleculare [plexiforme] (Molekularschicht): nervenzellarm, Dendriten und Axonen, viele Astrozyten, deren Fortsätze bilden an Oberfläche Membrana limitans gliocytica externa ② *Lamina granularis externa*, Stratum granulare externum (äußere Körnerschicht): zahlreiche kleine Zellen ③ *Lamina pyramidalis externa*, Stratum neurium pyramidalium externum (äußere Pyramidenzellschicht): Zellgröße von Oberfläche zur Tiefe zunehmend ④ *Lamina granularis interna*, Stratum granulare internum (innere Körnerschicht): zahlreiche kleine Zellen ⑤ *Lamina pyramidalis interna [ganglionaris]*, Stratum neurium pyramidalium internum (innere Pyramidenzellschicht): z.T. mit Riesenpyramidenzellen (Betz-Zellen) ⑥ *Lamina multiformis*, Stratum neurium fusiformium (polymorphe Schicht, Spindelzellschicht): vorwiegend spindelförmige oder polymorphe Zellen **■ grobe funktionelle Differenzierung der Schichten:** ● Schichten 1-4: überwiegend afferent und Interneuronen (mehr als 95 % aller Synapsen erfolgen mit anderen Neuronen der Großhirnrinde), ● Schichten 5 + 6: überwiegend efferent, kortikothalamische Bahnen aus Schicht 6, alle übrigen kortikofugalen aus Schicht 5 ● spezifische thalamokortikale Bahnen verzweigen sich bevorzugt in Schicht 4, bilden äußeren Baillarger-Streifen **■ Modifikationen des 6-Schichten-Typs:** ● agranulärer Rindentyp: in motorischen Regionen Schichten 5 + 6 stark, 2 + 4 schwach ● granulärer Rindentyp: in sensiblen (sensorischen) Regionen Schichten 2 + 4 stark, 3 + 5 schwach ● Allocortex: im Archaeocortex und Palaeocortex nur 3 Schichten ● Mesocortex: Übergangsform zwischen Allocortex und Neocortex mit 5 Schichten **■ Gliederung nach Myeloarchitektonik: Neurofibrae tangentiales** (oberflächenparallele Nervenfasern): ● Stria laminae molecularis [plexiformis]: in Schicht 1 (Exner-Streifen) ● Stria laminae granularis externa: in Schicht 2 ● Kaes-Bechterew-Streifen: in Schicht 3 ● Stria laminae granularis interna (äußerer Baillarger-Streifen, in Sehrinde auch Gennari-Streifen genannt): in Schicht 4 ● Stria laminae pyramidalis interna [ganglionaris] (innerer Baillarger-Streifen): in Schicht 5	**■ Haupttypen von Nervenzellen:** ① *Pyramidenzelle* (Neuron pyramidale): Höhe 10-100 µm, apikaler und laterobasale Dendriten mit zahlreichen Dornen (⇨ 1.7.2), basales Axon mit rekurrenten Kollateralen, etwa 3/4 aller Nervenzellen des Cortex ● große Pyramidenzellen in Schicht 5: • Betz-Riesenpyramidenzellen (Ursprung der Pyramidenbahn) • Meynert-Zellen (für Augenbewegungen) ● mittlere Pyramidenzellen in Schicht 3 ● kleine Pyramidenzellen in Schicht 2 ② *Nichtpyramidenzellen*: ● Sternzelle, Körnerzelle (Neuron stellatum): klein, Durchmesser 4-8 (-25) µm, kurze Fortsätze, Interneuronen des Cortex, vor allem Schichten 2 + 4 ● Spindelzelle (Neuron fusiforme): in Schicht 6, mit langem Axon ● Martinotti-Zelle: mit zur Oberfläche verlaufendem verzweigten Axon, in Schichten 2-6 ● Horizontalzelle (Cajal-Zelle, Neuron horizontale): in Schicht 1, mit horizontalen Fortsätzen ● Zellnamen in anderer Systematik: Korbzelle, Kandelaberzelle, Doppelbuschzelle, bipolare Zelle **■ vertikale Zellverbände** ("Säulen"): "Modulkonzept": ● Minisäulen: Verbände von 100-300 synaptisch verbundenen Neuronen (Zylinder von ~ 30 µm Durchmesser) bilden funktionelle Einheiten durch alle 6 Schichten hindurch ● Makrosäulen: Verbände von einigen hundert Minisäulen (Zylinder von 0,5-1 mm Durchmesser), davon etwa 1 Million in Großhirnrinde	**■ Altern des Gehirns:** etwa ab dem 60. Lebensjahr ● Abnahme der Zahl der Nervenzellen ● Abnahme der Zahl der Synapsen, cholinerge Synapsen besonders betroffen ● Alterspigment: Einlagerung von Lipofuscin in Nervenzellen ● Degeneration von Neurofibrillen ● senile Plaques: extrazelluläre Geweberverdichtungen mit Amyloidablagerungen ● Folgen: • Verschmälerung der Gyri • Verbreiterung der Sulci • Erweiterung der Liquorräume bis zum Hydrocephalus • Abnahme des Hirngewichts (100-200 g bis zum 90. Lebensjahr) **■ Alzheimer-Krankheit** (präsenile Hirnatrophie): ● obengenannte Altersveränderungen beginnen schon vor dem 60. Lebensjahr und schreiten rasch fort ● zunehmende Beeinträchtigung der geistigen Leistungen bis zur Demenz: • Störung der Merkfähigkeit, besonders des Kurzzeitgedächtnisses • Orientierungsstörung (Ort, Zeit, eigene Person) • zunehmende Perseveration: Haften an Wörtern und Gedanken, erschwerte Umstellung auf neue Inhalte • in fortgeschrittenen Stadien Aphasien, Apraxien (⇨ 7.3.3), sinnlose Bewegungsabläufe, Logoklonien ("Wortkrämpfe" = sinnlose Wiederholung einzelner Silben), Reizbarkeit, Enthemmung ● Endstadium nach 5-7 Jahren erreicht: verbaler und nonverbaler Kontakt mit Umwelt weitgehend erloschen ● Ursachen: Stoffwechselstörung (z.B. Enzymdefekte), Slow-virus-Infektion? **■ senile Demenz** (Altersblödsinn): 2 Hauptformen: ● *senile Demenz vom Alzheimer-Typ* (wie Alzheimer-Krankheit, aber erst nach dem 60. Lebensjahr beginnend): mehr als die Hälfte aller senilen Demenzen ● *Multiinfarktdemenz*: Folge wiederholter Schlaganfälle, besonders bei Mikroangiopathien der Hirngefäße, charakteristisch die Kombination mit somatischen Ausfällen (Halbseitensymptomatik, Sprech- und Gangstörungen usw.)

7.3.3 Lobi cerebrales (Großhirnlappen)

TEIL	UNTERGLIEDERUNG	AUFGABEN	KLINIK
Lobus frontalis (Stirnlappen)	■ **Facies superolateralis hemispherii:** ● Polus frontalis ● Sulcus precentralis ● Gyrus precentralis ● Gyrus frontalis superior ● Sulcus frontalis superior ● Gyrus frontalis medius ● Sulcus frontalis inferior ● Gyrus frontalis inferior: mit 3 Teilen • Pars opercularis [Operculum frontale] • Pars orbitalis • Pars triangularis ■ **Facies inferior hemispherii:** ● Gyrus rectus ● Sulcus olfactorius ● Gyri orbitales ● Sulci orbitales	■ **Primäre somatomotorische Großhirnrinde:** ● Gyrus precentralis (Area 4) bis Lobulus paracentralis ● Punkt-zu-Punkt-Beziehung zu Peripherie ("Homunculus"): Kopf unten, Rumpf oben, Beine auf Medialseite der Hemisphäre ● Ursprung eines Teils der Pyramidenbahnen ● Rückmeldungen über Radiationes thalamicae anteriores von Nucleus ventralis intermedius (VL) des Thalamus ■ **sekundäre somatomotorische (prämotorische) Großhirnrinde:** ● vor Gyrus precentralis (Gyrus frontalis superior und medius) ● Area 6 Ursprung "extrapyramidalmotorischer" Bahnen ● Area 8 willkürliche Augenbewegungen ● Bewegungsgedächtnis ● Afferenzen von Basalganglien sowie über Radiationes thalamicae anteriores von Nucleus ventralis anterior (VA) und intermedius (VL) des Thalamus ■ **motorische Sprachregion** (Broca-Sprachzentrum): ● Pars triangularis des Gyrus frontalis inferior (Area 44) ● meist nur einseitig (beim Rechtshänder links) ■ **"präfrontale" Großhirnrinde** (Bereich vor der prämotorischen Region): ● Areae 9-12, 46, 47 ● "Persönlichkeit"	■ **Störungen motorischer Stirnhirnbereiche:** ● Läsion des *Gyrus precentralis*: kontralaterale schlaffe Hemiparese, ● Läsion *prämotorischer Regionen*: • kontralaterale spastische Hemiparese • gliedkinetische Apraxien: Gedächtnis für Bewegungsfolgen ist verloren, sonst unbewußt ausgeführte Bewegungen des Alltags müssen neu gelernt werden, z.B. Schreiben (Agraphie) ● Läsion der *Pars triangularis* des Gyrus frontalis inferior: motorische Aphasie (Patient kann nicht sprechen, versteht aber Sprache) ● Reizzustände in motorischen Großhirnrindenbereichen führen zu fokalen motorischen Anfällen (Jackson-Epilepsie) ■ **Läsionen der präfrontalen Großhirnrinde:** einseitig nur geringe Ausfälle, doppelseitig schwere Persönlichkeitsveränderungen: ● *Syndrom der Konvexität der Präfrontalregion*: zentrales Symptom ist der Antriebsmangel zu Bewegungen, Sprechen (Spontanstummheit) und Denken ● *Orbitalhirn-Syndrom* (doppelseitige Schädigung der Unterfläche des Lobus frontalis): • anfangs Charakteränderungen im Vordergrund: Änderung der Wertwelt ("ethische Depravation") und des sozialen Verhaltens, Minderung der Intelligenz • später Antriebsmangel beherrschend
Lobus parietalis (Scheitellappen)	■ **Facies superolateralis hemispherii:** ● Sulcus postcentralis ● Gyrus postcentralis ● Lobulus parietalis superior ● Sulcus intraparietalis ● Lobulus parietalis inferior ● Operculum frontoparietale ● Gyrus supramarginalis ● Gyrus angularis ■ **Facies medialis hemispherii:** ● Precuneus ● Sulcus parieto-occipitalis	■ **Primäre somatosensible Großhirnrinde:** ● Gyrus postcentralis + Teile von Gyrus precentralis: Area 1 Tiefensensibilität, Area 2 Oberflächensensibilität, Area 3 Schmerz ● Projektionsbereich des Nucleus ventralis posteromedialis und posterolateralis des Thalamus ● Punkt-zu-Punkt-Beziehung zu Peripherie ("Homunculus"): Kopf unten, Rumpf oben, Beine auf Medialseite der Hemisphäre ■ **sekundäre somatosensible Großhirnrinde** (somatosensibles Assoziationsgebiet): ● dorsal des Gyrus postcentralis (Area 5 + 7) ● Vergleich der von Areae 1-3 übermittelten Informationen mit taktilem Gedächtnis, aus Druck-, Berührungs- und Vibrationsempfindungen entstehen taktile Wahrnehmungen ■ **tertiäres parietales Assoziationsgebiet:** ● Gyrus angularis und Gyrus supramarginalis (Areae 39 + 40) ● Integration der von den sekundären sensiblen und sensorischen Bereichen der Großhirnrinde zusammenlaufenden Informationen ● optisches Sprachzentrum, Lesezentrum, Schreibzentrum	■ **Läsionen einzelner Gyri:** ● *Gyrus postcentralis*: Hypästhesie für Druck, Berührung, Schmerz und Temperatur auf der Gegenseite ● *Gyrus angularis*: Orientierung über Stellung des Körpers und seiner Teile verloren ● *Gyrus supramarginalis* in nichtdominanter Hemisphäre: Nichtbeachtung der anderen Körperhälfte (Anton-Syndrom), Schwierigkeiten beim Ankleiden usw. ● *Gyrus supramarginalis* in dominanter Hemisphäre: • Asomatognosie (Gefühl für eigenen Körper verloren) • Rechts-links-Desorientierung • Störung des räumlichen Wahrnehmens, dadurch behindert beim Lesen (Alexie), Schreiben (Agraphie), Rechnen (Akalkulie) und Geschicklichkeit erfordernden Bewegungen (ideomotorische Apraxie) ■ **Gerstmann-Syndrom** bei Störung des unteren Scheitellappens: ● Rechts-links-Differenzierungsstörung ● Fingeragnosie ● Agraphie ● Akalkulie

Fortsetzung der Tabelle nächste Seite

Großhirnlappen (Fortsetzung)

TEIL	UNTERGLIEDERUNG	AUFGABEN	KLINIK
Lobus occipitalis (Hinterhauptlappen)	■ **Facies superolateralis hemispherii:** ● Polus occipitalis ● Sulcus occipitalis transversus ● Sulcus lunatus ● Incisura preoccipitalis ■ **Facies medialis et inferior hemispherii:** ● Cuneus ● Sulcus calcarinus ● Gyrus lingualis	■ **Primäre optische Großhirnrinde:** ● Umgebung des Sulcus calcarinus (Area 17) ● wegen Markstreifen in Schicht 4 (Gennari-Streifen, Vicq-d´Azyr-Streifen) auch "Area striata" genannt ● Projektionsbereich der Radiatio optica vom Nucleus geniculatus lateralis des Metathalamus ● Punkt-zu-Punkt-Zuordnung zu Netzhaut ● Reizung führt zu Licht- und Farbempfindungen ■ **sekundäre optische Großhirnrinde:** ● vor Kalkarinarinde in Area 18 + 19 ● Vergleich der von Area 17 übermittelten Informationen mit optischem Gedächtnis, aus Farb- und Helligkeitsempfindungen entstehen optische Wahrnehmungen	● Läsion der Umgebung des Sulcus calcarinus: kontralaterale Hemianopsie ■ **optische Agnosie:** ● Läsion in sekundärer optischer Großhirnrinde ● Patient sieht, kann aber das Gesehene nicht in Bedeutungszusammenhang einordnen, es ist ihm fremd ● Sonderformen: ● Farbagnosie: Farben können nicht benannt werden ● Alexie: Schriftunverständnis ● Prosopagnosie: Gesichter werden nicht wiedererkannt ● Objektagnosie: gesehene Dinge allgemein nicht erkannt, Verständnis erst wenn akustische, taktile usw. Wahrnehmungen hinzukommen
Lobus temporalis (Schläfenlappen)	■ **Facies superolateralis hemispherii:** ● Polus temporalis ● Sulci temporales transversi ● Gyri temporales transversi (Heschl-Querwindungen) ● Gyrus temporalis superior mit Operculum temporale ● Sulcus temporalis superior ● Gyrus temporalis medius ● Sulcus temporalis inferior ● Gyrus temporalis inferior ■ **Facies inferior hemispherii:** Teile des Rhinencephalon (⇨ 7.3.4) und des limbischen Systems (⇨ 7.3.5) ● Gyrus dentatus ● Sulcus hippocampi [hippocampalis] ● Gyrus hippocampi [parahippocampalis]	■ **Primäre akustische Großhirnrinde:** ● Gyri temporales transversi (Heschl-Querwindungen) (Area 41) ● Projektionsbereich der Radiatio acustica vom Nucleus geniculatus medialis des Metathalamus ● Punkt-zu-Punkt-Zuordnung für Töne ● Reizung führt zu Tonempfindungen ■ **sekundäre akustische Großhirnrinde:** ● Gyrus temporalis superior unterhalb der Gyri temporales transversi (Area 22 + 42) ● Vergleich der von Area 41 übermittelten Informationen mit akustischem Gedächtnis, aus Ton- und Geräuschempfindungen entstehen Melodie- und Wortwahrnehmungen ● im hinteren Teil des Gyrus temporalis superior der dominanten Hemisphäre sensorische Sprachregion (Wernicke-Zentrum): Wortverständnis ■ **sekundäre olfaktorische Großhirnrinde:** ● Uncus und Gyrus hippocampi (Areae 34 + 28) ● Erkennen von Gerüchen	● Läsion im Bereich der Gyri temporales transversi: nur geringe Beeinträchtigung des Hörens, da jedes Corti-Organ mit beiden Hemisphären verbunden ■ **akustische Agnosie:** ● Läsion des Gyrus temporalis superior ● Töne und Geräusche werden gehört, aber nicht verstanden ■ **sensorische Aphasie:** ● Läsion des sensorischen Sprachzentrums ● Patient hört Wörter, kann sie evtl. auch nachsprechen, aber versteht sie nicht (ähnlich Fremdsprache) ● Paraphasie: da Patient auch eigene Sprache nicht mehr versteht, wird diese zunehmend ungeordneter und für andere unverständlich ● große Formenvielfalt der Aphasien, je nach Größe der Läsion und welche Verbindungen betroffen ■ **olfaktorische Agnosie:** ⇨ 7.3.4
Lobus insularis [Insula] (Reil-Insel)	● Gyri insulae: Gyri breves insulae und Gyrus longus insulae ● Limen insulae ● Sulcus centralis insulae ● Sulcus circularis insulae	■ **Primäre gustatorische Großhirnrinde:** Insel + Operculum frontoparietale (Area 43) ■ **Geschmacksbahn:** Nervenzellkörper des ● 1. Neurons: im Ganglion geniculi (VII), Ganglion inferius (XI, X) ● 2. Neurons: im Nucleus solitarius ● 3. Neurons: im Nucleus ventralis posteromedialis des Thalamus, z.T. schon Nucleus parabrachialis des Mittelhirns	*Hypogeusie* (verminderte Geschmackempfindung), *Ageusie* (fehlende Geschmackempfindung) bei Störung von: ● Hirnnerven: VII, IX und X ● Hirnstamm: Nucleus solitarius + parabrachialis, Lemniscus medialis ● Thalamus + Capsula interna ● Insel + unterster Teil des Gyrus postcentralis: allerdings findet man selbst in umfangreichen Lehrbüchern der klinischen Neurologie kaum Hinweise auf die praktische Bedeutung

7.3.4 Rhinencephalon (Riechhirn)

RHINENCEPHALON I.E.S.	HÖHERE ZENTREN	AUFGABEN, KLINIK
■ **Primäres olfaktorisches Zentrum** (primäres Riechzentrum): ● **Bulbus olfactorius** (Riechkolben): im Sulcus olfactorius des Stirnlappens am Boden der vorderen Schädelgrube liegende Ausstülpung des Endhirns, in ihr enden die Fila olfactoria (1. Hirnnerv) an den Dendriten der "Mitralzellen" (2. Neuron der Riechbahn) ● *Tractus olfactorius* (Riechstrang): zentrale Fortsetzung des Bulbus olfactorius, Axonen der Mitralzellen + zentrifugale Bahnen zum Bulbus olfactorius, verbreitert sich zu Trigonum olfactorium ■ **sekundäre olfaktorische Zentren** (sekundäre Riechzentren): ● *Trigonum olfactorium* (Riechdreieck), von dessen zentralen Ecken gehen 2 Streifen aus: • *Stria olfactoria medialis* (medialer Riechstreifen) zu *Gyrus olfactorius medialis* (mediale Riechwindung) • *Stria olfactoria lateralis* (lateraler Riechstreifen) zu *Gyrus olfactorius lateralis* (laterale Riechwindung) ● *Substantia perforata anterior* (vordere durchlöcherte Substanz): • Löcher durch zahlreiche kleine Blutgefäße • begrenzt von Stria olfactoria medialis + lateralis sowie Stria diagonalis ("Bandaletta", diagonales Band von Broca) • Kerngebiete: Tuberculum olfactorium*, Cortex prepiriformis*	**Nicht zum Rhinencephalon gehörende Zentren des olfaktorischen Systems**: ● Teile des *Corpus amygdaloideum* (⇨ 7.3.5): • Area amygdaloidea anterior • Pars corticomedialis [olfactoria] ● Teile des *Gyrus hippocampi [parahippocampalis]* (Ammonshornwindung) (⇨ 7.3.5): • Area entorhinalis* (Area 28) • Uncus (Area 34) ● Teile des *Lobus insularis* (Insel)	■ **Phylogenese**: bei niederen Wirbeltieren Hauptteil des Großhirns, beim "mikrosmatischen" Menschen relativ klein, trotzdem große Bedeutung durch enge Beziehung zum limbischen System ("jemanden nicht riechen können") ■ **Syndrom der Olfaktoriusrinne**: ● vor allem bei Meningiomen oder Knochenbrüchen der vorderen Schädelgrube: ● Stirnkopfschmerz ● Riechstörungen ● bei weiterer Ausbreitung Sehstörungen und Orbitalhirnsyndrom (⇨ 7.3.3, Lobus frontalis) ■ **olfaktorische Agnosie**: ● Läsion des Uncus und des Gyrus hippocampi ● Gerüche werden empfunden, können aber nicht mehr zugeordnet werden ● "Unzinatus-Anfälle": Geruchhalluzinationen, die in epileptische Anfälle übergehen können)

* Bezeichnung nicht in Nomina anatomica

7.3.5 Limbisches System

Aufgaben und Klinik des limbischen Systems

AUFGABEN	KLINIK
■ **Limbisches System als Ganzes**: ● setzt Emotionen in komplexe Verhaltensmuster um ● Steuerung von Instinkthandlungen, Nahrungsaufnahme, Sexualität, Aufmerksamkeit und Aggressivität ■ **Hippocampus**: ● zeitliche Einordnung von Wahrnehmungen und Erlebnissen ● scheint für komplizierte (nicht einfache) Lernvorgänge wichtig zu sein ● Integrationsstelle für Kurzzeitgedächtnis, entscheidet über Aufnahme in Langzeitgedächtnis, aber selbst kein Gedächtnisspeicher ● nach doppelseitiger chirurgischer Entfernung der medialen Teile der Schläfenlappen einschließlich Hippocampus schwere antegrade Gedächtnisstörung bei erhaltener Intelligenz beobachtet: Ereignisse vor der Operation erinnert, alles nach der Operation innerhalb einer Minute vergessen ■ **Corpus amygdaloideum**: im Tierversuch (Affe, Katze) ● elektrische Reizung: Wut, Aggressionsverhalten, gespannte Aufmerksamkeit, Störung des Freßverhaltens (Hemmung oder Übersteigerung), Störung des Sozialverhaltens ● Entfernung: Verlust von Furcht- und Wutreaktionen, "zahm" ■ **Area septalis**: ● bei Versuchstieren durch Selbststimulation je nach Lage der Elektrode offenbar angenehme oder unangenehme Gefühle (hohe Selbstreizungs- bzw. Vermeidungsrate) ● beim Menschen durch Elektrostimulation angenehme Gefühle bis Orgasmus ausgelöst	■ **Temporallappenepilepsie**: etwa 2 Minuten dauernde Anfälle, nicht unbedingt verbunden mit tonisch-klonischen Muskelkrämpfen ● *Hippocampus-Epilepsie*: • fremdartige, schwer zu beschreibende Gefühle • Déjà-vu-Erlebnisse und -Illusionen (neue Situationen, Gegenstände und Personen als bekannt erlebt) • orale Automatismen: Schleck-, Beiß- und Schmatzbewegungen ● *Amygdala-Epilepsie*: • epigastrische Aura mit Übelkeit und vegetativen Störungen • Geruch- und Geschmackhalluzinationen • Angst ■ **Klüver-Bucy-Syndrom**: ursprünglich bei Rhesusaffen nach Entfernung beider Temporallappen beobachtet, beim Menschen Teilsymptome bei Zerstörung basaler Teile des Temporallappens einschließlich Corpus amygdaloideum und Hippocampus: ● Hypersexualität: exzessive Masturbation, wahllose Suche nach gegen- und gleichgeschlechtlichen Sexualpartnern ● orale Tendenz: Drang, Gegenstände in den Mund zu nehmen, Störung des Sättigungsgefühls, als Folge starke Gewichtszunahme ● optische und taktile Agnosie ● Verhaltensstörungen: Zahmheit und Furchtlosigkeit ■ **Fornixläsion**: Gedächtnisstörungen nicht eindeutig nachgewiesen

Morphologie des limbischen Systems

LIMBISCHE RINDENGEBIETE	LIMBISCHE KERNGEBIETE	VERBINDUNGEN, SCHALTKREISE
2 (vorn-unten offene) Ringe an der Facies medialis et inferior hemispherii (in Entwicklung zu Ringen auseinandergedrängt durch die hindurchbrechenden mächtigen Fasermassen des Balkens): ■ **Innerer Ring** (ursprünglich zu Rhinencephalon gerechnet) von vorn nach hinten unten: ① *Gyrus paraterminalis*: vor der Lamina terminalis (Vorderwand des dritten Ventrikels) an der Medialseite des Stirnlappens ② *Indusium griseum* ("grauer Schleier"): graue Substanz auf der Oberfläche des Balkens mit 2 längsverlaufenden Markstreifen (Lancisi-Streifen): ● Stria longitudinalis medialis ● Stria longitudinalis lateralis ③ *Gyrus fasciolaris*: Verbindung zwischen Indusium griseum und Gyrus dentatus ④ **Hippocampus** ("Seepferdchen", Ammonshorn) mit ● Gyrus dentatus ● Cornu ammonis* (Ammonshorn i.e.S.): Untergliederung in CA1-CA4 ● Subiculum* ● äußere Form im Boden des Unterhorns des Seitenventrikels: • Fimbria (Faserstrang, geht über in Crus fornicis) • Alveus (dünne Marklamelle an Oberfläche!) • Pes (tatzenartiges Vorderende) ■ **äußerer Ring**: ① **Gyrus cinguli** [cingulatus] (Gürtelwindung) mit ● Area subcallosa (Area 25) ● Area cingularis anterior* (Area 24) ● Area cingularis posterior* (Area 23) ● Isthmus gyri cinguli [Isthmus cingulatus] ● Area retrosplenialis* (Area 29) ② **Gyrus hippocampi** [parahippocampalis] (Ammonshornwindung): mit ● Area entorhinalis* (Area 28) ● Area perirhinalis* (Area 35) ● Area presubicularis* (Präsubiculum*, Area 27) ■ **Grenzfurchen**: ● innerer und äußerer Ring getrennt durch: • Sulcus hippocampi [hippocampalis] • Sulcus corporis callosi ● äußerer Ring außen begrenzt (gegen "supralimbischen" Cortex) durch: • Sulcus rhinalis • Sulcus collateralis • Sulcus subparietalis • Sulcus cinguli [cingulatus] • Sulcus olfactorius	■ **Im Großhirn**: ● **Corpus amygdaloideum** (Mandelkörper) ● Pars basolateralis: Hauptteil, zum limbischen System ● 2 kleinere Bereiche zur Riechbahn: Area amygdaloidea anterior + Pars corticomedialis [olfactoria] ● *Area septalis** mit Nuclei septi*: unter Septum pellucidum vor Commissura anterior im Gyrus paraterminalis ● *Nucleus accumbens** ("ventrales Striatum", "limbisches Striatum"): gemeinsamer basaler Teil von Nucleus caudatus und Putamen (➪ 7.3.6), der nicht von Capsula interna unterbrochen wird ● *Nucleus basalis Meynert**: in der Tiefe der Substantia perforata anterior, gehört zu großzelligen basalen Vorderhirnkernen ■ **im Zwischenhirn** (➪ 7.2.8 + 7.2.9): ● Corpus mamillare ● Nucleus habenularis medialis + lateralis ● Teile des Thalamus, z.B.: • Nuclei anteriores • Nuclei mediani • Nuclei mediales • Nucleus pulvinaris medialis ■ **im Mittelhirn** Teile der Formatio reticularis (➪ 7.2.7): ● Nucleus interpeduncularis ● Nucleus tegmentalis dorsalis (Gudden-Kern) ● Nuclei reticulares raphae (Raphekerne): serotoninerg ■ **nahestehende Hirnstammbereiche**: ● Substantia nigra, Pars compacta (➪ 7.2.6): dopaminerg ● Nucleus caeruleus im Locus caeruleus im Boden des vierten Ventrikels, noradrenerg (➪ 7.1.4, 7.2.7) ● weitere Kerne der Formatio reticularis (➪ 7.2.7)	■ **Fornix** ("Hirngewölbe"): vom Hippocampus zum Corpus mamillare, an der Medialseite der Hemisphäre unter dem Balken deutlich hervortretendes Bündel mit etwa 1 Million Nervenfasern ● Crus (Schenkel) mit • Taenia (Befestigung des Plexus choroideus des Unterhorns des Seitenventrikels • Commissura (fornicis): Verbindung zur Gegenseite (entwicklungsgeschichtlich Commissura hippocampalis genannt) ● Corpus (Körper): durch Verschmelzung der Crura entstandener unpaarer Teil ● Columna (Säule): wieder paarig: • postkommissuraler Hauptteil: hinter Commissura anterior zu Corpus mamillare • präkommissuraler Teil: zum Gyrus paraterminalis ■ **weitere wichtige Bahnen**: ● *Cingulum* (Gürtel): Assoziationsbahnen in der Tiefe des Gyrus cinguli ● *Fasciculus mamillotegmentalis* (Gudden-Bündel, Pedunculus mamillaris*): vom Corpus mamillare zum Tegmentum mesencephalicum ● *Fasciculus mamillothalamicus* (Vicq-d'Azyr-Bündel): vom Corpus mamillare zu Nuclei anteriores des Thalamus ● *Stria medullaris thalamica*: von limbischen Thalamuskernen und Gyrus paraterminalis zu den Nuclei habenulares ● *Stria terminalis* (mit Fibrae striae terminalis): vom Corpus amygdaloideum zum Hypothalamus ● *Tractus habenulo-interpeduncularis* (Fasciculus retroflexus Meynert*): von Nuclei habenulares zu Nucleus interpeduncularis ● *Fasciculus longitudinalis dorsalis [posterior]* (Schütz-Bündel): vom Hirnstamm zum Hypothalamus ● *Fasciculus prosencephalicus medialis* (mediales Vorderhirnbündel): verbindet limbische Vorder- und Mittelhirnkerne mit Hypothalamuskernen ● *Stria diagonalis* ("Bandaletta", diagonales Band von Broca): verbindet Area septalis mit Corpus amygdaloideum ■ **Papez-Circuit**: ● klassische Beschreibung von Papez (gesprochen päips) 1937 als strukturelle Basis von Emotionen: • Hippocampus → • Fornix → • Corpus mamillare → • Fasciculus mamillothalamicus → • Nuclei anteriores des Thalamus → • thalamozinguläre Projektion* → • Cingulum → • Hippocampus ● neuere Modifikationen • starke direkte Verbindung von Fornix zu Nucleus anterior des Thalamus unter Umgehung des Corpus mamillare, dadurch Bedeutung des Corpus mamillare relativiert • Cingulum enthält hauptsächlich neokortikale Assoziationsbahnen, Anteil am limbischen System eher gering

* Bezeichnung nicht in Nomina anatomica

7.3.6 Nuclei basales (Basalganglien)

UNTERGLIEDERUNG	VERBINDUNGEN	AUFGABEN	KLINIK
■ **Alte anatomische Gliederung:** ① Nucleus caudatus ② Nucleus lentiformis: ● Putamen ● Globus pallidus ③ Corpus amygdaloideum ④ Capsula externa ⑤ Claustrum ⑥ Capsula extrema zu ① **Nucleus caudatus** (Schweifkern, Schwanzkern): in lateraler Wand des Seitenventrikels (Ventriculus lateralis) gelegen, 3 Teile: ● Caput (Kopf): dickes Vorderende an Vorderhorn (Cornu frontale [anterius]) des Seitenventrikels ● Corpus (Körper): an Pars centralis des Seitenventrikels ● Cauda (Schwanz, Schweif): im Dach des Unterhorns (Cornu temporale [inferius]) des Seitenventrikels schmal auslaufend, endet an Corpus amygdaloideum zu ② **Nucleus lentiformis** [lenticularis] (Linsenkern): der Begriff faßt 2 benachbarte Kerngebiete zusammen, die nach Entwicklung und Funktion verschieden sind: ● *Putamen* (Schale): lateraler Teil • Lamina medullaris lateralis: Markschicht zwischen Putamen und Globus pallidus ● *Globus pallidus* ("Pallidum", "bleicher Kern" wegen zahlreicher markhaltiger Nervenfasern): medialer Teil, gehört entwicklungsgeschichtlich zu Zwischenhirn, wird aber nach Lage und Funktion zu den Basalganglien des Großhirns gerechnet, 2 Teile getrennt durch Markschicht: • Globus pallidus lateralis • Lamina medullaris medialis • Globus pallidus medialis zu ① + ② **Corpus striatum** (Streifenkörper): Oberbegriff für die funktionell zusammengehörenden und lediglich durch die hindurchbrechenden Fasermassen der Capsula interna (⇨ Entwicklung, 7.1.1) getrennten: ● Nucleus caudatus ● Putamen ● manchmal als "Neostriatum" dem "Paläostriatum" (= Globus pallidus) gegenübergestellt ● besteht zu mehr als 99 % aus kleinen Neuronen (Golgi-Typ-II) zu ③ **Corpus amygdaloideum**: gehört funktionell zum limbischen System (⇨ 7.3.5) zu ④-⑥ : bislang wenig über Funktion bekannt	■ **Corpus striatum:** ● *4 Haupteingänge* von: • Cortex: fast alle Bereiche der Großhirnrinde • Thalamus (vor allem Nucleus centromedianus) • Substantia nigra (dopaminerg) • Formatio reticularis: Raphekerne (serotoninerg) ● *2 Hauptausgänge* (GABAerg) zu: • Globus pallidus • Substantia nigra ■ **Globus pallidus:** ● *2 Haupteingänge* von: • Corpus striatum (hemmend) • Nucleus subthalamicus über Fasciculus subthalamicus (erregend) ● *3 Hauptausgänge* zu: • ventralen Thalamuskernen über Ansa lenticularis und Fasciculus lenticularis (unter Zwischenschaltung der Forel-Haubenfelder): wichtigste gemeinsame Endstrecke der Efferenzen der Basalganglien zum Großhirn • Nucleus subthalamicus über Fasciculus subthalamicus • Formatio reticularis, vor allem Nucleus reticularis tegmentalis pedunculopontinus	■ **Funktionelle Einheit** der "basalen motorischen Kerne" (auch *extrapyramidalmotorisches System* genannt): ① *vom Großhirn*: ● Corpus striatum: • Nucleus caudatus • Putamen ② *vom Zwischenhirn* (⇨ 7.2.8): ● Globus pallidus ● ventrale Thalamuskerne: • Nucleus ventralis anterior • Nucleus ventralis intermedius ● intralaminare Thalamuskerne: • Nucleus centromedianus ● Subthalamus: • Nucleus subthalamicus (Luys-Körper) • Zona incerta • Nuclei regionum H, H₁, H₂ (Kerne der Forel-Haubenfelder) ③ *vom Mittelhirn* (⇨ 7.2.6): ● Substantia nigra ● Nucleus ruber ● Nucleus interstitialis (Cajal-Kern) ■ **Hauptaufgaben**: Mitwirkung an Steuerung der Motorik: ● Programmerstellung ● Programmauswahl ● motorisches Gedächtnis ● vermutlich kein direkter Einfluß auf Muskeln ● Striatum + Pallidum überwiegend hemmend ● Subthalamus + Thalamus überwiegend erregend ● Substantia nigra teils hemmend, teils erregend ■ **wichtige Schaltkreise**: ① Striatum → Pallidum → Thalamus → Striatum ② Pallidum laterale (GABA, hemmend) → Nucleus subthalamicus (Glutamat, erregend) → Pallidum mediale ③ Striatum (GABA, hemmend) → Substantia nigra (Dopamin, teils hemmend, teils erregend) → Striatum ④ Cortex (erregend) → Striatum (GABA, hemmend) → Pallidum (GABA, hemmend) → Thalamus (erregend) → Cortex	Störungen des Gleichgewichts zwischen hemmenden und erregenden Impulsen: ① *hypokinetisch-hypertones Syndrom*: vor allem bei Degeneration der Substantia nigra (⇨ 7.2.6, Parkinson-Krankheit): ② *hyperkinetisch-hypotone Syndrome*: ■ **choreatisches Syndrom**: schnelle Bewegungen in verschiedenen Muskelgruppen als "Verlegenheitsbewegungen" oder grob ausfahrend bei Läsion des Corpus striatum: ● *Chorea minor* (Veitstanz, Sydenham-Krankheit): bei rheumatischen Erkrankungen im Kindesalter ● *Chorea Huntington*: autosomal dominant erblich, Beginn im Alter von 30-50 Jahren, führt zu Demenz ■ **athetotische Syndrome**: langsame wurm- und schraubenartige Bewegungen, vor allem der Hände und Füße, aber auch Grimassieren und Sprachstörungen bei Läsionen im Nucleus caudatus, Putamen und Globus pallidus ● Hemiathetose: einseitig ● Athétose double: beidseitig ■ **dystone Syndrome**: zähflüssige Drehbewegungen des Kopfes und Rumpfes meist bei Läsion des Putamen ● Torticollis spasticus: Krampfzustände im M. sternocleidomastoideus ● Torsionsdystonie: Drehbewegungen des Rumpfes und der proximalen Extremitätenabschnitte ■ **Erklärungsmodelle** für genannte Störungen: ● *Chorea*: Ausfall der GABA-Enkephalin-Neuronen des Striatum → Wegfall der Hemmung (= Enthemmung) des Pallidum laterale → verstärkte Hemmung (GABA) des Subthalamus → Wegfall der Erregung (= Hemmung) des Pallidum mediale → Wegfall der Hemmung (= Enthemmung) des Thalamus → verstärkte Erregung des Cortex ● *Parkinson-Syndrom*: Ausfall der Dopamin-Neuronen der Substantia nigra (Pars compacta) → Wegfall der Hemmung der GABA-Enkephalin-Neuronen des Striatum → verstärkte Hemmung des Pallidum laterale → verminderte Hemmung des Subthalamus → verstärkte Erregung des Pallidum mediale → verstärkte Hemmung des Thalamus → verminderte Erregung des Cortex

7.3.7 Großhirnmark

3 Arten von Bahnen

BAHN	VERLAUF	AUFGABEN, KLINIK
Assozia-tions-bahnen (Neuro-fibrae associa-tionis)	Verbinden Teile einer Hemisphäre, Beispiele: ● *Fibrae arcuatae cerebri* (Bogenfasern): verbinden benachbarte Großhirnwindungen ● *Cingulum* (Gürtel): in der Tiefe des Gyrus cinguli, Teil des limbischen Systems ● *Fasciculus longitudinalis superior* (oberes Längsbündel): vom Stirnlappen durch Scheitellappen zu Hinterhauptlappen und Schläfenlappen ● "Fasciculus arcuatus" (nicht in Nomina anatomica): bogenförmige Verbindung zwischen motorischem (Broca) und sensorischem Sprachzentrum (Wernicke) ● *Fasciculus longitudinalis inferior* (unteres Längsbündel): zwischen Schläfenlappen und Hinterhauptlappen, z.T. aus Folge von Fibrae arcuatae cerebri bestehend ● *Fasciculus uncinatus* (Hakenbündel): zwischen Stirnlappen und Schläfenlappen	Unterschiedliche Ausfälle bei Zerstörung von Bahnen und Rindenbezirken der rechten oder linken Hemisphäre: ● Agnosien überwiegend nur bei Läsion der dominanten Hemisphäre ● bei Läsion der dominanten Hemisphäre vor dem Schulalter kann die bislang untergeordnete Hemisphäre noch deren Aufgaben übernehmen
Kommis-suren-bahnen (Neuro-fibrae commissu-rales)	Verbinden Teile zweier Hemisphären, kreuzen also zur Gegenseite, z.B. ● Corpus callosum (Balken) mit Radiatio corporis callosi (Balkenstrahlung): ⇨ unten ● Commissura anterior (vordere Querverbindung) ● Commissura des Fornix (entwicklungsgeschichtlich Commissura hippocampalis) (⇨ 7.3.5) NB: "Commissurae" gibt es auch in anderen Teilen des Zentralnervensystems, z.B. im Zwischenhirn (⇨ 7.2.8 + 7.2.9): epithalamica [posterior], habenularum, supraoptica ventralis + dorsalis	● Großteils Punkt-für-Punkt-Zuordnung der beiden Hemisphären ● Übertragung der Erfahrungen der einen Hemisphäre auf die andere ● Koordination der beiden Hemisphären und damit der Körperhälften ● gestatten die Differenzierung in eine dominante und eine "untergebene" Hemisphäre ● beim Neugeborenen noch funktionsunfähig (nicht myelinisiert), Reifung erst mit Pubertät abgeschlossen
	Corpus callosum (Balken): phylogenetisch jüngste, beim Menschen wichtigste Kommissur ■ Abschnitte des Corpus callosum (von hinten nach vorn): ● *Splenium* (Balkenwulst): dickes Hinterende ● *Truncus* (Balkenstamm) ● *Genu* (Balkenknie): vorderes Ende, biegt nach unten um zu ● *Rostrum* (Balkenschnabel): läuft spitz aus in Lamina terminalis (dünne Vorderwand des Ventriculus tertius) ■ Radiatio corporis callosi (Balkenstrahlung) ● *Forceps frontalis [minor]* (kleine Balkenzwinge, vordere Balkenstahlung): "zangenförmig" (U-förmig) durch Genu die beiden Stirnlappen verbindend ● *Forceps occipitalis [major]* (große Balkenzwinge, hintere Balkenstahlung): U-förmig durch Splenium die beiden Hinterhauptlappen verbindend ● *Tapetum* ("Teppich"): in den Wänden der Seitenventrikel (Hinter- und Unterhorn) verlaufende Balkenfasern	■ **Balkensyndrom**, z.B. bei Kommissurotomie (Balkendurchtrennung), "split brain": ● kaum Änderung des Verhaltens ● Sprachverständnis erhalten ● Patienten können aber nur über Sachen berichten, die in der dominanten Hemisphäre verarbeitet wurden, untergeordnete Hemisphäre ist stumm ● in einer Körperhälfte neu erworbene Geschicklichkeiten können nicht auf andere übertragen werden ● isolierte Apraxie der linken Hand bei Rechtshändern (der rechten bei Linkshändern) ● rechtshändiger Patient kann einen mündlich erteilten Befehl nur mit der rechten Hand ausführen, weil nur deren motorische Zentren mit dem in der dominanten Hemisphäre liegenden Sprachzentrum verbunden sind ■ "*Schmetterlingsgeschwulst*": vom Balken ausgehende Geschwulst (meist Glioblastom), die annähernd symmetrisch in die Balkenstrahlung einwächst
	Commissura anterior (vordere Querverbindung): ● Pars anterior (vorderer Teil): phylogenetisch alter Teil, verbindet Teile des Riechhirns ● Pars posterior (hinterer Teil): verbindet Schläfenlappen	
Projek-tions-bahnen (Neuro-fibrae pro-jectionis)	Verbinden Großhirnrinde mit anderen Teilen des Zentralnervensystems, gesammelt in : ● Corona radiata, dem "Strahlenkranz" der Capsula interna (⇨ 7.3.8)	⇨ 7.3.8

7.3.8 Capsula interna (innere Kapsel)

TEIL	LAGE	AUFSTEIGENDE BAHNEN	ABSTEIGENDE BAHNEN	KLINIK
Allgemein	V-förmig eng zu-sammengedräng-te Masse der Projektionsbah-nen im Bereich der Basalgangli-en und des Tha-lamus	⇨ unten	⇨ unten	■ **Syndrom der inneren Kapsel**: ● Ursache: meist "Massenblutung" im Bereich der kleinen Arterien der Basal-ganglien (~ 2/3 aller Hirnblutungen): • Aa. centrales [thalamostriatae] antero-mediales (aus A. cerebri anterior, ⇨ 6.4.3) • Aa. centrales [thalamostriatae] antero-laterales (aus A. cerebri media, ⇨ 6.4.3) • Aa. centrales posteromediales und po-sterolaterales (aus A. cerebri posterior, ⇨ 6.4.4) ● Symptome hängen ab von Lage und Ausdehnung der Läsion in der inneren Kapsel: ● kontralaterale Hemiparese, erst schlaff, dann (nach Stunden bis Tagen) spasti-sch, meist mit typischer Stellung (Wernicke-Mann-Lähmungstyp) von • Arm (im Ellbogengelenk gebeugt und proniert) • Bein (Kniegelenk gestreckt, Spitzfuß-stellung, Bein muß zirkumduziert werden) ● kontralaterale Fazialis- und Hypoglos-suslähmung ● kontralaterale Zwerchfellähmung ● kontralaterale Hemihypästhesie ● Hemianopsie mit Ausfall des kontralate-ralen Gesichtsfelds ● Hörstörung ■ **Apoplexia cerebri** (Schlaganfall, Hirn-schlag, zerebraler Insult, Hirninfarkt): ● Sammelbezeichnung für akute gefäß-bedingte lebensbedrohende Störungen des Gehirns: • Minderdurchblutung eines Hirnbereichs infolge von Thrombose oder Embolie einer hirnversorgenden Arterie, Lokalisa-tion bevorzugt extrakraniell (A. carotis in-terna : A. vertebralis = 5 : 1) • Massenblutung in das Gehirn: vor allem aus den kleinen Aa. centrales (⇨ oben) ● 4 Schweregrade: • transitorische ischämische Attacke (TIA): Symptome verschwinden innerhalb von 24 Stunden • prolongiertes reversibles ischämisches neurologisches Defizit (PRIND): Sympto-me länger als 24 Stunden, aber bilden sich vollständig zurück • partiell reversible ischämische neurolo-gische Symptomatik (PRINS): nur Teil der Symptome bildet sich zurück • persistierender kompletter Hirninfarkt: schwere bleibende Ausfälle oder Tod ● Im vereinten Deutschland sterben jähr-lich über 100 000 Menschen am Schlag-anfall (~ 12 % alle Sterbefälle), davon et-wa 2/3 Frauen (beim Herzinfarkt überwie-gen die Männer) ● Initialsymptome: heftiger Kopfschmerz, Bewußtseinstrübung bis Bewußtlosigkeit, Halbseitenlähmung (erst schlaff, später spastisch), Harn- und Stuhlinkontinenz
Crus anterius capsulae internae (vorderer Schenkel der inneren Kapsel)	Zwischen Caput des Nucleus cau-datus (medial-vorn) und Nucle-us lentiformis [lenticularis] (lateral-hinten)	*Radiationes thalami-cae anteriores* (vorde-re Thalamusstrahlung): vom Thalamus zum Lobus frontalis, vor al-lem zur "präfrontalen" Großhirnrinde	*Tractus frontopontinus* (Stirnhirn-Brücken-Strang): vorderer Teil der Großhirn-Brücken-Kleinhirn-Bahn	
Genu capsulae internae (Knie der inneren Kapsel)	Spitze des "V" am Wendepunkt vom vorderen zum hinteren Schenkel		*Tractus corticonuclearis*: Teil der Pyramidenbahn von der Großhirnrinde zu den motorischen Hirnner-venkernen	
Crus posterius capsulae internae (hinterer Schenkel der inneren Kapsel)	① **Pars thala-molentiformis**: zwischen Thala-mus (medial-hinten) und Nucleus len-tiformis [lenticula-ris] (lateral-vorn)	● *Radiationes thalami-cae centrales* (zentrale = obere Thalamus-strahlung): vom Thala-mus zu Gyrus precen-tralis + postcentralis ● *Fibrae thalamoparie-tales*: vom Thalamus zum Scheitellappen	● *Fibrae corticospinales*: Teil der Pyramidenbahn zum Rückenmark ● *Fibrae corticorubrales*: vom Stirnlappen zum Nu-cleus ruber ● *Fibrae corticoreticulares*: von der Großhirnrinde zur Formatio reticularis ● *Fibrae corticothalami-cae*: von der Großhirnrinde zum Thalamus	
	② **Pars sublenti-formis**: unter dem Nucleus len-tiformis [lenticula-ris] mehr horizon-tal verlaufend	Untere Thalamusstrah-lung: ● *Radiatio optica* (Sehstrahlung, Gratio-let-Strahlung): vom Corpus geniculatum laterale zum Lobus oc-cipitalis (zur Kalkarina-rinde) ● *Radiatio acustica* (Hörstrahlung): vom Corpus geniculatum mediale zum Lobus temporalis (Gyri tem-porales transversi ≈ Heschl-Querwindun-gen)	● *Fibrae corticotectales*: von der Großhirnrinde zum Tectum mesencephalicum (Mittelhirndach mit Vierhü-gelplatte) ● *Fibrae temporopontinae* (Schläfenhirn-Brücken-Fa-sern): mittlerer Teil der Großhirn-Brücken-Klein-hirn-Bahn	
	③ **Pars retrolen-tiformis**: hinter dem Nucleus len-tiformis [lenticula-ris]	*Radiationes thalami-cae posteriores* (hin-tere Thalamusstrah-lung)	*Fasciculus parieto-occipi-topontinus* (Scheitel-Hin-terhaupthirn-Brücken-Strang): hinterer Teil der Großhirn-Brücken-Klein-hirn-Bahn	

7.4 Hör- und Gleichgewichtsorgan (Organum vestibulocochleare)

Gliederung:
- Auris externa (äußeres Ohr): ⇨ 7.4.2
- Auris media (Mittelohr): ⇨ 7.4.3-7.4.6
- Auris interna (Innenohr): ⇨ 7.4.7-7.4.9

7.4.1 Entwicklung und Entwicklungsstörungen

AURIS INTERNA (Innenohr)	AURIS MEDIA (Mittelohr)	AURIS EXTERNA (äußeres Ohr)	ENTWICKLUNGSSTÖRUNGEN
■ **Ohranlage** (Placoda otica): Ende 3. Entwicklungswoche Verdickung im Ektoderm auf Höhe des späteren Rhombencephalon, sinkt ein zur Ohrgrube (*Fovea otica*), löst sich von Oberfläche ab als Ohrbläschen = Labyrinthbläschen (*Vesicula otica [Otocystis]*), aus ihm entsteht häutiges Labyrinth (Labyrinthus membranaceus): • *Saccus vestibularis* (Vorhofsack): Weiterentwicklung zu • Utriculus • Sacculus • Bogengänge (Ductus semicirculares), diese zunächst als flache Platten (Laminae semicirculares), in deren Mitte Gewebe resorbiert wird (Foci absorptionis) • *Saccus cochlearis* (Schneckensack): wächst aus zu gewundenem Ductus cochlearis, dessen Aufwicklung so charakteristisch, daß sie Kriterium für Stadieneinteilung wurde (⇨ 5.6.6, Stadien 20-23), Einwachsen von Fasern des N. cochlearis zu Organum spirale [Organum cortiense] • *Ductus reuniens*: wird eingeschnürt zu dünnem Verbindungsgang zwischen Schnecken- und Vorhofteil des Labyrinths • Diverticulum endolymphaticum: wächst aus zu Endolymphgang (Ductus endolymphaticus) und Endolymphsack (Saccus endolymphaticus) ■ **Ohrkapsel** (Capsula otica): • Mesenchymverdichtung um Ohrbläschen (*Mesenchyma oticum*) • in 6. Entwicklungswoche Knorpelstadium (*Labyrinthus cartilagineus*) • Beginn der Verknöcherung in 17. Entwicklungswoche von etwa 14 Ossifikationszentren aus (*Labyrinthus osseus*)	■ **Erste Schlundtasche** (Saccus pharyngealis primus (I)) wächst aus zu Recessus tubotympanicus, aus ihm gehen hervor die epithelialen Anteile von: • Ohrtrompete (*Tuba auditoria [auditiva]*) • Paukenhöhle (*Cavitas tympanica*): Schleimhaut überzieht auch Gehörknöchelchen! • Vorhof der Warzenfortsatzzellen (*Antrum mastoideum*): Pneumatisation des Warzenfortsatzes mit Bildung der Cellulae mastoideae beginnt erst in später Fetalzeit und geht noch nach Geburt weiter ■ **Trommelfell** (Membrana tympanica) entsteht zwischen erster Schlundfurche (äußeres Epithel) und erster Schlundtasche (inneres Epithel) mit dazwischen liegendem Mesenchym aus dem Bereich der ersten Verschlußmembran (Membrana pharyngealis prima (I)) zwischen ersten und zweitem Schlundbogen ■ **Gehörknöchelchen** gehen aus dorsalen Anteilen (Cartilago dorsalis) der Knorpel (Meckel-Knorpel und Reichert-Knorpel) der ersten beiden Schlundbogen hervor: • aus Arcus pharyngealis primus (I): *Hammer* (Malleus) und *Amboß* (Incus) • aus Arcus pharyngealis secundus (II): *Steigbügel* (Stapes), Loch bedingt durch hindurchziehende A. stapedia ■ **Muskeln der Gehörknöchelchen:** • *M. tensor tympani*: vom 1. Schlundbogen, daher innerviert von N. trigeminus • *M. stapedius*: vom 2. Schlundbogen, daher N. facialis	• Im Bereich der esten Schlundfurche (Sulcus pharyngealis primus (I)) Verdichtung des Ektoderms zu *Gehörgangplatte*, wird im 5. Entwicklungsmonat kanalisiert zu äußerem Gehörgang (Meatus acusticus externus) • Ohrmuschel entsteht aus 6 *Ohrhöckerchen* (Tubercula auricularia) aus Material der ersten beiden Schlundbogen (Arcus pharyngealis primus et secundus (I, II))	■ **Fehlbildungen des Innenohrs:** • *angeborene Taubheit*: genetisch bedingt oder nach Rötelnerkrankung der Mutter in Frühschwangerschaft, mit • Mißbildungen der Schnecke oder • Aplasie des N. cochlearis • *Taubstummheit* als Folge der angeborenen Taubheit wegen gestörter Sprachentwicklung ■ **Fehlbildungen des Mittelohrs:** • angeborene *Stapesankylose*: Steigbügelplatte ist im ovalen Fenster nicht beweglich → Mittelohrschwerhörigkeit • Pneumatisation des Warzenfortsatzes individuell sehr verschieden ■ **Fehlbildungen des äußeren Ohrs** (Defectus auricularis): • *Ankylotie* (Gehörgangatresie): Verschluß des äußeren Gehörgangs bei Ausbleiben der Kanalisation der Gehörgangplatte • *Synotie*, Otozephalie: bei fehlendem Unterkiefer sind die beiden Ohranlagen kaudal des Gesichts vereinigt, bei leichten Formen nur Ohrmuschel-Tiefstand • *Anotie*: Ohrmuschel fehlt, Aussehen kann evtl. durch Kunststoffepithese verbessert werden • *Mikrotie*: zu kleine Ohrmuschel, oft verunstaltet und mit Gehörgangstenose sowie Defekten der Gehörknöchelchen verbunden • *Makrotie*: übergroße Ohrmuschel, Verkleinerung durch Keilexzision verbessert Aussehen • *Polyotie*: überzählige Ohrmuschelrudimente • *Cystis preauricularis*: präaurikuläre Zyste bei unvollständiger Ohrmuschelbildung • *Sinus preauricularis*: präaurikuläre Grube

7.4.2 Auris externa (äußeres Ohr)

Meatus acusticus externus (äußerer Gehörgang)

GLIEDERUNG, RELIEF	FEINBAU	LEITUNGSBAHNEN	KLINIK
● Länge 3-4 cm ● Weite 5-10 mm ■ **Gliederung:** ● mediales Drittel knöchern: Pars tympanica des Os temporale (⇨ 6.1.4) ● laterale 2/3 knorpelig: *Meatus acusticus externus cartilagineus*: Cartilago meatus acustici (Gehörgangknorpel) und Lamina tragi (Knorpelplatte der Ohrecke) ● Engstelle und Knick am Übergang des knorpeligen zum knöchernen Teil ● Begriff *Porus acusticus externus* doppeldeutig: äußeres Ende des gesamten oder nur des knöchernen Gehörgangs	■ **Dünne äußere Haut**, fest an Knorpel bzw. Knochen fixiert ● mehrschichtiges verhorntes Plattenepithel ● am Eingang kräftige Terminalhaare (Tragi) ● *Glandula ceruminosa* (Ohrschmalzdrüse): modifizierte apokrine Schweißdrüse ● *Glandula sebacea* (Talgdrüse) ● *Cerumen* (Ohrschmalz): Gemisch der Sekrete beider Drüsenarten + abgeschilferte Hornschicht des Epithels ■ **Versteifung:** ● elastischer Knorpel im knorpeligen Teil ● Lamellen- und Faserknorpel im knöchernen Teil	■ **Arterien:** Äste der A. auricularis profunda aus A. maxillaris ■ **Venen:** Abfluß über Vv. auriculares anteriores zur V. retromandibularis ■ **regionäre Lymphknoten:** ● Nodi lymphatici mastoidei ● Nodi lymphatici parotidei profundi (Nodi lymphatici preauriculares, Nodi lymphatici infra-auriculares) ■ **Hautinnervation:** ● N. meatus acustici externi aus N. auriculotemporalis (V₃) ● R. auricularis aus Ganglion inferius des N. vagus ● N. auricularis magnus aus Plexus cervicalis	● *Otoskopie* (Ohrenspiegelung): der Knick im Gehörgang wird ausgeglichen, indem man das laterale Ende des knorpeligen Teils mit der Ohrmuschel nach oben bewegt (am oberen Rand der Helix fassen und nach hinten-oben ziehen) ● *Ohrschmalzpfröpfe* können die Schalleitung beeinträchtigen (Schalleitungsschwerhörigkeit), Entfernen durch Gehörgangspülung mit körperwarmen (!) Wasser (mit kaltem Wasser können Gleichgewichtsstörungen ausgelöst werden) ● *Gehörgangfurunkel*: meist Staphylokokkeninfektion der Haarbälge nach Verletzung beim Reinigen des Gehörgangs, wegen der straff fixierten Haut sehr schmerzhaft (verstärkt bei Druck auf Tragus), deshalb Reinigungsprozeduren möglichst vermeiden!

Auricula (Ohrmuschel)

GLIEDERUNG, RELIEF	FEINBAU	LEITUNGSBAHNEN	KLINIK
● *Helix* (Ohrleiste): Wulst am äußeren Rand ● *Scapha*: Rinne zwischen Helix und Antihelix ● *Antihelix* (auch Anthelix geschrieben, Gegenleiste): innerer Wulst, endet unten mit Antitragus (Gegeneck) ● *Tragus* (Ohrecke, "Ziegenbock"): Höcker vor dem Porus acusticus externus ● *Concha auricularis* (Ohrmuschelhöhle): von Antihelix und Tragus umgebene Höhlung lateral des Porus acusticus externus, 2 Abschnitte: ● kleinerer oberer Teil: *Cymba conchalis* ● größerer unterer Teil: *Cavitas conchalis* [Cavum conchale] ● *Incisura intertragica*: Einschnitt zwischen Tragus und Antitragus ● *Tuberculum auriculare* (Darwin-Höcker): variables Höckerchen an der Helix (hinten-oben) ● *Lobulus auricularis* (Ohrläppchen): ohne knorpelige Versteifung	● *Cartilago auricularis*: elastischer Knorpel ● *Ligg. auricularia*: heften Ohrmuschel an Os temporale an ● *Mm. auriculares*: 8 kleine quergestreifte Muskeln, beim Menschen ohne praktische Bedeutung	■ **Arterien:** Äste von ● A. auricularis profunda aus A. maxillaris ● Rr. auriculares anteriores aus A. temporalis superficialis ● Rr. auriculares posteriores aus A. auricularis posterior ■ **Venen:** Abfluß über ● Vv. auriculares anteriores zur V. retromandibularis ● V. auricularis posterior zur V. jugularis externa ■ **regionäre Lymphknoten:** ● Nodi lymphatici mastoidei ● Nodi lymphatici parotidei superficiales ● Nodi lymphatici parotidei profundi: ● Nodi lymphatici pre-auriculares ● Nodi lymphatici infra-auriculares ■ **Hautinnervation:** ● Nn. auriculares anteriores aus N. auriculotemporalis (V₃) ● R. auricularis aus Ganglion inferius des N. vagus ● N. auricularis magnus aus Plexus cervicalis ■ **motorische Innervation** der Mm. auriculares: N. auricularis posterior aus N. facialis (VII)	● Ohrmuschel beim Menschen nahezu funktionslos, daher kein Selektionsvorteil, genetische Einflüsse auf Form überwiegen, deshalb wichtig beim erbbiologischen Vaterschaftsnachweis ● aus Ohrläppchen kann Blutstropfen für Blutausstrich entnommen werden ● *Othämatom*: Abscherung des Perichondriums vom Knorpel mit serösem bis blutigem Erguß zwischen beiden, kann unbehandelt (Punktion) zu bleibender Verunstaltung führen ("Ringerohr", "Boxerohr", "Blumenkohlohr") ● *abstehende Ohren*: meist fehlt Antihelix (Ohrmuschelknorpel nicht korrekt gefaltet), Form kann nicht durch Verbände usw. beeinflußt werden, da es sich um elastischen Knorpel handelt, es hilft nur Exzision eines Knorpelkeils

7.4.3 Cavitas tympanica [Cavum tympani] (Paukenhöhle)

GLIEDERUNG, WÄNDE	LEITUNGSBAHNEN	KLINIK
Schmaler Raum, Tiefe 3-6 mm, Volumen 0,8 ml, dünne gefäßreiche Tunica mucosa cavitatis tympanicae mit einschichtigem kubischen Epithel, Gliederung in 3 **Stockwerke**: ● *Recessus epitympanicus* (oberer Paukenraum, Kuppelraum, *Epitympanon*): oberhalb des Trommelfells gelegen ● mittlerer Paukenraum (*Mesotympanon*): auf Höhe des Trommelfells ● unterer Paukenraum (Paukenkeller, *Hypotympanon*): unterhalb des Trommelfells 6 **Wände:** ■ **Paries tegmentalis**: Dach der Paukenhöhle zur mittleren Schädelgrube ■ **Paries caroticus**: Vorderwand der Paukenhöhle zum Karotiskanal ■ **Paries membranaceus**: Lateralwand der Paukenhöhle mit dem Trommelfell ■ **Paries jugularis**: Boden der Paukenhöhle zur Fossa jugularis der äußeren Schädelbasis (dort liegt Bulbus superior venae jugularis) ● *Prominentia styloidea*: Vorwölbung durch den Processus styloideus (Griffelfortsatz) ● *Cellulae tympanicae*: kleine Nischen im Boden ■ **Paries labyrinthicus**: Medialwand der Paukenhöhle zum Innenohr ● ● *Fenestra vestibuli* (ovales Fenster): durch Steigbügelplatte verschlossen ● *Promontorium*: Vorwölbung durch untere Schneckenwindung mit Rinnen für den Plexus tympanicus ● *Fenestra cochleae [cochlearis, rotunda]* (rundes Fenster): verschlossen durch Membrana tympani secundaria ● *Processus cochleariformis*: löffelförmiger Fortsatz, Austritt und Umlenkstelle des M. tensor tympani ■ **Paries mastoideus** (Adnexa mastoidea): Dorsalwand der Paukenhöhle zum Warzenfortsatz ● *Antrum mastoideum* (Vorhof der Warzenfortsatzzellen): Fortsetzung des Recessus epitympanicus nach dorsal ● *Aditus ad antrum*: Eingang in das Antrum mastoideum ● *Prominentia canalis semicircularis lateralis*: Vorwölbung durch den seitlichen Bogengang ● *Prominentia canalis facialis*: Vorwölbung durch den Fazialiskanal ● *Eminentia pyramidalis*: Austritt des M. stapedius ● *Apertura tympanica canaliculi chordae tympani* ● *Cellulae mastoideae* (Warzenfortsatzzellen): lufthaltige Hohlräume im Warzenfortsatz	■ **Arterien**: Äste von ● A. tympanica anterior aus A. maxillaris ● A. tympanica posterior aus A. auricularis posterior ● A. tympanica inferior aus A. pharyngea ascendens ● A. tympanica superior aus A. meningea media ● Aa. caroticotympanicae aus Pars petrosa der A. carotis interna ■ **Venen**: Abfluß über Vv. tympanicae zur V. retromandibularis ■ **regionäre Lymphknoten:** ● Nodi lymphatici mastoidei ● Nodi lymphatici parotidei superficiales ● Nodi lymphatici parotidei profundi: ● Nodi lymphatici pre-auriculares ● Nodi lymphatici infra-auriculares ● Nodi lymphatici retropharyngeales ■ **Schleimhautinnervation:** Plexus tympanicus aus ● N. tympanicus aus N. glossopharyngeus (IX) ● Nn. caroticotympanici aus sympathischem Plexus caroticus internus ■ **durchziehender Nerv:** **Chorda tympani** (Paukensaite): von Apertura canaliculi chordae tympani zwischen Manubrium mallei und Crus longum des Amboß zur Fissura petrotympanica (Glaser-Spalte), wirft 3 Falten in Paukenhöhlenschleimhaut auf: ● Plica mallearis posterior ● Plica mallearis anterior ● Plica chordae tympani	● Bei Knochenabbau im Alter Tegmen tympani oft durchlöchert, Paukenhöhlenschleimhaut grenzt dann direkt an Dura mater encephali (Fortleitung einer Mittelohreiterung auf Meningen) ■ **Otitis media acuta** (akute Mittelohrentzündung): ● meist steigt Infektion über Ohrtrompete vom Rachen auf ● zunehmende Rötung des Trommelfells ● Vorwölbung des hinteren oberen Quadranten ● am 2.-3. Tag Spontanperforation und Eiterausfluß aus dem Gehörgang ● danach schlagartig Besserung ● falls Perforation ausbleibt, sollte man im vorderen unteren oder hinteren unteren Quadranten einschneiden (Parazentese), um dem Eiter Abfluß zu verschaffen ■ **Säuglingsotitis**: kurze und relativ weite Ohrtrompete begünstigt aufsteigende Infektion ■ **Mastoiditis** (Vereiterung der Warzenfortsatzzellen): Folgekrankheit der Otitis media, wenn diese nicht in 2-3 Wochen ausheilt, Gefahr des Eiterdurchbruchs: ● direkt nach außen: subperiostaler Abszeß ● nach unten: in den M. sternocleidomastoideus ● nach vorn: in den äußeren Gehörgang oder in den Jochbogen ● nach hinten: in den Sinus sigmoideus, Gefahr der Sinusthrombose und Meningitis ● nach medial hinten: in den Canalis facialis mit Fazialislähmung ● nach medial vorn: in das Labyrinth mit Labyrinthitis und Durchbruch in mittlere Schädelgrube → epidurales Empyem, otogene Meningitis, otogener Hirnabszeß (Schläfenlappen)

7.4.4 Membrana tympanica (Trommelfell)

GLIEDERUNG, RELIEF	FEINBAU	LEITUNGSBAHNEN	KLINIK
● Im Sulcus tympanicus des Felsenbeins ausgespannt ● trennt Auris externa und Auris media ● Durchmesser etwa 8-10 mm, Dicke etwa 0,1 mm ● Neigung von hinten-oben-außen nach vorn-unten-innen ● flacher Trichter, Spitze an Umbo membranae tympanicae (Trommelfellnabel) ■ **Gliederung:** ● Pars tensa: straffer Hauptteil ● Pars flaccida (Shrapnell-Membran): kleiner schlaffer oberer Bezirk ■ Im **Ohrenspiegelbild** zu sehen: ● *Stria mallearis* (Hammerstreifen): das mit dem Trommelfell verwachsene Manubrium mallei (Hammerstiel) ● *Prominentia mallearis*: durch Processus lateralis des Malleus ● *Plica mallearis anterior* (vorderer Grenzstrang) + Plica mallearis posterior (hinterer Grenzstrang): an der Grenze zwischen Pars tensa und Pars flaccida	3 Schichten: ■ **Stratum cutaneum**: auf Außenseite sehr dünne Haut des äußeren Gehörgangs ■ **Bindegewebeplatte**: ● *Pars tensa*: 2 Lagen straffer Kollagenfasern, außen radiär (Stratum radiatum), innen kreisförmig (Stratum circulare), ergänzt durch elastische Netze, unter Vermittlung von Faserknorpel (Anulus fibrocartilagineus) in Knochen verankert ● *Pars flaccida*: lockeres Bindegewebe ■ **Stratum mucosum**: auf Innenseite Paukenhöhlenschleimhaut, Schleimhautfalten bedingen 3 Trommelfellbuchten (Recessus membranae tympanicae): ● *Recessus anterior*: vor Hammerstiel ● *Recessus posterior*: hinter Hammerstiel ● *Recessus superior* (Prussak-Raum): der Pars flaccida entsprechend	■ **Arterien**: Äste von ● A. auricularis profunda (Gehörgangseite) ● A. tympanica anterior (Paukenhöhlenseite) ■ **Venen**: Abfluß über den Arterien entsprechende Venen zu ● V. jugularis externa ● V. retromandibularis ■ **regionäre Lymphknoten**: wie Cavitas tympanica (⇨ 7.4.3) ■ **Innervation**: ● Gehörgangseite: R. membranae tympani des N. meatus acustici externus aus N. auriculotemporalis (V3) ● Paukenhöhlenseite: Plexus tympanicus (IX)	■ Zur Lokalisation von Befunden Pars tensa in 4 **Quadranten** gegliedert (Achsenkreuz durch Stria mallearis und dazu Senkrechte durch Umbo membranae tympanicae): ● vorderer oberer Quadrant ● vorderer unterer Quadrant ● hinterer oberer Quadrant ● hinterer unterer Quadrant ■ **Farbe** des Trommelfells bei Otoskopie (Ohrenspiegelung): ● rauchgrau: gesund ● rot: Otitis media (Mittelohrentzündung) ● blauviolett: Hämatotympanon (Bluterguß in Paukenhöhle) ● gelb: seröses Exsudat in Paukenhöhle ● weiß: Verdickung (nach Entzündung) ■ **Verletzungen**: ● direkt: Perforation durch zur Ohrreinigung verwendete Gegenstände, z.B. Q-Tip ● indirekt: Überdruckruptur bei Explosion, Schlag aufs Ohr usw. ● Felsenbeinlängsfraktur (Blutung aus Gehörgang!), bei Querfraktur Trommelfell meist intakt, aber Hämatotympanon

7.4.5 Ossicula auditoria [auditus] (Gehörknöchelchen)

KNOCHEN	GLIEDERUNG, RELIEF	GELENKE	KLINIK
Malleus (Hammer)	● *Manubrium mallei* (Hammerstiel, Hammergriff): mit Trommelfell verwachsen ● *Caput mallei* (Hammerkopf): für Hammer-Amboß-Gelenk ● *Collum mallei* (Hammerhals): zwischen Hammerkopf und Hammerstiel ● *Processus lateralis*: kleiner Fortsatz am oberen Ende des Hammerstiels, bedingt Prominentia mallearis des Trommelfells ● *Processus anterior*: für Bandansatz	**Articulatio incudomallearis** (Hammer-Amboß-Gelenk): meist kein Gelenkspalt, sondern Symphyse, 3 Aufhängebänder für den Hammer: ● *Lig. mallei anterius*: vom Processus anterior zur Fissura petrotympanica ● *Lig. mallei laterale*: vom Hammerhals zum Vorderrand der Incisura tympanica (hinterer Teil des "Achsenbandes", um das der Hammer schwingt) ● *Lig. mallei superius*: Schleimhautfalte vom Hammerkopf zum Dach des Recessus epitympanicus	■ **Transplantation**: bei Zerstörung der Gehörknöchelchen, z.B. durch Cholesteatom, ist Transplantation cialitkonservierter Gehörknöchelchen von Leiche zu erwägen ■ **Cholesteatom** (Perlgeschwulst): ● zwiebelschalenartig geschichtete Epithelmassen, von verhornendem Plattenepithel umgeben ● meist von äußerem Trommelfellepithel ausgehend ● an sich gutartig, aber durch Druck und Infektion Zerstörung von Gehörknöchelchen und Einbruch in Labyrinth, Canalis facialis, Sinus sigmoideus oder Schädelhöhle möglich
Incus (Amboß)	● *Corpus incudis* (Amboßkörper): für Hammer-Amboß-Gelenk ● *Crus longum* (langer Schenkel): trägt am Ende Processus lenticularis für Amboß-Steigbügel-Gelenk ● *Crus breve* (kurzer Schenkel): Bandansatz	**Articulatio incudostapedialis** (Amboß-Steigbügel-Gelenk): meist Synchondrose, 2 Aufhängebänder für Amboß: ● *Lig. incudis posterius*: vom kurzen Schenkel zur Fossa incudis des Paries mastoideus ● *Lig. incudis superius*: Schleimhautfalte vom Amboßkörper zum Dach des Recessus tympanicus	

Fortsetzung der Tabelle nächste Seite

Gehörknöchelchen (Fortsetzung)

KNOCHEN	GLIEDERUNG, RELIEF	GELENKE	KLINIK
Stapes (Steig- bügel)	● *Caput stapedis* (Steigbügelkopf): für Amboß-Steigbügel-Gelenk ● *Crus anterius* und *Crus posterius*: vorderer und hinterer Steigbügelschenkel ● *Basis stapedis* (Steigbügelplatte): in Fenestra vestibuli (ovales Fenster) aufgehängt	● *Syndesmosis tympanostapedialis*: die Basis stapedis ist mit dem Lig. anulare stapediale in der Fenestra vestibuli aufgehängt ● *Membrana stapedialis*: verschließt das "Loch" im Steigbügel, das embryonal von A. stapedia durchzogen wird	**Stapesankylose**: Verknöcherung der Syndesmosis tympanostapedialis, z.B. bei Otosklerose, Therapie: Stapedektomie (Entfernen des Steigbügels) und Interposition eines "Drahtsteigbügels"

7.4.6 Tuba auditoria [auditiva] (Ohrtrompete, Eustacchi-Röhre, "Tube", Salpinx)

GLIEDERUNG, RELIEF	FEINBAU	LEITUNGSBAHNEN	KLINIK
● Verbindet Paukenhöhle mit Nasenrachenraum zum Druckausgleich ● Länge etwa 4 cm ● Verlaufsrichtung: von hinten-oben-außen nach vorn-unten-innen (ähnlich Tromelfellneigung), Höhenunterschied der Öffnungen etwa 2 cm ■ **Gliederung:** ● *Ostium tympanicum tubae auditoriae*: paukenhöhlenseitige Öffnung im Paries caroticus (Vorderwand) der Cavitas tympanica ● *Pars ossea* (knöcherner Teil): laterales Drittel im Semicanalis tubae auditoriae des Canalis musculotubarius des Felsenbeins ● *Isthmus tubae auditoriae*: Tubenenge (etwa 1 x 3 mm) am Übergang vom knöchernen zum knorpeligen Teil ● *Pars cartilaginea* (knorpeliger Teil): mediale 2/3, Wand teilweise versteift durch rinnenförmigen Cartilago tubae auditoriae, aber Lamina membranacea knorpelfrei (kann durch Gaumensegelmuskeln bewegt und dabei Lichtung erweitert werden) ● *Ostium pharyngeum tubae auditoriae*: rachenseitige Öffnung (⇨ Pharynx, 7.6.8)	● *Tunica mucosa* (Tubenschleimhaut): mit mehrreihigem Flimmerepithel, Becherzellen und mukösen Glandulae tubariae ● *Cartilago tubae auditoriae [auditivae]*: beim Neugeborenen hyalin, im Lauf des Lebens zunehmend elastisch ● *Noduli lymphatici aggregati* im Bereich des Ostium pharyngeum bilden die Ohrtrompetenmandel (Tonsilla tubaria) als Teil des lymphatischen Rachenrings	■ **Arterien:** ● Pars ossea: Arterien der Paukenhöhle (⇨ 7.4.3) ● Pars cartilaginea: Äste der A. pharyngea ascendens und der A. canalis pterygoidei (aus A. maxillaris) ■ **Venen:** Abfluß zum Plexus pterygoideus ■ **regionäre Lymphknoten:** ● Nodi lymphatici retropharyngeales ● Nodi lymphatici parotidei ■ **Innervation:** N. glossopharyngeus (IX) ● Pars ossea: Plexus tympanicus ● Pars cartilaginea: Plexus pharyngeus	■ Mangelnder Druckausgleich bei **Verschluß der Ohrtrompete:** ● in Paukenhöhle entsteht infolge Luftresorption Unterdruck ● dieser zieht Trommelfell ein ● Trommelfell kann nicht frei schwingen ● Folge: Schalleitungsschwerhörigkeit ■ **Funktionsprüfung:** ● Valsalva-Versuch: Nase zuhalten und kräftig in Nase ausatmen, Trommelfellbewegung ist otoskopisch zu beobachten ● Toynbee-Versuch: Schlucken mit zugehaltener Nase, knackendes Geräusch mit Stethoskop über Gehörgang zu hören ● Politzer-Luftdusche: Gummiballon mit Olive in einem Nasenloch, anderes zugehalten, beim Einblasen von Luft sagt Patient "Kuckuck", dadurch Ohrtrompete geöffnet, Durchblasegeräusch wird abgehört ■ **"Tubenkatarrh"**: führt zu Schleimhautschwellung und Verschluß der Ohrtrompete ● häufige Begleiterscheinung von Pharyngitis und Schnupfen ● bei Kindern beengt oft übergroße Rachendachmandel (adenoide Vegetationen) den Eingang in die Ohrtrompete ● rasche Erhöhung des äußeren Luftdrucks (Talfahrt mit Bergbahn, landendes Flugzeug), Prophylaxe: häufig schlucken

7.4.7 Labyrinthus cochlearis (Schneckenlabyrinth)

LABYRINTHUS OSSEUS	LABYRINTHUS MEMBRANACEUS	FEINBAU	KLINIK
■ **Cochlea** (Schnecke): Durchmesser an Basis etwa 9 mm, Höhe etwa 5 mm ● *Cupula cochleae* (Schneckenkuppel): weist nach vorn unten seitlich ● *Basis cochleae* (Schneckenbasis): weist zum Meatus acusticus internus ● *Canalis spiralis cochleae*: Hohlraum der knöchernen Schnecke mit 2,5 Windungen ■ **Modiolus** (Schneckenspindel): ● *Basis modioli* ● *Lamina modioli*: Ende an Schneckenkuppel ● *Canalis spiralis modioli*: Kanal für das Ganglion spirale cochleare ● *Canales longitudinales modioli*: Kanäle für die vom Ganglion cochleare [spirale cochleae] kommenden Axonen ■ **Lamina spiralis ossea**: vom Modiolus in den Canalis spiralis cochleae vorspringende Knochenlamelle ● *Hamulus laminae spiralis*: hakenförmiges Ende in Schneckenkuppel, läßt Helicotrema frei ● *Helicotrema*: Verbindung zwischen Scala vestibuli und Scala tympani ● *Lamina spiralis secundaria*: der Lamina spiralis ossea gegenüberliegende Knochenlamelle (nur in Basis cochleae ■ **Fenster zum Mittelohr**: ● *Fenestra vestibularis [ovalis]*: verschlossen durch Steigbügelplatte ● *Fenestra cochleae [cochlearis, rotunda]*: verschlossen durch Membrana tympani secundaria	■ **Ductus cochlearis** (Schneckengang): spiraliger, im Querschnitt dreieckiger Endolymphraum der Schnecke, etwa 3 cm lang, mit 3 (4) Wänden und 2 blinden Enden: ● *Caecum cupulare*: in Schneckenkuppel ● *Caecum vestibulare*: vorhofseitig ■ **Paries vestibularis** ductus cochlearis [Membrana vestibularis] (Reissner-Membran): Dach des Schneckengangs gegen Scala vestibularis ■ **Paries externus** ductus cochlearis: Außenwand, dem Knochen anliegend: ● oben: *Stria vascularis*, gefäßreich, sezerniert vermutlich Endolymphe ● Mitte: *Prominentia spiralis*, Vorwölbung mit Blutgefäß (Vas prominens) ● unten: *Crista basilaris*, spitzes Ende der Crista spiralis [Lig. spirale] ● *Sulcus spiralis externus*: Winkel von Paries externus und Paries tympanicus ■ **Paries tympanicus** ductus cochlearis [Membrana spiralis]: Wand gegen Scala tympani, mit Vas spirale und Sinnesfeld (Organum spirale, ⇨ rechts) ● *Lamina basilaris*: schwingende Saite, an Schneckenbasis etwa 0,1 mm, an Schneckenkuppel 0,5 mm breit, ausgespannt zwischen Lamina spiralis ossea und ● *Crista spiralis [Lig. spirale]*: im Querschnitt dreieckiger Bindegewebekeil auf Außenseite der Schneckenwindung (verdicktes Endost) ■ **Paries internus**: Bezeichnung der Nomina histologica für den medialen Winkel: ● *Limbus laminae spiralis osseae*: verdicktes oberes Endost der knöchernen Spirallamelle, dieses spaltet sich in 2 Lippen auf: ● *Labium limbi tympanicum*: Einstrahlung der Lamina basilaris ● *Labium limbi vestibulare*: Ansatz der Membrana tectoria [gelatinosa], Dentes acustici ("Hörzähne") = vorragende Zellen ● *Sulcus spiralis internus*: Rinne zwischen den beiden Lippen ■ **Spatium perilymphaticum**: ● *Scala vestibuli* (Vorhoftreppe): durch Helicotrema verbunden mit ● *Scala tympani* (Paukentreppe) ● *Aqueductus cochleae*: Verbindungsgang im Canaliculus cochleae zwischen Scala tympani und äußerer Schädelbasis (Rand des Foramen jugulare), enthält fetal den Ductus perilymphaticus, beim Erwachsenen Verbindung zu Subarachnoidealraum	**Organum spirale** (Corti-Organ): Sinnesfeld des Hörorgans: ■ **Sinneszellen**: mit 50-100 Stereozilien, Synapsen mit Dendriten der bipolaren Nervenzellen des Ganglion spirale cochleare ● *innere Haarzellen*: 1 Reihe, insgesamt etwa 3500 Zellen ● *äußere Haarzellen*: 3-5 Reihen, insgesamt etwa 10000-20000 Zellen ■ **Stützzellen**: reichen von Lamina basilaris bis zur freien Oberfläche, bilden dort Schlußleistenkomplexe (= Membrana reticularis der Lichtmikroskopie), tragen die Haarzellen (von innen nach außen): ● innere Stützzelle ● innere Grenzzelle ● innere Phalangenzelle: umschließt innere Haarzelle ● innere Pfeilerzelle ● äußere Pfeilerzelle ● äußere Phalangenzelle (Deiters-Zelle) ● äußere Grenzzelle (Hensen-Zelle) ● äußere Stützzelle (Claudius-Zelle) ■ **Flüssigkeitsräume**: mit Perilymphe gefüllt! ● *Cuniculus internus* (innerer Tunnel, Corti-Tunnel): zwischen inneren und äußeren Pfeilerzellen ● *Cuniculus medius* (Nuel-Raum): zwischen äußeren Pfeilerzellen und äußeren Haarzellen ● *Cuniculus externus* (äußerer Tunnel): zwischen äußeren Phalangen- und Grenzzellen ■ **Lamina basilaris**: ● *Zona arcuata*: mediales Drittel, ungebündelte Filamente ● *Zona pectinata*: laterale 2/3, gebündelte Filamente	■ **Presbyakusis** (Altersschwerhörigkeit): Abnutzungsvorgänge, vor allem im Organum spirale, führen zu: ● doppelseitiger Schallempfindungsschwerhörigkeit, vor allem für hohe Töne ● Diskriminationsverlust: schlechteres Sprachverständnis bei Störgeräuschen und mehreren Gesprächspartnern (Cocktailparty!) ● Ohrgeräusch ■ **Lärmschwerhörigkeit**: nach jahrelanger Arbeit bei Lärmpegel über 85 dB

7.4.8 Labyrinthus vestibularis (Vorhoflabyrinth)

TEIL	LABYRINTHUS OSSEUS	LABYRINTHUS MEMBRANACEUS	FEINBAU	KLINIK
Vestibulum (Vorhof)	Gemeinsamer Vorraum für Schnecke und Bogengänge, zwischen Meatus acusticus internus und Cavitas tympanica, in ihm liegen die Vorhofsäckchen ● *Recessus sphericus*: Grube für Sacculus ● *Recessus ellipticus*: Grube für Utriculus ● *Recessus cochlearis*: Grube für Caecum vestibulare des Ductus cochlearis ● *Maculae cribrosae*: siebartig durchlöcherte Knochenplatten an der Grenze zum inneren Gehörgang für den Durchtritt der einzelnen Teile des N. vestibulocochlearis ● *Aqueductus vestibuli*: Verbindungskanal zur Facies posterior partis petrosae für den Ductus endolymphaticus	■ **Vorhofsäckchen:** ● *Sacculus*: annähernd kugelig, Durchmesser etwa 2 mm, Macula sacculi steht etwa in der Ebene des vorderen Bogengangs ● *Utriculus*: länglich, etwa 2 x 3 mm, Macula utriculi etwa in der Ebene des lateralen Bogengangs ■ **Verbindungsgänge:** ● *Ductus utriculosaccularis*: verbindet Utriculus und Sacculus ● *Ductus reuniens*: vebindet Sacculus und Ductus cochlearis ● *Ductus endolymphaticus*: verbindet Ductus utriculosaccularis mit Saccus endolymphaticus (flache Blase unter Dura an Facies posterior partis petrosae): Druckausgleichsgang ■ **häutiges Labyrinth trennt 2 Flüssigkeitsräume:** ● *Spatium endolymphaticum* mit Endolymphe gefüllt: reich an Kalium, arm an Natrium ● *Spatium perilymphaticum* mit Perilymphe gefüllt: arm an Kalium, reich an Natrium, ähnlich Liquor cerebrospinalis, aber etwa 10facher Proteingehalt	■ **Epithel** des häutigen Labyrinths: ● einschichtiges Plattenepithel: Großteil der Wand ● säulenförmiges (hochprismatisches) Epithel: an Stellen, an denen vermutlich Endolymphe gebildet wird ● Sinnes- und Stützzellen an den Maculae und Cristae ampullares ■ **Maculae:** ● *Membrana statoconiorum* (Statolithenmembran) aus Glycosaminoglycanen und kristallinem Calciumcarbonat ruht auf Sinneshaaren ● *Haarzellen*: Sinneszellen mit 40-100 Stereozilien und 1 Kinozilie ● Typ-I-Zellen vollständig von becherförmiger Nervenendung umschlossen ● Typ-II-Zellen mit basalen Synapsen ● *Stützzellen*: säulenförmig, mit zahlreichen Vesikeln und Mitochondrien ■ **Saccus endolymphaticus:** einschichtiges hohes Epithel, möglicherweise Resorption von Endolymphe	■ **Morbus Menière** (Menière-Krankheit): Hydrops (vermehrte Flüssigkeitsansammlung) des Endolymphraums wegen: ● vermehrter Bildung bei vasomotorischen Störungen ● gestörtem Abfluß bei Verschluß des Ductus endolymphaticus ● gestörter Resorption im Saccus endolymphaticus ● charakteristische Symptomtrias: ● Drehschwindelanfälle (Dauer Minuten bis Stunden) mit Übelkeit und Erbrechen ● einseitiger Tinnitus (Ohrensausen) ● einseitige Innenohrschwerhörigkeit, oft mit Diplakusis (im kranken Ohr werden die Töne höher gehört) ■ **Kinetose** (Bewegungskrankheit, Reisekrankheit, Seekrankheit, Karussellkrankheit usw.): Übelkeit und Erbrechen bei ● übermäßiger Reizung des Gleichgewichtsorgans durch unphysiologische Beschleunigungen ● optisch-vestibulärer Diskordanz (mangelnde Übereinstimmung von optischen und vestibulären Reizen)
Canales semicirculares (Bogengänge)	■ **Canales semicirculares ossei** (knöcherne Bogengänge): die Knochenkanäle für die Bogengänge in der Pars petrosa stehen rechtwinklig zueinander, aber um 45° aus der Sagittalen gedreht und 30° aus der Horizontalen geneigt ● Canalis semicircularis anterior ● Canalis semicircularis posterior ● Canalis semicircularis lateralis *Fortsetzung nächste Seite*	■ **Ductus semicirculares** (häutige Bogengänge): ● Ductus semicircularis anterior ● Ductus semicircularis posterior ● Ductus semicircularis lateralis ■ **Ampullae membranaceae** (häutige Ampullen): enthalten als Sinnesfelder die Cristae ampullares mit den Cupulae gelatinosae ● Ampulla membranacea anterior ● Ampulla membranacea posterior ● Ampulla membranacea lateralis *Fortsetzung nächste Seite*	■ **Schichtenfolge** (von innen nach außen): ● Endolymphe ● einschichtiges Epithel (s.o.) ● Basalmembran (Membrana basalis ductus semicircularis) ● bindegewebige Wand mit elastischen Netzen und Pigmentzellen (Membrana propria ductus semicircularis) ● Perilymphraum, durchzogen von bindegewebigen Trabeculae perilymphaticae ● Endost des knöchernen Bogengangs ● kompakter Knochen der Labyrinthkapsel *Fortsetzung nächste Seite*	**Funktionsprüfungen** des Gleichgewichtsorgans: ■ **Abweichreaktionen:** Abweichung immer zur Seite des kranken Labyrinths: ● Blindstand mit ausgestreckten Armen (Romberg-Test) ● Blindgang ● auf der Stelle treten (Tretversuch nach Unterberger) ● Sterngang (15mal 6 Schritte vor und zurück ● Zeigeversuche: ● Finger → Nase ● Finger → Finger ● Finger → Zehen ● Hacken → Knie *Fortsetzung nächste Seite*

Fortsetzung Bogengänge nächste Seite

Bogengänge (Fortsetzung)

TEIL	LABYRINTHUS OSSEUS	LABYRINTHUS MEMBRANACEUS	FEINBAU	KLINIK
Canales semicirculares (Fortsetzung)	■ **Ampullae osseae** (knöcherne Ampullen): die erweiterten Anfangsstücke der Bogengänge nahe dem Utriculus: ● Ampulla ossea anterior ● Ampulla ossea posterior ● Ampulla ossea lateralis ■ **Crura ossea**: die Schenkel der knöchernen Bogengänge ● Crura ossea ampullaria: die ampullentragenden Schenkel ● Crus osseum commune: der gemeinsame ampullenfreie Schenkel des vorderen und hinteren Bogengangs ● Crus osseum simplex: der ampullenfreie Schenkel des seitlichen Bogengangs	■ **Crura membranacea** (häutige Schenkel): ● Crura membranacea ampullaria ● Crus membranaceum commune ● Crus membranaceum simplex	■ **Ampulla membranacea**: ● *Crista ampullaris*: Einstülpung der Wand zu einer halbmondförmigen Falte mit bindegewebigem Kern und einschichtigem Epithel mit Haarzellen Typ I und II (⇨ Maculae, vorhergehende Seite) sowie Stützzellen ● *Cupula gelatinosa*: Gallertkuppel, in die die Sinneshaare ragen (im Gegensatz zu den Maculae keine anorganischen Kristalle)	■ **Nystagmus** (Augenzittern mit rascher und langsamer Komponente): ● rotatorischer Nystagmus: Drehversuch ● thermischer Nystagmus: Spülen des äußeren Gehörgangs mit warmem und kaltem Wasser ● Lagenystagmus: tritt nur in bestimmten Lagen auf

7.4.9 Meatus acusticus internus (innerer Gehörgang)

GLIEDERUNG, KNOCHEN	LEITUNGSBAHNEN		KLINIK
● Etwa 1 cm lang ● Ausstülpung der hinteren Schädelgrube: Wand mit Hirnhäuten ausgekleidet ● Hauptversorgungsstraße für das Innenohr: Eintritt aller Arterien und Nerven und eines Teils der Venen sowie des N. facialis ● *Porus acusticus internus*: Eingang von der hinteren Schädelgrube an der Facies posterior partis petrosae ■ **Fundus meatus acustici interni**: inneres Ende durchlöcherte Knochenplatte, durch Crista transversa und weitere Knochenkämme in 4 Quadranten geteilt: ● vorn oben: Area nervi facialis für N. facialis ● vorn unten: Area cochleae mit spiraligem Lochfeld (Tractus spiralis foraminosus) für N. cochlearis ● hinten oben: Area vestibularis superior für N. utriculo-ampullaris ● hinten unten: Area vestibularis inferior für N. saccularis ● deutlich getrennte winzige Öffnung hinten unten: Foramen singulare für N. ampullaris posterior	■ **Arterien**: A. labyrinthi [labyrinthina] Ast der A. inferior anterior cerebelli oder direkter Ast der A. basilaris ● Rr. vestibulares: zum Gleichgewichtsorgan ● R. cochlearis: zum Hörorgan ■ **Venen**: 3 Abflußrichtungen aus Innenohr: ● Vv. labyrinthales [labyrinthinae]: durch Meatus acusticus internus zu Sinus petrosus inferior ● V. aqueductus vestibuli: mit Ductus endolymphaticus durch Aqueductus vestibuli zu Sinus petrosus inferior ● V. aqueductus cochleae: mit Ductus perilymphaticus (oder getrennt von diesem) durch Aqueductus cochleae [Canaliculus cochleae] zum Bulbus superior venae jugularis ■ **Lymphbahnen** des Innenohrs verbunden mit Perilymphraum und Subarachnoidealraum	■ **Nerven**: N. vestibulocochlearis (VIII) mit 2 Hauptteilen: ① **N. cochlearis** (Schneckennerv): vom Hörorgan, Zellkörper des 1. Neurons im Ganglion cochleare [Ganglion spirale cochleae] im Canalis spiralis cochleae ② **N. vestibularis** (Vorhofnerv): vom Gleichgewichtsorgan, Zellkörper des 1. Neurons im Ganglion vestibulare im Meatus acusticus internus nahe dessen Fundus in 2 Stockwerken: ● Pars superior: N. utriculoampullaris aus ● N. utricularis ● N. ampullaris anterior ● N. ampullaris lateralis ● Pars inferior: ● N. ampullaris posterior ● N. saccularis	■ **Hörsturz** (akuter Hörverlust, sudden deafness): vor allem bei Durchblutungsstörungen der A. labyrinthi ■ **Lähmungssyndrom** des N. vestibulocochlearis (⇨ 6.7.6) ■ **Vestibularisneurinom** (Akustikusneurinom): ● häufigste Geschwulst im Kleinhirn-Brücken-Winkel und im inneren Gehörgang ● Symptome: ● zunehmende Hochtonschwerhörigkeit oder Hörsturz ● Ohrensausen (Tinnitus) ● Schwindel, Gleichgewichtsstörungen ● Fazialislähmung ● evtl. Kleinhirnstörungen

7.5 Sehorgan (Organum visus)

7.5.1 Überblick

GLIEDERUNG 1	GLIEDERUNG 2	GLIEDERUNG 3
Bulbus oculi (Augapfel)	Tunica fibrosa bulbi (äußere Augenhaut)	Sclera (Lederhaut des Auges) Cornea (Hornhaut)
	Tunica vasculosa bulbi [Tractus uvealis] (mittlere Augenhaut)	Choroidea (Aderhaut) Corpus ciliare (Strahlenkörper) Iris (Regenbogenhaut)
	Tunica interna [sensoria] bulbi (innere Augenhaut)	Retina (Netzhaut)
	Lens (Augenlinse)	
	Camerae bulbi (Augenkammern)	Camera bulbi anterior (vordere Augenkammer) Camera bulbi posterior (hintere Augenkammer) Camera bulbi vitrea (Glaskörperkammer)
N. opticus (Sehnerv)	⇨ Hirnnerven, 6.7.2	
Organa oculi accessoria (Anhangsorgane des Auges)	Mm. bulbi (äußere Augenmuskeln)	
	Fasciae orbitales (Faszien der Augenhöhle)	
	Supercilium (Augenbraue)	
	Palpebrae (Lider)	Palpebra superior (Oberlid) Palpebra inferior (Unterlid)
	Tunica conjunctiva (Bindehaut)	Tunica conjunctiva bulbaris (Augenbindehaut) Tunica conjunctiva palpebralis (Lidbindehaut)
	Apparatus lacrimalis (Tränenapparat)	tränenbildendes System (Glandula lacrimalis) tränenableitendes System

Bulbus oculi (Augapfel): Allgemeine Begriffe

GLIEDERUNG, RELIEF	KLINIK
■ Bulbus oculi mit Erdball verglichen: ● Pole: Polus anterior und Polus posterior (etwa in Mitte zwischen Sehnervenaustritt und Macula) ● Äquator: Equator ● Längengrade: Meridiani ● Gewicht: durchschnittlich 7,5 g ■ Achsen: ● *Axis bulbi externus*: verbindet Polus anterior + posterior, im Durchschnitt 24 mm ● *Axis bulbi internus*: verbindet Innenseite von Cornea und Retina, im Durchschnitt 21 mm ● *Axis opticus*: verbindet Krümmungsmittelpunkte von Cornea und Linse, praktisch identisch mit Axis bulbi externus, weicht etwa 3-4˚ von Hauptsehachse (durch Macula) ab	**Brechkraft und Achsenlänge:** ● *Emmetropie* (Normalsichtigkeit): Brechkraft entspricht Achsenlänge, Bild liegt auf Retina ● *Hyperopie* (Hypermetropie, Weitsichtigkeit): Auge zu kurz, Bild liegt hinter Retina, Korrektur durch Sammellinse (zieht Bild nach vorn) ● *Myopie* (Kurzsichtigkeit): Auge zu lang, Bild liegt vor Retina, Korrektur durch Zerstreuungslinse (schiebt Bild nach hinten)

7.5.2 Entwicklung und Entwicklungsstörungen des Auges

ORGAN	ENTWICKLUNG	ENTWICKLUNGSSTÖRUNGEN
Bulbus oculi (Augapfel)	■ **Augenrinne** (Sulcus opticus): etwa 22. Entwicklungstag Rinne auf Innenseite der Neuralplatte im Bereich des späteren Prosencephalon, erweitert sich zu Fovea optica und Recessus opticus ■ **Augenbläschen** (Vesicula optica): mit Schluß des Neuralrohrs gelangt ursprüngliche Einstülpung auf die Außenseite des Tubus neuralis und wird zur Vorwölbung ● Hohlraum des Augenbläschen (Cavitas optica) ● Stiel des Augenbläschens (Pedunculus opticus): verbindet Cavitas optica mit Cavitas prosencephalica, wird später N. opticus ■ **Augenbecher** (Calix opticus): Seitenwand des Augenbläschens eingestülpt, so daß doppelwandiger Becher: ● Umschlagrand des Augenbechers (Labrum calicis) ● äußeres Blatt des Augenbechers (Lamina externa calicis): wird zum Pigmentepithel ● Spalt zwischen den beiden Blättern des Augenbechers (Spatium intraretinale): Rest der Cavitas optica, später zwischen Schicht der Stäbchen und Zapfen einerseits und dem Pigmentepithel andererseits, spielt bei Netzhautablösung wichtige Rolle ● inneres Blatt des Augenbechers (Lamina interna calicis): später 9 Schichten der Retina ● Augenbecherhöhle (Cavitas calicis): später von Augenlinse und Glaskörper gefüllt ● Augenbecherspalte (*Fissura optica*): Einschnitt am kaudalen Rand des Augenbechers, durch den A. hyaloidea verläuft, schließt sich in 6. Entwicklungswoche, dann A. hyaloidea vollständig innerhalb der Augenbecherhöhle	**Fehlbildungen des Auges** (Defectus ocularis) ● *Anophthalmie*: Augapfel fehlt, kann mit Defekt des Vorderhirns verbunden sein ● *Zyklopie* (Zyklopenauge): statt 2 Augen nur ein median stehendes (darüber Rüsselnase) ● *Makrophthalmie*, Buphthalmie: zu großer Augapfel, vor allem bei Abflußbehinderung des Kammerwassers und erhöhtem intraokularen Druck (Glaucoma congenitale) ● *Mikrophthalmie*: zu kleiner Augapfel, häufig mit weiteren Mißbildungen verbunden, z.B. der Wirbelsäule oder der Zähne ● *Hypertelorismus ocularis*: überweiter Abstand der Augäpfel ● *Hypertelorismus orbitalis*: überweiter Abstand der Augenhöhlen ● *Hypotelorismus*: zu kleiner Augenabstand
Lens (Linse)	**Linsenanlage** (*Placoda lentis*): Ende der 4. Entwicklungswoche Verdickung in Oberflächenektoderm durch Augenbecher induziert: ● sinkt ein zur Linsengrube (*Fovea lentis*) ● schnürt sich von Oberfläche ab als Linsenbläschen (Vesicula lentis) mit Hohlraum (*Cavitas lentis*) ● Zellen des hinteren Linsenepithels (Epithelium lentis profundum) wachsen als Linsenfasern (Fibrae lentis) in die Länge und füllen den Hohlraum, weitere Vergrößerung durch Zellteilungen am Linsenäquator, Linsenfasern Y-förmig bandartig angelagert (Y vorn aufrecht-, hinten kopfstehend) ● vorderes Linsenepithel (Epithelium lentis superficiale) bleibt erhalten ● Linsenkapsel (*Capsula lentis*) als Verdickung der Basalmembran	**Fehlbildungen der Augenlinse**: ● *Aplasia lentis* [Aphakie]: Fehlen der Augenlinse ● *Mikrophakie*: zu kleine Augenlinse ● *Sphärophakie* (Kugellinse): Augenlinse kugelförmig ● *Cataracta congenitalis*: angeborene Linsentrübung, z.B. bei Rötelnerkrankung der Mutter in Frühschwangerschaft oder Enzymdefekt bei angeborener Galaktosämie ("Galaktosestar") ● *Ectopia lentis*: atypische Lage der Augenlinse (meist nasal oben), oft kombiniert mit entsprechender atypischer Lage der Pupille
Retina (Netzhaut)	■ **Aus innerem Blatt des Augenbechers** (Lamina interna calicis): ● *Pars optica retinae* ("sehender" Teil der Netzhaut, d.h. mit Lichtsinneszellen): Epithel wird mehrschichtig, zunächst wie bei Hirnteil, dann Differenzierung zu den typischen 9 inneren Schichten der Netzhaut (⇨ 7.5.5), Macula erst etwa 4 Wochen nach Geburt ausgereift (bis dahin keine Fixation des Blicks!), volle Sehschärfe erst bis zum 3. Lebensjahr ● *Pars caeca retinae* ("blinder" Teil der Netzhaut, d.h. ohne Lichtsinneszellen): beginnt an Ora serrata, dann 2 Abschnitte: ● *Pars ciliaris retinae* (Strahlenkörperteil der Netzhaut): bildet Epithel des Strahlenkörpers (Epithelium ciliare) ● *Pars iridica retinae* (Regenbogenhautteil der Netzhaut): bildet hinteres Epithel der Regenbogenhaut (Epithelium posterius pigmentosum) ■ **aus äußerem Blatt des Augenbechers** (Lamina externa calicis): ● *Stratum pigmentosum* (Pigmentepithel): bis vor zur Pupille ● *M. sphincter pupillae* (Schließmuskel der Pupille) ● *M. dilator pupillae* (Erweiterer der Pupille)	**Fehlbildungen der Netzhaut und des Sehnervs**: ● *Coloboma retinae* (Netzhautspalte): meist nur als Papillenkolobom, Drusenpapille als "Minikolobom" ● *Hypoplasie* bis Aplasie des N. opticus: als Folge intrauteriner Entzündung, bedingt schwere Sehstörung bis Blindheit

Fortsetzung der Tabelle nächste Seite

Entwicklung und Entwicklungsstörungen des Auges (Fortsetzung)

TEIL	ENTWICKLUNG	ENTWICKLUNGSSTÖRUNGEN
Mesenchyma opticum (bindegewebige Anteile des Auges)	■ **Gefäßhülle der Augenlinse** (Tunica vascularis lentis): umgibt gesamte rasch wachsende Linse, bildet sich in Fetalzeit zurück ■ **Mesenchym des Glaskörperraums** (Mesenchyma camerae vitreae): ● *A. lentis* (Linsenarterie) zu Tunica vascularis lentis, Ende der A. hyaloidea (Glaskörperschlagader), bilden sich zurück, von ursprünglichem Gefäßkanal (Canalis hyaloideus, Cloquet-Kanal) manchmal Reste postnatal nachweisbar ● *Corpus vitreum* (Glaskörper): 3 Entwicklungsstufen • zuerst Sekretion von hinterem Linsenepithel (vor Bildung der Capsula lentis) • dann Mesenchym • zuletzt von Pars caeca retinae ■ **Mesenchym der Augenkammern** (Mesenchyma camerae aquosae): im Raum zwischen Oberflächenektoderm und Linsenektoderm, Spalt umgeben von Epithelium camerae aquosae, gefüllt mit Kammerwasser (Humor aquosus) ■ **bindegewebige Hüllen des Auges** (Mesenchyma capsulare): entsprechen den Hirnhäuten ● *innere Schicht* (Tunica interna): dem Augenbecher anliegend, entspricht Pia + Arachnoidea mater, bildet die mittlere ("gefäßreiche") Augenhaut (Tunica vasculosa bulbi) mit • Lamina vasculosa • Lamina pigmentosa • M. ciliaris • Stroma iridis • *Membrana pupillaris* ("Pupillarmembran") ● *äußere Schicht* (Tunica externa) entspricht Dura mater, bildet äußere Augenhaut (Tunica fibrosa bulbi) mit • Sclera (Lederhaut) • Cornea (Hornhaut), vorderes Hornhautepithel (Epithelium corneae [corneale]) jedoch vom Oberflächenektoderm	■ **Fehlbildungen der Hornhaut:** ● *Macrocornea*: zu große Hornhaut (beim Neugeborenen > 10,5 mm, beim Erwachsenen > 12,5 mm Durchmesser) ● *Microcornea*: zu kleine Hornhaut (beim Neugeborenen < 8 mm, beim Erwachsenen < 10,5 mm Durchmesser), erhöht Gefahr der Glaukombildung ● *Cornea conicalis* (Keratokonus): Mitte der Hornhaut kegelförmig vorgewölbt ● *Cornea plana*: Hornhaut abgeflacht (Cornea periplana, wenn nur Peripherie abgeflacht) ■ **Fehlbildungen der Regenbogenhaut:** ● *Aniridie*: Fehlen oder hochgradige Hypoplasie der Regenbogenhaut ● *Heterochromie*: verschiedene Farben der beiden Regenbogenhäute ● *Albinismus*: fehlende Pigmentbildung, Regenbogenhäute erscheinen rosa, meist kombiniert mit Albinismus der Haut, aber auch isoliert möglich ● *Coloboma iridis* (Iriskolobom, Regenbogenhautspalte): Spalt in der Regenbogenhaut, meist nach unten, bei unvollständigem Schluß der Augenbecherspalte ● *Polykorie*: mehrere Pupillen in einem Auge: • mit Schließmuskel (Polycoria vera) • ohne Schließmuskel (Polycoria spuria = Irislöcher) ● *Akorie*: Fehlen der Pupille ("Akorie" wird auch für Gefräßigkeit aufgrund fehlenden Sättigungsgefühls gebraucht: gr. kóre = Mädchen, Pupille, gr. ákoros = unersättlich) ● *Membrana pupillaris persistens* (erhaltene Pupillarmembran): Bindegewebenetz vor der Pupille, Sicht meist nicht wesentlich behindert ● Glaucoma congenitale (angeborener grüner Star): Erhöhung des Innendrucks des Auges bei unzureichendem Abfluß des Kammerwassers ■ **Fehlbildungen des Glaskörpers:** ● *A. hyaloidea persistens*: Bestehenbleiben der Glaskörperarterie (die sich sonst bis auf die A. centralis retinae zurückbildet) als fädiger oder blutgefüllter Strang zwischen Linsenhinterseite und Sehnervenpapille
Organa oculi accessoria (Anhangsorgane des Auges)	■ **Lidfalten** (Plicae palpebrales): 2 Falten des Oberflächenektoderms (mit Mesenchymkern) wachsen aufeinander zu, verkleben miteinander (nicht verwachsen!) in 10. Entwicklungswoche (Phasis conjunctionis palpebrarum), trennen sich wieder in 26. Entwicklungswoche, bilden ● *Lider* (Palpebrae) mit äußerem Epithel (Epithelium ectodermale), Bindehautepithel (Epithelium conjunctivale) und Liddrüsen (Gemmae glandulariae palpebrales) ● *Tränendrüsen* (Gemmae glandulariae lacrimales) mit Ausführungsgang (Ductus lacrimalis): funktionsfähig erst etwa 6 Wochen nach Geburt (Neugeborenes schreit ohne Tränen!) ■ **Crista nasolacrimalis**: Rinne zwischen lateralem Nasenwulst und Oberkieferwulst (⇨ 7.8.1) sinkt in die Tiefe, Kontakt mit Nasenhöhle in 8. Entwicklungswoche, aber zunächst durch Hasner-Membran getrennt, daraus: ● *Saccus nasolacrimalis* (Tränennasensack) ● *Ductus nasolacrimalis* (Tränennasenkanal) ● *Canaliculi lacrimales* (Tränenröhrchen) ■ **Anlagen der äußeren Augenmuskeln** (Primordia musculorum oculi): aus prächordalen Myotomen (⇨ 1.4.9)	■ **Fehlbildungen der Augenlider:** ● *Ablepharie*: Fehlen der Augenlider ● *Kryptophthalmie*: Augapfel nicht sichtbar, weil Lidspalte fehlt ● *Blepharophimosis*, Ankyloblepharon: zu enge Lidspalte infolge horizontaler Verkürzung, meist Verwachsung am inneren Augenwinkel ● *Lidkolobom*: Defekt im Lid (meist Oberlid) ● *kongenitale Ptosis* (Herabhängen des Oberlids): bei Nichtausbildung des M. levator palpebrae superioris) ■ **Dakryostenose** (Tränenwegstenose): Mündung des Ductus nasolacrimalis in den Meatus nasi inferior verengt oder verschlossen (Persistenz der Hasner-Membran, die normalerweise zur Plica lacrimalis = Hasner-Klappe zurückgebildet ist)

7.5.3 Tunica fibrosa bulbi (äußere Augenhaut)

TEIL	GLIEDERUNG, RELIEF	FEINBAU	KLINIK
Sclera (Lederhaut)	Hintere 5/6 der fibrösen Wand des Augapfels ("Außenskelett"), das "Weiße des Auges" ● *Sulcus sclerae*: kreisförmige Rinne am Übergang zur stärker gekrümmten Cornea ● *Lamina cribrosa sclerae* (Siebplatte): am Austritt des Sehnervs ist Sclera für Durchtritt von Nervenfaserbündeln siebartig durchlöchert ● *Reticulum trabeculare [Lig. pectinatum]*: Balkenwerk im Kammerwinkel (Angulus iridocornealis) der vorderen Augenkammer, dazwischen Spatia anguli iridocornealis (Fontana-Räume) ● *Sinus venosus sclerae* (Schlemm-Kanal): ringförmig, venenartige Wand, Abfluß des Kammerwassers zu Vv. ciliares anteriores	**3 Schichten:** ● *Lamina episcleralis*: lockeres Bindegewebe, blutgefäßreich ● *Substantia propria sclerae*: kollagenes Bindegewebe, nahezu gefäßfrei ● *Lamina fusca sclerae*: feine kollagene und elastische Fasern mit reichlich Melanozyten und Makrophagen	Geringer Stoffwechsel (bradytroph) und überwiegend geschützte Lage, daher nur selten erkrankt ■ **Farbe:** ● weiß bis zart bläulich: gesunde Sclera ● leicht gelblich: im Alter wegen Fetteinlagerung ● gelb: bei Ikterus (Gelbsucht), eines der am frühesten sichtbaren Zeichen des Anstiegs des Spiegels der Gallenfarbstoffe im Blut ● rötlich bis violett: Erweiterung von Blutgefäßen bei Skleritis (Entzündung der Sclera) ● blau: Durchschimmern der Choroidea bei (dominant erblichen) Systemerkrankungen des Mesenchyms, z.B. verbunden mit Spinnengliedrigkeit (Arachnodaktylie) beim Marfan-Syndrom
Cornea (Hornhaut)	● Stärker gekrümmt als Sclera, am Rand (*Limbus corneae*) in Sclera eingefalzt, Furche (*Sulcus sclerae*) an Oberfläche ● Bindehaut geht am Rand in Hornhautepithel über (Anulus conjunctivae) ● *Vertex corneae* (Hornhautscheitel): Mittelpunkt der Facies anterior ● Durchsichtigkeit beruht auf ● Gefäßfreiheit ● regelmäßiger Lage der Kollagenfibrillen ● gleichem Brechungsindex von Fasern und Grundsubstanz ● etwa 2/3 der Brechkraft des Auges (65 dpt) entfallen auf die Cornea (42 dpt)	**5 Schichten:** ● *Epithelium anterius* (vorderes Hornhautepithel): mehrschichtiges unverhorntes Plattenepithel ● *Lamina limitans anterior* (vordere Grenzschicht, Bowman-Membran): Kollagenmikrofibrillen ● *Substantia propria* (Hornhautstroma): Kollagenlamellen mit exakt parallelen und gleich dicken Fibrillen in rechtwinkliger Anordnung ● *Lamina limitans posterior* (hintere Grenzschicht, Descemet-Membran): Gitter sehr feiner kollagener Filamente ● *Epithelium posterius* (hinteres Hornhautepithel, Hornhautendothel): einschichtiges Plattenepithel	● *Astigmatismus* (Stabsichtigkeit): Fehlkrümmung der Cornea (horizontal anders als vertikal) führt zur Verzerrung des Bildes ● Unebenheiten der Cornea erkennt man am einfachsten im Reflexbild, z.B. eines Fensterkreuzes ● *Arcus senilis* (Greisenbogen): grauweißer Ring nahe Limbus (Lipideinlagerungen bei Hyperlipoproteinämien) ● *Keratitis* (Hornhautentzündung): Ausgangspunkt meist Epithelverletzung (Erosion), Hauptsymptome: ● Lichtscheu ● Lidkrampf (Blepharospasmus) ● Tränenfluß ● Transplantation: nur geringe Abstoßungsrate, weil gefäßfrei

7.5.4 Tunica vasculosa bulbi [Tractus uvealis] (mittlere Augenhaut)

TEIL	GLIEDERUNG, RELIEF	FEINBAU	KLINIK
Choroidea (Aderhaut)	■ **Definition:** hinterer Teil der mittleren (gefäßreichen) Augenhaut (Uvea) ■ **Aufgaben:** ● ernährt Innenschichten der Retina ● Blutdruck in Aderhautarterien trägt zur Stabilisierung der Augenwand bei ■ **Blutversorgung:** ● Blutzustrom aus A. ophthalmica (⇨ 6.4.3) über ● Aa. ciliares posteriores longae ● Aa. ciliares posteriores breves ● Aa. ciliares anteriores ● Blutabfluß über Vv. ciliares zu V. ophthalmica superior und weiter zu Sinus cavernosus	**4 Schichten:** ● *Lamina suprachoroidea*: dünne Grenzschicht zur Sclera, Bindegewebegeflecht mit reichlich Melanozyten und Spaltensystem (Spatium perichoroideale, Beginn von Lymphbahnen) ● *Lamina vasculosa [Substantia propria]*: dichtes Geflecht kleiner Arterien und Venen in lockerem Bindegewebe ● *Lamina choroidocapillaris*: Geflecht besonders weiter gefensterter Kapillaren ● *Complexus basalis [Lamina basalis]* (Bruch-Membran): Elastingeflecht (Stratum elasticum) beidseits von Kollagenfasern umgeben (Stratum fibrosum)	● *Chorioiditis* (Uveitis posterior, Aderhautentzündung): meist allergisch, auch als Chorioretinitis (Mitbeteiligung der Netzhaut), z.B. bei AIDS ● *malignes Melanom*: bösartige Geschwulst, von den Pigmentzellen ausgehend

Fortsetzung der Tabelle nächste Seite

Mittlere Augenhaut (Fortsetzung)

TEIL	GLIEDERUNG, RELIEF	FEINBAU	KLINIK
Corpus ciliare (Strahlenkörper)	■ **Definition**: mittlerer Abschnitt der mittleren (gefäßreichen) Augenhaut ■ **2 Aufgaben**: ● Bildung von *Kammerwasser* (Humor aquosus): die Corona ciliaris (Strahlenkranz) besteht aus etwa 70 radiären gefäßreichen Falten (Processus ciliares), deren Oberflächenzellen das Kammerwasser abgeben (aktiver Transport, da Blut-Kammerwasser-Schranke) ● *Akkomodation* (Scharfeinstellung des Auges auf die richtige Entfernung): M. ciliaris (Strahlenkörpermuskel, Linsenmuskel) zieht Choroidea nach vorn, entspannt dadurch Aufhängeapparat der Linse, diese kugelt sich aufgrund der eigenen Elastizität ab	3 Schichten: ■ **Stratum musculare**: M. ciliaris mit Fasern in 3 Richtungen: ● Fibrae meridionales [longitudinales] (Brücke-Muskel) ● Fibrae radiales ● Fibrae circulares (Müller-Muskel) ■ **Stratum vasculosum**: Fortsetzung der Lamina vasculosa der Choroidea ■ **Pars ciliaris retinae**: zweischichtiges Epithel (gehört zum blinden Teil der Netzhaut): ● *Epithelium pigmentosum*: Außenschicht stark pigmentiert (Fortsetzung des Pigmentepithels der Retina) ● *Epithelium nonpigmentosum*: Innenschicht meist unpigmentiert, Zellen kubisch bis säulenförmig	● *Zyklitis* (Strahlenkörperentzündung) meist als Iridozyklitis (Mitentzündung der Regenbogenhaut): überwiegend allergisch bedingt, Schwellung, Reizmiosis, Gefahr der Verklebung des Margo pupillaris mit Augenlinse ● *ziliare Injektion*: keine Einspritzung, sondern traditionelle Bezeichnung für bläulich-rötliche Verfärbung der Sclera rund um den Limbus corneae infolge Erweiterung ziliarer Gefäße bei Zyklitis und Glaukomanfall, im Gegensatz zur konjunktivalen "Injektion" (⇨ 7.5.7) sind die Gefäße auf der Sclera nicht verschieblich ● *Glaukom*: Mißverhältnis von Produktion und Abfluß des Kammerwassers, intraokularer Druck steigt (⇨ Camerae bulbi, 7.5.6)
Iris (Regenbogenhaut)	■ **Definition**: vorderer Abschnitt (Durchmesser 10-12 mm) der mittleren (gefäßreichen) Augenhaut ■ **Aufgabe**: Blende: ● *Miosis*: Verengung der Pupille (durch Parasympathikus) ● *Mydriasis*: Erweiterung der Pupille (durch Sympathikus) ■ **2 Ränder**: ● Margo pupillaris ● Margo ciliaris ■ **2 Flächen**: ● Facies anterior ● Facies posterior ■ **2 Muskeln**: ● *M. sphincter pupillae* (Schließmuskel der Pupille, parasympathisch) ● *M. dilator pupillae* (Erweiterer der Pupille, sympathisch) ■ **2 Arterienringe**: ● *Circulus arteriosus iridis major* am Margo ciliaris ● *Circulus arteriosus iridis minor* an der Iriskrause (etwa 1,5 mm vom Margo pupillaris) ● zwischen beiden Arterienringen radiäre Verbindungen	2 Hauptschichten: ■ **Stroma iridis**: lockeres zellreiches Bindegewebe ● *Stratum nonvasculosum*: an der vorderen Oberfläche zu Fibrozytenlage verdichtet ● *Stratum vasculosum*: mit zahlreichen radiären Blutgefäßen (rollen sich bei Erweiterung der Pupille korkenzieherartig auf) und glattem M. sphincter pupillae ■ **Pars iridica retinae**: vorderer Teil des blinden Teils der Netzhaut bildet hintere Oberfläche der Iris, zweischichtiges Epithel: ● vordere Schicht aus epithelialen Muskelzellen (Myopigmentozyten), bilden zusammen M. dilator pupillae ● hintere Schicht: Epithelium pigmentosum mit säulenförmigen (hochprismatischen) Pigmentozyten, bedingen Farbe der Iris: ● blau: wenig Pigment ● braun: viel Pigment	■ **Pupillenreflexe**: ● *direkte Lichtreaktion*: Lichteinfall → N. opticus → Nuclei pretectales → Nucleus oculomotorius accessorius → N. oculomotorius → M. sphincter pupillae → Miosis ● *konsensuelle Lichtreaktion*: Lichteinfall in ein Auge führt auch zur Verengung der Pupille des anderen Auges ● *Naheinstellungsreaktion*: Miosis bei Konvergenz der Augen ● *weite lichtstarre Pupille* bei Hypoxie, Hirnschäden, Tod ● *Anisokorie*: ungleich weite Pupillen bei einseitigen Nervenstörungen ■ **Farbveränderungen**: ● *Albinismus*: kein Pigment, Iris rötlich (Blut), fehlender Lichtschutz, daher stark blendungsempfindlich ● *Heterochromie*: Farbunterschied der beiden Augen, angeboren oder als Folge von Blutungen, Entzündungen, Ausfall des Sympathikus (Horner-Syndrom) ■ **Iritis** (Regenbogenhautentzündung) meist als Iridozyklitis (⇨ oben, Zyklitis) ■ **Iriskolobom**: Spalt von der Pupille zum Margo ciliaris ● angeboren bei unvollständigem Schluß der Augenbecherspalte ● operativ angelegt bei Glaukom

7.5.5 Tunica interna [sensoria] bulbi (innere Augenhaut)

TEIL	GLIEDERUNG, RELIEF	FEINBAU	KLINIK
Retina (Netzhaut)	■ **Definition**: innere Augenhaut (Tunica interna bulbi): ● entsteht aus Epithel des Augenbechers (daher durchgehend zweilagig) ● 2 Hauptabschnitte: ■ **Pars optica retinae**: "sehender" Teil = Netzhaut i.e.S.: ● äußere Lage: Pars pigmentosa (Pigmentepithel) ● innere Lage: Pars nervosa (die übrigen 9 Schichten der Netzhaut) ● 2 Stellen der Pars optica mit besonderem Bau: • *Discus nervi optici* (Sehnervenpapille): Austritt des N. opticus aus Retina, Durchmesser etwa 1,6 mm, keine Sinneszellen, daher "blinder Fleck" • *Macula*: Stelle des schärfsten Sehens, 3-4 mm lateral des Discus, blutgefäßarm, daher "gelber" Fleck, mit Fovea centralis ■ **Pars caeca retinae**: "blinder" Teil, beginnt an Ora serrata: ● hinterer Teil: Pars ciliaris retinae, bedeckt Corpus ciliare (⇨ 7.5.4) ● vorderer Teil: Pars iridica retinae, bedeckt Facies posterior der Iris (⇨ 7.5.4) ■ **Vasa sanguinea retinae**: versorgen innere Schichten der Netzhaut, Äste der A. + V. centralis retinae, Austritt aus Discus nervi optici, mit dem Augenspiegel direkt zu beobachten (wichtigste Möglichkeit, generalisierte Blutgefäßerkrankungen direkt zu diagnostizieren): ● Arteriola/Venula temporalis retinae superior ● Arteriola/Venula temporalis retinae inferior ● Arteriola/Venula nasalis retinae superior ● Arteriola/Venula nasalis retinae inferior	10 Schichten der Pars optica retinae (von außen nach innen): ① **Stratum pigmentosum** (Pigmentepithel): ● einschichtiges kubisches Epithel: Pigmentozyten mit großen Melanosomen und Phagosomen ● mit Complexus basalis der Choroidea verwachsen ● durch Spalt getrennt von ■ **Stratum nervosum** ② *Stratum neuroepitheliale [photosensorium]*: Schicht der Stäbchen (helligkeitsempfindlich) und Zapfen (farbempfindlich) mit Innensegment (Zellorganellen) und Außensegment (Membranstapel) ③ *Stratum limitans externum*: äußere Grenzschicht mit Zonulae adherentes der Müller-Stützzellen ④ *Stratum nucleare externum*: äußere Körnerschicht mit den Zellkernen der Stäbchen- und Zapfenzellen (1. Neuron der Sehbahn) ⑤ *Stratum plexiforme externum*: äußere Netzschicht mit den Synapsen der Sinneszellen mit den Zellen des 2. Neurons der Sehbahn ⑥ *Stratum nucleare internum*: innere Körnerschicht mit den Zellkernen der horizontalen, bipolaren und amakrinen Zellen (2. Neuron) sowie der Müller-Stützzellen (Gliocytus radialis) ⑦ *Stratum plexiforme internum*: innere Netzschicht mit den Synapsen zwischen den Zellen des 2. und 3. Neurons der Sehbahn ⑧ *Stratum ganglionicum*: Ganglienzellschicht mit den Zellkernen der multipolaren Ganglienzellen des N. opticus (3. Neuron der Sehbahn) ⑨ *Stratum neurofibrarum*: Nervenfaserschicht mit den Axonen des Sehnervs und protoplasmatischen Astrozyten ⑩ *Stratum limitans internum*: innere Grenzschicht mit Endfüßen der Müller-Stützzellen	■ **Ophthalmoskopie** (Augenspiegelung): Besichtigen des Augenhintergrundes mit Hilfe des Augenspiegels, dabei sind die meisten Erkrankungen der Netzhaut, aber auch generalisierte Erkrankungen der Blutgefäße direkt zu sehen, z.B.: ● *Arteriosklerose*: Wandverdickung, Lumeneinengung und vermehrte Schlängelung der Netzhautarteriolen ● *Hypertonie* (Bluthochdruck): "Kupferdrahtarterien" (dickere Arterienwand erscheint dunkel goldbraun), später "Silberdrahtarterien" (Lichtung enger, weißer Reflex), Gunn-Kreuzungszeichen (an Kreuzungsstellen von Arteriolen und Venulen erscheinen Venulen sanduhrförmig eingezogen) ● *Diabetes*: punkt- und strichförmige Blutungen, gelbweiße Exsudate ("Cotton-wool-Herde") ● *Stauungspapille*: Discus nervi optici in Augeninneres vorgewölbt, Zeichen von erhöhtem intrakraniellen Druck (Subarachnoidealraum setzt sich in Spatium intervaginale des Sehnervs fort, damit auch Fortleitung des erhöhten Drucks) ■ Amotio oder **Ablatio retinae** (Netzhautablösung): Trennung der Pars pigmentosa und der Pars nervosa der Netzhaut entsprechend den beiden Lagen des Augenbechers ● meist nach Riß der Netzhaut, begünstigt durch Myopie, Alter, Entfernung der Augenlinse (Staroperation), Glaskörpertraktion ● Therapie: Wiederanlegen der Netzhaut und punktförmiges "Ankleben" durch Laserkoagulation ■ **senile Makuladegeneration**: etwa 20 % der 60jährigen und 50 % der 80jährigen, Verlust des zentralen Sehvermögens ■ **Verschluß der A. centralis retinae**: führt zu plötzlichem Sehverlust ■ **Retinoblastom**: bösartige, von Netzhautzellen ausgehende Geschwulst im Säuglings- und Kleinkindesalter

7.5.6 Lens (Augenlinse) und Camerae bulbi (Augenkammern)

TEIL	GLIEDERUNG, RELIEF	FEINBAU	KLINIK
Lens (Augenlinse)	Bikonvexe Linse, Durchmesser etwa 9 mm: ● Facies anterior schwächer gekrümmt als Facies posterior ● Linsenachse durch Polus anterior und Polus posterior ● äußerer Rand: Equator ● steckt in Capsula lentis ■ **Aufhängeapparat** (Zonula ciliaris) hält Linse gespannt (Ferneinstellung), durch M. ciliaris entspannt, dann Abkugelung der Linse aufgrund ihrer Eigenelastizität (Naheinstellung) ● *Fibrae zonulares*: Zonulafasern aus Strahlenkranz des Corpus ciliare gehen in Linsenkapsel über ● *Spatia zonularia*: Zwischenräume zwischen Zonulafasern	■ Glasklare **Substantia lentis** (Brechungsindex etwa 1,5): ● Cortex lentis: weichere Linsenrinde ● Nucleus lentis: wasserärmerer Kern ● Epithelium lentis: vorderes einschichtiges Epithel ● Fibrae lentis: epitheliale Linsenfasern bis 12 mm lang, enden an Y-förmigem Linsenstern (vorn aufrechtes Y, hinten kopfstehendes Y) ■ **Capsula lentis**: dicke Basalmembran ■ **Fibra zonularis**: Kollagenmikrofibrillen	■ **Presbyopie** (Alterssichtigkeit): Elastizität der Linse nimmt von Jugend an ab, mit etwa 45 Jahren benötigt Normalsichtiger deswegen erstmals Lesebrille (etwa 0,75 dpt), mit 60 Jahren Endzustand (Lesebrille 3 dpt) ■ **Katarakt** (grauer Star): ● meist sehr langsam fortschreitende Linsentrübung ● führt allmählich zur Erblindung ● häufigste Form: Cataracta senilis (Altersstar) ● Entstehung begünstigt durch Diabetes, Verletzungen, Strahlen, Neurodermitis ● *Kataraktoperation*: jetzt meist als "extrakapsuläre" Linsenextraktion, in die zurückgelassene Linsenkapsel wird gewöhnlich eine Kunststofflinse implantiert
Camerae bulbi (Augenkammern)	■ **Camera anterior** (vordere Augenkammer): ● zwischen Hornhaut-Rückseite und Iris-Vorderseite ● Kammerwinkel (Angulus iridocornealis) mit Balkenwerk (Reticulum trabeculare ⇨ 7.5.3, Sclera) ● durch Pupille verbunden mit ■ **Camera posterior** (hintere Augenkammer: ● zwischen Iris-Hinterseite und Glaskörper ● beide Kammern gefüllt mit Kammerwasser (Humor aquosus) ■ Camera vitrea (Glaskörperraum): ⇨ unten Corpus vitreum	**Kammerwasser** (Humor aquosus): gleicher Brechungsindex wie Wasser (1,33) ● gebildet von Strahlenkörper: entsteht also aus Blutserum, aber höhere Konzentration von Elektrolyten, niedrigere von Glucose und extrem niedrige von Proteinen ● Abfluß im Angulus iridocornealis durch Spatia anguli iridocornealis zwischen Reticulum trabeculare zu Sinus venosus sclerae (Schlemm-Kanal) ● Funktion: gleichmäßiger intraokularer Druck (etwa 2 kPa = 15 mmHg), Ernährung der blutgefäßfreien Cornea	■ **Glaukom** (grüner Star): ● erhöhter intraokulärer Druck (>22 mmHg) führt zu Netzhautschäden und entsprechenden Gesichtsfeldausfällen ● Endzustand (ohne Operation) Erblindung ● befällt 4 % der über 50jährigen ● Ursache: behinderter Abfluß des Kammerwassers, z.B. infolge Verdickung der Balken des Reticulum trabeculare (Altersglaukom) oder zu engem Kammerwinkel (Winkelblockglaukom) ● Therapie: abflußverbessernde Operation, z.B. basale Iridektomie (künstliches Kolobom) oder Fisteloperation zur Ableitung des Kammerwassers ● beim Kind führt die intraokuläre Druckerhöhung zur Vergrößerung des Auges (Hydrophthalmie) ■ **Hypopyon**: Eiteransammlung in der vorderen Augenkammer, z.B. nach Verletzung
Corpus vitreum (Glaskörper)	● Aufgehängt an Strahlenkörper, Sehnervenpapille und (nur in der Jugend) Hinterfläche der Augenlinse ● embryonal von A. hyaloidea (Glaskörperarterie) durchzogen (in Augenbecherspalte)	*Humor vitreus*: ● Gallerte aus Wasser, Hyaluronsäure und feinen Fibrillen (Stroma vitreum) ● am Rande zu Membrana vitrea verdichtet ● von Hyalozyten gebildet ● rascher Flüssigkeitsaustausch (Halbwertzeit etwa 10-15 min) ● enthält manchmal Reste der A. hyaloidea	● *Mückensehen* (mouches volantes): entoptisches Phänomen bei raschen Kopfbewegungen: kleine Schatten wandern durch Blickfeld (Verdichtungen des Glaskörpers) ● *Verwachsung* des Glaskörpers mit Netzhaut begünstigt Netzhautablösung (Zug bei Schrumpfung des Glaskörpers) ● *Vitrektomie*: Teilentfernung des Glaskörpers, z.B. bei starker Trübung

7.5.7 Organa oculi accessoria (Anhangsorgane des Auges)

TEIL	GLIEDERUNG, RELIEF	FEINBAU	LEITUNGSBAHNEN	KLINIK
Palpebrae (Lider)	■ **2 Lider:** • *Palpebra superior* (Oberlid) • *Palpebra inferior* (Unterlid) ■ **jedes Lid 2 Flächen:** • *Facies anterior palpebralis*: mit äußerer Haut bedeckt • *Facies posterior palpebralis*: mit Bindehaut bedeckt ■ **jedes Lid 2 Lidkanten** • *Limbi palpebrales anteriores*: in der Nähe Austritt der Wimpern (Cilia) • *Limbi palpebrales posteriores*: in der Nähe Mündung der Glandulae tarsales ■ **jedes Lid eine Lidplatte** (Tarsus) und einen glatten Lidplattenmuskel (sympathisch innerviert): • *Tarsus superior* mit M. tarsalis superior • *Tarsus inferior* mit M. tarsalis inferior ■ **Lidspalte** (Rima palpebrarum) mit 2 Augenwinkeln: • *Angulus oculi lateralis* mit Commissura palpebralis lateralis • *Angulus oculi medialis* mit Commissura palpebralis medialis, aufgehängt über Lig. palpebrale mediale an Medialwand der Orbita ■ **Palpebra tertia** [Membrana nictitans]: "drittes Augenlid" bei vielen Säugetieren, Bindehautfalte, die vor Auge gezogen werden kann	• Haut sehr zart und nur wenig verhornt • **Unterhaut** sehr locker, daher mächtige Schwellung möglich, die die Lidspalte völlig verschließen kann • **Hinterseite** von Bindehaut (Conjunctiva, ⇨ nächste Seite) überzogen ■ **Liddrüsen:** • *Glandula tarsalis* (Meibom-Drüse, Lidplattendrüse): langgestreckte modifizierte Talgdrüse, fettet Lidkante ein (verhindert Verkleben und Überlaufen der Tränenflüssigkeit), Oberlid 30-40, Unterlid 20-30 Glandulae tarsales • *Glandula ciliaris* (Moll-Wimperndrüse): große apokrine Schweißdrüse • *Glandula sebacea* (Zeis-Drüse): Talgdrüse, fettet Wimpern ein	■ **Arterien:** • Äste der A. ophthalmica: Aa. palpebrales laterales (aus A. lacrimalis) und Aa. palpebrales mediales (direkt aus A. ophthalmica) bilden Gefäßbogen im Oberlid und im Unterlid: Arcus palpebralis superior + Arcus palpebralis inferior; Anastomosen zu: • A. angularis (Endast der A. facialis) • A. zygomatico-orbitalis (aus A. temporalis superficialis) ■ **Venen:** Abfluß über • Vv. palpebrales superiores und Vv. palpebrales inferiores zur V. facialis • Vv. palpebrales über Vv. episclerales zur V. ophthalmica superior ■ **regionäre Lymphknoten:** • medial: Nodi lymphatici submandibulares • lateral: Nodi lymphatici parotidei ■ **sensible Innervation:** • Oberlid: Rr. palpebrales des N. nasociliaris (aus V_1) • Unterlid: Rr. palpebrales inferiores des N. infraorbitalis (aus V_2) ■ **motorische Innervation:** • Lidschluß: N. facialis (VII) • Lidöffnung: N. oculomotorius (III)	• *Plica palpebronasalis* (Epikanthus, Mongolenfalte, Indianerfalte): vom Oberlid zum Nasenrücken ziehende sichelförmige Hautfalte, belanglose angeborene Anomalie, verliert sich manchmal mit Wachstum der Nase, Rassenmerkmal der Mongoliden ("gelbe Rasse"), mit anderen Mißbildungen kombiniert im Down-Syndrom (Trisomie 21, "Mongolismus") • *Entropium*: Einwärtskantung des Unterlids, z.B. durch Narbenzug, Wimpern scheuern an Hornhaut → Reizzustand, Gefahr der Erosion • *Ektropium*: Auswärtskantung des Unterlids, z.B. bei Erschlaffung des M. orbicularis oculi im Alter → Tränenträufeln, Bindehautentzündung • *Ektropionieren*: Umstülpen des Oberlids, um Hinterseite zu besichtigen und evtl. Fremdkörper zu entfernen • *Hordeolum* (Gerstenkorn): eitrige, sehr schmerzhafte Entzündung der Liddrüsen (Hordeolum externum: Glandulae ciliares und sebaceae, Hordeolum internum: Glandulae tarsales) • *Chalazion* (Hagelkorn): Sekretstauung in Glandula tarsalis, schmerzloser derber Knoten, Therapie: Ausschälung • *Blepharospasmus* (Lidkrampf): bei Reizzuständen von Binde- und Hornhaut • *Blepharitis*: Entzündung der Augenlider • *Xanthelasma*: Fetteinlagerung in Augenlid bei Fettstoffwechselstörungen • *Ptosis*: Herabhängen des Oberlids bei Okulomotoriuslähmung und Muskelschwächekrankheit (Myasthenie) • *Lidödem*: Schwellung bei Allergien, Proteinverlust (nephrotisches Syndrom) und lokaler Reizung • *Stellwag-Zeichen*: seltener Lidschlag bei Basedow-Krankheit
Supercilium (Augenbraue)	• Meist dunkler als Kopf- und Barthaare • halten Stirnschweiß von Auge fern • Blendschutz und Staubschutz	Terminalhaare, meist ohne Mm. arrectores pilorum	⇨ 6.8.5, Regio frontalis	• Ausfall der lateralen Augenbrauen bei Myxödem (Schilddrüsenunterfunktion) • Hautschwellung im lateralen Augenbrauenbereich als Frühsymptom der endokrinen Orbitopathie
Mm. bulbi (äußere Augenmuskeln)	⇨ 6.3.2	• Besonders reiche Innervation • zahlreiche Muskelspindeln		• *Strabismus divergens und convergens* (Auswärts- und Einwärtsschielen): meist Folge angeborener Kurz- oder Weitsichtigkeit, verschwindet gewöhnlich mit Brille und Übungsbehandlung (bei Orthoptistin) • *Schieloperation*: Verlegen der Ansätze des M. rectus medialis und lateralis (1 mm entspricht etwa 5°) • *paralytischer Strabismus*: bei Lähmung von Augenmuskeln bzw. Augenmuskelnerven

Fortsetzung der Tabelle nächste Seite

Anhangsorgane des Auges (Fortsetzung)

TEIL	GLIEDERUNG, RELIEF	FEINBAU	LEITUNGSBAHNEN	KLINIK
Tunica conjunctiva (Bindehaut)	■ **Bindehautsack** (Saccus conjunctivalis) trennt Lid vom Augapfel, 3 Wandabschnitte: ● *Tunica conjunctiva bulbaris*: Augapfelbindehaut ● *Tunica conjunctiva palpebralis*: Lidbindehaut ● Umschlagstelle zwischen beiden: Fornix conjunctivae superior bzw. Fornix conjunctivae inferior ● *Plica semilunaris conjunctivae*: halbmondförmige Bindehautfalte im inneren Augenwinkel, besonders deutlich bei Adduktion des Auges ● *Caruncula lacrimalis* (Tränenwärzchen): kleine Hautvorwölbung im inneren Lidwinkel	2 **Schichten**: ● *Epithelium*: 2-5schichtiges säulenförmiges (hochprismatisches) Epithel mit Becherzellen, auf Sclera in mehrschichtiges Plattenepithel übergehend ● *Tela subconjunctivalis*: Stroma aus lockerem Bindegewebe mit zahlreichen Lymphozytenansammlungen	① Tunica conjunctiva bulbaris: ■ **Arterien**: Äste der A. ophthalmica ● Aa. conjunctivales anteriores aus Aa. ciliares anteriores ● Aa. conjunctivales posteriores aus Aa. palpebrales mediales ■ **Venen**: Abfluß über ● Vv. conjunctivales → Vv. episclerales → V. ophthalmica superior → Sinus cavernosus ■ **regionäre Lymphknoten**: ● medial: Nodi lymphatici submandibulares ● lateral: Nodi lymphatici parotidei ■ **sensible Innervation**: Nn. ciliares aus V₁ ② Tunica conjunctiva palpebralis ⇨ Palpebrae	● *Hyposphagma*: Blutung in Tela subconjunctivalis, breitet sich im lockeren Bindegewebe flächenartig aus, z.B. bei Augenverletzungen, Gerinnungsstörungen, plötzlichem Anstieg des venösen Drucks (etwa beim Husten) ● *Pterygium* (Flügelfell): an sich harmlose Bindehautfalte, die auf die Cornea vorwächst und dadurch das Sehen beeinträchtigen kann ■ **Konjunktivitis** (Bindehautentzündung): ● Symptome: Rötung, Schwellung, Lichtscheu, Tränenfluß, Lidkrampf (Blepharospasmus) ● konjunktivale Injektion: Erweiterung der Bindehautgefäße bei Konjunktivitis, im Gegensatz zur ziliaren Injektion (⇨ 7.5.4) sind die Gefäße auf der Lederhaut verschieblich ● Ursachen: UV-Licht ("Schneeblindheit"), Fremdkörper, Verätzung, allergisch, infektiös, z.B. durch Chlamydien bei "Schwimmbadkonjunktivitis" und Trachom (ägyptische Körnerkrankheit) ● *Credé-Prophylaxe*: Einträufeln einprozentiger Silbernitratlösung in Bindehautsack beider Augen zum Schutz vor Gonokokken-Konjunktivis (hohe Erblindungsgefahr), gesetzlich vorgeschrieben bei Neugeborenen

7.5.8 Apparatus lacrimalis (Tränenapparat)

TEIL	GLIEDERUNG, RELIEF	FEINBAU	KLINIK
Glandula lacrimalis (Tränendrüse)	*Tränenbildendes System* = Tränendrüse: durch flache breite Sehne des M. levator palpebrae superioris in 2 Teile zerlegt: ● *Pars orbitalis* ● *Pars palpebralis* ● 10-12 *Ductuli excretorii* münden in den Saccus conjunctivae superior ● *Glandulae lacrimales accessoriae* (Nebentränendrüsen): meist mehrere in der Nähe der Hauptdrüse ● *Innervation*: N. intermediofacialis (VII): N. petrosus major → Ganglion pterygopalatinum → N. zygomaticus (V₂) → N. lacrimalis (V₁)	● *Parenchym*: zusammengesetzte tubulöse, rein seröse Drüse, ähnlich Parotis und Pancreas (aber keine Schalt- und Streifenstücke), weites Lumen der Endstücke, Lakrimozyten, Myoepithelzellen ● *Stroma*: lockeres Bindegewebe mit vielen Lymphozyten (Conjunctiva vermutlich Eintrittspforte für viele Infektionen, z.B. Viren der "Erkältungskrankheiten")	● *Prüfen der Tränensekretion* (Schirmer-Probe): Teststreifen (notfalls auch etwa 5 mm breiter Filterpapierstreifen) wird mit umgeknickten Ende in unteren Bindehautsack eingehängt, nach 5 min wird abgelesen, wieweit Teststreifen befeuchtet (normal: 15 mm) ● "*trockenes Auge*": verminderte Tränensekretion, vor allem im Alter, aber auch bei Fazialislähmung zentral vom Abgang des N. petrosus major ● "*nasses Auge*": vermehrte Tränensekretion bei psychischer Erregung und Bindehautreizung
Tränenableitendes System	Gesamtlänge etwa 36 mm: ● *Lacus lacrimalis* (Tränensee): im inneren Augenwinkel ● *Canaliculus lacrimalis* (Tränenröhrchen, ~9 mm): beginnt an Papilla lacrimalis mit Punctum lacrimale, die beiden Tränenröhrchen von Ober- und Unterlid münden gemeinsam oder getrennt in ● *Saccus lacrimalis* (Tränensack, etwa 12 mm): liegt in Fossa lacrimalis der medialen Orbitawand, endet oben blind mit Fornix sacci lacrimalis, geht über in ● *Ductus nasolacrimalis* (Tränennasengang, etwa 15 mm): durch knöchernen Canalis nasolacrimalis zur Nasenhöhle, an Mündung in Meatus nasi inferior Schleimhautfalte (Plica lacrimalis, Hasner-Klappe)	■ **Tränenfilm** 3 Komponenten (von innen nach außen): ● Schleimschicht: etwa 0,02 μm (von Becherzellen der Conjunctiva) ● wäßrige Schicht: etwa 7 μm (von Tränendrüsen) ● Lipidschicht: etwa 0,1 μm (von Glandulae tarsales)	● *Epiphora* (Tränenträufeln): Überlaufen der Tränen über Lidrand bei vermehrter Bildung oder Abflußstörung (diese begünstigt Keimbesiedlung!) ● *Spülen* des tränenableitenden Systems: Einsetzen einer Knopfsonde in unteres Punctum lacrimale, Spülflüssigkeit läuft bei Durchgängigkeit in Nase ab ● *Dakryoadenitis*: Entzündung der Tränendrüse ● *Dakryozystitis*: Entzündung des Tränennasengangs, z.B. bei Neugeborenen (Dacryocystitis neonatorum) bei Verschluß der Mündung in Nasenhöhle (angeborene Dakryostenose), da Blindsäcke ideale Lebensbedingungen für Bakterien bilden ● *Dakryostenose* ⇨ 7.5.2

7.5.9 Orbita [Cavitas orbitalis] (Augenhöhle)

Knochen	Faszien	Leitungsbahnen	Klinik
■ **Aditus orbitalis** (Eingang in die Augenhöhle) nahezu gleichbedeutend mit Margo orbitalis (Augenhöhlenrand): ● Margo supraorbitalis: Os frontale ● Margo infraorbitalis: medial Maxilla, lateral Os zygomaticum ● Margo lateralis: Processus frontalis des Os zygomaticum ● Margo medialis: Processus frontalis der Maxilla ■ **Paries superior** (Dach der Augenhöhle): ● Hauptteil: Facies orbitalis des Os frontale ● ganz hinten: Ala minor des Os sphenoidale ■ **Paries inferior** (Boden der Augenhöhle): ● Hauptteil: Facies orbitalis des Corpus maxillae ● lateral Facies orbitalis des Os zygomaticum ● ganz hinten: Processus orbitalis der Lamina perpendicularis des Os palatinum ■ **Paries lateralis** (Seitenwand der Augenhöhle): ● vorn Facies orbitalis des Os zygomaticum ● Mitte und hinten Facies orbitalis der Ala major des Os sphenoidale ■ **Paries medialis** (Innenwand der Augenhöhle): ● vorn Processus frontalis der Maxilla ● Mitte Os lacrimale ● Hauptteil Lamina orbitalis des Os ethmoidale	**Fasciae orbitales** (Faszien der Augenhöhle): ● *Periorbita*: Periost der Orbita ● *Septum orbitale*: zarte Bindegewebeplatte vom Orbitalrand der Periorbita zu den Lidplatten (Tarsi), bedeckt vom M. orbicularis oculi ● *Fasciae musculares*: Faszien der äußeren Augenmuskeln ● *Corpus adiposum orbitae*: Fettkörper, füllt den Raum hinter dem Augapfel zwischen Muskeln, Gefäßen und Nerven ● *Vagina bulbi* (Tenon-Kapsel): dichtere Bindegewebelage am vorderen Ende des Fettkörpers ● *Spatium episclerale* (Tenon-Raum): Spalt zwischen Sclera und Vagina bulbi (Vergleich mit Gelenkhöhle: Aufapfel entspricht Gelenkkopf, Vagina bulbi Gelenkpfanne)	In die Augenhöhle treten ein oder aus durch: ■ **Canalis opticus** (im Os sphenoidale): ● N. opticus (II) ● A. ophthalmica aus A. carotis interna ■ **Fissura orbitalis superior** (zwischen Ala major und minor): ● Augenmuskelnerven: • N. oculomotorius (III) • N. trochlearis (IV) • N. abducens (VI) ● N. ophthalmicus (V_1) ● V. ophthalmica superior (zum Sinus cavernosus) ■ **Fissura orbitalis inferior** (zwischen Ala major und Maxilla): ● N. infraorbitalis (aus V_2) ● A. infraorbitalis (aus A. maxillaris) ● V. ophthalmica inferior (Nebenabfluß zu Plexus pterygoideus) ■ **Foramen ethmoidale anterius** (zwischen Os frontale und Os ethmoidale): ● N. ethmoidalis anterior (aus N. nasociliaris, V_1) ● A. ethmoidalis anterior (aus A. ophthalmica) ■ **Foramen ethmoidale posterius** (zwischen Os frontale und Os ethmoidale): ● N. ethmoidalis posterior (aus N. nasociliaris, V_1) ● A. ethmoidalis posterior (aus A. ophthalmica) ■ **Canalis nasolacrimalis** (in Maxilla): Ductus nasolacrimalis	■ **Enophthalmus**: Einsinken des Auges, bei ● Schwund des Corpus adiposum orbitae ● Sympathikuslähmung (Horner-Syndrom) ● Blow-out-Fraktur: Einbruch des Orbitabodens in die Kieferhöhle bei Schlag auf das Auge ■ **Exophthalmus**: Hervortreten der Augäpfel ● angeboren bei Schädelfehlbildungen (verkleinerte Orbita) oder Kurzsichtigkeit (zu langer Augapfel) ● erworben bei endokrinen Störungen (Hyperthyreose), raumfordernden Prozessen der Orbita, Sinus-cavernosus-Thrombose ● maligner Exophthalmus: extreme Form mit Gefahr der Austrocknung des Auges, Folge: Hornhautgeschwüre, evtl. Panophthalmie (eitrige Einschmelzung des Augapfels) ■ **Enucleatio** (Evisceratio) bulbi: Entfernen des Augapfels: der natürlich vorgegebene Spaltraum ist das Spatium episcerale, es müssen nur die Sehnen der äußeren Augenmuskeln und der Sehnerv durchgetrennt werden

7.6 Mundhöhle (Cavitas oris) und Rachen (Pharynx)

7.6.1 Entwicklung und Entwicklungsstörungen der Cavitas oris (Mundhöhle)

ORGAN	ENTWICKLUNG	ENTWICKLUNGSSTÖRUNGEN
Stomatodeum **[Stomodeum]** (ektodermale Mundbucht)	■ **Entstehung:** ● *Rachenmembran* (Membrana oropharyngealis [buccopharyngealis]) trennt Ektoderm und Endoderm (ohne dazwischen liegendes Mesoderm!) am kranialen Ende des Embryos zwischen Neuralrohr und Herzanlage ● mit Abfaltung und Einkrümmung des Embryos gelangt Rachenmembran in die Tiefe, Einsenkung des Ektoderms wird Stomatodeum [Stomodeum] genannt (ektodermale Mundbucht gegenüber der endodermalen vorderen Darmbucht) ■ **Rathke-Tasche** (Saccus hypophysialis): dorsale Ausstülpung des Stomatodeum bildet Hypophysenvorderlappen (Adenohypophyse, ⇨ 7.1.1)	● *Canalis craniopharyngealis*: offene Verbindung zwischen Türkensattel und Rachen entsprechend Rathke-Tasche ● *Rachendachhypophyse*: Rest von Hypophysenvorderlappengewebe in Rachenwand an Stelle der Ausstülpung der Rathke-Tasche
Vestibulum **oris** (Vorhof der Mundhöhle)	■ **Bildung des Gesichts** um Stomatodeum: ● in 4. Entwicklungswoche um ektodermale Mundbucht 5 Wülste: ● Stirn-Nasen-Wulst (Prominentia frontonasalis): unpaar ● *Oberkieferwulst* (Prominentia maxillaris): paarig, vom Arcus pharyngealis [branchialis] I ● *Unterkieferwulst* (Prominentia mandibularis): paarig, vom Arcus pharyngealis [branchialis] I ● in Stirn-Nasen-Wulst sinkt lateral Nasenplakode (Placoda nasalis) zur Nasengrube (Fovea nasalis) ein, dadurch entstehen 2 Randwülste: ● *medialer Nasenwulst* (Prominentia nasalis medialis) ● *lateraler Nasenwulst* (Prominentia nasalis lateralis), vom Oberkieferwulst durch Sulcus nasomaxillaris getrennt, bleibt im Wachstum zurück, so daß Oberkieferwulst auch an medialen Nasenwulst angrenzt ● man beachte: Mesenchym in Tiefe ist kontinuierlich, keine durchgehenden Spalten zwischen den Wülsten! ■ **es gehen hervor aus:** ● medialem Nasenwulst: Mittelstück der Oberlippe (Philtrum), Zwischenkieferanteil der Maxilla, primärer Gaumen, knorpeliges Nasenseptum ● lateralem Nasenwulst: Nasenflügel ● Oberkieferwulst: lateraler Teil der Oberlippe, Großteil der Maxilla, sekundärer Gaumen ● Unterkieferwulst: Unterlippe, Mandibula ■ **in Lippen wächst Epithelleiste** an späterer Grenze zwischen Lippen und Zahnfleisch in Mesenchym ein (Taenia labiogingivalis), wird zur Rinne (*Sulcus labiogingivalis*) und trennt so ● Labia oris + Bucca einerseits ● Gingivae andererseits ● von Sulcus labiogingivalis wächst Anlage der Ohrspeicheldrüse aus (Gemma glandulae parotideae)	■ **Fehlbildungen des Mundes** (Defectus oralis) und der Lippen (Defectus labialis): ● *Astomie*: Fehlen der Mundspalte ● *Makrostomie*: zu große Mundspalte ● Mikrostomie: zu kleine Mundspalte ● Acheilie: Fehlen der Lippen ● Makrocheilie: zu große Lippen ■ **Spaltbildungen:** wenn Mesenchym in der Tiefe zwischen den Wülsten einreißt ● *laterale Lippenspalte* (Fissio labialis lateralis, Cheiloschisis, Schistocheilie): ● paramedian zwischen medialem Nasenwulst und Oberkieferwulst an der lateralen Grenze des Philtrum (einfache "Hasenscharte", Schistocheilia unilateralis) ● auch doppelseitig (Schistocheilia bilateralis) ● oft verbunden mit Oberkieferspalte (vollständige "Hasenscharte") ● erschwert das Saugen an der Brust ● *mediane Lippenspalte* (Fissio labialis mediana, Schistocheilia mediana): Defekt zwischen den beiden medialen Nasenwülsten, selten, z.B. bei Mohr-Claussen-Syndrom ● *Kieferspalte* (Gnathoschisis, Schistognathie): i.w.S. Spalte in Ober- oder Unterkiefer, i.e.S. seitliche Oberkieferspalte zwischen dem Zwischenkieferanteil des medialen Nasenwulstes und dem Hauptteil der Maxilla ● *Premaxilla*, Os incisivum (Zwischenkieferknochen): bei doppelseitiger Oberkieferspalte isolierter Knochen ● *Prosoposchisis*, Schistoprosopie (Gesichtsspalte): 2 Formen: ● *Fissura facialis obliqua* (schräge Gesichtsspalte): zwischen lateralem Nasenwulst und Oberkieferwulst zum inneren Augenwinkel aufsteigend ● *Fissura facialis transversa* (quere Gesichtsspalte): zwischen Oberkieferwulst und Unterkieferwulst Richtung Ohr verlaufend, milde Form Makrostomie s.o.
Palatum (Gaumen)	3 Gaumenanlagen (Primordia palatina): ● *medianer Gaumenfortsatz* (Processus palatinus medianus): wächst aus Zwischenkieferknochen (Premaxilla [Palatum primarium]) aus, reicht bis zum Foramen incisivum ● *lateraler Gaumenfortsatz* (Processus palatinus lateralis): paarig, vom Oberkieferwulst, bildet den Hauptteil des endgültigen Gaumens (Palatum proprium) einschließlich Gaumenbein ● Verschmelzungszone der lateralen Gaumenfortsätze bleibt als *Sutura palatina mediana* erhalten	**Gaumenspalte** (Uranoschisis, Palatoschisis, Palatum fissum, Fissio palatalis, Wolfsrachen): ● fehlende mediane Vereinigung der beiden Gaumenfortsätze (Fissio palatalis mediana) ● von zweigeteiltem Gaumenzäpfchen (Uvula bifida) unterschiedlich weit nach vorn reichend ● oft mit Anschluß an Oberkieferspalte und Hasenscharte (Cheilognathopalatoschisis, Syndroma schistopalatale, Lippen-Kiefer-Gaumen-Spalte) ● manchmal verwächst ein Gaumenfortsatz mit Nasenseptum, dann liegt Spalte scheinbar lateral (Fissio palatalis unilateralis)

Entwicklung und Entwicklungsstörungen der Mundhöhle (Fortsetzung)

ORGAN	ENTWICKLUNG	ENTWICKLUNGSSTÖRUNGEN
Lingua (Zunge)	■ Zunge entsteht aus Gewebe des 1. bis 4. Schlundbogens (wie auch an Innervation zu erkennen ist!): ● aus Arcus pharyngealis [branchialis] I: laterale Zungenwülste (Primordia lingualia), bilden vordere 2/3 der Zunge ● aus Arcus pharyngealis [branchialis] II: mittlerer Zungenwulst (Tuberculum linguale distale, Gemma lingualis media, Copula), nur kleiner Anteil an endgültiger Zunge ● aus Arcus pharyngealis [branchialis] III + IV: hinteres Zungendrittel dorsal von Sulcus terminalis (Tuberculum linguale proximale, Eminentia hypobranchialis) ● Muskeln wandern aus okzipitalen Myotomen ein ■ in Zungen-Zahnfleisch-Rinne (Sulcus linguogingivalis) entstehen Anlagen von **Speicheldrüsen**: ● Gemma glandulae submandibularis ● Gemmae glandulae sublingualis	**Fehlbildungen der Zunge** (Defectus lingualis) ● *Aglossie*: Fehlen der Zunge ● *Ankyloglossie*: mit Mundboden verwachsene Zungenspitze (Frenulum linguae ist verkürzt und reicht bis zur Zungenspitze) ● obere Ankyloglossie: Verwachsung der Zunge mit Gaumen ● *Makroglossie*: zu große Zunge (Mund steht deswegen offen, z.B. beim Down-Syndrom) ● *Mikroglossie*: zu kleine Zunge ● *Diglossie*, Schistoglossie (Spaltzunge, Zungenspalte, "Doppelzüngigkeit"): vorn gespaltene Zunge, mangelnde Vereinigung der lateralen Zungenwülste ● *Pachyglossie*: besonders breite Zunge
Dens (Zahn)	Zähne entstehen aus Ektoderm (Schmelzorgan) und Kopfmesenchym (Zahnpapille) (⇨ auch 7.6.4): ■ **Schmelzorgan** (Organum enameleum): in 7. Entwicklungswoche wölbt sich *Zahnleiste* (Lamina dentalis) in Sulcus labiogingivalis der ektodermalen Mundbucht (Stomatodeum [Stomodeum]) vor, gliedert sich beidseits in 5 Zahnknospen der Milchzähne, 3 Entwicklungsstadien: ● *Zahnknospe* (Status gemmalis): Epithelverdichtung ● *Kappenstadium* (Status cappalis): beginnende Eindellung ● *Glockenstadium* (Status campanalis): glockenförmig gehöhlt (Negativ der Form der Zahnkrone) mit ● mehrschichtigem äußeren Schmelzepithel (Epithelium enameleum externum) ● mehrschichtigem inneren Schmelzepithel (Epithelium enameleum internum) ● dazwischen lockere Schmelzpulpa (Reticulum enameleum) ● Verbindung zum Oberflächenepithel der Mundbucht löst sich auf, Reste als Serre-Perlen (Reliquiae laminae) erhalten ● *schmelzbildende Zellen* (Ameloblasti) des inneren Schmelzepithels lagern an Grenze zu Zahnpapille Schmelzprismen (Prisma enameleum) ab und bilden so Zahnkrone ● *epitheliale Wurzelscheide* (Hertwig-Scheide, Vagina radicalis epithelialis): am Umschlagsrand vom inneren zum äußeren Schmelzepithel wächst Epithel ohne Schmelzbildung in die Tiefe und formt Zahnwurzel vor, schließt Öffnung der Zahnglocke zwerchfellartig (Diaphragma vaginae radicis) bis auf Öffnung (Porus vaginae radicis) für Eintritt der Gefäße und Nerven in Zahnpapille ● *Schmelzoberhäutchen* (Cuticula dentalis): Reste des Schmelzepithels beim durchgebrochenen Zahn werden rasch abgekaut ■ **Zahnpapille** (Papilla dentis): von innerem Schmelzepithel umgebenes Mesenchym prägt Form des Zahnes mit, aus ihm gehen Zahnbein (Dentin), Zement (Cementum) und Zahnmark (Pulpa dentis) hervor: ● *dentinbildende Zellen* (Odontoblasti) lagern (induziert vom inneren Schmelzepithel) Prädentin (Predentinum) an Grenze zu Schmelz ab, das durch Einbau anorganischer Kristalle zum Dentin (Dentinum) wird ● schmelzfreie *Zahnwurzel* entsteht erst bei Zahndurchbruch: Zahn wird durch Wurzelwachstum vorgeschoben, dabei der hindernde Knochen abgebaut (Canalis eruptivus) ● Zahnsäckchen (Sacculus dentis [dentalis]): bindegewebige Hülle um gesamte Zahnanlage, führt Blutgefäße ■ **bleibende Zähne** (Dentes permanentes) gehen aus Ersatzzahnleiste hervor, die ebenfalls schon in früher Fetalzeit neben Milchzahnleiste angelegt wird	**Fehlbildungen der Zähne** (Defectus dentalis) ● *Anodontie*: Zahnlosigkeit ● *Hypodontie*: Unterzahl von Zähnen, Hypodontia vera bei Fehlen der Zahnanlage, Hypodontia spuria bei nicht entwickelter Zahnanlage, besonders häufig fehlen • 3. Molarzahn ("Weisheitszahn") • 2. Prämolarzahn im Unterkiefer • 2. Schneidezahn im Oberkiefer ● *Hyperodontie*, Polyodontie: überzählige Zähne ● *Polyphyodontie*: mehr als zwei Dentitionen (eigentlich keine Mißbildung, da erst in höherem Alter aktuell) ● *Enamelom*, Adamantinom: Schmelzperle am Zahnhals oder an der Zahnwurzel ● *Cystis dentigera*: Zahn enthaltende Zyste

7.6.2 Vestibulum oris (Vorhof der Mundhöhle)

TEIL	GLIEDERUNG, RELIEF	FEINBAU	LEITUNGSBAHNEN	KLINIK
Labia oris (Lippen)	**Rima oris** (Mundspalte) begrenzt von ● *Labium superius* (Oberlippe): mit ● Philtrum (mediane flache Hautrinne) ● Frenulum labii superioris (Oberlippenbändchen, mediane Schleimhautfalte) ● *Labium inferius* (Unterlippe) mit Frenulum labii inferioris ● *Commissura labiorum*: Vereinigung der beiden Lippen am Angulus oris (Mundwinkel)	Haut-Schleimhaut-Falte mit Muskel (M. orbicularis oris) in der Mitte, an Oberfläche 3 **Zonen:** ● *Pars cutanea*: Vorderfläche Gesichtshaut ● *Pars intermedia* (Lippenrot): unbehaarte Haut, nur wenige Talgdrüsen (trocknet leicht aus!), hohe gefäßreiche Lederhautpapillen, Blutfarbe schimmert durch ● *Pars mucosa*: Mundschleimhaut mit Glandulae labiales (Lippendrüsen)	■ **Arterien:** Äste der A. facialis ● Oberlippe: A. labialis superior ● Unterlippe: A. labialis inferior ■ **Venen:** Abfluß über V. facialis ● Oberlippe: V. labialis superior ● Unterlippe: Vv. labiales inferiores ■ **regionäre Lymphknoten:** ● Nodi lymphatici submentales ● Nodi lymphatici submandibulares ■ **Innervation:** ● motorisch: N. facialis (VII) ● sensibel Oberlippe: Rr. labiales superiores des N. infraorbitalis (V$_2$) ● sensibel Unterlippe: Rr. labiales des N. mentalis (V$_3$)	● *Zyanose* (Blausucht): bläuliche Verfärbung der Haut bei vermindertem Sauerstoffgehalt des Kapillarbluts, am Lippenrot besonders deutlich ● *Cheiloschisis* (Hasenscharte): angeborener Spalt in Oberlippe am Rand des Philtrum (laterale Lippenspalte), oft kombiniert mit Kieferspalte (Cheilognathoschisis) und evtl. sogar Gaumenspalte (Cheilognathopalatoschisis, Wolfsrachen, ⇨ 7.6.1), operativer Verschluß der Lippenspalte im Alter von 3-4 Monaten
Bucca (Wange)	Begrenzt Vestibulum oris nach außen ● *Corpus adiposum buccae* (Bichat-Wangenfettpfropf): zwischen Haut und Wangenmuskel, versteift Wange vor allem beim Säugling	Haut-Schleimhaut-Falte mit Muskel (M. buccinator) in der Mitte, außen Gesichtshaut, innen Mundschleimhaut	■ **Arterien:** Äste von ● A. facialis ● A. transversa faciei [facialis] aus A. temporalis superficialis ■ **Venen:** Abfluß über ● V. facialis ● V. transversa faciei [facialis] zu V. retromandibularis ■ **regionäre Lymphknoten:** ● Nodi lymphatici faciales ● Nodi lymphatici submandibulares ● Nodi lymphatici parotidei ■ **Innervation:** ● motorisch: N. facialis (VII) ● sensibel: N. buccalis (V$_3$) + N. infraorbitalis (V$_2$)	Angeborene Wangenspalten selten (⇨ 7.6.1): ● *quere (horizontale) Gesichtsspalte*: vom Mundwinkel Richtung Ohr ● *schräge Gesichtsspalte*: von Oberlippe Richtung Auge

7.6.3 Glandulae salivariae (Speicheldrüsen)

Glandulae salivariae minores (kleine Speicheldrüsen)

GLIEDERUNG	FEINBAU	INNERVATION
● *Glandulae labiales* (Lippendrüsen): gemischt, auf Schleimhautseite der Lippen gut zu tasten ● *Glandulae buccales* (Wangendrüsen): gemischt, im Bereich der Mahlzähne auch Glandulae molares genannt ● *Glandulae palatinae* (Gaumendrüsen): mukös ● *Glandulae linguales* (Zungendrüsen): ⇨ Zunge, 7.6.6	Prinzipieller Bau einer Glandula salivaria: ■ **Portio terminalis**: sezernierendes Drüsenendstück unterschiedlicher Form (Acinus, Alveolus, Tubulus, Tubuloacinus, Tubuloalveolus) und Aufgabe: ● Mukozyten sezernieren Schleim ● Serozyten sezernieren dünnflüssiges Sekret, bei mukösen Endstücken seröse Ebner-Halbmonde (Semiluna serosa) ■ **Ausführungsgangsystem:** ● Ductus intercalatus (Schaltstück): kubisches Epithel ● Ductus striatus (Streifenstück): säulenförmiges (hochprismatisches) Epithel mit basaler Streifung (langgestreckte Mitochondrien) ● Ductus intralobularis: innerhalb eines Drüsenläppchens ● Ductus interlobularis (Zwischenläppchengang) ● Ductus interlobaris (Zwischenlappengang) ● Ductus excretorius (Hauptausführungsgang): meist mehrschichtiges säulenförmiges (hochprismatisches) Epithel	■ **Parasympathisch:** ● Nasen- und Gaumendrüsen: Äste des Ganglion pterygopalatinum (von N. intermedius, VII, über N. petrosus major) ● Zungendrüsen: Äste des Ganglion submandibulare (Chorda tympani, VII, über N. lingualis), am Zungengrund vermutlich N. glossopharyngeus ● Wangendrüsen: vermutlich Äste des Ganglion oticum (IX) über N. facialis ■ **sympathisch**: Äste des Plexus caroticus externus aus Ganglion cervicale superius

Glandulae salivariae majores (große Speicheldrüsen)

DRÜSE	GLIEDERUNG, RELIEF	FEINBAU	LEITUNGSBAHNEN	KLINIK
Glandula sublingualis (Unterzungenspeicheldrüse)	• Im Mundboden kranial des M. mylohyoideus in der Tiefe der Rinne zwischen Zunge und Mandibula • wirft Plica sublingualis der Mundschleimhaut auf • Gewicht etwa 5 g ■ 10-12 **Ausführungsgänge**: • *Ductus sublingualis major* (Bartholin-Gang) mündet auf Caruncula sublingualis • *Ductus sublinguales minores*: münden auf Plica sublingualis	• Zusammengesetzte tubuloazinöse Drüse • überwiegend mukös	■ **Arterien**: Äste der A. sublingualis aus A. lingualis ■ **Venen**: Abfluß über V. sublingualis zur V. lingualis und weiter zur V. jugularis interna ■ **regionäre Lymphknoten**: Nodi lymphatici submandibulares ■ **Innervation**: • parasympathisch: Rr. glandulares des Ganglion submandibulare (von Chorda tympani, VII, über N. lingualis, V_3) • sympathisch: Äste des Plexus caroticus externus aus Ganglion cervicale superius	**Ranula** (Fröschleingeschwulst, weil an Kehlsack des Frosches erinnernd): Erweiterung eines Ductus sublingualis bei Abflußstörung (Retentionszyste), mit eingedicktem Speichel gefüllt
Glandula submandibularis (Unterkieferspeicheldrüse)	• Im Mundboden kaudal des M. mylohyoideus in eigener Faszienloge zwischen M. digastricus und Mandibula • Gewicht etwa 15 g ■ **Ductus submandibularis** (Wharton-Gang): • biegt um Dorsalrand des M. mylohyoideus in oberes Stockwerk des Mundbodens • mündet gemeinsam mit Ductus sublingualis major auf Caruncula sublingualis	• Zusammengesetzte tubuloazinöse Drüse • überwiegend serös	■ **Arterien**: Äste der A. facialis (Hauptstamm liegt der Drüse an oder ist in sie eingebettet): • A. submentalis • Rr. glandulares ■ **Venen**: Abfluß über V. lingualis und V. facialis zur V. jugularis interna ■ **regionäre Lymphknoten**: Nodi lymphatici submandibulares ■ **Innervation**: • parasympathisch: Rr. glandulares des Ganglion submandibulare (von Chorda tympani, VII, über N. lingualis, V_3) • sympathisch: Äste des Plexus caroticus externus aus Ganglion cervicale superius	**Sialolithiasis** (Speichelsteinleiden): • in Ausführungsgang Bildung eines Calciumphosphat- oder -carbonatsteins, häufig um Fremdkörper als Kristallisationskern • führt zu Abflußstörung, Schwellung der Drüse, vor allem beim Essen
Glandula parotidea (Ohrspeicheldrüse, Parotis)	• Füllt Raum zwischen Ramus mandibulae und Processus mastoideus (bei Kaubewegungen ausgepreßt!) • von Fascia parotidea bedeckt • durch Plexus parotideus des N. facialis zweigeteilt in Pars superficialis und Pars profunda • oft von Hauptdrüse getrenntes Läppchen (Glandula parotidea accessoria) • größte Mundspeicheldrüse, Gewicht 20-30 g ■ **Ductus parotideus** (Ohrspeichelgang, Stensen-Gang): • am Vorderrand des M. masseter leicht zu tasten (etwa fingerbreit kaudal des Arcus zygomaticus) • Mündung: *Papilla ductus parotidei* in Wangenschleimhaut auf Höhe des 2. oberen Mahlzahns	• Zusammengesetzte tubuloazinöse Drüse • rein serös	■ **Arterien**: • R. parotideus der A. temporalis superficialis • R. parotideus der A. auricularis posterior ■ **Venen**: Abfluß über Vv. parotideae zur V. retromandibularis (durchquert die Drüse) ■ **regionäre Lymphknoten**: Nodi lymphatici parotidei profundi ■ **parasympathische Innervation**: Äste des Ganglion oticum über "Jacobson-Anastomose": • Ganglion inferius IX → • N. tympanicus → • N. petrosus minor → • Ganglion oticum → • N. auriculotemporalis V_3) ■ **sympathische Innervation**: Äste des Plexus caroticus externus aus Ganglion cervicale superius ■ **durchlaufende Nerven**: • Plexus intraparotideus des N. facialis • Äste des N. auricularis magnus	**Parotitis**: Entzündung der Ohrspeicheldrüse: ■ **Parotitis epidemica** (Mumps, Ziegenpeter): • Virusinfektionskrankheit, Inkubationszeit 18-21 Tage • starke Schwellung der Parotis für 3-7 Tage (abstehende Ohren) • oft Miterkrankung der anderen Speicheldrüsen (auch Pancreas!) und der Hoden bzw. Eierstöcke • ernste Komplikation: Befall des ZNS (Mumps-Meningoenzephalitis) • hinterläßt lebenslange Immunität, Schutzimpfung nur zeitlich begrenzt wirksam ■ **fortgeleitete Parotitis**: • Aufstieg von Bakterien in Ductus parotideus bei Resistenzschwäche, z.B. nach Operationen • Prophylaxe: sorgfältige Mundpflege!

7.6.4 Dentes (Zähne)

TEIL	GLIEDERUNG, RELIEF	FEINBAU	KLINIK
Dens (Zahn): allgemein	■ **3 Hauptabschnitte:** ● *Corona dentis* (Zahnkrone): • anatomisch: der von Zahnschmelz bedeckte Teil • abweichende klinische Definition (Corona clinica): der aus dem Zahnfleisch ragende Teil ● *Cervix dentis* (Zahnhals): an der Grenze von Zahnschmelz und Zement ● *Radix dentis* (Zahnwurzel): • anatomisch: der von Zement bedeckte Teil • abweichende klinische Definition (Radix clinica): der im Zahnfleisch steckende Teil ■ jede Zahnkrone 5 **Flächen:** ● *Facies occlusalis [masticatoria]*: Kaufläche, Margo incisalis Schneidekante der Schneidezähne ● *Facies vestibularis [facialis]*: Außenfläche zum Vestibulum oris, gegenüber Wange (Facies buccalis) oder Lippe (Facies labialis) ● *Facies lingualis bzw. Facies palatalis*: Innenfläche zur Zunge (untere Zähne) bzw. Gaumen (obere Zähne) ● *Facies approximalis*: 2 Flächen zu Nachbarzähnen (Area contingens unmittelbarer Kontaktbereich): • Facies mesialis zum vorderen Nachbarzahn • Facies distalis zum hinteren Nachbarzahn	Zahn aus 3 **Hartsubstanzen** aufgebaut: ■ **Enamelum** (Zahnschmelz): ● Zusammensetzung: • anorganischer Anteil 96 % • organischer Anteil nur 1 % • Wasser 3 % ● Schmelzprismen (Durchmesser 5 μm) aus Hydroxylapatitkristallen von außen liegenden Enameloblasten [Ameloblasten] gebildet ● Zellen und Cuticula dentis (Schmelzoberhäutchen) werden nach dem Zahndurchbruch rasch abgekaut ■ **Dentinum** (Zahnbein): ● Zusammensetzung: • anorganischer Anteil etwa 70 % • organischer Anteil (hauptsächlich kollagene Fasaern) etwa 20 % • Wasser 10 % ● am Rand der Pulpa liegende Dentinoblasten [Odontoblasten] bilden zunächst unmineralisiertes Prädentin, das zu Dentin verkalkt ● Fortsätze der Dentinoblasten (Tomes-Fasern) bleiben in den Dentinröhrchen (Durchmesser 1-3 μm) erhalten ■ **Cementum** (Zement): gefäßloser Geflechtknochen, Zementoblasten entsprechen Osteoblasten	■ **Regeneration** ● Zahnschmelz: keine Regeneration, da nach dem Zahndurchbruch keine schmelzbildenden Zellen mehr vorhanden ● Zahnbein: nur begrenzte Regeneration , da die zahnbeinbildenden Zellen am Rande der Pulpa bei weiterem Anbau von Zahnbein die Zahnhöhle einengen ■ **Richtungsbegriffe** zur Lokalisierung von Befunden an den Zähnen (vgl. Flächen): ● okklusal ● bukkal, labial ● lingual, palatal ● mesial ● distal ■ **Fluoridierung:** ● Einbau von Fluoridionen in den Zahnschmelz (Ersatz von OH-Gruppen durch F) ● Fluorapatit ist härter als Hydroxylapatit ● zur Kariesprophylaxe
Cavitas dentis [pulparis] (Zahnhöhle, Pulpahöhle)	**2 Abschnitte:** ● *Cavitas coronae* (Zahnkronenhöhle): weiter Teil ● *Canalis radicis dentis* (Zahnwurzelkanal): eng, oft verzweigt, öffnet sich mit Foramen apicis radicis dentalis an der Zahnwurzelspitze (Apex radicis dentis) für den Eintritt von Blut- und Lymphgefäßen sowie Nerven	Pulpa dentis [dentinalis] (Zahnmark): füllt die Zahnhöhle, gallertiges Bindegewebe mit Gefäßen und Nerven (Plexus neuralis subdentinoblasticus) 2 **Zellarten:** ● *Pulpozyten* [Retikulozyten] ● *Dentinoblasten* [Odontoblasten]	● *Akute Pulpitis* (Zahnmarkentzündung): außerordentlich schmerzhaft (hoher Druck in dem engen Raum), Öffnung (Trepanation) der Zahnhöhle (Druckentlastung) bringt schlagartig Erleichterung ● bei toten Zähnen bieten die engen Wurzelkanäle Schlupfwinkel für Bakterien (Bildung von Zahngranulomen), Behandlung: Wurzelspitzenresektion oder Aufbohren der Wurzelkanäle und Ausfüllen
Zahnhalteapparat	Hält Zahn federnd im Zahnfach des Kiefers (gelenkähnlich: Gomphosis = Einzapfung) ■ **3 Komponenten:** ● *Zement*: Verankerung am Zahn ● *Periodontium* (Wurzelhaut) ● *Periosteum alveolare*: Knochenhaut des Zahnfachs ■ **Alveolus dentalis** (Zahnfach): Hohlraum für Zahn im Kieferknochen ● *Septum interradiculare*: knöcherne Scheidewand zwischen Zahnwurzeln ● *Septum interalveolare*: knöcherne Scheidewand zwischen Nachbarzahnfächern	Periodontium (Wurzelhaut): ● System kollagener Fasern, die als Fibrae perforantes (Sharpey-Fasern) im Zement und im Periost der Zahnalveole verankert sind, Verlauf der Fibrae cementoalveolares teils horizontal, teils schräg, teils vertikal (Wurzelspitze), so daß bei allen Beanspruchungen des Zahns Fasern gespannt werden ● zusätzliches Druckpolster für Kaudruck durch Blut- und Lymphgefäße	● *Periodontitis* (Wurzelhautentzündung): meist langwierige Infektionen der Wurzelhaut, z.B. wenn Zahnfleisch den Zahn nicht mehr dicht umgibt und sich "Taschen" bilden ● *Zahnextraktion*: durch hebelnde Bewegungen mit der Zahnzange werden zunächst das Zahnfach gedehnt und die Fasern der Wurzelhaut zerrissen, bevor der Zahn ausgezogen wird

Dentes decidui (Milchgebiß)

ALLGEMEIN	ENTWICKLUNG	KLINIK
■ **Zahndurchbruch** (Dentitio): ● Reihenfolge 1-2-4-3-5 ● Durchbruchzeiten (Monate): früh 6-8-16-12-20, spät 9-12-20-16-30 ■ **Zahnwechsel:** ● Reihenfolge 1-2-4-5-3 ● Durchbruchzeiten der bleibenden Zähne (Jahre): ● früh 6-7-10-10-10-6-12-18, ● spät 8-9-12-12-12-7-14-25 ● "Ersatzzähne": 1-5 ● "Zuwachszähne": 6-8	**Odontogenesis** (Zahnentwicklung, ⇨ 7.6.1): ■ **Lamina dentalis** (Zahnleiste): wächst in 7. Entwicklungswoche aus Mundhöhlenektoderm Ober- und Unterkiefer entgegen, Gliederung in je 10 Zahnknospen ■ **Germen dentis** (Zahnkeim) 2 Anteile: ● Organum enameleum (Schmelzorgan): epithelial ● Papilla dentis [dentalis] (Zahnpapille): mesenchymal ■ **Glockenstadium**: zunächst Form der Zahnkrone angelegt: ● im Schmelzorgan 2 Schichten: äußeres und inneres Schmelzepithel, in letztgenanntem differenzieren sich die Enameloblasten (Ameloblasten) ● in Grenzschicht der Zahnpapille zum inneren Schmelzepithel entstehen die Dentinoblasten (Odontoblasten) ■ **Bildung der Zahnhartsubstanzen:** ● die Enameloblasten lagern schichtweise Zahnschmelz, die Dentinoblasten Dentin ab bis die Zahnkrone vollendet ist ● die Enameloblasten liegen an der Oberfläche der Zahnkrone, die Dentinoblasten in der Zahnhöhle ■ **Wurzelwachstum**: beginnt erst mit Zahndurchbruch: ● durch die wachsende Zahnwurzel wird die Zahnkrone Richtung Mundhöhle geschoben ● die bedeckende Mundschleimhaut und das Schmelzoberhäutchen werden abgekaut, die Zahnkrone liegt frei ● der Zahnhalteapparat wird vom bindegewebigen Sacculus dentis [dentalis] (Zahnsäckchen) gebildet	● *Dentitio difficilis*: Störung des Durchbruchs bleibender Zähne, z.B. bei Engstand, besonders häufig bei Weisheitszahn, wenn Alveolarfortsatz nicht genügend lang ● *Tetracyclinschäden*: das Antibiotikum Tetracyclin wird an Calcium gebunden in die Zahnhartsubstanzen irreversibel eingebaut, dies führt zu brauner Verfärbung des Schmelzes und erhöhter Kariesanfälligkeit, Prophylaxe: keine Tetracyclinbehandlung bei Schwangeren und Kindern bis 12 Jahren ● *Daumenlutschen* fördert abnorme Bißlage: obere Schneidezähne nach vorn, untere nach hinten gedrückt, häufigste Ursache des Distalbisses (s.u.) ■ **Zahnanomalien:** ● *Amelogenesis imperfecta*: mangelhafte Kalzifikation bis Schmelzaplasie ● *Dentinogenesis imperfecta*: angeborene Störung der Dentinbildung ■ **vorzeitiger Verlust einzelner Milchzähne** (Platzhalter für die bleibenden Zähne) führt zu: ● *Stellungsanomalien* der bleibenden Zähne ("Engstand") ● *Hemmung des Kieferwachstums* ● *Bißanomalien* (abnorme Stellung der Kiefer zueinander): besonders wichtig ist Gruppe 3-5 als Stützzone bei Durchbruch des 1. bleibenden Molaren und Austausch der Schneidezähne

Dentes permanentes (bleibende Zähne, Erwachsenengebiß)

ALLGEMEIN	LEITUNGSBAHNEN	KLINIK
■ **Zahnformel**: in jedem Quadranten: ● Dentes incisivi (Schneidezähne): 2 ● Dens caninus (Eckzahn): 1 ● Dentes premolares (vordere Backenzähne): 2 ● Dentes molares (Mahlzähne): 3, der 3. Mahlzahn wird auch Weisheitszahn (Dens serotinus [molaris tertius]) genannt ■ **Zahl der Wurzeln:** ● Schneide- und Eckzähne: 1 ● 1. Prämolar: 1 ● 2. Prämolar: unten 1, oben 2 ● Molaren: unten 2, oben 3 ■ **Zahnbogen:** ● *Arcus dentalis superior*: oberer Zahnbogen = Oberkieferzähne ● *Arcus dentalis inferior*: unterer Zahnbogen = Unterkieferzähne ■ **Okklusion** (Bißlage): definiert nach Angle nach Stellung der Sechsjahresmolaren: ● *Neutralbiß* (Angle I): der vordere Höcker des oberen "Sechsers" ruht in der Querrinne des unteren (weil die unteren Schneidezähne schmäler als die oberen sind, stehen die folgenden Zähne um etwa eine halbe Zahnbreite verschoben gegeneinander, so daß jeder Zahn 2 Gegenspieler hat) ● *abnorme Okklusion*: ⇨ Klinik (Dysgnathien)	■ **Arterien**: Äste der A. maxillaris ● Oberkiefer: Rr. dentales der A. alveolaris superior posterior und Aa. alveolares superiores anteriores ● Unterkiefer: Rr. dentales der A. alveolaris inferior ■ **Venen**: Abfluß über Vv. maxillares zur V. retromandibularis ■ **regionäre Lymphknoten:** ● Nodi lymphatici submentales ● Nodi lymphatici submandibulares ■ **Innervation:** ● Oberkiefer: Rr. dentales superiores der Nn. alveolares superiores aus N. maxillaris (V₂) ● Unterkiefer: Rr. dentales inferiores des N. alveolaris inferior aus N. mandibularis (V₃)	■ **Numerierung** der Zähne in zahnärztlichen Befunden durch 2 Ziffern: ● 1. Ziffer bezeichnet Quadranten: 1 = rechts oben, 2 = links oben, 3 = links unten, 4 = rechts unten ● 2. Ziffer bezeichnet Stellung des Zahns in der Reihenfolge von mesial nach distal: 1 = erster Schneidezahn, 8 = Weisheitszahn ● beim Milchgebiß werden die Quadranten mit 5-8 beziffert ■ **Diastema**: nicht durch Zahnverlust bedingte Zahnlücke ■ **Dysgnathien** (abnorme Bißlagen): ● *Rückbiß* = Distalbiß (Angle II, Retrogenie, maxilläre Prognathie): der hintere Höcker des oberen "Sechsers" ruht in der Querrinne des unteren, häufigste Ursache Daumenlutschen ● *Vorbiß* = Mesialbiß (Angle III, mandibuläre Prognathie): der obere "Sechser" hat keinen Kontakt mit dem unteren, sondern steht dem "Siebener" gegenüber ● *offener Biß*: Zähne nicht überall Kontakt mit gegenüberliegenden, besonders im Frontzahngebiet ● *Kreuzbiß*: Überkreuzung der Zahnbogen, z.B. auf einer Seite obere, auf anderer untere Zähne vorn

7.6.5 Gingiva (Zahnfleisch)

GLIEDERUNG	FEINBAU	LEITUNGSBAHNEN		KLINIK
■ **Definition**: als Zahnfleisch bezeichnet man die unverschiebliche Mundschleimhaut auf den Alveolarfortsätzen von Ober- und Unterkiefer ■ **Gliederung**: • *Margo gingivalis*: der Zahnfleischsaum um den Zahn • *Papilla gingivalis [interdentalis]*: das Zahnfleisch zwischen 2 Zähnen • *Sulcus gingivalis*: das Zahnfleisch ist am Zahnhals befestigt, umgibt aber noch den unteren Teil der Krone, dadurch entsteht 1-2 mm tiefe Rinne um Zahnkrone	• Es fehlt Submukosa, Lamina propria direkt an Knochen fixiert, deshalb unverschieblich • inneres Saumepithel (in Tiefe des Sulcus gingivalis) unverhorntes mehrschichtiges Plattenepithel • äußeres Saumepithel (übriger Bereich): verhornt • rote Farbe von durchscheinendem dichten Kapillargeflecht	■ **Arterien**: Äste der A. maxillaris • Oberkiefer: Rr. peridentales der Aa. alveolares superiores • Unterkiefer: Rr. peridentales der A. alveolaris inferior ■ **Venen**: Abfluß über V. retromandibularis, V. facialis, V. lingualis ■ **regionäre Lymphknoten**: • Nodi lymphatici submentales • Nodi lymphatici submandibulares	■ **Innervation** (nicht identisch mit Zahnnerven!): • Oberkiefer bukkal: Rr. gingivales superiores der Nn. alveolares superiores (V2) • Oberkiefer palatinal: N. palatinus longus + N. nasopalatinus (Schneidezahnbereich) • Unterkiefer labial: Rr. gingivales inferiores des N. alveolaris inferior (V3), z.T. aus N. mentalis • Unterkiefer bukkal, vor allem Zähne 5 + 6: N. buccalis (V3) • Unterkiefer lingual: N. lingualis (V3)	■ **Parodontose** (Zahnfleischschwund): • in Jugend steckt der Zahn zu mehr als der Hälfte im Zahnfach • mit zunehmendem Alter tritt ein immer größerer Teil an die Oberfläche (Abbau des Alveolarknochens, Rückzug des Zahnfleisches) • zuletzt reicht die Verankerung nicht mehr aus, und der Zahn fällt aus ■ **Verfärbung**: schwarzblauer Margo gingivalis bei Blei-, Wismut- und Quecksilbervergiftung

7.6.6 Cavitas oris propria (Mundhöhle im engeren Sinn)

Palatum (Gaumen)

GLIEDERUNG, RELIEF	FEINBAU	LEITUNGSBAHNEN	KLINIK
Trennt Mund- und Nasenhöhle, 2 Abschnitte: ■ **Palatum durum** (harter Gaumen): • unbeweglich, versteift durch Knochen (Palatum osseum aus Processus palatinus der Maxilla und Lamina horizontalis des Os palatinum) • Schleimhautfalten: • Raphe palati: median • Plicae palatinae transversae: Querfalten ■ **Palatum molle** [Velum palatinum] (weicher Gaumen = Gaumensegel): • beweglich, statt Knochen quergestreifte Muskeln (⇨ Gaumenmuskeln, 6.3.5) • endet mit Uvula palatina (Gaumenzäpfchen)	■ **Palatum durum**: • Tunica mucosa mit mehrschichtigem verhorntem Plattenepithel, straff am knöchernen Gaumen fixiert ■ **Palatum molle** [Velum palatinum] • *Facies nasopharyngea*: Oberseite zu Nasenhöhle und Rachen trägt Tunica mucosa respiratoria (mehrreihiges Flimmerepithel) • *Facies oropharyngea*: Unterseite trägt Tunica mucosa oralis (mehrschichtiges unverhorntes Plattenepithel) • *Tela submucosa* mit zahlreichen Glandulae palatinae: auf Mundhöhlenseite mukös, auf Rachenseite mukoserös	■ **Arterien**: Äste der A. palatina descendens aus A. maxillaris • A. palatina major: zum harten Gaumen • Aa. palatinae minores: zum weichen Gaumen ■ **Venen**: Abfluß über Plexus pterygoideus zu V. retromandibularis ■ **regionäre Lymphknoten**: • Nodi lymphatici cervicales laterales profundi superiores • Nodi lymphatici cervicales anteriores profundi ■ **Innervation**: • *motorisch*: • N. glossopharyngeus (IX) • N. trigeminus (nur M. tensor veli palatini) • *sensibel*: • harter Gaumen: N. palatinus major (V2) • Gaumensegel: Nn. palatini minores (V2) • *sekretorisch*: N. intermedius (VII) über Ganglion pterygopalatinum	• *Palatoschisis [Uranoschisis]* (Gaumenspalte): ⇨ 7.6.1 • **Lähmung** des Gaumensegels ⇨ Hirnnerven, 6.7.6 • *Pfählungsverletzung* des Gaumens: besonders bei Kindern, die mit Bleistift oder ähnlichem Gegenstand im Mund herumlaufen und stürzen

Lingua (Zunge)

Gliederung, Relief	Feinbau	Leitungsbahnen	Klinik
■ **2 Hauptteile:** ● *Corpus linguae* (Zungenkörper): vordere 2/3, vor Sulcus terminalis, mit ● Margo linguae (Zungenrand) ● Apex linguae (Zungenspitze) ● *Radix linguae* (Zungenwurzel, Zungengrund): hinteres Drittel ■ **2 Seiten:** ● *Dorsum linguae* (Zungenrücken): Schleimhaut unverschieblich und mit Papillae linguales (Zungenpapillen), Unterteilung in: ● Pars presulcalis [anterior] ● Pars postsulcalis [posterior] ● *Facies inferior linguae* (Zungenunterseite): Schleimhaut verschieblich und ohne Papillen, mit 3 Falten: ● median Frenulum linguae (Zungenbändchen) ● seitlich Plica fimbriata ■ **2 Rinnen** am Zungenrücken: ● *Sulcus medianus linguae*: Mittelrinne ● *Sulcus terminalis*: V-förmige Grenzrinne zwischen Zungenkörper und Zungenwurzel, beidseits des Foramen caecum linguae (blind endendes Loch, embryonal Ausgangspunkt des Ductus thyroglossalis) ■ **weitere Begriffe:** ● *Tonsilla lingualis* (Zungenmandel): an Zungenwurzel, Teil des lymphatischen Rachenrings, mit Folliculi linguales ● *Septum linguale*: bindegewebige mediane Scheidewand der Zungenmuskeln ● *Aponeurosis lingualis*: Sehnenplatte zwischen Schleimhaut und Muskeln ● *Mm. linguae [linguales]* (Zungenmuskeln, ⇨ 6.3.5)	■ **Tunica mucosa linguae** am Zungenrücken mit Papillae linguales (Zungenpapillen): bindegewebiger Kern von mehrschichtigem Plattenepithel bedeckt ● *Papilla filiformis* (Fadenpapille): in Hornkegel auslaufend, häufigste Form ● *Papilla fungiformis* (Pilzpapille): bis 1 mm Durchmesser ● *Papilla foliata* (Blattpapille): am hinteren seitlichen Zungenrand ● *Papilla vallata* (Wallpapille): 7-12 vor Sulcus terminalis, mit ● Vallum papillae: rundem Wall ● Sulcus papillae: ringförmigem Graben ■ **Organum gustatorium** [gustus] Geschmacksorgan besteht aus hauptsächlich in den Gräben der Wall- und Blattpapillen zu findenden Geschmacksknospen: ● *Caliculus gustatorius [Gemma gustatoria]*: gewöhnlich mit Tulpenknospe verglichen, mit mindestens 5 Zelltypen, Geschmacksrezeptoren (Typ-III-Zellen) kurzlebig (wenige Tage) ● Porus gustatorius (Geschmackspore): Öffnung der Geschmacksknospe an Schleimhautoberfläche ■ **Glandulae linguales**: 3 Arten von Zungendrüsen: ● *seromukös* an der Zungenspitze: Glandula lingualis anterior [apicalis] (Nuhn-Drüse) ● *serös* in der Zungenmitte: Glandula gustatoria (Ebner-Drüse) im Boden der Zungenpapillengräben ● *mukös* an der Zungenwurzel: Glandula radicis linguae	■ **Arterien**: Äste der A. lingualis: ● Rr. dorsales linguae ● A. profunda linguae ● A. sublingualis ● Kollateralen zu A. pharyngea ascendens, A. palatina ascendens (aus A. facialis) ■ **Venen**: Abfluß über V. lingualis zu V. jugularis interna: ● Vv. dorsales linguae ● V. profunda linguae ● V. comitans nervi hypoglossi ■ **regionäre Lymphknoten:** ● Zungenspitze: Nodi lymphatici submentales ● mittleres Zungendrittel: Nodi lymphatici submandibulares, Nodus lymphaticus jugulo-omohyoideus ● Zungengrund: Nodus lymphaticus jugulodigastricus ● keine Seitentrennung (linksseitiges Karzinom kann rechts Metastasen bilden u.u.)! ■ **Innervation:** ● *motorisch*: Rr. linguales des N. hypoglossus (XII) ● *sensibel*: • vordere 2/3: Rr. linguales des N. lingualis (V₃) • Zungengrund: Rr. linguales des N. glossopharyngeus (IX) ● *sensorisch* (Geschmack): • vordere 2/3: Chorda tympani (VII) über N. lingualis (V₃) • Zungengrund: N. glossopharyngeus (IX) ● *sekretorisch*: • vordere 2/3: Äste des Ganglion submandibulare (Chorda tympani, VII, über N. lingualis, V₃) • Zungengrund: N. glossopharyngeus (IX)	■ **Geschmacksprüfung**: mit Pipette einzelne Tropfen der gelösten Geschmacksoffe auf verschiedene Zungenbereiche auftragen: ● süß: Zuckerlösung ● sauer: Zitronensäurelösung ● salzig: Kochsalzlösung ● bitter: Chininlösung ● Hypogeusie: verminderte Geschmacksempfindung ● Ageusie: Geschmacksausfall ■ **Zungenbiß**, z.B. im epileptischen Anfall, starke Blutung, aber gute Heilung, meist keine Naht nötig ■ **Veränderungen des Zungenrückens:** ● *Lingua plicata*: stark gefurchte Zunge, belanglos, angeboren ● *Haarzunge*: schwärzliche Verfärbung des Zungenrückens bei starker Verhornung der Papillen, z.B. bei reichlicher Anwendung von "Mundwässern" zur Desinfektion ● *belegte Zunge*: grauweißer Belag (abgeschilferte Zellen, Speisenreste, evtl. Pilze), gehäuft bei Fieber, Parodontose und Magen-Darm-Krankheiten ● *Glossitis* (Zungenentzündung): starke Rötung und Zungenbrennen bei Verletzungen (Scheuern von Zahnkanten und Prothesen), Eisenmangelanämie, Vitamin-B₁₂-Mangel, auch psychogen ■ **Zungenkarzinom**: Entstehung begünstigt durch Rauchen und hochprozentige Alkoholika ■ **Zungengrundstruma:** Schilddrüsengewebe im Bereich des ehemaligen Ductus thyroglossalis (Ausgangspunkt: Foramen caecum)

7.6.7 Fauces (Schlund)

Die Grenze zwischen Mundhöhle und Rachen ist nicht eindeutig definiert. Die Schlundenge gehört nach ihrem Dach (Gaumen) zur Mundhöhle, nach ihrer Innervation (N. glossopharyngeus) zum Rachen. Die Nomina anatomica verselbständigen diesen Zwischenbereich als Fauces. Die deutsche Übersetzung Schlund ist ebenfalls nicht eindeutig, weil das Wort auch gleichbedeutend mit Rachen (Schlundkopf) verwendet wird, z.B. im Begriff Schlundschnürer für M. constrictor pharyngis.

Isthmus faucium (Schlundenge)

GLIEDERUNG, RELIEF	FEINBAU	LEITUNGSBAHNEN	KLINIK
■ **Gaumenbogen:** ● *Arcus palatoglossus* (vorderer Gaumenbogen): Schleimhautfalte vom Gaumensegel zur Zunge, enthält M. palatoglossus (⇨ 6.3.5) ● *Arcus palatopharyngeus* (hinterer Gaumenbogen): Schleimhautfalte vom Gaumensegel zur seitlichen Rachenwand, enthält M. palatopharyngeus (⇨ 6.3.5) ● *Plica semilunaris:* verbindet die beiden Gaumenbogen am Gaumensegel ■ **Gaumenmandelgrube:** ● *Fossa tonsillaris:* zwischen den beiden Gaumenbogen, in ihr liegt die Gaumenmandel (Tonsilla palatina) ● *Fossa supratonsillaris:* zwischen Gaumenmandel und Plica semilunaris	**Tonsilla palatina** (Gaumenmandel): ● *Fossulae tonsillares* (Mandelgrübchen): 10-20 Einsenkungen an der Oberfläche, setzen sich in Tiefe fort als ● *Cryptae tonsillares* (Mandelkrypten): • erhebliche Oberflächenvergrößerung (auf etwa 300 cm²) • Mundhöhlenepithel reichlich mit Lymphozyten durchsetzt • in Tiefe der Krypten Epithel netzartig aufgelockert (Durchdringungszone): Aufnahme von Antigenen ● *Folliculus tonsillaris [Nodulus lymphaticus]:* • Sekundärfollikel mit hellem Keimzentrum (zahlreiche Zellteilungen) und dunklem Lymphozytenwall • überwiegend B-Lymphozyten und T-Helferzellen, daneben antigenpräsentierende Zellen (⇨ 1.5.5) ● *interfollikuläre Zone:* • überwiegend T-Lymphozyten (vor allem T-Helferzellen) • daneben Makrophagen und interdigitierende dendritische Zellen ● *Capsula tonsillaris:* • bindegewebige Grenzschicht zum M. constrictor pharyngis superior • hemmt Ausbreitung von Infektionen • gestattet Ausschälen der Mandel aus Fossa tonsillaris bei Tonsillektomie (⇨ rechts) ● nur abführende, keine zuführenden Lymphgefäße ● Verhältnis von B- und T-Lymphozyten in Gaumenmandel etwa 1 : 1 (in Lymphknoten 1 : 4), T-Lymphozyten sind überwiegend T-Helferzellen, daher wohl Antikörperbildung im Vordergrund (und Bewahrung des Antigenkontaktes in B-Gedächtniszellen)	■ **Arterien:** ● A. palatina ascendens aus A. facialis (R. tonsillaris zur Gaumenmandel) ● Aa. palatinae minores der A. palatina descendens aus A. maxillaris ■ **Venen:** Abfluß über Plexus pterygoideus zu V. retromandibularis ■ **regionäre Lymphknoten:** ● Nodi lymphatici cervicales laterales profundi superiores ● Nodus jugulodigastricus für Gaumenmandel ■ **Innervation:** ● motorisch: N. glossopharyngeus (IX) ● sensibel: Rr. tonsillares des N. glossopharyngeus (IX)	■ **Angina lacunaris** (Tonsillitis palatina acuta): ● meist durch betahämolysierende Streptokokken ● beidseitige Schwellung der Gaumenmandeln ● weiße Stippchen und Pfröpfe in den Fossulae tonsillares ● Schluckbeschwerden ■ **Peritonsillarabszeß:** ● Eiterung im Bereich der Capsula tonsillaris ● meist einseitig ● starke Vorwölbung des vorderen Gaumenbogens ● erhebliche Schluckbeschwerden ● Kieferklemme (Mundöffnung behindert) ■ **Herdkrankheiten:** entzündliche hyperergische Reaktionen von Herz, Nieren, Gelenken, Augen, rheumatisches Fieber usw. bei Streptokokken-"Herden" in den Mandeln ■ **Tonsillektomie** (Mandelausschälung): ● örtliche Betäubung oder Intubationsnarkose ● Einschnitt hinter Arcus palatoglossus ● Mobilisation der Tonsille vom oberen Pol absteigend unter Schonung von M. palatoglossus und M. palatopharyngeus ● Abschnüren der Mandel mit Schlinge ● Unterbinden aller blutenden Gefäße ● Todesfälle durch Verbluten sind vorgekommen (1 Fall auf etwa 10000-20000 Operationen): bei örtlich nicht stillbarer Blutung muß A. facialis oder Hauptstamm der A. carotis externa unterbunden werden ● Tonsillektomie sollte bei Kindern unter 4 Jahren vermieden werden, weil Tonsillen für Aufbau des Immunsystems wichtig sind

7.6.8 Pharynx (Rachen)

Arcus pharyngeales [branchiales] (Schlundbogen) und Sacci pharyngeales (Schlundtaschen) ⇨ 7.6.9
Tunica muscularis pharyngis ⇨ 6.3.7

Cavitas pharyngis (Rachenraum)

TEIL	GLIEDERUNG, RELIEF	FEINBAU	LEITUNGSBAHNEN	KLINIK
Pars nasalis pharyngis (Nasenrachenraum, Nasopharynx, Epipharynx)	● *Fornix pharyngis* (Rachendach): muskelfreie Aufhängung an Schädelbasis durch Fascia pharyngobasilaris ● *Tonsilla pharyngealis [adenoidea]* (Rachenmandel): Teil des lymphatischen Rachenrings ● *Ostium pharyngeum tubae auditivae [auditoriae]*: Öffnung der Ohrtrompete (Eustachi-Röhre) ● *Torus tubarius* (Tubenwulst): hinter Öffnung der Ohrtrompete, durch Cartilago tubae auditoriae bedingt ● *Plica salpingopharyngea*: Schleimhautfalte durch M. salpingopharyngeus, setzt Torus tubarius kaudal fort ● *Plica salpingopalatina*: Schleimhautfalte zum Gaumensegel ● *Torus levatorius* (Levatorwulst): unter Tubenöffnung, durch M. levator veli palatini ● *Recessus pharyngeus*: dorsal des Torus tubarius	■ **3 Schichten:** ● *Tunica mucosa*: im Nasenrachenraum mit mehrreihigem Flimmerepithel, sonst mehrschichtiges Plattenepithel ● *Tela submucosa*: mit Glandulae pharyngis (mukoserös) ● *Tunica muscularis pharyngis*: ⇨ 6.3.7 ■ **Tonsilla pharyngealis** [adenoidea] und **Tonsilla tubaria**: mit Fossulae tonsillares und Cryptae tonsillares wie die Gaumenmandel, aber mit respiratorischem Epithel des Nasenrachenraums	■ **Arterien:** ● Rr. pharyngeales der A. pharyngea ascendens ● R. pharyngeus der A. palatina descendens (aus A. maxillaris) ● R. pharyngeus der A. canalis pterygoidei (aus A. maxillaris) ■ **Venen:** Abfluß ● teils über Plexus pterygoideus zur V. retromandibularis ● teils über Vv. pharyngeales direkt zur V. jugularis interna ■ **regionäre Lymphknoten:** ● Nodi lymphatici retropharyngeales ● Nodi lymphatici cervicales laterales profundi ■ **Innervation** motorisch und sensibel: Plexus pharyngeus aus ● Rr. pharyngeales [pharyngei] des N. glossopharyngeus (IX) ● R. pharyngealis [pharyngeus] des N. vagus (X) ● Ausnahme: sensible Innervation des Rachendachs durch N. pharyngeus des N. maxillaris (V2)	**Rachenmandelhyperplasie** (adenoide Vegetationen, oft fälschlich "Polypen" genannt): ● bei Kindern sehr häufige Vergrößerung der Rachenmandel im Zuge der alterstypischen reichen Entfaltung lymphatischer Gewebe (beim Kind werden viele Abwehrmechanismen aufgebaut, die den Körper dann zeitlebens schützen) ● Nasenatmung behindert → Mund steht offen → ungünstiger Gesichtsausdruck, Schnarchen (→ Schlafstörung), häufiger Infektionen der Atemwege und des Mittelohrs → Verzögerung der körperlichen und geistigen Entwicklung ● Diagnose: Besichtigen des Nasenrachenraums durch Rhinoscopia posterior (⇨ 7.8.5) ● Therapie: Adenotomie: Verkleinern der Rachenmandel mit dem Adenotom (Beckmann-Ringmesser)
Pars oralis pharyngis (Mundrachenraum, Oropharynx, Mesopharynx)	3 **Falten** zwischen Zungenwurzel und Kehldeckel: ● unpaare Plica glossoepiglottica mediana ● paarige Plica glossoepiglottica lateralis ● dazwischen Vallecula epiglottica	s.o.	● s.o. bei der Innervation überwiegt der Anteil des N. vagus	**Pharyngitis** (Rachenentzündung): ● *akute Pharyngitis*: meist Virusinfektion bei "Erkältungskrankheit", oft mit Seitenstrangangina ● *chronische Pharyngitis*: bei Rauchern, Arbeiten in trockener oder staubiger Luft, chemische Reize, Alkoholabusus usw.
Pars laryngea pharyngis (Unterrachenraum, Kellerrachen, Laryngopharynx, Hypopharynx)	● *Recessus piriformis*: Schluckrinne beidseits des Kehlkopfeingangs ● *Plica nervi laryngei*: Schleimhautfalte durch den N. laryngealis superior	s.o.	● s.o. ● bei den Gefäßen zusätzlich Gefäße des Kehlkopfs: ● A. laryngea superior: aus A. thyroidea superior ● V. laryngea superior: direkt zu V. jugularis interna ● Innervation ausschließlich N. vagus	● *Hypopharynxkarzinom* (Kellerrachenkrebs): meist im Recessus piriformis beginnend, auf Kehlkopf übergreifend, früh Lymphknotenmetastasen, ungünstige Prognose ● *Globusgefühl* ("Kloß im Hals"): Engegefühl im Hypopharynx, meist psychogen (bei Lampenfieber oder Depression)

7.6.9 Entwicklung und Entwicklungsstörungen des Rachens (Pharynx) und anderer Abkömmlinge des Vorderdarms (Pre-enteron)

ORGAN	ENTWICKLUNG	ENTWICKLUNGSSTÖRUNGEN
Pharynx (Rachen)	Um vordere Darmbucht entwickeln sich: • *Arcus pharyngealis [branchialis]* I-VI (Schlundbogen, Kiemenbogen): ⇨ nächste Seite • *Sulcus pharyngealis [branchialis]* I-V (Kiemenfurche): 5 Einsenkungen zwischen den 6 Schlundbogen auf Außenseite • *Saccus pharyngealis* I-V (Schlundtaschen): 5 Einsenkungen zwischen den 6 Schlundbogen auf Innenseite • Abkömmlinge ⇨ unten • 2. Schlundbogen wächst in 5. Entwicklungswoche vor dem 3. + 4 Schlundbogen kaudal, dadurch entsteht vorübergehend Epitheltasche (Sinus cervicalis)	3 Gruppen von **Halszysten** (Cystis cervicalis) und **Halsfisteln** (Fistula cervicalis, verbindet Halszyste mit äußerer oder innerer Körperoberfläche): • *mediane*, von Ductus thyroglossalis ausgehend (Cystis thyroglossalis bzw. Fistula thyroglossalis): zwischen Zungengrund und Schilddrüse in oder nahe der Medianlinie (supra-, prä- und infrahyoidale Zysten), häufigste Form • *laterale*, von Sulcus pharyngealis [branchialis] (Kiemenfurche) bzw. Sinus cervicalis ausgehend (Cystis branchialis bzw. Fistula branchialis): Mündung am Ventralrand des M. sternocleidomastoideus • *innere*, von Schlundtasche (Saccus pharyngealis) ausgehend: Mündung in Rachen
Tuba auditoria [auditiva] (Ohrtrompete)	Entsteht wie gesamtes Mittelohr aus Saccus pharyngealis I (erste Schlundtasche), Trommelfell an Grenze zu Sulcus pharyngealis I (erste Kiemenfurche)	
Glandula thyroidea (Schilddrüse)	• *Schilddrüsenknospe* (Diverticulum thyroideum): Anlage der Schilddrüse in 4. Entwicklungswoche als Einsenkung in Vorderwand des primitiven Rachens, Rest beim Erwachsenen als Foramen caecum am Zungengrund sichtbar • *Ductus thyroglossalis*: Schilddrüsenknospe wächst vor dem Kehlkopf kaudal, beginnt sich in 7. Entwicklungswoche vor Trachea zu verzweigen, Ductus thyroglossalis bildet sich zurück, manchmal bleibt Rest als Lobus pyramidalis erhalten • *C-Zellen* (calcitoninbildende Zellen): aus 5. Schlundtasche und/oder aus Neuralleiste	**Fehlbildungen der Schilddrüse:** • *Glandula thyroidea absens*: Fehlen der Schilddrüse, führt zu Zwergwuchs und Schwachsinn (Kretinismus) • *Glandula thyroidea accessoria* (Beischilddrüse): von Hauptteil der Schilddrüse getrenntes Schilddrüsengewebe, meist im ehemaligen Verlauf des Ductus thyroglossalis • *Malpositio glandulae thyroideae*: atypische Lage der Schilddrüse, z.B. • in der Zunge (Situs lingualis) • vor der Luftröhre (Situs pretrachealis) • hinter dem Brustbein (Situs retrosternalis)
Glandulae parathyroideae (Nebenschilddrüsen, Epithelkörperchen)	Aus Saccus pharyngealis III + IV (3. + 4. Schlundtasche): • Glandula parathyroidea superior: aus 4. Schlundtasche • Glandula parathyroidea inferior: aus 3. Schlundtasche, steigt mit Thymus ab und gelangt dadurch kaudal der 4. Schlundtasche	• Große Lagevariabilität der Nebenschilddrüsen, können mit Thymus in den Brustraum gelangen • Aplasie der Nebenschilddrüsen führt zum primären Hypoparathyreoidismus (Hypocalciämie + Hyperphosphatämie → Tetanie)
Thymus (Bries)	Epitheliale Anteile aus Saccus pharyngealis III (Hauptanlage) + IV (3. + 4. Schlundtasche): ⇨ 1.5.8	Thymusaplasie ⇨ 1.5.8
Oesophagus (Speiseröhre)	• *Oesophagus primitivus*: mittlerer Teil des Vorderdarms • aus ihm wächst ventral in 4. Entwicklungswoche Tubus laryngotrachealis aus, Abgrenzung gegen Trachea durch *Septum tracheo-oesophageale* • starke Epithelproliferation führt zu Verschluß der Lichtung, Rekanalisation in 8. Entwicklungswoche • quergestreifte Muskeln des kranialen Teils stammen von unteren Schlundbogen	• *Brachyoesophagus*: abnorm kurze Speiseröhre, deswegen liegt ein Teil des Magens oberhalb des Zwerchfells • *kongenitale Ösophagusstenose*: stark verengte Lichtung der Speiseröhre, führt zu Schluckstörungen (Dysphagie) ■ **Ösophagusatresie**: fehlende Lichtung der Speiseröhre (bei Ausbleiben der Rekanalisation) • meist auf Höhe der Bifurcatio tracheae • mit oder ohne Luftröhren-Speiseröhren-Fistel (Fistula tracheo-oesophagealis, bei unvollständigem Septum tracheo-oesophageale) • meist mit Hydramnion verbunden (⇨ 5.7.1), weil Fetus Fruchtwasser nicht über Verdauungstrakt resorbieren kann • nach Geburt Leitsymptom Erbrechen nach erstem Stillen, sofortige Operation nötig

Abkömmlinge der Arcus pharyngeales [branchiales] (Schlundbogen, Kiemenbogen), Sulci pharyngeales (Kiemenfurchen) und Sacci pharyngeales (Schlundtaschen)

BOGEN	SKELETT (Arcus pharyngeales [branchiales])	MUSKELN (Mm. arcuum pharyngealium)	EINGEWEIDE (Sacci, Membranae et Sulci pharyngeales)	GEFÄSSE + NERVEN
Arcus primus (I) (Mandibularbogen)	■ Pars dorsalis [Processus maxillaris]: ● Incus ● Maxilla (Ossificatio membranacea) ● Os lacrimale ● Os nasale ● Os palatinum ● Os zygomaticum ● Processus pterygoidei ● Ala major ossis sphenoidalis ■ Pars ventralis: ● Cartilago mandibularis (meckeliensis) + weitere Teile der Mandibula ● Ossicula mentalia ● Lingula mandibulae ● Lig. sphenomandibulare ● Processus sphenoidalis ● Lig. sphenomalleolare anterius ● Malleus	● Mm. masticatorii ● M. tensor tympani ● M. tensor veli palatini ● Venter anterior musculi digastrici	■ Saccus pharyngealis primus (I): bildet den Recessus tubotympanicus, daraus ● Tuba auditoria [auditiva] ● Cavitas tympanica ● Cellulae tympanicae ● Antrum mastoideum ● Cellulae mastoideae ■ Membrana pharyngealis prima (I): ● Membrana tympanica ■ Sulcus pharyngealis [branchialis] primus (I): ● Meatus acusticus externus ■ Arcus pharyngealis primus et secundus (I, II): ● Auris externa ● Tubercula auricularia ● Pinna [Auricula]	■ Arcus aorticus primus (I) ■ N. mandibularis (V₃)
Arcus secundus (II) (Hyoidbogen)	■ Pars dorsalis ● Stapes ● Processus styloideus ossis temporalis ● Lig. stylohyoideum ■ Pars ventralis ● Cornu minus ossis hyoidei ● Corpus superius ossis hyoidei ● Processus styloideus	● Mm. faciales ● M. stapedius ● Venter posterior musculi digastrici ● M. stylohyoideus ● Mm. auriculares	Saccus pharyngealis secundus (II): ● Fossa supratonsillaris	■ Arcus aorticus secundus (II) ■ N. facialis [intermediofacialis] (VII)
Arcus tertius (III)	● Cornu majus ossis hyoidei ● Corpus inferius ossis hyoidei	M. stylopharyngeus	Saccus pharyngealis tertius (III): ● Pars dorsalis: Gemma parathyroidea inferior [caudalis] ● Pars ventralis: Gemma thymica major	■ Arcus aorticus tertius (III): ● A. carotis communis (Teil) ● A. carotis externa ■ N. glossopharyngeus (IX)
Arcus quartus (IV)	● Cartilago epiglottica ● Cartilago thyroidea	M. cricothyroideus	Saccus pharyngealis quartus (IV): ● Pars dorsalis: Gemma parathyroidea superior [rostralis] ● Pars ventralis: Gemma thymica minor	■ Arcus aorticus quartus (IV): ● Arcus aortae definitivus ● A. subclavia dextra (Teil) ■ N. laryngealis superior (aus X)
Arcus quintus (V)			Saccus pharyngealis quintus (V): ● Corpus ultimobranchiale ● Endocrinocytus calcitoninus	■ Arcus aorticus quintus (V)
Arcus sextus (VI)	● Cartilagines arytenoideae ● Cartilago cricoidea	● Mm. laryngeales ■ zu N. accessorius ● Pars cranialis: ● Mm. pharyngeales ● Mm. palatales ● Pars spinalis: ● M. sternocleidomastoideus ● M. trapezius		■ Arcus aorticus sextus (VI): ● A. pulmonalis ● Ductus arteriosus (Lig. arteriosum) ■ Nerven: ● N. laryngealis recurrens (aus X) ● N. accessorius (XI)

7.7 Hormondrüsen (Glandulae endocrinae) von Kopf und Hals

7.7.1 Corpus pineale [Epiphysis cerebri, Glandula pinealis] (Zirbeldrüse)

Entwicklung und Entwicklungsstörungen ⇨ 7.1.1

FORM, LAGE	FEINBAU	LEITUNGSBAHNEN	KLINIK
● Unpaare dorsale Ausstülpung des Epithalamus des Zwischenhirns ● gehört zu den zirkumventrikulären Organen: grenzt an Recessus pinealis des Ventriculus tertius ● mit Dach des 3. Ventrikels durch Habenula (Epiphysenzügel) verbunden ● Form erinnert an Kieferzapfen ● Gewicht 0,1-0,2 g ● bei niederen Wirbeltieren Lichtsinnesorgan	2 Hauptzellarten: ■ **Pinealozyten**: etwa 95 % ● große blasse neurosekretorische Zellen ● synthetisieren Melatonin aus Serotonin mit Hilfe der Hydroxyindol-O-Methyltransferase (HIOMT) ● Sekretion in Blut (und Liquor?) abhängig von Lichteinwirkung auf Organismus ● Melatonin hemmt die Sekretion von Lutropin (LH) in der Adenohypophyse ● weitere Hormone (Peptidhormone) umstritten ■ **Astrozyten** (Gliazellen): etwa 5 %	● Blutzufluß aus Ästen der A. cerebri posterior ● Blutabfluß zur V. magna cerebri ● vegetative Innervation: reiches Geflecht postganglionärer sympathischer Nervenfasern (Zellkörper im Ganglion cervicale superius) steuert vermutlich die Hormonsekretion	● *Acervulus* (Hirnsand): mit zunehmendem Alter regelmäßig aufzufindende Kalkkonkremente in der Epiphyse sind im Röntgenbild zu sehen und dienen als Orientierungsmarke im Gehirn ● bei Ausfall der Epiphyse im Kindesalter (z.B. Epiphysentumor) *Pubertas praecox* (vorzeitige Geschlechtsreife): bei Mädchen vor dem 6., bei Knaben vor dem 8. Lebensjahr

7.7.2 Hypophysis cerebri [Glandula pituitaria] (Hirnanhangdrüse, Hypophyse)

Entwicklung und Entwicklungsstörungen ⇨ 7.1.1 + 7.6.1

GLIEDERUNG	LAGE	LEITUNGSBAHNEN	KLINIK
Aneinanderlagerung zweier Hormondrüsen (Gesamtgewicht etwa 0,7 g) unterschiedlicher Herkunft und Aufgabe: ■ **Adenohypophysis** [Lobus anterior] (Vorderlappen): entsteht aus Rathke-Tasche des Rachendachs, dort häufig Zellrest ("Rachendachhypophyse") ● *Pars tuberalis* (Trichterlappen): am Hypophysenstiel ● *Pars intermedia* (Zwischenlappen): etwa 2 % des Gesamtorgans ● *Pars distalis* (Vorderlappen i.e.S.): Hauptteil der Adenohypophyse ■ **Neurohypophysis** [Lobus posterior] (Hinterlappen): Teil des Zwischenhirns, erzeugt selbst keine Hormone, sondern gibt lediglich die im Hypothalamus produzierten und in Axonen transportierten Hormone in das Blut ab ● *Infundibulum* (Hypophysenstiel) ● *Lobus nervosus* (Neurallappen): Hauptteil des Hinterlappens)	● In Fossa hypophysialis (Hypophysengrube) der Sella turcica (Türkensattel) des Os sphenoidale ● Diaphragma sellae der Dura mater cranialis überspannt Türkensattel, läßt Loch für Infundibulum frei ● Hypophysengrube grenzt unten an Sinus sphenoidalis (Keilbeinhöhle) ● Infundibulum (Hypophysenstiel) verbindet die Hypophyse mit dem Hypothalamus ● vor dem Hypophysenstiel liegt das Chiasma opticum (Sehnervenkreuzung)	■ **Blutzufuhr** aus Ästen der A. carotis interna: ● A. hypophysialis superior (aus Pars cerebralis der A. carotis interna): vorwiegend zum Hypophysenstiel und über Portalgefäße (s.u.) zum Vorderlappen ● A. hypophysialis inferior (aus Pars cavernosa der A. carotis interna): vorwiegend zum Hinterlappen ■ **Blutabfluß** über Vv. hypophysiales zum Sinus cavernosus ■ **hypophysäres Portalsystem**: ● *Rete capillare primarium* (Primärplexus): am Hypophysenstiel, nimmt aus Axonen Steuerhormone des Hypothalamus auf (Releasing- und Inhibitinghormone), mit 3 Teilnetzen: • Rete superficiale (Mantelplexus) • Rete profundum • Rete subependymale ● *Portalvenen* (Vas longum portale hypophysiale und Vas breve portale hypophysiale): transportieren die Hormone in hoher Konzentration zur Pars distalis ● *Vas capillare sinusoideum adenohypophysiale* (Sekundärplexus): hier steuern die Hormone des Zwischenhirns die Abgabe der Effektorhormone der Adenohypophyse	**Gutartige Geschwülste** der Hypophyse (Adenome): ● aus der Größe des Türkensattels im Röntgenbild sind Schlüsse auf die Größe der Hypophyse möglich: bei den langsam wachsenden Hypophysenadenomen gibt der Knochen nach, und der Türkensattel wird weiter ● Druck auf das Chiasma opticum kann zu zunehmender Einschrränkung des Gesichtfelds führen: von bitemporaler Hemianopsie bis zur Erblindung ● *transnasale transsphenoidale Operation* (durch die Keilbeinhöhle): Vorteil: Schädelhöhle muß nicht eröffnet werden, Nachteil: schlechter Überblick ● *subfrontale Operation* (Zugang zwischen Lobus frontalis des Großhirns und Orbitadach): Vorteil: besserer Überblick, Nachteil: schwerere Komplikationen möglich ● heftige Blutung bei Verletzung der seitlichen Durahülle der Hypophyse (Sinus cavernosus!)

Hypophyse: Feinbau

LAPPEN	FEINBAU	HORMONE	KLINIK
Adenohypophysis [Lobus anterior] (Hypophysen-Vorderlappen)	Pars distalis mindestens 6 Zelltypen: ■ **chromophobe Zelle** (γ-Zelle): kaum Granula, möglicherweise chromophile (acidophile oder basophile) Zelle nach Abgabe ihrer Sekrete im Ruhezustand ■ **acidophile Zelle**: mit großen acidophilen (eosinophilen) Granula, 2 Typen: ● *somatotrope Zelle* (α-Zelle): bildet Somatotropin, häufigster Zelltyp des Vorderlappens ● *mammotrope Zelle* (ε-Zelle): bildet Prolactin, sie hypertrophiert in der Schwangerschaft und wird dann Schwangerschaftszelle (η-Zelle) genannt ■ **basophile Zelle**: mit basophilen Granula (Anfärbung mit Hämatoxylin oder Anilinblau), 3 Typen: ● *thyrotrope Zelle* (β₂-Zelle): bildet Thyrotropin, etwa 10 % der Vorderlappenzellen ● *gonadotrope Zelle* (δ-Zelle): bildet Follitropin und Lutropin ● *corticotrope Zelle* (β₁-Zelle): bildet Corticotropin und β-Lipotropin ■ **im Zwischenlappen**: basophile Zellen: bilden Melanotropin	● *Somatotropin* (STH, Wachstumshormon, growth hormone, GH): veranlaßt Leber zur Bildung von Wachstumsfaktoren, z.B. Somatomedin, diese fördern Wachstum aller Gewebe, besonders der Epiphysenfugen ● *Prolactin* (PRL, mammotropes Hormon, früher luteotropes Hormon genannt): fördert Entwicklung der Milchdrüsen und Laktation ● *Thyreotropin* (thyroideastimulierendes Hormon, TSH): fördert die Bildung von Thyroxin und Tetrajodthyronin in der Schilddrüse ● *Follitropin* (follikelstimulierendes Hormon, FSH): regt Reifung von Eierstockfollikeln an ● *Lutropin* (Luteinisierungshormon, LH, beim Mann Interstitielle-Zellen-stimulierendes Hormon, ICSH): löst Ovulation und Gelbkörperbildung aus, beim Mann regt es die Leydig-Zellen zur Sekretion von Testosteron an ● *Corticotropin* (adrenocorticotropes Hormon, ACTH): fördert die Bildung von Glucocorticoiden in der Nebennierenrinde ● *β-Lipotropin* (β-LPH): verwandt mit β-Endorphin, Proopiocortin und MSH, Funktion noch nicht ausreichend geklärt ● *Melanotropin* (melanozytenstimulierendes Hormon, MSH): beim Menschen überwiegend β-MSH, wirkt vermutlich als Antiopioid	■ **Akromegalie**: bei überschießender Bildung von Somatotropin, z.B. bei eosinophilem Adenom der Hypophyse: ● Breitenwachstum der Knochen führt zu Vergrößerung der Akren (Gliedmaßenenden, Kinn, Nase, Jochbogen usw.) und damit z.B. zu einer Vergröberung der Gesichtszüge; Schuhe, Handschuhe, Hüte werden zu klein ● beim Kind Riesenwuchs (Gigantismus), beim Erwachsenen ist: Längenwachtum nach Schluß der Epiphysenfugen nicht mehr möglich ● meist weitere endokrine Störungen (Amenorrhoe, Impotenz, Diabetes mellitus) ● bitemporale Hemianopsie (⇨ 6.7.2), wenn der Tumor auf das Chiasma opticum drückt ■ **hypophysärer Zwergwuchs** (Nanus pituitarius): normal proportioniert, aber zu klein, bei Mangel an Somatotropin ■ **Cushing-Krankheit**: vermehrte Bildung von Corticotropin, z.B. bei basophilem Adenom der Hypophyse, führt zu Überaktivität der Nebennierenrinde: ● Stammfettsucht mit "Büffelnacken", "Vollmondgesicht", Dehnungsstreifen der Haut ● Bluthochdruck ● Amenorrhoe bzw. Impotenz ● Hirsutismus (übermäßige Körperbehaarung) ● Leistungsschwäche ● beim Kind Wachstumshemmung ■ **Hypophysen-Vorderlappen-Insuffizienz** (Simmonds-Sheehan-Syndrom): verminderte Bildung aller Vorderlappenhormone bei Teilzerstörung der Hypophyse, gehäuft im Wochenbett entstehend: ● Atrophie der Schilddrüse → alle Stoffwechselvorgänge vermindert ● Atrophie der Keimdrüsen → Amenorrhoe, Ausfall der Scham- und Achselhaare sowie der Augenbrauen ● Nebennierenrindeninsuffizienz → Hypoglykämie usw.
Neurohypophysis [Lobus posterior] (Hypophysen-Hinterlappen)	2 Gewebeanteile: ■ **marklose Axone** des Tractus hypothalamohypophysialis, sie enthalten Herring-Körper mit den im Hypothalamus gebildeten Hormonen Adiuretin und Ocytocin, die in den Axonen zur Neurohypophyse transportiert und erst dort in das Blut abgegeben werden: ● *Fibrae supraopticae* vom Nucleus supraopticus führen hauptsächlich Adiuretin ● *Fibrae paraventriculares* vom Nucleus paraventricularis führen hauptsächlich Ocytocin ■ **Pituizyten**: Gliazellen	● *Adiuretin* (antidiuretisches Hormon, ADH, Vasopressin, VP): fördert Wasserrückresorption aus den Sammelrohren der Niere, kontrahiert glatte Gefäßmuskeln ● *Ocytocin* (OT, Oxytocin, OXT): regt Gebärmuttermuskulatur und Myoepithelzellen der Milchdrüsen zur Kontraktion an, löst damit Wehentätigkeit und Milchabgabe aus	**Diabetes insipidus** (Wasserharnruhr): bei Mangel an Adiuretin kann Niere den Harn nicht genügend konzentrieren: ● Ausscheidung großer Mengen (bis 10 l/d) dünnen Harns ● Patienten leiden unter starkem Durst, weil sie die ausgeschiedene Flüssigkeitsmenge durch Trinken ersetzen müssen

7.7.3 Glandula thyroidea (Schilddrüse)

Entwicklung und Entwicklungsstörungen ⇨ 7.6.9

GLIEDERUNG, LAGE	FEINBAU	LEITUNGSBAHNEN	KLINIK
Größte rein endokrine Drüse, Gewicht etwa 20-50 g ● *Lobus [dexter/sinister]*: Lappen beidseits der Trachea, bedeckt vom M. sternocleidomastoideus, daher schlecht zu tasten, Vergrößerung ist eher an Konturänderung zu sehen ● *Isthmus glandulae thyroideae*: verbindet Lappen vor dem 2.-3. Trachealring, unterhalb des Ringknorpels beim Schlucken leicht zu tasten ● Varietät: *Lobus pyramidalis*: vom Isthmus median oder paramedian aufsteigender Strang von Schilddrüsengewebe, Rest des Ductus thyroglossalis zum Foramen caecum der Zunge ● *Glandulae thyroideae accessoriae*: versprengtes Schilddrüsengewebe, meist entsprechend dem Ductus thyroglossalis, aber auch außerhalb des Halses ● *Capsula fibrosa*: "innere" Schilddrüsenkapsel, umschließt als derbe Hülle das Drüsengewebe, durch Fett- und Bindegewebe getrennt von "äußerer" ("chirurgischer") Kapsel von mittlerer Halsfaszie	2 Gewebeanteile: ■ **Stroma**: bindegewebiges Stützgerüst mit reichlich Blutgefäßen (Rete capillare perifolliculare) ■ **Parenchym**: Drüsenzellen angeordnet in Follikeln (mit kubischem Epithel ausgekleidete Hohlräume von 0,05-0,5 mm Durchmesser), 2 Zelltypen: ● *Follikelzellen*: Hauptmasse der Drüsenzellen, bilden Trijodthyronin (T_3) und Tetrajodthyronin (T_4, Thyroxin)) ● *parafollikuläre Zellen* (C-Zellen): eingestreut zwischen Follikelzellen und Basallamina, bilden Calcitonin ■ **Hormonsynthese**: über hochmolekulares Glycoproteid Thyreoglobulin: ● in granuliertem endoplasmatischen Retikulum der Follikelzellen Proteinanteil synthetisiert ● in Golgi-Apparat Kohlenhydratkomponente hinzugefügt und Thyreoglobulin in Vesikel verpackt ● durch Exozytose in Follikellichtung, bildet dort "Kolloid" ● Jodid aus Blutplasma durch Jodidpumpe in Follikelzelle ● durch Peroxidase Jodid zu Jod oxidiert und im Kolloid an Thyreoglobulin gebunden ● nach Bedarf durch Endozytose jodiertes Thyreoglobulin wieder in Zelle aufgenommen ● durch Lysosomen Proteinanteil abgespalten	■ **Arterien**: Rr. glandulares von ● A. thyroidea superior aus A. carotis externa ● A. thyroidea inferior aus Truncus thyrocervicalis der A. subclavia ■ **Venen**: Abfluß über ● V. thyroidea superior und Vv. thyroideae mediae zur V. jugularis interna ● Vv. thyroideae inferiores und Plexus thyroideus impar zur V. brachiocephalica ■ **regionäre Lymphknoten**: Verbindungen zu nahezu allen Halslymphknotengruppen von den Nodi lymphatici cervicales anteriores bis zu den Nodi lymphatici retropharyngeales ■ **vegetative Innervation**: ● sympathisch vom Ganglion cervicothoracicum [stellatum] ● parasympathisch: N. vagus	■ **Hypothyreose** (Unterfunktion) bedingt verminderten Stoffwechsel: ● rasche Ermüdbarkeit und Muskelschwäche ● Antriebsschwäche ● ständiges Frösteln ● Verstopfung ● beim Kind Verzögerung der körperlichen und geistigen Entwicklung ■ **Hyperthyreose** (Überfunktion) bedingt gesteigerten Stoffwechsel: ● vermehrte psychische und körperliche Erregbarkeit (lebhafte Reflexe, Zittern, rascher Puls) ● ständiges Schwitzen ● Schlafstörungen ● Gewichtsabnahme ■ **Struma** (Kropf): Vergrößerung der Schilddrüse aufgrund von Jodmangel, Enzymdefekt, Entzündung, Geschwulst usw.: ● *euthyreote Struma*: bei ausgeglichener Hormonproduktion ● *hypothyreote Struma*: bei unzureichender Hormonproduktion, vor allem bei Jodmangel über Regelmechanismus: niedriger Thyroxinspiegel im Blut → Zwischenhirn gibt vermehrt TRH (Releasinghormon) ab → Hypophysenvorderlappen produziert mehr TSH (thyroideastimulierendes Hormon) → Schilddrüse wächst, kann aber wegen des Jodmangels nicht mehr Hormon bilden → Zwischenhirn usw. ● *hyperthyreote Struma*: bei überschießender Hormonproduktion: z.B. wenn sich einzelne Bereiche der Schilddrüse der Steuerung entziehen (autonomes Adenom, "heißer" Knoten)

7.7.4 Glandulae parathyroideae (Nebenschilddrüsen, Epithelkörperchen)

Entwicklung und Entwicklungsstörungen ⇨ 7.6.9

LAGE	FEINBAU	LEITUNGSBAHNEN	KLINIK
Beidseits 2 etwa linsengroße Drüsen, Gesamtgewicht etwa 0,1-0,2 g, Lage zwischen innerer und äußerer Schilddrüsenkapsel an der Hinterwand der Schilddrüsenlappen (große Lagevariabilität): ● *Glandula parathyroidea superior*: etwa auf Höhe des Ringknorpels ● *Glandula parathyroidea inferior*: in der Nähe der unteren Pole	**Parathyrozyten**: 2 Typen von Drüsenzellen: ● *Hauptzellen* (Prinzipalzellen): synthetisieren Parathormon (PTH) ● *oxyphile (acidophile) Zellen*: deutlich größer, noch unklare Aufgabe	⇨ Schilddrüse	● *Hypoparathyreoidismus* (Unterfunktion): Calciumspiegel im Blut sinkt: Muskelkrämpfe (Tetanie), gesteigerte psychische Reizbarkeit, Depression usw. ● *Hyperparathyreoidismus* (Überfunktion): Calciumspiegel im Blut steigt: Calciumablagerung in Organen, Steinbildungen, aber Entkalkung des Skeletts

7.8 Atmungsorgane (Apparatus respiratorius [Systema respiratorium]) von Kopf und Hals

7.8.1 Entwicklung und Entwicklungsstörungen der Nase (Nasus)

ÄUSSERE NASE	NASENHÖHLE (CAVITAS NASI)	NEBENHÖHLEN	ENTWICKLUNGSSTÖRUNGEN
■ In 4. Entwicklungswoche um ektodermale Mundbucht (Stomatodeum) 5 Wülste: ● *Stirn-Nasen-Wulst* (Prominentia frontonasalis): unpaar ● *Oberkieferwulst* (Prominentia maxillaris): paarig, vom Arcus pharyngealis [branchialis] I ● *Unterkieferwulst* (Prominentia mandibularis): paarig, vom Arcus pharyngealis [branchialis] I ■ in Stirn-Nasen-Wulst sinkt lateral Nasenplakode (Placoda nasalis) zur Nasengrube (Fovea nasalis) ein, dadurch entstehen 2 Randwülste: ● *medialer Nasenwulst* (Prominentia nasalis medialis) ● *lateraler Nasenwulst* (Prominentia nasalis lateralis), vom Oberkieferwulst durch Sulcus nasomaxillaris getrennt, bleibt im Wachstum zurück, so daß Oberkieferwulst auch an medialen Nasenwulst angrenzt	■ **Primäre Nasenhöhle** (Saccus nasalis): ● *Nasengrube* (Fovea nasalis) wächst dorsokaudal aus ● durch *Membrana oronasalis* zunächst von Mundhöhle getrennt, Membran reißt, so daß Nasen- und Mundhöhle verbunden ● *Riechplakode* (Placoda olfactoria) mit dem Riechepithel (Epithelium olfactorium) im Dach der Nasenhöhle ■ **endgültige Nasenhöhle** (Cavitas nasi [nasalis]): ● Trennung von Mundhöhle durch Vereinigung des Zwischenkiefers (Premaxilla [Palatum primarium]) mit sekundärem Gaumen (Processus palatalis [Palatum secundarium]) ● Trennung der beiden Nasenhöhlen durch Septum nasale, das mit Gaumen verwächst	■ **Nebenhöhlen:** ● erst in später Fetalzeit wächst Nasenschleimhaut in Knochen ein und bildet kleine Kieferhöhle und Siebbeinzellen, diese wachsen erst in Kindheit zur vollen Größe heran ● Stirnhöhle und Keilbeinhöhle entstehen erst im 2. Lebensjahr durch Ausdehnung von Siebbeinzellen in Stirnbein und Keilbein ■ *vomeronasales Organ* (Jakobson-Organ, Organum vomeronasale): beidseits am Nasenseptum mit olfaktorischem Epithel, im 6. Entwicklungsmonat 4-8 mm lang, bis zur Geburt meist zurückgebildet (bei Säugetieren Chemorezeptor)	**Fehlbildungen der Nase** (Defectus nasalis) ● *Arrhinie:* Fehlen der Nase ● *Dirrhinie:* 2 Nasen ● *Zebozephalie* ("Affenkopf"): unvollständige Nase ● *Proboscis* (Rüsselnase): Gesichtsmißbildung mit rüsselförmigem medianen Fortsatz bei Verstümmelung der eigentlichen Nase, meist kranial eines Zyklopenauges ● *Septumdeviation:* nicht genau median stehende Nasescheidewand, relativ häufig, stärkere Deviation kann die Atmung behindern und Entstehung von Nasenschleimhautpolypen begünstigen ● *Asymmetrie* der Septen von Stirnhöhlen und Keilbeinhöhlen: eher Regel als Ausnahme, da die Nebenhöhlen sekundär entstehen und der Knochenabbau unterschiedlich schnell voranschreitet ● Spaltbildungen ⇨ 7.6.1

7.8.2 Nasus externus (äußere Nase)

GLIEDERUNG	BEWEGUNGSAPPARAT	LEITUNGSBAHNEN	KLINIK
4 Abschnitte: ● *Radix nasi [nasalis]* (Nasenwurzel): an der Grenze zur Stirn ● *Dorsum nasi* (Nasenrücken) ● *Apex nasi* (Nasenspitze) ● *Alae nasi* (Nasenflügel)	■ **Knöchernes Nasenskelett** (⇨ 6.1.8 Os nasale, 6.1.7 Maxilla) endet vorn mit Apertura piriformis (knöcherne Nasenöffnung) ■ **knorpeliges Nasenskelett:** Cartilagines nasi [nasales] ● *Cartilago septi nasi* (Knorpel der Nasenscheidewand): versteift mit Processus lateralis auch Großteil der Seitenwand der Nase ● *Cartilago alaris major* (großer Nasenflügelknorpel): umgreift mit Crus mediale und Crus laterale Nasenöffnung ● *Cartilagines alares minores* (kleine Nasenflügelknorpel): lateral vom großen Nasenflügelknorpel ■ **M. nasalis** (Nasenmuskel) (⇨ 6.3.3)	■ **Arterien:** ● A. dorsalis nasi [A. nasalis externa] aus A. ophthalmica: über dem Lig. palpebrale mediale zum Nasenrücken ● R. lateralis nasi und unbenannte Äste der A. angularis aus A. facialis: Hauptstamm der A. facialis läuft am lateralen Rand der äußeren Nase zum medialen Augenwinkel ■ **Venen:** Vv. nasales externae münden in V. facialis ■ **regionäre Lymphknoten:** ● Nodi lymphatici parotidei ● Nodi lymphatici submandibulares ■ **Nerven:** ● R. nasalis externus des N. ethmoidalis anterior und N. infratrochlearis aus N. nasociliaris des N. ophthalmicus (V₁) ● Rr. nasales externi des N. infraorbitalis aus N. maxillaris (V₂)	■ **Nasenfurunkel:** ● geht meist von Haarbalgentzündung (Folliculitis) der Nasenhaare aus ● sehr schmerzhaft, weil Haut straff an Nasenknorpel fixiert ist und daher nicht ungehindert schwellen kann ● nicht daran herumdrücken, weil Gefahr der Ausbreitung zur Schädelhöhle: Thrombophlebitis der V. angularis → V. ophthalmica superior → Sinus cavernosus → eitrige Meningitis (Lebensgefahr!) ■ **Rhinophym** ("Kartoffelnase"): gutartige Geschwulst, die von knolligen Wucherungen der Talgdrüsen ausgeht und unbehandelt zu monströsen Nasenformen führt ■ **Formfehler:** ● Formen: Höckernase, Breitnase, Schiefnase, Sattelnase ● Therapie: Nasenplastik (Rhinoplastik): Korrektur der Nasenform aus ästhetischen Gründen oder Rekonstruktion nach Traumen oder Operationen

7.8.3 Wände der Nasenhöhle

WAND	SKELETT	LEITUNGSBAHNEN	KLINIK
Lateral-wand	**Nasenmuscheln** ● *Concha nasalis superior*: manchmal mit zusätzlicher Ausbuchtung (Concha nasalis suprema), Skelett von Os ethmoidale ● *Concha nasalis media*: Skelett von Os ethmoidale ● *Concha nasalis inferior*: Skelett selbständiger gleichnamiger Knochen	■ **Arterien:** ● Rr. nasales anteriores laterales der A. ethmoidalis anterior aus A. ophthalmica ● Aa. nasales posteriores laterales der A. sphenopalatina aus A. maxillaris ■ **Venen:** Abfluß über ● Vv. ethmoidales zur V. ophthalmica superior ● Plexus pterygoideus zur V. retromandibularis ● Vv. nasales externae und V. angularis zur V. facialis ■ **regionäre Lymphknoten:** ● Nodi lymphatici submandibulares ● Nodi lymphatici retropharyngeales ■ **Nerven:** ● Rr. nasales interni laterales des N. ethmoidalis anterior aus N. nasociliaris des N. ophthalmicus (V_1)	**Polyposis nasi** (Nasenpolypen): ● Schleimhautwucherung, entsteht häufig auf dem Boden einer chronischen Kieferhöhlenentzündung, begünstigt durch Asthma ● gestielte Polypen wachsen häufig Richtung Nasenrachenraum (Choanalpolypen), Stiel meist unter Concha nasalis media ● können Nasenatmung erheblich behindern ● Operation: einfaches Abtragen der Polypen führt häufig zu Rezidiven, nachhaltig nur Sanierung der Kieferhöhle!
Dach	Lamina cribrosa des Os ethmoidale	● Rr. nasales laterales der Nn. nasopalatini breves aus N. maxillaris (V_2) ● Rr. nasales posteriores superiores laterales aus Ganglion pterygopalatinum ● Rr. nasales posteriores inferiores des N. palatinus major aus N. maxillaris (V_2)	Offene Verbindung zwischen Nasen- und Schädelhöhle kann bei Frakturen der vorderen Schädelgrube entstehen, Abfluß von Liqour cerebrospinalis durch die Nase (Rhinoliquorrhoe)
Boden	● vorn: Facies nasalis des Corpus maxillae ● Mitte: Processus palatinus der Maxilla ● hinten: Lamina horizontalis des Os palatinum	● Rr. nasales interni des N. infraorbitalis aus N. maxillaris (V_2) ● sensorisch (Regio olfactoria): Nn. olfactorii (I) ● parasympathische Innervation der Glandulae nasales: Ganglion pterygopalatinum (N. intermedius, VII)	Offene Verbindung zwischen Nasen- und Mundhöhle bei angeborenen Gaumenspalten (⇨ 7.6.1)

7.8.4 Septum nasi [nasale] (Nasenscheidewand)

GLIEDERUNG	BEWEGUNGSAPPARAT	LEITUNGSBAHNEN		KLINIK
3 Abschnitte: ● *Pars ossea* (knöcherner Teil): Hauptanteil, hinten, oben und unten ● *Pars cartilaginea* (knorpeliger Teil): vorn ● *Pars membranacea* (häutiger Teil): kleiner Bereich zwischen Nasenöffnungen	■ **Pars ossea:** ● Lamina perpendicularis des Os ethmoidale (Siebbein) ● Vomer (Pflugscharbein) ■ **Pars cartilaginea:** ● Cartilago septi nasi erstreckt sich mit Processus posterior [sphenoidalis] auch in den Spalt zwischen Lamina perpendicularis und Vomer ● Crura medialia der Cartilagines alares majores	■ **Arterien:** ● Rr. septales anteriores der A. ethmoidalis anterior aus A. ophthalmica ● Rr. septales posteriores der A. sphenopalatina aus A. maxillaris ● R. septi nasi der A. labialis superior aus A. facialis ■ **Venen und Lymphbahnen:** s.o.	■ **Nerven:** ● Rr. nasales interni mediales des N. ethmoidalis anterior aus N. nasociliaris des N. ophthalmicus (V_1) ● Rr. septales nasales des N. nasopalatinus longus aus N. maxillaris (V_2) ● Rr. nasales posteriores superiores mediales aus Ganglion pterygopalatinum	**Septumdeviation** (verbogene Nasenscheidewand): ● bei Weißen eher die Regel als die Ausnahme ● beruht auf unterschiedlichen Wachstumsschüben der knorpeligen und knöchernen Teile ● kann Nasenatmung behindern ● fördert Schwellung der Muscheln, die ihrerseits die Nasenatmung weiter einschränkt ● Therapie: Operation: Septumplastik oder subperichondrale Septumresektion

7.8.5 Cavitas nasi [nasalis] (Nasenhöhle)

GLIEDERUNG, RELIEF	FEINBAU	KLINIK
● *Nares*:Nasenöffnung ● Choanae: Grenze gegen Nasenrachenraum ● *Vestibulum nasi [nasale]* (Nasenvorhof): gegen Haupthöhle abgegrenzt durch Limen nasi ● *Agger nasi*: Wulst vor der mittleren Nasenmuschel ■ **Nasengänge**: zwischen den Nasenmuscheln ● *Recessus spheno-ethmoidalis*: oberhalb der oberen Nasenmuschel, Mündung der Keilbeinhöhle ● *Meatus nasi superior* (oberer Nasengang): zwischen oberer und mittlerer Nasenmuschel, Mündungen der hinteren Siebbeinzellen ● *Meatus nasi medius* (mittlerer Nasengang): zwischen mittlerer und unterer Nasenmuschel, mit ● Atrium meatus medii (Vorhof) ● Bulla ethmoidalis: Nebenmuschel, sitzt wie Schwalbennest unter der mittleren Muschel ● davor Infundibulum ethmoidale (Siebbeintrichter) mit halbmondförmiger Öffnung (Hiatus semilunaris) für vordere Siebbeinzellen, Stirn- und Kieferhöhle ● *Meatus nasi inferior* (unterer Nasengang): zwischen unterer Nasenmuschel und Gaumen, Mündung des Tränennasengangs (Apertura ductus nasolacrimalis) ● *Meatus nasopharyngeus*: zwischen hinterem Ende der Nasenmuscheln und Choane	Auskleidung der Cavitas nasi [nasalis] 3 Bereiche: ■ **Regio cutanea**: mit äußerer Haut bedeckt ist der Nasenvorhof (Vestibulum nasale) ● *Vibrissae* (Nasenhaare): kräftige Terminalhaare als grobes Filter, z.B. Schutz vor Insekten ■ **Regio respiratoria**: mit respiratorischer Schleimhaut (Tunica mucosa respiratoria) bedeckt: ● mehrreihiges Flimmerepithel mit Becherzellen ● Glandulae nasales (Nasendrüsen): mukoserös ● Stratum cavernosum: oberflächlicher und tiefer Venenplexus (Plexus cavernosus concharum), von arteriellem Arkadennetz gespeist, auch an Septum ■ **Regio olfactoria**: von Riechschleimhaut (Tunica mucosa olfactoria) bedeckt, etwa 2,5 cm² an Dach der Nasenhöhle: sehr hohes (60 μm) mehrreihiges Epithel mit 3 Zelltypen: ● Riechzellen: primäre Sinneszellen (bipolare Neurone), Dendrit mit 6-10 Riechhärchen, Axon durch Lamina cribrosa als Nn. olfactorii (I) ● Stützzellen ● Basalzellen: Vorläufer der Riech- und Stützzellen ● Glandulae olfactoriae (Bowman-Drüsen): rein serös (Lösung von Duftstoffen?) ■ **Organum vomeronasale**: rudimentäres Riechorgan im unteren Teil der Nasenscheidewand (größte Entfaltung bei den Reptilien) ■ **Sinus paranasales**: ausgekleidet mit dünner respiratorischer Schleimhaut	■ **Rhinoscopia anterior** (vordere Nasenspiegelung): das zangenähnliche Spekulum wird so in die Nares eingeführt, daß die Spitze nicht auf das Septum gerichtet ist (Gefahr der Verletzung), dann wird der Nasenflügel abgespreizt und der vordere Teil der Nasenhöhle besichtigt (evtl. ist Einsprühen eines schleimhautabschwellenden Medikaments nötig, um den Überblick zu verbessern) ■ **Rhinoscopia posterior** (hintere Nasenspiegelung): ● prinzipiell wie bei der Kehlkopfspiegelung, nur wird der durch den Mund in den Rachenraum eingeführte kleine Spiegel nicht nach unten, sondern nach oben gedreht ● Gaumensegel soll möglichst weit von der hinteren Rachenwand abstehen, damit der Durchblick nicht behindert wird, Patient soll daher durch die Nase atmen ■ **Rhinitis allergica** (Heuschnupfen): ● vor allem bei Gräserblüte, aber auch durch andere Allergene, z.B. Hausstaubmilben ● Muscheln verdickt, wäßriger Schleim, Nasenatmung behindert, oft gleichzeitig Bindehautentzündung ● Ausschalten des Allergens oft schwierig ■ **Ozaena** (Stinknase): Atrophie der Nasenschleimhaut → Trockenheit, Verkrusten des zähen Schleims, Vereitern → aashafter Gestank ■ **Epistaxis** (Nasenbluten): ● Blutung aus Schwellkörpern, vor allem am vorderen Teil der Nasenscheidewand (Locus Kiesselbach) ● örtlich bedingt, z.B. Verletzung beim Nasebohren ● bei häufigem Nasenbluten an Störung der Blutgerinnung, z.B. bei Allgemeinerkrankungen, denken ● endet Blutung nicht spontan, dann Tamponade der Nasenhöhle mit Gazestreifen von vorn ● hintere Tamponade (Bellocq-Tamponade, Verschluß der Choane durch Gazetupfer): Bellocq-Röhrchen wird durch Nasenöffnung bis in Rachen eingeführt, ein Faden durchgeschoben, im Rachen mit Pinzette usw. gefaßt, zum Mund herausgezogen, Gazetupfer eingebunden und über nasenseitiges Ende des Fadens durch Mundhöhle und Rachen in die Choane gezogen; zur Fixierung wird in das aus der Nasenöffnung herausragende Ende ein vorderer Gazetupfer eingebunden, so daß Nasenhöhle von beiden Seiten verschlossen; statt Bellocq-Röhrchen kann auch Gummischlauch verwendet werden

7.8.6 Sinus paranasales (Nasennebenhöhlen)

Entwicklung und Entwicklungsstörungen ⇨ 7.8.1

HÖHLE	LAGE	LEITUNGSBAHNEN	KLINIK
Sinus maxillaris (Kieferhöhle, Highmore-Höhle)	Größte Nasennebenhöhle, im Corpus maxillae ● mündet in Hiatus semilunaris des Meatus nasi medius ● enge Beziehung zu Wurzeln der hinteren Oberkieferzähne: bei starker Pneumatisation (großer Kieferhöhle) können diese frei in Kieferhöhle ragen (Eröffnen der Kieferhöhle bei Zahnextraktion möglich)	● A. alveolaris superior posterior aus A. maxillaris ● Aa. alveolares superiores anteriores der A. infraorbitalis aus A. maxillaris ● Nodi lymphatici retropharyngeales ● Rr. sinus maxillaris der Nn. nasopalatini breves aus N. maxillaris (V_2) ● Rr. alveolares superiores anteriores und Rr. alveolares superiores posteriores der Nn. alveolares superiores aus N. maxillaris (V_2)	● *Diaphanoskopie*: in dunklem Raum Lämpchen in Mundhöhle, Lippen schließen, es leuchten beim Gesunden seitengleich auf: Pupille, Halbmond unter Auge, Wange; bleibt eine Seite dunkel, dann vermutlich Flüssigkeitsansammlung der Kieferhöhle ■ **Sinusitis maxillaris** (Kieferhöhlenentzündung): ● meist Übergreifen einer Entzündung von der Nasenhöhle (Schnupfen) ● *odontogene Kieferhöhleneiterung*: Wurzeln der oberen Molaren ragen bei großer Kieferhöhle bis in deren Lichtung, Zahnmarkeiterung kann auf Kieferhöhle übergreifen und umgekehrt, bei Zahnextraktion kann Verbindung zwischen Mundhöhle und Kieferhöhle entstehen (sofort verschließen weil sonst Mikroorganismen vom Mund in die Kieferhöhle aufsteigen) ● *Spülung*: mit Hohlnadel dünne Seitenwand der Nasenhöhle durchstoßen, Abfluß der Spülflüssigkeit über natürliche Öffnung ● *Radikaloperation* nach Caldwell-Luc: Zugang durch Schleimhaut des Vestibulum oris (keine Hautnarbe im Gesicht!)
Sinus frontalis (Stirnhöhle)	Im vorderen unteren Bereich des Stirnbeins, erstreckt sich manchmal weit in Dach der Orbita ● paarig, daher Septum intersinuale frontale (meist asymmetrisch!) ● *Apertura sinus frontalis* mündet in Hiatus semilunaris des Meatus nasi medius	● A. ethmoidalis anterior aus A. ophthalmica ● Nodi lymphatici retropharyngeales ● N. ethmoidalis anterior des N. nasociliaris aus N. ophthalmicus (V_1)	● *Diaphanoskopie*: Lämpchen am Margo supraorbitalis ansetzen, gesunde Stirnhöhle leuchtet auf, ungleicher Befund rechts und links kann auch auf starker Asymmetrie der Stirnhöhlen beruhen! ■ **Sinusitis frontalis** (Stirnhöhlenentzündung): ● *Spülung*: über den engen und gekrümmten Ausführungsgang oft schwierig, dann über Bohrloch im Stirnbein im Bereich der Augenbraue ● *Radikaloperation*: Hautschnitt in Augenbraue, damit Hautnarbe nicht auffällt
Sinus ethmoidales (Siebbeinzellen)	Im Os ethmoidale 3 Gruppen hintereinander ohne definierte Abgrenzung: ● *Sinus ethmoidales anteriores*: münden in Hiatus semilunaris des Meatus nasi medius ● *Sinus ethmoidales medii*: münden in Hiatus semilunaris des Meatus nasi medius ● *Sinus ethmoidales posteriores*: münden in Meatus nasi superior	● A. ethmoidalis anterior und A. ethmoidalis posterior aus A. ophthalmica ● Nodi lymphatici retropharyngeales ● N. ethmoidalis anterior und N. ethmoidalis posterior des N. nasociliaris aus N. ophthalmicus (V_1) ● Rr. orbitales aus Ganglion pterygopalatinum	**Sinusitis ethmoidalis** (Siebbeinzellenentzündung): ● Siebbeinzellen häufig gemeinsam mit Kieferhöhle erkrankt ● *operative Zugänge*: • endonasal: nach Abspreizen der Concha nasalis media zu den vorderen Siebbeinzellen • transmaxillär: durch die Kieferhöhle zu den hinteren Siebbeinzellen (erweiterte Radikaloperation der Kieferhöhle) • von außen: Hautschnitt in Augenbraue • Gefahr: Durchstoßen der dünnen Trennwände zur vorderen Schädelgrube oder zur Augenhöhle
Sinus sphenoidales (Keilbeinhöhle)	Im Corpus des Os sphenoidale unter Sella turcica ● paarig, daher Septum intersinuale sphenoidale ● *Apertura sinus sphenoidalis* in Recessus spheno-ethmoidalis	● A. ethmoidalis posterior aus A. ophthalmica ● Nodi lymphatici retropharyngeales ● N. ethmoidalis posterior des N. nasociliaris aus N. ophthalmicus (V_1) ● Rr. orbitales aus Ganglion pterygopalatinum	■ **Sinusitis sphenoidalis** (Keilbeinhöhlenentzündung): ● Keilbeinhöhle am seltensten von allen Nebenhöhlen erkrankt ● dumpfer Schmerz strahlt in Hinterhaupt aus ■ **operativer Zugang zum Türkensattel** durch Keilbeinhöhle: Operation an Hypophyse ohne große Eröffnung der Schädelhöhle

7.8.7 Entwicklung und Entwicklungsstörungen des Kehlkopfs (Larynx)

ENTWICKLUNG	ENTWICKLUNGSSTÖRUNGEN
● Kehlkopf-Luftröhren-Rinne (*Sulcus laryngotrachealis*): sinkt in 4. Entwicklungswoche in Vorderwand des Vorderdarms kaudal der Eminentia hypobranchialis ein ● wächst als *Tubus laryngotrachealis* kaudal (bildet Lungenanlage), wird durch Crista tracheo-oesophagealis und Septum tracheo-oesophageale von Speiseröhre getrennt ● Laryngotrachealrinne von 3 Wülsten umgeben: • kranial Epiglottiswulst (unpaar) • seitlich Arywulst (Tuber arytenoideum): paarig ● Kehlkopfknorpel und -muskeln entstehen aus Schlundbogen (⇨ Übersicht 7.6.9) ● Lichtung verklebt meist in 7. Entwicklungswoche, wird in 10. Entwicklungswoche rekanalisiert	● *Kehlkopfatresie* (angeborener Verschluß des Kehlkopfs): sehr selten, Kinder sterben meist unmittelbar nach Geburt, bevor noch Diagnose gestellt ● *Epiglottisaplasie*, -hypoplasie, -fissur: meist keine Beschwerden und nur zufällig bei Kehlkopfspiegelung entdeckt ● *Laryngozele* (Luftsack, Luftgeschwulst): angeborene oder erworbene Erweiterung des Venticulus laryngis, entspricht Brüllsäcken mancher Affen: • äußere Laryngozele: wie Eingeweidebruch durch Membrana thyrohyoidea, am Hals als Vorwölbung sichtbar • innere Laryngozele: in Plica ary-epiglottica oder in Plica vestibuli

7.8.8 Cartilagines et Articulationes laryngeales (Kehlkopfknorpel und -gelenke)

Kehlkopfmuskeln ⇨ 6.3.8, Trachea ⇨ 3.1.2

KNORPEL	EINZELHEITEN	GELENKE UND BÄNDER	KLINIK
Cartilago thyroidea (Schildknorpel)	● *Lamina dextra/sinistra* (rechte und linke Schildknorpelplatte): in Mittellinie verbunden, Winkel Mann etwa 90˚, Frau etwa 120˚ ● *Incisura thyroidea superior*: medianer Einschnitt zwischen den oberen Enden der beiden Schildknorpelplatten, wölbt Haut zur Prominentia laryngea (Adamsapfel) vor ● *Incisura thyroidea inferior*: unbedeutender Einschnitt zwischen den unteren Enden der beiden Laminae ● *Linea obliqua*: Ansatz des M. sternothyroideus, Ursprung des M. thyrohyoideus, endet oben mit Tuberculum thyroideum superius, unten mit Tuberculum thyroideum inferius ● *Cornu superius* (oberes Schildknorpelhorn): vom hinteren oberen Eck der Lamina, lang ● *Cornu inferius* (unteres Schildknorpelhorn): vom hinteren unteren Eck der Lamina, kurz, am Ende Articulatio cricothyroidea ● *Foramen thyroideum*: variables Loch (nur in etwa 25 %) unterhalb des Tuberculum thyroideum superius, meist für A. laryngealis superior	■ **Membrana thyrohyoidea**: Syndesmose zwischen Zungenbein und Schildknorpel, 2 Blätter zu Vorderrand und Hinterrand des Os hyoideum, dazwischen Fettkörper mit Schleimbeutel (Bursa retro-hyoidea), Aufhängung des Kehlkopfs an Zungenbein, elastische Verstärkungszüge: ● *Lig. thyrohyoideum medianum*: im hinteren Blatt der Membrana thyrohyoidea ● *Lig. thyrohyoideum laterale*: im Hinterrand der Membran zwischen Cornu superius der Cartilage thyroidea und Spitze des Cornu majus des Os hyoideum, eingelagert ist die Cartilago triticea ■ **Corpus adiposum pre-epiglotticum**: Fettkörper zwischen Membrana thyrohyoidea und Epiglottis, wird bei Annäherung des Schildknorpels an das Zungenbein (M. thyrohyoideus) zusammengepreßt, weicht dorsal aus und drückt dabei Epiglottis nach unten (Verschluß des Kehlkopfeingangs beim Schlucken)	● *Schildknorpelfraktur*: bei Einwirken stumpfer Gewalt auf den vorderen Halsbereich, z.B. Aufprall der Fahrers auf Lenkrad bei Verkehrsunfall, auch bei Erhängen ● *Thyr(e)otomie*, mediane Laryngotomie: Durchtrennen des Schildknorpels in der Körpermittelebene ermöglicht Aufklappen des Kehlkopfes wie ein Buch, z.B. zur Operation eines Kehlkopfkrebses
Cartilago epiglottica (Kehldeckelknorpel)	● Bildet Stützgerüst der Epiglottis (Kehldeckel) ● elastischer Knorpel ● Form gewöhnlich mit Fahrradsattel verglichen ● *Petiolus epiglottidis*: Spitze vorn unten, wirft kleinen Schleimhauthöcker auf (Tuberculum epiglotticum)	**Bänder**: Kehldeckel aufgehängt an: ● *Lig. thyro-epiglotticum*: von Incisura thyroidea superior zu Petiolus epiglottidis ● *Lig. hyo-epiglotticum*: vom Zungenbeinkörper zur Vorderfläche des Kehldeckels	**Epiglottitis** (Kehldeckelentzündung): ● starke Schwellung der Schleimhaut der Epiglottis (fälschlich oft "Glottisödem" genannt) ● führt zu rasch zunehmender Atemnot, die Intubation oder sogar Tracheotomie erfordern kann

Fortsetzung der Tabelle nächste Seite

Kehlkopfknorpel und -gelenke (Fortsetzung)

KNORPEL	EINZELHEITEN	GELENKE UND BÄNDER	KLINIK
Cartilago cricoidea (Ringknorpel)	Vergleich mit Siegelring: ● *Arcus cartilaginis cricoideae* (Ringknorpelspange): vorn ● *Lamina cartilaginis cricoideae* (Ringknorpelplatte): hinten, etwa 3mal so hoch wie Spange ● *Facies articularis arytenoidea*: Gelenkfläche für den Stellknorpel seitlich oben an Lamina ● *Facies articularis thyroidea*: Gelenkfläche für das untere Schildknorpelhorn seitlich unten an Lamina	■ **Articulatio cricothyroidea** (Ringknorpel-Schildknorpel-Gelenk): ● zwischen Cornu inferius der Cartilago thyroidea und Facies articularis thyroidea der Cartilago cricoidea ● Capsula articularis cricothyroidea: zarte Gelenkkapsel, verstärkt durch Lig. cerato-cricoideum ● Scharniergelenk, Kippbewegung des Schildknorpels verlängert Stimmband ■ **Lig. cricothyroideum medianum**: Syndesmose zwischen Ringknorpelspange und Schildknorpel ■ **Lig. cricotracheale**: elastische Membran zwischen Ringknorpel und 1. Trachealknorpel	**Koniotomie:** querer Einschnitt zwischen Schildknorpel und Ringknorpelspange durch das Lig. cricothyroideum medianum und den Conus elasticus als Noteingriff ("Nottracheotomie") bei Verschluß des Luftwegs oberhalb der Stimmritze, wenn eine reguläre Tracheotomie nicht möglich ist
Cartilago arytenoidea (Stellknorpel, Gießbeckenknorpel, Aryknorpel)	Vergleich mit 4seitiger Pyramide (Tetraeder): ■ **4 Flächen:** ● Facies articularis (Gelenkfläche für Ringknorpel) praktisch identisch mit Basis cartilaginis arytenoideae ● Facies anterolateralis ● Facies medialis ● Facies posterior ■ **4 Ecken:** ● *Apex cartilaginis arytenoideae* (Stellknorpelspitze): oben, ihr sitzt Cartilago corniculata auf ● *Processus vocalis* (Stimmfortsatz): vorn unten, für Ansatz des Stimmbands ● *Processus muscularis* (Muskelfortsatz): unten lateral, Ansatz von M. thyro-arytenoideus, M. crico-arytenoideus lateralis und M. crico-arytenoideus posterior ● unteres mediales "Eck" abgestumpft, nicht benannt	**Articulatio crico-arytenoidea** (Ringknorpel-Stellknorpel-Gelenk): ● walzenförmige Gelenkflächen von Ringknorpel (konvex) und Stellknorpelbasis (konkav) ● *Capsula articularis crico-arytenoidea*: sehr weit, ermöglicht ausgedehnte Verschiebungen des Stellknorpels ● *Lig. crico-arytenoideum*: elastisches Band von Ringknorpelplatte zum inneren unteren Eck des Stellknorpels ● *Lig. cricopharyngeum*: vom Spitzenknorpel zur Rückseite der Ringknorpelplatte und weiter zur vorderen Rachenwand	
Cartilago corniculata (Spitzenknorpel, Santorini-Knorpel)	● Elastischer Knorpel ● sitzt auf Stellknorpelspitze ● wirft Tuberculum corniculatum in Plica ary-epiglottica auf	Syndesmose zwischen Cartilago corniculata und Apex cartilaginis arytenoideae	
Cartilago cuneiformis (Keilknorpel, Kegelknorpel, Wrisberg-Knorpel)	● Variabler Knorpel in Plica ary-epiglottica ● wirft in dieser Tuberculum cuneiforme auf		
Cartilago triticea (Weizenkornknorpel)	Kleiner Knorpel in Lig. thyrohyoideum laterale	Rest der ursprünglich knorpeligen Verbindung zwischen Cornu superius der Cartilago thyroidea und Cornu majus des Os hyoideum	
Cartilago sesamoidea (Sesambein)	Variable Knorpelchen in der Umgebung der Stellknorpel und im vorderen Ansatzbereich der Stimbänder		

7.8.9 Cavitas laryngis (Kehlkopfbinnenraum)

GLIEDERUNG, RELIEF	FEINBAU	LEITUNGSBAHNEN	KLINIK
■ **Aditus laryngis** (Kehlkopfeingang) ● vorn: Epiglottis ● seitlich: *Plica ary-epiglottica*, Schleimhautfalte vom Kehldeckel zum Stellknorpel, darin 2 Höckerchen: ● *Tuberculum cuneiforme*: durch Kegelknorpel ● *Tuberculum corniculatum*: durch Spitzenknorpel ● hinten: *Incisura interarytenoidea*: Schleimhautbucht zwischen den beiden Stellknorpeln ■ **Vestibulum laryngis** (Kehlkopfvorhof): oberes Stockwerk des Kehlkopfbinnenraums ● obere Grenze: *Aditus laryngis* ● untere Grenze: *Rima vestibuli* zwischen den beiden Taschenfalten (Plica vestibuli rechts und links) ■ **Cavitas laryngis intermedia** (mittleres Stockwerk des Kehlkopfbinnenraums) ● obere Grenze: *Rima vestibuli* ● untere Grenze: *Rima glottidis* (Stimmritze, Glottis), diese wird seitlich begrenzt von der Plica vocalis (Stimmfalte, Stimmlippe) mit 2 Abschnitten: ● *Pars intermembranacea*: vorderer Teil weich (Lig. vocale, M. vocalis) ● *Pars intercartilaginea*: hinterer Teil knorpelig (Stellknorpel) ● *Plica interarytenoidea*: dorsale Verbindung der beiden Stimmfalten ● *Ventriculus laryngis* (Kehlkopftasche, Morgagni-Tasche): seitliche Ausbuchtung zwischen Taschen- und Stimmfalte ■ **Cavitas infraglottica** (subglottischer Raum): unteres Stockwerk des Kehlkopfbinnenraums, unterhalb der Rima glottidis bis zum Beginn der Trachea	Kehlkopfwand 3 Hauptschichten: ■ **Tunica mucosa** (Schleimhaut): ● *Epithel*: ● Aditus laryngis und Stimmfalte: mehrschichtiges unverhorntes Plattenepithel ● sonst mehrreihiges Flimmerepithel ● *Lamina propria* mit Glandulae laryngeales (überwiegend mukös, fehlen auf Stimmfalten) ● *Submukosa*: wird häufig nicht eigens unterschieden ● mit Noduli lymphatici solitarii und Noduli lymphatici aggregati (vor allem in Wand des Ventriculus laryngis) ● fehlt auf Kehldeckelrückseite und Stimmfalten ■ **Membrana fibroelastica laryngis**: ● oberer Teil: Membrana quadrangularis, endet unten mit Lig. vestibulare (in Taschenfalte) ● unterer Teil: Conus elasticus [Membrana cricovocalis], endet oben mit Lig. vocale (in Stimmfalte) ■ **Knorpel** (bzw. quergestreifte Muskeln): ● alle Knorpel anfangs hyalin ● Umwandlung in elastische Knorpel: ● Cartilago epiglottica ● Cartilago cuneiformis ● Cartilago corniculata ● Processus vocalis und Apex der Cartilago arytenoidea ● ab etwa 20 Jahren Beginn der Verknöcherung von Schild-, Ring- und Stellknorpeln ● Muskeln ⇨ 6.3.8	■ **Arterien**: Äste der Schilddrüsenarterien: ● A. laryngea superior aus A. thyroidea superior (aus A. carotis externa) ● A. laryngealis inferior aus A. thyroidea inferior (aus A. subclavia) NB die Inkonsequenz der Namen laryngea und laryngealis der 6. Auflage der Nomina anatomica ist sicher unbeabsichtigt und wird bei einer Neufassung beseitigt ■ **Venen**: Abfluß über ● V. laryngea superior zur V. jugularis interna ● V. laryngea inferior zum Plexus thyroideus impar und weiter zur V. brachiocephalica ■ **regionäre Lymphknoten**: Nodi lymphatici cervicales anteriores profundi, meist scharfe Gliederung ● oberes Stockwerk: Nodi lymphatici infrahyoidei ● unteres Stockwerk: Nodi lymphatici pretracheales und Nodi lymphatici paratracheales ● Epiglottis: Nodi lymphatici prelaryngeales ■ **motorische Innervation**: N. vagus (X) ● R. externus des N. laryngealis superior: M. cricothyroideus ● N. laryngealis recurrens: alle übrigen Mm. laryngis ■ **sensible Innervation**: N. vagus (X) ● R. internus des N. laryngealis superior: Aditus laryngis, Vestibulum laryngis, Cavitas laryngis intermedia ● N. laryngealis recurrens: Cavitas infraglottica	■ **Indirekte Laryngoskopie** (indirekte Kehlkopfspiegelung): Besichtigen des Kehlkopfbinnenraums, vor allem der Stimmlippen, über einen in den Rachen eingeführten Kehlkopfspiegel ● durch Zug an Zunge wird Kehldeckel aufgerichtet und der Blick in den Kehlkopf frei ● man sieht im Kehlkopfspiegelbild seitenrichtig oben die Epiglottis, seitlich die Plica ary-epiglottica, die unten durch die Keilknorpel und Spitzenknorpel vorgewölbt wird, in der Mitte sind die Stimmbänder an der weißlichen Farbe zu erkennen ● Patient "hi" sagen lassen: Stimmbänder legen sich aneinander ● Türck-Stellung: Patient neigt Kopf weit zurück, Untersucher steht: guter Einblick auf Kehlkopfvorderwand ● Kilian-Stellung: Patient steht und neigt den Kopf vor: guter Einblick auf Kehlkopfhinterwand ■ **direkte Laryngoskopie**: direkter Einblick ohne Spiegel mit beleuchtetem Rinnenspatel oder Rohr bei weit zurückgeneigtem Kopf des Patienten (auch kleinere Operationen möglich) ■ **Intubation**: Einführen eines Trachealtubus durch Mund oder Nase (bei direkter Laryngoskopie mit beleuchtetem Rinnenspatel), um Atemweg freizuhalten oder zur Inhalationsnarkose ■ **Laryngitis** (Kehlkopfentzündung): ● meist bei vom Rachen absteigendem Virusinfekt ("Erkältung") oder bei übermäßiger Belastung der Stimme ● Rötung und Schwellung der Stimmlippen führt zu Heiserkeit, Trockenheitsgefühl im Hals und Husten ■ **Stimmlippenknötchen** (Sängerknötchen, Schreiknötchen, "Hühneraugen der Stimmlippen"): symmetrische Epithelverdickung der Stimmlippen am vorderen Drittelpunkt (größte Schwingungsamplitude) ■ **Larynxkarzinom** (Kehlkopfkrebs): ● häufige Krebsart ● aber gute Heilungsaussichten, weil oft schon sehr früh erkannt (Heiserkeit, die länger als 3 Wochen anhält, ist verdächtig) ● es genügt u.U. endolaryngeales Abledern der Stimmlippe

8 Obere Extremität

8.1 Knochen der oberen Extremität (Ossa membri superioris)

Entwicklung und Entwicklungsstörungen ⇨ 9.1.5

8.1.1 Knochen von Schulter, Ober- und Unterarm

KNOCHEN	GELENKKÖRPER (EPIPHYSEN)	SCHAFT (DIAPHYSE) BZW. FLÄCHEN	BAND- UND MUSKEL-ANSÄTZE (APOPHYSEN)	KLINIK
Clavicula (Schlüsselbein)	● Medial: Extremitas sternalis ● lateral: Extremitas acromialis	Corpus claviculae	● Tuberositas ligamenti coracoclavicularis: für Lig. coracoclaviculare ● Tuberculum conoideum: für Lig. conoideum ● Linea trapezoidea: für Lig. trapezoideum	**Schlüsselbeinbrüche:** ● *Fraktur im mittleren Drittel* bei Sturz auf die Hand (einer der beiden häufigsten Knochenbrüche) ● im lateralen Drittel bei direkter Gewalteinwirkung ● mediales Bruchstück meist kranial, laterales kaudal disloziert
Scapula (Schulterblatt)	● Für *Articulatio acromioclavicularis*: Acromion mit Facies articularis acromii ● für *Articulatio humeri*: Angulus lateralis mit Cavitas glenoidalis (Schulterpfanne)	● Margo medialis, Margo lateralis und Margo superior ● Angulus superior, Angulus inferior und Angulus lateralis ● Facies costalis mit Fossa subscapularis ● Facies posterior mit Fossa supraspinata und Fossa infraspinata ● Incisura scapulae geschlossen durch Lig. transversum scapulae superius (für N. suprascapularis)	● *Processus coracoideus* (Rabenschnabelfortsatz): ● M. pectoralis minor ● M. coracobrachialis ● *Spina scapulae* (Schulterblattgräte), endet lateral mit Acromion (Schultereck): ● M. trapezius ● M. deltoideus ● *Tuberculum supraglenoidale*: für Caput longum des M. biceps brachii ● *Tuberculum infraglenoidale*: für Caput longum des M. triceps brachii	**■ Schulterblattbrüche** (Skapulafrakturen): ● Stauchungsfraktur der Schulterpfanne ● Abbrüche von Acromion, Collum scapulae oder Angulus inferior ● Zertrümmerungsfraktur bei direkter Gewalteinwirkung ■ *Korakoiditis*: Entzündung des Periosts am Ansatz des M. coracobrachialis und des Caput breve des M. biceps brachii ■ *Nervenkompressionssyndrom*: bei Verknöcherung des Lig. transversum scapulae superius kann N. suprascapularis eingemauert werden
Humerus (Oberarmbein)	■ Proximal: *Caput humeri [humerale]* ■ distal: *Condylus humeri*: ● Capitulum humeri ● Trochlea humeri ● Fossa olecrani ● Fossa coronoidea ● Fossa radialis	*Corpus humeri*: ● Margo medialis ● Margo lateralis ● Facies anterior medialis ● Facies anterior lateralis ● Facies posterior ● Collum anatomicum ● Collum chirurgicum ● Sulcus nervi radialis	● *Tuberculum majus* mit Crista tuberculi majoris: für • M. suprasinatus • M. infraspinatus • M. teres minor • M. pectoralis major ● *Tuberculum minus* mit Crista tuberculi minoris: für • M. subscapularis • M. teres major • M. latissimus dorsi ● *Epicondylus medialis* mit Sulcus nervi ulnaris: für • Lig. collaterale ulnare • Flexoren des Unterarms ● *Epicondylus lateralis*: für • Lig. collaterale radiale • Extensoren am Unterarm	**Oberarmbrüche:** ■ *proximale Humerusfraktur*: ● pertuberkuläre Fraktur ● subkapitale Fraktur (im Collum chirurgicum) ● Epiphysenlösung (beim Kind) ■ *Humerusschaftfraktur*: ● häufig Mitverletzung des N. radialis ■ *distale Humerusfraktur*: ● suprakondyläre Fraktur ● perkondyläre Fraktur ● Abrißfraktur von Epicondylus medialis oder lateralis ● häufig Mitverletzung von N. ulnaris, N. medianus, A. brachialis
Radius (Speiche)	■ Proximal: *Caput radii [radiale]*: ● Fovea articularis ● Circumferentia articularis ■ distal: ● Facies articularis carpalis ● Incisura ulnaris	*Corpus radii*: ● Margo anterior ● Margo posterior ● Margo interosseus ● Facies anterior ● Facies posterior ● Facies lateralis ● Collum radii	● *Tuberositas radii*: für M. biceps brachii ● *Tuberositas pronatoria*: für M. pronator teres ● *Processus styloideus*: für Lig. collaterale carpi radiale	**Speichenbrüche:** ● Radiuskopffraktur ● Radiusschaftfraktur ● *Galeazzi-Fraktur*: Radiusschaftfraktur + Luxation des Caput ulnae ● distale ("klassische") Radiusfraktur (*Fractura radii loco typico*, Colles-Fraktur): etwa 1-3 cm proximal des distalen Endes, bei Sturz auf die dorsalextendierte Hand (einer der beiden häufigsten Knochenbrüche) ● *Radiusflexionsfraktur* (Smith-Fraktur): Sturz auf palmarflektierte Hand

Fortsetzung der Tabelle nächste Seite

Knochen von Schulter, Ober- und Unterarm (Fortsetzung)

Knochen	Gelenkkörper (Epiphysen)	Schaft (Diaphyse) bzw. Flächen	Band- und Muskel- ansätze (Apophysen)	Klinik
Ulna (Elle)	■ Proximal: ● Processus coronoideus ● Incisura trochlearis ● Incisura radialis ■ distal: *Caput ulnae*: Circumferentia articularis	*Corpus ulnae*: ● Margo anterior ● Margo posterior ● Margo interosseus ● Facies anterior ● Facies posterior ● Facies medialis	● *Olecranon*: für M. triceps brachii ● *Tuberositas ulnae*: für M. brachialis ● *Processus styloideus*: für Lig. collaterale carpi ulnare	**Ellenbrüche:** ● Olekranonfraktur (meist mit erheblicher Dislokation) ● Abriß des Processus coronoideus ● Ulnaschaftfraktur (oft als "Parierfraktur") ● Monteggia-Fraktur: Ulnaschaftfraktur + Luxation des Radiuskopfes

8.1.2 Ossa manus (Knochen der Hand)

Kurze Knochen
Keine offiziell benannten Gelenkkörper, Ränder und Flächen

Knochen	Band- und Muskelansätze (Apophysen) + Sonstiges	Klinik
Os scaphoideum (Kahnbein der Hand)	● *Tuberculum ossis scaphoidei* (für Retinaculum flexorum) ● radiales der proximalen Ossa carpi	**Kahnbeinfraktur:** ● häufigster Handwurzelbruch ● oft in Verbindung mit perilunärer Luxation (dann de-Quervain-Luxationsfraktur genannt) ● Druckschmerz in Tabatiere ● benötigt eine besonders lange Heilungszeit (etwa 3 Monate)
Os lunatum (Mondbein)	Mittleres der proximalen Ossa carpi	*Lunatummalazie* bei Durchblutungsstörungen, z.B. nach Luxation, Berufskrankheit bei Arbeit mit Preßluftbohrern
Os triquetrum (Dreieckbein)	Ulnares der proximalen Ossa carpi	■ **Überzählige Handwurzelknochen** (Varietäten): können im Röntgenbild mit Bruchstücken normaler Handwurzelknochen verwechselt werden, z.B. (nicht in Nomina anatomica): ● Os centrale: zwischen Os capitatum und Os scaphoideum ● Os trapezoideum secundarium: zwischen Os trapezium und Os trapezoideum ● Os styloideum: zwischen Os capitatum und Os metacarpale III ● Os vesalianum: ulnar von Os hamatum ● Os triangulare: zwischen Ulna und Os triquetrum ■ **Auftreten von Knochenkernen** im Röntgenbild (Beginn der Ossifikation): diagnostisch wichtig für die Beurteilung der Skelettreifung (Übersicht ⇨ 1.4.4)
Os pisiforme (Erbsenbein)	Sesambein palmar des Os triquetrum	
Os trapezium (Trapezbein, großes Vieleckbein)	● *Tuberculum ossis trapezii* (für Retinaculum flexorum) ● radiales der distalen Ossa carpi	
Os trapezoideum (Trapezoidbein, kleines Vieleckbein)	2. der distalen Ossa carpi	
Os capitatum (Kopfbein)	3. der distalen Ossa carpi	
Os hamatum (Hakenbein)	● *Hamulus ossis hamati* (für Retinaculum flexorum + Lig. pisohamatum) ● ulnares der distalen Ossa carpi	
Ossa sesamoidea (Sesambeine)	An den Fingergrundgelenken: ● regelmäßig 2 am Daumen ● häufig ulnar am Kleinfinger und radial am Zeigefinger ● gelegentlich an anderen Fingern	Können im Röntgenbild mit Knochenbruchstücken, Kompaktaverdichtungen oder knochenbildenden Geschwülsten verwechselt werden!

Röhrenknochen
Keine offiziell benannten Band- und Muskelansätze (Apophysen)

Knochen	Gelenkkörper (Epiphysen)	Schaft (Diaphyse)	Klinik
Ossa metacarpi [Metacarpalia] I-V (Mittelhandknochen)	● Proximal: Basis metacarpalis ● distal: Caput metacarpale	Corpus metacarpale	● Schaftfraktur bei Sturz auf Hand ● subkapitale Fraktur bei direkter Gewalteinwirkung ● *Bennett-Luxationsfraktur* der Basis des Os metacarpi I bei Längsstauchung des adduzierten Daumens
Phalanges proximales I-V (Fingergrundglieder)	● Proximal: Basis phalangis ● distal: Caput (Trochlea) phalangis	Corpus phalangis	Fingerfrakturen aller Art
Phalanges mediae II-V (Fingermittelglieder)			
Phalanges distales I-V (Fingerendglieder)			

8.2 Gelenke der oberen Extremität (Articulationes membri superioris)

8.2.1 Gelenke von Schultergürtel (Articulationes cinguli pectoralis) und Schulter

GELENK	GELENK-FLÄCHEN	BÄNDER	GELENKART	BEWEGUNGSUMFANG	KLINIK
Articulatio sterno-clavicularis (inneres Schlüssel-beingelenk)	● Incisura clavicularis am Manubrium sterni ● Facies articularis sterni der Extremitas sternalis der Clavicula	● Lig. sternoclaviculare anterius ● Lig. sternoclaviculare posterius ● Lig. costoclaviculare ● Lig. interclaviculare	● Kugelgelenk mit Discus articularis ● von den 3 Freiheitsgraden können nur 2 aktiv genutzt werden	Schlüsselbein (Clavicula): ● Heben - Senken 60°-0°-10° ● Vorführen - Rückführen 20°-0°-20° ● Rotationen als Mitbewegungen, jedoch nicht isoliert möglich	● Luxation selten ● bei Luxation hinter das Manubrium sterni häufig Mitverletzung von A. + V. subclavia und Halseingeweiden
Articulatio acromio-clavicularis (äußeres Schlüssel-beingelenk, Schulter-eckgelenk)	● Facies articularis acromialis der Extremitas acromialis der Clavicula ● Facies articularis acromii der Scapula	● Lig. acromioclaviculare ● Lig. coracoclaviculare mit 2 Teilen: • Lig. trapezoideum • Lig. conoideum	● Kugelgelenk mit Discus articularis ● die 3 Freiheitsgrade können aber nicht isoliert genutzt werden (Scapula kann nicht vom Thorax abgehoben werden)	● Bewegungen sind nur zusammen mit Bewegungen im Sternoklavikular- und/oder Schultergelenk möglich ● Schwenken des unteren Schulterblattwinkels rückwärts - vorwärts 30°-0°-60°	■ **Luxation** bei Sturz auf die Schulter 3 Schweregrade nach Tossy: ● Grad 1: Kontusion (Zerrung) ● Grad 2: Subluxation mit Riß des Lig. acromioclaviculare ● Grad 3: Schultereckgelenksprengung mit Riß aller Bänder: • Clavicula steht hoch (Zug. des M. sternocleidomastoideus und M. trapezius) • *Klaviertastenphänomen*: akromiales Ende der Clavicula kann federnd herabgedrückt werden ■ **Scapula alata** (flügelartig abstehendes Schulterblatt): wenn die Scapula nicht mehr durch die Mm. rhomboidei und den M. serratus anterior an den Brustkorb gepreßt wird (bei Lähmung des N. dorsalis scapulae und/oder des N. thoracicus longus ⇨ 8.7.1)
Articulatio humeri (Schulter-gelenk)	● Cavitas glenoidalis am Angulus lateralis der Scapula, Rand durch Labrum glenoidale erhöht ● Caput humeri [humerale]	● Ligg. glenohumeralia ● Lig. coracohumerale	Kugelgelenk mit 3 Freiheitsgraden	Bewegungen des Oberarms (in Klammern Gesamtbewegung einschließlich Schlüsselbeingelenken): ● Abduktion - Adduktion 90°-0°-20° (180°-0°-40°) ● Anteversion - Retroversion 90°-0°-30° (180°-0°-40°) ● Außenrotation - Innenrotation 70°-0°-70° (90°-0°-90°)	**Häufigst verrenktes Gelenk:** ● etwa 50 % aller Luxationen ● meist nach vorn: Luxatio subcoracoidea bei gewaltsamer Außenrotation und Abduktion ● selten nach unten: Luxatio axillaris bei gewaltsamer Hyperabduktion ● gelegentlich nach dorsal: Luxatio infraspinata ● wegen des sehr stabilen Schulterdachs (Acromion + Lig. coraco-acromiale) gehen Luxationen nicht nach oben (außer bei Abbruch des Acromion: Luxationsfraktur) ● *habituelle Luxation* bei schlaffer Kapsel oder nach Beschädigung des Labrum glenoidale ● häufig Überdehnung des N. axillaris

Muskeln der Schlüsselbeingelenke

BEWEGUNG	MUSKELN	NERVEN
Heben der Clavicula (direkt)	M. trapezius (Pars descendens), M. sternocleidomastoideus	N. accessorius + Plexus cervicalis
Heben der Clavicula (indirekt über Heben der Scapula)	M. levator scapulae, Mm. rhomboidei	N. dorsalis scapulae
	M. omohyoideus	Ansa cervicalis
Senken der Clavicula (direkt)	M. subclavius	N. subclavius
Senken der Clavicula (indirekt über Senken der Scapula)	M. trapezius (Pars ascendens)	N. accessorius + Plexus cervicalis
	M. latissimus dorsi	N. thoracodorsalis
Schwenken der Scapula nach vorn	M. serratus anterior	N. thoracicus longus
	M. trapezius (Pars ascendens)	N. accessorius + Plexus cervicalis
Schwenken der Scapula nach hinten	M. levator scapulae, Mm. rhomboidei	N. dorsalis scapulae

Muskeln des Schultergelenks

BEWEGUNG	MUSKELN	NERVEN
Abduktion	M. deltoideus	N. axillaris
	M. supraspinatus	N. suprascapularis
Adduktion	M. latissimus dorsi, M. teres major	N. thoracodorsalis
	M. pectoralis major	N. pectoralis medialis und lateralis
	M. teres minor	N. axillaris
Anteversion	M. pectoralis major	N. pectoralis medialis und lateralis
	M. coracobrachialis	N. musculocutaneus
	M. deltoideus (nur klavikulärer Teil)	N. axillaris
Retroversion	M. latissimus dorsi, M. teres major	N. thoracodorsalis
	M. deltoideus (nur Ursprung von der Spina scapulae)	N. axillaris
Innenrotation	M. subscapularis	Nn. subscapulares
	M. pectoralis major	N. pectoralis medialis und lateralis
	M. latissimus dorsi, M. teres major	N. thoracodorsalis
	M. coracobrachialis	N. musculocutaneus
	M. deltoideus (nur klavikulärer Teil)	N. axillaris
Außenrotation	M. infraspinatus	N. suprascapularis
	M. teres minor, M. deltoideus (nur Ursprung von Spina scapulae)	N. axillaris

Schultergürtel- und Schultermuskeln, die beim Heben des Arms über die Horizontale zusammenwirken

BEWEGUNG	MUSKELN	NERVEN
Abduktion im Schultergelenk	M. deltoideus	N. axillaris
	M. supraspinatus	N. suprascapularis
Schwenken der Scapula nach vorn	M. serratus anterior	N. thoracicus longus
	M. trapezius (Pars ascendens)	N. accessorius + Plexus cervicalis
Heben des Schultergürtels	M. trapezius (Pars descendens), M. sternocleidomastoideus	N. accessorius + Plexus cervicalis

8.2.2 Gelenke des Ellbogens und des Unterarms

GELENK	GELENK-FLÄCHEN	BÄNDER	GELENKART	BEWEGUNGSUMFANG	KLINIK
Articulatio cubiti [cubitalis] (Ellbogen-gelenk)	■ Condylus humeri mit ● Trochlea humeri ● Capitulum humeri ■ Ulna mit ● Incisura trochlearis ● Incisura radialis ■ Caput radii [radiale]: ● Fovea articularis ● Circumferentia articularis	● Lig. collaterale ulnare ● Lig. collaterale radiale ● Lig. anulare radii ● Lig. quadratum (Denucé-Band) zwischen distalem Rand der Incisura radialis der Ulna und Collum radii ● im weiteren Sinn auch Membrana interossea antebrachii	Zusammengesetztes Gelenk mit 3 Teilgelenken: ● Articulatio humero-ulnaris (Scharniergelenk, 1 Freiheitsgrad) ● Articulatio humeroradialis (Drehscharniergelenk, 2 Freiheitsgrade) ● Articulatio radio-ulnaris proximalis (Radgelenk, 1 Freiheitsgrad)	● Alle Bewegungen laufen in mindestens 2 Teilgelenken ab: ● Extension - Flexion 0°-0°-150° ● Supination - Pronation 90°-0°-90° ● alle Supinations-Pronations-Bewegungen sind an gleichsinnige Bewegungen im distalen Radioulnargelenk gekoppelt	● Zweithäufigste Verrenkung (etwa 20 % aller Luxationen) ● Luxatio antebrachii posterior: Ulna + Radius luxieren meist gemeinsam dorsal, Riß der Kollateralbänder, oft Abbruch von Epicondylus medialis + Processus coronoideus ● isolierte Subluxation des Caput radii bei schlaffem Lig. anulare radii nach distal: häufigste Luxation beim Kleinkind, leicht wiedereinzurenken, viele Bezeichnungen: Subluxatio radii perianularis, "nurse luxation", Chassaignac-Lähmung, Pronatio dolorosa ● Monteggia-Fraktur: isolierte Luxation des Caput radii bei Ulnaschaftfraktur
Articulatio radio-ulnaris distalis (distales Speichen-Ellen-Gelenk	● Incisura ulnaris des Radius ● Circumferentia articularis des Caput ulnae	● Keine eigens benannten Bänder ● quere Züge der Bänder der Handgelenke ● im weiteren Sinn Membrana interossea antebrachii	● Radgelenk mit 1 Freiheitsgrad ● ein Discus articularis trennt es vom proximalen Handgelenk	Umwendbewegung der Hand: ● Supination - Pronation 90°-0°-90° ● alle Bewegungen im distalen Radioulnargelenk sind an gleichsinnige Bewegungen im proximalen Radioulnargelenk gekoppelt	Luxation meist kombiniert mit Radiusschaftfraktur (Galeazzi-Fraktur)

Muskeln des Ellbogengelenks und der Radioulnargelenke

GELENK	BEWEGUNG	MUSKELN	NERVEN
Articulatio cubiti	*Extension*	M. triceps brachii, M. anconeus	N. radialis
	Flexion	M. biceps brachii, M. brachialis	N. musculocutaneus
		M. brachioradialis	N. radialis
		M. pronator teres	N. medianus
Articulationes radio-ulnares	*Pronation*	M. pronator teres, M. pronator quadratus, M. flexor carpi radialis	N. medianus
		M. brachioradialis (aus Supination zur Mittelstellung)	N. radialis
	Supination	M. biceps brachii (stärkster Supinator bei gebeugtem Ellbogengelenk)	N. musculocutaneus
		M. supinator (unabhängig von der Stellung des Ellbogengelenks)	N. radialis (R. profundus)
		M. brachioradialis (aus Pronation zur Mittelstellung)	N. radialis

8.2.3 Articulationes manus (Gelenke der Hand)

GELENK	GELENK-FLÄCHEN	BÄNDER	GELENKART	BEWEGUNGSUMFANG	KLINIK
Articulatio radiocarpalis (proximales Handgelenk)	● Facies articularis carpalis des Radius ● Discus articularis (distal der Ulna) ● proximale Flächen von • Os scaphoideum • Os lunatum • Os triquetrum	● Lig. radiocarpale dorsale ● Lig. radiocarpale palmare ● Lig. ulnocarpale palmare ● Lig. collaterale carpi radiale ● Lig. collaterale carpi ulnare	Zusammengesetztes Gelenk (Articulatio composita) mit dem Bewegungsspielraum eines Eigelenks (2 Freiheitsgrade)	*Handbewegungen*: ● Radialabduktion - Ulnarabduktion 20°-0°-40° ● Dorsalextension - Palmarflexion (beide Handgelenke zusammen, isoliertes Messen des Bewegungsumfangs des proximalen Handgelenks ist nur im Röntgenbild möglich): 80°-0°-80°	■ **Luxation** selten (bei Sturz auf die Hand, es bricht jedoch eher die Speiche), z.B.: ● Dislokation der Handwurzel nach dorsal ● *Lunatumluxation* (isolierte Aussprengung des Mondbeins) ● transnavikuläre perilunäre Luxationsfraktur (de-Quervain-Verrenkungsbruch): Kombination mit Kahnbeinfraktur
Articulatio mediocarpalis (distales Handgelenk)	● Distale Flächen von • Os scaphoideum • Os lunatum • Os triquetrum ● proximale Flächen von • Os trapezium • Os trapezoideum • Os capitatum • Os hamatum	● Lig. carpi radiatum ● Ligg. intercarpalia dorsalia ● Ligg. intercarpalia palmaria ● Teile der Bänder des vorhergehenden Gelenks	Zusammengesetztes Gelenk (Articulatio composita) mit dem Bewegungsspielraum eines Scharniergelenks (1 Freiheitsgrad)	Dorsalextension - Palmarflexion (beide Handgelenke zusammen, isoliertes Messen des Bewegungsumfangs des proximalen Handgelenks ist nur im Röntgenbild möglich: Bezug auf Lunatumtangente): 80°-0°-80°	■ Arthritis der Handgelenke: eine der bevorzugten Lokalisationen am Beginn einer **chronischen Polyarthritis** (oft abgekürzt cP oder pcP) ● häufigste entzündliche Gelenkerkrankung: ~ 3 % der Gesamtbevölkerung befallen, Frauen häufiger als Männer
Articulationes intercarpales (Handwurzel-Nebengelenke)	Die dem jeweils benachbarten Os carpi anliegenden Flächen der proximalen und distalen Reihe der Ossa carpi	● Ligg. intercarpalia interossea ● Bänder des vorhergehenden Gelenks	Kaum näher zu definierende straffe Gelenke (Amphiarthrosen)	Die geringen Bewegungen in den Interkarpalgelenken gehen mit in die Meßwerte der Handgelenke ein	● Beginn meist 20.-40. Lebensjahr, erstes Symptom: Morgensteifigkeit der Finger ● Ursache ungeklärt ● Verlauf meist schleichend: immer mehr Gelenke erkranken
Articulatio ossis pisiformis (Erbsenbeingelenk)	Einander zugewandte Flächen des ● Os pisiforme ● Os triquetrum	● Lig. pisohamatum ● Lig. pisometacarpale	Flaches Gelenk (Articulatio plana) mit 2 Freiheitsgraden	Bei entspanntem M. flexor carpi ulnaris läßt sich das Erbsenbein je etwa 0,5 cm radial und ulnar sowie distal und proximal verschieben	
Articulationes carpometacarpales II-V (Handwurzel-Mittelhand-Gelenke 2-5)	● Distale Flächen von • Os trapezoideum • Os capitatum • Os hamatum ● Bases metacarpales II-V	● Ligg. carpometacarpalia dorsalia ● Ligg. carpometacarpalia palmaria	Straffe Gelenke (Amphiarthrosen), auch als Kugelgelenke mit sehr geringer Beweglichkeit zu betrachten (3 Freiheitsgrade)	■ Kleinfinger: ● Dorsalextension - Palmarflexion etwa 0°-0°-10° ● Reposition - Opposition etwa 0°-0°-10° ● Rotation kaum zu messen ■ übrige Finger: noch geringer	

Fortsetzung der Tabelle nächste Seite

Gelenke der Hand (Fortsetzung)

GELENK	GELENK-FLÄCHEN	BÄNDER	GELENKART	BEWEGUNGSUMFANG	KLINIK
Articulationes inter-metacarpales (Mittelhand-knochen-Nebengelenke)	Einander zuge-wandte Flächen der Ossa meta-carpi II-V	● Ligg. meta-carpalia dorsalia ● Ligg. meta-carpalia palma-ria ● Ligg. meta-carpalia inter-ossea ● Lig. metacar-pale transver-sum profundum	Kaum näher zu definierende straffe Gelenke (Amphiarthro-sen)	Alle Bewegungen erfolgen gemeinsam mit Bewegun-gen in den Karpometakar-palgelenken	

Muskeln der Handgelenke

BEWEGUNG	MUSKELN	NERVEN
Palmarflexion	M. flexor carpi radialis, M. flexor pollicis longus, M. flexor digitorum superficialis, M. flexor digitorum profundus (Finger 2 + 3) *	N. medianus
	M. flexor carpi ulnaris, M. flexor digitorum profundus (Finger 4 + 5) *	N. ulnaris
Dorsalextension	● Alle ulnaren Extensoren (⇨ 8.3.5) ● radiale Extensoren, ausgenommen M. brachioradialis ● von den tiefen Extensoren nur M. extensor pollicis longus und M. extensor indicis	N. radialis
Radialabduktion	● M. extensor carpi radialis longus, M. extensor carpi radialis brevis ● Muskeln der Tabatiere (M. abductor pollicis longus, M. extensor pollicis brevis, M. extensor pollicis longus)	N. radialis
	M. flexor carpi radialis	N. medianus
Ulnarabduktion	M. extensor carpi ulnaris	N. radialis
	M. flexor carpi ulnaris	N. ulnaris

* Die Fingerbeuger können in den Handgelenken nur bei gestreckten Fingern beugen, sonst werden sie aktiv insuffizient

8.2.4 Fingergelenke

GELENK	GELENK-FLÄCHEN	BÄNDER	GELENKART	BEWEGUNGSUMFANG	KLINIK
Articulatio carpo-metacarpalis pollicis (Daumensattel-gelenk)	● Distale Fläche des Os trape-zium ● Basis meta-carpalis I	● Ligg. carpo-metacarpalia dorsalia ● Ligg. carpo-metacarpalia palmaria	Sattelgelenk (Ar-ticulatio sellaris) mit 2 Freiheits-graden	*Daumenbewegungen:* ● Abduktion - Adduktion 60˚-0˚-0˚ ● Reposition - Opposion 30˚-0˚-30˚	Luxation (bei Längsstau-chung des adduzierten Daumens) meist kombi-niert mit Bruch der Basis metatarsalis I (Bennett-Lu-xationsfraktur)
Articulationes metacarpo-phalangeales II-V (Fingergrund-gelenke 2-5)	● Caput meta-carpale ● Basis phalan-gis proximalis der Finger 2-5	● Ligg. collate-ralia ● Ligg. palmaria	Kugelgelenk (Articulationes sphaeroideae) mit 3 Freiheits-graden, wovon einer (Rotation) nicht isoliert genutzt werden kann	*Fingerbewegungen:* ● Dorsalextension - Pal-marflexion 10˚-0˚-90˚ ● Abduktion - Adduktion (nur bei Dorsalextension) 20˚-0˚-10˚ ● Außenrotation - Innen-rotation (nur als Mitbewe-gung und passiv) je etwa 10-30˚ (am besten Klein-finger)	● In Befunden häufig ab-gekürzt MP (Metakarpo-phalangealgelenk) ● *Ulnardeviation:* bei fort-geschrittener chronischer Polyarthritis (⇨ 8.2.3) ge-raten die Finger 2-5 häufig in starke ulnare Abduktion in den Fingergrundgelen-ken, die das Greifen mit der Hand erheblich behin-dert
Articulatio metacarpo-phalangealis I (Daumengrund-gelenk)	● Caput meta-carpale ● Basis phalan-gis proximalis des Daumens	● Ligg. collate-ralia ● Ligg. palmaria	Scharniergelenk (Ginglymus) mit 1 Freiheitsgrad	Dorsalextension - Palmar-flexion 0˚-0˚-50˚	Bei Sportunfällen häufig Bandrupturen ("Skidau-men")

Fortsetzung der Tabelle nächste Seite

Fingergelenke (Fortsetzung)

GELENK	GELENK-FLÄCHEN	BÄNDER	GELENKART	BEWEGUNGSUMFANG	KLINIK
Articulationes interphalangeales proximales (Fingermittelgelenke)	● Caput phalangis proximalis ● Basis phalangis mediae der Finger 2-5	● Ligg. collateralia ● Ligg. palmaria	Scharniergelenke (Ginglymi) mit 1 Freiheitsgrad	Dorsalextension - Palmarflexion 0°-0°-100°	● In Befunden häufig abgekürzt PIP (proximales Interphalangealgelenk) ● Luxation häufig bei Sportunfällen ● Bouchard-Arthrose: Deformation der Fingermittelgelenke
Articulationes interphalangeales distales (Fingerendgelenke)	● Caput phalangis proximalis I ● Caput phalangis mediae der Finger 2-5 ● Basis phalangis distalis der Finger 1-5	● Ligg. collateralia ● Ligg. palmaria	Scharniergelenke (Ginglymi) mit 1 Freiheitsgrad	● Daumen: Dorsalextension - Palmarflexion 0°-0°-80° ● Finger 2-5: Dorsalextension - Palmarflexion 0°-0°-50°	● In Befunden häufig abgekürzt DIP (distales Interphalangealgelenk) ● Luxation häufig bei Sportunfällen ● Heberden-Arthrose: Randwulstbildungen an Sehnenansätzen der Fingerendgelenke mit Weichteilveränderungen (Heberden-Knoten), häufig

Muskeln der Fingergelenke

GELENK	BEWEGUNG	MUSKELN	NERVEN
Articulatio carpometacarpalis pollicis	Abduktion	M. abductor pollicis longus	N. radialis
		M. abductor pollicis brevis	N. medianus
	Adduktion	M. adductor pollicis, M. interosseus dorsalis I	N. ulnaris
	Opposition	M. abductor pollis brevis, M. opponens pollicis, M. flexor pollicis brevis (Caput superficiale)	N. medianus
		M. adductor pollicis, M. flexor pollicis brevis (Caput profundum)	N. ulnaris
	Reposition	M. extensor pollicis longus und brevis, M. abductor pollicis longus	N. radialis
Articulationes metacarpophalangeales II-V	Extension	M. extensor digitorum, M. extensor digiti minimi, M. extensor indicis	N. radialis
	Flexion	Mm. interossei palmares und dorsales, Mm. lumbricales (II-IV), M. flexor digiti minimi, M. flexor digitorum profundus (Finger 4 + 5) *	N. ulnaris
		M. flexor digitorum superficialis, M. flexor digitorum profundus (Finger 2 + 3) *	N. medianus
	Abduktion	Mm. interossei dorsales, M. abductor digiti minimi	N. ulnaris
	Adduktion	Mm. interossei palmares	N. ulnaris
Articulationes interphalangeales proximales II-V	Extension	Mm. interossei dorsales und palmares, Mm. lumbricales (II-IV)	N. ulnaris
		Mm. lumbricales (I + II)	N. medianus
	Flexion	M. flexor digitorum superficialis, M. flexor digitorum profundus (Finger 2 + 3)	N. medianus
		M. flexor digitorum profundus (Finger 4 + 5)	N. ulnaris
Articulationes interphalangeales distales II-V	Extension	Mm. interossei dorsales und palmares, Mm. lumbricales (II-IV)	N. ulnaris
		Mm. lumbricales (I + II)	N. medianus
	Flexion	M. flexor digitorum profundus (Finger 2 + 3)	N. medianus
		M. flexor digitorum profundus (Finger 4 + 5)	N. ulnaris
Articulatio metacarpophalangealis I	Extension	M. extensor pollicis longus, M. extensor pollicis brevis	N. radialis
	Flexion	M. flexor pollicis longus, M. abductor pollis brevis, M. flexor pollicis brevis (Caput superficiale)	N. medianus
		M. adductor pollicis, M. flexor pollicis brevis (Caput profundum)	N. ulnaris
Articulatio interphalangealis I	Extension	M. extensor pollicis longus	N. radialis
	Flexion	M. flexor pollicis longus	N. medianus

* Die Fingerbeuger können in den Fingergrundgelenken nur bei dorsalextendierten Handgelenken beugen, sonst werden sie aktiv insuffizient

8.3 Muskeln der oberen Extremität (Mm. membri superioris)

8.3.1 Übersicht

MUSKELGRUPPE		MUSKELN	INNERVATION	HAUPTFUNKTION	FASZIEN
Schulter-gürtel-muskeln (Rumpf-Schultergür-tel-Muskeln)		M. sternocleidomastoideus M. trapezius M. levator scapulae M. rhomboideus major M. rhomboideus minor M. subclavius M. pectoralis minor M. serratus anterior M. omohyoideus	● N. acces-sorius (XI) ● Plexus cervicalis ● Plexus brachialis	Schlüsselbeingelenke: ● Heben und Senken der Clavicula ● Schwenken der Scapula	● Fascia nuchae [nuchalis] ● Fascia clavipectoralis ● Fascia cervicalis: • Lamina superficialis • Lamina pretrachealis
Schulter-muskeln (Schulter-gürtel-Arm-Muskeln)	Dorsale Gruppe	M. supraspinatus M. infraspinatus M. teres minor M. teres major M. deltoideus M. latissimus dorsi	● N. supra-scapularis ● N. axillaris ● N. thora-codorsalis	Schultergelenk: ● Retroversion ● Ad- und Abduktion ● Außen- und Innen-rotation	● Fascia deltoidea ● Fascia thoracolumbalis
	Ventrale Gruppe	M. subscapularis M. coracobrachialis M. pectoralis major	Plexus bra-chialis	Schultergelenk: ● Anteversion ● Adduktion ● Innenrotation	● Fascia axillaris ● Fascia pectoralis
Oberarm-muskeln		M. biceps brachii M. brachialis M. triceps brachii M anconeus	● N. muscu-locutaneus ● N. radialis	Ellbogengelenk: ● Flexion ● Extension	● Fascia brachii [brachia-lis] ● Septum intermusculare brachii mediale ● Septum intermusculare brachii laterale
Unterarm-muskeln	Radiale Extensoren-gruppe	M. brachioradialis M. extensor carpi radialis lon-gus M. extensor carpi radialis bre-vis	N. radialis	● Ellbogengelenk: Flexion ● Radioulnargelenke: Supination ● Handgelenke: • Extension • Radial-und Ulnarab-duktion ● Fingergelenke: Extension	● Fascia antebrachii ● Fascia dorsalis manus ● Retinaculum extensorum
	Ulnare Extensoren-gruppe	M. extensor digitorum M. extensor digiti minimi M. extensor carpi ulnaris			
	Tiefe Extensoren-gruppe	M. supinator M. abductor pollicis longus M. extensor pollicis brevis M. extensor pollicis longus M. extensor indicis			
	Flexoren	M. pronator teres M. flexor carpi radialis M. palmaris longus M. flexor carpi ulnaris M. flexor digitorum superficialis M. flexor digitorum profundus M. flexor pollicis longus M. pronator quadratus	● N. media-nus ● N. ulnaris	● Radioulnargelenke: Pronation ●Handgelenke: • Flexion • Radial- und Ulnarab-duktion ● Fingergelenke: Fle-xion	● Aponeurosis palmaris ● Retinaculum flexorum ● Canalis carpi
Hand-muskeln	Muskeln des Daumen-ballens	M. abductor pollicis brevis M. flexor pollicis brevis M. opponens pollicis M. adductor pollicis	● N. media-nus ● N. ulnaris	● Daumensattelge-lenk: • Opposition • Ab- und Adduktion ● Daumengrundge-lenk: Flexion	
	Muskeln des Kleinfinger-ballens	M. abductor digiti minimi M. flexor digiti minimi brevis M. opponens digiti minimi M. palmaris brevis	N. ulnaris	● Bewegungen des Kleinfingers ● Spannen der Apo-neurosis palmaris	
	Tiefe Hohlhand-muskeln	Mm. lumbricales Mm. interossei dorsales Mm. interossei palmares	● N. media-nus ● N. ulnaris	● Metakarpophalan-gealgelenke: Flexion ● Interphalangealge-lenke: Extension	

8.3.2 Schultergürtelmuskeln

MUSKEL	URSPRUNG	ANSATZ	INNERVATION	FUNKTION	ANMERKUNGEN
M. sternocleidomastoideus (Kopfwender)	2 Köpfe: ● Manubrium sterni ● Extremitas sternalis der Clavicula	● Processus mastoideus ● Linea nuchalis superior	N. accessorius + Plexus cervicalis	● HWS + Kopfgelenke: neigt den Kopf zur Seite und nach hinten und dreht ihn zur Gegenseite ● Sternoklavikulargelenk: hebt die Clavicula ● Kostovertebralgelenke: hebt den Thorax (Hilfseinatemmuskel!)	● Der zweiköpfige Muskel bestimmt entscheidend die Halskonturen ● Die Hautgrube zwischen den beiden Ursprüngen nennt man Fossa supraclavicularis minor
M. trapezius (Trapezmuskel)	● Os occipitale: • Linea nuchalis superior • Protuberantia occipitalis externa ● Lig. nuchae + Processus spinosi aller Hals- und Brustwirbel	● Extremitas acromialis der Clavicula ("Pars descendens") ● Acromion ("Pars transversa") ● Spina scapulae ("Pars ascendens")	N. accessorius + Plexus cervicalis	● *Pars descendens*: hebt den Schultergürtel und neigt den Kopf zur Seite ● *Pars transversa*: zieht die Scapula nach medial ● *Pars ascendens*: senkt die Scapula und schwenkt deren Angulus inferior nach vorn (wichtig für das Heben des Arms)	● Oberflächlichster Rückenmuskel, wegen seiner Form früher auch *Kapuzenmuskel* genannt ● Ursprungsehnenspiegel im Bereich der Vertebra prominens ("*Lindenblattsehne*") und der Vertebra thoracica XII ● Ansatzsehnenspiegel am medialen Ende der Spina scapulae
M. levator scapulae (Schulterblattheber)	Processus transversi C_1-C_4	Angulus superior der Scapula	N. dorsalis scapulae	● Hebt den Angulus superior der Scapula und schwenkt dabei den Angulus inferior nach medial ● neigt den Hals zur Seite	Beim Heben der Schulter gegen Widerstand wölbt der Muskel die Haut im Trigonum cervicale posterius vor
Mm. rhomboidei (Rautenmuskeln)	● *M. rhomboideus minor*: Processus spinosi C_6+C_7 ● *M. rhomboideus major*: Processus spinosi Th_1-Th_4	Gemeinsam am Margo medialis der Scapula	N. dorsalis scapulae	● Heben die Scapula und ziehen sie nach medial ● schwenken dabei den Angulus inferior nach medial ● pressen zusammen mit dem M. serratus anterior die Scapula an den Thorax	● Die zusammengehörende Muskelplatte wird gewöhnlich durch eine stärkere Vene mit begleitendem Bindegewebe in die beiden Teilmuskeln zerlegt ● bei Lähmung Scapula alata (⇨ 8.2.1)
M. subclavius (Unterschlüsselbeinmuskel)	1. Rippenknorpel	Extremitas acromialis der Clavicula	N. subclavius	● Senkt die Clavicula ● stemmt sie im Sternoklavikulargelenk fest	Polstert die A. + V. subclavia und den Plexus brachialis gegen die Clavicula
M. pectoralis minor (kleiner Brustmuskel)	3.-5. Rippe	Processus coracoideus der Scapula	N. pectoralis medialis/lateralis	● Senkt die Scapula ● hebt den Thorax (Hilfseinatemmuskel)	Liegt versteckt dorsal des M. pectoralis major
M. serratus anterior (vorderer Sägemuskel)	1.-9. Rippe	Scapula: ● Angulus superior ● Margo medialis ● Angulus inferior	N. thoracicus longus	● Zieht Scapula nach vorn ● schwenkt deren Angulus inferior nach lateral (wichtig für Heben des Arms über Horizontale) ● preßt zusammen mit den Mm. rhomboidei die Scapula an den Thorax	● Die Ursprünge des M. serratus anterior und des M. obliquus externus abdominis bilden an der seitlichen Brustwand eine Sägelinie ("*Linea serrata*"); sie tritt beim Heben des Arms deutlich hervor ● bei Lähmung Scapula alata (⇨ 8.2.1)
M. omohyoideus (Schulterblatt-Zungenbein-Muskel)	● Margo superior der Scapula medial der Incisura scapulae ● Lig. transversum scapulae superius	Corpus ossis hyoidei	Plexus cervicalis (Ansa cervicalis)	● Zieh das Zungenbein nach kaudal ● hebt die Scapula ● spannt die Lamina pretrachealis der Fascia cervicalis in Querrichtung	● Randmuskel des mittleren Blatts der Halsfaszie ● wölbt beim Schlucken die Haut in der Fossa supraclavicularis major vor

8.3.3 Schultermuskeln

● Vorbemerkung zu den Angaben bei "Funktion": Das Schultergelenk als Kugelgelenk hat 3 Hauptachsen. Dementsprechend sind bei jedem Muskel 3 Bewegungsrichtungen zu diskutieren. Steht eine davon im Vordergrund, so ist nur diese angegeben.
● Die der Gelenkkapsel des Schultergelenks anliegenden Muskeln werden in der Klinik gewöhnlich unter dem Begriff "Rotatorenmanschette" zusammengefaßt: M. supraspinatus, M. infraspinatus, M. teres minor, M. subscapularis.

Dorsale Gruppe

MUSKEL	URSPRUNG	ANSATZ	INNERVATION	FUNKTION	ANMERKUNGEN
M. supraspinatus (Obergrätenmuskel)	Fossa supraspinata	Tuberculum majus	N. suprascapularis	Abduktion	● Bedeckt vom M. trapezius und M. deltoideus ● Impingement der Supraspinatussehne ⇨ 8.8.1
M. infraspinatus (Untergrätenmuskel)	Fossa infraspinata	Tuberculum majus	N. suprascapularis	Außenrotation	Liegt in dem Dreieck zwischen M. trapezius, M. deltoideus und M. latissimus dorsi oberflächlich und kann dort getastet werden
M. teres minor (kleiner Rundmuskel)	Margo lateralis der Scapula	Tuberculum majus	N. axillaris	● Außenrotation ● Adduktion	M. teres minor und major entspringen nebeneinander an Scapula, setzen aber getrennt am Humerus an (der erste dorsal, der zweite ventral). Dabei entsteht ein sich nach lateral verbreiternder Spalt. Durch ihn zieht Caput longum des M. triceps brachii und teilt ihn in die *mediale + laterale Achsellücke*
M. teres major (großer Rundmuskel)	Angulus inferior der Scapula	Crista tuberculi minoris	N. thoracodorsalis + Nn. subscapulares	● Adduktion ● Retroversion ● Innenrotation	
M. deltoideus (Deltamuskel)	3 Teile: ● laterales Drittel der Clavicula ● Acromion ● Spina scapulae	Gemeinsam lateral am Corpus humeri (Tuberositas deltoidea)	N. axillaris	Unterschiedliche Bewegungen der 3 Teile: ● klavikulärer Teil: Anteversion, Innenrotation ● akromialer Teil: Abduktion (Hauptaufgabe!) ● spinaler Teil: Retroversion, Außenrotation	● Geeignet für intramuskuläre Injektion ● die Rundung der Schulter ist nicht durch den M. deltoideus, sondern durch den Humerus bedingt (Delle bei Schulterluxation)
M. latissimus dorsi (breiter Rückenmuskel)	● Über Fascia thoracolumbalis von Processus spinosi Th7-L5 ● Crista iliaca ● 10.-12. Rippe	Crista tuberculi minoris	N. thoracodorsalis	Wirkt auf zahlreiche Gelenke: ● Schultergelenk: Retroversion, Adduktion, Innenrotation ● Sternoklavikulargelenk: senkt den Schultergürtel ● Kostovertebralgelenke: hebt unterste Rippen (Hilfsausatemmuskel bei ruckartiger Ausatmung, "*Hustenmuskel*") ● Wirbelsäule: neigt zur Seite	● Größtflächiger Muskel des Menschen ● bildet mit dem M. teres major die *hintere Achselfalte*, Hauptmuskel ist dabei der M. teres major, der M. latissimus dorsi ist dort dünn

Ventrale Gruppe

MUSKEL	URSPRUNG	ANSATZ	INNERVATION	FUNKTION	ANMERKUNGEN
M. subscapularis (Unterschulterblattmuskel)	Facies costalis der Scapula	Tuberculum minus	Nn. subscapulares	Innenrotation	Liegt zwischen Scapula und Thorax
M. coracobrachialis (Rabenschnabelfortsatz-Oberarm-Muskel)	Processus coracoideus	Medial am Corpus humeri (in der Verlängerung der Crista tuberculi minoris)	N. musculocutaneus	● Anteversion ● Adduktion ● Innenrotation	● Wölbt bei Abduktion und Retroversion des Arms die Achselhaut vor ● Leitmuskel für den Gefäß-Nerven-Strang
M. pectoralis major (großer Brustmuskel)	3 Teile: ● *Pars clavicularis*: mediale Hälfte der Clavicula ● *Pars sternocostalis*: Sternum + 2.-7. Rippe ● *Pars abdominalis*: Lamina anterior der Vagina musculi recti abdominis	Gemeinsam an Crista tuberculi majoris (dabei scheinbare Verdrehung der Muskelfasern: Pars clavicularis setzt weiter distal an als Pars abdominalis, beim Heben des Arms abgerollt)	N. pectoralis medialis + lateralis	● Schultergelenk: Anteversion, Adduktion, Innenrotation ● Kostovertebralgelenke: kaudaler Teil der Pars sternocostalis hebt den Thorax bei festgestelltem Arm (Hilfseinatemmuskel)	● Hauptmuskel der vorderen Achselfalte ● konturbildend an der vorderen Brustwand ● "*Umarmungsmuskel*"

8.3.4 Oberarmmuskeln

Muskel	Ursprung	Ansatz	Innervation	Funktion	Anmerkungen
M. biceps brachii (zweiköpfiger Oberarmmuskel, "Bizeps")	● *Caput longum*: Tuberculum supraglenoidale (die Sehne verläuft durch die Cavitas articularis des Schultergelenks) ● *Caput breve*: Processus coracoideus	● Hauptsehne: Tuberositas radii ● Nebensehne (Aponeurosis musculi bicipitis brachii, früher Lacertus fibrosus genannt): Fascia antebrachii	N. musculocutaneus	● Ellbogengelenk: • Flexion ("Schnelligkeitsbeuger") • Supination ● Schultergelenk (geringe Wirkung, da kurzer Hebelarm): • Anteversion • Abduktion	● Je 2 Ursprung- und Ansatzsehnen ● Caput longum heißt so nach der langen Ursprungsehne, hat jedoch den kürzeren Muskelbauch! ● Sulcus bicipitalis medialis/lateralis: flache Hautrinnen medial und lateral des M. biceps brachii ● Riß der langen Bizepssehne bei degenerativem Umbau
M. brachialis (Oberarmmuskel)	● Distale Vorderfläche des Corpus humeri ● Septum intermusculare brachii mediale/laterale	Tuberositas ulnae	N. musculocutaneus	Ellbogengelenk: Beugen ("Kraftbeuger")	Im distalen Oberarm medial und lateral des M. biceps brachii zu tasten
M. triceps brachii (dreiköpfiger Oberarmmuskel)	3 Köpfe: ● *Caput longum*: sehnig vom Tuberculum infraglenoidale ● *Caput laterale*: Humerus lateral des Sulcus nervi radialis ● *Caput mediale*: Humerus distal des Sulcus nervi radialis	Sehnig am Olecranon	N. radialis	● Ellbogengelenk: Extension ● Caput longum: zusätzlich geringe Adduktion im Schultergelenk	● Einziger, aber sehr kräftiger Muskel der Dorsalseite des Oberarms ● Caput laterale auch für intramuskuläre Injektion geeignet (beliebt bei Reihenimpfungen) ● alle 3 Köpfe sind gut zu tasten, sie bestimmen die Konturen der Oberarm-Rückseite
M. anconeus (Knorrenmuskel)	● Epicondylus lateralis des Humerus ● Lig. collaterale laterale	Facies posterior der Ulna (proximales Viertel)	N. radialis	Ellbogengelenk: ● Extension ● spannt die Gelenkkapsel (verhindert deren Einklemmen beim Strecken)	Dreieckiges Hautfeld zwischen Epicondylus lateralis, Olecranon und Margo posterior der Ulna

8.3.5 Extensoren des Unterarms

Radiale Extensorengruppe

Muskel	Ursprung	Ansatz	Innervation	Funktion	Anmerkungen
M. brachioradialis (Oberarm-Speichen-Muskel)	● Margo lateralis des Humerus (etwa die distalen 10 cm) ● Septum intermusculare brachii laterale	Proximal des Processus styloideus des Radius	N. radialis	● Ellbogengelenk: Flexion ● Radioulnargelenke: je nach Ausgangstellung Pro- oder Supination	● Wölbt die Haut beim Beugen im Ellbogengelenk gegen Widerstand stark vor ● Leitmuskel der A. radialis ● gehört der Innervation nach zu den Extensoren, aber erreicht die Handgelenke nicht und kann daher nicht strecken
M. extensor carpi radialis longus (langer radialer Handstrecker)	● Margo lateralis des Humerus (distal des Ursprungs des M. brachioradialis) ● Epicondylus lateralis des Humerus	Basis metacarpalis II	N. radialis	● Handgelenke: • Dorsalextension • Radialabduktion ● Ellbogengelenk: schwache Beugung	Ansatzsehne zieht durch das 2. Sehnenscheidenfach unter dem Retinaculum extensorum
M. extensor carpi radialis brevis (kurzer radialer Handstrecker)	Epicondylus lateralis des Humerus	Basis metacarpalis III	N. radialis	Handgelenke: ● starke Dorsalextension ● schwache Radialabduktion	● Ansatzsehne zieht durch das 2. Sehnenscheidenfach unter dem Retinaculum extensorum ● sie wölbt beim Faustschluß die Haut stark vor

Ulnare Extensorengruppe

MUSKEL	URSPRUNG	ANSATZ	INNERVATION	FUNKTION	ANMERKUNGEN
M. extensor digitorum (Fingerstrecker)	• Epicondylus lateralis des Humerus • Lig. collaterale laterale • Lig. anulare radii	Dorsalaponeurosen der Finger 2-5	N. radialis	• Fingergrundgelenke 2-5: • kräftige Dorsalextension • schwache Ab- oder Adduktion (je nach Ausgangstellung) • Fingermittel- und -endgelenke 2-5: nur schwache Dorsalextension • Handgelenke: Dorsalextension	• Die 4 Ansatzsehnen ziehen durch das 4. Sehnenscheidenfach unter dem Retinaculum extensorum • am Dorsum manus sind die Sehnen z.T. durch Connexus intertendinei verbunden • sie wölben bei Dorsalextension in den Metakarpophalangealgelenken die Haut vor
M. extensor digiti minimi (Kleinfingerstrecker)	Epicondylus lateralis des Humerus	Dorsalaponeurose des Kleinfingers	N. radialis	Dorsalextension im Kleinfinger-Grundgelenk und (schwächer) in den Handgelenken	• Im Grunde Teil des M. extensor digitorum • seine Ansatzsehne benutzt jedoch einen eigenen Sehnenkanal (5. Sehnenscheidenfach unter dem Retinaculum extensorum)
M. extensor carpi ulnaris (ulnarer Handstrecker)	• Epicondylus lateralis des Humerus • Margo posterior der Ulna	Basis metacarpalis V	N. radialis	Handgelenke: • Dorsalextension • Ulnarabduktion	Ansatzsehne zieht durch das 6. Sehnenscheidenfach unter dem Retinaculum extensorum

Tiefe Extensorengruppe

MUSKEL	URSPRUNG	ANSATZ	INNERVATION	FUNKTION	ANMERKUNGEN
M. supinator (Auswärtsdreher)	• Epicondylus lateralis des Humerus • Lig. collaterale laterale • Lig. anulare radii • Crista musculi supinatoris der Ulna	Radius (distal der Tuberositas radii)	N. radialis	Supination	• Wird vom R. profundus des N. radialis durchbohrt • stärkster Supinator in Streckstellung des Ellbogengelenks (in Beugestelung ist es der M. biceps brachii)
M. abductor pollicis longus (langer Daumenabspreizer)	• Facies posterior der Ulna • dorsale Seite der Membrana interossea antebrachii • Facies posterior des Radius	Basis metacarpalis I	N. radialis	• Daumensattelgelenk: Reposition und Abduktion • Handgelenke: Radialabduktion	• Ansatzsehne zieht durch das 1. Sehnenscheidenfach unter dem Retinaculum extensorum • sie bildet (zusammen mit der Sehne des M. extensor pollicis brevis) die radiale Randsehne der Tabatiere
M. extensor pollicis brevis (kurzer Daumenstrecker)	• Facies posterior der Ulna • dorsale Seite der Membrana interossea antebrachii • Facies posterior des Radius	Basis der Phalanx proximalis I	N. radialis	• Daumengrundgelenk: Extension • Daumensattelgelenk: • Reposition • Abduktion • Handgelenke: Radialabduktion	• Die Ansatzsehne zieht durch das 1. Sehnenscheidenfach unter dem Retinaculum extensorum • sie bildet (zusammen mit der Sehne des M. abductor pollicis longus) die radiale Randsehne der Tabatiere
M. extensor pollicis longus (langer Daumenstrecker)	• Facies posterior der Ulna • dorsale Seite der Membrana interossea antebrachii	Basis der Phalanx distalis I	N. radialis	• Daumengrund- + -endgelenk: Extension • Daumensattelgelenk: • Reposition • Abduktion • Handgelenke: • Radialabduktion • Dorsalextension	• Die Ansatzsehne zieht durch das 3. Sehnenscheidenfach unter dem Retinaculum extensorum • sie bildet die ulnare Randsehne der Tabatiere
M. extensor indicis (Zeigefingerstrecker)	• Facies posterior der Ulna	Dorsalaponeurose des Zeigefingers	N. radialis	Dorsalextension im Zeigefingergrundgelenk und (schwächer) in den Handgelenken	• Tiefer Streckmuskel für den Zeigefinger (Index) • Ansatzsehne zieht durch das 4. Sehnenscheidenfach unter dem Retinaculum extensorum

8.3.6 Flexoren des Unterarms

MUSKEL	URSPRUNG	ANSATZ	INNERVATION	FUNKTION	ANMERKUNGEN
M. pronator teres (runder Einwärtsdreher)	2 Köpfe: ● *Caput humerale:* Epicondylus medialis des Humerus ● *Caput ulnare:* Tubereeitas ulnae	Facies lateralis des Radius (Mitte)	N. medianus	● Ellbogengelenk: Flexion ● Radioulnargelenke: Pronation	● Lateraler Randmuskel der Flexoren ● wird vom N. medianus durchbohrt ● die A. radialis liegt oberflächlich, die A. ulnaris tief zu ihm
M. flexor carpi radialis (radialer Handbeuger)	Epicondylus medialis des Humerus	Basis metacarpalis II	N. medianus	● Ellbogengelenk: Flexion ● Radioulnargelenke: Pronation ● Handgelenke: • Palmarflexion • Radialabduktion	● Die lange Ansatzsehne wölbt bei Palmarflexion in den Handgelenken die Haut am distalen Unterarm vor ● radial von ihr tastet man den Puls der A. radialis ("Radialispulsgrube") ● liegt im Karpalbereich in einem eigenen Sehnenscheidenkanal (getrennt vom Karpaltunnel)
M. palmaris longus (langer Hohlhandsehnenspanner)	Epicondylus medialis des Humerus	Aponeurosis palmaris	N. medianus	● Ellbogengelenk: Flexion ● Radioulnargelenke: Pronation ● Handgelenke: Palmarflexion ● Spannen der Aponeurosis palmaris	● Die lange Ansatzsehne wölbt bei Opposition des Daumens die Haut am distalen Unterarm stark vor ● sie verläuft oberflächlich zum Retinaculum flexorum ● der Muskel fehlt häufig
M. flexor carpi ulnaris (ulnarer Handbeuger)	2 Köpfe: ● *Caput humerale:* Epicondylus medialis des Humerus ● *Caput ulnare:* • Olecranon • Margo posterior der Ulna	● Os pisiforme (als Sesambein) ● über Lig. pisometacarpale zur Basis metacarpalis V ● über Lig. pisohamatum zum Hamulus ossis hamati	N. ulnaris	Handgelenke: ● Palmarflexion ● Ulnarabduktion	● Ulnarer Randmuskel der Flexorengruppe ● die lange Ansatzsehne ist proximal des Os pisiforme leicht zu tasten ● sie zieht nicht durch den Canalis carpi! ● Leitmuskel der A. ulnaris und des N. ulnaris
M. flexor digitorum superficialis (oberflächlicher Fingerbeuger)	2 Köpfe: ● *Caput humeroulnare:* • Epicondylus medialis des Humerus • Processus coronoideus der Ulna ● *Caput radiale:* Radius	Phalanges mediae II-V (Mitte)	N. medianus	Palmarflexion in den ● Fingermittelgelenken 2-5 ● Fingergrundgelenken 2-5 ● Handgelenken	● Die langen Ansatzsehnen ziehen (in einer gemeinsamen Sehnenscheide mit den Sehnen des M. flexor digitorum profundus) durch den Canalis carpi ● sie gabeln sich an den Fingern auf und lassen die Sehnen des M. flexor digitorum profundus hindurchtreten
M. flexor digitorum profundus (tiefer Fingerbeuger)	● Facies anterior der Ulna ● palmare Seite der Membrana interossea antebrachii	Phalanges distales II-V (Bases)	2 Nerven: ● N. medianus für die Finger 2 + 3 ● N. ulnaris für die Finger 4 + 5	Palmarflexion in den ● Fingerendgelenken 2-5 ● Fingermittelgelenken 2-5 ● Fingergrundgelenken 2-5 ● Handgelenken	● Einziger Beuger der Fingerendgelenke 2-5 ● die langen Ansatzsehnen ziehen (in einer gemeinsamen Sehnenscheide mit den Sehnen des M. flexor digitorum superficialis) durch den Canalis carpi ● durchbohren die Sehnen des M. flexor digitorum superficialis
M. flexor pollicis longus (langer Daumenbeuger)	● Facies anterior des Radius ● palmare Seite der Membrana interossea antebrachii ● Epicondylus medialis des Humerus (inkonstant)	Phalanx distalis I (Basis)	N. medianus	● Daumenendgelenk, Daumengrundgelenk, Handgelenke: Palmarflexion ● Daumensattelgelenk: Opposition	● Einziger Beuger des Daumenendgelenks ● die lange Ansatzsehne wird im Canalis carpi von einer eigenen Sehnenscheide umhüllt
M. pronator quadratus (quadratischer Einwärtsdreher)	Facies anterior der Ulna (distales Viertel)	Facies anterior des Radius (distales Viertel)	N. medianus (N. interosseus antebrachii anterior)	Radioulnargelenke: Pronation	In der tiefsten Schicht der Flexoren am Unterarm distal-palmar querlaufend

8.3.7 Handmuskeln

Tiefe Hohlhandmuskeln

MUSKEL	URSPRUNG	ANSATZ	INNERVATION	FUNKTION	ANMERKUNGEN
Mm. lumbricales (Spulmuskeln, Regenwurmmuskeln)	Sehnen des M. flexor digitorum profundus	Radial an den Dorsalaponeurosen der Finger 2-5	2 Nerven: ● 2. + 3. Finger N. medianus ● 4. + 5. Finger N. ulnaris	● Fingergrundgelenke: Flexion ● Fingermittel- und -endgelenke: Extension	4 schlanke Muskeln
Mm. interossei palmares (hohlhandseitige Zwischenknochenmuskeln	Ossa metacarpi II, IV und V	Dorsalaponeurosen der Finger 2, 4 und 5	N. ulnaris	● Fingergrundgelenke: ● Flexion ● Adduktion ● Fingermittel- und -endgelenke: Extension	Die 3 Muskelbäuche liegen palmar in den Spatia interossea metacarpi
Mm. interossei dorsales (rückseitige Zwischenknochenmuskeln)	Ossa metacarpi I-V	Dorsalaponeurosen der Finger 2-4	N. ulnaris	● Fingergrundgelenke: ● Flexion ● Abduktion ● Fingermittel- und -endgelenke: Extension	Die 4 Muskelbäuche liegen dorsal in den Spatia interossea metacarpi

Muskeln des Daumenballens (Thenar)

MUSKEL	URSPRUNG	ANSATZ	INNERVATION	FUNKTION	ANMERKUNGEN
M. abductor pollicis brevis (kurzer Daumenabspreizer)	● Retinaculum flexorum ● Os scaphoideum	Über radiales Sesambein (Os sesamoideum) an der Phalanx proximalis I	N. medianus	● Daumensattelgelenk (Karpometakarpalgelenk I): ● Abduktion (Name!) ● Opposition ● Daumengrundgelenk (Metakarpophalangealgelenk I): Flexion	Oberflächlichster Muskel des Thenar
M. flexor pollicis brevis (kurzer Daumenbeuger)	● *Caput superficiale*: Retinaculum flexorum ● *Caput profundum*: ● Os trapezium ● Os trapezoideum ● Os capitatum ● Os metacarpi I	Über radiales Sesambein an der Phalanx proximalis I	● *Caput superficiale*: N. medianus ● *Caput profundum*: N. ulnaris	● Daumensattelgelenk: ● Adduktion ● Opposition ● Daumengrundgelenk: Flexion (Name!)	Mittlere Muskelschicht des Thenar
M. opponens pollicis (Daumengegenübersteller)	● Retinaculum flexorum ● Os trapezium	Os metacarpi I	N. medianus	Daumensattelgelenk: ● Abduktion ● Opposition (Name!)	Tiefster Muskel des Thenar
M. adductor pollicis (Daumenanzieher)	● *Caput obliquum*: ● Ossa metacarpi II + III ● Os capitatum ● *Caput transversum*: Os metacarpi III	Über ulnares Sesambein an der Phalanx proximalis I	N. ulnaris	● Daumensattelgelenk: ● Adduktion (Name!) ● Opposition ● Daumengrundgelenk: Flexion	Der distale Rand des Muskels ist in der Hautfalte zwischen Daumen und Zeigefinger bei Adduktion gegen Widerstand zu tasten (vor dem Rand des M. interosseus dorsalis I)

Muskeln des Kleinfingerballens (Hypothenar)

MUSKEL	URSPRUNG	ANSATZ	INNERVATION	FUNKTION	ANMERKUNGEN
M. abductor digiti minimi (Kleinfingerab-spreizer)	● Retinaculum flexorum ● Os pisiforme	Phalanx proximalis V (ulnar)	N. ulnaris	Grundgelenk des Kleinfingers (Metakarpophalangealgelenk V): Abduktion (Name!)	An der ulnaren Handkante gut zu tasten
M. flexor digiti minimi brevis (kurzer Kleinfingerbeuger)	● Retinaculum flexorum ● Hamulus ossis hamati	Phalanx proximalis V (palmar)	N. ulnaris	Grundgelenk des Kleinfingers (Metakarpophalangealgelenk V): Palmarflexion	
M. opponens digiti minimi (Kleinfingergegenübersteller)	● Retinaculum flexorum ● Hamulus ossis hamati	Os metacarpi V	N. ulnaris	Karpometakarpalgelenk V: (geringe) Opposition	
M. palmaris brevis (kurzer Hohlhandsehnenspanner)	● Aponeurosis palmaris ● Retinaculum flexorum	Haut des Hypothenar	N. ulnaris	Querspannen der Aponeurosis palmaris	Der Muskel verursacht das Hautgrübchen im Kleinfingerballen beim Faustschluß

8.3.8 Faszien und Septen der oberen Extremität

FASZIE	KOMMENTAR	SEPTEN UND VERSTÄRKUNGSZÜGE
Fascia pectoralis (oberflächliche Brustfaszie)	Bedeckt M. pectoralis major	
Fascia clavipectoralis (tiefe Brustfaszie)	Bedeckt M. subclavius und M. pectoralis minor	
Fascia axillaris (Achselfaszie)	Begrenzt Bindegeweberaum der "Achselhöhle" gegen Haut	
Fascia deltoidea (Deltamuskelfaszie)	Bedeckt M. deltoideus	
Fascia brachii [brachialis] (Oberarmfaszie)	Umhüllt Oberarmmuskeln	Muskelscheidewände des Oberarms (durch Sehnenzüge verstärkt, Ursprungsflächen für Muskeln): ● Septum intermusculare brachii mediale ● Septum intermusculare brachii laterale
Fascia antebrachii (Unterarmfaszie)	Umhüllt Unterarmmuskeln	Retinaculum extensorum: Halteband der Strecksehnen am Übergang zur Hand
Fascia dorsalis manus (Handrückenfaszie)		
Faszie der Hohlhand		Große Teile sehnenartig verstärkt: ● *Aponeurosis palmaris*: überwiegend Längszüge ● *Fasciculi transversi*: Querzüge, vorwiegend im distalen Mittelhandbereich ● *Lig. metacarpale transversum superficiale*: Querzüge palmar der Capita metacarpalia ● *Retinaculum flexorum*: Halteband der Beugesehnen, begrenzt Canalis carpi

8.3.9 Schleimbeutel und Sehnenscheiden der oberen Extremität

Bursae membri superioris (Schleimbeutel der oberen Extremität)

GRUPPE	SCHLEIMBEUTEL	LAGE
Am Schulter-blatt	Bursa subtendinea musculi trapezii	Zwischen Ansatzsehene des M. trapezius und medialem Ende der Spina scapulae
	Bursa subcutanea acromialis	Zwischen Haut und Acromion
	Bursa musculi coracobrachialis	Zwischen Ursprungsehne des M. coracobrachialis, Processus coracobrachialis und M. subscapularis
An Schulter-gelenkkapsel	Bursa subacromialis	Zwischen Acromion und Schultergelenkkapsel
	Bursa subdeltoidea	Zwischen M. deltoideus und Schultergelenkkapsel
	Bursa subtendinea musculi infraspinati	Zwischen Ansatzsehne des M. infraspinatus und Schultergelenk-kapsel
	Bursa subtendinea musculi subscapularis	Zwischen Ansatzsehne des M. subscapularis und Schulterge-lenkkapsel
Am Humerus	Bursa subtendinea musculi teretis majoris	Zwischen Ansatzsehne des M. teres major und Humerus
	Bursa subtendinea musculi latissimi dorsi	Zwischen den Ansatzsehnen des M. teres major und M. latissi-mus dorsi
Im Ellbogen-bereich	Bursa subcutanea olecrani	Zwischen Haut und Olecranon
	Bursa infratendinea olecrani	In Ansatzsehne des M. triceps brachii am Olecranon
	Bursa subtendinea musculi tricipitis brachii	Zwischen Ansatzsehne des M. triceps brachii und Olecranon
	Bursa bicipitoradialis	Zwischen Ansatzsehne des M. biceps brachii und Tuberositas radii
	Bursa cubitalis interossea	Zwischen Ansatzsehne des M. biceps brachii und Ulna

Vaginae synoviales membri superioris (Sehnenscheiden der oberen Extremität)

BEREICH	HALTEBAND	SEHNENSCHEIDEN
Hand-gelenke dorsal	**Retinaculum extensorum**	*Reihenfolge der Sehnenscheiden* von radial nach ulnar: ● (1) Vagina tendinum musculorum abductoris longi et extensoris brevis pollicis ● (2) Vagina tendinum musculorum extensorum carpi radialium ● (3) Vagina tendinis musculi extensoris pollicis longi ● (4) Vagina tendinum musculorum extensoris digitorum et extensoris indicis ● (5) Vagina tendinis musculi extensoris digiti minimi ● (6) Vagina tendinis musculi extensoris carpi ulnaris
Hand-gelenke palmar (Canalis carpi)	**Retinaculum flexorum**	● Vagina tendinis musculi flexoris carpi radialis ● Vagina communis musculorum flexorum ● Vagina tendinis musculi flexoris pollicis longi ■ **Canalis carpi** (Karpaltunnel): ● leicht U-förmig angeordnete Handwurzelknochen werden durch Retinaculum flexorum zu Kanal zusammengeschlossen ● Retinaculum flexorum ist ausgespannt zwischen ● radial: Tuberculum ossis scaphoidei + Tuberculum ossis trapezii ● ulnar: Os pisiforme + Hamulus ossis hamati ● Sehnenscheiden der 8 Sehnen des M. flexor digitorum superficialis und profundus bilden häufig einen gemeinsamen Sack ● Sehnenscheide des M. flexor pollicis longus läuft meist getrennt davon ● Sehnenscheide des M. flexor carpi radialis liegt getrennt vom Canalis carpi in eigenem Kanal ● Sehnen des M. flexor carpi ulnaris und M. palmaris longus liegen oberflächlich zum Canalis carpi und werden nicht von Sehnenscheiden umhüllt ● Peritenonitis (Tendovaginitis, Sehnenscheidenentzündung): durch Reibung der Sehnen an den Haltebändern (wenn Reibungsminderung durch Sehnenscheiden nicht ausreicht) ● N. medianus zieht mit Sehnen durch Canalis carpi und kann hier, z.B. bei Sehnenscheiden-entzündungen, druckgeschädigt werden ("Karpaltunnelsyndrom", ➪ 8.8.6)
Fingerge-lenke (Vaginae tendinum digitorum manus)	**Vaginae fibro-sae digitorum manus** ● Pars anularis vaginae fibrosae ● Pars cruci-formis vaginae fibrosae	*Vaginae synoviales digitorum manus:* ● Daumen und Kleinfinger: durchlaufende Sehnenscheiden vom Canalis carpi bis zum distalen Interphalangealgelenk (DIP) ● Finger 2–4: getrennte Sehnenscheiden im Canalis carpi und vom Fingergrund- (MP) bis zum Fingerendgelenk (DIP) ● alle Finger: Sehnenscheiden + Haltebänder bilden mit Phalangen enge "osteofibröse" Kanäle ● Blutgefäße gelangen über Vincula tendinum in die Sehnen

8.4 Arterien der oberen Extremität (Aa. membri superioris)

8.4.1 Arterien der Achselgegend und des Oberarms

ARTERIE	URSPRUNG, LAGE, VERLAUF	ÄSTE, VERSORGUNGSGEBIET	KLINIK
A. axillaris (Achselschlagader)	● Direkte Fortsetzung der A. subclavia (die Hauptarterie der oberen Extremität heißt zwischen Clavicula und vorderer Achselfalte A. axillaris, dann A. brachialis) ● liegt der Vorderwand der Achselpyramide an ● 3 Verlaufsstrecken: medial, dorsal und lateral vom M. pectoralis minor ● der Plexus brachialis folgt ihr zunächst dorsal, dann ordnen sich die 3 Faszikel um sie herum	● *A. thoracica superior*: zu M. serratus anterior und M. pectoralis major ● *A. thoraco-acromialis*: zu den Brustmuskeln, zum Acromion und zum Deltamuskel ● *A. thoracica lateralis*: zur seitlichen Brustwand und zur Brustdrüse ● *A. subscapularis*: teilt sich in • *A. thoracodorsalis* (zu den Muskeln der hinteren Achselfalte) • *A. circumflexa scapulae* (durch die mediale Achsellücke zu den Muskeln der Rückseite der Scapula) ● *A. circumflexa anterior humeri*: vor dem Collum chirurgicum zum M. deltoideus, anastomosiert mit ● *A. circumflexa posterior humeri*: mit dem N. axillaris durch die laterale Achsellücke zum M. deltoideus	■ Kollateralen: ● A. subclavia → A. suprascapularis → A. circumflexa scapulae oder A. thoraco-acromialis (Rete acromiale ⇨ 8.4.2) ● Aorta → Aa. intercostales posteriores → A. thoracica lateralis ● A. thoraco-acromialis → A. circumflexa posterior + anterior humeri ■ *Korakopektoralsyndrom*: Engpaßsyndrom bei Einengung des Raums zwischen Processus coracoideus und Brustwand (Behinderung der A. axillaris und des Plexus brachialis)
A. brachialis (Oberarmschlagader)	● Direkte Fortsetzung der A. axillaris ● im Sulcus bicipitalis medialis zur Ellenbeuge (Puls ist im gesamten Verlauf zu tasten!) ● teilt sich dort in die A. radialis und die A. ulnaris ● wichtige Varietät: "hohe Teilung" am Oberarm (manchmal schon proximal der Medianusschlinge!), dann läuft häufig eine der beiden Arterien oberflächlich (*A. brachialis superficialis*, gefährdet bei intravenöser Injektion)	● Versorgungsgebiet: Oberarm und Ellbogenbereich ● *A. profunda brachii*: mit dem N. radialis zur Rückseite des Oberarms, Endäste zum Rete articulare cubiti (⇨ 8.4.2): • A. collateralis radialis • A. collateralis media ● *A. collateralis ulnaris superior/inferior* zum Rete articulare cubiti	● Ungünstiger Kollateralkreislauf zwischen den Abgängen der A. circumflexa posterior humeri und der A. profunda brachii ● *Rete articulare cubiti* ⇨ 8.4.2

8.4.2 Arteriennetze der oberen Extremität

RETE	PROXIMALE ZUFLÜSSE	DISTALE ZUFLÜSSE	ABFLÜSSE
Rete acromiale (Arteriennetz des Schulterecks)	R. acromialis der A. suprascapularis aus A. subclavia	R. acromialis der A. thoraco-acromialis aus A. axillaris	
Rete articulare cubiti (Arteriennetz des Ellbogengelenks)	● A. collateralis ulnaris superior aus A. brachialis ● A. collateralis ulnaris inferior aus A. brachialis ● A. collateralis media aus A. profunda brachii ● A. collateralis radialis aus A. profunda brachii	● A. recurrens radialis aus A. radialis ● R. anterior + R. posterior der A. recurrens ulnaris aus A. ulnaris ● A. interossea recurrens aus A. interossea communis	
Rete carpale dorsale (Arteriennetz des Handrückens)	● A. interossea posterior aus A. interossea communis ● A. interossea anterior aus A. interossea communis	● R. carpalis dorsalis der A. radialis ● R. carpalis dorsalis der A. ulnaris	● Aa. metacarpales dorsales, setzen sich fort in ● Aa. digitales dorsales

8.4.3 Arterien von Unterarm und Hand

ARTERIE	URSPRUNG, LAGE, VERLAUF	ÄSTE, VERSORGUNGSGEBIET	KLINIK
A. radialis (Speichen- schlagader)	● Einer der beiden Endäste der A. brachialis ● Ursprung in der Ellenbeuge (bei "hoher Teilung" schon am Ober- arm) ● bedeckt vom Vorderrand des M. brachioradialis zur "*Radialispuls- grube*" ● durch die Tabatiere zum Hand- rücken ● zwischen 1. und 2. Metakarpale zur Hohlhand zum Arcus palmaris profundus	● *A. recurrens radialis*: zum Rete articulare cu- biti ● *R. palmaris superficialis*: zum oberflächlichen Hohlhandbogen (Arcus palmaris superficialis, ⇨ unten) ● *R. carpalis dorsalis*: zum Arteriennetz des Handrückens (Rete carpale dorsale ⇨ 8.4.2), aus ihm entspringen die Aa. digitales dorsales ● *A. princeps pollicis*: Hauptarterie des Dau- mens ● *A. radialis indicis*: zur Radialseite des Zeige- fingers ● der Endast geht in den tiefen Hohlhandbogen (*Arcus palmaris profundus* ⇨ unten) über ● Versorgungsgebiet: Unterarm und Hand (ge- meinsam mit der A. ulnaris)	*Radialispulsgrube*: ● zwischen den Sehnen von M. flexor carpi radialis und M. brachioradialis in den distalsten 3-4 cm des Unterarms ● den Boden bildet das vedickte distale Ende des Radius ● Puls besonders gut zu fühlen, weil Knochen als Widerlager für Arterie ● Punktion der A. radialis zur Blutgasanalyse
A. ulnaris (Ellen- schlagader)	● Einer der beiden Endäste der A. brachialis ● Ursprung in der Ellenbeuge (bei "hoher Teilung" schon am Ober- arm) ● auf dem M. flexor digitorum pro- fundus zur Handwurzel ● oberflächlich zum Retinaculum flexorum zur Hohlhand (Puls ist la- teral vom Erbsenbein zu tasten!) ● endet im oberflächlichen Hohl- handbogen	● *A. recurrens ulnaris*: zum Rete articulare cubiti ● *A. interossea communis*: ⇨ unten ● *R. carpalis dorsalis*: zum Rete carpale dorsale ● *R. palmaris profundus*: zum tiefen Hohlhand- bogen (Arcus palmaris profundus) ● der Endast geht in den oberflächlichen Hohl- handbogen (*Arcus palmaris superficialis* ⇨ un- ten) über ● Versorgungsgebiet: Unterarm und Hand (ge- meinsam mit der A. radialis)	*Puls der A. ulnaris* unmit- telbar radial vom Os pisi- forme und der Sehne des M. flexor carpi ulnaris bei leichter Dorsalextension der Handgelenke gut zu tasten (allerdings nicht so gut wie Radialispuls, weil nicht Knochen, sondern Retinaculum flexorum als Widerlager)
A. inter- ossea communis (gemeinsa- me Zwi- schen- knochen- schlagader)	● Ast der A. ulnaris, kurz nach der Aufzweigung der A. brachialis ● zwischen M. flexor pollicis lon- gus und M. flexor digitorum profun- dus ● der kurze Stamm teilt sich in • A. interossea anterior • A. interossea posterior	● *A. interossea posterior*: durchbricht die Mem- brana interossea antebrachii, gibt A. interossea recurrens zum Rete articulare cubiti ab und zieht auf der Dorsalseite der Membrana interossea zum Rete carpale dorsale ● *A. interossea anterior*: auf der Palmarseite der Membrana interossea antebrachii bis zum M. pronator quadratus, Endast durchbricht Mem- brana interossea und beteiligt sich am Rete car- pale dorsale ● Versorgungsgebiet: tiefe Schicht der Palmar- und Dorsalseite des Unterarms	
Arcus palmaris su- perficialis (oberflächli- cher Hohl- handbogen)	● Verbindung zwischen dem End- ast der A. ulnaris und dem R. pal- maris superficialis der A. radialis ● liegt in der mittleren Schicht der Palma manus unter der Aponeuro- sis palmaris auf den Flexorenseh- nen auf Höhe der Zwischenfinger- falte zwischen Daumen und Zeige- finger ● sehr variabel ("offener" Bogen, Beteiligung einer A. mediana usw.)	● *Aa. digitales palmares communes*: anasto- mosieren mit den Aa. metacarpales palmares und verzweigen sich zu je 2 ● *Aa. digitales palmares propriae*: auf der Pal- marseite der Fingergrundglieder, an den Mittel- und Endgliedern auch Äste zur Dorsalseite	Durchblutung der Hand durch 3 Verbindungen zwischen A. radialis und A. ulnaris gesichert: ● Arcus palmaris super- ficialis ● Arcus palmaris profun- dus ● Rete carpale dorsale
Arcus palmaris profundus (tiefer Hohl- handbogen)	● Verbindung zwischen dem End- ast der A. radialis und dem R. pal- maris profundus der A. ulnaris ● liegt in der tiefsten Schicht der Palma manus unter den Flexoren- sehnen auf den Mm. interossei ge- ring distal des distalen Endes des Canalis carpi	● *Aa. metacarpales palmares*: anastomosieren mit den Fingerarterien ● *Rr. perforantes*: durch die Spatia interossea zum Handrücken, anastomosieren mit den Aa. metacarpales dorsales	

8.5 Venen der oberen Extremität (Vv. membri superioris)

VENE	URSPRUNG, LAGE, VERLAUF	ÄSTE, DRAINAGEGEBIET	KLINIK
V. axillaris (Achsel-vene)	● Direkte Fortsetzung der 1-2 Vv. brachiales in der Achselgegend ● liegt ventral der A. axillaris ● ändert dorsal der Clavicula (in der "vorderen Skalenuslücke") den Namen in V. subclavia (⇨ 6.5.1)	Die Äste entsprechen weitgehend den gleichnamigen Arterien: ● *V. subscapularis*: entsteht aus ● V. circumflexa scapulae (von der Dorsalseite des Schulterblatts) ● V. thoracodorsalis (von den Muskeln der hinteren Achselfalte) ● *V. circumflexa posterior humeralis*: bildet einen Venenring um das Collum chirurgicum mit der ● *V. circumflexa anterior humeralis* ● *V. thoracica lateralis*: von der seitlichen Thoraxwand (M. serratus anterior) ● *Vv. thoraco-epigastricae*: von der oberen Bauchwand und der Brustdrüse (Plexus venosus areolaris)	Kavokavale Anastomose: ● Kollateralkreislauf zwischen V. cava superior und V. cava inferior über Vv. thoraco-epigastricae (→ V. epigastrica superficialis → V. femoralis) ● kann bei Beckenvenenthrombose (⇨ 2.5.6) für den Blutabfluß vom Bein wichtig werden
Vv. profundae membri superioris (tiefe Arm-venen)	Die tiefen (subfaszialen) Armvenen liegen meist paarweise den gleichnamigen Arterien an	● *Vv. brachiales* ● *Vv. radiales* ● *Vv. ulnares*: mit Vv. interosseae anteriores und posteriores ● *Arcus venosus palmaris profundus* ● die Drainagegebiete entsprechen den Versorgungsgebieten der gleichnamigen Arterien	
Vv. superficiales membri superioris (oberflächliche Arm-venen)	● An der Hand ist das Hautvenennetz besser sichtbar am Dorsum (*Rete venosum dorsale manus*) als an der Palma manus (Matratzenkonstruktion der Aponeurosis palmaris verdeckt *Arcus venosus palmaris superficialis*) ● am Unterarm auf der Palmarseite meist 3 parallele Längsvenen: ● *V. cephalica antebrachii* ● *V. mediana antebrachii* ● *V. basilica antebrachii* ● in der Fossa cubitalis Venen-M (3 oberflächliche Unterarmvenen setzen sich in 2 Oberarmvenen fort)	■ **V. cephalica:** ● lateral am Oberarm (oder vor dem M. biceps brachii) ● durch das Trigonum deltoideopectorale zur V. axillaris ● geht aus der V. cephalica antebrachii hervor ■ **V. basilica:** ● medial am Oberarm ● mündet in die Vv. brachiales oder zieht parallel zu diesen weiter zur V. axillaris ● geht aus der V. basilica antebrachii hervor ■ **V. mediana cubiti:** ● starke Vene in der Ellenbeuge ● verbindet die V. mediana antebrachii und/oder V. cephalica antebrachii mit der V. basilica ● große Variabilität!	● *Intravenöse Injektion* in die oberflächlichen Venen des Handrückens und des Unterarms beim Erwachsenen (beim Kind in Hals- und Kopfvenen) ● *Rechtsherzkatheter* können über die V. cephalica eingeführt werden ■ **Einführen eines zentralen Venenkatheters** über eine Vene der Ellenbeuge: ● günstig V. basilica, weil flache Mündung in V. brachialis, aber Nachteil: Nachbarschaft von A. brachialis und N. medianus ● Punktion meist mit großlumiger Metallkanüle ● Staumanschette am Oberarm, Arm im Ellbogengelenk gestreckt und supiniert ● Hautdesinfektion ● Einstich der Hohlnadel im Winkel von 15-30° durch Haut unmittelbar neben Vene ● mit erneutem Ruck in Vene, Blut fließt aus Kanüle aus ● Katheter durch Nadel einführen ● Katheter niemals durch Metallnadel zurückziehen: Gefahr, daß Katheterspitze am Anschliff der Hohlnadel abgeschnitten und als Embolus vom Blutstrom mitgerissen wird → Lungenembolie ■ **Implantation eines Herzschrittmachers:** ● die Sonde eines permanenten (bleibenden) Schrittmachers wird meist über die V. cephalica im Trigonum deltoideopectorale eingeführt ● der Schrittmacher selbst wird in eine etwa 5 x 5 cm große subkutane Tasche über dem M. pectoralis major eingenäht ● für temporäre Schrittmacher werden V. subclavia oder V. jugularis interna bevorzugt

8.6 Lymphknoten der oberen Extremität

GRUPPE	GLIEDERUNG	LAGE	EINZUGSGEBIET	ABFLUSS ZU
Nodi lymphatici cubitales (Ellenbeugen-Lymphknoten)	Nodi lymphatici cubitales superficiales	Präfaszial in der Fossa cubitalis	Unterarm und Hand (palmar und ulnar)	Nodi lymphatici brachiales
	Nodi lymphatici cubitales profundi	Subfaszial in der Fossa cubitalis	Unterarm und Hand (palmar und ulnar)	
	Nodi lymphatici cubitales supratrochleares	Proximal der Trochlea humeri	Unterarm und Hand (palmar und ulnar)	
Nodi lymphatici brachiales (Oberarm-Lymphknoten)		Entlang der Vv. brachiales	Oberarm und Nodi lymphatici cubitales	Nodi lymphatici axillares brachiales
Nodi lymphatici axillares (Achsellymphknoten)	Nodi lymphatici axillares brachiales	Entlang Vv. brachiales und V. axillaris	Nodi lymphatici brachiales und cubitales	Nodi lymphatici axillares centrales
	Nodi lymphatici subscapulares	Dem M. subscapularis anliegend	Rücken	
	Nodi lymphatici pectorales	Am Lateralrand des M. pectoralis major	Vordere Brustwand (Brustdrüse!)	
	Nodi lymphatici interpectorales	Zwischen M. pectoralis major und minor	Vordere Brustwand (Brustdrüse!)	
	Nodi lymphatici axillares centrales	Zentral in der Regio axillaris	Nodi lymphatici axillares brachiales, subscapulares, pectorales, interpectorales	Nodi lymphatici axillares apicales
	Nodi lymphatici deltoideopectorales [infraclaviculares]	Im Trigonum clavipectorale (Mohrenheim-Grube)	Radial- und Dorsalseite des gesamten Arms (Lymphbahnen entlang der V. cephalica)	
	Nodi lymphatici axillares apicales	In der Spitze der Achselpyramide	Nodi lymphatici axillares centrales und deltoideopectorales	Nodi lymphatici cervicales laterales profundi inferiores

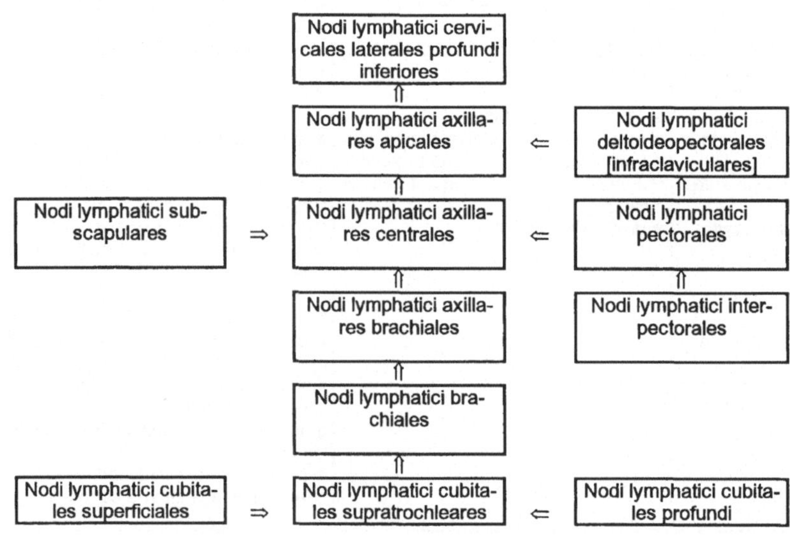

8.7 Nerven der oberen Extremität

8.7.1 Dermatome des Plexus brachialis

C₅	Oberarm lateral,
C₆	Unterarm lateral + Daumen,
C₇	2.-4. Finger,
C₈	5. Finger + Unterarm medial,
Th₁	Unterarm + Oberarm medial.

8.7.2 Plexus brachialis: Pars supraclavicularis und kurze Äste der Pars infraclavicularis

NERV	LAGE, VERLAUF	INNERVATIONS-GEBIETE	GEFÄHRDUNG	LÄHMUNGSSYNDROM
N. thoracicus longus (langer Brustkorb-nerv)	An der seitlichen Brustwand auf dem M. serratus anterior	■ Motorisch: M. serratus anterior ■ sensibel: -	Kann beim Tragen eines schweren Rucksacks zwischen Scapula und 2. Rippe gequetscht werden	● Wegen des Ausfalls des M. serratus anterior kann Arm nicht mehr kraftvoll gehoben werden (Schwenkbewegung der Scapula!) ● Scapula steht flügelartig ab (Scapula alata)
N. dorsalis scapulae (rückseitiger Schulterblatt-nerv)	Zum Rücken (medial des Margo medialis der Scapula)	■ Motorisch: ● M. levator scapulae ● M. rhomboideus minor ● M. rhomboideus major ■ sensibel: -		● Scapula kann nicht mehr kraftvoll nach hinten-medial geschwenkt werden ● Scapula wird von der Muskelschlinge aus den Mm. rhomboidei und dem M. serratus anterior nicht mehr an den Rumpf gepreßt und steht daher flügelartig ab (Scapula alata) ● der hochgehobene Arm hat keine feste Position (Ausfall aller Antagonisten der Vorwärtsschwenker des Angulus inferior)
N. supra-scapularis (Überschul-terblattnerv)	Durch Incisura scapulae unter Lig. transversum scapulae zur Fossa supraspinata (A. supra-scapularis verläuft kranial des Bandes)	■ Motorisch: ● M. supraspinatus ● M. infraspinatus ■ sensibel: -	In der Incisura scapulae bei Verknöcherung des Lig. transversum scapulae (Nervenkompressionssyndrom)	Schwächung von Außenrotation und Abduktion im Schultergelenk
N. subcla-vius (Unter-schlüs-selbeinnerv)	Sehr feiner Ast	■ Motorisch: M. subclavius ■ sensibel: -		Ausfall wird nicht bemerkt
Nn. sub-scapulares (Unterschul-terblattner-ven)	Vom Fasciculus posterior zum M. subscapularis	■ Motorisch: ● M. subscapularis ● (M. teres major) ■ sensibel: -		Schwächung der Innenrotation im Schultergelenk bei adduziertem Arm
N. thoraco-dorsalis (Brustkorb-Rücken-Nerv)	● In der Tiefe der Achselhöhle zur hinteren Achselfalte ● löst sich als distalster aus der Gruppe der Nn. subscapulares (daher früher auch N. subscapularis distalis genannt)	■ Motorisch: ● M. teres major ● M. latissimus dorsi ■ sensibel: -	Bei Operationen in der Achselgegend, z.B. Ausräumen der Lymphknoten bei der Brustkrebsoperation	Einschränkung der Retroversion des Arms (Kratzen am Rücken und am Gesäß behindert)
N. pectoralis medialis + lateralis (medialer + lateraler Brustmus-kelnerv)	● Laufen z.T. ventral, z.T. dorsal der A. subclavia, bilden manchmal Schlinge ● aus C₅-C₆ zur Pars clavicularis, aus C₆-C₈ zur Pars sternocostalis, aus C₈-Th₁ zur Pars abdominalis des M. pectoralis major ● früher Nn. thoracales anteriores genannt	■ Motorisch: ● M. pectoralis major ● M. pectoralis minor ■ sensibel: -		Schwäche von Adduktion + Anteversion des Arms

8.7.3 Plexus brachialis: Pars infraclavicularis, lange Nerven zum Arm

NERV	LAGE, VERLAUF	INNERVATIONSGEBIETE	GEFÄHRDUNG	LÄHMUNGSSYNDROM
N. musculocutaneus (Muskel-Haut-Nerv)	● Ursprung: lateraler Faszikel ● durchbohrt den M. coracobrachialis ● dann zwischen M. biceps brachii und M. brachialis ● sensibler Endast (N. cutaneus antebrachii lateralis) durchbricht lateral der Bizepshauptsehne die Faszie der Ellenbeuge	■ **Motorisch**: alle Flexoren des Oberarms: ● M. coracobrachialis ● M. biceps brachii ● M. brachialis ■ **sensibel**: langgestrecktes Hautgebiet speichenseitig am Unterarm	N. cutaneus antebrachii lateralis bei intravenöser Injektion in der Ellenbeuge	● Geschwächte Beugung und Supination im Ellbogengelenk (es kann noch durch den M. brachioradialis (N. radialis) und die am Epicondylus medialis entspringenden Flexoren (N. medianus) gebeugt und durch den M. supinator (N. radialis) supiniert werden) ● Sensibilitätsstörung auf Radialseite des Unterarms
N. medianus (Mittelarmnerv)	● Ursprung: lateraler und medialer Faszikel ● Medianusschlinge (Medianusgabel) entsteht aus der Vereinigung je eines oder mehrerer Äste des lateralen und des medialen Faszikels vor der A. axillaris oder A. brachialis ● liegt im proximalen Oberarm lateral der A. brachialis ● im distalen Oberarm überkreuzt er die Arterie und tritt medial von ihr in die Ellenbeuge ● durchbohrt M. pronator teres ● zieht zwischen den Fingerbeugern distal ● mit deren Sehnen durch den Karpaltunnel zur Hohlhand ● ein stärkerer Ast (*N. interosseus antebrachii anterior*) verläuft auf Palmarseite der Membrana interossea antebrachii	■ **Motorisch**: ● alle Flexoren des Unterarms, ausgenommen M. flexor carpi ulnaris und vom M. flexor digitorum profundus die Anteile für den 4. und 5. Finger ● Daumenballenmuskeln, ausgenommen der M. adductor pollicis und das Caput profundum des M. flexor pollicis brevis ● Mm. lumbricales I + II ■ **sensibel**: ● radiale 2/3 der Palmarseite der Hand (Nn. digitales palmares communes für 3 1/2 Finger) ● Autonomgebiete an den Fingerendgliedern des Zeige- und Mittelfingers	● Am Oberarm wegen der oberflächlichen Lage (ist im gesamten Verlauf leicht zu tasten) ● im distalen Unterarm bei Kreissägenverletzungen und beim Selbstmörderschnitt ● im Karpaltunnel bei Sehnenscheidenentzündung (Karpaltunnelsyndrom)	● "Schwurhand": • wegen des Ausfalls von M. flexor pollicis longus, M. flexor digitorum superficialis + profundus für 2. + 3. Finger können die Mittel- und Endgelenke der Finger 1-3 nicht mehr gebeugt werden ● die Finger 4 + 5 können durch den vom N. ulnaris versorgten Anteil des M. flexor digitorum profundus bis zu den Endgelenken gebeugt werden ● Sensibilitätsausfall an den Fingerspitzen 2 + 3 (obligat, da Autonomgebiet) ● Sensibilitätsstörung variablen Ausmaßes an den Fingern 1-4
N. ulnaris (Ellennerv)	● Ursprung: medialer Faszikel ● entfernt sich am Oberarm allmählich von der A. brachialis nach hinten ● im Sulcus nervi ulnaris dorsal des Epicondylus medialis zum Unterarm ● erreicht die Hand gemeinsam mit der A. ulnaris oberflächlich zum Retinaculum flexorum unmittelbar lateral vom Erbsenbein ● *R. dorsalis* zum Handrücken ● *R. superficialis* sensibel zu den Fingern 4 + 5 ● *R. profundus* zu den kurzen Handmuskeln	■ **Motorisch**: ① am Unterarm: ● M. flexor carpi ulnaris ● M. flexor digitorum profundus: Anteile für 4. + 5. Finger ② an der Hand: ● alle Mm. interossei ● alle Hypothenarmuskeln ● vom Daumenballen nur M. adductor pollicis und Caput profundum des M. flexor pollicis brevis ● von den Mm. lumbricales die ulnare Hälfte ■ **sensibel**: ● Ulnarseite der Hand: • palmar 1 1/2 Finger • dorsal 2 1/2 Finger ● Autonomgebiet gesamter Kleinfinger	● Im Sulcus nervi ulnaris liegt er sehr ungeschützt oberflächlich (kann hier leicht getastet und für eine Leitungsanästhesie aufgesucht werden) ● Engpaßsyndrom an der Handwurzel in der sogenannten *Guyon-Loge*	● "Krallenhand": wegen des Ausfalls der Mm. interossei und der ulnaren Hälfte der Mm. lumbricales können die Finger im Grundgelenk nicht gebeugt, im Mittel- und Endgelenk nicht gestreckt werden ● die Oberflächensensibilität ist am Kleinfinger erloschen
N. cutaneus brachii medialis (medialer OberarmHautnerv)	● Ursprung: medialer Faszikel ● verzweigt sich schon in der Achselhöhle ● vereinigt sich dabei mit Ästen der oberen Nn. intercostales (Nn. intercostobrachiales)	■ **Motorisch**: - ■ **sensibel**: ● Achselgrube ● Medialseite des Oberarms	Keine besondere	Sensibilitätsstörung im achselnahen medialen Bereich des Oberarms

Fortsetzung der Tabelle nächste Seite

Plexus brachialis: Pars infraclavicularis (Fortsetzung)

NERV	LAGE, VERLAUF	INNERVATIONSGEBIETE	GEFÄHRDUNG	LÄHMUNGSSYNDROM
N. cutaneus antebrachii medialis (medialer Unterarm-Hautnerv)	• Ursprung: medialer Faszikel • teilt sich im mittleren Oberarmbereich in 2 Hauptäste, die mit der V. basilica die Faszie durchbrechen und sich zur Ulnarseite des Unterarms aufzweigen • R. anterior • R. posterior	■ Motorisch: - ■ **sensibel**: Ulnarseite des Unterarms mit ausgedehntem Autonomgebiet	Bei intravenöser Injektion in der Ellenbeuge	Sensibilitätsstörung auf der Ulnarseite des Unterarms
N. axillaris (Achselnerv)	• Ursprung: dorsaler Faszikel • durch die laterale Achsellücke zum hinteren Schulterbereich	■ **Motorisch:** • M. deltoideus • M. teres minor ■ **sensibel**: Hautgebiet über dem Deltamuskel (N. cutaneus brachii lateralis superior)	In der lateralen Achsellücke bei • Humeruskopffrakturen • Schultergelenkluxationen	Der Arm kann wegen der Lähmung des Deltamuskels nicht mehr kräftig abduziert und über die Horizontale gehoben werden
N. radialis (Speichennerv)	• Ursprung: dorsaler Faszikel • windet sich zwischen dem lateralen und medialen Kopf des M. triceps brachii hinten um den Humerusschaft • zwischen dem M. brachialis und dem M. brachioradialis in die Ellenbeuge • dort teilt er sich in die beiden Endäste: • *R. profundus*: durchbohrt den M. supinator, verzweigt sich zu den Streckern am Unterarm • *R. superficialis*: am Medialrand des M. brachioradialis zum Handrücken	■ **Motorisch:** • alle Strecker des Ober- und Unterarms ■ **sensibel:** • Rückseite des Oberarms: • N. cutaneus brachii posterior • N. cutaneus brachii lateralis inferior • Rückseite des Unterarms: N. cutaneus antebrachii posterior • Handrücken: Nn. digitales dorsales zu 2 1/2 Fingern daumenseitig (ohne Endglieder)	• Am Oberarm wegen der engen Anlagerung an den Humerus bei Humerusschaftfrakturen • an der Hand wegen der oberflächlichen Lage (Äste des R. superficialis sind am Handrücken leicht zu tasten, z.B. auf der medialen Randsehne der Tabatiere)	• "Fallhand" wegen des Ausfalls aller Dorsalextensoren der Handgelenke • die Faust kann nicht kraftvoll geschlossen werden, weil die Antagonisten der Palmarflexoren gelähmt sind (aktive Insuffizienz der Fingerbeuger, wenn die Hand palmarflektiert ist)

8.7.4 Hautinnervationsgebiete der oberen Extremität

REGION	SEITE	NERV
Schulter	ventral	Nn. supraclaviculares (aus dem Plexus cervicalis)
	dorsal	Nn. thoracici
Oberarm	medial	N. cutaneus brachii medialis + Nn. intercostobrachiales
	lateral-proximal	N. axillaris
	lateral-distal und dorsal	N. radialis
Unterarm	medial	N. cutaneus antebrachii medialis
	lateral	N. musculocutaneus
	dorsal	N. radialis
Hand	palmar-radial (3 1/2 Finger)	N. medianus
	palmar-ulnar (1 1/2 Finger)	N. ulnaris
	dorsal-radial (2 1/2 Finger)	N. radialis
	dorsal-ulnar (2 1/2 Finger)	N. ulnaris

8.8 Regionen der oberen Extremität (Regiones membri superioris)

8.8.1 Achsel- und Schulterregionen

REGION	GRENZEN, RELIEF	BEWEGUNGSAPPARAT	LEITUNGSBAHNEN	KLINIK
Regio axillaris (Achselgegend)	● Vordere Achselfalte: M. pectoralis major ● hintere Achselfalte: M. latissimus dorsi + M. teres major ● zwischen beiden sinkt die Haut zur Fossa axillaris (Achselgrube) ein ● Vergleich der Region mit Tetraeder: Spitze Richtung Hals, Basis Haut der Fossa axillaris ■ **2 Faszien:** ● *Fascia axillaris*: vom M. pectoralis major zum M. latissimus dorsi (Teil der allgemeinen Körperfaszie) ● *Fascia clavipectoralis*: tiefe Faszie vom M. subclavius zum M. pectoralis minor	■ **Wände der Achselpyramide:** ● Vorderwand: M. pectoralis major, M. pectoralis minor ● Hinterwand: Muskeln der hinteren Achselfalte + Scapula + Muskeln der "Rotatorenmanschette" (⇨ 8.3.3) ● Medialwand: Thorax + M. serratus anterior ● Lateralwand: Fascia axillaris + Haut der Fossa axillaris ■ **Achsellücken** in Hinterwand: M. teres minor setzt dorsal, M. teres major vorn am Humerus an, dadurch entsteht ein Spalt, der durch das hindurchtretende Caput longum des M. triceps brachii in 2 "Lücken" geteilt wird: ● *mediale Achsellücke*: zwischen Margo lateralis der Scapula, M. teres major, M. teres minor und Caput longum des M. triceps brachii ● *laterale Achsellücke*: zwischen Caput longum des M. triceps brachii, M. teres major, M. teres minor und Humerus	● *A. axillaris* (⇨ 8.4.1), umgeben von den 3 Faszikeln des Plexus brachialis (⇨ 6.7.2) ● *V. axillaris* (⇨ 8.5) mit Verbindungen zu Brust- und Bauchwand ● *Nodi lymphatici axillares* (⇨ 8.6) in 5 Gruppen ● *Hautnerven*: N. cutaneus brachii medialis + Nn. intercostobrachiales ■ **Orientierung im Präparat** über die Äste des Plexus brachialis am besten in folgender Reihenfolge: ● N. musculocutaneus (tritt in M. coracobrachialis ein) ● zurück zu Fasciculus lateralis ● N. medianus (Medianusschlinge!) ● zurück zu Fasciculus medialis ● stärkster Ast: N. ulnaris ● langer dünner Ast zweigeteilt zu Unterarm: N. cutaneus antebrachii medialis ● bleibt N. cutaneus brachii medialis (Verbindung zu Nn. intercostobrachiales) ● A. axillaris zur Seite ziehen, Blick auf Fasciculus posterior frei: stärkster Ast: N. radialis ● es bleibt N. axillaris (zur lateralen Achsellücke) ● N. thoracicus longus + A. thoracica lateralis auf M. serratus anterior ● N. + A. thoracodorsalis zu Muskeln der hinteren Achselfalte	■ **A. axillaris:** ● Puls ist zu tasten ● reichlich Kollateralkreisläufe, daher selten Durchblutungsstörungen ■ **Achsellymphknoten:** ● regionäre Lymphknoten der Brustdrüse, daher beim Brustkrebs häufig erste Metastasenstation ● Austasten der Achselgrube nach verhärteten Lymphknoten gehört zur Routineuntersuchung ■ **Leitungsanästhesie:** ● gut zugängliche Lage der langen Armnerven um A. axillaris ermöglicht Leitungsanästhesie der gesamten Pars infraclavicularis des Plexus brachialis
Regio deltoidea (Deltamuskelgegend)	● Entspricht der Ausdehnung des M. deltoideus ● Rundung weniger durch M. deltoideus als durch Humerus bedingt (Delle bei Schulterluxation) ● bei dünnem Unterhautfettpolster Hautrinnen an den Grenzen zwischen den 3 Teilen des M. deltoideus sichtbar	■ **4 Schichten:** ① Clavicula, Articulatio acromioclavicularis, Acromion, Spina scapulae, M. deltoideus ② subdeltoidaler Verschieberaum mit "Dach" des Schultergelenks (Lig. coraco-acromiale) und Processus coracoideus ③ Tuberculum majus und Tuberculum minus mit den Muskeln der "Rotatorenmanschette" (⇨ 8.3.3) ④ Schultergelenk, M. biceps brachii (Sehne des Caput longum intraartikulär) ■ **Schleimbeutel:** ● Bursa subacromialis ("subakromiales Nebengelenk") ● Bursa subdeltoidea ● weitere unter fast allen Ansatzsehnen	■ **Arterien:** ① Äste der A. axillaris: ● A. thoraco-acromialis ● A. circumflexa scapulae (durch mediale Achsellücke) ● A. circumflexa anterior humeri ● A. circumflexa posterior humeri (durch laterale Achsellücke) ② zusätzlich A. suprascapularis aus der A. subclavia ■ **regionäre Lymphknoten:** ● Nodi lymphatici axillares ■ **Hautinnervation:** ● Nn. supraclaviculares laterales ● N. axillaris ■ **motorische Nerven:** ● N. axillaris (durch laterale Achsellücke zum M. deltoideus und zum M. teres minor)	● Punktion des Schultergelenks von lateral oder dorsal unter Acromion ● Gefährdung des N. axillaris bei Humeruskopffrakturen und Schultergelenkluxationen ● guter Kollateralkreislauf, daher selten Durchblutungsstörungen ■ **Schultersteife:** ● bei Entzündungen im subdeltoidalen Verschieberaum und bei Erkrankungen der Muskeln der Rotatorenmanschette ("Periarthropathia humeroscapularis") ● besonders häufig ist Supraspinatussehne betroffen, wird immer wieder zwischen Acromion und Humerus eingeklemmt ("Impingement")

Fortsetzung der Tabelle nächste Seite

Achsel- und Schulterregionen (Fortsetzung)

REGION	GRENZEN, RELIEF	BEWEGUNGSAPPARAT	LEITUNGSBAHNEN	KLINIK
Trigonum clavi-pectorale (früher Trigonum deltoideopectorale genannt) (Unterschlüsselbeindreieck)	■ Unterschiedlich breites Dreieck (oft nur Spalt) zwischen: ● Clavicula ● M. deltoideus (Vorderrand) ● M. pectoralis major (oberer Lateralrand) ■ Haut sinkt hier zu Fossa infraclavicularis (Mohrenheim-Grube) ein	**3 Schichten:** ① *oberflächliche Faszie*: Fortsetzung von Fascia pectoralis und Fascia deltoidea ② *Bindegeweberaum*: zwischen den Rändern des M. deltoideus und des M. pectoralis major ③ *Boden des Dreiecks*: M. pectoralis minor mit Fascia clavipectoralis	■ *Hautnerven*: Nn. supraclaviculares intermedii ■ *im Bindegeweberaum*: ● V. cephalica (tritt zwischen M. pectoralis minor und Clavicula in die Tiefe und mündet in V. axillaris) ● Nodi lymphatici axillares deltoideopectorales (⇨ 8.6) ■ *hinter dem M. pectoralis minor*: Gefäße und Nerven der Regio axillaris (⇨ vorhergehende Seite)	**Punktion der V. subclavia** ("zentraler Zugang"): Einstich kaudal der Clavicula Richtung dorsal des Sternoklavikulargelenks
Regio scapularis (Schulterblattgegend)	**Definition** schwierig: ● übliche Definition: Gebiet, das der Scapula entspricht, also etwa Margo medialis - Angulus inferior - hintere Achselfalte - Acromion - laterales Drittel der Clavicula ● weite Fassung: auch Gebiet zwischen Scapula und Wirbelsäule einbezogen (da hierfür keine gesonderte Bezeichnung und da die oberflächlichen Muskeln zur Extremität gehören) ● enge Fassung: nur kaudal der Spina scapulae (da kranial zum Hals gehörend) und soweit nicht vom M. deltoideus bedeckt (Regio deltoidea)	■ **Kranialer Teil**: 3 Schichten: ① Spina scapulae, M. trapezius ("Pars transversa"), Clavicula ② M. supraspinatus ③ Scapula (Fossa supraspinata) ■ **kaudaler Teil**: 3 Schichten: ① oberflächliche Muskeln: ● M. trapezius (Ansatzsehne der "Pars ascendens") ● M. deltoideus (Ursprung des spinalen Teils) ● M. latissimus dorsi (überquert Angulus inferior) ● Hauptteil: derbe Faszie des M. infraspinatus ② M. infraspinatus ③ Schulterblatt: ● Scapula (Fossa infraspinata) ● am Margo medialis ansetzende Muskeln (Mm. rhomboidei) ● am Margo lateralis entspringende Muskeln (M. teres minor, M. teres major)	■ **Arterien**: 3 Zuflüsse mit reichlich Verbindungen: ● von oben: A. suprascapularis aus dem Truncus thyrocervicalis der A. subclavia ● von medial: A. dorsalis scapulae [R. profundus der A. transversa cervicis] aus dem Truncus thyrocervicalis der A. subclavia ● von lateral: A. circumflexa scapulae aus der A. axillaris ■ **Lymphabfluß**: zu den Nodi lymphatici axillares subscapulares ■ **Hautnerven**: ● kranialer Teil: Nn. supraclaviculares laterales ● kaudaler Teil: Rr. posteriores der Nn. spinales C_7-Th_6 ■ **motorische Nerven**: N. suprascapularis durch Incisura scapulae zu M. supraspinatus und M. infraspinatus	Dorsaler Zugang zum Schultergelenk

8.8.2 Regiones brachiales (Oberarmregionen)

REGION	GRENZEN, RELIEF	BEWEGUNGS-APPARAT	LEITUNGSBAHNEN	KLINIK
Regio brachialis anterior (vordere Oberarmgegend)	● Vom lateralen Ende der vorderen Achselfalte bis etwa 3 Fingerbreit proximal der Beugefurche der Ellenbeuge ● Oberfläche bestimmt durch M. biceps brachii ● Sulcus bicipitalis medialis an dessen Medialrand ● Sulcus bicipitalis lateralis an dessen Lateralrand	**4 Schichten:** ① Fascia brachii ② M. biceps brachii und M. coracobrachialis ③ M. brachialis ④ Corpus humeri mit Septum intermusculare brachii mediale und Septum intermusculare brachii laterale (als Grenze zum M. triceps brachii)	■ **Gefäß-Nerven-Strang** zur Ellenbeuge im Sulcus bicipitalis medialis: ● A. + V. brachialis ● N. medianus (überkreuzt Arterie von lateral nach medial) ■ **Hautvenen**: ● V. basilica im Sulcus bicipitalis medialis ● V. cephalica im Sulcus bicipitalis lateralis oder auf dem Bizeps ■ **Lymphabfluß** entlang Hautvenen zu Nodi lymphatici axillares brachiales + deltoideopectorales ■ **Hautinnervation**: ● N. cutaneus brachii medialis ● N. cutaneus brachii lateralis superior (aus N. axillaris) ● N. cutaneus brachii lateralis inferior (aus N. radialis)	● A. brachialis im gesamten Verlauf im Sulcus bicipitalis medialis leicht zu tasten (Puls) und abzudrücken ● **Blutdruckmessung** nach Riva-Rocci: Manschettendruck zwischen systolischem und diastolischem Blutdruck verursacht intermittierende Strömung und diese Strömungsgeräusch (Korotkow-Ton) ● Ruptur der langen Bizepssehne bei degenerativer Vorschädigung möglich

Fortsetzung der Tabelle nächste Seite

Oberarmregionen (Fortsetzung)

REGION	GRENZEN, RELIEF	BEWEGUNGS-APPARAT	LEITUNGSBAHNEN	KLINIK
Regio brachialis posterior (hintere Oberarmgegend)	● Vom lateralen Ende der hinteren Achselfalte bis etwa fingerbreit proximal des Olecranon ● Oberfläche bestimmt durch 3 Köpfe des M. triceps brachii	**3 Schichten:** ① Fascia brachii ② M. triceps brachii ③ Corpus humeri mit Septum intermusculare brachii mediale und Septum intermusculare brachii laterale (als Grenze zu den Beugern)	■ **Gefäß-Nerven-Straßen:** ● A. profunda brachii mit N. radialis schraubig von proximal-medial nach distal-lateral ● N. ulnaris mit A. collateralis ulnaris superior bleibt medial ■ **Lymphabfluß:** zu den Nodi lymphatici axillares brachiales und deltoideopectorales ■ **Hautinnervation:** ● N. cutaneus brachii medialis ● N. cutaneus brachii posterior (aus N. radialis) ● N. cutaneus brachii lateralis inferior (aus N. radialis)	**Gefährdung von Nerven:** ● N. radialis bei Humerusschaftfrakturen (durch Fragmente oder durch Druck des Kallus) ● Druckschädigung des N. ulnaris oder N. radialis, wenn Arm über Kante des Operationstisches hängt oder unzweckmäßig gelagert ist

8.8.3 Regiones cubitales (Ellbogenregionen)

REGION	GRENZEN, RELIEF	BEWEGUNGSAPPARAT	LEITUNGSBAHNEN	KLINIK
Regio cubitalis anterior (vordere Ellbogengegend, Ellenbeuge)	■ **Grenzen:** etwa 3 Fingerbreit proximal und distal der Beugefurche der Fossa cubiti ■ **3 Muskelwülste:** ● proximal: Beuger des Oberarms ● distal-lateral: radiale Extensorengruppe des Unterarms ● distal-medial: Flexorengruppe des Unterarms ■ **2 Rinnen:** ● Sulcus bicipitalis medialis ● Sulcus bicipitalis lateralis	■ **Faszien:** Übergang von Fascia brachii auf Fascia antebrachii ■ **Muskeln:** ● proximal: M. biceps brachii mit Hauptsehne und Aponeurosis musculi bicipitis brachii, darunter M. brachialis ● lateral: M. brachioradialis, daneben M. extensor carpi radialis longus ● medial: M. pronator teres, daneben M. flexor carpi radialis und M. palmaris longus ■ **Knochen:** ● Ellbogengelenk (⇨ 8.2.2) ● konturbildend Epicondylus medialis (Ursprung der Flexoren) und Epicondylus lateralis (Ursprung der Extensoren) ■ **Schleimbeutel:** Bursa bicipitoradialis zwischen Bizepshauptsehne und Radius (Aufrollen der Sehne bei Pronation!)	■ **Gefäß-Nerven-Straßen:** ● A. brachialis aus Sulcus bicipitalis medialis teilt sich in A. radialis und A. ulnaris ● N. medianus aus Sulcus bicipitalis medialis durchbohrt M. pronator teres ● N. radialis aus Sulcus bicipitalis lateralis teilt sich in R. superficialis und R. profundus (durchbohrt M. supinator) ● Rete articulare cubiti (⇨ 8.4.2) ■ **Hautvenen:** Venen-M mit V. mediana cubiti ■ **Lymphabfluß:** von Nodi lymphatici cubitales zu Nodi lymphatici axillares brachiales ■ **Hautinnervation:** ● N. cutaneus antebrachii medialis ● N. cutaneus antebrachii lateralis (Ast des N. musculocutaneus)	**Intravenöse Injektion:** Gefahren: ● bei paravenöser Injektion Schädigung der Hautnerven: N. cutaneus antebrachii medialis und lateralis ● bei versehentlicher intraarterieller Injektion in A. brachialis Nekrose des Unterarms und der Hand möglich (besondere Gefahr bei hoher Teilung der A. brachialis: auf Pulsation in Ellenbeuge achten!) ● Verletzung des N. medianus bei zu tiefer Injektion ■ **Tendopathien:** ● "Tennisellbogen" im Bereich des Epicondylus lateralis ● "Werferellbogen" im Bereich des Epicondylus medialis
Regio cubitalis posterior (hintere Ellbogengegend)	■ **Grenzen** etwa fingerbreit proximal und 3 Fingerbreit distal des Olecranon ■ **Konturen** bestimmt durch: ● Olecranon ● Epicondylus medialis: springt stärker vor als ● Epicondylus lateralis	■ **3 Knochen:** leicht zu tasten: ● vom Humerus: Epicondylus medialis und lateralis ● von der Ulna: Olecranon ● vom Radius: Caput radii ● Gelenkspalt des Humeroradialgelenks ■ **Muskeln:** sehniger Ansatz des M. triceps brachii am Olecranon ■ **Schleimbeutel:** ● Bursa subcutanea olecrani (polstert Knochen beim Aufstützen der Ellbogen) ● Bursa subtendinea musculi tricipitis brachii	■ **Gefäß-Nerven-Straßen:** ● N. ulnaris mit A. collateralis ulnaris superior im Sulcus nervi ulnaris ● Rete articulare cubiti (⇨ 8.4.2) ■ **Lymphabfluß:** wie Regio cubitalis anterior (⇨ oben) ■ **Hautinnervation:** ● R. posterior des N. cutaneus antebrachii medialis ● N. cutaneus antebrachii posterior (aus N. radialis) ● Ausläufer der Hautnerven der Regio brachialis posterior (⇨ 8.8.2)	● *Hueter-Dreieck:* Olecranon und Epicondylen bilden bei Flexion gleichschenkliges Dreieck, bei Extension Gerade ● *Punktion des Ellbogengelenks* zwischen Olecranon und Epicondylus lateralis ● *Gefährdung des N. ulnaris* nicht nur bei Fraktur des Epicondylus medialis und Luxation des Ellbogengelenks, sondern wegen der oberflächlichen Lage auch schon bei Hautverletzungen ● *Leitungsanästhesie* des N. ulnaris möglich ● *Bursa subcutanea olecrani:* häufig chronische Bursitis

8.8.4 Regio antebrachialis anterior (vordere Unterarmgegend)

GRENZEN, OBERFLÄCHE	BEWEGUNGS-APPARAT	LEITUNGSBAHNEN	KLINIK
■ **Grenzen:** ● proximal: etwa 3 Fingerbreit distal der Beugefurche der Fossa cubitalis ● distal: etwa mittlere Beugefurche der Handgelenke ■ **2 Sehnen** wölben die Haut am distalen Unterarm vor: ● M. flexor carpi radialis (radial) ● M. palmaris longus (ulnar, kann fehlen) ■ daneben sind zu tasten: ● radial: die Radialispulsgrube und das distale Ende des Radius ● ulnar: die Sehnen des M. flexor digitorum superficialis und des M. flexor carpi ulnaris	Schichten: ① **Faszie:** Fascia antebrachii mit Einstrahlung der Aponeurosis musculi bicipitis brachii ② **1. Muskelschicht:** ● M. brachioradialis ● M. flexor carpi radialis ● M. palmaris longus ● M. flexor carpi ulnaris ③ **2. Muskelschicht:** ● M. pronator teres ● M. flexor digitorum superficialis ④ **3. Muskelschicht:** ● M. flexor digitorum profundus ⑤ **4. Muskelschicht:** ● M. pronator quadratus ⑥ **Skelett:** Radius + Ulna, verbunden durch Membrana interossea antebrachii	■ **Gefäß-Nerven-Straßen:** ● A. radialis + R. superficialis des N. radialis am Medialrand des M. brachioradialis ● A. ulnaris (aus Regio cubitalis anterior tief zum M. pronator teres) + N. ulnaris (aus Regio cubitalis posterior) distal gemeinsam am Lateralrand des M. flexor carpi ulnaris ● A. interossea communis (aus A. ulnaris) teilt sich in • A. interossea anterior (palmar der Membrana interossea antebrachii) • A. interossea posterior (dorsal der Membrana interossea antebrachii) ● N. medianus zwischen 2 Köpfen des M. pronator teres, dann zwischen M. flexor digitorum superficialis und M. flexor digitorum profundus (gelegentlich begleitet von A. mediana, Varietät) ■ **Hautvenen** (von medial nach lateral): ● V. basilica antebrachii ● V. mediana antebrachii ● V. cephalica antebrachii ■ **Lymphabfluß:** ● ulnare Straße zu den Nodi lymphatici cubitales ● radiale Straße entlang V. cephalica zu Nodi lymphatici axillares deltoideopectorales ■ **Hautinnervation:** ● R. anterior des N. cutaneus antebrachii medialis ● N. cutaneus antebrachii lateralis (Ast des N. musculocutaneus)	● Intravenöse Injektion ⇨ Regio cubitalis anterior, 8.8.3 ● Puls tasten in Radialispulsgrube ● sehr guter Kollateralkreislauf: keine Durchblutungsstörung bei Ausfall von A. radialis oder A. ulnaris ● Kreissägenverletzung: N. medianus und Beugersehnen (schwierige Zuordnung der durchgetrennten Sehnenteile) ● Volkmann-Kontraktur: ischämische Nekrose von Unterarmmuskeln (nach Kompartmentsyndrom), Finger können nur bei Palmarflexion in den Handgelenken gestreckt werden, bei Dorsalextension Krallenstellung ● Cimino-Shunt: bei Hämodialysebehandlung kann A. radialis durchgetrennt und proximaler Stumpf an Unterarm-Hautvene genäht werden (Verbesserung des Blutflusses und Verstärkung der Venenwand der 3mal wöchentlich zur Hämodialyse verwendeten Vene) ● Scribner-Shunt: im Prinzip ähnlich, aber Zwischenschaltung eines Silikonkautschukschlauches

8.8.5 Regio antebrachialis posterior (hintere Unterarmgegend)

GRENZEN, OBERFLÄCHE	BEWEGUNGSAPPARAT	LEITUNGSBAHNEN	KLINIK
● Grenzen entsprechend Regio antebrachialis anterior ● Kontur bestimmt durch Margo posterior der Ulna (in ganzer Länge frei von Muskeln), endet in stark hervortretendem Caput ulnae ● Umordnung: Flexoren- und Extensorengruppe der Unterarmmuskeln entspringen medial und lateral, setzen aber palmar und dorsal an Hand an (Drehung der Gruppen um 90°) ● Margo posterior der Ulna proximal noch nahe der Mitte, distal ulnare Grenze der Region	■ **Extensoren:** 3 Schichten ① M. extensor carpi ulnaris, M. extensor digiti minimi, M. extensor digitorum, M. extensor carpi radialis longus und brevis ② M. extensor indicis, M. extensor pollicis longus + brevis, M. abductor pollicis longus ③ M. supinator ■ **Sehnenscheidenfächer** unter Retinaculum extensorum: ① M. abductor pollicis longus + M. extensor pollicis brevis ② M. extensor carpi radialis longus + brevis ③ M. extensor pollicis longus ④ M. extensor digitorum + M. extensor indicis ⑤ M. extensor digiti minimi ⑥ M. extensor carpi ulnaris	■ **Gefäß-Nerven-Straßen:** ● A. interossea posterior auf der Dorsalseite der Membrana interossea antebrachii (distal bricht häufig der Endast der A. interossea anterior durch die Membran auf die Dorsalseite durch) ● R. profundus des N. radialis verzweigt sich in den Extensoren ■ **regionäre Lymphknoten:** ● Nodi lymphatici cubitales ● Nodi lymphatici deltoideopectorales ■ **Hautinnervation:** ● R. posterior des N. cutaneus antebrachii medialis ● N. cutaneus antebrachii posterior (Ast des N. radialis)	■ **Parierfraktur der Elle:** wird die Hand schützend vor das Gesicht gehalten, trifft der Schlag häufig die hintere Ellenkante ■ **Sehnenscheidenentzündung:** ● Tendovaginitis (Paratenonitis) stenosans: entzündliche Verdickung der Sehnenscheide behindert das Gleiten der Sehne (Schnapp-Phänomen), vor allem M. abductor pollicis longus und M. flexor pollicis brevis betroffen ● Tendovaginitis (Paratenonitis) crepitans: trockene Entzündung mit typischen Reibegeräuschen ("Seidenpapierrascheln", "Schneeballknirschen")

8.8.6 Palma manus (Hohlhand)

REGION	GRENZEN, RELIEF	BEWEGUNGSAPPARAT	LEITUNGS-BAHNEN	KLINIK
Palma manus (Hohlhand) der besseren Übersicht wegen werden 3 Teilregionen gesondert beschrieben: ● Regio carpalis anterior (⇨ unten) ● Thenar (⇨ unten) ● Hypothenar (⇨ nächste Seite)	■ **Grenzen:** ● proximal: mittlere Beugefalte der Handgelenke (etwa proximalem Handgelenk entsprechend) ● distal: Beugefalten an den Fingergrundgliedern (1-2 cm distal der Metakarpophalangealgelenke) ■ **Gliederung (Oberfläche):** ● Thenar ● Hypothenar ● mittlerer Hohlhandbereich ■ **Gliederung (Skelett):** ● Carpus ● Metacarpus ■ **Haut:** Leistenhaut ● Handlinien (kaum ärztliche Bedeutung) ● Matratzenkonstruktion	■ **4 Schichten:** ① Aponeurosis palmaris (mit Leistenhaut durch Matratzenkonstruktion verbunden, ermöglicht festen Griff) ② Sehnen des M. flexor digitorum superficialis ③ Sehnen des M. flexor digitoum profundus mit den von ihnen entspringenden Mm. lumbricales ④ Mittelhandknochen: ● Ossa metacarpi ● in den Spatia interossea metacarpi: ● Mm. interossei palmares ● Mm. interossei dorsales ■ Sehnenscheiden (⇨ 8.3.9)	■ **Gefäß-Nerven-Straßen:** ● A. + N. ulnaris oberflächlich zum Retinaculum flexorum ● N. medianus durch Canalis carpi ● A. radialis durch Spatium interosseum metacarpi I ● Arcus palmaris superficialis (⇨ 8.4.3) mit Aa. digitales palmares communes (zwischen 2. und 3. Schicht auf Höhe der 1. Interdigitalfalte) ● Arcus palmaris profundus (⇨ 8.4.3) mit Aa. metacarpales palmares (zwischen 3. + 4. Schicht am distalen Ende des Canalis carpi) ■ **regionäre Lymphknoten:** ● Nodi lymphatici cubitales ● Nodi lymphatici deltoideopectorales ■ **Hautinnervation:** ● radiale 2/3: N. medianus + Endäste des N. cutaneus antebrachii lateralis (aus N. musculocutaneus) ● ulnares 1/3: N. ulnaris + Endäste des N. cutaneus antebrachii medialis	■ **Matratzenkonstruktion** der Haut verhindert Schwellungen an Hohlhand, bei Entzündung entsteht Ödem am Handrücken! ■ **V-Phlegmone:** ● Ausbreitung von Eiterungen entlang Sehnenscheiden zu Fingern und zum Unterarm ● Entzündung kann von Daumen auf Kleinfinger übergreifen unter Überspringen der Finger 2-4: gemeinsamer Sehnenscheidensack im Canalis carpi, durchlaufende Sehnenscheiden an den Fingern 1 + 5, isolierte Sehnenscheiden an den Fingern 2-4 ■ **Dupuytren-Kontraktur:** narbige Schrumpfung der Aponeurosis palmaris führt zu Versteifung der Finger in Palmarflexion in den Grund- und Mittelgelenken, später Extension in den Endgelenken, Ringfinger am häufigsten befallen
Regio carpalis anterior (vordere Handwurzelgegend)	■ Mittlerer proximaler Hohlhandbereich, der den Ossa carpi entspricht, mit dem Canalis carpi (Karpaltunnel) ■ zu tasten: ● Os pisiforme (radial davon Puls der A. ulnaris) ● Hamulus ossis hamati (darauf R. superficialis des N. ulnaris) ● Os scaphoideum	4 Schichten: ① Aponeurosis palmaris mit Spannmuskeln: ● M. palmaris longus (mit langer Sehne vom Unterarm) ● M. palmaris brevis (als Hautmuskel von Hypothenar) ② Retinaculum flexorum mit Ansatz des M. flexor carpi ulnaris am Os pisiforme ③ Canalis carpi: Sehnen des ● M. flexor digitorum superficialis ● M. flexor digitorum profundus ● M. flexor pollicis longus ● in getrenntem Kanal M. flexor carpi radialis ④ Skelett: ● Articulatio radiocarpalis ● proximale Reihe der Handwurzelknochen ● Articulatio mediocarpalis ● distale Reihe der Ossa carpi ● Articulatio carpometacarpalis		2 Nervenkompressionssyndrome: ■ **Karpaltunnelsyndrom:** ● Druckschädigung des N. medianus im Canalis carpi, z.B. bei Tendovaginitis (Sehnenscheidenentzündung), handgelenknaher Fraktur oder perilunärer Luxation ● Schmerz vor allem bei Dorsalextension in den Handgelenken (Dehnung des N. medianus) ● Parästhesien, z.B. Kribbeln oder Pelzigkeit in Fingern 2 und 3 ● Atrophie des Daumenballens (vom N. medianus innervierte Muskeln) ■ **Ulnartunnelsyndrom:** ● Druckschädigung des N. ulnaris in der Guyon-Loge lateral vom Os pisiforme ● Schmerz vor allem bei Dorsalextension in den Handgelenken (Dehnung des N. ulnaris) ● Parästhesien, z.B. Kribbeln oder Pelzigkeit in Fingern 4 und 5 ● Atrophie des Daumenballens (vom N. ulnaris innervierte Muskeln)
Thenar (Daumenballen)	■ Durch "Lebenslinie" ("Linea vitalis") von übriger Hohlhand abgesetzt ■ zu tasten: ● M. abductor pollicis brevis ● M. adductor pollicis (distaler Rand in 1. Interdigitalfalte)	4 Schichten: ① M. abductor pollicis brevis ② M. flexor pollicis brevis + Sehne des M. flexor pollicis longus ③ M. adductor pollicis + M. opponens pollicis ④ Skelett		Atrophie des Daumenballens bei Medianus- und Ulnarislähmung

Fortsetzung der Tabelle nächste Seite

Hohlhand (Fortsetzung)

REGION	GRENZEN, RELIEF	BEWEGUNGSAPPARAT	LEITUNGS-BAHNEN	KLINIK
Hypo-thenar (Kleinfin-gerballen)	● Keine scharfe Begren-zung der Vorwölbung ● ulnare Handkante be-stimmt durch M. abductor digiti minimi	Schichten: ● ulnarer Rand: M. abductor digiti minimi ● daneben: M. flexor digiti minimi brevis und Sehnen der Finger-beuger ● darunter: M. opponens digiti minimi	⇨ Palma manus, vorhergehende Seite	Atrophie des Kleinfingerballens bei Ulnarislähmung

8.8.7 Handrücken (Dorsum manus)

REGION	GRENZEN, RELIEF	BEWEGUNGSAPPARAT	LEITUNGSBAHNEN	KLINIK
Dorsum manus (Hand-rücken)	■ Grenzen: ● entsprechen denen der Palma manus ● als Teilregion kann der Bereich des Carpus aus-gegliedert werden: Regio carpalis posterior, ⇨ unten ■ Oberflächenrelief: ● distal divergierende Sehnen des M. extensor digitorum (vor allem bei Dorsalextension in den Fingergrundgelenken) ● Capita metacarpalia (vor allem bei Palmarfle-xion in den Fingergrund-gelenken) ● Wulst des M. interos-seus dorsalis I (vor allem bei kräftiger Adduktion des Daumens)	3 Schichten: ① Faszie: Fascia dor-salis manus ② Schicht der Streck-sehnen: ● M. extensor digitorum ● M. extensor digiti mi-nimi ● M. extensor indicis ③ Schicht der Kno-chen und Muskeln: ● Ossa metacarpi (alle leicht zu tasten) ● in den Spatia inter-ossea metacarpi: • Mm. interossei dorsa-les • Mm. interossei palma-res	■ Gefäß-Nerven-Straßen: ● Rete carpale dorsale (⇨ 8.4.2), daraus Aa. metacarpales dorsales ● Aufzweigung der Hautnerven zu den Nn. digitales dorsales ● keine motorischen Nerven! ■ Hautvenen: Rete venosum dor-sale manus ■ regionäre Lymphknoten: ● Nodi lymphatici cubitales ● Nodi lymphatici deltoideopectorales ■ Hautinnervation: je etwa zur Hälf-te: ● R. superficialis des N. radialis ● R. dorsalis des N. ulnaris (beide beim Überqueren der Sehnen des M. extensor pollicis longus bzw. M. extensor digiti minimi leicht zu ta-sten)	■ Intravenöse Injek-tion in Venen des Handrückens: ● für Arzt bequem, aber für Patient schmerzhaf-ter als am Unterarm ● trotzdem manchmal gerechtfertigt, wenn bei vielen Injektionen Ve-nenthrombosen zu be-fürchten sind und diese dann besser distal lie-gen, weil dann noch proximale Venen für die Injektion frei bleiben ■ lockeres Unterhaut-gewebe ermöglicht dif-fuse Ausbreitung von Entzündungen und starke Schwellung ■ Hypotrophie der Mm. interossei: ● tiefe Einsenkung der Haut über Zwischen-knochenräumen ● bei Ulnarislähmung oder Versteifung von Fingergelenken
Regio carpalis posterior (hintere Handwur-zel-gegend)	■ Teilregion des Dorsum manus, die den Ossa carpi entspricht ■ Oberflächenrelief bestimmt durch Streck-sehnen, vor allem Rand-sehnen der Tabatiere: ● M. abductor pollicis longus + M. extensor pollicis brevis ● M. extensor pollicis longus	3 Schichten: ① Fascia dorsalis ma-nus ② Strecksehnen: die Reihenfolge hat sich gegenüber der Anord-nung unter dem Retina-culum extensorum (⇨ 8.8.5) geringfügig ge-ändert: die Sehnen des 2. und 3. Fachs haben die Position gewechselt ③ Knochen: ● Ossa carpi mit zahl-reichen Bändern (⇨ Handgelenke, 8.2.3) ● keine Muskeln	■ Gefäß-Nerven-Straßen: ● A. radialis kommt aus der Radia-lispulsgrube in die Tabatiere (Puls hier leicht zu tasten) und gelangt durch das Spatium interosseum I zu-rück zur Palmarseite ● Rete carpale dorsale (⇨ 8.4.2), ge-bildet von A. ulnaris, A. interossea posterior und A. radialis ■ regionäre Lymphknoten: ● Nodi lymphatici cubitales ● Nodi lymphatici deltoideopectorales ■ Hautinnervation: ⇨ Dorsum manus, zusätzlich Ausläufer der Hautnerven des Unterarms	● Punktion der Hand-gelenke beidseits der Sehnen des M. exten-sor digitorum ● Zugang zu den Hand-gelenken für die Arthro-skopie

8.8.8 Finger (Digiti)

REGION	GRENZEN, RELIEF	BEWEGUNGSAPPARAT	LEITUNGSBAHNEN	KLINIK
Digiti II–V (Finger 2-5) ● **Index** (Zeigefinger) ● **Digitus medius** (Mittelfinger) ● **Digitus anularis** (Ringfinger) ● **Digitus minimus** (Kleinfinger)	■ **Grenzen** gegen Hohlhand und Handrücken: ● nach Oberfläche: entsprechend Beugefalten auf Palmarseite der Grundglieder ● nach Skelett: Fingergrundgelenke (1-2 cm weiter proximal) ■ **Gliederung nach Skelett:** ● Articulatio metacarpophalangealis (abgekürzt MP) ● Phalanx proximalis ● Articulatio interphalangealis proximalis (abgekürzt PIP) ● Phalanx media ● Articulatio interphalangealis distalis (abgekürzt DIP) ● Phalanx distalis ■ **Oberflächenrelief** an Endglied bestimmt durch Fingernagel (Unguis): ● Nagelplatte (Corpus unguis) mit Lunula ● Matrix unter Eponychium und im Bereich der Lunula	4 Schichten (von palmar nach dorsal): ① **Faszie** ② **Kanäle der Beugersehnen** (Vaginae tendinum digitorum manus): ● straffe Außenhüllen: Vaginae fibrosae digitorum manus mit Pars anularis und Pars cruciformis ● Sehnenscheiden: Vaginae synoviales digitorum manus mit Vincula tendinum (Blutgefäße für die Sehnen) ● Sehnen des M. flexor digitorum superficialis und M. flexor digitorum profundus mit Chiasma tendinum ③ **Fingerknochen** ($\Rightarrow$ 8.1.2) ④ **Dorsalaponeurosen**, gebildet aus Sehnen von: ● M. extensor digitorum ● M. extensor digiti minimi ● M. extensor indicis ● Mm. interossei dorsales ● Mm. interossei palmares ● Mm. lumbricales	■ **Gefäß-Nerven-Straßen:** je 2 palmare und dorsale Straßen in 45°-Stellung: ● palmar: • A. digitalis palmaris propria • N. digitalis palmaris proprius ● dorsal Grundglied: • A. digitalis dorsalis • N. digitalis dorsalis ● dorsal Mittel- und Endglied: wie palmar (die palmaren Gefäße und Nerven geben Äste zur Dorsalseite ab) ■ **regionäre Lymphknoten:** ● Nodi lymphatici cubitales ● Nodi lymphatici deltoideopectorales ■ **Hautinnervation** (vom Daumen zum Kleinfinger): ● palmar: • 3 1/2 Finger N. medianus • 1 1/2 Finger N. ulnaris ● dorsal Grundglied: • 2 1/2 Finger N. radialis • 2 1/2 Finger N. ulnaris ● dorsal Mittel- und Endglied: wie palmar (die palmaren Nerven versorgen auch dorsal) ● Autonomgebiete: • N. medianus: Endglieder der Finger 2 + 3 • N. ulnaris: gesamter Kleinfinger	● *Panaritium* (Fingereiterung): chirurgische Inzision zur Schonung der Sehnenscheiden und der Leitungsbahnen nur genau lateral und medial ● *Leitungsanästhesie* (nach Oberst) durch Umspritzen der Fingernerven von je einem Einstich medial und lateral an Grundgliedbasis ■ **Sehnenläsionen:** ● *Strecksehnenverletzung* am Endgelenk oft schon bei Bagatelltrauma, z.B. Bettenmachen: Endglied kann nicht mehr aktiv gestreckt werden ● *Knopflochdeformität:* Überstrecken im Grund- und Endgelenk + Flexion im Mittelgelenk bei Defekt der Dorsalaponeurose über Mittelgelenk ● *Schwanenhalsdeformität:* Überstreckung im Mittel- bei Flexion im Endgelenk ● *schnellender Finger:* bei Verengung der Sehnenscheide oder Verdickung der Sehne ruckartige Bewegung, wenn Engstelle passiert ● *Windmühlenflügelfinger:* ulnare Deviation (Abweichung) der Finger (angeboren oder bei chronischer Polyarthritis)
Pollex (Daumen)	● Grenze: Interdigitalfalte auf Höhe des Grundgelenks ● Gliederung: es fehlt Phalanx media und PIP	Schichten: ● palmar entsprechend Finger 2-5, mit Sehne des M. flexor pollicis longus ● dorsal: Ansätze der Strecksehnen: • M. extensor pollicis brevis (Grundglied) • M. extensor pollicis longus (Endglied)	● A. princeps pollicis aus A. radialis ● sonst wie Finger 2-5	*Pollex rigidus:* Flexions-Adduktions-Kontraktur bei Sehnenscheidenstenose des M. flexor pollicis longus oder bei Fehlen der Extensoren

9 Untere Extremität

9.1 Knochen der unteren Extremität (Ossa membri inferioris)

9.1.1 Cingulum membri inferioris [Cingulum pelvicum] (Beckengürtel)

KNOCHEN	GELENK-KÖRPER	RÄNDER UND FLÄCHEN	BAND- UND MUSKEL-ANSÄTZE (APOPHYSEN)	SONSTIGES	KLINIK
Os coxae [pelvicum] (Hüftbein)	3 Teilknochen bilden gemeinsam Acetabulum (Hüftpfanne) mit • Limbus acetabuli • Fossa acetabuli • Incisura acetabuli • Facies lunata	⇨ Teilknochen	⇨ Teilknochen	3 Teilknochen: • Os ilii ⇨ • Os ischii ⇨ • Os pubis ⇨ umgeben Foramen obturatum (Hüftloch): verschlossen durch Membrana obturatoria (Hüftlochmembran)	**Beckenbrüche:** • *Beckenrandfraktur:* Beckenring bleibt stabil, ⇨ einzelne Knochen • *Beckenringfraktur:* Beckenring gesprengt (z.B. Überrollen durch Pkw), meist hoher Blutverlust (im Mittel 1,5 l, Verblutungsgefahr!), Begleitverletzungen innerer Organe, häufig Thrombosen und Embolien • *Hüftpfannenbruch:* bei Stauchung des Femur in das Acetabulum, meist als Luxationsfraktur (Einbruch des Pfannenbodens oder Abbruch des dorsalen Pfannenrandes, z.B. als "Dashboard-Fraktur" bei Anprall des Knies an Armaturenbrett im Auto)
Os ilii [Ilium] (Darmbein)	• Kranialer Teil des Acetabulum, s.o. • Facies auricularis für Iliosakralgelenk	■ Gliederung in • Corpus ossis ilii (hüftgelenknaher Teil) • Ala ossis ilii (Darmbeinschaufel) ■ 2 Seiten: • Facies glutealis mit • Linea glutealis anterior • Linea glutealis posterior • Linea glutealis inferior • Facies sacropelvica (Hauptteil Fossa iliaca)	■ **Crista iliaca** (Darmbeinkamm, eigener Knochenkern) mit: • Labium externum mit Tuberculum iliacum • Linea intermedia • Labium internum • *Spina iliaca anterior superior* (vorderer oberer Darmbeinstachel) • *Spina iliaca posterior superior* (hinterer oberer Darmbeinstachel) ■ *Spina iliaca anterior inferior* (eigener Knochenkern) ■ *Spina iliaca posterior inferior*	• Abgeknickt an Linea arcuata: Teil der Linea terminalis (Grenzlinie zwischen Pelvis major und Pelvis minor) • Einschnitt dorsal: Incisura ischiadica [ischialis] major	• *Quer- und Trümmerbrüche* der Darmbeinschaufel • *Abrißfraktur* der Spina iliaca anterior superior und/oder inferior als Sportunfall (Ausriß der Muskelursprünge bei übermäßiger Anspannung) • *Vertikalbrüche* meist als doppelter Vertikalbruch mit gleichzeitiger Fraktur des Schambeins oder Sprengung der Schambeinfuge (Verschiebung des ausgebrochenen Beckenteils kranial führt zu scheinbarer Beinverkürzung, Extensionsbehandlung nötig)
Os ischii [Ischium] (Sitzbein)	Kaudaler Teil des Acetabulum, s.o.	Gliederung in • Corpus ossis ischii (hüftgelenknaher Teil) • Ramus ossis ischii (Sitzbeinast)	• Tuber ischiadicum [ischiale] (Sitzbeinhöcker, eigener Knochenkern) • Spina ischiadica [ischialis] (Sitzbeinstachel, eigener Knochenkern)	Einschnitt dorsal: Incisura ischiadica [ischialis] minor	• *Abrißfraktur* der Muskelursprünge am Tuber ischiadicum als Sportunfall • *Fraktur des Sitzbeinastes* bei Aufprall auf harten Gegenstand
Os pubis [Pubis] (Schambein)	• Vorderer Teil des Acetabulum, s.o. • Facies symphysialis für Symphysis pubica	Gliederung in • Corpus ossis pubis (hüftgelenknaher Teil) • Ramus superior ossis pubis (oberer Schambeinast) mit Sulcus obturatorius • Ramus inferior ossis pubis (unterer Schambeinast)	• Tuberculum pubicum (eigener Knochenkern) • Eminentia iliopubica • Pecten ossis pubis • Crista pubica • Crista obturatoria	Umschließt zusammen mit dem Os ischii das Foramen obturatum [obturatorium] (Hüftloch)	• *Fraktur beider Schambeinäste* bei Sturz rittlings auf harte Fläche • *Schmetterlingsfraktur:* doppelseitige Fraktur beider Schambeinäste mit Verschiebung des ausgebrochenen Beckenteils nach kranial, häufig Mitverletzung von Harnblase oder Harnröhre • *doppelter Vertikalbruch:* Fraktur beider Schambeinäste kombiniert mit Darmbeinfraktur (s.o.) oder Sprengung des Iliosakralgelenks

9.1.2 Röhrenknochen von Ober- und Unterschenkel

KNOCHEN	PROXIMALER GELENKKÖRPER (EPIPHYSE)	SCHAFT (DIAPHYSE)	DISTALER GE-LENKKÖRPER (EPIPHYSE)	BAND- UND MUSKELAN-SÄTZE (APO-PHYSEN)	KLINIK
Femur [Os femoris] (Ober-schenkel-bein)	*Caput femoris* (Hüftkopf): ● Fovea capitis (Ansatz des Lig. capitis femoris mit R. acetabularis der A. obturatoria, etwa 4/5 der Blut-versorung des Hüftkopfs kommen jedoch über die Gelenkkapsel) ● Kollodiaphy-senwinkel (Schenkelhals-winkel, CCD-Winkel = Caput-Collum-Diaphy-sen-Winkel = Centrum-Collum-Diaphysen-Win-kel): beim Neu-geborenen etwa 150˚, nimmt beim Kind laufend ab, beim Erwachse-nen etwa 125-130˚	*Corpus femoris:* ● Collum femo-ris (Schenkel-hals) ● Fossa troch-anterica ● Linea aspera mit Labium me-diale und latera-le ● Linea pecti-nea ● Tuberositas glutealis ● Facies popli-tea ● Antetorsions-winkel (AT-Win-kel): beim Neu-geborenen etwa 30˚, beim Er-wachsenen etwa 10˚ (beim sagittalen Rönt-genbild daher 10˚ Innenrota-tion nötig, um Schenkelhals verkürzungsfrei darzustellen!)	*Condylus me-dialis* und *Condylus late-ralis:* ● verbunden durch Facies patellaris ● getrennt durch Fossa intercondylaris	■ Proximal: ● Trochanter major (gro-ßer Rollhü-gel, mit eige-nem Kno-chenkern) ● Trochanter minor (klei-ner Rollhü-gel, mit eige-nem Kno-chenkern) ● verbunden durch ● Crista inter-trochanterica (hinten) ● Linea inter-trochanterica (vorn) ■ distal: ● Epicondy-lus medialis ● Epicondy-lus lateralis	■ **Oberschenkelbrüche:** ① *proximale Femurfrakturen:* ● Schenkelhalsfraktur: typische Fraktur des alten Menschen: ● mediale und intermediäre Fraktur: intraarti-kulär, daher schlechte Blutversorgung des Bruchspalts und langwierige Bruchheilung ● laterale Fraktur: extraartikulär ● Abduktionsfraktur: Fragmente ineinander verkeilt, Bruch stabil ● Adduktionsfraktur: Scherkräfte führen zur Dislokation ● pertrochantere Fraktur: meist durch Außen-rotationstrauma bei alten Menschen ● subtrochantere Fraktur ② *Femurschaftfraktur:* typische Dislokation der Fragmente durch Muskelzug je nach Bruchhöhe verschieden, Blutverlust 1-2 l (!) ③ *distale Femurfrakturen:* ● suprakondyläre Fraktur: proximales Frag-ment nach vorn disloziert, durchstößt M. qua-driceps femoris ● Kondylenfraktur: typisch T- und Y-Frakturen bei Verkehrsunfällen ■ **Schenkelhalsdeformitäten** führen zu atypi-scher Belastung und erhöhtem Verschleiß im Hüftgelenk: ● *Coxa vara:* Schenkelhalswinkel kleiner als Altersnorm ● *Coxa valga:* Schenkelhalswinkel größer als Altersnorm
Tibia (Schien-bein)	*Condylus medialis* und *lateralis:* ● zusammen auch "Schienbein-kopf" genannt ● getrennt durch Area intercondy-laris anterior und posterior ● Facies articu-laris superior ● Facies articu-laris fibularis	*Corpus tibiae:* ● Margo ● anterior (Schienbein-kante) ● medialis ● interosseus ● Facies ● medialis ● posterior ● lateralis	(ohne spezielle Bezeichnung) mit: ● Facies arti-cularis inferior ● Malleolus medialis (In-nenknöchel, Schienbein-knöchel) mit Facies articu-laris malleoli ● Incisura fi-bularis	● Eminentia intercondyla-ris mit ● Tuberculum intercondyla-re mediale ● Tuberculum intercondyla-re laterale ● Tuberosi-tas tibiae (mit eigenem Knochen-kern)	**Schienbeinbrüche:** ● *Tibiakopffraktur:* bei axialer Stauchung ● *Tibiaschaftfraktur:* meist Bruch beider Un-terschenkelknochen (beim Kind auch Tibia al-lein), Fragmente spießen oft durch Haut ("offe-ne" Fraktur), häufig Wundheilungsstörungen (ungünstige Blutversorgung, da Tibia gewöhn-lich nur 1 A. nutriens), Kompartmentsyndrom (Muskelkompressionssyndrom) besonders in der Extensoren- und tiefen Beugerloge ● *Pilonfraktur:* Trümmerbruch des distalen Tibiaendes bei Stauchung ● *Malleolenfraktur:* s. Fibula
Fibula (Waden-bein)	*Caput fibulae [fi-bulare]* (Waden-beinkopf) mit ● Facies articu-laris capitis fibulae	*Corpus fibulae:* ● Collum fibulae ● Margo ● interosseus ● anterior ● posterior ● Facies ● medialis ● lateralis ● posterior	*Malleolus late-ralis* (Waden-beinknöchel, Außenknö-chel): ● Facies arti-cularis malleoli	Apex capitis fibulae	*Fibulafrakturen* meist kombiniert mit Tibiafrak-tur, besonders häufig als **Malleolenfraktur** (Knöchelbruch): Einteilung nach Bruchstelle in Malleolus lateralis (Danis u. Weber): ● Typ A: distal der Syndesmosis tibiofibularis: Syndesmose intakt ● Typ B: in Höhe der Syndesmosis tibiofibula-ris ● Typ C: proximal der Syndesmosis tibiofibu-laris: häufig mit Riß der Membrana interossea cruris und der Kollateralbänder, Knöchelgabel instabil

9.1.3 Ossa pedis (Knochen des Fußes)

Kurze Knochen

KNOCHEN	GELENKKÖRPER	RÄNDER UND FLÄCHEN	BAND- UND MUSKELANSÄTZE (APOPHYSEN)	SONSTIGES	KLINIK
Talus (Sprungbein)	● 3 Gelenkflächen der Trochlea tali für Articulatio talocruralis: Facies (articularis) ● superior ● malleolaris medialis ● malleolaris lateralis ● 1 Gelenkfläche für Articulatio subtalaris: Facies articularis calcanea posterior ● 3 Gelenkflächen am Caput + Collum tali für Articulatio talocalcaneonavicularis: Facies articularis ● navicularis ● calcanea anterior ● calcanea media	Gliederung in 3 Abschnitte: ● Corpus tali mit Trochlea tali [talaris] und Processus lateralis ● Collum tali ● Caput tali [talare]	Processus posterior tali mit ● Tuberculum mediale ● Tuberculum laterale: verknöchert manchmal von einem eigenen Knochenkern aus und kann sich völlig verselbständigen ("Os trigonum", das im Röntgenbild mit einer Talusfraktur verwechselt werden kann!)	● Mediales der proximalen Ossa tarsi, das jedoch auf das laterale aufgewölbt wurde (und beim Plattfuß wieder neben dieses herabsinkt) ● vermittelt als einziger Fußwurzelknochen zwischen Unterschenkel und Fuß (hohe Druckbelastung)	**Sprungbeinbrüche:** ● Am häufigsten *Fraktur des Collum tali*, z.B. bei Sturz aus großer Höhe, ungünstige Blutversorgung der Trochlea tali (geht hauptsächlich über Collum), daher lange Heilungsdauer (mehrere Monate bis über 1 Jahr bis voll stabil) ● Abbrüche des Processus posterior tali oder des Processus lateralis tali
Calcaneus (Fersenbein)	● 1 Gelenkfläche für Articulatio subtalaris: Facies articularis talaris posterior ● 2 Gelenkflächen für Articulatio talocalcaneonavicularis: Facies articularis talaris ● anterior ● media ● 1 Gelenkfläche für Articulatio calcaneocuboidea: Facies articularis cuboidea	Sulcus calcanei (zwischen Facies articularis talaris media und posterior): bildet mit Collum tali den Sinus tarsi	● Tuber calcanei (eigener Knochenkern) mit ● Processus medialis tuberis calcanei ● Processus lateralis tuberis calcanei ● Sustentaculum tali mit ● Sulcus tendinis musculi flexoris hallucis longi	Größtes der Ossa tarsi	**Fersenbeinbrüche:** ● Calcaneus häufigst gebrochener Fußwurzelknochen ● Ursache meist Sturz auf die Füße, z.B. rückwärts von der Leiter (schon bei Sturz aus 1 m Höhe möglich!) ● oft doppelseitig und Trümmerbrüche ● meist intraartikuläre Frakturen (Beteiligung des subtalaren Gelenks) ● selten Abbruch des Sustentaculum tali oder Abrißfrakturen des Ansatzes der Achillessehne am Tuber calcanei ● häufig bleiben Schäden am unteren Sprunggelenk
Os naviculare (Kahnbein)			Tuberositas ossis navicularis	Mediales der proximalen Ossa tarsi	**Kahnbeinbrüche** meist als Kompressionsfraktur ("Nußknackermechanismus" zwischen Talus und Keilbeinen)
Os cuneiforme mediale (inneres Keilbein)				Mediales der distalen Ossa tarsi	**Überzählige Fußwurzelknochen** (Varietäten): können im Röntgenbild mit Bruchstücken normaler Fußwurzelknochen verwechselt werden, Beispiele:
Os cuneiforme intermedium (mittleres Keilbein)				2. der distalen Ossa tarsi	● Os trigonum: isoliertes Tuberculum laterale des Processus posterior tali (~ 13 %) ● Os tibiale externum: an Ansatz des M. tibialis posterior
Os cuneiforme laterale (äußeres Keilbein)				3. der distalen Ossa tarsi	(~ 10 %) ● Os peroneum: in Sehne des M. peroneus longus (~ 10 %) ● Os intermetatarsale: zwischen Os metatarsale I und II
Os cuboideum (Würfelbein)		Sulcus tendinis musculi peronei (fibularis) longi	Tuberositas ossis cuboidei	Laterales der distalen Ossa tarsi	(~ 9 %) ● Calcaneus secundarius: dorsal zwischen Calcaneus, Os naviculare und Os cuboideum (~ 4 %)

Röhrenknochen

KNOCHEN	PROXIMALER GELENKKÖRPER	SCHAFT (DIAPHYSE)	DISTALER GELENKKÖRPER	BAND- UND MUSKELANSÄTZE (APOPHYSEN)	KLINIK
Ossa metatarsi [Metatarsalia] I-V (Mittelfußknochen)	Basis metatarsalis	Corpus metatarsale	Caput metatarsale	● Tuberositas ossis metatarsalis primi (I) ● Tuberositas ossis metatarsalis quinti (V)	**Mittelfußbrüche:** ● Frakturen meist mehrerer Metatarsalia durch direkte Gewalteinwirkung: Überrollen, Fallen schwerer Gegenstände auf Fuß, Einklemmen des Fußes usw. ● Marschfraktur des 2.-4. Metatarsale als Ermüdungsbruch (ohne Trauma) bei ungewohnten Märschen
Phalanges proximales I-V (Zehengrundglieder)	Basis phalangis	Corpus phalangis	Caput phalangis		**Zehenbrüche:** ● meist durch Quetschung ● gelegentlich offene Amputationsfrakturen, z.B. durch Rasenmäher ● Großzehe am häufigsten betroffen
Phalanges mediae II-V (Zehenmittelglieder)	Basis phalangis	Corpus phalangis	Caput phalangis		
Phalanges distales I-V (Zehenendglieder)	Basis phalangis	Corpus phalangis	Caput phalangis	Tuberositas phalangis distalis	

9.1.4 Sesambeine

KNOCHEN	GELENKKÖRPER	RÄNDER + FLÄCHEN	SONSTIGES	KLINIK
Patella (Kniescheibe)	Facies articularis	● Basis patellae (kranial) ● Apex patellae (kaudal) ● Facies anterior	● Sesambein in der Sehne des M. quadriceps femoris ● größtes Sesambein des Menschen ● Patella bipartita (zweigeteilt, weil 2 Knochenkerne) wird im Röntgenbild gelegentlich mit Fraktur verwechselt	**Patellafrakturen:** ● durch direkte Gewalteinwirkung ● immer Blutung in den Kniegelenkraum (Hämarthros) ● am häufigsten Querbrüche oder Trümmerbrüche, seltener Längs- oder Schrägbrüche ● subaponeurotische Fraktur, wenn Sehnenzüge erhalten (keine Dislokation) ● bei Einriß der Retinacula patellae Dislokation des kranialen Fragments, Bein kann nicht mehr gestreckt werden
Ossa sesamoidea (Sesambeine der Zehen)			An den Zehengrundgelenken: ● regelmäßig 2 an der Großzehe ● häufig an der Kleinzehe und an der 2. Zehe ● gelegentlich an anderen Zehen	Können im Röntgenbild mit Knochenbruchstücken, Kompaktaverdichtungen oder knochenbildenden Geschwülsten verwechselt werden!

9.1.5 Entwicklung und Entwicklungsstörungen des Skeleton appendiculare (Gliedmaßenskelett)

GLIEDMASSEN ALLGEMEIN	GLIEDMASSENSKELETT	GELENKENTWICKLUNG
● *Armknospe* (Gemma membri superioris): Ende der 4. Entwicklungswoche ● *Beinknospe* (Gemma membri inferioris): Anfang der 5. Entwicklungswoche ● paddelförmige *Handplatte* (Lamina primitiva manus): Ende der 5. Entwicklungswoche ● paddelförmige *Fußplatte* (Lamina primitiva pedis): Anfang der 6. Entwicklungswoche ● getrennte Finger und Zehen erst in 8. Entwicklungswoche ● Rotation der Gliedmaßen um 90°: des Arms nach lateral (Ellbogen nach dorsal), des Beins nach medial (Knie nach ventral)	● *Blastemstadium* (Skeleton blastemale): in 5. Entwicklungswoche Anlage der Knochen als Mesenchymverdichtungen von proximal nach distal ● *Knorpelstadium* (Skeleton cartilagineum): in 6. Entwicklungswoche ● *Knochenstadium* (Skeleton osseum): Ossifikation beginnt in 7. Entwicklungswoche mit perichondraler Ossifikation und primären Ossifikationszentren in Mitte der Diaphysen der Röhrenknochen, sekundäre Ossifikationszentren in Epiphysen vor Geburt nur bei Femur- und Tibiakondylen (⇨ 1.4.4)	● Mesenchym zwischen Knorpelmodellen der Knochen löst sich auf → *Gelenkhöhle* (Cavitas articularis) ● angrenzender Knorpel wird nicht in Knochen umgebaut, sondern bleibt als *Gelenkknorpel* (Cartilago articularis) erhalten ● aus dem der Knochenhaut entsprechenden dichteren Mesenchym entsteht die *Gelenkkapsel* (Capsula articularis)

Fehlbildungen der Gliedmaßen

GLIEDMASSEN ALLGEMEIN	ARM + HAND	BEIN + FUSS	FINGER UND ZEHEN
● *Makromelie*: übergroße Gliedmaßen ● *Mikromelie, Brachymelie*: zu kleine Gliedmaßen ● *Dolichostenomelie* (Langschmalgliedrigkeit): besonders grazile Extremitäten beim Marfan-Syndrom ● *Dimelie, Polymelie*: Verdoppelung (Verdreifachung usw.) einer Gliedmaße als Teil einer Doppelbildung ● *Notomelie*: Gliedmaße am Rücken ● *Schistomelie*: Extremität mit Spaltbildung (⇨ rechts Spalthand, Spaltfuß) ● *Absentia longitudinalis*: Fehlen von Speiche oder Elle bzw. Schienbein oder Wadenbein und der jeweils anschließenden Knochen ● *Absentia transversalis*: Fehlen eines Gliedabschnitts, z.B. Speiche + Elle ● *Constrictio anularis*: ringförmige Schnürfurche, z.B. durch Amnionstränge ● *Osteogenesis imperfecta*, Osteopsathyrosis: extreme Knochenbrüchigkeit wegen zu dünner Substantia compacta (Hemmung der perichondralen Ossifikation), in schweren Fällen schon intrauterin multiple Knochenbrüche mit Verstümmelung der Extremitäten ● *Osteosclerosis* (Marmorknochenkrankheit): überschießende Osteoblastenaktivität führt zu Kompaktaverdickung und Verengung von Knochenkanälen (Seh- und Hörstörungen wegen Beengung des N. opticus und des N. vestibulocochlearis) ● *Arthrogryposis multiplex congenita*: angeborene Bewegungseinschränkung (arthrogrypotische Starre) mehrerer Gelenke ■ **Dysmelien:** ● *Amelie*: Fehlen der Extremitäten ● *Ektromelie*: Hypoplasie oder Fehlen eines (Hemimelie) oder mehrerer langer Röhrenknochen, meist auch distal davon weitere Fehlbildung ● *Peromelie*: Stummelextremität, es fehlen die distalen Extremitätenabschnitte wie nach einer Amputation ● *Phokomelie* ("Robbengliedrigkeit"): Ober- und Unterarm bzw. Ober- und Unterschenkel fehlen, Hand bzw. Fuß sitzt an der Schulter bzw. am Becken ■ **Osteochondrodystrophie**, Osteochondrodysplasie: ● vermindertes Wachstum der Epiphysenfugen der Röhrenknochen führt zu verkürzten Extremitäten (Zwergwuchs) ● vorzeitiger Schluß der Synchondrosis spheno-occipitalis verkürzt Schädelbasis → eingezogene Nasenwurzel mit vorgewölbter Stirn ● "Dreizackhand" (Spreizstellung zwischen 3. und 4. Finger)	■ **Fehlbildungen des Arms:** ● *Abrachie*: Fehlen des Arms ● *Makrobrachie*: zu großer Arm ● *Hemihypertrophia brachialis*: Vergrößerung des Arms nur einer Körperseite ● *Mikrobrachie*: zu kleiner Arm ● *Tribrachie*: dritter Arm (Teil einer Doppelmißbildung) ● *Absentia radialis*, Radiusaplasie (angeborener Speichendefekt): Fehlen der Speiche, oft verbunden mit Blutgerinnungsstörung infolge Megakaryozytopenie (kombinierte Mißbildung ohne Kausalzusammenhang) ■ **Fehlbildungen der Hand:** ● *Acheirie*: Fehlen der Hand ● *Dicheirie*: Hand verdoppelt ● *Makrocheirie*: zu große Hand ● *Mikrocheirie*: zu kleine Hand ● *Cheiroschisis*, Schistocheirie, Manus bifurcata (Spalthand): scherenartige Hand bei Fehlen der mittleren Strahlen ● *Talipomanus*, Manus radioflexa (Klumphand): Seitenabweichung der Hand nach radial	■ **Fehlbildungen des Beins:** ● *Apodie*: Fehlen des Beins ● *Makropodie*: zu großes Bein ● *Mikropodie*: zu kleines Bein ● *Sympodie, Symmelie, Sirenomelie* ("Sirenenbildung"): Beine sind miteinander verschmolzen, mit 2 (dipodale Sirene), 1 (monopodale Sirene) oder ohne Fuß (apodale Sirene) ● *Tripodie*: drittes Bein (Teil einer Doppelmißbildung) ● *Hüftdysplasie*, Luxatio coxae congenita (angeborene Hüftgelenkverrenkung): mangelhafte Ausbildung des Pfannendachs verbunden mit Coxa valga und Antetorsion des Schenkelhalses begünstigen die kraniale Luxation des Hüftkopfs auf die Darmbeinschaufel, in Deutschland Dysplasie bei etwa 4 % aller Neugeborenen, jedoch nur 0,2 % tatsächliche Luxation (bevorzugt bei Mädchen) ● *Crus varum congenitum* (angeborenes O-Bein): Varusverbiegung und Antekurvation des Unterschenkels, oft gefolgt von Schienbeinpseudarthrose ● *Crus valgum congenitum* (angeborenes X-Bein): Valgusverbiegung und Rekurvation des Unterschenkels ● *Absentia tibialis* (angeborener Schienbeindefekt): Fehlen des Schienbeins, meist mit Verkürzung des Unterschenkels und Fußfehlform verbunden ● *Absentia fibularis*, Fibulaaplasie (angeborener Wadenbeindefekt): Fehlen des Wadenbeins, häufigste Defektbildung der langen Röhrenknochen, meist mit Verkürzung des Unterschenkels und Fußfehlform verbunden ■ **Fehlbildungen des Fußes:** ● *Talipes, Pes varus* (Klumpfuß): Fuß ist stark supiniert (invertiert) ● *Pes equino-varus* (Spitzklumpfuß): Fuß ist plantarflektiert und invertiert ● *Pes equino-valgus* (Spitzknickfuß): Fuß ist plantarflektiert und evertiert ● *Pes calcaneo-varus* (Hackenklumpfuß): Fuß ist dorsalextendiert und invertiert ● *Pes calcaneo-valgus* (Hackenknickfuß): Fuß ist dorsalextendiert und evertiert ● *Talus verticalis* (angeborener Plattfuß): vertikale Stellung des Sprungbeins beim Plattfuß ● *Calcaneus bifidus*: zweigeteiltes Fersenbein bei ausbleibender Verschmelzung der beiden Knochenkerne ● *Podoschisis*, Schistopodie (Spaltfuß): krebsscherenartig gespaltener Fuß mit Defekt der mittleren Strahlen ● *Metatarsus varus*, Pes adductus (Sichelfuß): medialkonkave sichelförmige Verkrümmung des Fußes	● *Adaktylie*: Fehlen von Fingern oder Zehen ● *Makrodaktylie*: zu großer Finger oder zu große Zehe ● *Mikrodaktylie*, Brachydaktylie: zu kleiner Finger oder zu kleine Zehe ● *Oligodaktylie*: Zahl der Strahlen vermindert, meist fehlt der 1. oder 5. Strahl, Extremfall Monodaktylie (nur ein Finger) ● *Ektrodaktylie*: es fehlen die mittleren Strahlen (Spalthand, Spaltfuß) ● *Polydaktylie*: überzählige Finger oder Zehen, z.B. Verdoppelung des Daumens (Prepollex) oder Kleinfingers (Postminimus), Extremfall "Spiegelhand" (Mirror-Hand) ● *Ankylodaktylie*: Finger- oder Zehenversteifung (meist in Beugestellung) ● *Arachnodaktylie* (Spinnenfingrigkeit): besonders grazile Finger beim Marfan-Syndrom ● *Kamptodaktylie*: hakenförmige Beugekontraktur des Mittelgelenks bei Hyperextension im Grundgelenk des Kleinfingers (und evtl. auch 4. + 3. Fingers) ● *Klinodaktylie* (Klinophalangie): seitliche Abknickung eines Fingers im ● Grundgelenk (Klinobasophalangie) ● Mittelgelenk (Klinomesophalangie) ● Endgelenk (Klinotelophalangie) ● *Syndaktylie*: kutane oder ossäre Verwachsung zweier oder mehrerer benachbarter Finger, sehr häufige Mißbildung, wenn alle 5 Strahlen verwachsen "Löffelhand" (Polysyndaktylie) genannt ● *Hyperphalangie*, Polyphalangie: überzählige Finger- oder Zehenglieder, z.B. Triphalangie (Dreigliedrigkeit) bei Daumen (Triphalangia pollicis) oder Großzehe (Triphalangia hallucis) ● *Hypophalangie*: zu wenig Finger- oder Zehenglieder ● *Symphalangismus*: Verschmelzung von Finger- oder Zehengliedern, vor allem im Mittelgelenk

9.2. Gelenke der unteren Extremität (Articulationes membri inferioris)

9.2.1 Gelenke des Beckengürtels (Articulationes cinguli pelvici) und der Hüfte

GELENK	GELENK-FLÄCHEN	BÄNDER	GELENKART, BEWEGUNGSUMFANG	KLINIK
Symphysis pubica (Schambeinfuge, Schoßfuge)	Facies symphysialis des Corpus ossis pubis rechts und links	● Lig. pubicum superius ● Lig. arcuatum pubis	● Symphyse (faserknorpeliger Discus interpubicus mit zentralem Spalt) ● klinisch kaum meßbare Federungsbewegungen ● vermehrt gegen Ende der Schwangerschaft	*Symphysensprengung* (Symphysenruptur) mit Diastase der Schambeine kann bei Beckenringbrüchen, selten auch bei Geburt vorkommen
Articulatio sacroiliaca (Kreuzbein-Darmbein-Gelenk)	● Facies auricularis der Pars lateralis des Os sacrum [sacrale] ● Facies auricularis der Facies sacropelvica des Os ilii [Ilium]	● Ligg. sacroiliaca anteriora [ventralia] ● Ligg. sacroiliaca interossea ● Ligg. sacroiliaca posteriora [dorsalia] ● Lig. sacrotuberale ● Lig. sacrospinale	● Nach Form der Gelenkflächen Articulatio plana (flaches Gelenk) ● nach Beweglichkeit Amphiarthrose (straffes Gelenk) ● klinisch kaum meßbare Federungsbewegungen, zu prüfen durch die Handgriffe von Mennell (⇨ rechts)	● *Lumbago* (Kreuzschmerz): kann auch durch Arthrose des Sakroiliakalgelenks bedingt sein (häufigste Ursache: Bandscheibendegeneration) ● *Spondylitis ankylosans* (Bechterew-Krankheit): beginnt typischerweise mit Ankylose (Versteifung) der Sakroiliakalgelenke, greift dann auf Wirbelsäule über, Endstadium "Bambusstabwirbelsäule" (⇨ 2.2.1) ● *Handgriffe von Mennell* zur Prüfung von Beweglichkeit und Schmerz der Iliosakralgelenke: • Bauchlage des Patienten, anheben des Oberschenkels bis zum Ende der Streckbewegung, anrucken • Rückenlage des Patienten, Oberschenkel hängt über Rand der Untersuchungsliege, herabdrücken
Articulatio coxae [iliofemoralis] (Hüftgelenk)	● Facies lunata des Acetabulum (Hüftpfanne) • erhöht durch Labrum acetabulare • Fossa acetabuli überspannt durch Lig. transversum acetabuli ● Caput femoris (Hüftkopf, Schenkelkopf)	● Zona orbicularis ● Lig. iliofemorale ● Lig. ischiofemorale ● Lig. pubofemorale ● Lig. capitis femoris	● Articulatio spheroidea (Kugelgelenk) mit 3 Freiheitsgraden ● da die Hüftpfanne mit dem Labrum acetabulare den Hüftkopf zu mehr als der Hälfte umfaßt, auch Nußgelenk genannt ● Extension - Flexion 10°-0°-130° ● Abduktion - Adduktion 40°-0°-30° ● Außenrotation - Innenrotation 50°-0°-40°	■ **Dysplasia coxae congenita** (angeborene Hüftluxation): ● etwa 2 % der Säuglinge ● mangelhafte Ausbildung des Pfannendachs ● Diagnose sonographisch ● Therapie: bei Subluxation "breite Wickelung" bzw. Spreizhose ■ **traumatische Hüftluxation:** ● etwa 90 % nach hinten (Luxatio iliaca/ischiadica) ● typischer Unfall: Anprall des Knies an Armaturenbrett bei Zusammenstoß ● Lig. iliofemorale reißt fast nie, bedingt typische Stellung des luxierten Oberschenkels (bei hinterer Luxation: Beugung, Adduktion, Innenrotation) ● häufig begleitende Nervenverletzungen (N. ischiadicus, N. obturatorius) ● Reposition innerhalb von 4-6 h, sonst Gefahr der Hüftkopfnekrose

Muskeln des Hüftgelenks (nur Hauptbewegungen)

BEWEGUNG	MUSKELN	NERVEN
Flexion (Anteversion)	M. iliopsoas, M. rectus femoris, M. sartorius	N. femoralis
	M. pectineus	N. femoralis + N. obturatorius
Extension (Retroversion)	M. gluteus maximus	N. gluteus inferior
	Ischiokrurale Muskeln: M. semitendinosus, M. semimembranosus, M. biceps femoris	N. ischiadicus
Abduktion	M. gluteus medius, M. gluteus minimus	N. gluteus superior
Adduktion	Adduktoren: M. adductor longus, M. adductor brevis, M. adductor magnus, M. adductor minimus, M. gracilis	N. obturatorius
	M. pectineus	N. femoralis + N. obturatorius
Außenrotation	M. gluteus maximus	N. gluteus inferior
	Kleine Außenroller: M. piriformis, M. gemellus superior, M. obturator internus, M. gemellus inferior	Plexus sacralis
	M. quadratus femoris	N. ischiadicus
	M. obturator externus, M. adductor longus, M. adductor brevis, M. adductor magnus, M. adductor minimus,	N. obturatoius
Innenrotation	M. gluteus medius und minimus	N. gluteus superior

9.2.2 Articulatio genus [genualis] (Kniegelenk)

GELENK-FLÄCHEN	BÄNDER	GELENKART, BEWEGUNGSUMFANG	KLINIK
■ **Femur:** ● Condylus medialis ● Condylus lateralis ● Facies patellaris ■ **Tibia:** ● Condylus medialis ● Condylus lateralis ■ **Patella:** ● Facies articularis ■ im weiteren Sinn gehören auch die Menisken zu den "Gelenkflächen": ● Meniscus medialis (Innenmeniskus) ● Meniscus lateralis (Außenmeniskus)	■ **Kreuzbänder** (Ligg. cruciata genus [genualia]): ● Lig. cruciatum anterius ● Lig. cruciatum posterius ■ **Kollateralbänder** (Seitenbänder): ● Lig. collaterale tibiale (mediales Seitenband, Innenband) ● Lig. collaterale fibulare (laterales Seitenband, Außenband) ■ **Bänder der Menisken:** ● Lig. meniscofemorale anterius ● Lig. meniscofemorale posterius ● Lig. transversum genus [genuale] ■ **Bänder der Kniescheibe:** ● Lig. patellae ● Retinaculum patellae mediale ● Retinaculum patellae laterale ■ **Gelenkkapsel** vorn durch Corpus adiposum infrapatellare vorgewölbt: ● Plica synovialis infrapatellaris ● Plicae alares ■ **Ferner:** ● Lig. popliteum obliquum (Abzweigung von Ansatzsehne des M. semimembranosus) ● Lig. popliteum arcuatum (über M. popliteus)	■ **Articulatio composita** [complexa] (zusammengesetztes Gelenk) mit 3 (5) Teilgelenken: ● mediales Femorotibialgelenk ● laterales Femorotibialgelenk ● Femoropatellargelenk ● Femorotibialgelenke durch Meniskus unterteilt in: • Meniskofemoralgelenke • Meniskotibialgelenke ■ nach Bewegungsspiel Trochoginglymus (Radwinkelgelenk) mit 2 Freiheitsgraden ■ **Bewegungsumfang:** ● Extension - Flexion 0°-0°-150° ● Außenrotation - Innenrotation (bei rechtwinkliger Beugung) 30°-0°-10°	■ **Instabilitäten des Kniegelenks:** ● Valgusinstabilität: Aufklappbarkeit nach lateral bei Schäden an Innenband und medialem Kapselband (Verstärkungszüge der Gelenkkapsel) ● Varusinstabilität: Aufklappbarkeit nach medial bei Schäden an Außenband und lateralem Kapselband ● vorderes Schubladenphänomen (schubladenartige Bewegung des Unterschenkels bei gebeugtem Kniegelenk) bei Schäden am vorderen Kreuzband ● hinteres Schubladenphänomen bei Schäden am hinteren Kreuzband ● Rotationsinstabilitäten bei kombinierten Schäden ■ **Meniskusschäden:** ● Innenmeniskus wegen stärkerer Fixierung 10-20mal häufiger verletzt als Außenmeniskus ● entstehen meist bei Unfall: abrupte Streckung aus rotierter Beugestellung (Drehsturz), z.B. bei Fußballspiel oder Skifahren ● ohne Unfall degenerative Meniskusschäden als Berufskrankheit bei Bergarbeitern ■ **Luxationen:** ● Knieluxation: selten, nur bei schwerer Gewalteinwirkung mit nahezu vollständiger Zerreißung der Bänder ● Patellaluxation (Kniescheibenverrenkung): • meist nach lateral, bei Riß des Retinaculum patellae mediale • Prädisposition durch stärkeres Genu valgum (X-Bein)

Muskeln des Kniegelenks

BEWEGUNG	MUSKELN	NERVEN
Extension	M. quadriceps femoris	N. femoralis
Flexion + Außenrotation	M. biceps femoris, Caput longum	N. tibialis
	M. biceps femoris, Caput breve	N. fibularis communis
Flexion + Innenrotation	M. semitendinosus, M. semimembranosus, M. popliteus	N. tibialis
	M. sartorius	N. femoralis
	M. gracilis	N. obturatorius
Flexion ohne nennenswerte Rotation	M. gastrocnemius, M. plantaris	N. tibialis

9.2.3 Schienbein-Wadenbein-Verbindungen

TEILGELENKE	BÄNDER	GELENKART	BEWEGUNGS-UMFANG	KLINIK
■ **Articulatio tibiofibularis**: zwischen ● Facies articularis fibularis am Condylus late-ralis der Tibia ● Facies articularis capitis fibulae ■ **Membrana interossea cruris**: zwischen ● Margo interosseus der Tibia ● Margo interosseus der Fibula ■ **Syndesmosis tibiofibularis**: zwischen ● Incisura fibularis der Tibia ● offiziell nicht benannter Fläche der Fibula NB: Nomenklatur nicht eindeutig: ● in Anatomie auch proximales und distales Tibiofibulargelenk üblich ● in Klinik hat sich "Syndesmose" für das distale durchgesetzt	■ Proximal: ● Lig. capitis fi-bulae anterius ● Lig. capitis fi-bulae posterius ■ Mitte: Mem-brana interossea cruris ■ distal: "Syn-desmosebän-der": ● Lig. tibiofibu-lare anterius ● Lig. tibiofibu-lare posterius	● Proximal: Radgelenk mit geringer Beweg-lichkeit ● Mitte und di-stal: Syndesmo-se	● Klinisch kaum meßbare Federungsbe-wegungen	Syndesmosis tibiofibularis entscheidend für Stabilität der Knöchelgabel und da-mit für gesamtes oberes Sprunggelenk: ● Lockerung mit Seiten-verschiebung von 2 mm erhöht bereits Arthrosege-fahr erheblich ● Knöchelbrüche werden danach beurteilt, ob Syn-desmose stabil (Einteilung nach Weber ⇨ 9.1.2 Fibu-la)

9.2.4 Sprunggelenke

GELENK	GELENKFLÄCHEN	BÄNDER	GELENKART, BEWEGUNGSUMFANG	KLINIK
Articulatio talocruralis (oberes Sprunggelenk)	■ **Tibia**: ● Facies articularis inferior ● Facies articularis mal-leoli ■ **Fibula**: Facies articula-ris malleoli ■ **Talus**: Trochlea tali: ● Facies superior ● Facies malleolaris me-dialis ● Facies malleolaris late-ralis	■ Medial: Lig. mediale [delto-ideum]: ● Pars tibionavicularis ● Pars tibiocalcanea ● Pars tibiotalaris anterior ● Pars tibiotalaris posterior ■ lateral: ● Lig. talofibulare anterius ● Lig. talofibulare posterius ● Lig. calcaneofibulare	Articulatio composita [complexa] (zusammen-gesetztes Gelenk): im Vordergrund steht die Scharnierbewegung ● Plantarflexion - Dorsal-extension 50°-0°-30° ● mit zunehmender Plantarflexion sind kleine Abduktions-Adduktions-Bewegungen möglich (die Sprungbeinrolle ist hinten schmäler als vorn)	● Ligamentrupturen (Bänderrisse) sind häufig, vor allem Lig. talofibulare anterius ("Außenbandriß") bei Mißtritt (Belastung des Fußes in starker Supination) ● komplette Luxation im oberen Sprung-gelenk ist selten (da-bei oft schwere Ge-fäß- und Nervenver-letzungen)
Articulatio subtalaris [talocalcanea] (hintere Kammer des unteren Sprunggelenks)	● Talus: Facies articularis calcanea posterior ● Calcaneus: Facies arti-cularis talaris posterior	● Pars tibiocalcanea des Lig. deltoideum ● Lig. calcaneofibulare ● Lig. talocalcaneum laterale ● Lig. talocalcaneum mediale ● Lig. talocalcaneum inter-osseum	Lig. talocalcaneum inter-osseum teilt unteres Sprunggelenk in 2 Teil-gelenke mit getrennter Gelenkkapsel: ● hintere Kammer: Scharniergelenk ● vordere Kammer: nach Bau (Kopf und Pfanne) Kugelgelenk	■ **Pes valgus** (Knickfuß): ● Fuß ist proniert, Fersenbein ist nach außen abgeknickt ● oft in Kombination mit Pes planus (Platt-fuß) als Pes plano-valgus (Plattknick-fuß)
Articulatio talocalcaneo-navicularis (vordere Kam-mer des unteren Sprunggelenks)	■ **Talus**: ● Facies articularis navi-cularis ● Facies articularis calca-nea anterior + media ■ **Calcaneus**: ● Facies articularis talaris anterior + media ■ **Os naviculare**: Gelenk-fläche nicht offiziell be-nannt	● Bänder der hinteren Kammer (s.o.) ● Lig. calcaneonaviculare plan-tare ("Pfannenband"): mit über-knorpelter Gelenkfläche! ● Lig. talonaviculare	● wegen der Koppelung von vorderer und hinterer Kammer bleibt nur 1 Frei-heitsgrad übrig: Pronation (Eversion) Supination (Inversion) 10°-0°-20°	■ **Pes varus** (Klumpfuß): ● Fuß steht in Su-pinationsstellung, Fersenbein ist nach innen geknickt, z.B. bei Lähmung der Mm. peronei ● oft in Kombination mit Pes equinus (Spitzfuß) als Pes equinovarus
Articulatio tarsi transversa (queres Fuß-wurzelgelenk, Chopart-Gelenk)	2 Teile: ● Articulatio talocalcaneo-navicularis (⇨ oben) ● Articulatio calcaneocu-boidea	● Lig. bifurcatum: • Lig. calcaneonaviculare • Lig. calcaneocuboideum ● Lig. calcaneocuboideum plantare	⇨ 9.2.5	

9.2.5 Nebengelenke der Fußwurzel und des Mittelfußes

GELENK	GELENK-FLÄCHEN	BÄNDER	GELENKART, BEWEGUNGSUMFANG	KLINIK
Nebengelenke der Fußwurzel: • **Articulatio calcaneo-cuboidea** (Kahnbein-Würfelbein-Gelenk) • **Articulatio cuneocuboidea** (Keilbein-Würfelbein-Gelenk) • **Articulatio cuneo-navicularis** (Keilbein-Kahnbein-Gelenk) • **Articulationes intercunei-formes** (Gelenke zwischen den Keilbeinen)	Gelenkflächen nicht offiziell benannt	■ **Ligg. tarsi interossea:** • Lig. cuneocuboideum interosseum • Ligg. intercuneiformia interossea ■ **Ligg. tarsi dorsalia:** • Ligg. intercuneiformia dorsalia • Lig. cuneocuboideum dorsale • Lig. cuboideonaviculare dorsale • Ligg. cuneonavicularia dorsalia ■ **Ligg. tarsi plantaria:** • Lig. plantare longum • Ligg. cuneonavicularia plantaria • Lig. cuboideonaviculare plantare • Ligg. intercuneiformia plantaria • Lig. cuneocuboideum plantare	• Zusammengesetzte Gelenke mit klinisch kaum isoliert meßbaren Einzelbewegungen • Summe der Bewegungen in den Einzelgelenken ist jedoch meßbar: man hält die Ferse fest und dreht den Vorfuß: Pronation - Supination 20°-0°-40° • zusammen mit den gleichsinnigen Bewegungen in den Sprunggelenken (s.o.) ergibt dies eine Gesamtbewegung: Pronation - Supination 30°-0°-60° • Bänder der Nebengelenke bestimmen entscheidend die Längswölbung des Fußes	■ **Pes planus** (Senkfuß, Plattfuß): • verminderte Längswölbung, medialer Fußrand dadurch belastet (keine Aussparung im Fußabdruck) • angeboren oder erworben • rasche Ermüdbarkeit und Schmerzen beim Gehen ■ **Pes excavatus**, Pes cavus (Hohlfuß): • vermehrte Längswölbung, beide Fußränder unbelastet (im Fußabdruck Vorfuß und Ferse getrennt) • Steilstellung von Fersenbein und Metatarsale I • kein Abrollen des Fußes möglich ■ **Pes transversus** (Spreizfuß): • Köpfe der Metatarsalia bilden keinen Bogen, sondern liegen nebeneinander • dadurch Last von Metatarsale I auf die sehr viel schwächeren Mittelknochen verschoben • typisch Schwiele an Fußsohle unter Kopf des Metatarsale II und III ■ **Pes adductus**, Pes metatarsus (Sichelfuß): • Mittelfuß und Zehen sind gegenüber der Fußwurzel nach innen abgeknickt • meist doppelseitig • oft durch Fehlhaltung in Gebärmutter bedingt
Articulationes tarso-metatarsales (Fußwurzel-Mittelfuß-Gelenke, Lisfranc-Gelenklinie)	• Distale Gelenkflächen der Ossa cuneiformia und des Os cuboideum • Bases metatarsales	• Ligg. tarsometatarsalia dorsalia • Ligg. tarsometatarsalia plantaria • Ligg. cuneometatarsalia interossea	Scharniergelenke: • klinisch kaum isoliert meßbare Federungsbewegungen sowie Ergänzung der Bewegungen der Sprunggelenke • entscheidend für Querwölbung des Fußes	
Articulationes inter-metatarsales (Gelenke zwischen den Mittelfußknochen)	Bases metatarsales: Gelenkflächen zu den Spatia interossea metatarsi	• Ligg. metatarsalia interossea • Ligg. metatarsalia dorsalia • Ligg. metatarsalia plantaria		

9.2.6 Zehengelenke

GELENK	GELENK-FLÄCHEN	BÄNDER	GELENKART	BEWE-GUNGS-UMFANG	KLINIK
Articulationes metatarsophalangeales (Zehengrundgelenke)	• Caput metatarsale • Basis phalangis der Phalanx proximalis	• Ligg. collateralia • Ligg. plantaria • Lig. metatarsale transversum profundum	Nach Gelenkkörpern Kugelgelenke (3 Freiheitsgrade), jedoch keine isolierte aktive Rotation möglich, Scharnierbewegung steht im Vordergrund	Großzehengrundgelenk: • Dorsalextension - Plantarflexion 70°-0°-20° • Abduktion - Adduktion 20°-0°-20°	■ **Hallux valgus** (X-Großzehe, Ballengroßzehe): • Großzehe stark adduziert (nach lateral abgebogen), "subluxiert" • Kopf des Metatarsale I springt stark vor: "Frostballen" (meist kein echter Frostschaden, sondern chronische Weichteilentzündung) • gefördert durch zu enge Schuhe und Spreizfuß • verstärkt durch Zug der langen Großzehensehnen ■ **Hallux rigidus**: schmerzhafte starke Bewegungseinschränkung des Großzehengrundgelenks nach dorsal auf dem Boden einer Arthrose
Articulationes interphalangeales pedis (Zehenmittel- und Zehenendgelenke)	• Caput phalangis der Phalanx proximalis bzw. Phalanx media • Basis phalangis der Phalanx media bzw. Phalanx distalis	• Ligg. collateralia • Ligg. plantaria	Scharniergelenke (1 Freiheitsgrad)	Großzehenendgelenk: Dorsalextension - Plantarflexion 20°-0°-50°	• *Hammerzehe*: Beugekontraktur im End- und Mittelgelenk • *Krallenzehe*: zusätzlich Dorsalextension im Grundgelenk • beide gefördert durch zu enge Schuhe und Spreizfuß • Hallux valgus drängt zweite Zehe in Krallenstellung • starke Neigung zur Bildung von Hühneraugen (Clavi)

9.2.7 Muskeln der Fuß- und Zehengelenke

BEWEGUNG	MUSKELN	NERVEN
Dorsalextension des Fußes	Extensorengruppe: M. tibialis anterior, M. extensor hallucis longus, M. extensor digitorum longus, M. peroneus tertius	N. fibularis profundus
Plantarflexion des Fußes	• Oberflächliche Flexorengruppe: M. triceps surae ist stärker als alle übrigen Unterschenkelmuskeln zusammen • tiefe Flexorengruppe: M. tibialis posterior, M. flexor digitorum longus, M. flexor hallucis longus	N. tibialis
	Peroneusgruppe: M. peroneus longus, M. peroneus brevis	N. fibularis superficialis
Pronation (Eversion)	Peroneusgruppe: M. peroneus longus, M. peroneus brevis	N. fibularis superficialis
	Extensorengruppe: M. tibialis anterior, M. extensor hallucis longus, M. extensor digitorum longus, M. peroneus tertius	N. fibularis profundus
Supination (Inversion)	• Oberflächliche Flexorengruppe: M. triceps surae, M. plantaris • tiefe Flexorengruppe: M. tibialis posterior, M. flexor digitorum longus, M. flexor hallucis longus	N. tibialis
Dorsalextension der Zehen	M. extensor hallucis longus und brevis, M. extensor digitorum longus und brevis	N. fibularis profundus
Plantarflexion der Zehen	M. flexor hallucis longus, M. flexor digitorum longus, fast alle Muskeln der Fußsohle	N. tibialis
Spreizen (Abduktion) der Zehen	M. abductor hallucis	N. plantaris medialis
	M. abductor digiti minimi, Mm. interossei dorsales	N. plantaris lateralis
Schließen (Adduktion) der Zehen	M. adductor hallucis, Mm. lumbricales I (+ II)	N. plantaris medialis
	Mm. lumbricales (II), III + IV, Mm. interossei plantares	N. plantaris lateralis

9.3 Muskeln der unteren Extremität (Mm. membri inferioris)

9.3.1 Übersicht

MUSKELGRUPPE		MUSKELN	INNERVATION	HAUPTFUNKTION	FASZIEN
Hüftmuskeln	Innere Hüft-muskeln	M. iliopsoas: • M. iliacus • M. psoas major M. psoas minor	Plexus lumba-lis (N. femora-lis)	Hüftgelenk: Flexion	• Fascia iliaca • Lacuna musculorum • Arcus iliopectineus • Lacuna vasorum
	Gesäßmus-keln	M. gluteus maximus M. gluteus medius M. gluteus minimus M. tensor fasciae latae	• N. gluteus inferior • N. gluteus superior	Hüftgelenk: • Extension • Abduktion	• Aponeurosis glutealis • Tractus iliotibialis
	Kleine Außen-rotatoren	M. piriformis M. obturator internus M. gemellus superior M. gemellus inferior M. obturator externus M. quadratus femoris	• Plexus sa-cralis • N. obturato-rius • N. ischiadi-cus	Hüftgelenk: Außen-rotation	
Ober-schenkel-muskeln	Extensoren	M. quadriceps femoris: • M. rectus femoris • M. vastus lateralis/ interme-dius/medialis • M. articularis genus M. sartorius	N. femoralis	• Hüftgelenk: Fle-xion • Kniegelenk: Ex-tension -	• Fascia lata • Canalis femoralis • Anulus femoralis • Hiatus saphenus • Fascia cribrosa
	Adduktoren	M. pectineus M. adductor longus M. adductor brevis M. adductor magnus M. adductor minimus M. gracilis	N. obturatorius	Hüftgelenk: Adduk-tion	• Septum intermusculare femoris mediale • Canalis adductorius • Hiatus tendineus [adduc-torius]
	Flexoren (ischiokrurale Muskeln)	M. biceps femoris M. semitendinosus M. semimembranosus M. popliteus	N. ischiadicus	• Hüftgelenk: Ex-tension • Kniegelenk: Fle-xion	Septum intermusculare fe-moris laterale
Unter-schenkel-muskeln	Extensoren	M. tibialis anterior M. extensor digitorum longus M. peroneus [fibularis] tertius M. extensor hallucis longus	N. fibularis profundus	• Sprung- und Ze-hengelenke: Dorsal-extension • Pronation (Ever-sion)	• Septum intermusculare cruris anterius + posterius • Retinaculum musculo-rum extensorum superius + inferius
	Peroneus-gruppe	M. peroneus [fibularis] longus M. peroneus [fibularis] brevis	N. fibularis su-perficialis	Sprunggelenke: • Plantarflexion • Pronation (Ever-sion)	Retinaculum musculorum peroneorum [fibularium] superius + inferius
	Oberflächli-che Flexoren	M. triceps surae: • M. gastrocnemius • M. soleus M. plantaris	N. tibialis	Sprunggelenke: • Plantarflexion • Supination (Inver-sion)	• Fascia cruris • Retinaculum musculo-rum flexorum
	Tiefe Flexoren	M. tibialis posterior M. flexor digitorum longus M. flexor hallucis longus	N. tibialis	Sprung- und Zehen-gelenke: Plantarfle-xion	
Fußmuskeln	Muskeln des Fußrückens	M. extensor hallucis brevis M. extensor digitorum brevis	N. fibularis profundus	Zehengelenke: Dor-salextension	Fascia dorsalis pedis
	Muskeln der Fußsohle	M. abductor hallucis M. flexor hallucis brevis M. adductor hallucis M. abductor digiti minimi M. opponens digiti minimi M. flexor digiti minimi brevis M. flexor digitorum brevis M. quadratus plantae [M. flexor accessorius] Mm. lumbricales Mm. interossei dorsales Mm. interossei plantares	N. plantaris medialis + late-ralis	• Zehengelenke: • Plantarflexion • Ab- und Adduktion • Verspannen der Fußwölbung	Aponeurosis plantaris

9.3.2 Hüftmuskeln

Innere Hüftmuskeln

MUSKEL	URSPRUNG	ANSATZ	NERV	FUNKTION	ANMERKUNGEN
M. iliopsoas (Darmbein-Lenden-Muskel)	2 getrennte Ursprünge: ● *M. psoas major* (⇨ unten) ● *M. iliacus* (⇨ unten).	Gemeinsamer Ansatz am Trochanter minor	N. femoralis + Äste des Plexus lumbalis	Stärkster Beuger des Hüftgelenks (entscheidend wichtig für das Gehen!)	● Gemeinsame Faszienloge durch Fascia iliaca ● gemeinsam durch die Lacuna musculorum
M. psoas major (großer Lendenmuskel)	● Seitenflächen der Wirbelkörper Th_{12}-L_4 ● Querfortsätze L_1-L_5	Trochanter minor	N. femoralis + Äste des Plexus lumbalis	● Flexion im Hüftgelenk ● Seitneigen und Inklination der Lendenwirbelsäule ● je nach Ausgangsstellung Innen- oder Außenrotation im Hüftgelenk	● Große Hubhöhe wegen langer Muskelfasern ● leitet Senkungsabszesse von LWS zu Oberschenkelvorderseite ● *Psoaszeichen* bei Appendizitis (Unterbauchschmerz bei Heben des rechten Beins)
M. iliacus (Darmbeinmuskel)	● Fossa iliaca ● Spina iliaca anterior inferior ● Hüftgelenkkapsel	Trochanter minor und angrenzender Femurschaft	N. femoralis + Äste des Plexus lumbalis	● Flexion im Hüftgelenk ● spannt die Hüftgelenkkapsel	Kraftbeuger des Hüftgelenks
M. psoas minor (kleiner Lendenmuskel):	Seitenflächen der Wirbelkörper Th_{12} und L_1	● Pecten ossis pubis ● Fascia iliaca	Äste des Plexus lumbalis	Mitwirken beim Stabilisieren der funktionellen Einheit von Becken und Lendenwirbelsäule	● Kurzer Muskelbauch am Ursprung ● sehr lange Ansatzsehne ● nicht immer vorhanden

Gesäßmuskeln

MUSKEL	URSPRUNG	ANSATZ	NERV	FUNKTION	ANMERKUNGEN
M. gluteus maximus (großer Gesäßmuskel)	● Darmbein (Os ilium) dorsal der Linea glutea posterior ● Kreuzbein (Os sacrum) ● Steißbein (Os coccygis) ● Lig. sacrotuberale	● Tuberositas glutealis am Femurschaft ● Tractus iliotibialis ● Septum intermusculare femoris laterale	N. gluteus inferior	● Extension, Adduktion und Außenrotation im Hüftgelenk ● Extension im Kniegelenk (über Tractus iliotibialis)	● Beim Menschen wegen des aufrechten Gangs mächtig entwickelter Muskel ● stärkster Strecker des Hüftgelenks (entscheidend wichtig z.B. beim Treppensteigen) ● grobe Muskelfaserbündel
M. gluteus medius (mittlerer Gesäßmuskel)	Darmbein (Os ilium) zwischen Crista iliaca, Linea glutea anterior und posterior	Trochanter major	N. gluteus superior	● Abduktion im Hüftgelenk (Hauptwirkung) ● ventraler Teil Innenrotation und Flexion ● dorsaler Teil Außenrotation und Extension	● Wichtigster Muskel für intramuskuläre Injektion ● bei einseitiger Lähmung *Trendelenburg-Zeichen* ● bei doppelseitiger Lähmung Watschelgang
M. gluteus minimus (kleiner Gesäßmuskel	Darmbein zwischen Linea glutea anterior und inferior	Trochanter major	N. gluteus superior	● Abduktion im Hüftgelenk (Hauptwirkung) ● ventraler Teil Innenrotation und Flexion ● dorsaler Teil Außenrotation und Extension	● Bedeckt vom M. gluteus medius ● liegt in der Tiefe des "ventroglutealen" Injektionsfeldes
M. tensor fasciae latae (Schenkelbindenspanner)	Spina iliaca anterior superior und anschließende Crista iliaca	● Fascia lata ● Tractus iliotibialis	N. gluteus superior	● Flexion, Abduktion und Innenrotation im Hüftgelenk ● Extension im Kniegelenk	● "*Sprintermuskel*" (wölbt bei Sprintern die Haut kräftig vor) ● der Tractus iliotibialis ist am distalen lateralen Oberschenkel leicht zu tasten ● Coxa saltans (schnappende Hüfte): bei manchen Menschen schmerzhaftes Springen des Tractus iliotibialis über Trochanter major bei Bewegungen im Hüftgelenk

Kleine Außenroller (in kraniokaudaler Reihenfolge)

MUSKEL	URSPRUNG	ANSATZ	NERV	FUNKTION	ANMERKUNGEN
M. piriformis (birnförmiger Muskel)	Os sacrum (Facies pelvica)	Trochanter major	Plexus sacralis	● Außenrotation (in Streckstellung) ● Abduktion (in Beugestellung)	Zieht durch das Foramen ischiadicum majus, läßt dabei kranial und kaudal Lücken für den Durchtritt von Gefäßen und Nerven frei: ● "Foramen suprapiriforme" ● "Foramen infrapiriforme"
M. gemellus superior (oberer Zwillingsmuskel)	Spina ischiadica	Fossa trochanterica	Plexus sacralis	Außenrotation	Bisweilen mit den beiden folgenden Muskeln als "Rotator triceps" zusammengefaßt
M. obturator internus (innerer Hüftlochmuskel)	Innenseite der Membrana obturatoria und angrenzende Teile des Hüftbeins	Fossa trochanterica	Plexus sacralis	Außenrotation	● Zieht durch das Foramen ischiadicum minus ● wird dabei spitzwinklig abgeknickt ● die *Bursa subtendinea musculi obturatoris interni* schützt hier die Ansatzsehne vor Reibung
M. gemellus inferior (unterer Zwillingsmuskel)	Tuber ischiadicum	Fossa trochanterica	Plexus sacralis	Außenrotation	
M. obturator externus (äußerer Hüftlochmuskel)	Außenseite der Membrana obturatoria und angrenzende Teile des Hüftbeins	Fossa trochanterica	N. obturatorius	● Außenrotation ● stützt das Caput femoris von unten her ab und wirkt damit einer Luxation entgegen	● Gehört nach der Innervation zur Adduktorengruppe des Oberschenkels ● wird seiner Lage nach auch als "verstecktester" Muskel bezeichnet
M. quadratus femoris (quadratischer Oberschenkelmuskel)	Tuber ischiadicum	Crista intertrochanterica	N. ischiadicus	Außenrotation	Zweitstärkster Außenroller (nach dem M. gluteus maximus)

9.3.3 Oberschenkelmuskeln

Flexoren

MUSKEL	URSPRUNG	ANSATZ	INNERVATION	FUNKTION	ANMERKUNGEN
M. semitendinosus (halbsehniger Muskel)	Tuber ischiadicum	Über "Pes anserinus" an Facies medialis der Tibia	N. ischiadicus (N. tibialis)	● Extension im Hüftgelenk ● Flexion und Innenrotation im Kniegelenk	Lange, gut tastbare Ansatzsehne gibt dem Muskel den Namen
M. semimembranosus (halbmembranöser Muskel)	Tuber ischiadicum	● Condylus medialis der Tibia ● Faszie des M. popliteus ● Kniegelenkkapsel (Lig. popliteum obliquum)	N. ischiadicus (N. tibialis)	● Extension im Hüftgelenk ● Flexion und Innenrotation im Kniegelenk ● das Lig. popliteum obliquum verhindert bei Flexion das Einklemmen der Kniegelenkkapsel	● Lange, flache Ursprungsehne gibt dem Muskel den Namen ● die sich dreiteilende Ansatzsehne wird auch "Pes anserinus profundus" genannt)
M. biceps femoris (zweiköpfiger Oberschenkelmuskel)	2 Köpfe: ● *Caput longum:* Tuber ischiadicum ● *Caput breve:* Linea aspera (mittleres Drittel des Labium laterale)	Gemeinsam an: ● Caput fibulae ● Condylus lateralis der Tibia	N. ischiadicus: ● *Caput longum:* N. tibialis ● *Caput breve:* N. fibularis communis	● *Caput longum* (zweigelenkig): Extension im Hüftgelenk, Flexion + Außenrotation im Kniegelenk ● *Caput breve* (eingelenkig): nur Flexion + Außenrotation im Kniegelenk	● Wichtigster Außenroller des Kniegelenks ● die kräftige Ansatzsehne wölbt die Haut stark vor ● zwischen ihr und dem Tractus iliotibialis sinkt die Haut zu einer Grube ein
M. popliteus (Kniekehlenmuskel)	● Epicondylus lateralis des Femur ● Kniegelenkkapsel (Lig. popliteum arcuatum)	Tibia (distal des Condylus medialis)	N. tibialis	Innenrotation im Kniegelenk	● Ursprungsehne liegt z.T. intrakapsulär ● Schleimbeutel unter dem Muskel steht regelmäßig mit dem Kniegelenkraum in Verbindung (*Recessus subpopliteus*)

Adduktoren (Anordnung in 3 Schichten)

MUSKEL	UR-SPRUNG	ANSATZ	NERV	FUNKTION	ANMERKUNGEN
M. pectineus (Kamm-Muskel)	Pecten ossis pubis	● Linea pectinea ● Linea aspera des Femur	N. femoralis + N. obturatorius	Flexion und Adduktion im Hüftgelenk	Lateraler Muskel der ventralen Adduktorenschicht
M. adductor longus (langer Anzieher)	Corpus ossis pubis	Linea aspera des Femur (mittleres Drittel des Labium mediale)	N. obturatorius	Adduktion (und schwächer Flexion und Außenrotation) im Hüftgelenk	● Mittlerer Muskel der ventralen Adduktorenschicht ● Ursprungssehne wölbt bei Adduktion gegen Widerstand die Haut deutlich vor
M. gracilis (schlanker Muskel)	Ramus inferior ossis pubis	Über Pes anserinus an der Facies medialis der Tibia (lange Ansatzsehne)	N. obturatorius	● Adduktion im Hüftgelenk ● Flexion und Innenrotation im Kniegelenk (zweigelenkiger Muskel!)	● Medialer Muskel der ventralen Adduktorenschicht ● Ursprungssehne tritt bei Adduktion gegen Widerstand deutlich hervor (dorsal der Sehne des M. adductor longus)
M. adductor brevis (kurzer Anzieher)	Os pubis (Vorderfläche)	Linea aspera des Femur (oberes Drittel des Labium mediale)	N. obturatorius	Adduktion (und schwächer Außenrotation) im Hüftgelenk	● Mittlere Adduktorenschicht ● liegt zwischen R. anterior und R. posterior des N. obturatorius
M. adductor magnus (großer Anzieher)	● Ramus inferior ossis pubis ● Ramus ossis ischii ● Tuber ischiadicum	● Linea aspera (Labium mediale) ● Epicondylus medialis des Femur (sehnig) ● Faszie des M. vastus medialis (Aponeurose: "Lamina vastoadductoria")	N. obturatorius	Adduktion und Außenrotation im Hüftgelenk	● Dorsale Adduktorenschicht ● stärkster Adduktor ● zwischen der kräftigen Ansatzsehne am Epicondylus medialis und dem Muskelbauch zur Linea aspera klafft der *Hiatus tendineus adductorius* ● Sehnenplatte zum M. vastus medialis bildet die Vorderwand des Canalis adductorius (für die Vasa femoralia)
M. adductor minimus (kleinster Anzieher)	s.o.	Linea aspera (Labium mediale)	N. obturatorius	Außenrotation (und schwächer Adduktion) im Hüftgelenk	Kranialer Abschnitt des M. adductor magnus (in den Nomina anatomica als selbständiger Muskel aufgeführt)

"Pes-anserinus" Gruppe

● Gemeinsamer Ansatz der Sehnen von 3 Muskeln verschiedener Herkunft (3 Nerven!) medial an der Facies medialis der Tibia
● zwischen den Sehnen und der Tibia liegt die Bursa anserina

MUSKEL	UR-SPRUNG	ANSATZ	NERV	FUNKTION	ANMERKUNGEN
M. sartorius (Schneidermuskel)	Spina iliaca anterior superior	Über "Pes anserinus" an der Facies medialis der Tibia	N. femoralis	● Flexion, Abduktion und Außenrotation im Hüftgelenk ● Flexion und Innenrotation im Kniegelenk (Schneidersitz!)	● Liegt in einem eigenen Faszienkanal der Fascia lata ● begrenzt mit dem M. adductor longus und der Leistenfurche das Trigonum femorale
M. gracilis (schlanker Muskel)	Ramus inferior ossis pubis	Über "Pes anserinus" an der Facies medialis der Tibia	N. obturatorius	● Adduktion im Hüftgelenk ● Flexion und Innenrotation im Kniegelenk (zweigelenkiger Muskel!)	● Medialer Muskel der ventralen Adduktorenschicht ● Ursprungssehne tritt bei Adduktion gegen Widerstand deutlich hervor (dorsal der Sehne des M. adductor longus)
M. semitendinosus (halbsehniger Muskel)	Tuber ischiadicum	Über "Pes anserinus" an der Facies medialis der Tibia	N. ischiadicus (N. tibialis)	● Extension im Hüftgelenk ● Flexion und Innenrotation im Kniegelenk	Lange, gut tastbare Ansatzsehne gibt dem Muskel den Namen

Extensoren

MUSKEL	URSPRUNG	ANSATZ	NERV	FUNKTION	ANMERKUNGEN
M. quadriceps femoris (vierköpfiger Oberschenkelmuskel)	4 (5) Köpfe: die 4 (5) folgenden Muskeln	Gemeinsam über Patella und Retinacula patellae an Tuberositas tibiae	N. femoralis	● Flexion im Hüftgelenk ● Extension im Kniegelenk (2gelenkiger Muskel!)	Einziger aktiver Strecker des Kniegelenks (über den Tractus iliotibialis kann lediglich das bereits gestreckte Kniegelenk in dieser Stellung gehalten werden)
M. rectus femoris (gerader Oberschenkelmuskel)	Spina iliaca anterior inferior	Patella	N. femoralis	● Flexion im Hüftgelenk ● Extension im Kniegelenk (2gelenkiger Muskel!)	Beim Heben des Beins gegen Widerstand treten Ursprungssehne und Muskelbauch distal des Leistenbandes deutlich hervor
M. vastus lateralis (äußerer Oberschenkelmuskel)	● Trochanter major ● Linea intertrochanterica ● Tuberositas glutea ● Linea aspera (Labium laterale)	● Patella ● Retinaculum patellae laterale	N. femoralis	Extension im Kniegelenk	Gut geeignet für intramuskuläre Injektionen
M. vastus intermedius (mittlerer Oberschenkelmuskel)	Corpus femoris (Vorderfläche)	Patella	N. femoralis	Extension im Kniegelenk	● Fast vollständig von den 3 anderen Köpfen des M. quadriceps femoris bedeckt ● an Kniegelenkkapsel ansetzender Teil ⇨ unten *M. articularis genus*
M. vastus medialis (innerer Oberschenkelmuskel)	Linea aspera (Labium mediale)	● Patella ● Retinaculum patellae mediale	N. femoralis	Extension im Kniegelenk	● Muskelbauch des M. vastus medialis reicht weiter distal als der des M. vastus lateralis ● an ihm wird Muskelabbau ("Verschmächtigung") bei Ruhigstellung des Kniegelenks am frühesten sichtbar
M. articularis genus (Kniegelenkmuskel)	Corpus femoris (Vorderfläche)	Capsula articularis des Kniegelenks	N. femoralis	Straffen der Kniegelenkkapsel	Auch als Teil des M. vastus intermedius zu betrachten, in den Nomina anatomica als selbständiger Muskel aufgeführt

9.3.4 Unterschenkelmuskeln

Peroneusgruppe

MUSKEL	URSPRUNG	ANSATZ	NERV	FUNKTION	ANMERKUNGEN
M. peroneus [fibularis] longus (langer Wadenbeinmuskel)	● Condylus lateralis der Tibia ● Caput fibulae ● Facies lateralis der Fibula (proximale Hälfte) ● Septum intermusculare cruris anterius und posterius	● Os cuneiforme mediale ● Tuberositas ossis metatarsalis I	N. fibularis superficialis	Palmarflexion und Pronation (Eversion) des Fußes	● Die lange Ansatzsehne wird durch das *Retinaculum musculorum peroneorum superius* und *inferius* hinter und unter dem Malleolus lateralis geführt (Sehnenscheide!) ● sie gelangt in einem osteofibrösen Kanal durch die Fußsohle zum medialen Fußrand
M. peroneus [fibularis] brevis (kurzer Wadenbeinmuskel)	Fibula	● Tuberositas ossis metatarsalis V ● Nebenansatz Digitus V	N. fibularis superficialis	Palmarflexion und Pronation (Eversion) des Fußes	● Die lange Ansatzsehne wird durch das *Retinaculum musculorum peroneorum superius* und *inferius* hinter und unter dem Malleolus lateralis geführt (Sehnenscheide!) ● sie wölbt kaudal des Wadenbeinknöchels bei Plantarflexion gegen Widerstand (z.B. Zehenstand) die Haut vor

Oberflächliche Flexoren

Muskel	Ursprung	Ansatz	Nerv	Funktion	Anmerkungen
M. triceps surae (dreiköpfiger Wadenmuskel)	3 Köpfe: ⇨ unten ● *M. gastrocnemius, Caput mediale* ● *M. gastrocnemius, Caput laterale* ● *M. soleus*	Gemeinsam mit der "Achillessehne" (Tendo calcaneus) am Tuber calcanei	N. tibialis	● Stärkster Plantarflexor ● stärkster Supinator des Fußes	● Stärker als alle anderen Unterschenkelmuskeln zusammen ● bestimmt die Konturen der Wade ● Achillessehne ist die stärkste Sehne des Menschen
M. gastrocnemius (Wadenmuskel)	Mit 2 Köpfen (*Caput mediale* und *laterale*) von der Facies poplitea des Femur (Nebenursprung an Kniegelenkkapsel)	s.o.	N. tibialis	● Plantarflexion und Supination (Inversion) des Fußes ● (schwache) Flexion im Kniegelenk (zweigelenkig!)	● Größte Kraft in den Sprunggelenken bei gestrecktem Knie ● "*Schnelligkeitsmuskel*"
M. soleus (Schollenmuskel)	● Caput fibulae ● Facies posterior der Fibula (proximales Drittel) ● Tibia (mittlere 2/4) ● Arcus tendineus musculi solei	s.o.	N. tibialis	Plantarflexion und Supination (Inversion) des Fußes (eingelenkig!)	● Der Sehnenbogen zwischen Tibia und Fibulakopf (*Arcus tendineus musculi solei*) gestattet den Durchtritt von A. + V. tibialis posterior und N. tibialis ● "*Haltemuskel*" für Dauerleistungen, z.B. beim Stehen
M. plantaris ("Sohlenmuskel")	Planum popliteum unmittelbar distal des Caput laterale des M. gastrocnemius	Medial der "Achillessehne" am Tuber calcanei	N. tibialis	Plantarflexion und Supination (Inversion) des Fußes	● Unbedeutender Muskel mit sehr langer, dünner Ansatzsehne ● sehr variabel: z.B. ● Ursprung verschmolzen mit Caput laterale des M. gastrocnemius ● Ansatz an Plantaraponeurose

Tiefe Flexoren

Muskel	Ursprung	Ansatz	Nerv	Funktion	Anmerkungen
M. tibialis posterior (hinterer Schienbeinmuskel	Hinterfläche der Membrana interossea cruris ● angrenzende Teile von Tibia und Fibula	● Hauptansatz an Tuberositas ossis navicularis ● Nebenansätze an den distalen Fußwurzelknochen und den Mittelfußknochen	N. tibialis	Plantarflexion und Supination (Inversion) des Fußes	● Die lange Ansatzsehne wird hinter dem Malleolus medialis durch das *Retinaculum musculorum flexorum* gehalten (Malleolarkanal) ● sie wird dort durch eine Sehnenscheide geschützt ● sie wölbt bei Plantarflexion gegen Widerstand die Haut deutlich vor
M. flexor digitorum longus (langer Zehenbeuger)	● Facies posterior von Tibia und Fibula ● Sehnenbogen über dem M. tibialis posterior	Basen der Endglieder der 2.-5. Zehe (Phalanges distales II-V)	N. tibialis	● Plantarflexion und Supination (Inversion) des Fußes ● Plantarflexion der Zehen 2-5	● Die lange Ansatzsehne gelangt (in Sehnenscheide) durch den Malleolarkanal zur Fußsohle ● erst dort zweigt sie sich in 4 Teilsehnen zu den Zehen 2-5 auf ● sie überkreuzt proximal des Malleolarkanals die Sehne des M. tibialis posterior ("Chiasma crurale") und an der Fußsohle die Sehne des M. flexor hallucis longus ("Chiasma plantare")
M. flexor hallucis longus (langer Großzehenbeuger)	● Facies posterior der Fibula ● Membrana interossea cruris ● Septum intermusculare cruris posterius	● Basis des Großzehen-Endglieds (Phalanx distalis des Hallux) ● über Sehnenverbindungen auch Zehen 2-4	N. tibialis	● Plantarflexion und Supination (Inversion) des Fußes ● Plantarflexion der Großzehe (und evtl. Nachbarzehen) ● Aufrichten des Fersenbeins ("*Antivalgusmuskel*")	● Die lange Ansatzsehne gelangt (in Sehnenscheide) durch den Malleolarkanal unter dem Sustentaculum tali zur Fußsohle ● Sehnenverbindungen zum M. flexor digitorum longus (variabel)

Extensoren

MUSKEL	URSPRUNG	ANSATZ	NERV	FUNKTION	ANMERKUNGEN
M. tibialis anterior (vorderer Schienbein- muskel)	● Condylus late- ralis und Facies lateralis der Tibia (proximale 2/3) ● Membrana in- terossea cruris	● Os cuneifor- me mediale ● Os metatarsi [Metatarsale] I	N. fibularis profundus	Dorsalextension des Fußes	● Die lange Ansatzsehne wird im Sprungge- lenkbereich durch das *Retinaculum muscu- lorum extensorum superius* und *inferius* ge- führt (Sehnenscheide!) ● sie wölbt bei Dorsalextension des Fußes gegen Widerstand die Haut deutlich vor
M. extensor hallucis lon- gus (langer Großzehen- strecker)	● Membrana in- terossea cruris ● Facies medialis der Fibula (mittle- re 2/4)	Phalanx distalis des Hallux	N. fibularis profundus	● Dorsalexten- sion und Prona- tion (Eversion) des Fußes ● Dorsalexten- sion der Groß- zehe	● Die lange Ansatzsehne wird im Sprungge- lenkbereich durch das *Retinaculum muscu- lorum extensorum superius* und *inferius* ge- führt (Sehnenscheide!) ● sie wölbt bei Dorsalextension der Großze- he gegen Widerstand die Haut deutlich vor
M. extensor digitorum longus (langer Ze- henstrecker)	● Condylus late- ralis der Tibia ● Caput fibulae und Margo ante- rior der Fibula ● Membrana in- terossea cruris ● Septum inter- musculare ante- rius	Dorsalaponeu- rosen bzw. Dor- salseiten der Zehen 2-5 (an den Zehen sind die Dorsalapo- neurosen meist mangelhaft aus- gebildet oder fehlen völlig)	N. fibularis profundus	● Dorsalexten- sion und Prona- tion (Eversion) des Fußes ● Dorsalexten- sion der Zehen 2-5	● Die lange Ansatzsehne wird im Sprungge- lenkbereich durch das *Retinaculum muscu- lorum extensorum superius* und *inferius* ge- führt (Sehnenscheide!) ● sie zweigt sich unter dem Retinaculum ex- tensorum inferius in die Teilsehnen zu den Zehen 2-5 auf ● sie wölben bei Dorsalextension der Zehen gegen Widerstand die Haut vor
M. peroneus [fibularis] tertius (dritter Waden- beinmuskel)	Wie M. extensor digitorum longus	Sehnig am Os metatarsi V (auf unterschiedli- cher Höhe)	N. fibularis profundus	Dorsalextension und Pronation (Eversion) des Fußes	● Abspaltung des M. extensor digitorum lon- gus (gemeinsame Sehnenscheide!) von sehr variabler Ausprägung (kann völlig fehlen) ● bei Pronation (Eversion) des Fußes gegen Widerstand wölbt die Sehne die Haut etwas vor

9.3.5 Fußmuskeln

Muskeln der Fußsohle, mediales Fach (Muskeln der Großzehe)

MUSKEL	URSPRUNG	ANSATZ	INNERVATION	FUNKTION	ANMERKUNGEN
M. abductor hallucis (Großzehen- abspreizer)	● Tuber calcanei ● Aponeurosis plantaris	Mediales Se- sambein und Grundphalanx des Hallux	N. plantaris medialis	● Plantarflexion und Ab- duktion der Großzehe ● Verspannen der Längs- wölbung des Fußes	● Stärkster der Fuß- muskeln ● der Muskelbauch ist am medialen Fußrand gut zu tasten
M. flexor hal- lucis brevis (kurzer Groß- zehenbeuger)	Os cuneiforme mediale (und Umgebung)	Mediales und laterales Se- sambein sowie Grundphalanx des Hallux	● *Caput me- diale*: N. plan- taris medialis ● *Caput late- rale*: N. planta- ris lateralis	● Plantarflexion der Groß- zehe ● Verspannen der Längs- wölbung des Fußes ● er ist besonders wichtig beim Stehen auf den Ze- henspitzen (Ballett!)	Zweiköpfiger Muskel mit gemeinsamem Ur- sprung, aber getrenn- ten Ansätzen medial und lateral an der Großzehe
M. adductor hallucis (Großzehen- anzieher)	● *Caput obliquum*: Os cuboideum, Os cunei- forme III, Bases meta- tarsales III-V ● *Caput transversum*: Bänder der Zehen- grundgelenke 3-5	Laterales Se- sambein und Grundphalanx des Hallux	N. plantaris la- teralis	● Plantarflexion und Ad- duktion der Großzehe ● Verspannen der Quer- wölbung des Fußes	Zweitstärkster der Fußmuskeln

Muskeln der Fußsohle, mittleres Fach

MUSKEL	URSPRUNG	ANSATZ	NERV	FUNKTION	ANMERKUNGEN
M. flexor digitorum brevis (kurzer Zehenbeuger)	● Tuber calcanei ● Aponeurosis plantaris	Mittelglied (Phalanx media) der Zehen 2-5	N. plantaris medialis	● Plantarflexion der Zehen 2-5 ● Verspannen der Längswölbung des Fußes	Die Ansatzsehnen werden von den Sehnen des M. flexor digitorum longus durchbohrt
M. quadratus plantae (quadratischer Fußsohlenmuskel)	Calcaneus	Sehnen des M. flexor digitorum longus	N. plantaris lateralis	● Plantarflexion der Zehen 2-5 ● Verspannen der Längswölbung des Fußes	Hilfsmuskel des M. flexor digitorum longus: korrigiert die Zugrichtung der Sehnen
Mm. lumbricales (4) (Spulmuskeln, Regenwurmmuskeln)	Sehnen des M. flexor digitorum longus	Medial an den Grundgliedern (Phalanges proximales) der Zehen 2-5	● I (+ II): N. plantaris medialis ● (II), III, IV: N. plantaris lateralis	Plantarflexion und Adduktion der Zehen 2-5	Da die Dorsalaponeurosen an den Zehen meist fehlen, können die Spulmuskeln (anders als an der Hand) im Mittel- und Endgelenk kaum dorsalextendieren
Mm. interossei dorsales (4) (rückseitige Zwischenknochenmuskeln)	Zweiköpfig von den einander zugewandten Seiten der Ossa metatarsi I-V	Grundglieder (Phalanges proximales) der Zehen 2-5	N. plantaris lateralis	Plantarflexion und Abduktion der Zehen 2-5	Die Mm. interossei liegen ähnlich wie an der Hand, jedoch ist die Orientierungsachse nicht der 3., sondern der 2. Strahl
Mm. interossei plantares (3) (fußsohlenseitige Zwischenknochenmuskeln	Ossa metatarsi III-V (einköpfig)	Medial an den Grundgliedern (Phalanges proximales) der Zehen 2-5	N. plantaris lateralis	Plantarflexion und Adduktion der Zehen 3-5	Tiefste Schicht der Fußsohlenmuskeln

Muskeln der Fußsohle, laterales Fach (Kleinzehenmuskeln)

MUSKEL	URSPRUNG	ANSATZ	NERV	FUNKTION	ANMERKUNGEN
M. abductor digiti minimi (Kleinzehenabspreizer)	● Processus lateralis tuberis calcanei ● Tuberositas ossis metatarsalis V ● Aponeurosis plantaris	Grundglied (Phalanx proximalis) der Kleinzehe	N. plantaris lateralis	● Plantarflexion der Kleinzehe ● Verspannen der Längswölbung des Fußes ● Abduktion der Kleinzehe (beim Kind vorhanden, geht im Laufe des Lebens meist verloren)	Der Muskelbauch ist am lateralen Vorfußrand zu tasten
M. flexor digiti minimi brevis (kurzer Kleinzehenbeuger)	● Basis metatarsalis V ● Lig. plantare longum	Basis des Grundglieds (Phalanx proximalis) der Kleinzehe	N. plantaris lateralis	● Plantarflexion der Kleinzehe ● Verspannen der Längswölbung des Fußes	Oft mit dem M. interosseus plantaris III verschmolzen
M. opponens digiti minimi (Kleinzehen-Gegenübersteller)	Lig. plantare longum	Os metatarsi V	N. plantaris lateralis	Verspannen der Querwölbung des Fußes	● Einziger Opponens am Fuß ● schwach

Muskeln des Fußrückens

MUSKEL	URSPRUNG	ANSATZ	NERV	FUNKTION	ANMERKUNGEN
M. extensor hallucis brevis (kurzer Großzehenstrecker)	Calcaneus vor dem Sinus tarsi	Dorsalseite des Großzehen-Grundglieds	N. fibularis profundus	Dorsalextension der Großzehe	Liegt unter den Sehnen des M. extensor digitorum longus
M. extensor digitorum brevis (kurzer Zehenstrecker)	Calcaneus vor dem Sinus tarsi	Dorsalaponeurosen der Zehen 2-4	N. fibularis profundus	Dorsalextension der Zehen 2-4	Liegt unter den Sehnen des M. extensor digitorum longus

9.3.6 Faszien und Septen der unteren Extremität

FASZIE	SEPTEN	BESONDERE STRUKTUREN	KLINIK
Fascia iliaca (Darm-beinfaszie)	**Arcus iliopectineus:** Verstärkungszug in Facia iliaca ● von Spina iliaca anterior superior bzw. Lig. inguinale zu Eminentia iliopubica ● trennt Lacuna musculorum von Lacuna vasorum	■ zwischen Lig. inguinale (Leistenband) und Os coxae (Hüftbein), getrennt durch Arcus iliopectineus: ● **Lacuna musculorum** (Muskelfach): lateral, für ● M. iliopsoas ● N. femoralis ● N. cutaneus femoris lateralis ● **Lacuna vasorum** (Gefäßfach): medial, für ● A. + V. femoralis ● Lymphknoten ● Anulus femoralis ● R. femoralis des N. genitofemoralis ■ **Canalis femoralis** (Schenkelkanal): von Lacuna vasorum zum Hiatus saphenus auf M. pectineus: ● Anulus femoralis: Eingang in Canalis femoralis, medial von V. femoralis in Lacuna vasorum ● Septum femorale: verschließt Anulus femoralis	**Hernia femoralis** (Schenkelbruch): ● durch Canalis femoralis (im Unterschied zu den Herniae inguinales tief zum Leistenband) ● bei Frauen häufiger als bei Männern (umgekehrt wie bei Leistenbrüchen)
Fascia lata (Oberschenkelfaszie)	Muskelscheidewände des Oberschenkels: ● *Septum intermusculare femoris laterale:* zwischen M. vastus lateralis und M. biceps femoris ● *Septum intermusculare femoris mediale:* zwischen M. vastus medialis und Mm. adductores	■ **Hiatus saphenus:** kurz distal des Leistenbandes, für Durchtritt der V. saphena magna und ihrer proximalen Äste ● Margo falciformis: verstärkter sichelförmiger seitlicher Rand mit Cornu superius und Cornu inferius ● Fascia cribrosa: die von den oberflächlichen Venen siebartig durchbrochene Faszie des Hiatus saphenus ■ **Canalis adductorius** (Adduktorenkanal): zwischen M. vastus medialis, M. adductor magnus und einer die beiden Muskeln verbindenden Sehnenplatte ("Lamina vastoadductoria"): ● Hiatus tendineus [adductorius]: Öffnung Richtung Kniekehle im M. adductor magnus ● durchzogen von A. + V. femoralis, Teilstrecke auch N. saphenus ■ **Tractus iliotibialis:** Sehnenzug vom Darmbein zum Schienbein, gespannt durch ● M. tensor fasciae latae ● M. gluteus maximus	
Fascia cruris (Unterschenkelfaszie)	Muskelscheidewände des Unterschenkels: ● *Septum intermusculare cruris anterius:* trennt Extensoren- und Peroneusloge ● *Septum intermusculare cruris posterius:* trennt Flexoren- und Peroneusloge	Haltebänder der Sehnen im Knöchelbereich: ● Retinaculum musculorum extensorum superius ● Retinaculum musculorum flexorum ● Retinaculum musculorum extensorum inferius ● Retinaculum musculorum peroneorum [fibularium] superius ● Retinaculum musculorum peroneorum [fibularium] inferius	● Kompartmentsyndrom (⇨ 9.8.4) ● *Peritenonitis* (Tendovaginitis, Sehnenscheidenentzündung, ⇨ 1.4.8): durch Reibung der Sehnen an den Haltebändern (wenn Reibungsminderung durch Sehnenscheiden nicht ausreicht)
Fascia dorsalis pedis (Fußrückenfaszie)			
Faszie der Fußsohle		Große Teile sehnenartig verstärkt: ● *Aponeurosis plantaris:* überwiegend Längszüge ● *Fasciculi transversi:* Querzüge, vorwiegend im Vorfußbereich	

9.3.7 Bursae membri inferioris (Schleimbeutel der unteren Extremität)

GRUPPE	SCHLEIMBEUTEL	LAGE
Im Bereich des Trochanter minor	● Bursa subcutanea trochanterica ● Bursa trochanterica musculi glutei maximi ● Bursae trochantericae musculi glutei medii ● Bursa trochanterica musculi glutei minimi ● Bursa musculi piriformis ● Bursa subtendinea musculi obturatoris interni	Wie die einzelnen Namen besagen, subkutan bzw. unter den Sehnen der genannten Muskeln
Weitere Schleimbeutel der Gesäßgegend	Bursae intermusculares musculorum gluteorum	Zwischen Gesäßmuskeln
	Bursa ischiadica [sciatica] musculi glutei maximi	Am Tuber ischiadicum
	Bursa sciatica [ischiadica] musculi obturatoris interni	An Incisura ischiadica minor
	Bursa musculi bicipitis femoris superior	Zwischen Ursprüngen der ischiokruralen Muskeln
An M. iliopsoas	Bursa iliopectinea	An Eminentia iliopubica
	Bursa subtendinea iliaca	Am Trochanter minor
Im Bereich der Patella	● Bursa subcutanea prepatellaris ● Bursa subfascialis prepatellaris ● Bursa subtendinea prepatellaris ● Bursa suprapatellaris ● Bursa subcutanea infrapatellaris ● Bursa infrapatellaris profunda	● Lage geht aus Namen hervor ● Bursa suprapatellaris regelmäßig in breiter Verbindung mit Kniegelenkhöhle, deshalb manchmal auch "Recessus suprapatellaris" genannt
Weitere Schleimbeutel der Kniegegend	● Bursa subcutanea tuberositatis tibiae ● Bursae subtendineae musculi sartorii ● Bursa anserina ● Bursa subtendinea musculi bicipitis femoris inferior ● Recessus subpopliteus ● Bursa subtendinea musculi gastrocnemii lateralis ● Bursa subtendinea musculi gastrocnemii medialis ● Bursa musculi semimembranosi	● Lage geht aus Namen hervor ● Recessus subpopliteus regelmäßig in breiter Verbindung mit Kniegelenkhöhle
In Knöchelgegend	● Bursa subcutanea malleoli lateralis ● Bursa subcutanea malleoli medialis	
Am Fuß	Bursa subtendinea musculi tibialis anterioris	Am Os cuneiforme mediale
	Bursa subcutanea calcanea	Am Tuber calcanei
	Bursa tendinis calcanei	Zwischen Achillessehne und Calcaneus

9.3.8 Vaginae synoviales membri inferioris (Sehnenscheiden der unteren Extremität)

BEREICH	HALTEBAND	SEHNENSCHEIDE
Sprunggelenke	● Retinaculum musculorum extensorum superius ● Retinaculum musculorum extensorum inferius	● Vagina tendinis musculi tibialis anterioris ● Vagina tendinis musculi extensoris hallucis longi ● Vagina tendinum musculi extensoris digitorum pedis longi
	Retinaculum musculorum flexorum	● Vagina tendinum musculi flexoris digitorum pedis longi ● Vagina tendinis musculi tibialis posterioris ● Vagina tendinis musculi flexoris hallucis longi
	● Retinaculum musculorum peroneorum [fibularium] superius ● Retinaculum musculorum peroneorum [fibularium] inferius	Vagina tendinum musculorum peroneorum [fibularium] communis
Fußwurzel- und Mittelfußgelenke	Lig. plantare longum	Vagina tendinis musculi peronei [fibularis] longi plantaris
Zehengelenke	Vaginae fibrosae tendinum digitorum pedis ● Pars anularis vaginae fibrosae ● Pars cruciformis vaginae fibrosae	Vaginae synoviales tendinum digitorum pedis

9.4 Arterien der unteren Extremität (Aa. membri inferioris)

A. iliaca communis, A. iliaca interna, A. iliaca externa ⇨ 2.4.6

9.4.1 Arterien des Oberschenkels und der Kniekehle

ARTERIE	URSPRUNG, LAGE, VERLAUF	ÄSTE, VERSORGUNGSGEBIET	KLINIK
A. femoralis (Oberschenkelschlagader)	● Hauptarterie des Beins heißt zwischen Leistenband und Oberrand der Kniekehle A. femoralis (zuvor A. iliaca externa, danach A. poplitea) ● teilt sich etwa 4 Fingerbreit distal des Leistenbandes in 2 etwa gleichstarke Arterien (das gemeinsame Anfangsstück wird in der Klinik häufig A. femoralis communis genannt): ● A. profunda femoris (⇨ unten) ● Fortsetzung der A. femoralis (in der Klinik üblicherweise A. femoralis superficialis genannt) ● Verlagerung in Tiefe des Beins von Vorderseite des Hüftgelenks zur Rückseite des Kniegelenks (jeweils Beugeseite = Hauptbewegungsrichtung) ● durchquert dabei Canalis adductorius	■ Proximale Hautäste (Abgang unmittelbar distal des Leistenbandes): ● A. epigastrica superficialis: zur unteren Bauchwand ● A. circumflexa iliaca superficialis: verläuft etwa parallel zum Leistenband ● Aa. pudendae externae: zum ● vorderen Bereich der äußeren Geschlechtsorgane (Rr. labiales/scrotales anteriores) ● medialen Teil der Leistengegend ■ Hauptast zur Oberschenkelmuskulatur: A. profunda femoris (⇨ unten) ■ distaler Ast: A. descendens genicularis: ● Rr. articulares: zum Rete articulare genus ● R. saphenus: Begleitarterie des N. saphenus	● Puls der A. femoralis 1-2 Fingerbreit distal der Mitte des Leistenbandes (Mitte der Verbindungslinie von Spina iliaca anterior superior und Tuberculum pubicum) leicht zu tasten ● hier wird Katheter für Arteriographie nahezu aller größeren Arterien eingeführt (Seldinger-Technik)
A. profunda femoris (tiefe Oberschenkelschlagader)	● Geht von A. femoralis etwa 4 Fingerbreit distal des Leistenbandes ab ● Hauptarterie des Oberschenkels ● der kurze Hauptstamm gibt schon nach wenigen Zentimetern 2 starke Seitenäste ab, die als Varietät auch direkt aus der A. femoralis entspringen können: ● A. circumflexa femoris medialis ● A. circumflexa femoris lateralis ● Endäste durchbohren die Muskelmasse der Adduktoren und gelangen zur Dorsalseite des Oberschenkels	● A. circumflexa femoris medialis: zwischen M. iliopsoas und M. pectineus zu Collum femoris, dort Anastomose mit A. circumflexa femoris lateralis (Arterienring an Gelenkkapsel), vorher oberflächliche und tiefe Äste, R. acetabularis zur Hüftpfanne ● A. circumflexa femoris lateralis: bedeckt vom M. rectus femoris zur seitlichen Oberschenkelmuskulatur und zum Kniegelenk ● Aa. perforantes: 3-5 Endäste durchbohren Adduktorenansätze und versorgen Dorsalseite des Oberschenkels sowie das Femur (Aa. nutrientes [nutriciae] femoris)	Zahlreiche Anastomosen zu Ästen der A. iliaca interna (A. glutealis inferior, A. obturatoria), reichen jedoch häufig nicht für einen befriedigenden Kollateralkreislauf aus
A. poplitea (Kniekehlenschlagader)	● Hauptschlagader des Beins zwischen distaler Öffnung des Canalis adductorius und Teilung in A. tibialis anterior und A. tibialis posterior ● liegt in tiefster Schicht der Fossa poplitea (Reihenfolge von Oberfläche zur Tiefe: Nerv - Vene - Arterie) ● Teilung in A. tibialis anterior und A. tibialis posterior etwa am Kranialrand des M. soleus	■ Äste zum Rete articulare genus und Rete patellare: ● A. superior lateralis genus ● A. superior medialis genus ● A. media genus ● A. inferior lateralis genus ● A. inferior medialis genus ■ Muskeläste zu M. triceps surae: Aa. surales ■ Endäste: ● A. tibialis anterior (⇨ 9.4.2) ● A. tibialis posterior (⇨ 9.4.2)	Rete articulare genus reicht bei Verschluß der A. poplitea in der Regel für einen befriedigenden Kollateralkreislauf nicht aus

9.4.2 Arterien des Unterschenkels und des Fußes

ARTERIE	URSPRUNG, LAGE, VERLAUF	ÄSTE, VERSORGUNGSGEBIET	KLINIK
A. tibialis anterior (vordere Schienbein- schlagader)	● Einer der beiden Endäste der A. poplitea ● durchbohrt Membrana interossea cruris proximal des Ursprungs des M. soleus ● steigt in Extensorenloge ab ● heißt am Fußrücken A. dorsalis pedis (⇨ unten)	■ Äste zum Rete articulare genus: ● A. recurrens tibialis anterior ● A. recurrens tibialis posterior ■ Muskeläste: nicht eigens benannt ■ Äste zu den Knöchelgegenden: ● A. malleolaris anterior lateralis: zum Rete malleolare laterale ● A. malleolaris anterior medialis: zum Rete malleolare mediale	
A. dorsalis pedis (Fuß- rücken- schlagader)	● Endast der A. tibialis anterior ● verzweigt sich am Fußrücken bis zur Dorsalseite der Zehen	● Äste zum Fußwurzelbereich: A. tarsalis lateralis, Aa. tarsales mediales ● Äste zum Mittelfußbereich: Aa. metatarsales dorsales, oft findet man ein bogenförmig verlaufendes Gefäß (A. arcuata) ● Äste zur Dorsalseite der Zehen: Aa. digitales dorsales ● Verbindungsast zu Arcus plantaris profundus: A. plantaris profunda durch Spatium interosseum metatarsi I zur Fußsohle	Puls ist lateral der Sehne des M. flexor hallucis longus über eine größere Strecke am Fußrücken zu tasten
A. tibialis posterior (hintere Schienbein- schlagader)	● Einer der beiden Endäste der A. poplitea ● mit N. tibialis unter Arcus tendineus musculi solei in tiefe Beugerloge ● in Malleolarkanal dorsal des Innenknöchels ● vor Erreichen der Fußsohle Teilung in ● A. plantaris medialis ● A. plantaris lateralis	● R. circumflexus fibularis: zum Rete articulare genus ● A. fibularis (⇨ unten): stärkster Ast ● A. nutriens [nutricia] tibiae: zum Schienbein ● Rr. malleolares mediales: zum Rete malleolare mediale ● Rr. calcanei: zum Rete calcaneum ● A. plantaris medialis: zum inneren Fußrand und zum medialen Teil der Fußsohle ● A. plantaris lateralis: zum äußeren Fußrand und zum lateralen Teil der Fußsohle, bildet mit A. plantaris profunda aus A. dorsalis pedis den Arcus plantaris profundus (⇨ unten)	Puls ist 1-2 cm dorsal des Hinterrandes des Malleolus medialis leicht zu tasten
A. fibularis (Waden- bein- schlagader)	● Entspringt aus A. tibialis posterior kurz nach deren Durchtritt unterArcus tendineus musculi solei ● steigt an Medialrand der Fibula zum Malleolus fibulae ab	● Zahlreiche unbenannte Äste zu Unterschenkelmuskeln ● A. nutriens [nutricia] fibulae: zum Wadenbein ● R. perforans: durch Membrana interossea cruris zu A. tibialis anterior ● R. communicans: im Knöchelbereich zu A. tibialis posterior ● Rr. malleolares laterales: zum Rete malleolare laterale ● Rr. calcanei: zum Rete calcaneum	
Arcus plantaris profundus (tiefer Fuß- sohlen- bogen)	■ Vereinigung der Endäste von ● A. plantaris lateralis aus A. tibialis posterior ● A. plantaris profunda aus A. dorsalis pedis (Fortsetzung der A. tibialis anterior) ■ Lage: zwischen langen Zehenbeugersehnen und Mm. interossei ● entspricht Arcus palmaris profundus an der Hand (auch hier A. radialis von Dorsalseite!) ● ein dem Arcus palmaris superficialis entsprechender Arcus plantaris superficialis fehlt meist	● Aa. metatarsales plantares: zur Plantarseite des Mittelfußes ● Rr. perforantes: durch Spatia interossea metacarpea zur Dorsalseite, anastomosieren dort mit Aa. metatarsales dorsales ● Aa. digitales plantares communes: teilen sich ähnlich wie an der Hand in Aa. digitales plantares propriae	Trotz der zahlreichen Verbindungen zwischen A. tibialis anterior und posterior sterben Zehen bei der Mikroangiopathie des Diabetikers häufig ab und müssen dann amputiert werden

9.5 Venen der unteren Extremität (Vv. membri inferioris)

V. iliaca communis, V. iliaca interna, V. iliaca externa ⇨ 2.5.6

9.5.1 Vv. superficiales membri inferioris (oberflächliche Beinvenen)

VENE	URSPRUNG, LAGE, VERLAUF	ÄSTE, DRAINAGEGEBIET	KLINIK
V. saphena magna (große Rosenvene)	● Entsteht aus Venennetz der medialen Knöchelgegend ● steigt auf Medialseite des Beins subkutan bis zum Hiatus saphenus auf ● mündet dort in V. femoralis ● in etwa 1/4 am Oberschenkel 2 parallele Venen	■ Im Bereich des *Hiatus saphenus* münden in die V. saphena magna (oder direkt in die V. femoralis): ● V. circumflexa iliaca superficialis ● V. epigastrica superficialis ● Vv. pudendae externae: nach Aufnahme oder getrennt von: • Vv. dorsales superficiales clitoridis bzw. Vv. dorsales superficiales penis • Vv. labiales anteriores bzw. Vv. scrotales anteriores ■ auf unterschiedlicher Höhe des Oberschenkels mündet Verbindungsast von V. saphena parva: V. saphena accessoria ■ **Drainagegebiet**: Oberfläche von ● Oberschenkel ● Unterbauch ● vorderer Dammgegend ● medialer Seite von Unterschenkel und Fuß	**Prüfen der Venenklappen** in V. saphena magna: ■ *Klopfversuch*: klopft man auf die Haut über stark gefüllten Venen oder Krampfadern, so läuft eine Druckwelle bis zur nächsten wirksamen Klappe, kommt also bei gesunden Venen nicht weit ■ *Brodie-Trendelenburg-Test*: ● Patient in Rückenlage, hebt Beine, bis Hautvenen geleert (evtl. nach proximal ausstreichen) ● Staubinde knapp distal der Mündung der V. saphena magna anlegen ● Patient steht auf ● beim Venengesunden füllen sich die Hautvenen deutlich sichtbar erst nach etwa 30 s, bei insuffizienten Klappen früher ● löst man die Staubinde, so schießt bei insuffizienten Klappen das Blut von proximal in die Hautvene
V. saphena parva (kleine Rosenvene)	● Entsteht aus Venennetzen des Fußrückens und der Fußsohle in der lateralen Knöchelgegend ● steigt auf Dorsalseite des Unterschenkels subkutan auf ● tritt meist im mittleren Drittel des Unterschenkels durch Faszie ● mündet in Kniekehle meist einige cm oberhalb des Gelenkspalts in V. poplitea	■ **Rete venosum dorsale pedis**: Quellgebiet Fußrücken ● Arcus venosus dorsalis pedis ● Vv. metatarsales dorsales ● Vv. digitales dorsales pedis ■ **Rete venosum plantare**: Quellgebiet Fußsohle ● Arcus venosus plantaris ● Vv. metatarsales plantares ● Vv. digitales plantares ● Vv. intercapitulares ■ Venen der Fußränder: ● V. marginalis lateralis ● V. marginalis medialis ■ **Drainagegebiet**: Oberfläche von Unterschenkel und Fuß, ohne mediale Seite	**Varizen** (Krampfadern): ● primäre Varizen: "Circulus vitiosus": Blutrückstau in den Hautvenen führt zu deren Erweiterung, diese läßt Venenklappen nicht mehr dicht schließen, dadurch wird Rückstau verstärkt usw. ● sekundäre Varizen: Verschluß tiefer Venen führt zu Überlastung der oberflächlichen ● Beschwerden: Schweregefühl ("Elefantenbein"), Wadenkrämpfe, Schwellungen, Hautverfärbungen, Beingeschwüre (Ulcera cruris) ● Prophylaxe: Vermeiden vielen Stehens, bei beginnendem Rückstau Stützstrümpfe tragen, Beine häufig hochlagern
Vv. communicantes, Vv. perforantes (Verbindungsvenen, Perforansvenen, nicht in Nomina anatomica)	● Verbinden oberflächliche und tiefe Venen ● enthalten Venenklappen, die nur den Blutstrom von der Oberfläche zur Tiefe freigeben	3 Gruppen, in der Klinik gewöhnlich nach den Beschreibern genannt: ● *Cockett-Venen*: im distalen Unterschenkel ● *Boyd-Venen*: unterhalb des Kniegelenks ● *Dodd-Venen*: auf Höhe des Adduktorenkanals	**Insuffizienz der Perforansvenen** spielt eine wichtige Rolle in der Entstehung von Krampfadern: sind die Klappen nicht mehr dicht, so wird durch die Muskelpumpe Blut aus den tiefen Venen in die Hautvenen gepumpt, und diese werden dadurch überlastet

9.5.2 Vv. profundae membri inferioris (tiefe Beinvenen)

VENE	URSPRUNG, LAGE, VERLAUF	ÄSTE, DRAINAGEGEBIET	KLINIK
V. femoralis (Oberschenkelvene)	● Direkte Fortsetzung der V. poplitea (diese ändert Namen am Hiatus adductorius) ● durch Canalis adductorius zu Lacuna vasorum (ändert dort Namen in V. iliaca externa) ● liegt in Lacuna vasorum medial der A. femoralis ● in etwa 1/3 streckenweise 2 Vv. femorales, in Lacuna vasorum aber meist nur 1 Stamm	■ **V. profunda femoris**: einziger stärkerer Tiefenast, entspricht A. profunda femoris, entsteht aus : ● Vv. circumflexae mediales femorales ● Vv. circumflexae laterales femorales ● Vv. perforantes ■ starker Oberflächenast: V. saphena magna (⇨ 9.5.1) ■ **Drainagegebiet:** ● gesamtes Bein ● untere Bauchwand ● vordere Dammgegend	**Punktion der V. femoralis:** ● man orientiert sich am Puls der A. femoralis (etwa Mitte des Leistenbandes) und sticht medial davon durch die Haut ● Katheter kann durch V. cava inferior in rechtes Herz und durch dieses in Aa. pulmonales eingeführt werden
V. poplitea (Kniekehlenvene)	● Entsteht aus Vereinigung von • Vv. tibiales anteriores • Vv. tibiales posteriores ● ändert am Hiatus adductorius Namen in V. femoralis ● liegt in Kniekehle in mittlerer Schicht (Reihenfolge von Oberfläche zur Tiefe: Nerv - Vene - Arterie) ● in etwa 1/3 zwei Vv. popliteae	■ Tiefe Äste entsprechen gleichnamigen Ästen der A. poplitea: ● Vv. surales ● Vv. geniculares ● Vv. tibiales anteriores ● Vv. tibiales posteriores ● Vv. fibulares ■ starker Oberflächenast: V. saphena parva (⇨ 9.5.1) ■ **Drainagegebiet**: Unterschenkel und Fuß, ausgenommen Stromgebiet der V. saphena magna im medialen Bereich	**Muskelpumpe**: der Blutrückstrom in den tiefen Unterschenkelvenen wird durch die straffen Hüllen der Muskelkompartments gefördert: bei jeder Muskelkontraktion werden die Venen komprimiert und das Blut in das nächsthöhere Klappensegment weiterbefördert

9.6 Lymphknoten der unteren Extremität

Lymphknoten des Beckens ⇨ 2.6.5

GRUPPE	GLIEDERUNG	LAGE	EINZUGSGEBIET	ABFLUSS ZU
Nodi lymphatici inguinales (Leisten-lymphknoten)	Nodi lymphatici inguinales superficiales superomediales	Oberflächlich medial in Regio inguinalis	● Beckenboden, Dammgegend, äußere Geschlechtsorgane ● medialer Oberschenkel ● medialer Unterbauch	● Nodi lymphatici inguinales profundi ● Nodi lymphatici iliaci externi
	Nodi lymphatici inguinales superficiales superolaterales	Oberflächlich lateral in Regio inguinalis	● lateraler Oberschenkel ● vordere Gesäßgegend ● lateraler Unterbauch	
	Nodi lymphatici inguinales superficiales inferiores	Oberflächlich distal in Regio inguinalis	● Bein (dem Einzugsgebiet der V. saphena magna entsprechend) ● Nodi lymphatici popliteales	
	Nodi lymphatici inguinales profundi	Tief in Regio inguinalis	● Nodi lymphatici inguinales superficiales ● Nodi lymphatici popliteales	Nodi lymphatici iliaci externi
Nodi lymphatici popliteales (Kniekehlen-lymphknoten	Nodi lymphatici popliteales superficiales	Oberflächlich in Kniekehle	Unterschenkel und Fuß (dem Einzugsgebiet der V. saphena parva entsprechend)	● Nodi lymphatici popliteales profundi ● Nodi lymphatici inguinales profundi
	Nodi lymphatici popliteales profundi	Tief in Kniekehle	● Unterschenkel und Fuß ● Nodi lymphatici popliteales superficiales	Nodi lymphatici inguinales profundi
(Inkonstante Lymphknoten des Unterschenkels)	Nodus lymphaticus tibialis anterior	An A. tibialis anterior	Fußrücken und Unterschenkel-Vorderseite	Nodi lymphatici inguinales profundi
	Nodus lymphaticus tibialis posterior	An A. tibialis posterior	Fußsohle und Unterschenkel-Rückseite	
	Nodus lymphaticus fibularis	An A. fibularis	Unterschenkel-Rückseite	

9.7 Nerven der unteren Extremität

9.7.1 Plexus lumbalis (Lendennervengeflecht)

Th$_{12}$-L$_3$ und Teil von L$_4$

NERV	LAGE, VERLAUF	INNERVATIONSGEBIETE	GEFÄHRDUNG	LÄHMUNGSSYNDROM
N. Ilio-hypo-gastricus (Darm-bein-Un-terbauch-Nerv)	● Zwischen M. psoas major und M. quadratus lumborum zur seit-lichen Bauchwand ● liegt der Niere dorsal an	■ **Motorisch**: Bauchmuskeln oberhalb der Schambeinfuge ■ **sensibel**: ● *R. cutaneus lateralis*: seitli-che Regio glutea ● *R. cutaneus anterior*: Regio pubica	● An der Crista ilia-ca, wo der *R. cuta-neus lateralis* den Darmbeinkamm überkreuzt (in Nähe des Tuberculum iliacum) ● hier kann der Nerv auch leicht getastet werden	-
N. Ilio-inguinalis (Darm-bein-Lei-sten-Nerv)	● Zwischen dem M. psoas major und M. quadratus lumborum zur seitlichen Bauchwand ● liegt der Niere dorsal an ● durch den Leistenkanal zur vorderen Regio pudendalis	■ **Motorisch**: Bauchmuskeln oberhalb der Schambeinfuge ■ **sensibel**: ● *Rr. labiales anteriores*: große Schamlippen ● *Rr. scrotales anteriores*: Hodensack	Im Canalis inguina-lis bei Leistenbruch-operationen	
N. cuta-neus femoris lateralis (seitlicher Ober-schenkel-Hautnerv)	● Zwischen dem M. psoas major und dem M. quadratus lumborum zur seitlichen Bauchwand ● durch die Lacuna musculorum in Nähe der Spina iliaca anterior superior ● durchbricht dann die Faszie ● Äste reichen bis zum Knie	■ **Motorisch**: - ■ **sensibel**: ● Lateralseite des Ober-schenkels	In der Nähe der Spina iliaca anterior superior	Sensibilitätsstörung lateral proximal am Oberschenkel
N. genito-femoralis (Scham-gegend-Ober-schenkel-Nerv)	● Durchbohrt den M. psoas major und läuft auf ihm distal ● teilt sich in: ● *R. genitalis* (durch den äuße-ren Leistenring zum Samen-strang bzw. Lig. teres uteri) ● *R. femoralis* (durch die Lacuna vasorum zur Oberschenkel-Vorderseite)	■ **Motorisch**: M. cremaster ■ **sensibel**: ● distal der Leistenbeuge ● große Schamlippen bzw. Hodensack	Im Anulus inguinalis superficialis bei Leistenbruchopera-tionen	Ausfall des Kremasterrefle-xes
N. femoralis (Ober-schenkel-nerv)	● Vom M. psoas major bedeckt als stärkster Ast des Plexus lum-balis auf dem M. iliacus durch die Lacuna musculorum zum Oberschenkel ● zahlreiche Äste: ● *Rr. musculares* zu den Mus-keln der Oberschenkel-Vorder-seite ● *Rr. cutanei anteriores* zur Haut der Oberschenkel-Vorderseite ● *N. saphenus*: ⇨ unten	■ **Motorisch**: ● M. iliopsoas ● M. quadriceps femoris ● M. sartorius ● M. pectineus (gemeinsam mit dem N. obturatorius) ■ **sensibel**: ● Vorderseite des Ober-schenkels ● Medialseite von Unter-schenkel und Fuß	● Auf dem M. ilia-cus bei Wurmfort-satzentzündungen und -operationen ● oberflächliche Verlaufsstrecke des *N. saphenus* (⇨ unten)	Bei Lähmung des Haupt-stamms: ● Ausfall der wichtigsten Beuger des Hüftgelenks ● Ausfall der aktiven Streck-fähigkeit im Kniegelenk (das Stehen ist über den Tractus iliotibialis zu sichern) ● Ausgedehnte Sensibili-tätsstörung an der Vorder-seite des Oberschenkels und der Medialseite des Un-terschenkels (*N. saphenus*, ⇨ unten)
N. saphenus (Saphe-nusnerv, vorderer Unter-schenkel-Hautnerv)	● Sensibler Endast des N. fe-moralis ● folgt den Vasa femoralia in den Adduktorenkanal ● durchbricht die Sehnenplatte zwischen dem M. vastus media-lis und dem M. adductor magnus ● schließt sich der V. saphena magna an ● in deren Nähe bis zum Medial-rand des Fußes	■ **Motorisch**: - ■ **sensibel**: ● *R. infrapatellaris*: vordere Kniegegend ● *Rr. cutanei cruris mediales*: Medialseite von Unterschen-kel und Fuß	● Oberflächliche Verlaufsstrecke (vom Knie bis zum Innenknöchel) bei Varizenoperationen an der V. saphena magna ● *R. infrapatellaris* bei Brüchen und Operationen im Kniegelenkbereich	Sensibilitätsstörung: ● Haut vor Facies medialis der Tibia (obligat, da Auto-nomgebiet) ● Unterschenkel-Vorder-und Medialseite sowie me-dialer Fußrand (variabel)

Fortsetzung der Tabelle nächste Seite

Lendennervengeflecht (Fortsetzung)

NERV	LAGE, VERLAUF	INNERVATIONSGEBIETE	GEFÄHRDUNG	LÄHMUNGSSYNDROM
N. obtura-torius (Hüftloch-nerv)	● Zwischen dem M. psoas major und den Wirbelkörpern ins kleine Becken ● lateral am Ovar vorbei (Obtu-ratoriusschmerz bei Oophoritis!) ● durch den Canalis obturatorius im Foramen obturatum ● teilt sich dann in 2 Äste: • *R. anterior* • *R. posterior*	■ **Motorisch:** ● M. obturator externus ● alle Adduktoren (M. pecti-neus gemeinsam mit N. fe-moralis) ■ **sensibel:** Medialseite des Oberschenkels	● Im Canalis obtu-ratorius bei Bek-kenbrüchen und Obturatoriushernien ● in der Fossa ovarica bei Erkran-kungen des Ovars	● Ausfall aller Adduktoren ● Sensibilitätsstörung auf der Innenseite des Ober-schenkels etwas oberhalb des Knies

9.7.2 Plexus sacralis (Kreuzbeinnervengeflecht)
L_5-S_4 und Teil von L_4

NERV	LAGE, VERLAUF	INNERVATIONSGEBIETE	GEFÄHRDUNG	LÄHMUNGSSYNDROM
N. gluteus superior (oberer Gesäß-nerv)	● Durch die suprapiriforme Abtei-lung des Foramen ischiadicum majus in die Regio glutea ● liegt dann zwischen M. gluteus medius und minimus	■ **Motorisch:** ● M. gluteus medius und minimus ● M. tensor fasciae latae ■ sensibel: -	● Im Foramen ischiadicum majus bei Beckenbrüchen ● in der Regio glu-tea bei der intraglu-tealen Injektion	Ausfall der wichtigsten Abduktoren führt ein-seitig zum Trendelen-burg-Zeichen und dop-pelseitig zum Wat-schelgang
N. gluteus inferior (unterer Gesäß-nerv)	● Durch die infrapiriforme Abtei-lung des Foramen ischiadicum majus in die Regio glutea ● verzweigt sich dann unter dem M. gluteus maximus	■ **Motorisch:** M. gluteus maximus ■ **sensibel:** kein Hautbereich, nur Tiefensensibilität von der Dorsal-seite der Hüftgelenkkapsel	● Im Foramen ischiadicum majus bei Beckenbrüchen ● in der Regio glu-tea bei der intraglu-tealen Injektion	Ausfall des wichtigsten Hüftgelenkstreckers macht das Treppen-steigen und das Auf-stehen aus dem Sitzen ohne Hilfe unmöglich
N. cuta-neus femoris posterior (hinterer Ober-schenkel-Hautnerv)	● Mit dem N. ischiadicus durch die infrapiriforme Abteilung des Foramen ischiadicum majus in die Regio glutea ● tritt am Kaudalrand des M. glu-teus maximus durch die Fascia lata, dort gibt er ab: • *Rr. clunium inferiores* zur Regio glutea • *Rr. perineales* zur Regio peri-nealis	■ Motorisch: - ■ **sensibel:** ● Dorsalseite des Oberschenkels ● kaudaler Teil der Regio glutea ● Teile der Regio perinealis	● Kaudal des M. gluteus maximus liegt der Nerv un-geschützt ● er kann hier leicht unterkühlt werden, z.B. beim Sitzen auf kalten Steinbänken	Ausgedehnte Sensibili-tätsstörung auf der Dorsalseite des Ober-schenkels
N. pudendus (Scham-nerv)	● Ursprung: kaudaler Teil des Plexus sacralis (früher auch als Plexus pudendus bezeichnet) ● verläßt das kleine Becken durch die infrapiriforme Abteilung des Foramen ischiadicum majus ● biegt um die Spina ischiadica ● gelangt durch das Foramen ischiadicum minus in die Fossa ischio-analis ● dort verzweigt er sich in zahl-reiche Äste: ● *Nn. rectales inferiores* ● *Nn. perineales*: Unterteilung in • *Nn. labiales posteriores* (bzw. *Nn. scrotales posteriores*) • *Rr. musculares* • *N. dorsalis clitoridis* (bzw. *N. dorsalis penis*)	■ **Motorisch:** ● *Nn. rectales inferiores*: M. sphincter ani externus ● *Rr. musculares*: Muskeln des Diaphragma urogenitale: • M. transversus perinei profundus • M. transversus perinei superfi-cialis • M. sphincter urethrae • M. ischiocavernosus • M. bulbocavernosus ■ **sensibel:** ● *Nn. rectales inferiores*: Afterhaut ● *Nn. labiales/scrotales posterio-res*: große Schamlippen bzw. Ho-densack ● *N. dorsalis clitoridis/penis*: Clito-ris bzw. Penis	● In der Umgebung der Spina ischiadi-ca bei Beckenbrü-chen ● im Beckenboden bei Operationen an den Geschlechts-organen und bei Pfählungsverletzun-gen	Wegen des Ausfalls von Schließmuskeln des Afters und der Harnröhre Inkontinenz von Stuhl und Harn, Impotenz

N. ischiadicus (Ischiasnerv)

NERV	LAGE, VERLAUF	INNERVATIONSGEBIETE	GEFÄHRDUNG	LÄHMUNGSSYNDROM
Haupt-stamm	● Durch die infrapiriforme Abteilung des Foramen ischiadicum majus in die Regio glutea ● zwischen Tuber ischiadicum und Trochanter major zur Dorsalseite des Oberschenkels ● bedeckt von den ischiokruralen Muskeln etwa in der Mittellinie des Oberschenkels zur Fossa poplitea ● dort (oder schon weiter proximal) teilt er sich in: • *N. tibialis* ⇨ unten • *N. fibularis communis* ⇨ unten ● der N. ischiadicus wird normalerweise von keinem stärkeren Blutgefäß begleitet	■ **Motorisch:** ● ischiokrurale Muskeln ● alle Muskeln distal des Kniegelenks ■ **sensibel:** Unterschenkel und Fuß ohne Medialseite	● Im Foramen ischiadicum majus bei Beckenbrüchen ● in der Regio glutea bei der intraglutealen Injektion ("Spritzenlähmung") ● unmittelbar distal des Kaudalrandes des M. gluteus maximus liegt der Nerv recht ungeschützt (hier sind z.B. Unterkühlungen möglich).	● Starke Beeinträchtigung der Beugung im Kniegelenk ● vollständige Lähmung des Fußes ● Ausfall der Sensibilität an Unterschenkel und Fuß ohne Medialseite (Innervation durch N. saphenus)
N. tibialis (Schienbeinnerv)	● Trennt sich als einer der beiden Hauptäste des N. ischiadicus in wechselnder Höhe (zwischen Foramen ischiadicum majus und Kniekehle) vom N. fibularis communis ● im Unterschenkel liegt er mit der A. tibialis posterior zwischen oberflächlichen und tiefen Flexoren ● mit ihr gelangt er hinter dem Malleolus medialis zur Fußsohle und teilt sich hier in: • *N. plantaris medialis* ⇨ unten • *N. plantaris lateralis* ⇨ nächste Seite	■ **Motorisch:** ● M. popliteus ● oberflächliche und tiefe Flexoren des Unterschenkels ● alle Muskeln der Fußsohle ■ **sensibel:** ● Dorsal- und Medialseite des Unterschenkels ● Fußsohle	● Im gesamten Malleolenbereich: durch Knochenbrüche ● hinter dem Malleolus medialis unter dem Retinaculum flexorum im Malleolarkanal ("Tarsaltunnel"): Druckschäden, z.B. bei Schwellungen der Sehnenscheiden ("Tarsaltunnelsyndrom")	■ Bei vollständigem Ausfall des Nervs (Verletzung in der Kniekehle) ● steht der Fuß in Hackenfußstellung (Überwiegen der Dorsalextensoren bei Lähmung der oberflächlichen und tiefen Beuger) ● ist die Haut der Fußsohle gefühllos ■ beim Tarsaltunnelsyndrom ● Sensibilitätsstörung an der Fußsohle ● Schwäche der Fußwölbungen (Platt- und Spreizfuß)
N. suralis (Wadennerv)	● Entsteht durch Vereinigung je eines Astes des • N. tibialis: *N. cutaneus surae medialis* • N. fibularis communis: *R. communicans fibularis*) ● von der Dorsalseite des Unterschenkels hinter dem Malleolus lateralis zum lateralen Fußrand	■ Motorisch: - ■ **sensibel:** ● Dorsalseite des Unterschenkels ● lateraler Fußrand	Im gesamten Verlauf bei Varizenoperationen an der V. saphena parva	Da der Patient bei Ausfall dieses Nervs nur gering beeinträchtigt ist, wird dieser oft für freie Nerventransplantationen bei Ausfall wichtigerer Nerven verwendet
N. plantaris medialis (medialer Fußsohlennerv)	● Einer der beiden Endäste des N. tibialis ● aus dem Malleolarkanal mit den Sehnen des M. flexor digitorum longus und der A. plantaris medialis bedeckt vom M. abductor hallucis zur Fußsohle ● dort verzweigt er sich in zahlreiche Äste	■ **Motorisch:** ● M. abductor hallucis ● medialer Kopf des M. flexor hallucis brevis ● M. flexor digitorum brevis ● Mm. lumbricales I und II ■ **sensibel:** ● vorderer medialer Teil der Fußsohle ● Plantarseite der Zehen 1-4	Im Malleolarkanal (s. N. tibialis)	● Sensibilitätsstörung im vorderen medialen Teil der Fußsohle und an der Plantarseite der Zehen 1-3 ● die Verspannung der Längswölbung des Fußes ist geschwächt, es droht der Plattfuß

Fortsetzung der Tabelle nächste Seite

N. ischiadicus (Fortsetzung)

NERV	LAGE, VERLAUF	INNERVATIONSGEBIETE	GEFÄHRDUNG	LÄHMUNGSSYNDROM
N. plantaris lateralis (seitlicher Fußsohlennerv)	● Einer der beiden Endäste des N. tibialis ● aus dem Malleolarkanal mit den Sehnen des M. flexor digitorum longus und der A. plantaris medialis bedeckt vom M. abductor hallucis zur Fußsohle ● durchquert die Fußsohle zwischen dem M. flexor digitorum brevis und dem M. quadratus plantae ● verzweigt sich in zahlreiche Äste	■ **Motorisch:** ● lateraler Kopf des M. flexor hallucis brevis ● M. adductor hallucis ● M. quadratus plantae ● Mm. lumbricales III und IV ● Mm. interossei ● alle kurzen Muskeln der Kleinzehe ■ **sensibel:** ● vorderer lateraler Teil der Fußsohle ● Plantarseite der Zehen 4 und 5	Im Malleolarkanal (s. N. tibialis)	● Sensibilitätsstörung im vorderen lateralen Teil der Fußsohle und an der Plantarseite der Kleinzehe ● die Verspannung der Querwölbung des Fußes ist geschwächt, es droht der Spreizfuß
N. fibularis communis (ältere Bezeichnung: N. peronaeus communis) (gemeinsamer Wadenbeinnerv)	● Trennt sich als einer der beiden Hauptäste des N. ischiadicus in wechselnder Höhe (zwischen Foramen ischiadicum majus und Kniekehle) vom N. tibialis ● folgt der Sehne des M. biceps femoris zum Caput fibulae ● umrundet das Collum fibulae ● teilt sich, bedeckt vom M. peroneus longus, in seine beiden Endäste (⇨ unten): • *N. fibularis superficialis* • *N. fibularis profundus*	■ **Motorisch:** ● Muskeln der Peroneus und der Extensorenloge ● Muskeln des Fußrückens ■ **sensibel:** ● Fußrücken ● Lateralseite des Unterschenkels	Am Fibulakopf: er liegt dort oberflächlich und ist gut zu tasten, gefährdet ist er z.B. bei Verkehrsunfällen, wenn die Stoßstange eines Autos einen Fußgänger erfaßt	● Wegen des Ausfalls aller Dorsalextensoren und Pronatoren steht der Fuß in Spitzklumpfußstellung ● Sensibilitätsstörung am Fußrücken
N. fibularis superficialis (ältere Bezeichnung: N. peronaeus superficialis) (oberflächlicher Wadenbeinnerv)	● Steigt in der Peroneusloge ab ● gelangt oberflächlich zum Retinaculum musculorum extensorum superius und inferius zum Fußrücken	■ **Motorisch:** Muskeln der Peroneusloge: ● M. peroneus [fibularis] longus ● M. peroneus [fibularis] brevis ■ **sensibel:** ● Fußrücken ● Dorsalseite der Zehen	Am Fußrücken kommt es gelegentlich zur Druckschädigung von Hautästen des Nervs durch zu enge Schuhe	● Wegen des Ausfalls der wichtigsten Pronatoren steht der Fuß in Klumpfußstellung ● Sensibilitätsstörung am Fußrücken
N. fibularis profundus (ältere Bezeichnung: N. peronaeus profundus) (tiefer Wadenbeinnerv)	● Steigt in der Extensorenloge ab ● gelangt unter dem Retinaculum musculorum extensorum superius und inferius zum Fußrücken	■ **Motorisch:** ● alle Muskeln der Extensorenloge: • M. tibialis anterior • M. extensor hallucis longus • M. extensor digitorum longus • M. peroneus [fibularis] tertius ● alle Muskeln des Fußrückens: • M. extensor hallucis brevis • M. extensor digitorum brevis ■ **sensibel:** ● Lateralseite der Großzehe ● Medialseite der 2. Zehe	In der Extensorenloge beim Compartmentsyndrom	Wegen des Ausfalls aller Dorsalextensoren steht der Fuß in Spitzfußstellung

9.8 Regionen der unteren Extremität (Regiones membri inferioris)

9.8.1 Regio glutealis (Gesäßgegend)

GRENZEN, RELIEF	BEWEGUNGSAPPARAT	LEITUNGSBAHNEN	KLINIK
■ **Grenzen:** ● Zwischen Crista iliaca und Sulcus glutealis (Gesäßfurche, nicht identisch mit Unterrand des M. gluteus maximus!) ohne Regio sacralis ● in Nomina anatomica gesonderte Coxa [Regio coxalis] (Hüftrregion) abgegrenzt ■ **tastbare Knochenpunkte:** ● Spina iliaca anterior superior ● Crista iliaca ● Tuberculum iliacum ● Spina iliaca posterior superior ● Facies dorsalis des Os sacrum [sacrale] ● Trochanter major ● Tuber ischiadicum [ischiale] mit anschließendem Lig. sacrotuberale ■ **Projektion der Gefäß- und Nervenlücken** auf Haut: ● *suprapiriforme Lücke:* medialer Drittelpunkt der Verbindungslinie Spina iliaca posterior superior → Trochanter major ● *infrapiriforme Lücke* (oberer Ischiadikus-Druckpunkt): Mitte der Verbindungslinie Spina iliaca posterior superior → Tuber ischiadicum ● unterer Ischiadikus-Druckpunkt: medialer Drittelpunkt der Verbindungslinie Tuber ischiadicum → Trochanter major	■ 4 Schichten: ① **oberflächliche Muskelschicht:** ● M. gluteus maximus ● Tractus iliotibialis ● M. tensor fasciae latae ② **mittlere Muskelschicht:** ● M. gluteus medius ③ **tiefe Muskelschicht:** ● M. gluteus minimus ● M. piriformis ● M. gemellus superior ● M. obturator internus ● M. gemellus inferior ● M. quadratus femoris ④ **Knochen und Bänder:** ● Os sacrum [sacrale] ● Os coxae [pelvicum] ● Lig. sacrospinale ● Lig. sacrotuberale ■ **Gefäß- und Nervenlücken** in 4. Schicht: ● *Foramen ischiadicum majus*: kranial der Spina ischiadica und des Lig. sacrospinale, durch M. piriformis in supra- und infrapiriforme Lücke geteilt ● *Foramen ischiadicum minus*: kaudal der Spina ischiadica, zwischen Lig. sacrospinale und Lig. sacrotuberale	■ **Arterien:** Äste der A. iliaca interna: ● A. glutealis superior: durch suprapiriforme Lücke ● A. glutealis inferior: durch infrapiriforme Lücke ■ **Venen:** Abfluß über ● Vv. gluteales superiores ● Vv. gluteales inferiores zur V. iliaca interna ■ **regionäre Lymphknoten:** ● Nodi lymphatici inguinales superficiales superolaterales ■ **Hautinnervation:** ● kranial: Rr. clunium [gluteales] superiores aus Rr. posteriores der Nn. lumbales ● medial: Rr. clunium [gluteales] mediales aus Rr. posteriores der Nn. sacrales ● kaudal: Rr. clunium [gluteales] inferiores aus N. cutaneus femoralis posterior ● lateral: R. cutaneus lateralis des N. iliohypogastricus ■ **motorische Innervation:** ● *N. gluteus superior.* • M. gluteus medius • M. gluteus minimus • M. tensor fasciae latae ● *N. gluteus inferior.* M. gluteus maximus ● *direkte Äste des Plexus sacralis:* • M. piriformis • M. obturator internus • Mm. gemelli • M. quadratus femoris ■ **durchlaufende Leitungsbahnen:** ● A. pudenda interna ● V. pudenda interna ● N. ischiadicus ● N. cutaneus femoris posterior ● N. pudendus ■ **Ein- und Austrittstellen der Leitungsbahnen** in Region: ● *suprapiriforme Lücke:* • A. glutea superior • Vv. gluteales superiores • N. gluteus superior ● *infrapiriforme Lücke:* • A. glutea inferior • Vv. gluteales inferiores • N. gluteus inferior • N. ischiadicus • N. cutaneus femoris posterior • A. + V. pudenda interna • N. pudendus ● *Foramen ischiadicum minus:* • A. + V. pudenda interna • N. pudendus	**Intragluteale Injektion:** ● Vorteile: grobe Muskelfaserbündel, bei richtiger Technik Einspritzen nahezu schmerzfrei ● Gefahren: bei falscher Einstichstelle Schädigung von Arterien und Nerven, z.B. bei • Läsion des N. ischiadicus kann Bein vom Knie distal gelähmt sein • intraarterieller Injektion können tiefe Gewebenekrosen entstehen! ● es ist daher unerläßlich, sich die Projektion der Gefäß- und Nervenverläufe zu veranschaulichen: • von suprapiriformer Lücke annähernd horizontal nach lateral • von infrapiriformer Lücke im Bogen zu unterem Ischiadikus-Druckpunkt ● daher Injektion niemals medial! ● *ventrogluteales Injektionsfeld* (nach von Hochstetter): • rechte Gesäßgegend des Patienten: linke Handfläche des Arztes über Trochanter major, Zeigefingerspitze an Spina iliaca anterior superior, Mittelfinger abspreizen, Injektion zwischen Zeige- und Mittelfinger • linke Gesäßgegend sinngemäß umgekehrt ● beliebte Definition "äußerer oberer Quadrant" ist zu ungenau

9.8.2 Femur [Regio femoralis] (Oberschenkel)

Regio [Facies] femoralis anterior (vordere Oberschenkelgegend)

GRENZEN, RELIEF	BEWEGUNGSAPPARAT	LEITUNGSBAHNEN	KLINIK
■ **Grenzen:** ● kranial: Leistenband ● kaudal: etwa handbreit proximal des Kniegelenkspalts ● lateral: Tractus iliotibialis ● medial: M. gracilis ■ **Trigonum femorale** (Scarpa-Dreieck): Teilregion zwischen: ● kranial: Leistenband ● lateral: M. sartorius ● medial: M. gracilis ■ **tastbare Knochen:** Trochanter major ■ **hervortretende Sehnen:** ● M. rectus femoris ● M. adductor longus ● M. gracilis ● Tractus iliotibialis ■ **markante Muskelbäuche:** ● M. sartorius ● M. gracilis ● M. vastus lateralis ● M. vastus medialis (reicht weiter distal als medialis)	■ **5 Schichten:** ① **Fascia lata** mit Hiatus saphenus (Margo falciformis, Fascia cribrosa) ② **oberflächliche Muskelschicht:** ● M. rectus femoris ● M. sartorius ● M. adductor longus ● M. gracilis ● am lateralen Rand M. tensor fasciae latae mit Tractus iliotibialis ③ **mittlere Muskelschicht:** ● M. iliopsoas ● M. pectineus ● M. adductor brevis ● M. vastus medialis ● M. vastus intermedius ● M. vastus lateralis ④ **tiefe Muskelschicht:** ● M. obturator externus ● M. adductor magnus ● M. articularis genus ⑤ *Femur* [Os femoris] mit Articulatio coxae ■ **Canalis femoralis:** von Lacuna vasorum zu Hiatus saphenus, Bruchpforte für Herniae femorales (Schenkelbrüche)	■ **Arterien:** Äste von ● A. femoralis: A. profunda femoris Hauptarterie des Oberschenkels, A. circumflexa iliaca superficialis kleiner Bereich nahe Leistenband ● A. obturatoria: zu Adduktoren und Caput femoris ■ **Venen:** Abfluß über V. femoralis ● V. saphena magna: gesamte Oberfläche ● V. profunda femoris: Tiefe des Oberschenkels ■ **regionäre Lymphknoten:** Nodi lymphatici inguinales superficiales ■ **sensible Innervation:** ● kranial: R. femoralis des N . genitofemoralis ● lateral: N. cutaneus femoris lateralis ● medial: N. obturatorius ● Mitte (Hauptteil der Vorderfläche): Rr. cutanei anteriores des N. femoralis ■ **motorische Innervation:** ● N. femoralis: M. quadriceps femoris, M. sartorius, Teil des M. pectineus ● N. obturatorius: Adduktoren ■ **durchlaufende Leitungsbahnen:** ● A. femoralis ● V. femoralis ● N. saphenus ■ **Kanäle für Leitungsbahnen:** ● *Lacuna musculorum*: N. femoralis, N. cutaneus femoris lateralis, M. iliopsoas ● *Lacuna vasorum*: A. femoralis (lateral), V. femoralis (Mitte), Lymphbahnen (überwiegend medial) ● *Canalis adductorius*: A. + V. femoralis, N. saphenus (nur Teilstrecke)	● Femurfraktur (⇨ 9.1.2) ● Hüftluxation (⇨ 9.2.1) ● Puls der A. femoralis (⇨ 9.4.1) ● Untersuchung der V. saphena magna (⇨ 9.5.1) ■ **Arteriographie** über A. femoralis (Seldinger-Technik): ● die Lichtungen aller Arterien des Körperkreislaufs stehen in kontinuierlichem Zusammenhang ● führt man in eine beliebige Arterie einen Katheter ein, so kann man diesen (rein theoretisch) in alle übrigen weiterschieben ● die A. femoralis ist die bestzugängliche größere Arterie und deshalb hierfür besonders geeignet ● deshalb werden die meisten Arteriographien über die A. femoralis vorgenommen

Regio [Facies] femoralis posterior (hintere Oberschenkelgegend)

GRENZEN, RELIEF	BEWEGUNGSAPPARAT	LEITUNGSBAHNEN	KLINIK
■ **Grenzen:** ● kranial: Sulcus glutealis ● kaudal: etwa handbreit proximal des Kniegelenkspalts ● lateral: Tractus iliotibialis ● medial: M. gracilis ■ **tastbare Knochenpunkte:** - (nur am proximalen Rande der Region: Tuber ischiadicum) ■ **hervortretende Sehnen:** ● M. semitendinosus von Mitte des Oberschenkels distal leicht zu tasten ■ **markante Muskelwülste:** M. biceps femoris	5 Schichten: ① *Fascia lata* ② *oberflächliche Muskelschicht:* M. semitendinosus, Caput longum des M. biceps femoris, ganz oben M. gluteus maximus (mit dem kleinen Teil, der den Sulcus glutealis unterragt) ③ *mittlere Muskelschicht:* M. semimembranosus, Caput breve des M. biceps femoris ④ *tiefe Muskelschicht:* M. adductor magnus, M. adductor minimus ⑤ *Femur* [Os femoris] mit Articulatio coxae	■ **Arterien:** Äste von ● A. femoralis: A. profunda femoris Hauptarterie des Oberschenkels ● A. obturatoria: zu Adduktoren und Caput femoris ■ **Venen:** Abfluß über V. femoralis ● V. saphena magna: gesamte Oberfläche ● V. profunda femoris: Tiefe des Oberschenkels ■ **regionäre Lymphknoten:** Nodi lymphatici inguinales superficiales ■ **sensible Innervation:** ● lateral: N. cutaneus femoris lateralis ● medial: N. obturatorius ● Mitte (Hauptteil der Hinterfläche): N. cutaneus femoris posterior ■ **motorische Innervation:** ● N. ischiadicus: ischiokrurale Muskeln ● N. obturatorius: Adduktoren	**Lasègue-Zeichen:** ● Schmerz in Oberschenkelrückseite beim passiven Beugen im Hüftgelenk des im Kniegelenk gestreckten Beins ● beim Gesunden Muskelschmerz, wenn Dehnungsgrenze der zweigelenkigen ischiokruralen Muskeln erreicht, etwa bei rechtwinkliger Beugung ("Pseudo-Lasègue") ● Schmerz schon bei geringerer Beugung weist auf eine Erkrankung des N. ischiadicus oder der Meningen hin ● Schmerz wird durch Innenrotation im Hüftgelenk verstärkt

9.8.3 Genus (Knie)

Regio genus anterior (vordere Kniegegend)

GRENZEN, RELIEF	BEWEGUNGSAPPARAT	LEITUNGSBAHNEN	KLINIK
■ **Grenzen**: etwa handbreit proximal und distal des Kniegelenkspalts (fließende Übergänge zu Ober- und Unterschenkel) ■ **tastbare Knochenpunkte**: ● Femur: Epicondylus medialis/lateralis, große Teile von Condylus medialis/lateralis (bei Beugung), kleiner Teil der Facies patellaris (wenn Patella in entspannter Streckstellung zur Seite geschoben wird) ● Patella: gesamte Facies anterior ● Tibia: Condylus medialis/lateralis, Tuberositas tibiae ● Kniegelenkspalt: medial und lateral von Apex patellae (Patella liegt proximal von Gelenkspalt!) ■ **hervortretende Sehnen**: ● Quadrizepssehne proximal und distal (Lig. patellae) der Patella ● Tractus iliotibialis (lateral) ■ **markante Muskelwülste**: ● M. vastus lateralis ● M. vastus medialis (reicht weiter distal als M. vastus lateralis)	■ **3 Schichten**: ① **Patella** mit Aufhängung: ● Lig. patellae ● Retinaculum patellae mediale ● Retinaculum patellae laterale ● direkt an Patella ansetzende Sehnenzüge des M. quadriceps femoris ② **Kniegelenk**: vordere und seitliche Oberfläche: ● Condylus medialis und lateralis des Femur ● Condylus medialis und lateralis der Tibia ● Meniscus medialis und lateralis ● Lig. collaterale tibiale und fibulare ● Bursa suprapatellaris (Teil der Gelenkhöhle) ③ Kniegelenk: Tiefe: ● Lig. transversum genus ● Lig. cruciatum anterius und posterius ■ **Muskeln**: ● proximal: distales Ende des M. quadriceps femoris ● distal: proximales Ende der Extensoren- und Peroneusloge	■ **Arterien**: Rete articulare genus und Rete patellare gebildet von: ● A. femoralis: A. descendens genicularis ● A. poplitea: A. superior lateralis/medialis genus, A. media genus, A. inferior lateralis/medialis genus ● A. tibialis anterior: A. recurrens tibialis anterior/posterior ● A. tibialis posterior: R. circumflexus fibularis ■ **Venen**: Abfluß über ● V. saphena magna ● V. poplitea ■ **regionäre Lymphknoten**: ● Nodi lymphatici popliteales ● Nodi lymphatici inguinales superficiales inferiores ■ **sensible Innervation**: ● proximal: Rr. cutanei anteriores des N. femoralis ● distal: R. infrapatellaris des N. saphenus ■ **motorische Innervation**: - ■ **durchlaufende Leitungsbahnen**: -	■ **Zugang zum Kniegelenk**: immer von vorn (rückwärts liegen die großen Gefäße und Nerven!): ● Punktion medial oder lateral des Apex patellae: hier auch Einstechen des Arthroskops zu Endoskopie (Spiegelung) des Kniegelenks, in der auch Operationen an den Menisken vorgenommen werden ● Punktion der Bursa suprapatellaris: proximal der Basis patellae, z.B. bei Gelenkergüssen ■ **Untersuchung des Kniegelenks**: ● Bewegungsumfänge: ⇨ 9.2.2 ● Meniscus medialis: Druckpunkt am Gelenkspalt vorn medial ● Prüfen auf Schubladenphänomen: positiv bei Kreuzbandschaden ● Lig. collaterale fibulare: besonders gut zu tasten, wenn Bein so übergeschlagen wird, daß Außenknöchel auf gegenseitigem Oberschenkel liegt ● Lig. collaterale tibiale: Vorderrand zu tasten (von vorn tasten, bis Gelenkspalt nicht mehr deutlich) ● Prüfen auf seitliche Aufklappbarkeit: normalerweise keine Abduktion oder Adduktion möglich

Regio genus posterior (hintere Kniegegend)

GRENZEN, RELIEF	BEWEGUNGSAPPARAT	LEITUNGSBAHNEN	KLINIK
■ **Grenzen**: etwa handbreit proximal und distal des Kniegelenkspalts (fließende Grenzen zu Ober- und Unterschenkel) ■ **tastbare Knochenpunkte**: ● Caput fibulae [fibulare] ● Condylus medialis des Femur ■ **hervortretende Sehnen**: ● M. semitendinosus ● M. semimembranosus ● M. biceps femoris ■ **markante Muskelwülste**: Ränder der Fossa poplitea (⇨ rechts)	■ **Muskelraute** der Fossa poplitea (Kniekehle): ● proximal medial: M. semitendinosus, M. semimembranosus ● proximal lateral: M. biceps femoris ● distal medial: Caput mediale des M. gastrocnemius ● distal lateral: Caput laterale des M. gastrocnemius, darunter M. plantaris ■ **Boden der Fossa poplitea**: ● Facies poplitea des Femur ● M. popliteus ● Rückseite des Kniegelenks mit Lig. popliteum obliquum	■ **Arterien**: A. poplitea ● zum Kniegelenk: Rete articulare genus und Rete patellare s.o. ● zur Wadenmuskulatur: Aa. surales aus A. poplitea ■ **Venen**: Abfluß über ● V. saphena accessoria zur V. saphena magna ● Vv. surales und Vv. geniculares zur V. poplitea ■ **regionäre Lymphknoten**: wie ventral ■ **sensible Innervation**: N. cutaneus femoris posterior ■ **motorische Innervation**: ● N. fibularis communis: Caput breve des M. biceps femoris ● N. tibialis: alle übrigen Muskeln	Verschluß der A. poplitea: das Rete articulare genus reicht in der Regel für einen wirksamen Kollateralkreislauf nicht aus

9.8.4 Crus (Unterschenkel)

REGION	GRENZEN, RELIEF	BEWEGUNGSAPPARAT	LEITUNGSBAHNEN	KLINIK
Regio [Facies] cruralis anterior (vordere Unterschenkelgegend)	■ **Grenzen:** ● proximal: etwa handbreit distal des Kniegelenkspalts ● distal: etwa 3 Fingerbreit proximal des oberen Sprunggelenks ■ **tastbare Knochenteile:** ● Tibia : gesamte Facies medialis mit Margo anterior und Margo medialis ● Fibula: proximal des Malleolus lateralis ■ **markante Muskelwülste:** ● Extensoren ● Mm. peronei	■ **3 Kompartimente:** ● Schienbein ● 2 Muskellogen: ① **Extensorenloge:** ● M. tibialis anterior ● M. extensor hallucis longus ● M. extensor digitorum longus ● M. peroneus [fibularis] tertius ② **Peroneusloge:** ● M. peroneus [fibularis] longus ● M. peroneus [fibularis] brevis ■ **Membrana interossea cruris**	■ **Arterien:** Äste von ● A. tibialis anterior (Hauptarterie) ● A. fibularis (Teil der Peroneusloge) ■ **Venen:** Abfluß über ● V. saphena magna (Oberfläche medial) ● V. saphena parva (Oberfläche Mitte und lateral) ● V. tibialis anterior (Tiefe) ■ **regionäre Lymphknoten:** ● Nodi lymphatici popliteales ● Nodi lymphatici inguinales superficiales inferiores ■ **sensible Innervation:** ● medial: Rr. cutanei cruris mediales des N. saphenus ● lateral: N. cutaneus surae lateralis aus N. fibularis communis ■ **motorische Innervation:** ● N. fibularis profundus: alle Extensoren ● N. fibularis superficialis: Mm. peronei	**Muskelpumpe** für venösen Rückstrom: ● Muskellogen des Unterschenkels sind durch Fascia cruris, Septa intermuscularia cruris und Membrana interossea cruris straff umhüllt ● es sind kaum Volumennänderungen möglich ● bei Muskelkontraktion werden Venen zusammengepreßt und Blut in nächstes Klappensegment angehoben ● bei insuffizienten Klappen in den Verbindungsvenen wird Blut nur zur Oberfläche verlagert (fördert Bildung von Krampfadern)
Regio [Facies] cruralis posterior (hintere Unterschenkelgegend)	● Grenzen und tastbare Knochenteile: wie ventral ● hervortretende Sehne: Tendo calcaneus (Achillessehne) ● markanter Muskelwulst: M. triceps surae, bestimmt Grenzen der Teilregion Sura [Regio suralis] (Wadengegend)	2 Muskellogen: ① **oberfläche Flexorenloge:** M. triceps surae mit Tendo calcaneus (Achillessehne): ● M. gastrocnemius (Caput laterale/mediale) ● M. soleus ● M. plantaris ② **tiefe Flexorenloge:** ● M. tibialis posterior ● M. flexor hallucis longus ● M. flexor digitorum longus	■ **Arterien:** Äste von ● A. tibialis posterior ● A. fibularis ■ **Venen:** Abfluß über ● V. saphena magna (Oberfläche medial) ● V. saphena parva (Oberfläche Mitte und lateral) ● V. tibialis posterior (Tiefe) ■ **regionäre Lymphknoten:** wie ventral ■ **sensible Innervation:** ● medial: Rr. cutanei cruris mediales des N. saphenus ● lateral: N. cutaneus surae lateralis aus N. fibularis communis ● Mitte distal: N. suralis ■ **motorische Innervation:** alle Flexoren N. tibialis	**Kompartmentsyndrom:** ● straffe Köcher der Muskellogen sind gut für venösen Rückstrom, aber schlecht bei Blutungen und Schwellungen (z.B. Knochenbrüchen): ● Druck im Kompartment steigt ● Venen werden zusammengepreßt, damit sistiert Blutabstrom ● wenn venöses Blut nicht abfließen kann, ist auch arterieller Zustrom nicht möglich ● Gewebe stirbt an ● Therapie: großzügiges Durchtrennen der Fascia cruris

9.8.5 Regiones talocrurales (Knöchelgegenden)

REGION	GRENZEN, RELIEF	BEWEGUNGSAPPARAT	LEITUNGSBAHNEN	KLINIK
Regio talocruralis anterior (vordere Knöchelgegend)	■ **Grenzen:** kaum exakt zu definierender Übergangsbereich zwischen Unterschenkel und Fuß ■ **tastbare Knochenteile:** ● Malleolus medialis ● Malleolus lateralis (reicht weiter distal) ● Trochlea tali [talaris] (Teile bei Plantarflexion) ■ **hervortretende Sehnen:** ● M. tibialis anterior ● M. extensor hallucis longus ● M. extensor digitorum longus	3 Schichten: ① **Fascia cruris** geht kontinuierlich in Fascia dorsalis pedis über, eingelagert straffe Haltebänder der Sehnen: ● Retinaculum musculorum extensorum superius ● Retinaculum musculorum extensorum inferius ② **Sehnen der Extensoren** in Sehnenscheiden: ● M. tibialis anterior ● M. extensor hallucis longus ● M. extensor digitorum longus mit distaler Abspaltung des M. peroneus tertius ③ **Knöchelgabel** mit oberem Sprunggelenk	■ **Arterien:** Äste der A. tibialis anterior (Hauptarterie) zum Rete malleolare mediale und laterale: ● A. malleolaris anterior medialis ● A. malleolaris anterior lateralis ■ **Venen:** Abfluß über ● V. saphena magna (Oberfläche medial) ● V. saphena parva (Oberfläche lateral) ● V. tibialis anterior (Tiefe) ■ **regionäre Lymphknoten:** ● Nodi lymphatici popliteales ● Nodi lymphatici inguinales superficiales inferiores ■ **sensible Innervation:** ● medial: Rr. cutanei cruris mediales des N. saphenus ● lateral: N. fibularis superficialis	**Ulcus cruris** (Beingeschwür): ● bei schwerer Störung des venösen Abflusses ist auch der arterielle Einstrom behindert ● wegen der Ernährungsstörung stirbt Gewebe ab ● totes Gewebe wird abgestoßen, es entsteht ein Geschwür ● die Aussicht auf Heilung ist schlecht, weil Heilung gute Blutversorgung voraussetzt ● bevorzugte Lage von Ulcera cruris: Haut vor der Tibia, wo Unterpolsterung durch Muskeln fehlt
Regio talocruralis posterior (hintere Knöchelgegend)	■ **Grenzen:** ● kaum exakt zu definierender Übergangsbereich zwischen Unterschenkel und Fuß ● zwanglose Unterteilung der Region in ● mediale hintere Knöchelgegend mit Hauptversorgungsstraße der Fußsohle ● laterale hintere Knöchelgegend ● eine Regio calcanea [Calx] (Fersengegend) auszugrenzen, erscheint mir überflüssig ■ **tastbare Knochenteile:** ● Malleolus medialis ● Malleolus lateralis (reicht weiter distal) ● Tuberculum mediale des Processus posterior tali (bei Dorsalextension) ● Sustentaculum tali ● Tuber calcanei ■ **hervortretende Sehne:** Tendo calcaneus (Achillessehne)	■ **Mediale hintere Knöchelgegend:** ● Fascia cruris mit Retinaculum musculorum flexorum ● Sehnen der tiefen Flexoren in Sehnenscheiden: • M. tibialis posterior • M. flexor hallucis longus • M. flexor digitorum longus ● dahinter Fettkörper, Achillessehne und Sehne des M. plantaris ● Schienbeinknöchel und oberes Sprunggelenk ■ **laterale hintere Knöchelgegend:** ● Fascia cruris mit Retinaculum musculorum peroneorum [fibularium] superius und inferius ● Sehnen der Wadenbeinmuskeln in Sehnenscheiden: • M. peroneus longus • M. peroneus brevis ● dahinter Fettkörper, Achillessehne und Sehne des M. plantaris ● Wadenbeinknöchel und oberes Sprunggelenk	■ **Arterien:** Äste zum Rete malleolare mediale und laterale: ● Rr. malleolares mediales aus A. tibialis posterior ● Rr. malleolares laterales aus A. fibularis ■ **Venen:** Abfluß über ● V. saphena magna (Oberfläche medial) ● V. saphena parva (Oberfläche lateral) ● V. tibialis posterior (Tiefe) ■ **regionäre Lymphknoten:** ● Nodi lymphatici popliteales ● Nodi lymphatici inguinales superficiales inferiores ■ **sensible Innervation:** ● medial: Rr. cutanei cruris mediales des N. saphenus ● lateral: N. fibularis superficialis ● Mitte: N. suralis ■ **Malleolarkanal** (unter Retinaculum musculorum flexorum) enthält: ● Sehnen der tiefen Flexoren in Sehnenscheiden • M. tibialis posterior • M. flexor hallucis longus • M. flexor digitorum longus ● A. + V. tibialis posterior ● N. tibialis	● Puls der A. tibialis posterior 1-2 cm hinter Hinterrand des Malleolus medialis leicht zu tasten ● Knöchelbrüche ⇨ Fibula 9.1.2 ■ *Haglund-Ferse* (oberer Fersensporn): ● Exostose (Knochenauswuchs) am Ansatz der Achillessehne ● Ursache oft chronischer Druckreiz unpassender Schuhe (Hinweis: Hautschwielen) ● führt oft zu Bursitis der Bursa subcutanea calcanea und der Bursa tendinis calcanei sowie zur Insertionstendinopathie der Achillessehne ■ *Apophysitis calcanei* (Haglund-Syndrom): Entzündung der Fersenbeinapophyse (Ansatz der Achillessehne) im Hauptwachstumsalter

9.8.6 Pes (Fuß)

Gliederung nach Skelett in Tarsus (Fußwurzel), Metatarsus (Mittelfuß) und Digiti (Zehen) oder topographisch nach Dorsum pedis (Fußrücken) und Planta pedis (Fußsohle), der beliebte Begriff "Vorfuß" ist anatomisch nicht exakt definiert

Dorsum [Regio dorsalis] pedis (Fußrücken)

GRENZEN, RELIEF	BEWEGUNGSAPPARAT	LEITUNGSBAHNEN	KLINIK
■ **Grenzen:** ● proximal: fließen- der Übergang zu Regio talocruralis an- terior ● distal: etwa Zehen- grundgelenke ● lateral: Margo late- ralis [fibularis] pedis ● medial: Margo me- dialis [tibialis] pedis ■ **tastbare Kno- chenteile:** dorsale Flächen aller Tarsalia und Metatarsalia (ausgenommen im Bereich der Überla- gerung durch die Muskelbäuche der kurzen Extensoren) ■ **hervortretende Sehnen:** ● M. tibialis anterior ● M. extensor hallu- cis longus ● M. extensor digi- torum longus ● M. peroneus tertius (variabel)	4 Schichten: ① **Fascia dorsalis pedis** ② **Sehnen der langen Extensoren** (von medial nach lateral): ● M. tibialis anterior ● M. extensor hallucis longus ● M. extensor digitorum longus (4 Sehnen mit va- riabler 5. Sehne zu Meta- tarsale V: M. peroneus tertius) ③ **kurze Extensoren:** ● M. extensor hallucis brevis ● M. extensor digitorum brevis ④ **Fußskelett:** ● proximal: distale Reihe der Ossa tarsi: Os cunei- forme mediale, interme- dium und laterale, Os cu- boideum ● Articulationes tarsome- tatarsales (Lisfranc-Ge- lenklinie) ● distal: Ossa metatarsi, in den Spatia interossea metatarsi Mm. interossei dorsales und plantares	■ **Arterien:** Äste der A. dorsalis pe- dis (Endast der A. tibialis anterior) mit Verbindung zur Fußsohle über A. plantaris profunda (zu Arcus plantaris profundus) ■ **Venen:** Abfluß über Rete veno- sum dorsale pedis zu ● V. saphena magna (medial) ● V. saphena parva (lateral) ■ **regionäre Lymphknoten:** ● Nodi lymphatici popliteales ● Nodi lymphatici inguinales super- ficiales inferiores ■ **sensible Innervation:** ● Hauptteil: N. fibularis superficialis mit N. cutaneus dorsalis medialis und intermedius ● lateraler Fußrand: N. suralis mit N. cutaneus dorsalis lateralis ● medialer Fußrand proximal: N. saphenus ● distal über Spatium interosseum metatarsi I: N. fibularis profundus mit Nn. digitales dorsales pedis [hallucis lateralis et digiti secundi medialis] ■ **motorische Innervation:** N. fibularis profundus zu ● M. extensor hallucis brevis ● M. extensor digitorum brevis	**Schwellungen** am Fußrücken und in den Knöchelgegenden: der lockere Bau der Unterhaut gestattet starke Flüssig- keitseinlagerung, mögliche Ursachen: ● mangelnde Förderung des venösen Rückflusses, z.B. Klappeninsuffizienz bei Krampfadern ● venöse Stauung bei Thrombose der tiefen Beinvenen oder der Beckenve- nen ● Rechtsherzinsuffizienz ● Lymphstauung, z.B. bei Erkrankung der Leisten- oder Beckenlymphknoten, Operationen am Bein ● herabgesetzter kolloidosmotischer (onkotischer) Druck bei zu niedrigem Proteingehalt des Blutplasmas, z.B. bei Mangelernährung oder Eiweißverlusten (nephrotisches Syndrom) ● bei Entzündungen der Fußsohle: wegen der Matratzenkonstruktion der Unterhaut ist eine stärkere Schwellung an der Fußsohle nicht möglich, das Ödem weicht zum Fußrücken aus ● Schlußfolgerung: Schwellung des Fußrückens ist häufig nicht durch eine örtliche Erkrankung des Fußrückens verursacht

Digiti (Zehen)

ZEHEN	GLIEDERUNG	BEWEGUNGSAPPARAT	LEITUNGSBAHNEN	KLINIK
● **Hallux** [Digitus pri- mus (I)] (Großzehe) ● **Digitus secundus** (II) (zweite Zehe) ● **Digitus tertius** (III) (dritte Zehe) ● **Digitus quartus** (IV) (vierte Ze- he) ● **Digitus minimus** [quintus (V)] (Kleinzehe)	■ **Zehenglie- der:** ● Grundglied ● Mittelglied ● Endglied ■ **Zehenseiten:** ● Facies digita- les plantaris ● Facies digita- les dorsales ■ **tastbare Knochenteile:** alle Phalangen dorsal und seit- lich (plantar überlagert von Beugesehnen)	■ **Knochen und Ge- lenke:** ● Articulatio metatar- sophalangealis (Ze- hengrundgelenk) ● Phalanx proximalis (Zehengrundglied) ● Articulatio interpha- langealis <proximalis> (Zehenmittelgelenk) ● Phalanx media (Ze- henmittelglied) ● Articulatio interpha- langealis <distalis> (Zehenendgelenk) ● Phalanx distalis (Zehenendglied) ■ **Sehnen:** ⇨ nächste Seite	■ **Arterien:** ● Aa. digitales dorsales aus Aa. metatarsales der A. dorsalis pedis ● Aa. digitales plantares communes aus Arcus plantaris profundus teilen sich in Aa. digitales plantares pro- priae ■ **Venen:** Abfluß über ● Vv. digitales dorsales zu Rete ve- nosum dorsale pedis ● Vv. digitales plantares zu Rete venosum plantare ■ **regionäre Lymphknoten:** ● Nodi lymphatici popliteales ● Nodi lymphatici inguinales super- ficiales inferiores ■ **Nerven:** ⇨ nächste Seite	**Podagra** (akuter Gichtanfall, "Zipperlein"): ● Großzehengrundgelenk in über 50 % Erstmanifestation ● plötzlicher Beginn mit akuter Monarthritis (Entzündung nur ei- nes Gelenks): Rötung, Schwel- lung, heftiger Schmerz ● Ursache: Störung im Purinstoff- wechsel führt zu Anstieg der Harnsäure im Blutplasma, Kri- stallbildung in Synovia ● Männer etwa 9mal häufiger be- troffen als Frauen, Beginn meist in Zwanzigerjahren ● unbehandelt nach einigen Jah- ren Übergang in chronische Ar- thropathia urica mit Knotenbil- dung (Tophi) an Gelenkkapseln, Sehnen und Ohrläppchen

Fortsetzung Zehen nächste Seite

Zehen (Fortsetzung)

ZEHEN	GLIEDE-RUNG	BEWEGUNGSAPPARAT	LEITUNGSBAHNEN	KLINIK
(Fort-set-zung)		**■ Sehnen:** ● dorsal: Dorsalaponeurosen aus den Sehnen der langen und kurzen Strecker: M. extensor hallucis longus und brevis, M. extensor digitorum longus und brevis ● plantar: Beugesehnen in Sehnenscheiden in osteofibrösen Kanälen: M. flexor hallucis longus und brevis, M. flexor digitorum longus, und brevis	**■ sensible Innervation dorsal:** ● N. fibularis superficialis mit N. cutaneus dorsalis medialis und intermedius ● Lateralseite der Großzehe und Medialseite der zweiten Zehe: N. fibularis profundus mit Nn. digitales dorsales pedis [hallucis lateralis et digiti secundi medialis] **■ sensible Innervation plantar:** N. tibialis ● N. plantaris medialis (3 1/2 Zehen medial) ● N. plantaris lateralis (1 1/2 Zehen lateral) ● Vergleich mit Hand: N. plantaris medialis entspricht N. medianus, N. plantaris lateralis entspricht N. ulnaris	Hallux valgus, Hallux rigidus, Hammerzehe, Krallenzehe ⇨ 9.2.6

Planta [Regio plantaris] pedis (Fußsohle)

GRENZEN, RELIEF	BEWEGUNGSAPPARAT	LEITUNGSBAHNEN	KLINIK
■ Grenzen: ● Margo lateralis [fibularis] pedis ● Margo medialis [tibialis] pedis **■ tastbare Knochenteile:** ① *medialer Fußrand:* ● Os metatarsi I mit Tuberositas ossis metatarsalis primi [I] ● Os cuneiforme mediale ● Os naviculare mit Tuberositas ossis navicularis ● Caput tali [talare] ● Sustentaculum tali ● Tuber calcanei ② *lateraler Fußrand:* ● Os metatarsi V mit Tuberositas ossis metatarsalis quinti [V] ● Os cuboideum ● Calcaneus mit Tuber calcanei **■ markante Muskelwülste:** ● medialer Fußrand: M. abductor hallucis ● lateraler Fußrand: M. abductor digiti minimi **■ Fußabdruck:** Form bestimmt durch Fußwölbungen, normal Aussparung medial **■ Schwielenbildung an** Hauptbelastungsstellen, bei gesundem Fuß also unter: ● Tuber calcanei ● Caput metatarsale I ● Caput metatarsale V	6 Schichten: ① **Aponeurosis plantaris:** Sehnenplatte mit ● Fasciculi transversi (Querzügen) ● straffen Retinacula cutis zur Leistenhaut ("Matratzenkonstruktion": Druckpolster beim Gehen und Stehen) ② **1. Muskelschicht:** ● M. abductor hallucis ● M. flexor digitorum brevis ● M. abductor digiti minimi ③ **2. Muskelschicht:** ● M. flexor hallucis longus ● M. flexor digitorum longus mit M. quadratus plantae und Mm. lumbricales ● M. flexor digiti minimi brevis ④ **3. Muskelschicht:** ● M. flexor hallucis brevis ● M. adductor hallucis ● M. opponens digiti minimi ⑤ **4. Muskelschicht:** ● Mm. interossei plantares ● Sehne des M. peroneus [fibularis] longus ⑥ **Fußskelett:** ● proximal: Calcaneus, Talus ● Articulatio tarsi transversa (Chopart-Gelenklinie) ● Os naviculare, Os cuneiforme mediale, intermedium und laterale, Os cuboideum ● Articulationes tarsometatarsales (Lisfranc-Gelenklinie) ● distal: Ossa metatarsi, in den Spatia interossea metatarsi Mm. interossei dorsales	**■ Arterien:** Äste der A. tibialis posterior: ● A. plantaris medialis ● A. plantaris lateralis: bildet mit A. plantaris profunda aus A. dorsalis pedis → Arcus plantaris profundus **■ Venen:** Abfluß über Rete venosum plantare zu ● V. saphena magna (medial) ● V. saphena parva (lateral) **■ regionäre Lymphknoten:** ● Nodi lymphatici poplitea-les ● Nodi lymphatici inguinales superficiales inferiores **■ sensible Innervation:** N. tibialis ● Rr. calcanei mediales (Fersenbereich) ● N. plantaris medialis (medial und Mitte) ● N. plantaris lateralis (lateral) ● Vergleich mit Hand: N. plantaris medialis entspricht N. medianus, N. plantaris lateralis entspricht N. ulnaris **■ motorische Innervation:** N. tibialis ● N. plantaris medialis: M. flexor digitorum brevis mit Mm. lumbricales I + II, M. abductor hallucis, M. flexor hallucis brevis (Caput mediale) ● N. plantaris lateralis (alle übrigen Muskeln der Fußsohle)	**■ Abnorme Schwielenbildung:** ● unter Caput metatarsale II + III: bei Spreizfuß ● unter Tuberositas ossis metatarsalis quinti bei Klumpfuß ● unter Tuberositas ossis navicularis bei Plattfuß **■ unterer Fersensporn:** ● Exostose (Knochenauswuchs) im Bereich des Ursprungs der Plantaraponeurose und des kleinen Zehenbeugers am Tuber calcanei (nach vorn gerichteter "Sporn" im Röntgenbild) ● Ursache Insertionstendinopathie infolge vermehrter Zugbelastung bei beginnendem Knickplattfuß ● Druckschmerz am medialen Rand des Tuber calcanei ● etwa 10% der "zivilisierten" Menschen befallen ● Therapie: Schuheinlage mit Aussparung zur Entlastung des Fersensporns **■ Fußsohlenpumpe:** ● beim Gehen wird die Fußsohle rhythmisch belastet, dabei werden die Venen ausgepreßt und das Blut in die nächste Klappenetage angehoben ● bei Immobilisation fällt dieser Mechanismus zur Förderung des venösen Rückstroms aus, dadurch werden Venenthrombosen begünstigt **■ Aponeuritis fibrosa plantaris** (Ledderhose-Kontraktur): ● langsam fortschreitende Schrumpfung der Plantaraponeurose ● führt zu Beugekontraktur der Zehen und damit zur Gehbehinderung ● ähnlich Dupuytren-Kontraktur der Palmaraponeurose

10 Weiterführende Literatur
vorwiegend zur klinisch angewandten Anatomie

Vorbemerkungen:
● Über den menschlichen Körper sind weltweit bereits einige Millionen Bücher und Zeitschriftenaufsätze erschienen. Einen Überblick über das neueste Schrifttum zu einem speziellen Problem kann man nur noch über die Abfrage von Datenbanken gewinnen. Diese Aufgabe kann ein Tabellenwerk nicht übernehmen. Doch dürften für den interessierten Leser Hinweise hilfreich sein, wo er über ein Problem weitere Aufschlüsse finden könnte. In das folgende Verzeichnis wurden daher nur Bücher (keine Zeitschriftenaufsätze!) aufgenommen, die mit einer gewissen Wahrscheinlichkeit in Universitätsbibliotheken des deutschen Sprachraums vorhanden sind oder zumindest im innerdeutschen Leihverkehr beschafft werden können. Dabei wurden überwiegend Neuerscheinungen der letzten Jahre berücksichtigt.
● Das Buch wendet sich in erster Linie an Studenten, die Ärzte werden wollen. Ich nehme daher an, daß sie sich vor allem in Fragen der klinisch angewandten Anatomie vertiefen wollen. Das folgende Literaturverzeichnis enthält daher neben einigen anatomischen Standardwerken in erster Linie grundlegende klinische Lehrbücher, in denen die praktische Anwendung der Anatomie gezeigt wird.
● Angesichts der gewaltigen Fülle an medizinischer Literatur mußte eine Auswahl getroffen werden, die notwendigerweise etwas subjektiv ist. Es wurden bevorzugt Werke ausgewählt, die mir selbst bei der Arbeit hilfreich waren.
● Eine ausführliche Einführung in die Literatursuche enthält das von mir herausgegebene Buch: "Die medizinische Dissertation. Eine Einführung in das wissenschaftliche Arbeiten für Medizinstudenten" (3. Auflage, Urban & Schwarzenberg, München-Wien-Baltimore 1989).

10.1 Literatur zum Gesamtgebiet

10.1.1 Medizinische Lexika

● Leiber, B. (Begründer): Die klinischen Syndrome (2 Bände), 7. Aufl. Urban & Schwarzenberg, München-Wien-Baltimore 1990.
● Pschyrembel, W. (Begründer): Klinisches Wörterbuch, 257. Aufl. de Gruyter, Berlin-New York 1993.
● Reallexikon der Medizin und ihrer Grenzgebiete (6 Bände). Urban & Schwarzenberg, München-Wien-Baltimore 1966 f.
● Roche Lexikon Medizin, 3. Aufl. Urban & Schwarzenberg, München-Wien-Baltimore 1993.
● Wissenschaftliche Tabellen Geigy (mehrere Bände), 8. Aufl. Ciba-Geigy, Basel 1980 f.

10.1.2 Anatomie allgemein

● Drenckhahn, D., W. Zenker (Hrsg.): Benninghoff, makroskopische und mikroskopische Anatomie des Menschen (2 Bände), 15. Aufl. Urban & Schwarzenberg, München-Wien-Baltimore 1994.
● Frick, H., B. Kummer, R. Putz (Hrsg.): Wolf-Heidegger's Atlas of human anatomy, 4. Aufl. Karger, Basel usw. 1990.
● Hagens, G. von, J. Romrell, H. Ross, K. Tiedemann: Farbatlas der Schnittanatomie. Schwer, Stuttgart 1991.
● Koritké, J. G., H. Sick: Atlas anatomischer Schnittbilder des Menschen (2 Bände). Urban & Schwarzenberg, München-Wien-Baltimore 1982.
● Lang, J., W. Wachsmuth (Hrsg.), (begründet von Lanz, T.

von, W. Wachsmuth): Praktische Anatomie (zahlreiche Bände). Springer, Berlin usw. (1. Band erschien 1935).
● Leonhardt, H., B. Tillmann, G. Töndury, K. Zilles (Hrsg.): Rauber/Kopsch, Anatomie des Menschen (4 Bände). Thieme, Stuttgart-New York 1987.
● Lippert, H.: Anatomie am Lebenden. Springer, Berlin usw. 1989.
● Lippert, H.: Tafeln Leitungsbahnen des Menschen. Urban & Schwarzenberg, München-Wien-Baltimore 1993.
● Platzer, W. (Hrsg.): Pernkopf, Anatomie (2 Bände). Urban & Schwarzenberg, München-Wien-Baltimore 1987.
● Putz, R., R. Pabst (Hrsg.): Sobotta, Atlas der Anatomie des Menschen (2 Bände), 20. Aufl. Urban & Schwarzenberg, München-Wien-Baltimore 1993.
● Rohen, J. W., C. Yokochi: Anatomie des Menschen, 3. Aufl. Schattauer, Stuttgart-New York 1993.
● Schiebler, T. H., W. Schmidt (Hrsg.): Anatomie, 5. Aufl. Springer, Berlin usw. 1991.
● Vajda, J.: Anatomischer Atlas (2 Bände). Fischer, Stuttgart-New-York 1989.
● Waldeyer, A., A. Mayet: Anatomie des Menschen (2 Bände), 16. Aufl. de Gruyter, Berlin-New York 1993.

10.1.3 Lehrbücher der klinischen Medizin
mit vielen Hinweisen zur angewandten Anatomie

● Allgöwer, M. (Hrsg.): Allgemeine und spezielle Chirurgie, 4. Aufl. Springer, Berlin usw. 1982.
● Berchtold, R., H. Hamelmann, H.J. Peiper (Hrsg.): Chirurgie, 2. Aufl. Urban & Schwarzenberg, München-Wien-Baltimore 1990.
● Brown, J.St.: Kleine Chirurgie. Urban & Schwarzenberg, München-Wien-Baltimore 1989.
● Cameron, J.L.: Current surgical therapy, 4. Aufl. Mosby, St. Louis 1992.
● Classen, M., V. Diehl, K. Kochsiek (Hrsg.): Innere Medizin, 2. Aufl. Urban & Schwarzenberg, München-Wien-Baltimore 1993.
● Durst, J., J.W. Rohen: Chirurgische Operationslehre. Schattauer, Stuttgart-New York 1991.
● Harloff, M. (Hrsg.): Halhuber-Kirchmair, Notfälle in der Inneren Medizin, 11. Aufl. Urban & Schwarzenberg, München-Wien-Baltimore 1993.
● Hardy, J.D.: Hardy's Textbook of surgery. Lippincott, Philadelphia 1983.
● Heberer, G., W. Köle, H. Tscherne: Chirurgie, 4. Aufl. Springer, Berlin-Heidelberg-New York 1986.
● Holzner, J. H. (Hrsg.): Arbeitsbuch Pathologie (3 Bände), 5. Aufl. Urban & Schwarzenberg, München-Wien-Baltimore 1989.
● Koslowski, L., K.-A. Bushe (Hrsg.): Lehrbuch der Chirurgie, 3. Aufl. Schattauer, Stuttgart-New York 1988.
● Kremer, K., V. Schumpelick, G. Hierholzer: Chirurgische Operationen. Thieme, Stuttgart-New York 1992.
● Largiadèr, F., H. Säuberli, O. Wicki: Checkliste viszerale Chirurgie, 5. Aufl. Thieme, Stuttgart-New York 1990.
● Larsen, R.: Anästhesie, 3. Aufl. Urban & Schwarzenberg, München-Wien-Baltimore 1990.
● MSD-Manual der Diagnostik und Therapie, 5. Aufl. Urban & Schwarzenberg, München-Wien Baltimore 1993.
● Nyhus, L.M., R.J. Baker: Master of surgery (2 Bände). Little Brown, Boston 1992.
● Ostadal, J.E.: Biopsie und Punktion, 2. Aufl. Urban & Schwarzenberg, München-Berlin-Wien 1974.

● Pichlmayr., R., D. Löhlein: Chirurgische Therapie, 2. Aufl. Springer, Berlin usw. 1991.
● Reifferscheid, M., S. Weller: Chirurgie, 8. Aufl. Thieme, Stuttgart-New York 1989.
● Rudolfky, G., U. Stephan, G. Wangerin (Hrsg.): Ärztliche Sofortmaßnahmen, 3. Aufl. Urban & Schwarzenberg, München-Wien-Baltimore 1992.
● Sauer, H., et al.: Checkliste Kinderchirurgie, 2. Aufl. Thieme, Stuttgart 1992.
● Vossschulte, K., F. Kummerle, H.-J. Peiper, S. Weller (Hrsg.): Lehrbuch der Chirurgie, 7. Aufl. Thieme, Stuttgart-New York 1982.
● Wiedemann, M., W. Braun, A. Rüter: Leitfaden Unfallchirurgie. Urban & Schwarzenberg, München-Wien-Baltimore 1992.
● Willital, G. H.: Definitive chirurgische Erstversorgung, 5. Aufl. Urban & Schwarzenberg, München-Wien-Baltimore 1989.

10.1.4 Radiologie

● Birkner, R.: Das typische Röntgenbild des Skeletts. Urban & Schwarzenberg, München-Wien-Baltimore 1977.
● Cope, C., D.R. Barke, S.G. Meranze: Atlas der interventionellen Radiologie. VCH edition medizin, Weinheim 1992
● Elke, M.: Kontrastmittel in der radiologischen Diagnostik, 3. Aufl. Thieme, Stuttgart-New York 1992.
● Grainger, R.G., D.J. Allison: Diagnostic radiology, 2. Aufl. (3 Bände). Churchill Livingstone, New York 1991
● Hundeshagen, H. (Hrsg.): Radiologie. Springer, Berlin-Heidelberg-New York 1978.
● Kauffmann, G.W., W.S. Rau: Röntgenfibel. Springer, Berlin-Heidelberg-New York-Tokyo 1984.
● Kremer, H., W. Dobrinski (Hrsg.): Sonographische Diagnostik, 3. Aufl. Urban & Schwarzenberg, München-Wien-Baltimore 1988.
● Lammer, J., H. Schreyer: Praxis der interventionellen Radiologie. Hippokrates, Stuttgart 1991.
● Richter, E., W. Lierse: Radiologische Anatomie des Neugeborenen. Urban & Schwarzenberg, München-Wien-Baltimore 1990.
● Rosenbusch, G., J. Reeders: Kolon. Klinische Radiologie und Endoskopie. Thieme, Stuttgart-New York 1992.
● Thurn, P., E. Bücheler: Einführung in die radiologische Diagnostik, 9. Aufl. Thieme, Stuttgart-New York 1992.
● Uflacker, R., M.H. Wholey: Interventional radiology. McGraw-Hill, New York 1991.

10.2 Literatur zu einzelnen Kapiteln

10.2.1 Zytologie, Histologie und mikroskopische Anatomie

Kapitel 1.2, 1.3: Zytologie, Histologie

● Bucher, O., H. Wartenberg: Cytologie, Histologie und mikroskopische Anatomie des Menschen, 11. Aufl. Huber, Bern-Stuttgart-Toronto 1989.
● Geneser, F.: Farbatlas der Histologie. Deutscher Ärzte-Verlag, Köln 1987.
● Geneser, F.: Histologie. Deutscher Ärzte-Verlag, Köln 1990.
● Hammersen, F.: Histologie, 3. Aufl. Urban & Schwarzenberg, München-Wien-Baltimore 1985.
● Hees, H., F. Sinowatz: Histologie, 2. Aufl. Deutscher Ärzte Verlag, Köln 1992.
● Junqueira, L.C., J. Carneiro: Histologie, 3. Aufl. Springer, Berlin usw. 1991.

● Köpf-Maier, P., H.-J. Merker: Atlas der Elektronenmikroskopie. Ueberreter Wissenschaft, Wien-Berlin 1989.
● Krstic, R. V.: Illustrated encyclopedia of human histology. Springer, Berlin usw. 198 .
● Liebich, H.-G.: Funktionelle Histologie. Schattauer, Stuttgart-New-York 1990.
● Linß, W., K.-J. Halbhuber: Histologie und mikroskopische Anatomie, 17. Aufl. Thieme, Leipzig und Stuttgart-New York 1991
● Rosenbauer, K.A.: Tabellen und Abbildungen zur Zytologie, Histologie, mikroskopischen Anatomie und Differentialdiagnose. GIT, Darmstadt 1984.
● Ross, M.H., E.J. Reith: Atlas der Histologie. Schwer, Stuttgart 1987.
● Weyerstahl, T., W. Frank: Winterthur Atlas der Histologie. Jungjohann, Neckarsulm-München 1988.
● Wheater, P.R., H.G. Burkitt, V.G. Daniels: Funktionelle Histologie, 2. Aufl. Urban & Schwarzenberg, München-Wien-Baltimore 1987.

10.2.2 Bewegungsapparat

Kapitel 1.4, 2.1-2.3, 6.1-6.3, 8.1-8.3, 9.1-9.3

● Aichroth, P.M., W.D. Cannon: Knee surgery. Martin Dunitz, London 1992.
● Amstutz, H.C.: Hip arthroplasty. Churchill Livingstone, New York 1991.
● Baumgartner, R., P.E. Ochsner: Checkliste Orthopädie, 3. Aufl. Thieme, Stuttgart-New York 1992.
● Biener, K.: Sportunfälle, 2. Aufl. Huber, Bern 1992.
● Bridwell, K.H., R.L. DeWald: Textbook of spinal surgery (2 Bände). Lippincott, New York 1991.
● Browner, B.D., et al.: Skeletal trauma (2 Bände). Saunders, Philadelphia 1991.
● Buck-Gramcko, D., R. Hoffmann, R. Neumann: Handchirurgische Sprechstunde. Hippokrates, Stuttgart 1992.
● Burri, C., H. Beck, H. Ecke, K.H. Jungbluth, E.H. Kuner, A. Pannike, K.P. Schmit-Neuerburg, L. Schweiberer, C.H. Schweikert, W. Spier, H. Tscherne: Unfallchirurgie, 3. Aufl. Springer, Berlin-Heidelberg-New York 1982.
● Evans, D. (Hrsg.): Techniques in orthopaedic surgery. Blackwell, Oxford-Cambridge 1991.
● Findlay, G.F.G., R. Owen: Surgery of the spine. Blackwell, Oxford-Cambridge 1992.
● Geldmacher, J. F. Köckerling: Sehnenchirurgie. Urban & Schwarzenberg, München-Wien-Baltimore 1991.
● Gregg, P.J., J. Stevens, P.H. Warlock (Hrsg.): Fractures and dislocations. Blackwell, Oxford-Cambridge 1992.
● Heisel, J.: Entzündliche Gelenkerkrankungen. Enke, Stuttgart 1992.
● Helal, B., J.B. King, W.J. Grange: Sportverletzungen. Thieme, Stuttgart-New York 1992.
● Hempfling, H., C. Burri: Diagnostische und operative Arthroskopie aller Gelenke. Huber, Bern 1991.
● Kelley, W.N., E.D. Haris, S. Ruddy, C.B. Sledge (Hrsg.): Textbook of rheumatology, 4. Aufl. Saunders, Philadelphia 1993
● Kohn, D.M., C.J. Wirth: Die Schulter. Thieme, Stuttgart-New York 1992.
● Laer, L.v.: Frakturen und Luxationen im Wachstumsalter, 2. Aufl. Thieme, Stuttgart 1991.
● Müller, M.E., et al.: Manual der Osteosynthese, 3. Aufl. Springer, Berlin usw. 1992.
● Nickel, V.L., M.J. Botte (Hrsg.): Orthopaedic rehabilitation, 2. Aufl. Churchill Livingstone, New York 1992.
● Palme, E.: Der Fuß. Kohlhammer, Stuttgart 1992.
● Petty, W.: Total joint replacement. Saunders, Philadelphia 1991.

- Pitzen, P., H. Rössler: Orthopädie, 16. Aufl. Urban & Schwarzenberg, München-Wien-Baltimore 1989.
- Rothman, R.H., F.A. Simeone: The spine, 2. Aufl. (2 Bände). Saunders, Philadelphia 1992.
- Schauwecker, F.: Osteosynthesepraxis, 3. Aufl. Thieme, Stuttgart-New York 1992.
- Schmidt, H.M., U. Lanz: Chirurgische Anatomie der Hand. Hippokrates, Stuttgart 1992.
- Torklus, D.v.: Atlas orthopädisch-chirurgischer Zugangswege, 4. Aufl. Urban & Schwarzenberg, München-Wien-Baltimore 1992.
- Tsuge, K.: Atlas der Handchirurgie. Hippokrates, Stuttgart 1990.
- Tsuji, H.: Atlas der Lendenwirbelsäulen-Chirurgie. Hippokrates, Stuttgart 1992.
- Weber, U., M. Sparmann (Hrsg.): Orthopädisch-mikrochirurgischer Operationsatlas. Thieme, Stuttgart-New York 1992.
- Wiedemann, M., W. Braun, A. Rüter: Leitfaden Unfallchirurgie. Urban & Schwarzenberg, München-Wien-Baltimore 1992.
- Zeidler, H. (Hrsg.): Rheumatologie (2 Bände). Urban & Schwarzenberg, München-Wien-Baltimore 1990.

10.2.3 Blutgefäße
Kapitel 1.5, 2.4, 2.5, 6.4, 6.5, 8.4, 8.5, 9.4, 9.5

- Beebe, H.G. (ed.): Complications in vascular surgery. Lippincott, Philadelphia-Toronto 1973.
- Bell, P.R., C.W. Jamieson, C.V. Ruckley: Surgical management of vascular disease. Saunders, Philadelphia 1991.
- Bernhard, V.M., J.B. Towne (Hrsg.): Complications in vascular surgery. Quality Medical Publishing, St. Louis 1991.
- Eastcott, H.H.G. (Hrsg.): Arterial surgery, 3.Aufl. Churchill Livingstone, New York 1992.
- Hepp, W., D. Raithel, H. Loeprecht: Aktuelle Herausforderung in der Gefäßchirurgie. Steinkopff, Darmstadt 1991.
- Jang, G.D.: Angioplasty, 2. Aufl. McGraw-Hill, New York 1991.
- Lippert, H., R. Pabst: Arterial variations in man. Classification and frequency. Bergmann, München 1985.
- Mörl, H.: Gefäßkrankheiten in der Praxis, 5. Aufl. VCH edition medizin, Weinheim 1992.
- Okuda, K., J. P. Benhamou: Portal hypertension. Springer, Berlin usw. 1991.
- Richter, K. (Hrsg.): Digitale und interventionelle Radiologie bei Herz- und Gefäßkrankheiten. Blackwell, Berlin 1991.
- Sandmann, W., H.W. Kniemeyer: Aneurysmen der großen Arterien. Huber, Bern-Stuttgart 1991.
- White, G.H., R.A. White: Angioplasty ans atherectomy. McGraw-Hill, New York 1991.

10.2.4 Blut und lymphatisches System
Kapitel 1.5

- Begemann, H., J. Rastetter (Hrsg.): Klinische Hämatologie, 4. Aufl. Thieme, Stuttgart-New York 1992.
- Földi, M., S. Kubik (Hrsg.): Lehrbuch der Lymphologie, 3. Aufl. Fischer, Stuttgart-Jena-New York 1993.
- Heckner, F.: Praktikum der mikroskopischen Hämatologie, 7. Aufl. Urban & Schwarzenberg, München-Wien-Baltimore 1991.
- Huber, H., H. Löffler, D. Pastner: Diagnostische Hämatologie, 3. Aufl. Springer, Berlin usw. 1992.
- Kadir, S.: Diagnostische Angiographie. Thieme, Stuttgart-New York 1991.
- Lee, G.R., et al.: Wintrobe's clinical hematology, 9.Aufl. Lea & Febiger, Philadelphia 1992.

- Stobbe, H.: Untersuchungen von Blut und Knochenmark, 4. Aufl. Verlag Gesundheit, Berlin 1991.

10.2.5 Nervensystem
Kapitel 1.7, 2.7, 6.7, 7.1, 8.7, 9.7

- Allen, M.B., R.H. Miller: Essentials of neurosurgery. McGraw-Hill, New York 1991.
- Crockard, A., R. Hayward, J.T. Hoff: Neurosurgery, 2. Aufl. Blackwell, Oxford-Cambridge 1992.
- DeMyer, W.: Neuroanatomy. Wiley, New York usw. 1988.
- Fröscher, W. (Hrsg.): Lehrbuch Neurologie. de Gruyter, Berlin-New York 1991.
- Gemer, H.J.: Die Querschnittlähmung. Blackwell, Berlin 1992.
- Grossman, R.G., W.J. Hamilton (Hrsg.): Principles of neurosurgery. Raven, New York 1991.
- Herrmann, H.D.: Neurotraumatologie. VCH edition medizin, Weinheim 1991.
- Hyman, N., P. Teedy: Neurological and neurosurgical emergencies. Blackwell, Oxford-Cambridge 1992.
- Millesi, H.: Chirurgie der peripheren Nerven. Urban & Schwarzenberg, München-Wien-Baltimore 1992.
- Nieuwenhuys, R., J. Voogd, C. van Huijzen: Das Zentralnervensystem des Menschen, 2. Aufl. (übersetzt von W. Lange). Springer, Berlin usw. 1991.
- Pongratz, D.E. (Hrsg.): Klinische Neurologie. Urban & Schwarzenberg, München-Wien-Baltimore 1992.
- Stöhr, M.: Iatrogene Nervenläsionen. Thieme, Stutgart-New York 1980.
- Todorow, S., P. Oldenkott: Praktische Hirntraumatologie, 3. Aufl. Deutscher Ärzte-Verlag, Köln 1992.

10.2.6 Haut
Kapitel 1.8: Haut (Brustdrüse s.a. Gynäkologie)

- Bassett, L.W., et al.: Mammographie. Deutscher Ärzte-Verlag, Köln 1992.
- Braun-Falco, O., et al.: Dermatology. Springer, Berlin usw. 1991.
- Champion, R.H., J.L. Burton, F.J.G. Ebling (Hrsg.): Rook, Wilkinson, Ebling: Textbook of dermatology, 5. Aufl. (4 Bände). Blackwell, Oxford-Cambridge 1991.
- Fewkes, J.L., et al.: Illustrated atlas of cutaneous surgery. Gower, Philadelphia 1991.
- Greulich, M., K. Wagerin, W. Gubisch (Hrsg.): Konturen der plastischen Chirurgie. Marseille, München 1991.
- Holle, J.: Plastische Chirurgie. Hippokrates, Stuttgart 1992.
- Hunter, J.A.: Klinische Dermatologie. Blackwell, Berlin 1992.
- Kaufmann, R., E. Landes: Dermatologische Operationen, 2. Aufl. Thieme, Stuttgart-New York 1992.
- Rassner, G., U. Steinert (Hrsg.): Dermatologie, 4. Aufl. Urban & Schwarzenberg, München-Wien-Baltimore 1992.
- Smith, J.W., S.J. Aston: Grabb and Smith's plastic surgery, 4. Aufl. Little Brown, Boston 1991.
- Steigleder, G.K.: Dermatologie und Venerologie, 6. Aufl. Thieme, Stuttgart-New York 1992.
- Sterry, W., H. Merck: Checkliste Dermatologie und Venerologie, 2. Aufl. Thieme, Stuttgart-New York 1991.

10.2.7 Brusteingeweide
Kapitel 3.1 bis 3.5: Lunge, Herz, Speiseröhre

- Borst, H.G., W. Klinner, H. Oelert (Hrsg.): Herzchirurgie, 2. Aufl. Springer, Berlin usw. 1991.

● Bullinger, L.: Lebensqualität bei kardiovaskulären Erkrankungen. Hogrefe, Göttingen 1991.
● Dorow, P., K.H. Rühle, S. Talhofer: Bronchialkarzinom. de Gruyter, Berlin 1991.
● Drings, P., I. Vogt-Moykopf: Thoraxtumoren. Springer, Berlin usw. 1991.
● Ferlinz, R.: Diagnostik in der Pneumologie, 2. Aufl. Thieme, Stuttgart-New York 1992.
● Giuliani, E., V. Fuster, B.J. Gersch: Brandenburgs cardiology: Fundamentals and practice, 2. Aufl. Mosby, St. Louis 1991.
● Heberer, G., et al.: Lunge und Mediastinum, 2. Aufl. Springer, Berlin usw. 1991.
● Hochrein, H. (Hrsg.): Herzrhythmusstörungen. Springer, Berlin-Heidelberg-New York 1980.
● Käser, O., V. Friedberg, K.G. Ober, K. Thomsen, J. Zander (Hrsg.): Gynäkologie und Geburtshilfe, Bd. II/2, 2. Aufl. Thieme, Stuttgart-New York 1981.
● Kaiser, R., A. Pfleiderer: Lehrbuch der Gynäkologie, 16. Aufl. Thieme, Stuttgart-New York 1989.
● Klepzig, H.: Herz- und Gefäßkrankheiten, 5. Aufl. Thieme, Stuttgart-New York 1988.
● Kotler, M.N., A. Alfieri (Hrsg.): Cardiac and noncardiac complications of open heat surgery. Futura, Mt. Kisco 1992.
● Lichey, J., N.M. Johnson: Kompendium Pulmonologie. Blackwell, Berlin 1992.
● Lüderitz, B.: Therapie der Herzrhythmusstörungen, 3. Aufl. Springer, Berlin-Heidelberg-New York 1987.
● Nolte, D.: Manuale pneumologicum. Dustri, München-Deisenhofen 1992.
● Parmley, W.W., K. Chatterjee et al.: Cardiology (2 Bände). Gower, Philadelphia 1991.
● Riecker, G. (Hrsg.): Klinische Kardiologie, 3. Aufl. Springer, Berlin usw. 1991.
● Waldhausen, J.A., M.B. Orringer (Hrsg.): Complications in cardiothoracic surgery. Mosby, St. Louis 1991.

10.2.8 Gastroenterologie

Kapitel 4.1 bis 4.6, 4.8, 5.2: Magen, Darm, Leber, Milz, Bauchspeicheldrüse

● Achkar, E.: Clinical gastroenterology, 2. Aufl. Lea & Febiger, Philadelphia 1992.
● Cuschieri, A., G. Berci, G. Klose: Minimalinvasive Chirurgie der Gallenblase. Blackwell, Berlin 1991.
● Demling, L. (Hrsg.): Klinische Gastroenterologie (2 Bände), 2. Aufl. Thieme, Stuttgart-New York 1984.
● Encke, A.: Chirurgie des Abdomens 3. Leber, Gallenblase, Pankreas und Milz. Urban & Schwarzenberg 1991.
● Fuchs, K.H., H. Hamelmann, B.C. Manegold (Hrsg.): Chirurgische Endoskopie im Abdomen. Blackwell, Berlin 1992.
● Goebell, H. (Hrsg.): Gastroenterologie (2 Bände). Urban & Schwarzenberg, München-Wien-Baltimore 1992.
● Henning, H., D. Look: Laparoskopie, Atlas und Lehrbuch. Thieme, Stuttgart-New York 1985.
● Hess, W., et al.: Erkrankungen der Gallenwege und des Pankreas (2 Bände). Schattauer, Stuttgart-New York 1991.
● Hoffmann, R., F. Largiadèr, H. Troidl. Aktuelle Gallensteintherapie. Huber, Bern 1992.
● Kaplowitz, N.: Liver and biliary disease. Williams & Wilkins, Baltimore 1992.
● Kienzle, H.F., J. Wuchter: Gallensteinleiden. Thieme, Stuttgart-New York 1984.
● Klaiber, C., A. Metzger: Manual der laparoskopischen Chirurgie. Huber, Bern 1992.
● Kremer, K., W. Lierse (Hrsg.): Chirurgische Operationslehre. Band 6: Darm. Thieme, Stuttgart-New York 1992.
● Marti, M.C., J.C. Givel: Chirurgie anorektaler Krankheiten. Springer, Berlin usw. 1992.
● McIntyre, N., et al.: Oxford textbook of clincal hepatology (2 Bände). Oxford University Press, Oxford-New York 1991.
● Meckler, U., et al.: Ultraschall des Abdomens, 3. Aufl. Deutscher Ärzte-Verlag, Köln 1992.
● Millward-Sadler, G.H., M.J.P. Arthur: Wright's liver and biliary disease, 3. Aufl. (2 Bände). Saunders, Philadelphia 1992.
● Misiewicz, J.J., R. Pounder, C. Venables: Diseases of the gut and pancreas, 2. Aufl. Blackwell, Oxford-Cambridge 1992.
● Neiger, A.: Atlas der praktischen Proktologie, 4. Aufl. Huber, Bern 1991.
● Ottenjann, R., M. Classen: Gastroenterologische Endoskopie und Biopsie, 2. Aufl. Enke, Stuttgart 1992.
● Richter, H. (Hrsg.): Chirurgische Endoskopie, Komplikationen bei Diagnostik und Therapie. Urban & Schwarzenberg, München-Wien-Baltimore 1985.
● Semm, K.: Operationslehre für endoskopische Abdominal-Chirurgie. Schattauer, Stuttgart-New York 1984.
● Struve, C.: Sonographie des Abdomens, 4. Aufl. Urban & Schwarzenberg, München-Wien-Baltimore 1991.
● Sulkowski, U., J. Meyer: Erkrankungen des Pankreas. Deutscher Ärzteverlag, Bonn 1991.
● Uranüs, S.: Die Milz und ihre aktuelle Chirurgie. Zuckschwerdt, München 1991.
● Yamada, T., et al.: Textbook of gastroenterology. Lippincott, New York 1991.

10.2.9 Urologie

Kapitel 4.8, 5.1, 5.5: Niere, Harnwege, männliche Geschlechtsorgane

● Cameron, St., et al.: Oxford textbook of clinical nephrology (3 Bände). Oxford University Press, Oxford-New York 1992.
● Droller, M.J.: Surgical management of urologic disease. Mosby, St. Louis 1991.
● Fowler, J.E. (Hrsg.): Urologic surgery. Little Brown, Boston 1992.
● Gillenwater, J., J.T. Grayhack, S.S. Howards: Adult and pediatric urology, 2. Aufl. Mosby, St. Louis 1991.
● Glenn, J.F.: Urologic surgery, 4. Aufl. Lippincott, New York 1991.
● Hartung, R., W. Hübner, W. Kropp (Hrsg.): Die urologische Beckenchirurgie. Springer, Berlin usw. 1991.
● Hautmann, R.: Therapie urologischer Erkrankungen. Enke, Stuttgart 1992.
● Hertle, L., J. Pohl (Hrsg.): Urologische Therapie. Urban & Schwarzenberg, München-Wien-Baltimore 1993.
● Hohenfellner, R., E.J. Zingg (Hrsg.): Urologie in Klinik und Praxis (2 Bände.). Thieme, Stuttgart-New York 1983.
● Krause, W., C.F. Rothauge: Andrologie, 2. Aufl. Enke, Stuttgart 1991.
● Romics, I., et al.: Urosonographische Diagnostik. Schwer, stuttgart 1991.
● Schrier, R.W., C.W. Gottschalk (Hrsg.): Diseases of the kidney, 5. Aufl. (3 Bände). Little Brown, Boston 1993.
● Walsh, et al.: Campbell's urology, 6. Aufl. (3 Bände). Saunders, Philadelphia 1992.
● Whitehead, E.D.: Atlas of surgical techniques in urology. Lippincott, New York 1991.
● Wüthrich, R.P.: Nierentransplantation. Springer, Berlin usw. 1991.

10.2.10 Gynäkologie

Kapitel 1.8, 5.3, 5.4: weibliche Geschlechtsorgane, Brustdrüse

● Bender, H.G. (Hrsg.): Gynäkologische Onkologie, 2. Aufl. Thieme, Stuttgart-New York 1991.

● Cherry, S.H., I. Merkatz: Complications of pregnancy, 4. Aufl. Williams & Wilkins, Baltimore 1991.
● Coppleson, M., J.M. Monaghan, C.P. Morrow: Gynecologic oncology, 2. Aufl. (2 Bände). Churchill Livingstone, New York 1991.
● Durst, J (Hrsg.): Das Mammakarzinom. VCH edition medizin, Weinheim 1991.
● Elling, D.: Das Zervixkarzinom. Springer, Berlin usw. 1991.
● Gabbe, St.G., J.R. Niebyl, J.L. Simpson: Obstetrics, 2. Aufl. Churchill Livingstone, New York 1991.
● Glatthaar, E., J. Benz: Checkliste Gynäkologie, 4. Aufl. Thieme, Stuttgart-New York 1990.
● Goerke, K., J. Steller, A. Valet: Klinikleitfaden Gynäkologie und Geburtshilfe. Jungjohann, Neckarsulm 1991.
● Harris, J.R., S. Hellmann, I.C. Henderson: Breast diseases. Lippincott, New York 1991.
● Hepp, H., P. Scheidel, B. Schüssler (Hrsg.): Gynäkologische Standardoperationen. Enke, Stuttgart 1991.
● Herbst, A.L., et al.: Comprehensive gynecology, 2. Aufl. Mosby, St. Louis 1992.
● Hickl, E.J., D. Berg: Gynäkologie und Geburtshilfe. Springer, Berlin usw. 1991.
● Käser, O., et al. (Hrsg.): Gynäkologie und Geburtshilfe, 2. Aufl. (3 Bände). Thieme, Stuttgart-New York 1992.
● Kepp, R., H.J. Staemmler, R. Kaiser, A. Pfleiderer: Lehrbuch der Gynäkologie, 14. Aufl. Thieme, Stuttgart-New York 1982.
● Knörr, K., H. Knörr-Gärtner, F.K. Beller, Ch. Lauritzen: Lehrbuch der Geburtshilfe und Gynäkologie, 2. Aufl. Springer, Berlin-Heidelberg-New York 1982.
● Kyank, H., R. Schwarz: Gynäkologische Operationen, 3. Aufl. Barth, Leipzig 1992.
● Lellé, R.J., H. Dohnke, U. Hofmeister (Hrsg.): Ambulante gynäkologische Operationen. Hippokrates, Stuttgart 1992.
● Martius, G.: Therapie in Geburtshilfe und Gynäkologie, 2. Aufl. (2 Bände). Thieme, Stuttgart-New York 1991.
● Martius, G.: Geburtshilflich-perinatologische Operationen, Thieme, Stuttgart 1986.
● Maxwell, G.P.: Plastic surgery of the breast. Mosby, St. Louis 1991.
● Michalica, W.: Gynäkologische Onkologie und Onkotherapie. ecomed, Landsberg 1991.
● Noone, R.B.: Plastic and reconstructive surgery of the breast. Mosby, St. Louis 1991.
● Peters, F.: Gutartige Erkrankungen der Brust. Urban & Schwarzenberg, München-Wien-Baltimore 1991.
● Petersen, E.E.: Erkrankungen der Vulva. Thieme, Stuttgart-New York 1992.
● Pschyrembel, W., J.W. Dudenhausen: Praktische Geburtshilfe mit geburtshilflichen Operationen, 17. Aufl. de Gruyter, Berlin 1991.
● Schmidt-Matthiesen, H. (Hrsg.): Spezielle gynäkologische Onkologie I, 3. Aufl. Urban & Schwarzenberg, München-Wien-Baltimore 1991.
● Schmidt-Matthiesen, H., G. Bastert: Gynäkologische Onkologie, 3. Aufl. Schattauer, Stuttgart-New York 1987.
● Shaw, R.W., W.P. Soutter, St.L. Stanton: Gynaecology. Churchill Livingstone, New York 1992.
● Varma, Th.R.: Clinical gynaecology. Arnold, London 1991.
● Zander, J., H. Graeff (Hrsg.): Gynäkologische Operationen, 3. Aufl. Springer, Berlin usw. 1991.

10.2.11 Embryologie
Kapitel 5.6-5.8: Entwicklungsgeschichte I-III

● Drews, U.: Taschenatlas der Embryologie. Thieme, Stuttgart-New York 1993.
● Hinrichsen, K.V. (Hrsg.): Humanembryologie. Springer, Berlin usw. 1990.
● Langman, J.: Medizinische Embryologie, 7. deutsche Auflage von U. Drews. Thieme, Stuttgart-New York 1985.
● Moore, K.L.: Embryologie, 3. deutsche Auflage von E. Lütjen-Drecoll. Schattauer, Stuttgart-New York 1992.
● Richter, E., W. Lierse: Radiologische Anatomie des Neugeborenen. Urban & Schwarzenberg, München-Wien-Baltimore 1990.

10.2.12 Kopf- und Halseingeweide
Kapitel 7.2, 7.5, 7.6: Gehör- und Gleichgewichtsorgan, Mundhöhle, Rachen, Nasenhöhle, Kehlkopf, Schilddrüse

● Ballenger, J.J.: Diseases of the nose, throat, ear, head, and neck, 14. Aufl. Williams & Wilkins, Baltimore 1991.
● Becker, W., H.H. Naumann, C.R. Pfaltz: Hals-Nasen-Ohren-Heilkunde, 4. Aufl. Thieme, Stuttgart-New York 1989.
● Berendes, J., R. Link, F. Zöllner: Hals-Nasen-Ohrenheilkunde in Praxis und Klinik (6 Bände), 2. Aufl. Thieme, Stuttgart 1977-1983.
● Braverman, L.E., R.D. Utiger: Werner's the thyroid, 6. Aufl. Lippincott, New York 1991.
● Denecke, H.J., et al.: Die Operationen an den Nasennebenhöhlen und der angrenzenden Schädelbasis, 3. Aufl. Springer, Berlin usw. 1992.
● Gabka, J., H. Harnisch: Komplikationen und Fehler bei der zahnärztlichen Behandlung, 3. Aufl. Thieme, Stuttgart 1986.
● Ganz, H.: Hals-, Nasen-, Ohrenheilkunde mit Repetitorium. de Gruyter, Berlin 1991.
● Knöbber, D.: Der tracheotomierte Patient. Springer, Berlin usw. 1991.
● Meng, W.: Schilddrüsenerkrankungen, 3. Aufl. Fischer, Stuttgart 1992.
● Naumann, H.H., et al.: Oto-Rhino-Laryngologie in Klinik und Praxis (3 Bände). Thieme, Stuttgart-New York 1992.
● Rothmund, M.: Hyperparathyreoidismus, 2. Aufl. Thieme, Stuttgart-New York 1991.
● Schroll, K.: Zahnärztliche Chirurgie. Schattauer, Stuttgart-New York 1980.
● Zenner, H.P.: Therapie von Hals-Nasen-Ohren-Krankheiten. Schattauer, Stuttgart-New York 1992.

10.2.12 Auge
Kapitel 7.3

● Axenfeld, Th., H. Pau (Hrsg.): Lehrbuch der Augenheilkunde, 13. Aufl. Fischer, Stuttgart-New York 1992.
● Blodi, F.C., G. Mackensen, H. Neubauer (Hrsg.): Surgical ophthalmology (2 Bände). Springer, Berlin usw. 1991/92.
● Haugwitz, T.v.: Augenheilkunde des 20. Jahrhunderts. Enke, Stuttgart 1991.
● Heilmann, P.: Atlas der ophthalmologischen Operationen (3 Bände). Thieme, Stuttgart-New York 1985-1991.
● Küchle, H.J., H. Busse: Taschenbuch der Augenheilkunde, 3.Aufl. Huber, Bern 1991.
● Leone, C.R., et al.: Atlas of orbital surgery. Saunders, Philadelphia 1992.
● Leydhecker, W.: Augenheilkunde, 24. Aufl. Springer, Berlin-Heidelberg-New York 1990.
● Mayer, U.M.: Ophthalmologie des Kindesalters. Enke, Stuttgart 1992.
● Miller, N.R., F.B. Walsh (Hrsg.): Walsh and Hoyt's clinical ophthalmology, 4. Aufl. (4 Bände). Williams & Wilkins, Baltimore 1991.
● Nelson, L.B., J. Calhoun: Pediatric ophthalmology, 3. Aufl. Saunders, Philadelphia 1991.
● Newell, F.W., J.N. Raymond, A.L. Raymond: Ophthalmology, 7. Aufl. Mosby, St. Louis 1991.

Sachverzeichnis

Alphabetische Einordnung der Umlaute ä, ö und ü wie a, o und u (wie in "Duden" und "Brockhaus")

R

Rabenschnabelfortsatz-
Oberarm-Muskel 382
Rabies 61
Racemus ovorum 197
Rachen 360
- Entwicklung 361
Rachendach 360
Rachendachhypophyse 351, 363
Rachenentzündung 360
Rachenmandel 360
Rachenmandelhyperplasie 360
Rachenmembran **224**, 226, 351
Rachenraum 360
Rachenschlagader aufsteigende 263
Rachenwand 251
Rachischisis 87
Rachitis 90
RAD 103
Radgelenk 34
radialis 3
Radialispulsgrube 385, 390, 399
Radiärzone 35
Radiata 8
Radiatio (Radiationes)
- acustica 320, 322, 327, 332
- corporis callosi **331**
- optica 320, 322, 327, 332
- polaris 17
- thalamicae 320
-- anteriores 326, 332
-- centrales 321, 332
Radikulomyelomeningo-enzephalitis 304
Radiologie 1
Radioulnargelenke 383, 385
- Muskeln 377
Radius 26, **373**, 376, 385
- Fraktur 373
Radiusaplasie 407
Radiusperiostreflex 311
Radix (Radices) 78
- anterior **120**, 308
- basalis 13
- clinica 355
- craniales 283
- dentis 355
- linguae 358
- mesenterii 157, 161
-- Entwicklung 166
-- Projektionslinie 132, 157
- motoria **120**
-- Nervus trigeminus 315
- nasi [nasalis] 366
- nasociliaris 288
- oculomotoria 276, 288
- parasympathetica 276, 288
- penis 218
- posterior **120**
- pulmonis 139
- sensoria **120**, 288
- spinales 283
- sympathetica 288
Radspeichenstruktur 47
Ramus (Rami)
- acetabularis 107, 423
- acromialis 268, 389
- alveolaris superior anterior 278
--- medius 278
--- posterior 278
- anterior ascendens 100
-- descendens 100
- apicalis 100
-- lobi inferioris 100
- apicoposterior 109
- articulares 66
- atrialis 103
-- anastomoticus 103
-- dexter 103
-- intermedius 103
-- sinister 103
- atrioventriculares 103
- auriculares anteriores 264
- auricularis 264, 280, 282
- basalis anterior 100, 109
-- lateralis 100
-- medialis 100
-- posterior 100
-- tentorii 265, 303
- bronchiales 100, 102, 123, 124, 139, 155, 268, 282
-- segmentorum 138
- buccales 280

- calcanei 424
-- mediales 438
- calcarinus 267
- capsulae internae 265
- cardiaci cervicales inferiores 123, 124, 282
--- superiores 123, 124, 282
-- thoracici 122, 123, 124, 282
- carpalis dorsalis 389, 390
- caudae nuclei
--- caudati 265, 266
- centrales anteromediales 266
- cervicalis 280
- chiasmaticus 266
- choroidei posteriores laterales 267
--- mediales 267
-- ventriculi lateralis 265
--- quarti 267
--- tertii 265
- cingularis 266
- circumflexus **103**, 147
- fibularis 424
- clunium inferiores 429, 432
-- mediales 121, 432
-- superiores 121, 432
- coeliaci 123, 125, 282
- colicus 105, 172
- collateralis 61, 102
- colli 280
- communicans 66, 120, 424
-- albus 120, **122**, 287
-- cum chorda tympani 279
--- nervo laryngeali recurrenti 283
---- zygomatico 278
-- fibularis 430
-- griseus 120, **122**, 123, 287
- coni arteriosi 101, 103
- corporis amygdaloidei 265
-- callosi dorsalis 267
-- geniculati lateralis 265
- cricothyroideus 263
- cruris dextri 151
-- sinistri anterior 151
--- posterior 151
- cutaneus 66
-- anterior 126, 428
--- abdominalis 121
--- pectoralis 121
-- cruris medialis 428, 435, 436
-- laterales 102, 126
--- abdominalis 121
--- pectoralis 121
-- medialis 102
-- pectoralis 126
-- posterior 121
- dentales 264
-- inferiores 279
- diagonalis 103
- digastricus 280
- dorsales linguae 263
- duodenales 104
- epididymales 105
- fauciales 279
- femoralis 428
- frontalis 264
- ganglionares 288
- ganglionici 278, 288
- ganglionis trigeminalis 265
- gastrici 104
-- anteriores 123, 125, 162, 282
-- posteriores 123, 125, 282
- genitalis 121, 128, 135, 210, 215, 219, 428
- gingivales inferiores 279
- glandulares 268
- globi pallidi 265
- gluteales inferiores 432
-- mediales 121, 432
-- superiores 121, 432
- hepatici 123, 125, 282
- hypothalamicus 266
- ilealis 105, 169
- inferior ossis pubis 134, 211, 403
- infrapatellaris 428, 434
- intercostales anteriores 126, 268
- interganglionares 122
- interventricularis anterior **103**, 147
-- posterior **103**, 147
-- septalis 103

- isthmi faucium 279
- labiales anteriores 121, 210, 423
-- posteriores 107, 135, 210
-- superiores 278
- laryngopharyngeales 287
- lateralis 100
-- nasi 263
- lingualis 280, 281
- lingularis 109
-- inferior 100
-- superior 100
- lobi inferioris 100
-- medii 100, 109
-- superioris 100
- malleolares laterales 424, 436
-- mediales 424, 436
- mammarii laterales 80, 102, 121, 126
-- mediales 80, 121, 126, 268
- mandibulae 247
- marginalis dexter 103
-- mandibularis 280
-- sinister 103
-- tentorii 265, 303
- mastoideus 264
- medialis 100
- mediastinales 102, 155, 268
- medullares mediales
--- laterales 267
- membranae tympani 279
- meningeus 120, 131, 265, 267, 278, 279, 282
-- anterior 265, 303
-- medius 278, 303
-- recurrens 303
-- mentalis 264
-- muscularis 66, 428
-- lateralis 121
-- medialis 121
- nasales anteriores laterales 265
-- externi 278
-- interni 278
-- posteriores inferiores 278
--- superiores 278
- nervi oculomotorii 266
- nodi atrioventricularis 103
-- sinuatrialis 103
- nuclei rubri 265
- nucleorum hypothalamicorum 265
- obturatorius 106
- occipitalis 264, 280
- oesophageales 102, 104, 122, 123, 124, 153, 155, 268
- omentales 104
- orbitalis 264, 278
- orbitofrontalis lateralis 266
-- medialis 266
- ossis ischii 134, 403
- ovaricus 107, 202
- palmaris profundus 390
-- superficialis 390
- palpebrales inferiores 278
- pancreatici 104, 177
- parietalis 264
- parieto-occipitalis 267
- parotideus 264
- pectorales 126
- pedunculares 267
- perforans (perforantes) 126, 268, 390, 424
- pericardiacus 102, 155, 286
- peridentales 264
- perineales 135, 429
- pharyngeales 263, 268
- pharyngeales [pharyngei] 281, 282
- phrenico-abdominales 286
- postcentralis 102, 131
- posterior 286
-- ascendens 100
-- descendens 100
-- ventriculi sinistri 103
- posterolateralis dexter 103
-- sinister 103
- prelaminaris 102, 131
- pterygoidei 264
- pubicus 106, 114
- pulmonales thoracici 122, 124
- renalis (renales) 122, 123, 125, 184, 282
- saphenus 423
- scrotales anteriores 121, 219, 423

-- posteriores 107, 135, 219
- septales anteriores 103, 265
-- posteriores 103, 264
- sinus carotici 281
-- cavernosi 265
-- maxillaris 278
- spinalis (spinales) 102, 111, 131, 268, 303
-- radiculares 267
- splenici 104, 179
- stapedius 253
- sternales 126, 268
- sternocleidomastoideus 263, 264
- stylohyoideus 280
- subendocardiales 151
- substantiae nigrae 265
-- perforatae anterioris 265
- superior lobi inferioris 100
-- ossis pubis 403
- suprahyoideus 263
- temporales 280
- tentorii 278, 303
- thalamicus 266
- thymici 155, 268
- thyrohyoideus 285
- tonsillaris 263, 278, 281
- tracheales 123, 268
- tractus optici 265
- tubarius [tubalis] 105, 107, 281
- tuberis cinerei 265
- ureterici 105, 106, 107, 132, 189
- vaginales 107, 209
- zygomatici 280
- zygomaticofacialis 278
- zygomaticotemporalis 278
Raphe palati 357
- penis 218, 219
- perinealis 219
- pharyngis 260
- pontis 314
- pterygomandibularis 255, 260
- scroti [scrotalis] 200, 219
Raphekerne 63, **319**, 329, 330
Rappaport-Leberläppchen 174
RAS 103
Rasselgeräusche 140
Rathke-Tasche 227, 240, 302, 351, 363
Rauchen 42, 139, 141, 168
Raum infrahepatischer 161
- inframesenterischer 161
- intervillöser 235, 236
- perinukleärer 16
- subdiaphragmatischer 161
- subglottischer 372
- suprahepatischer 161
- supramesenterischer 161
Rautengrube 306
Rautenhirn Entwicklung 301
Rautenhirnbläschen 226, 227, 301
Rautenmuskeln 381
Raynaud-Syndrom 76
RCA 103
RCO 103
RCX 103
RD 103
Reaktionszentrum 53, 180
Reanimation 5
Rebound-Phänomen 316
Recessus cochlearis 339
- costodiaphragmaticus 142
- costomediastinalis 142
- duodenalis inferior 159, 168
-- superior 159, 168
- ellipticus 339
- epitympanicus 335
- gastropancreaticus 156
- hepatorenalis 159, 161
- ileocaecalis inferior 159
-- superior 159
- inferior omentalis 156, 158
- infundibuli [infundibulans] 306
- intersigmoideus 157, 159
- lienalis 158, 179

- membranae tympanicae 336
- opticus 306, 342
- paraduodenalis 159
- pharyngeus 360
- phrenicomediastinalis 142
- pinealis 306
- piriformis 360
- pleurales 142
- pneumato-entericus 156
- retrocaecalis 159
- retroduodenalis 159
- spheno-ethmoidalis 242, 368
- sphericus 339
- splenicus 158, 179
- subhepatici 159, 161
- subphrenici 159, 161
- subpopliteus 415, 422
- superior omentalis 156, 158
- suprapatellaris 422
- suprapinealis 306
- tubotympanicus 333
Rechts-links-Desorientierung 326
Rechts-links-Differenzierungs-störung 326
Rechtsherzinsuffizienz 41, 43
Rechtsherzkatheter 391
Rechtsherzversagen 100
Rechtsschenkelblock 151
Rechtsversorgungstyp 103
Recklinghausen-Krankheit 25, 81
Rectum 133, 170, **193**
- Innervation afferente 72
Recycling 10
Reduktionsteilung 16
Reflex intestino-intestinaler 68
Reflexbahn optische 314
Reflexblase 308
Reflexzentrum akustisches 318
Refluxosophagitis 162, 163
Regelkreis 55, **57**
Regenbogenhaut 345
Regenbogenhautentzündung 345
Regenwurmmuskel 386, 420
Regio (Regionen, Regiones)
- abdominales 127
- analis 134, **135**
- antebrachialis anterior **399**
-- posterior **399**
- axillaris 126, **396**
- brachialis anterior **397**
-- posterior **398**
- buccalis 292
- calcanea 436
- capitis 289
- carpalis anterior **400**
-- posterior **401**
- cervicalis anterior 295
-- lateralis 298
-- posterior 298
- coxalis 432
- cruralis anterior 435
-- posterior 435
- cubitalis anterior **398**
-- posterior **398**
- deltoidea **396**
- dorsales 130
- dorsalis pedis 437
- epigastrica 128
- Extremität obere 396
-- untere 432
- faciales 292
- facialis lateralis
--- profunda 293
--- superficialis **292**
- femoralis 433
-- anterior 433
-- posterior 433
- frontalis 289
- genus anterior 434
-- posterior 434
- glutealis 432
- hypochondriaca 126, 128
- hypothalamica anterior 322, **323**
-- dorsalis 322, **323**
-- intermedia 322, **323**
-- lateralis 322, **323**
-- posterior 322, **323**
- inframammaria 126
- infraorbitalis 292
- infrascapularis 130
- inguinalis 128
- lateralis 128
- lumbaris [lumbalis] 130

Wie können wir unsere Bücher noch besser machen?

Diese Frage können wir nur mit Ihrer Hilfe beantworten. Zu den unten angesprochenen Themen interessiert uns Ihre Meinung ganz besonders. Natürlich sind wir auch für weitergehende Kommentare und Anregungen dankbar.

Unter allen Einsendern der ausgefüllten Karten aus Büchern unseres **Lehrbuchprogrammes** verlosen wir pro Semester **Überraschungspreise** im Wert von insgesamt **DM 2.000,–!**

Springer-Verlag
Koordination Lehrbuch

(Der Rechtsweg ist ausgeschlossen)

Haben Sie „Anatomie kompakt" erfolgreich zum Lernen genutzt?

☐ Ja, weil _______________

☐ Nein, weil _______________

☐ Bedingt, weil _______________

Finden Sie, daß die Tabellen übersichtlich gegliedert sind?

☐ Ja _______________

☐ Nein, weil _______________

Würden Sie sich Tabellenwerke wie dieses auch für andere Fächer wünschen?

☐ Ja, z. B. _______________

☐ Nein

Benutzen Sie als Ergänzung das Springer-Lehrbuch „Schiebler/Schmidt: Anatomie"?

☐ Ja

☐ Nein

☐ Kenne ich nicht.

Was sollten wir bei einer Neuauflage ändern?

____

____

____

____

____

Lippert:
Anatomie kompakt

Absender:

Ich bin:

☐ Medizinstudent/in im _______ Semester

an der Universität _______________

☐ _______________________

Bitte
freimachen

An
Springer-Verlag
z. Hd. Frau Anne C. Repnow
Abteilung Med. Lehrbücher
Tiergartenstr. 17

69121 Heidelberg